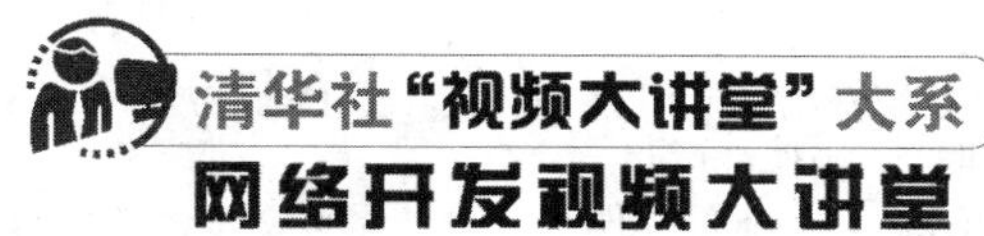

Dreamweaver+Flash+Photoshop
网页设计从入门到精通

甘桂萍　编著

清华大学出版社

北　京

内 容 简 介

《Dreamweaver+Flash+Photoshop 网页设计从入门到精通》一书系统介绍了使用 Dreamweaver+Flash+Photoshop 进行网页设计的相关知识和技巧，通过基础知识+案例实战的方式讲述，操作性更强。

本书共分 26 章，主要包括网页设计与网站开发准备，使用 Dreamweaver 新建网页，设计网页文本，使用网页图像和多媒体，使用 CSS 美化网页，设计超链接和导航菜单，设计表格，设计表单，设计图文样式和背景图，使用行为设计网页特效，使用 jQuery UI 和 jQuery Mobile 组件，设计 DIV+CSS 页面，设计 HTML5+CSS3 页面，设计动态数据库网页，Photoshop 操作基础，网页绘图和调色基础，使用图层、通道和滤镜，设计网页元素，把效果图转换为网页，Flash 动画设计基础，Flash 动画素材处理，使用 Flash 制作动画元素，使用 Flash 元件、库和组件，创建 Flash 动画、设计交互式动画、综合案例等内容。

1. 同步视频讲解，让学习更为直观高效。306 节大型高清同步视频讲解，先看视频再学习效率更高。

2. 海量精彩实例，用实例学更轻松快捷。215 个精彩实例，模仿练习是最快捷的学习方式。

3. 精选行业案例，为高薪就业牵线搭桥。1 个大型综合案例，为就业奠定实战经验。

4. 完整学习套餐，为读者提供贴心服务。实用模板 380 套，工具集 30 部，前端案例 1770 个，海量设计资源/配色图卡/面试题，让学习更加方便。

5. 讲解通俗翔实，看得懂、学得会才是硬道理。

本书适用于从未接触过网页制作的初级读者，以及有一定网页制作基础，想灵活使用 Dreamweaver、Flash 和 Photoshop 软件以提高制作技能的中级读者自学使用，也可作为高等院校计算机专业以及相关培训班的教学用书。

图书在版编目（CIP）数据

Dreamweaver+Flash+Photoshop 网页设计从入门到精通/甘桂萍编著．—北京：清华大学出版社，2017
（清华社“视频大讲堂”大系　网络开发视频大讲堂）
ISBN 978-7-302-42048-4

I. ①D…　II. ①甘…　III. ①网页制作工具　IV. ①TP393.092

中国版本图书馆 CIP 数据核字（2015）第 263431 号

责任编辑： 杨静华
封面设计： 李志伟
版式设计： 魏　远
责任校对： 王　云
责任印制： 李红英

出版发行： 清华大学出版社
网　　址：http://www.tup.com.cn，http://www.wqbook.com
地　　址：北京清华大学学研大厦 A 座　　邮　　编：100084
社 总 机：010-62770175　　邮　　购：010-62786544
投稿与读者服务：010-62776969，c-service@tup.tsinghua.edu.cn
质 量 反 馈：010-62772015，zhiliang@tup.tsinghua.edu.cn

印 装 者： 清华大学印刷厂
经　　销： 全国新华书店
开　　本： 203mm×260mm　　**印　　张：** 56.75　　**字　　数：** 1634 千字
（附 DVD 光盘 1 张）
版　　次： 2017 年 10 月第 1 版　　**印　　次：** 2017 年 10 月第 1 次印刷
印　　数： 1～5000
定　　价： 118.00 元

产品编号：064925-01

前　言

随着网页制作技术的不断发展和完善，市场上有越来越多的网页制作软件被使用。目前使用最多的是 Dreamweaver、Photoshop 和 Flash 这 3 款软件，俗称“新网页三剑客”。新网页三剑客无论从外观还是功能上都表现得很出色，这 3 款软件的组合可以高效地实现网页的各种功能，因此，无论是设计师还是初学者，都能更加容易地学习和使用，并能够轻松达到各自的目标，真切地体验到 CS 套装软件为创意工作流程带来的全新变革。

本书不是纯粹的软件教程，书中除了介绍软件的使用外，更多地介绍了创意设计与软件功能的结合。全书以软件的实际应用为主线，针对 Dreamweaver CS5、Photoshop CS5、Flash CS5 版本中的各方面知识进行了深入探讨。

本书特色

本书由浅入深地讲解了网站建设与网页设计的整个流程，面向的读者是初级专业人员及网页设计爱好者。为了方便广大读者学习，本书结合大量的实际操作进行介绍。本书作者具有多年网站设计与教学经验，在编写本书时，所有的实例都亲自实践与测试过，力求呈现给读者的每一个实例都是真实而完整的。本书具有如下特点。

☑　**内容系统全面，知识点分布科学、合理**

本书从入门到提高，从精通到实战，将知识点根据读者学习的难易程度以及在实际工作中应用的轻重顺序进行安排，真正为读者的学习考虑，便于不同读者能在学习的过程中有针对性地选择学习内容。

☑　**清新的语言风格，通俗的叙述方式**

本书立足于实用性，并不像传统的教科书那样语言枯燥、无味，理论知识和实例效果生硬、无实际使用价值，而是深入考虑读者的实际需求，版式清晰、典雅，内容实用，就像一位贴心的朋友、老师在您面前将枯燥的计算机知识娓娓道来。

☑　**案例丰富，贴近实战 ，提升实际开发能力**

为使读者更好地理解和掌握每一章所讲述的内容，在每章的最后基本上都有“实战演练”，将本章的内容进行了完整的贯通，以帮助读者巩固本章的相关知识点和提升读者解决实际问题的能力。另外笔者还毫无保留地将现实工作中大量非常实用的经验、技巧贡献出来。

☑　**海量技巧，边学边练，学习更高效**

本书的最大特点是对每个知识内容从实例的角度进行介绍，以详细、直观的步骤讲解相关操作，适时添加提示，以补充使用技巧和知识链接，读者可以快捷地学习操作和应用，实战性非常强。

☑　**超值多媒体教学，海量资源赠送**

本书所附光盘的内容为书中介绍的范例的同步视频讲解、源文件及大量参考素材，供读者学习时参考和对照使用。扫描图书封底的二维码，可在手机中在线学习教学视频。

本书内容

本书分为 5 大部分，共 26 章，具体结构划分如下。

第 1 部分：网页设计与网站开发准备部分，包括第 1 章。这部分主要介绍网站类型概述、网站盈利模式、网页设计常用工具、网站开发筹备和网站规划等知识。

第 2 部分：Dreamweaver 网页制作部分，包括第 2～14 章。这部分主要介绍网页对象设计、CSS 美化、网页布局，以及利用 Dreamweaver 设计交互网页效果，使用 Dreamweaver 开发动态网站等。

第 3 部分：Photoshop 网页设计部分，包括第 15～17 章。这部分主要介绍 Photoshop 操作基础、Photoshop 图层、文本等核心技术，以及如何使用 Photoshop 设计网页元素。

第 4 部分：网页设计和布局实战部分，包括第 18～19 章。这部分主要通过两个不同类型的网站介绍了如何使用 Photoshop 设计网站效果图和如何通过 Dreamweaver 进行重构和布局，把平面设计效果图转换为网页结构效果。

第 5 部分：Flash 网页互动部分，包括第 20～26 章。这部分主要介绍了 Flash 操作基础，Flash 图层、文本、动画、元件、绘图等核心技术，以及如何使用 Flash 设计交互动作，并通过一个综合实例演示如何使用 Flash 设计一个完整的 Flash 网站。

本书读者

- ☑ 希望系统学习网页设计、网站制作的初学者
- ☑ 从事网页设计制作和网站建设的专业人士
- ☑ Web 前端开发和后台设计人员
- ☑ 网页设计与制作人员
- ☑ 网站建设与开发人员
- ☑ 个人网站爱好者与自学者

关于我们

本书由甘桂萍组织编写，其他参与编写的人员还包括咸建勋、奚晶、文菁、李静、钟世礼、李增辉、甘桂萍、刘燕、杨凡、李爱芝、孙宝良、余洪萍、谭贞军、孙爱荣、何子夜、赵美青、牛金鑫、孙玉静、左超红、蒋学军、邓才兵、林友赛、苏震巍、崔鹏飞、李斌、郑伟、邓艳超、胡晓霞等。由于编者水平有限，书中疏漏和不足之处在所难免，欢迎读者朋友不吝赐教。广大读者如有好的建议、意见，或在学习本书时遇到疑难问题，可以联系我们，我们会尽快为您解答，联系方式为 jingtongba@163.com。

说明：为了页面效果和便于学习，本书在介绍网页制作过程中使用了一些网络图片。因图片版权无法查找，故未能及时与图片著作权人取得联系，在此深表歉意。如若侵犯了您的权益，请您及时与我们联系，我们将按市场价格支付图片使用费用，谢谢！

编　者

目 录

Contents

Note

Note

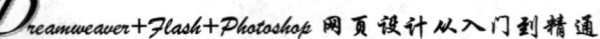

Note

Note

Note

Note

Note

Note

第1章 网页设计与网站开发准备

国内互联网发展至今，已有多种类型的网站，而且每种类型都有很多人做。做什么类型的网站，对于很多初学者来说是一个决策性问题。毫无疑问，做自己喜欢的网站，兴趣才浓、才能够持久，遇到任何困难都会坚持下去。为了帮助读者对网页和网站有一个大概认识，本章将介绍网站开发的基本知识，以及应做的准备工作，为后面章节的网页设计打下良好的基础，并树立明确的学习目标。

学习重点：

- 了解网站类型
- 认清网站发展方向和形势变化
- 熟悉各种网站的盈利模式
- 了解网站开发的常用工具
- 熟悉网站开发前的准备工作
- 能够独立完成网站开发的前期策划工作

1.1 网站概述

Note

个人网站必定是朝着“垂直细分、专业专注”的方向发展。读者不妨集中精力先做好一件事，做细做专，有了稳定流量和黏性度后再做进一步的延伸。例如，如果读者是一个文学爱好者，建站目的就是让一群与自己有着相同爱好的人聚集在一起，这样，网站的范围就好界定了，如果倾向传统文学，那就建一个传统文学交流站，来引起人们关于古籍的探讨，加深对中国传统文学的认识。随着网站的发展，会慢慢地发现自己用户群的喜好发生了变化，他们更喜欢历史故事而非那些古籍，这样，网站中就要加大历史故事的比例。再后来，发现他们倾向历史人物介绍、某一朝代的兴衰史等，网站也会慢慢转变为偏向介绍历史知识类的网站。

1.1.1 网站分类

根据不同标准，网站可以分为很多类型，例如，根据网站性质不同，可分为政府网站、企业网站、商业网站、教育科研机构网站、个人网站、非营利机构网站以及其他类型网站等；根据网站模式不同，可分为综合类门户网站、电子商务网站、专业网站等。下面着重从网站功能方面进行介绍。

1. 产品（服务）查询展示型网站

产品（服务）查询展示型网站的核心目的是推广产品（服务），是企业产品的“展示框”，主要功能如下。

☑ 利用多媒体技术、数据库存储查询技术和三维展示技术，配合有效的图片和文字说明，将企业的产品（服务）充分展现给新老客户，使客户能全方位地了解公司产品。

☑ 与产品印刷资料相比，网站更加直观，可以提升产品的感染力，促使商家及消费者对产品产生采购欲望，从而促进企业销售。

2. 品牌宣传型网站

品牌宣传型网站非常强调创意设计，但不同于一般的平面广告设计，主要功能如下。

☑ 利用多媒体交互技术、动态网页技术，配合广告设计，将企业品牌在互联网上展现得淋漓尽致。

☑ 着重展示企业 CI，传播品牌文化，提高品牌知名度。

☑ 对于产品品牌众多的企业，可以单独建立各个品牌的独立网站，以便市场营销策略与网站宣传统一。

3. 企业涉外商务网站

通过互联网对企业进行各种涉外工作，提供远程、及时、准确的服务，是企业涉外商务网站的核心目标，主要功能如下。

☑ 可实现渠道分销、终端客户销售、合作伙伴管理、网上采购、实时在线服务、物流管理、售后服务管理等。

☑ 更进一步优化企业现有的服务体系，实现公司对分公司、经销商、售后服务商、消费者的有效管理，加速企业的信息流、资金流、物流的运转效率，降低企业经营成本，为企业创造额外收益，降低企业经营成本。

4. 网上购物型网站

通俗地说，网上购物型网站就是实现在网上买卖商品，买方可以是企业（B2B），也可以是消费者（B2C），此类网站的主要功能如下。

☑ 为了确保采购成功，该类网站需要有产品管理、订购管理、订单管理、产品推荐、支付管理、收费管理、送发货管理、会员管理等基本系统功能。

☑ 网上购物型网站还需要建立复杂的物品销售系统、积分管理系统、VIP 管理系统、客户服务交流管理系统、商品销售分析系统以及与内部进销存（MIS、ERP）系统交互的数据导入/导出系统等。

☑ 本类型网站可以开辟新的营销渠道，扩大市场，同时还可以接触最直接的消费者，获得第一手的产品市场反馈，有利于市场决策。

5. 行业、协会信息门户、B2B 交易服务型网站

行业、协会信息门户、B2B 交易服务型网站是各企业类型网站的综合，是企业面向新老客户、业界人士及全社会的窗口，是目前最普遍的形式之一，主要功能如下。

☑ 将企业的日常涉外工作放在网上进行，其中包括营销、技术支持、售后服务、物料采购、社会公共关系处理等。

☑ 涵盖的工作类型多，信息量大，访问群体广，信息更新需要多个部门共同完成。

☑ 有利于社会对企业全面了解，但不利于突出特定的工作需要，也不利于展现重点。

6. 沟通交流平台

利用互联网将分布在全国的生产、销售、服务和供应等环节联系在一起，改变过去利用电话、传真、信件等进行交流的传统沟通方式，主要功能如下。

☑ 可以对不同部门、不同工作性质的用户建立无限多个个性化网站。

☑ 提供内部信息发布、管理、分类、共享等功能，汇总各种生产、销售、财务等数据。

☑ 提供内部邮件、文件传递、语音、视频等多种通信交流手段。

7. 政府门户信息网站

政府门户信息网站是利用政务网（或政府专网）和内部办公网络建立的内部门户信息网，以方便办公区域以外的相关部门（或上、下级机构）互通信息、统一数据处理、共享文件资料。主要功能如下。

☑ 提供多数据源的接口，实现业务系统的数据整合。

☑ 统一用户管理，提供方便有效的访问权限和管理权限体系。

☑ 便于建立二级子网站和部门网站。

☑ 完成复杂的信息发布管理流程。

1.1.2　网站定位

做网站的最终目的是为了盈利，因此什么样的网站能在尽可能短的时间内产生效益是要考虑的重点问题。虽然现在各类网站层出不穷，但是对于后来者、新创业者来说，只要找准定位、找准落脚点、找到盈利的模式，完全可以制作出有前景的网站。

1. 行业网站

如果在某个行业内有一定资源优势，创建该行业的行业网站是非常好的选择。这类网站虽然用户

Note

数量无法与大而全的网站相比，但都是有效客户。根据二八理论，行业网站用户 20%是无效用户，80%是有效用户，而非行业网站则刚好相反。

例如，DoNews（http://www.donews.com/）就是这样一个非常典型的代表，自 2000 年 4 月创立以来，只用半年时间就成为中国最大的 IT 写作社区，现在已团结了众多编辑、记者、自由撰稿人以及 IT 从业人员成为其专栏作者或论坛用户，如图 1.1 所示。

图 1.1　DoNews 网站

如果做传统行业的网站，如中国五金网、中国服装网、中国粮食网、中国化工网，仍然需要较多的投入，这是个人网站站长所无法完成的。因此，建议初学创业者选择其他行业，完全可以把行业范围扩大一些。

例如，如果是高中语文教师，对高中语文教学有非常深的研究，不妨按教材的目录编写一个行业网站，做到课件、试卷、教案、学案、教学研究都链接到一个页面上，让用户打开网站后，看到的是整个高中教材的目录，如果用户单击第一册第一篇课文，在打开的页面中就可以看到该节课文所有的实用资料，这对于有经验的教学者来说是完全可以做到的。因此，不妨把范围定位得小一点、准一点，这样很快就可以获得效益。

2. *面向最普遍的用户大众*

用户是收益的来源，有访问量就可以赚取不菲的广告费。但怎样才能赢得用户呢?

以 hao123（http://www.hao123.com/）为例进行说明，也许读者很少使用 hao123 进行网址导航，甚至基本上没有人将其设为浏览器的默认网页，但是如果读者在网吧、非 IT 用户的计算机上，会发现 IE 默认首页都选择了 hao123，如图 1.2 所示，这是为什么？

回忆初接触互联网时，是不是为要记住一个又一个网址而苦恼呢？现在同样如此，随着网络的高速发展，在巨大的用户群中，非专业的用户所占比例是非常庞大的，他们不会去记忆网址，虽然很多域名很容易记住。hao123 网站的站长正是看到这个盲点，并迅速出手，创建了这样一个入门级的网站导航页面，满足了上亿用户访问互联网的需求。由于先占据了市场，最终该网站以 5000 万人民币的价格卖给了百度。

Note

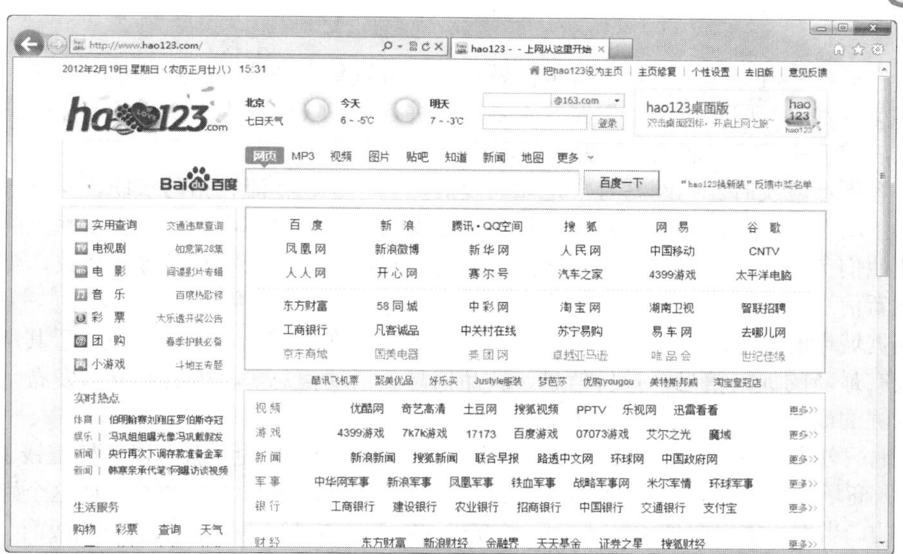

图 1.2 hao123 网址导航

为什么 hao123 这样看起来毫无技术含量、很不时尚的网站，会有这么大的需求？

认真想一想，这恰好说明中国的现状。互联网不再是一线城市的白领、大学生的专利，越来越多的不会拼音的老年人上网了，越来越多二线城市、乡镇，包括农村（农民）朋友上网了。他们本来应该和所有互联网用户一样拥有平等的权利，理应受到相应的尊重，却被很多创业人员忽略了。

例如，现在的 IT 学院类网站遍地开花，这类网站都追求“门户”之风，从简单到复杂，从普通内容到行业教学，包罗万象。这样，虽然每个用户都会觉得这儿有他们需要的东西，但是这留不住用户。

换一个角度，可以只做针对菜鸟的网站，编辑他们最需要、最关心的内容，不做高端的，不做大而全的，毕竟菜鸟的用户数量要数倍于高手。而且做这类网站也不需要太高的技术。

3. 地区分类信息网站

分类信息网站目前已经很多了，如客齐集、赶集网等，另外，163、QQ 等门户网站都有地区的分类信息，那么是不是就意味着新创业者就没有前途呢？当然不是，只要做好以下几点就可以了。

☑ 选择的城市规模要适中，避开锋芒。对于北京、上海这类大城市，网站推广起来比较困难，而且这类网站可能早已存在，因此没有必要与其相争。选择的城市应为中等规模的市级城市或较大规模的县、区，这样的城市规模适中，有一定的用户量，但又不是特别大，推广、维护起来比较容易。

☑ 选择中小规模的城市是因为现有的全国性的分类信息网站还没有能力把这类城市的信息收集全并在本地区进行推广。

☑ 做好分类信息的内容。信息一定要实用，应是本地区用户确实感兴趣，对他们的生活确实有帮助的，同时主要用户群应是中、青年用户。

☑ 网站频道设置要有特色，如二手交易、房产交易、物流、招聘求职、交友等都是不错的选择。其次是本地区的商家信息。在网站推出前期，可以由专人将本地区按街道、功能等方式进行多重分类，免费收录到网站中。具体来说，可以将每条街道上的所有店铺、商家免费入驻，以便用户找到信息。先期的工作量稍大，但如果城市不是特别大，做起来也不会特别难，并且在先期收录时可以只收录主要的店铺，如综合商场、专卖店、KTV、酒

Note

吧等。

- ☑ 推广策略要恰当，在先期准备工作做好后，可以集中制作一批宣传单或画册，向入驻的商家免费发放，同时可以在主城区主要干道进行分发（这在中小城市是可以的），另外也可以组织一些互动的活动来积聚人气。
- ☑ 内容更新应及时。当网站有一定知名度后，如二手、物流、招聘求职、交友这类信息用户会主动发布，其次，一些商场、较大的专卖店等一般也都会有专人负责网上的宣传，可以让他们免费发布信息。如果本地区的商场不能做到，那么可与其签订协议，免费帮助他们更新信息。
- ☑ 根据城市的大小，可考虑安排 2～5 名信息员，让他们每天按区域排查，看其所属区域内有没有最新的促销信息、打折信息、新品信息、活动信息等，若有则立即发布，同时也要求入驻的商家有该类信息时主动发布。

做到本地区分类信息与人们生活、休闲相关，内容收录得比较全，就可以开始赚钱了，如发布信息收费、为大商场设立专区宣传收费等，换句话说，网站相当于一个媒体平台，而这个媒体的运营成本是比较低的。当然，如果要做大，还有很多方式，如承包本地区某份报纸的一个版面，将网站收录的信息在报纸上发布（指收费信息）等。

这类网站之所以能赚钱，是因为全国性的分类信息网站无法做到信息本地化，抓住这个契机建一个本地生活信息服务网站还是可行的。

1.1.3 网站目标分析

自 2009 年以来，网络环境发生了巨大的变化，靠垃圾网站刷流量、靠人体艺术网站挂广告、靠打擦边球赚流量来盈利的网站已经无法生存。申请域名时，备案要实名认证，cn 域名个人不得注册等行为规范逐渐完善，再加上百度等搜索引擎的算法不断改进，网站靠流量赚钱已经相当困难。但是，读者在选择目标时一定要十分清晰，避免重蹈覆辙。下面就几个比较热门的网站目标进行调查分析，以供借鉴。

1. 多媒体网站

电影和音乐网站很容易发展，也很容易赚钱。只要不断添加内容，不断增加节目，确保可以在线播放，赚取流量不是问题。如果做免费电影网站，基本半年不到就可以积累一定基数的用户。但是，电影网站对带宽要求非常高，这类网站的广告往往非常多，几乎随处可见，尽管如此，浏览者还是比较习惯，并能够忍受，很多站长靠广告联盟获得了高额利润。

不过，随着国家对版权保护的加强，打击盗版的力度越来越大。做电影和音乐类型的网站就会存在致命的发展隐患。真要搞起来了，靠会员还是可以盈利的。大部分电影网站都是“小偷”程序，有的采集优酷、56、土豆等门户视频网站，导致搜索引擎不收录的情况时有发生，因此现在的电影网站不好做。

2. 图片网站

图片网站是比较适合个人站长去做的，这类网站需要占用大量的空间，如果拥有虚拟的服务器（VPS），不妨考虑一下，当然，网站成本会增加很多。现在图片网站必须做正规图片，不能有内容不健康的图片。

图片网站一般是没有固定用户，除非是专业素材类图片，图片网站流量大部分来自搜索引擎。图片的资源搜集是个漫长的过程，需要耐心，不建议直接到淘宝店买一套整站图片程序。

3. 小说网站

小说网站的流量主要依靠搜索引擎产生，目前主要是百度，因此，此类网站不做 SEO 优化，靠普通的方式推广比较难，没有流量的小说网站相当于一个废站。另外，小说的内容从哪里来？自己写不太现实，做采集，但现在采集站大部分都“死”了。没有哪个有能力的作者喜欢长期在一个小网站上写作。

现在做手机小说下载网站还是比较有前途的，因为 4G 时代人人都离不开手机，在手机上看小说的人也越来越多，虽然手机小说下载网站很多，由于这个市场庞大，现在进入为时不晚。

4. 导航网站

导航网站有很多人在做，但一直没有被超越，大家都是看到了 hao123 被百度高价收购，跟风上阵。制作导航网站很容易，到网上下载一个源码，不到一个小时就能做出来，但是这类网站的流量从何来呢？这是最大的问题。个人站长没有大量的资金做宣传，也没有能力去做一个木马软件进行传播，更不太可能去和电信、网通等合作，去门户网站投硬广告也不实际。做一个导航网站供自己使用还是可以的，但用来盈利，可行性不高。

5. 下载网站

下载网站一直是个热门，不过大部分个人下载网站都是通过“盗链接”提供下载资源，很少有个人站长自己慢慢搜集资源，再一个一个地搜集软件源码、测试并打包上传，因为这样做会花费巨大的精力，另外下载网站占用的空间和带宽也很大，没有自己的服务器是不行的，很多个人站长没有能力去投资，花大力去推广，这样的网站也坚持不了太长时间。天空软件下载是以前相当出名的网站，也是由个人下载网站发展起来的，但那是因为发展得早，如今成功模式已不可能再去复制了。

正规的下载网站靠广告位和联盟获利，垃圾下载站常靠流氓站和绑定插件，甚至是木马程序获利。创建下载网站时，固然要创建正规的网站。

6. 论坛社区和博客网站

对于论坛社区和博客网站来说，现在很多网站都使用 DZX 程序，还有 WD，创建一个论坛仅需不到半个小时的时间，把模板风格设计好，则不到一天，但是人气高的论坛并不占多数。地方论坛或者专业性的技术论坛是比较有发展的，如网络技术、站长论坛、电器维修论坛等。

7. 其他类型网站

除上述网站，还有一些其他类型的小网站，有自己的特色和盈利点，有发展前途，当然，这需要读者认真分析和把握。也有很多人做 IDC 卖空间，基本上都是在国外买一个 VPS，在国内卖主机，这类服务空间不稳定，骗子多，让人防不胜防。国内的 IDC 有 70%都是个人在做，陷阱很多，所以建议大家做正规的网站，向细化的行业站发展，做得早，可能以后就是这个行业的霸主。

1.2 网站盈利模式

对于广大初学网站开发的读者来说，学习之初首先应该了解并思考网站盈利模式问题，虽然成功不可复制，但是模式却可以借鉴。

1.2.1 广告费

广告是网站的最基本盈利模式，各种规模的网站都在做，但在做广告时，一定要选好定位，例如，

Note

彩铃广告在数码频道、时尚频道或者女性频道能获得较好效果，国内一家知名的通信资讯公司的报告显示，70%的彩铃业务来自于女性客户。

网站广告的形式多种多样，简单总结如下。

☑ 网站本身广告

几乎所有网站都有广告位，最常见的是横幅式广告，有些显示在最上方，有些在网站内容的中间和底部。还有一些是内页的大幅广告位，这些尺寸都没有严格限制，可根据自己网站的布局和需求制定。展现形式可以为图片、文字和动画。

☑ 悬浮式窗口广告

此种广告不影响网站本身布局，内容自由，如经常在网页中看到的悬浮在两侧的广告位，以及网站右下角类似腾讯新闻提示框的窗口广告位等，这种广告位中的内容多为图片和动画，文字类较少。

☑ 弹窗广告

这种广告和网站页面不相关，直接弹出新的窗口。现在各类小说站大多都含有弹窗广告，不过用户体验差，对网站空间和速度有影响。

☑ 图片广告

这是新的广告形式，可以让网站里的图片都成为广告位。在鼠标没有移动到特定区域前，展现的是网站本身的样式，如果移动到特定区域，则会出现提示性的广告。这种广告不影响网站本身内容，针对性强，用户体验度高，有发展前途。

网站广告收费形式总结如下。

☑ CPM（Cost Per Million）

这种广告形式是指广告展示一千次，就计费一次。目前，弹窗广告就是采用这种收费形式，不看重实际效果，只关注展示次数。

☑ CPA（Cost Per Action）

这种广告收费形式是按特定的动作进行收费的，例如，成功购买一件商品、注册一个用户或打开一个网页等。这种广告形式对广告主比较有利，根据实际工作来计费。

现在很多免费网站，都以引导客户做出以上行为为重点。用广告方面的收益保持用户的免费使用权限，因此很多网站采取激励的方式，只要用户完成以上行为，就可以获取积分，积分到一定量之后就可以换取网站服务等。

☑ CPC（Cost Per Click）

点击付费，即根据实际点击率进行计费。这个是推广广告最常用的形式，如百度推广、阿里巴巴的网销宝等都是采用这种形式。

☑ CPS（Cost Per Sale）

根据实际销售情况来计算广告费，一般按利润的百分率计算。淘宝客就是采用这种模式，根据实际产品销售的利润按 30%或 50%的比例分成。

☑ 包月

这种收费形式主要出现在网站的固定广告位上，以一个价格买断一个广告位，不计算展示，不计算点击率，也不计算实际销售情况。很多喜欢固定收入的站长比较喜欢这种形式。

在此类盈利模式中，国内做得较好的是新浪（www.sina.com.cn）、搜狐（www.sohu.com）、网易（www.163.com）等门户网站（包括行业门户）。另外，视频网站通过影音载入前后的等待时间播放广告主的在线广告也是一个非常可观的盈利点，如国外的 youtube（www.youtube.com），国内的 56（www.56.com）、土豆（www.tudou.com）、六间房（www.6rooms.com）等。

1.2.2 技术费

采用这种盈利模式的网站需要拥有专业人才，在某一特殊领域建立良好的声誉，例如，国内的一些 CMS、BBS 系统提供者，如风讯、动易、动网、帝国等，国外的也有类似的免费开源项目，如 WordPress。

WordPress 是一种使用 PHP 开发的博客平台，用户可以利用它在支持 PHP 和 MySQL 数据库的服务器上架设自己的博客，也可以把 WordPress 当作一个内容管理系统（CMS）来使用。WordPress 是一个免费的开源项目，最初，这个项目也仅是一个自娱自乐的网站，由于该网站比较专业，并最先实现开源和免费，故拥有很多用户。目前，WordPress 是美国最富创新性的网站之一，其价值达几十亿美元。

1.2.3 标准费

采用此种盈利模式的网站致力于建立业界的标准，一旦标准建立，则可获得丰厚报酬。这种网站对于站长要求很高，不仅要有深厚的专业知识，还要有极强的创新能力，如百度，旨在建立一种搜索行业的标准，后来者只是模仿者，但是模仿者要想超过标准建立者，需要付出很高的代价，而且是几乎不可能的，这类网站还有 hao123、chinabbs、qihoo 等。

1.2.4 服务费

采用这种盈利模式的网站会深入了解客户的状况，协助客户解决问题，因此能够和客户建立非常好的关系，网站也因客户的成长而盈利。这类网站的站长要在某一行业中有着足够的实力或者很强的话语权。

这种网站有很多，如提供电子商务解决方案，帮助客户梳理产品流程，降低企业成本，还有论文发表网站，可帮助有发表需求的客户发表论文，此外还有翻译网站，均以提供服务为主，这种收益比广告收益要多。

1.2.5 平台费

这种盈利模式的网站扮演了电话系统中交换机的角色，提供一个平台让买卖双方交易，从中收取费用，交易量越大，利润越高。国内这类网站最成功的应属淘宝网，国外的有 eBay 网站，还有一些小型的 C2C、B2B 和各种各样的交友网站。

目前这类网站发展空间比较小，不过可以在专业化上谋求发展，如做点卡、虚拟财产等。

1.2.6 会员费

这类网站最成功的案例要属 QQ 会员网站，因为这种网站拥有众多忠实会员，可定期向会员收取会员费。如果读者期望通过会员模式盈利，那么在设计网站时，就应该思考网站的内容，应该具有专、精、深的特性，同时又是独家信息，而且这些内容对于特定用户群来说，又是必需的。例如，淘宝营销经验、个人独门秘方、技术专供等。

这类网站要想拥有数量众多的忠实会员，必须要在内容上下工夫，但这又与互联网共享的精神相矛盾。例如，建一个学习资料的收费会员站，苦心经营一段时间后，读者会发现网上类似的资料满天飞，因此做好内容的同时，一定要想办法控制内容的流失，办法有很多，可以借鉴国内几家提供电子

杂志的网站，还有一些论文、电影、文秘网站。做这类网站是比较辛苦的，风险也比较大。

注册会员收费，提供与免费会员差异化的服务，这类盈利模式比较成功的网站举例如下。

Note

☑ 阿里巴巴（www.cn.alibaba.com），中国 B2B 网站典范，此类还有慧聪商情（www.hc360.com）、金银岛（www.315.com.cn）等。

☑ 中国化工网（www.chemnet.com.cn）、我的钢铁（www.mysteel.com）等行业门户网站。

☑ 配货网（www.peihuo.com）等专业服务网站。

☑ 51（www.51.com）等娱乐游戏网站。

1.2.7 增值费

这种模式主要通过短信的途径实现，短信业务的成功也是一种运营模式的胜利。中国移动通过利益分成的形式将 SP（内容提供商）团结在一起，形成了一个完整的包括电信运营商、内容提供商、系统和终端设备提供商、用户的产业链，并担负着联系各方、协调整个链条正常运转的最关键责任。中国移动通过这个由运营商主导施行的一种公平的互惠互利商业模式，让各个环节的参与者都真切地感觉到了可企及的利益，通过榜样的力量更是吸引到了越来越多的公司和个人参与。

目前，这是最赚钱的网络盈利模式之一，几乎每个进入全球排名前 10 万位的商业性网站和个人网站都在通过 SP 来获取经济回报，不过由于 SP 受到中国移动等运营商的限制，盈利率有些下降，以此类模式为主的上市公司市值较以前有缩水，比较典型的网站有空中网（www.kong.net）、ZCOM（www.zcom.com）、51（www.51.com）等。

1.2.8 游戏费

这类网站主要以网络游戏为平台，通过游戏相关的服务和虚拟物品进行盈利，如虚拟装备和道具买卖。相信很多玩过网络游戏的读者都会了解这种盈利模式。

这方面比较成功的网站包括网易游戏（play.163.com）、盛大游戏（www.poptang.com、www.shanda.com.cn）、九城游戏（www.the9.com、www.ninetowns.com）、久游（www.9you.com ）及其游戏地方代理运营商。

1.2.9 电商盈利费

电子商务盈利模式将是未来网站盈利模式的主要方向，主要通过网上交易获取实际收益，类似的网站形式包括各种网上商店以及现在正在流行的团购网站，都是电子商务盈利模式的新形式，值得读者认真研究。

这类模式又可以分为以下两种。

☑ 销售别人的产品

根据对象不同可分为 B2C（商家对个人）和 C2C（个人对个人）两种模式。C2C 网站包括淘宝（www.taobao.com）、易趣（www.ebay.com.cn）等，易趣通过在线竞拍，从成功交易中抽取佣金。B2C 网站包括亚马逊（www.amazon.com）、当当（www.dangdang.com）等，豆瓣网（www.douban.com）则通过营造社区，推荐销售来抽取佣金。

☑ 销售自己的产品

也就是开设企业网店，大多数外贸网站和国内中小企业网站都包含该功能模块，或者建立独立的产品销售网站。

1.3　网页设计工具

网页内容如此丰富，用什么工具来创作，已经成为广大网页初学者最关心的话题。现在网页制作工具有很多。下面介绍几种有特色的网页编辑、网页图像与动画制作软件。

1.3.1　Dreamweaver

Dreamweaver 与 Fireworks、Flash 一起被喻为"网页制作三剑客"。Dreamweaver 是"所见即所得"的网页编辑软件，能够很好地通过鼠标拖动的方式快速制作网页效果，并能够与 HTML 代码编辑器之间进行自由转换，而 HTML 语法及结构不变。这样，专业设计者可以在不改变原有编辑习惯的同时，充分享受到"所见即所得"带来的方便。

Dreamweaver 支持多种语言的动态网页的开发，如 ASP、JSP 和 PHP 等。Dreamweaver 界面和工作环境简洁、富有弹性，与 Fireworks、Flash 和 Photoshop 紧密集成，以及使用 Dreamweaver 的可扩展结构来扩展和定制 Web 的功能。

1.3.2　Photoshop

Photoshop 是目前最流行的图像处理软件。只要将 Dreamweaver 的默认图像编辑器设为 Photoshop，那么在 Photoshop 中制作完网页图像后将其输出，就会立即在 Dreamweaver 中更新。

Photoshop 提供了大量的网页图像处理功能，例如，网页上很流行的阴影和立体按钮等效果，只需单击一下就可以制作完成。当然，使用 Photoshop 最方便之处在于可以将图像切割效果直接生成 HTML 代码，或者嵌入到现有的网页中，也可作为单独的网页出现。

1.3.3　Flash

Flash 是目前最流行的矢量动画制作软件，与其他 Web 动画软件相比，Flash 制作的动画占用空间小，非常适合在网络上使用。同时，矢量图像不会随浏览器窗口大小的变化而改变画面质量。Flash 中还提供了一些增强功能，例如，支持位图、声音、渐变色和 Alpha 透明等。拥有了这些功能，用户就完全可以建立一个全部由 Flash 制作的站点。

Flash 支持视频流，这样浏览者在观看一个大动画时，可以不必等到影片全部下载到本地后再观看，而是可以随时观看，即使后面的内容还没有完全下载，也可以欣赏动画。此外，Flash 界面简洁、易学易用，还附带了精美的动画实例和简明教程，即使是新手，也能很快掌握。

1.4　网站开发筹备

对于广大初学网站开发的读者来说，一定要铭记网站内容要尽量做到精和专。在决定开发网站前，应该思考下列问题。

☑　网站包含什么内容？

☑　目前国内有哪些比较有实力的同类网站？

☑ 与同类网站相比有哪些优势？

当考虑清楚上述问题，即可着手筹备自己的网站，具体说明如下。

1.4.1 了解网站工作方式

Note

在学习网站开发时，读者应该明白两个基本概念：客户端和服务器端。

"客户端"英文为Client，"服务器端"英文为Server。在计算机领域，凡是提供服务的一方，都可以称为服务器端，而接受服务的一方则称为客户端。

例如，把自家的几台计算机连在一起，形成一个简单的家庭局域网，其中一台计算机连接有打印机，其他计算机都可以通过这台计算机进行打印，那么可以把这台计算机称为打印服务器，因为这台计算机提供打印服务，而使用打印服务器提供打印服务的另一台计算机就可以称为客户端。

当然，谁是客户端、谁是服务器端都不是绝对的，而且是随时变化的。例如，如果原来提供服务的服务器端计算机要使用其他计算机提供服务，则服务器端所扮演的角色即转变为客户端。

如果把这种关系迁移到动态网站开发中，则客户端和服务器端就变成了浏览器和网站之间的对应关系。浏览者（在本地计算机中）通过浏览器向网站请求浏览服务，网站（在远程服务器上）根据请求进行响应服务。

注意，不能根据位置关系来判断客户端和服务器端。如果当在本地计算机中组建了支持服务器的环境，而又在同一台计算机中向服务器请求服务，则客户端和服务器端都会在同一台机器上，位置关系发生了变化。

如果本地计算机被连接到互联网上，且其他用户知道该计算机的 IP 地址，则此用户可以远程浏览本地计算机中保存的动态网页，这时本地计算机就变成了服务器端，而远程计算机就变成了客户端。

"请求"的英文为Request，"响应"的英文为Response。请求和响应是HTTP传输协议中的两个基本概念。HTTP是超文本传输协议，是Web应用的基础，网页都是通过HTTP协议进行传输的。

HTTP是一种请求/响应模式的协议，通俗地说就是客户端浏览器向服务器发出一个请求，服务器一定要进行响应，HTTP消息在一来一回中完成一个请求/响应的过程。

当客户端浏览器与服务器建立连接之后，客户端会发送一个请求给服务器，请求消息的格式是：统一资源定位符（URI网址）、协议版本号，后面是类似MIME的信息，包括请求修饰符、客户机信息和可能的内容（这些内容都将在后面章节中进行讲解）。服务器接到请求后，会返回相应的响应消息，其格式是：一个状态行包括消息的协议版本号、一个成功或错误的代码，后面也是类似 MIME的信息，包括服务器信息、实体信息和可能的内容。

在动态网站中，请求/响应就这样构成了全部活动的基础，实现信息的动态显示。

1.4.2 了解动态网站类型

目前常用的3类服务器技术包括ASP、JSP和PHP，其功能都是相同的，但是基于的开发语言不同，实现功能的途经也存在差异。如果掌握了一种服务器技术，再学习另一种服务器技术，就会简单得多。这些服务器技术都可以设计出常用的动态网页功能，对于一些特殊功能，虽然不同服务器技术支持程度不同，操作的难易程度也略有差别，甚至还有些功能必须借助各种外部扩展才可以实现。

另外，Adobe公司开发的基于Flash技术的FMS（Flash Media Server）服务器技术，目前也很受欢迎。同时，由ASP技术经过升级后得到的ASP.NET服务器技术，功能更加强大。下面简单了解一下ASP、PHP和JSP三大服务器技术的特点。

1. ASP

ASP（Active Server Pages，活动服务器网页）是一种 Web 应用开发的环境，而不是一种语言，其他几种服务器技术也不是具体的编程语言。ASP 简单、好学，是目前服务器应用比较广泛的一种技术，用户基础和技术支持都比较雄厚。ASP 采用 VBScript 和 JScript 脚本语言作为开发语言，也可以嵌入其他脚本语言。ASP 服务器技术只能在 Windows 系统中使用。ASP 页面的扩展名为.asp。

2. PHP

PHP（Hypertext Preprocessor，超文本预处理程序）也是一种比较流行的服务器技术，最大的优势就是开放性和免费服务。读者不用花费一分钱，就可以从 PHP 官方网站（http://www.php.net）下载 PHP 服务软件，并不受限制地获得源码，甚至可以加进自己开发的功能。PHP 服务器技术能够兼容不同的操作系统。现在用 PHP+MySQL 进行开发已成为中小企业应用开发的首选。PHP 页面的扩展名为.php。

3. JSP

JSP（JavaServer Pages，Java 服务器网页）是 Sun 公司推出的服务器技术，Sun 公司打造的 Java 开发平台现在完全可以与微软的.NET 平台相抗衡，也是大型网站首选的开发工具之一。JSP 可以在 Servlet 和 JavaBean 技术的支持下，完成功能强大的 Web 应用开发。另外，JSP 也是一种跨多个平台的服务器技术，几乎可以执行于所有平台。JSP 页面的扩展名为.jsp。

ASP、PHP 和 JSP 这三大服务器技术具有很多共同的特点，如下所示。

☑ 都是在 HTML 源代码中混合其他脚本语言或程序代码。其中，HTML 源代码主要负责描述信息的显示结构和样式，而脚本语言或程序代码则用来描述处理逻辑。

☑ 程序代码都是在服务器端经过专门的语言引擎解释执行之后，把执行结果嵌入到 HTML 文档中，最后再一起发送给客户端浏览器。

☑ ASP、PHP 和 JSP 都是面向 Web 服务器的技术，客户端浏览器不需要任何附加的软件支持。

当然，三者也存在很多差异，例如：

☑ JSP 代码被编译成 Servlet，并由 Java 虚拟机解释执行，这种编译操作仅在对 JSP 页面的第一次请求时发生，以后就不再需要编译。而 ASP 和 PHP 则每次请求时都需要进行编译，因此，从执行速度上来说，JSP 的效率最高。

☑ 目前国内的 PHP 和 ASP 应用最为广泛。由于 JSP 是一种较新的技术，国内使用较少，但是在国外，JSP 已经是比较流行的技术，尤其是电子商务类网站采用得更多。

☑ 由于免费的 PHP 缺乏规模支持，所以不适合应用于大型电子商务网站，而更适合一些小型商业网站。ASP 和 JSP 则没有 PHP 的这个缺陷。ASP 可以通过微软的 COM 技术获得 ActiveX 扩展支持，JSP 可以通过 Java Class 和 EJB 获得扩展支持。升级后的 ASP.NET 更是获得.NET 类库的强大支持，编译方式也采用了 JSP 的模式，功能可以与 JSP 相抗衡。

总之，ASP、PHP 和 JSP 都有自己的用户群，各有所长，读者可以根据三者的特点选择适合自己的技术。

1.4.3　申请域名和购买空间

域名和空间是两个独立但又紧密联系的概念，都不能单独使用。域名相当于远程网站的联系地址，而空间就是网站在互联网上的“家”。通过域名可以找到网站，但是如果没有网站，域名也仅是空的联系地址，没有实际意义。

Note

1. 认识域名

提及域名，不妨先从网址说起。读者可能经常在浏览器的地址栏中输入网址。网址的专业名称是统一资源定位符（Uniform Resource Locator，URL），是完整描述互联网上网页和其他资源地址的一种标识方法，因此也常称之为 URL 地址，这个地址可以是本地磁盘，也可以是局域网上的某一台计算器，更多的是互联网上的网站。

例如，在浏览器的地址栏中输入“http://www.baidu.com/”，确定之后则浏览器会自动定位到百度的首页。其中，http 表示传输协议，为超文本传输协议，专供 Web 服务器使用，这也是使用最广泛的协议。类似的还有 ftp（文件传输协议）、mailto（电子邮件协议）等。

www.baidu.com 表示服务器的域名（或称主机名，简称域名），这里提及的服务器或主机多数情况下表示虚拟服务器或虚拟主机，即网站，而非实际的服务器或主机。接入到互联网中每个可供访问的服务器，都有一个专用的域名，用户要访问服务器上的资源，也必须指明服务器的域名。

在 www.baidu.com 域名中，com 表示顶级域名，是国际通用域名，在世界范围都可以访问，开始设计为公司（Company）使用，但现在任何人都可以申请。类似的域名还有 cn，表示中国国家域名，使用范围仅适于国内，但是随着中国国家域名的影响力不断增大，其他国家和地区也开始为 cn 域名提供接入服务。

顶级域名的类型繁多，以前国家对于域名的管理还比较严格（因为当时资源有限），现在大部分类型的域名都可以对个人开放了。当然，不同类型的域名收费标准也是千差万别，每家服务商的收费标准也各不相同，选用时要适当比较一下。其中，cn 域名是目前比较流行、收费也较便宜的域名。

baidu 表示二级域名，这才是真正的域名（狭义角度讲）。二级域名前面还可以有三级域名。二级域名在申请时由申请者确定，三级域名可以在申请成功之后再绑定。

2. 申请域名

域名申请一般可以在网上完成。提供域名和空间服务的公司很多，如果在搜索引擎中搜索“域名注册”，会找到很多提供类似服务的公司。各家公司的服务水平参差不齐，可根据个人需求和公司口碑适当进行选择。申请域名可按如下几步来实现。

第 1 步，确定顶级域名。一般可以根据网站的业务范围选择不同的类型，例如，如果仅为学习、交流使用则可以选择国家域名 cn；如果希望网站在世界范围内能够被访问，则可以选择 com、org、net 等国际域名；如果准备建立 wap 网站，则可以申请 mobi 手机域名。另外，还有通用域名和中文域名等，可选择范围还是很大的。

第 2 步，确定自己的域名。这个域名也就是前面介绍的二级域名。域名越短越好，还应好记，并具有一定的意义。

第 3 步，查询自己的域名是否已被注册，只有未注册的域名才允许申请。例如，假设在中国万网（http://www.net.cn/）中查询“zhu2008”关键字，则可以快速了解查询结果，如图 1.3 所示。

由于所有域名都由国家信息产业部进行统一备案和管理，国际域名还必须由国际统一机构进行备案管理，所以在任何一家网站中查询域名的数据库都是一样的，所查询的结果也是相同的。

如果自己设计的域名已经被注册，则可以重新设计域名并进行查询，直到满意为止。

第 4 步，确定所选的域名未被注册后，应赶快申请注册，很多有价值的域名有可能会瞬间被别人抢注。例如，在图 1.3 所示的查询结果中决定注册“zhu2008.net”，则单击“单个注册”按钮，进入确认页面，在此页面可以选择域名的期限，一般为一年，到期后如果没有续费，则该域名自动作废。如果计划长期持有，则建议多注册几年，一方面多年注册会有优惠，另一方面也避免因为忘记续费而被他人抢注。

Note

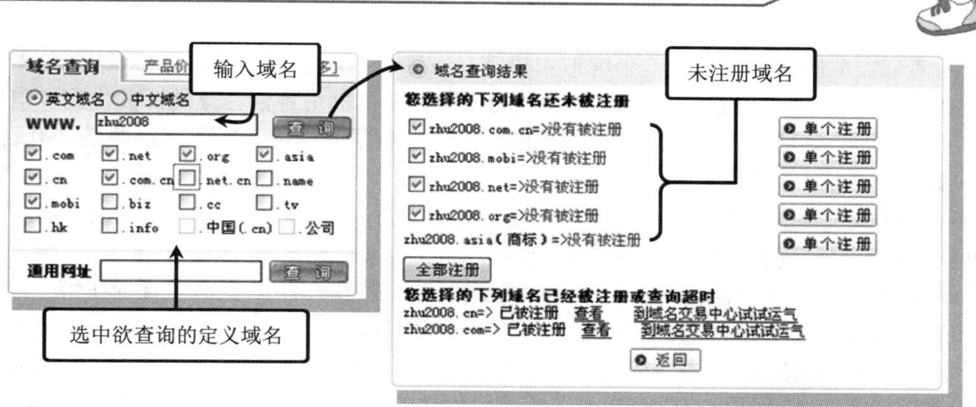

图 1.3　选择域名

在选择域名期限的同时，读者还可以选择配套服务（如图 1.4 所示），例如，是否购买空间等。对于初次注册域名的用户，建议同时选择一款空间类型，这样服务商就可以帮助用户将域名和空间进行绑定，而不需要用户再进行相关操作。

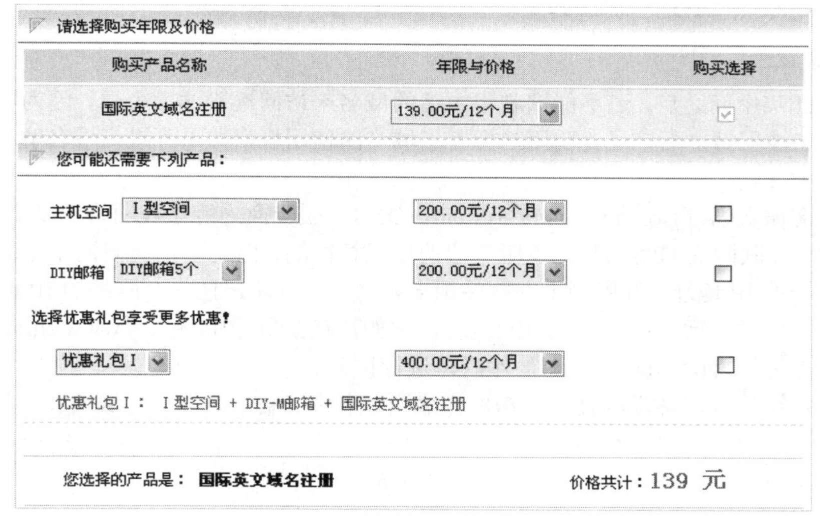

图 1.4　购买配套服务

第 5 步，填写个人详细信息。由于每个域名如同身份证号一样都是唯一的，所以读者提交的个人信息必须真实、详细，这些信息将被保存到国家域名数据中心进行统一管理。

第 6 步，信息提交成功之后，即可进行付费操作，付费成功后，服务商会帮助用户申请该域名并进行备案，一般此过程可能需要几个小时，甚至 1～2 天时间。

3. 购买空间

购买空间实际上就是购买主机（或服务器）。这里的主机有两种概念。

第一种是独立的服务器，用户可以自己购买服务器，然后在网上向服务商申请主机托管，或者申请主机租赁。独立服务器适合大中型企业、公司，或者做资源型商业网站，自然独立服务器的费用也相当昂贵，一般一年的管理费用会达到上万元。

第二种是虚拟主机。这也是大多数用户的首选。所谓虚拟主机，就是把一台运行在互联网上的服

Note

务器划分为多个虚拟的服务器，每一个虚拟主机都具有独立的域名和完整的 Internet 服务器（即支持 WWW、FTP、E-mail 等）功能。一台服务器上的不同虚拟主机是各自独立的，并由用户自行管理。虚拟空间的最大优势就是经济、够用，最便宜的空间可能仅需几十元，一般空间收费在几百元之间。根据公司服务水平的好坏，收费差距也很大。

虚拟主机有多种类型和大小，所支持的功能也不尽相同，应根据自己的需要进行选择。空间大小也应根据需要而定，空间越大，费用也就越高。

如果建立简单的个人网站或者创业网站，数据库可以选择 MySQL。另外，还应了解空间支持的扩展技术，例如，是否支持 FrontPage 扩展、多媒体、FSO 组件、邮件发送组件、文件上传组件等扩展技术。如果希望在网站中增加邮件发送模块，就应该确定该空间是否支持邮件发送组件；如果希望播放多媒体，则还要关注空间是否支持多媒体以及所支持的媒体类型等。这里还需要用户认真比较、选择的细节还是很多的。服务商推出每一款服务都会在网上详细列出该类型空间支持的技术和相关服务细节。

申请空间成功之后，应该及时汇款或邮寄相关费用，服务商收到服务费用之后会帮助用户开通空间，如果同时申请了域名，还会帮助用户把域名绑定到空间上，同时会发送一份订单信息给用户，在清单中详细显示空间后台管理的入口和登录信息以及服务的内容。这个订单非常重要，请妥善保管，以后建立远程网站时会用到这些信息。

4. 域名解析设置

申请域名和购买空间之后，还不能够利用申请的域名来访问远程的服务器，因为域名和网址并不是一个概念，域名注册好之后，只说明用户拥有了域名的使用权，如果不进行域名解析，那么这个域名就不能发挥任何作用。

域名经过域名服务器（Domain Name System，DNS）被转换为能够被网络识别的 IP 地址之后，网站才能够访问。互联网上的网站都是以服务器的形式存在的，但是怎样访问网站服务器呢？这就需要给每台服务器分配 IP 地址，互联网上的网站很多，用户不可能记住每个网站的 IP 地址，使用 DNS 就可以把域名转换为要访问的服务器的 IP 地址，例如，在浏览器中输入“www.chinaitlab.com”，则 DNS 会自动将其转换成 202.104.237.103，然后再进行访问。

设置域名解析可以请服务商的技术员帮助完成，如果购买服务商提供的域名和空间套餐，则会自动设置。当然，用户自己也可以很轻松地设置，例如，在服务商提供的网站中登录到订单管理后台，就可以根据“域名解析”提示进行设置，如图 1.5 所示。

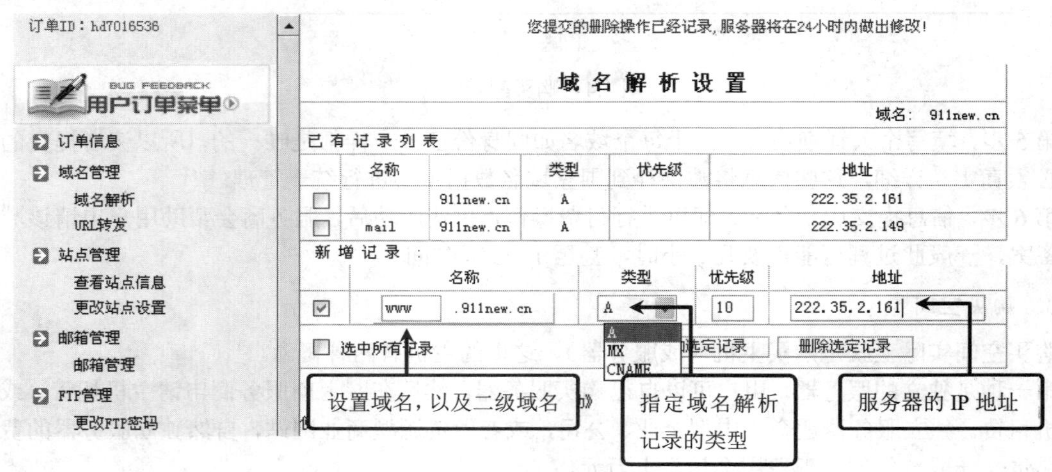

图 1.5 解析域名

域名解析记录的类型有如下 3 种。

☑ A 类型

A 类型又称 IP 指向，用户可以设置子域名（二级域名），并指向购买的服务器地址，从而实现通过域名找到服务器。A 类型的主机地址只能使用 IP 地址。

☑ MX 类型

MX 类型又称邮件交换，用于将以该域名为结尾的电子邮件指向对应的邮件服务器进行处理。MX 类型可以解析主机名或 IP 地址，同时还可以通过设置优先级实现主辅服务器设置，优先级中的数字越小，表示级别越高。也可以使用相同优先级达到负载均衡的目的，如果在主机名中包含子域名，则该 MX 记录只对子域名生效。

☑ CNAME 类型

CNAME 类型又称别名指向，用户可以为一个主机设置别名，例如，设置 news.911new.cn，用来指向一个主机 www.othernews.com，那么以后就可以使用 news.911new.cn 来访问 www.othernews.com 了。CNAME 类型的主机地址只能使用主机名，不能使用 IP 地址，而且主机名前不能有任何协议前缀，例如，http://www.othernews.com 中的 http://是不被允许的。

A 类型的域名解析会优先于 CNAME 类型，也就是说如果一个主机地址同时存在 A 类型和 CNAME 类型，则 CNAME 类型的解析无效。

1.5　网站规划

网站建设是一个系统工程，涉及多方面的知识。特别是商业网站，由于内容丰富，结构复杂，在创建之初进行规划是必需的。下面简单讲解一般网站的规划和创建流程。

1.5.1　设计规划

除非只设计一两个网页，否则网页制作应从网站整体的角度来考虑，首先对内容进行规划设计。创建新网站的最佳方法是先建立草图，再进行详细设计，最后正式实施。草图开发过程中要解决网站建设的一些基本问题，例如：

☑ 网站的结构。

☑ 文件的组织与管理。

☑ 存储信息的物理方法，采用数据库还是文件系统。

☑ 结构的完整性和一致性的维护方法。

详细设计包括页面布局、网站系统的内部结构、实现方法和维护方法等。这些对于以后的系统开发和投资都有着极其重要的意义。进行详细设计时，最重要的是确定网站的运行模式。对于商业网站，必须充分考虑财力、人力、计算机数目、网络连接方式、系统的经济效益、网站验证和用户反馈等诸多问题。从长远角度考虑，必须明确网站的创建目的和系统的资金投入。

1.5.2　素材筹备

影响网站成功的因素主要包括网站结构的合理性、直观性以及多媒体信息的实效性和开销等。成功网站的最大秘诀就在于让用户感到网站非常有用。因此，网站内容开发对于网站建设至关重要。进行网站内容开发时要注意以下几点。

- ☑ 由于浏览器存在兼容性问题，在设计网页时要确保在所有浏览器中都能够正常浏览。
- ☑ 网站总体结构的层次要分明，应该尽量避免复杂的网状结构。网状结构不仅不利于用户查找感兴趣的内容，而且在信息不断增多后还会使维护工作非常困难。
- ☑ 图像、声音和视频信息相较普通文本提供了更丰富和更直接的信息，产生更大的吸引力，但文本字符可提供较快的浏览速度。因此，图像和多媒体信息的使用要适中。
- ☑ 网页的文本内容应简明、通俗易懂。

Note

1.5.3 风格设计

简洁明快、独具特色、保持统一的网站风格能让用户产生深刻印象，不断前来访问。优秀的网页中少不了漂亮的图像，但更主要的是布局效果。网页布局采用的主要技术是 HTML 的表格和框架功能，同时要考虑以下几点。

- ☑ 色调：是活泼还是庄重，是朴素还是艳丽，这些要根据具体的网站内容来确定。
- ☑ 画面：需要考虑画面风格是写实还是写意，是专业化还是大众化，要根据不同对象进行设计。
- ☑ 简繁：是追求简洁还是花哨，不同性质的网站在这方面的要求会有所不同，例如，艺术类网站会不厌其烦地用各种手法来展示其创意，而商业网站的设计则应追求简洁。
- ☑ 动静：用 Flash 动画的动和静，体现活泼或严肃、动感或凝固等氛围，但要特别注意，网站中动的元素不要太多，避免杂乱。

1.5.4 结构设计

在规划站点结构时，一般应遵循以下规则。

1. 用文件夹进行分类存储

用文件夹来合理构建站点的结构。首先为站点创建一个根文件夹（根目录），然后在其中创建多个子文件夹，再将网页文件分门别类地存储到相应的文件夹内，可以创建多级子文件夹。

2. 文件命名要合理

使用合理的文件名非常重要，特别是在网站的规模很大时。文件名应该简洁易懂，让用户看了就能够知道网页的主要内容。如果不考虑不支持长文件名的操作系统，就可以使用长文件名来命名文件，以充分表述文件的含义和内容。

尽管中文文件名对于中国人来说清晰易懂，但是应该避免使用中文文件名，因为很多 Internet 服务器使用的是 UNIX 系统或者其他操作系统，不能对中文文件名提供很好的支持，而且浏览网站的用户也可能使用英文操作系统，中文的文件名称同样可能导致浏览错误或访问失败。如果对英文不熟悉，可以用汉语拼音作为文件名。

同时，有些操作系统是区分大小写的，例如，UNIX 操作系统。因此，建议在构建的站点中，全部使用小写的文件名称。

3. 资源分配要合理

网页中不仅仅是文字，还可能包含其他类型的资源，这些资源通常不能直接存储在 HTML 文档中，应考虑各类资源的存储位置。可以在站点中创建不同门类的文件夹，然后将相应的资源保存到对应的文件夹中。

4. 设置本地站点和远端站点为相同的结构

为了便于维护和管理，应该将远端站点的结构设计成与本地站点相同，这样，在本地站点上相应文件夹和文件上的操作，都可以同远端站点上的文件夹和文件一一对应。当编辑完本地站点后，利用Dreamweaver将本地站点上传到Internet服务器上，可以保证远端站点是本地站点的完整映射，避免发生错误。

Note

1.5.5 撰写网站规划书

网站规划书应该尽可能涵盖网站规划中的各个方面，写作网站规划书时要科学、认真、实事求是。网站规划书包含的主要内容如下。

1. 建设网站前的市场分析

（1）相关行业的市场是怎样的，有什么特点，是否能够在互联网上开展公司业务。

（2）市场主要竞争者分析，竞争对手上网情况及其网站规划、功能作用。

（3）公司自身条件分析、公司概况、市场优势，可以利用网站提升哪些竞争力，建设网站的能力（费用、技术、人力等）。

2. 建设网站的目的及功能定位

（1）为什么要建立网站，是为了宣传产品，进行电子商务，还是建立行业性网站？是企业的需要还是市场开拓的延伸？

（2）整合公司资源，确定网站功能。根据公司的需要和计划，确定网站的功能：产品宣传型、网上营销型、客户服务型、电子商务型等。

（3）根据网站功能，确定网站应达到的目的和作用。

（4）企业内部网站的建设情况和网站的可扩展性。

3. 网站技术解决方案

根据网站的功能确定网站技术解决方案。

（1）确定是采用自建服务器，还是租用虚拟主机。

（2）选择操作系统，用UNIX、Linux、Windows 2000/NT等。分析投入成本、功能、开发、稳定性和安全性等。

（3）确定是采用系统性的解决方案（如IBM、HP等公司提供的企业上网方案、电子商务解决方案），还是自己开发。

（4）网站安全性措施，防黑客攻击、防病毒方案。

（5）相关程序开发，如网页程序PHP、ASP、JSP、CGI、数据库等。

4. 网站内容规划

（1）根据建站目的和网站功能规划内容，一般企业网站应包括公司简介、产品介绍、服务内容、价格信息、联系方式、网上订单等基本内容。

（2）电子商务类网站要提供会员注册、详细的商品服务信息、信息搜索查询、订单确认、付款、个人信息保密、相关帮助等功能。

（3）如果网站栏目比较多，则考虑采用专人负责相关内容。

注意，网站内容是网站吸引浏览者最重要的因素，无内容或不实用的信息不会吸引访客。可事先对用户希望浏览的信息进行调查，并在网站发布后调查访客的满意度，以及时调整网站内容。

5. 网页设计

（1）网页设计风格一般要与企业整体形象一致，要符合 CI 规范，还要注意网页色彩、图片的应用及版面规划，保持网页的整体一致性。

（2）要考虑主要目标群体的分布地域、年龄阶层、网络速度、阅读习惯等。

（3）制订网页改版计划，如半年到一年时间进行较大规模改版等。

6. 网站维护

（1）服务器及相关软硬件的维护，对可能出现的问题进行评估，设置响应时间。

（2）数据库维护，有效地利用数据是网站维护的重要内容，因此数据库的维护要受到重视。

（3）内容的更新、调整等。

（4）制定相关网站维护的规定，将网站维护制度化、规范化。

7. 网站测试

网站发布前要进行细致周密的测试，以保证正常浏览和使用。主要测试内容包括以下方面。

（1）服务器稳定性、安全性。

（2）程序及数据库测试。

（3）网页兼容性测试，如在不同浏览器、显示器中是否均可正常浏览。

（4）根据需要进行其他测试。

8. 网站发布与推广

（1）网站测试后进行发布与推广活动。

（2）在搜索引擎中登记等。

9. 网站建设日程表

各项规划任务的开始及完成时间、负责人等。

10. 费用明细

各项事宜所需费用清单。

以上为网站规划书中应该体现的主要内容，根据不同的需求和建站目的，可适当增加或减少内容。在建设网站之初一定要进行细致的规划，才能达到预期建站的目的。

使用 Dreamweaver 新建网页

（视频讲解：77 分钟）

网页是网站中的一个页面，是构成网站的基本元素，也是承载各种网站应用的平台。实际上，网页只是一个纯文本文件，通过各种标记对页面上的文字、图片、视频、声音等元素进行描述，而浏览器则对这些标记进行解释并生成页面，通常是HTML格式，扩展名多为.html和.htm。

Dreamweaver 是网页设计、网站开发和管理的专业工具，提供了代码编辑和可视化编辑等多种操作视图，是目前公认的网页设计最强大的软件。灵活驾驭 Dreamweaver，就有可能成为网页制作高手。本章主要介绍使用 Dreamweaver CC 创建网页的基本方法。

学习重点：

- 熟悉 Dreamweaver CC 主界面
- 使用 Dreamweaver CC 新建网页
- 设置网页的基本属性
- 定义网页元信息
- 能够新建和管理站点

2.1 Dreamweaver 快速入门

Note

Dreamweaver 是 Adobe 推出的一款“所见即所得”的可视化网页设计和开发工具，提供了可视化布局、应用程序开发和代码编辑等强大功能，使不同技术级别的开发者和设计人员都能够快速创建符合标准的网页和网站。

2.2.1 Dreamweaver 发展历史

Dreamweaver 于 1997 年由 Macromedia 公司开发，版本经历多次升级，目前为 CC 版本。

2000 年推出的 Dreamweaver UltraDev 版本是第一个专为商业用户设计的开发工具。成为当时最受欢迎的网页设计工具，Dreamweaver 也一举成为专业网站外观设计的先驱。

2002 年 5 月，Macromedia 推出 Dreamweaver MX（Dreamweaver 6.0），功能强大，不需要编写任何代码即可设计动态网页，能提供智能代码提示，使 Dreamweaver 一跃成为专业级别的开发工具。

2003 年 9 月，Macromedia 推出 Dreamweaver MX 2004（Dreamweaver 7.0），新增对 CSS 的可视化支持，将网页设计提升到新的层次，促进了 CSS 的普及。

2005 年末，Adobe 公司收购 Macromedia，从此 Dreamweaver 归 Adobe 公司所有。

Dreamweaver 主要版本以及发布时间如表 2.1 所示。

表 2.1　Dreamweaver 主要版本列表

发布年份	版　　本	发布年份	版　　本
1997	Dreamweaver 2.0	2005	Dreamweaver 8
1998	Dreamweaver 2.0	2007	Dreamweaver CS3
1999	Dreamweaver 3.0 Dreamweaver UltraDev 2.0	2008	Dreamweaver CS4
2000	Dreamweaver 4.0 Dreamweaver UltraDev 4.0	2010	Dreamweaver CS5
2002	Dreamweaver MX	2012	Dreamweaver CS6
2003	Dreamweaver MX 2004	2013	Dreamweaver CC

2.2.2 熟悉 Dreamweaver 界面

启动 Dreamweaver CC 之后，会显示欢迎界面，并要求用户从中选择新建、打开或以其他方式创建文档，然后就可以打开编辑窗口。如果不希望每次启动软件或者关闭所有文档时总显示欢迎界面，可以在欢迎界面中选中“不再显示”复选框，如图 2.1 所示。

打开编辑窗口，Dreamweaver CC 主窗口工作界面分成了标题栏、菜单栏、状态栏、工具栏、“属性”面板、浮动面板等，如图 2.2 所示。

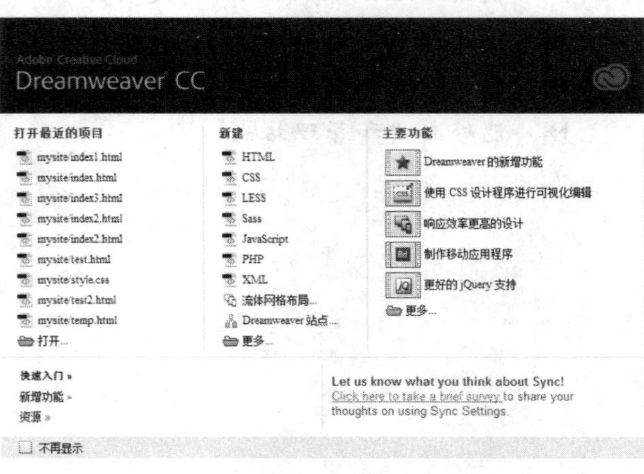

图 2.1　欢迎界面

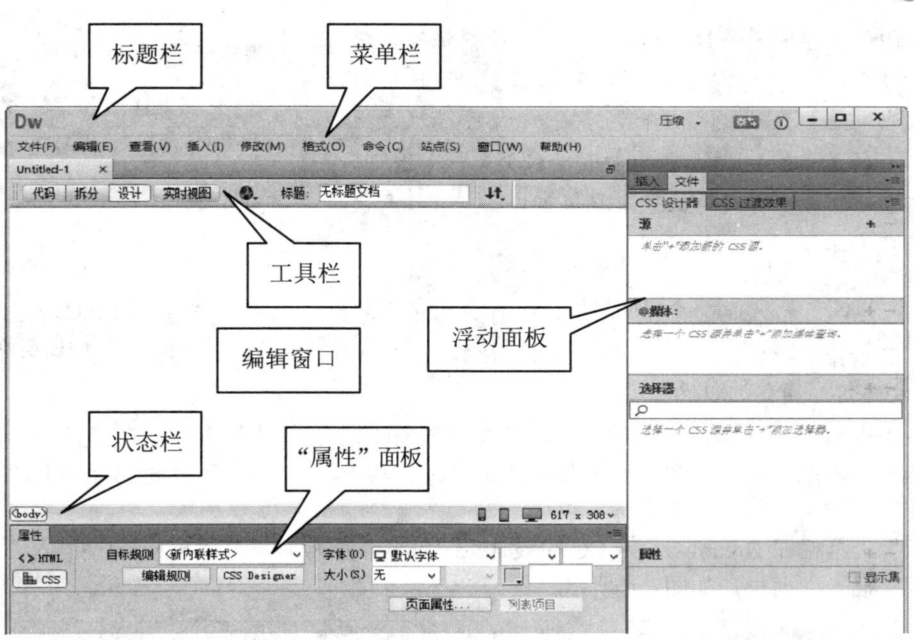

图 2.2　Dreamweaver CC 主窗口操作界面

1．标题栏

Dreamweaver CC 主窗口的顶部是标题栏，当窗口变宽时，标题栏和菜单栏会并行显示，如图 2.3 所示。

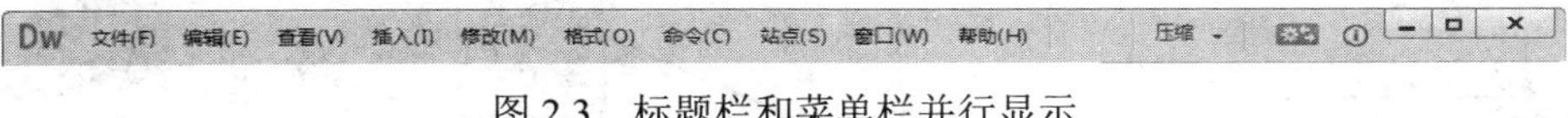

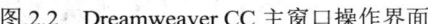

图 2.3　标题栏和菜单栏并行显示

标题栏左侧是 Dreamweaver 图标，右侧提供 3 个常用工具按钮：“工作区布局”按钮压缩、“同步设置”按钮和“帮助”按钮，最右侧显示有 3 个按钮，分别对应主窗口的“最小化”、“最大化”和“关闭”命令。

2．菜单栏

Dreamweaver CC 菜单栏共有 10 种命令，包括文件、编辑、查看、插入、修改、格式、命令、站点、窗口和帮助，如图 2.2 所示。选择其中任意一个命令，就会打开一个下拉菜单，如图 2.4 所示为打开“修改”菜单。

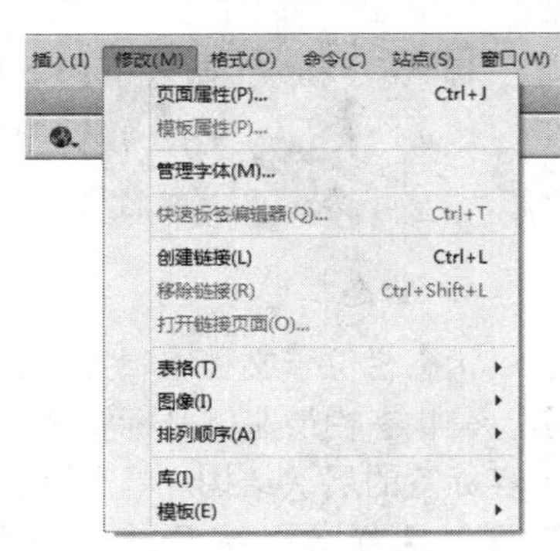

图 2.4　“修改”菜单

操作说明：

☑　如果命令显示为浅灰色，则表示在当前状态下不能执行。

☑　如果命令右侧显示有键盘的代码，则表示该命令的快捷键，熟练使用快捷键有助于提高工作效率。

☑　如果命令右侧显示有一个小黑三角的符号▸，则表示该命令还包含有子菜单，光标停留在该命令上片刻即可显示子菜单，也可以单击打开子菜单。

☑　如果命令的右边显示有省略号“…”，则表示该命令能打开一个对话框，需要用户进一步设置才能执行命令。

Note

提示：除了菜单栏外，Dreamweaver CC 还提供各种快捷菜单，利用这些快捷菜单可以很方便地使用与当前选择区域相关的命令。例如，单击面板右上角的菜单按钮，可以打开面板菜单，如图 2.5 所示。右击页面对象或者编辑窗口，可以打开快捷菜单等。

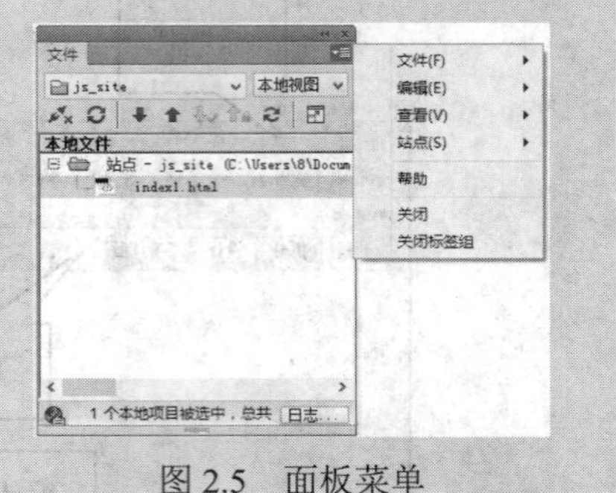

图 2.5　面板菜单

3. 工具栏和“插入”面板

工具栏中提供了一种快捷操作的方式，选择“查看”|“工具栏”命令，在打开的子菜单中可以选择“文档”、“标准”和“编码”3 种类型的工具栏。其中，“编码”工具栏只能够在“代码”视图下查看和使用。

“插入”工具栏在 Dreamweaver CC 中设计为“插入”面板。选择“窗口”|“插入”命令，可以打开或关闭“插入”面板，如图 2.6 所示。

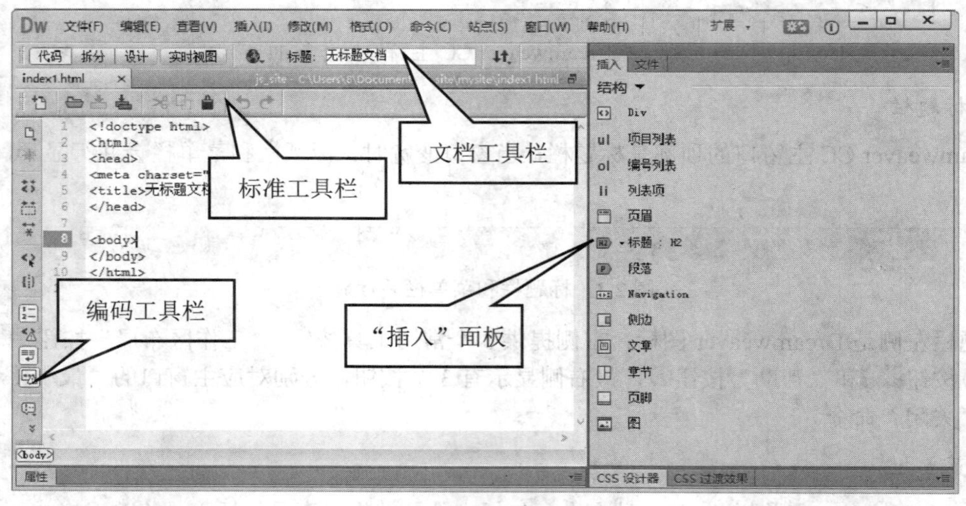

图 2.6　工具栏和“插入”面板

提示：“插入”面板中包含 8 类对象的快捷控制按钮，如常用、结构、媒体、表单、jQuery Mobile、jQuery UI、模板和收藏夹。系统默认显示为常用工具栏，单击“插入”面板顶部的下箭头，可以进行切换。

4. 状态栏

状态栏位于文档编辑窗口的底部，如图 2.7 所示。在状态栏最左侧是标签选择器，显示当前选定内容标签的层次结构。单击该层次结构中的任何标签可以选择该标签及其全部内容，例如，单击<body>标签可以选择整个文档。

图 2.7　文档编辑窗口及其状态栏

状态栏右侧为设备类型，用于选择不同设备类

型窗口，或者自定义窗口显示大小，以便设计在不同尺寸的屏幕下网页的显示效果。

5. “属性”面板

当在文档编辑窗口中选中特定网页对象，如文字、图像、表格等，就可以在“属性”面板中设置对象的属性。“属性”面板的设置项目会根据对象的不同而不同。

选择“窗口”|“属性”命令，可以打开或关闭“属性”面板，“属性”面板中的大部分选项都可以在“修改”菜单中找到。如图 2.8 所示是当选中了文字之后的“属性”面板效果。

图 2.8　“属性”面板

“属性”面板一般包含两个选项卡：HTML 和 CSS，其中，HTML 表示使用 HTML 标签或 HTML 标签属性定义对象的显示效果，而 CSS 则表示使用 CSS 行内样式定义对象的显示效果。

提示： 如果希望使用样式表控制对象显示效果，则建议使用“CSS 设计器”进行定义，“属性”面板设置所产生的代码都会夹杂在标签之中，不利于代码优化，不符合 HTML 和 CSS 分离的设计原则。

6. 浮动面板

浮动面板在 Dreamweaver CC 中使用频率较高，每个面板都集成了不同类型的功能，用户可以根据需要显示不同的浮动面板，拖动面板可以脱离面板组，使其停留在不同的位置。例如，单击图 2.9（a）所示浮动面板上的按钮，可以折叠或展开面板，展开的面板如图 2.9（b）所示。

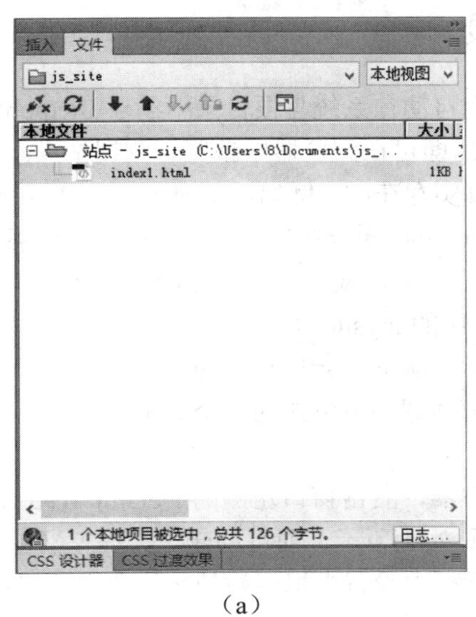

（a）

（b）

图 2.9　展开/折叠整个浮动面板

双击浮动面板标题栏区域，可以展开或收缩当前面板组，如图 2.10 所示。

使用鼠标拖动面板标题栏，可以把面板从面板组中拖出来，作为单独的窗口放置在 Dreamweaver

Note

工作界面的任意位置。同样，用相同的方法可以将单独的面板拖回默认状态。

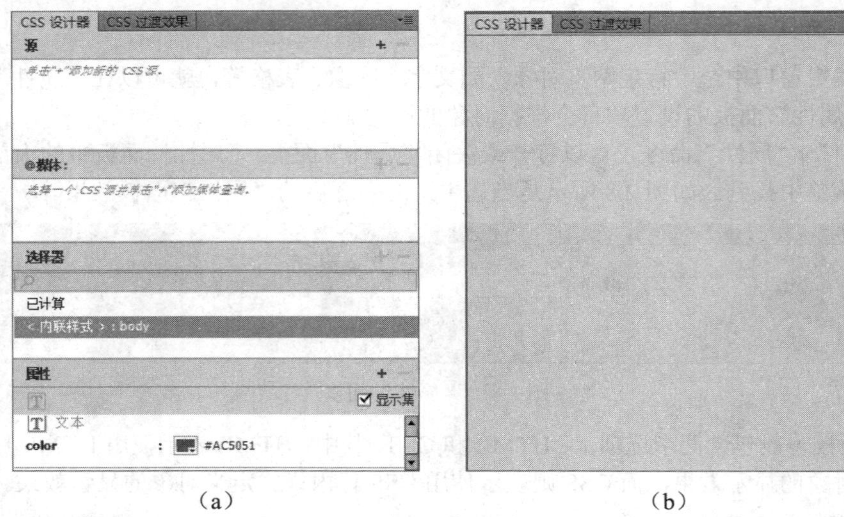

（a）　　　　　　（b）

图 2.10　展开/收缩当前浮动面板组

2.2　定义站点

定义站点是相对于远程站点来说的，就是在本地计算机中模拟建立的站点，并能够在本地或联网的其他计算机中访问该网站。

2.2.1　实战演练：定义虚拟目录

如果在本地机上安装了 IIS 组件，系统会自动在系统盘根目录下创建\Inetpub\wwwroot 主目录。用户可以把本地站点复制到 wwwroot 下，然后即可在浏览器中预览和测试站点。

虚拟目录，顾名思义就是网页目录不是真实存在的。例如，在 http://localhost/mysite/index.asp 中，index.asp 文件位于系统盘下的\Inetpub\wwwroot\mysite 目录中，这个文件可能位于 D:\site 或 E:\site\news 目录中，也可能在其他计算机的目录中，或者是网络上的 URL 地址等，用户可以在 IIS 中设置，因此 http://localhost/mysite//index.asp 中的 mysite 就是一个虚拟目录，这个虚拟目录与真实的网站路径存在一种映射关系，定义虚拟目录后，服务器会自动指向真实的路径。

虚拟目录需要在主目录的基础上创建，可理解为主目录的一个虚拟子目录。

【操作步骤】

第 1 步，在 Windows 系统中打开 IIS 管理器，右击窗口左侧的 Default Web Site 选项，从弹出的快捷菜单中选择“添加虚拟目录”命令，如图 2.11 所示，即可创建一个虚拟网站目录。

第 2 步，在打开的“添加虚拟目录”对话框中设置虚拟网站的名称和本地路径，如图 2.12 所示，然后单击“确定”按钮完成本地虚拟服务器的设置。

第 3 步，选择右侧的“编辑权限”选项，打开“mysite 属性”对话框，选择“安全”选项卡，在其中添加 Everyone 用户身份，在“Everyone 的权限”列表框中选中所有选项，允许任何用户都可以对网站进行读写操作，如图 2.13 所示。

图 2.11　创建虚拟目录

图 2.12　定义虚拟目录名称和路径

图 2.13　定义用户权限

2.2.2 实战演练：定义静态站点

在个人计算机上安装 Internet 信息服务（IIS）程序后，实际上就是将本地计算机构建成一个真正的远程服务器，但在真正使用之前，还需要定义本地站点。

【操作步骤】

第 1 步，启动 Dreamweaver CC，选择“站点”|“新建站点”命令，打开“站点设置对象”对话框。

第 2 步，在“站点名称”文本框中输入站点名称，如 test_site，在“本地站点文件夹”文本框中设置站点在本地的存放路径，可以直接输入，也可以单击右侧的“选择文件”按钮选择相应的文件夹，如图 2.14 所示。

第 3 步，选择“高级设置”选项，展开高级设置面板，在左侧的选项列表中选择“本地信息”选项，然后设置本地信息，如图 2.15 所示。

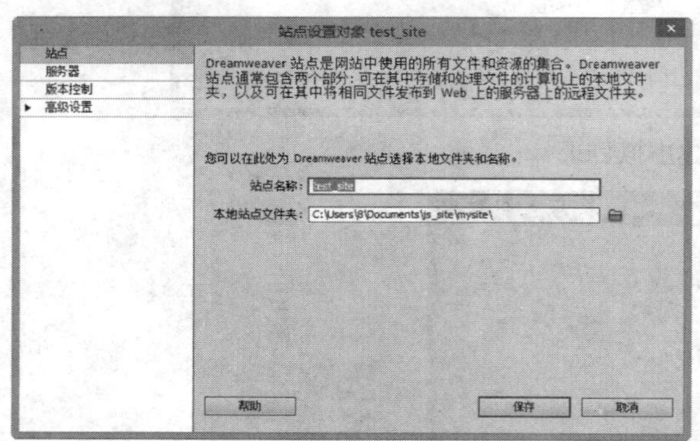

图 2.14　定义本地信息

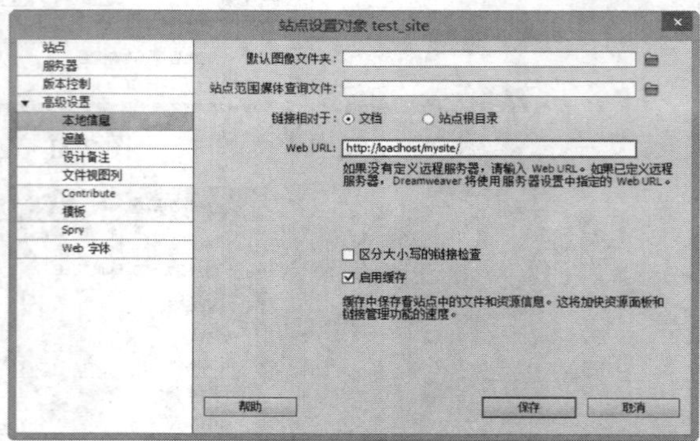

图 2.15　设置本地信息

- ☑ “默认图像文件夹”文本框：设置默认的存放站点图片的文件夹，但是对于比较复杂的网站，图片往往不仅仅存放在一个文件夹中，因此可以不输入。
- ☑ “链接相对于”选项：定义当在 Dreamweaver CC 站点内为所有网页插入超链接时，是采用相对路径还是绝对路径，如果希望用相对路径，则可以选中“文档”单选按钮；如果希望以绝对路径的形式定义超链接，则可以选中“站点根目录”单选按钮。
- ☑ Web URL 文本框：输入网站的网址，该网址能够供链接检查器验证使用绝对地址的超链接。在输入网址时需要输入完整的网址，例如，http://localhost/msite/。该选项只有在定义动态站点后才有效。
- ☑ “区分大小写的链接检查”复选框：选中该复选框，可以对链接的文件名称大小写进行区分。
- ☑ “启用缓存”复选框：选中该复选框，可以创建缓存，以加快链接和站点管理任务的速度，建议用户选中。

2.2.3 实战演练：定义动态站点

为了方便学习，本节将介绍如何建立一个 ASP 技术、VBScript 脚本的动态网站。如果用户熟悉其他服务器技术或脚本语言，也可以按这种方法建立其他类型的动态网站。

【操作步骤】

第 1 步，应先根据 2.2.2 节介绍的方法建立一个站点虚拟目录，用作服务器端应用程序的根目录，然后在本地计算机的其他硬盘中建立一个文件夹作为本地站点目录，这两个文件夹的名称最好相同。

用户也可以在默认站点 C:\Inetpub\wwwroot\内建立一个文件夹作为一个站点的根目录，但这种方法有很多局限性，ASP 的很多功能无法实现，所以不建议使用这种方法建立服务器站点。

第 2 步，在 Dreamweaver CC 中，选择“站点”|“新建站点”命令，打开“站点设置对象”对话框，选择“服务器”选项，切换到服务器设置面板。

第 3 步，在服务器设置面板中单击➕按钮，如图 2.16 所示，将显示增加服务器技术对话框，在该对话框中定义服务器技术，如图 2.17 所示。

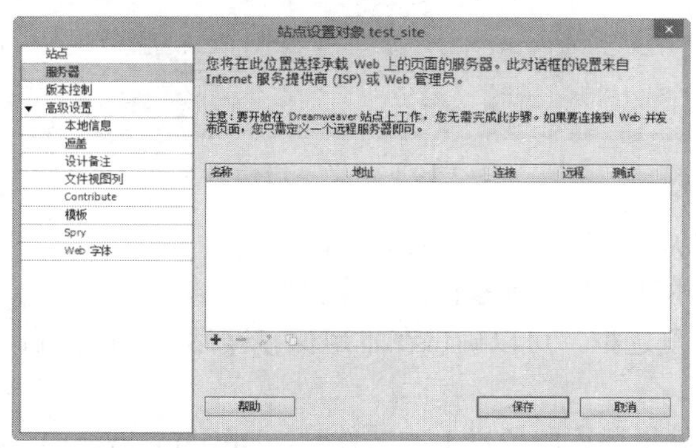

图 2.16　增加服务器技术

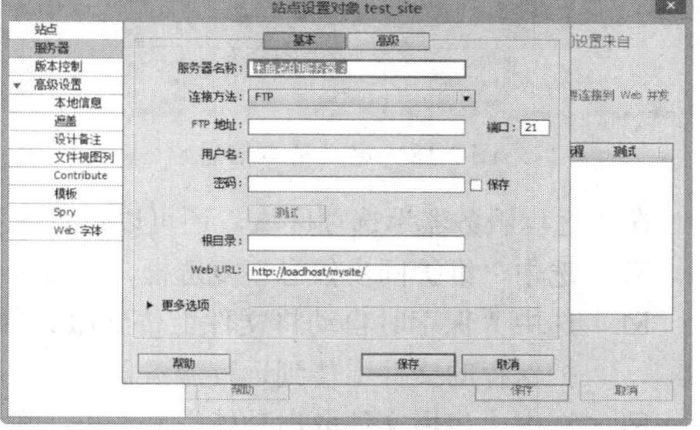

图 2.17　定义服务器技术

第 4 步，在“基本”选项卡中设置服务器基本信息，如图 2.18 所示。

（1）在“服务器名称”文本框中输入站点名称，如 test_site。

（2）在“连接方法”下拉列表框中选择“本地/网络”选项，实现在本地虚拟服务器中建立远程连接，即设置远程服务器类型为在本地计算机上运行网页服务器。其他选项说明如下。

- ☑ FTP：使用 FTP 连接到 Web 服务器。该类型在实际网站开发中比较常用，其中涉及很多方法和技巧。
- ☑ WebDAV：该选项表示基于 Web 的分布式创作和版本控制，使用 WebDAV 协议连接到网页服务器。对于这种访问方法，必须有支持该协议的服务器，如 Microsoft Internet Information Server（IIS）6.0 和 Apache Web 服务器。
- ☑ RDS：该选项表示远程开发服务，使用 RDS 连接到网页服务器。对于这种访问方式，远程文件夹必须位于运行 ColdFusion 服务器环境的计算机上。

（3）在“服务器文件夹”文本框中设置站点在服务器端的存放路径，可以直接输入，也可以单击右侧的“选择文件”按钮选择相应的文件夹。为了方便管理，可以把本地文件夹和远程文件夹设置为相同的路径。

（4）在 Web URL 文本框中输入 HTTP 前缀地址，该选项必须准确设置，因为 Dreamweaver 将使用这个地址确保根目录被上传到远程服务器并且是有效的。

例如，本地目录为 D:\mysite\，本地虚拟目录为 mysite，在本地站点中根目录就是 mysite；如果网站本地测试成功之后，准备使用 Dreamweaver 把站点上传到 http://www.mysite.com/news/目录中，此时远程目录中的根目录为 news，如果此时在地址栏中输入“http://www.mysite.com/news/”，则 Dreamweaver 会自动把本地根目录 mysite 转换为远程根目录 news。

第 5 步，在“站点设置”对话框中选择“高级”选项卡，设置服务器的其他信息，如图 2.19 所示。

在“服务器模型”下拉列表框中选择 ASP VBScript 技术。服务器模型用来设置服务器支持的脚本模式，包括无、ASP JavaScript、ASP VBScript、ASP.NET C#、ASP.NET VB、ColdFusion、JSP 和 PHP MySQL。目前使用比较广泛的有 ASP、JSP 和 PHP 这 3 种服务器脚本模式。

Note

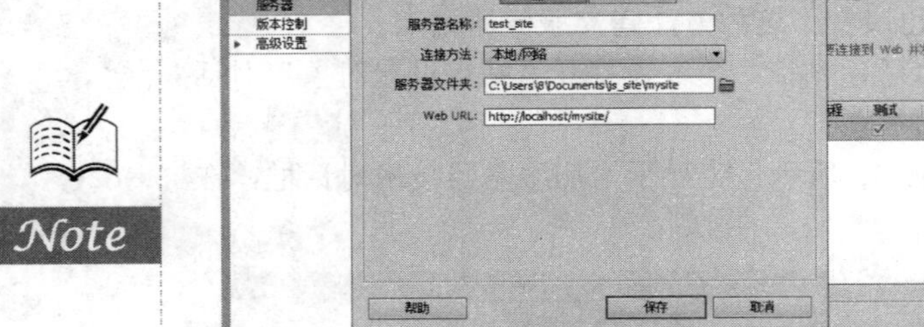

图 2.18　定义基本信息

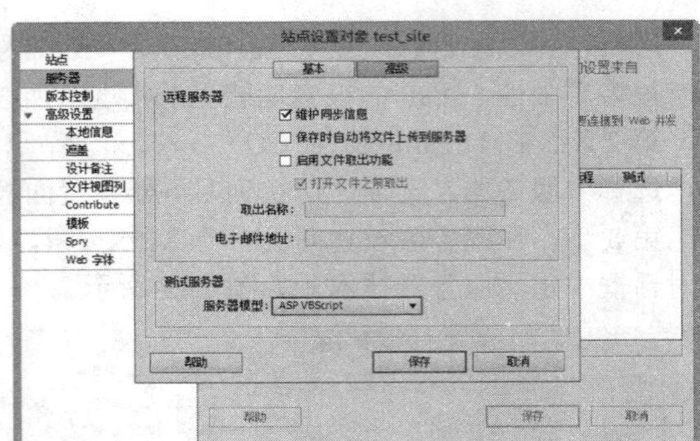

图 2.19　定义高级信息

在“远程服务器”选项区域，还可以设置各种协助功能，详细说明如下。

☑　选中“维护同步信息”复选框，可以确保本地信息与远程信息同步更新。

☑　选中“保存时自动将文件上传到服务器”复选框，可以确保在本地保存网站文件时，自动把保存的文件上传到远程服务器。

☑　选中“启用文件取出功能”复选框，则在编辑远程服务器上的文件时，Dreamweaver CC 会自动锁定服务器端该文件，禁止其他用户再编辑该文件，防止同步操作可能会引发的冲突。

☑　在“取出名称”和“电子邮件地址”文本框中输入用户的名称和电子邮件地址，确保网站团队内部即时进行通信，相互沟通。

第 6 步，设置完毕，单击“保存”按钮，返回“站点设置对象”对话框，这样即可建立一个动态网站，如图 2.20 所示。此时如果选中新定义的服务器，则可以单击下面的“编辑”按钮重新设置服务器选项，也可以单击“删除”按钮删除该服务器，或者单击“增加”按钮再定义一个服务器，单击“复制”按钮可复制选中的服务器。

第 7 步，选择“站点”|“管理站点”命令，打开“管理站点”对话框，即可看到刚刚建立的动态站点，如图 2.21 所示。

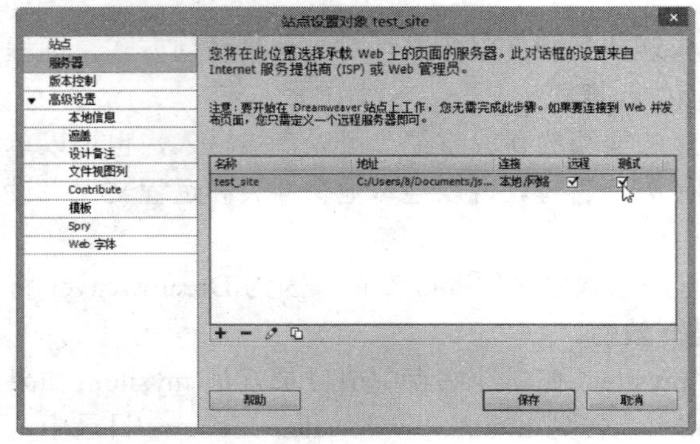

图 2.20　定义用户权限

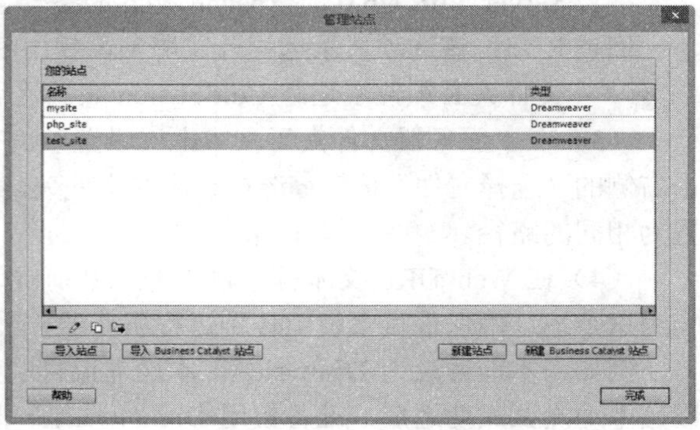

图 2.21　定义的站点

第 8 步，选择“窗口”|“文件”命令，或者按 F8 键，打开“文件”面板。在“文件”下拉列表框中选择刚建立的 test_site 动态网站，这时就可以打开 test_site 站点，如图 2.22 所示。

这样，用户就可以在该站点下建立不同文件夹和各种类型的网页文件了。注意，ASP 动态网页的扩展名为.asp。

2.2.4 实战演练：测试本地站点

在“站点定义为”对话框中设置本地信息、远程信息和测试服务器的相关内容之后，本地站点定义完毕，单击“确定”按钮确认所有设置，再进行网站内容的开发、测试、维护和管理等工作。

选择“窗口”|“文件”命令，打开“文件”面板。在面板中右击，从弹出的快捷菜单中选择“新建文件”命令，即可在当前站点的根目录下新建一个 untitled.asp，将其重命名为 index.asp。

双击打开该文件，切换到“代码”视图，输入下面一行代码，该代码表示显示一行字符串。

```
<%="<h2>Hello world!</h2>"%>
```

按 F12 键预览文件，则 Dreamweaver CC 提示是否要保存并上传文件。单击“是”按钮，如果远程目录中已存在该文件，则 Dreamweaver CC 还会提示是否覆盖该文件。

这时 Dreamweaver CC 将打开默认的浏览器（如 IE）显示预览效果，如图 2.23 所示。实际上在浏览器地址栏中直接输入“http://localhost/mysite/index.asp”或“http://localhost/mysite”，按 Enter 键确认，在浏览器窗口中也会打开该页面，说明本地站点测试成功。

图 2.22　启动站点

图 2.23　测试网页

2.3　案例实战：快速新建页面

Dreamweaver CC 提供了多种创建页面的方法。除了直接在“文件”面板中新建各种类型的网页文件外，使用“新建”命令创建网页是最常用的方法。

【操作步骤】

第 1 步，启动 Dreamweaver CC，选择“文件”|“新建”命令，打开“新建文档”对话框，如图 2.24 所示。

第 2 步，“新建文档”对话框由“空白页”、“流体网格布局”、“启动器模板”和“网站模板”4 个分类选项卡组成（模板是依照已有的文档结构新建一个文档）。

第 3 步，在 4 个选项卡中选择一种类型，如“启动器模板”，然后在“示例文件夹”列表框中选择子类项，如“Mobile 起始页”选项，则右侧列表框中将显示“示例页”类别的所有选项，如图 2.25 所示。

第 4 步，在“示例页”列表框中选择一种类型的页面，在右侧的预览区域和描述区域中可以观看效果，并查看该页面的描述文字。

例如，选择“jQuery Mobile（本地）”选项，预览区域自动生成预览图，描述区域自动显示该主题的描述说明。

Note

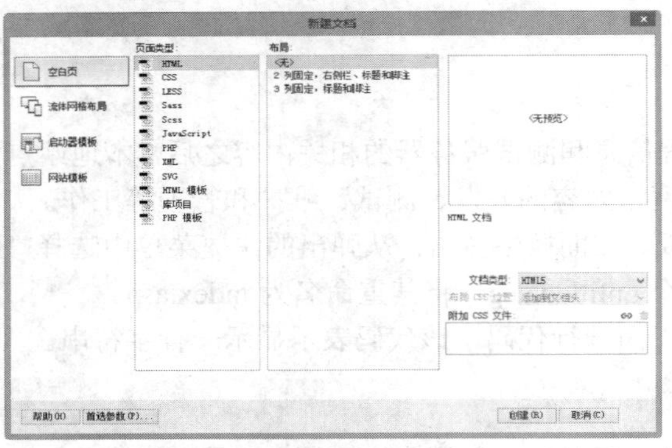

图 2.24 “新建文档”对话框

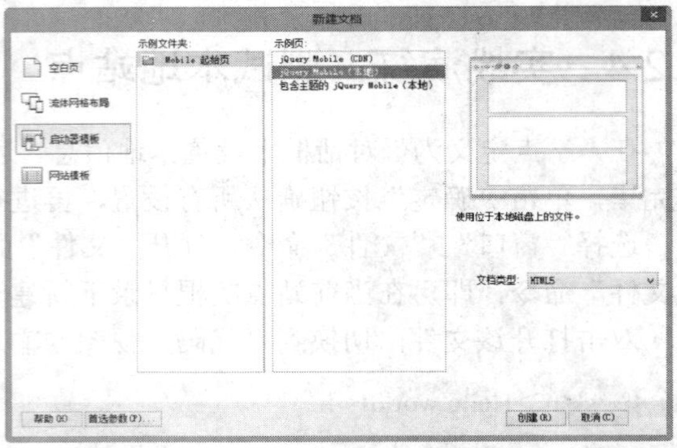

图 2.25 新建启动器模板

如果选择“流体网格布局”选项卡，则可以在右侧设置流体布局配置参数，如图 2.26 所示。

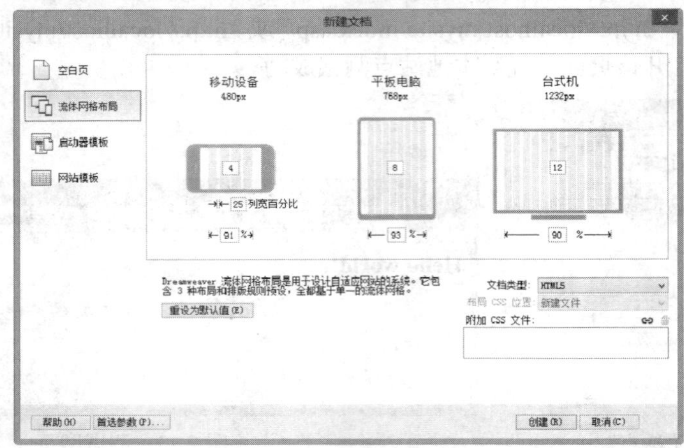

图 2.26 新建流体网格布局

第 5 步，单击“新建文档”对话框中的“创建”按钮，Dreamweaver CC 会自动在当前窗口创建一个移动互联网网页，如图 2.27 所示。

图 2.27 新建的 jQuery Mobile 移动页面模板

可以根据上面介绍的方法创建不同类型的页面或者创建一个空白页，具体步骤就不再重复。

2.4 设置页面属性

新建网页之后，应设置页面的基本显示属性，如页面背景效果、页面字体大小、颜色和页面超链接属性等。在 Dreamweaver CC 中设置页面显示属性可以通过“页面属性”对话框来实现。

【操作步骤】

第 1 步，启动 Dreamweaver CC，新建一个空白页文档，保存为 test.html。

第 2 步，选择“修改”|“页面属性”命令，打开“页面属性”对话框，如图 2.28 所示。

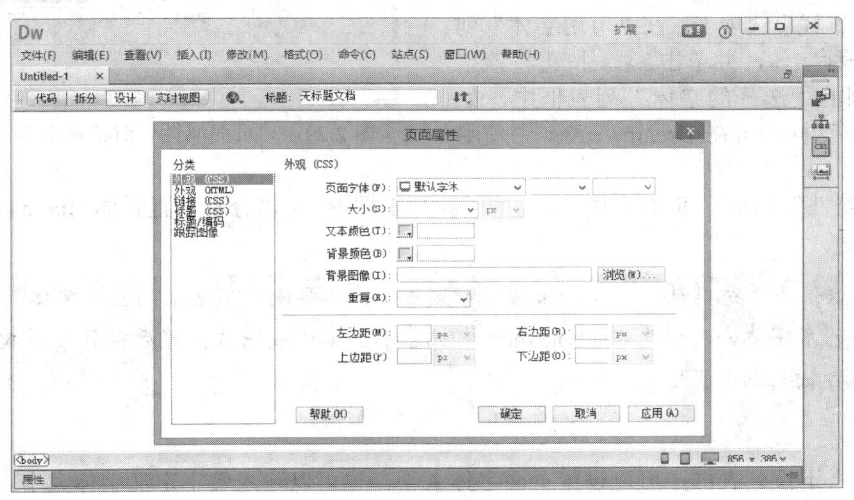

图 2.28 “页面属性”对话框

第 3 步，在“页面属性”对话框“分类”列表框中选择分类，然后在右侧设置具体属性。页面基本属性共有 6 类：外观（CSS）、外观（HTML）、链接（CSS）、标题（CSS）、标题/编码和跟踪图像。

> **提示：** 分类名称后面小括号中 CSS 表示该类选项中所有设置由 CSS 样式定义，HTML 则表示使用 HTML 标记属性进行定义。

2.4.1 设置外观

外观主要包括页面的基本显示样式，如页面字体大小、字体类型、字体颜色、网页背景样式、页边距等。“页面属性”对话框提供了如下两种设置方式。

- ☑ 如果在“页面属性”对话框左侧“分类”列表框中选择“外观（CSS）”选项，则可以使用标准的 CSS 样式来进行设置。
- ☑ 如果在“页面属性”对话框左侧“分类”列表框中选择“外观（HTML）”选项，则可以使用传统方式（非标准）的 HTML 标记属性来进行设置。

【示例】 如果使用标准方式设置页面背景色为白色，则 Dreamweaver CC 会生成如下代码来控制页面字体的大小。

```
<style type="text/css">
body { background-color: rgba(255,255,255,1); }
</style>
```

反之，如果使用非标准方式设置页面背景色为白色，则 Dreamweaver CC 会在<body>标记中插入如下属性：

```
<body bgcolor="#FFFFFF">
```


下面详细讲解页面外观属性设置。

1. 页面字体

在“页面字体”下拉列表框中选择一种字体。如果没有显示用户要使用的字体，可以选择下拉列表中的“管理字体”选项，如图 2.29 所示。

在打开的“管理字体”对话框中，切换到“自定义字体堆栈”选项卡，在“可用字体”列表框中选择一种字体，并单击 << 按钮将该字体加入到左侧的“选择的字体”列表框中，如图 2.30 所示，这样即可在 Dreamweaver 中使用该字体。

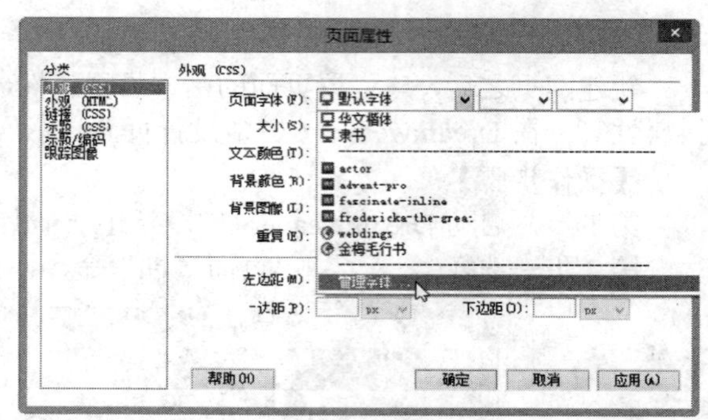

图 2.29 “页面属性”对话框中的“外观”选项

在“页面属性”对话框“页面字体”右侧的下拉列表框中，可以分别设置斜体（Italic）和粗体（Bold）样式。

> 提示：建议使用系统默认字体（如宋体、雅黑等），不要使用不常用的艺术字体。如果要使用某些艺术字体，可以先在 Photoshop 中把艺术字体生成图片，然后以背景样式的形式显示，或者插入到网页中。

2. 大小

在“大小”下拉列表框中可以设置页面字体大小，也可以输入数字定义字体大小。输入数字后，右侧下拉列表框变为可编辑状态，在这里可以选择数字单位，如像素（px）、点数（pt）、英寸（in）、厘米（cm）和毫米（mm）等。在“大小”下拉列表框中还有一些特殊的字号，如图 2.31 所示。

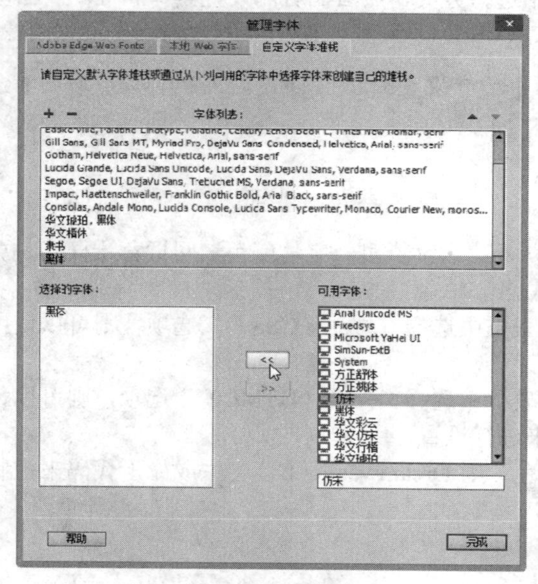

图 2.30 “管理字体”对话框

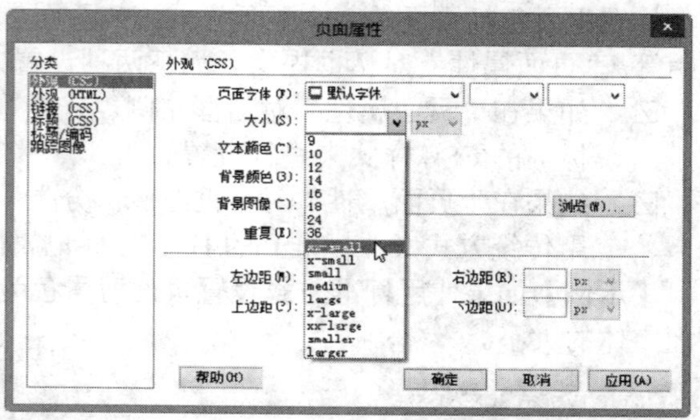

图 2.31 在“页面属性”对话框中选择特殊字号

下面列出这些特定字号所显示的字体大小，如图 2.32 所示，可直观进行比较。

字体大小	字体大小	字体大小	字体大小	字体大小
极大（xx-large）	特大（x-large）	较大（larger）	大（large）	中（medium）
字体大小	字体大小	字体大小	字体大小	字体大小
小（small）	较小（smaller）	特小（x-small）	极小（xx-small）	12px

图 2.32　特殊字号效果比较

3. 文本颜色

单击“文本颜色”右侧的矩形框，打开颜色面板，其中每一个小色块代表一种颜色，鼠标指针经过任何颜色，面板中都会显示出该颜色对应的十六进制代码（#号加上 6 个十六进制的数），选择一个色块单击即可完成颜色的选取，如图 2.33 所示。

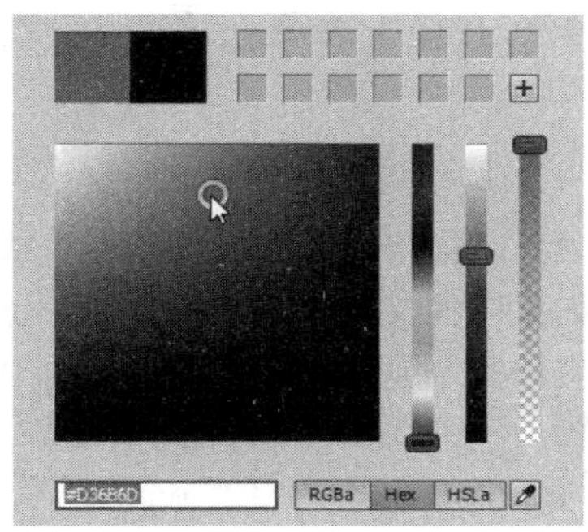

图 2.33　颜色面板

提示：在颜色面板底部单击按钮，鼠标指针会变成吸管形状，此时可以在编辑窗口快速选择一种颜色，如图 2.34 所示。此外，单击颜色面板底部的 RGBa、Hex、HSLa 按钮，可以切换选择颜色的表示方式，如 rgba(229,222,168,2.00)、#E5DEA8、hsla(53,54%,78%,2.00)。

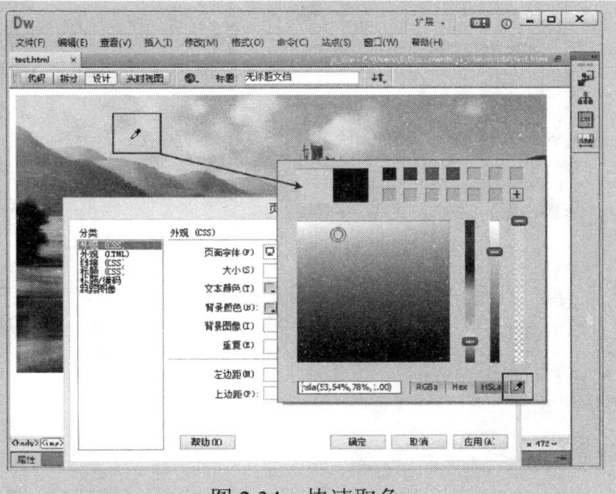

图 2.34　快速取色

返回“页面属性”对话框，在“文本颜色”右侧的文本框中也可以直接输入颜色值。HTML 预设了一些颜色名称，也可以在此文本框中直接输入所选颜色名称。例如，在文本框中输入红色的名称 red，可设置为红色，输入蓝色的名称 blue，可设置为蓝色，如图 2.35 所示。

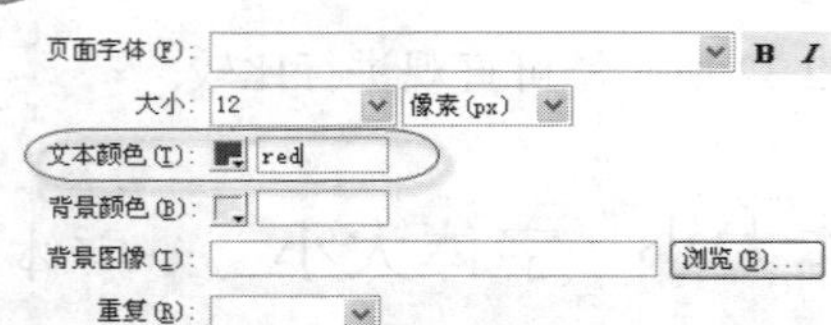

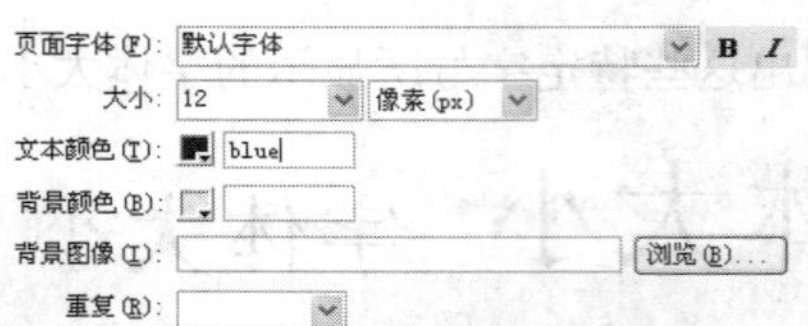

图 2.35　输入 HTML 预设颜色名称

Note

提示：常用的预设颜色名称有 black（黑色）、olive（橄榄色）、teal（凫蓝色）、red（红色）、blue（蓝色）、maroon（栗色）、navy（藏青色）、gray（灰色）、lime（柠檬色）、fuchsia（紫红色）、white（白色）、green（绿色）、purple（紫色）、yellow（黄色）和 aqua（浅绿色）。

4. 背景颜色

背景颜色的设置方法与设置文本颜色的方法基本相同。背景色默认为白色，也可以在该文本框中输入“#FFFFFF”定义网页背景颜色为白色，如果在这里不设置颜色，浏览器会把白色默认为网页背景颜色。

5. 背景图像

在“背景图像”后面的文本框中可以直接输入图像的路径，或者单击后面的“浏览”按钮，在打开的对话框中选择背景图像文件，如果图像文件不在网站本地目录下，会弹出如图 2.36 所示的提示对话框，单击“是”按钮，把图像文件复制到网站根目录中。

在“背景图像”选项下面有一个“重复”下拉列表框，如图 2.37 所示，该选项主要用来设置背景图像在页面上的显示方式，主要包括 no-repeat（不重复）、repeat（重复）、repeat-x（横向重复）和 repeat-y（纵向重复），效果如图 2.38 所示。选择的背景图像，要避免使用中文命名，否则会无法显示。

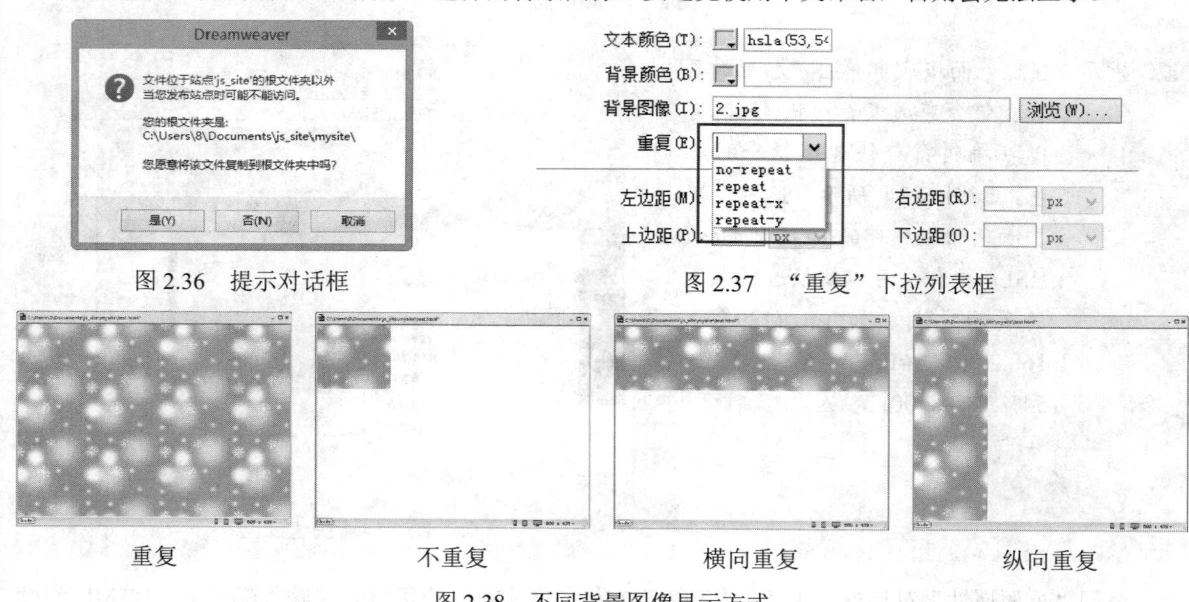

图 2.36　提示对话框

图 2.37　“重复”下拉列表框

重复　　不重复　　横向重复　　纵向重复

图 2.38　不同背景图像显示方式

6. 设置页边距

在“左边距”、“右边距”、“上边距”和“下边距”文本框中输入数字，分别用来设置网页四周空

白区域的宽度或高度，即网页距离浏览器的边框距离。在文本框中输入数字，这时右侧的下拉列表框为可选状态，然后在其中选择输入数字的尺寸单位，包括像素（px）、点数（pt）、英寸（in）、厘米（cm）、毫米（mm）、12pt 字（pc）、字体高（em）、字母 x 的高（ex）和百分比（%），如图 2.39 所示。如果不输入单位，系统默认单位为像素（px）。

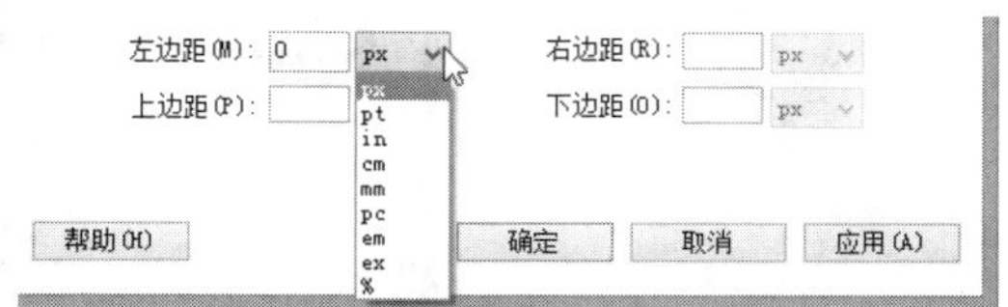

图 2.39　设置页边距

2.4.2　设置链接

在“页面属性”对话框左侧的“分类”列表框中选择“链接”选项，在右侧显示相关链接设置属性，如图 2.40 所示。这些选项主要是针对链接文字字体、大小、颜色和样式属性进行设置，而且只能对链接文字产生作用。

“链接字体”右侧各下拉列表框用来设置页面中超链接的字体类型；“大小”下拉列表框用于设置超链接字体的大小。

“链接颜色”、“变换图像链接”、“已访问链接”和“活动链接”这 4 个选项可以为文字设置 4 种不同链接状态时的颜色，分别对应超链接字体在正常显示时的颜色、鼠标指针经过时的颜色、单击过的颜色和单击时的颜色。Dreamweaver CC 默认超链接文字为蓝色，已访问过的超链接文字为紫色。

“下划线样式”下拉列表框主要用于设置超链接字体的显示样式，共有 4 种下划线样式，分别为“始终有下划线”、“始终无下划线”、“仅在变换图像时显示下划线”和“变换图像时隐藏下划线”。可以根据字面意思知道每个选项的样式效果。

2.4.3　设置标题

在“页面属性”对话框左侧的“分类”列表框中选择“标题”选项，在右侧则显示相关标题设置属性，如图 2.41 所示。

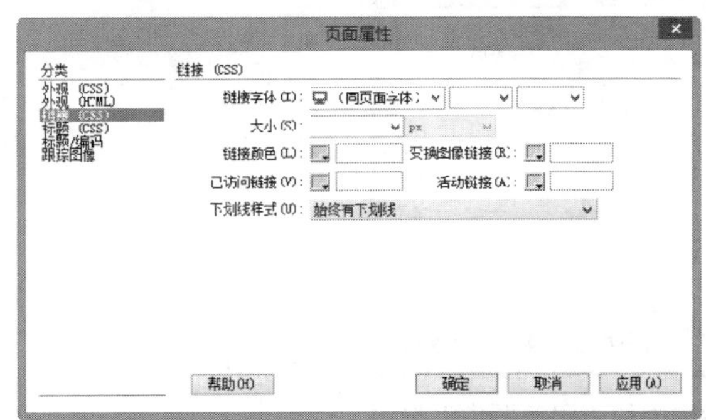

图 2.40　“页面属性”对话框中的“链接”选项

图 2.41　“页面属性”对话框中的“标题”选项

这里的标题主要针对页面内各级不同标题样式，包括字体、粗体、斜体和大小。可以定义标题字体及 6 种预定义的标题字体样式。

2.4.4　设置标题/编码

在“页面属性”对话框左侧的“分类”列表框中选择“标题/编码”选项，在右侧则显示相关标题/编码设置属性，如图 2.42 所示。

Note

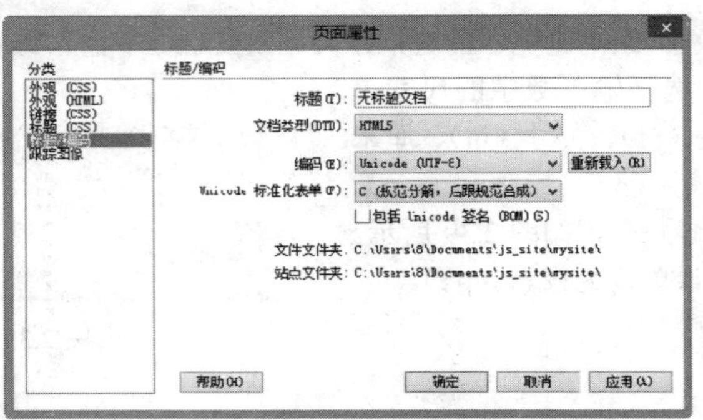

图 2.42 “页面属性”对话框中的“标题/编码”选项

该选项主要用于设置网页标题，此标题将显示在浏览器的标题栏中。同时还可以设置 HTML 源代码中的字符编码，网页中默认设置为 Unicode（UTF-8）。

2.4.5 设置跟踪图像

在制作网页时，很多设计师习惯于先用绘图工具绘制网页草图（即设计网页草稿），为方便设计师快速参考设计草图，Dreamweaver CC 可以将设计草图设置成跟踪图像，铺在所编辑的网页下面作为背景，用于引导网页的设计。不过跟踪图像只起到辅助编辑的作用，最终并不会在浏览器中显示，所以与页面背景图像存在本质区别。

【操作步骤】

操作之前，用户应准备好设计草图或者参考效果图，也可打开本案例素材设计图 bg2-2.jpg，然后执行以下操作。

第 1 步，启动 Dreamweaver，新建网页并保存为 test.html。在“页面属性”对话框左侧的“分类”列表框中选择“跟踪图像”选项，在右侧则显示相关跟踪图像设置的属性，如图 2.43 所示。

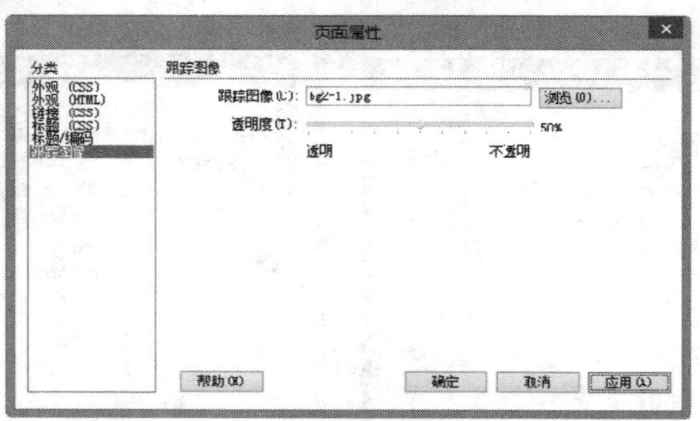

图 2.43 “页面属性”对话框中的“跟踪图像”选项

第 2 步，在“跟踪图像”文本框中可以为当前制作的网页添加跟踪图像。单击文本框后面的“浏览”按钮，打开“选择图像源文件”对话框，选择参考图像。如果图像文件不在网站本地目录下，会弹出提示对话框，单击“确定”按钮，把图像文件复制到网站根目录中。

第 3 步，拖动“透明度”滑块可以设置跟踪图像的透明度，以确保其不影响正常的网页设计操作。透明度越高，跟踪图像显示得越明显，透明度越低，跟踪图像显示得越不明显。设置完成后，单击“应用”按钮，即可在编辑窗口中看到跟踪图像效果，如图 2.44 所示。

第 4 步，若要显示或隐藏跟踪图像，可以选择“查看”|“跟踪图像”|“显示”命令，如图 2.45 所示。

图 2.44　设置跟踪图像效果

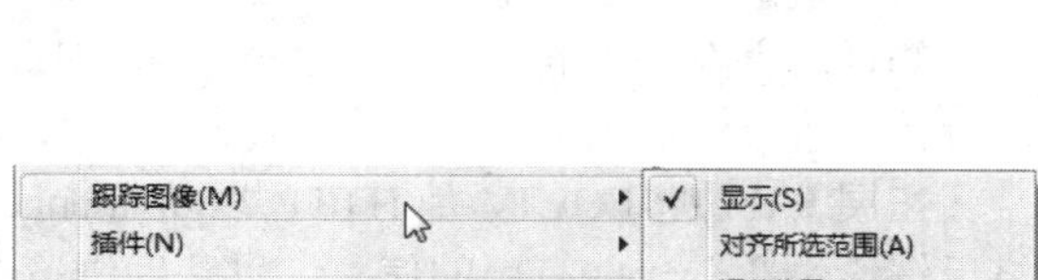

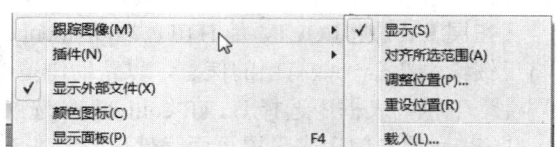

图 2.45　“跟踪图像”子菜单

提示：（1）在网页中选定一个页面元素，然后选择“查看”|“跟踪图像”|“对齐所选范围”命令，可以使跟踪图像的左上角与所选页面元素的左上角对齐。

（2）若要更改跟踪图像的位置，则选择“查看”|“跟踪图像”|“调整位置”命令，打开“调整跟踪图像位置”对话框，如图 2.46 所示。

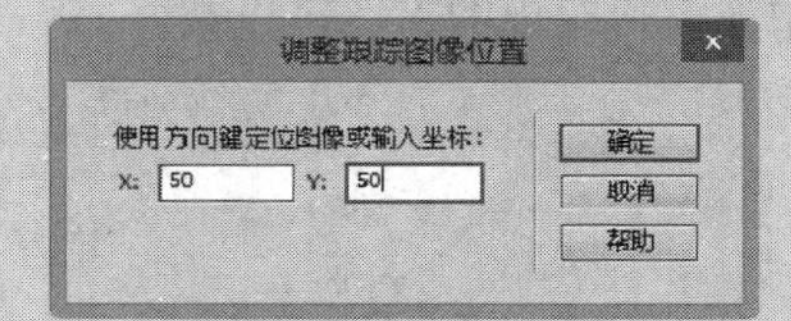

图 2.46　“调整跟踪图像位置”对话框

在“调整跟踪图像位置”对话框的 X 和 Y 文本框中输入坐标值，单击“确定”按钮即可调整跟踪图像的位置。例如，在 X 文本框中输入“50”，在 Y 文本框中输入“50”，则跟踪图像的位置被调整到距浏览器左边框 50 像素，距浏览器上边框 50 像素。

（3）若要重新指定跟踪图像的位置，选择“查看”|“跟踪图像”|“重设位置”命令，跟踪图像会自动对齐 Dreamweaver CC 文档编辑窗口的左上角。

2.5　定义网页元信息

网页都由两部分组成：头部信息区和主体可视区。其中，头部信息位于<head>和</head>标签之间，不会被显示出来，但可以在源代码中查看，头部信息一般作为网页元信息以便搜索引擎等设备识别，页面可视区域包含在<body>标签中，浏览者所看到的所有网页信息都包含在该区域。

头部信息对于网页来说是非常重要的，可以说是整个页面的控制中枢，例如，如果页面以乱码形式显示，很可能是因为网页字符编码没有设置正确。还可以通过头部元信息设置网页标题、关键词、作者、描述等多种信息。

在“代码”视图下可以直接输入<meta>标签，组合使用 HTTP-EQUIV、Name 和 Content 这 3 个属性可以定义各种元数据。在 Dreamweaver CC 中，用户可以使用可视化方式快速插入元数据。具体方法为选择“插入”| Head | Meta 命令，打开 META 对话框，如图 2.47 所示。

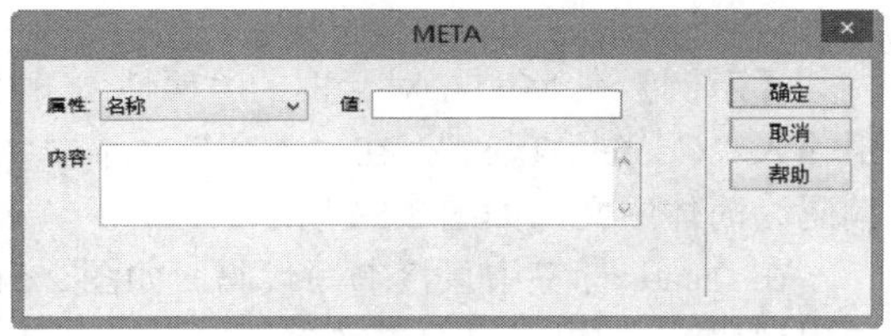

图 2.47　META 对话框

> 提示：也可以通过“插入”面板插入元数据。在“插入”面板中单击“常用”工具栏中的 Head 按钮，在弹出的下拉列表框中选择 META 选项。

下面介绍 META 对话框中各个选项。

（1）“属性”下拉列表框：该下拉列表框中有 HTTP-equivalent 和“名称”两个选项，分别对应 HTTP-EQUIV 和 NAME 变量类型。

（2）“值”文本框：输入 HTTP-EQUIV 或 NAME 变量类型的值，用于设置不同类型的元数据。

（3）“内容”文本框：在该文本框中输入 HTTP-EQUIV 或 NAME 变量的内容，即可设置元数据项的具体内容。

【拓展】HTTP-EQUIV 是 HTTP Equivalence 的简写，表示 HTTP 的头部协议，这些头部协议信息将反馈给浏览器一些有用的信息，以帮助浏览器正确和精确地解析网页内容。在 META 对话框的“属性”下拉列表框中选择 HTTP-equivalent 选项，则可以设置下面各种元数据。

Name 属性专门用来设置页面隐性信息。在 META 对话框的“属性”下拉列表框中选择“名称”选项，然后设置“值”和“内容”文本框，即可定义文档的各种隐性数据，这在元信息中是不会显示的，但可以在网页源代码中查看，主要目的是方便设备浏览。

例如，在直播频道、论坛等网站中经常需要定义页面自动刷新，以实现信息的自动实时显示，此时就可以在 META 对话框的“属性”下拉列表框中选择 HTTP-equivalent 选项，在“值”文本框中输入“refresh”，在“内容”文本框中输入“5”，如图 2.48 所示。则可以设计每 5 秒钟刷新一次网页，切换到代码视图下，可以查看 Dreamweaver 生成的 HTML 代码，如图 2.49 所示。

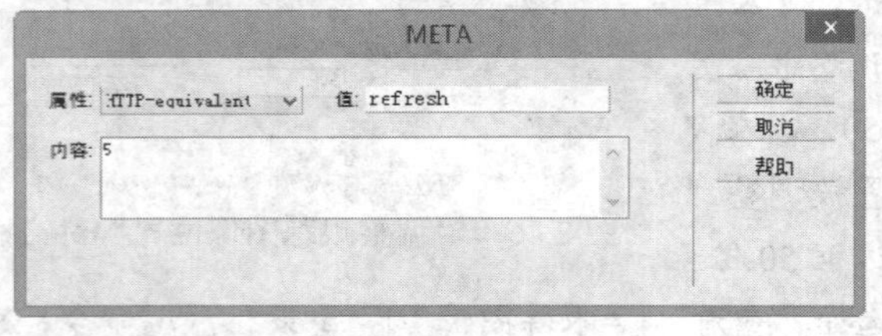

图 2.48　定义 Meta 元信息

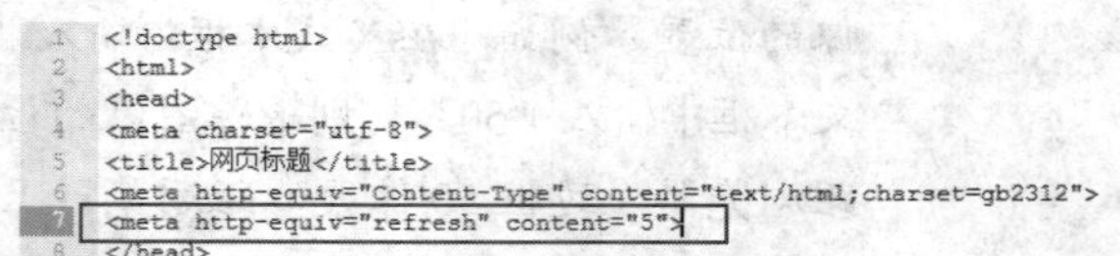

图 2.49　插入的元信息

> 提示：在插入元信息时，可以重复插入相同类型的信息，虽然在网页中已经设置了字符编码为 UTF-8，但系统依然会再次插入字符编码信息，这与“页面属性”对话框设置不同，它不会修改原来已经设置的信息。

2.5.1　实战演练：设置网页字符编码

网页内容可以用不同的字符集进行显示，例如，简体中文编码 GB2312、繁体中文编码 BIG5、英文编码 ISO8859-1、国际通用字符编码 UTF-8 等。对于不同字符编码页面，如果浏览器不能显示该字符，则会显示为乱码。因此需要首先定义页面的字符编码，告诉浏览器应该使用什么编码来显示页面内容。

【示例】在 META 对话框的“属性”下拉列表框中选择 HTTP-equivalent 选项，在“值”文本框中输入“Content-Type”，在“内容”文本框中输入“text/html:charset=gb2312”，则可以设置网页字符编码为简体中文，如图 2.50 所示。

在<head>标签中直接书写代码，如图 2.51 所示，默认情况下新建页面设置为 UTF-8 编码（国际通用编码），如果在页面中输入其他国家语言，还需要重新设置相应的字符编码。

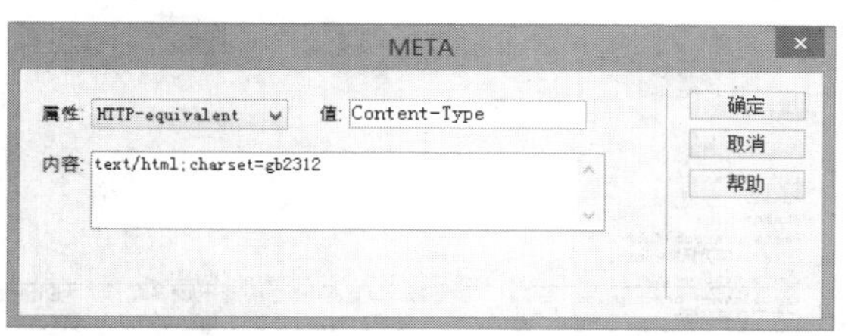

图 2.50 设置简体中文字符

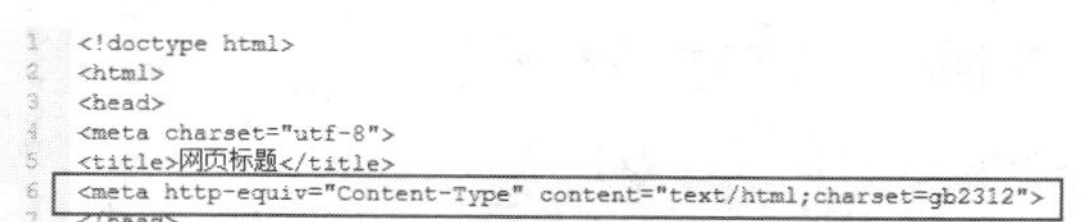

图 2.51 直接输入代码

提示：可以选择“编辑”|“首选参数”命令，打开“首选参数”对话框，在“新建文档”分类中设置默认网页编码。

2.5.2 实战演练：设置网页关键词

关键词是为搜索引擎而设置的，非常重要，因为查找网页目前主要是通过搜索引擎来实现的。为了提高在搜索引擎中被搜索到的几率，可以设置多个与网页主题相关的关键词以便搜索，这些关键词不会在浏览器中显示。输入关键词时，各个关键词之间用逗号分隔。

注意：大多数搜索引擎检索时都会限制关键词的数量，有时关键词过多，该网页会在检索中被忽略，所以关键词的输入不宜过多，应切中要害。

【示例】在 META 对话框的“属性”下拉列表框中选择“名称”选项，在“值”文本框中输入“keywords”，在“内容”文本框中输入与网站相关的关键词，如“网页设计师，网页设计师招聘，网页素材，韩国模板，古典素材，优秀网站设计，国内酷站欣赏，我的联盟，设计名站，网页教学，网站重构，网站界面欣赏，平面设计，Flash，Dreamweaver，Photoshop，CorelDRAW，ASP，PHP，ASP.NET”，如图 2.52 所示。

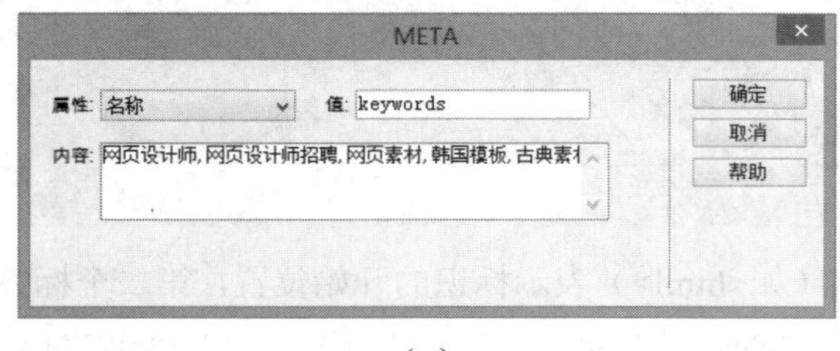

（a）

```
<!doctype html>
<html>
<head>
<meta charset="utf-8">
<title>无标题文档</title>
<meta name="keywords" content="网页设计师,网页设计师招聘,网页素材,韩国模板,
古典素材,优秀网站设计,国内酷站欣赏,我的联盟,设计名站,网页教学,网站重构,网站
界面欣赏,平面设计,Flash,Dreamweaver,Photoshop, CorelDRAW,ASP,PHP,ASP.NET">
</head>
```

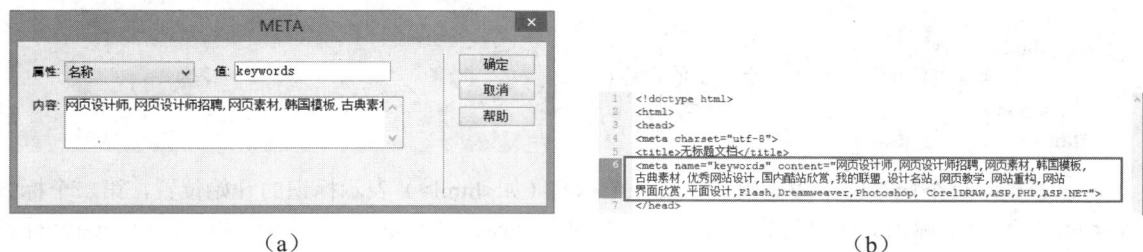

（b）

图 2.52 设置网页关键词

2.5.3 实战演练：设置网页说明

在一个网站中，可以在网页源代码中添加说明文字，概括描述网站的主题内容，方便搜索引擎按主题搜索。这个说明文字内容不会显示在浏览器中，主要为搜索引擎寻找主题网页提供方便，这些说明文字还可存储在搜索引擎的服务器中，在浏览者搜索时随时调用，还可以在检索到网页时作为检索结果发送给浏览者，例如，在用搜索引擎搜索到的网页中显示的说明文字就是这样设置的。搜索引擎同样限制说明文字的字数，所以内容要尽量简明扼要。

【示例】在 META 对话框的“属性”下拉列表框中选择“名称”选项，在“值”文本框中输入“description”，在“内容”文本框中输入说明文字即可，如“网页设计师联盟，国内专业网页设计人才基地，为广大设计师提供学习交流空间”，如图 2.53 所示。

Note

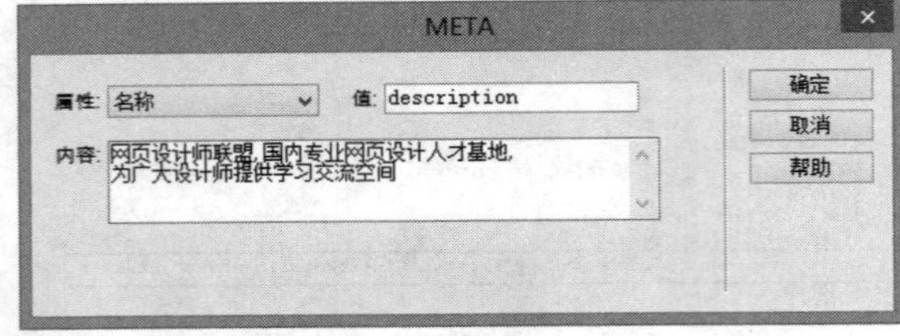

（a）

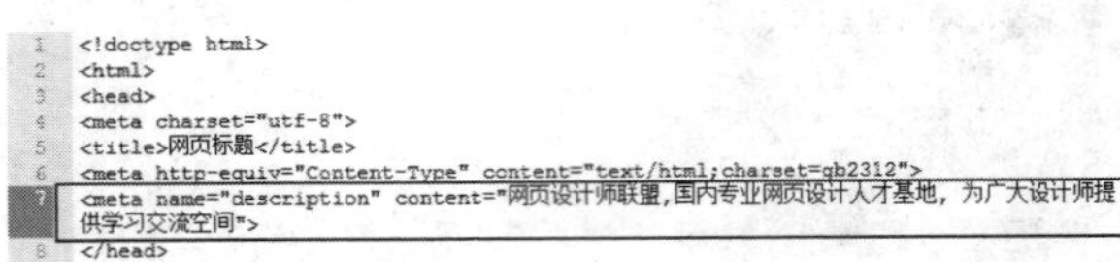

（b）

图 2.53　设置搜索说明

2.6　HTML 基础

HTML 是目前在网络上应用最为广泛的语言，也是构成网页文档的主要语言。HTML 文档是由 HTML 标记组成的描述性文本，HTML 标记可以标识文字、图形、动画、声音、表格和超链接等。

2.6.1　HTML 文档基本结构

HTML 文档一般应包含两部分：头部区域和主体区域，基本结构由 3 个标签负责组织：<html>、<head>和<body>。其中，<html>标签标识 HTML 文档，<head>标签标识头部区域，而<body>标签标识主体区域。一个完整的 HTML 文档基本结构如下。

```
<html> <!--语法开始-->
    <head>
        <!--头部信息，如<title>标记定义的网页标题-->
    </head>
    <body>
        <!--主体信息，包含网页显示的内容-->
    </body>
</html> <!--语法结束-->
```

可以看到，每个标签都是成对组成，第一个标签（如<html>）表示标识的开始位置，第二个标签（如</html>）表示标识的结束位置。<html>标签包含<head>和<body>标签，而<head>和<body>标签是并列排列。

如果把上面字符代码放置在文本文件中，然后另存为 test.html，即可在浏览器中浏览。当然，由于这个简单的 HTML 文档还没有包含任何信息，所以在浏览器中是看不到任何显示内容的。

2.6.2　HTML 基本语法

编写 HTML 文档时，必须遵循 HTML 语法规范。HTML 文档实际上就是一个文本文件，由标签和信息混合组成，当然这些标签和信息必须遵循一定的组合规则，否则浏览器是无法解析的。

HTML 语言的规范条文不多，较容易理解。从逻辑上分析，这些标记包含的内容表示一类对象，也可以称为网页元素。从形式上分析，这些网页元素通过标记进行分隔，然后表达一定的语义。实际上，网页文档就是由元素和标签组成的容器。

☑　所有标签都包含在“<”和“>”起止标识符中，构成一个标签，例如，<style>、<head>、

<body>和<div>等。

- ☑ 在 HTML 文档中，绝大多数元素都有起始标签和结束标签，在起始标签和结束标签之间包含的是元素主体。例如，<body>和</body>中间包含的就是网页内容主体。
- ☑ 起始标签包含元素的名称以及可选属性，也就是说元素的名称和属性都必须在起始标签中。结束标签以反斜杠开始，然后附加上元素名称，例如：

```
<tag>元素主体</tag>
```

- ☑ 元素的属性包含属性名称和属性值两部分，中间通过等号进行连接，多个属性之间通过空格进行分隔。属性与元素名称之间也是通过空格进行分隔，例如：

```
<tag a1="v1" a2="v2" a3="v3" …… an="vn">元素主体</tag>
```

- ☑ 少数元素的属性也可能不包含属性值，仅包含一个属性名称，例如：

```
<tag a1 a2 a3 …… an>元素主体</tag>
```

- ☑ 一般属性值应该包含在引号内，虽然不加引号，浏览器也能够解析，但是应该养成良好的习惯。
- ☑ 属性是可选的，元素包含多少个属性，也是不确定的，这主要根据不同元素而定。不同的元素会包含不同的属性。HTML 也为所有元素定义了公共属性，如 title、id、class、style 等。

虽然大部分标签都是成对出现，但也有少数标签不是成对的，这些孤立的标签被称为空标签。空标签仅包含起始标签，没有结束标签，例如：

```
<tag>
```

同样，空标签也可以包含很多属性，用来标识特殊效果或者功能，例如：

```
<tag a1="v1" a1="v1" a2="v2" …… an="vn">
```

- ☑ 标签可以相互嵌套，形成文档结构。嵌套必须匹配，不能交错嵌套，例如：

```
<div><span></div></span>
```

- ☑ 合法的嵌套应该是包含或被包含的关系，例如：

```
<div><span></span></div>
```

或

```
<span><div></div></span>
```

- ☑ HTML 文档中所有信息必须包含在<html>标签中，所有文档元信息应包含在<head>子标签中，而 HTML 传递信息和网页显示内容应包含在<body>子标签中。

对于 HTML 文档来说，除了必须符合基本语法规范外，还必须保证文档结构信息的完整性。完整文档结构如下所示。

```
<!DOCTYPE html PUBLIC "-//W3C//DTD XHTML 2.0 Transitional//EN" "http://www.w2.org/TR/xhtml1/DTD/xhtml1-transitional.dtd">
<html xmlns="http://www.w2.org/1999/xhtml">
<head>
<meta http-equiv="Content-Type" content="text/html; charset=utf-8" />
<title>文档标题</title>
</head>
```

```
<body></body>
</html>
```

HTML 文档应主要包括如下内容。

Note

☑ 必须在首行定义文档的类型，过渡型文档可省略。

☑ <html>标签应该设置文档名字空间，过渡型文档可省略。

☑ 必须定义文档的字符编码，一般使用<meta>标签在头部定义，常用字符编码包括中文简体（GB2312）、中文繁体（BIG5）和通用字符编码（UTF-8）。

☑ 应该设置文档的标题，可以使用<title>标签在头部定义。

HTML 文档扩展名为.htm 或.html，保存时必须正确使用扩展名，否则浏览器无法正确地解析。如果要在 HTML 文档中增加注释性文本，则可以在“<!--”和“-->”标识符之间增加，例如：

```
<!--单行注释-->
```

或

```
<!-----------------
多行注释
----------------->
```

2.6.3 HTML 标签

HTML 定义的标签很多，下面对常用标签进行说明，随着学习的不断深入，相信读者会完全掌握 HTML 所有标签的用法和使用技巧。

1. 文档结构标签

文档结构标签主要用来标识文档的基本结构，主要包括如下 3 种。

☑ <html>...</html>：标识 HTML 文档的起始和终止。

☑ <head>...</head>：标识 HTML 文档的头部区域。

☑ <body>...</body>：标识 HTML 文档的主体区域。

【示例 1】设计最简单的网页文档。

```
<html>
<head>
<meta http-equiv="Content-Type" content="text/html; charset=utf-8" />
<title>无标题文档</title>
</head>
<body> 网页正文写在这里
</body>
</html>
```

2. 文本格式标签

文本格式标签主要用来标识文本区块，并附带一定的显示格式，主要标签说明如下。

☑ <title>...</title>：标识网页标题。

☑ <hi>...</hi>：标识标题文本，其中，i 表示 1、2、3、4、5、6，分别表示一级、二级、三级等标题。

☑ <p>...</p>：标识段落文本。

☑ <pre>...</pre>：标识预定义文本。

☑ <blockquote>...</blockquote>：标识引用文本。

【示例 2】分别使用<h1>和<p>标签标识网页标题和段落文本。

```
<html>
<head>
<meta http-equiv="Content-Type" content="text/html; charset=utf-8" />
<title>示例代码</title>
</head>
<body>
<h1>文本格式标签</h1>
<p>&lt;p&gt;标签标识段落文本</p>
</body>
</html>
```

3．字符格式标签

字符格式标签主要用来标识部分文本字符的语义，很多字符标签可以呈现一定的显示效果，例如，加粗显示、斜体显示或者下划线显示等。主要标签说明如下。

☑ <b>...</b>：标识强调文本，以加粗效果显示。

☑ <i>...</i>：标识引用文本，以斜体效果显示。

☑ <blink>...</blink>：标识闪烁文本，以闪烁效果显示。IE 浏览器不支持该标签。

☑ <big>...</big>：标识放大文本，以放大效果显示。

☑ <small>...</small>：标识缩小文本，以缩小效果显示。

☑ ^{...}：标识上标文本，以上标效果显示。

☑ _{...}：标识下标文本，以下标效果显示。

☑ <cite>...</cite>：标识引用文本，以引用效果显示。

【示例 3】分别使用各种字符格式标签显示一个数学方程式的解法。

```
<html>
<head>
<meta http-equiv="Content-Type" content="text/html; charset=utf-8" />
<title>示例代码</title>
</head>
<body>
<p>例如，针对下面这个一元二次方程：</p>
<p><i>x</i><sup>2</sup>-<b>5</b><i>x</i>+<b>4</b>=0</p>
<p>我们使用<big><b>分解因式法</b></big>来演示解题思路如下：</p>
<p><small>由：</small>(<i>x</i>-1)(<i>x</i>-4)=0</p>
<p><small>得：</small><br /><i>x</i><sub>1</sub>=1<br />
    <i>x</i><sub>2</sub>=4</p>
</body>
</html>
```

4．列表标签

在 HTML 文档中，列表结构可以分为两种类型：有序列表和无序列表。无序列表使用项目符号来标识列表，而有序列表则使用编号来标识列表的项目顺序。具体标签使用说明如下。

☑ <ul>...</ul>：标识无序列表。

☑ <ol>...</ol>：标识有序列表。

☑ <li>...</li>：标识列表项目。

Note

【示例 4】使用无序列表分别显示一元二次方程求解有 4 种方法。

```
<html>
<head>
<meta http-equiv="Content-Type" content="text/html; charset=utf-8" />
<title>示例代码</title>
</head>
<body>
<h1>解一元二次方程</h1>
<p>一元二次方程求解有 4 种方法：</p>
<ul>
    <li>直接开平方法 </li>
    <li>配方法 </li>
    <li>公式法 </li>
    <li>分解因式法</li>
</ul>
</body>
</html>
```

另外，还可以显示定义列表。定义列表是一种特殊的结构，包括词条和解释两块内容，包含的标签说明如下。

☑ <dl>...</dl>：标识定义列表。
☑ <dt>...</dt>：标识词条。
☑ <dd>...</dd>：标识解释。

【示例 5】使用定义列表显示两个成语的解释。

```
<html>
<head>
<meta http-equiv="Content-Type" content="text/html; charset=utf-8" />
<title>示例代码</title>
</head>
<body>
<h1>成语词条列表</h1>
<dl>
    <dt>知无不言，言无不尽</dt>
    <dd>知道的就说，要说就毫无保留。</dd>
    <dt>智者千虑，必有一失</dt>
    <dd>不管多聪明的人，在很多次的考虑中，也一定会出现个别错误。</dd>
</dl>
</body>
</html>
```

5. 链接标签

链接标签可以实现把多个网页联系在一起，主要结构如下。

☑ <a>...</a>：标识超链接。

【示例 6】使用<a>标签定义一个超链接，单击该超链接可以跳转到百度首页。

```
<html>
<head>
<meta http-equiv="Content-Type" content="text/html; charset=utf-8" />
```

```
<title>示例代码</title>
</head>
<body>
<a href="http://www.baidu.com/">去百度搜索</a>
</body>
</html>
```

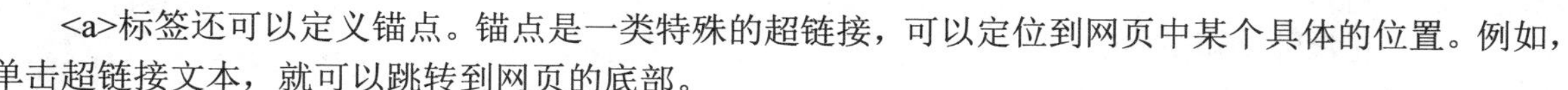

<a>标签还可以定义锚点。锚点是一类特殊的超链接，可以定位到网页中某个具体的位置。例如，单击超链接文本，就可以跳转到网页的底部。

```
<html>
<head>
<meta http-equiv="Content-Type" content="text/html; charset=utf-8" />
<title>示例代码</title>
</head>
<body>
<a href="#btm">跳转到底部</a>
<div id="box" style="height:2000px; border:solid 1px red;">撑开浏览器滚动条</div>
<span id="btm">底部锚点位置</span>
</body>
</html>
```

6. 多媒体标签

多媒体标签主要用于引入外部多媒体文件，并进行显示。多媒体标签主要包括以下 3 种。

- ☑ <img/>：插入图像。
- ☑ <embed>...</embed>：插入多媒体。
- ☑ <object>...</object>：插入多媒体。

7. 表格标签

表格标签用来组织和管理数据，主要包括以下 5 种。

- ☑ <table>...</table>：定义表格结构。
- ☑ <caption>...</caption>：定义表格标题。
- ☑ <th>...</th>：定义表头。
- ☑ <tr>...</tr>：定义表格行。
- ☑ <td...</td>：定义表格单元格。

【示例 7】使用表格结构显示 5 行 3 列的数据集。

```
<html>
<head>
<meta http-equiv="Content-Type" content="text/html; charset=utf-8" />
<title>示例代码</title>
</head>
<body>
<table summary="ASCII 是英文 American Standard Code for Information Interchange 的缩写。ASCII 编码是目前计算机最通用的编码标准。因为计算机只能接受数字信息，ASCII 编码将字符转换为数字来表示，以便计算机能够接受和处理。">
    <caption>ASCII 字符集（节选）</caption>
    <tr>
```

```
            <th>十进制</th>
            <th>十六进制</th>
            <th>字符</th>
        </tr>
        <tr>
            <td>9</td>
            <td>9</td>
            <td>TAB（制表符）</td>
        </tr>
        <tr>
            <td>10</td>
            <td>A</td>
            <td>换行</td>
        </tr>
        <tr>
            <td>13</td>
            <td>D</td>
            <td>回车</td>
        </tr>
        <tr>
            <td>32</td>
            <td>20</td>
            <td>空格</td>
        </tr>
</table>
</body>
</html>
```

8. 表单标签

表单标签主要用来制作交互式表单，主要包括以下 5 种。

☑ <form>...</form>：定义表单结构。

☑ <input/>：定义文本框、按钮和复选框。

☑ <textarea>...</textarea>：定义多行文本框。

☑ <select>...</select>：定义下拉列表框。

☑ <option>...</option>：定义下拉列表框中的选择项目。

【示例 8】分别定义单行文本框、多行文本框、复选框、单选按钮、下拉菜单和提交按钮的表单。

```
<html>
<head>
<meta http-equiv="Content-Type" content="text/html; charset=utf-8" />
<title>示例代码</title>
</head>
<body>
<form id="form1" name="form1" method="post" action="">
    <p>单行文本框：<input type="text" name="textfield" id="textfield" /></p>
    <p>密码框：<input type="password" name="passwordfield" id="passwordfield" /></p>
    <p>多行文本框：<textarea name="textareafield" id="textareafield"> </textarea></p>
    <p>复选框：复选框 1<input name="checkbox1" type="checkbox" value="" />
              复选框 2<input name="checkbox2" type="checkbox" value="" />
```

```
        </p>
        <p>单选按钮：
            <input name="radio1" type="radio" value="" />按钮 1
            <input name="radio2" type="radio" value="" />按钮 2
        </p>
        <p>下拉菜单：
            <select name="selectlist">
                <option value="1">选项 1</option>
                <option value="2">选项 2</option>
                <option value="3">选项 3</option>
            </select>
        </p>
        <p><input type="submit" name="button" id="button" value="提交" /></p>
    </form>
    </body>
    </html>
```

Note

2.6.4 HTML 属性

HTML 元素包含的属性众多，这里仅就公共属性进行分析。公共属性大致可分为基本属性、语言属性、键盘属性、内容属性和延伸属性等类型。

1. 基本属性

基本属性主要包括以下 3 个，这 3 个基本属性为大部分元素所拥有。

☑ class：定义类规则或样式规则。

☑ id：定义元素的唯一标识。

☑ style：定义元素的样式声明。

但是下面这些元素不拥有基本属性。

☑ html、head：文档和头部基本结构。

☑ title：网页标题。

☑ base：网页基准信息。

☑ meta：网页元信息。

☑ param：元素参数信息。

☑ script、style：网页的脚本和样式。

这些元素一般位于文档头部区域，用来标识网页元信息。

2. 语言属性

语言属性主要用来定义元素的语言类型，包括以下两个属性。

☑ lang：定义元素的语言代码或编码。

☑ dir：定义文本的方向，包括 ltr 和 rtl 取值，分别表示从左向右和从右向左。

下面这些元素不拥有语言语义属性。

☑ frameset、frame、iframe：网页框架结构。

☑ br：换行标识。

☑ hr：结构装饰线。

☑ base：网页基准信息。

Note

☑ param：元素参数信息。

☑ script：网页的脚本。

【示例 1】 以下代码第一行为网页定义中文简体的语言，字符对齐方式为从左到右的方式；第二行为 body 定义了美式英语。

```
<html xmlns="http://www.w3.org/1999/xhtml" dir="ltr" xml:lang="zh-CN">
<body id="myid" lang="en-us">
```

3. 键盘属性

键盘属性定义元素的键盘访问方法，包括以下两个属性。

☑ accesskey：定义访问某元素的键盘快捷键。

☑ tabindex：定义元素的 Tab 键索引编号。

使用 accesskey 属性可以使用快捷键（Alt+字母）访问指定 URL，但是浏览器不能很好地支持，在 IE 中仅激活超链接，需要配合 Enter 键确定，而在 FireFox 中则没有反应。

【示例 2】在导航菜单中设置快捷键。

```
<a href="http://www.mysite.cn/" accesskey="a">按住 Alt 键，按 A 键可以链接到 mysite 首页</a>
```

tabindex 属性用来定义元素的 Tab 键访问顺序，可以使用 Tab 键遍历页面中的所有链接和表单元素。遍历时会按照 tabindex 的大小决定顺序，当遍历到某个链接时，按 Enter 键即可打开链接的页面。例如：

```
<a href="#" tabindex="1">Tab 1</a>
<a href="#" tabindex="3">Tab 3</a>
<a href="#" tabindex="2">Tab 2</a>
```

4. 内容属性

内容属性定义元素包含内容的附加信息，这些信息对于元素来说具有重要补充作用，避免元素本身包含信息不全而被误解。内容语义包括以下 5 个属性。

☑ alt：定义元素的替换文本。

☑ title：定义元素的提示文本。

☑ longdesc：定义元素包含内容的大段描述信息。

☑ cite：定义元素包含内容的引用信息。

☑ datetime：定义元素包含内容的日期和时间。

alt 和 title 是两个常用的属性，分别定义元素的替换文本和提示文本，但是很多设计师习惯混用这两个属性，没有刻意去区分二者的语义性。实际上，除了 IE 浏览器，其他标准浏览器都不会支持二者混用，但是由于 IE 浏览器的“纵容”，才导致了很多设计师误以为 alt 属性就是用于设置提示文本的。

```
<a href="URL" title="提示文本">超链接</a>
<img src="URL" alt="替换文本" title="提示文本" />
```

替换文本（Alternate Text）并不是用来做提示的（Tool Tip），或者更加确切地说，它并不是为图像提供额外说明信息的。相反，title 属性才负责为元素提供额外说明信息。

当图像无法显示时，必须准备替换的文本来替换无法显示的图像，这对于图像和图像热点是必需的，因此，alt 属性只能用在 img、area 和 input 元素中（包括 applet 元素）。对于 input 元素，alt 属性

用来替换提交按钮的图片，如下所示。

```
<input type="image" src="URL" alt="替换文本" />.
```

为什么要设置替换文本呢？这主要是因为浏览器被禁止显示、不支持或无法下载图像时，通过替换文本为不能看到图像的浏览者提供文本说明，这是一个很重要的预防和补救措施。另外，还应该考虑到网页对于视觉障碍者，或者使用其他用户代理，如屏幕阅读器、打印机等代理设备的影响。从语义角度考虑，替换文本应该提供图像的简明信息，并保证在上下文中有意义，对于修饰性的图片可以使用空值（alt=""）。

title 属性为元素提供提示性的参考信息，这些信息是一些额外的说明，具有非本质性，因此该属性也不是一个必须设置的属性。当鼠标指针移到元素上面时，即可看到这些提示信息，但是 title 属性不能够用于以下元素。

- ☑ html、head：文档和头部基本结构。
- ☑ title：网页标题。
- ☑ base、basefont：网页基准信息。
- ☑ meta：网页元信息。
- ☑ param：元素参数信息。
- ☑ script：网页的脚本和样式。

相对而言，title 属性可以设置比 alt 属性更长的文本，不过有些浏览器可能会限制提示文本的长度，但是不管怎么规定，提示文本一定要简明、扼要，并用在恰当的地方，而不是为所有元素都定义一个提示文本，那样就显得画蛇添足了。提示文本一般多用在超链接上，特别是对图标按钮必须提供提示性说明信息，否则用户就会不明白这些图标按钮的作用。

如果要为元素定义更长的描述信息，则使用 longdesc 属性。longdesc 属性可以用来提供链接到一个包含图片描述信息的单独页面或者长段描述信息。其用法如下：

```
<img src="URL" alt="人物照" title="张三于 2015-5-1 中国馆留念" longdesc="这是张三于 2015 年 5 月 1 日在中国馆前的留影，当时天很热，穿着短裤，手里拿着矿泉水，周围有很多观众，场面热闹非凡" />
```

或

```
<img src="UTL" alt="替换文本" longdesc="详细描述图像的网页.html" />
```

这种方法意味着从当前页面链接到另一个页面，由此可能会造成理解上的困难。另外，浏览器对于 longdesc 属性的支持也不一致，因此应该避免使用。如果感觉对图片的长描述信息很有必要，那么不妨考虑把这些信息简单地显示在同一个文档中，而不是链接到其他页面或者隐藏起来，这样能够保证每个浏览者都可以阅读。

cite 一般用来定义引用信息的 URL。例如，下面一段文字引自 http://www.mysite.cn/csslayout/index.htm，所以可以这样设置：

```
<blockquote cite="http://www.mysite.cn/csslayout/index.htm">
    <p>CSS 的精髓是布局，而不是样式，布局需要缜密的结构分析和设计</p>
</blockquote>
```

datetime 属性定义包含文本的时间，这个时间表示信息的发布时间，也可能是更新时间，例如：

```
<ins datetime="2015-5-1 8:0:0">2015 年上海外滩</ins>
```

Note

2.7 案例实战：使用编码设计网页

Dreamweaver CC 不仅提供了强大的可视化操作环境，也提供了功能全面的编码环境。这种代码编写环境能适应各种类型的 Web 应用开发，从编写简单的 HTML 代码到设计、编写、测试和部署复杂的动态网站和 Web 应用程序。

在 Dreamweaver CC 主窗口中，包括“代码”、“拆分”、“设计”和“实时视图”4 种视图，如图 2.54 所示。

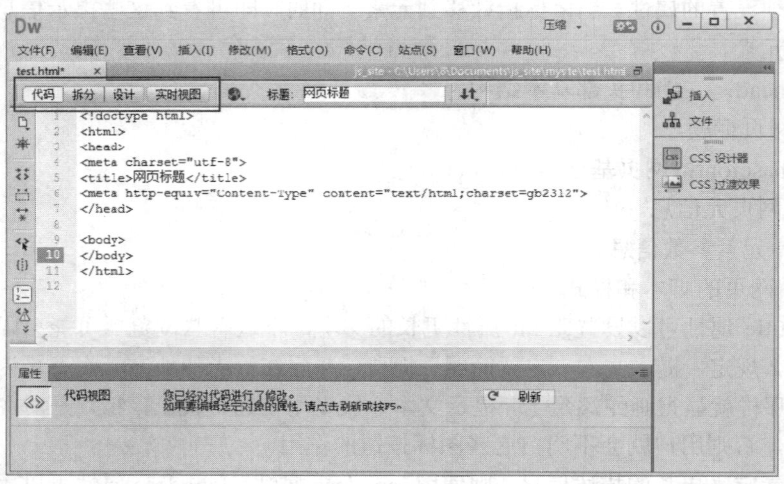

图 2.54 Dreamweaver CC 主窗口中的 4 种视图

（1）代码：在该视图状态下，可以用 HTML 标签和属性控制网页效果，同时，可以查看和编辑网页源代码。

（2）拆分：在该视图状态下，编辑窗口被拆分为左右两个部分，左侧窗口显示源代码，右侧窗口显示可视化视图，这样可以方便在两种视图间进行比较操作。

（3）设计：该视图是比较常用一种视图，是在“所见即所得”状态下操作，即当前编辑的效果和发布网页后的效果相同。

（4）实时视图：当页面包含复杂的脚本、特效样式，或者页面是动态网页时，在“设计”视图下是看不到效果的，此时只有通过“实时视图”才能够看到最终效果。

使用“代码”视图制作网页与“设计”视图制作网页稍有不同。制作一个简单页面的操作步骤如下。

【操作步骤】

第 1 步，启动 Dreamweaver CC，单击“代码”按钮，切换到“代码”视图。

第 2 步，先设置页面头部信息，由于系统已经设置了 HTML 文档基本结构和页面基础信息，因此，可以先保持默认值，当需要时再不断充实。目前只需重定义<title>中的网页标题，如图 2.55 所示。

第 3 步，在<body>和</body>之间输入网页源代码文本内容，例如“<h1>学好 Dreamweaver，网页设计真不怕。</h1>”，如图 2.56 所示。其中，<h1>表示一级标题。

第 4 步，选择“文件”|“在浏览器中预览”| IEXPLORE 命令，或者按 F12 键，即可在浏览器中观看到网页效果，如图 2.57 所示。

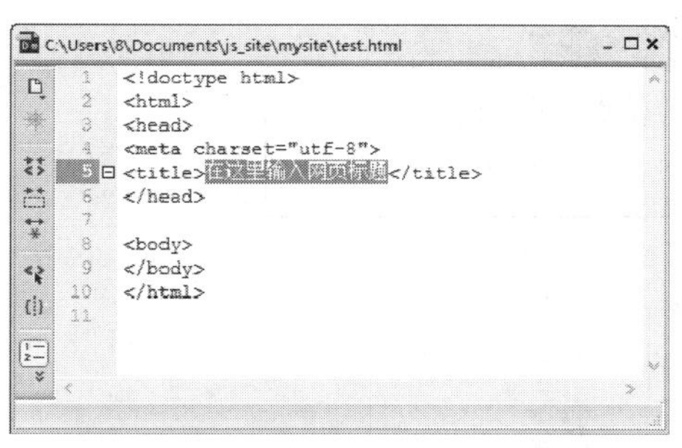

图 2.55　定义网页标题

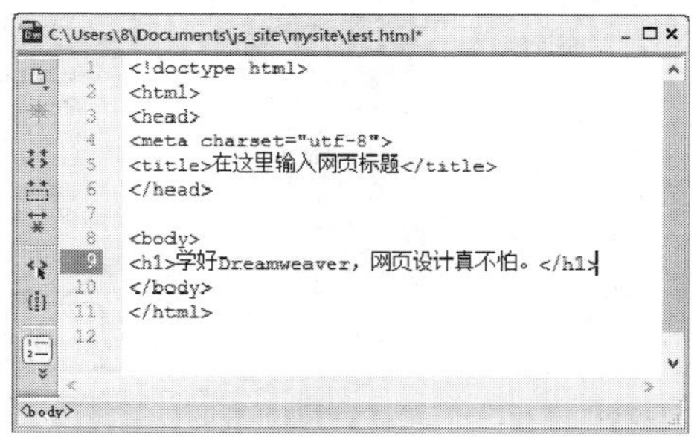

图 2.56　输入页面内容

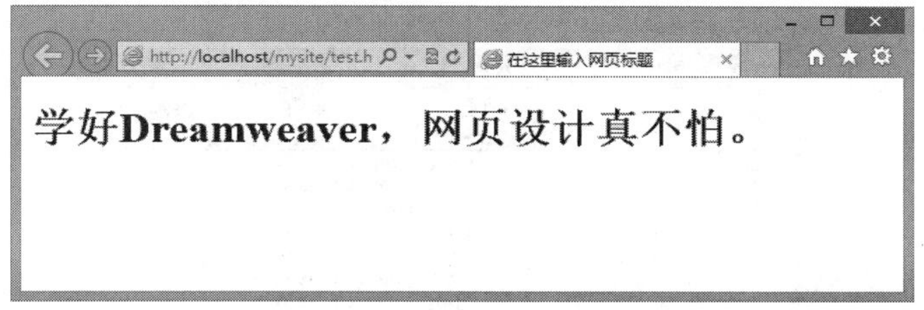

图 2.57　网页预览效果

如果在运行时没有保存页面，系统会弹出一个提示对话框，提示用户先保存页面。

2.8　编辑站点

定义站点之后，Dreamweaver 会自动把该站点设置为当前站点，此时可以在“文件”面板中查看和管理网站结构和文件，使用它来访问站点，管理服务器，或者浏览本地驱动器，查看和管理文件与文件夹。

2.8.1　切换站点

在“管理站点”对话框中选中需要编辑的站点，然后单击“完成”按钮，则 Dreamweaver 会自动把该站点设置为当前站点，并保存这种状态。这样每次启动 Dreamweaver 之后都会自动进入此站点的编辑环境中。此时，在“文件”面板中会默认显示该站点的本地目录内容。

考虑到每一次切换站点时，Dreamweaver 都要重构站点缓存，如果站点内容很多，这个过程是很慢的，不建议频繁在多个站点之间来回切换。除非站点内容很少，或者必须在站点之间进行切换。用户可以在“文件”面板的“站点”下拉列表框中快速进行切换，如图 2.58 所示。

2.8.2　编辑文件

选择“窗口”|“文件”命令，可以打开或关闭“文件”面板，如图 2.59 所示。“文件”面板的操作与在本地资源管理器中的操作相似。

网站结构一般通过文件夹来实现，不同版块、不同栏目以及不同类型的文件都可以通过文件夹来进行组织。右击某个文件夹或者文件夹内的文件，可以在弹出的快捷菜单中选择“新建文件夹”命令，即可在当前文件夹内新建一个子文件夹。

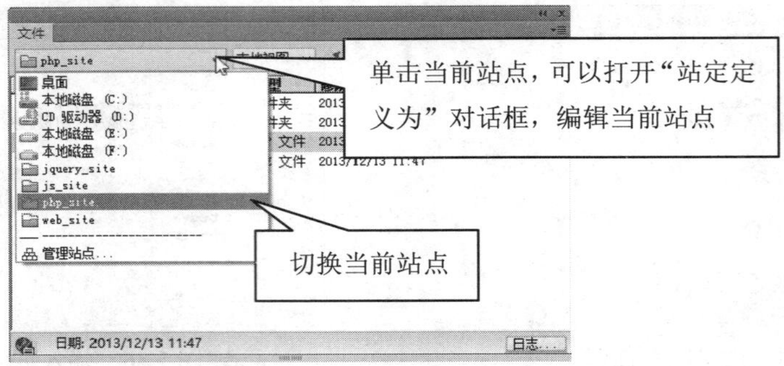

图 2.58 切换站点

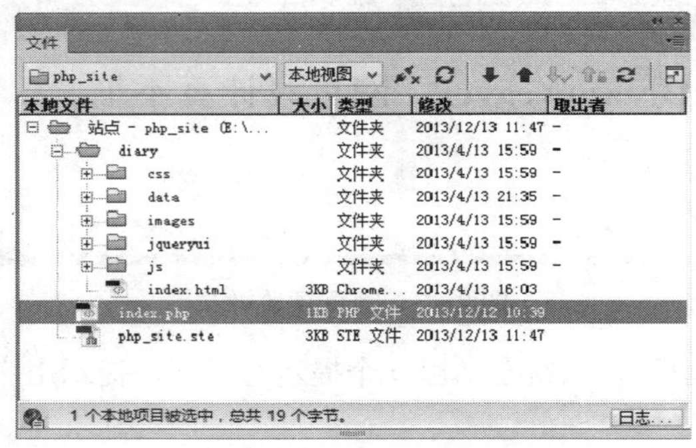

图 2.59 “文件”面板

Note

文件夹可以多层嵌套，形成多层结构关系，但是不要把这个层次结构设计得太深，2～4 级结构层次基本上够用。文件的建立与文件夹的操作方法相同，在 PHP 服务器类型的动态网站中新建的文件扩展名为.php。也可以在重命名时修改文件的类型。

编辑文件时，建议掌握如下技能。

☑ 会用快捷键，例如，Ctrl+A（全选）、Ctrl+X（剪切文件夹或文件）、Ctrl+C（复制）、Ctrl+D（复制）、Ctrl+V（粘贴）、Delete（删除）、F2（重命名）、F5（刷新）等。

☑ 巧用鼠标左右键。例如，单击文件或文件夹可以重命名，双击可以在编辑窗口中打开文件，双击文件夹名称可以展开文件夹，右击可以弹出快捷菜单，拖动文件和文件夹可以移动位置，按住 Ctrl 键拖动鼠标可以快速复制文件夹或文件等。

☑ 使用快捷菜单。选中操作的文件夹或文件，右击，在弹出的快捷菜单中可以找到需要的操作功能。

☑ 使用面板菜单。单击“文件”面板右上角的按钮，从弹出的菜单中选择相应的命令即可。

提示：在“文件”面板中所有操作都是不能恢复的，因此操作时要特别谨慎。

2.8.3 查看文件

在网站创建与维护的过程经常需要查看文件和文件夹，当网站内容越来越多时，有时是非常麻烦的。

在“文件”面板中查看文件，如果文件名太长，可以通过拖曳改变“文件”面板的宽度来实现，把鼠标指针移到面板的左右边框，当其变成双向箭头时，按住鼠标左键拖曳即可快速改变面板的宽度。以同样的方法可以改变面板的高度，以便在列表框中看到更多的文件，方便浏览和操作。

另外，通过隐藏或调整面板中的详细列可以加快浏览速度。例如，在“站点设置对象”对话框的“文件视图列”分类中设置默认列的显示或隐藏，以及排列顺序，这对于经常查看文件的相关属性非常重要，例如，如果经常关注文件的修改时间，则可以把“修改”列调整到前面（选中该项，然后单击▲和▼按钮来调整排列顺序）。如果觉得文件的大小信息没有太大参考价值，则可以双击“大小”选项，在打开的选项中取消选中“显示”复选框，如图 2.60 所示，这样可以集中精力浏览文件或参考关注的文件信息，避免其他无用的信息影响。

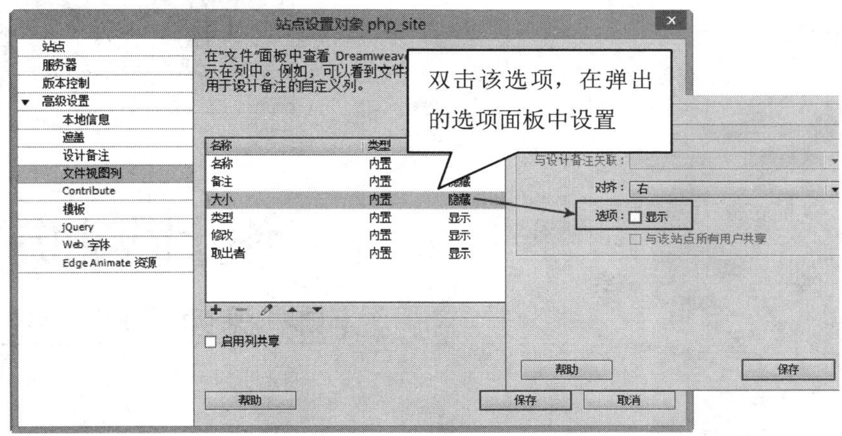

图 2.60　设置文件视图列

【拓展】在“文件”面板右上角单击按钮，从弹出的下拉菜单中选择“查看”|“显示隐藏文件”命令，可以浏览网站中所有隐藏的文件。这些隐藏文件大多由系统自动产生，用来辅助完成某些功能。例如，存储和取出文件（.lck 文件）、设计备注文件（.mno 文件）等。这样的信息对于网站管理至关重要，一般不要轻易删除。

2.8.4　快速定位

在庞杂的站点内定位文件不是件容易的事情，但是 Dreamweaver 提供了很多支持功能，使得在站点中查找、选定、打开或取出文件变得非常容易，也可以在本地站点或远程站点中查找较新的文件。

1. 在站点内定位打开的文件

在 Dreamweaver 的主窗口的菜单栏中选择“站点”|“在站点定位”命令，Dreamweaver 会自动在“文件”面板中找到打开的文件，并使其处于选中状态。

2. 选择取出的文件

取出的文件一般都会在文件图标后面显示一个“√”符号。如果网站结构比较复杂，在不同文件夹中进行操作，这样被取出的文件会很多。但是在工作时，由于忙可能会忘记很多被取出的文件，因此会妨碍其他成员的编辑操作。这时，读者不妨在“文件”面板菜单中选择“选择”|“选择取出的文件”命令，则 Dreamweaver 会自动把所有取出的文件选中显示，这样读者就可以一目了然地知道站点内被取出的文件情况。

第3章

设计网页文本

（视频讲解：97分钟）

文字是网页中传递信息的主要元素，各式各样的文字效果给网页增添了很多魅力，虽然使用图像、动画或视频等多媒体信息也可以表情达意，但是文字仍然是传递信息的最直接最经典的方式。网页制作的重点工作就是更好地编排段落文本格式，体现网页主旨，吸引浏览者的注意力。对于广大初学者来说，在网页中设置字体、段落格式是应具备的基本技能之一。本章将详细讲解网页字体设置、段落格式编排方法，以及如何设置列表等基本操作。

学习重点：

- 在网页中输入文本
- 设置文本显示属性
- 设计段落文本、标题文本和列表文本
- 设计网页正文版式

3.1　在网页中输入文本

在 Dreamweaver CC 中输入文本有两种方法：

（1）直接在文档编辑窗口中输入文本，也就是先确定要插入文本的位置，然后直接输入文本。

（2）复制其他窗口中的文本，粘贴到 Dreamweaver CC 编辑窗口中。其方法为，先在其他窗口中选中文本，按 Ctrl+C 快捷键复制，然后切换到 Dreamweaver CC 编辑窗口，选择“编辑”|“粘贴”命令即可，快捷键为 Ctrl+V。

在 Dreamweaver CC 编辑窗口中粘贴文本时，可以确定是否粘贴文本源格式。操作步骤如下。

【操作步骤】

第 1 步，选择“编辑”|“首选参数”命令，打开“首选项”对话框，在左侧“分类”列表框中选择“复制/粘贴”选项，在右侧设置粘贴的格式，如图 3.1 所示。然后单击对话框底部的“应用”按钮。最后单击“关闭”按钮关闭对话框。

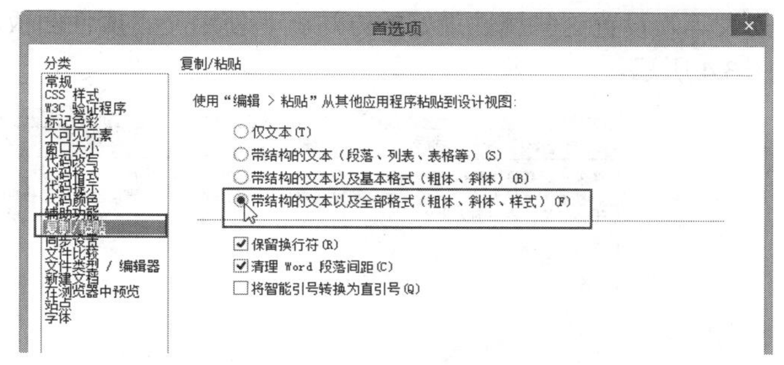

图 3.1　设置粘贴文本的格式

第 2 步，在其他文本编辑器中选择带格式的文本。例如，在 Word 中选择一段带格式的文本，按 Ctrl+C 快捷键进行复制，如图 3.2 所示。

第 3 步，启动 Dreamweaver CC，新建文档，保存为 test.html，在编辑窗口中按 Ctrl+V 快捷键粘贴文本，效果如图 3.3 所示。

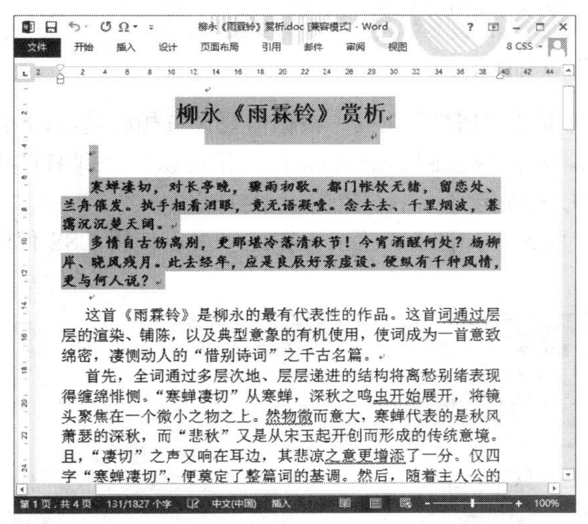

图 3.2　复制 Word 中带格式的文本

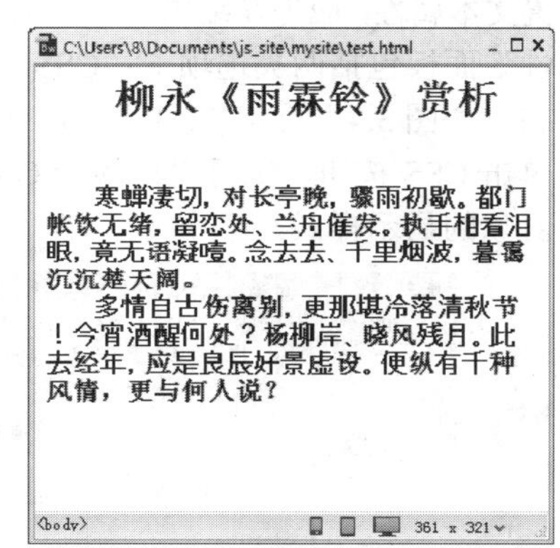

图 3.3　粘贴带格式的文本

提示： 在粘贴时，如果选择“编辑”|“选择性粘贴”命令，会打开“选择性粘贴”对话框，在该对话框中可以进行不同的粘贴操作，例如，仅粘贴文本，或仅粘贴基本格式文本，或者完整粘贴文本中所有格式等。

Note

技巧： 在编辑网页的过程中，使用不可见元素可以帮助查看网页编排的细节。操作步骤如下。选择“编辑”|“首选参数”命令，打开“首选项”对话框，在左侧“分类”列表框中选择“不可见元素”选项，在右侧的具体设置中选中“换行符”复选框，并确认“查看”|“可视化助理”|“不可见元素”命令为选中状态，则在网页编辑窗口中显示图标，该图标提示当前为换行操作。

3.2 定义文本属性

输入文本之后，还需要设置文本的属性，如文字的字体、大小和颜色，文本的对齐方式、缩排和列表等。设置这些属性最好的方法就是使用文本属性面板。“属性”面板一般位于编辑窗口的下方，如图 3.4 所示。

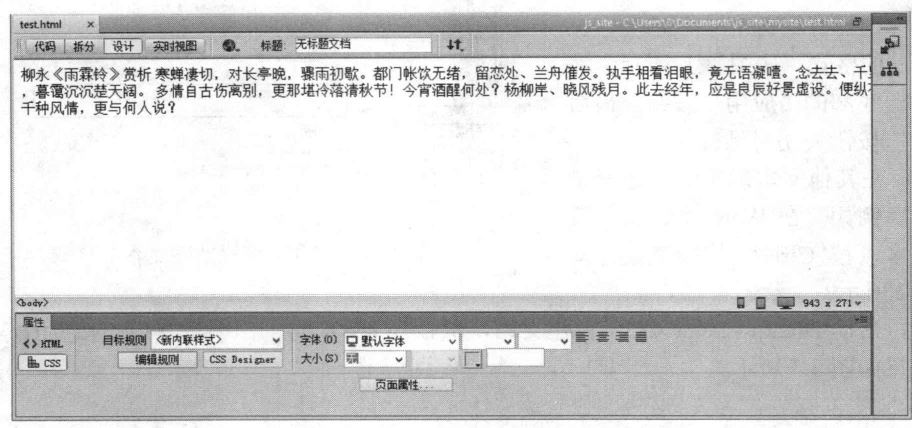

图 3.4　文本“属性”面板（HTML 选项卡下）

要设置文本属性，应先在编辑窗口中选中文本，然后在“属性”面板中根据需要设置相应选项即可。

“属性”面板包括两类选项卡：CSS 和 HTML。在面板左侧单击 HTML 按钮可以切换到 HTML 选项卡状态，如图 3.4 所示，在这里可以使用 HTML 属性定义选中对象的显示样式。

如果单击 CSS 按钮，则可以切换到 CSS 选项卡状态，如图 3.5 所示，在这里可以使用 CSS 代码定义选中对象的显示样式。

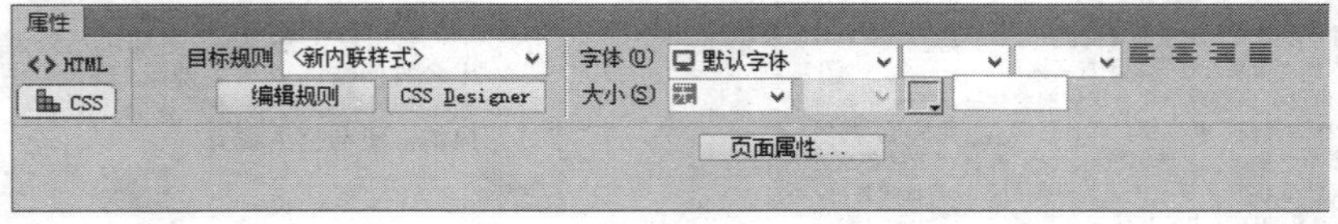

图 3.5　文本“属性”面板（CSS 选项卡下）

提示： 如果 Dreamweaver CC 主界面中没有显示“属性”面板，可以选择“窗口”|“属性”命令打开“属性”面板，或者按 Ctrl+F3 快捷键快速打开或关闭“属性”面板。打开 Dreamweaver CC 窗口后，有时可能以最小化状态显示，此时只需要单击面板标题栏中的深灰色区域即可快速打开“属性”面板，再次单击也可以收缩“属性”面板。

3.3　定义文本格式

文本格式类型实际上就是定义文本所包含的标签类型，该标签表示文本所代表的语义性。在文本“属性”面板中单击“格式”下拉列表框可以快速设置格式，包括段落格式、标题格式、预先格式化。如果在“格式”下拉列表框中选择“无”选项，可以取消格式操作，或者设置无格式文本。

3.3.1　实战演练：设置段落文本

段落格式就是设置所选文本为段落。在 HTML 源代码中使用<p>标签来表示，段落文本默认格式是在段落文本上下边显示 1 行空白间距（约 12px），其语法格式如下。

```
<p>段落文本</p>
```

【操作步骤】

第 1 步，启动 Dreamweaver CC，新建文档，保存为 test.html。

第 2 步，在编辑窗口中，手动输入文本“《雨霖铃》”。

第 3 步，在“属性”面板中单击“格式”右侧的下拉箭头，在弹出的下拉列表中选择“段落”选项，即可设置当前输入文本为段落格式，如图 3.6 所示。

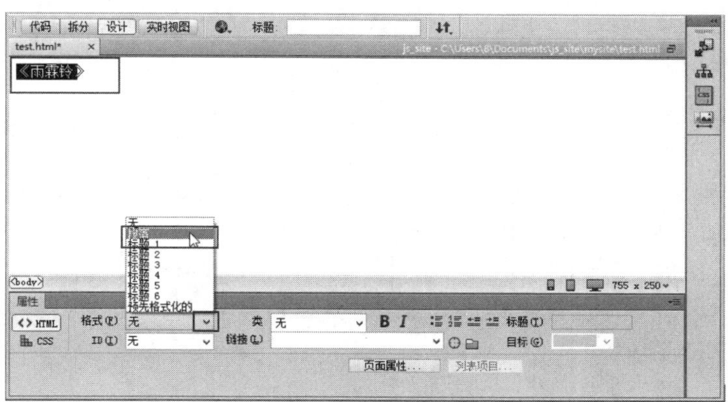

图 3.6　设置段落格式

> 技巧：在“设计”视图下，输入一些文字后按 Enter 键，就会自动生成一个段落，这时也会自动应用段落格式，光标会自动换行，同时“格式”下拉列表框中显示为“段落”状态。

第 4 步，切换到“代码”视图下，可以直观地比较段落文本和无格式文本的差异。

（1）输入文本并按 Enter 键前：

```
<body>
《雨霖铃》
</body>
```

（2）输入文本并按 Enter 键后：

```
<body>
<p>《雨霖铃》</p>
```

```
<p>  </p>
</body>
```

（3）输入文本后选择“段落”格式选项：

Note

```
<body>
<p>《雨霖铃》
</p>
</body>
```

第 5 步，按 Enter 键换行显示，继续输入文本。输入全部诗句后，生成的 HTML 代码如下，在“设计”视图下可以看到如图 3.7 所示的效果。

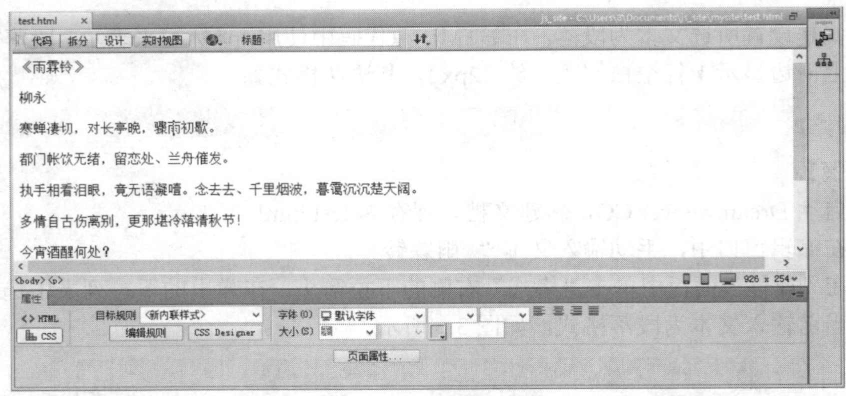

图 3.7　应用段落格式

```
<!doctype html>
<html>
<head>
<meta charset="utf-8">
<title></title>
</head>
<body>
<p>《雨霖铃》 </p>
<p>柳永</p>
<p> 寒蝉凄切，对长亭晚，骤雨初歇。</p>
<p>都门帐饮无绪，留恋处、兰舟催发。</p>
<p>执手相看泪眼，竟无语凝噎。念去去、千里烟波，暮霭沉沉楚天阔。</p>
<p>多情自古伤离别，更那堪冷落清秋节！</p>
<p>今宵酒醒何处？</p>
<p>杨柳岸、晓风残月。</p>
<p>此去经年，应是良辰好景虚设。</p>
<p>便纵有千种风情，更与何人说？ </p>
</body>
</html>
```

3.3.2　实战演练：设置标题文本

标题文本主要用于强调文本信息的重要性。在 HTML 语言中，定义了 6 级标题，分别用<h1>、<h2>、<h3>、<h4>、<h5>、<h6>来表示，每级标题的字体大小依次递减，标题格式一般都加粗显示。

> **提示：** 实际上每级标题的字符大小并没有固定值，而是由浏览器所决定的，为标题定义的级别只决定了标题之间的重要程度，也可以设置各级标题的具体属性。在标题格式中，主要的属性是对齐属性，用于定义标题段落的对齐方式。

【操作步骤】

第 1 步，启动 Dreamweaver CC，打开 3.1 节创建的网页文档 test.html。下面将文档中的文本“《雨霖铃》”定义为一级标题并居中显示，将文本“柳永”定义为二级标题并居中显示。

第 2 步，在编辑窗口中选择文本“《雨霖铃》”，在文本“属性”面板的“格式”下拉列表框中选择“标题 1”选项。

第 3 步，选择“格式”|“对齐”|“居中对齐”命令，则会设置标题文本居中显示，如图 3.8 所示。

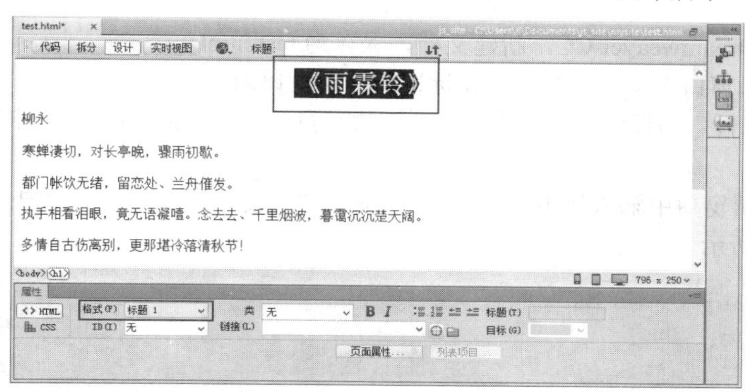

图 3.8　设置标题格式

第 4 步，切换到“代码”视图下，可以看到生成如下 HTML 代码：

```
<h1 align="center">《雨霖铃》</h1>
```

第 5 步，把光标置于文本“柳永”中，在文本“属性”面板的“格式”下拉列表框中选择“标题 2”选项，设置文本“柳永”为二级标题格式。

> **提示：** 在上面的操作中没有选中操作文本，这是因为段落格式和标题格式作用于文本上光标插入点所在的一段，如果要将多段设置一个标题，可以同时选中。如果按 Shift+Enter 快捷键或者用
标签使文本换行，但上下行依然是一段，因此，标题格式和段落格式同样起作用。

第 6 步，选择“格式”|“对齐”|“居中对齐”命令，设置二级标题文本居中显示，如图 3.9 所示。

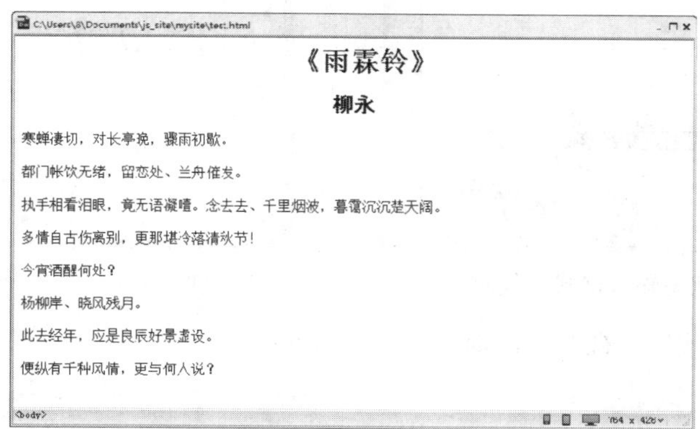

图 3.9　设置标题格式效果

> 技巧：当设置标题格式并按 Enter 键后，Dreamweaver CC 会自动在下一段中将文本恢复为段落文本格式，即取消了标题格式的应用。如果选择“编辑”|“首选参数”命令，在打开的“首选项”对话框中选择“常规”分类项，然后在右侧取消选中“标题后切换到普通段落”复选框，此时，如果在标题格式文本后按 Enter 键则依然保持标题格式。

Note

3.3.3 实战演练：设置预定义文本

预定义格式在显示时能够保留文本间的空格符，如空格、制表符和换行符。在正常情况下浏览器会忽略这些空格符。一般使用预定义格式可以定义代码显示，确保代码能够按输入时的格式效果正常显示。

【操作步骤】

第 1 步，启动 Dreamweaver CC，新建文档，保存为 test.html。

第 2 步，在编辑窗口内单击，把当前光标置于编辑窗口内。

第 3 步，在“属性”面板中单击“格式”右侧的下拉箭头，在弹出的下拉列表中选择“预先格式化的”选项。

第 4 步，在编辑窗口中输入如下 CSS 样式代码，在“设计”视图下，用户会看到输入的代码文本格式，如图 3.10 所示。

```
<style type="css/text">
h1{
    text-align:center;
    font-size:24px;
    color:red;
}
</style>
```

上面样式代码定义一级标题文本居中显示，字体大小为 24px，字体颜色为红色。

第 5 步，按 Ctrl+S 快捷键保存文档，按 F12 键浏览效果，在浏览器中可以看到原来输入的代码依然按原输入格式显示，如图 3.11 所示。

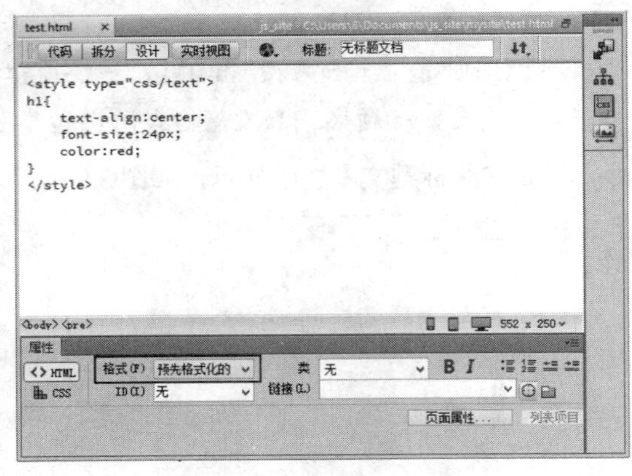

图 3.10　正常状态输入格式化代码

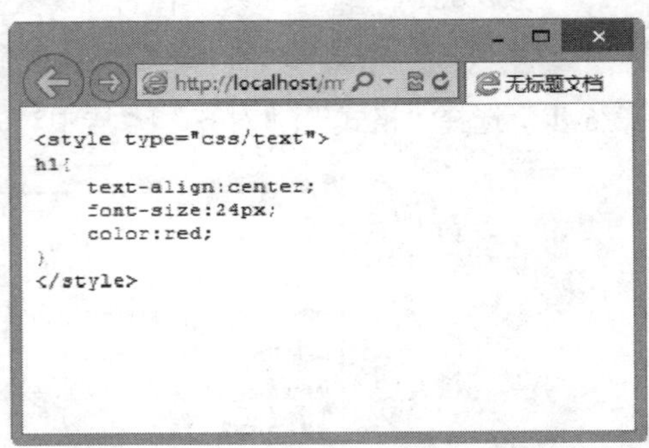

图 3.11　在浏览器中预览预定义格式效果

第 6 步，切换到“代码”视图下，则显示代码如下：

```
<body>
<pre>
&lt;style type=&quot;css/text&quot;&gt;
```

Note

```
h1{
    text-align:center;
    font-size:24px;
    color:red;
}
&lt;/style&gt;
</pre>
</body>
```

提示：预定义格式的标签为<pre>，在该标签中可以输入制表符和换行符，这些特殊符号都会包括在<pre>标签之中。

第 7 步，把 test.html 另存为 test1.html，在“代码”视图下把<pre>改为<p>，即把预定义格式转换为段落格式，则显示效果如图 3.12 所示。

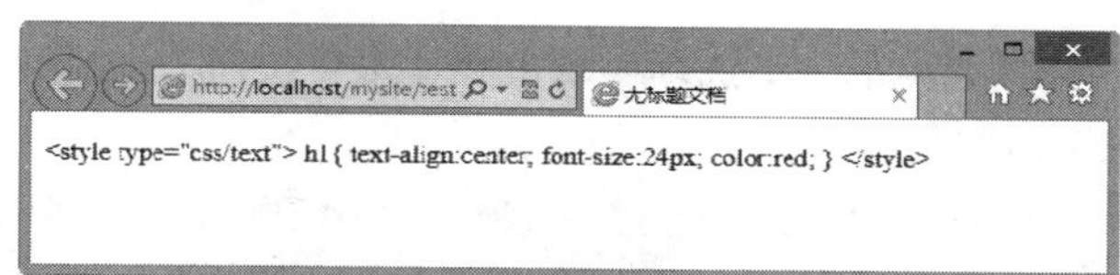

图 3.12　以段落格式显示格式代码效果

3.4　案例实战：定义类文本

文本属性面板中有一个“类”下拉列表框，在该下拉列表框中可以为选中的文本应用类样式。下面通过一个案例演示如何应用类样式并设计类文本效果。

【操作步骤】

第 1 步，启动 Dreamweaver CC，新建文档，保存为 test.html，并完成多段文本的输入操作。

第 2 步，选择“窗口”|“CSS 设计器”命令，打开“CSS 设计器”面板，如图 3.13 所示。

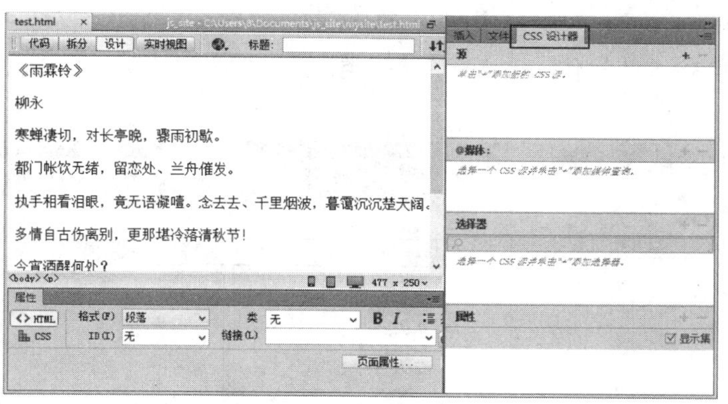

图 3.13　打开“CSS 设计器”面板

第 3 步，在“源”列表框标题栏右侧单击加号按钮+，从弹出的下拉列表中选择“在页面中定义”选项，定义一个内部样式表，如图 3.14 所示。

第 4 步，在“@媒体”列表框中选择“全局”选项，在“选择器”列表框标题栏右侧单击加号按钮+添加一个样式，然后输入样式选择器的名称为.center，如图 3.15 所示。

Note

图 3.14　定义内部样式表

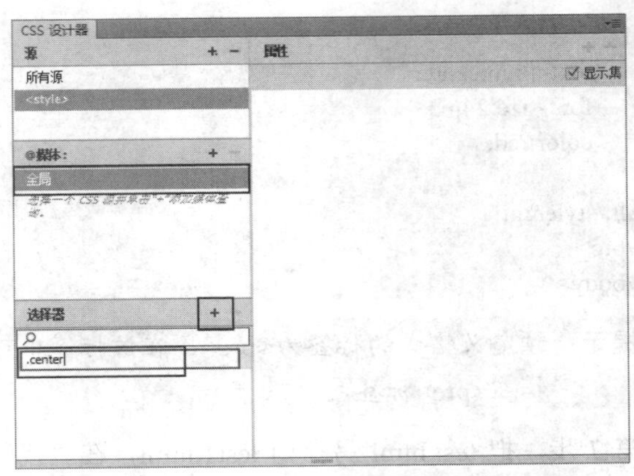

图 3.15　定义样式的选择器名称

第 5 步，在“属性”列表框顶部分类选项中单击“文本”按钮T，找到 text-align 属性，在右侧单击居中按钮，定义一个居中类样式，如图 3.16 所示。

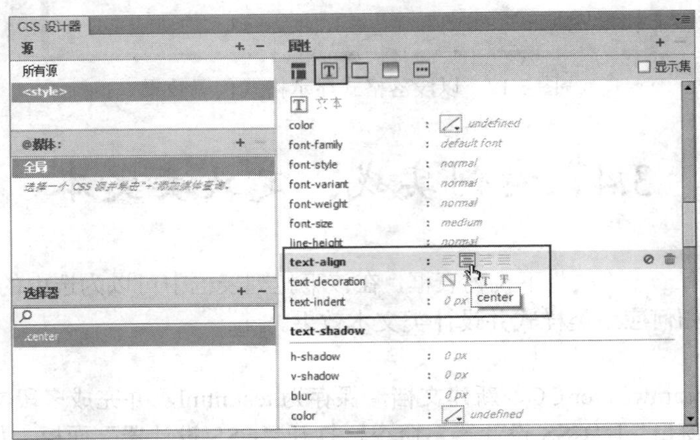

图 3.16　定义居中类样式

第 6 步，重复第 3～5 步操作，定义一个.red 类样式，定义字体颜色为红色，参数设置如图 3.17 所示。

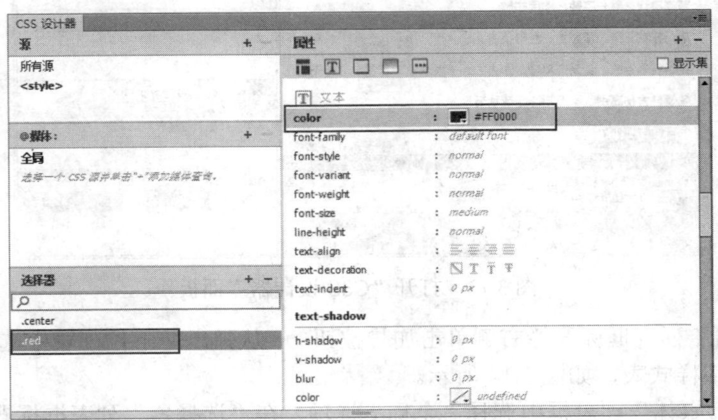

图 3.17　定义红色类样式

第 7 步，切换到“代码”视图下，在页面头部区域可以看到 Dreamweaver CC 自动生成的样式代码，如下所示。如果用户熟悉 CSS 语法，可以手动快速定义类样式。

```
<style type="text/css">
.center { text-align: center; }
.red { color: #FF0000; }
</style>
```

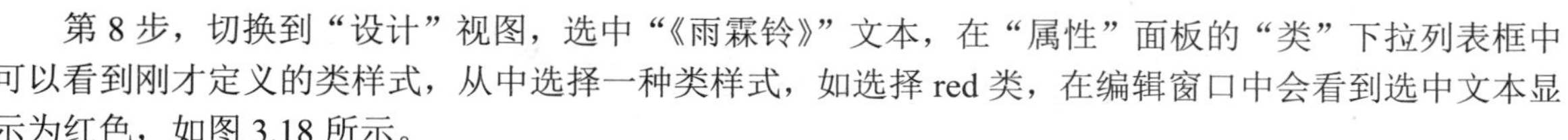

第 8 步，切换到“设计”视图，选中“《雨霖铃》”文本，在“属性”面板的“类”下拉列表框中可以看到刚才定义的类样式，从中选择一种类样式，如选择 red 类，在编辑窗口中会看到选中文本显示为红色，如图 3.18 所示。

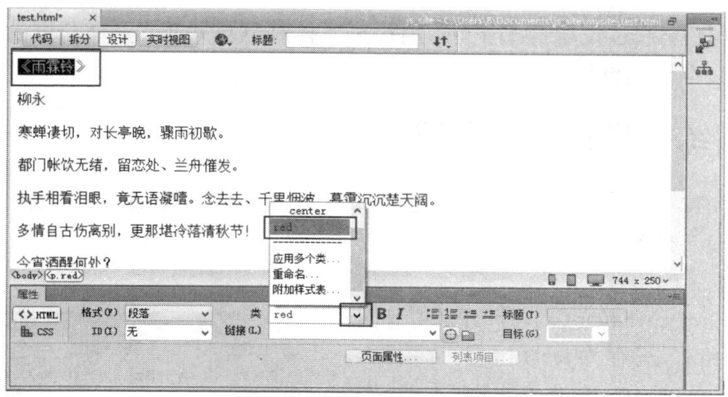

图 3.18 应用红色类样式

第 9 步，切换到“代码”视图下，Dreamweaver CC 会为<p>标签应用 red 类样式。

```
<p class="red">《雨霖铃》 </p>
```

第 10 步，在“属性”面板的“类”下拉列表框中选择“应用多个类”选项，打开“多类选区”对话框，在该对话框的列表框中会显示当前文档中的所有类样式，从中选择为当前段落文本应用多个类样式，如 center 和 red，如图 3.19 所示。

第 11 步，以同样的方法为段落文本“柳永”应用 red 和 center 类样式，最后所得的页面设计效果如图 3.20 所示。

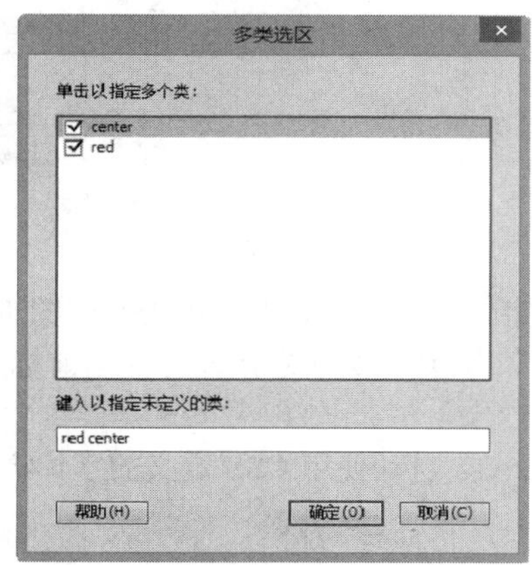

图 3.19 应用多个类样式

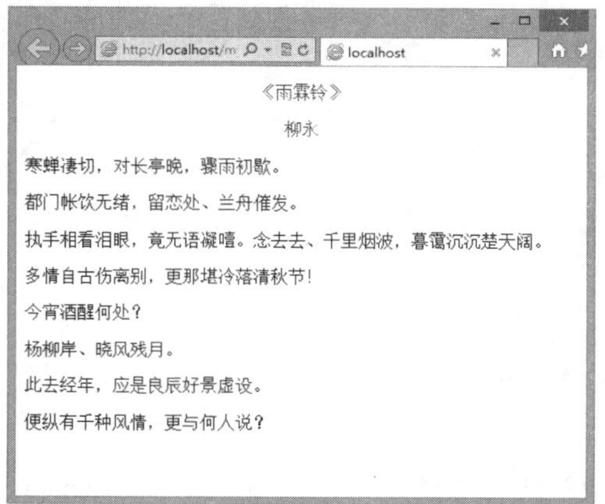

图 3.20 页面设计效果

提示： 如果在“属性”面板的“类”下拉列表中选择“无”选项，则表示所选文本没有 CSS 样式或者取消已应用的 CSS 样式表；选择“重命名”选项表示可以已经定义的 CSS 类样式进行重新命名；选择“附加样式表...”选项能够打开“使用现有的 CSS 文件”对话框，允许用户导入外部样式表文件。如果在页面中定义了很多类样式，则这些类样式会显示在该下拉列表框中。

3.5 定义字体样式

文本包含很多属性，通过设置这些属性，用户可以控制网页效果。一个网页的设计效果是否精致，很大程度上取决于文本样式设计。

3.5.1 实战演练：设置字体类型

在网页中，中文字体默认显示为宋体，如果选择“修改”|“管理字体”命令，可以打开“管理字体”对话框，重设字体类型。

【操作步骤】

第 1 步，启动 Dreamweaver CC，打开 3.4 节创建的网页文档 test.html，另存为 test1.html。

第 2 步，在编辑窗口中拖选文本“《雨霖铃》”。

第 3 步，选择“修改”|“管理字体”命令，打开“管理字体”对话框，切换到“自定义字体堆栈”选项卡。在“可用字体”列表框中选择一种本地系统中可用的字体类型，如“隶书”。

第 4 步，单击 << 按钮，把选择的可用字体添加到“选择的字体”列表框中，如图 3.21 所示。

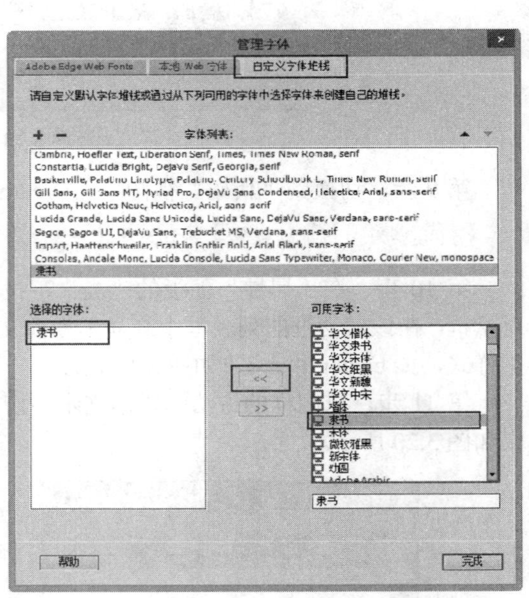

图 3.21　添加可用字体

提示： 在“管理字体”对话框中可以设置多种字体类型，如自定义字体类型，或者选择本地系统可用字体，只要用户计算机安装有某种字体，都可以进行设置。不过建议用户应该为网页字体设置常用字体类型，以确保大部分浏览者都能够正确浏览。

第 5 步，在“属性”面板中切换到 CSS 选项卡，在“字体”下拉列表框中单击右侧的下拉按钮，从弹出的下拉列表中可以看到新添加的字体，选择“隶书”，如图 3.22 所示，即可为当前标题应用隶书字体效果。

第 6 步，切换到“代码”视图，可以看到 Dreamweaver CC 自动使用 CSS 定义的字体样式属性。

```
<p class="red center"><span style="font-family: '隶书'">《雨霖铃》 </span></p>
<p class="red center">柳永</p>
```

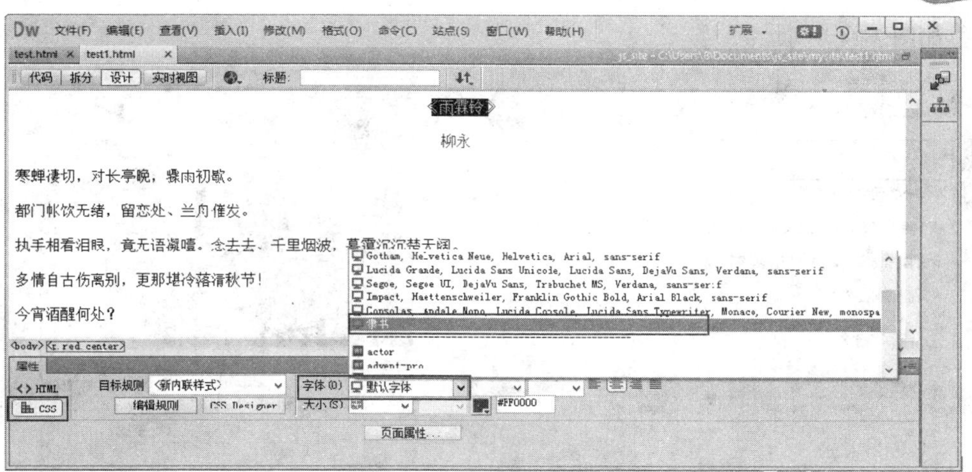

图 3.22　应用字体类型样式

提示：在传统布局中，默认使用<font>标签设置字体类型、字体大小和颜色，在标准设计中不再建议使用。

3.5.2　实战演练：设置字体颜色

选择“格式”|“颜色”命令，打开“颜色”面板，利用该面板可以为字体设置颜色。

【操作步骤】

第 1 步，启动 Dreamweaver CC，打开 3.5.1 节创建的网页文档 test1.html，另存为 test2.html。

第 2 步，在编辑窗口中拖选段落文本“《雨霖铃》”。在“属性”面板中设置字体格式为“标题 1”。

第 3 步，拖选段落文本“柳永”。在“属性”面板中设置字体格式为“标题 2”，同时修改字体“柳永”应用类样式为.center，而不是复合类样式，清除红色字体效果，仅让二级标题居中显示，如图 3.23 所示。

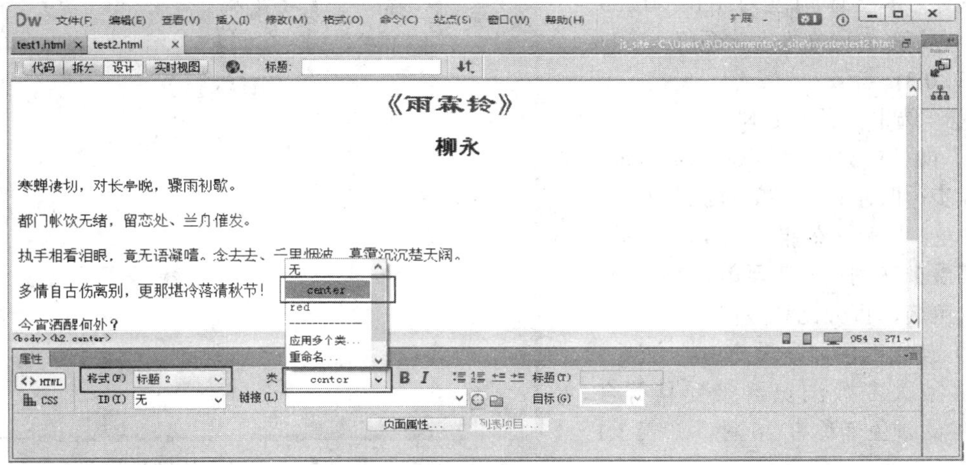

图 3.23　修改标题文本格式化和类样式

第 4 步，拖选词正文的第一段文本，在“属性”面板中切换到 CSS 选项卡，单击“颜色”小方块，从弹出的“颜色”面板中选择一种颜色，这里设置颜色为浅绿色，RGBa 值显示为 rgba(60,255,

Note

60,1.00)，如图 3.24 所示。

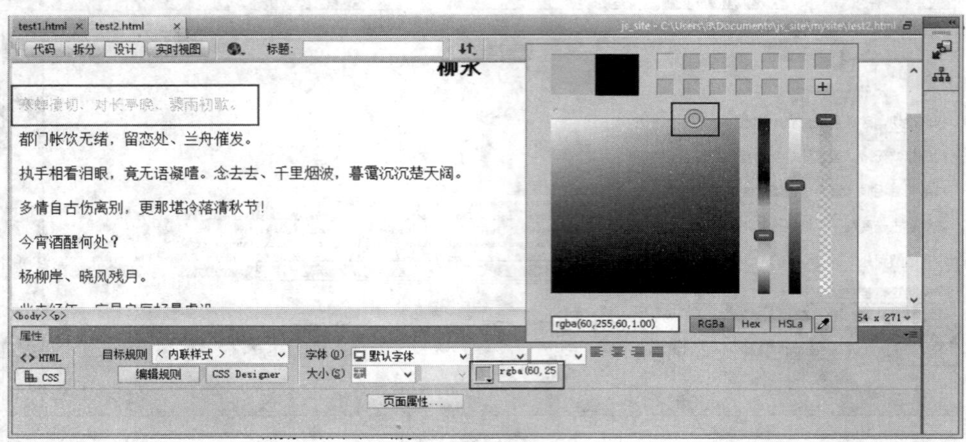

图 3.24　定义第一段文本颜色

第 5 步，拖选第二段文本，设置字体颜色为 rgba(60,255,60,0.9)，用户也可以直接在“属性”面板的颜色文本框中输入“rgba(60,255,60,0.9)”，如图 3.25 所示。

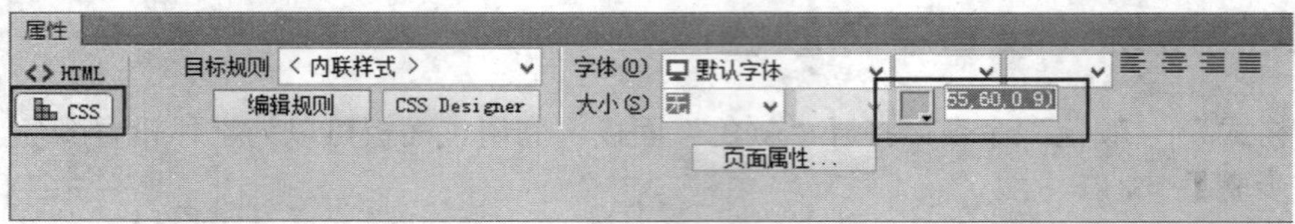

图 3.25　定义第二段文本颜色

第 6 步，以同样的方式执行如下操作：

设置第 3 段文本字体颜色为 rgba(60,255,60,0.8)；设置第 4 段文本字体颜色为 rgba(60,255,60,0.7)；设置第 5 段文本字体颜色为 rgba(60,255,60,0.6)；设置第 6 段文本字体颜色为 rgba(60,255,60,0.5)；设置第 7 段文本字体颜色为 rgba(60,255, 60,0.4)；设置第 8 段文本字体颜色为 rgba (60,255, 60,0.3)。

第 7 步，选中标题 1 文本“《雨霖铃》”，在“属性”面板中修改字体颜色为 green。

第 8 步，保存文档，按 F12 键，在浏览器中预览，则显示效果如图 3.26 所示。

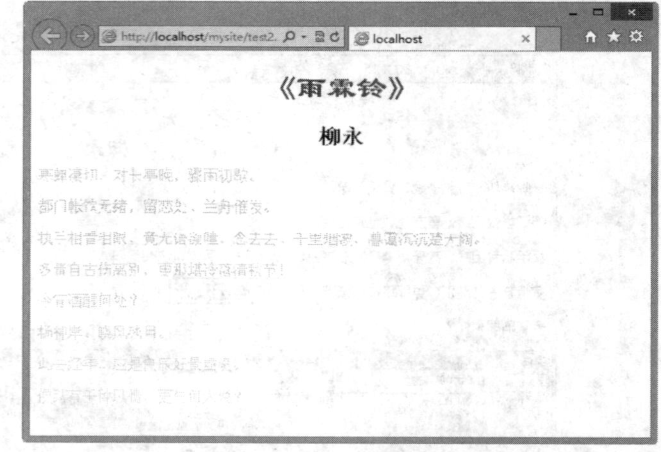

图 3.26　定义字体颜色效果

【拓展】在网页中表示颜色有 3 种方法：颜色名、百分比和数值。

（1）使用颜色名是最简单的方法，目前能够被大多数浏览器接受且符合 W3C 标准的颜色名称有 16 种，如表 3.1 所示。

（2）使用百分比，例如：

```
color:rgb(100%,100%,100%);
```

表 3.1　符合标准的颜色名称

名　　称	颜　　色	名　　称	颜　　色	名　　称	颜　　色
black	纯黑	silver	浅灰	navy	深蓝
blue	浅蓝	green	深绿	lime	浅绿
teal	靛青	aqua	天蓝	maroon	深红
red	大红	purple	深紫	fuchsia	品红
olive	橄榄色	yellow	明黄	gray	深灰
white	亮白				

在上面的设置中，结果将显示为白色，其中第 1 个数字表示红色比重值，第 2 个数字表示蓝色比重值，第 3 个数字表示绿色比重值，rgb(0%,0%,0%)将显示为黑色，3 个百分值相等将显示灰色。

（3）使用数字。数字范围从 0～255，例如：

```
color:rgb(255,255,255);
```

上面这个声明将显示为白色，而 rgb(0,0,0)将显示为黑色。使用 rgba()和 hsla()颜色函数可以设置 4 个参数，其中，第 4 个参数表示颜色的不透明度，范围从 0～1，1 表示不透明，0 表示完全透明。

使用十六进制数字来表示颜色（这是最常用的方法），例如：

```
color:#ffffff;
```

其中，要在十六进制数字前面加一个“#”颜色符号。上面这个定义将显示白色，而#000000 将显示为黑色，用 RGB 来描述，格式如下：

```
color: #RRGGBB;
```

3.5.3　实战演练：设置艺术字体

粗体和斜体是字体的两种特殊艺术效果，在网页中起到强调文本的作用，以提醒用户注意该文本所要传达的信息的重要性。

【操作步骤】

第 1 步，启动 Dreamweaver CC，打开本小节备用练习文档 test.html，另存为 test1.html。

第 2 步，在编辑窗口中拖选段落文本“《雨霖铃》”。在“属性”面板中切换到 HTML 选项卡，然后单击“粗体”按钮，如图 3.27 所示。

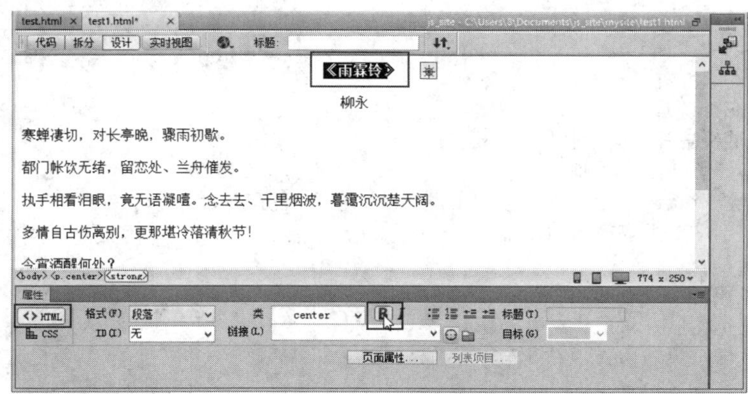

图 3.27　定义加粗字体效果

Note

第 3 步，拖选段落文本“柳永”。在“属性”面板中单击“斜体”按钮，为该文本应用斜体效果，如图 3.28 所示。

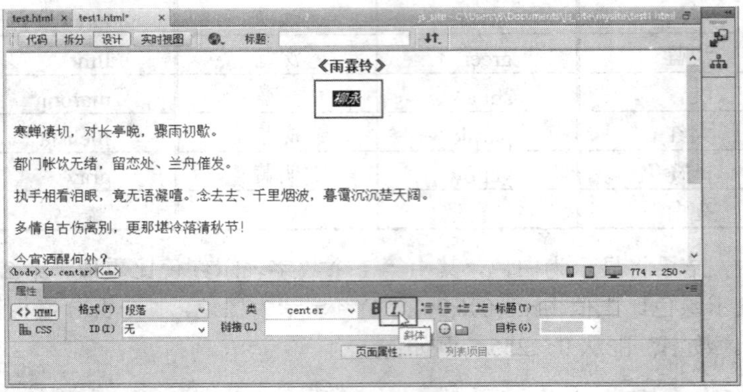

图 3.28　定义斜体字体效果

第 4 步，切换到“代码”视图下，HTML 代码如下：

```
<p class="center"><strong>《雨霖铃》 </strong></p>
<p class="center"><em>柳永</em></p>
```

【拓展】在标准用法中，不建议使用<strong>和<em>标签定义粗体和斜体样式。提倡使用 CSS 样式代码进行定义。例如，针对上面示例，另存为 test2.html，然后使用 CSS 设计相同效果，则文档完整代码如下：

```
<!doctype html>
<html>
<head>
<meta charset="utf-8">
<title></title>
<style type="text/css">
.center { text-align: center; }
.red { color: #FF0000; }
.bold{ font-weight:bold;}
.ital {font-style:italic;}
</style>
</head>
<body>
<p class="center bold">《雨霖铃》</p>
<p class="center ital">柳永</p>
<p> 寒蝉凄切，对长亭晚，骤雨初歇。</p>
<p>都门帐饮无绪，留恋处、兰舟催发。</p>
<p>执手相看泪眼，竟无语凝噎。念去去、千里烟波，暮霭沉沉楚天阔。</p>
<p>多情自古伤离别，更那堪冷落清秋节！</p>
<p>今宵酒醒何处？</p>
<p>杨柳岸、晓风残月。</p>
<p>此去经年，应是良辰好景虚设。</p>
<p>便纵有千种风情，更与何人说？ </p>
</body>
</html>
```

3.5.4　实战演练：设置字体大小

粗体和斜体是字体的两种特殊艺术效果，在网页中起到强调文本的作用，以加深或提醒用户注意该文本所要传达信息的重要性。

【操作步骤】

第 1 步，启动 Dreamweaver CC，打开本小节备用练习文档 test.html，另存为 test1.html。

第 2 步，在编辑窗口中拖选段落文本“《雨霖铃》”。在“属性”面板中切换到 CSS 选项卡，然后在“大小”下拉列表框中选择一个选项即可，这里设置字体大小为 24px，如图 3.29 所示。

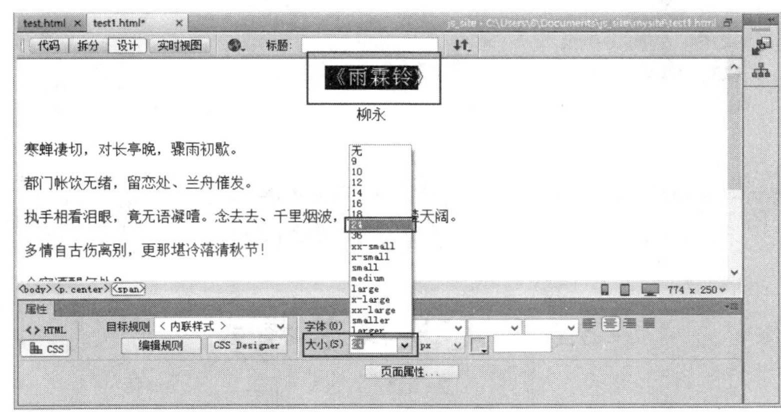

图 3.29　定义第 1 段文本字体大小

> **提示：** 也可以直接输入数字，然后在后边的单位文本框中显示为可用状态，从中选择一个单位即可。其中，默认选项“无”是指 Dreamweaver CC 默认字体大小或者继承上级包含框定义的字体，用户可以选择“无”选项来恢复默认字体大小。

第 3 步，拖选段落文本“柳永”。在“属性”面板中设置字体大小为 18px，如图 3.30 所示。

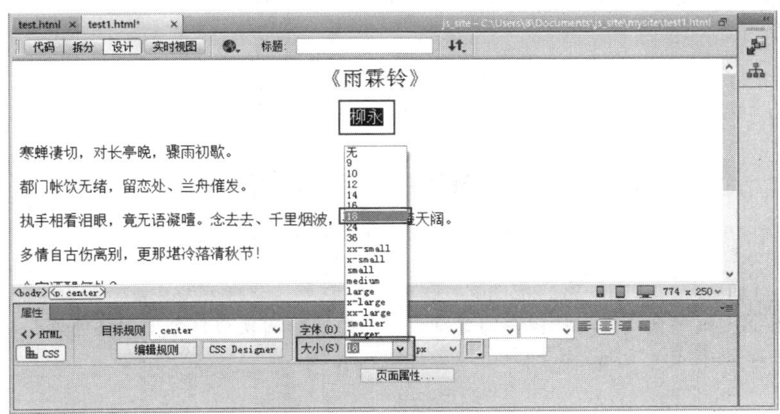

图 3.30　定义第 2 段文本字体大小

第 4 步，切换到“代码”视图下，则自动生成的代码如下：

```
<p class="center"><span style="font-size: 24px">《雨霖铃》</span></p>
<p class="center"><span style="font-size: 18px">柳永 </span></p>
```

第 5 步，保存文档，按 F12 键在浏览器中预览，则显示效果如图 3.31 所示。

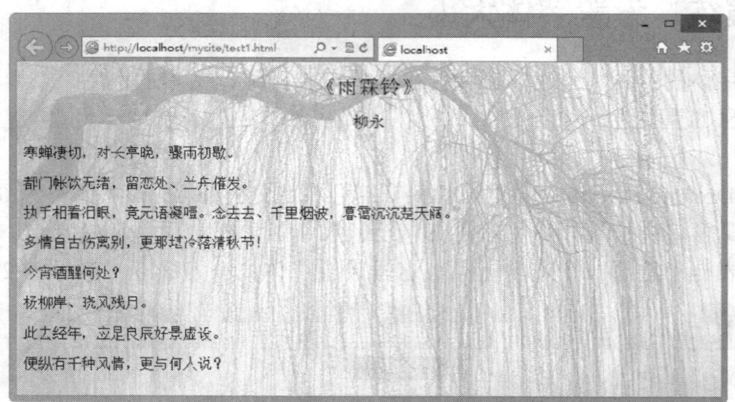

图 3.31　定义字体大小显示效果

提示：网页默认字体大小为 16px，实际设计中网页正文字体大小一般为 12px，这个大小符合大多数浏览者的阅读习惯，又能最大容量地显示信息。

3.6　定义段落样式

段落在页面版式设置中十分重要。段落所包含的设计因素也比较多，例如，文本缩进、行距、段距、首行缩进、列表等，下面以示例形式逐一进行介绍。

3.6.1　实战演练：强制换行

Dreamweaver CC 与 Word 一样，按 Enter 键即可创建一个新的段落，但网页浏览器一般会自动在段落之间增加一行段距，因此网页中的段落间距可能会比较大，有时会影响页面效果，使用强制换行命令可以避免这种问题。

【操作步骤】

第 1 步，启动 Dreamweaver CC，打开本小节备用练习文档 test.html，按 F12 键预览，则默认显示效果如图 3.32 所示。

整个文档包含一个一级标题、一个二级标题和一段文本，代码如下：

```
<h1>《雨霖铃》 </h1>
<h2>柳永</h2>
<p>寒蝉凄切，对长亭晚，骤雨初歇。都门帐饮无绪，留恋处、兰舟催发。执手相看泪眼，竟无语凝噎。念去去、千里烟波，暮霭沉沉楚天阔。多情自古伤离别，更那堪冷落清秋节！今宵酒醒何处？杨柳岸、晓风残月。此去经年，应是良辰好景虚设。便纵有千种风情，更与何人说？
</p>
```

第 2 步，另存网页为 test1.html，现在定制段落文本多行显示，设计页面左侧是诗词正文，右侧是标题的版式效果。

第 3 步，把光标置于段落文本的第一句话末尾。选择“插入”|“字符”|“换行符”命令，或者按 Shift+Enter 快捷键换行文本，如图 3.33 所示。

图 3.32　备用页面初始化效果

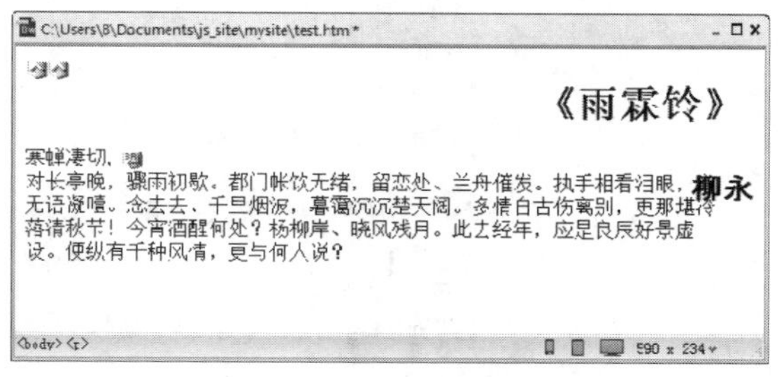

图 3.33　强制换行

第 4 步，以相同方法为每句话进行强制换行显示，最后保存文档，按 F12 键在浏览器中预览，则显示效果如图 3.34 所示。

> **提示：**在使用强制换行时，上下行之间依然是一个段落，同受一个段落格式的影响。如果希望为不同行应用不同样式，这种方式就显得不是很妥当。在标准设计中不建议大量使用强制换行。在 HTML 代码中一般使用
强制换行，该标记是一个非封闭类型的标记。

3.6.2　实战演练：对齐文本

文本对齐方式是指文本行相对文档窗口或者浏览器窗口在水平位置上的对齐方式，共包括 4 种方式：左对齐、居中对齐、右对齐和两端对齐。

【操作步骤】

第 1 步，启动 Dreamweaver CC，打开本小节备用练习文档 test.html，按 F12 键预览，则默认显示效果如图 3.35 所示。整个文档包含一个一级标题、一个二级标题和 4 段文本。

图 3.34　强制换行后的段落文本效果

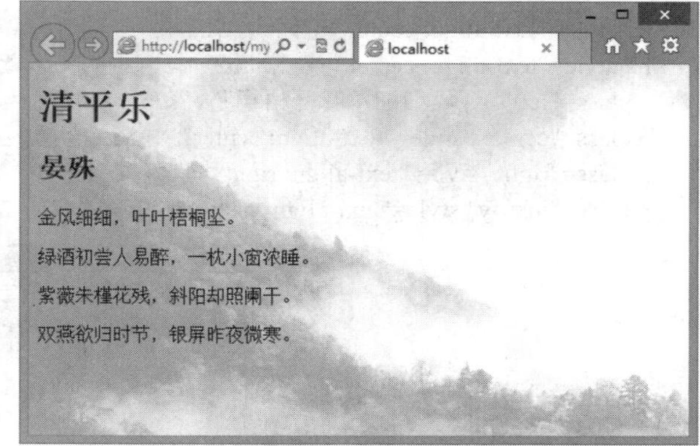

图 3.35　备用页面初始化效果

第 2 步，另存网页为 test1.html。在编辑窗口中选中一级标题文本，在“属性”面板中切换到 CSS 选项卡，单击“居中对齐”按钮，让标题居中显示，如图 3.36 所示。

第 3 步，以同样的方式设置二级标题居中显示，第 1 段文本左对齐（），第 2 段文本居中对齐（），第 3 段文本右对齐（），第 4 段文本两端对齐（），如图 3.37 所示。

Note

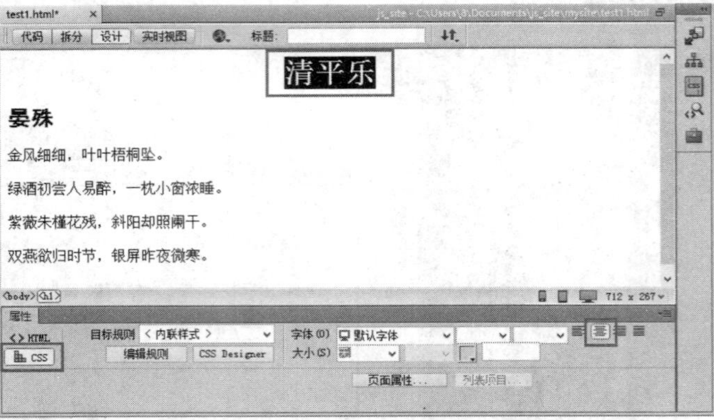

图 3.36 定义一级标题居中显示

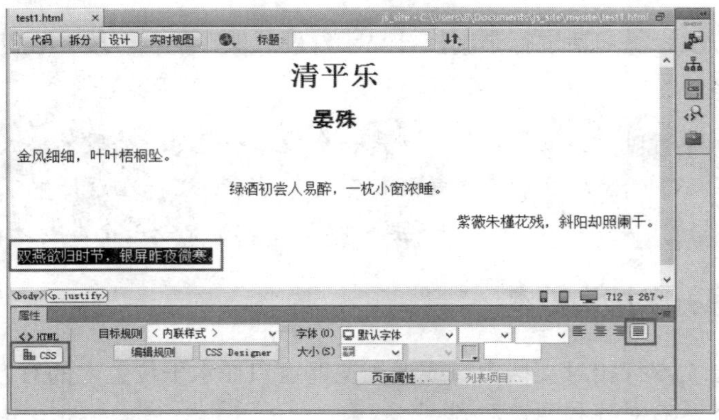

图 3.37 定义标题和段落文本对齐显示

第 4 步，切换到“代码”视图，可以看到 Dreamweaver 自动生成的样式代码如下所示，在浏览器中预览效果，如图 3.38 所示。

```
<h1 style="text-align: center">清平乐</h1>
<h2 style="text-align: center">晏殊</h2>
<p class="left">金风细细，叶叶梧桐坠。</p>
<p class="center" style="text-align: center">绿酒初尝人易醉，一枕小窗浓睡。</p>
<p class="right" style="text-align: right">紫薇朱槿花残，斜阳却照阑干。</p>
<p class="justify" style="text-align: justify">双燕欲归时节，银屏昨夜微寒。</p>
```

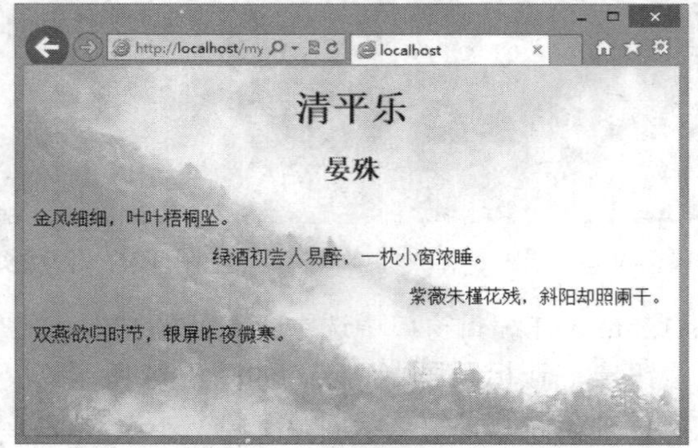

图 3.38 文本对齐显示效果

3.6.3　实战演练：缩进文本

根据排版需要，有时为了强调文本或者表示文本引用等特殊用途，会用到段落缩进或者凸出版式。缩进和凸出主要是相对于文档窗口（或浏览器）左端而言。

缩进和凸出可以嵌套，即在文本“属性”面板中可以连续单击“缩进”按钮或“凸出”按钮应用多次缩进或凸出。当文本无缩进时，“凸出”按钮将不能正常作用，凸出也将无效果。

【操作步骤】

第 1 步，启动 Dreamweaver CC，打开本小节备用练习文档 test.html，另存为 test1.html。

第 2 步，在编辑窗口中选中二级标题文本，在“属性”面板中切换到 HTML 选项卡，单击“缩进”按钮，让二级标题缩进显示。

第 3 步，选中第 1 段文本，在“属性”面板中连续单击 2 次“缩进”按钮，让第 1 段文本缩进 2 次显示。

第 4 步，选中第 2 段文本，在“属性”面板中连续单击 3 次“缩进”按钮，让第 2 段文本缩进 3 次显示。

第 5 步，选中第 3 段文本，在“属性”面板中连续单击 4 次“缩进”按钮，让第 3 段文本缩进 4 次显示。

第 6 步，选中第 4 段文本，在“属性”面板中连续单击 5 次“缩进”按钮，让第 4 段文本缩进 5 次显示，如图 3.39 所示。

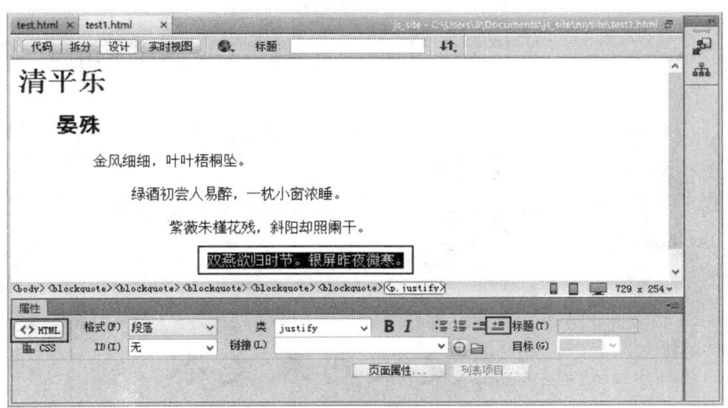

图 3.39　定义文本缩进显示

技巧：按下 Ctrl+Alt+]组合键可以快速缩进文本，按几次就会缩进几次。按下 Ctrl+Alt+[组合键可以快速凸出缩进文本，也就是恢复缩进。

第 7 步，在“代码”视图下，自动生成的 HTML 代码如下所示，在浏览器中预览效果，如图 3.40 所示。

```
<body>
<h1>清平乐</h1>
<blockquote>
    <h2>晏殊</h2>
    <blockquote>
        <p class="left">金风细细，叶叶梧桐坠。    </p>
        <blockquote>
```

Note

```
                <p class="center">绿酒初尝人易醉，一枕小窗浓睡。      </p>
                <blockquote>
                    <p class="right">紫薇朱槿花残，斜阳却照阑干。      </p>
                    <blockquote>
                        <p class="justify">双燕欲归时节，银屏昨夜微寒。  </p>
                    </blockquote>
                </blockquote>
            </blockquote>
        </blockquote>
    </blockquote>
    </body>
```

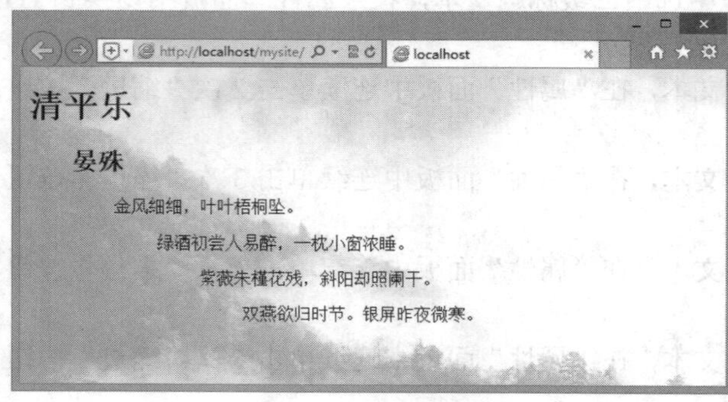

图 3.40　缩进文本显示效果

【拓展】<blockquote>标签表示块状文本引用，可以通过 cite 属性来指向一个 URL，用于表明引用出处。例如：

```
<p>Adobe 中国：</p>
<blockquote cite="http://www.adobe.com/cn/">
    <p>Adobe 正通过数字体验改变世界。我们帮助客户创建、传递和优化内容及应用程序…… </p>
    <p><img src="bg1.jpg" width="600" /></p>
</blockquote>
```

3.7　定义列表文本

在 HTML 中，列表结构有两种类型：无序列表和有序列表，前者是用项目符号来标记无序的项目，后者则使用编号来记录项目的顺序。此外，还有一种特殊类型列表：定义列表。

3.7.1　实战演练：设计项目列表

在项目列表中，各个列表项之间没有顺序级别之分，即使用一个项目符号作为每条列表的前缀。在 HTML 中，有 3 种类型的项目符号：○（环形）、●（球形）和■（矩形）。

【操作步骤】

第 1 步，启动 Dreamweaver CC，打开本小节备用练习文档 test.html，另存为 test1.html。

第 2 步，在编辑窗口中把光标置于定位盒子内，输入 5 段段落文本，如图 3.41 所示。

第 3 步，使用鼠标拖选 5 段段落文本，在“属性”面板中切换到 HTML 选项卡，然后单击“项目列表”按钮，把段落文本转换为列表文本，如图 3.42 所示。

图 3.41　输入段落文本

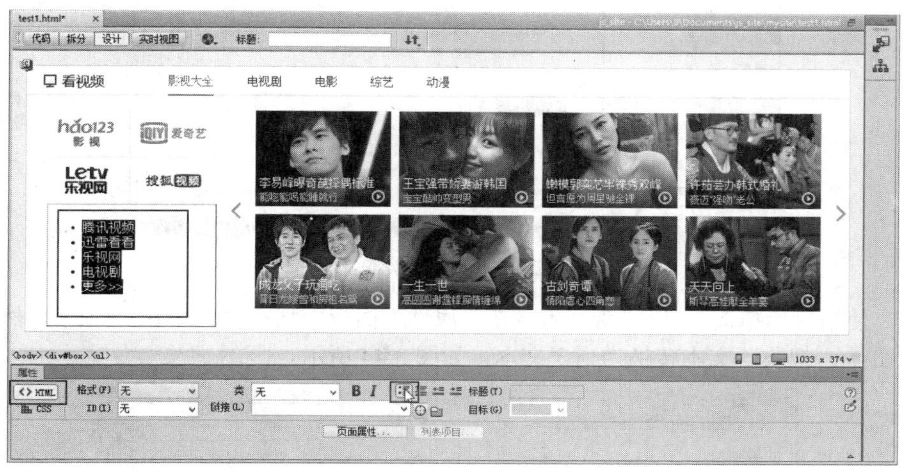

图 3.42　把段落文本转换为列表文本

【拓展】在 HTML 中使用以下代码实现项目列表：

```
<ul>
    <li>腾讯视频</li>
    <li>迅雷看看</li>
    <li>乐视网</li>
    <li>电视剧</li>
    <li>更多>></li>
</ul>
```

其中，<ul>标签的 type 属性用来设置项目列表符号类型，包括以下方面。

（1）type="circle"：表示圆形项目符号。

（2）type="disc"：表示球形项目符号。

（3）type="square"：表示矩形项目符号。

<li>标签也带有 type 属性，也可以分别为每个项目设置不同的项目符号。

3.7.2　实战演练：设计编号列表

编号列表同项目列表的区别在于，编号列表使用编号，而不是项目符号来编排项目。对于有序编

Note

号，可以指定其编号类型和起始编号。编号列表适合设计强调位置关系的各种排序列表结构，如排行榜等。

【操作步骤】

第 1 步，启动 Dreamweaver CC，打开本小节备用练习文档 test.html，另存为 test1.html。

第 2 步，在编辑窗口中把光标置于定位盒子内，输入 10 段段落文本，如图 3.43 所示。

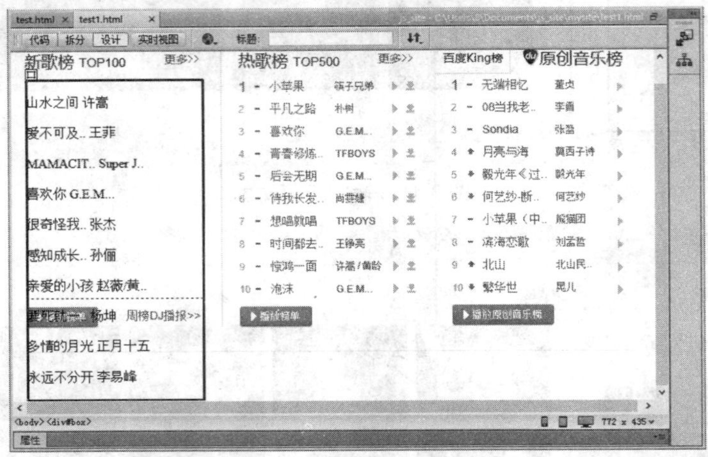

图 3.43　输入段落文本

第 3 步，使用鼠标拖选 10 段段落文本，在“属性”面板中切换到 HTML 选项卡，然后单击“编号列表”按钮，把段落文本转换为列表文本，如图 3.44 所示。

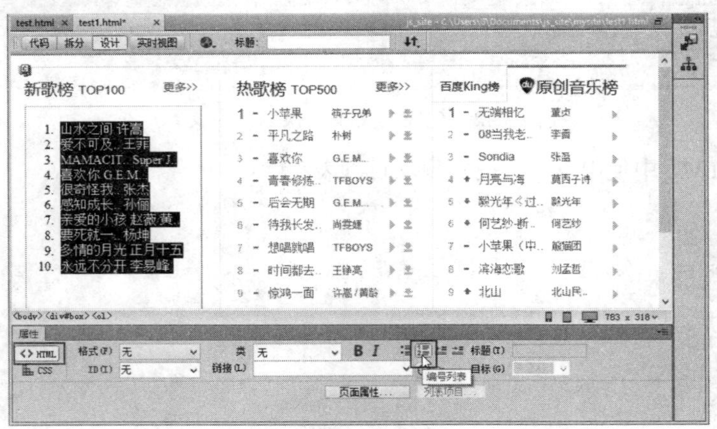

图 3.44　把段落文本转换为列表文本

【拓展】 在 HTML 中使用<ol>标签定义编号列表，该标签包含 type 和 start 等属性，用于设置编号的类型和起始编号。设置 type 属性，可以指定数字编号的类型，主要包括以下几种。

（1）type= "1"：表示以阿拉伯数字作为编号。

（2）type= "a"：表示以小写字母作为编号。

（3）type= "A"：表示以大写字母作为编号。

（4）type= "i"：表示以小写罗马数字作为编号。

（5）type= "I"：表示以大写罗马数字作为编号。

通过<ol>标签的 start 属性，可以决定编号的起始值。对于不同类型的编号，浏览器会自动计算相应的起始值。例如，start="4"，表明对于阿拉伯数字编号从 3 开始，对于小写字母编号从 d 开始等。

默认时使用数字编号，起始值为 1，因此可以省略其中对 type 属性的设置。同样，<li>标签也带有 type 和 start 属性，如果为列表中某个<li>标签设置 type 属性，则会从该<li>标签所在行起使用新的编号类型，同样如果为列表中的某个<li 标签设置 start 属性，将会从该<li>标签所在行起使用新的起始编号。

3.7.3 实战演练：设计定义列表

定义列表也称字典列表，因为它具有与字典相同的格式。在定义列表结构中，每个列表项都带有一个缩进的定义字段，就好像字典对文字进行解释。

【操作步骤】

第 1 步，启动 Dreamweaver CC，打开本小节备用练习文档 test.html，另存为 test1.html。

第 2 步，在编辑窗口中把光标置于定位盒子内，输入 4 段段落文本，如图 3.45 所示。如果行内文本过长，可以考虑按 Shift+Enter 快捷键，使其强制换行。

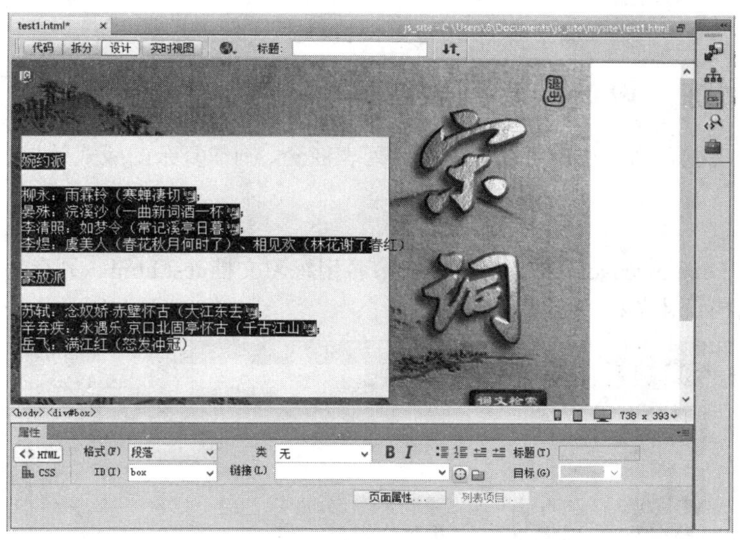

图 3.45 输入段落文本

第 3 步，使用鼠标拖选 4 段段落文本，选择“格式”|“列表”|“定义列表”命令，把段落文本转换为定义列表，如图 3.46 所示。

第 4 步，切换到“代码”视图，可以看到 Dreamweaver 把<p>标签转换为如下 HTML 代码结构：

```
<dl>
    <dt>婉约派</dt>
    <dd>柳永：雨霖铃（寒蝉凄切）；<br>
        晏殊：浣溪沙（一曲新词酒一杯）；<br>李清照：如梦令（常记溪亭日暮）；<br>李煜：虞美人（春花秋月何时了）、相见欢（林花谢了春红）</dd>
    <dt>豪放派</dt>
    <dd>苏轼：念奴娇·赤壁怀古（大江东去）；<br>辛弃疾：永遇乐·京口北固亭怀古（千古江山）；<br>岳飞：满江红（怒发冲冠）</dd>
</dl>
```

Note

其中，<dl>标签表示定义列表，<dt>标签表示一个标题项，<dd>标签表示一个对应说明项，<dt>标签中可以嵌套多个<dd>标签。

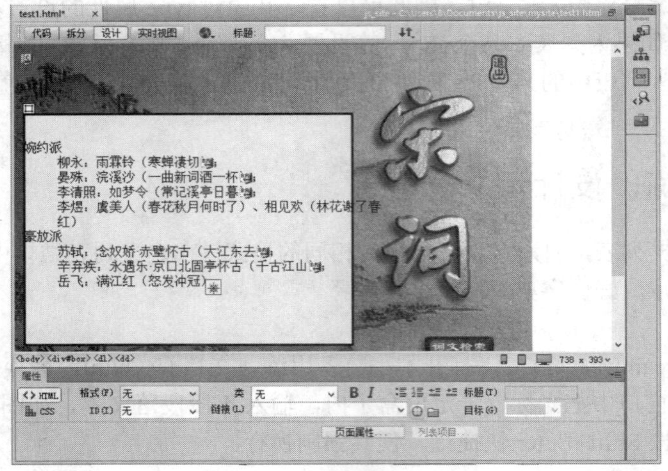

图 3.46　把段落文本转换为定义列表文本

3.7.4　实战演练：设计嵌套列表结构

结合使用缩进功能和列表结构可以设计多层列表嵌套，制作复杂的版式效果。下面演示如何设计多层目录结构。

【操作步骤】

第 1 步，启动 Dreamweaver CC，打开本小节备用练习文档 test.html，另存为 test1.html。这是一个个人网站目录结构设计草稿，如图 3.47 所示。

图 3.47　个人网站结构目录

第 2 步，选择第 1 行，在文本“属性”面板的“格式”下拉列表框中选择“标题 1”选项。

第 3 步，选择第 2～4 行文本，设置格式为二级标题，然后在“属性”面板中单击“文本缩进”按钮，如图 3.48 所示。

第 4 步，选择第 5 行和第 6 行文本，设置格式为三级标题，然后单击“编号列表”按钮，再连续单击两次“文本缩进”按钮。

图 3.48　定义二级标题并缩进显示

第 5 步，选择最后 5 行文本，然后单击“项目列表”按钮，再连续单击 3 次“文本缩进”按钮即可，如图 3.49 所示。

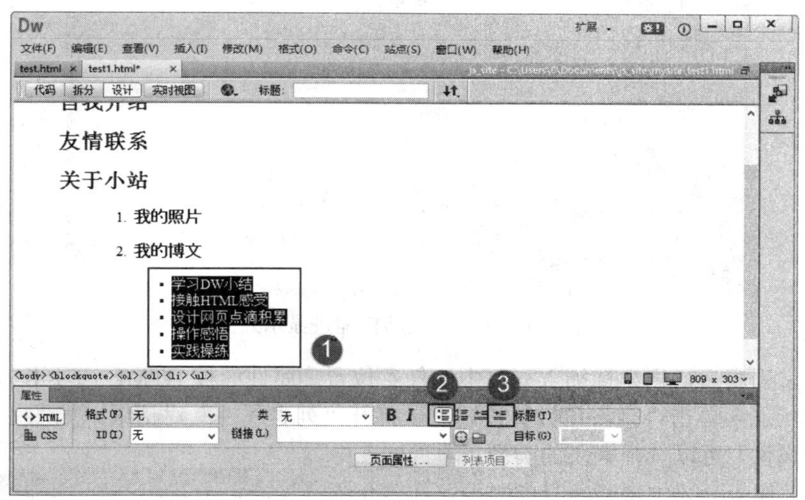

图 3.49　定义标题并缩进显示

第 6 步，切换到“代码”视图，自动生成的 HTML 代码如下所示，按 F12 键预览多层列表嵌套的效果，如图 3.50 所示。

```
<body>
<h1>我的小站 LOGO</h1>
<blockquote>
    <h2>自我介绍</h2>
    <h2>友情联系</h2>
    <h2>关于小站</h2>
    <ol>
        <ol>
            <li>
                <h3>我的照片</h3>
            </li>
```

Note

```
                <li>
                    <h3>我的博文</h3>
                    <ul>
                        <li>学习 DW 小结</li>
                        <li>接触 HTML 感受</li>
                        <li>设计网页点滴积累</li>
                        <li>操作感悟</li>
                        <li>实践操练</li>
                    </ul>
                </li>
            </ol>
        </ol>
</blockquote>
</body>
```

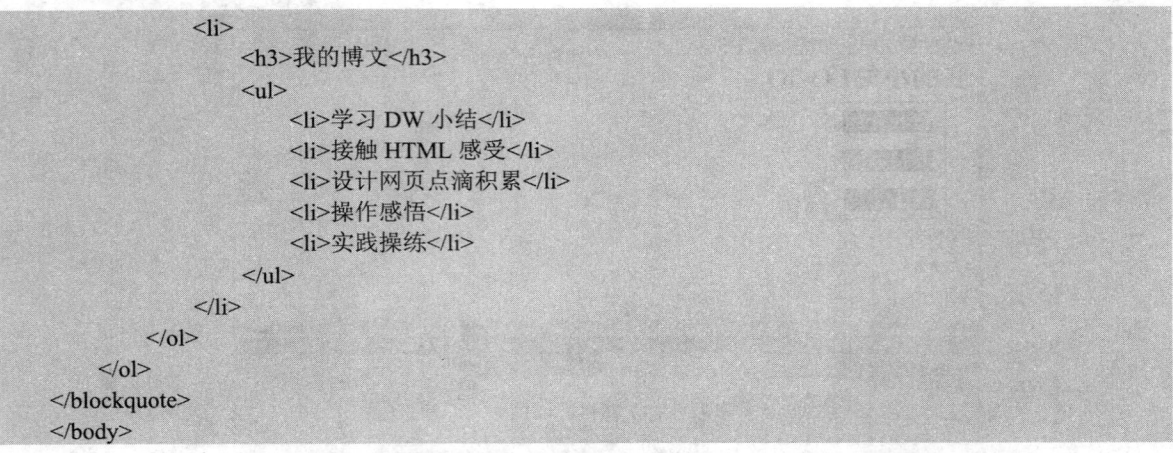

图 3.50　网站目录结构缩进显示效果

【拓展】定义列表后，将光标插入列表中的任意位置。属性面板 HTML 选项卡中的“列表项目”按钮显示为有效状态，单击“列表项目”按钮可以打开“列表属性”对话框，如图 3.51 所示。通过设置项目列表的属性，可以选择列表的类型、项目列表中项目符号的类型、编号列表中项目编号的类型。具体介绍如下。

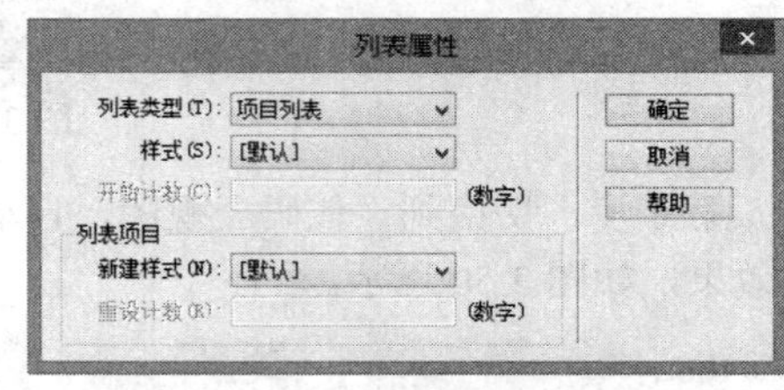

图 3.51　“列表属性”对话框

（1）“列表类型”下拉列表框：可以选择列表类型。该选择将影响插入点所在位置的整个项目列表的类型，主要包括以下选项。

① 项目列表：生成的是带有项目符号的无序列表。

② 编号列表：生成的是有序列表。

③ 目录列表：生成目录列表，用于编排目录。

④ 菜单列表：生成菜单列表，用于编排菜单。

（2）“样式”下拉列表框：可以选择相应的项目列表样式。该选择将影响插入点所在位置的整个项目列表的样式。

① 默认：默认类型，默认为球形。

② 项目符号：项目符号列表的样式，默认为球形。

③ 正方形：正方形列表的样式，默认为正方形。

（3）“开始计数”文本框：如果前面选择的是编号列表，则在“开始计数”文本框中可以选择有序编号的起始数字。该选择将使插入点所在位置的整个项目列表的第一行开始重新编号。

（4）“新建样式”下拉列表框：允许为项目列表中的列表项指定新的样式，这时从插入点所在行及其后的行都会使用新的项目列表样式。

（5）“重设计数”文本框：如果前面选择的是编号列表，在“重设计数”文本框中可以输入新的编号起始数字。这时从插入点所在行开始以后的各行会从新数字开始编号。

3.8 定义特殊文本

本节将通过几个案例演示如何借助 Dreamweaver 完成特殊文本的输入和复杂编辑操作。

3.8.1 实战演练：设计链接文本

链接文本就是包含了超链接特性的文本，单击链接文本可以自动跳转到指定页面或位置，实现页面之间的互访。

【操作步骤】

第 1 步，启动 Dreamweaver CC，打开本小节备用练习文档 test.html，另存为 test1.html。

第 2 步，在编辑窗口中把光标置于定位盒子内，输入导航文本“首页 今日最热 衣服 鞋子 包包 配饰 美妆 特卖 团购 好店 杂志”。

第 3 步，选中要链接的文本，如“首页”。

第 4 步，在文本“属性”面板的“链接”文本框中输入要链接的网页地址。链接地址可以是外部网页，即直接输入其他网站的网址，也可以是内部页面，即站内的其他页面。

第 5 步，输入链接地址后，“链接”文本框下面的“目标”下拉列表框呈现可用状态，在“目标”下拉列表框中选择链接页面在哪个框架集中打开，主要包括如下选项，设置如图 3.52 所示。

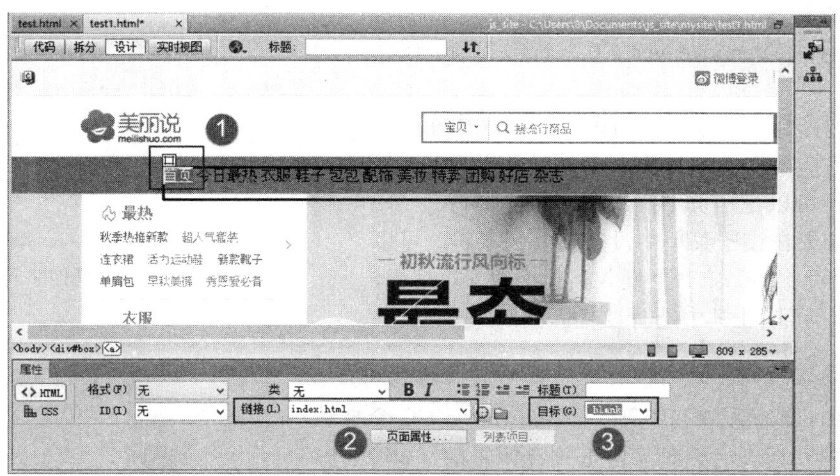

图 3.52 定义链接文本

（1）_blank：同“空白（_B）”，表示在新窗口中打开。

（2）_parent：同“父（_P）”，表示在当前文档的父级框架集中打开。

（3）_self：同“自身（_S）”，表示在当前文档的框架中打开。

（4）_top：同“顶部（_T）”，表示在链接文本所在的最高级窗口中打开。

Note

第 6 步，以相同的方法为其他文本定义超链接，最后根据页面风格使用 CSS 设计链接文本的显示效果，如图 3.53 所示。

图 3.53　链接文本显示效果

3.8.2　实战演练：输入特殊字符

特殊字符就是无法通过输入法插入的字符，在网页设计中用户经常需要插入很多特殊的字符。下面介绍插入特殊字符的各种方法。

【操作步骤】

第 1 步，启动 Dreamweaver CC，新建文档，保存为 test.html。

第 2 步，把光标置于编辑窗口内需要插入特殊字符的位置。选择“插入”|“字符”命令，在子菜单中选择一个特殊字符，可以在网页中插入许多特殊字符。

第 3 步，如果在该子菜单中没有需要的字符，可以选择“其他字符”命令，打开“插入其他字符”对话框，如图 3.54 所示，可以在其中选择要插入的对象。

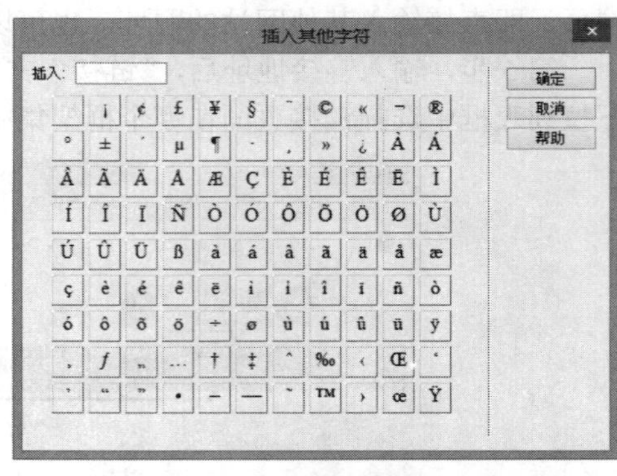

图 3.54　“插入其他字符”对话框

技巧：可通过代码方式输入特殊字符。切换到“代码”视图，输入“&”字符，Dreamweaver CC 会自动以下拉列表的方式显示全部特殊字符，如图 3.55 所示，从中选择一个特殊字符即可。

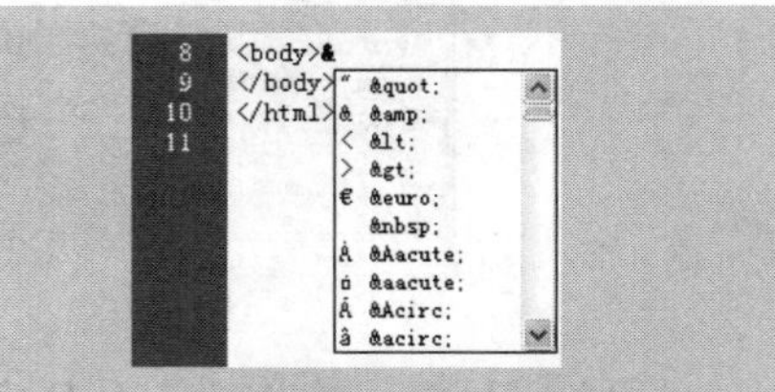

图 3.55　代码快速输入特殊字符

Note

空格是最常用的特殊字符，前面介绍过输入空格的方法，实际上输入空格的方法很多，这里介绍 3 种比较快捷的方法。

（1）在“代码”视图下，输入“ ”字符。

（2）在“设计”视图下，按 Shift+Ctrl+Space 组合键。

（3）在中文输入法状态下切换到全角模式，直接输入一个全角空格即可。

【拓展】插入动态日期：选择“插入”|“日期”命令，打开“插入日期”对话框，如图 3.56 所示。在“插入日期”对话框中，可以选择星期格式、日期格式和时间格式。如果希望在每次保存文档时都更新插入的日期，可以选中“储存时自动更新”复选框，否则插入的日期将变成纯文本，永远不会更新。单击“确定”按钮可插入日期至光标所在的位置。

3.8.3　实战演练：文本批量查找和替换

在网站开发中，大批量、简单机械式的操作是最麻烦的事情。随着网站内容越来越多，在后期维护中会发现，即便是一个简单的字符替换操作，如果不借助自动化操作，依靠手工逐页修改，简直是一场噩梦。

使用 Dreamweaver CC 提供的“查找和替换”命令，可以快速修改整个网站、指定文件夹、选定文件、打开的文档、当前文档或选定文字。

灵活使用“查找和替换”命令可以解决很多实际问题，特别是在网站后期维护中非常有用。当网站中包含成千上万的文件，如果希望替换网站中所有文件中某段代码，使用该命令即可快速批量完成。

【操作步骤】

第 1 步，启动 Dreamweaver CC，打开准备修改的文档。选择“编辑”|“查找和替换”命令，打开“查找和替换”对话框，如图 3.57 所示。

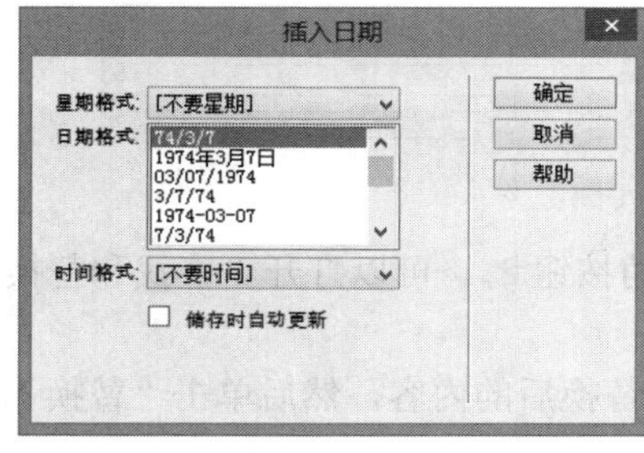

图 3.56　“插入日期”对话框

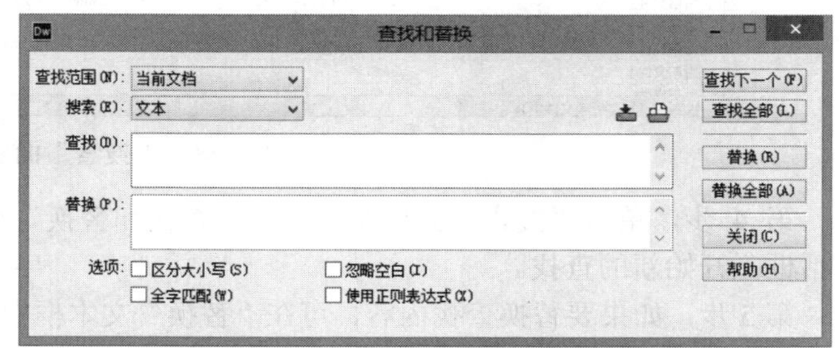

图 3.57　“查找和替换”对话框

（1）“查找范围”下拉列表框：设置查找的范围。主要包括以下选项。

① 所选文字：在选中文本中进行查找和替换。

② 当前文档：在当前文档中进行查找和替换。

③ 打开的文档：在打开的文档中进行查找和替换。

④ 文件夹：设置要进行查找和替换的文件夹。选择该选项后，在后面出现的文本框中输入文件夹路径和名称，也可以单击“选择文件”按钮进行选择。

⑤ 站点中选定的文件：设置在“文件”面板中选择的文件或文件夹。当“文件”面板处于活动状态时，可以使用该选项。

⑥ 整个当前本地站点：设置当前站点中所有的 HTML 文档、库文件和文本文件。当选择该选项时，当前站点的名称将显示在下拉列表框之后。

Note

（2）“搜索”下拉列表框：设置查找和替换的种类，包括以下选项。

① 源代码：设置在 HTML 源代码中查找特定的文本字符。

② 文本：设置在“设计”视图中查找特定的文本字符。文本查找将忽略任何 HTML 标记中的字符。

③ 文本（高级）：设置只可以在 HTML 标签里面或者只在标签外面查找特定的文本字符，以及查找指定标签内或外特定字符。

④ 指定标签：设置可查找指定的标签、属性和属性值。

（3）“查找”文本框：输入需要查找的文本内容。

（4）“替换”文本框：输入需要替换的文本内容。

（5）“选项”选项组：扩大和缩小查找范围，主要包括以下选项。

① 区分大小写：选中该复选框，可以设置查找时严格匹配大小写。

② 忽略空白：选中该复选框，可以设置所有的空格作为一个间隔被忽略。

③ 全字匹配：选中该复选框，可以设置查找时按照整个单词来进行查找。

④ 使用正则表达式：选中该复选框，可以使用正则表达式来匹配指定内容，这是一个功能极为强大的查询方式。

第 2 步，如果仅仅是查找内容，在“查找”文本框中输入要查找的内容，单击“查找下一个”按钮则可以查找下一个匹配的内容。

第 3 步，单击“查找全部”按钮，Dreamweaver CC 会打开“搜索”面板，显示所有搜索结果，如图 3.58 所示。

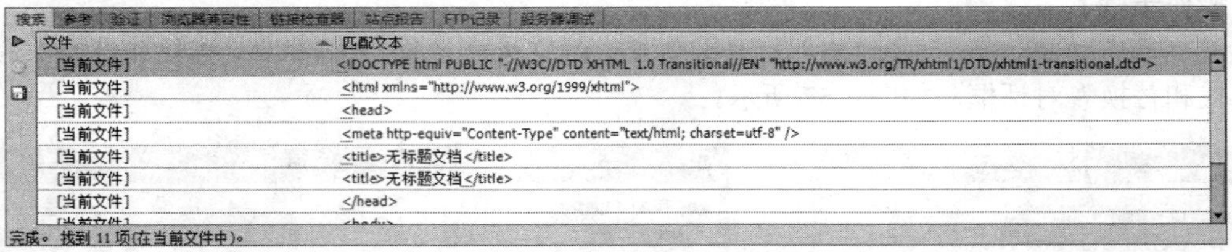

搜索 | 参考 | 验证 | 浏览器兼容性 | 链接检查器 | 站点报告 | FTP记录 | 服务器调试

文件	匹配文本
[当前文件]	<!DOCTYPE html PUBLIC "-//W3C//DTD XHTML 1.0 Transitional//EN" "http://www.w3.org/TR/xhtml1/DTD/xhtml1-transitional.dtd">
[当前文件]	<html xmlns="http://www.w3.org/1999/xhtml">
[当前文件]	<head>
[当前文件]	<meta http-equiv="Content-Type" content="text/html; charset=utf-8" />
[当前文件]	<title>无标题文档</title>
[当前文件]	<title>无标题文档</title>
[当前文件]	</head>

完成。找到 11 项(在当前文件中)。

图 3.58 “搜索”面板

第 4 步，单击“搜索”面板左上角的“查找和替换”小三角按钮▶，可以打开“查找和替换”对话框，开始新的查找。

第 5 步，如果要替换查找内容，可在“替换”文本框中输入替换后的内容，然后单击“替换”按钮，替换当前查找到的内容。

第 6 步，如果单击“替换全部”按钮，则替换“查找范围”下拉列表框中设置范围内所有与查找内容相匹配的内容。

提示： 对于复杂的查找或替换任务，则建议使用正则表达式进行智能匹配查找并进行替换。如果启用正则表达式查找和替换，则应该选中“使用正则表达式”复选框，然后单击“帮助”按钮，在打开的帮助文档中，根据提示编写正则表达式字符串。

3.9 综合案例

本节将通过几个案例演示如何借助 Dreamweaver 设计网页正文版式和榜单栏效果。

3.9.1　设计榜单栏

在榜单栏中每个列表项包含歌曲标题和歌曲演唱者信息，为了更好地组织榜单栏信息，这里使用了项目列表嵌套定义列表的方式进行设计。

【操作步骤】

第 1 步，打开本节模板文档 index2.html，另存为 index3.html。

第 2 步，打开文档，在“设计”视图下将光标置于歌曲名与演唱者名称之间，然后按 Enter 键，将其分为两个项目，如图 3.59 所示。

图 3.59　切分项目文本

第 3 步，选择所有编号列表项，选择“格式”|“列表”|“定义列表”命令，把当前编号列表文本转换为定义列表，如图 3.60 所示。

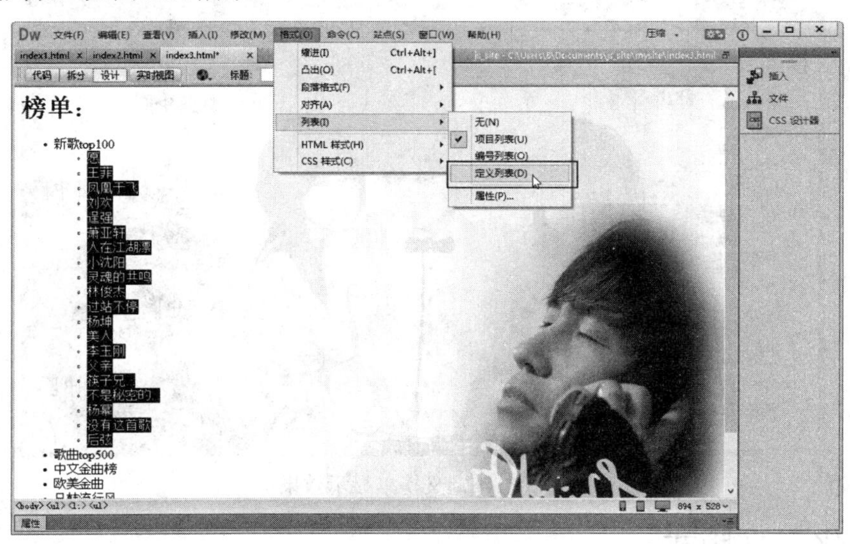

图 3.60　定义列表

第 4 步，切换“代码”视图下，可以看到定义列表结构。代码如下：

Note

```
<li>新歌 top100
    <dl>
        <dt>愿</dt>
        <dd> 王菲 </dd>
        <dt>凤凰于飞 </dt>
        <dd>刘欢</dd>
        <dt>逞强 </dt>
        <dd>萧亚轩</dd>
        <dt>人在江湖漂 </dt>
        <dd>小沈阳</dd>
        <dt>灵魂的共鸣 </dt>
        <dd>林俊杰 </dd>
        <dt>过站不停 </dt>
        <dd>杨坤 </dd>
        <dt>美人 </dt>
        <dd>李玉刚</dd>
        <dt>父亲 </dt>
        <dd>筷子兄...</dd>
        <dt>不是秘密的... </dt>
        <dd>杨幂</dd>
        <dt>没有这首歌 </dt>
        <dd>后弦</dd>
    </dl>
</li>
```

提示：其中，<dl>标签定义新歌 top100 榜外框，<dt>标签定义歌曲标题名称，<dd>标签定义歌曲演唱者姓名，<dt>标签中可以嵌套多个<dd>标签。

第 5 步，在浏览器中预览，则显示效果如图 3.61 所示。

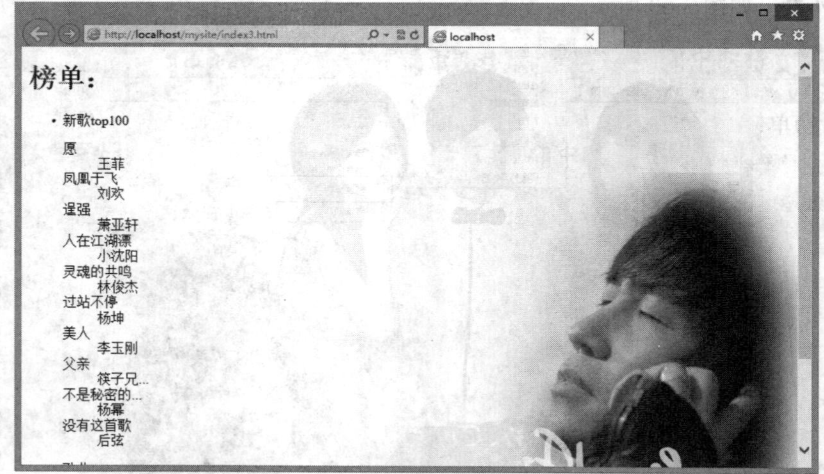

图 3.61　定义榜单显示效果

3.9.2　美化正文版式

正文在页面版式设置中占有重要的地位。网页正文所包含的设计因素比较多，例如，文本缩进、

行距、段距、首行缩进、列表等。本节通过一个案例演示网页正文的常用设计方法。

【操作步骤】

第 1 步，打开本节模板文档 index.html，另存为 index1.html。

第 2 步，在“设计”视图下，为每段文本进行强制换行显示。将光标置于第一段的前半句后面，选择“插入”|“字符”|“换行符”命令，或者按 Shift+Enter 快捷键快速强制换行文本。

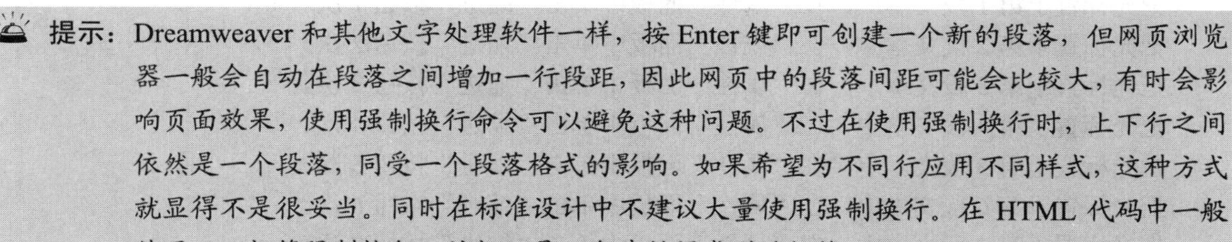

提示： Dreamweaver 和其他文字处理软件一样，按 Enter 键即可创建一个新的段落，但网页浏览器一般会自动在段落之间增加一行段距，因此网页中的段落间距可能会比较大，有时会影响页面效果，使用强制换行命令可以避免这种问题。不过在使用强制换行时，上下行之间依然是一个段落，同受一个段落格式的影响。如果希望为不同行应用不同样式，这种方式就显得不是很妥当。同时在标准设计中不建议大量使用强制换行。在 HTML 代码中一般使用
标签强制换行，该标记是一个非封闭类型的标签。

第 3 步，以同样的方式为所有段落文本进行强制换行，如图 3.62 所示。

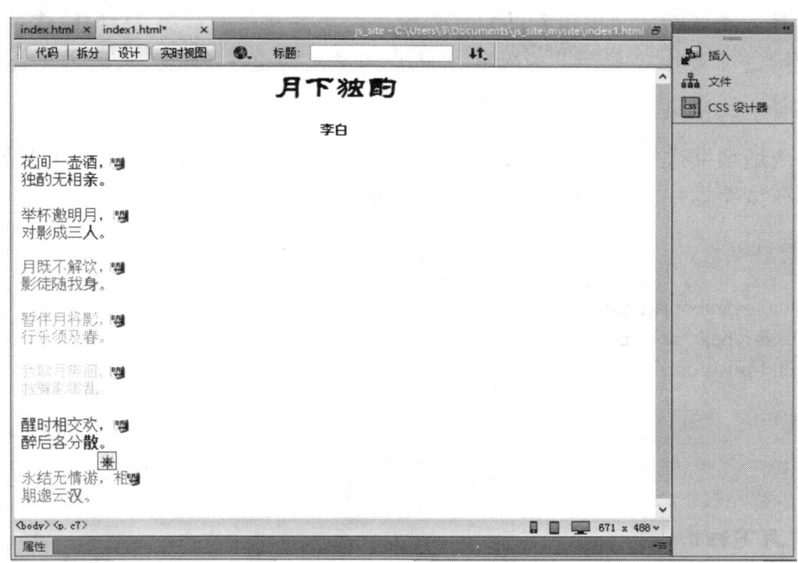

图 3.62　设计强制换行文本

第 4 步，分别选中标题 1 和标题 2 文本，在“属性”面板中单击“左对齐”按钮，让标题左对齐。此时，在“代码”视图下，可以看到标题 1 和标题 2 样式代码的变化。

```
<style type="text/css">
h1 {
    font-family: "华文隶书";
    text-align: left;
}
h2 {
    font-size: 14px;
    text-align: left;
}
</style>
```

Note

提示：文本对齐方式是指文本行相对文档窗口或者浏览器窗口在水平位置上的对齐方式，共包括 4 种方式：左对齐、居中对齐、右对齐和两端对齐。在“属性”面板的 HTML 选项卡中分别对应“左对齐”按钮、“居中对齐”按钮、“右对齐”按钮和“两端对齐”按钮。

第 5 步，设置段落文本缩进版式显示。

把光标置于第 1 段文本中，在“属性”面板中单击“缩进”按钮 1 次。

把光标置于第 2 段文本中，在“属性”面板中单击“缩进”按钮 2 次。

把光标置于第 3 段文本中，在“属性”面板中单击“缩进”按钮 3 次。

把光标置于第 4 段文本中，在“属性”面板中单击“缩进”按钮 4 次。

把光标置于第 5 段文本中，在“属性”面板中单击“缩进”按钮 5 次。

把光标置于第 6 段文本中，在“属性”面板中单击“缩进”按钮 6 次。

把光标置于第 7 段文本中，在“属性”面板中单击“缩进”按钮 7 次。

提示：根据排版需要，有时会用到段落缩进或者凸出版式。缩进和凸出主要是相对于文档窗口（或浏览器）左端而言。缩进和凸出可以嵌套，即在属性面板的 HTML 选项卡中可以连续单击“缩进”按钮或“凸出”按钮应用多次缩进或凸出。当文本无缩进时，“凸出”按钮将不能正常作用，凸出也将无效果。

第 6 步，完成递增缩进操作之后，选择“修改”|“页面属性”命令，为网页背景添加一幅图像，定位到右下角，在浏览器中的预览效果如图 3.63 所示。其代码如下：

```
<style type="text/css">
body {
	background-image: url(images/libai.png);
	background-repeat: no-repeat;
	background-position:right top;
}
</style>
```

图 3.63　正文文本递增缩进效果

第 7 步，切换到“代码”视图下，可以看到整个文档的结构和 CSS 样式代码，如下所示：

```
<!doctype html>
<html>
<head>
<meta charset="utf-8">
<title></title>
<style type="text/css">
h1 { font-family: "华文隶书"; text-align: left; }
h2 { font-size: 14px; text-align: left; }
.c1 { color: #030; }
.c2 { color: #066; }
.c3 { color: #09c; }
.c4 { color: #9c0; }
.c5 { color: #9f6; }
.c6 { color: #c0c; }
.c7 { color: #c6f; }
.bold { font-weight: bold; }
body { background-image: url(images/libai.png); background-repeat: no-repeat; background-position:right top; }
</style>
</head>
<body>
<h1 align="center">月下独酌</h1>
<h2 align="center">李白</h2>
<blockquote>
    <p class="c1">花间一壶酒，<br />
        独酌无相<span class="bold">亲</span>。</p>
    <blockquote>
        <p class="c2">举杯邀明月，  <br />
            对影成三<span class="bold">人</span>。</p>
        <blockquote>
            <p class="c3">月既不解饮，<br />
                影徒随我<span class="bold">身</span>。</p>
            <blockquote>
                <p class="c4">暂伴月将影，<br />
                    行乐须及<span class="bold">春</span>。</p>
                <blockquote>
                    <p class="c5">我歌月徘徊，<br />
                        我舞影零<span class="bold">乱</span>。</p>
                    <blockquote>
                        <p class="c6">醒时相交欢，  <br />
                            醉后各分<span class="bold">散</span>。</p>
                        <blockquote>
                            <p class="c7">永结无情游，<br />
                                相期邈云<span class="bold">汉</span>。</p>
                        </blockquote>
                    </blockquote>
                </blockquote>
            </blockquote>
        </blockquote>
    </blockquote>
</blockquote>
</body>
</html>
```

使用网页图像和多媒体

（视频讲解：79 分钟）

在网页中，图像与文本一样都是重要的元素，适当插入图像可以避免页面单调，丰富页面信息，增强网页的观赏性，图像本身就具有强大的视觉冲击力，可以吸引浏览者的眼球，制作精巧、设计合理的图像能加深浏览者浏览网页的兴趣。Dreamweaver 具有强大的多媒体支持功能，可以在网页中轻松插入各种类型动画、视频、音频、控件和小程序等，并能利用属性面板或快捷菜单控制多媒体在网页中的显示。灵活插入各种多媒体可以使网页更加生动。

学习重点：

- 在网页中插入图像
- 设置图像显示属性
- 编辑和操作图像
- 在网页中插入 Flash 动画
- 在网页中插入视频和音频

4.1　认识网页图像

在网页中常用的图像格式包括3种：GIF、JPEG和PNG。其中，GIF和JPEG图像格式使用最广，能够支持所有浏览器。下面简单比较这3种图像格式的特点。

（1）GIF图像

☑ 具有跨平台能力，兼容性最好。

☑ 无损压缩，不降低图像的品质，而是减少显示色，最多可以显示的颜色是256色。

☑ 支持透明背景。

☑ 可以设计GIF动画。

（2）JPEG图像

☑ 有损压缩，在压缩过程中，图像的某些细节将被忽略，但一般浏览者是看不出来的。

☑ 具有跨平台的能力。

☑ 支持1670万种颜色，可以很好地再现摄影图像，尤其是色彩丰富的大自然。

☑ 不支持透明背景和交错显示功能。

（3）PNG图像

PNG是网络专用图像格式，具有GIF图像和JPEG图像的优点，一方面，PNG是一种新的无损压缩文件格式，压缩技术比GIF好；另一方面，支持的颜色数量达到了1670万种，同时还包括对索引色、灰度、真彩色图像以及Alpha通道透明的支持。

在网页设计中，如果图像颜色少于256色时，建议使用GIF格式，如Logo等；而颜色较丰富时，应使用JPEG格式，如在网页中显示的自然画面的图像。

4.2　在网页中插入图像

图像在网页中可以以多种形式存在，同时Dreamweaver CC也提供了多种插入图像的方法。下面详细讲解这些图像的插入方法。

4.2.1　实战演练：插入图像

如果想要把一幅图像插入到网页中，可以使用如下方法来实现。

【操作步骤】

第1步，启动Dreamweaver CC，打开本小节备用练习文档test.html，另存为test1.html。

第2步，将光标置于要插入图像的位置，然后选择“插入”|“图像”|“图像”命令，或单击“插入”面板中“常用”选项下的“图像”按钮，从弹出的下拉列表中选择“图像”选项，如图4.1所示。

第3步，打开“选择图像源文件”对话框，从中选择图像文件，单击“确定”按钮，图像即被插入页面中，插入效果如图4.2所示。

Note

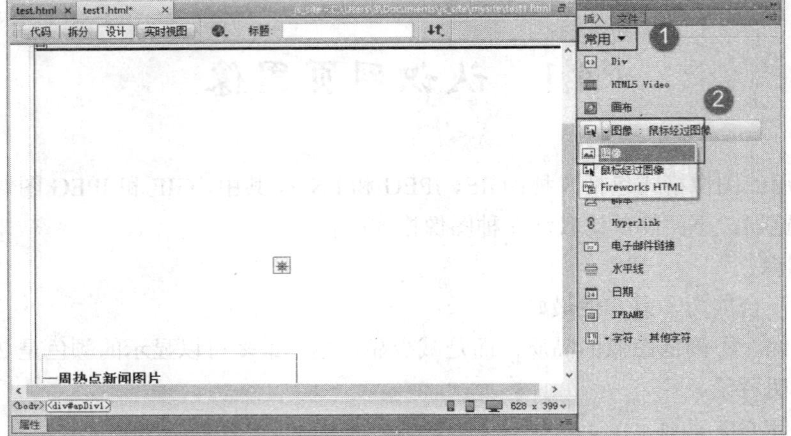

图 4.1 “插入”面板

图 4.2 插入图像效果

技巧： 插入普通图像还有其他方法：

（1）从“插入”面板中把“图像”按钮拖到编辑窗口中要插入图像的位置，打开“选择图像源文件”对话框，选择图像即可。

（2）从桌面上把一幅图像拖到编辑窗口中要插入图像的位置。

（3）从“资源”面板中插入图像：选择“窗口”|“资源”命令（或按 F11 键），打开“资源”面板（如果没有建立站点，“资源”面板无法使用），单击按钮，然后在图像列表框中选择一幅图像，并将其拖到需要插入该图像的位置即可。

提示： 在 Dreamweaver CC 编辑窗口中插入图像时，在 HTML 源代码中会自动产生对该图像文件的引用。为确保正确引用，必须要保存图像到当前站点内。如果不存在，Dreamweaver CC 会询问用户是否要把该图像复制到当前站点内，单击“确定”按钮即可。

提示： 在 HTML 中使用<img src= "图像地址（可以是相对地址和绝对地址）">可以实现插入图像。具体代码如下：

```
<img src="images/1.jpg" width="600" height="365" />
```

Note

<img>标签主要有 7 个属性：width（设置图像宽）、height（设置图像高）、hspace（设置图像水平间距）、vspace（设置图像垂直间距）、border（设置图像边框）、align（设置图像对齐方式）和 alt（设置图像指示文字）。

4.2.2　实战演练：插入翻转图像

翻转图像就是当鼠标指针移动到图像上时，图像会变成另一幅图，而当鼠标指针移开时，又恢复成原来的图像，这种行为也称为图像轮换。

鼠标指针经过的图像一般由两幅图像组成：一个是主图像，就是首次载入页面时显示的图像；另一个是次图像，即当鼠标指针移过主图像时显示的图像。这两个图像应该大小相等，如果大小不同，Dreamweaver CC 会自动调整第二幅图像，使之与第一幅图像相匹配。

【操作步骤】

第 1 步，启动 Dreamweaver CC，打开本小节备用练习文档 test.html，另存为 test1.html。

第 2 步，将光标设在要插入的位置，选择“插入”|“图像”|“鼠标经过图像”命令，或者选择“插入”面板内“常用”选项中“图像”子菜单中的“鼠标经过图像”命令，如图 4.3 所示。

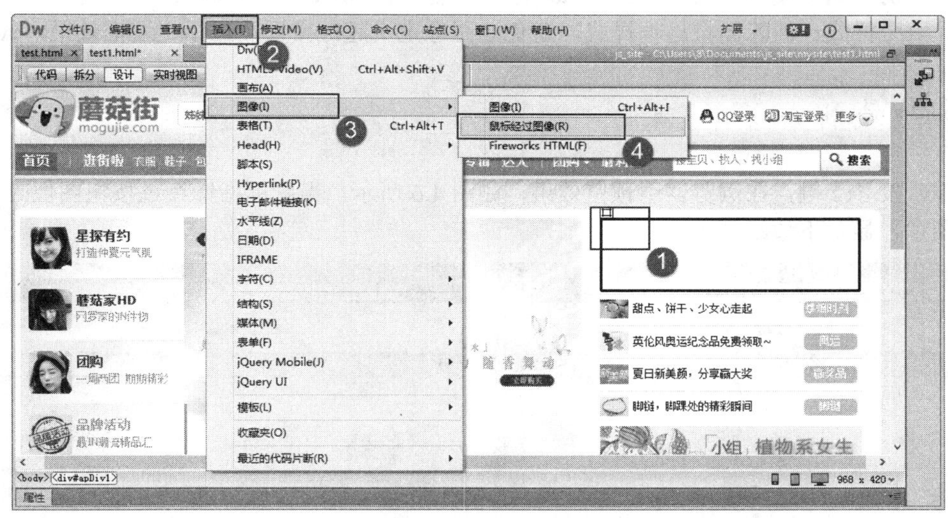

图 4.3　选择“鼠标经过图像”命令

第 3 步，打开“插入鼠标经过图像”对话框，然后按如下说明进行设置，此处设置的信息如图 4.4 所示。

（1）“图像名称”文本框：为鼠标经过图像命名，如 imagel。

（2）“原始图像”文本框：可以输入页面被打开时显示的图形，也就是主图的 URL 地址，或者单击后面的“浏览”按钮，选择一个图像文件作为原始的主图像。

（3）“鼠标经过图像”文本框：可以输入鼠标经过时显示的图像，也就是次图像的 URL 地址，或者单击后面的“浏览”按钮，选择一个图像文件作为交换显示的次图像。此处使用的主图像和次图像如图 4.5 所示。

（4）“预载鼠标经过图像”复选框：选中该复选框会使鼠标指针还未经过图像时，浏览器中预先载入次图像到本地缓存中。这样，当鼠标经过主图像时，次图像会立即显示在浏览器中，而不会出现停顿的现象，加快网页浏览的速度。

图 4.4　设置“插入鼠标经过图像”对话框

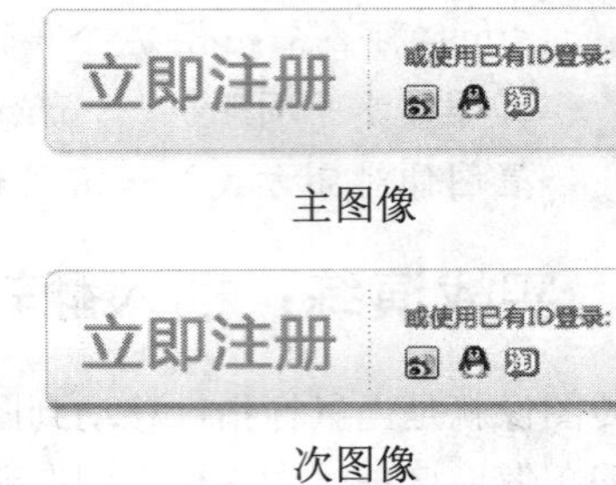

图 4.5　主图像和次图像

（5）“替换文本”文本框：可以输入鼠标指针经过图像时的说明文字，即在浏览器中，当鼠标指针停留在图像上时，在鼠标指针旁显示该文本框中输入的说明文字，如“注册会员”。

（6）“按下时，前往的 URL”文本框：输入单击图像时跳转到的链接地址，如 http://www.mysite.com/user/。

第 4 步，设置完毕，单击“确定”按钮，即可完成插入鼠标经过图像的操作。

第 5 步，切换到“代码”视图，在<head>标签内输入“<style type="text/css">”，定义一个内部样式表，设计一个样式，清除图像边框样式，避免当图像定义超链接后，显示粗边框效果，代码如下：

```
<style type="text/css">
img { border:none;}
</style>
```

第 6 步，按 F12 键，在浏览器中预览效果，如图 4.6 所示。当鼠标指针经过按钮图像时，会切换成另一个图像，显示下边线效果。

默认效果

鼠标指针经过效果

图 4.6　鼠标指针经过图像效果

4.2.3　实战演练：插入图像占位符

图像占位符是指没有设置 src 属性的<img>标签。在编辑窗口中默认显示为灰色空白，在浏览器中浏览时显示为一个红叉，如果为其指定了 src 属性，则该图像占位符处就会立即显示图像，在“属性”面板中还可设置图像的宽、高、颜色等属性。

图像占位符的作用：网页制作者可先不用关注所插入图像内容是什么，图像内容由后台程序在后

期自动完成，这样极大地提高了网页制作效率。

【操作步骤】

第 1 步，启动 Dreamweaver CC，打开本小节备用练习文档 test.html，另存为 test1.html。

第 2 步，将光标置于要插入位置，选择“插入”|“图像”|“图像”命令，打开“选择图像源文件”对话框，插入一幅图像。

第 3 步，选中插入的图像，在“属性”面板中清除 Src 文本框中的值，此时插入的图像就变成一幅图像占位符，显示灰色区域和该区域的大小，如图 4.7 所示。

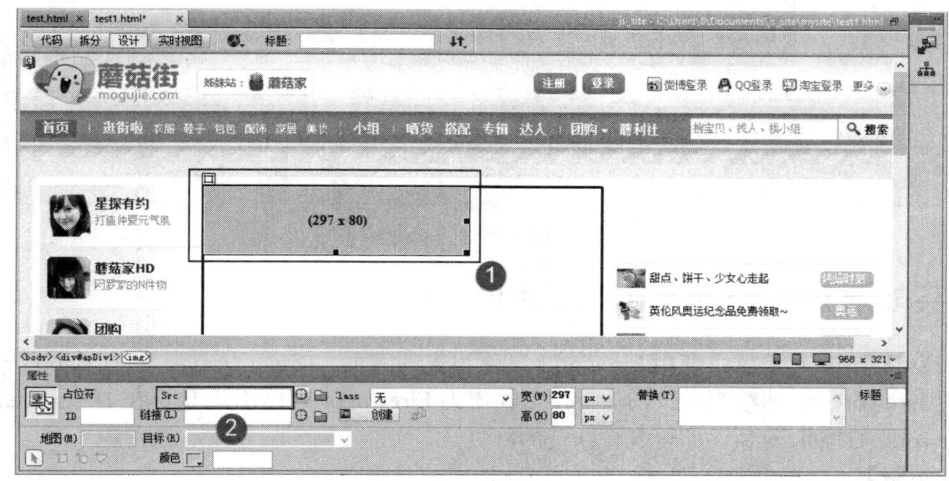

图 4.7　插入图像占位符

第 4 步，可以根据需要，在“属性”面板中设置图像占位符的基本属性，简单说明如下。

（1）ID 文本框：为了方便引用和记忆，为图像占位符设置一个名称。

（2）“宽”和“高”文本框：可设置图像占位符的宽度和高度，图像占位符上将显示宽度和高度的值。

（3）“颜色”选择框：可为图像占位符定义一个颜色，以方便显示和区分不同位置的占位符。

（4）“替换”文本框：在该文本框中可以输入图像替换文本。在浏览器中，当图像无法显示时，会显示该标题文本。

（5）“标题”文本框：在该文本框中可以输入图像占位符的说明文字。在浏览器中，当鼠标指针停留在图像占位符上时，在鼠标指针位置旁将弹出该文本框中的说明文字。

（6）Src 文本框：设置图像占位符的源文件，选择一幅图像后，图像占位符就失去了存在的意义，相当于直接插入一幅图像。

（7）“链接”文本框：为图像占位符设置超链接，这与真实的图像没有区别，超链接包括内部超链接和外部超链接，直接输入网址或者从文件中选择页面即可。

（8）“目标”下拉列表框：设置链接网页打开的方式。

（9）“类”下拉列表框：为图像占位符设置一种 CSS 类样式。

（10）“创建”按钮：单击该按钮可以启动 Adobe Fireworks 生成 PNG 图像。

第 5 步，“属性”面板中这些选项不是必选项，用户可根据需要酌情设置。例如，设置图像占位符属性，则预览时效果显示如图 4.8 所示。

Note

图 4.8　插入图像占位符效果

4.2.4　实战演练：插入 Fireworks HTML

Fireworks HTML 对象就是使用 Fireworks 制作出来的网页，Dreamweaver 和 Fireworks 结合比较紧密，利用 Fireworks 快速绘制网页图像，然后输出为 Fireworks HTML 对象，在 Dreamweaver 中直接导入 Fireworks HTML 对象，即可制作精美的网页。

【操作步骤】

第 1 步，启动 Fireworks，使用 Fireworks 设计一个页面或者栏目版块，然后导出为 HTML 文档格式，如图 4.9 所示。

图 4.9　设计并输出 Fireworks HTML

第 2 步，启动 Dreamweaver CC，新建文档，保存为 test.html。

第 3 步，选择“插入”|“图像”| Fireworks HTML 命令，打开“插入 Fireworks HTML”对话框，如图 4.10 所示。

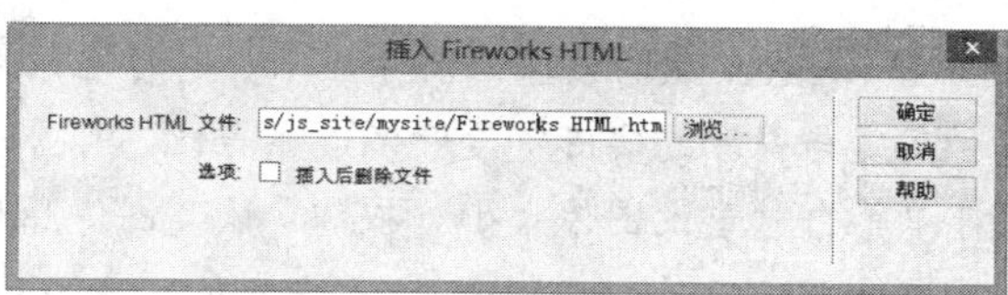

图 4.10　“插入 Fireworks HTML”对话框

第 4 步，在“Fireworks HTML 文件”文本框中可以输入要插入的 Fireworks HTML 文件地址，或者单击后面的“浏览”按钮，直接选择一个 Fireworks HTML 文档。如果选中“插入后删除文件”复选框，则操作完毕后会将原始的 Fireworks HTML 文件删除。

第 5 步，单击“确定”按钮，即可在 Dreamweaver 中插入 Fireworks HTML 文件。

4.3　设置图像属性

在 Dreamweaver CC 编辑窗口中插入图像之后，选中该图像，即可在“属性”面板中查看和编辑图像的显示属性。

【操作步骤】

第 1 步，启动 Dreamweaver CC，打开本小节备用练习文档 test.html，另存为 test1.html。

第 2 步，将光标置于要插入位置，选择“插入”|“图像”|“图像”命令，打开“选择图像源文件”对话框，选择并插入图像 images/1.jpg。

第 3 步，选中插入的图像，在“属性”面板 ID 文本框中设置图像的 ID 名称，以方便在 JavaScript 脚本中控制图像。在文本框的上方将显示一些文件信息，如“图像”文件类型，图像大小为 147KB。如果插入占位符，则会显示“占位符”字符信息，如图 4.11 所示。

图 4.11　插入图像并定义图像 ID

第 4 步，插入图像之后如果临时需要更换图像，可以在 Src 文本框中指定新图像的源文件。在文本框中直接输入文件的路径，或者单击“选择文件”按钮，在打开的“选择图像源文件”对话框中找到想要的源文件。

第 5 步，定义图像显示大小。在“宽”和“高”文本框中设置选定图像的宽度和高度，默认以像素为单位。

提示：当插入图像时，Dreamweaver 默认按原始尺寸显示，同时在该文本框中显示原始宽和高。如果设置的宽度和高度与图像的实际宽度和高度不等比，则图像可能会变形显示。改变图像原始大小后，可以单击“重设图像大小”按钮恢复图像原始大小。

Note

第 6 步，调整图像大小之后，虽然图像显示变小，但图像实际大小并没有发生变化，下载时间保持不变。在 Dreamweaver 中重新调整图像的大小时，可以对图像进行重新取样，以便根据新尺寸来优化图像品质。

单击“重新取样”按钮，重新取样图像，并与原始图像的外观尽可能地匹配。对图像进行重新取样会减小图像文件的大小，但可以提高图像的下载性能，降低带宽，如图 4.12 所示。

第 7 步，为图像指定超链接。在“链接”文本框中输入地址，或者单击“选择文件”按钮，在当前站点中浏览并选择一个文档，也可以在文本框中直接输入 URL，为图像创建超链接。

此时，“目标”下拉列表框被激活，在这里指定链接页面应该载入的目标框架或窗口，包括_blank、_parent、_self 和_top。设置效果如图 4.13 所示。

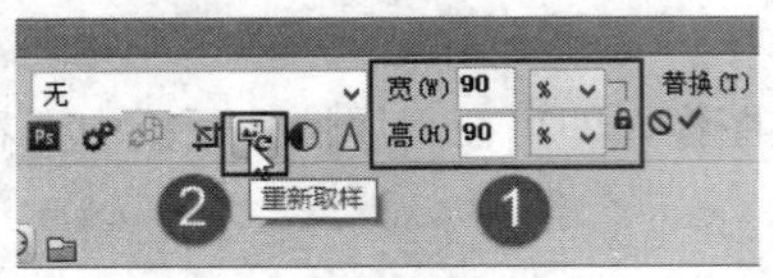

图 4.12　调整图像大小并重新取样

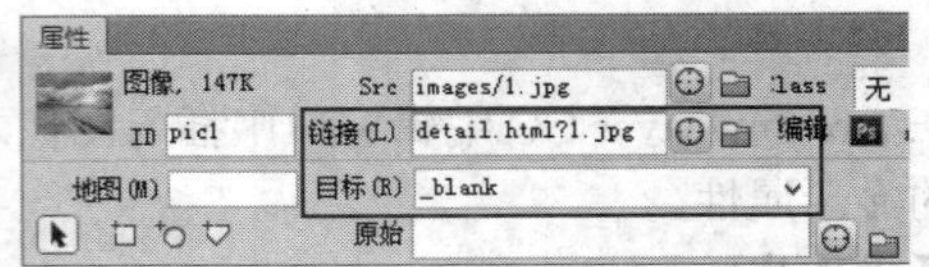

图 4.13　定义图像链接

第 8 步，增强图像可用性。在“替代”文本框中指定在图像位置上显示的可选文字。当浏览器无法显示图像时显示这些文字，如“唯美的秋天景色”；在“标题”文本框中输入文本，定义当鼠标指针移动到图像上时会显示的提示性文字，如“高清摄影图片”，设置如图 4.14 所示。

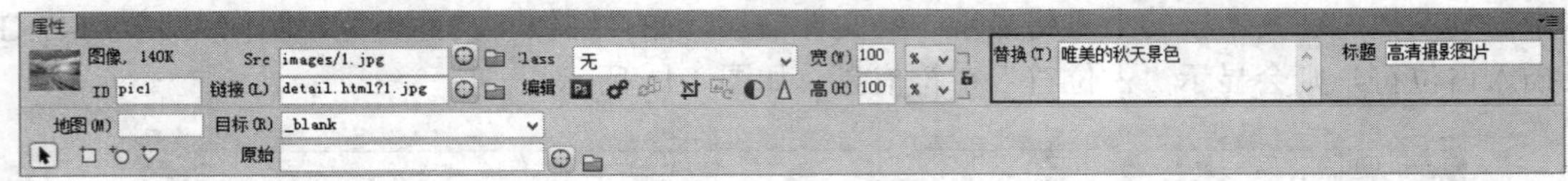

图 4.14　定义图像的标题和替换文本

提示：由于其他选项不是必要选项，这里暂时省略介绍，将在后面小节中结合案例详细说明。

4.4　编辑网页图像

Dreamweaver CC 虽然不是专业的图像编辑工具，但也提供了常用操作，如图像大小调整、图像裁切、图像色彩调整以及图像对齐等，利用现有的图像编辑功能，用户可以轻松完成图像基本编辑工作。

4.4.1　实战演练：调整图像大小

在 Dreamweaver CC 编辑窗口中，可拖动调整图像大小，也可以在图像“属性”面板的“宽”和“高”文本框中精确调整图像大小。如果在调整后不满意，单击“属性”面板中的“重设图像大小”按钮，或者单击“宽”和“高”文字标签，可以分别恢复图像的宽度值和高度值。

【操作步骤】

第 1 步，启动 Dreamweaver CC，打开本小节备用练习文档 test.html。

第 2 步，在编辑窗口中选择要调整的图像。在图像的底边、右边以及右下角出现调整手柄。

第 3 步，执行如下任一操作，练习手动拖放图像大小，如图 4.15 所示。

图 4.15　使用鼠标快速调整图像大小

（1）拖动右边的手柄，调整图像的宽度。

（2）拖动底边的手柄，调整图像的高度。

（3）拖动右下角的手柄，可同时调整图像的宽度和高度。如果按住 Shift 键拖动右下角的手柄，可保持图像的宽高比不变。

4.4.2　实战演练：裁剪图像

单击图像“属性”面板中的“裁剪”按钮可以减小图像区域。通过裁剪图像以强调图像的主题，并删除图像中的多余部分。

【操作步骤】

第 1 步，启动 Dreamweaver CC，新建文档，保存为 test.html。

第 2 步，在编辑窗口中插入图像 images/2.jpg，如图 4.16 所示。下面设计仅显示图像中左侧第一个人物。

图 4.16　插入原始图像

Note

第 3 步，选中要裁切的图像，单击图像“属性”面板中的“裁剪”按钮，弹出一个对话框。

第 4 步，单击“确定”按钮，在所选图像周围出现裁切控制点，如图 4.17 所示。

图 4.17　裁切图像区域

第 5 步，拖曳控制点可以调整裁切大小，直到满意为止，如图 4.18 所示。

图 4.18　选择要保留的区域

第 6 步，在边界框内部或者直接按 Enter 键就可以裁切所选区域。所选区域以外的所有像素都被删除，但将保留图像中其他对象，如图 4.19 所示。

4.4.3　实战演练：调整图像亮度和对比度

单击图像“属性”面板中的“亮度和对比度”按钮，可修改图像中像素的亮度或对比度。利用该按钮可调整图像的高亮显示、阴影和中间色调，修正过暗或过亮的图像。

【操作步骤】

第 1 步，启动 Dreamweaver CC，新建文档，保存为 test.html。

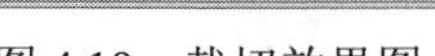

图 4.19　裁切效果图

第 2 步，在编辑窗口中插入图像 images/3.jpg。

第 3 步，选中要调整亮度和对比度的图像，单击“亮度和对比度”按钮，会弹出提示对话框。

第 4 步，单击“确定”按钮，打开“亮度/对比度”对话框，如图 4.20 所示。

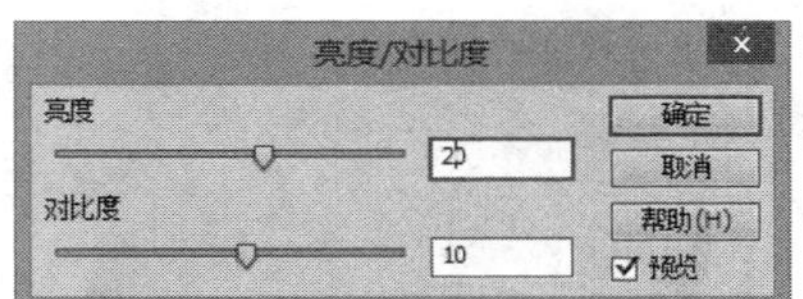

图 4.20　“亮度/对比度”对话框

第 5 步，拖动亮度和对比度的滑块进行调整设置。取值范围是-100～100。

第 6 步，单击“确定”按钮即可，如图 4.21 所示。

调整前

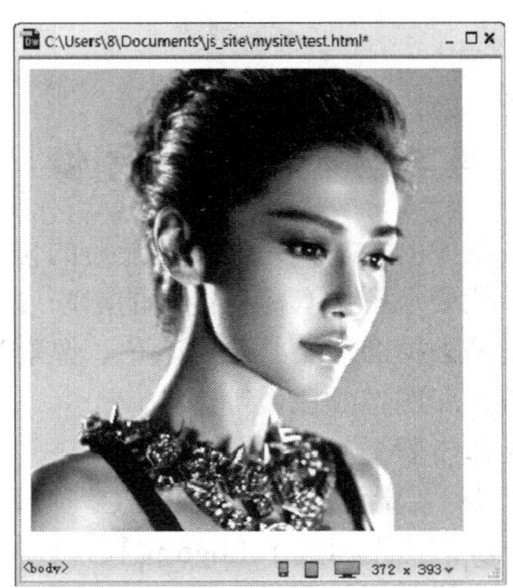

调整后（亮度=20，对比度=10）

图 4.21　亮度和对比度调整前后对比效果

4.4.4　实战演练：锐化图像

锐化的原理就是通过增加图像边缘的对比度来调整图像的焦点。一般扫描的图像或数码照片边缘都比较柔化模糊，为了防止特别精细的细节丢失，必须进行适当的锐化，从而提高边缘的对比度，使

图像更清晰。

【操作步骤】

第 1 步，启动 Dreamweaver CC，新建文档，保存为 test.html。

第 2 步，在编辑窗口中插入图像 images/4.jpg。

第 3 步，选中要锐化的图像，单击图像“属性”面板中的“锐化”按钮可锐化图像，会弹出提示对话框。

第 4 步，单击“确定”按钮，打开“锐化”对话框，如图 4.22 所示。

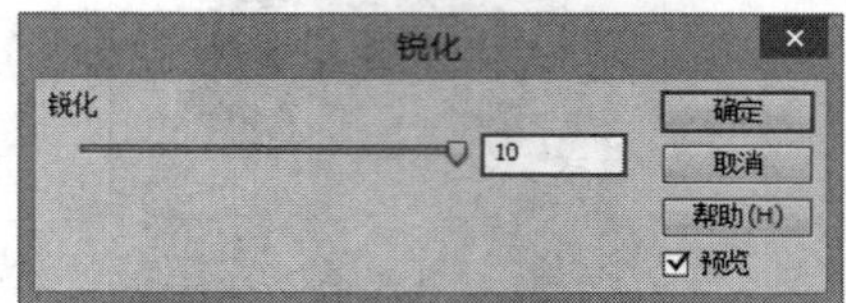

图 4.22 “锐化”对话框

第 5 步，拖动锐化滑块进行调整设置。取值范围是 1～10。选中“预览”复选框，在调整图像时，可以预览对图像所做的更改。

第 6 步，单击“确定”按钮即可，锐化前后的对比效果如图 4.23 所示。

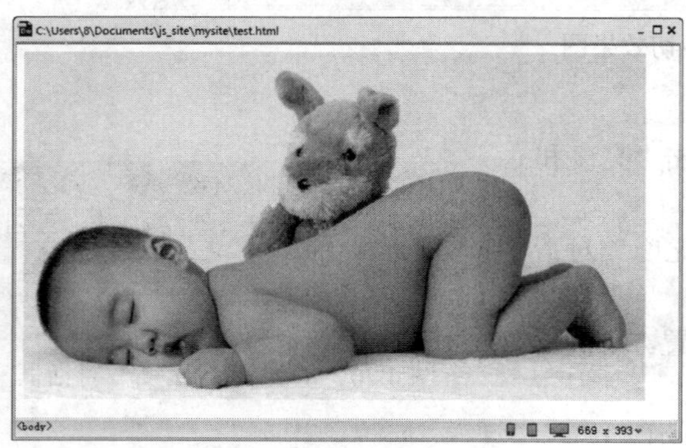

调整前

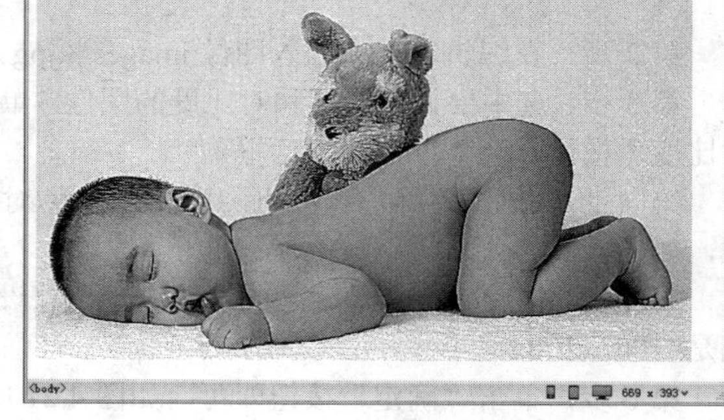

调整后（锐化=10）

图 4.23 锐化前后对比效果

4.4.5 实战演练：优化图像

网页图像的要求就是在尽可能短的传输时间里，发布尽可能高质量的图像。因此在设计和处理网页图像时就要求图像有尽可能高的清晰度与尽可能小的尺寸，从而使图像的下载速度达到最快。而图像优化就是去掉图像不必要的颜色、像素等，让图像由大变小，这个大小不仅仅指图像尺寸，还包括图像分辨率和图像颜色数等。

【操作步骤】

第 1 步，启动 Dreamweaver CC，打开本小节备用练习文档 test.html，另存为 test1.html。

第 2 步，将光标置于 Logo 位置，选择“插入”|“图像”|“图像”命令，打开“选择图像源文件”对话框，选择并插入图像 images/logo.png，如图 4.24 所示。

在“属性”面板中，用户会看到插入 Logo 图像的信息：大小为 8KB，格式为 PNG。显然，对这样一个颜色简单的 Logo 标志来说，可以对其进行优化，在确保视觉质量不打折扣的基础上，压缩图像大小。

第 3 步，选中 Logo 图像，单击“属性”面板中的“图像编辑设置”按钮，打开“图像优化”对话框，如图 4.25 所示，在此对话框中可以快速编辑图像、优化图像、转换图像格式等。该功能适合没有安装外部图像编辑器的用户使用。

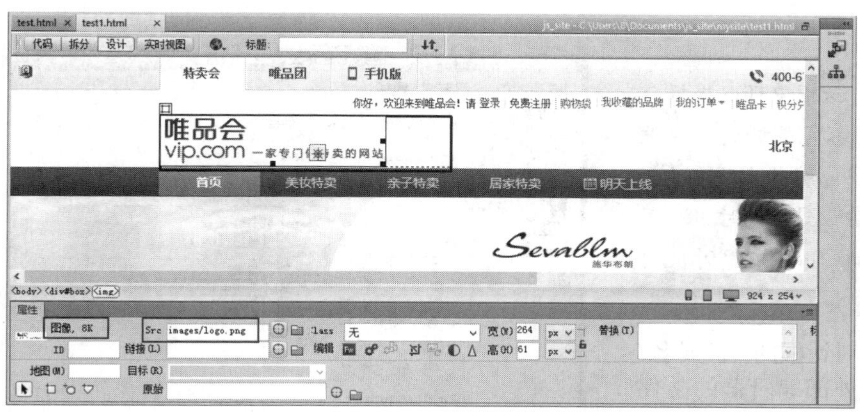

图 4.24 插入图像

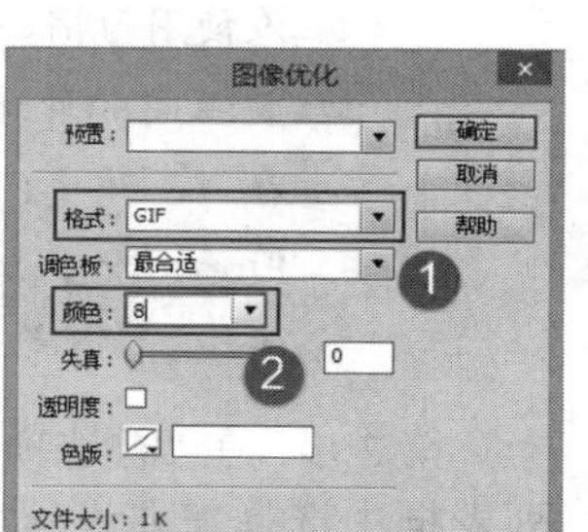

图 4.25 图像快速编辑

第 4 步，该 Logo 颜色简单，仅包含白色和粉红色两种，如果加上粉红色渐变，则颜色数不会超过 10 个。因此，设置优化后图像的格式为 GIF，同时设置“颜色”为 8，设置如图 4.25 所示。

第 5 步，单击“确定”按钮，按提示保存优化后图像的位置和名称。此时，在属性面板中查看图像大小，压缩到 2KB，图像的视觉质量并没有发生变化，如图 4.26 所示。

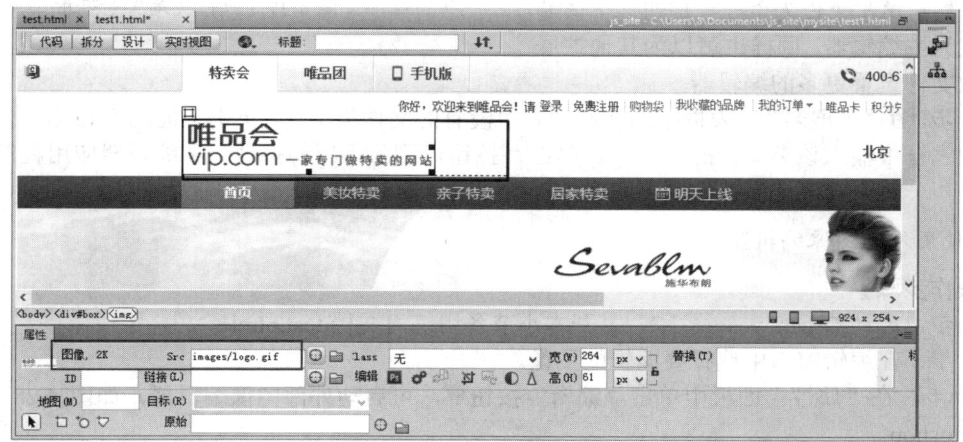

图 4.26 优化后的图像大小和效果

4.5 案例实战：使用 Photoshop 外部编辑器

Dreamweaver 提供的图像编辑功能毕竟有限，使用外部图像编辑器可以提高编辑 Dreamweaver CC 窗口中图像的能力，这样可以充分利用外部各种编辑软件来扩展 Dreamweaver CC 的功能，为用户提供更为强大和方便的操作。在外部图像编辑器中编辑图像后，Dreamweaver 编辑窗口中的图像也会被编辑。

1. 配置外部编辑器

【操作步骤】

第 1 步，启动 Dreamweaver CC，选择“编辑”|“首选参数”命令，打开“首选项”对话框，选择左侧“分类”列表框中的“文件类型/编辑器”选项，右侧显示该分类中可设置的选项，如

图 4.27 所示。

Note

提示：在“首选项”对话框中可以根据个人使用习惯，为不同类型的图像设置不同的外部图像编辑器。例如，在编辑 PNG 图像时使用 Fireworks，编辑 JPG 文件时使用 Photoshop 等。

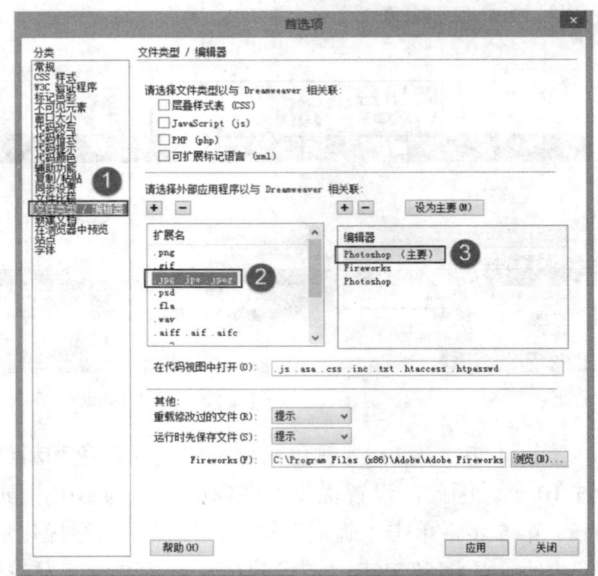

图 4.27 “首选项”对话框

第 2 步，在“首选项”对话框的“扩展名”列表框中选择需要设置其外部编辑器的文件扩展名。

第 3 步，在“编辑器”列表框中单击+按钮，打开“选择外部编辑器”对话框，选择作为编辑器的应用程序，然后单击“打开”按钮，将其添加到“编辑器”列表框中。

第 4 步，选择“编辑器”列表框中的编辑器名称，然后单击“设为主要”按钮，将该编辑器设置为主编辑器。同样也可以为其他扩展名的图像文件设置更多的编辑器。

第 5 步，在“扩展名”列表框中添加原列表中没有的文件类型，可单击上面的+按钮，然后在“扩展名”列表框中输入该类文件的扩展名。单击−按钮可删除不用的扩展名和编辑器应用程序。

第 6 步，单击“确定”按钮即可完成外部图像编辑器的设置。

2. 使用外部图像编辑器

【操作步骤】

第 1 步，启动 Dreamweaver CC，打开本小节备用练习文档 test.html。

第 2 步，在编辑窗口中选择要编辑的图像。

第 3 步，在“属性”面板中单击“编辑”按钮Ps，可启动外部图像编辑器，如图 4.28 所示为启动了 Photoshop。

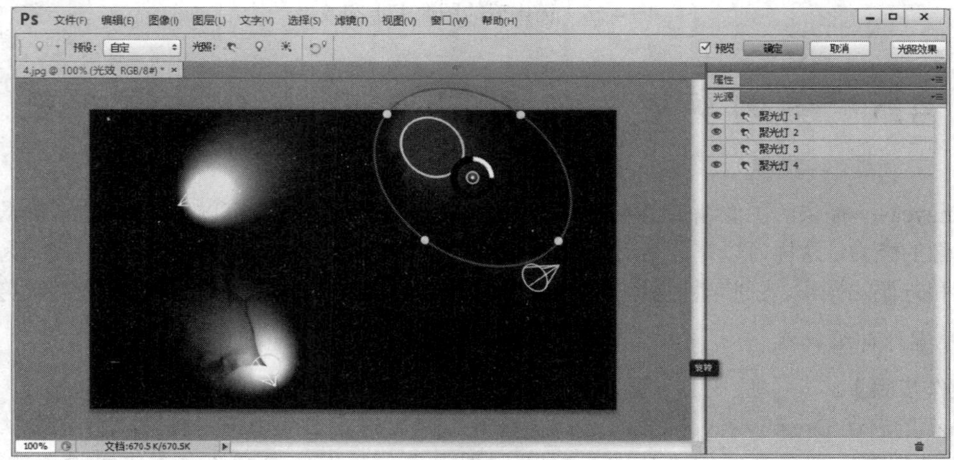

图 4.28 启动 Photoshop 外部编辑器

第 4 步，编辑完成后，在 Photoshop 中保存编辑后的结果，在 Dreamweaver CC 编辑窗口中会显示被编辑的效果，如图 4.29 所示。

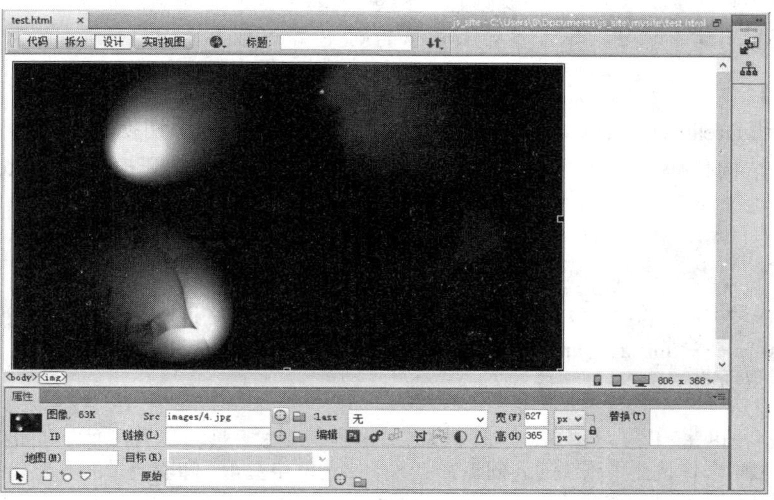

图 4.29　在 Dreamweaver 中可以即时看到效果

4.6　案例实战：设计新闻内页

网页正文内容部分处理的方式一般很简单，文字和图片或堆叠显示，或图文环绕显示。本案例的设计效果如图 4.30 所示。

图 4.30　设计新闻内页版式

新闻内容页面一般情况下不是在页面的设计制作过程中实现的，而是在后期网站发布后通过网站的新闻发布系统进行自动发布的，这样的内容发布模式对于图像的大小、段落文本排版都是属于不可控的范围，因此要考虑到图与文不规则问题。

在设计时一般通过流动版式是比较理想的方式，适当利用补白（padding）或者文字缩进

（text-indent）的方式将图像与文字分开。

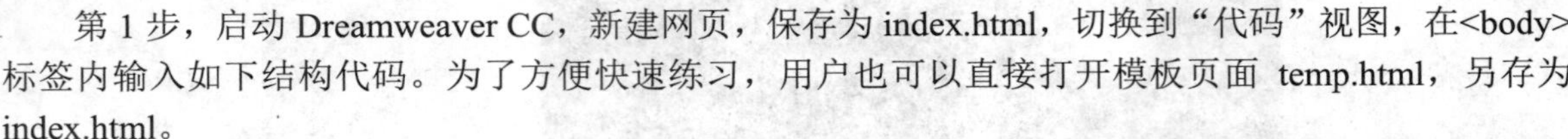
提示：在练习本节示例时，需要读者有一点 CSS 基础，如果读者是初次接触网页设计，建议先跳过本节案例学习，等掌握后面章节的 CSS 知识后再学习。

Note

【操作步骤】

第 1 步，启动 Dreamweaver CC，新建网页，保存为 index.html，切换到"代码"视图，在<body>标签内输入如下结构代码。为了方便快速练习，用户也可以直接打开模板页面 temp.html，另存为 index.html。

```
<div class="pic_news">
    <h1>流量越来越廉价，联通欲携华为提升信号覆盖</h1>
    <h2> <span>2016 年 06 月 29 日 17:39</span><span>来源：凤凰科技 作者：朱羽寒</span> </h2>
    <div class="pic"><img src="images/00000001.jpg" alt="">
        <h3>现场图</h3>
    </div>
    <p>凤凰科技讯 6 月 29 日消息，上海 MWC2016 今天正式开展。华为在展会期间举办了 Small Cell 发布会，宣布将与其战略合作伙伴中国联通共同提升室内数字化网络覆盖。随着流量的不断贬值，室内网络的建设将帮助运营商降低运营成本，获得更多的流量收入。</p>
    <p>据联通方面介绍，截止今年 3 月份国内 4G 用户已经达到 5.33 亿，同比增长 229%。在室分站点数量方面，联通与友商之间还存在差距，有很大的提升空间。</p>
    <p>为提升网络覆盖能力，联通将在室内环境中建设更多的微基站，补充覆盖盲点，并按需扩充容量，提供多种载波方式来提升峰值速率，让用户获得更好的数据网络体验。</p>
    <p>据介绍，Small Cell 微基站相较传统室分设备有明显优势，其成本更加低廉，而且不会因为布局分散，而给运维带来更大压力。</p>
    ……
</div>
```

整个结构包含在<div class="pic_news">新闻框中，新闻框中包含 3 部分，第一部分是新闻标题，由标题标签负责；第二部分是新闻图像，由<div class="pic">图像框负责控制；第三部分是新闻正文部分，由<p>标签负责管理。

第 2 步，在<head>标签内添加<style type="text/css">标签，定义一个内部样式表，然后输入下面的样式，定义新闻框显示效果。

```
.pic_news {
    width:94%; /*控制内容区域的宽度，根据实际情况考虑，也可以不需要*/
}
```

第 3 步，继续添加样式，设计新闻标题样式。其中包括三级标题，统一标题为居中显示对齐，一级标题字体大小为 22px，二级标题字体大小为 14px，三级标题字体大小为 12px，同时三级标题取消默认的上下边界样式。

```
.pic_news h1 {
    text-align:center;                  /*设计标题居中显示*/
    font-size:22px;                     /*设计标题字体大小为 22px*/
}
.pic_news h2 {
    text-align:center;                  /*设计副标题居中显示*/
    font-weight:normal;                 /*清除默认加粗显示样式*/
    font-size:14px;                     /*设计副标题字体大小为 14px*/
```

```
}
.pic_news h3 {
    text-align:center;                    /*设计三级标题居中显示*/
    font-size:12px;                       /*设计三级标题字体大小为 12px*/
    margin:0;                             /*清除三级标题默认的边界*/
    padding:0;                            /*清除三级标题默认的补白*/
}
```

第 4 步，设计新闻图像框和图像样式。设计新闻图像居中显示，然后定义新闻图像大小固定，并适当拉开与环绕的文字之间的距离。

```
.pic_news div {
    text-align:center;                    /*设计图片在图片框中居中显示*/
}
.pic_news img {
    margin-right:1em;                     /*调整图片右侧的空隙为一个字距大小*/
    margin-bottom:1em;                    /*调整图片底部的空隙为一个字距大小*/
    width:300px;                          /*固定图片宽度为 300px*/
}
```

第 5 步，设计段落文本样式，主要包括段落文本的首行缩进和行高效果。

```
.pic_news p {
    line-height:1.3em; /*定义段落文本行高为 1.8 倍字体大小，设计稀疏版式效果*/
    text-indent:2em;                      /*设计段落文本首行缩进 2 个字距*/
}
```

简单的几句 CSS 样式代码就能实现图文混排的页面效果。其中重点内容就是将图像设置浮动，float:left 就是将图像向左浮动，那么如果设置 float:right 后又将会是怎么样的一个效果呢，用户可以修改代码并在浏览器中查看页面效果。

4.7　案例实战：在网页中插入 Flash 动画

Flash 动画也称为 SWF 动画，以文件小巧、速度快、特效精美、支持流媒体和强大交互功能而成为网页中最流行的动画格式，被大量应用于网页中。在 Dreamweaver CC 中插入 SWF 动画比较简单，具体演示如下。

【操作步骤】

第 1 步，启动 Dreamweaver CC，新建文档，保存为 test.html。

第 2 步，在编辑窗口中，将光标定位在要插入 SWF 动画的位置。

第 3 步，选择“插入”|“媒体”| Flash SWF 命令，打开“选择 SWF”对话框。

第 4 步，在“选择 SWF”对话框中选择要插入的 SWF 动画文件（.swf)，然后单击“确定”按钮，此时会打开“对象标签辅助功能属性”对话框，在其中设置动画的标题、访问键和 Tab 键索引，如图 4.31 所示。

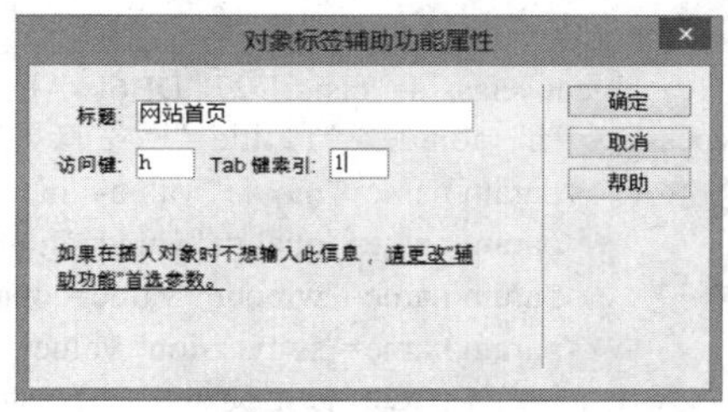

图 4.31　设置对象标签辅助功能属性

第 5 步，单击“确定”按钮，即可在当前位置插入一个 SWF 动画，此时编辑窗口中有一个带有字母 F 的灰色区域，如图 4.32 所示，只有在预览状态下才可以观看到 SWF 动画效果。

Note

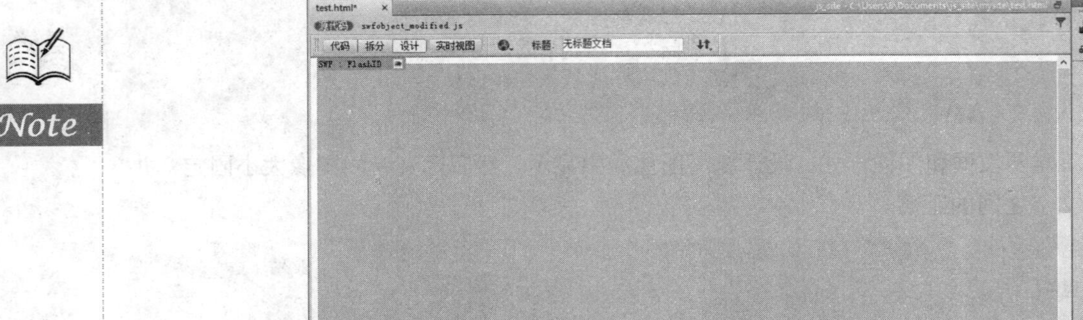

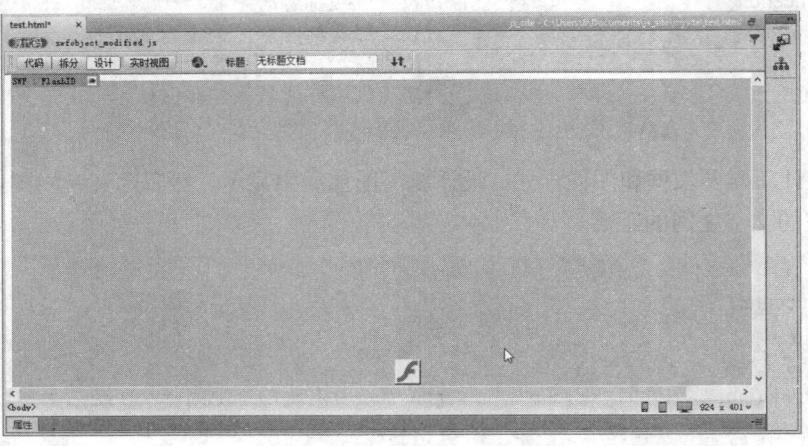

图 4.32　SWF 属性面板

第 6 步，按 Ctrl+S 快捷键保存文档。当保存已插入 SWF 动画的网页文档时，Dreamweaver CC 会自动弹出对话框，提示保存两个 JavaScript 脚本文件，这两个脚本文件用来辅助播放动画，如图 4.33 所示。

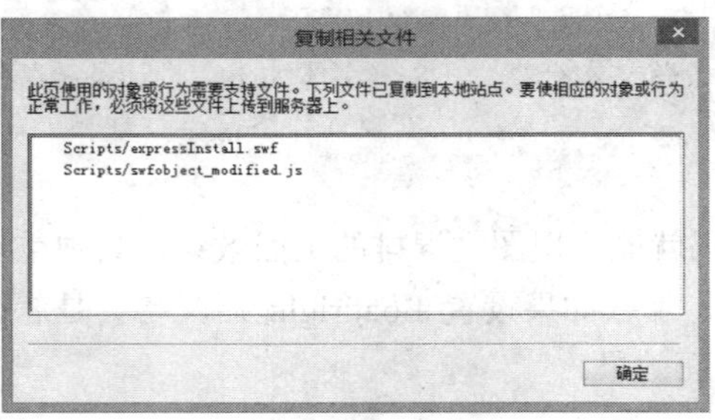

图 4.33　保存脚本支持文件

第 7 步，在 Dreamweaver CC 中插入 SWF 动画之后，切换到“代码”视图，可以看到新增加的代码：

```
<!doctype html>
<html>
<head>
<meta charset="utf-8">
<title> </title>
<script src="Scripts/swfobject_modified.js" type="text/javascript"></script>
</head>
<body>
<object classid="clsid:D27CDB6E-AE6D-11cf-96B8-444553540000" width="980" height="750" id="FlashID" accesskey="h" tabindex="1" title="网站首页">
    <param name="movie" value="index.swf">
    <param name="quality" value="high">
    <param name="wmode" value="opaque">
    <param name="swfversion" value="9.0.114.0">
    <!-- 此 param 标记提示使用 Flash Player 6.0 or 6.5 和更高版本的用户下载最新版本的 Flash Player。如果不想让用户看到该提示，请将其删除 -->
```

```
        <param name="expressinstall" value="Scripts/expressInstall.swf">
        <!-- 下一个对象标签用于非 IE 浏览器。所以使用 IECC 将其从 IE 隐藏 -->
        <!--[if !IE]>-->
        <object type="application/x-shockwave-flash" data="index.swf" width="980" height="750">
            <!--<![endif]-->
            <param name="quality" value="high">
            <param name="wmode" value="opaque">
            <param name="swfversion" value="9.0.114.0">
            <param name="expressinstall" value="Scripts/expressInstall.swf">
            <!-- 浏览器将以下替代内容显示给使用 Flash Player 4.0 和更低版本的用户 -->
            <div>
                <h4>此页面上的内容需要较新版本的 Adobe Flash Player</h4>
                <p><a href="http://www.adobe.com/go/getflashplayer"><img src="http://www.adobe.com/images/shared/download_buttons/get_flash_player.gif" alt="获取 Adobe Flash Player" width="112" height="33" /></a></p>
            </div>
            <!--[if !IE]>-->
        </object>
        <!--<![endif]-->
    </object>
    <script type="text/javascript">
    swfobject.registerObject("FlashID");
    </script>
    </body>
    </html>
```

插入的源代码可以分为两部分，第一部分为脚本部分，即使用 JavaScript 脚本导入外部 SWF 动画，第二部分利用<object>标签插入动画。当用户浏览器不支持 JavaScript 脚本时，可以使用<object>标签插入，这样就可以最大限度地保证 SWF 动画能够适应不同的操作系统和浏览器类型。

<embed>标签表示插入多媒体对象，与 Dreamweaver CC“属性”面板中的各种参数设置相同；classid 属性设置类 ID 编号，同 Dreamweaver CC“属性”面板中的“类 ID”相同；<param>标签设置类对象的各种参数，与 Dreamweaver CC“属性”面板中的“参数”按钮打开的“参数”对话框参数设置相同；codebase 属性与 Dreamweaver CC“属性”面板中的“基址”相同。

第 8 步，设置 SWF 动画属性。插入 SWF 动画后，选中动画即可在“属性”面板中设置 SWF 动画属性，如图 4.34 所示。

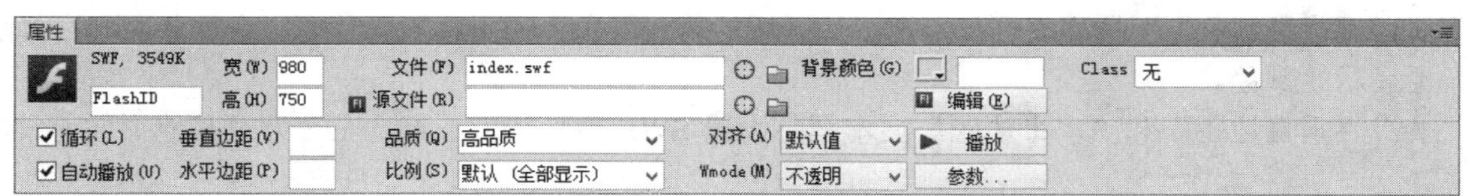

图 4.34　SWF 动画“属性”面板

第 9 步，在 Flash 字母标识下面的文本框中设置 SWF 动画的名称，即定义动画的 ID，以便对对脚本进行控制，同时在旁边显示插入动画的大小。

第 10 步，在“宽”和“高”文本框中设置 SWF 动画的宽度和高度，默认单位是像素，也可以设置为%（相对于父对象大小的百分比）等其他可用单位。输入时数字和缩写必须紧连在一起，中间不留空格，如 20%。

当调整动画显示大小后，可以单击其中的“重设大小”按钮恢复动画的原始大小。

第 11 步，根据需要设置下面几个选项，用来控制动画的播放属性。

（1）“循环”复选框：设置 SWF 动画循环播放。

（2）“自动播放”复选框：设置网页打开后自动播放 SWF 动画。

Note

（3）“品质”下拉列表框：设置 SWF 动画的品质，包括“低品质”、“自动低品质”、“自动高品质”和“高品质”4 个选项。

品质设置越高，影片的效果就越好，但对硬件的要求也高，以使影片在屏幕上正确显示，低品质能加快速度，但画面较粗糙，“自动低品质”设置一般先看速度，如有可能再考虑外观，“自动高品质”设置一般先看外观和速度这两种品质，但根据需要可能会因为速度而影响外观。

如果单击“属性”面板中的“播放”按钮，可以在编辑窗口中播放动画，如图 4.35 所示。

图 4.35　在编辑窗口中播放动画

第 12 步，在“比例”下拉列表框中设置 SWF 动画的显示比例，包括以下 3 项。

（1）默认（全部显示）：SWF 动画将全部显示，并保证各部分的比例。

（2）无边框：根据设置尺寸调整 SWF 动画显示。

（3）严格匹配：SWF 动画将全部显示，但会根据设置尺寸调整显示比例。

第 13 步，可根据页面布局需要设置动画在网页中的显示样式，具体设置包括如下几项。

（1）“背景颜色”下拉列表框：指定影片区域的背景颜色。在不播放影片时（在加载时和在播放后）也显示此颜色。

（2）“垂直边距”和“水平边距”文本框：设置 SWF 动画与上下方、左右方及其他页面元素的距离。

（3）“对齐”下拉列表框：设置 SWF 动画的对齐方式，包括 10 个选项。

① 默认值：SWF 动画将以浏览器默认的方式对齐（通常指基线对齐）。

② “基线”和“底部”：将文本（或同一段落中的其他元素）的基线与 SWF 动画的底部对齐。

③ 顶端：将 SWF 动画的顶端与当前行中最高项（图像或文本）的顶端对齐。

④ 居中：将 SWF 动画的中部与当前行的基线对齐。

⑤ 文本上方：将 SWF 动画的顶端与文本行中最高字符的顶端对齐。

⑥ 绝对居中：将 SWF 动画的中部与当前行中文本的中部对齐。

⑦ 绝对底部：将 SWF 动画的底部与文本行（包括字母下部，例如在字母 g 中）的底部对齐。

⑧ 左对齐：将 SWF 动画放置在左边，文本在对象的右侧换行。如果左对齐文本在行上处于对象之前，通常强制左对齐对象换到一个新行。

⑨ 右对齐：将 SWF 动画放置在右边，文本在对象的左侧换行。如果右对齐文本在行上处于对象之前，通常强制右对齐对象换到一个新行。

第 14 步，如果需要高级设置，可以单击“参数”按钮，打开一个“参数”对话框，如图 4.36 所示。可在其中输入传递给影片的附加参数，对动画进行初始化。

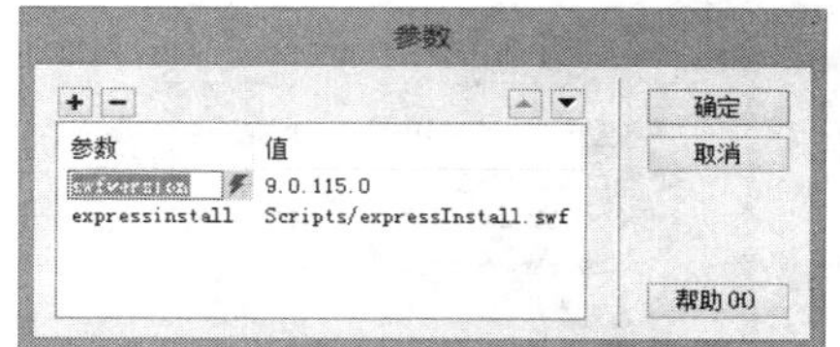

图 4.36　设置动画参数

【拓展】“参数”对话框中的参数由参数和值两部分组成，一般成对出现。单击“参数”对话框中的按钮，可增加一个新的参数，然后在“参数”列表框中输入名称，在“值”列表框中输入参数值，单击按钮，可删除选定参数。在“参数”对话框中选中一项参数，单击向上或向下的箭头按钮，可调整各项参数的排列顺序，最后单击“确定”按钮即可。例如，设置 SWF 动画背景透明，可在“参数”列表框中输入“wmode”，在“值”列表框中输入“transparent”，即可实现动画背景透明播放。当然，在 Dreamweaver CC 版本中，可以直接在“属性”面板中设置 Wmode 下拉列表框。

提示：如果用户需要更换动画，可以在“文件”文本框中设置 SWF 动画文件地址，单击“选择文件”按钮可以浏览文件并选定。如果需要修改插入的动画，可以单击“编辑”按钮，启动 Adobe Flash 以编辑和更新 FLA 文件，如果没有安装 Adobe Flash，该按钮将无效。

4.8　案例实战：在网页中插入 FLV 视频

FLV 是 Flash Video 的简称，是一种网络视频格式，由于该格式生成的视频文件小、加载速度快，成为网络视频的通用格式之一。目前很多视频网站，如搜狐视频、56、优酷等都使用 FLV 技术来实现视频的制作、上传和播放。在 Dreamweaver CC 中插入 FLV 视频的方法如下。

【操作步骤】

第 1 步，启动 Dreamweaver CC，新建文档，保存为 test.html。

第 2 步，在编辑窗口中，将光标定位在要插入 FLV 视频的位置。

第 3 步，选择“插入”|“媒体”| Flash Video 命令，打开“插入 FLV”对话框，如图 4.37 所示。

第 4 步，在“视频类型”下拉列表框中选择视频下载类型，包括“累进式下载视频”和“流视频”两种类型。当选择“流视频”选项后，对话框如图 4.38 所示。

第 5 步，如果希望累进式下载视频，则应该从“视频类型”下拉列表框中选择“累进式下载视频”选项，然后在如图 4.37 所示的对话框中设置以下选项。

（1）URL：指定 FLV 文件的相对或绝对路径。如果要指定相对路径，例如，mypath/myvideo.flv，用户可以单击“浏览”按钮，在打开的“选择文件”对话框中选择 FLV 文件。如果要指定绝对路径，可以直接输入 FLV 文件的 URL，例如，http://www.example.com/myvideo.flv。如果要指向 HTML 文件向上两层或更多层目录中的 FLV 文件，则必须使用绝对路径。

要使视频播放器正常工作，FLV 文件必须包含元数据。使用 Flash Communication Server 1.4.2、FLV Exporter 1.2 和 Sorenson Squeeze 4.0，以及 Flash Video Encoder 创建的 FLV 文件自动包含元数据。

（2）外观：指定 FLV 视频组件的外观。所选外观的预览会出现在下面的预览框中。

Note

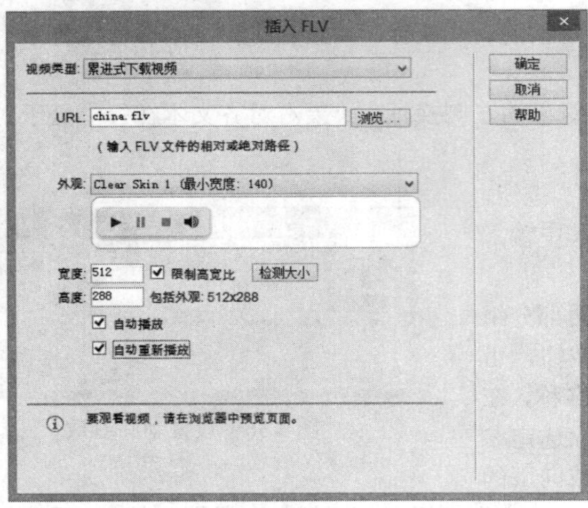

图 4.37 “插入 FLV”对话框

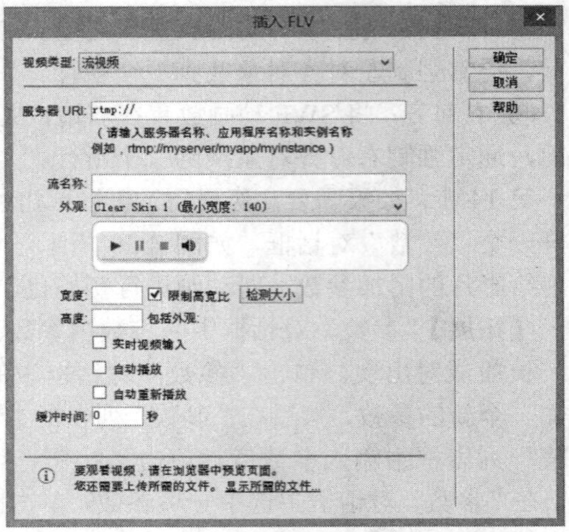

图 4.38 插入流视频

（3）宽度：以像素为单位指定 FLV 文件的宽度。若要让 Dreamweaver 确定 FLV 文件的准确宽度，可以单击“检测大小”按钮。如果 Dreamweaver 无法确定宽度，则必须输入宽度值。

（4）高度：以像素为单位指定 FLV 文件的高度。如果要让 Dreamweaver 确定 FLV 文件的准确高度，可以单击“检测大小”按钮。如果 Dreamweaver 无法确定高度，则必须输入宽度值。

提示：FLV 文件的宽度和高度包括外观的宽度和高度。

（5）限制高宽比：保持 FLV 视频组件的宽度和高度之间的纵横比不变。默认情况下会选中此复选框。

（6）自动播放：指定在 Web 页面打开时是否播放视频。

（7）自动重新播放：指定播放控件在视频播放完之后是否返回起始位置。

第 6 步，设置完毕，单击“确定”按钮关闭对话框，并将 FLV 视频添加到网页中。

第 7 步，插入 FLV 视频之后，系统会自动生成一个视频播放器 SWF 文件和一个外观 SWF 文件，用于在网页上显示 FLV 视频内容。这些文件与 FLV 视频内容所添加到的 HTML 文件存储在同一目录中。当用户上传包含 FLV 视频内容的网页时，Dreamweaver 将以相关文件的形式上传这些文件。插入 FLV 视频的网页效果如图 4.39 所示。

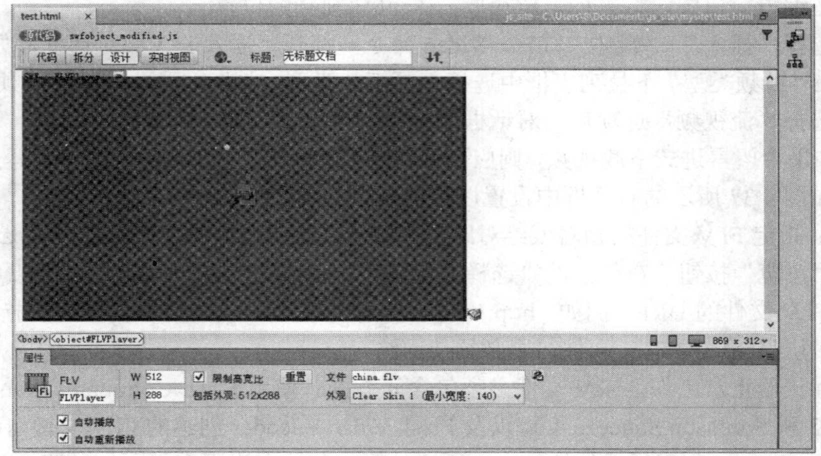

图 4.39 插入 FLV 视频效果

> **提示：** 如果要更改 FLV 视频设置，可在 Dreamweaver 编辑窗口中选择 FLV 视频组件占位符，在“属性”面板中可以设置 FLV 视频的宽和高、FLV 视频文件、视频外观等属性，由于与“插入 FLV”对话框中的选项类似，更多有关信息，用户可以参见“插入 FLV”对话框选项。但用户不能使用属性面板更改视频类型，例如，从“累进式下载”更改为“流式”。若要更改视频类型，必须删除 FLV 视频组件，然后通过选择“插入”|“媒体”| FLV 命令来重新插入。
>
> 如果要删除 FLV 视频，只需要在 Dreamweaver 的编辑窗口中选择 FLV 视频组件占位符，然后按 Delete 键即可。

【拓展】如果以流视频的方式浏览视频，可以在“视频类型”下拉列表框中选择“流视频”选项，然后设置以下选项。

（1）服务器 URI：以 rtmp://www.example.com/app_name/instance_name 的形式指定服务器名称、应用程序名称和实例名称。

（2）流名称：指定想要播放的 FLV 文件的名称，例如，myvideo.flv。.flv 扩展名是可选的。

（3）外观：指定 FLV 视频组件的外观。所选外观的预览会出现在预览框中。

（4）宽度：以像素为单位指定 FLV 文件的宽度。如果要让 Dreamweaver 确定 FLV 文件的准确宽度，可以单击“检测大小”按钮。如果 Dreamweaver 无法确定宽度，必须输入宽度值。

（5）高度：以像素为单位指定 FLV 文件的高度。如果要让 Dreamweaver 确定 FLV 文件的准确高度，可以单击“检测大小”按钮。如果 Dreamweaver 无法确定高度，必须输入高度值。

（6）限制高宽比：保持 FLV 视频组件的宽度和高度之间的纵横比不变。默认情况下会选中此复选框。

（7）实时视频输入：指定 FLV 视频内容是否是实时的。如果选中该复选框，Flash Player 将播放从 Flash Communication Server 流入的实时视频输入。实时视频输入的名称是在“流名称”文本框中指定的名称。

如果选中“实时视频输出”复选框，组件的外观上只会显示音量控件，因为用户无法操纵实时视频。此外，“自动播放”和“自动重新播放”复选框也不起作用。

（8）自动播放：指定在网页页面打开时是否播放视频。

（9）自动重新播放：指定播放控件在视频播放完之后是否返回起始位置。

（10）缓冲时间：指定在视频开始播放之前进行缓冲处理所需的时间（以秒为单位）。默认的缓冲时间设置为 0，这样在单击“播放”按钮后视频会立即开始播放。如果选中“自动播放”复选框，视频将在建立与服务器的连接后立即开始播放。如果用户要发送的视频的比特率高于站点访问者的连接速度，或者网络通信可能会导致带宽或连接问题，则可能需要设置缓冲时间。例如，如果要在网页页面播放视频之前将 15 秒的视频发送到网页页面，可以将缓冲时间设置为 15。

单击“确定”按钮关闭对话框，将 Flash 视频内容添加到网页中。这时系统会自动生成一个视频播放器 SWF 文件和一个外观 SWF 文件，用于在网页上显示 FLV 视频。该命令还会生成一个 main.asc 文件，用户必须将该文件上传到 Flash Communication Server。这些文件与 FLV 视频内容所添加的网页文件存储在同一目录中。上传包含 FLV 视频内容的网页页面时，要将这些 SWF 文件上传到 Web 服务器，并将 main.asc 文件上传到 Flash Communication Server。

如果服务器上已有 main.asc 文件，请确保在上传由“插入 Flash 视频”命令生成的 main.asc 文件之前与服务器管理员核实。

4.9 在网页中插入插件

Note

插件是浏览器专用功能扩展模块，增强了浏览器的对外接口能力，实现对多种媒体对象的播放支持。一般浏览器允许第三方开发者根据插件标准将它们的产品融进网页，比较典型的有 RealPlayer 和 QuickTime 插件。

4.9.1 实战演练：设计背景音乐

音乐是多媒体网页的重要组成部分。由于音频文件存在不同类型和格式，也有不同的方法将这些声音添加到网页中。在决定添加音频的格式和方式之前，需要考虑的因素包括用途、格式、文件大小、声音品质和浏览器差别等。不同浏览器对于声音文件的处理方法是不同的，彼此之间很可能不兼容。

【操作步骤】

第 1 步，启动 Dreamweaver CC，打开本小节备用练习文档 test.html，另存为 test1.html。

第 2 步，在编辑窗口中将光标定位在要插入插件的位置。

第 3 步，选择“插入”|“媒体”|“插件”命令，打开“选择文件”对话框。

第 4 步，在对话框中选择要插入的插件文件，这里选择 images/bg.mp3，单击“确定”按钮，这时在 Dreamweaver 编辑窗口中会出现插件图标，如图 4.40 所示。

图 4.40　插入的插件图标

第 5 步，选中插入的插件图标，可以在“属性”面板中详细设置其属性，如图 4.41 所示。

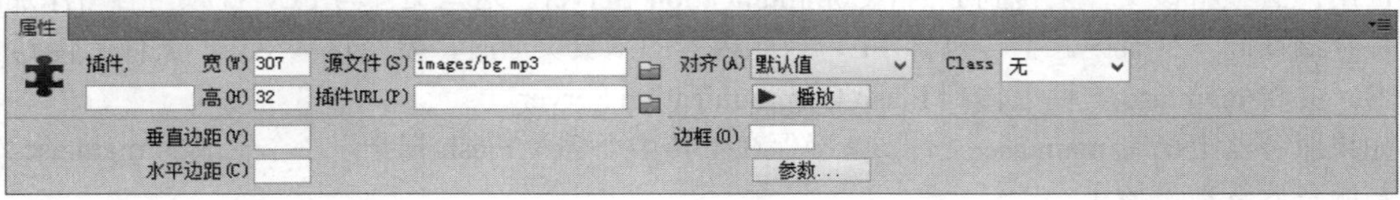

图 4.41　插件“属性”面板

Note

（1）“插件”文本框：设置插件的名称，以便在脚本中能够引用。

（2）“宽”和“高”文本框：设置插件在浏览器中显示的宽度和高度，默认以像素为单位。

（3）“源文件”文本框：设置插件的数据文件。单击“选择文件”按钮，可查找并选择源文件，或者直接输入文件地址。

（4）“对齐”下拉列表框：设置插件和页面的对齐方式。

（5）“插件 URL”文本框：设置包含该插件的地址。如果在浏览者的系统中没有安装该类型的插件，则浏览器从该地址下载插件。如果没有设置“插件 URL”文本框，也没有安装相应的插件，则浏览器将无法显示插件。

（6）“垂直边距”和“水平边距”文本框：设置插件的上、下、左、右与其他元素的距离。

（7）“边框”文本框：设置插件边框的宽度，可输入数值，单位是像素。

（8）“播放”按钮：单击该按钮，可在 Dreamweaver CC 编辑窗口中预览这个插件的效果，单击“播放”按钮后，该按钮变成“停止”按钮，单击则停止插件的预览。

（9）“参数”按钮：单击可打开“参数”对话框，设置参数对插件进行初始化。

第 6 步，因为是背景音乐，因此需要隐藏插件控制界面，同时应该让背景音乐自动播放，且能够循环播放。单击“参数”按钮，打开“参数”对话框，设置如下 3 个参数，如图 4.42 所示。

图 4.42　设置插件显示和播放属性

第 7 步，单击“确定”按钮关闭对话框，然后切换到“代码”视图，可以看到生成如下代码：

```
<embed src="images/bg.mp3" width="307" height="32" hidden="true" autostart="true" loop="infinite"></embed>
```

第 8 步，设置完毕属性，按 F12 键在浏览器中浏览，这时就可以边浏览网页，边听背景音乐。

4.9.2　实战演练：插入音频

网络使用的音频格式比较多，常用的包括 MIDI、WAV、AIF、MP3 和 RA 等。在使用这些格式的文件时，需要了解其差异性。很多浏览器不用插件也可以支持 MIDI、WAV 和 AIF 格式的文件，而 MP3 和 RA 格式的声音文件则需要专门插件才能播放。各种格式的声音文件介绍如下。

（1）MIDI（或 MID，Musical Instrument Digital Interface 的简称）是一种乐器声音格式，能够被大多数浏览器支持，并且不需要插件。很小的 MIDI 文件也可以提供较长时间的声音剪辑。MIDI 文件不能被录制并且必须使用特殊的硬件和软件在计算机上合成。

（2）WAV（Waveform Extension）格式的文件具有较高的声音质量，能够被大多数浏览器支持，并且不需要插件。用户可以使用 CD、麦克风来录制声音，但文件通常较大，网上传播比较有限。

（3）AIF（或 AIFF，Audio Interchange File Format 的简称），也具有较高的质量，和 WAV 声音很相似。

（4）MP3（Motion Picture Experts Group Audio 或 MPEG-AudioLayer-3 的简称）是一种压缩格式的声音，文件大小比 WAV 格式明显缩小。其声音品质非常好，如果正确录制和压缩 MP3 文件，甚至可以和 CD 质量相媲美。MP3 是网上比较流行的音乐格式，支持流媒体技术，方便用户边听边下载。

（5）RA（或 RAM）、RPM 和 RealAudio，这种格式具有非常高的压缩程度，文件大小小于 MP3，能够快速传播和下载，同时支持流媒体技术，是最有前途的一种格式，不过在听之前要先安装 RealPlayer 程序。

Note

插入音频的方法有两种，一种是链接声音文件，另一种是嵌入声音文件。链接声音文件比较简单，也较快捷有效，同时可以使浏览者选择是否要收听该文件，并且应用范围广泛。

链接声音文件首先选择要用来指向声音文件链接的文本或图像，然后在"属性"面板的"链接"文本框中输入声音文件地址，或者单击"选择文件"按钮直接选择文件，如图 4.43 所示。

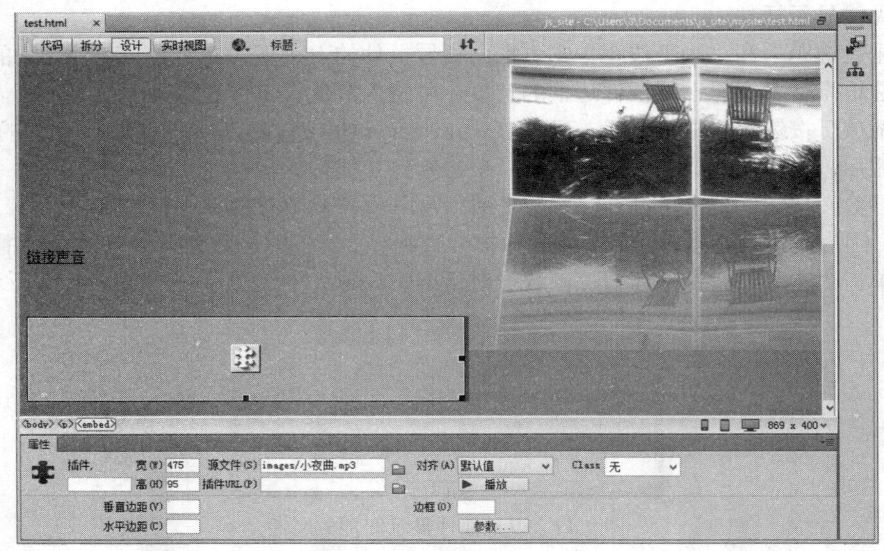

图 4.43　在"属性"面板中链接声音文件

嵌入声音文件是将声音直接插入页面中，但只有浏览器安装了适当插件后才可以播放声音，具体方法可以参阅 4.9.1 节讲解。

在浏览器中预览播放音频效果，如图 4.44 所示。

图 4.44　在浏览器中播放音频效果

4.9.3　实战演练：插入视频

网络视频格式也很多，常用的包括 MPEG、AVI、WMV、RM 和 MOV 等。各种格式的视频文件介绍如下。

（1）MPEG（或 MPG）是一种压缩比率较大的活动图像和声音的视频压缩标准，也是 VCD 光盘所使用的标准。

（2）AVI 是一种 Microsoft Windows 操作系统所使用的多媒体文件格式。

（3）WMV 是一种 Windows 操作系统自带的媒体播放器 Windows Media Player 所使用的多媒体文件格式。

（4）RM 是 Real 公司推广的一种多媒体文件格式，具有非常好的压缩比率，是网上应用最广泛的格式之一。

（5）MOV 是 Apple 公司推广的一种多媒体文件格式。

插入视频的方法也包括链接视频文件和嵌入视频文件两种，使用方法与插入音频文件的方法相同。

（1）链接视频文件。在“属性”面板的“链接”文本框中输入视频文件地址，按 F12 键打开浏览器浏览效果，将鼠标指针放在链接文字处会立即变成手形，单击将播放视频，或者右击链接文字，在弹出的快捷菜单中选择“目标另存为”命令，将视频文件下载至本地，然后再播放。

（2）嵌入视频文件。可以将视频直接插入页面中，选择“插入”|“媒体”|“插件”命令，打开“选择文件”对话框，然后选择要播放的视频，插入视频后的效果如图 4.45 所示。

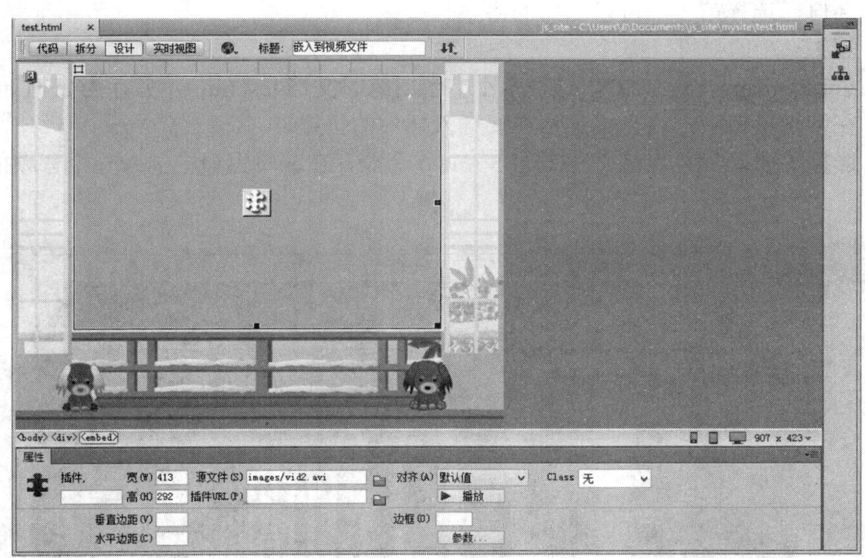

图 4.45　插入视频

提示：只有浏览器安装了所选视频文件的插件才能够正常播放。

在 HTML 代码中，不管插入音频还是视频文件，使用的标记代码和设置方法相同，详细设置如下。

链接法代码：

```
<a href=" images/vid2.avi">观看视频</a>
```

嵌入法代码：

```
<embed src=" images/vid2.avi" width="339" height="339">
```

Note

4.10 案例实战：插入 HTML5 音频

在 HTML5 中，使用新增的 audio 元素可以播放声音文件或音频流，支持 Ogg Vorbis（OGG）、MP3、WAV 等音频格式，其用法如下。

```
<audio src="samplesong.mp3" controls="controls">
</audio>
```

其中，src 属性用于指定要播放的声音文件，controls 属性用于提供播放、暂停和音量控件。

如果浏览器不支持 audio 元素，则可以在<audio>与</audio>之间插入一段替换内容，这样旧的浏览器就可以显示这些信息。例如：

```
<audio src="samplesong.mp3" controls="controls">
您的浏览器不支持 audio 标签。
</audio>
```

替换内容不仅可以使用文本，还可以是一些其他音频插件，或者是声音文件的链接等。

下面通过完整的案例演示如何在页面内播放音频。本案例使用了 source 元素来链接到不同的音频文件，浏览器会自己选择第一个可以识别的格式。

【操作步骤】

第 1 步，启动 Dreamweaver CC，打开本小节备用练习文档 test.html，另存为 test1.html。

第 2 步，在编辑窗口中，将光标定位在要插入插件的位置。

第 3 步，选择“插入”|“媒体”| HTML5 Audio 命令，在编辑窗口中插入一个音频插件图标，如图 4.46 所示。

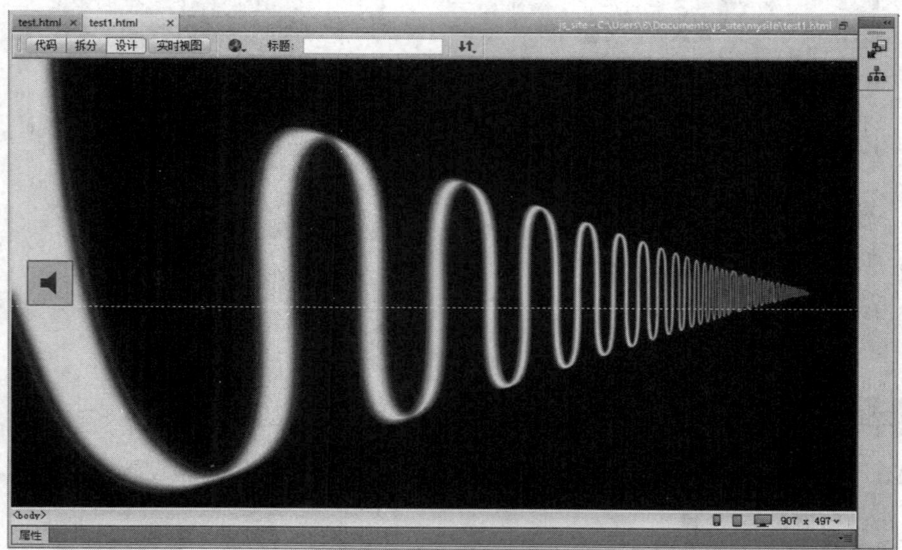

图 4.46 插入 HTML5 音频插件

第 4 步，在编辑窗口中选中插入的音频插件，然后即可在“属性”面板中设置相关播放属性和播放内容，如图 4.47 所示。

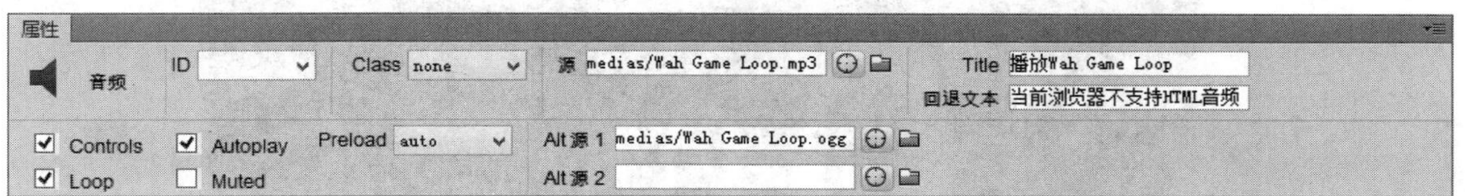

Note

图 4.47　设置 HTML5 音频属性

（1）ID 文本框：定义 HTML5 音频的 ID 值，以便脚本进行访问和控制。

（2）Class 下拉列表框：设置 HTML5 音频控件的类样式。

（3）“源”、“Alt 源 1”和“Alt 源 2”文本框：在“源”文本框中输入音频文件的位置，或者单击选择文件图标以从计算机中选择音频文件。

对音频格式的支持在不同浏览器上有所不同。如果源中的音频格式不被支持，则会使用“Alt 源 1”和“Alt 源 2”文本框中指定的格式，浏览器选择第一个可识别格式来显示音频。

建议使用多重选择，当从文件夹中为同一音频选择 3 个视频格式时，下拉列表框中的第一个格式将用于“源”，下列格式用于自动填写“Alt 源 1”和“Alt 源 2”。

（4）Controls 复选框：设置是否在页面中显示播放控件。

（5）Autoplay 复选框：设置是否在页面加载后自动播放音频。

（6）Loop 复选框：设置是否循环播放音频。

（7）Muted 复选框：设置是否静音。

（8）Preload 下拉列表框：预加载选项。选择 auto 选项，则会在页面下载时加载整个音频文件；选择 metadata 选项，则会在页面下载完成之后仅下载元数据；选择 none 选项，则不进行预加载。

（9）Title 文本框：为音频文件输入标题。

（10）“回退文本”文本框：输入在不支持 HTML5 的浏览器中显示的文本。

第 5 步，按图 4.47 所示进行设置：显示播放控件，自动播放，循环播放，允许提前预加载，鼠标指针经过时的提示标题为“播放 Wah Game Loop”，回退文本为“当前浏览器不支持 HTML 音频”。然后切换到“代码”视图，可以看到生成的代码：

```
<audio title="播放 Wah Game Loop" preload="auto" controls autoplay loop >
    <source src="medias/Wah Game Loop.mp3" type="audio/mp3">
    <source src="medias/Wah Game Loop.ogg" type="audio/ogg">
    <p>当前浏览器不支持 HTML 音频</p>
</audio>
```

从上面的代码可以看到，在 audio 元素中，使用两个新的 source 元素替换了先前的 src 属性。这样可以让浏览器根据自身播放能力自动选择，挑选最佳的来源进行播放。对于来源，浏览器会按照声明顺序判断，如果支持的不止一种，那么浏览器会选择支持的第一个来源。数据源列表的排放顺序应按照用户体验由高到低或者服务器消耗由低到高列出。

第 6 步，保存页面，按 F12 键在浏览器中预览，则显示效果如图 4.48 所示。

在 IE 浏览器中可以看到一个比较简单的音频播放器，包含了播放、暂停、位置、时间显示、音量控制等常用控件。

Note

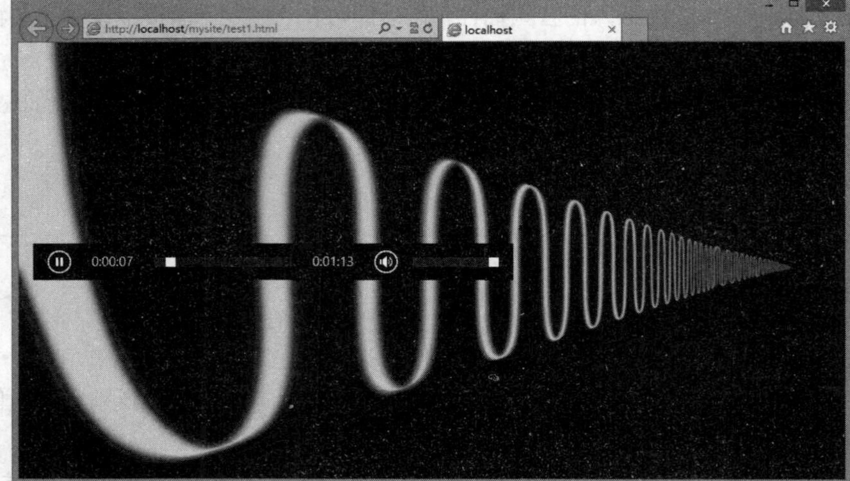

图 4.48　播放 HTML5 音频

4.11　案例实战：插入 HTML5 视频

在 HTML5 中，使用新增的 video 元素可以播放视频文件或视频流，支持 OGG、MPEG 4、WebM 等视频格式，其用法如下。

```
<video src="samplemovie.mp4" controls="controls">
</video>
```

其中，src 属性用于指定要播放的视频文件，controls 属性用于提供播放、暂停和音量控件，也可以包含宽度和高度属性。

如果浏览器不支持 video 元素，则可以在<video>与</video>之间插入一段替换内容，这样，旧的浏览器就可以显示这些信息。例如：

```
<video src=" samplemovie.mp4" controls="controls">
您的浏览器不支持 video 标签。
</video>
```

下面通过一个完整的案例来演示如何在页面内播放视频。

【操作步骤】

第 1 步，启动 Dreamweaver CC，打开本小节备用练习文档 test.html，另存为 test1.html。

第 2 步，在编辑窗口中，将光标定位在要插入插件的位置。

第 3 步，选择“插入”|“媒体”| HTML5 Video 命令，在编辑窗口中插入一个视频插件图标，如图 4.49 所示。

第 4 步，在编辑窗口中选中插入的视频插件，然后即可在“属性”面板中设置相关播放属性和播放内容，如图 4.50 所示。

（1）ID 下拉列表框：定义 HTML5 视频的 ID 值，以便脚本进行访问和控制。

（2）Class 下拉列表框：设置 HTML5 视频控件的类样式。

（3）“源”、“Alt 源 1”和“Alt 源 2”文本框：在“源”文本框中输入音频文件的位置。或者单

击选择文件图标以从计算机中选择视频文件。

图 4.49　插入 HTML5 视频插件

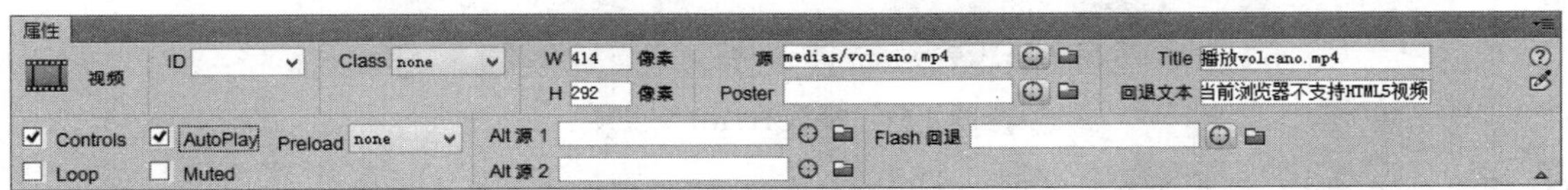

图 4.50　设置 HTML5 视频属性

不同浏览器对视频格式的支持有所不同，如果源中的视频格式不被支持，则会使用“Alt 源 1”和“Alt 源 2”文本框中指定的格式，浏览器选择第一个可识别格式来显示视频。

建议使用多重选择，当从文件夹中为同一视频选择 3 个视频格式时，下拉列表框中的第一个格式将用于“源”，其他格式用于自动填写“Alt 源 1”和“Alt 源 2”。

（4）W 和 H 文本框：设置视频的宽度和高度，单位为像素。

（5）Poster 文本框：输入要在视频完成下载后或用户单击“播放”按钮后显示的图像海报的位置。当插入图像时，宽度和高度值是自动填充的。

（6）Controls 复选框：设置是否在页面中显示播放控件。

（7）Autoplay 复选框：设置是否在页面加载后自动播放音频。

（8）Loop 复选框：设置是否循环播放音频。

（9）Muted 复选框：设置是否静音。

（10）Preload 下拉列表框：预加载选项。选择 auto 选项，则会在页面下载时加载整个音频文件；选择 metadata 选项，则会在页面下载完成之后仅下载元数据；选择 none 选项，则不进行预加载。

（11）Title 文本框：为音频文件输入标题。

（12）“回退文本”文本框：输入在不支持 HTML5 的浏览器中显示的文本。

（13）“Flash 回退”文本框：对于不支持 HTML5 视频的浏览器选择 SWF 文件。

第 5 步，按图 4.50 所示进行设置：显示播放控件，自动播放，允许提前预加载，鼠标指针经过时的提示标题为“播放 volcano.mp4”，回退文本为“当前浏览器不支持 HTML5 视频”，视频宽度为 414px，高度为 292px。然后切换到“代码”视图，可以看到生成的代码：

```
<video width="414" height="292" title="播放 volcano.mp4" preload="auto" controls autoplay >
        <source src="medias/volcano.mp4" type="video/mp4">
        <p>当前浏览器不支持 HTML5 视频</p>
    </video>
```

Note

第 6 步，保存页面，按 F12 键在浏览器中预览，则显示效果如图 4.51 所示。

图 4.51　播放 HTML5 视频

提示： 在 audio 元素或 video 元素中指定 controls 属性可以在页面上以默认方式进行播放控制。如果不加这个特性，那么在播放时就不会显示控制界面。如果播放的是音频，那么页面上任何信息都不会出现，因为音频元素的唯一可视化信息就是对应的控制界面。如果播放的是视频，那么视频内容会显示。即使不添加 controls 属性也不能影响页面正常显示。

【拓展】 有一种方法可以让没有 controls 属性的音频或视频正常播放，那就是在 audio 元素或 video 元素中设置另一个属性 autoplay。

```
<video autoplay>
    <source src="medias/volcano.ogg" type="video/ogg">
    <source src="medias/volcano.mp4" type="video/mp4">
您的浏览器不支持 video 标签。
</video >
```

通过设置 autoplay 属性，不需要任何用户交互，音频或视频文件就会在加载完成后自动播放。不过大部分用户对这种方式会比较反感，所以应慎用 autoplay。在无任何提示的情况下，播放一段音频通常有两种用途，第一种是用来制造背景氛围，第二种是强制用户接收广告。这种方式的问题在于会干扰用户本机播放的其他音频，尤其会给依赖屏幕阅读功能进行 Web 内容导航的用户带来不便。

如果内置的控件不适应用户界面的布局，或者希望使用默认控件中没有的条件或者动作来控制音频或视频文件，那么可以借助一些内置的 JavaScript 函数和属性来实现，简单说明如下。

☑ load()：该函数可以加载音频或者视频文件，为播放做准备。通常情况下不必调用，除非是动态生成的元素。用来在播放前预加载。

☑ play()：该函数可以加载并播放音频或视频文件，除非音频或视频文件已经暂停在其他位置，否则默认从开头播放。

☑　pause()：该函数暂停处于播放状态的音频或视频文件。

☑　canPlayType(type)：该函数检测 video 元素是否支持给定 MIME 类型的文件。

canPlayType(type)函数有一个特殊的用途：向动态创建的 video 元素中传入某段视频的 MIME 类型后，仅通过一行脚本语句即可获得当前浏览器对相关视频类型的支持。

【示例】本示例演示如何通过在视频上移动鼠标来触发 play 和 pause 功能。页面包含多个视频，且由用户来选择播放某个视频时，这个功能就非常适用了。如在鼠标指针移到某个视频上时，播放简短的视频预览片段，用户单击后，播放完整的视频。具体演示代码如下所示。

```
<!doctype html>
<html>
<head>
<meta charset="utf-8">
</head>
<body>
<video id="movies" onmouseover="this.play()" onmouseout="this.pause()" autobuffer="true"
    width="400px" height="300px">
    <source src="medias/volcano.ogv" type='video/ogg; codecs="theora, vorbis"'>
    <source src="medias/volcano.mp4" type='video/mp4'>
</video>
</body>
</html>
```

上面代码在浏览器中预览，显示效果如图 4.52 所示。

图 4.52　使用鼠标控制视频播放

使用 CSS 美化网页

（视频讲解：96 分钟）

CSS 是 Cascading Style Sheets 的缩写，中文翻译为层叠样式表，简称为网页样式，是 W3C 组织制定的一套网页样式设计标准。HTML 语言具有强大的标识功能，利用其丰富的标记可以轻松构建网页的结构和内容。CSS 为用户提供了强大的页面样式美化功能。本章将讲解 CSS 语言的基本语法和用法，同时学习 Dreamweaver 所提供的强大 CSS 样式支持功能，掌握可视化定义 CSS 样式的方法。

学习重点：

- 熟悉 CSS 基本语法和用法
- 了解常用选择器和常用 CSS 属性
- 了解 CSS 特性、单位和取值规范等
- 熟练使用 Dreamweaver CC 的 CSS 设计器
- 能够使用规则定义对话框

Note

5.1 了解 CSS

W3C 标准化组织于 1996 年 12 月推出了 CSS1.0 版本规范，并得到了微软与网景公司的支持。1998 年 5 月，W3C 组织又推出了 CSS2.0 版本，从此该项技术在世界范围内得到推广和使用。现在大部分网页中使用的 CSS 样式表都遵循 CSS2.1 版本标准。最新的 CSS3 标准也已经定义完毕，最新的主流浏览器都开始支持，CSS3 采用模块化进行开发，以前的规范作为一个模块实在是太庞大，而且比较复杂，所以把它分解为一些小的模块，更多新的模块也被加入进来。主要模块包括盒子模型、列表模块、超链接方式、语言模块、背景和边框、文字特效、多栏布局等。

CSS 比较简单易学，通过 CSS 样式表，用户可以快速控制 HTML 中各标记的显示属性。对页面布局、字体、颜色、背景和其他图文效果实现更加精确的控制。只要修改一个 CSS 样式表文件就可以实现改变一批网页的外观和格式，保证在所有浏览器和平台之间的兼容性，实现编码更少、页数更少和下载速度更快。

CSS 样式具有如下特点。

（1）可以将网页样式和内容分离。HTML 定义了网页的结构和各要素功能，而让浏览器自己决定应该让各要素以何种模式显示。CSS 样式表解决了这个问题，通过将结构定义和样式定义分离，能够对页面的布局格式施加更多的控制，这样，可以保持代码的简明。也就是把 CSS 代码独立出来，从另一角度控制页面外观。样式和内容的分离简化了维护，因为在样式表中更改某些内容，就意味着在其他地方也更改了这些内容。

（2）能更好地控制页面的布局。HTML 总体上的控制能力很有限，如不能精确地设置高度、行间距和字间距，不能在屏幕上精确定位图像的位置。但是 CSS 样式表能够实现所有页面控制功能。

（3）可以制作出体积更小、下载速度更快的网页。CSS 样式表只是简单的文本，就像 HTML 那样，不需要图像，不需要执行程序，不需要插件。就像 HTML 指令那样快，使用 CSS 样式表可以减少表格标签及其他加大 HTML 体积的代码，减少图像用量从而减少文件尺寸。

（4）可以更快、更容易地维护及更新大量的网页。没有样式表时，如果想更新整个站点中所有主体文本的字体，必须一页一页地修改每个网页。即便站点用数据库提供服务，仍然需要更新所有的模板。样式表的主要目的就是将格式和结构分离。利用样式表，可以将站点上所有的网页都指向单一的一个 CSS 文件，只要修改 CSS 样式表文件中的某一行，那么整个站点都会随之发生变动。

（5）浏览器成为更友好的界面。CSS 样式表代码具有很好的兼容性，不像其他的网络技术，如果用户丢失了某个插件时就会发生中断；或者使用老版本的浏览器时代码不会出现杂乱无章的情况。只要是可以识别 CSS 样式表的浏览器就可以应用。

5.2 使用 CSS

与 HTML 一样，CSS 是一种标识语言，在任何文本编辑器中都可以打开和编辑。CSS 语法比较简单，不是很复杂，下面进行简单介绍。

5.2.1 CSS 基本结构

在 CSS 源代码中，样式是最基本的语法单元，每个样式包含两部分内容：选择器和声明（或称

为规则)，如图 5.1 所示。

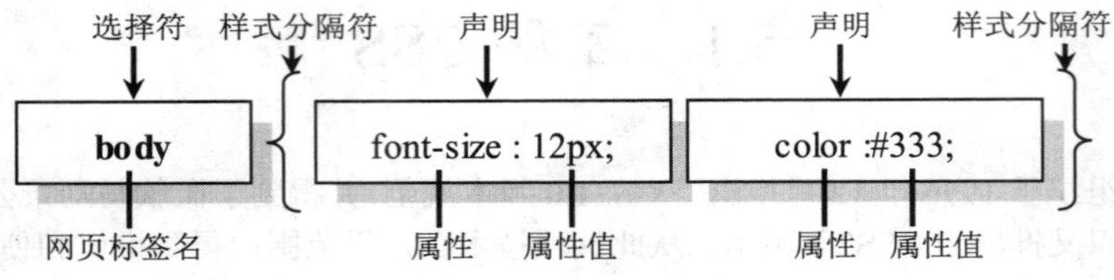

图 5.1　CSS 样式基本格式

☑ 选择器（Selector）：选择器告诉浏览器该样式将作用于页面中哪些对象，这些对象可以是某个标签、所有网页对象、指定 Class 或 ID 值等。浏览器在解析这个样式时，根据选择器来渲染对象的显示效果。

☑ 声明（Declaration）：声明可以增加一个或者无数个，这些声明命令浏览器如何去渲染选择器指定的对象。声明必须包括两部分：属性和属性值，并用分号来标识一个声明的结束，在一个样式中最后一个声明可以省略分号。所有声明被放置在一对大括号内，然后整体紧邻选择器的后面。

☑ 属性（Property）：属性是 CSS 提供的设置好的样式选项。属性名是一个单词或多个单词组成，多个单词之间通过连字符相连。这样能够很直观地表示属性所要设置样式的效果。

☑ 属性值（Value）：属性值用来显示属性效果的参数，包括数值和单位，或者关键字。

【示例 1】定义网页字体大小为 12 像素，字体颜色为深黑色，则可以设置如下样式：

```
body{font-size: 12px; color: #333;}
```

多个样式可以并列在一起，不需要考虑如何进行分隔。

【示例 2】定义段落文本的背景色为紫色，则可以在上面样式的基础上定义如下样式：

```
body{font-size: 12px; color: #333;}p{background-color: #FF00FF;}
```

由于 CSS 语言忽略空格（除了选择器内部的空格外），因此可以利用空格来格式化 CSS 源代码，则上面代码可以进行如下美化：

```
body {
    font-size: 12px;
    color: #333;
}
p { background-color: #FF00FF; }
```

这样在阅读时就一目了然了，既方便阅读，也容易维护。

5.2.2　CSS 基本用法

CSS 样式代码必须保存在.css 类型的文本文件中，或者放在网页内<style>标签中，或者插在网页标签的 style 属性值中，否则是无效的。详细说明如下。

1. 直接放在标签的 style 属性中

【示例 1】以下代码演示直接将 CSS 样式放在标签的 style 属性中。

```
<!doctype html>
<html>
```

```
<head>
<meta charset="utf-8">
</head>
<body>
<span style="color:red;">红色字体</span>
<div style="border:solid 1px blue; width:200px; height:200px;"></div>
</body>
</html>
```

当浏览器解析上面的标签时，检测到标签内包含有 style 属性，于是就调用 CSS 引擎来解析这些样式代码，并把效果呈现出来。

这种通过 style 属性直接把样式码放在标签内的做法称为行内样式，因为它与传统网页布局中在标签中增加属性的设计方法相同，这种方法实际上还没有真正把 HTML 结构和 CSS 表现分开进行设计，因此不建议使用。除非为页面中个别元素设置某个特定样式效果而单独进行定义。

2. 把样式代码放在<style>标签内

【示例 2】以下代码演示将 CSS 样式放在<style>标签内。

```
<!doctype html>
<html>
<head>
<meta charset="utf-8">
<style type="text/css">
body {/*页面基本属性*/
    font-size: 12px;
    color: #333;
}
/*段落文本基础属性*/
p { background-color: #FF00FF; }
</style>
</head>
<body>
</body>
</html>
```

在设置<style>时应该指定 type 属性，告诉浏览器该标签包含的代码是 CSS 源代码。这样，当浏览器解析<style>标签所包含的代码时，会自动调用 CSS 引擎进行解析。

提示：内部样式一般放在网页的头部区域，目的是让 CSS 源代码早于页面源代码下载并被解析，这样可以避免当网页信息下载之后，由于没有 CSS 样式渲染而使页面信息无法正常显示。这种方式也被称为网页内部样式，每个<style>标签定义一个内部样式表。如果仅为一个页面定义 CSS 样式，使用这种方法比较高效，且管理方便，但是在一个网站中，或多个页面之间引用时，这种方法会产生代码冗余，不建议使用，而且一页页管理样式也是不经济的。

3. 保存在.css 类型的文件中

把样式代码保存在单独的.css 类型文件中，然后使用<link>标签或者@import 命令导入，这样，当浏览器遇到这些代码时，会自动根据它们提供的 URL 把外部样式表文件导入到页面中并进行解析。

这种方式也称为外部样式，每个 CSS 文件定义一个外部样式表。一般网站都采用外部样式来设计网站的表现层问题，以便统筹设计 CSS 样式，并能够快速开发和高效管理。

5.2.3 CSS 样式表

Note

一个或多个 CSS 样式可以组成一个样式表。样式表包括内部样式表和外部样式表，二者没有本质区别，都是由一个或者多个样式组成。具体说明如下。

1. 内部样式表

内部样式表包含在<style>标签内，一个<style>标签就表示一个内部样式表。而通过标签的 style 属性定义的样式属性就不是样式表。如果一个网页文档中包含多个<style>标签，就表示该文档包含了多个内部样式表。

2. 外部样式表

如果 CSS 样式被放置在网页文档外部的文件中，则称为外部样式表，一个 CSS 样式表文档就表示一个外部样式表。实际上，外部样式表也就是一个文本文件，扩展名为.css。当把 CSS 样式代码复制到一个文本文件中后，另存为.css 文件，则它就是一个外部样式表。

可以在外部样式表文件顶部定义 CSS 源代码的字符编码。例如，以下代码定义样式表文件的字符编码为中文简体。

```
@charset "gb2312";
```

如果不设置 CSS 文件的字符编码，可以保留默认设置，浏览器会根据 HTML 文件的字符编码来解析 CSS 代码。

5.2.4 导入外部样式表

外部样式表必须导入到网页文档中，才能够被浏览器识别和解析。外部样式表文件可以通过两种方法导入到 HTML 文档中。

1. 使用<link>标签导入

使用<link>标签导入外部样式表文件：

```
<link href="style.css" rel="stylesheet" type="text/css" />
```

其中，href 属性设置外部样式表文件的地址，可以是相对地址，也可以是绝对地址。rel 属性定义该标签关联的是样式表标签，type 属性定义文档的类型，即为 CSS 文本文件。

一般在定义<link>标签时，应定义 3 个基本属性，其中，href 是必须设置的属性。具体说明如下。

☑ href：定义样式表文件 URL。

☑ type：定义导入文件类型，同 style 元素一样。

☑ rel：用于定义文档关联，这里表示关联样式表。

也可以在 link 元素中添加 title 属性，设置可选样式表的标题，即当一个网页文档导入了多个样式表后，可以通过 title 属性值选择所要应用的样式表文件。

2. 使用@import 命令导入

在<style>标签内使用@import 命令导入外部样式表文件：

```
<style type="text/css">
@import url("style .css");
</style>
```

在@import 命令后面，利用 url()函数包含具体的外部样式表文件的地址。使用这种方式导入的外部样式表可以被文档执行。

外部样式能够实现 CSS 样式与 HTML 结构的分离，这种分离原则是 W3C 所提倡的，因为可以更高效地管理文档结构和样式，实现代码优化和重用。

Note

5.2.5 CSS 注释和空格

在 CSS 中增加注释很简单，所有被放在“/*”和“*/”分隔符之间的文本信息都被称为注释。例如：

```
/*注释*/
```

或

```
/*
注释
*/
```

在 CSS 中，各种空格是不被解析的，因此可以利用 Tab 键、Space 键对样式表和样式代码进行排版。

5.3 CSS 属性和值

CSS 语法和用法比较简单，但是要灵活使用 CSS，应该理解并熟悉 CSS 属性的语法和用法，只有这样才能够轻松驾驭 CSS，使用 CSS 设计出漂亮、兼容性好的网页样式。

5.3.1 CSS 属性

CSS 属性众多，在 W3C CSS2.0 版本中共有 122 个标准属性（http://www.w5.org/TR/CSS2/ propidx.html），在 W3C CSS2.1 版本中共有 115 个标准属性（http://www.w5.org/TR/CSS21/ propidx.html），其中删除了 CSS2.0 版本中的 7 个属性：font-size-adjust、font-stretch、marker-offset、marks、page、size 和 text-shadow。在 W3C CSS5.0 版本中又新增加了 20 多个属性（http://www.w5.org/ Style/CSS/current-work#CSS3）。

如果加上各浏览器专有属性，CSS 属性有 170 多个，不过 CSS 属性比较有规律，记忆方便，记住主要属性，就会纲举目张。

CSS 属性被分为不同的类型，如字体属性、文本属性、边框属性、边距属性、布局属性、定位属性和打印属性等。

CSS 属性的名称比较有规律，且名称与含义紧密相连，根据含义记忆属性名称是一个不错的方法。CSS 盒模型讲的是网页中任何元素都会显示为一个矩形形状，可以包括外边距、边框、内边距、宽和高等。用英文表示就是 margin（边界）、border（边框）、padding（补白）、height（高）和 width（宽），盒子还有 background（背景），如图 5.2 所示。

外边距按方位又可以包含 margin-top、margin-right、margin-bottom 和 margin-left 共 4 个分支属性，分别表示顶部外边距、右侧外边距、底部外边距和左侧外边距。

同样的道理，内边距也可以包含 padding-top、padding-right、padding-bottom、padding-left 和 padding 属性。边框可以分为边框类型、粗细和颜色，因此可以包含 border-width、border-color 和 border-style 属性，这些属性又可以按 4 个方位包含很多属性，例如，border-width 属性又分为 border-top-width、

Note

border-right-width、border-bottom-width、border-left-width 和 border-width 属性。

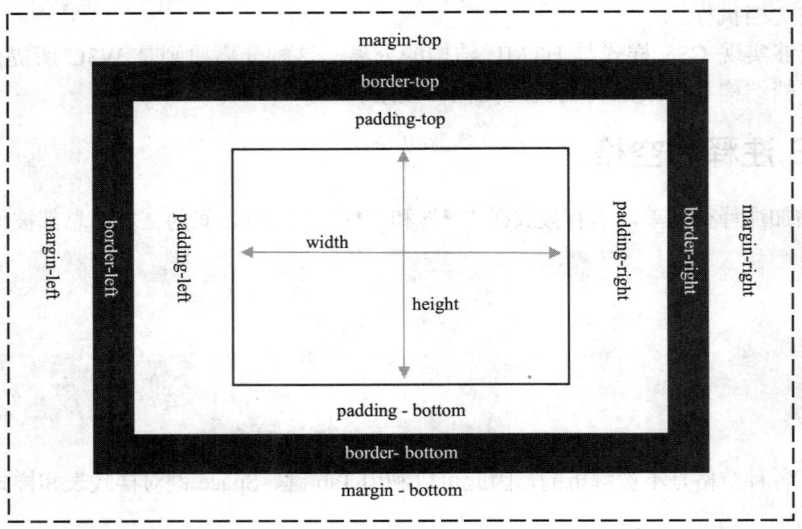

图 5.2　CSS 盒模型相关的属性

5.3.2　CSS 属性值

1．颜色值

颜色值包括颜色名、百分比、数字和十六进制数值。

☑　使用颜色名是最简单的方法。虽然目前已经命名的颜色约有 184 种，但真正被各种浏览器支持，并且作为 CSS 规范推荐的颜色名称只有 16 种，如表 5.1 所示。

表 5.1　CSS 规范推荐的颜色名称

名　称	颜　色	名　称	颜　色	名　称	颜　色
black	纯黑	silver	浅灰	navy	深蓝
blue	浅蓝	green	深绿	lime	浅绿
teal	靛青	aqua	天蓝	maroon	深红
red	大红	purple	深紫	fuchsia	品红
olive	橄榄色	yellow	明黄	gray	深灰
white	亮白				

☑　使用百分比。这是一种最常用的方法，例如：

```
color:rgb(100%,100%,100%);
```

这个声明将红、蓝、绿 3 种原色都设置为最大值，结果组合显示为白色。相反，可以设置为 rgb(0%,0%,0%)，结果显示为黑色。3 个百分比值相等将显示灰色，哪个百分比值大就偏向哪个原色。

☑　使用数值。数字范围从 0～255，例如：

```
color:rgb(255,255,255);
```

上面这个声明将显示白色，相反，可以设置为 rgb(0,0,0)，将显示黑色。3 个数值相等将显示灰色，哪个数值大哪个原色的比重就会加大。

☑　十六进制颜色。这是最常用的取色方法，例如：

```
color:#ffffff;
```

其中，要在十六进制前面加一个颜色符号“#”。上面这个声明将显示白色，相反，可以设置为#000000，将显示为黑色，用 RGB 来描述，代码如下：

```
color: #RRGGBB;
```

从 0～255，实际上十进制的 255 正好等于十六进制的 FF，1 个十六进制的颜色值等于 3 组这样的十六进制的值，它们按顺序连接在一起就等于红、蓝、绿 3 种原色。

2. 绝对单位

绝对单位在网页中很少使用，一般多用在传统平面印刷中，但在特殊的场合使用绝对单位是很必要的。绝对单位包括英寸、厘米、毫米、磅和 pica。

☑　英寸（in）：是使用最广泛的长度单位。

☑　厘米（cm）：生活中最常用的长度单位。

☑　毫米（mm）：在研究领域使用广泛。

☑　磅（pt）：在印刷领域使用广泛，也称点。CSS 也常用磅设置字体大小，12 磅的字体等于 1/6 英寸大小。

☑　pica（pc）：在印刷领域使用，1pica 等于 12 磅，所以也称 12 点活字。

3. 相对单位

相对单位与绝对单位相比，显示大小不是固定的，相对单位所设置的对象受屏幕分辨率、可视区域、浏览器设置以及相关元素的大小等多种因素影响。

（1）em

em 单位表示元素的字体高度，能够根据字体的 font-size 属性值来确定单位的大小。例如：

```
p{/*设置段落文本属性*/
    font-size:12px;
    line-height:2em;/*行高为 24px*/
}
```

从上面样式代码中可以看出，一个 em 等于 font-size 的属性值，如果设置 font-size:12pt，则 line-height:2em 就等于 24pt。如果设置 font-size 属性的单位为 em，则 em 的值将根据父元素的 font-size 属性值来确定。

同理，如果父对象的 font-size 属性的单位也为 em，则将依次向上级元素寻找参考的 font-size 属性值，如果都没有定义，则会根据浏览器默认字体进行换算，默认字体一般为 16px。

```
<style type="text/css">
#main {font-size:12px;}
p {font-size:2em; } /*字体大小将显示为 24px*/
</style>
<div id="main">
    <p>em 相对长度单位使用</p>
</div>
```

（2）ex

ex 单位根据所使用的字体中小写字母 x 的高度作为参考。在实际使用中，浏览器将通过 em 的值

除以 2 得到 ex 的值。为什么这样计算呢？

因为 x 高度计算比较困难，且小写 x 的高度值是大写 x 的一半；另一个影响 ex 单位取值的因素是字体，由于不同字体的形状差异，也导致相同大小的两段文本的 ex 单位取值存在很大差异。

（3）px

px 单位是根据屏幕像素点来确定的，这样，不同的显示分辨率就会使相同取值的 px 单位所显示出来的效果截然不同。

实际设计中，建议网页设计师多使用相对长度单位 em，且在某一类型的单位上使用统一的单位。如设置字体大小，根据个人使用习惯，在一个网站中，可以统一使用 px 或 em。

4. 百分比

百分比也是一个相对单位值。百分比值总是通过另一个值来计算，一般参考父对象中相同属性的值。例如，如果父元素宽度为 500px，子元素的宽度为 50%，则子元素的实际宽度为 250px。

百分比可以取负值，但在使用中受到很多限制，在第 4 章中已介绍过如何应用百分比取负值。

5. URL

URL 包括绝对地址和相对地址。在设置相对地址时很容易犯错误，例如，如图 5.3 所示是一个简单的站点模拟结构，在根目录下存在两个文件夹 images 和 css。在 images 文件夹中存放着 logo.gif 图像，在 css 文件夹中存放着 style.css 样式文件。如果在 index.htm 网页文件中显示 logo.gif 图像，该如何设置 URL？

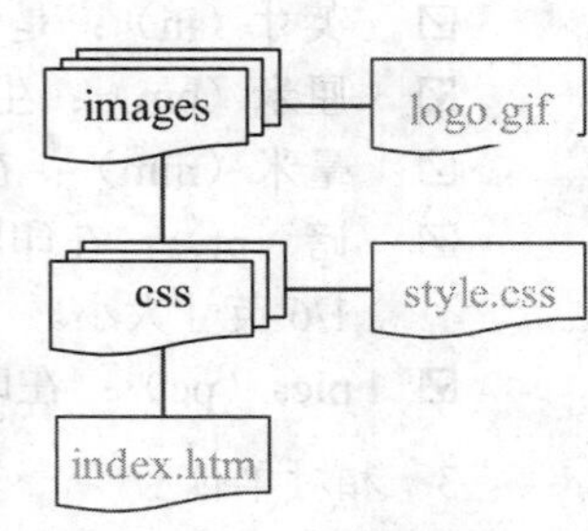

图 5.3　站点模拟结构

第 1 步，把 style.css 导入 index.htm。

```
<link href="css/style.css" type="text/css" rel="stylesheet" />
```

第 2 步，思考从 logo.gif 到 style.css 的参照物是什么？是 index.htm，还是 style.css？显然是以 style.css 样式文件本身为参照物，正确的写法如下：

```
background:url(../images/logo.gif);
```

这与 JavaScript 中的用法截然不同，假设在 CSS 文件夹中有一个.js 格式文件需要导入到 index.htm 网页中，而.js 文件也引用了 logo.gif 图像，再使用 url(../images/logo.gif)就不对了，正确写法如下：

```
url(images/logo.gif)
```

因为它们的参照物不同，在浏览器中被解析的顺序和方式也不同。

5.4　CSS 选择器

选择器是 CSS 中一个重要的内容，使用选择器可以大幅提高开发人员书写或修改样式表时的工作效率。在样式表中，一般会书写大量的代码，在大型网站中，样式表中的代码可能会达到几千行。麻烦的是，当整个网站或整个 Web 应用程序全部书写好之后，需要针对样式表进行修改时，在一大篇 CSS 代码之中，并没有说明什么样式服务于什么元素，只是使用了 class 属性，然后在页面中指定了元素的 class 属性。

使用 class 属性有两个缺点：第一，class 属性本身没有语义，纯粹是用来为 CSS 样式服务的，属

于多余属性。第二，如果使用 class 属性，并没有把样式与元素绑定起来，针对同一个 class 属性，文本框也可以使用，下拉列表框也可以使用，甚至按钮也可以使用，这样其实是非常混乱的，修改样式时也很不方便。

在 CSS3 中，提倡使用选择器将样式与元素直接绑定起来，这样在样式表中什么样式与什么元素相匹配变得一目了然，修改起来也很方便。不仅如此，通过选择器还可以实现各种复杂的指定，同时也能大量减少样式表的代码书写量，最终书写出来的样式表也会变得简洁明了。为此，CSS3 增加并完善了选择器的功能，以便更灵活地匹配页面元素。

CSS1 和 CSS2 定义了大部分常用选择器，这些选择器能满足设计师常规设计需求，但是它们没有进行系统化，也没有形成独立的版块，不利于扩展。W3C 在 CSS3 工作草案中独立设计了一个模块（http://www.w5.org/TR/css3-selectors/ ），把 CSS 选择器进行独立设计。

CSS 选择器是一种匹配模式，用于匹配需要应用样式的元素。CSS1、CSS2 和 CSS3 提供了非常丰富的选择器，下面分类进行列表说明，以方便用户参考。

1. 基本选择器

基本选择器说明及示例如表 5.2 所示。

表 5.2　基本选择器及相关说明

选　择　器	说　　明	示　　例
*	通用元素选择器，匹配任何元素	* { margin:0; padding:0; }
E	标签选择器，匹配所有使用 E 标签的元素	p { font-size:2em; }
.info	class 选择器，匹配所有 class 属性中包含 info 的元素	.info { background:#ff0; }
E.info		p.info { background:#ff0; }
#info	ID 选择器，匹配所有 id 属性等于 footer 的元素	#info { background:#ff0; }
E#info		p#info { background:#ff0; }

2. 组合选择器

组合选择器说明及示例如表 5.3 所示

表 5.3　组合选择器及说明

选　择　器	说　　明	示　　例
E,F	多元素选择器，同时匹配所有 E 元素或 F 元素，E 和 F 之间用逗号分隔	div,p { color:#f00; }
E F	后代元素选择器，匹配所有属于 E 元素后代的 F 元素，E 和 F 之间用空格分隔	#nav li { display:inline; } li a { font-weight:bold; }
E > F	子元素选择器，匹配所有 E 元素的子元素 F	div > strong { color:#f00; }
E + F	毗邻元素选择器，匹配所有紧随 E 元素之后的同级元素 F	p + p { color:#f00; }

3. CSS2.1 属性选择器

CSS2.1 属性选择器说明及示例如表 5.4 所示。

表 5.4　CSS2.1 属性选择器及说明

选　择　器	说　　明	示　　例
E[att]	匹配所有具有 att 属性的 E 元素，不考虑它的值。（注意：E 在此处可以省略，如[cheacked]，以下同）	p[title] { color:#f00; }
E[att=val]	匹配所有 att 属性等于 val 的 E 元素	div[class="error"] { color:#f00; }

Note

续表

选 择 器	说 明	示 例
E[att~=val]	匹配所有 att 属性具有多个空格分隔的值或其中一个值等于 val 的 E 元素	td[class~="name"] { color:#f00; }
E[att|=val]	匹配所有 att 属性具有多个连字号分隔（hyphen-separated）的值或其中一个值以 val 开头的 E 元素，主要用于 lang 属性，如 en、en-us、en-gb 等	p[lang|=en] { color:#f00; }

提示：CSS2.1 属性选择器支持使用多个选择器，例如 blockquote[class=quote][cite] { color:#f00; }。

4. CSS2.1 伪类选择器

CSS2.1 伪类选择器说明及示例如表 5.5 所示。

表 5.5　CSS2.1 伪类选择器及说明

选 择 器	说 明	示 例

E:first-child	匹配父元素的第一个子元素	p:first-child { font-style:italic; }
		input[type=text]:focus {
		color:#000; background:#ffe; }
		input[type=text]:focus:hover
		{ background:#fff; }
		q:lang(sv) {
		quotes: "\201D" "\201D" "\2019" "\2019"; }

E:link	匹配所有未被单击的超链接	
E:visited	匹配所有已被单击的超链接	
E:active	匹配鼠标按键已经按下、还没有释放时的 E 元素	
E:hover	匹配鼠标指针悬停其上时的 E 元素	
E:focus	匹配获得当前焦点的 E 元素	
E:lang(c)	匹配 lang 属性等于 c 的 E 元素	

5. CSS2.1 伪元素选择器

CSS2.1 伪元素选择器说明及示例如表 5.6 所示。

表 5.6　CSS2.1 伪元素选择器及说明

选 择 器	说 明	示 例

E:first-line	匹配 E 元素的第一行	p:first-line { font-weight:bold; color;#600; }
		.preamble:first-letter {
		font-size:1.5em; font-weight:bold; }
		.cbb:before {
		content:""; display:block; height:17px; width:18px;
		background:url(top.png) no-repeat 0 0; margin:0 0 0 -18px; }
		a:link:after { content: " (" attr(href) ") "; }

E:first-letter	匹配 E 元素的第一个字母	
E:before	在 E 元素之前插入生成的内容	
E:after	在 E 元素之后插入生成的内容	

6. CSS3 同级元素通用选择器

CSS3 同级元素通用选择器说明及示例如表 5.7 所示。

表 5.7　CSS3 同级元素通用选择器及说明

选 择 器	说 明	示 例
E ~ F	匹配任何在 E 元素之后的同级 F 元素	p ~ ul { background:#ff0; }

7. CSS3 属性选择器

CSS3 属性选择器说明及示例如表 5.8 所示。

表 5.8　CSS3 属性选择器及说明

选　择　器	说　　明	示　　例
E[att^="val"]	属性 att 的值以 val 开头的元素	div[id^="nav"] { background:#ff0; }
E[att$="val"]	属性 att 的值以 val 结尾的元素	
E[att*="val"]	属性 att 的值包含 val 字符串的元素	

8. CSS3 用户界面伪类选择器

CSS3 用户界面伪类选择器说明及示例如表 5.9 所示。

表 5.9　CSS3 用户界面伪类选择器及说明

选　择　器	说　　明	示　　例
E:enabled	匹配表单中激活的元素	input[type="text"]:disabled { background:#ddd;}
E:disabled	匹配表单中禁用的元素	
E:checked	匹配表单中被选中的 radio（单选按钮）或 checkbox（复选框）元素	
E::selection	匹配用户当前选中的元素	

9. CSS3 结构性伪类选择器

CSS3 结构性伪类选择器说明及示例如表 5.10 所示。

表 5.10　CSS3 结构性伪类选择器及说明

选　择　器	说　　明	示　　例
E:root	匹配文档的根元素，对于 HTML 文档，就是 HTML 元素	p:nth-child(3) { color:#f00; } p:nth-child(odd) { color:#f00; } p:nth-child(even) { color:#f00; } p:nth-child(3n+0) { color:#f00; } p:nth-child(3n) { color:#f00; } tr:nth-child(2n+11) { background:#ff0; } tr:nth-last-child(2) { background:#ff0; } p:last-child { background:#ff0; } p:only-child { background:#ff0; } p:empty { background:#ff0; }
E:nth-child(n)	匹配其父元素的第 n 个子元素，第一个编号为 1	
E:nth-last-child(n)	匹配其父元素的倒数第 n 个子元素，第一个编号为 1	
E:nth-of-type(n)	与:nth-child()作用类似，但是仅匹配使用同种标签的元素	
E:nth-last-of-type(n)	与:nth-last-child()作用类似，但是仅匹配使用同种标签的元素	
E:last-child	匹配父元素的最后一个子元素，等同于:nth-last-child(1)	
E:first-of-type	匹配父元素下使用同种标签的第一个子元素，等同于:nth-of-type(1)	
E:last-of-type	匹配父元素下使用同种标签的最后一个子元素，等同于:nth-last-of-type(1)	
E:only-child	匹配父元素下仅有的一个子元素，等同于:first-child:last-child 或:nth-child(1):nth-last-child(1)	
E:only-of-type	匹配父元素下使用同种标签的唯一一个子元素，等同于:first-of-type:last-of-type 或:nth-of-type(1):nth-last-of-type(1)	
E:empty	匹配一个不包含任何子元素的元素，注意，文本节点也被看作子元素	

Note

10. CSS3 反选伪类选择器

CSS3 反选伪类选择器说明及示例如表 5.11 所示。

表 5.11　CSS3 反选伪类选择器及说明

选 择 器	说　　明	示　　例
E:not(s)	匹配不符合当前选择器的任何元素	:not(p) { border:1px solid #ccc; }

11. CSS3 的:target 伪类选择器

CSS3 的:target 伪类选择器说明及示例如表 5.12 所示。

表 5.12　CSS3 的:target 伪类选择器及说明

选 择 器	说　　明	示　　例
E:target	匹配文档中特定 id 单击后的效果	p:target { border:1px solid #ccc; }

CSS 选择器是一个强大的工具，允许用户在标签中匹配特定的 HTML 元素而不必使用多余的 class、ID 或 JavaScript。如果读者尝试实现一个干净的、轻量级的标签以及结构与表现更好的分离，高级选择器是非常有用的，它可以减少在标签中的 class 和 ID 的数量并让设计师更方便地维护样式表。

5.5　CSS 特性

CSS 样式遵循两个基本规则：继承性和层叠性，这些规则确保 CSS 样式能够准确、高效地发挥作用。

5.5.1　CSS 继承性

CSS 继承性最典型的应用就是在 body 元素中定义整个页面的字体大小、字体颜色等基本页面属性，这样，包含在 body 元素内的其他元素都将继承该基本属性，以实现页面显示效果的统一。

【示例】在 body 元素中定义字体大小为 12px，通过继承性，包含在 body 元素中的所有其他元素都将继承该属性，并设置包含的字体大小为 12px，代码如下，效果如图 5.4 所示。

```
<!doctype html>
<html>
<head>
<meta charset="utf-8">
<style type="text/css">
body { font-size: 12px; }
</style>
</head>
<body>
<div id="wrap">
    <div id="header">
        <div id="menu">
            <ul>
                <li><span>首页</span></li>
                <li>菜单项</li>
```

```
            </ul>
        </div>
    </div>
    <div id="main">
        <p>主体内容</p>
    </div>
</div>
</body>
</html>
```

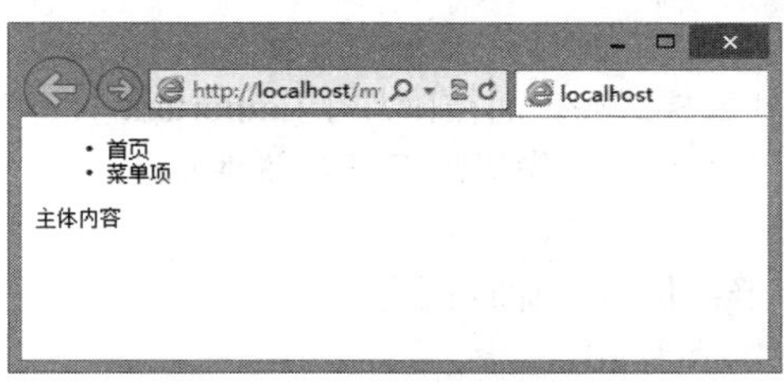

图 5.4　CSS 继承性演示效果

灵活利用 CSS 继承性，可以优化 CSS 代码，节省开发时间，但是继承也有其局限性。首先，有些属性是不能继承的。例如，background 属性用来设置元素的背景，是没有继承性的。CSS 强制规定部分属性不具有继承特性，分类说明如下。

☑　边框属性。

☑　边界属性。

☑　补白属性。

☑　背景属性。

☑　定位属性。

☑　布局属性。

☑　元素宽高属性。

继承是非常重要的，使用属性的继承性可以简化代码，降低 CSS 样式的复杂度。但是，如果在网页中所有元素都大量继承样式，那么判断样式的来源就会变得很困难。一般对于字体、文本类属性等网页中通用属性，可以使用继承，例如，网页显示字体、字号、颜色、行距等可以在 body 元素中统一设置，然后通过继承影响文档中所有文本。

下级标签通过继承性获取上级对象的样式，但是这些样式影响力是非常弱的，如果元素本身包含了相冲突的样式，则将忽略继承得来的样式。

5.5.2　CSS 层叠性

层叠是指 CSS 能够对同一个元素或者同一个网页应用多个样式或多个样式表的能力，例如，可以创建一个 CSS 样式来应用颜色，创建另一个样式来应用边距，然后将两个样式应用于同一个页面中的同一个元素，这样，CSS 就能够通过样式层叠设计出各种页面效果。当同一属性的不同声明的样式作用于同一个对象时，就会有一个优先级，用于决定最终显示效果。

1. CSS 样式表的优先级

网页样式包括 4 种：HTML 默认样式、作者设计样式、用户设置样式和浏览器默认样式。

HTML 默认样式表示 HTML 规范约定每个元素的默认显示效果，作者设计样式就是网页设计人员定义的 CSS 样式，用户设置样式也就是浏览者通过浏览器设置网页显示效果，浏览器默认样式就是指浏览器厂商也会在浏览器中预置网页元素的默认样式。

原则上讲，作者定义的样式优先于用户设置的样式，用户设置的样式优先于浏览器的默认样式，而浏览器的默认样式优先于 HTML 的默认样式。

注意，当用户设置的样式中使用了!important 命令声明之后，用户的!important 命令会优先于作者声明的!important 命令。

2. CSS 样式的优先级

对于相同 CSS 起源来说，不同位置的样式其优先级也是不同的，一般来说，行内样式优先于内嵌样式表，内部样式表优先于外部样式表，而被附加了!important 关键字的声明会拥有最高的优先级。

对于常规选择器，CSS 定义了一个优先级加权值，说明如下。

☑ 标签选择器：优先级加权值为 1。
☑ 伪元素或伪对象选择器：优先级加权值为 1。
☑ 类选择器：优先级加权值为 10。
☑ 属性选择器：优先级加权值为 10。
☑ ID 选择器：优先级加权值为 100。
☑ 其他选择器：优先级加权值为 0，如通配选择器等。

以上面加权值数为起点来计算每个样式中选择器的总加权值数，计算的规则如下。

☑ 统计选择器中 ID 选择器的个数，然后乘以 100。
☑ 统计选择器中类选择器的个数，然后乘以 10。
☑ 统计选择器中的标签选择器的个数，然后乘以 1。

以此方法类推，最后把所有加权值数相加，即可得到当前选择器的总加权值，最后根据加权值来决定哪个样式的优先级大。

【示例 1】在下面代码中，把每个选择器的特殊性进行加权，然后确定最终优先级。

```
<!doctype html>
<html>
<head>
<meta charset="utf-8">
<style type="text/css">
div{/*特殊性加权值=1*/
    color:Green;}
div h2{/*特殊性加权值：1+1=2*/
    color:Red;}
.blue{/*特殊性加权值：10=10*/
    color:Blue;}
div.blue{/*特殊性加权值：1+10=11*/
    color:Aqua;}
div.blue .dark{/*特殊性加权值：1+10+10=21*/
    color:Maroon;}
#header{/*特殊性加权值：100=100*/
    color:Gray;}
#header span{/*特殊性加权值：100+1=101*/
    color:Black;}
</style>
</head>
```

```
<body>
<div>
<h2 id="header" class="blue">标题字体颜色</h2>
</div>
</body>
</html>
```

Note

☑　继承样式加权值为 0，即不管父级样式的优先权多大，被子级元素继承时，其特殊性为 0，也就是说一个元素显示声明的样式都可以覆盖继承来的样式。

【示例 2】

```
<!doctype html>
<html>
<head>
<meta charset="utf-8">
<style type="text/css">
span{color:Gray;}
#header{ color:Black;}
</style>
</head>
<body>
<div id="header" class="blue">
    <span>CSS 继承性</span>
</div>
</body>
</html>
```

在示例 2 中，虽然 div 具有加权值为 100 的特殊性，但被 span 继承时，特殊性就为 0，而 span 选择器的特殊性虽然仅为 1，但大于继承样式的特殊性，所以元素最后显示为灰色。

☑　内联样式优先。带有 style 属性的元素，其内联样式的特殊性可以为 100 或者更高，总之，它拥有比上面提到的选择器更大的优先权。

【示例 3】

```
<!doctype html>
<html>
<head>
<meta charset="utf-8">
<style type="text/css">
div { color: Green; }/*元素样式*/
.blue { color: Blue; }/*class 样式*/
#header { color: Gray; }/*id 样式*/
</style>
</head>
<body>
<div id="header" class="blue" style="color:Yellow">内部优先</div>
</body>
</html>
```

在上面这个示例中，虽然通过 id 和 class 分别定义了 div 元素的字体属性，但由于 div 元素同时定义了内联样式，内联样式的特殊性大于 id 和 class 定义的样式，因此 div 元素最终显示为黄色。

Note

☑ 在相同特殊性下，CSS 将遵循就近原则，最靠近元素的样式具有最大优先权，或者说排在最后的样式具有最大优先权。

【示例 4】新建外部样式表文件，保存为 style.css，外部样式表代码如下：

```
#header{/*外部样式*/
    color:Red;
}
```

新建网页文档，保存为 test3.html，在该文档头部位置先使用<link>标签导入外部样式表 style.css，继续使用<style>标签新建一个内部样式表，代码如下：

```
<!doctype html>
<html>
<head>
<meta charset="utf-8">
<title></title>
<link href="style.css" rel="stylesheet" type="text/css">
<style type="text/css">
#header { color: Gray; }/*内部样式*/
</style>
</head>
<body>
<div id="header" > 就近优先 </div>
</body>
</html>
```

页面被解析后，<div>标签显示为灰色。同理，如果同时导入两个外部样式表，则排在下面的样式表会比排在上面的样式表具有更大优先权。

☑ CSS 定义了一个!important 命令，该命令被赋予最大权力，也就是说不管特殊性如何，也不管样式位置的远近，!important 都具有最大优先权。

5.6 CSS 设备类型

样式表的一个最重要特征就是可以使网页在不同设备中正常显示，例如，计算机屏幕、手机屏幕、触摸屏、家用电器屏幕、电子合成器等。特定的属性只能作用于特定的设备。

在应用 CSS 样式表文件之前，可先用@import 或@media 命令声明设备的类型，语法格式如下：

```
@import url(loudvoice.css) speech;
@media print {
    /*在这里可以导入打印机专用样式表*/
}
```

@import 和@media 的区别在于，前者引入外部的样式表用于设备类型，后者直接引入设备属性。

（1）@import 用法

```
@import 命令 + 样式表文件的 URL 地址 + 设备类型
```

可以多个设备共用一个样式表，设备类型之间用“,”分割符分开。

（2）@media 用法

把设备类型放在前面，后面跟该设备专用的样式。与 CSS 基本语法一样，也可以在<link>标签中声明一个设备类型，语法格式如下：

```
<link rel="stylesheet" type="text/css" media="print" href="style.css">
```

下面列出各种设备类型。

① screen：指计算机屏幕。

② print：指用于打印机的不透明介质。

③ projection：指用于显示的项目。

④ braille 和 embossed：指用于盲文系统，如有触觉效果的印刷品。

⑤ aural：指语音电子合成器。

⑥ tv：指电视类型的媒体。

⑦ handheld：指手持式显示设备（小屏幕、单色）。

⑧ all：适合于所有媒体。

5.7　使用 CSS 设计器

Dreamweaver CC 具有强大的 CSS 样式编辑和管理功能。在 Dreamweaver CC 中利用“CSS 设计器”面板可以可视化定义页面元素的 CSS 样式。如果再结合 Dreamweaver 提供的各种代码编写和测试服务，用户在 Dreamweaver 环境中可以轻松开发符合标准的网页。

5.7.1　认识 CSS 设计器

启动 Dreamweaver CC，选择“窗口”|“CSS 设计器”命令，打开“CSS 设计器”面板，如图 5.5 所示。

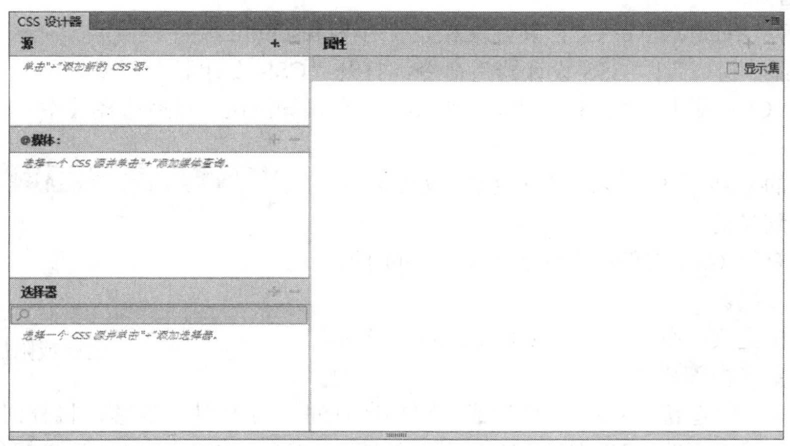

图 5.5　“CSS 设计器”面板

“CSS 设计器”面板属于 CSS 属性检查器，能可视化地创建 CSS 样式和规则，并设置属性和媒体查询。

提示：在 CSS 设计器中，可以使用 Ctrl+Z 快捷键撤销操作，也可以使用 Ctrl+Y 快捷键还原执行的所有操作。在 CSS 设计器中，所有的更改会自动反映在“实时视图”中，相关 CSS 文件也会刷新。为了方便观察已更改文件，受影响文件的选项卡将在一段时间内（约 8 秒）突出显示。

Note

“CSS 设计器”面板由以下窗格组成。

（1）源

列出与文档相关的所有 CSS 样式表。使用该窗格，可以创建 CSS，并将其附加到文档，也可以定义文档中的样式。

（2）@媒体

在“源”窗格中列出所选源中的全部媒体查询。如果不选择特定 CSS，则该窗格将显示与文档关联的所有媒体查询。

（3）选择器

在“源”窗格中列出所选源中的全部选择器。如果同时还选择了一个媒体查询，则此窗格会为该媒体查询缩小选择器列表范围。如果没有选择 CSS 或媒体查询，则该窗格将显示文档中的所有选择器。

在“@媒体”窗格中选择“全局”后，将显示所选源的媒体查询中不包括的所有选择器。

（4）属性

显示可为指定的选择器设置的属性。

提示：CSS 设计器是上下文相关的。对于任何给定的上下文或选定的页面元素，都可以查看关联的选择器和属性。而且，在 CSS 设计器中选中某选择器时，关联的源和媒体查询将在各自的窗格中高亮显示。

5.7.2 实战演练：创建和附加样式表

【操作步骤】

第 1 步，启动 Dreamweaver CC，新建文档，保存为 test.html。

第 2 步，选择“窗口”|“CSS 设计器”命令，打开“CSS 设计器”面板。

第 3 步，在“CSS 设计器”面板的“源”窗格中，单击+按钮，然后选择其中一个选项，如图 5.6 所示。

☑ 创建新的 CSS 文件：创建新的 CSS 文件并将其附加到当前文档。

☑ 附加现有的 CSS 文件：将现有 CSS 文件附加到当前文档。

☑ 在页面中定义：在文档内定义 CSS，即在当前文档内定义内部样式表。

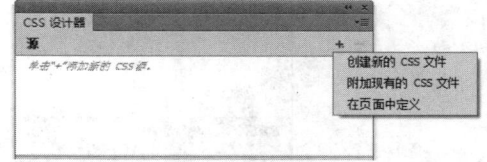

图 5.6 创建或附加样式表

第 4 步，选择“创建新的 CSS 文件”或“附加现有的 CSS 文件”选项，将分别弹出“创建新的 CSS 文件”或“使用现有的 CSS 文件”对话框，如图 5.7 所示。单击“浏览”按钮指定 CSS 文件的名称。如果要创建 CSS，则还要指定保存新文件的位置。

第 5 步，执行下列操作之一：

☑ 选中“链接”单选按钮以将 Dreamweaver 文档链接到 CSS 文件。

☑ 选中“导入”单选按钮以将 CSS 文件导入到该文档中。

第 6 步，如果需要，可以单击“有条件使用”字样，然后指定要与 CSS 文件关联的媒体查询，如图 5.8 所示。

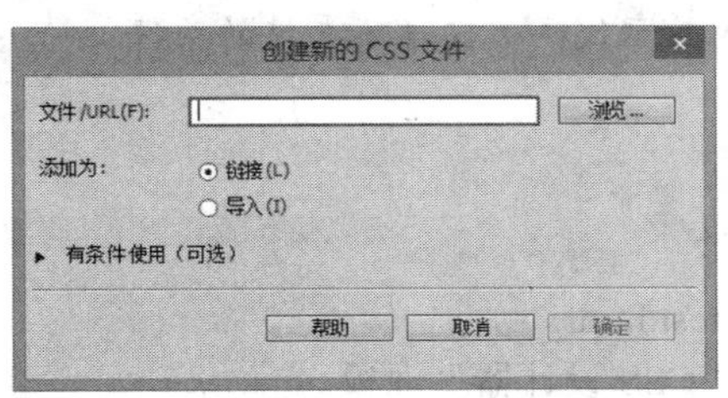

创建新的 CSS 文件

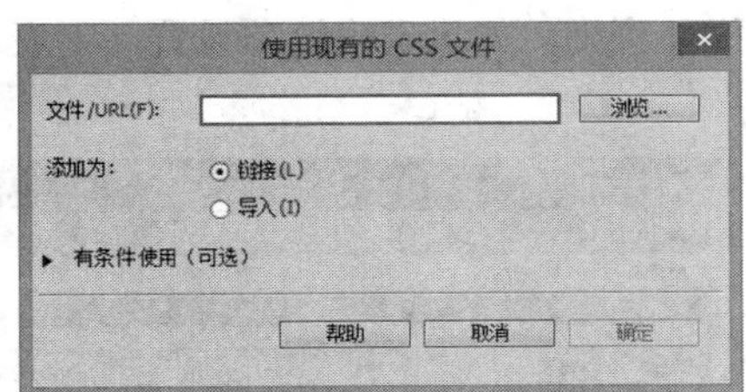

使用现有的 CSS 文件

图 5.7　创建或附加样式表

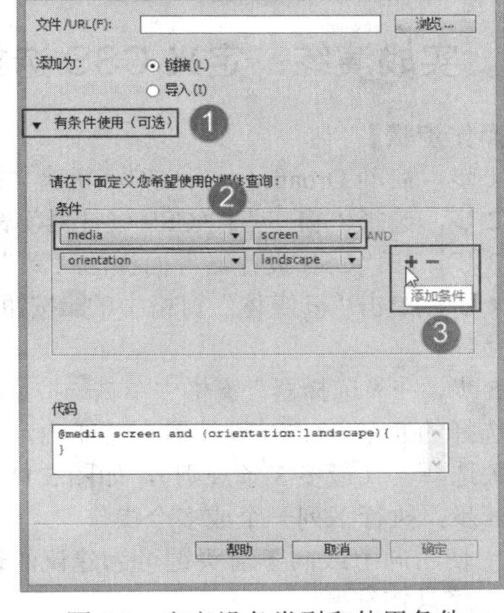

图 5.8　定义设备类型和使用条件

5.7.3　实战演练：定义媒体查询

【操作步骤】

第 1 步，启动 Dreamweaver CC，新建文档，保存为 test.html。

第 2 步，选择“窗口”|“CSS 设计器”命令，打开“CSS 设计器”面板。

第 3 步，在“CSS 设计器”面板的“源”窗格中，单击➕按钮，然后设置 CSS 源文件。

第 4 步，单击“@媒体”窗格中的➕按钮以添加新的媒体查询，如图 5.9 所示。

第 5 步，打开“定义媒体查询”对话框，其中列出了 Dreamweaver 支持的所有媒体和查询条件，根据需要选择条件，如图 5.10 所示。

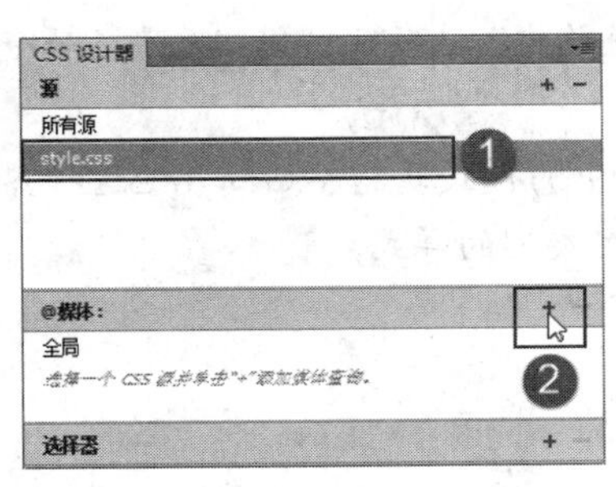

图 5.9　添加新的媒体查询

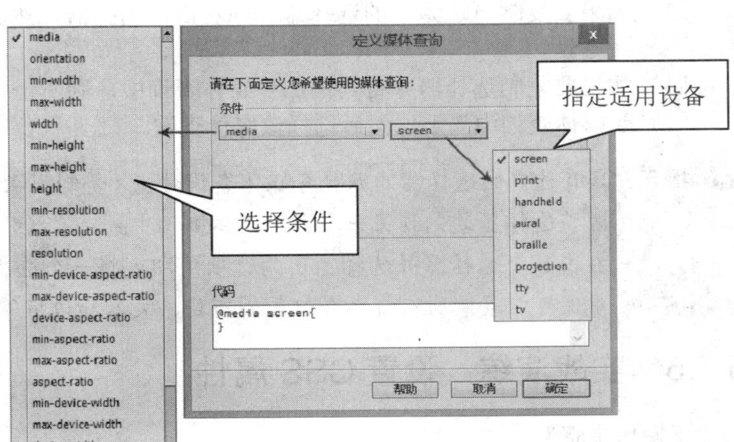

图 5.10　设置设备和条件

Note

> 提示：确保已为选择的所有条件指定有效值，否则无法成功创建相应的媒体查询。目前对多个条件只支持 And 运算。
>
> 如果通过代码添加媒体查询条件，则只会将受支持的条件输入“定义媒体查询”对话框中。然而，该对话框中的“代码”文本框会完整地显示代码（包括不支持的条件）。

5.7.4 实战演练：定义 CSS 选择器

【操作步骤】

第 1 步，启动 Dreamweaver CC，新建文档，保存为 test.html。

第 2 步，选择“窗口”|“CSS 设计器”命令，打开“CSS 设计器”面板。

第 3 步，在“CSS 设计器”面板的“源”窗格中单击+按钮，然后设置 CSS 源文件。

第 4 步，单击“@媒体”窗格中的+按钮，添加新的媒体查询。如果省略该项设置，则表示全局设备。

第 5 步，在“选择器”窗格中单击+按钮。根据在文档中选择的元素，CSS 设计器会智能确定并提示使用的相关选择器（最多 3 条规则），如图 5.11 所示。

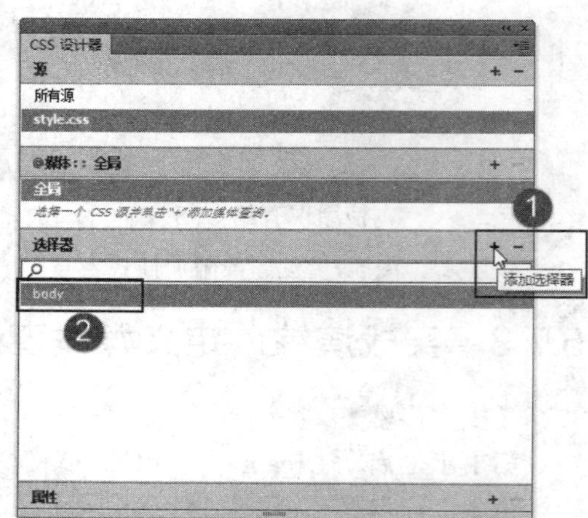

图 5.11　定义选择器

第 6 步，执行下列一个或多个操作。

☑ 使用向上或向下箭头键可为建议的选择器调整具体程度。

☑ 删除建议的规则并输入所需的选择器。确保输入了选择器名称以及“选择器类型”的指示符，例如，如果指定 ID 选择器，则在选择器名称之前添加前缀“#”。

☑ 如果要搜索特定选择器，请使用窗格顶部的搜索框。

☑ 如果要重命名选择器，请单击该选择器，然后输入所需的名称。

☑ 如果要重新整理选择器，请将选择器拖至所需位置。

☑ 如果要将选择器从一个源移至另一个源，可将该选择器拖至“源”窗格中所需的源上。

☑ 如果要复制所选源中的选择器，则右击该选择器，然后在弹出的快捷菜单中选择“复制”命令。

☑ 如果要复制选择器并将其添加到媒体查询中，则右击该选择器，将鼠标指针悬停在“复制到媒体查询中”上，然后选择该媒体查询。

> 提示：只有选定的选择器的源包含媒体查询时，“复制到媒体查询中”选项才可用。无法从一个源将选择器复制到另一个源的媒体查询中。
>
> 右击某个选择器并选择可用的选项，即可将一个选择器中的样式复制粘贴到其他选择器中。可以复制所有样式或仅复制布局、文本和边框等特定类别的样式。

5.7.5 实战演练：设置 CSS 属性

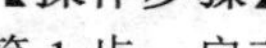

【操作步骤】

第 1 步，启动 Dreamweaver CC，新建文档，保存为 test.html。

第 2 步，选择“窗口”|“CSS 设计器”命令，打开“CSS 设计器”面板。

第 3 步，在“CSS 设计器”面板的“源”窗格中单击按钮，然后设置 CSS 源文件。

第 4 步，单击“@媒体”窗格中的按钮，添加新的媒体查询。如果省略该项设置，则表示全局设备。

Note

第 5 步，在“选择器”窗格中单击按钮，定义一个选择器。

第 6 步，在“属性”窗格中设置属性。这里的属性分为以下几个类别，并由“属性”窗格顶部的不同图标表示，如图 5.12 所示。

- ☑ 布局。
- ☑ 文本。
- ☑ 边框。
- ☑ 背景。
- ☑ 其他。

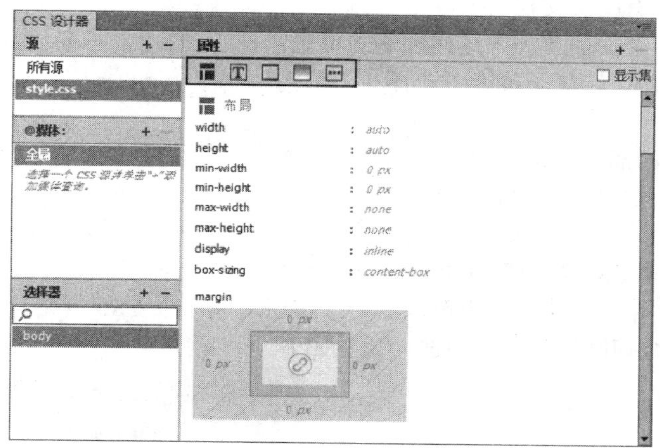

图 5.12　选择属性类别

提示：选中“显示集”复选框可仅查看集合属性。如果要查看可为选择器指定的所有属性，可以取消选中“显示集”复选框。

第 7 步，选择一种属性类别后，即可在下面的可用属性列表中设置属性值。如果没有发现属性，可以单击按钮，新建一个声明，手动输入属性和属性值，如图 5.13 所示。

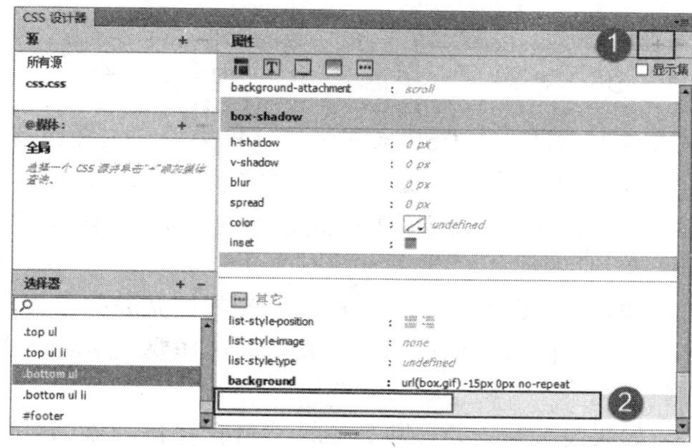

图 5.13　新添加属性

5.8 使用 CSS 规则

Note

本节将重点介绍如何新建 CSS 规则，使用 CSS 规则定义对话框设计各种样式。

5.8.1 实战演练：新建 CSS 规则

要使用 CSS 样式美化页面，首先应建立一个样式，定义一个样式之后，即可在网页中不同标签之间应用。新建 CSS 规则的步骤如下。

【操作步骤】

第 1 步，启动 Dreamweaver CC，新建文档，保存为 test.html，也可以打开现有网页文档。

第 2 步，把光标置于页面需要插入结构标签的位置。选择“插入”|“结构”命令，从子菜单中选择一个结构标签，如图 5.14 所示。

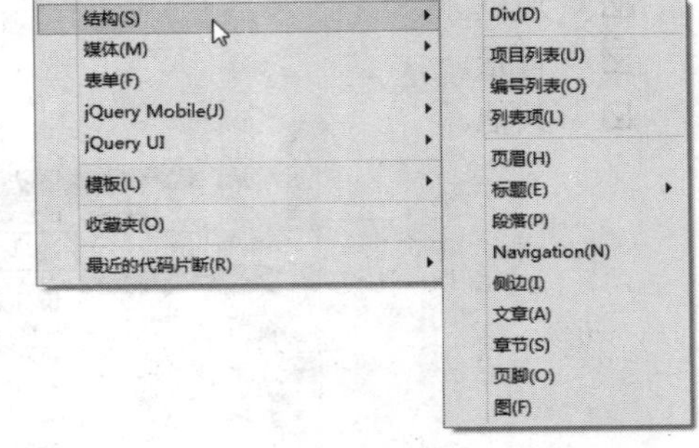

图 5.14 插入结构标签

第 3 步，打开相应的插入结构标签对话框，如插入 Div 标签，则可以在“插入 Div”对话框中设置<div>标签插入点位置以及 ID 值和 Class，如图 5.15 所示。

第 4 步，单击“新建 CSS 规则”按钮，打开“新建 CSS 规则”对话框，如图 5.16 所示。也可以利用该按钮新建一个 CSS 规则，不仅仅为当前插入的结构标签所用。“新建 CSS 规则”对话框中选项说明如下。

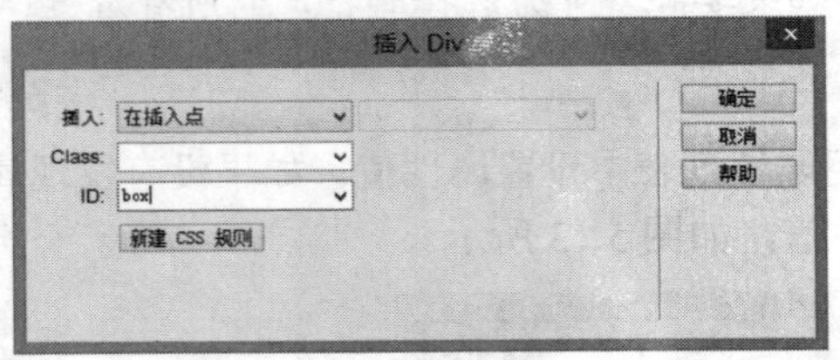

图 5.15 设置“插入 Div”对话框

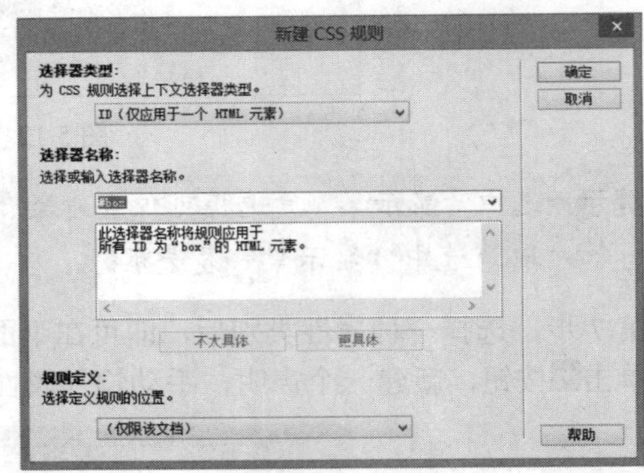

图 5.16 “新建 CSS 规则”对话框

（1）“选择器类型”下拉列表框：为 CSS 样式选择一种类型。主要包括以下方面。

☑ 类（可应用于任何 HTML 标签）：选择该项将定义一类新的样式，类样式可以供任何元素引用，也就是说任何标记都可以应用类样式。类的名称需要在“选择器名称”下拉列表框中输入。

当类样式设置完毕后，即可在“CSS 样式”面板中看到制作完成的样式。在应用时，首先在页面中选中一个标记，然后在“属性”面板中通过“类样式”来选择要应用的类样式名称，也可以在标记中通过 class 属性直接引用类样式。

类样式必须以点开头，如果没有输入点，则 Dreamweaver 将自动添加。类样式是可以被应用于页面中任何标记的样式类型。

☑　标签（重新定义 HTML 元素）：选择该选项，可将现有的 HTML 标签重新定义显示样式，因此定义完标签样式后不需要在网页中指定要应用样式的元素对象，网页中所有该标签都将自动显示这个样式。

☑　ID（仅应用于一个 HTML 元素）：选择该选项，可以为网页中特定的标签定义样式，即通过标签的 ID 编号来实现，当选择该项后，要在“选择器名称”下拉列表框中输入网页中一个标签的 ID 值。

ID 样式必须以“#”开头，如果没有输入“#”，Dreamweaver 将自动添加。ID 样式原则上只供一个标签使用，其他标签不能使用，即使是相同名称的标签也不能够重复使用 ID 样式。

☑　复合内容（基于选择的内容）：选择该选项，可以自定义复杂的选择器，如伪选择器、复合选择器等。

（2）“选择器名称”下拉列表框：设置新建样式的名称。当在“选择器类型”下拉列表框中选择不同的选项时，可以在该下拉列表框中设置选择器的名称。

（3）“规则定义”下拉列表框：指定该样式保存在什么位置，包括是定义一个外部超链接的 CSS 样式表文件，还是定义一个仅应用于当前页面的 CSS 样式。

☑　新建样式表文件：定义一个外部超链接的 CSS 样式表文件，也就是说把当前定义的样式保存在外部样式表文件中，然后通过超链接形式导入网页内部使用。使用样式表文件的好处就是其他网页也可以应用该样式。

☑　仅限该文档：仅在该文档中应用 CSS 样式，也就是说当前定义的样式保存在网页内部，只能够被该文档使用，其他网页无法使用。

第 5 步，如果定义该页面的普通文本的样式。可在“选择器类型”下拉列表框中选择 CSS 样式的类型，例如，如果要定义的是整个页面的文本，可选择“标签（重新定义 HTML 元素）”选项，然后在“选择器名称”下拉列表框中选择 body 选项，如图 5.17 所示。

第 6 步，选定之后，在“规则定义”下拉列表框中选择默认的“新建样式表文件”选项。

如果选择“仅限该文档”选项，CSS 样式就被定义在该文档中。但是如果页面较多，修改样式就比较繁琐，需要反复修改每个文件，因此在定义整个站点时，一般选择定义在新建的样式表文件中。

第 7 步，设置完毕后，单击“确定”按钮关闭对话框，同时弹出“保存样式表文件为”对话框，提示用户保存新建的样式表文件，将新的样式表文件重命名为 style.css。

第 8 步，单击“保存”按钮保存样式表文件，一个新的样式表文件就创建完成了。这时就会打开相应的 CSS 规则定义对话框，进入样式表编辑状态。在这里定义网页字体大小为 12px，即在 Font-size 选项后的下拉列表框中选择或者输入 12，并在后面单位下拉列表框中选择 px，如图 5.18 所示。

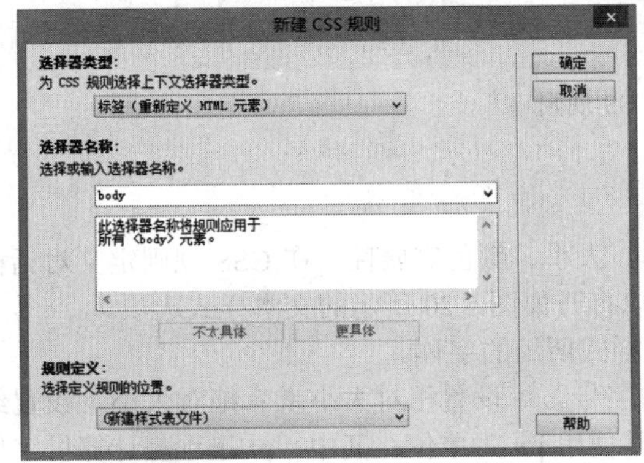

图 5.17　选择标签

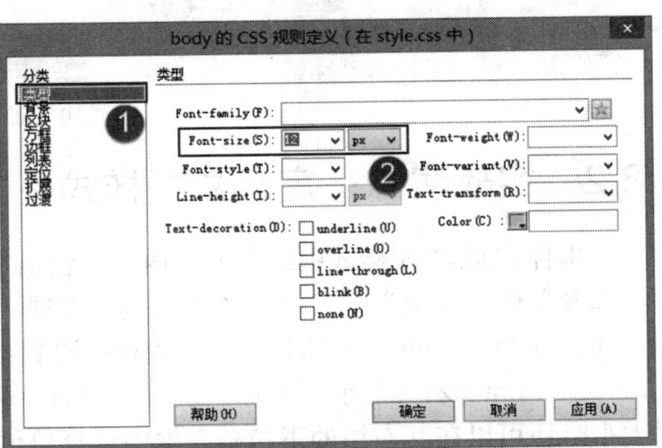

图 5.18　CSS 规则定义对话框

第 9 步，单击“确定”按钮，关闭该对话框，再单击“取消”按钮，关闭“插入 Div”对话框，即新建 CSS 规则，但是不插入标签。当然，也可以插入结构标签，并定义该标签的样式。

第 10 步，切换到“代码”视图，可以看到 Dreamweaver CC 会自动在 style.css 样式表文件中生成一个样式代码，并定义了一个规则。代码如下：

Note

```
@charset "utf-8";
body { font-size: 12px; }
```

同时在网页文档头部区域，导入 style.css 样式表：

```
<!doctype html>
<html>
<head>
<meta charset="utf-8">
<link href="style.css" rel="stylesheet" type="text/css">
</head>
<body>
</body>
</html>
```

【拓展】当新建 CSS 规则之后，可以在“属性”面板中快速编辑 CSS 规则，方法如下：

启动 Dreamweaver CC，打开文档 test.html，或者其他现有网页文档，选中需要编辑样式的标签，也可以直接在“属性”面板的“目标规则”下拉列表框中选择当前页面所有的目标选择器，然后单击“编辑规则”按钮，即可打开 CSS 规则定义对话框，重新编辑已定义的样式，如图 5.19 所示。

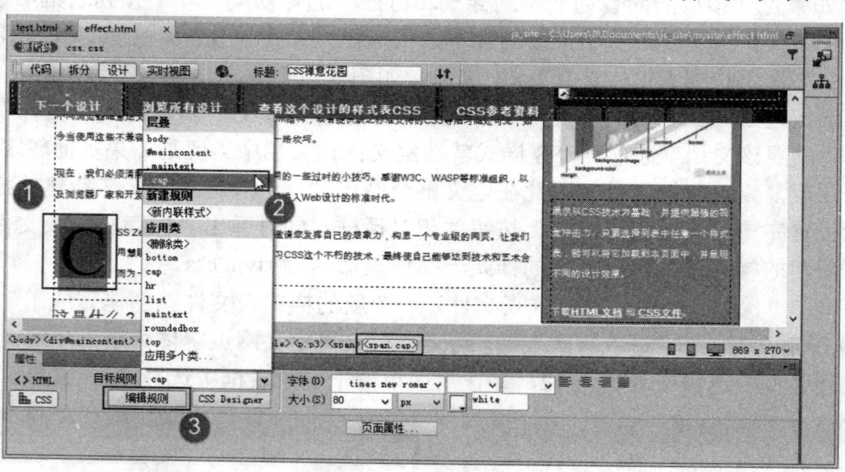

图 5.19　编辑 CSS 规则

5.8.2　实战演练：定义文本样式

文本样式是 CSS 样式中最主要的内容，包括字体、大小、颜色等属性。在 CSS 规则定义对话框中，选择左侧“分类”列表框中的“类型”选项，可以打开如图 5.20 所示的文本样式选项。

（1）Font-family（字体）下拉列表框：设置当前样式所用的字体。

（2）Font-size（大小）下拉列表框：设置字体的字号。可设置相对大小或者绝对大小，设置绝对大小时还可以在其右边的下拉列表框中选择单位。常使用 px 为单位。其中，pt 选项是计算机字体的标准单位，这一单位的优点是设置的字号会随着显示器分辨率的变化而自动调整，防止不同分辨率

显示器中字体大小不一致。如果使用 pt 作为单位，建议设置正文字体大小为 9pt，该字号的文字和软件界面上的文字字号是相同的。另外，10.5pt、12pt 也是常用的正文文字字号。

（3）Font-style（样式）下拉列表框：设置字体的特殊格式，包括正常、斜体和偏斜体。

（4）Line-height（行高）下拉列表框：设置文本的行高。选择 normal（正常）选项，则由系统自动计算行高和字体大小，也可以直接在其中输入具体的行高数值，然后在右边的下拉列表框中选择单位。注意行高的单位应该和文字的单位一致，行高的数值是包括字号数值在内的，如设置字号为 9pt，如果要创建一倍行距，则行高应该为 18pt。

（5）Text-decoration（文本修饰）选项区域：设置字体的一些修饰格式，包括下划线、上划线、删除线和闪烁线（闪烁效果只有在 FireFox 浏览器下才能显示）等格式。选中相应的复选框，则激活相应的修饰格式。如果不希望使用格式，可以取消选中相应复选框；如果选中 none（无）复选框，则不设置任何格式。在默认状态下，对于普通的文本，其修饰格式为无，对于超链接，其修饰格式为下划线。

（6）Font-weight（粗细）下拉列表框：设置字体的粗细。选择粗细数值，可以指定字体的绝对粗细程度，选择粗体、特粗和细体则可以指定字体相对的粗细程度。

（7）Font-variant（变体）下拉列表框：设置字体的变体形式，主要针对英文字符设置，该设置只能在浏览器中才可以看到效果。

（8）Text-transform（大小写）下拉列表框：设置字体的大小写方式。如果选择首字母大写，则可以指定将每个单词的第 1 个字符大写；如果选择大写或小写，则可以分别将所有被选择的文本都设置为大写或小写；如果选择无，则保持字符本身原有的大小写格式。

（9）Color（颜色）文本框：设置 CSS 样式的字体颜色。

下面打开已设计初稿的网页作品，如图 5.21 所示。预设置网页导航栏中的字体为宋体、大小为 12px、颜色为浅蓝色（#249B9F），其他选项均保持默认设置。

【操作步骤】

第 1 步，启动 Dreamweaver CC，打开 orig.html，另存为 effect.html。

第 2 步，选择“插入”|“结构”| Div 命令，打开“插入 Div”对话框，忽略该对话框设置，直接单击“新建 CSS 规则”按钮，打开“新建 CSS 规则”对话框，设置选择器类型为“复合内容”，选择器名称为#apDiv1 #nav，规则定义为“（仅限该文档）”。

第 3 步，单击“确定”按钮关闭对话框，进入相应的 CSS 规则定义对话框，设置如图 5.21 所示。

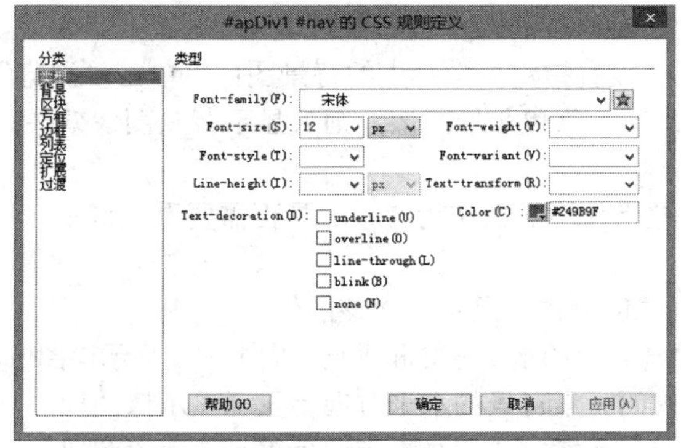

图 5.20 “类型”选项

图 5.21 定义 CSS 规则样式

第 4 步，单击“确定”按钮关闭对话框。保存文件后，按 F12 键在浏览器中预览网页，效果如图 5.22 所示。

第 5 步，切换到“代码”视图，可以在头部样式表中看到新添加的样式，代码如下：

```
#apDiv1 #nav {
    font-family: "宋体";
    font-size: 12px;
    color: #249B9F;
}
```

Note

5.8.3 实战演练：定义背景样式

使用“页面属性”对话框中可以定义网页背景颜色和背景图像，实际上就是利用 CSS 为<body>标签定义背景样式。

【操作步骤】

第 1 步，启动 Dreamweaver CC，打开 orig.html，另存为 effect.html。

第 2 步，选择“插入”|“结构”| Div 命令，打开“插入 Div”对话框，忽略该对话框设置，直接单击“新建 CSS 规则”按钮，打开“新建 CSS 规则”对话框，设置选择器类型为“ID（仅应用于一个 HTML 元素）”，并把样式保存在文档内部，设置“规则定义”选项为“（仅限该文档）”。

第 3 步，单击“确定”按钮，打开相应的 CSS 规则定义对话框，在左侧“分类”列表框中选择“背景”选项，然后在右侧选项区域设置背景 CSS 样式，如图 5.23 所示。

图 5.22　在浏览器中的显示效果

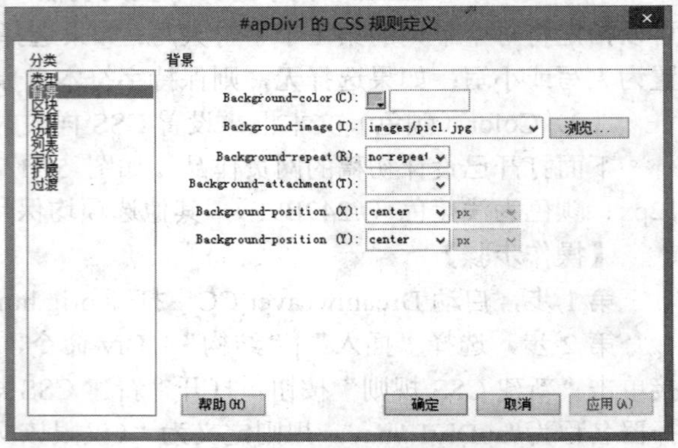

图 5.23　“背景”选项

- ☑ Background-color（背景颜色）：设置指定页面元素的背景色。
- ☑ Background-image（背景图像）下拉列表框：设置指定页面元素的背景图像。单击“浏览”按钮可以方便地选择图像。如果同时定义背景颜色和背景图像，则只显示背景图像效果；如果没有发现背景图像，才会显示背景颜色。
- ☑ Background-repeat（重复）下列列表框：设置当使用图像作为背景时是否需要重复显示，包括以下 4 个选项。
  - ➢ no-repeat（不重复）：表示只在应用样式的元素中显示一次该图像。
  - ➢ repeat（重复）：表示在应用样式的元素背景上的水平方向和垂直方向上重复显示该图像。
  - ➢ repeat-x（横向重复）：表示在应用样式的元素背景的水平方向上重复显示该图像。
  - ➢ repeat-y（纵向重复）：表示在应用样式的元素背景的垂直方向上重复显示该图像。
- ☑ Background-attachment（附件）下拉列表框：包括 fixed（固定）和 scroll（滚动）两个选项，用来设置元素的背景图是随对象内容滚动的还是固定的。fixed 选项为固定，scroll 选项为滚动。注意，一些浏览器会将固定方式始终作为滚动方式处理，如 IE7 及其以下版本浏览器。
- ☑ Background-position(X)（水平位置）下拉列表框：设置背景图像相对于应用样式的元素的水

平位置，包括 left（左对齐）、right（右对齐）和 center（居中对齐），也可以直接输入数值。如果输入数值，还可以在右边的下拉列表框中选择数值单位，常用 px 为单位。如果前面的 Background-attachment 设置为 fixed 选项，则元素的位置是相对于文档窗口，而不是元素本身的。

☑ Background-position(Y)（垂直位置）下拉列表框：设置背景图像相对于应用样式的元素的垂直位置，包括 top（顶部）、bottom（底部）和 center（居中对齐），也可以直接输入数值，并在右边的下拉列表框中选择数值单位。如果前面的 Background-attachment 设置为 fixed 选项，则元素的位置是相对于文档窗口，而不是元素本身的。

此处在“背景”选项中选择一张背景图像，设置 Background-repeat 为 no-repeat，Background-position(X)和 Background-position(Y)都为 center。

第 4 步，定义完毕后，单击“确定”按钮关闭对话框，回到文档编辑状态，保存文件，按 F12 键在浏览器中预览网页，其效果如图 5.24 所示。

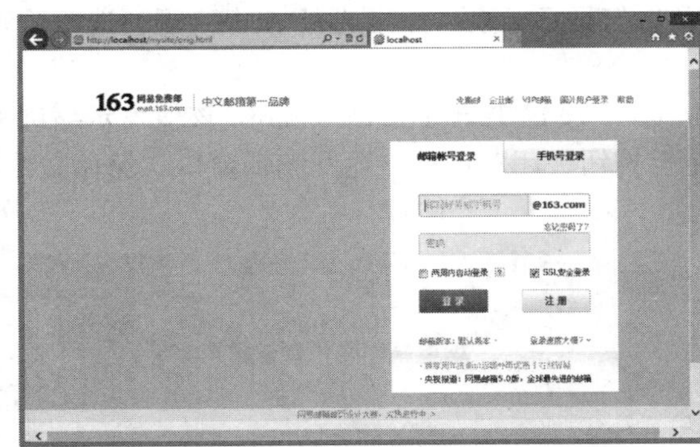

网页原图　　　　效果图

图 5.24　设置背景样式前后效果对比

5.8.4　实战演练：定义区块样式

区块样式主要定义段落中文本的字距、对齐方式等样式。在 CSS 规则定义对话框左侧选择“区块”选项，然后在右侧选项区域详细设置区块样式，如图 5.25 所示。

☑ Word-spacing（单词间距）下拉列表框：定义文字之间的间距。单词间距选项会受到页边距调整的影响。可以指定负值，但是其显示则取决于浏览器。

☑ Letter-spacing（字母间距）下拉列表框：定义字符之间的间距。可以指定负值，但是其显示取决于浏览器。与字间距不同的是，字母间距可以覆盖由页边调整产生的字母之间的多余空格。

图 5.25　“区块”选项

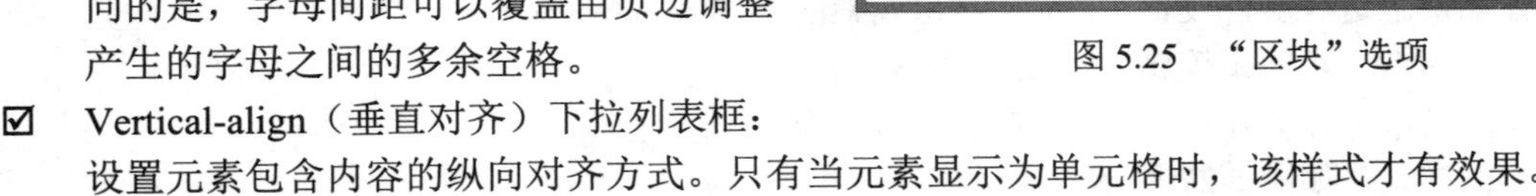

☑ Vertical-align（垂直对齐）下拉列表框：设置元素包含内容的纵向对齐方式。只有当元素显示为单元格时，该样式才有效果。

☑ Text-align（文本对齐）下拉列表框：设置文本如何在元素内对齐，包括 left（居左）、right

（居右）、center（居中）和 justify（两端对齐）4 个选项。

☑ Text-indent（文字缩进）文本框：设置首行缩进的距离。指定为负值时则创建文本凸出显示，但是其显示取决于浏览器。只有当标签应用于文本块元素时，Dreamweaver 的文档窗口中才会显示该属性。

☑ White-space（空格）下拉列表框：决定如何处理元素内的 Space 键、Tab 键和换行符。有 3 个选项，介绍如下。

- ➢ normal（正常）：按正常的方法处理其中的 Space 键、Tab 键和换行符，即忽略这些特殊的字符，并将多个空格折叠成一个。
- ➢ pre（保留）：将所有的 Space 键、Tab 键和换行符都作为文本用<pre>标签进行标识，保留应用样式元素内源代码的版式效果。
- ➢ nowrap（不换行）：设置文本只有在遇到
标签时才换行。在 Dreamweaver 文档窗口中不会显示该属性。

☑ Display（显示）下拉列表框：设置是否以及如何显示元素。如果选择 none（无）选项，则会关闭该样式被指定给的元素的显示。

例如，为标签<p>定义样式。在 CSS 规则定义对话框中设置 Text-indent 为 2em，该值表示缩进两个字体大小，其他各项均使用默认设置。单击“确定”按钮关闭对话框，返回编辑窗口。保存文件，然后按 F12 键在浏览器中预览效果，如图 5.26 所示。

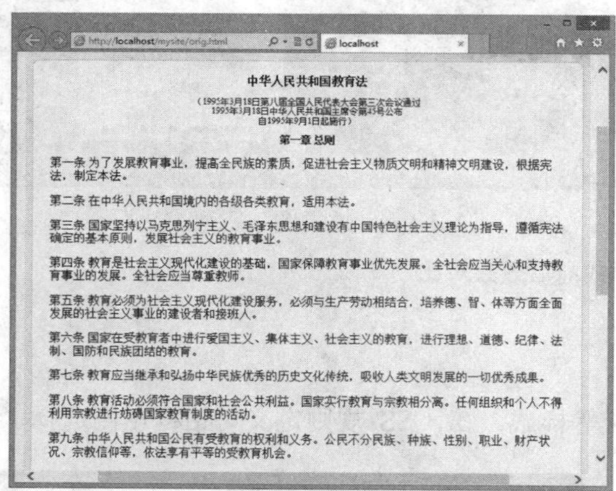

应用前

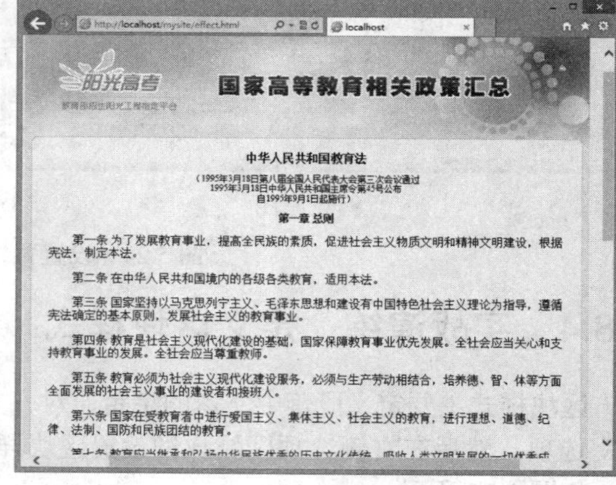

应用后

图 5.26 应用样式前后对比效果

5.8.5 实战演练：定义方框样式

在前面章节中曾经介绍过如何使用“属性”面板设置图像的大小、图像水平和垂直方向上的空白区域以及设置图像是否有文字环绕效果等。方框样式完善并丰富了这些属性设置，它定义特定元素的大小及其与周围元素间距等属性。在 CSS 规则定义对话框的左边选择“方框”选项，然后在右侧详细设置方框样式，如图 5.27 所示。

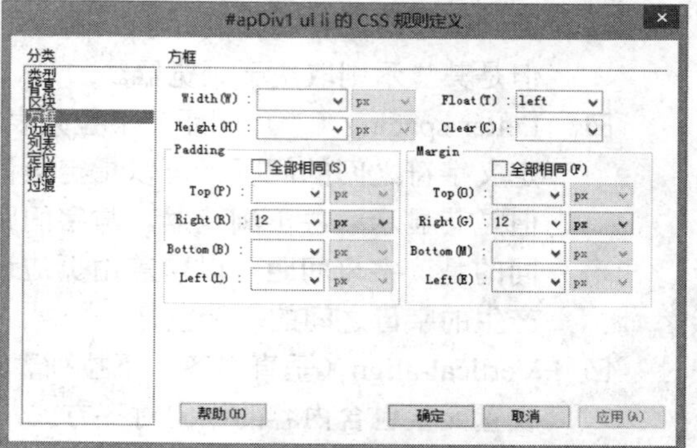

图 5.27 “方框”选项

☑ Width（宽）和 Height（高）文本框：设

置元素的大小，只有被应用于块状元素时，Dreamweaver 的编辑窗口中才会显示该属性。

- ☑ Padding（填充）选项区域：设置元素内容和边框（如果没有边框则为边缘）之间的空间大小。可以在下面对应的 top（上）、bottom（下）、left（左）和 right（右）各项中设置具体的值和单位。填充属性在编辑窗口中不显示效果。
- ☑ Float（浮动）下拉列表框：设置应用样式的元素浮动位置。利用该选项，可以实现元素的并列显示，如果选择 left（左对齐）或者 right（右对齐）选项，则将元素浮动到靠左或靠右的位置。其他环绕移动元素则保持正常。
- ☑ Clear（清除）下拉列表框：设置浮动元素的哪一边不允许有其他浮动元素。如果在被清除的那一边有其他浮动元素，则当前浮动元素会自动移动到下面显示。
- ☑ Margin（边界）选项区域：设置元素边框和其他元素之间的空间大小。只有在被应用于块状元素（如段落、标题、列表等）时，Dreamweaver 的文档窗口中才会显示该属性。

例如，定义<li>标签的 Margin 和 Padding 的 Right 选项都为 6px，Float 为 left，如图 5.27 所示。单击“确定”按钮关闭对话框，保存文件，然后按 F12 键在浏览器中预览效果，如图 5.28 所示。

（a）应用前

（b）应用后

图 5.28　应用方框样式文本块效果

5.8.6　实战演练：定义边框样式

边框样式可以设置元素对象的边框，如边框的颜色、粗细、样式等。在 CSS 规则定义对话框左侧的“分类”列表框中选择“边框”选项，右侧区域显示边框样式的各种属性，如图 5.29 所示。

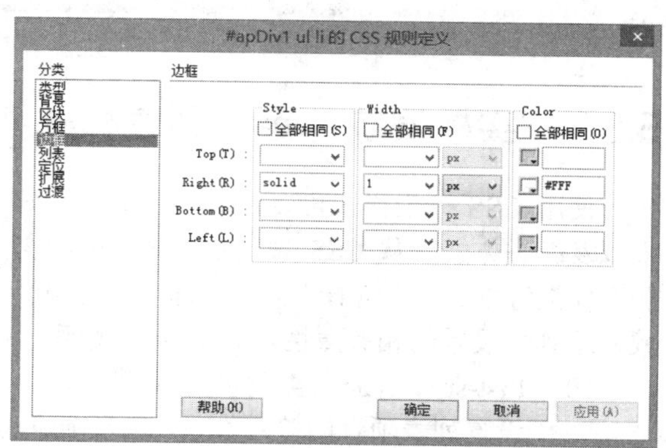

图 5.29　“边框”选项

- ☑ Style（样式）选项：设置边框的样式，包括无、点划线、虚线、实线、双线、槽状、脊状、凹陷和凸出。如果选中“全部相同”复选框，则只需设置 Top 下拉列表框的样式，其他方向样式与 Top 相同。
  - ➢ none（无）：设置边框线为无，无论设置边框宽度为多宽，都不会显示边框。
  - ➢ dotted（点划线）：设置边框线为点划线。
  - ➢ dashed（虚线）：设置边框线为虚线。

- solid（实线）：设置边框线为实线。
- double（双线）：设置边框线为双实线。
- groove（槽状）：设置边框线为立体感的沟槽。
- ridge（脊状）：设置边框线为脊形。
- inset（凹陷）：设置边框线为内嵌一个立体边框。
- outset（凸出）：设置边框线为外嵌一个立体边框。

☑ Width（宽度）选项区域：设置边框的粗细，包括 thin（细）、medium（中）、thick（粗）和数字，也可以设置边框的宽度值和单位。如果选中“全部相同”复选框，其他方向的设置与 Top 相同。

☑ Color（颜色）选项区域：设置边框的颜色，其显示取决于浏览器，在 Dreamweaver CC 编辑窗口中不会显示该属性。如果选中“全部相同”复选框，则其他方向的设置都与 Top 相同。

下面针对 5.8.5 节中的示例，为<li>标签设置右侧边框为 1px 宽度的实线，边线颜色为白色，参数设置如图 5.29 所示。单击“确定”按钮关闭对话框，保存文件，然后按 F12 键在浏览器中预览效果，如图 5.30 所示。

图 5.30 应用边框样式效果

5.8.7 实战演练：定义列表样式

使用 CSS 列表样式可以定义列表的显示效果以及缩进方式。从 CSS 规则定义对话框的左侧“分类”列表框中选择“列表”选项，右侧区域显示列表设置的相关属性，如图 5.31 所示。

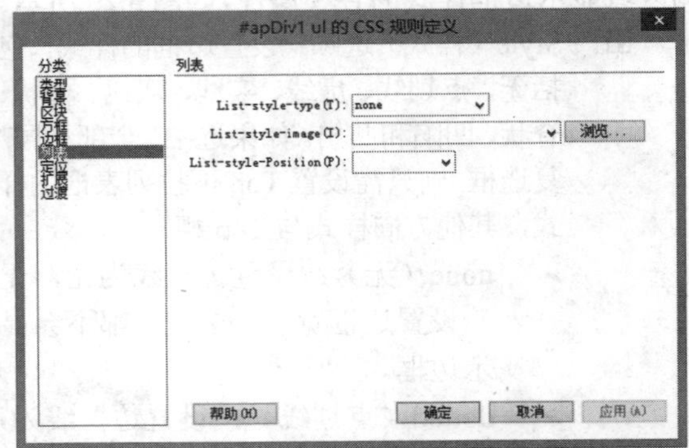

图 5.31 “列表”选项

☑ List-style-type（类型）下拉列表框：设置列表项目的符号类型，包括圆点、圆圈、方块、数字、小写罗马数字、大写罗马数字、小写字母、大写字母和无，共有 9 种类型，分别代表不同符号或编号。

- ➢ disc（圆点）：设置在文本行前面加实心圆。
- ➢ circle（圆圈）：设置在文本行前面加空心圆。
- ➢ square（方块）；设置在文本行前面加实心方块。
- ➢ decimal（数字）：设置在文本行前面加阿拉伯数字。
- ➢ lower-roman（小写罗马数字）：设置在文本行前面加小写罗马数字。
- ➢ upper-roman（大写罗马数字）：设置在文本行前面加大写罗马数字。
- ➢ lower-alpha（小写字母）：设置在文本行前面加小写英文字母。
- ➢ upper-alpha（大写字母）：设置在文本行前面加大写英文字母。
- ➢ none（无）：设置在文本行前面什么都不加。

☑ List-style-image（项目符号图像）下拉列表框：设置图像作为列表项目的符号，单击右侧的“浏览”按钮，可以快速选择图像文件。

☑ List-style-position（位置）下拉列表框：设置列表项符号的显示位置。

- ➢ outside（外）：设置列表项符号显示在列表项的外面，这样列表项符号与列表项之间会产生一段空隙。
- ➢ inside（内）：设置列表项符号显示在列表项的内部，这样列表项符号与列表项之间会紧紧贴在一起。

下面针对 5.8.6 节示例中的导航列表，为<ul>标签定义如下样式，设置 List-style-type 为 none，如图 5.31 所示。单击“确定”按钮关闭对话框，保存文件，然后按 F12 键在浏览器中预览效果，如图 5.32 所示。

图 5.32　应用列表样式效果

5.8.8　实战演练：定义定位样式

定位样式就是定义绝对定位元素的相关属性。使用定位样式可以把网页内已有的对象元素转换为绝对定位元素，并进行精确定位。在 CSS 规则定义对话框左侧的“分类”列表框中选择“定位”选项，然后在右侧显示 CSS 样式的定位属性，如图 5.33 所示。

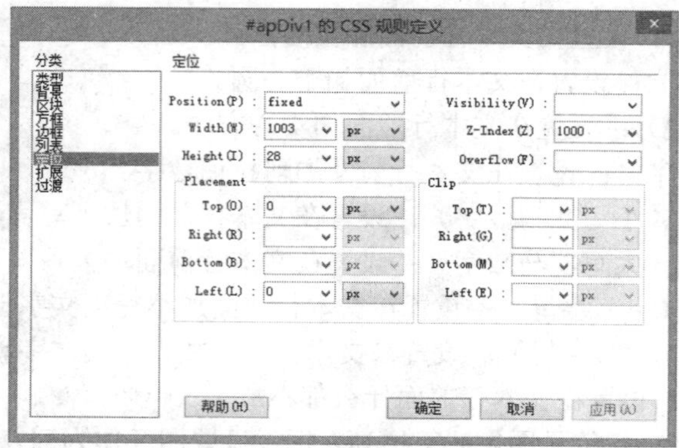

图 5.33 “定位”选项

- ☑ Position（类型）下拉列表框：设置层的定位方式。包括 absolute、relative、fixed 和 static 4 个选项。
  - ➢ absolute（绝对）：使用绝对坐标定位元素，则元素不再受文档流的影响，在 Width 和 Height 下拉列表框中输入相对于最近上级包含块坐标值。
  - ➢ relative（相对）：使用相对坐标定位元素的位置，在 Width 和 Height 下拉列表框中输入相对于元素本身在网页中的位置，相对定位的元素还需要受文档流的影响，同时，它还占据定位前的位置。
  - ➢ fixed（固定）：使用固定位置来定义元素的显示，固定定位的元素不会随浏览器滚动条的拖动而变化，也就是说定位坐标是根据当前浏览器窗口来定位的。
  - ➢ static（静态）：恢复元素的默认状态，不再进行定位处理。
- ☑ Visibility（显示）下拉列表框：设置层的初始化显示位置。如果没有设置该属性，大多数浏览器会以分层的父级属性作为其可视化属性。
  - ➢ inherit（继承）：针对嵌套层（即插入在其他层中的层，分为嵌套的子层和被嵌套的父层）进行设置，设置子层继承父层的可见性。父层可见，子层也可见；父层不可见，子层也不可见。
  - ➢ visible（可见）：设置无论在何种情况下，层都是可见的。
  - ➢ hidden（隐藏）：设置无论在何种情况下，层都是隐藏的。
- ☑ Height（高）和 Width（宽）下拉列表框：设置层的大小，选择 auto（自动）选项，层会根据内容的大小自动调整。也可以输入具体的值来设置层的大小，然后在右侧选择单位，默认单位是 px。
- ☑ Z-Index（Z 轴）下拉列表框：设置层的先后顺序和覆盖关系，可以选择 auto（自动），或者输入相应的层索引值。可以输入正值或负值，值越大，所在层就会位于较低值所在层的上端。
- ☑ Placement（定位）选项区域：设置层的位置和大小。具体含义主要根据在 Position 下拉列表框中的设置。由于层是矩形的，需要两个点即可准确地描绘层的位置和形状，第 1 个点是左上角的顶点，用 left（左）和 top（上）两项进行设置；第 2 个点是右下角的顶点，用 bottom（下）和 right（右）两项进行设置。这 4 项都是以网页左上角的点为原点。
- ☑ Overflow（溢出）：设置层内对象超出层所能容纳的范围时的处理方式。
  - ➢ visible（可见）：无论层的大小，内容都会显示出来。
  - ➢ hidden（隐藏）：隐藏超出层大小的内容。

> scroll（滚动）：不管内容是否超出层的范围，选择此选项都会为层添加滚动条。
> auto（自动）：只在内容超出层时才显示滚动条。

☑ Clip（剪辑）选项区域：设置限定可视层的局部区域的位置和大小。限定只显示裁切出来的区域，裁切出的区域为矩形。设置两个点即可，一个是矩形左上角的顶点，由 top（上）和 left（左）两项设置完成；另一个是右下角的顶点，由 bottom（下）和 right（右）两项设置完成。坐标相对的原点是层的左上角顶点。如果指定了剪切区域，则可以使用脚本语言（如 JavaScript）读取该区域并操作其属性以创建特殊效果。

下面在首页中将导航菜单永远置顶，并不会随着滚动条的移动而被覆盖，则设置 Position 为 fixed，在 Placement 选项中设置 Top 和 Left 为 0px。单击“确定”按钮关闭对话框，保存文件，然后按 F12 键在浏览器中预览效果，如图 5.34 所示。

滚动滚动条之前

滚动滚动条之后

图 5.34　应用定位样式效果

5.8.9　实战演练：定义扩展样式

CSS 样式还可以实现一些扩展功能，这些功能主要集中在扩展样式中，包括分页、光标和过滤器，扩展功能更多地对自定义功能进行扩展，不过目前大多数浏览器还不能完善地支持该项功能，建议用户谨慎使用。

在 CSS 规则定义对话框左侧的“分类”列表框中选择“扩展”选项，在右侧显示所有的 CSS 样式扩展属性，如图 5.35 所示。

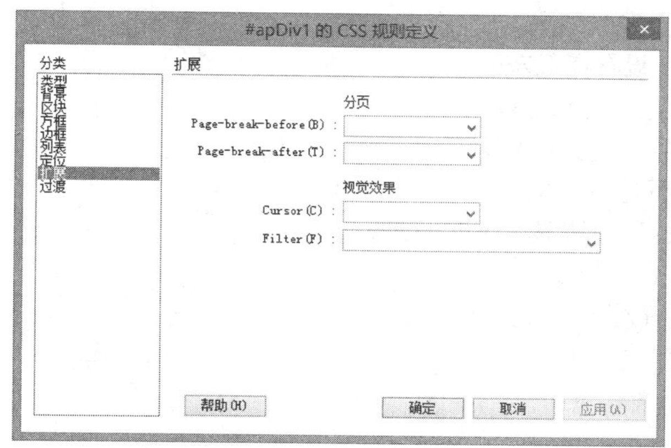

图 5.35　“扩展”选项

Note

☑ “分页”选项区域：为网页添加分页符号，指定在某元素前或后进行分页。当打印网页中的内容时，在某指定的位置停止并强行换页。IE4 以上版本的浏览器才支持。可以在 Page-break-before（之前）和 Page-break-after（之后）下拉列表框中进行设置。在 Page-break-before 下拉列表框中包括 4 个选项。Page-break-after 下拉列表框各个选项与 Page-break-before 下拉列表框 4 个选项含义基本相同。

- auto（自动）：自动在某一个元素的前面插入一个分页符，当页面中没有空间时，就会自动产生分页符。
- always（总是）：在某一元素的前面插入一个分页符，而不管页面中是否有空间。
- left（左对齐）：在一个元素的前面插入一个或两个分页符，直至达到一个空白的左页。
- right（右对齐）：达到一个空白的右页。左页和右页实际上就是单页和双页，只有在文档进行双面打印时用到。

☑ Cursor（光标）下拉列表框：当鼠标指针停留在由扩展样式所控制的对象元素上时，改变指针的图形，主要包括 hand（手）、crosshair（交叉十字）、text（文本选择符号）、wait（Windows 的沙漏形状）、default（默认的鼠标形状）、help（带问号的鼠标）、e-resize（向东的箭头）、ne-resize（指向东北方的箭头）、n-resize（向北的箭头）、nw-resize（指向西北的箭头）、w-resize（向西的箭头）、sw-resize（向西南的箭头）、s-resize（向南的箭头）、se-resize（向东南箭头）和 auto（正常鼠标）。

☑ Filter（过滤器）下拉列表框：设置为样式控制的对象元素应用特殊效果。只有 IE4 及以上版本浏览器才支持该属性。作为 CSS 样式的新扩展，CSS 滤镜属性能把可视化的滤镜和转换效果添加到一个标准的 HTML 元素上。在 Dreamweaver 中，可以直接在对话框中设置滤镜参数，而不用写更多的代码。Dreamweaver CC 在 Filter 下拉列表框中为用户提供了丰富的滤镜效果。

- A1pha：设置透明效果。
- BlendTrans：设置混合过渡的效果。
- Blur：设置模糊效果。
- Chroma：将指定的颜色设置成透明。
- DropShadow：设置投影阴影。
- FlipH：进行水平翻转。
- FlipV：进行垂直翻转。
- Glow：设置发光效果。
- Grayscale：设置图像灰阶。
- Invert：设置反转底片效果。
- Light：设置灯光投影效果。
- Mask：设置遮罩效果。
- RevealTrans：设置显示过渡效果。
- Shadow：设置阴影效果。
- Wave：设置水平与垂直波动效果。
- Xray：设置 X 光照效果。

设计超链接和导航菜单

（视频讲解：83分钟）

超链接也称网页链接，是指从一个网页指向一个目标的连接关系，这个目标可以是另一个网页，也可以是相同网页上的不同位置，还可以是一幅图片、一个电子邮件地址、一个文件，甚至是一个应用程序。在一个网页中用来链接的对象，可以是一段文本或者是一幅图片，当浏览者单击已经链接的文字或图片后，链接目标将显示在浏览器上，并且根据目标的类型打开或运行。

超链接是互联网的桥梁，网站与网站之间、网页与网页之间都是通过超链接建立联系。如果没有超链接，那么整个互联网将成为无数个数字孤岛，失去存在的意义。本章将详细讲解如何使用Dreamweaver设置各种类型的超链接，并利用这些超链接把整个网站融合在一起，形成一个统一的有机体。

学习重点：

- 在网页中插入超链接
- 创建不同类型的超链接
- 定义图像热点
- 设计网页超链接的基本样式
- 设计列表样式
- 设计列表版块样式
- 设计菜单样式

6.1　了解超链接

Note

URL（Uniform Resource Locator，统一资源定位器）用于指定网上资源的位置和方式。在本地计算机中，定位一个文件需要路径和文件名，对于遍布全球的各个网站和网页来说，显然还需要知道文件存放在哪个网络的哪台主机中才行。

在本地计算机中，所有文件都由统一的操作系统管理，因而不必给出访问该文件的方法，但在互联网上，各个网络、各台主机的操作系统可能不一样，因此必须指定访问该文件的方法，这个方法就是使用 URL 定位技术。

一个 URL 一般由下列 3 部分组成。

☑ 协议（或服务方式）。
☑ 存有该资源的主机 IP 地址（有时也包括端口号）。
☑ 主机资源的具体地址，如目录和文件名等。

语法如下：

```
protocol://machinename[:port]/directory/filename
```

☑ Protocol：访问该资源所采用的协议，即访问该资源的方法，常用网络协议包括以下 7 种。
  ➢ http://：超文本传输协议，表示该资源是 HTML 文件。
  ➢ ftp://：文件传输协议，表示用 FTP 传输方式访问该资源。
  ➢ gopher://：表示该资源是 Gopher 文件。
  ➢ news:：表示该资源是网络新闻（不需要两条斜杠）。
  ➢ mailto:：表示该资源是电子邮件（不需要两条斜杠）。
  ➢ telnet:：使用 Telnet 协议的互动会话（不需要两条斜杠）。
  ➢ file://：表示本地文件。
☑ machinename：表示存放该资源的主机的 IP 地址，通常以字符形式出现，例如，www.china.com.port。其中，port 是服务器在该主机所使用的端口号，一般情况下不需要指定，只有当服务器使用的不是默认的端口号时才指定。
☑ directory 和 filename：该资源的路径和文件名。

例如：http://news.sohu.com/s2005/hujintaochufang.shtml。

这个 URL 表示搜狐 www 服务器上的起始 shtml 文件，文件具体存放的路径及文件名取决于该 www 服务器的配置情况。

路径包括 3 种基本类型：绝对路径、相对路径和根路径。

6.1.1　绝对路径

绝对路径就是被链接文件的完整 URL，包括所使用的传输协议（对于网页通常是 http://）。例如，http://news.sohu.com/main.html 就是一个绝对路径。在设置外部超链接（从一个网站的网页链接到另一个网站的网页）时必须使用绝对路径。这与本地计算机中绝对路径、相对路径概念类似。

6.1.2　相对路径

相对路径是指以当前文件所在位置为起点到被链接文件经由的路径。例如，dreamweaver/main.html 就是一个文件相对路径。在把当前文件与处在同一文件夹中的另一文件链接，或者把同一网站下不同文件夹中的文件相互链接时，即可使用相对路径。

当设置网站内部超链接（同一站点内一个文件与另一个文件之间的超链接）时，一般可以不用指定被链接文件的完整 URL，而是指定一个相对于当前文件或站点根文件夹的相对路径。

☑ 如果要把当前文件与同一文件夹中的另一文件链接，只要提供被链接文件的文件名即可，例如，filename。

☑ 如果要把当前文件与一个位于当前文件所在文件夹中的子文件夹中的文件链接，就需要提供子文件夹名、斜杠和文件名，例如，subfolder/filename。

☑ 如果要把当前文件与一个位于当前文件所在文件夹的父文件夹中的文件链接，则要在文件名前加上“../”（“..”表示上一级文件夹），例如，../filename。

如果在没有保存的网页上插入图片或增加链接，Dreamweaver 会暂时使用绝对路径。保存网页后，Dreamweaver 会自动将绝对路径转换为相对路径。当使用相对路径时，如果在 Dreamweaver 中改变了某个文件的存放位置，不需要手动修改链接路径，Dreamweaver 会自动更新链接的路径。

6.1.3　根路径

根路径是指从站点根文件夹到被链接文件经由的路径。根路径由前斜杠开头，代表站点根文件夹。例如，/news/beijing2006.html 就是站点根文件夹下 news 子文件夹中的一个文件（beijing2006.html）的根相对路径。在网站内链接文件时一般使用根路径的方法，因为在移动一个包含根相对链接的文件时，无须对原有的链接进行修改。

但是这样使用对于初学者来说是具有风险的，因为要知道这里所指的根文件夹并不是网站的根文件夹，而是网站所在服务器的根文件夹，因此，当网站的根文件夹与服务器的根文件夹不同时就会发生错误。

根路径只能由服务器来解释，当客户在客户端打开一个带有根路径的网页，上面的所有链接都将是无效的，如果在 Dreamweaver 中预览，Dreamweaver 会将预览网页的路径暂时转换为绝对路径形式，可以访问链接的网页，但这些网页的链接将是无效的。

6.2　定义链接

使用 Dreamweaver CC 定义链接非常方便快捷，只要选中要定义链接的文字或图像，然后在“属性”面板的“链接”文本框中输入相应的 URL 路径即可。Dreamweaver CC 还提供了更多方法，下面结合案例进行具体说明。

6.2.1　实战演练：使用“属性”面板

使用“属性”面板定义链接的方法如下。

【操作步骤】

第 1 步，启动 Dreamweaver CC，打开本小节备用练习文档 test.html，另存为 test1.html。

Note

第 2 步，选择编辑窗口中的 Logo 图像。

第 3 步，选择“窗口”|“属性”命令，打开“属性”面板，然后执行如下任一操作：

☑ 单击“链接”文本框右边的“选择文件”按钮，在打开的“选择文件”对话框中浏览并选择一个文件，如图 6.1 所示。在“相对于”下拉列表框中可以选择“文档”选项（设置相对路径）或“站点根目录”选项（设置根路径），然后单击“确定”按钮。

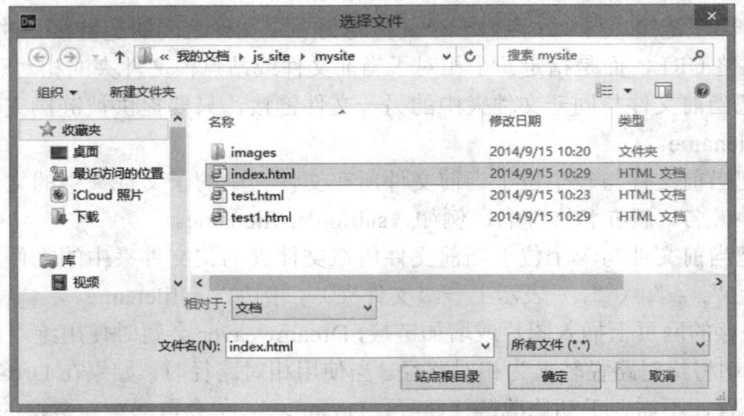

图 6.1 “选择文件”对话框

当设置“相对于”下拉列表框中的选项后，Dreamweaver CC 把该选项设置为以后定义链接的默认路径类型，直至改变该项选择为止。

☑ 在“属性”面板的“链接”文本框中，输入要链接文件的路径和文件名，如图 6.2 所示。

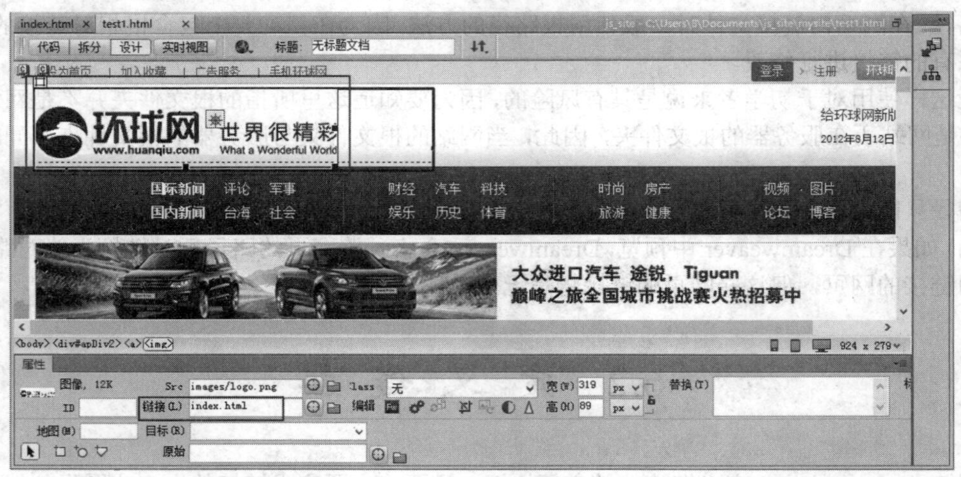

图 6.2 在“属性”面板中定义链接

第 4 步，选择被链接文件的载入目标。在默认情况下，被链接文件打开在当前窗口或框架中。要使被链接的文件显示在其他地方，需要从“属性”面板的“目标”下拉列表框中选择一个选项，如图 6.3 所示。

（1）_blank：将被链接文件载入到新的未命名浏览器窗口中。

（2）_parent：将被链接文件载入到父框架集或包含该链接的框架窗口中。

（3）_self：将被链接文件载入到与该链接相同的框架或窗口中。

（4）_top：将被链接文件载入到整个浏览器窗口并删除所有框架。

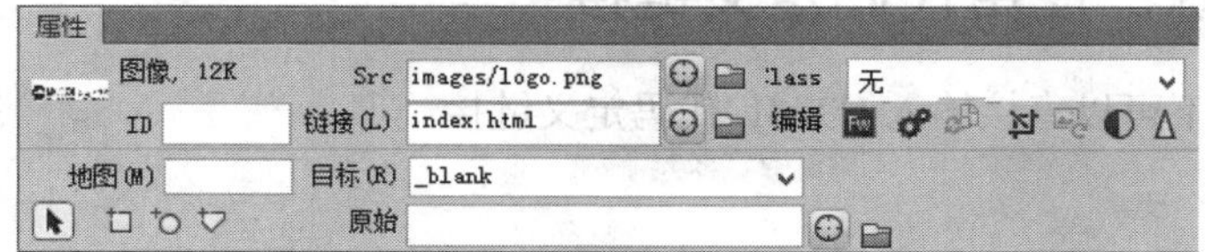

图 6.3　定义链接的目标

Note

6.2.2　实战演练：使用超链接对话框

使用 Hyperlink 对话框，无须在网页中选中对象，即可更详细地定义链接属性，如指定链接文本、标题、访问键和索引键等。

【操作步骤】

第 1 步，启动 Dreamweaver CC，打开本小节备用练习文档 test.html，另存为 test1.html。

第 2 步，把光标置于需要显示 Logo 的图像位置。

第 3 步，选择“插入”| Hyperlink 命令，打开 Hyperlink 对话框，然后按如下说明进行设置，如图 6.4 所示。

图 6.4　设置 Hyperlink 对话框

（1）“文本”文本框：定义链接显示的文本，可以是 HTML 文本，这里设置为<img src="images/logo.png" border=0 />，即显示为 Logo 图像。

（2）“链接”下拉列表框：定义链接路径，最好输入相对路径而不是绝对路径，如 index.html。

（3）“目标”下拉列表框：定义链接的打开方式，包括 4 个选项，可参见 6.2.1 节介绍。

（4）“标题”文本框：定义链接的标题，如“网站 LOGO”。

（5）“访问键”文本框：设置键盘快捷键，按键盘上的快捷键将选中链接，然后按 Enter 键即可快速访问链接，例如，这里设置为 h。

（6）“Tab 键索引”文本框：设置在网页中用 Tab 键选中这个链接的顺序，例如，这里设置为 1。

第 4 步，设置完毕，单击“确定”按钮，即可向网页中插入一个带有 Logo 标志的超链接。切换到“代码”视图，可以看到自动生成的 HTML 代码。

```
<a href="index.html" tabindex="1" title="网站 LOGO" accesskey="h" target="_blank"><img src="images/logo.png" border=0 /></a>
```

Note

6.2.3 实战演练：使用代码定义链接

在“代码”视图下可以直接输入 HTML 代码定义链接。

1. 文本链接

使用<a>标签定义文本链接的方法如下：

```
<a href="index.html" title="返回首页" accesskey="t" target="_blank">唯品会</a>
```

其中，href 属性用来设置目标文件的地址，target 属性相当于 Dreamweaver“属性”面板中的“目标”选项设置，属性值等于_blank，表示在新窗口中打开，除此之外还包括其他 3 种属性值：_parent、_self 和_top。

2. 图像链接

图像链接与文本链接基本相同，都是用<a>标签实现，唯一的差别就在于<a>属性设置。例如：

```
<a href="index.html" target="_blank"><img src="images/logo.png" border="0" /></a>
```

从以上代码中可以看出，图像链接在<a>标签中多了<img>标签，该标签设置链接图像的属性。

6.3 应 用 链 接

链接存在多种类型，这主要根据链接的对象和位置来划分，具体介绍如下。

6.3.1 实战演练：定义锚点链接

锚点链接是指定向同一页面或者其他页面中的特定位置的链接。例如，一个很长的页面，在页面的底部设置一个锚点，单击后可以跳转到页面顶部，这样避免了上下滚动的麻烦。另外，在页面内容的标题上设置锚点，然后在页面顶部设置锚点的链接，这样就可以通过链接快速地浏览具体内容。

【操作步骤】

第 1 步，启动 Dreamweaver CC，打开模板页面 temp.html，另存为 index.html。

第 2 步，在编辑窗口中，把光标置于要创建锚点的位置，或者选中要链接到锚点的文字、图像等对象。

第 3 步，在“属性”面板中设置锚点位置标签的 ID 值，如设置标题标签的 ID 值为 c，如图 6.5 所示。

给页面标签的 ID 锚点命名时不要含有空格，同时不要置于绝对定位元素内。

> 提示：要创建锚点链接，首先要创建用于链接的锚点。任何被定义了 ID 值的元素都可以作为锚点标签，即可设置指向该位置点的锚点链接。这样，当单击超链接时，浏览器会自动定位到页面中锚点指定的位置，这在一个页面包含很多屏时特别有用。

第 4 步，在编辑窗口中选中或插入并选中要链接到锚点的文字、图像等对象。

第 5 步，在“属性”面板的“链接”文本框中输入“#+锚点名称”，如输入“#c”，如图 6.6 所示。如果要链接到同一文件夹内其他文件中，如 test.html，则输入“test.html#c”，可以使用绝对路径，也可以使用相对路径。要注意锚点名称是区分大小写的。

第 6 步，保存网页，按 F12 键可以预览效果，如果单击超链接，则页面会自动跳转到顶部，如图 6.7

所示。

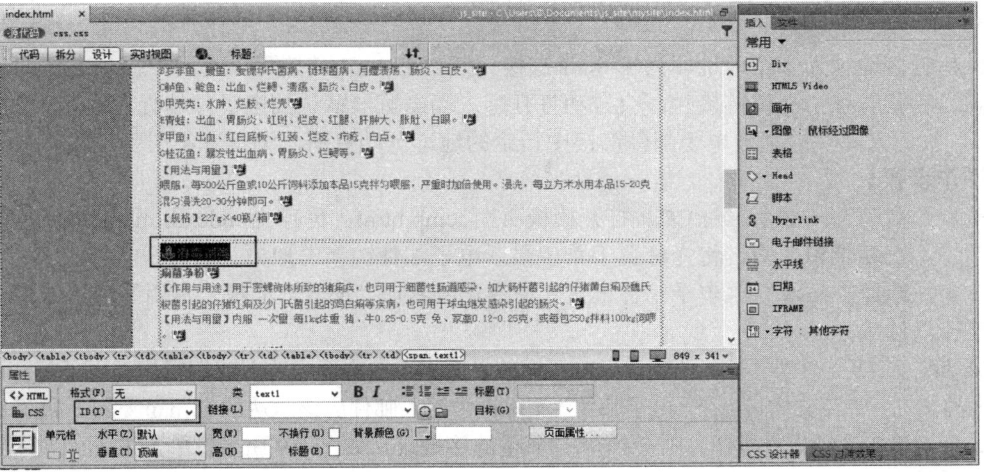

图 6.5　设置标签 ID 值

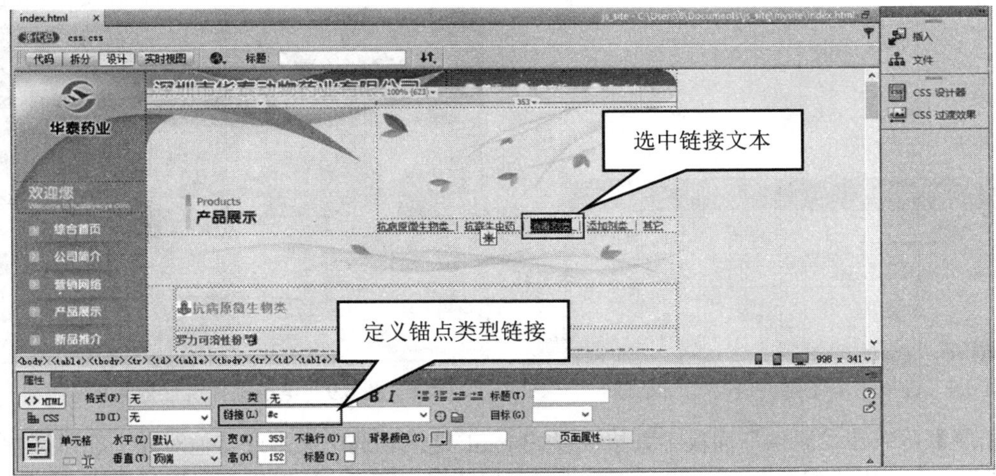

图 6.6　设置锚点链接

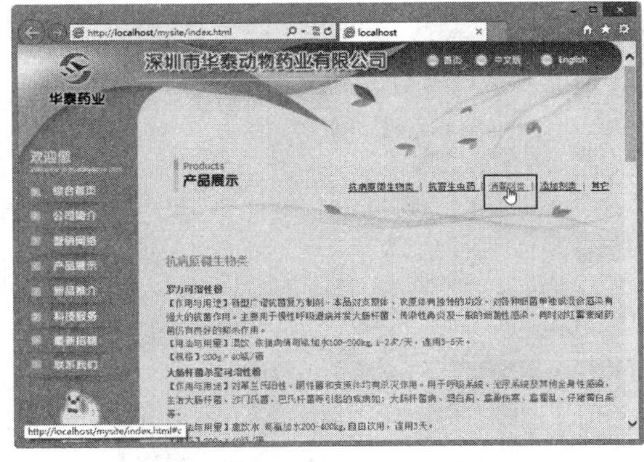

单击锚点类型的超链接

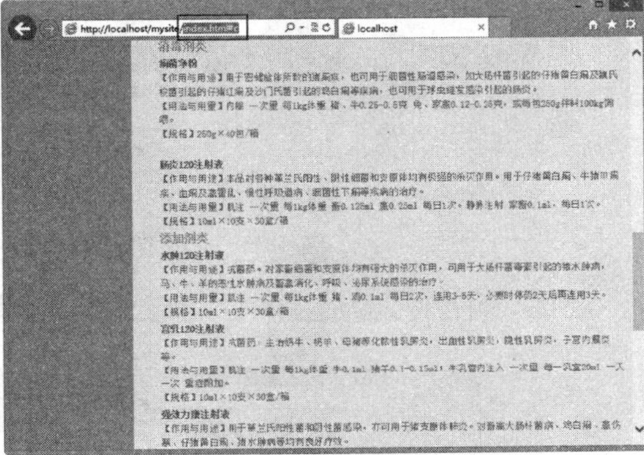

跳转到锚点指向的位置

图 6.7　锚点链接应用效果

6.3.2 实战演练：定义电子邮箱链接

定义超链接地址为邮箱地址即为 E-mail 链接。通过 E-mail 链接可以为用户提供方便的反馈与交流机会。当浏览者单击邮件链接时，会自动打开客户端浏览器默认的电子邮件处理程序（如 Outlook Express），收件人邮件地址被电子邮件链接中指定的地址自动更新，浏览者不用手工输入。

【操作步骤】

第 1 步，启动 Dreamweaver CC，打开模板页面 temp.html，另存为 index.html。

第 2 步，在编辑窗口中，将光标置于希望显示电子邮件链接的地方。

第 3 步，选择"插入" | "电子邮件链接"命令，或者在"插入"面板"常用"选项卡中选择"电子邮件链接"选项。

第 4 步，在打开的"电子邮件链接"对话框的"文本"文本框中输入或编辑作为电子邮件链接显示在文件中的文本，中英文均可。在"电子邮件"文本框中输入邮件应该送达的 E-mail 地址，如图 6.8 所示。

第 5 步，单击"确定"按钮，则会插入一个超链接地址，如图 6.9 所示。单击 E-mail 链接的文字，即可打开系统默认的电子邮件处理程序，如 Outlook。

图 6.8 设置"电子邮件链接"对话框

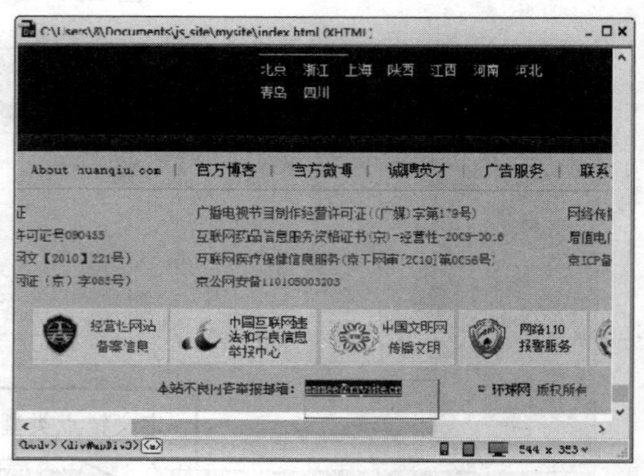

图 6.9 电子邮件链接效果图

【拓展】可以在"属性"面板中直接设置 E-mail 链接。选中文本或其他对象，在"属性"面板的"链接"文本框中设置"mailto:+电子邮件地址"型链接文字，此处输入"mailto:namee@mysite.cn"，如图 6.10 所示。

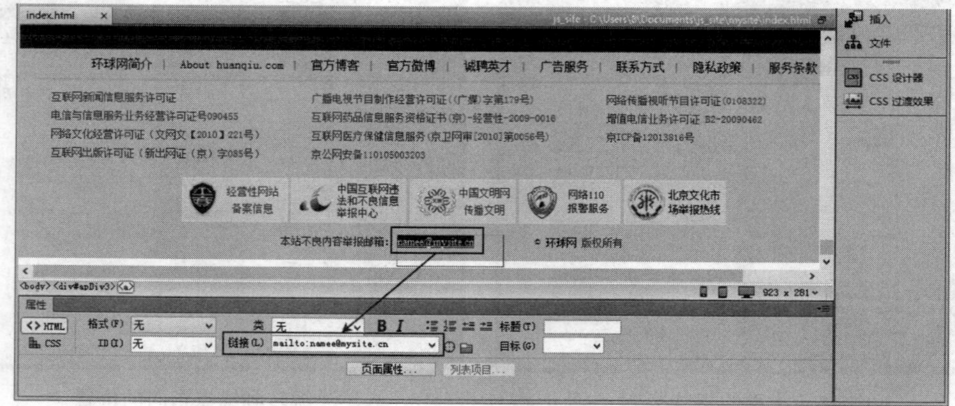

图 6.10 在面板中直接设置 E-mail 链接

也可以在“属性”面板的“链接”文本框中输入“mailto:+电子邮件地址+?+subject=+邮件主题”，这样就可以快速输入邮件主题，例如，“mailto:namee@mysite.cn?subject=意见和建议”。在 HTML 中可以使用<a>标签创建电子邮件链接，代码如下：

```
<a href="mailto:namee@mysite.cn">namee@mysite.cn</a>
```

在该链接中多了 mailto:字符，表示电子邮件，其他基本相同。

6.3.3　实战演练：定义空链接

空链接就是没有指定路径的链接。利用空链接可以激活文档中链接文本或对象。一旦对象或文本被激活，则可以为之添加行为，以实现当鼠标指针移动到链接上时进行切换图像或显示分层等动作。有些客户端动作需要由超链接来调用，这时就需要用到空链接。

在网站开发初级，设计师也习惯把所有页面链接设置为空链接，这样方便测试和预览。

【操作步骤】

第 1 步，启动 Dreamweaver CC，新建文档，保存为 test.html。

第 2 步，在编辑窗口中，选择要设置链接的文本或其他对象，在“属性”面板的“链接”文本框中只输入一个“#”符号即可，如图 6.11 所示。

图 6.11　设置空链接

第 3 步，切换到“代码”视图，在 HTML 中可以直接使用<a>标签创建空链接，代码如下：

```
<a href="#">空链接</a>
```

6.4　案例实战：定义图像热点

图像热点也称为图像地图，即指定图像内部某个区域为热点，当单击该热点区域时，会触发超链接，并跳转到其他网页或网页的某个位置。图像地图是一种特殊的超链接形式，常用来在图像中设置局部区域导航。

当在一幅图上定义多个热点区域，以实现单击不同的热区链接到不同页面，这时就可以使用图像地图。

【操作步骤】

第 1 步，启动 Dreamweaver CC，新建文档，保存为 index.html。

第 2 步，在编辑窗口中插入图像，然后选中图像，打开“属性”面板，并单击“属性”面板右下角的▽按钮，显示图像地图制作工具，如图 6.12 所示。

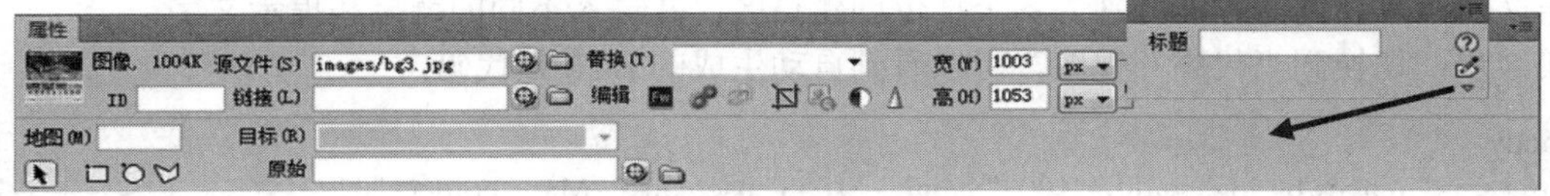

图 6.12　图像“属性”面板

Note

提示：在图像“属性”面板中用“指针热点工具”、“矩形热点工具”、“椭圆热点工具”和“多边形热点工具”可以调整和创建热点区域，简单说明如下。

（1）指针热点工具：调整和移动热点区域。

（2）椭圆热点工具：在选定图像上拖动鼠标可以创建圆形热区。

（3）矩形热点工具：在选定图像上拖动鼠标可以创建矩形热区。

（4）多边形热点工具：在选定图像上选择一个多边形，定义一个不规则形状的热区。单击“指针热点工具”按钮可以结束多边形热区定义。

第 3 步，在“属性”面板的“地图”文本框中输入热点区域名称。如果一个网页的图像中有多个热点区域，必须为每个图像热点区域定义一个唯一的名称。

第 4 步，选择一个工具，根据不同部位的形状可以选择不同的热区工具，这里单击“矩形热点工具”按钮，在选定的图像上拖动鼠标，即可创建出图像热区。

第 5 步，热点区域创建完成后，选中热区，可以在“属性”面板中设置热点属性。

（1）“链接”文本框：可输入一个被链接的文件名或页面，单击“选择文件”按钮可选择一个文件名或页面。如果在“链接”文本框中输入“#”，表示空链接。

（2）“目标”下拉列表框：要使被链接的文档显示在其他地方而不是在当前窗口或框架，可在“目标”下拉列表框中输入窗口名或从中选择一个框架名。

（3）“替换”下拉列表框：在该下拉列表框中输入所定义热区的提示文字。在浏览器中当鼠标指针移到该热点区域中将显示提示文字。可设置不同部位的热区显示不同的文本。

第 6 步，用“矩形热点工具”创建一个热区，在“替换”下拉列表框中输入提示文字，并设置好链接和目标窗口，如图 6.13 所示。

图 6.13　热点“属性”面板

第 7 步，以相同的方法分别为各个部位创建热区，并输入不同的链接和提示文字。

第 8 步，切换到“代码”视图，可以看到自动生成的 HTML 代码：

```
<body>
<img src="images/bg.jpg" width="1003" height="1053" usemap="#Map" border="0">
<map name="Map" id="Map">
```

```
        <area shape="rect" coords="798,57,894,121" href="http://wo.2126.com/?tmcid=187" target="_blank" alt="沃尔学院">
        <area shape="rect" coords="697,57,793,121" href="http://web.2126.com/ddt/" target="_blank" alt="弹弹堂">
        <area shape="rect" coords="591,57,687,121" href="http://hero.61.com/" target="_blank" alt="摩尔勇士">
        <area shape="rect" coords="488,57,584,121" href="http://hua.61.com/" target="_blank" alt="小花仙">
        <area shape="rect" coords="384,57,480,121" href="http://gf.61.com/" target="_blank" alt="功夫派">
        <area shape="rect" coords="279,57,375,121" href="http://seer2.61.com/" target="_blank" alt="赛尔号 2">
        <area shape="rect" coords="69,57,165,121" href="http://v.61.com/" target="_blank" alt="淘米视频">
        <area shape="rect" coords="175,57,271,121" href="http://seer.61.com/" target="_blank" alt="赛尔号">
    </map>
    </body>
```

其中，<map>标签表示图像地图，name 属性作为<img>标签中 usermap 属性要引用的对象。然后用<area>标签确定热点区域，shape 属性设置形状类型，coords 属性设置热点区域各个顶点坐标，href 属性表示链接地址，target 属性表示目标，alt 属性表示替代提示文字。

第 9 步，保存并预览，这时单击不同的热区就会跳转到对应的页面中。

【拓展】对于图像地图创建的热区，用户可以很容易地进行修改，如移动热区、调整热区大小、在层之间移动热区，还可以将热区从一个页面复制到另一个页面等。

使用“指针热点工具”可以方便地选择一个热区。如果选择多个热区，只需要按住 Shift 键，单击要选择的其他热区，就可以实现选择多个热区的目的。

使用“指针热点工具”选择要移动的热区，拖动鼠标至合适位置即可移动热区。或者使用键盘操作，按下 1 次键盘上的箭头键，热区将向选定的方向移动 1px，如果按下 Shift+箭头键，热区将向选定的方向移动 10px。

首先用“指针热点工具”选择要调整大小的热区，然后拖动热点选择器手柄到合适的位置，即可改变热区的大小或形状。

6.5　设计链接样式

本节将通过几个案例演示如何借助 Dreamweaver 自定义网页链接的动态效果，能够根据页面风格设计不同效果的链接样式。

6.5.1　定义基本样式

设计链接样式需要用到下面 4 个伪类选择器，它们可以定义链接的 4 种不同状态。简单说明如下。

☑　a:link：定义链接的默认样式。

☑　a:visited：定义链接被访问后的样式。

☑　a:hover hover：定义鼠标指针经过链接时的样式。

☑　a:active：定义链接被激活时的样式，如单击之后，到鼠标被松开之前的这段时间的样式。

【操作步骤】

第 1 步，启动 Dreamweaver CC，打开模板页面 temp.html，另存为 index.html。

第 2 步，在编辑窗口中选择文本“第三届国际茶文化节 11 月在广州举行”。

第 3 步，选择“窗口”|“CSS 设计器”命令，打开“CSS 设计器”面板，依次执行以下操作。

（1）在“源”标题右侧单击 + 按钮，在弹出的下拉菜单中选择“在页面中定义”命令，设计网页内部样式表，然后选择<style>标签。

（2）在“选择器”标题右侧单击 + 按钮，新增一个选择器，命名为“a:link”。

（3）在“属性”列表框中分别设置文本样式：color: #8FB812; text-decoration:none;，定义字体颜色为鹅黄色，清除下划线样式，如图 6.14 所示。

Note

图 6.14　定义超链接伪类默认样式

第 4 步，以同样的方式继续添加 3 个伪类样式，设计超链接的其他状态样式，主要定义文本样式，设置鼠标经过超链接过程中呈现不同的超链接文本颜色，设置如图 6.15 所示。

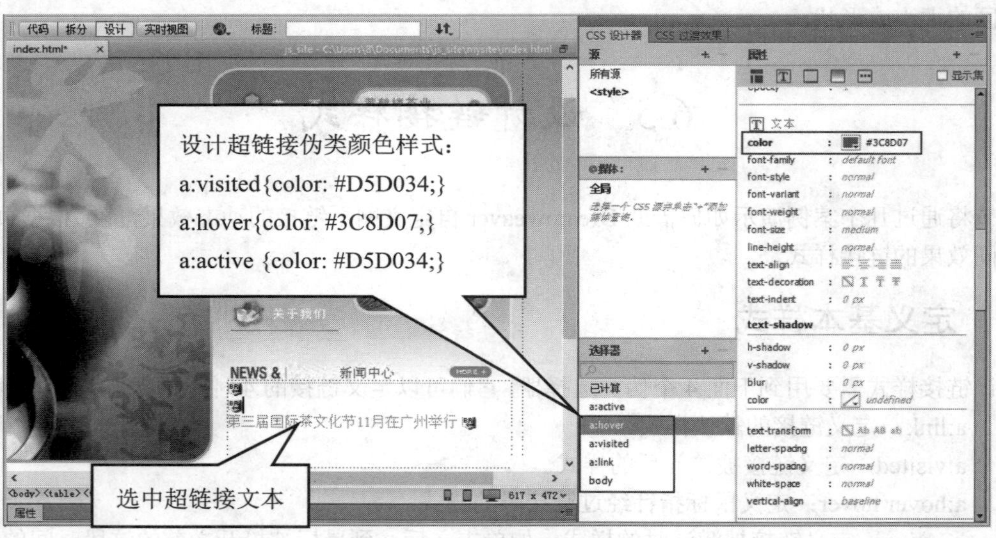

图 6.15　定义遮罩层的不透明效果

第 5 步，按 Ctrl+S 快捷键保存网页，再按 F12 键在浏览器中预览，演示效果如图 6.16 所示。超链接文本在默认状态隐藏了下划线，同时设置颜色为淡黄色，当鼠标指针经过时显示为鲜绿色。

图 6.16 设计超链接的样式

6.5.2 定义下划线样式

在定义网页链接的字体颜色时，一般都会考虑选择网站专用色，以确保与页面风格融合。下划线是网页链接的默认样式，但很多网站都会清除所有链接的下划线。方法如下：

```
a {/*完全清除链接的下划线效果*/
    text-decoration:none;
}
```

不过从用户体验的角度分析，如果取消下划线效果之后，可能会影响部分用户对网页的访问。因为下划线效果能够很好地提示访问者，当前鼠标指针经过的文字是一个链接。

下划线的效果当然不仅仅是一条实线，也可以根据需要进行设计。设计的方法包括：

☑ 使用 text-decoration 属性定义下划线样式。

☑ 使用 border-bottom 属性定义下划线样式。

☑ 使用 background 属性定义下划线样式。

下面演示如何分别使用上面 3 种方法定义不同的下划线链接效果。

【操作步骤】

第 1 步，启动 Dreamweaver CC，打开模板页面 temp.html，另存为 index.html。

第 2 步，在编辑窗口中构建一个列表结构。为每个列表项目文本定义空链接，并分别为它们定义一个类，以方便单独为每个列表项目定义不同的链接样式。

```
<ul>
    <li class="underline1"><a href="#">隐私家园</a></li>
    <li class="underline2"><a href="#">微博公众号</a></li>
    <li class="underline3"><a href="#">微信公众号</a></li>
</ul>
```

第 3 步，在<head>标签内添加<style type="text/css">标签，定义一个内部样式表，然后准备在其中输入代码，用来定义链接的样式。

第 4 步，在内部样式表中输入以下代码，定义两个样式，第一个样式清除项目列表的缩进效果，清除项目符号；第二个样式定义项目列表向左浮动，让多个列表项目并列显示，同时使用 margin 属

Note

性调整每个列表项目的间距，效果如图 6.17 所示。

```
<style type="text/css">
ul, li {/*清除列表的默认样式效果*/
    margin: 0;                  /*清除缩进显示*/
    padding: 0;                 /*清除缩进显示*/
    list-style: none; }         /*清除列表项目*/
li {/*定义列表项目并列显示*/
    float: left;                /*设计每个列表项目向左浮动显示*/
    margin: 0 20px; }           /*设计每个列表项目之间的间距*/
</style>
```

图 6.17　设计列表并列显示样式

第 5 步，设计页面链接的默认样式：清除下划线效果，定义字体颜色为粉色。

```
a {
    text-decoration: none;                  /*清除链接下划线*/
    color: #EF68AD; }                       /*定义链接字体颜色为粉色*/
a:hover { text-decoration: none; }          /*鼠标指针经过时，不显示下划线*/
```

第 6 步，使用 text-decoration 属性为第一个链接样式定义下划线样式。

```
.underline1 a:hover {text-decoration:underline;}
```

第 7 步， 使用 border-bottom 属性为第二个链接样式定义下划线样式。

```
.underline2 a:hover {
    border-bottom: dashed 1px #EF68AD;      /*粉色虚下划线效果*/
    zoom: 1; }                              /*解决 IE 浏览器无法显示问题*/
```

第 8 步，使用 Photoshop 设计一个虚线段，如图 6.18 所示是一个放大 32 倍的虚线段设计图效果，在设计时应该确保高度为 1px，宽度可以为 4px、6px 或 8px，主要根据虚线的疏密进行设置。然后使用粉色（#EF68AD）以跳格方式进行填充，最后保存为 GIF 格式图像即可，最佳视觉空隙是间隔两个像素空格。

提示： 由于浏览器在解析虚线时的效果并不一致，且显示效果不是很精致，最好的方法是使用背景图像来定义虚线，则效果会更好。

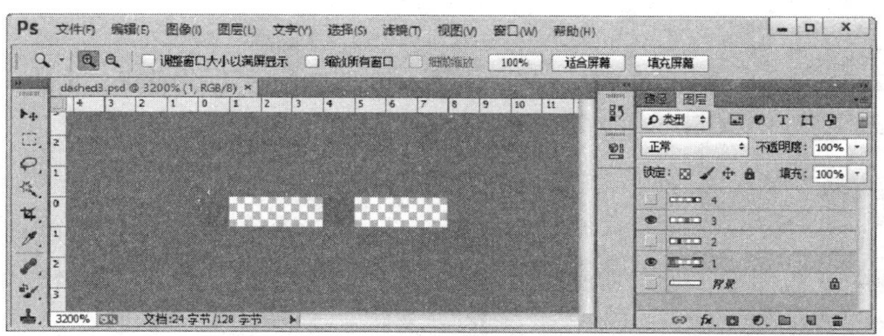

图 6.18　使用 Photoshop 设计虚线段

第 9 步，使用 background 属性为第三个链接样式定义下划线样式。

```
.underline3 a:hover {
    /*定义背景图像，定位到链接元素的底部，并沿 x 轴水平平铺*/
      background:url(images/dashed3.gif) left bottom repeat-x;
}
```

第 10 步，保存网页，按 F12 键在浏览器中预览，则比较效果如图 6.19 所示。

图 6.19　下划线链接样式效果

提示： 下划线的效果还有很多，只要巧妙结合链接的底部边框、下划线和背景图像，就可以设计出很多新颖的样式。例如，可以定义下划线的色彩、下划线距离、下划线长度、对齐方式和定制双下划线等。

6.5.3　定义立体样式

立体效果设计技巧：

☑　利用边框线的颜色变化来制造视觉错觉。可以把右边框和底部边框结合，把顶部边框和左边框结合，利用明暗色彩的搭配来设计立体变化效果。

☑　利用链接背景色的变化来营造凸凹变化的效果。链接的背景色可以设置为相对深色效果，以营造凸起效果，当鼠标指针经过时，再定义浅色背景来营造凹下效果。

☑　利用环境色、字体颜色（前景色）来烘托这种立体变化过程。

本案例定义的网页链接，在默认状态下显示灰色右边框线和灰色底边框线效果。当鼠标指针经过时，则清除右侧和底部边框线，并定义左侧和顶部边框效果，这样利用错觉就设计出了一个简陋的凸凹立体效果。

Note

【操作步骤】

第 1 步，启动 Dreamweaver CC，打开模板页面 temp.html，另存为 index.html。

第 2 步，在编辑窗口中构建一个列表结构。

```
<ul>
    <li><a href="#">首页</a></li>
    <li><a href="#">今日最热</a></li>
    <li><a href="#">衣服</a></li>
    <li><a href="#">鞋子</a></li>
    <li><a href="#">包包</a></li>
    <li><a href="#">配饰</a></li>
    <li><a href="#">美妆</a></li>
    <li><a href="#">特卖</a></li>
    <li><a href="#">团购</a></li>
    <li><a href="#">好店</a></li>
    <li><a href="#">杂志</a></li>
    <li><a href="#">爱美丽 Club</a></li>
</ul>
```

第 3 步，在<head>标签内添加<style type="text/css">标签，定义一个内部样式表，然后准备在其中输入代码，用来定义链接的样式。

第 4 步，在内部样式表中输入下面代码，定义两个样式，其中第一个样式清除项目列表的缩进效果，清除项目符号；第二个样式定义列表项目向左浮动，让多个列表项目并列显示，同时使用 margin 属性调整每个列表项目的间距，效果如图 6.20 所示。

```
<style type="text/css">
ul, li {/*清除列表的默认样式效果*/
    margin: 0;                          /*清除缩进显示*/
    padding: 0;                         /*清除缩进显示*/
    list-style: none; }                 /*清除列表项目*/
li {/*定义列表项目并列显示*/
    float: left;                        /*设计每个列表项目向左浮动显示*/
    margin: 0 1px; }                    /*设计每个列表项目之间的间距*/
</style>
```

图 6.20　设计列表并列显示样式

第 5 步，定义<a>标签在默认状态下的显示效果，即鼠标指针未经过时的样式。

```
a {/*链接的默认样式*/
    text-decoration:none;                          /*清除链接下划线*/
    border:solid 1px;                              /*定义 1px 实线边框*/
    padding: 0.4em 0.8em;                          /*增加链接补白*/
    color: #444;                                   /*定义灰色字体*/
    background: #FFCCCC;                           /*链接背景色*/
    border-color: #fff #aaab9c #aaab9c #fff;       /*分配边框颜色*/
    zoom:1; }                                      /*解决 IE 浏览器无法显示问题*/
```

Note

第 6 步，定义鼠标指针经过时的链接样式。

```
a:hover {/*鼠标指针经过时样式*/
    color: #800000;                                /*链接字体颜色*/
    background: transparent;                       /*清除链接背景色*/
    border-color: #aaab9c #fff #fff #aaab9c; }     /*分配边框颜色*/
```

第 7 步，保存网页，按 F12 键在浏览器中预览，则演示效果如图 6.21 所示。

图 6.21　立体链接样式效果

6.5.4　定义动态背景样式

使用背景图像设计链接样式比较常用，其中，利用背景图像的动态滑动技巧设计很多精致的链接样式，这种技巧被称为滑动门技术。设计技巧如下。

- ☑ 设计相同大小但不同效果的背景图像进行轮换。背景图像之间的设计应该过渡自然、切换吻合。
- ☑ 把所有背景图像组合在一张图中，然后利用 CSS 技术进行精确定位，实现在不同状态下显示为不同的背景图像，这种技巧也被称为 CSS Sprites。

在本案例中，先定义链接块状显示，然后根据背景图像大小定义 a 元素的宽和高，并分别在默认状态和鼠标经过状态下定义背景图像。对于背景图像来说，宽度可以与背景图像宽度相同，也可以根据需要小于背景图像的宽度，但是高度必须保持与背景图像的高度一致。

【操作步骤】

第 1 步，启动 Dreamweaver CC，打开模板页面 temp.html，另存为 index.html。

第 2 步，在编辑窗口中构建一个列表结构。

Note

```
<ul>
    <li><a href="#">好贷首页</a></li>
    <li><a href="#">消费贷款</a></li>
    <li><a href="#">企业贷款</a></li>
    <li><a href="#">购车贷款</a></li>
    <li><a href="#">购房贷款</a></li>
    <li><a href="#">抵押贷款</a></li>
    <li><a href="#">好贷资讯</a></li>
    <li><a href="#">贷款问答</a></li>
</ul>
```

第 3 步，在<head>标签内添加<style type="text/css">标签，定义一个内部样式表，然后准备在其中输入代码，用来定义链接的样式。

第 4 步，在内部样式表中输入以下代码，定义一个样式清除项目列表的缩进效果，清除项目符号，定义列表项目向左浮动，让多个列表项目并列显示，效果如图 6.22 所示。

```
<style type="text/css">
li {/*清除列表的默认样式效果*/
    float:left;                    /*设计每个列表项目向左浮动显示*/
    list-style:none;               /*清除列表项目*/
    margin:0;                      /*清除缩进显示*/
    padding:0; }                   /*清除缩进显示*/
</style>
```

图 6.22　设计列表并列显示样式

第 5 步，在 Photoshop 中设计两幅大小相同、但效果略有不同的图像，如图 6.23 所示。图像的大小为 200px×32px，第一张图像设计风格为渐变灰色，并带有玻璃效果，第二张图像设计风格为深黑色渐变。

图 6.23　设计背景图像

第 6 步，把上面两张图像拼合到一张图像中，如图 6.24 所示。准备利用 CSS Sprites 技术来控制背景图像的显示，以提高网页响应速度。最后，保存到站点 images 目录中。

图 6.24　拼合背景图像

提示： CSS Sprites 加速的关键，不是降低重量，而是减少个数。浏览器每显示一张图片都会向服务器发送请求，所以图片越多请求次数越多，造成延迟的可能性也就越大。

CSS Sprites 其实就是把网页中一些背景图片整合到一张图片文件中，再利用 CSS 的 background-image、background-repeat、background-position 组合进行背景定位，background-position 可以用数字精确地定位出背景图片的位置。

第 7 步，定义链接默认样式，为每个<a>标签定义背景图像，并定位背景图像靠顶部显示。

```
a {/*链接的默认样式*/
    text-decoration:none;                               /*清除默认的下划线*/
    display:inline-block;                               /*行内块状显示*/
    width:150px;                                        /*固定宽度*/
    height:32px;                                        /*固定高度*/
    line-height:32px;                                   /*行高等于高度，设计垂直居中*/
    text-align:center;                                  /*文本水平居中*/
    background:url(images/bg3.gif) no-repeat center top; /*定义背景图像，禁止平铺，居中*/
    color:#ccc; }                                       /*浅灰色字体*/
```

第 8 步，定义鼠标指针经过时的链接样式，此时改变背景图像的定位位置，以实现动态滑动效果。

```
a:hover {/*鼠标指针经过时样式*/
    background-position:center bottom;                  /*定位背景图像，显示下半部分*/
    color:#fff; }                                       /*白色字体*/
```

第 9 步，保存网页，按 F12 键在浏览器中预览，则演示效果如图 6.25 所示。

图 6.25　滑动背景链接样式效果

6.6 定义列表样式

Note

列表在网页中很常见，由于列表信息比较整齐、直观，非常方便浏览，使用率非常高。CSS 定义了多个列表属性，使用 CSS 定义导航列表样式就比较方便。

6.6.1 实战演练：定义列表样式

CSS 提供了 4 个列表类属性，说明如表 6.1 所示。

表 6.1 列表的 CSS 属性

属 性	取 值	说 明
list-style-type	disc（实心圆）| circle（空心圆）| square（实心方块）| decimal（阿拉伯数字）| lower-roman（小写罗马数字）| upper-roman（大写罗马数字）| lower-alpha（小写英文字母）| upper-alpha（大写英文字母）| none（不使用项目符号）	定义列表项符号，默认为实心圆 disc。当定义 list-style-image 属性的有效地址后，该属性显示无效
list-style-image	none（不指定图像）| url （指定图像地址）	定义列表项符号的图像。默认为不指定列表项符号的图像
list-style-position	outside（列表项目标记放置在文本以外，且环绕文本不根据标记对齐） | inside（列表项目标记放置在文本以内，且环绕文本根据标记对齐）	定义列表项符号的显示位置，默认值为 outside
list-style	可以自由设置列表项符号样式、位置和图像。当 list-style-image 和 list-style-type 都被指定时，list-style-image 将获得优先权。除非 list-style-image 设置为 none 或指定 url 地址的图片不能被显示	综合设置列表项目相关样式

下面演示如何动态控制列表项的显示，即当鼠标指针经过列表项时，会显示不同的样式，同时显示有趣的提示标志，鼠标指针移开后又恢复默认样式。

【操作步骤】

第 1 步，启动 Dreamweaver CC，新建 HTML5 文档，保存为 index.html。

第 2 步，在页面中构建 HTML 导航框架结构。切换到“代码”视图，在<body>标签内手动输入以下代码：

```
<div id="listbar"><!--列表外框-->
    <h2>列表标题</h2><!--列表标题-->
    <ul><!--列表内容-->
        <li><a href="#"><span class="leftlink">列表项</span> <span class=rightlink>1.0</span></a></li>
        <li><a href="#"><span class="leftlink">列表项</span> <span class=rightlink>2.0</span></a></li>
        <li><a href="#"><span class="leftlink">列表项</span> <span class=rightlink>3.0</span></a></li>
        <li><a href="#"><span class="leftlink">列表项</span> <span class=rightlink>4.0</span></a></li>
        <li><a href="#"><span class="leftlink">列表项</span> <span class=rightlink>6.0</span></a></li>
        <li><a href="#"><span class="leftlink">列表项</span> <span class=rightlink>6.0</span></a></li>
        <li id="all"><a href="#">所有>></a> </li>
    </ul>
</div>
```

第 3 步，在<head>标签内输入“<style type="text/css">”，定义一个内部样式表，然后在<style>标签内手动输入以下样式代码：

```
#listbar {/*定义列表外框属性*/
    width:180px;                        /*可以自由设置*/
    overflow: hidden;                   /*定义当列表项内容超出外框时将被隐藏*/
    font-size:14px; }
#listbar h2 {/*定义列表外框属性*/
    padding-bottom:2px;
    margin-bottom:12px; /*定义底边界高，标题元素上下边界值默认为字体大小，因此本例默认为 16px。这个设置很重要，否则默认显示会使标题与第一个列表项空隙过大，不好看，初学者可能会觉得奇怪，原因在于潜意识中总认为边界默认值为 0*/
    border-bottom: #d5d7d0 1px solid;
    text-align:center;
    width:100%;
    color:#a21;
    font:16px "trebuchet ms", verdana, sans-serif; }
#listbar ul {/*定义列表属性*/
    padding:0px; /*清除非 IE 浏览器中默认值，默认缩进 3 个字大小左右*/
    margin:0px; /*清除 IE 浏览器中默认值，默认缩进 3 个字大小左右*/
    list-style-type:none; /*清除列表项前的默认标记样式*/
    overflow:auto; /*解决非 IE 浏览器中列表框不自动跟随列表项伸缩问题，很重要，当设置列表边框或背景后，会发现边框或背景缩为一条线，读者可以试验一下*/
}
#listbar ul li {/*定义列表项属性*/
    margin:0;                           /*可选，清除早期版本的浏览器默认样式*/
    padding:0;                          /*可选，清除早期版本的浏览器默认样式*/
    display:block;                      /*块状显示，实现边框样式的显示，否则列表项显示状态下，有些设置属性无效，如定义的下边框*/
    clear:both;                         /*清除列表项并列显示*/
    overflow:auto; /*解决非 IE 浏览器中列表项不同时自动跟随列表项伸缩问题*/
    /*当为列表项设置高和行距时，不同浏览器中会出现问题，这是一个有趣而又奇怪的现象*/
    /*height:1.6em;
    line-height:1.6em;*/
    border:solid #fff 1px; } /*笔者发现，当用背景色为列表项定义边框后，在 IE 中显示的效果才符合逻辑*/
#listbar ul li a {/*定义列表项链接属性，各个属性说明同上，注意当定义链接时，需要为 li 和 li 的 a 分别定义上述属性，否则会出现很多问题*/
    margin:0;                           /*可选，清除早期版本的浏览器默认样式*/
    padding:0;                          /*可选，清除早期版本的浏览器默认样式*/
    display:block;
    overflow:auto;
    border-bottom: #d5d7d0 1px solid;
    text-decoration:none;               /*清除链接下划线*/
    cursor:pointer;                     /*定义鼠标指针样式，显示为手形*/
    color: #9a1; }
.leftlink {/*列表项左侧 span 元素属性*/
    float: left;
    clear:left;}
.rightlink {/*列表项右侧 span 元素属性*/
    font-weight: bold;
    float:right;
```

Note

```
    visibility: hidden; }                                /*隐藏右侧元素内容*/
#listbar ul li a:hover {/*定义鼠标指针经过列表项时的左侧 span 元素显示样式*/
    background: #fafdf4;
    border-bottom-color: #c3b9a2;
    color: #a21;}
#listbar ul li a:hover span.rightlink {/*定义鼠标指针经过列表项时的右侧 span 元素显示样式*/
    visibility: visible; /*鼠标指针经过列表项时显示右边 span 元素内信息*/
    color: #555555;}
#all {/*定义最后一项列表项的显示样式*/
    text-align:right;
    font-weight:bold;
    font-size:12px;}
```

第 4 步，保存文档，按 F12 键在浏览器中预览，则效果如图 6.26 所示。

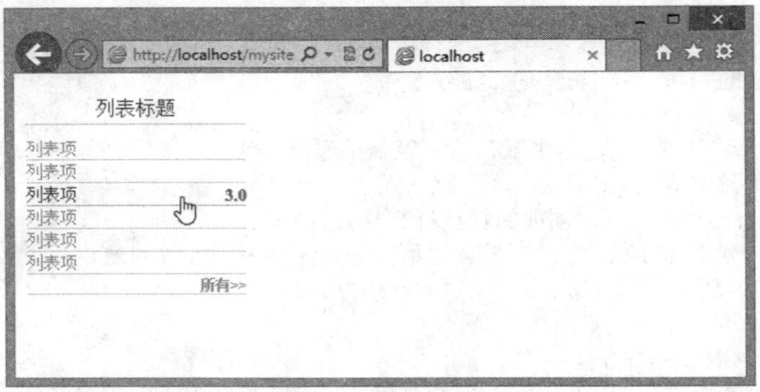

图 6.26　设计列表样式

> 提示：使用列表结构的最大优点：各种浏览器都为列表元素预定义了默认样式。如果要定义个性列表样式，用户应清楚各种浏览器中列表样式的默认值。
>
> 另外，列表元素显示的属性不同，用户不能简单地用 div 元素控制方法来控制列表及列表项元素。特别是不同浏览器支持上的差异，会使列表排版很麻烦。

6.6.2　实战演练：设计列表项目水平显示

列表项目默认以单列垂直显示，这样方便快速浏览信息。列表也可以在行内并列显示，且实现的方法有多种，通过定义列表项浮动显示，或者流动显示都可以实现。这两种方式各有千秋，通过定义块状浮动可以利用和显示一些块元素的属性，如边框、边界和补白，来设计更多修饰效果，但浮动布局容易出现活动、错位等问题；通过定义内联流动可以像文本一样更容易控制，但缺乏块状元素的表现力。

下面演示如何使用流动方式控制列表项在单行中水平显示。

【操作步骤】

第 1 步，启动 Dreamweaver CC，新建 HTML5 文档，保存为 index.html。

第 2 步，在页面中构建 HTML 导航框架结构。切换到代码视图，在<body>标签内手动输入以下代码：

```
<div id="footer"><!--脚部框架-->
    <ul><!--导航列表-->
```

```
        <li class="f_nav"><a href="#">关于我们</a></li><li> | </li>
        <li class="f_nav"><a href="#">联系我们</a></li><li> | </li>
        <li class="f_nav"><a href="#">关于我们</a></li><li> | </li>
        <li class="f_nav"><a href="#">广告服务</a></li><li> | </li>
        <li class="f_nav"><a href="#">版权声明</a></li><li> | </li>
        <li class="f_nav"><a href="#">网站地图</a></li>
    </ul>
</div>
```

第 3 步，在<head>标签内输入“<style type="text/css">”，定义一个内部样式表，然后在<style>标签内手动输入以下样式代码：

```
#footer {/*定义脚部模块宽度*/
    width:100%;}
#footer ul {/*定义导航列表*/
    list-style-type:none;                    /*清除列表项符号*/
    margin:0px;                              /*清除 IE 缩进格式*/
    padding:0px;                             /*清除非 IE 缩进格式*/
    text-align:center; }                     /*使列表项居中显示*/
#footer li {/*定义导航列表项*/
    display:inline; } /*定义列表项为内联元素，实现行内并列流动*/
#footer a {/*定义导航列表项链接属性*/
    text-decoration:none; }                  /*清除链接下划线*/
#footer .f_nav {/*定义导航菜单属性*/
    line-height:32px; } /*可选，通过行高实现控制列表菜单的上下空隙*/
```

第 4 步，保存文档，按 F12 键在浏览器中预览，则效果如图 6.27 所示。

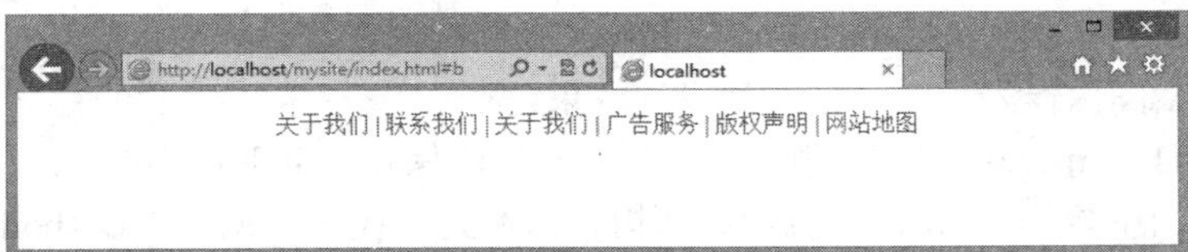

图 6.27　设计列表项单行水平显示效果

6.6.3　实战演练：自定义项目列表符号

CSS 定义的列表项符号比较单一，不能满足实际开发需要，用户一般可以自定义列表符号，实现的方法有多种，一般可用 list-style-image:或者 background 属性来进行定义。

【示例 1】下面介绍如何利用列表属性 list-style-image:来控制列表符号的显示技巧。

第 1 步，启动 Dreamweaver CC，新建 HTML5 文档，保存为 index.html。

第 2 步，在页面中构建 HTML 导航框架结构。切换到“代码”视图，在<body>标签内手动输入以下代码：

```
<div id="left_book">
    <ul>
        <li><a href="#">网页设计简略</a></li>
        <li><a href="#">HTML 手册</a></li>
        <li><a href="#">JavaScript 手册</a></li>
        <li><a href="#">CSS 手册</a></li>
```

```
    </ul>
</div>
```

第 3 步，在<head>标签内输入“<style type="text/css">”，定义一个内部样式表，然后在<style>标签内手动输入以下样式代码：

Note

```
#left_book {/*定义模块框架*/
    width:180px;}
#left_book ul {/*定义列表属性*/
    list-style-image:url(icon/1.gif); /*定义列表项符号*/
    font-size:14px;
    line-height:1.6em;}
#left_book a {/*定义列表选项链接*/
    text-decoration:none;
    color:#66871A;}
```

第 4 步，保存文档，按 F12 键在浏览器中预览，则效果如图 6.28 所示。

图 6.28　通过列表属性定义列表符号

使用 list-style-image 属性定义项目符号虽然简单，但无法灵活控制项目符号的位置。虽然可以使用 list-style-position 属性定义符号位置，但精确性和灵活性都大打折扣。

解决方法：使用 background-image 设置背景属性，并配合 background-position 属性来精确定位背景图像的位置。

【示例 2】下面介绍如何利用 background-image 来控制列表符号的显示技巧。本示例设计在列表项的头和尾定义背景图像作为点缀，修饰列表项效果。

第 1 步，启动 Dreamweaver CC，新建 HTML5 文档，保存为 index1.html。

第 2 步，在页面中构建 HTML 导航框架结构。切换到“代码”视图，在<body>标签内手动输入以下代码：

```
<div id="left_nav">
    <ul id="news">
        <li><a href="#"><span>2015-05-14</span>我为什么不写软文了</a></li>
        <li><a href="#"><span>2015-04-08</span>互联网乱世之下，那些人才流动中的心酸和无奈</a></li>
        <li><a href="#"><span>2015-03-25</span>硅谷人士怎么看待科技普惠与科技早教？</a></li>
        <li><a href="#"><span>2015-02-12</span>为什么说手游 CP 不适合单独上市？</a></li>
        <li><a href="#"><span>2015-01-01</span>人工智能毁灭人类，马斯克是在危言耸听吗？</a></li>
    </ul>
</div>
```

第 3 步，在<head>标签内输入“<style type="text/css">”，定义一个内部样式表，然后在<style>标签内手动输入以下样式代码：

```
#left_nav {/*定义列表框架*/
    float: left;
    width: 380px;
    font-size:12px;
```

```
        color:#666;}
    #news{/*定义新闻列表*/
        width:100%;
        background: #fff;
        padding:16px 0;                         /*定义列表补白*/
        margin:0;                               /*清除 IE 浏览器中列表缩进格式*/
        list-style:none; }                      /*清除列表符号*/
    #news li {/*定义列表项属性*/
        background:none;                        /*清除列表项背景颜色*/
        padding:0;
        margin:0;
        border-bottom:1px solid #e8e5de; }      /*定义列表下划线*/
    #news li a { /*定义列表项链接属性*/
        display: block; /*定义链接 a 元素显示为块状元素，必须设置，否则背景图像无法定位*/
        padding: 0.4em 1em 0.3em 0.3em;
        background:url(icon/13.gif) 97% 50% no-repeat; /*定义 a 元素的背景图像，其中，url 指定图像地址，97% 表示 x 轴上离元素左上角的距离，百分比参照物为元素的宽，50% 表示 y 轴上离元素左上角的距离，百分比参照物为元素的高*/
        color:#666;
        text-decoration:none; }                 /*清除链接下划线样式*/
    #news li a span {/*定义左侧的背景图像*/
        color: #134992;
        background: url(icon/16.gif) 0 0 no-repeat;    /*定义左侧的背景图像*/
        padding: 0 0.5em 0 2em;
        line-height:1.4em; }
    #news li a:hover, #news li a:focus, #news li a:active { /*鼠标指针经过、单击和获取焦点时样式*/
        background-color:#9a9a9a;               /*改变背景色*/
        background:url(icon/15.gif) 97% 50% no-repeat; /*改变右边箭头背景图像*/
        color: #000000; }                       /*改变背景色*/
```

第 4 步，保存文档，按 F12 键在浏览器中预览，则效果如图 6.29 所示。

提示： 用户还可以用图像编辑器制作更精美的背景，然后嵌入到列表项内。或者制作一张大图，大小与列表框大小正合适，利用这种方法可以设计更艺术的列表效果。使用 CSS 能够随时改变列表的外观，而从视觉设计上来说，使用背景控制可以为列表版式提供更多的创意可能。

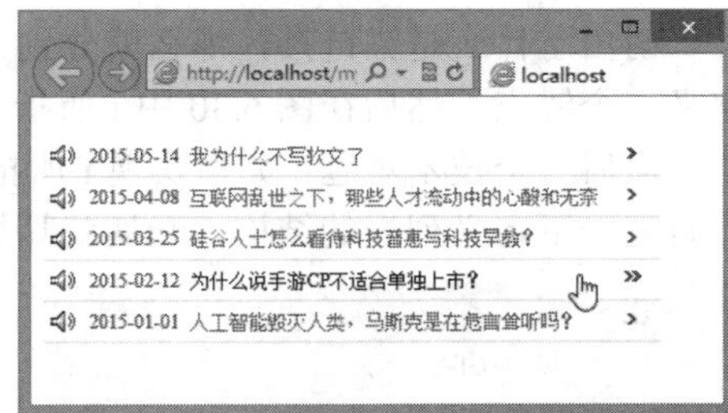

图 6.29　通过背景图像定义列表符号

6.7　案例实战：设计列表版式

列表结构在网页布局中的作用是非常大的，能够组织导航菜单、规划栏目信息，使整个页面井然有序，层次清晰。下面介绍一些列表实战案例，帮助用户认识列表设计的魅力。

6.7.1 设计灯箱广告

Note

灯箱广告在各种大型网站中很受青睐，不过一般多使用 Flash 或 JavaScript 来动态实现，下面介绍如何使用 CSS 来实现类似的显示效果。

【设计原理】

巧妙利用锚链接来动态控制列表显示顺序。这与放映幻灯片有点类似，设计演示示意图如图 6.30 所示。

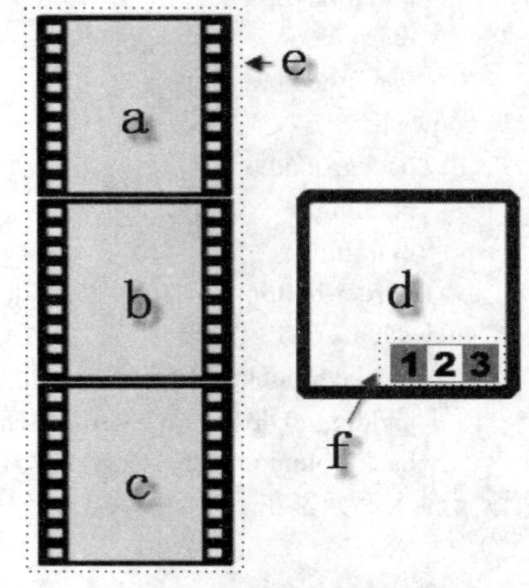

图 6.30 电影胶片放映

在图 6.30 所示的模拟胶片与放映示意图中，e 所指示的胶带就是一个定义列表，其中，a、b 和 c 所指示的胶片就表示一个定义列表项，d 所指示的区域表示放映窗口，即一个显示窗口。

【技术难点】

如何把胶片和放映窗口捆绑在一起，并不露破绽？实现技巧很简单，就是把 e 所指示的定义列表用 CSS 强制压缩为放映窗口显示大小，也就是 d 所指示区域的大小。由于 e 所指示的虚线框被压缩，且 a、b 和 c 的显示区域与 d 的显示区域大小重合，观众只能看见 a、b 或 c 这 3 个胶片中的一个列表项，这样就实现了切换显示的基础。

接着，需要突破另一个技术难点，即如何让观众自己控制 a、b 和 c 这 3 个胶片轮换显示？实现的方法就是利用锚链接。有一定 HTML 基础的用户能明白用锚链接实现页内跳转的技巧，锚链接的代码样式如下：

```
<a name="锚记名称" id="锚记名称"></a>
```

实际上锚链接就是不定义 href 属性的超链接。在页内某个区域内定义一个锚链接，并指定一个锚记名称，这样就可以用超链接找到它，定义超链接的代码样式如下：

```
<a href="#锚记名称"></a>
```

明白了什么是锚链接，那么就分别为 a、b、c 这 3 个列表项定义 id 属性，这个 id 属性就相当于定义一个锚点，然后在图 6.30 中 f 所指示的导航按钮组中分别定义链接到这些锚点的超链接。

最后一个技术难题：如何实现 f 所指示的导航按钮组？是单独制作，还是利用现有资源？如果用户研究一下定义列表的结构，一切就豁然开朗了。

```
<dl>
    <dt></dt>
    <dt></dt>
    <dt></dt>
    <dt></dt>
</dl>
```

用 dl 元素来制作放映机窗口，即图 6.30 中 d 所指示的区域，用 3 个 dd 元素分别来定制 a、b、c 这 3 个胶片区域，用 dt 元素来定制图 6.30 中 f 所指示的导航按钮组，要控制 dt 元素在胶片上显示，可以通过绝对定位的方式来实现，具体信息用户可以参考下面示例。

【操作步骤】

第 1 步，启动 Dreamweaver CC，新建 HTML5 文档，保存为 index.html。

第 2 步，在页面中构建 HTML 结构。切换到“代码”视图，在<body>标签内手动输入以下代码：

```
<dl><!--定义列表-->
    <dt><a href="#a" title="">1</a><a href="#b" title="">2</a><a href="#c" title="">3</a><a href="#d" title="">4</a></dt><!--定义列表名称或标题-->
    <dd><!--定义列表说明-->
        <img src="bg1.jpg" alt="" title="" id="a" />
        <img src="bg2.jpg" alt="" title="" id="b" />
        <img src="bg3.jpg" alt="" title="" id="c" />
        <img src="bg4.jpg" alt="" title="" id="d" />
    </dd>
</dl>
```

第 3 步，在<head>标签内输入“<style type="text/css">”，定义一个内部样式表，然后在<style>标签内手动输入以下样式代码：

```
dl {/*定义列表属性*/
    position:relative;/*相对定位，定义一个包含块，为实现内部元素精确定位奠定基础*/
    width:400px;                              /*自定义宽*/
    height:320px;                             /*自定义高*/
    border:16px solid #6F9412;/*自定义边框*/}
dt {/*定义列表标题属性*/
    position:absolute;                        /*绝对定位*/
    right:5px;                                /*靠近 dl 元素右侧 5px*/
    bottom:5px; }                             /*靠近 dl 元素底部 5px*/
dd { /*定义列表说明属性*/
    margin:0;                                 /*清除边界属性，dd 默认有缩进格式*/
    width:400px;                              /*定义宽*/
    height:320px;                             /*定义高*/
    overflow:hidden; }                        /*隐藏超出区域*/
img { /*定义图像属性*/
    border:1px solid black;
    width:400px;
    height:320px;}
a { /*定义超链接属性*/
    display:block;                            /*块状显示*/
    float:left;                               /*定义超链接对象向左浮动*/
    margin:1px;                               /*定义边界*/
    width:20px;                               /*定义宽*/
    height:20px;                              /*定义高*/
    text-align:center;                        /*居中显示*/
    font:700 12px/20px "宋体",sans-serif;      /*字体列表、大小、行高和粗体*/
    color:#fff;                               /*字体颜色*/
    text-decoration:none;                     /*清除下划线*/
    background:#666;                          /*定义背景色*/
    border:1px solid #fff;                    /*定义边框*/
    filter:alpha(opacity=40); /*IE 透明特效，值越低越透明，0 为全透明，100 为不透明*/
    opacity:.4; }   /*在非 IE 中定义透明特效，值越低越透明，0 为全透明，10 为不透明*/
a:hover { /*定义超链接属性，即鼠标指针经过属性*/
    background:#6F9412;}
```

第 4 步，保存文档，按 F12 键在浏览器中预览，则效果如图 6.31 所示。

Note

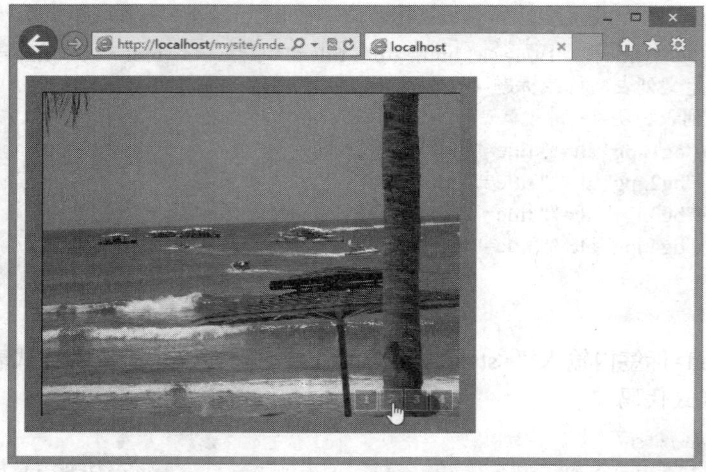

图 6.31　图片灯箱广告显示效果

6.7.2　设计选项卡

本节案例的设计原理与 6.7.1 节示例相同，用户可以尝试改变栏目选项卡的分布位置和显示效果。具体操作不再深入介绍，用户可以自己动手试验。这里主要使用了两个技巧。

☑　利用绝对定位来定义 dt 元素内容的显示位置，即定义显示在 dd 元素之上。

☑　利用锚技术，为每个 ul 列表定义锚记，然后利用 dt 中的超链接实现内容切换。

【操作步骤】

第 1 步，启动 Dreamweaver CC，新建 HTML5 文档，保存为 index.html。

第 2 步，在页面中构建 HTML 结构。切换到“代码”视图，在<body>标签内手动输入以下代码：

```
<dl><!--定义列表-->
    <dt><a href="#a" title="">焦点新闻</a><a href="#b" title="">国内新闻</a><a href="#c" title="">国际新闻
</a></dt><!--定义列表标题-->
    <dd><!--定义列表说明-->
        <ul id="a"><!--内嵌无序列表-->
            <li>•<a href="" title="">焦点新闻 1</a></li>
            <li>•<a href="" title="">焦点新闻 2</a></li>
            <li>•<a href="" title="">焦点新闻 3</a></li>
            <li>•<a href="" title="">焦点新闻 4</a></li>
            <li>•<a href="" title="">焦点新闻 5</a></li>
        </ul>
        <ul id="b"><!--内嵌无序列表-->
            <li>•<a href="" title="">国内新闻 1</a></li>
            <li>•<a href="" title="">国内新闻 2</a></li>
            <li>•<a href="" title="">国内新闻 3</a></li>
            <li>•<a href="" title="">国内新闻 4</a></li>
            <li>•<a href="" title="">国内新闻 5</a></li>
        </ul>
        <ul id="c"><!--内嵌无序列表-->
            <li>•<a href="" title="">国际新闻 1</a></li>
```

```
                <li>•<a href="" title="">国际新闻 2</a></li>
                <li>•<a href="" title="">国际新闻 3</a></li>
                <li>•<a href="" title="">国际新闻 4</a></li>
                <li>•<a href="" title="">国际新闻 5</a></li>
            </ul>
        </dd>
</dl>
```

第 3 步，在<head>标签内输入“<style type="text/css">”，定义一个内部样式表，然后在<style>标签内手动输入以下样式代码：

```
dl {/*定义列表属性*/
    position:relative;                          /*相对定位，定义一个包含块*/
    width:240px;                                /*自定义宽*/
    height:200px; }                             /*自定义高*/
dt {/*定义列表标题属性*/
    position:absolute;/*绝对定位，根据上级元素 dl 包含块进行精确定位*/
    left:-2px;/*定位在 dl 元素包含块左侧外边 2px 位置，使用负值绝对定位可以定义在包含块外边*/
    top:-1.5em; }   /*定位在 dl 元素包含块顶部外边 1.5em 位置*/
dt a {/*定义列表标题内链接属性*/
    display:block;                              /*块状显示*/
    float:left;                                 /*浮动左对齐*/
    margin:1px;                                 /*定义边距*/
    width:78px;                                 /*定义标题栏宽度*/
    text-align:center;                          /*文本居中*/
    font:bold 12px/1.8em "宋体",sans-serif;     /*定义字体属性*/
    color:#fff;                                 /*定义字体颜色*/
    text-decoration:none;                       /*清除下划线*/
    background:#666; }                          /*定义背景色*/
dt a:hover {/*定义列表标题内链接鼠标指针经过属性 */
    background:orange; }                        /*改变背景色*/
dd {/*定义列表说明属性*/
    margin:0;                                   /*清除预定义边界*/
    width:240px;/*自定义宽，与父元素宽度保持一致*/
    height:200px;/*自定义高，与父元素高度保持一致*/
    overflow:hidden;/*隐藏超出区域*/
    border:1px solid #999; }                    /*定义边框*/
ul {/*定义无序列表属性*/
    margin:0;                                   /*清除边界预定义值*/
    padding:6px 0;                              /*自定义补白*/
    width:240px;                                /*自定义宽，与上面宽度保持一致*/
    height:200px;                               /*自定义高，与上面高度保持一致*/
    list-style:none; }                          /*清除样式预定义值*/
li {/*定义无序列表项属性*/
    width:230px;                                /*自定义宽，要小于父元素定义的宽度*/
    font:12px/1.8em "宋体",sans-serif;          /*字体属性*/
    white-space:nowrap;                         /*禁止换行显示*/
    overflow:hidden; }                          /*隐藏超出区域内容*/
```

第 4 步，保存文档，按 F12 键在浏览器中预览，则效果如图 6.32 所示。

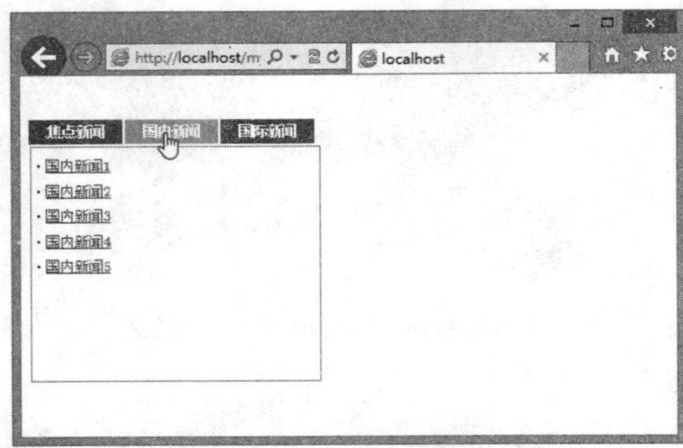

图 6.32　选项卡面板效果

6.8　案例实战：设计菜单样式

网页菜单形式多样，显示效果千变万化，一般导航菜单可以概括为 3 大类：水平菜单、垂直菜单和多级菜单。下面通过示例分别演示说明。

6.8.1　设计水平菜单

顾名思义，水平菜单就是水平分布的多个超链接，这些超链接样式统一，在结构上被捆绑在一起，这样就形成了完整的导航条模块。制作水平菜单时，需要掌握列表项水平显示的技巧。下面通过示例说明两种比较典型的水平菜单样式。

1. 普通式

这是一个水平下划线效果的导航菜单，当鼠标指针移过时会显得非常动感。用户还可以为每个 a 元素定义背景图片，使用背景图片会让页面效果更漂亮。

【操作步骤】

第 1 步，启动 Dreamweaver CC，新建 HTML5 文档，保存为 index.html。

第 2 步，在页面中构建 HTML 导航框架结构。切换到“代码”视图，在<body>标签内手动输入以下代码：

```
<ul id="menus">
    <li><a href="" class="current" title="menu_1">首页</a></li>
    <li><a href="" title="menu_2">本站新闻</a></li>
    <li><a href="" title="menu_3">在线交流</a></li>
    <li><a href="" title="menu_4">联系方式</a></li>
    <li><a href="" title="menu_5">关于我们</a></li>
</ul>
```

第 3 步，在<head>标签内输入“<style type="text/css">”，定义一个内部样式表，然后在<style>标签内手动输入以下样式代码：

```
ul#menus    {/*定义无序列表属性*/
    margin: 0;                          /*清除 IE 默认值*/
    padding: 0;                         /*清除非 IE 默认值*/
```

```
        float: left;/*浮动，如果不浮动，需要用其他方法强迫非 IE 浏览器的父元素自适应内部子元素高度问题*/
        width: 100%;                                /*自定义宽度*/
        border: 1px solid #D2A6C7;                  /*定义导航菜单边框*/
        border-width: 1px 0; }                      /*隐藏左右边框*/
    ul#menus li {/*定义列表项属性*/
        display: inline; }   /*内联流动布局，使各个列表项在同一行内显示*/
    ul#menus li a {/*定义列表项链接属性*/
        float: left;                                /*定义超链接以块状显示，实现并列分布*/
        color: #D2A6C7;
        padding: 4px 10px;/*预留补白区域，避免鼠标指针经过时发生错位现象*/
        text-decoration: none;                      /*清除下划线*/
        background: white url(bg.gif) top right repeat-y; }   /*定义背景图像，实现更个性的菜单效果，用户可以自
己设计出更多艺术的背景图片*/
    ul#menus li a:hover {/*定义列表项链接属性，即鼠标指针经过时样式*/
        color: black;
        background-color: #CAE5E8;
        border-bottom: 4px solid #008489;           /*显示下划线效果*/
        padding-bottom: 0;}
```

第 4 步，保存文档，按 F12 键在浏览器中预览，则效果如图 6.33 所示。

2. 图像式

下面利用背景图片设计水平渐变菜单，用了 3 张小图片：bg1.gif、bg2.gif 和 bg3.gif，由于是像素级别的小图标，所以看不太清楚，用户可以在光盘实例中放大原图片查看，然后用 CSS 实现水平铺展效果，并选择其中的一个菜单项，使其处于选中状态，以避免未触发 hover 而带来的图片加载延迟。

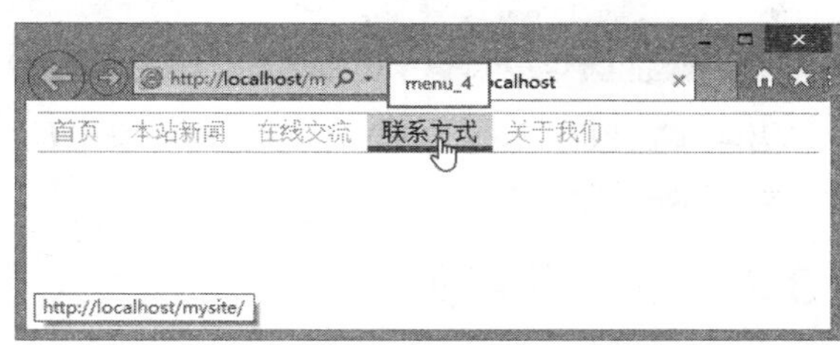

图 6.33　普通的水平导航菜单样式

【操作步骤】

第 1 步，启动 Dreamweaver CC，新建 HTML5 文档，保存为 index1.html。

第 2 步，在页面中构建 HTML 导航框架结构。切换到“代码”视图，在<body>标签内手动输入以下代码：

```
<ul id="menus">
    <li><a href="" class="current" title="menu_1">首页</a></li>
    <li><a href="" title="menu_2">本站新闻</a></li>
    <li><a href="" title="menu_3">在线交流</a></li>
    <li><a href="" title="menu_4">联系方式</a></li>
    <li><a href="" title="menu_5">关于我们</a></li>
</ul>
```

第 3 步，在<head>标签内输入“<style type="text/css">”，定义一个内部样式表，然后在<style>标签内手动输入以下样式代码：

```
#menus{/*定义无序列表属性*/
    margin: 0;                                  /*清除 IE 默认值*/
    padding: 0;                                 /*清除非 IE 默认值*/
    list-style-type: none;                      /*清除列表样式，即清除项目符号*/
    width: auto;                                /*宽度自动调节*/
```

Note

```
        position: relative;                    /*相对定位*/
        display: block;                        /*块状显示*/
        height: 39px;                          /*固定高度*/
        font-size: 11px;
        font-weight: bold;
        background: transparent url(images/bg1.gif) repeat-x top left;/*使用背景图片实现立体显示效果*/
        font-family: Arial,Verdana,Helvitica,sans-serif; /*定义字体*/
        border-top: 4px solid #7DA92F; }       /*在顶部添加一条修饰线*/
    #menus li{/*定义列表项属性*/
        display: block;                        /*块状显示*/
        float: left;                           /*向左浮动*/
        margin: 0; }                           /*边界显示为0*/
    #menus li a{/*定义列表项链接属性*/
        float: left;                           /*向左浮动，实现并列显示*/
        color: #666;
        text-decoration: none;                 /*清除下划线 */
        padding: 11px 20px 0 20px;             /*定义补白 */
        height: 23px;                          /*固定高度*/
        background: transparent url(images/bg3.gif) no-repeat top right; } /*背景图实现立体显示*/
    #menus li a:hover,#menus li a.current{/*定义列表项链接属性，即鼠标指针经过时样式*/
        color: #7DA92F;
        background: #fff url(images/bg2.gif) no-repeat top left; } /*背景图实现立体导航菜单*/
```

第 4 步，保存文档，按 F12 键在浏览器中预览，则效果如图 6.34 所示。

图 6.34　图像设计的水平导航菜单样式

6.8.2　设计垂直菜单

相对于水平菜单，垂直菜单的实现相对容易，因为列表项默认就是垂直显示的，所以不再考虑如何控制列表项，整体控制起来比较容易。

本案例使用定义列表（dl,dt,dd）设计垂直导航菜单结构，通过比较会发现用定义列表来制作 CSS 菜单比无序列表更有优势，因为其控制能力比较强。

☑　如果使用 dt 作为菜单标题，则 dd 可以作为菜单链接。

☑　如果使用 dt 作为菜单链接，则 dd 可以作为链接的说明，并可以在 dd 文字区域加上其他链接。

相比有序列表和无序列表，使用定义列表可以更灵活地定义标签的样式，甚至还可以只针对链接进行样式化，而忽略 dl 和 dt 的样式，其中，dd 的默认缩进不需要时应显式定义清除。

另外，由于定义列表有 3 个元素，这样就可以在列表中定义更多的背景图像，上面的菜单在 dl 中有幅背景图片，在 dt 和 dd 中也有背景图片，这样，当选择大字体显示时，就不会出现裂缝等现象。

【操作步骤】

第 1 步，启动 Dreamweaver CC，新建 HTML 5 文档，保存为 index.html。

第 2 步，在页面中构建 HTML 导航框架结构。切换到代码视图，在<body>标签内手动输入以下代码：

```
<dl id="menus">
    <dt>菜单标题</dt>
    <dd><a href="#" title="menu_1">首页</a></dd>
    <dd><a href="#" title="menu_2">本站新闻</a></dd>
```

```
        <dd><a href="#" title="menu_3">在线交流</a></dd>
        <dd><a href="#" title="menu_4">联系方式</a></dd>
        <dd><a href="#" title="menu_5">关于我们</a></dd>
</dl>
```

第 3 步，在<head>标签内输入“<style type="text/css">”，定义一个内部样式表，然后在<style>标签内手动输入以下样式代码：

```
#menus   {/*定义列表属性*/
    width: 150px;                              /*固定宽度*/
    margin: 0 auto;                            /*居中显示*/
    padding: 0 0 10px 0;/*底部留出 10px 的空白用来显示圆角背景图片*/
    font-size:12px;
    background: #69c url(images/bottom.gif) no-repeat bottom left; } /*定义底部圆角背景图*/
#menus dt {/*定义列表标题属性*/
    margin: 0;                                 /*清除默认值*/
    padding: 10px;                             /*留出 10px 的补白用来显示圆角背景图像*/
    font-size: 1.4em;
    font-weight: bold;
    color: #fff;
    border-bottom: 1px solid #fff;             /*增加白色底边*/
    background: #69c url(images/top.gif) no-repeat top left; } /*定义顶部圆角背景色图像*/
#menus dd {/*定义列表说明属性*/
    margin: 0;                                 /*清除默认值*/
    padding: 0;                                /*清除默认值*/
    color: #fff;                               /*定义字体颜色*/
    font-size: 1em;
    border-bottom: 1px solid #fff;             /*添加白色底边*/
    background: #47a; }                        /*设置背景色*/
#menus a, #menus a:visited {/*定义列表项内链接属性*/
    color: #fff;                               /*白色字体*/
    text-decoration: none;                     /*清除下划线*/
    display: block;                            /*块状显示*/
    padding: 5px 5px 5px 20px;                 /*增加补白，控制字体显示位置*/
    background: #47a url(images/arrow.gif) no-repeat 10px 10px;    /*定义一个指示箭头*/
    width: 125px;}
#menus a:hover {/*定义列表项内鼠标指针经过链接时的属性*/
    background: #258 url(images/arrow.gif) no-repeat 11px 10px;/*鼠标指针经过时显示箭头*/
    color: #9cf; }                             /*鼠标指针经过时改变颜色*/
```

第 4 步，保存文档，按 F12 键在浏览器中预览，效果如图 6.35 所示。

图 6.35　设计垂直菜单样式

6.8.3　设计多级菜单

多级菜单可以包含更多的链接，在有限的空间内实现更多导航选项。在没有使用 CSS 之前，用户习惯使用 JavaScript 来实现多级菜单。多级菜单的样式也比较丰富，如平行式、垂直式、并列式、层叠式等，下面就常见的平行式和垂直式展开介绍。

1. 平行式多级菜单

本案例使用了无序列表嵌套，设计多级层次的菜单显示。为了解决 IE 早期版本浏览器对于嵌套控制无效的问题，利用 IE 条件注释嵌入表格以帮助多级菜单正常显示。

Note

用户可以无限增加菜单和子菜单项目，也可以根据提示修改菜单显示的颜色、字体、背景、高、宽等属性，设置个性化的多级导航菜单效果。

【操作步骤】

第 1 步，启动 Dreamweaver CC，新建 HTML5 文档，保存为 index.html。

第 2 步，在页面中构建 HTML 导航框架结构。切换到“代码”视图，在<body>标签内手动输入以下代码：

```
<div class="menu">
    <ul>
        <li><a href="">菜单一
            <!--[if IE7]><!-->
            </a>
            <!--<![endif]-->
            <!--[if lte IE6]><table><tr><td><![endif]-->
            <ul>
                <li><a href="">菜单一 1</a></li>
                <li><a href="">菜单一 2</a></li>
                <li><a href="">菜单一 3</a></li>
                <li><a href="">菜单一 4</a></li>
                <li><a href="">菜单一 5</a></li>
            </ul>
            <!--[if lte IE6]></td></tr></table></a><![endif]-->
        </li>
        <li><a href="">菜单二
            <!--[if IE7]><!-->
            </a>
            <!--<![endif]-->
            <!--[if lte IE6]><table><tr><td><![endif]-->
            <ul>
                <li><a href="">菜单二 1</a></li>
                <li><a href="">菜单二 2</a></li>
                <li><a href="">菜单二 3</a></li>
            </ul>
            <!--[if lte IE6]></td></tr></table></a><![endif]-->
        </li>
        <li><a href="">菜单三
            <!--[if IE7]><!-->
            </a>
            <!--<![endif]-->
            <!--[if lte IE6]><table><tr><td><![endif]-->
            <ul>
                <li><a href="">菜单三 1</a></li>
            </ul>
            <!--[if lte IE6]></td></tr></table></a><![endif]-->
        </li>
```

```
        <li><a href="">菜单四</a></li>
        <li><a href="">菜单五</a></li>
    </ul>
</div>
```

第 3 步，在<head>标签内输入“<style type="text/css">”，定义一个内部样式表，然后在<style>标签内手动输入以下样式代码：

```
*{/*清除所有元素默认边距*/
    margin: 0;
    padding: 0;}
.menu{/*定义主列表属性*/
    font-size: 12px;
    position: relative;                    /*相对定位，定义包含块*/
    z-index: 100; }                        /*定义层叠顺序，使其总是显示在最上面*/
.menu ul{/*清除列表样式*/
    list-style: none;}
.menu li {/*定义列表项属性*/
    float: left;                           /*向左浮动，实现并列显示*/
    position: relative; }                  /*相对定位，定义包含块*/
.menu ul ul {/*定义内部列表属性*/
    visibility: hidden;                    /*先默认隐藏起来*/
    position: absolute;                    /*绝对定位，根据父元素 li 精确定位*/
    left: 2px;                             /*距离左侧 2px*/
    top: 23px; }                           /*距离顶部 23px，相当于在菜单底部显示*/
.menu table {/*定义内部表格属性*/
    position: absolute;                    /*绝对定位，根据父元素 li 精确定位*/
    top: 0;                                /*距离顶部 0px*/
    left: 0; }                             /*距离左侧 0px，使子菜单列表按顺序在下面显示*/
.menu ul li:hover ul,.menu ul a:hover ul{/*定义鼠标指针经过时显示*/
    visibility: visible;}
.menu a{/*定义超链接属性*/
    display: block;                        /*块状显示*/
    border: 1px solid #aaa;                /*定义灰色边框*/
    background: #1B4F93;                   /*定义背景*/
    padding: 2px 30px;                     /*定义主菜单列表项的补白，加宽菜单项显示*/
    margin: 3px 1px;                       /*定义主菜单列表项的边界，为菜单项增加空隙*/
    color: #fff;                           /*定义字体颜色*/
    text-decoration: none; }               /*清除下划线*/
.menu a:hover{/*定义鼠标指针经过时的样式*/
    background: #FCDAD5;                   /*定义背景*/
    color: #BD6B09;                        /*定义字体颜色*/
    border: 1px solid #BFCAE6; }           /*增加边框*/
.menu ul ul li {/*定义子菜单列表项的属性*/
    clear: both;                           /*清除两侧浮动，避免列表项之间重叠*/
    text-align: left;
    font-size: 12px;}
.menu ul ul li a{/*定义子菜单列表项内的超链接属性*/
    display: block;                        /*块状显示*/
    width: 100px;                          /*指定宽度*/
    height: 13px;                          /*指定高度*/
```

Note

```
    margin: 0;                              /*清除边界*/
    border: 0;                              /*清除边框*/
    border-bottom: 1px solid #BFCAE6; }     /*增加下划线效果*/
.menu ul ul li a:hover{/*定义子菜单列表项内鼠标指针经过时的超链接属性*/
    border: 0;
    background: #FCDAD5;
    border-bottom: 1px solid #fff;}
```

第 4 步，保存文档，按 F12 键在浏览器中预览，则效果如图 6.36 所示。

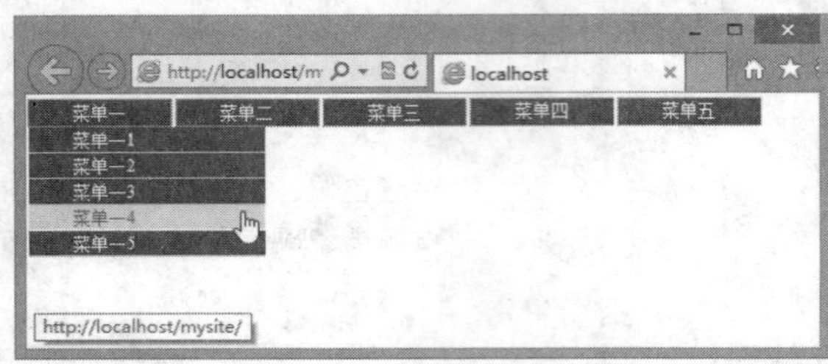

图 6.36 设计水平多级菜单样式

2. 垂直式多级菜单

垂直式多级菜单与水平多级菜单的设计原理是相同的。本示例没有使用任何 JavaScript 脚本，用纯 CSS 设计的多级菜单方便易用，支持所有浏览器。用户可以以本示例作为模板推演出更多样式的纯 CSS 多级菜单。

【操作步骤】

第 1 步，启动 Dreamweaver CC，新建 HTML5 文档，保存为 index1.html。

第 2 步，在页面中构建 HTML 导航框架结构。切换到“代码”视图，在<body>标签内手动输入以下代码：

```
<div class="menu">
    <ul>
    <li><a href="#">菜单一      &#187;
        <!--[if IE7]><!-->
        </a>
        <!--<![endif]-->
        <!--[if lte IE6]><table><tr><td><![endif]-->
        <ul>
        <li><a href="#">菜单一      &#187;
            <!--[if IE7]><!-->
            </a>
            <!--<![endif]-->
            <!--[if lte IE6]><table><tr><td><![endif]-->
            <ul>
            <li><a href="#">菜单一-1   &#187;
                <!--[if IE7]><!-->
                </a>
                <!--<![endif]-->
                <!--[if lte IE6]><table><tr><td><![endif]-->
                <ul>
                <li><a href="#">菜单一-1-1</a></li>
```

```
                <li><a href="#">菜单一-1-2</a></li>
                <li><a href="#">菜单一-1-3</a></li>
                </ul>
                <!--[if lte IE6]></td></tr></table></a><![endif]-->
            </li>
            <li><a href="#">菜单一-2    &#187;
                <!--[if IE7]><!-->
                </a>
                <!--<![endif]-->
                <!--[if lte IE6]><table><tr><td><![endif]-->
                <ul>
                <li><a href="#">菜单一-2-1</a></li>
                <li><a href="#">菜单一-2-2</a></li>
                <li><a href="#">菜单一-2-3</a></li>
                </ul>
                <!--[if lte IE6]></td></tr></table></a><![endif]-->
            </li>
            </ul>
            <!--[if lte IE6]></td></tr></table></a><![endif]-->
        </li>
        <li><a href="#">菜单一</a></li>
        <li><a href="#">菜单一        &#187;
            <!--[if IE7]><!-->
            </a>
            <!--<![endif]-->
            <!--[if lte IE6]><table><tr><td><![endif]-->
            <ul>
            <li><a href="#">菜单一-1    &#187;
                <!--[if IE7]><!-->
                </a>
                <!--<![endif]-->
                <!--[if lte IE6]><table><tr><td><![endif]-->
                <ul>
                <li><a href="#">菜单一-1-1</a></li>
                <li><a href="#">菜单一-1-2</a></li>
                <li><a href="#">菜单一-1-3</a></li>
                </ul>
                <!--[if lte IE6]></td></tr></table></a><![endif]-->
            </li>
            <li><a href="#">菜单一-2    &#187;
                <!--[if IE7]><!-->
                </a>
                <!--<![endif]-->
                <!--[if lte IE6]><table><tr><td><![endif]-->
                <ul>
                <li><a href="#">菜单一-2-1</a></li>
                <li><a href="#">菜单一-2-2</a></li>
                <li><a href="#">菜单一-2-3</a></li>
                </ul>
                <!--[if lte IE6]></td></tr></table></a><![endif]-->
```

Note

```
                    …<!-- 省略部分代码，详细参阅光盘示例 -->
                </li>
                </ul>
                <!--[if lte IE6]></td></tr></table></a><![endif]-->
            </li>
            </ul>
            <!--[if lte IE6]></td></tr></table></a><![endif]-->
        </li>
        <li><a href="#">菜单二</a></li>
        <li><a href="#">菜单三</a></li>
        <li><a href="#">菜单四</a></li>
        <li><a href="#">菜单五</a></li>
        </ul>
</div>
```

第 3 步，在<head>标签内输入“<style type="text/css">”，定义一个内部样式表，然后在<style>标签内手动输入以下样式代码：

```
.menu {/*定义多级菜单具有更高层叠顺序*/
    z-index: 1000;
    font-size: 12px;}
.menu ul {/*定义一级列表属性*/
    padding: 0;                               /*清除补白默认值*/
    margin: 0;                                /*清除边界默认值*/
    list-style-type: none;                    /*清除默认样式*/
    width: 100px;                             /*定义宽度*/
    position: relative;                       /*相对定位，定义包含块*/
    border: 1px solid #fff; }                 /*定义白色边框*/
.menu li {/*定义列表项属性*/
    background: #AFDD22;                      /*定义背景色*/
    height: 26px;                             /*定义显示高度*/
    position: relative; } /*相对定位，定义包含块，实现精确定位*/
* html .menu li {/*兼容 Hacks，定义在 IE6 及更低版本中列表项属性*/
    float: left;                              /*向左浮动*/
    margin-left: -16px;                       /*左边界取负*/
    margin-lef\t: 0;/*兼容 Hacks，定义在 IE6 以下版本中左边界值*/
    position: relative; }                     /*相对定位，定义包含块*/
.menu table {/*定义表格属性*/
    position: absolute;                       /*绝对定位，精确确定子菜单项位置*/
    border-collapse: collapse;                /*合并单元格相邻边*/
    top: 0;                                   /*精确定位坐标值*/
    left: 0;                                  /*精确定位坐标值*/
    z-index: 100;                             /*层叠顺序，在上面显示*/
    font-size: 1em;
    width: 0;                                 /*定位宽为 0，实现隐藏*/
    height: 0; }                              /*定位高为 0，实现隐藏*/
.menu a, .menu a:visited {/*定义链接属性*/
    display: block;                           /*块状显示，便于控制大小*/
    text-decoration: none;                    /*清除下划线*/
    height: 25px;                             /*定义链接的高度*/
    line-height: 25px;                        /*垂直居中显示*/
```

```
    width: 100px;                          /*定义链接的宽度*/
    color:#333;                            /*定义链接字体颜色*/
    text-indent: 5px;                      /*缩进字体，使左侧留出空隙*/
    border-bottom: 1px solid #fff;/*定义超链接底部边框，实现菜单项间显示白色分割线*/
    background: #AFDD22; }                 /*定义菜单项背景色*/
* html .menu a:hover {/*定义在 IE7 以下浏览器中鼠标指针经过链接时的样式*/
    color: #fff;
    background: #40DE5A;}
.menu :hover > a {/*定义在现代标准浏览器中链接的样式*/
    color: #fff;
    background: #40DE5A;}
.menu ul ul {/*隐藏二级菜单，用绝对定位定义菜单，目的是不占据页面上的任何空间*/
    visibility: hidden;
    position: absolute;
    top: -1px;
    left: 100px;}
.menu ul li:hover ul, .menu ul a:hover ul {/*定义鼠标指针经过一级菜单时显示对应的二级菜单*/
    visibility: visible;}
.menu ul :hover ul ul {                    /*定义当鼠标指针移动至一级菜单时，隐藏三级菜单*/
    visibility: hidden;}
.menu ul :hover ul :hover ul ul {/*定义当鼠标指针移动至二级菜单时，隐藏四级菜单*/
    visibility: hidden;
}
.menu ul :hover ul :hover ul {/*定义当鼠标指针经过二级菜单选项时，显示相对应的三级菜单*/
    visibility: visible;}
.menu ul :hover ul :hover ul :hover ul {/*定义当鼠标指针经过三级菜单时，显示相对应的四级菜单*/
    visibility: visible;}
```

第 4 步，保存文档，按 F12 键在浏览器中预览，则效果如图 6.37 所示。

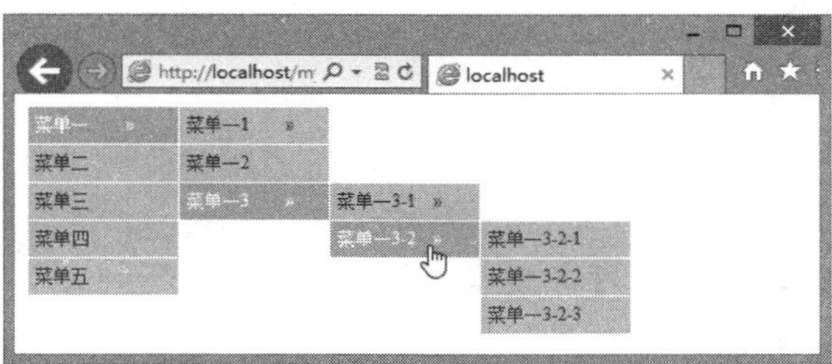

图 6.37　设计垂直多级菜单样式

设计表格

（视频讲解：57分钟）

表格具有强大的数据组织和管理功能，同时在网页设计中还是页面布局的工具，在传统网页设计中，表格布局比较流行，因此很多用户把传统布局视为表格布局。熟练掌握表格的使用和技巧就可以设计出很多富有创意、风格独特的网页。本章将讲解表格的一般使用技巧，如在表格中插入内容，增加、删除、分割、合并行与列，修改表格、行、单元格属性，实现表格的多层嵌套等。

学习重点：

- 在网页中插入表格
- 在表格中插入内容
- 增加、删除、分割、合并行与列
- 修改表格、行、单元格属性
- 设置表格、行、列和单元格属性
- 设计表格样式
- 设计表格页面

7.1　在网页中插入表格

Dreamweaver CC 提供了强大而完善的表格可视化操作功能，利用这些功能可以快捷地插入表格、格式化表格等操作，使开发网页的周期大大缩短。

【操作步骤】

第 1 步，启动 Dreamweaver CC，打开本小节备用练习文档 test.html，另存为 test1.html。

第 2 步，在编辑窗口中，将光标定位在要插入表格的位置。

第 3 步，选择“插入”|“表格”命令（或按 Ctrl+Alt+T 组合键），打开“表格”对话框，如图 7.1 所示。

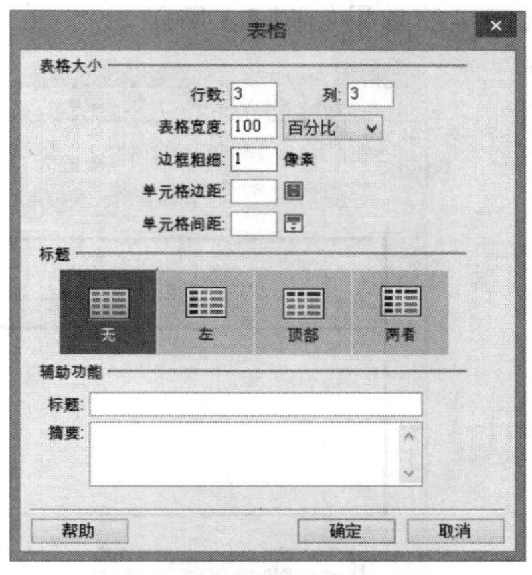

图 7.1　“表格”对话框

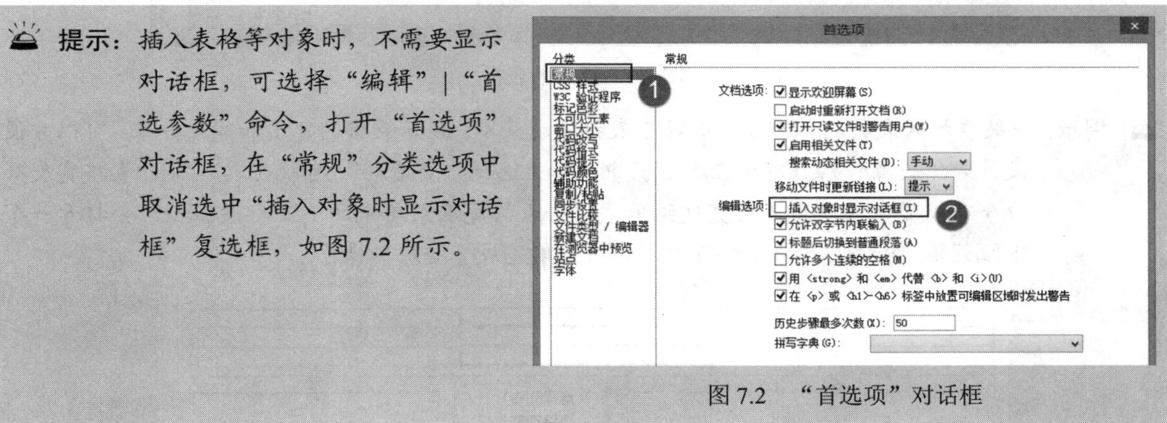

提示：插入表格等对象时，不需要显示对话框，可选择“编辑”|“首选参数”命令，打开“首选项”对话框，在“常规”分类选项中取消选中“插入对象时显示对话框”复选框，如图 7.2 所示。

图 7.2　“首选项”对话框

（1）“行数”和“列”文本框：设置表格行数和列数。

（2）“表格宽度”文本框：设置表格的宽度，其后面的下拉列表框中可选择表格宽度的单位。可以选择“像素”选项设置表格固定宽度，或者选择“百分比”选项设置表格相对宽度（以浏览器窗口或者表格所在的对象作为参照物）。

（3）“边框粗细”文本框：设置表格边框的宽度，单位为像素。

（4）“单元格边距”文本框：设置单元格边框和单元格内容之间的距离，单位为像素。

（5）“单元格间距”文本框：设置相邻单元格之间的距离，单位为像素。

（6）“页眉”选项区域：选择设置表格标题列拥有的行或列。标题列单元格使用<th>标签定义，而普通单元格使用<td>标签定义。

☑　无：不设置表格行或列标题。

☑　左：设置表格的第 1 列作为标题列，以便为表格中的每一行输入一个标题。

☑　顶部：设置表格的第 1 行作为标题列，以便为表格中的每一列输入一个标题。

☑　两者：设置在表格中输入行标题和列标题。

（7）“标题”文本框：设置一个显示在表格外的表格标题。

（8）“摘要”文本框：设置表格的说明文本，屏幕阅读器可以读取摘要文本，但是该文本不会显示在用户的浏览器中。

Note

第 4 步，在“表格”对话框中设置表格为 3 行 3 列，宽度为 100percent（100%），边框粗细为 1px，则插入表格的效果如图 7.3 所示。

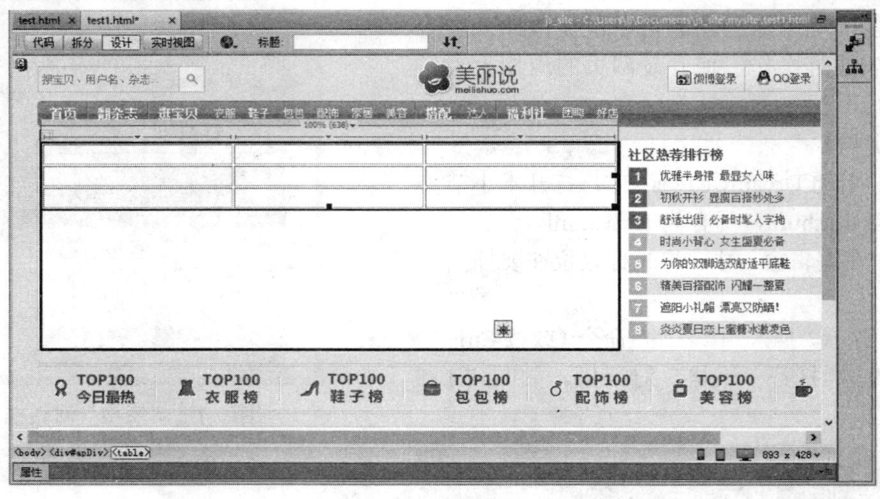

图 7.3　插入的表格

提示：一般在插入表格的下面或上面显示表格宽度菜单，显示表格的宽度和宽度分布，可以方便设计者排版操作，且不会在浏览器中显示。选择“查看”|“可视化助理”|“表格宽度”命令可以显示或隐藏表格宽度菜单。单击表格宽度菜单中的小三角按钮，会打开一个下拉菜单，如图 7.4 所示，可以利用该菜单完成一些基本操作。

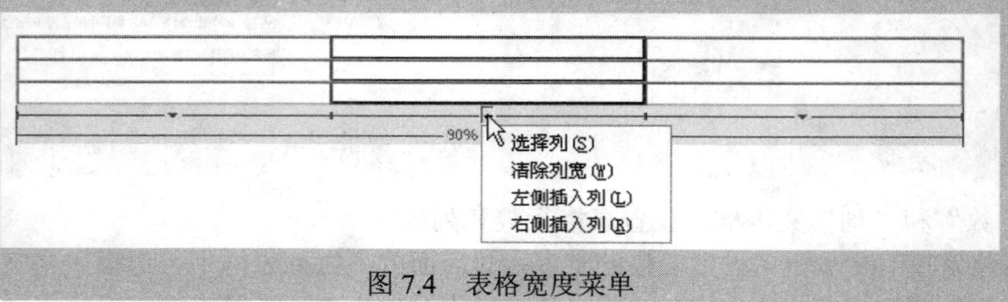

图 7.4　表格宽度菜单

在没有明确指定边框粗细、单元格边距和单元格间距的情况下，大多数浏览器默认边框粗细和单元格边距为 1px、单元格间距为 2px。如果要利用表格进行版面布局，不希望看见表格边框，可设置边框粗细、单元格边距和单元格间距为 0。“表格”对话框将保留最后一次插入表格所输入的值，作为以后插入表格的默认值。

第 5 步，切换到“代码”视图，可以看到自动生成的 HTML 代码，使用<table>标签创建表格的代码如下：

```
<table width="100%" border="1">
    <tr>
        <td> </td>
        <td> </td>
```

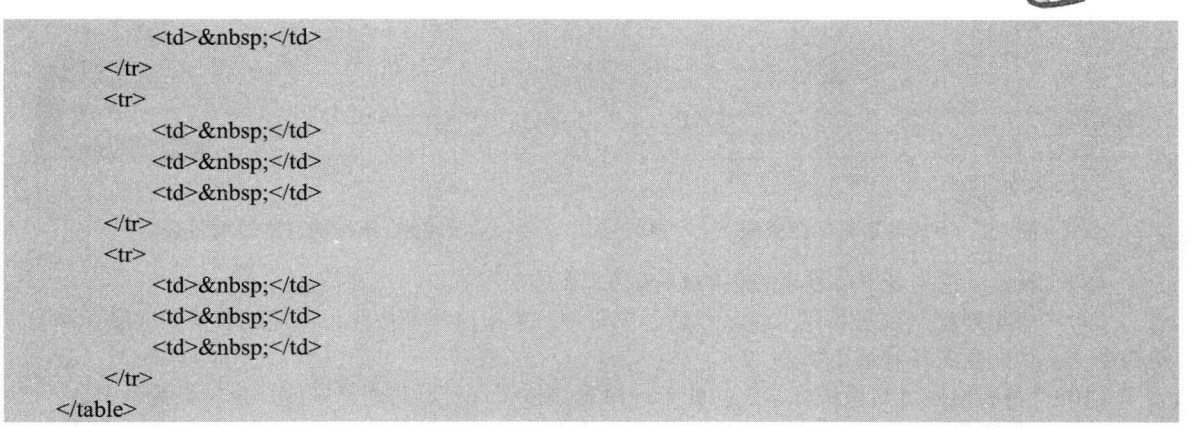

```
            <td> </td>
        </tr>
        <tr>
            <td> </td>
            <td> </td>
            <td> </td>
        </tr>
        <tr>
            <td> </td>
            <td> </td>
            <td> </td>
        </tr>
    </table>
```

其中，<table>标签表示表格框架，<tr>标签表示行，<td>标签表示单元格。当用户插入表格后，在“代码”视图下用户能够精确编辑和修改表格的各种显示属性，如宽、高、对齐、边框等。

7.2　设置表格属性

表格对象由<table>、<tr>和<td>标签组合定义，因此设置表格属性时，也需要分别进行设置。

7.2.1　设置表格框属性

选中整个表格之后，就可以利用表格“属性”面板来设置或修改表格的属性，如图 7.5 所示。

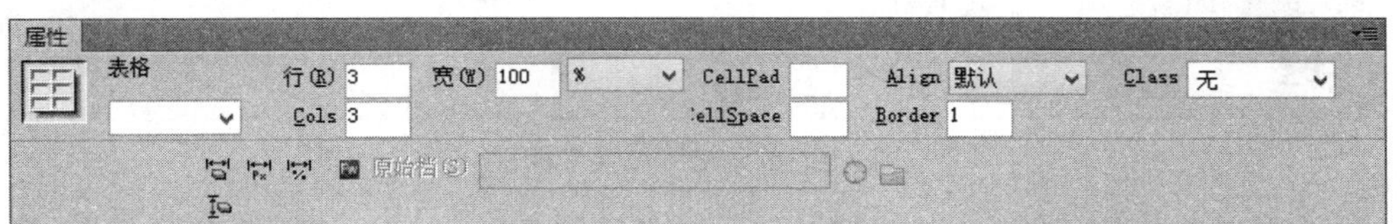

图 7.5　表格“属性”面板

（1）“表格”下拉列表框：设置表格的 ID 编号，便于用脚本对表格进行控制，一般可不填。

（2）“行”和 Cols 文本框：设置表格的行数和列数。

（3）“宽”文本框：设置表格的宽度，可输入数值。在其后的下拉列表框中可选择宽度的单位，包括两个选项：%（百分比）和像素。

（4）CellPad 文本框：也称单元格边距，设置单元格内部和单元格边框之间的距离，单位是像素，设置的不同表格填充效果如图 7.6 所示。

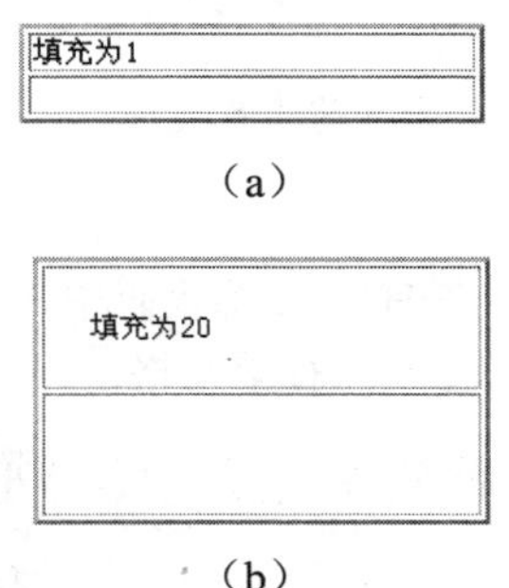

图 7.6　不同的表格填充效果

（5）CellSpace 文本框：设置单元格之间的距离，单位是像素，设置的不同表格间距如图 7.7 所示。

（6）Align 下拉列表框：设置表格的对齐方式，包括 4 个选项：默认、左对齐、居中对齐和右对齐。

（7）Border 文本框：设置表格边框的宽度，单位是像素，设置不同的表格边框效果如图 7.8 所示。

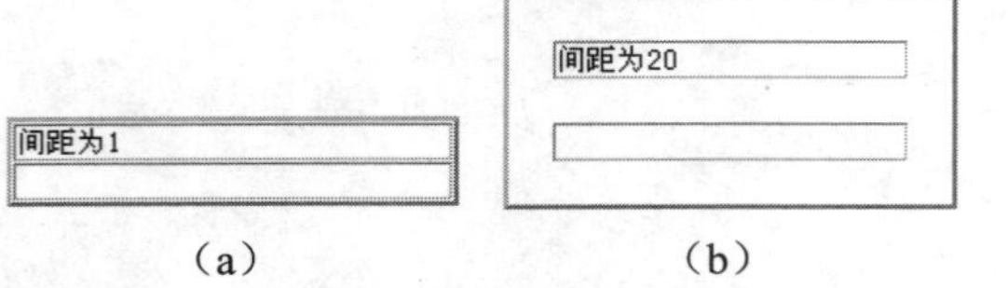

图 7.7　不同的表格间距效果

图 7.8　不同的表格边框效果

Note

（8）Class 下拉列表框：设置表格的 CSS 样式表的类样式。

（9）"清除列宽"按钮和"清除行高"按钮：单击这两个按钮可以清除表格的宽度和高度，使表格宽度和高度恢复到最小状态。

（10）"将表格宽度转换成像素"按钮：单击该按钮，可以将表格宽度单位转换为像素。

（11）"将表格宽度转换成百分比"按钮：单击该按钮，可以将表格宽度单位转换为百分比。

提示： 如果使用表格进行页面布局，应设置表格边框为 0，这时要查看单元格和边框，可选择"查看"|"可视化助理"|"表格边框"命令。

7.2.2　设置单元格属性

将光标移到表格的某个单元格内，在"属性"面板中就可以设置单元格属性。在"属性"面板中，上半部分是设置单元格内文本的属性，下半部分是设置单元格的属性，如果"属性"面板只显示文本属性的上半部分，可单击"属性"面板右下角的按钮，展开"属性"面板，如图 7.9 所示。

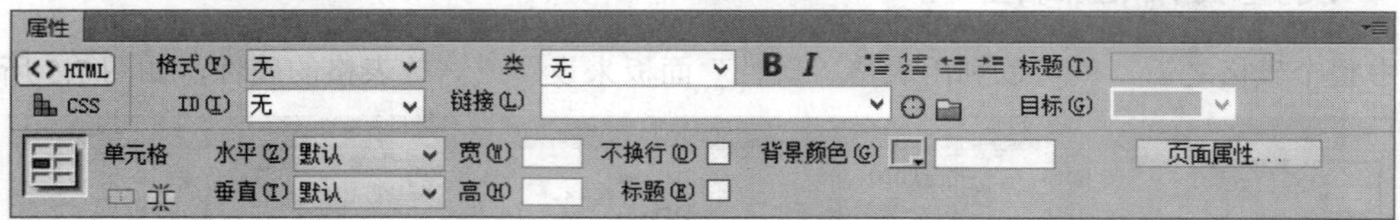

图 7.9　单元格"属性"面板

（1）"合并单元格"按钮：单击该按钮，可将所选的多个连续单元格、行或列合并为一个单元格。所选多个连续单元格、行或列应该是矩形或直线的形状，如图 7.10 所示。

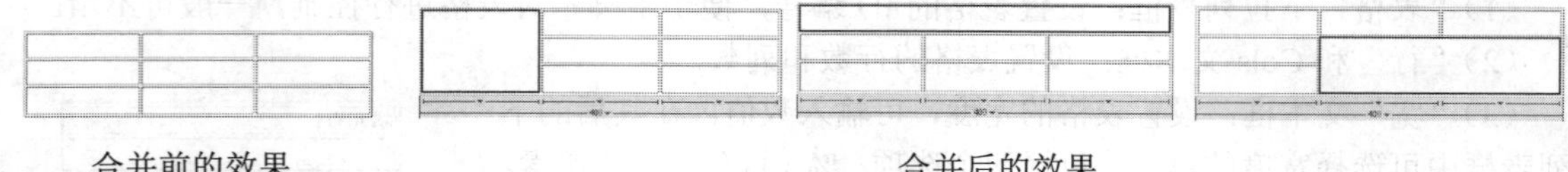

图 7.10　合并单元格

在 HTML 源代码中，可以使用以下代码表示（此处为两行两列的表格）。

合并同行单元格：

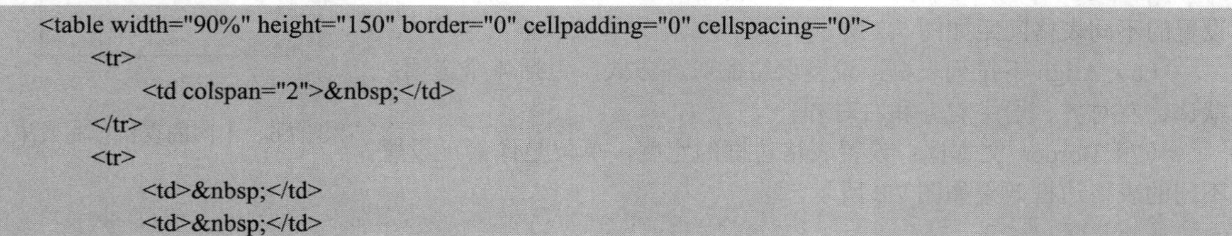

```
<table width="90%" height="150" border="0" cellpadding="0" cellspacing="0">
    <tr>
        <td colspan="2"> </td>
    </tr>
    <tr>
        <td> </td>
        <td> </td>
```

```
        </tr>
</table>
```

合并同列单元格：

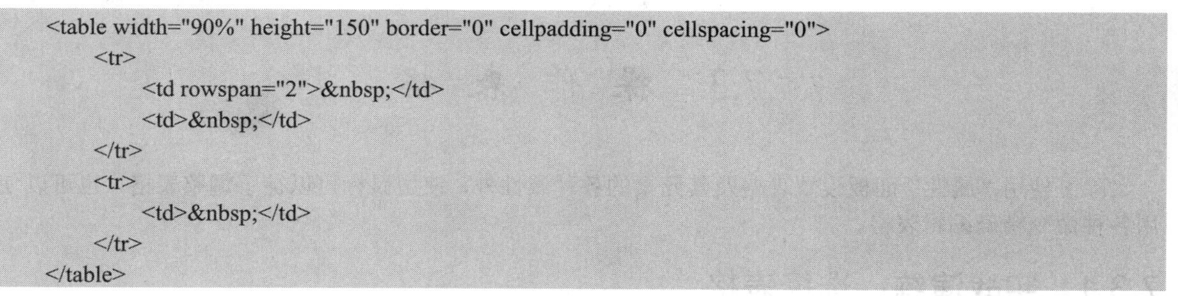

```
<table width="90%" height="150" border="0" cellpadding="0" cellspacing="0">
    <tr>
        <td rowspan="2"> </td>
        <td> </td>
    </tr>
    <tr>
        <td> </td>
    </tr>
</table>
```

（2）“拆分单元格”按钮：单击该按钮，可将一个单元格分成两个或者更多的单元格。单击后会打开“拆分单元格”对话框，如图 7.11 所示，在该对话框中可以设置将单元格拆分成“行”或“列”以及拆分后的行数或列数。拆分后的单元格效果如图 7.12 所示。

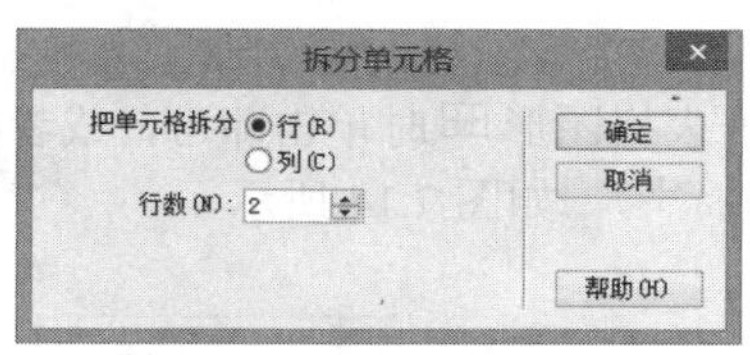

图 7.11　“拆分单元格”对话框

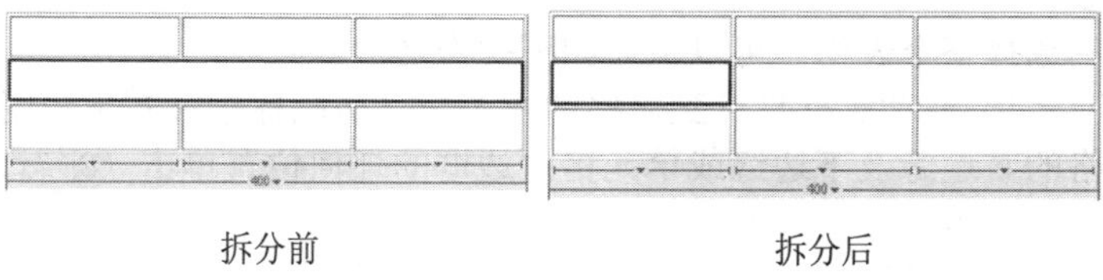

拆分前　　拆分后

图 7.12　拆分单元格

（3）“水平”下拉列表框：设置单元格内对象的水平对齐方式，包括默认、左对齐、右对齐和居中对齐等（单元格默认为左对齐，标题单元格则为居中对齐）。

使用 HTML 源代码表示为“align="left"”或者其他值。

（4）“垂直”下拉列表框：设置单元格内对象的垂直对齐方式，包括默认、顶部、居中、底部和基线等对齐方式（默认为居中对齐），如图 7.13 所示。

使用 HTML 源代码表示为“valign="top"”或者其他值。

默认	顶部	居中	底部	基线

图 7.13　单元格垂直对齐方式

（5）“宽”和“高”文本框：设置单元格的宽度和高度，可以以像素或百分比来表示，在文本框中可以直接合并输入，如 45%、45（像素单位可以不输入）。

（6）“不换行”复选框：设置单元格文本是否换行。如果选中该复选框，则当输入的数据超出单元格宽度时，单元格会调整宽度来容纳数据。

使用 HTML 源代码表示为“nowrap="nowrap"”。

（7）“标题”复选框：选中该复选框，可以将所选单元格的格式设置为表格标题单元格。默认情况下，表格标题单元格的内容为粗体并且居中对齐。

使用 HTML 源代码表示为<th>标签，而不是<td>标签。

（8）“背景颜色”文本框：设置单元格的背景颜色。

使用 HTML 源代码表示为“bgcolor="#CC898A"”。

提示：当<table>标签属性与<td>标签属性设置冲突时，将优先使用单元格中设置的属性。

行、列和单元格的“属性”面板设置相同，只不过在选中行、列和元格时，“属性”面板下半部分的左上角显示不同的名称。

Note

7.3 操 作 表 格

除了使用“属性”面板设置表格及其元素的各种属性外，使用鼠标可以徒手调整表格，也可以使用各种命令精确编辑表格。

7.3.1 实战演练：选择表格

操作表格之前，需要先选中表格或表格元素（表格单元格、行、列或多行、多列等），Dreamweaver CC 提供了多种灵活选择表格或表格元素的方法，同时还可以选择表格中的连续或不连续的多个单元格等。

选择整个表格，可以执行如下操作之一。

（1）移动鼠标指针到表格的左上角，当鼠标指针右下角附带一表格图形时单击即可，或者在表格的右边缘及下边缘或单元格内边框的任何位置单击（平行线光标），如图 7.14 所示。

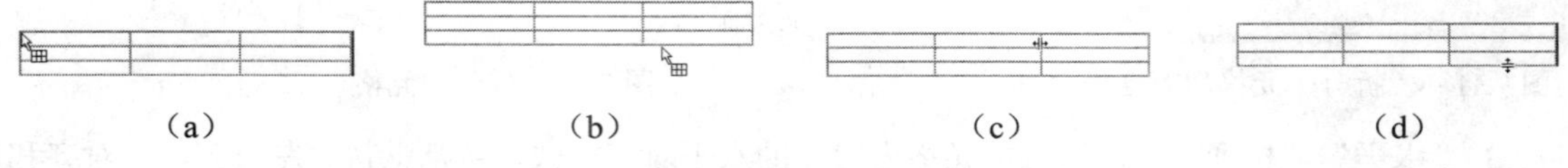

（a）（b）（c）（d）

图 7.14　不同状态下单击选中整个表格

（2）在单元格中单击，然后选择“修改”|“表格”|“选择表格”命令，或者连续按 2 次 Ctrl+A 快捷键。

（3）在单元格中单击，然后连续选择“编辑”|“选择父标签”命令 3 次，或者连续按 3 次 Ctrl+[快捷键。

（4）在表格内任意位置单击，然后在编辑窗口的左下角标签选择栏中单击<table>标签，如图 7.15 所示。

（5）单击表格宽度菜单中的小三角按钮，在打开的下拉菜单中选择“选择表格”命令，如图 7.16 所示。

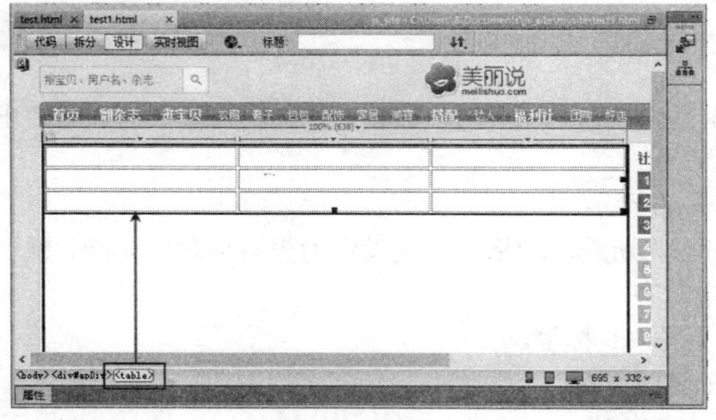

图 7.15　用标签选择器选中整个表格

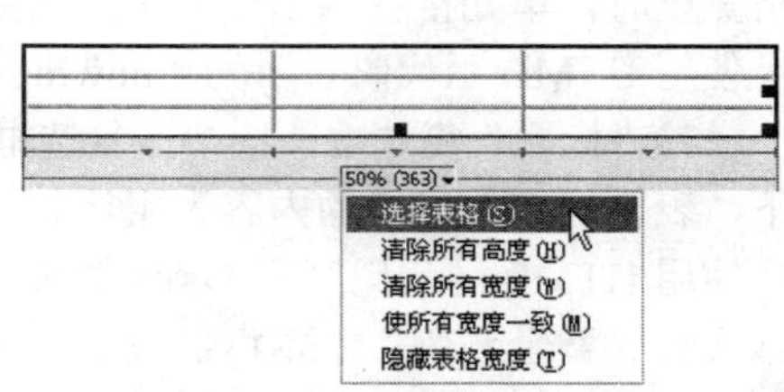

图 7.16　用表格宽度菜单选中整个表格

（6）在“代码”视图下，找到表格代码区域，用鼠标拖选整个表格代码区域（<table>和</table>标签之间代码区域），如图 7.17 所示。或者将光标定位到<td>和</td>标签内，连续单击左侧工具条中的“选择父标签”按钮 3 次，或者连续按 3 次 Ctrl+[快捷键。

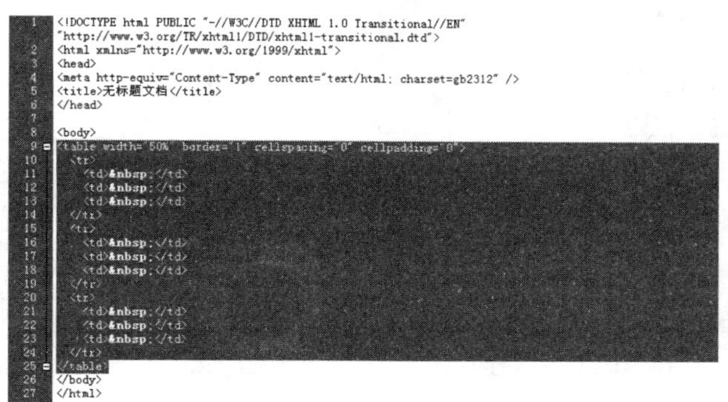

```
<!DOCTYPE html PUBLIC "-//W3C//DTD XHTML 1.0 Transitional//EN"
"http://www.w3.org/TR/xhtml1/DTD/xhtml1-transitional.dtd">
<html xmlns="http://www.w3.org/1999/xhtml">
<head>
<meta http-equiv="Content-Type" content="text/html; charset=gb2312" />
<title>无标题文档</title>
</head>

<body>
<table width="50%" border="1" cellspacing="0" cellpadding="0">
  <tr>
    <td> </td>
    <td> </td>
    <td> </td>
  </tr>
  <tr>
    <td> </td>
    <td> </td>
    <td> </td>
  </tr>
  <tr>
    <td> </td>
    <td> </td>
    <td> </td>
  </tr>
</table>
</body>
</html>
```

图 7.17　在“代码”视图下选中整个表格

7.3.2　实战演练：选择行与列

选择表格的行或列，可执行如下操作之一。

（1）将光标置于行的左边缘或列的顶端，出现选择箭头时单击，如图 7.18 所示，即可选择该行或列。如果单击并拖动，可选择多行或多列，如图 7.19 所示。

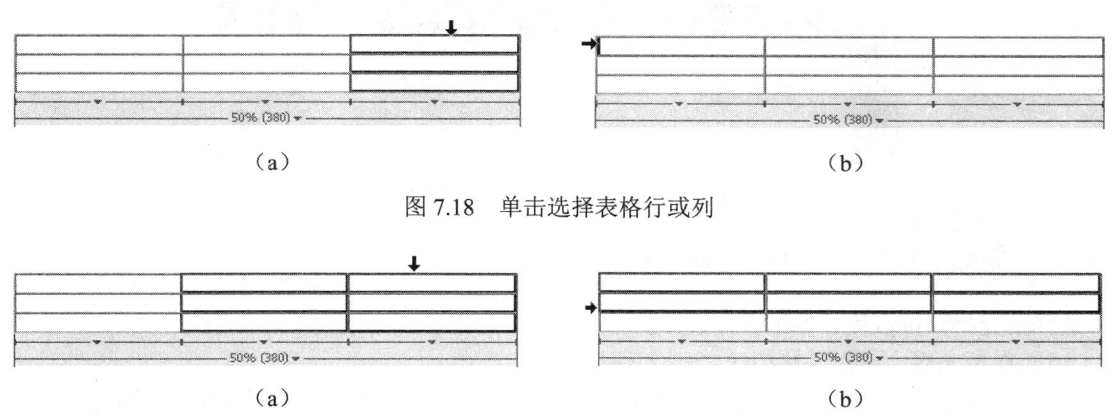

图 7.18　单击选择表格行或列

图 7.19　单击并拖动选择表格多行或多列

（2）将鼠标光标置于表格的任意单元格，平行或向下拖曳鼠标可以选择多行或者多列，如图 7.20 所示。

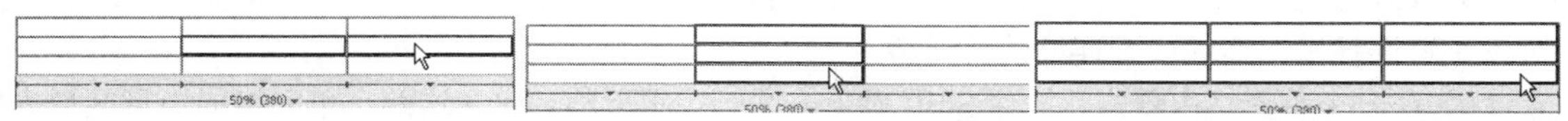

图 7.20　拖选表格多行或多列

（3）在单元格中单击，然后连续选择“编辑”|“选择父标签”命令 2 次，或者连续按 2 次 Ctrl+[快捷键，可以选择光标所在行，但不能选择列。

（4）在表格内任意位置单击，然后在编辑窗口的左下角标签选择栏中选择<tr>标签，如图 7.21 所示，可以选择光标所在行，但不能选择列。

Note

（5）单击表格列宽度菜单中的小三角按钮，在打开的下拉菜单中选择“选择列”命令，如图 7.22 所示，该命令可以选择所在列，但不能选择行。

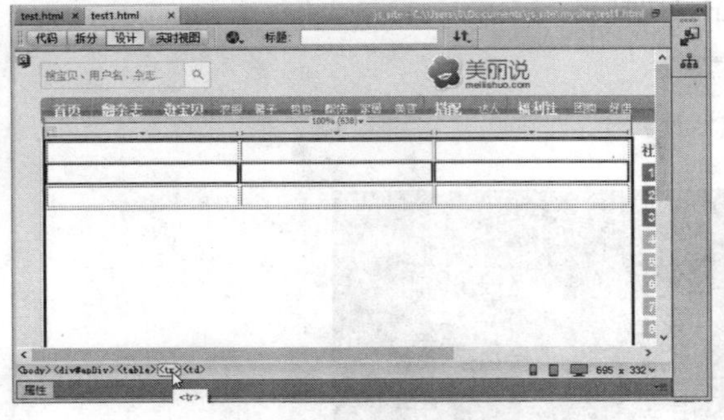

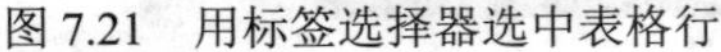

图 7.21　用标签选择器选中表格行

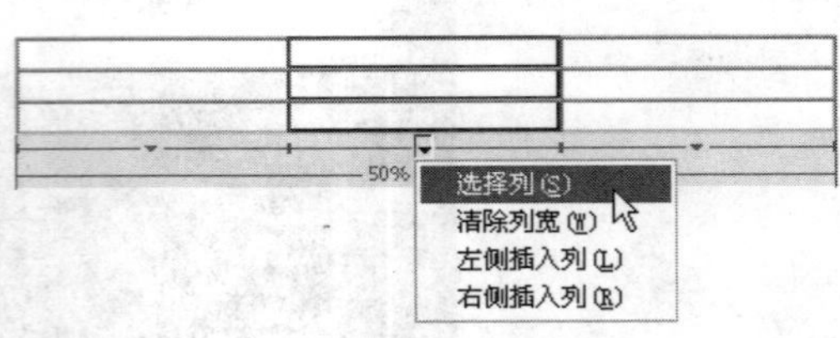

图 7.22　用表格列宽度菜单选中表格列

（6）在“代码”视图下，找到表格代码区域，用鼠标拖选表格内<tr>和</tr>行代码区域，如图 7.23 所示，或者将光标定位到<td>和</td>标签内，连续单击左侧工具条中的“选择父标签”按钮 2 次，或者按 2 次 Ctrl+[快捷键。这种方式可以选择行，但不能选择列。

```
<body>
<table width="50%" border="1" cellspacing="0" cellpadding="0">
  <tr>
    <td> </td>
    <td> </td>
    <td> </td>
  </tr>
  <tr>
    <td> </td>
    <td> </td>
    <td> </td>
  </tr>
  <tr>
    <td> </td>
    <td> </td>
    <td> </td>
  </tr>
</table>
</body>
</html>
```

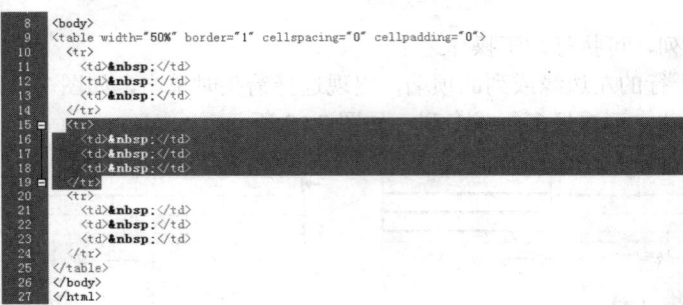

图 7.23　在“代码”视图下选中表格行

7.3.3　实战演练：选择单元格

选择单元格，可以执行如下操作之一。

（1）在单元格中单击，然后按 Ctrl+A 快捷键。

（2）在单元格中单击，然后选择“编辑”|“选择父标签”命令，或者按 Ctrl+[快捷键。

（3）在单元格中单击，然后在编辑窗口的左下角标签选择栏中选择<td>标签。

（4）在“代码”视图下，找到表格代码区域，用鼠标拖选<td>和</td>标签区域代码，单击左侧工具条中的“选择父标签”按钮。

（5）要选择多个单元格，可使用在行或列中拖选的方式快速选择多个连续的单元格，也可以配合键盘快速选择多个连续或不连续的单元格。

（6）在一个单元格内单击，按住 Shift 键单击另一个单元格，包含这两个单元格的矩形区域内所有单元格均被选中。

（7）按 Ctrl 键的同时单击需要选择的单元格（单击两次则取消选定），可以选择多个连续或不连续的单元格，如图 7.24 所示。

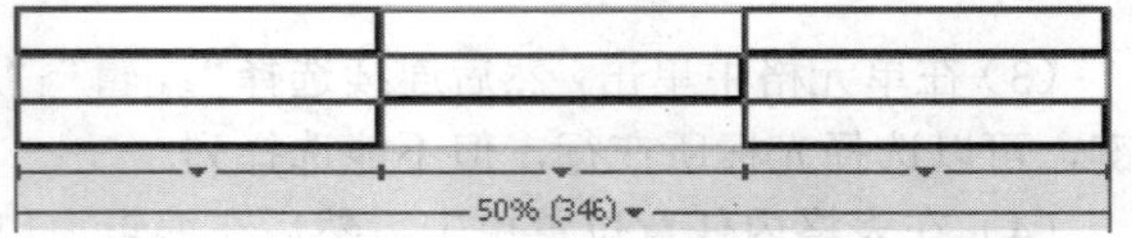

图 7.24　选择多个不连续的单元格

7.3.4 实战演练：调整表格大小

用“属性”面板中的“宽”和“高”文本框能精确调整表格及其元素的大小，而用鼠标拖动调整则显得更为方便快捷，如果配合表格宽度菜单中显示的数值也能比较精确地调整列宽。调整表格大小的操作如下。

（1）调整列宽：把鼠标指针置于表格右边框上，当其变成⇹时，拖动鼠标即可调整最后一列单元格的宽度，同时也调整表格的宽度，不影响其他行；把鼠标指针置于表格中间列边框上，当其变成⇹时，拖动鼠标可调整中间列边框两边列单元格的宽度，不影响其他列单元格，表格整体宽度不变，如图 7.25 所示。

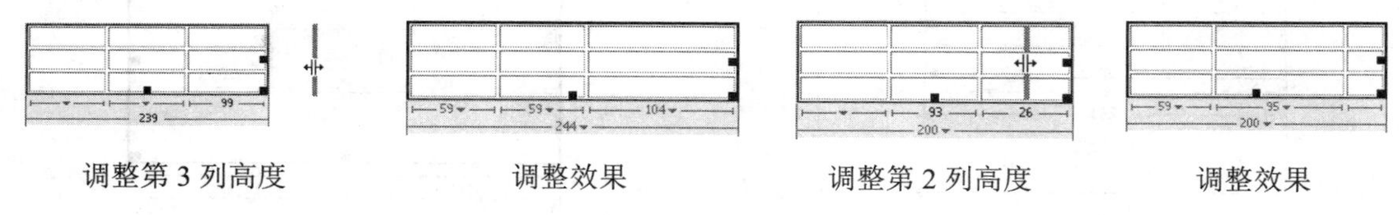

调整第 3 列高度　　调整效果　　调整第 2 列高度　　调整效果

图 7.25　调整列宽

（2）调整行高：把鼠标指针置于表格底部边框或者中间行线上，当其变成÷时，拖动鼠标即可调整该边框上面一行单元格的高度，不影响其他行，如图 7.26 所示。

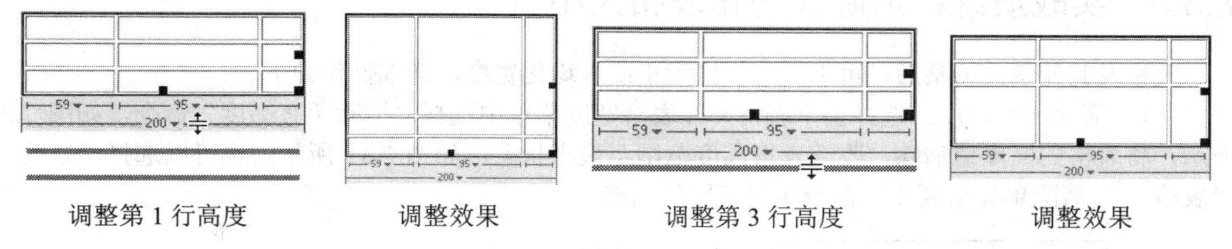

调整第 1 行高度　　调整效果　　调整第 3 行高度　　调整效果

图 7.26　调整行高

（3）调整表宽：选中整个表格，把鼠标指针置于表格右边框控制点■上，当其变成双箭头⇔时，拖动鼠标鼠标即可调整表格整体宽度，各列会被均匀调整，如图 7.27 所示。

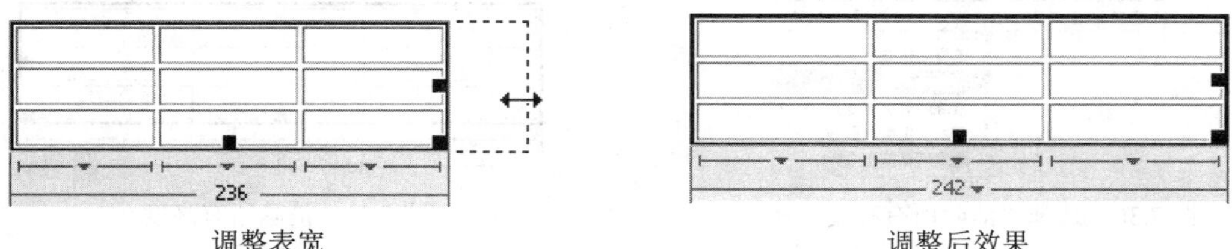

调整表宽　　调整后效果

图 7.27　调整表宽

（4）调整表高：选中整个表格，把鼠标指针置于表格底边框控制点■上，当其变成双箭头⇕时，拖动鼠标即可调整表格整体高度，各行会被均匀调整，如图 7.28 所示。

（5）同时调整表宽和高：选中整个表格，把鼠标指针置于表格右下角控制点■上，当其变成双箭头⇘时，拖动鼠标即可同时调整表格整体宽度和高度，各行和列会被均匀调整，如图 7.29 所示。按住 Shift 键，可以按原比例调整表格的宽和高。

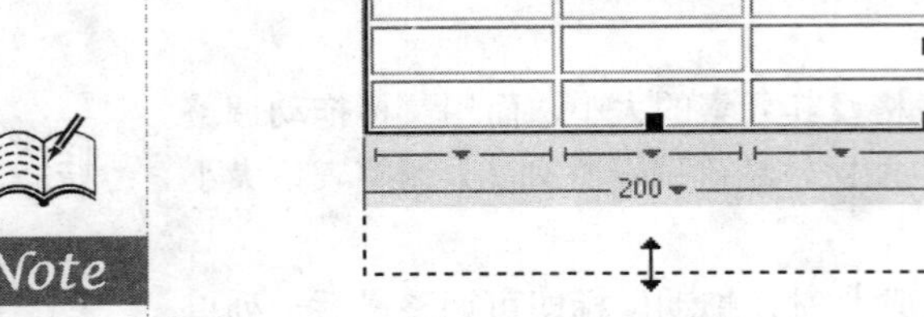

Note

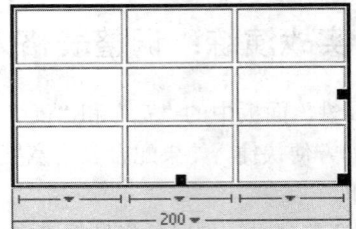

调整表高　　调整后效果

图 7.28　调整表高

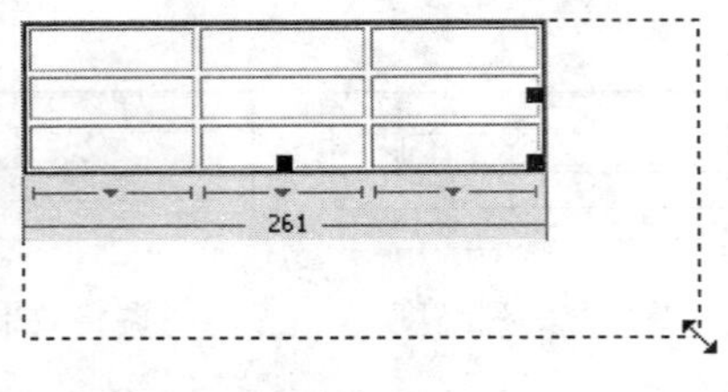

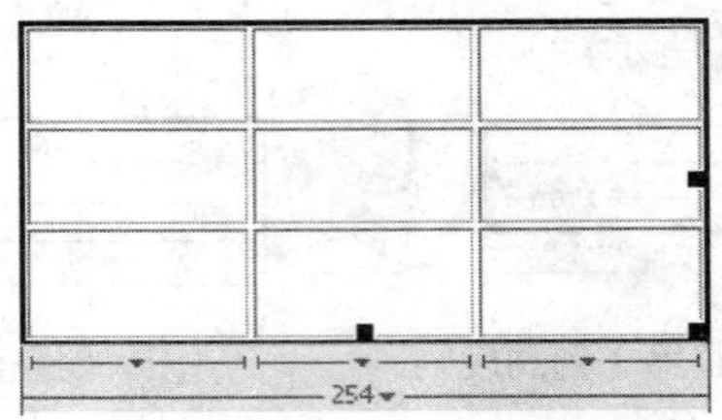

调整表宽和高　　调整后效果

图 7.29　调整表宽和高

7.3.5　实战演练：清除和均化表格大小

表格及其元素被调整后，可以清除表格大小或者均化宽度，详细操作如下。

（1）清除所有高度：选择整个表格，在表格宽度菜单中选择“清除所有高度”命令，如图 7.30 所示，将表格的高度值清除，收缩表格高度范围至最小状态，如图 7.31 所示。也可以选择“修改”|“表格”|“清除单元格高度”命令实现相同的功能。

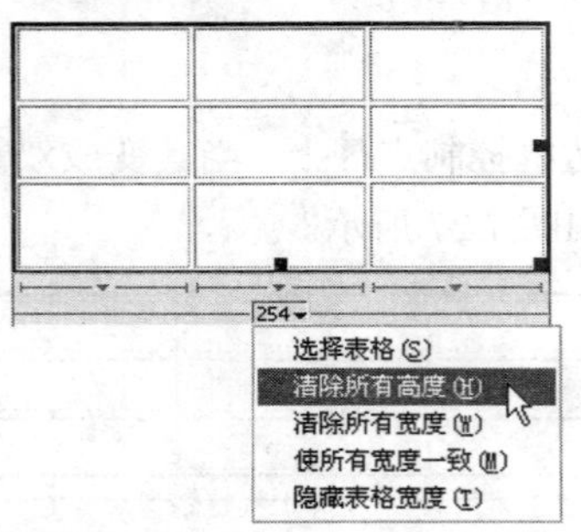

图 7.30　选择“清除所有高度”命令

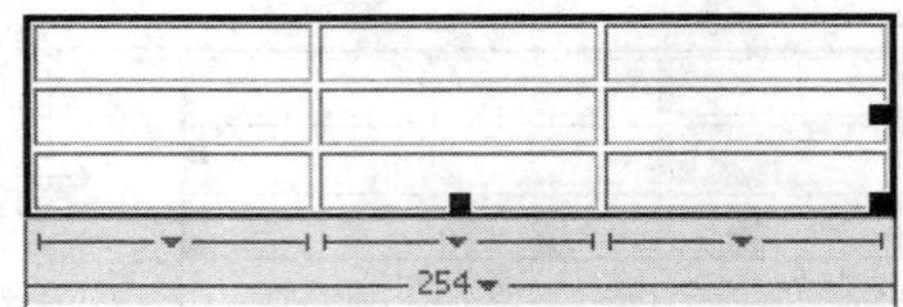

图 7.31　清除所有高度

（2）清除所有宽度：选择整个表格，在表格宽度菜单中选择“清除所有宽度”命令，如图 7.32 所示，将表格的宽度值清除，收缩表格宽度范围至最小状态，如图 7.33 所示。也可以选择“修改”|“表格”|“清除单元格宽度”命令实现相同的功能。

（3）均化所有宽度：选择整个表格，如果表格中一个列的宽度有两个数字，说明 HTML 代码中设置的列宽度与这些列在可视化编辑窗口中显示的宽度不匹配，在表格宽度菜单中选择“使所有宽度一致”命令，可以将代码中指定的宽度和可视化宽度相匹配。

（4）均化列宽：表格调整后，可能各列宽度不一致，选择列宽度菜单中的“清除列宽”命令，如图 7.34 所示，可以根据各列分布均化该列与其他列之间的关系，如图 7.35 所示。

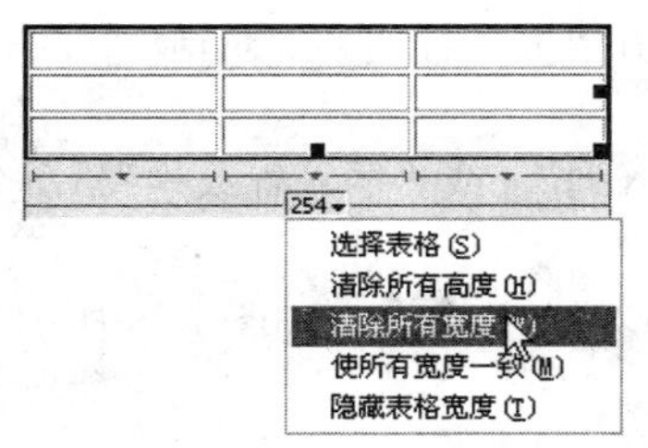

图 7.32　选择“清除所有宽度”命令

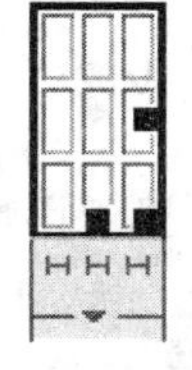

图 7.33　清除所有宽度

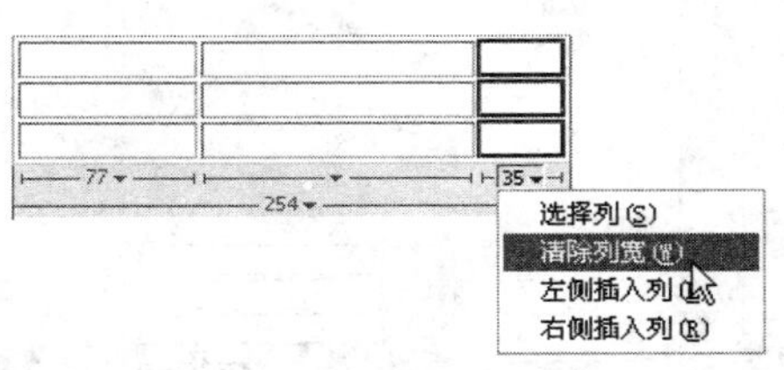

图 7.34　清除列宽

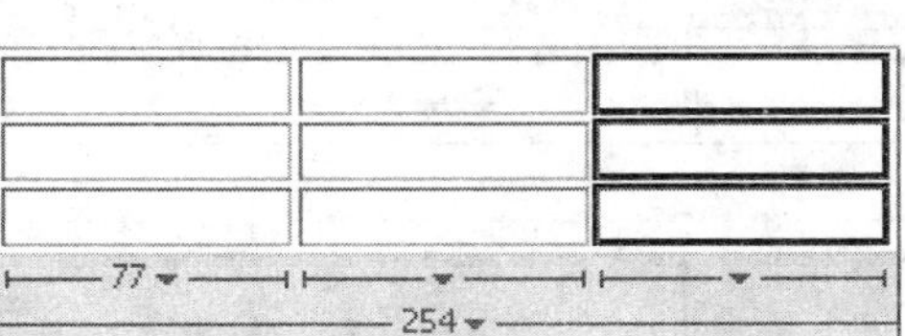

图 7.35　清除列宽效果

7.3.6　实战演练：增加行和列

插入表格后，可以根据需要再增加表格行和列。

1．增加行

如果增加行，首先把光标置于要插入行的单元格，然后执行以下操作之一。

（1）选择“修改”|“表格”|“插入行”命令，可以在光标所在单元格上面插入一行。

（2）选择“修改”|“表格”|“插入行或列”命令，打开“插入行或列”对话框，在“插入”选项区域中选中“行”单选按钮，然后设置插入的行数，如图 7.36 所示，可以在光标所在单元格下面或者上面插入行。

（3）通过右击单元格，在弹出的快捷菜单中选择“插入行”（或“插入行或列”）命令，可以以相同功能插入行。

（4）在“代码”视图中通过插入<tr>和<td>标签来插入行，有几列就插入几个<td>标签，为了方便观看，在每个<td>标签中插入空格代码“ ”，如图 7.37 所示。

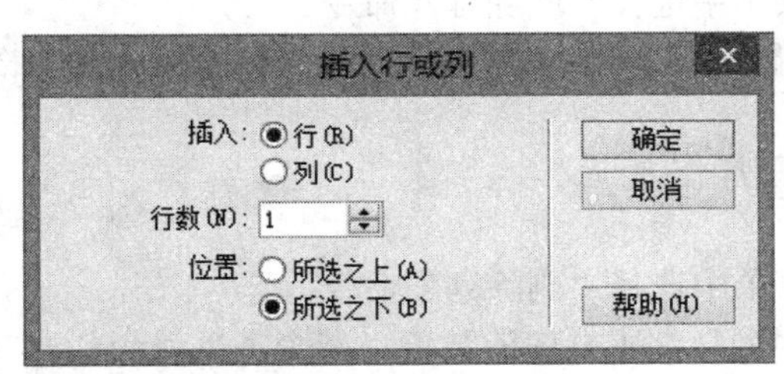

图 7.36　“插入行或列”对话框

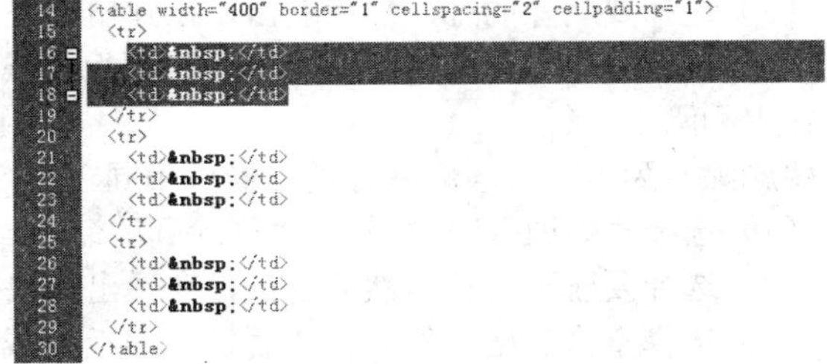

```
<table width="400" border="1" cellspacing="2" cellpadding="1">
  <tr>
    <td> </td>
    <td> </td>
    <td> </td>
  </tr>
  <tr>
    <td> </td>
    <td> </td>
    <td> </td>
  </tr>
  <tr>
    <td> </td>
    <td> </td>
    <td> </td>
  </tr>
</table>
```

图 7.37　在“代码”视图中插入行

（5）选中整个表格，然后在“属性”面板中增加“行”文本框中的数值，如图 7.38 所示。

2．增加列

首先把光标置于要插入列的单元格，然后执行以下任意操作之一。

（1）选择“修改”|“表格”|“插入列”命令，可以在光标所在单元格左面插入一列。

（2）选择“修改”|“表格”|“插入行或列”命令，打开“插入行或列”对话框，可以自由插入多列。

（3）通过右击单元格，在弹出的快捷菜单中选择“插入列”（或“插入行或列”）命令，可以以相同功能插入列。

Note

（4）在列宽度菜单中选择“左侧插入列”（或“右侧插入列”）命令，如图 7.39 所示。

图 7.38　用“属性”面板插入行

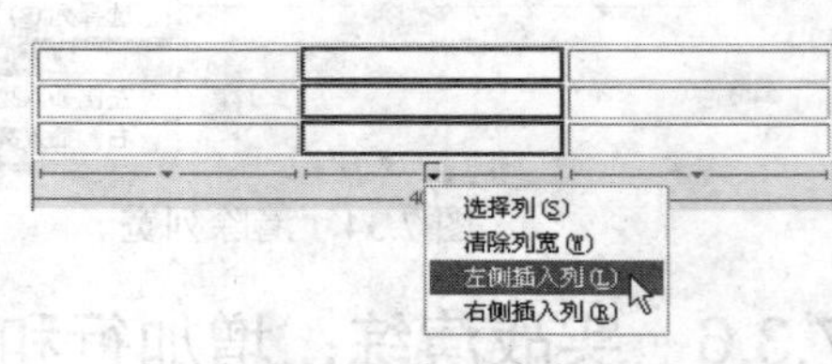

图 7.39　用列宽度菜单插入列

（5）选中整个表格，然后在“属性”面板中增加“列”文本框中的数值。

7.3.7　实战演练：删除行和列

已插入的表格，可以删除其中的行、列，也可以删除单元格内对象。

1. 删除单元格

选择一个或多个不连续的单元格，然后按 Delete 键，可删除单元格内的内容。也可以选择“编辑”|“清除”命令清除单元格内的内容。

2. 删除行或列

要删除一行，可以执行以下操作之一。

（1）选择“修改”|“表格”|“删除行”命令。

（2）选择要删除的行，然后右击，在弹出的快捷菜单中选择“删除行”命令。

（3）选择整个表格，然后在“属性”面板中减少“行”文本框中的数值，减少多少就会从表格底部往上删除多少行。

要删除一列，方法与删除行基本操作相同。执行以下操作之一。

（1）选择“修改”|“表格”|“删除列”命令。

（2）选择要删除的行，然后右击，在弹出的快捷菜单中选择“删除列”命令。

（3）选择整个表格，然后在“属性”面板中减少“列”文本框中的数值，减少多少就会从表格右边往左删除多少列。

7.3.8　实战演练：复制、剪切和粘贴单元格

可以一次复制、剪切和粘贴多个表格单元格并保留单元格的格式，也可以只复制和粘贴单元格的内容。单元格可以在插入位置被粘贴，也可替换单元格中被选中的内容。要粘贴多个单元格，剪贴板中的内容必须和表格的格式一致。

1. 剪切单元格

选择表格中的一个或多个单元格，要注意选定的单元格必须成矩形才能被剪切或复制。然后选择“编辑”|“剪切”命令，被选择单元格中的一个或多个单元格将从表格中删除。

如果被选择的单元格组成了表格的某些行或列，选择“编辑”|“剪切”命令会把选中的行或列也删除，否则仅删除单元格中的内容和格式。

2. 粘贴单元格

【操作步骤】

第 1 步，启动 Dreamweaver CC，打开本小节备用练习文档 test.html，另存为 test1.html。

第 2 步，选择要粘贴的位置。

第 3 步，如果要在某个单元格内粘贴单元格内容，在该单元格内单击；如果要以粘贴单元格来创建新的表格，在要插入表格的位置单击。

第 4 步，选择“编辑”|“粘贴”命令。

如果把整行或整列粘贴到现有的表格中，所粘贴的行或列被添加到该表格中，如图 7.40 所示；如果粘贴某个（些）单元格，只要剪贴板中的内容与选定单元格兼容，选定单元格的内容将被替换，如图 7.41 所示；如果在表格外粘贴，所粘贴的行、列或单元格被用来定义新的表格，如图 7.42 所示。

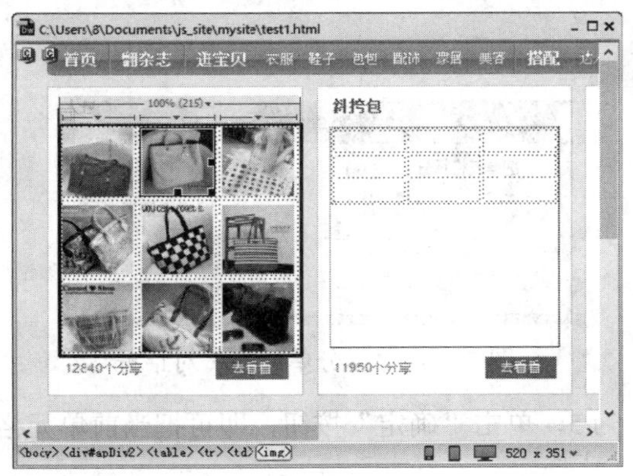

原表　　　　粘贴整行

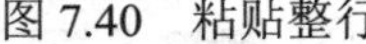

图 7.40　粘贴整行

图 7.41　粘贴单元格

图 7.42　粘贴为新表格

如果在粘贴过程，剪贴板中的单元格与选定单元格内容不兼容，Dreamweaver CC 会弹出提示对话框提示用户。

第 5 步，选择“编辑”|“选择性粘贴”命令，会打开“选择性粘贴”对话框，如图 7.43 所示，在该对话框中可以设置粘贴方式。

Note

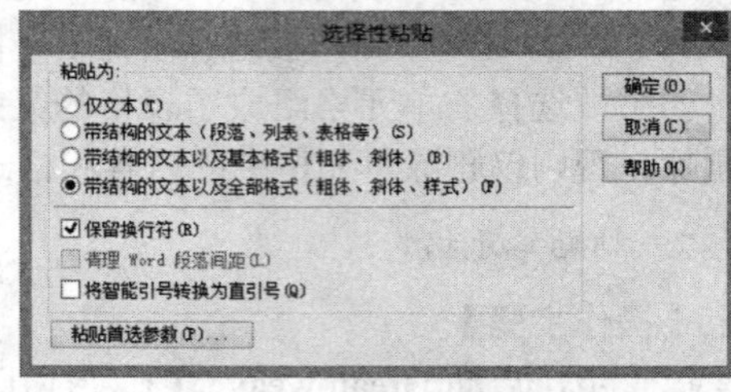

图 7.43 “选择性粘贴”对话框

7.3.9 实战演练：合并和拆分单元格

下面通过一个实例来学习使用命令实现单元格的合并和拆分。在如图 7.44 所示的网站导航栏中，所有导航栏目同在一个单元格中，现在要把这个单元格拆分为 5 个，并把各栏目分别放入不同的单元格中。

【操作步骤】

第 1 步，启动 Dreamweaver CC，打开本小节备用练习文档 test.html，另存为 test1.html。

第 2 步，选中该单元格，如图 7.44 所示。

第 3 步，选择“修改”|“表格”|“拆分单元格”命令（或者右击，在弹出的快捷菜单中选择“表格”|“拆分单元格”命令），打开“拆分单元格”对话框，如图 7.45 所示。

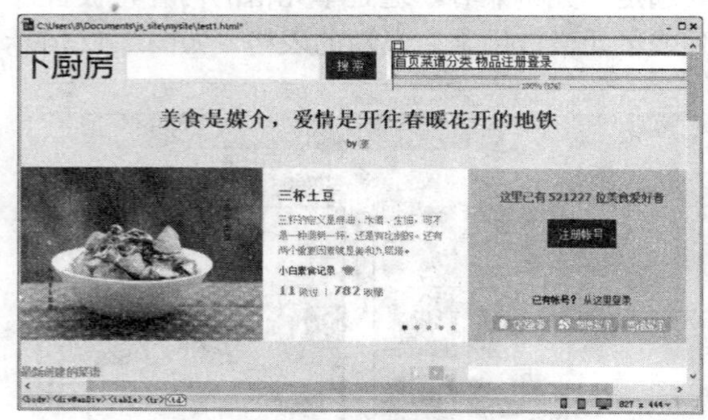

图 7.44 网站导航栏

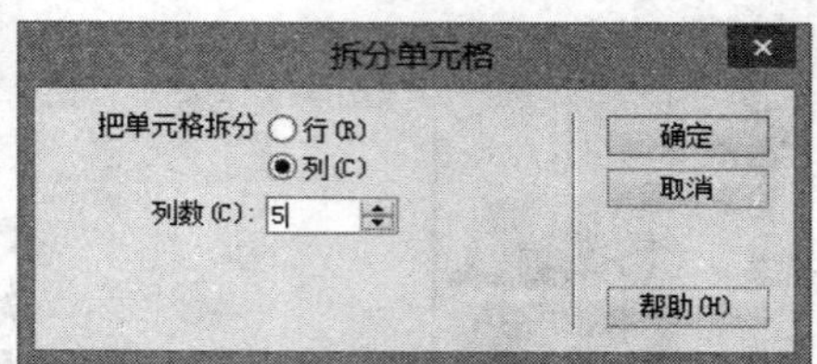

图 7.45 “拆分单元格”对话框

第 4 步，选中“列”单元按钮，并设置“列数”为 5，单击“确定”按钮，即可把当前单元格拆分为 5 个，如图 7.46 所示。

图 7.46 拆分单元格

第 5 步，移动各栏目到各个单元格中，如果要更准确地移动，建议到“代码”视图中移动代码，移动之后的导航条效果如图 7.47 所示。

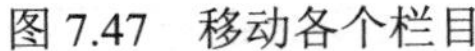
图 7.47 移动各个栏目

提示：如果用户想把这些拆分的单元格合并成一个单元格，方法就比较简单，选中多个相邻单元格，选择“修改”|“表格”|“合并单元格”命令（或者右击，在弹出的快捷菜单中选择“表格”|“合并单元格”命令）即可。

在某个表格的单元格中，选择“修改”|“表格”子菜单中的“增加行宽”（或“增加列宽”）命令，可以合并下面行或者列单元格。同样，利用“减少行宽”或者“减少列宽”命令，可以拆分合并的单元格。

7.4 操作表格数据

Dreamweaver 能够与外部软件交换数据，以方便用户快速导入和导出数据，同时还可以对数据表格进行排序。

7.4.1 实战演练：导入表格数据

在 Dreamweaver CC 中可以直接导入外部表格数据。例如，文本文件格式的数据、Microsoft Excel 数据表、XML 格式数据等。

【操作步骤】

第 1 步，启动 Dreamweaver CC，打开本小节备用练习文档 test.html，另存为 test1.html。

第 2 步，把光标置于要插入表格数据的位置。选择“文件”|“导入”|“表格式数据”命令，打开“导入表格式数据”对话框，如图 7.48 所示。

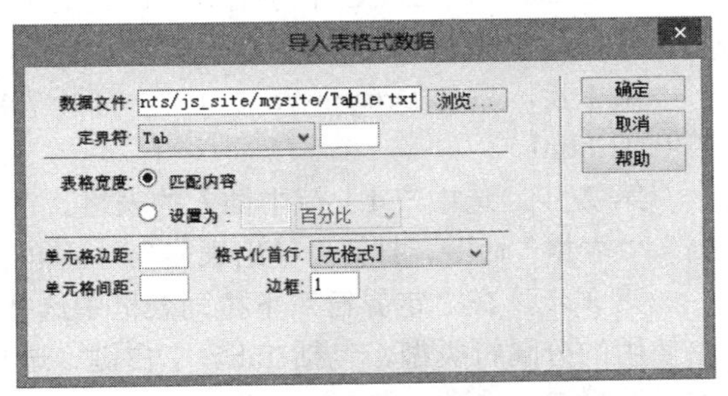

图 7.48 “导入表格式数据”对话框

在“导入”子菜单中还包含其他命令，可以利用这些命令分别导入不同格式的数据。

第 3 步，在“数据文件”文本框中输入要导入的文件，单击“浏览”按钮可以快速选择一个要导入的文件。

第 4 步，在“定界符”下拉列表框中选择导入文件中所使用的分隔符，包括 Tab、“逗点”、“分点”、“引号”和“其他”。如果选择“其他”选项，则列表右侧会出现一个文本框，可以输入文件中使用的分隔符。要设置文件使用的分隔符，如果未能设置分隔符，则无法正确导入文件，也无法在表格中对数据进行正确的格式设置。

第 5 步，在“表格宽度”选项区域中设置要创建的表格的宽度，选中“匹配内容”单选按钮可以使每个列足够宽以适应该列中最长的文本内容；选中“设置为”单选按钮可以以像素为单位指定绝对的表格宽度，或按百分比指定相对的表格宽度。

第 6 步，在“单元格边距”文本框中设置单元格内容和单元格边框之间的距离，在“单元格间距”文本框中设置相邻的单元格之间的距离。

第 7 步，在“格式化首行”下拉列表框中选择应用于表格首行的格式设置。

第 8 步，在“边框”文本框中设置表格边框的宽度，单位为像素。

第 9 步，单击“确定”按钮，完成表格数据的导入，如图 7.49 所示。

图 7.49　导入的表格数据

7.4.2　实战演练：导出表格数据

在 Dreamweaver CC 中导出数据比较简单，介绍如下。

【操作步骤】

第 1 步，启动 Dreamweaver CC，打开 7.4.1 节中创建的文档 test1.html。

第 2 步，选中 7.4.1 节中插入的表格。选择“文件”|“导出”|“表格”命令，打开“导出表格”对话框，如图 7.50 所示。

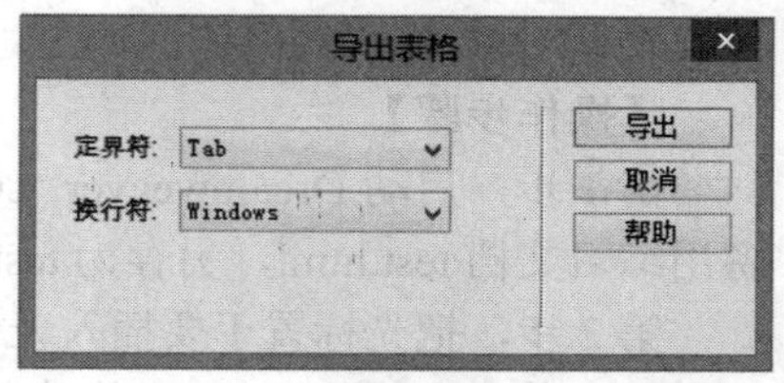

图 7.50　“导出表格”对话框

第 3 步，在“定界符”下拉列表框中选择要在导出的文件中使用的分隔符类型，包括 Tab、空白键、逗号、分号和冒号。如果选择 Tab 选项，则分隔符为多个空格；如果选择“空白键”

选项，则分隔符为单个空格；如果选择“逗号”选项，则分隔符为逗号；如果选择“分号”选项，则分隔符为分号；如果选择“冒号”选项，则分隔符为冒号。

第 4 步，在“换行符”下拉列表框中选择打开导出文件的操作系统，包括 Windows、Mac 和 UNIX。如果选择 Windows 选项，则将导出表格数据至 Windows 操作系统；如果选择 Mac 选项，则将导出表格数据至 Mac 操作系统；如果选择 UNIX 选项，则将导出表格数据到 UNIX 操作系统，不同的操作系统具有不同的指示文本行结尾的方式。

Note

第 5 步，单击“导出”按钮，会打开“表格导出为”对话框，然后选择保存位置和文件名，最后单击“确定”按钮即可。

7.4.3 实战演练：排序表格数据

利用 Dreamweaver CC 的“表格排序”命令可以表格指定列的内容对表格进行排序。

【操作步骤】

第 1 步，启动 Dreamweaver CC，打开本小节备用练习文档 test.html，另存为 test1.html。

第 2 步，选择要排序的表格，如图 7.51 所示。

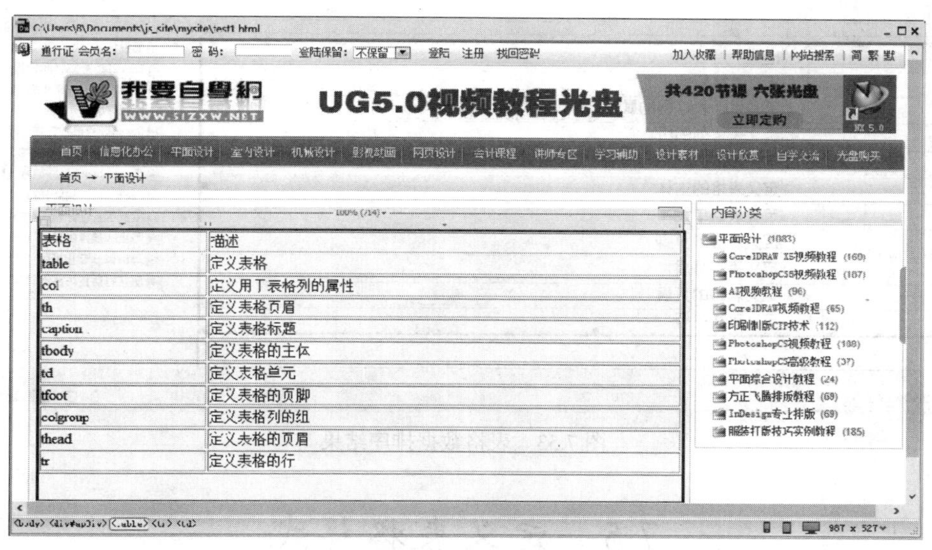

图 7.51 排序的表格数据框

第 3 步，选择“命令”|“排序表格”命令，打开“排序表格”对话框，如图 7.52 所示。

第 4 步，在“排序按”下拉列表框中选择按哪一列排序。该下拉列表框中列出了选定表格的所有列，例如，列 1、列 2 等。

第 5 步，在“顺序”后左侧下拉列表中选择按字母顺序还是按数字顺序排序。当列的内容是数字时，选择按字母顺序或数字顺序得到的排序结果是不同的。

第 6 步，在“顺序”后右侧的下拉列表框中选择升序还是降序，即排序的方向。

第 7 步，如果还要求按另外的列进行次一级

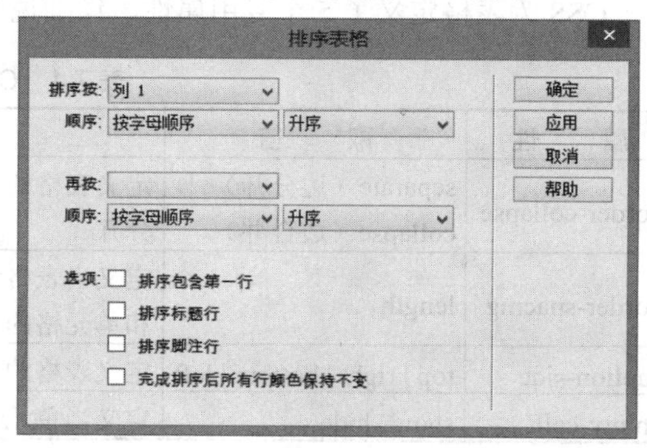

图 7.52 “排序表格”对话框

Note

排序，在“再按”下拉列表框中选择按哪一列进行次级排序。

第 8 步，在“选项”区域内设置各个选项。

（1）排序包含第一行：排序时将包括第一行。如果第一行是表头，就不应该包括在内，不要选中该复选框。

（2）排序标题行：如果存在标题行，选中该复选框时将对标题行排序。

（3）排序脚注行：如果存在脚注行，选中该复选框时将对脚注行排序。

（4）完成排序后所有行颜色保持不变：排序时，不仅移动行中的数据，行的属性也会随之移动。

第 9 步，单击“应用”或“确定”按钮，便完成对表格的排序，最后排序结果如图 7.53 所示。

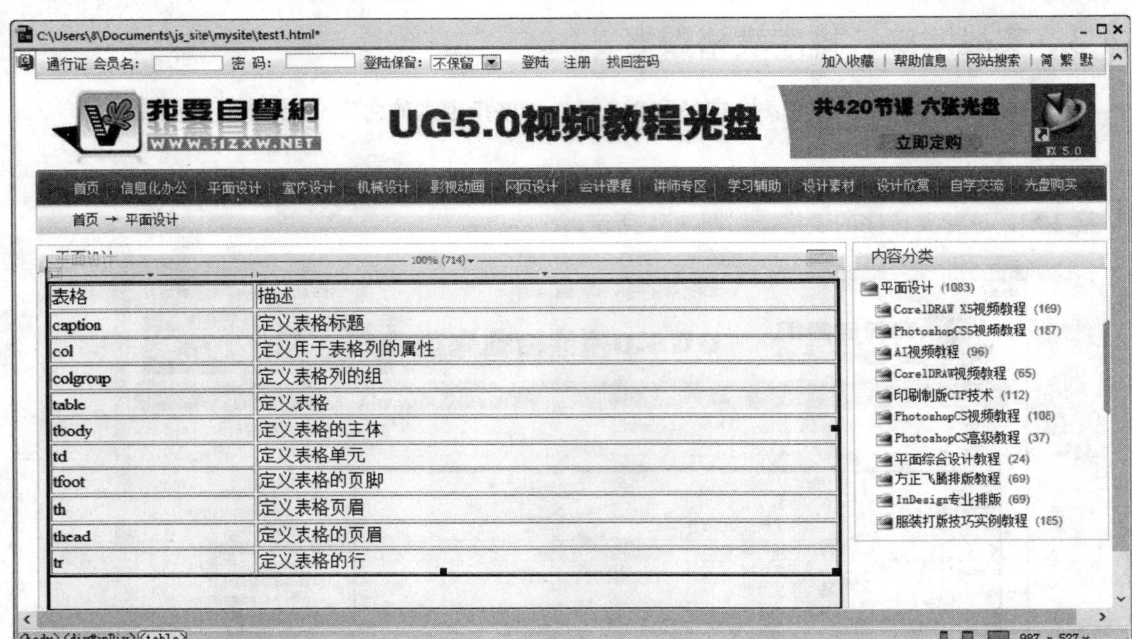

图 7.53　表格数据排序结果

7.5　定义表格样式

CSS 为表格定义了 5 个专用属性，详细说明如表 7.1 所示。

表 7.1　CSS 表格属性列表

属　性	取　值	说　明
border-collapse	separate（边分开）| collapse（边合并）	定义表格的行和单元格的边是合并在一起还是按照标准的 HTML 样式分开
border-spacing	length	定义当表格边框独立（如当 border-collapse 属性等于 separate）时，行和单元格的边在横向和纵向上的间距，该值不可以取负值
caption-side	top | right | bottom | left	定义表格的 caption 对象位于表格的哪一边。应与 caption 对象一起使用
empty-cells	show | hide	定义当单元格无内容时，是否显示该单元格的边框

续表

属　　性	取　　值	说　　明
table-layout	auto | fixed	定义表格的布局算法，可以通过该属性改善表格呈递性能，如果设置 fixed 属性值，会使 IE 以一次一行的方式呈递表格内容，从而提供更快的速度；如果设置 auto 属性值，则表格在每一单元格内所有内容读取计算之后才会显示出来

除了表 7.1 中介绍的 5 个表格专用属性外，CSS 其他属性对于表格一样适用。用 CSS 控制表格的最大便利就是能够灵活控制表格的边框，这一点是传统表格属性设置中未实现的。

7.5.1　实战演练：定义细线表格

由于表格边框默认宽度为 2px，比较粗，为了设计宽度为 1px 的细线表格，传统布局设计师们使用各式各样的间接方法，不过现在使用 CSS 控制就灵活多了。

【操作步骤】

第 1 步，启动 Dreamweaver CC，打开本节备用练习文档 test.html，另存为 test1.html。

第 2 步，在<head>标签内输入<style>标签，定义一个内部样式表，然后输入以下样式代码：

```
<style type="text/css">
table {
    border-collapse:collapse; /*合并相邻边框*/
}
table td {
    border: #cc0000 1px solid; /*定义单元格边框*/
}
</style>
```

第 3 步，在浏览器中预览，效果如图 7.54 所示。

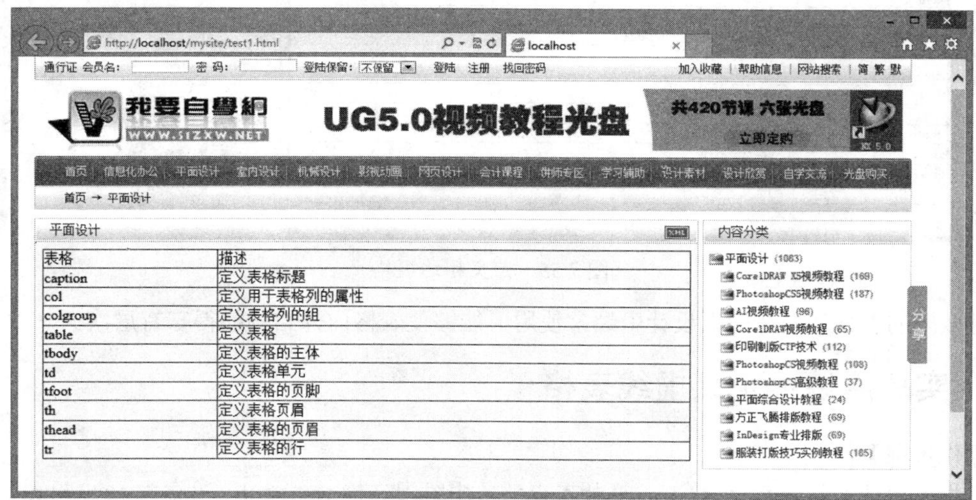

图 7.54　定义细线表格

提示：table 元素定义的边框是表格的外框，而单元格边框才可以分割数据单元格；相邻边框会发生重叠，形成粗线框，因此应使用 border-collapse 属性合并相邻边框。

7.5.2 实战演练：定义粗边表格

Note

通过为 table 和 td 元素分别定义边框，则会设计出更漂亮的表格效果，本示例将设计一个外粗内细的表格效果。

【操作步骤】

第 1 步，启动 Dreamweaver CC，打开本小节备用练习文档 test.html，另存为 test2.html。

第 2 步，在<head>标签内输入<style>标签，定义一个内部样式表，然后输入以下样式代码：

```
<style type="text/css">
table {
    border-collapse:collapse; /*合并相邻边框*/
    border: #cc0000 3px solid; /*定义表格外边框*/
}
table1 td {
    border: #cc0000 1px solid; /*定义单元格边框*/
}
</style>
```

第 3 步，在浏览器中预览，效果如图 7.55 所示。

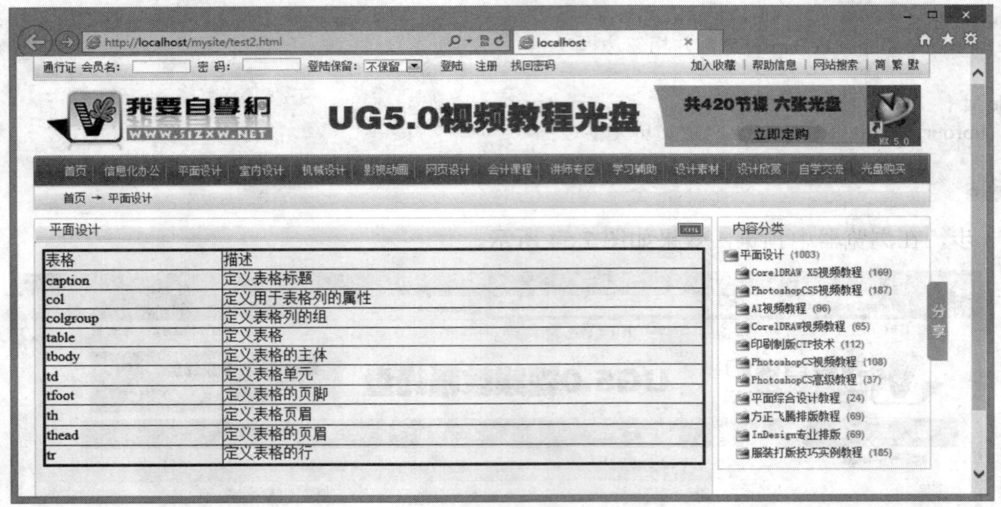

图 7.55 定义粗边表格

这种效果的表格边框在网页设计中经常使用，能够使表格内外结构显得富有层次。

7.5.3 实战演练：定义虚线表格

【操作步骤】

第 1 步，启动 Dreamweaver CC，打开本小节备用练习文档 test.html，另存为 test3.html。

第 2 步，在<head>标签内输入<style>标签，定义一个内部样式表，然后输入以下样式代码：

```
<style type="text/css">
table {
    border-collapse:collapse; /*合并相邻边框*/
```

```
}
table td {
    border: #cc0000 1px dashed; /*定义单元格边框*/
}
</style>
```

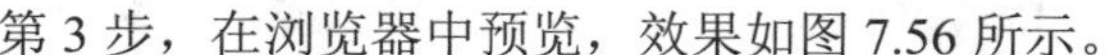

第 3 步，在浏览器中预览，效果如图 7.56 所示。

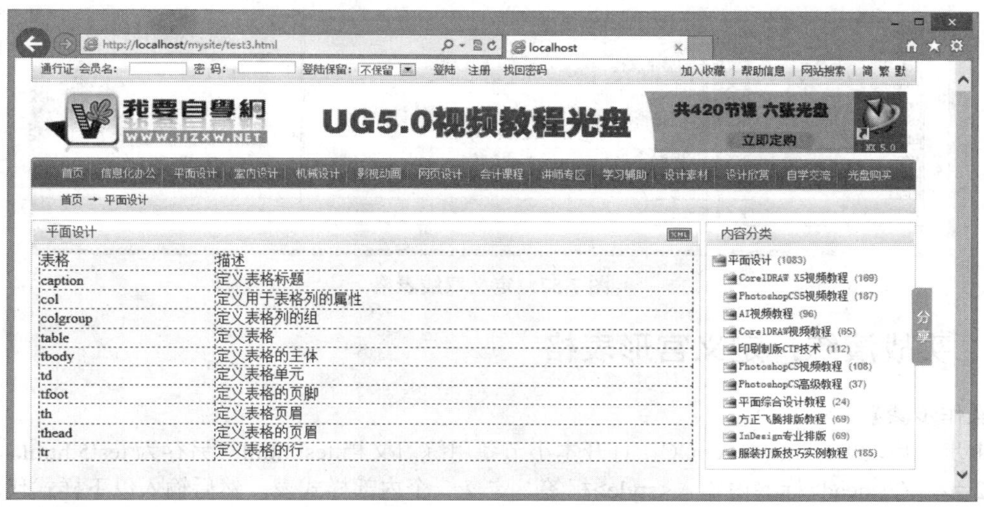

图 7.56　定义虚线表格

提示：通过改变边框样式还可以设计出更多的样式，如点线、立体效果等。IE 浏览器对于虚线、点线边框的解析，没有其他浏览器细腻。

7.5.4　实战演练：定义双线表格

【操作步骤】

第 1 步，启动 Dreamweaver CC，打开本节备用练习文档 test.html，另存为 test4.html。

第 2 步，在<head>标签内输入<style>标签，定义一个内部样式表，然后输入以下样式代码：

```
<style type="text/css">
table {
    border-collapse:collapse; /*合并相邻边框*/
    border: #cc0000 5px double; /*定义表格双线框显示*/
}
table td {
    border: #cc0000 1px dotted; /*定义单元格边框*/
}
</style>
```

第 3 步，在浏览器中预览，效果如图 7.57 所示。

【拓展】双线框边框最小值必须为 3px，当其值为 3 的倍数时，则外边线、中间空隙和内边线大小应相同，例如，当边框大小为 3px，则内、外边线和中间空隙都为 1px；如果边框值不是 3 的倍数，则余值按照外边线、内边线和中间空隙的顺序分配余值，例如，边框大小为 5px，则外边线、内边线分别为 2px、中间空隙为 1px，而边框大小为 7px，则外边线为 3px、内边线为 2px、中间空隙为 2px。

Note

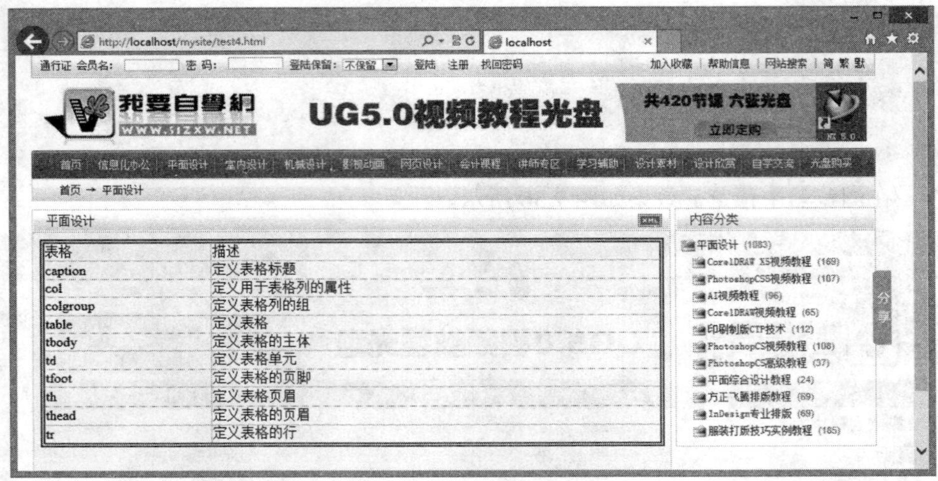

图 7.57　定义双线表格

7.5.5　实战演练：定义宫形表格

【操作步骤】

第 1 步，启动 Dreamweaver CC，打开本小节备用练习文档 test.html，另存为 test5.html。

第 2 步，在<head>标签内输入<style>标签，定义一个内部样式表，然后输入以下样式代码：

```
<style type="text/css">
table {
    border-spacing:10px; /*定义表格内单元格之间的间距，现代标准浏览器支持*/
}
table td {
    border: #cc0000 1px solid; /*定义单元格边框*/
}
</style>
```

第 3 步，在浏览器中预览，效果如图 7.58 所示。

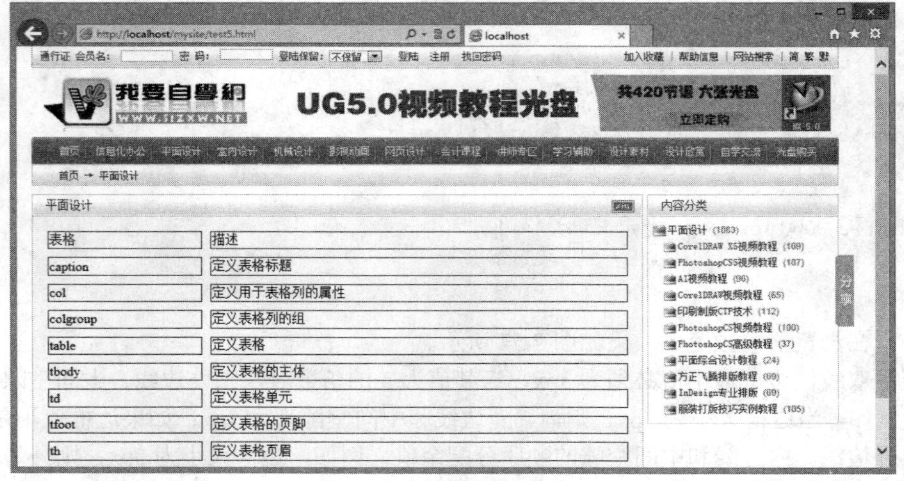

图 7.58　定义宫形表格

> 提示：IE6 及更低版本浏览器不支持 border-spacing 属性，因此还需要在<table>标签内增加 cellspacing="10"属性。

7.5.6　实战演练：定义单线表格

【操作步骤】

第 1 步，启动 Dreamweaver CC，打开本小节备用练习文档 test.html，另存为 test6.html。

第 2 步，在<head>标签内输入<style>标签，定义一个内部样式表，然后输入以下样式代码：

```
<style type="text/css">
table {
    border-collapse:collapse; /*合并相邻边框*/
    border-bottom: #cc0000 1px solid; /*定义表格顶部外边框*/
}
table td {
    border-bottom: #cc0000 1px solid; /*定义单元格底边框*/
}
</style>
```

第 3 步，在浏览器中预览，效果如图 7.59 所示。

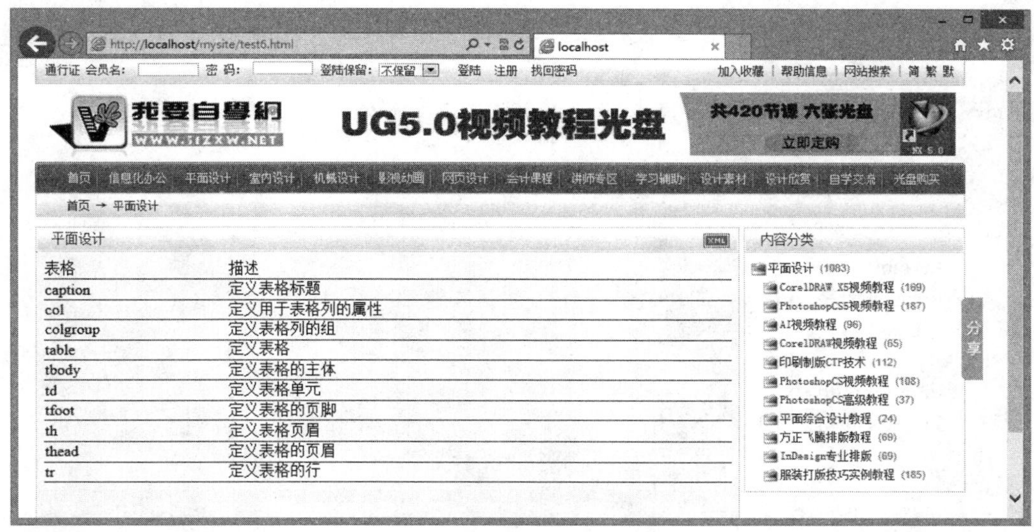

图 7.59　定义单线表格

> 提示：也可以为 tr 元素定义属性，但由于 IE6 及更低版本浏览器不支持这个选择符，在标准浏览器中有时也会存在 Bug，因此不建议设计师对 tr 直接定义属性。表格边框变化多样，用户可以尝试自定义不同风格的表格边框样式。

7.6　案例实战：设计复杂表格

在标准布局下，表格的主要功能是用来组织和显示数据，但当数据很多时，密密麻麻排在一起会

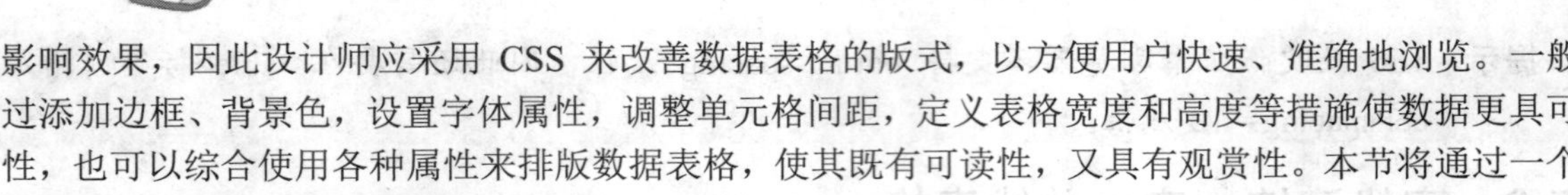

影响效果，因此设计师应采用 CSS 来改善数据表格的版式，以方便用户快速、准确地浏览。一般通过添加边框、背景色，设置字体属性，调整单元格间距，定义表格宽度和高度等措施使数据更具可读性，也可以综合使用各种属性来排版数据表格，使其既有可读性，又具有观赏性。本节将通过一个综合案例介绍表格结构重构和样式美化的全部过程。

Note

7.6.1 重构表格

启动 Dreamweaver CC，打开本小节备用练习文档 test.html，另存为 test1.html。本页面中使用以下代码设计了一个 11 行 2 列的表格。

```
<table width="100%">
    <tr>
        <td>表格</td>
        <td>描述</td>
    </tr>
    <tr>
        <td>caption</td>
        <td>定义表格标题</td>
    </tr>
    <tr>
      <td>col</td>
        <td>定义用于表格列的属性</td>
    </tr>
    <tr>
        <td>colgroup</td>
        <td>定义表格列的组</td>
    </tr>
    <tr>
        <td>table</td>
        <td>定义表格</td>
    </tr>
    <tr>
        <td>tbody</td>
        <td>定义表格的主体</td>
    </tr>
    <tr>
        <td>td</td>
        <td>定义表格单元</td>
    </tr>
    <tr>
        <td>tfoot</td>
        <td>定义表格的页脚</td>
    </tr>
    <tr>
        <td height="20">th</td>
        <td>定义表格的页眉</td>
    </tr>
    <tr>
        <td>thead</td>
```

```
            <td>定义表格的页眉</td>
        </tr>
        <tr>
            <td>tr</td>
            <td>定义表格的行</td>
        </tr>
</table>
```


上面这个表格结构是传统布局中常用的结构，不符合标准网页所提倡的代码简练性和准确性原则，数据表格的标题、表头信息与主体数据信息混在一起，不利于浏览器解析与检索，如图 7.60 所示。

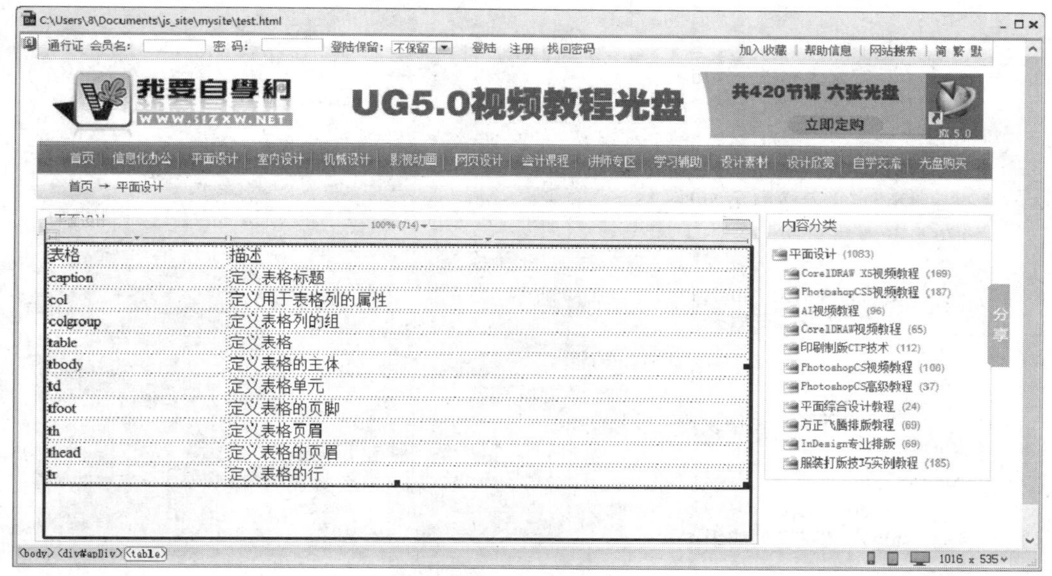

图 7.60　不方便浏览的表格样式

下面根据标准布局标准来改善数据表格的显示样式，使代码结构更趋标准和语义化，使数据表格布局更清晰、美观。这里主要从两个方面来完善这个数据表格的视觉效果。

（1）优化数据表格的结构，使用语义元素来表示不同数据信息，如列标题使用 th 元素，分组信息用 tbody 元素等来实现。

（2）用 CSS 控制数据表格的外观，使数据表格的显示样式更适宜阅读。

对本实例中数据表格结构进行重构，设计原则：选用标签要体现语义化，结构更合理，适合 CSS 控制，适合 JavaScript 脚本编程。

重构代码如下所示：

```
<table width="100%">
    <col class="col1" /><!--第 1 列分组-->
    <col class="col2" /><!--第 2 列分组-->
    <caption><!--定义表格标题 -->
    表格标签列表说明</caption>
    <thead><!--定义第 1 行为表头区域-->
        <tr>
            <th>表格</th><!--定义列标题-->
            <th>描述</th><!--定义列标题-->
```

Note

```
        </tr>
    </thead>
    <tbody><!--定义第 2 行到结尾为主体区域-->
        <tr>
            <th colspan="2">基本结构</th>
        </tr>
        <tr>
            <td>table</td>
            <td>定义表格</td>
        </tr>
        <tr>
            <td>tr</td>
            <td>定义表格的行</td>
        </tr>
        <tr>
            <td>td</td>
            <td>定义表格单元</td>
        </tr>
        <tr>
            <td height="20">th</td>
            <td>定义表格页眉</td>
        </tr>
        <tr>
            <th colspan="2">列分组</th>
        </tr>
        <tr>
            <td>colgroup</td>
            <td>定义表格列的组</td>
        </tr>
        <tr>
            <td>col</td>
            <td>定义用于表格列的属性</td>
        </tr>
        <tr>
            <th colspan="2">行分组</th>
        </tr>
        <tr>
            <td>thead</td>
            <td>定义表格的页眉</td>
        </tr>
        <tr>
            <td>tbody</td>
            <td>定义表格的主体</td>
        </tr>
        <tr>
            <td>tfoot</td>
            <td>定义表格的页脚</td>
        </tr>
        <tr>
            <th colspan="2">其他</th>
```

```
            </tr>
            <tr>
                <td>caption</td>
                <td>定义表格标题</td>
            </tr>
        </tbody>
</table>
```

7.6.2　美化样式

使用 CSS 来改善数据表格的显示样式，使其更适宜阅读。

【设计原则】

☑　标题行与数据行要有区分，让浏览者能够快速区分出标题行和数据行，对此可以通过分别为主标题行、次标题行和数据行定义不同背景色来实现。

☑　标题与正文的文本显示效果要有区别，对此可以通过分别定义标题与正文不同的字体、大小、颜色、粗细等文本属性来实现。

☑　为了避免阅读中出现读错行现象，可以通过适当增加行高、添加行线或交替定义不同背景色等方法实现。

☑　为了在多列数据中快速找到某列数据，可以通过适当增加列宽、增加分列线或定义列背景色等方法实现。

根据上面的设计原则，在页面头部新建一个内部样式表，输入以下 CSS 代码：

```
<style type="text/css">
table {/*定义表格样式*/
    border-collapse:collapse; /*合并相邻边框*/
    width:100%; /*定义表格宽度*/
    font-size:14px; /*定义表格字体大小*/
    color:#666; /*定义表格字体颜色*/
    border:solid 1px #0047E1; /*定义表格边框*/
}
table caption {/*定义表格标题样式*/
    font-size:24px;
    line-height:60px; /*定义标题行高，由于 caption 元素是内联元素，用行高可以调整其上下距离*/
    color:#000;
    font-weight:bold;
}
table thead {/*定义列标题样式*/
    background:#0047E1; /*定义列标题背景色*/
    color:#fff; /*定义列标题字体颜色*/
    font-size:16px; /*定义表格标题字体大小*/
}
table tbody tr:nth-child(odd) {/*定义隔行背景色，改善视觉效果*/
    background:#eee;
}
table tbody tr:hover {/*定义鼠标指针经过行的背景色和字体颜色，设计动态交互效果*/
    background:#ddd;
    color:#000;
}
```

Note

```
table tbody {/*定义表格主体区域内文本首行缩进*/
    text-indent:1em;
}
table tbody th {/*定义表格主体区域内列标题样式*/
    text-align:left;
    background:#7E9DE5;
    text-indent:0;
    color:#D8E4F8;
}
</style>
```

在浏览器中预览，效果如图 7.61 所示。

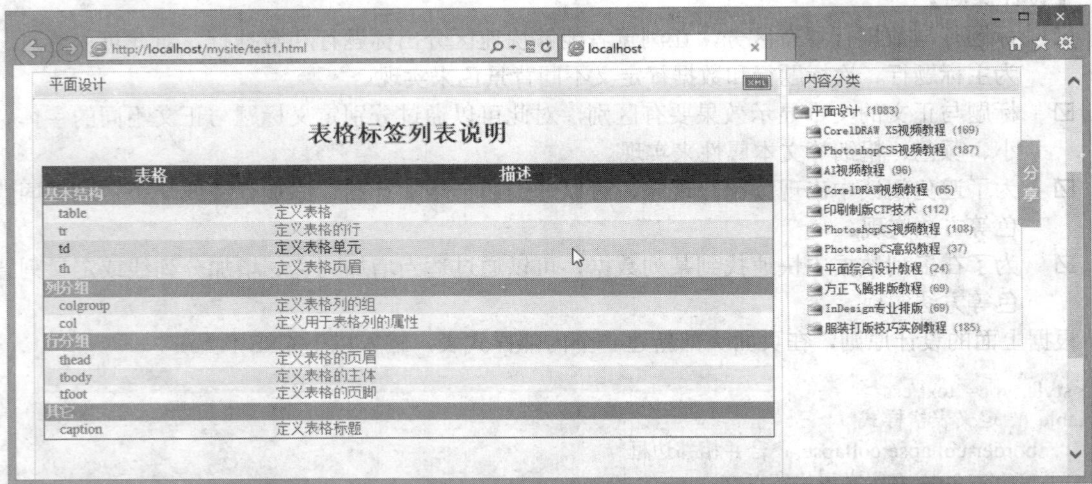

图 7.61　重设的表格样式

【拓展】在 CSS3 中新定义了一个选择符:nth-child()，该括号中可以放数字和默认的字母，例如：

```
.table1 tbody tr:nth-child(2) {
    background:#FEF0F5;
}
```

上面规则表示以第一个出现的 tr 为基础，只要是 2 的倍数行的全部 tr 都会显示指定背景色。

```
.table1 tbody tr:nth-child(odd) {
    background:#FEF0F5;
}
```

上面规则表示以第一个出现的 tr 为基础，然后奇数行的全部 tr 都会显示指定背景色。

```
.table1 tbody tr:nth-child(even) {
    background:#FEF0F5;
}
```

上面规则表示以第一个出现的 tr 为基础，然后偶数行的全部 tr 都会显示指定背景色。利用这种新的选择符可以快速实现行交错显示背景色，这样就不需要逐个为隔行 tr 定义一个类了，但目前主流浏览器还不支持这个选择符。

7.7　案例实战：设计表格页面

用表格实现网页布局一般有两种方法。

☑　用图像编辑器（如 Photoshop、Fireworks 等）绘制网页布局图，然后在图像编辑器中用切图工具切图并另存为 HTML 文件，这时图像编辑器会自动把图像转换为表格布局的网页文件。

☑　在网页编辑器中用表格直接编织网页布局效果。

第一种方法比较简单，这里就不再详细说明了。下面用第二种方法来介绍一个简单的页面布局过程，最后设计效果如图 7.62 所示。

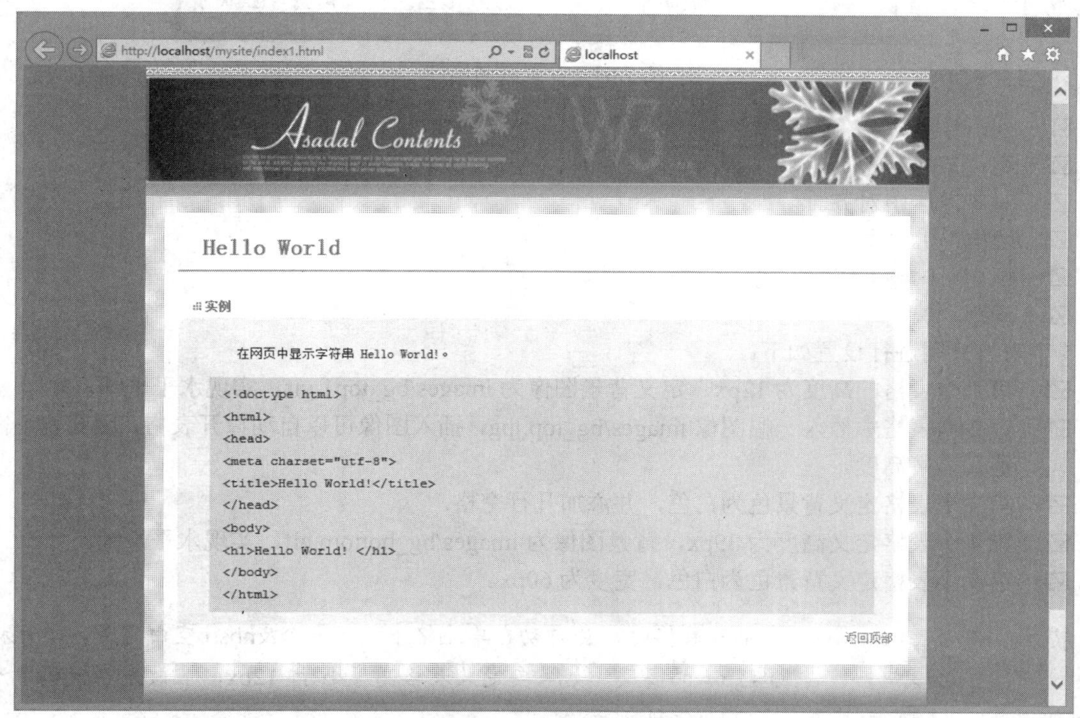

图 7.62　使用表格设计的网页效果

【操作步骤】

第 1 步，启动 Dreamweaver，新建一个空白文件，保存为 index.html。

第 2 步，选择“修改”｜“页面属性”命令，在“页面属性”对话框中设置网页背景色、字体大小、页边距、超链接属性等，如图 7.63 所示。

第 3 步，在对话框左侧的“分类”列表框中选择“外观”选项，在右侧属性选项中设置“页面字体”、“大小”、“背景颜色”、“左边距”、“右边距”、“上边距”和“下边距”属性，然后在对话框左侧的“分类”列表框中选择“链接”选项，定义超链接的详细属性，具体属性值读者可以自定。

第 4 步，在页面中插入表格，本案例页面共分为 5 行 1 列，因此可以分别插入 5 个表格，这 5 个表格的共同属性如下。

☑　行：1。

Note

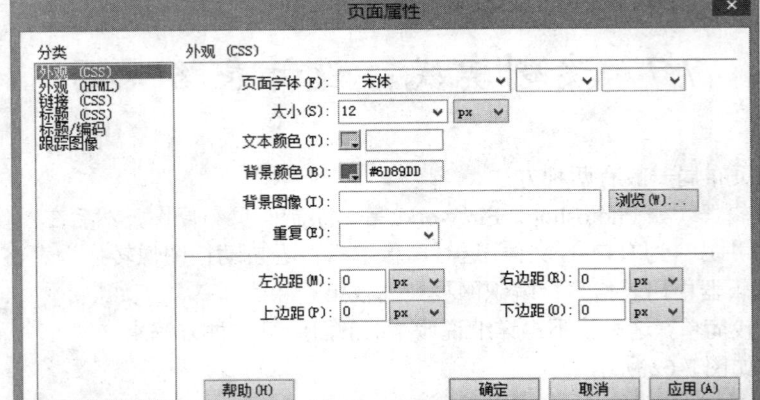

图 7.63 设置页面属性

- ☑ 列：1。
- ☑ 宽：776px。
- ☑ 对齐：居中对齐。
- ☑ 边框：0。
- ☑ 填充：0。
- ☑ 间距：0。

5 个表格分别进行设置如下。

- ☑ 第 1 个表格的高度为 12px，定义背景图像为 images/bg_top1.gif，实现水平平铺。
- ☑ 第 2 个表格中插入一幅图像 images/bg_top.jpg，插入图像可以自动撑开表格，因此就不需要定义表格高度。
- ☑ 第 3 个表格定义背景色为白色，并添加几行空格。
- ☑ 第 4 个表格定义高度为 39px，背景图像为 images/bg_bottom.gif，实现水平平铺。
- ☑ 第 5 个表格定义背景色为白色，宽度为 60px。

提示：在 Dreamweaver 中插入表格时，会自动在单元格中插入一个 空白符号，单元格会自动形成一个最低 12px 的高度，如果要定义表格高度小于 12px，应该先在代码中清除 空白符号，如下面代码所示：

```
<table width="776" border="0" align="center" cellpadding="0" cellspacing="0"   bgcolor="#FFFFFF">
    <tr>
        <td> </td>
    </tr>
</table>
```

第 5 步，以上操作实现了第 1 层网页布局框架。下面可以在中间表格中再嵌入表格，以便实现第 2 层页面布局，如图 7.64 所示。

第 6 步，设计麻点边框效果。在第 3 个表格中插入一个 1 行 1 列的表格，表格属性可以参考上面所列的共同属性。定义表格背景图像为 images/bg_dot1.gif，实现水平和垂直方向上的平铺，使表格背景显示麻点效果。

第 7 步，在第 2 层表格中再嵌入一个 1 行 1 列的表格，宽度为 736px，背景色为白色，其他属性

可以参考上面所列的共同属性。

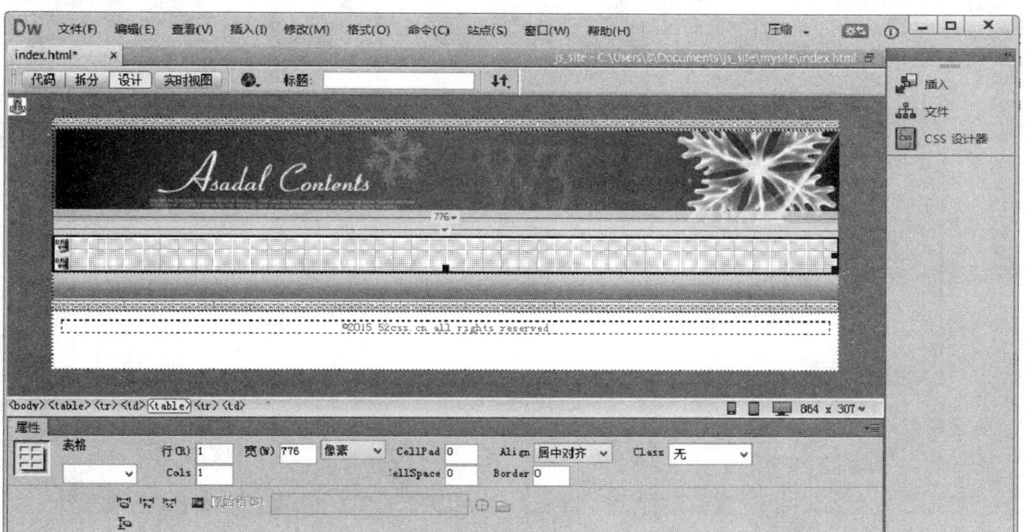

图 7.64 嵌套表格

第 8 步，在第 3 层嵌套表格内插入一个 5 行 1 列的表格，如图 7.65 所示，表格宽度为 712px，其他属性与公共属性相同，然后在第 1 行单元格中输入标题；在第 2 行单元格中插入水平线，水平线高度为 2px，在“属性”面板中取消选中“阴影”复选框，定义无阴影效果；在第 3 行单元格中输入小标题；第 4 行单元格暂时空着，为下一步更详细布局作准备；在第 5 行单元格中输入“返回顶部”锚链接文字，如图 7.65 所示。

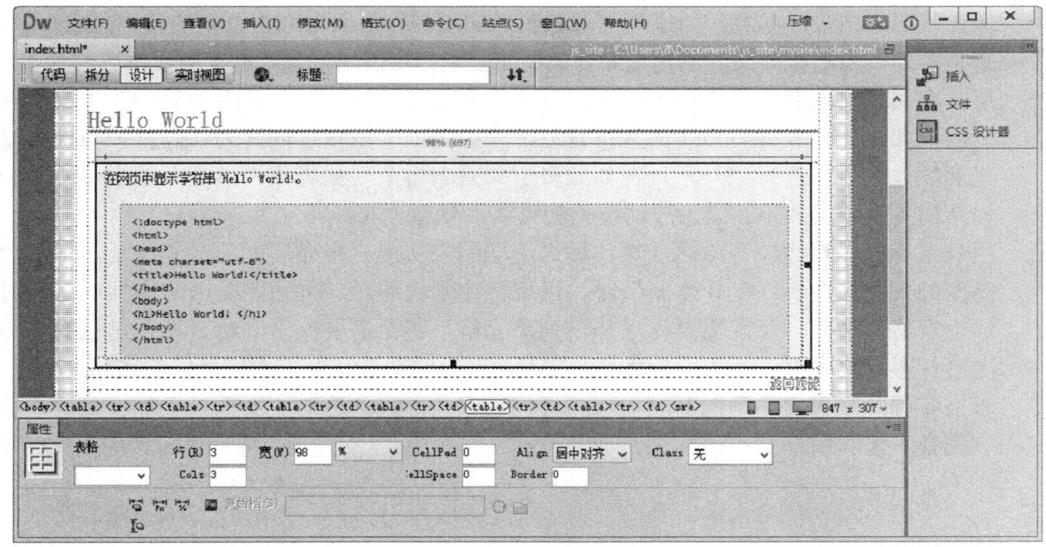

图 7.65 使用表格设计边线效果

第 9 步，设计圆角。在传统表格布局中，要实现圆角一般通过插入一个 3 行 3 列的表格，然后在 4 个顶角单元格中插入制作好的圆角图像，并定义表格背景色与圆角图像的颜色一致即可，如图 7.66 所示。

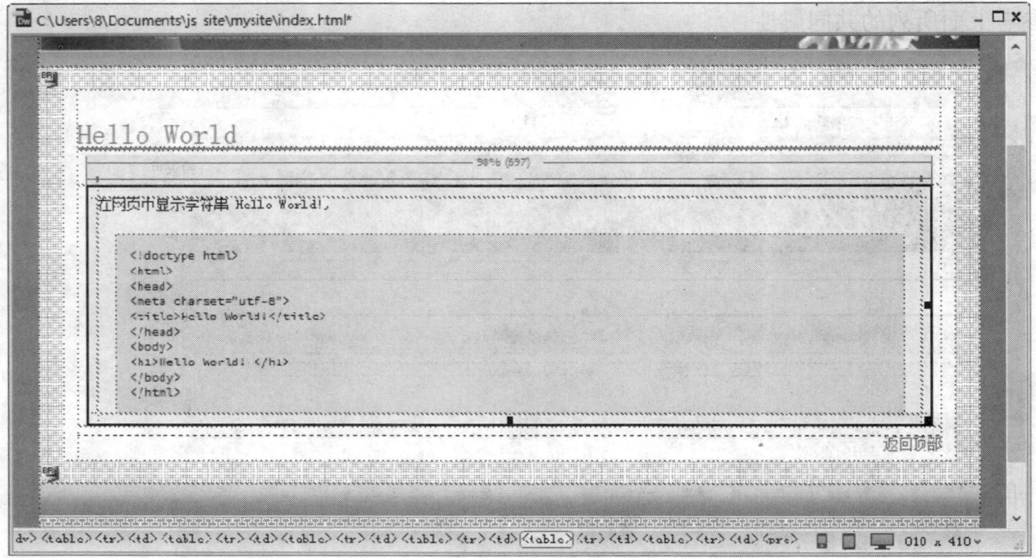

图 7.66　使用表格设计圆角效果

第 10 步，在为 4 个顶角的单元格中插入圆角图像时，注意单元格的大小与圆角图像的大小一致，本案例为 10px×10px 大小。中间的代码区域为一个表格，并定义背景色为浅灰色，用<pre>和</pre>标签包含代码，以保留代码的预定义格式显示。

第 11 步，在“代码”视图下，可以看到最后生成的 HTML 代码，详细代码可以参阅本节案例。

【拓展】表格布局存在很多问题，读者在使用过程中应该慎重选择。

☑ 通过页面源代码可以看到，表格布局会产生大量的冗余代码，这个页面布局就用了 83 行代码，代码之多显而易见。如果用图像编辑器切图制作页面会产生更多的代码冗余。

☑ 为了实现麻点边框效果和圆角效果等，页面需要多层表格嵌套，本案例表格嵌套最多达到 6 层。多层表格嵌套会带来两个问题：一个是浏览器解析缓慢，读者如果浏览本案例表格布局的页面，就会发现有短暂的解析延迟过程；另一个是多层嵌套为代码维护与内容修改带来麻烦，读者可以想象一下，在如此多层关系表格中要找到插入点是非常困难的，调整布局结构更是难上加难，因为改动一处就需要改变整个布局。

☑ 用表格布局显得比较粗糙。当然，如果用切图来实现表格布局就另当别论了，但那会导致高度的代码冗余。在制作本案例时，用表格实现内边距、外边距是非常麻烦的，有时为了增加表格左边距，可能需要再增加一列单元格，甚至需要嵌套表格，特别是已经完成布局之后，再调整内容边距时，会感觉非常费力，有时会破坏掉前面设计好的布局。

☑ 表格布局的最大问题是网页表现层与结构层混在一起，这对于页面的维护、更新、动态控制都会带来麻烦。

第8章 设计表单

（视频讲解：41分钟）

用户浏览网页，其主要目的是为了获取信息，通过链接访问不同的页面，这是一种单向信息交流方式。如果用户想与网站进行沟通，或者网站后台想了解用户意见和建议，则必须通过表单实现。表单主要负责把用户信息传递给服务器，实现数据的动态交互。

有了表单，网站不仅为用户提供信息，同时也可以收集用户信息，并根据收集的信息提供不同的信息服务。一个完整的表单功能主要包括两部分：一是标记表单结构的HTML源代码，即表单界面；二是用于处理用户在表单中输入信息的服务器端应用程序和客户端脚本。

表单设计的最终目的是提供更具亲和力的用户体验，更人性化的交互设计，更方便的界面操作。基本上任何一个网站都会用到表单布局，而表单也是网页设计师和程序开发师所共同关注的焦点，设计好表单至关重要。

学习重点：

- 在网页中插入表单和表单对象
- 设置表单对象属性
- 使用CSS设计表单样式
- 设计复杂的表单页

8.1 认识表单结构

Note

在 HTML 中，使用<form>标签定义表单，其语法格式如下：

```
<form action=url method=get|post name=value onreset=function onsubmit=function target=window enctype=cdata>
</form>
```

<form>标签可以包含很多控件对象以实现整个表单的交互功能，另外，<form>标签还有很多的属性来协助完成该项功能。主要属性如表 8.1 所示。

表 8.1 <form>标签的属性列表

标签属性	描　述
action＝url	设定处理表单数据文件 URL 的地址，可以是服务器端程序，也可以是一个电子邮件地址，采用电子邮件方式时，用"action=mailto:邮件地址"来表示，如 action="maito:zhangsan@mysite.cn"
method=get|post	指定发送表单数据的方法，取值主要包括 get（默认）和 post。get 是将表单的输入信息作为字符串附加到 action 所设置的 URL 后面。post 是将表单输入信息进行加密，随 HTTP 数据流一同被发送
name＝value	设定表单的名称。用于在其他地方引用表单内的值
onrest 和 onsubmit	主要针对 Reset 按钮和 Submit 按钮分别设定在按下相应的按钮之后要执行的事件
target=window	指定输入数据结果显示在哪个窗口，这需要与<frame>标签配合使用。包括_ blank、_self、_parent 和_top 共 4 个值
enctype=contenttype	表单用来组织数据的方式，主要包含两种：application/x-www-form-urlencoded（默认内容类型）和 multipart/form-data（二进制编码形式进行传输）

使用<form>标签只能创建一个基本表单框架，还需要具体控件来接收用户信息，如文本框、复选框、单选按钮等。下面将介绍表单中各种形式的控制域。

8.1.1 输入框

输入框是提供给用户的输入类型，用<input>标签表示。根据输入域的种类不同，<input>标签的使用属性也不同，主要属性如表 8.2 所示。type 属性定义输入框的类型，取值包括 text（单行文本框）、password（密码域）、checkbox（复选框）、radio（单选按钮）、submit（提交按钮）、reset（重置按钮）、file（文件域）、hidden（隐藏域）、image（图像按钮）和 button（普通按钮）等。其他属性因 type 类型的不同，具体使用方式和取值也不同。

表 8.2 <input>标签的属性列表

标签属性	描　述
type=inputtype	设置输入域的类型
name=cdata	设置表项的名称，在表单处理时起引用该属性的作用（适用于除 submit 和 reset 外的其他类型）
size=num	设置表单域的长度
value=cdata	设置输入域的值（适用于 radio 和 checkbox 类型）
checked	设置是否被选中（适用于 radio、button 和 checkbox 类型）

8.1.2　文本区域

<textarea>标签用于定义多行文本框，允许用户一次输入大容量文本字符，主要属性如表 8.3 所示。

表 8.3　<textarea>标签的属性列表

标签属性	描　述
name=cdata	设置表项的名称，在表单处理时起引用该属性的作用（适用于除 submit 和 reset 外的其他类型）
rows=num	设置输入框的行数
cols=num	设置输入框的列数
tabindex=num	设置 Tab 键的次序

8.1.3　选择框

在设计选择项目时，如果项目很多，使用单选按钮或复选框会占用很多空间，这时可以使用<select>标签来定义下拉列表框。

<select>标签主要属性如表 8.4 所示，<option>标签主要属性如表 8.5 所示。其语法格式如下：

```
<select>
    <option>选项一</option>
    <option>选项二</option>
    …
</select>
```

表 8.4　<select>标签的属性列表

标签属性	描　述
name=cdata	设置选择框的名字
size=num	设置在选择框中可以显示的选项个数
multiple	设置在选择框中选项是否支持多选

表 8.5　<option>标签的属性列表

标签属性	描　述
value=cdata	设置选项的初始值
selected	表示此选项为默认选择项

8.2　在网页中插入表单

表单由一个或多个表单对象组成。下面详细介绍如何使用 Dreamweaver CC 快速插入和设置各种表单对象及其属性。

8.2.1　实战演练：定义表单结构

制作表单页面的第一步是要插入表单域。在 Dreamweaver CC 中插入表单域的具体步骤如下。

Note

【操作步骤】

第 1 步，启动 Dreamweaver CC，新建文档，保存为 test.html。

第 2 步，在编辑窗口中单击，将光标放置于要插入表单的位置。

第 3 步，执行以下操作之一：

（1）选择“插入”|“表单”|“表单”命令。

（2）在“插入”面板中选择“表单”选项卡，然后选择“表单”选项，如图 8.1 所示。

第 4 步，这时在编辑窗口中显示表单域，如图 8.2 所示。其中，虚线界定的区域就是表单，其大小随包含的内容多少而自动调整，虚线不会在浏览器中显示。

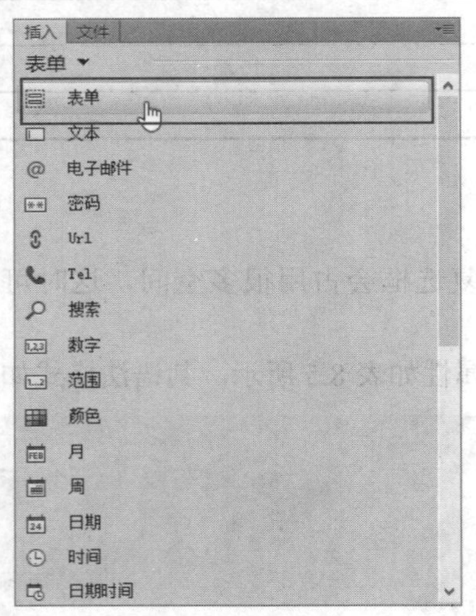

图 8.1 “表单”选项

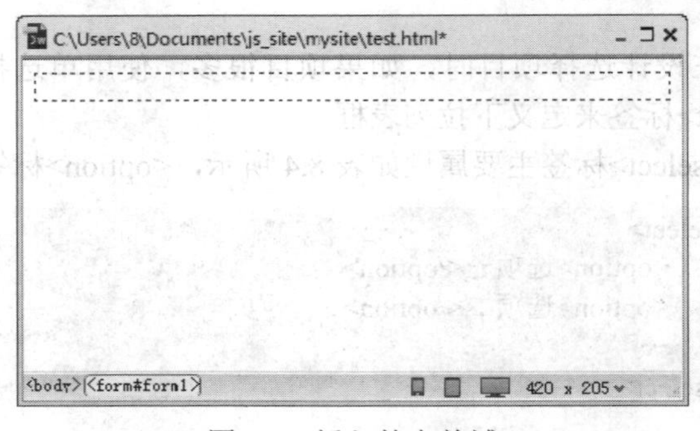

图 8.2 插入的表单域

提示：如果没有看见红色的虚线，可以选择“编辑”|“首选参数”命令，在打开的“首选项”对话框的“不可见元素”分类中选中“表单范围”复选框即可。

第 5 步，设置表单域的属性。单击虚线的边框，使虚线框内呈黑色显示，表示该表单域已被选中，此时“属性”面板如图 8.3 所示。

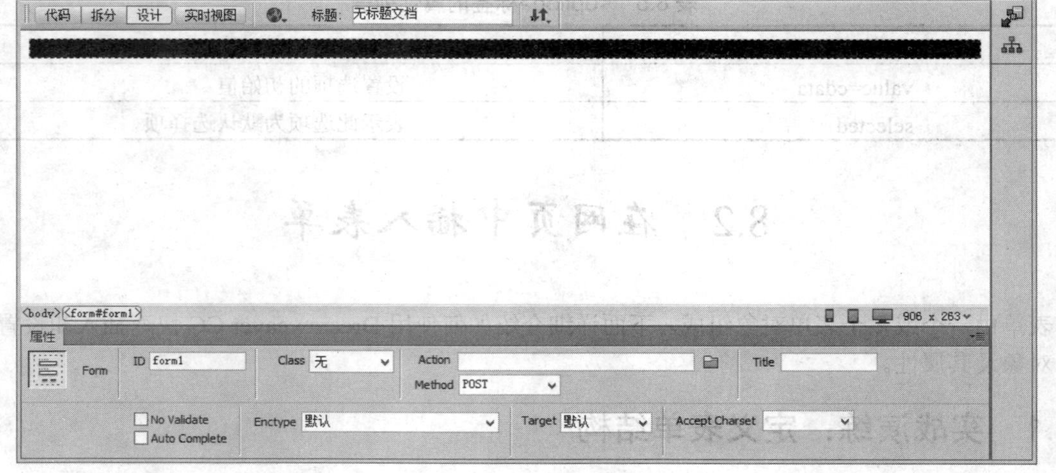

图 8.3 表单“属性”面板

（1）ID 文本框：设置表单的唯一标识名称，用于在程序中传送表单值。默认为 forml，依此类推。

（2）Action 文本框：用于指定处理该表单的动态页或脚本的路径。可以输入完整的路径，也可以单击“浏览文件”按钮指定到同一站点中包含该脚本或应用程序页的相应文件夹。如果没有相关程序支持，还可以使用 E-mail 的方式来传输表单信息，这种方式需要在 Action 文本框中输入“mailto:”和希望发送到的 E-mail 地址。例如，mailto:zhangsan@168.com，表示把表单中的内容发到作者的电子邮箱中。

（3）Target 下拉列表框：设置表单被处理后，响应网页打开的方式，包括 blank、parent、self 和 top 这 4 个选项，响应网页默认的打开方式是在原窗口打开。

- ☑ _blank：表示响应网页在新开窗口打开。
- ☑ _parent：表示响应网页在父窗口打开。
- ☑ _self：表示响应网页在原窗口打开。
- ☑ _top：表示响应网页在顶层窗口打开。

（4）Method 下拉列表框：设置将表单数据发送到服务器的方法，包括默认、POST、GET 这 3 个选项。

- ☑ 默认：使用浏览器的默认设置将表单数据发送到服务器。一般默认方法为 GET。
- ☑ GET：设置将以 GET 方法发送表单数据，把表单数据附加到请求 URL 中发送。
- ☑ POST：设置将以 POST 方法发送表单数据，把表单数据嵌入到 HTTP 请求中发送。

提示： 建议选择 POST 选项，因为 GET 方法有很多限制，如果使用 GET 方法，URL 的长度受到限制，一旦发送的数据量太大，数据将被截断，从而导致意外的或失败的处理结果，而且用 GET 方法发送信息很不安全。浏览者能在浏览器中看见传送的信息。

（5）Enctype 下拉列表框：设置发送数据的 MIME 编码类型，包括 application/x-www-form-urlencode 和 multipart/form-data 这两个选项，默认的 MIME 编码类型是 application/x-www-form-urlencode。application/x-www-form-urlencode 通常与 POST 方法协同使用，一般情况下应选择该项。如果表单中包含文件上传域，应该选择 multipart/form-data。

（6）No Validate 复选框：HTML5 新增属性，选中该复选框可以禁止 HTML5 表单验证。

（7）Auto Complete 复选框：HTML5 新增属性，选中该复选框可以允许 HTML5 表单自动完成输入。

（8）Accept Charset 下拉列表框：HTML5 新增属性，设置 HTML5 表单可以接收的字符编码。

（9）Title 文本框：HTML5 增强属性，设置 HTML5 表单提示信息，当鼠标指针经过表单时会提示该信息。

8.2.2　实战演练：插入文本框

文本框可以接收用户输入的用户名、地址、电话、通信地址等短文本信息，以单行显示。插入单行文本框的步骤如下。

【操作步骤】

第 1 步，启动 Dreamweaver CC，打开本小节备用练习文档 test.html，另存为 test1.html。

第 2 步，在编辑窗口中单击，将光标放置于要插入文本框的位置。

第 3 步，选择“插入”|“表单”|“文本”命令，即可插入一个文本框，如图 8.4 所示。根据页面需要，可以修改文本框前面的标签文本，或者删除标签内容。

第 4 步，插入文本框之后，选中文本框，在“属性”面板中可以设置文本框的属性，如图 8.5 所示。

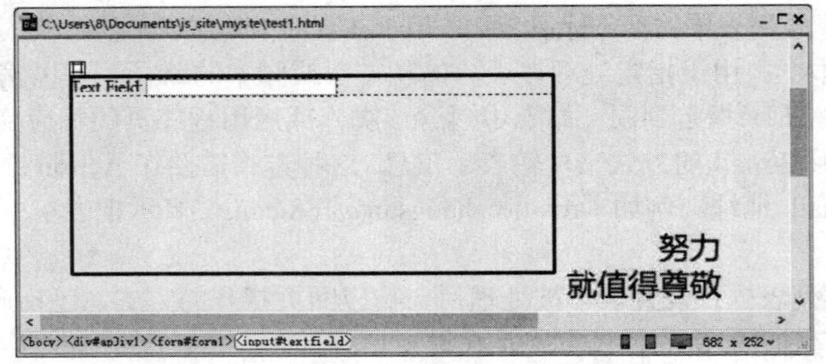

图 8.4　插入文本框

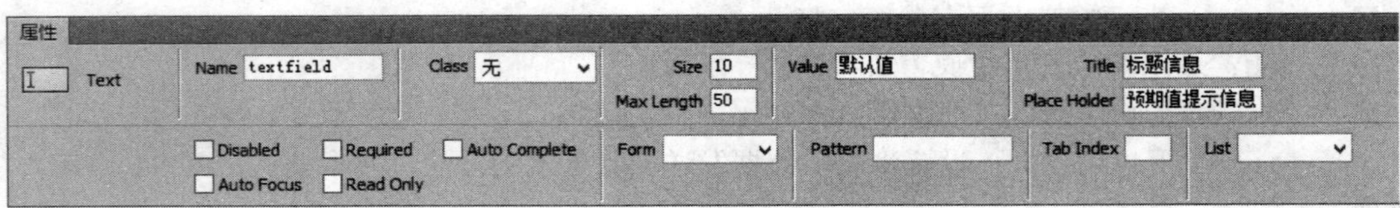

图 8.5　文本框“属性”面板

（1）Name 文本框：设置所选文本框的名称。每个文本框都必须有一个唯一的名称，所选名称必须在该表单内唯一标识该文本框。表单对象名称不能包含空格或特殊字符，可以使用字母、数字字符和下划线（_）的任意组合。

为文本框指定的名称最好便于理解和记忆，它将为后台程序对这个栏目内容进行整理与辨识提供方便，如用户名文本框可以命名为 username，系统默认名称为 textfield。

（2）Size 文本框：设置文本框中最多可显示的字符数。如果输入的字符数超过了字符宽度，在文本框中将无法看到这些字符，但文本框仍然可以识别它们，并将它们全部发送到服务器端进行处理。

（3）Max Length 文本框：设置文本框中最多可输入的字符数。如果设置为空，则可以输入任意数量的文本。建议用户对文本框输入字符进行限制，防止浏览者无限输入大量数据，影响系统的稳定性。例如，设置用户名最多为 20 个字符，密码最多为 20 个字符，邮政编码最多为 6 个字符，身份证号最多为 18 个字符。

（4）Value 文本框：设置文本框默认输入的值，一般可以输入一些提示性的文本提示用户输入什么信息，帮助浏览者填写该文本框信息。当浏览者输入资料时，初始文本将被输入的内容替代。

（5）Class 下拉列表框：设置文本框的 CSS 类样式。

（6）Title 文本框：设置文本框的标题。

（7）Place Holder 文本框：设置文本框的预期值提示信息，该提示会在输入字段为空时显示，并会在字段获得焦点时消失。

（8）Tab Index 文本框：设置 Tab 键访问顺序，数字越小越先被访问。

第 5 步，在“属性”面板中定义 HTML 表单通用属性，这些属性大部分是 HTML5 新增属性，简单说明如下。

（1）Disabled：设置文本框不可用。

（2）Required：要求必须填写。

（3）Auto Complete：设置文本框是否应该启用自动完成功能。

（4）Auto Focus：设置自动获取焦点。

（5）Read Only：设置为只读。

（6）Form：绑定文本框所属表单域。

（7）Pattern：设置文本框匹配模式，用来验证输入值是否匹配指定的模式。

（8）List：绑定下拉列表提示信息框。

第 6 步，保存文档，按 F12 键在浏览器中预览，则显示效果如图 8.6 所示。

图 8.6　文本框显示效果

第 7 步，切换到“代码”视图，可以看到生成的文本框代码：

```
<label for="textfield">用户名:</label>
        <input name="textfield" type="text" id="textfield" placeholder="预期值提示信息" title="标题信息" value="默认值" size="10" maxlength="50">
```

8.2.3　实战演练：插入密码域

密码域是特殊类型的文本框。当用户在密码域中输入密码时，所输入的文本被转换为“*”或“●”符号，以隐藏该文本，保护这些信息不被看到。当文本框被设置为密码类型时，产生一个 type 属性为 password 的<input>标签。

【操作步骤】

第 1 步，启动 Dreamweaver CC，打开本小节备用练习文档 test.html，另存为 test1.html。

第 2 步，在编辑窗口中单击，将光标置于要插入密码域的位置。

第 3 步，选择“插入”|“表单”|“密码”命令即可，然后修改标签文字。

第 4 步，选中密码框，在“属性”面板中设置属性，如图 8.7 所示。具体说明可以参阅文本框属性说明。

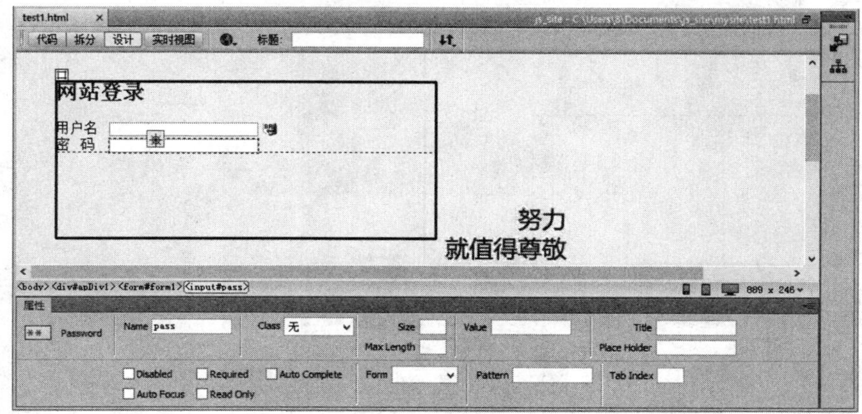

图 8.7　插入密码框

Note

第 5 步，保存文档，按 F12 键，在浏览器中浏览的效果如图 8.8 所示。

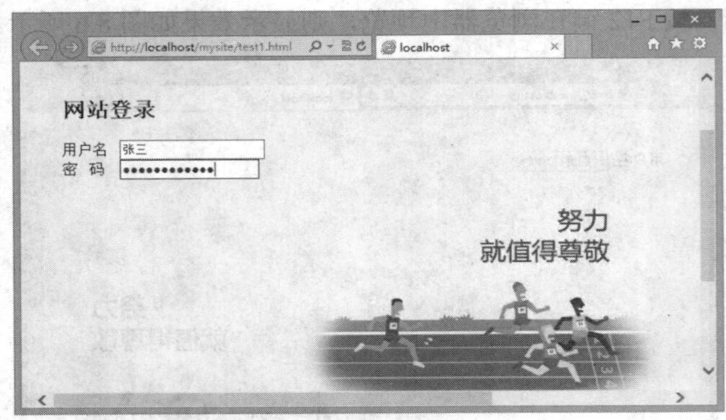

图 8.8　密码框显示效果

自动生成的代码如下：

```
<form id="form1" name="form1" method="post" action="">
    <h2>网站登录</h2>
    <label for="user">用户名</label> 
    <input type="text" name="user" id="user"><br>
    <label for="pass">密   码</label>  
    <input type="password" name="pass" id="pass">
</form>
```

8.2.4　实战演练：插入文本区域

文本区域可以提供一个较大的输入空间，供浏览者输入响应。用户可以设置访问者最多输入的行数以及文本区域的字符宽度。

【操作步骤】

第 1 步，启动 Dreamweaver CC，打开本小节备用练习文档 test.html，另存为 test1.html。

第 2 步，在编辑窗口中单击，将光标置于要插入文本区域的位置。

第 3 步，选择“插入”|“表单”|“文本区域”命令即可，然后修改标签文字。

第 4 步，选中文本区域，在“属性”面板中设置属性，如图 8.9 所示。

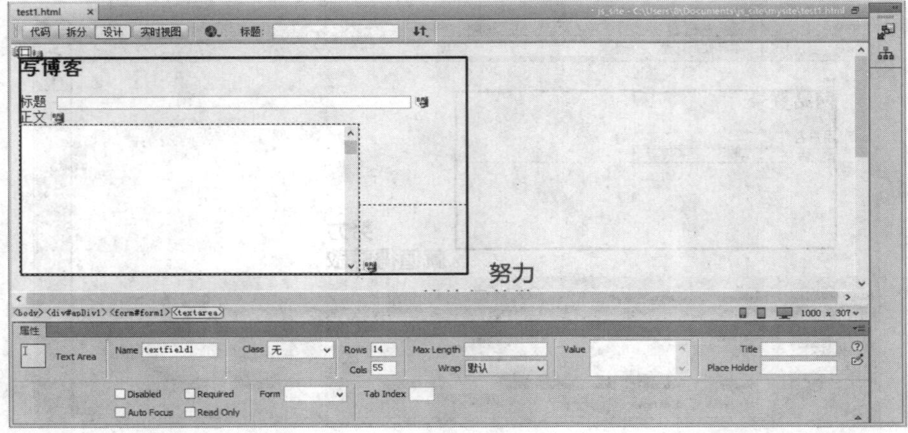

图 8.9　设置文本区域属性

文本区域与文本框的属性设置基本相同，具体说明可以参阅文本框属性说明，但是文本区域另外增加了下面两个属性。

（1）Cols 文本框：设置文本区域一行中最多可显示的字符数。

（2）Rows 文本框：设置所选文本框显示的行数，可输入数值。可用于输入较多内容的栏目，如反馈表、留言簿等。

第 5 步，保存文档，按 F12 键，在浏览器中浏览的效果如图 8.10 所示。自动生成的代码如下：

```
<form id="form1" name="form1" method="post" action="">
    <h2>写博客</h2>
    <label for="label">标题</label> 
    <input name="textfield1" type="text" id="label" size="60"><br>
    <label for="label">正文</label><br>
    <textarea name="textfield1" cols="55" rows="14"></textarea><br>
</form>
```

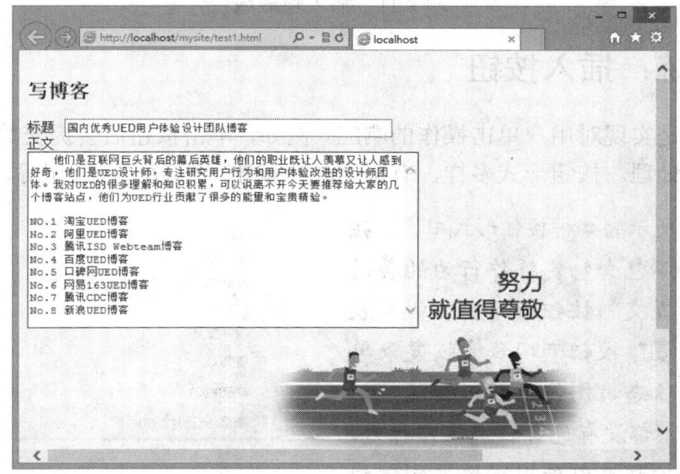

图 8.10　文本框域显示效果

8.2.5　实战演练：插入隐藏域

隐藏域主要用于存储并提交非浏览者输入的信息，这些信息浏览者是看不到的，但可以在源代码中看到。使用隐藏域的主要目的是向服务器提交更多辅助参数，以便于服务器准确地进行数据处理，有时用户也用隐藏域向服务器提交一些固定的、非重要的用户数据信息。

【操作步骤】

第 1 步，启动 Dreamweaver CC，打开本小节备用练习文档 test.html，另存为 test1.html。

第 2 步，在编辑窗口中单击，将光标放置于要插入隐藏域的表单内。

第 3 步，选择“插入”|“表单”|“隐藏”命令，即可插入一个隐藏域。

第 4 步，选中隐藏域图标，在“属性”面板中设置隐藏域的 Name 名称和要发送的值，如图 8.11 所示。

如果隐藏域在表单框（<form>）的外面，可以通过 Form 下拉列表框绑定隐藏域所属的表单对象。

提示： 隐藏域不被浏览器显示，但在 Dreamweaver CC 主窗口中以标记的形式显示，这是为了方便编辑。如果看不到该图标，可选择“查看”|“可视化助理”|“不可见元素”命令，隐藏域的图标就被显示出来。

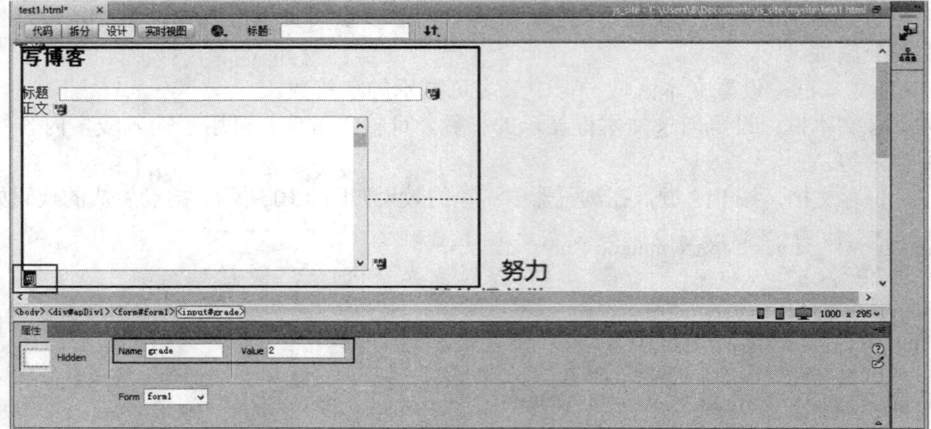

图 8.11　插入隐藏域

8.2.6　实战演练：插入按钮

按钮的主要功能是实现对用户单击操作的响应。例如，单击按钮后会提交数据，把用户输入的数据提交到服务器进行处理。按钮形式多样，有提交表单按钮、重置表单按钮等，如图 8.12 所示。

> 提示：在图 8.12 所示的 4 种按钮形式中，“按钮”表示不包含特定操作行为的普通按钮，“提交”按钮专门负责提交表单，“重置”按钮专门负责恢复表单默认输入状态，图像按钮与普通按钮功能相同，都没有包含特定操作行为，但是图像按钮可以使用图像定制按钮的外观。

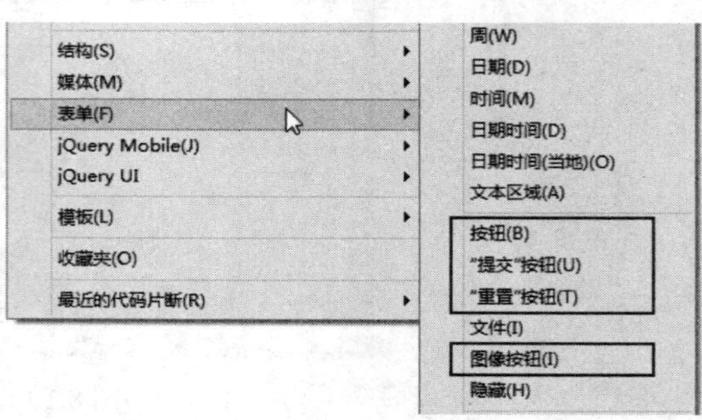

图 8.12　表单菜单下的按钮类型

下面演示如何插入一个提交按钮。

【操作步骤】

第 1 步，启动 Dreamweaver CC，打开本小节备用练习文档 test.html，另存为 test1.html。

第 2 步，在编辑窗口中单击，将光标放置于表单内的后面。

第 3 步，选择“插入”|“表单”|“‘提交’按钮”命令，在光标位置插入一个“提交”按钮。

第 4 步，选中按钮，即可在“属性”面板中设置按钮的属性，如图 8.13 所示。

（1）Name 文本框：设置按钮名称，默认为 submit。

（2）Value 文本框：设置按钮在窗口中显示的文本字符串。

（3）Class 下拉列表框：设置按钮的类样式，用户应先在 CSS 设计器中设计好类样式，然后在该下拉列表框中进行选择。

（4）Title 文本框：设置按钮的提示性文本，该文本在鼠标指针经过按钮时显示提示。

（5）Disabled 复选框：设置文本框不可用。

（6）Auto Focus 复选框：设置自动获取焦点。

（7）Form 下拉列表框：绑定文本框所属表单域。

（8）Tab Index 文本框：定义访问按钮的快捷键。

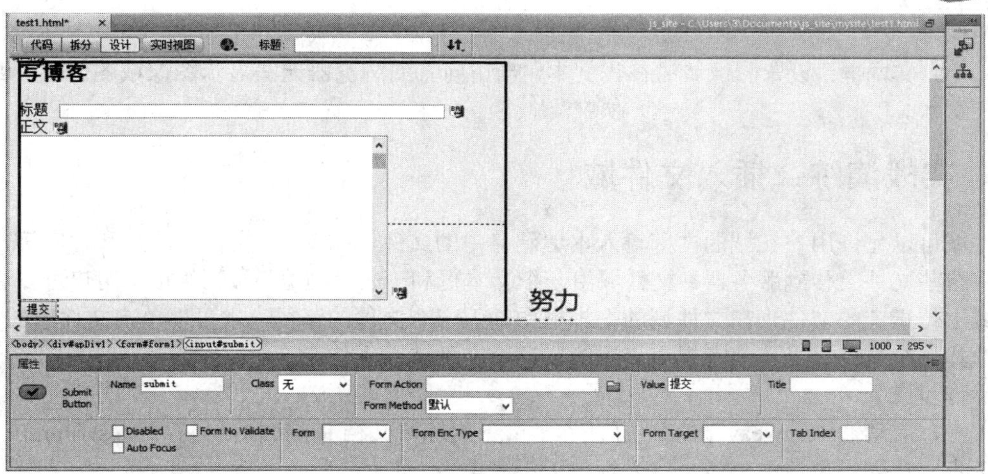

图 8.13　插入“提交”按钮

8.2.7　实战演练：插入图像域

图像域实质上就是一个按钮，在表单中插入图像域之后，图像域将起到提交表单的作用。使用图像域可以自由选择喜欢的图片进行替换，达到美化表单和页面的目的。插入图像域的具体操作步骤如下。

【操作步骤】

第 1 步，启动 Dreamweaver CC，打开本小节备用练习文档 test.html，另存为 test1.html。

第 2 步，在编辑窗口中单击，将光标放置于表单的后面。

第 3 步，选择“插入”|“表单”|“图像按钮”命令，打开“选择图像源文件”对话框。在该对话框中选择一幅要作为按钮的图像。

第 4 步，单击“确定”按钮即可将其插入到网页中，在光标位置插入一个图像按钮。

第 5 步，选中图像按钮，即可在“属性”面板中设置按钮的属性，如图 8.14 所示。

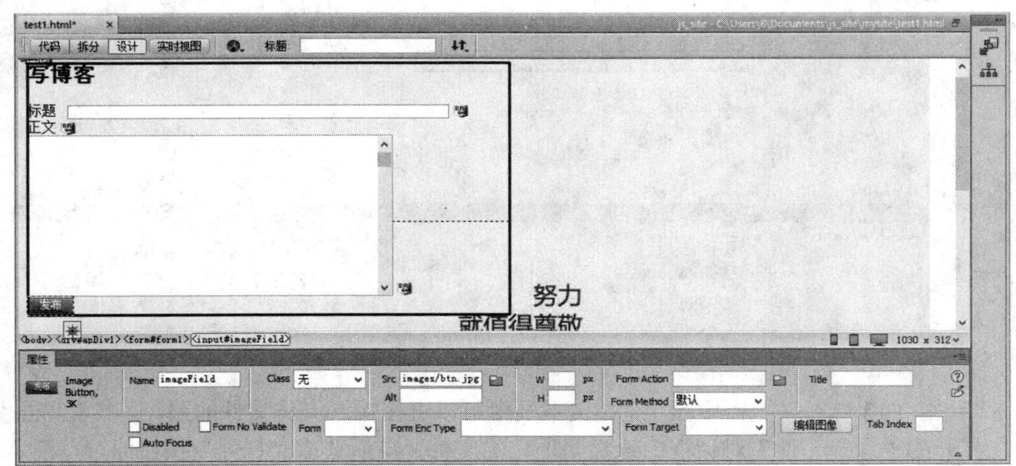

图 8.14　插入图像按钮

图像按钮与普通按钮的属性基本相同，下面重点介绍图像按钮专有属性。

（1）W 和 H 文本框：设置用于显示该图像的高度和宽度，单位为像素。

（2）Src 文本框：设置显示该按钮使用的图像的地址。此时可以重新设置一个新的图像文件来替换当前图像。

（3）Alt 文本框：设置图像域的替代文本，当访问者的浏览器无法显示图像域图像时，可以显示这个替代文本。

Note

8.2.8 实战演练：插入文件域

文件域可以允许用户在域的内部输入本地硬盘中的文件，如 Word 文档、图片和程序等，然后通过表单将这些文件上传到服务器。文件域由一个文本框和一个“浏览”按钮组成。用户可以通过表单的文件域上传指定的文件，在文件域的文本框中输入一个文件的路径，也可以单击文件域的“浏览”按钮来选择一个文件，当访问者提交表单时，这个文件就被上传。

【操作步骤】

第 1 步，启动 Dreamweaver CC，打开本小节备用练习文档 test.html，另存为 test1.html。

第 2 步，在编辑窗口中单击，将光标放置于表单内。

第 3 步，选择“插入”|“表单”|“文件”命令，即可在当前位置中插入一个文本框和一个“浏览”按钮。

第 4 步，删除标签及其文本，选中文件域，在打开的“属性”面板中设置文件域的属性，如果选中 Multiple 复选框，可以允许文件域中一次上传多个文件，其他属性属于公共属性，可以参阅 8.2.7 节介绍，各参数设置如图 8.15 所示。

图 8.15　文件域“属性”面板

第 5 步，按 F12 键在浏览器中预览。在文本框中可以直接输入上传文件的路径，或者单击“浏览”按钮，在打开的“选择文件”对话框中选择要上传的文件，最后单击“打开”按钮即可，演示效果如图 8.16 所示。

8.2.9 实战演练：插入单选按钮

如果要求浏览者只能从一组选项中选择一个选项，可以使用单选按钮。

图 8.16　文件域在浏览器中的应用效果

【操作步骤】

第 1 步，启动 Dreamweaver CC，打开本小节备用练习文档 test.html，另存为 test1.html。

第 2 步，在编辑窗口中单击，将光标放置于表单内。

第 3 步，选择“插入”|“表单”|“单选按钮”命令，即可在网页当前位置插入一个单选按钮，再插入一个单选按钮，然后修改标签文本。

第 4 步，单击圆形的小按钮将选中单选按钮，在“属性”面板中可以设置单选按钮属性，如图 8.17 所示。

图 8.17　单选按钮“属性”面板

（1）Name 文本框：设置单选按钮名称。

（2）Class 下拉列表框：设置单选按钮的类样式，用户应先在“CSS 设计器”中设计好类样式，然后在该选项中进行选择。

（3）Checked 复选框：设置单选按钮在默认状态是否被选中。

（4）Value 文本框：设置在该单选按钮被选中时发送给服务器的值。为了便于理解，一般将该值设置为与栏目内容意思相近。

（5）Title 文本框：设置按钮的提示性文本，该文本在鼠标指针经过按钮时显示提示。

（6）Disabled 复选框：设置单选按钮不可用。

（7）Auto Focus 复选框：设置自动获取焦点。

（8）Required 复选框：要求必须选中单选按钮。

（9）Form 下拉列表框：绑定单选按钮所属表单域。

（10）Tab Index 文本框：定义访问单选按钮的快捷键。

【拓展】当多个单选按钮拥有相同的名称，则会形成一组，被称为“单选按钮组”，在单选按钮组中只能允许单选，不可多选。单选按钮和单选按钮组两者之间没有任何区别，只是插入方法不同。插入单选按钮组的具体操作步骤如下。

【操作步骤】

第 1 步，启动 Dreamweaver CC，打开本小节备用练习文档 test.html，另存为 test2.html。

第 2 步，在编辑窗口中单击，将光标放置于表单内。

第 3 步，选择“插入”|“表单”|“单选按钮组”命令，打开“单选按钮组”对话框，如图 8.18 所示。

（1）“名称”文本框：设置该单选按钮组的名称，默认为 RadioGroup1。

（2）“单选按钮”列表区域：可以单击“添加”按钮、“移除”按钮、“上移”按钮和“下移”按钮来操作列表中的单选按钮。

① 单击“添加”按钮向单选按钮组添加一个单选按钮，然后为新增加的单选按钮输入 Lable（标签）和 Value（值）。标签就是单选按钮后的说明文字，值相当于“属性”面板中的选定值。单击“移除”按钮可以从组中删除一个单选按钮。

② 单击“上移”按钮和“下移”按钮，可以对这些单选按钮进行上移或下移操作，进行排序。

（3）“布局，使用”选项区域：设置单选按钮组中的布局。

① 如果选中“表格”单选按钮，则 Dreamweaver CC 会创建一个单列的表格，并将单选按钮放在左侧，将标签放在右侧。

② 如果选中“换行符”单选按钮，则 Dreamweaver CC 会将单选按钮在网页中直接换行。

第 4 步，设置完毕，可以单击“确定”按钮完成插入单选按钮组的操作，然后保存并在浏览器中预览，效果如图 8.19 所示。当插入单选按钮组之后，在浏览器中只能够选中一个选项，不能够多选。

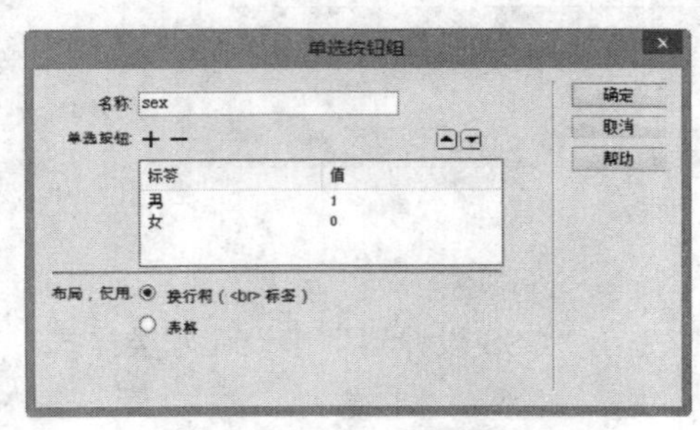

图 8.18 “单选按钮组”对话框

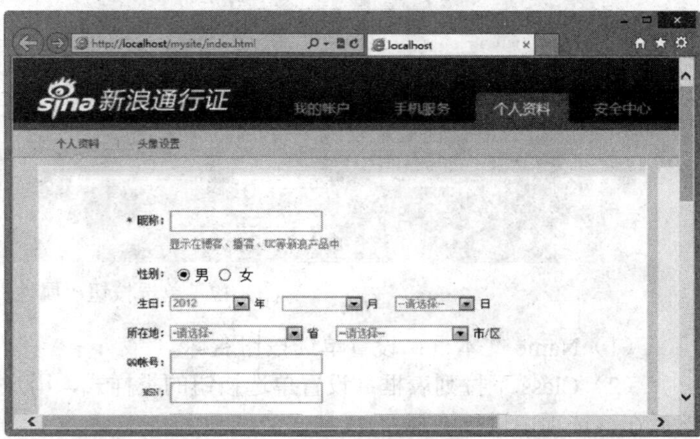

图 8.19 插入的单选按钮组效果

8.2.10　实战演练：插入复选框

复选框与单选按钮在功能上相似，都可以允许用户进行选择，但复选框可以一次多选。复选框对每个单独的响应都可以进行“关闭”和“打开”状态切换，因此，用户可以从复选框组中选择多个选项。

【操作步骤】

第 1 步，启动 Dreamweaver CC，打开本小节备用练习文档 test.html，另存为 test1.html。

第 2 步，在编辑窗口中单击，将光标放置于表单内。

第 3 步，选择“插入”|“表单”|“复选框”命令，在光标所在位置插入复选框。

第 4 步，选中复选框，在“属性”面板中可以设置复选框的属性，选中 Checked 复选框，可以设置复选框在默认状态是否被选中显示，其他属性可以参阅上面的介绍，如图 8.20 所示。

图 8.20　复选框“属性”面板

【拓展】当多个复选框拥有相同的名称，则会形成一组，称为“复选框组”，在复选框组中可以允许多选，或者不选。复选框和复选框组两者之间没有任何区别，只是插入方法不同。

【操作步骤】

第 1 步，启动 Dreamweaver CC，打开本小节备用练习文档 test.html，另存为 test2.html。

第 2 步，在编辑窗口中单击，将光标放置于表单内。

第 3 步，选择“插入”|“表单”|“复选框组”命令，打开“复选框组”对话框，如图 8.21 所示。

（1）“名称”文本框：设置复选框组的名称，默认为 CheckboxGroup1。

（2）“复选框”列表区域：可以单击“添加”按钮、“移除”按钮、“上移”按钮和“下移”按钮来操作列表中的复选框。

① 单击“添加”按钮向复选框组添加一个复选框，然后为新增加的复选框输入 Lable（标签）和 Value（值）。标签就是复选框后的说明文字，值相当于“属性”面板中的选定值。单击“移除”按钮可以从组中

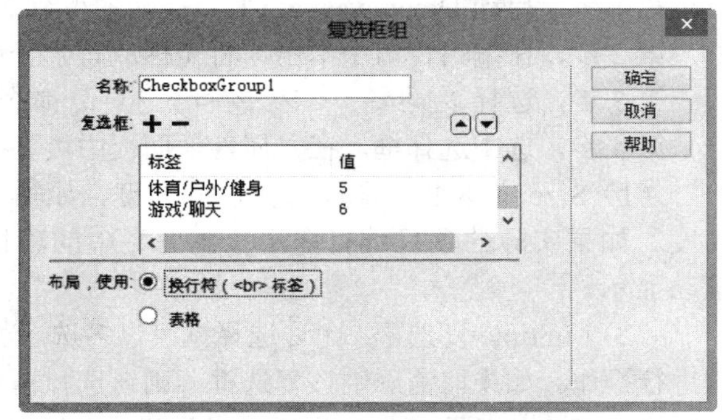

图 8.21　“复选框组”对话框

Note

删除一个复选框。

② 单击“上移”按钮▲和“下移”按钮▼，可以对这些按钮进行上移或下移操作，进行排序。

（3）“布局，使用”选项区域：设置复选框组中的布局。

① 如果选中“表格”单选按钮，则 Dreamweaver CC 会创建一个单列的表格，并将复选框放在左侧，将标签放在右侧。

② 如果选中“换行符（
标签）”单选按钮，则 Dreamweaver CC 会将复选框在网页中直接换行。

第 4 步，设置完毕，可以单击“确定”按钮完成插入复选框组的操作，然后保存并在浏览器中预览，效果如图 8.22 所示。当插入复选框组之后，在浏览器中进行多选操作。

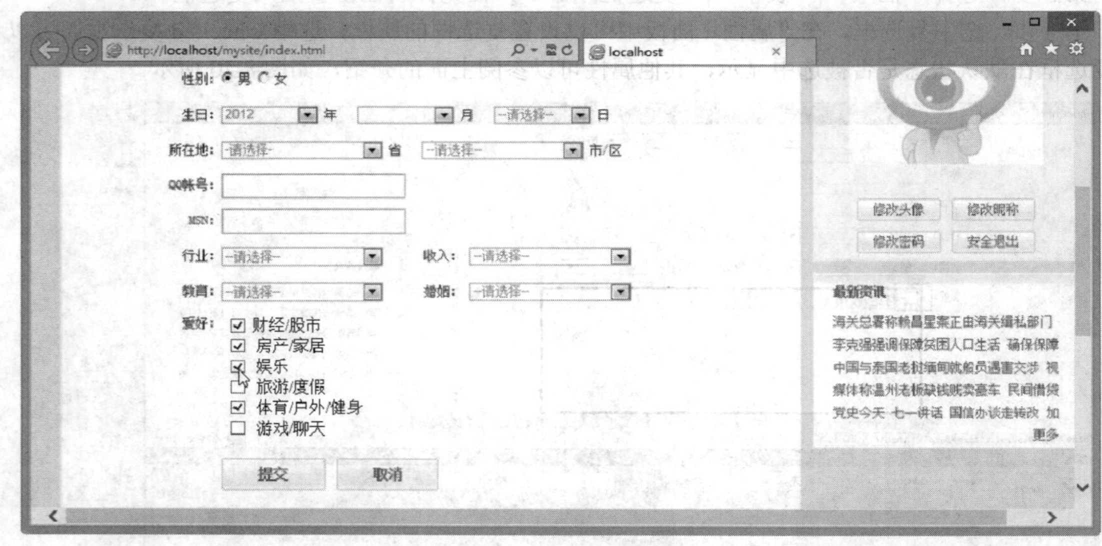

图 8.22 插入的复选框组效果

8.2.11 实战演练：插入选择框

选择框的功能与复选框和单选按钮的功能相似，都可以列举很多选项供浏览者选择，但选择框最大的优点就是可以在有限的空间内为用户提供更多选项，节省页面空间。

（1）列表框提供一个滚动条，通过拖动滚动条可以浏览很多选项，并允许多重选择。

（2）选择框默认仅显示一项，该项为活动选项，用户单击打开选择框但只能选择其中的一项。

【操作步骤】

第 1 步，启动 Dreamweaver CC，打开本小节备用练习文档 test.html，另存为 test1.html。

第 2 步，在编辑窗口中单击，将光标放置于表单内。

第 3 步，选择“插入”|“表单”|“选择”命令，在光标所在位置插入选择框。

第 4 步，选中选择框，在“属性”面板中可以设置选择框的属性，如图 8.23 所示。

（1）Size 文本框：设置选择框的高度，如输入“4”，则选择框在浏览器中显示为 4 个选项的高度。如果实际的项目数目多于“高度”中的项目数，那么列表菜单中右侧将显示滚动条，通过滚动显示。

（2）Multiple 复选框：允许选择框可以多选。当选择框允许被多选，选择时可以结合 Shift 和 Ctrl 键进行操作。如果取消选中该复选框，则该选择框中只能单选。

（3）Selected 列表框：可以选择列表框在浏览器中初始被选中的值。

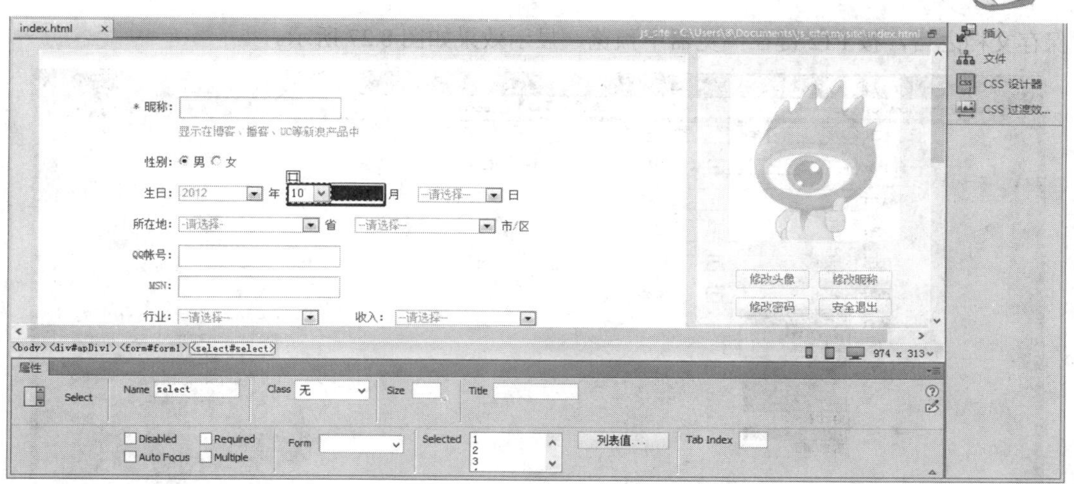

图 8.23　选择框“属性”面板

（4）“列表值”按钮：单击该按钮可以打开“列表值”对话框，如图 8.24 所示。在“列表值”对话框中，中间列表框中列有这个选择框中所包含的所有选项，每一行代表一个选项。使用方法与“单选按钮组”对话框相同。

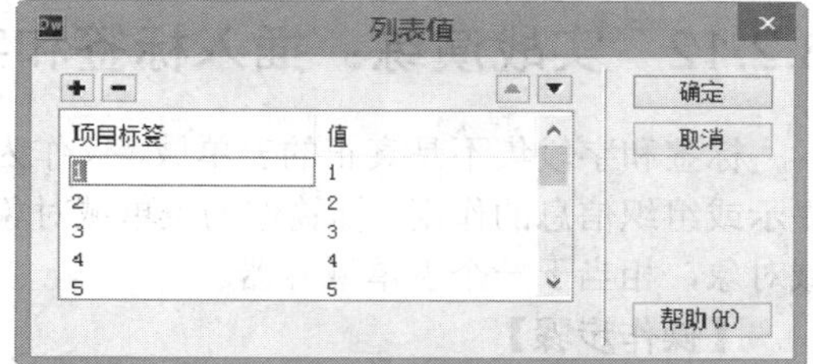

图 8.24　“列表值”对话框

- ☑ 项目标签：设置每个选项所显示的文本。
- ☑ 值：设置选项的值。
- ☑ ＋按钮：单击该按钮，可以为列表添加一个新的选项。
- ☑ －按钮：单击该按钮，可以删除在列表框里选中的选项。
- ☑ ▲或▼按钮：这两个按钮可以为列表的选项进行排序。

例如，打开本小节备用练习文档 test2.html，另存为 test4.html。在“列表值”对话框中输入 10 个项目，如图 8.25 所示。在选择框“属性”面板中设置 Size 为 10，选中 Multiple 复选框，在 Selected 列表框中选择“财经/股市”，“属性”面板设置如图 8.26 所示。

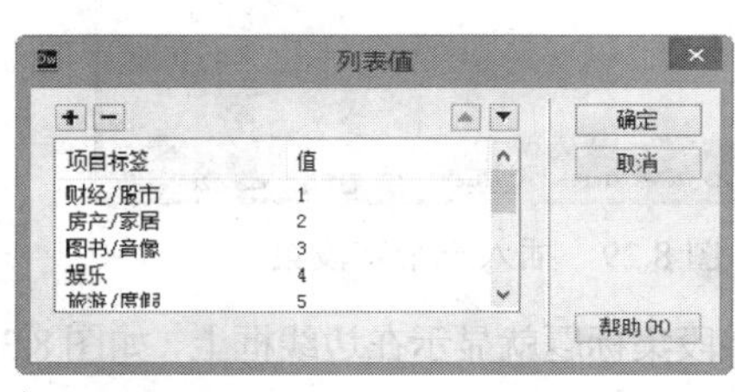

图 8.25　设置“列表值”对话框

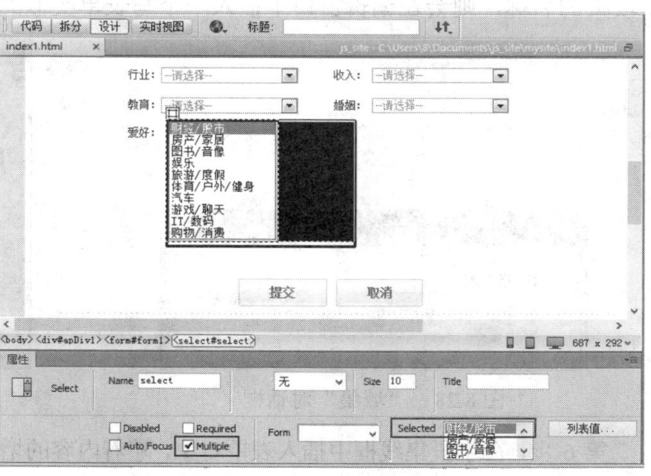

图 8.26　设置选择框“属性”面板

Note

保存文档之后，按 F12 键在浏览器中预览，显示效果如图 8.27 所示。

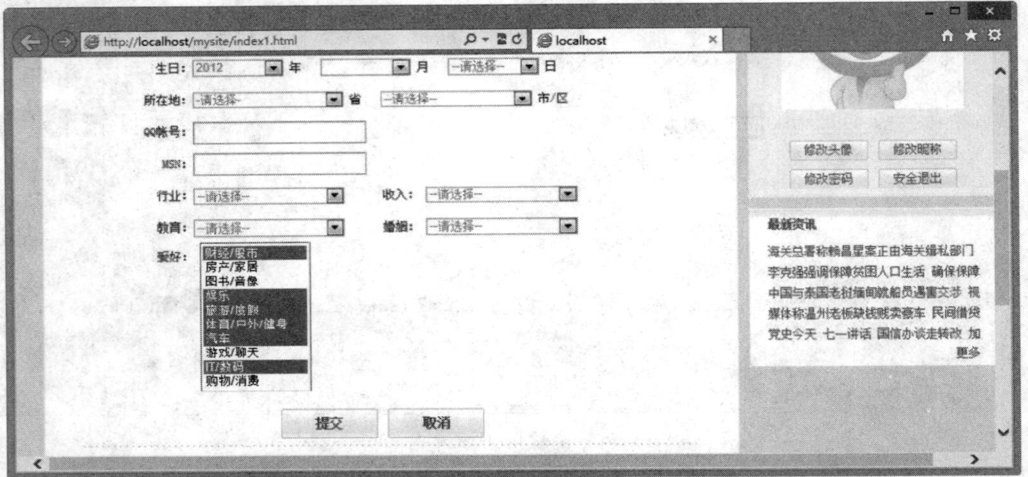

图 8.27　插入列表框的显示效果

8.2.12　实战演练：插入标签和字段集

标签和字段集不是真正的表单域，仅作为表单结构的辅助功能，其主要目的是实现在页面中显示提示或组织信息的作用。标签作为表单域对象的提示信息容器而存在，字段集被用作组织和管理表单域对象，相当于一个表单域容器。

【操作步骤】

第 1 步，启动 Dreamweaver CC，打开本小节备用练习文档 test.html，另存为 test1.html。

第 2 步，在编辑窗口中单击，先插入表单框（<form>标签）。

第 3 步，把光标置于表单内，选择“插入”|“表单”|“标签”或“域集”命令。

第 4 步，如果插入标签，则 Dreamweaver CC 会把编辑窗口切换成拆分视图状态，在<label>和</label>标签之间输入要说明的文字。

第 5 步，如果插入字段集，Dreamweaver CC 会弹出一个“域集”对话框，如图 8.28 所示。输入字段集的名称，则会在编辑窗口中插入一个与表单类似的灰色线框，如图 8.29 所示。

图 8.28　“域集”对话框

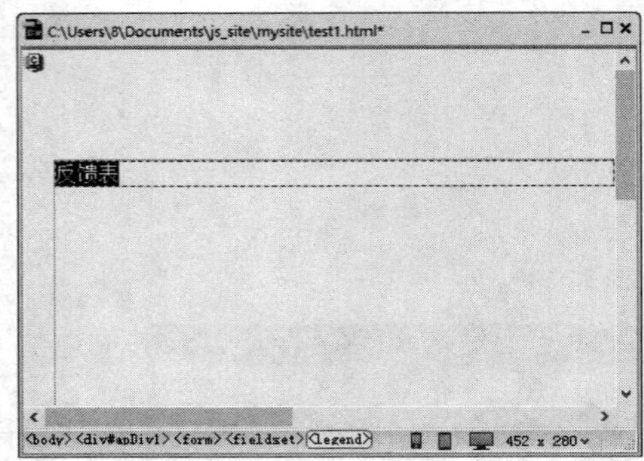

图 8.29　插入一个字段集

第 6 步，在字段集线框中插入表单对象，随着内容的增多，字段集标题就显示在边线框上，如图 8.30 所示。最后在浏览器中浏览，效果如图 8.31 所示。

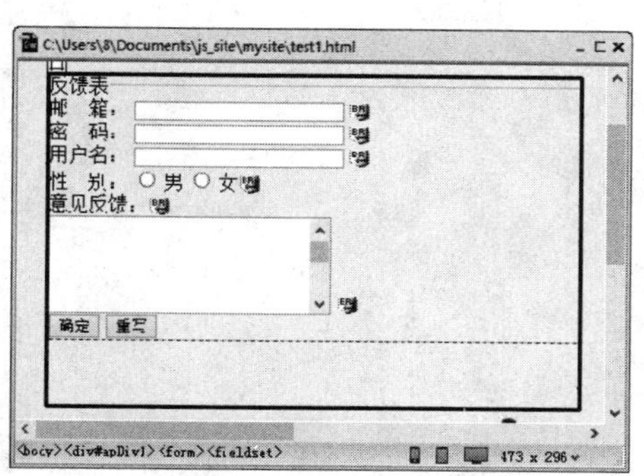

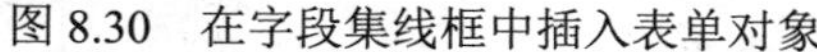
图 8.30　在字段集线框中插入表单对象

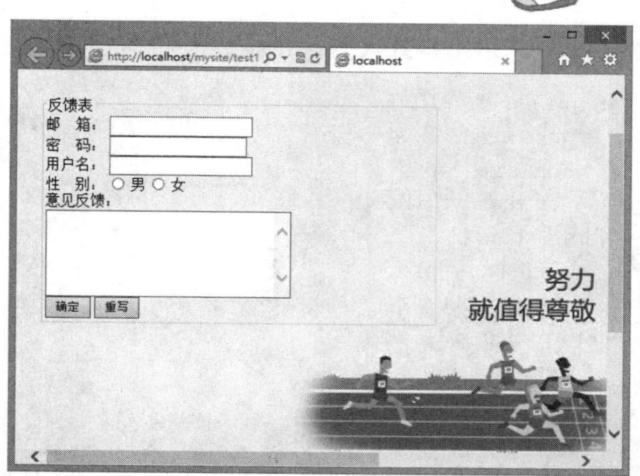

图 8.31　字段集预览效果

8.3　定义表单样式

表单自身所附带的属性是非常有限的，不过用户可以调用 CSS 来控制表单的样式，除了控制表单边框时存在一些缺陷外，用户基本上可以使用 CSS 控制表单的外观。设计表单样式可以从以下几个方面入手实现：字体样式、背景样式、边框样式、补白和边界样式等。下面结合案例进行演示说明。

8.3.1　实战演练：表单字体样式

适当变换一下表单对象的显示字体或提示字体样式，能够使表单更美观。CSS 字体属性都可以被应用到所有表单对象上。

【操作步骤】

第 1 步，启动 Dreamweaver CC，新建 HTML5 文档，保存为 index.html。

第 2 步，在页面中构建 HTML 导航框架结构。切换到“代码”视图，在<body>标签内手动输入以下代码，定义表单框架。

```
<form name="form1" action="#" method="post" id="form1">
    <input maxlength="10" size="10" value="加粗" name="bold" id="bold"m>
    <input type="password" maxlength="12" size="8" name="blue" id="blue">
    <br>
    <select size="1" name="select">
        <option value="2" selected>sina.com</option>
        <option value="1">sohu.com</option>
    </select>
    <br>
    <textarea name="txtarea" rows="5" cols="30" align="right">下划线样式</textarea>
    <br>
    <input type="submit" value="提交" name="submit" id="submit">
    <input type="reset" value="清除" name="reset">
</form>
```

第 3 步，在<head>标签内输入“<style type="text/css">”，定义一个内部样式表，然后在<style>标

Note

签内手动输入以下样式代码。

```
#form1 #bold {
    font-weight: bold;
    font-size: 14px;
    font-family:"宋体";}
#form1 #blue {
    font-size: 14px;
    color: #0000ff; }
#form1 select {
    font-size: 13px;
    color: #ff0000;
    font-family: verdana,arial; }
#form1 textarea {
    font-size: 14px;
    color: #000099;
    text-decoration: underline;
    font-family: verdana, arial; }
#form1 #submit {
    font-size: 16px;
    color:green;
    font-family:"方正姚体";}
```

第 4 步，保存文档，按 F12 键在浏览器中预览，效果如图 8.32 所示。

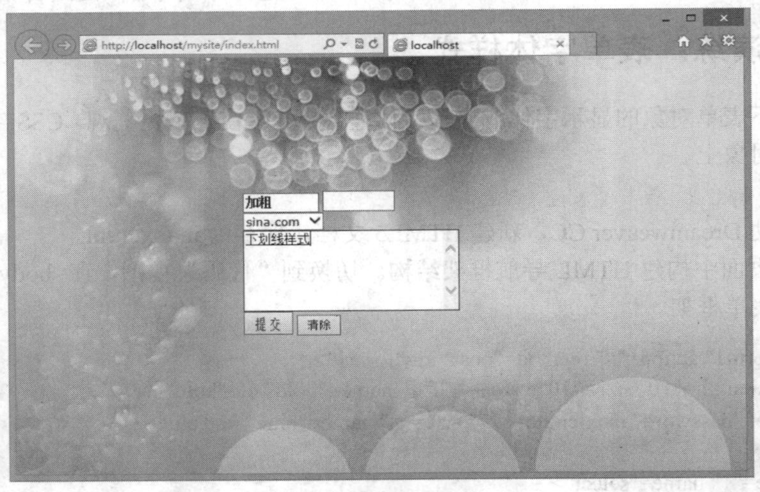

图 8.32　设置表单字体样式

提示：在为表单对象定义样式时，要注意下面几个问题：

- ☑ 由于表单控件都是 input 元素，因此要分别定义其中不同控件对象的样式，需要使用 ID 或 Class 选择符。
- ☑ 要对多个按钮定义不同的样式，同样需要使用 ID 或 Class 选择符。
- ☑ 定义列表框时，可以针对 select 元素或 option 元素，定义后的效果是一样的，但如果以下拉列表显示，则 select 和 option 选择符所作用的对象是不同的，option 选择符只定义下拉列表项中的样式，而 select 只定义所选项的样式。

8.3.2　实战演练：表单边框样式

表单设计中，用户一般喜欢设计表单对象的边框，以便实现表单与页面整体效果的融合。CSS 盒模型适用于任何表单对象，所以可以使用任何盒模型属性来定义表单对象。注意，除了 form 元素是块状元素外，其他元素都以内联元素显示。

【操作步骤】

第 1 步，启动 Dreamweaver CC，新建 HTML5 文档，保存为 index.html。

第 2 步，在页面中构建 HTML 导航框架结构。切换到“代码”视图，在<body>标签内手动输入以下代码，定义表单框架结构。

```
<div id="box"><form id=form1 action=#public method=post enctype=multipart/form-data>
    <h2>个人信息注册表单</h2>
    <ul>
        <li class="label">姓名
        <li>
            <input id=field1 size=20 name=field1>
        <li class="label">职业
        <li>
            <input name=field2 id=field2 size="25">
        <li class="label">详细地址
        <li>
            <input name=field3 id=field3 size="50">
        <li class="label">邮编
        <li>
            <input name=field4 id=field4 size="12" maxlength="12">
        <li class="label">省市
        <li>
            <input id=field5 name=field5>
        <li class="label">国家
        <li>
            <select id=field6 name=field6>
                <option value=china>China</option>
                <option value=armenia>Armenia</option>
                <option value=australia>Australia</option>
                <option value=italy>Italy</option>
                <option value=japan>Japan</option>
            </select>
        <li class="label">E-mail
        <li>
            <input id=field7 maxlength=255 name=field11>
        <li class="label">电话
        <li>
            <input maxlength=3 size=6 name=field8>-
            <input maxlength=8 size=16 name=field8-1>
        <li class="label">
            <input id=saveform type=submit value="提交">
        </li>
    </ul>
</form> </div>
```

第 3 步，在<head>标签内输入“<style type="text/css">”，定义一个内部样式表，然后在<style>标签内手动输入以下样式代码。

Note

```
body {
    margin: 0;
    padding:0;
    font-family: "lucida grande", tahoma, arial, verdana, sans-serif; }
#box{
    background:url(images/bg1.jpg);
    width:1015px;
    height:770px;}
#form1 {
    width:450px;
    text-align:left;
    padding:12px 32px;
    margin:0 auto;
    font-size:12px;}
#form1 h2 {
    border-bottom:dotted 1px #E37EA6;
    text-align:center;
    font-weight:normal; }                    /*清除标题加粗默认样式*/
ul {
    padding:0;
    margin:0;
    list-style-type:none; }                  /*清除列表样式*/
input {
    border:groove #ccc 1px; }                /*定义 3D 凹槽立体效果*/
.field6 {
    color:#666;
    width:32px;}
.label {
    font-size:13px;
    font-weight:bold;
    margin-top:0.7em;}
```

第 4 步，保存文档，按 F12 键在浏览器中预览，效果如图 8.33 所示。

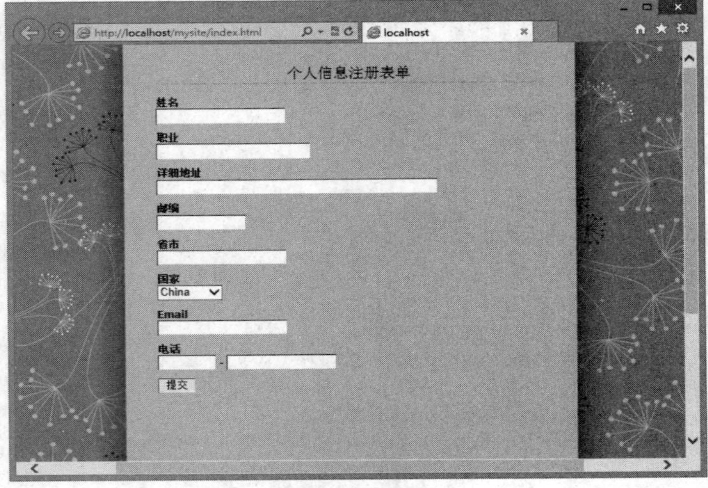

图 8.33　设置表单边框样式

提示：结合边框宽度、颜色和样式，用户能够设计出很多个性十足的表单样式，如立体、凸凹等不同效果。

☑ none：无边框。

☑ dotted：点线。

☑ dashed：虚线。

☑ solid：实线边框。

☑ double：双线边框。

☑ groove：3D 凹槽。

☑ ridge：边框突起。

☑ inset：3D 凹边。

☑ outset：3D 凸边。

另外，用户也可以为某条边框进行设计，实现单边框或残缺边框样式。

8.3.3　实战演练：表单背景样式

很多时候，用户需要利用背景色和背景图像来艺术化表单样式：根据网页色彩搭配，也可以对表单的背景颜色和图像样式进行设计，背景颜色利用 background-color 属性，背景图像利用 background-image 属性，颜色和图像同样能够得到意想不到的效果。

【操作步骤】

第 1 步，启动 Dreamweaver CC，新建 HTML5 文档，保存为 index.html。

第 2 步，在页面中构建 HTML 导航框架结构。切换到“代码”视图，在<body>标签内手动输入以下代码，定义表单框架结构。

```
<form id="fieldset" action="default.asp" method="post">
    <h2>联系表单</h2>
    <label for=name>姓名</label>
    <input class="textfield" id="name" name="name">
    <br>
    <label for=email>Email</label>
    <input class="textfield" id="email" name="email">
    <br>
    <label for=website>网址</label>
    <input class="textfield" id="website" value="http://" name="website">
    <br>
    <label for=comment>反馈</label>
    <textarea class="textarea" id="comment" name="comment" rows="15" cols="30">
</textarea>
    <br>
    <label for=submit> </label>
    <input class="submit" id="submit" type="submit" value="提交" name="submit">
</form>
```

第 3 步，在<head>标签内输入“<style type="text/css">”，定义一个内部样式表，然后在<style>标签内手动输入以下样式代码。

Note

```
body {/*定义页面属性 */
    font-size: 12px;                                  /*定义字体大小*/
    margin: 50px;                                     /*定义边界，避免顶部移到页面外边*/
    color: #666;                                      /*定义颜色*/
    font-family: 宋体, verdana, arial, helvetica, sans-serif; }     /*定义字体*/
#fieldset {/*定义表单属性*/
    border: #fff 0px solid;                           /*清除边框*/
    width: 300px;                                     /*定义表单域宽度*/
    background-color: #ccc; }                         /*定义浅灰色背景*/
#fieldset h2 {/*定义表单标题属性*/
    padding: 0.2em;                                   /*定义补白，增加边缘空隙*/
    margin:0;                                         /*清除标题预定义边界*/
    position: relative;                               /*相对定位*/
    top: -1em;                                        /*在现有流位置向上移动一个字体距离*/
    background: url(h2_bg.gif) no-repeat;             /*定义背景图像，圆角显示*/
    width: 194px;                                     /*定义宽度，该宽度与背景图像宽度相同*/
    font-size: 2em;                                   /*定义字体大小*/
    color: #fff;                                      /*定义字体颜色*/
    white-space: pre;                                 /*保留标题预定义格式，可以保留多行显示*/
    letter-spacing: -1px;                             /*收缩字距*/
    text-align:center; }                              /*居中显示*/
#fieldset label {/*定义表单标签属性*/
    padding: 0.2em;                                   /*增加边距空隙*/
    margin: 0.4em 0px 0px;                            /*增加顶部边界，即加大与上一个控件的间距*/
    float: left;                                      /*向左浮动*/
    width: 70px;                                      /*定义宽度*/
    text-align: right; }                              /*右对齐*/
.br {/*隐藏换行标签，也不占据位置*/
    display: none;}
.textfield {                                          /*定义输入表单控件*/
    border: #fff 0px solid;                           /*清除边框*/
    padding: 3px 8px;                                 /*增加内容边距空隙*/
    margin: 3px;                                      /*定义边界距离*/
    width: 187px;                                     /*定义宽*/
    height: 20px;                                     /*定义高*/
    background: url(textfield_bg.gif) no-repeat;      /*定义输入表单控件背景图像*/
    color: #FF00FF;                                   /*定义表单显示字体颜色*/
    font: 1.1em verdana, arial, helvetica, sans-serif; }     /*定义字体属性*/
textarea {/*定义文本域控件属性*/
    border: #fff 0px solid;                           /*清除边框*/
    padding:4px 8px;                                  /*增加内容边距，避免内部文本顶到边框边*/
    margin: 3px;                                      /*定义边界距离*/
    height: 150px;                                    /*定义高*/
    width: 190px;                                     /*定义宽*/
    background: url(textarea_bg.gif) no-repeat;       /*定义文本域表单控件背景图像*/
    color: #FF00FF;                                   /*定义表单显示字体颜色*/
    font: 1.1em verdana, arial, helvetica, sans-serif; }     /*定义字体属性*/
.submit {/*定义按钮控件属性*/
    border: #fff 0px solid;                           /*清除边框*/
    margin: 6px;                                      /*定义边界距离*/
    width: 80px;                                      /*定义宽*/
```

```
height: 20px;                                        /*定义高*/
background: url(submit.gif) no-repeat;               /*定义按钮控件背景图像*/
text-transform: uppercase;                           /*英文大写显示*/
font: 1.1em verdana, arial, helvetica, sans-serif;   /*定义字体属性*/
color: #666; }                                       /*定义字体颜色*/
```

第 4 步，保存文档，按 F12 键在浏览器中预览，则效果如图 8.34 所示。

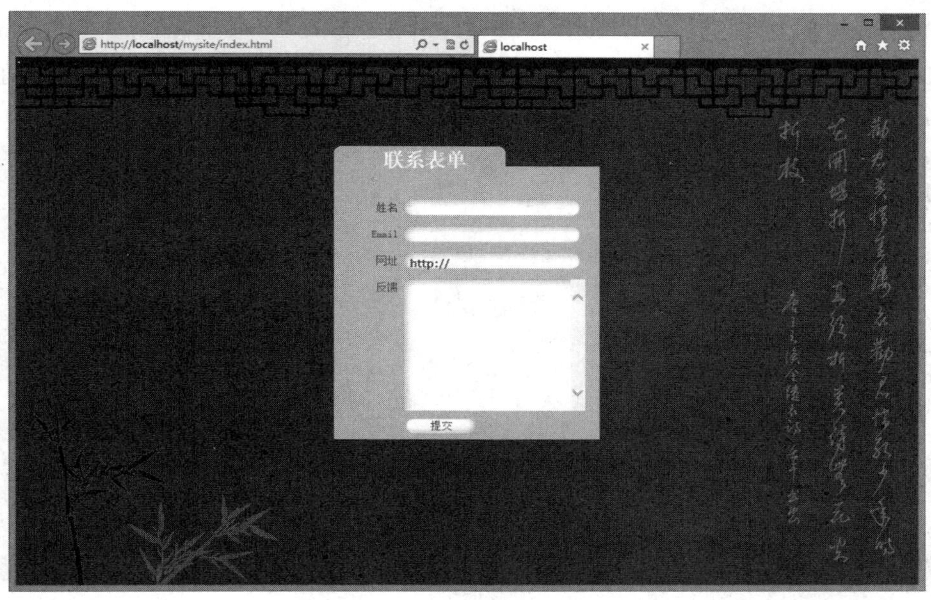

图 8.34　设置表单背景样式

提示：为表单定义背景图像以实现艺术表单效果，应注意以下几个问题。

☑ 应事先设计好背景图像，要考虑背景图像与页面融合问题，同时要把握好宽和高，建议背景图像的宽和高应与表单控件大小相同。

☑ 为表单控件定义背景图像时，应避免图像的铺展，可以设置 no-repeat 属性值禁止铺展，也可以定义 fixed 属性值固定背景图像的位置。

☑ 要清除表单的预定义边框样式，使其不显示边框，或定义与背景图像协调的边框样式。

☑ IE6 及更低版本浏览器对 select 元素的背景图像支持不是很好。

【拓展】背景图像的应用还是比较灵活的，用户可以充分发挥想象力，设计出更具创意的表单效果，例如，制作动态表单，先制作好动态的 GIF 图像，然后引入即可。

【操作步骤】

第 1 步，启动 Dreamweaver CC，新建 HTML5 文档，保存为 index1.html。

第 2 步，在页面中构建 HTML 导航框架结构。切换到“代码”视图，在<body>标签内手动输入以下代码，定义表单框架结构。

```
<form id="fieldset" action="default.asp" method="post">
    <dl>
    <dt>注册表单</dt>
    <dd>姓名
        <input id="name" name="name">
```

```
            <input id="submit" type="submit" value="提交" name="submit">
        </dd>
        <dd>密码
            <input id="password" name="password">
            <input id="reset" type="reset" value="取消" name="reset">
        </dd>
    </dl>
</form>
```

Note

第 3 步，在<head>标签内输入"<style type="text/css">"，定义一个内部样式表，然后在<style>标签内手动输入以下样式代码。

```
#fieldset {/*定义表单基本属性*/
    color:#6D8B1E;
    font-size:12px;}
#fieldset input {/*定义输入表单控件的基本属性*/
    border:solid 1px #339900;
    width:6em;}
#fieldset dt {/*定义标题属性*/
    font-size:16px;
    color:#333;}
#fieldset dd {/*定义输入控件的行高*/
    line-height:1em;}
#fieldset #submit {/*定义提交按钮属性*/
    text-indent:999px;                          /*隐藏显示的 value 属性*/
    border:0;                                   /*清除边框*/
    width:53px;                                 /*定义宽，与背景图像要一致*/
    height:19px;                                /*定义高，与背景图像要一致*/
    background:url(submit1.gif) no-repeat; }    /*定义背景图像*/
#fieldset #reset {/*定义重置按钮属性，具体说明与上面提交按钮相同*/
    text-indent:999px;
    border:0;
    width:53px;
    height:19px;
    background:url(reset.gif) no-repeat;}
```

第 4 步，保存文档，按 F12 键在浏览器中预览，效果如图 8.35 所示。

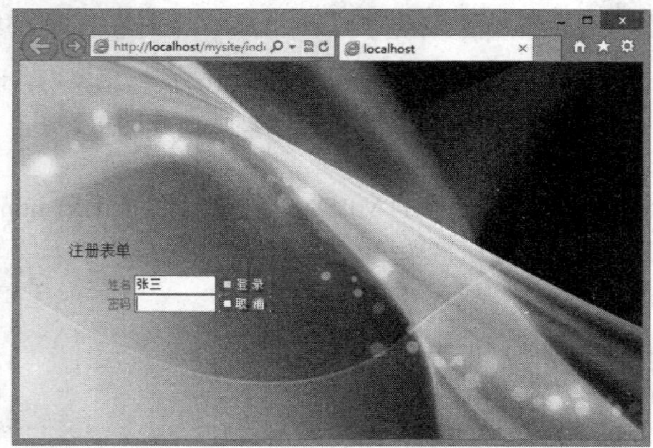

图 8.35　设置表单背景动态样式

提示：右侧的提交按钮中的小灯会不断闪动，动态效果比较好。用户也可以使用<input type="image" name="" src="url" width="" height="" border="">标签导入背景图像，如果只有一个提交按钮时，可以简单实现提交，但当有多个按钮时，需要添加事件函数定义按钮的行为。例如，实现提交功能的代码：

```
<input type="image" name="" src="" onClick="document.formname.submit()">
```

实现重置功能的代码：

```
<a href="javascript:document.formname.reset();"><img border=0 src=""></a>
```

其中，formname 表示表单域 form 的 name 属性值。

8.4　高级表单设计

相对于版式，表单设计需要用户考虑更多因素，如表单域与页面整体布局和色彩的协调、表单的易用性等。下面从两个角度来探索表单的使用，一个是表单的组织，另一个是表单的易用性。

8.4.1　实战演练：重构表单结构

要很好地控制表单的各个控件，用户需要考虑表单结构的语义性。HTML 为用户提供了几个专用元素来实施组织，具体说明如下。

1. fieldset

定义字段集，相当于一个方框，在字段集中可以包含文本和其他元素，该元素用于对表单中的元素进行分组并在文档中区别标出文本。fieldset 元素与窗口框架的行为有些相似。fieldset 元素可以嵌套，在其内部可以再设置多个 fieldset 对象。

2. legend

legend 元素可以在 fieldset 对象绘制的方框内插入一个标题。legend 元素必须是 fieldset 内的第一个元素，但该元素不需要关闭标签。该元素常用属性介绍如下。

☑　align：定义对齐方式（left、center、right、justify）。

☑　accesskey：为该元素指定一个热键。

legend 元素与 fieldset 元素一样都是块元素。

3. label

label 元素用来定义标签，为页面上的其他元素指定提示信息。要将 label 元素绑定到其他控件上，可以将 label 元素的 for 属性设置为与该控件的 id 属性值相同。而将 label 绑定到控件的 name 属性毫无用处，但是要提交表单，必须为 label 元素所绑定到的控件指定 name，常用的属性介绍如下。

☑　for：定义标签与一个定义过的控件绑定起来。

☑　disabled：定义控件的状态为不可用。

☑　accesskey：为该元素定义一个热键。

☑　onfocus：定义当标签元素获得焦点时所触发的事件。

☑　onblur：定义当元素失去焦点时所触发的事件。

如果单击 label 元素，则会先触发 label 上的 onclick 事件，然后触发由 htmlfor 属性所指定的控件上的 onclick 事件。该元素是内嵌元素，不允许嵌套。

下面结合一个案例进行说明。

Note

【操作步骤】

第 1 步，启动 Dreamweaver CC，新建 HTML5 文档，保存为 index.html。

第 2 步，在页面中构建 HTML 导航框架结构。切换到“代码”视图，在<body>标签内手动输入以下代码，定义表单框架结构。

```
<form action="#" class="form1">
    <p><em>*</em>号所在项为必填项</p>                <!--提示段落-->
    <fieldset class="fld1">                          <!--字段集 1-->
    <legend>个人信息</legend>                         <!--字段集 1 标题-->
    <ol>                                              <!--字段集 1 内嵌列表-->
        <li>
            <label for="name">姓名<em>*</em></label>  <!--说明标签，以下类同-->
            <input id="name">
        </li>
        <li>
            <label for="address">地址<em>*</em></label>
            <input id="address">
        </li>
        <li>
            <label for="dob">出生<span class="sr">日</span><em>*</em></label>
            <select id="dob">
                <option value="1">1</option>
                <option value="2">2</option>
            </select>
            <label for="dob-m" class="sr">月<em>*</em></label>
            <select id="dob-m">
                <option value="1">Jan</option>
                <option value="2">Feb</option>
            </select>
            <label for="dob-y" class="sr">年<em>*</em></label>
            <select id="dob-y">
                <option value="1979">1979</option>
                <option value="1980">1980</option>
            </select>
        </li>
        <li>
            <label for="sex">性别<em>*</em></label>
            <select id="sex">
                <option value="female">女</option>
                <option value="male">男</option>
            </select>
        </li>
    </ol>
    </fieldset>
    <fieldset class="fld2">                              <!--字段集 2-->
    <legend>其他信息</legend>                             <!--字段集 2 标题-->
    <ol>                                                  <!--字段集 1 内嵌列表-->
```

```
        <li>
            <fieldset>                                  <!--列表内嵌字段集合-->
            <legend>你喜欢这个表单吗? <em>*</em></legend><!--子字段集合标题-->
            <label><input name="invoice-address" type="radio">喜欢</label>
            <label><input name="invoice-address" type="radio">不喜欢</label>
            </fieldset>
        </li>
        <li>
            <fieldset>
            <legend>你喜欢什么运动?</legend>
            <label for="football"><input id="football" type="checkbox">足球</label>
            <label for="golf"><input id="basketball" type="checkbox">篮球</label>
            <label for="rugby"><input id="ping" type="checkbox">乒乓球</label>
            </fieldset>
        </li>
        <li>
            <fieldset>
            <legend>请写下你的建议? <em>*</em></legend>
            <label for="comments"><textarea id="comments" rows="7" cols="25"></textarea></label>
            </fieldset>
        </li>
    </ol>
    </fieldset>
    <input value="提交个人信息" class="submit" type="submit">
</form>
```

第 3 步，在<head>标签内输入“<style type="text/css">”，定义一个内部样式表，然后在<style>标签内手动输入以下样式代码。

```
body {/*定义页面基本属性*/
    font: normal 12px "宋体", Helvetica, Verdana, Arial;}
p { /*定义段落属性*/
    margin: 10px 0;
    text-align:right;}
ul, ol, dl, li, dt, dd {/*定义列表相关元素属性*/
    list-style-type:none;                   /*清除样式*/
    margin:0 0 0 1em;                       /*清除边界，并定义左边界为 1 个字宽*/
    padding:0; }                            /*清除补白*/
form {/*定义表单域基本属性*/
    padding:2em;                            /*定义补白空隙*/
    border:solid 1px #E7F8C4;               /*定义表单域边界*/
    text-align:center; }                    /*居中对齐，实现按钮居中显示*/
fieldset {/*定义字段集基本属性*/
    text-align:left; }                      /*左对齐*/
legend {/*定义字段集标题属性*/
    padding: 0;                             /*清除补白*/
    margin:0;                               /*清除边界*/
    color: #000;                            /*标题颜色*/
    font-weight:bold; }                     /*标题加粗显示*/
li legend {/*定义列表内嵌字段集标题属性*/
    font-weight:normal; }                   /*清除加粗显示*/
```

Note

```
input, textarea, select {/*定义表单控件基本属性*/
    margin: 0;                          /*定义边界为 0*/
    padding: 0; }                       /*定义补白为 0*/
.sr {/*定义 label 内补充信息属性*/
    position: absolute;                 /*绝对定位*/
    left: -9999em; }                    /*隐藏显示，只对机器搜索使用*/
form.form1 {/*定义表单属性*/
    width: 370px;                       /*定义表单宽*/
    font-size: 1.1em;                   /*定义表单字体大小*/
    color: #333;                        /*定义表单字体颜色*/
    background: #fff url(fieldset.gif) left bottom repeat-x; } /*定义表单背景图像*/
form.form1 fieldset {/*定义字段集边框属性*/
    border: none;                       /*清除边框*/
    border-top: 1px solid #C9DCA6; }    /*显示顶部边框*/
form.form1 .fld1 li {/*定义字段集 1 内的列表项的补白*/
    padding: 4px;}
form.form1 .fld2 li {/*定义字段集 2 内的列表项的补白*/
    padding: 2px;}
li  fieldset label {/*定义内嵌字段集的列表项左补白距离*/
    padding:0 0 0 2em;}
```

第 4 步，保存文档，按 F12 键在浏览器中预览，效果如图 8.36 所示。

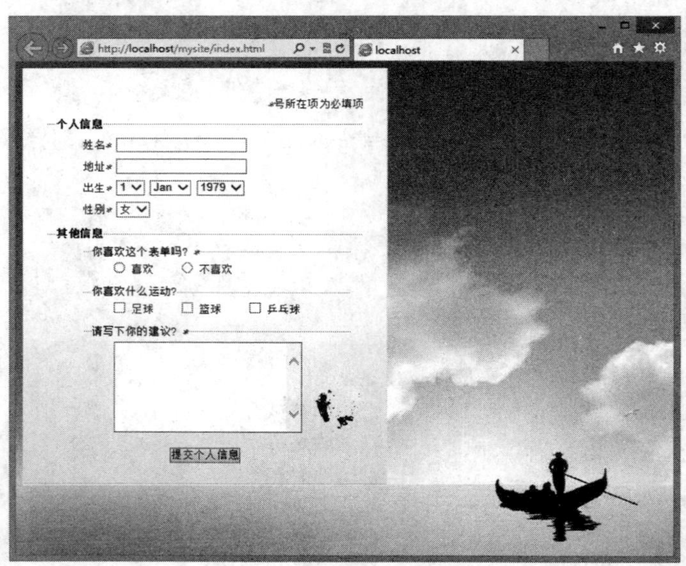

图 8.36　定义辅助表单结构

【拓展】用户在设计表单时，常常为选用何种表单对象而烦恼，如对于个别项是使用输入文本框好，还是使用下拉列表好，日期选项是让用户自己输入，还是允许用户进行选择？关于这类问题，下面给出一些建议。

☑ 不确定答案可以建议用户输入，而不是让用户选择，例如，姓名、地址、电话等常用信息，使用输入的方式收集会比使用选择的方式收集更加自然且简单。

☑ 对于容易记错的答案不妨让用户选择，此时就不适合让用户使用输入框来输入，如国家、年、月、日、星座等，可以使用单选按钮组、复选框、列表框、下拉列表框等。

Note

对于选择性控件，使用时读者还应该注意下面几个问题。

☑ 当用户进行选择时，如果希望用户浏览所有选项，则应该使用单选按钮组或复选框，而不应该使用下拉列表框。下拉列表框会隐藏部分选项，对于用户来说，可能不会耐心地浏览每个菜单项。

☑ 当选项很少时，不妨考虑使用单选按钮组或复选框，而设计过多的选项时，使用单选按钮组或复选框会占用很大的页面，此时不妨考虑使用下拉列表框。

☑ 多项选择可以有两种设计方法：使用复选框和使用列表框。使用复选框要比使用列表框更直观，列表框容易使不清楚其作用和操作方法，这时就需要添加说明性文字，显然这样做就没有复选框那样简单。

☑ 为控件设置默认值，建议采用一些提示性说明文字或常用值，能够提醒用户输入，这是一个很人性化的设计，用户应该考虑。

☑ 对于单选按钮组、复选框或下拉列表框，设计控件的 value 属性值或显示值应从用户的角度考虑，努力使用户浏览选项时更方便、简单，避免出现歧义或误解的值。

☑ 对于单选按钮、复选框的设置，应减少选项的数量，同时也可以使用短语作为选项。

☑ 对于选项的排列顺序，最好遵循合理的逻辑顺序，如按首字母排列、按声母排列，并根据普遍情况确定默认值。

☑ 用户在设计表单时，还应该避免使用多种表单控件，虽然多种表单控件能够使页面看起来更美观，但实际上不利于用户的操作。

8.4.2　实战演练：优化视觉设计

表单设计应考虑易用性，不恰当的表单布局，如控件摆放位置、对齐方式、标签信息与周围元素的设计都会或多或少影响用户的操作。为此，用户在布局表单时，不妨从以下几个角度思考，来提高自己的设计水平。

1. 排列方式

根据习惯，表单控件一般使用垂直排列方式进行分布，这样能够加快视觉的移动和操作，水平排列容易导致视觉疲劳，即使多列有规律的布局也是不可取的，人眼左右晃动操作很容易出错，如图 8.37 所示（index1.html）。

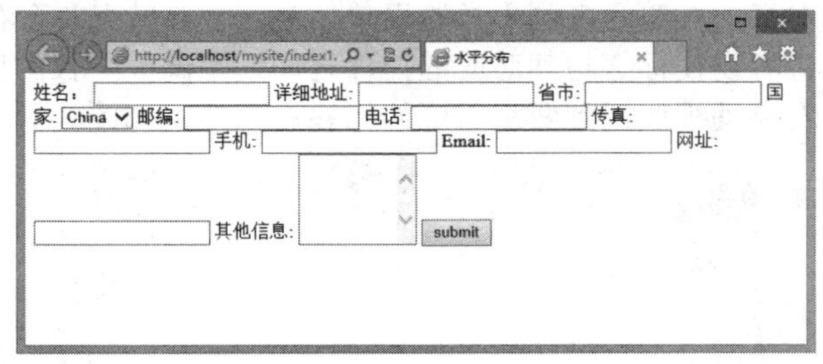

图 8.37　排列方式

2. 控件分组

给控件分组也是表单布局中一个重要技巧，特别是表单控件很多时，分组就显得很有必要，实际上分组是帮助用户进行逻辑梳理，避免混乱。

例如，如图 8.38 所示（index2.html），表单域由于没有实现分组，看起来容易迷惑，这样就会影响操作速度，即使是填写一个文本框，都需要短暂的停留，并进行思考。如果将其分为 3 组：个人信息、地址和联系信息，就会使用户在填写表单时思路流畅。

3. 缩进分布

当分组标题、控件和提示信息都并列排在一起时，很容易出现主次不分的情况，用户需要分辨哪些是操作的行，哪些是说明性文字，这样会影响操作速度。对此，可以采用缩进的方式，实现多层次叠进，帮助读者快速阅读，如图 8.39 所示（index3.html）。

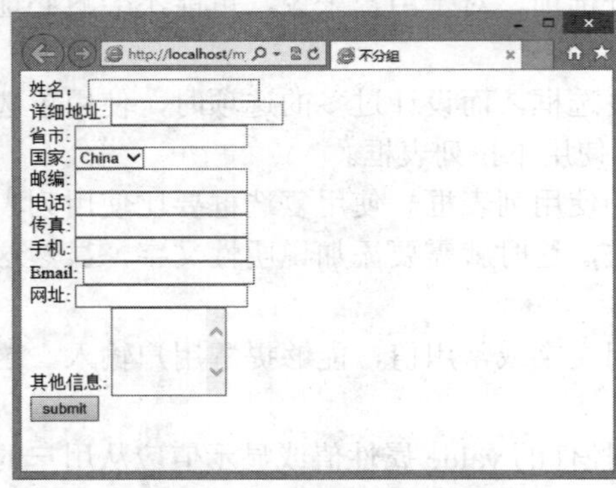
图 8.38　控制分组

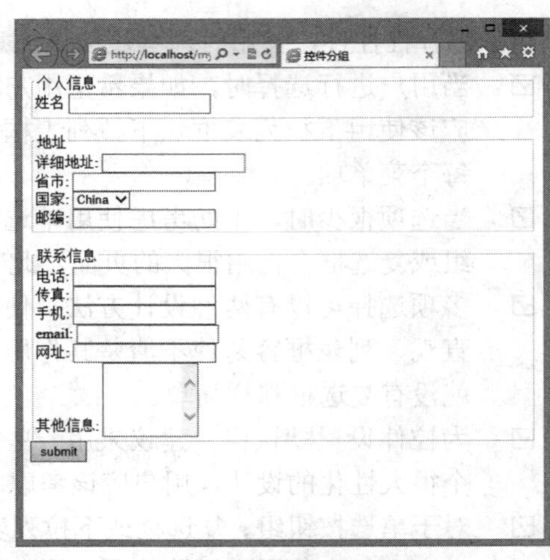
图 8.39　缩进分布

4. 标签突出

一般标签与控件水平并列分布是最佳分布方式，部分用户喜欢使用垂直分布方式，即标签在上一行，控件在下一行，这种方式对于内容较少的表单域来说影响不大，但如果是一个大型表单，这种方式会分散用户的注意力，降低操作速度。

在表单布局中，推荐使用加粗的标签，这可以增加标签的视觉比重，提高其显著性。如果不加粗，从用户的角度分析，标签与输入框的文字有时会一样，这可能会产生混淆，如图 8.40 所示（index4.html）。

5. 标签对齐

关于标签是左对齐还是右对齐问题。一般来说，一致的左对齐可以减少眼睛移动和处理时间。左对齐的标签还有利于通览表单信息，用户只需要查看左侧标签即可，而不会被控件打断思路。但这样也容易使标签与其对应的控件之间的距离被更长的标签拉大，从而影响操作表单的时间。用户必须左右移动视线找到两个对应的标签和控件，如图 8.41 所示（index5.html）。

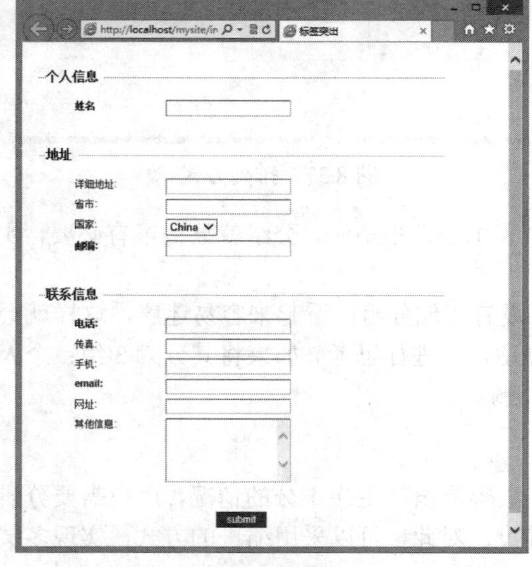
图 8.40　标签突出

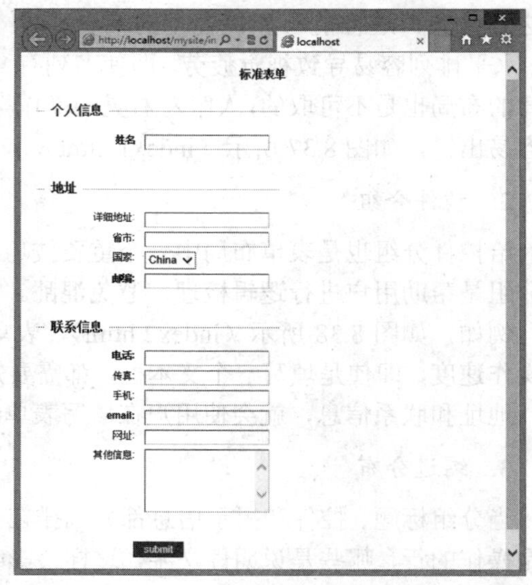
图 8.41　标签对齐

而标签右对齐布局就会避免这个问题，使得标签和控件之间均匀分布并保持更紧密的联系。这样分布的缺点是标签左边参差不齐的空白会影响用户快速检索表单并填写内容。对此，用户可以根据实际情况有选择地使用标签左右对齐方式。

6. 背景和辅助线

上面所介绍的是一些基本的布局方法，实际上改善表单布局的方法还有很多，尝试为表单控件适当添加背景色和分割线，通过背景色和辅助线的视觉区分，也能加快用户操作速度，这对于划分操作区信息是很有效的。

背景色和线条对于区分表单的主要操作按钮尤其有效，但在使用这些辅助元素时，要避免影响用户的操作，因为色彩过浓的线条或背景色都能够分散用户的注意力，过多的分隔线会给用户阅读造成影响，如图 8.42 所示（index6.html）。

7. 动态效果

当用户选中或操作某个表单控件时，当前表单对象会显示为另一种样式，以区别其他控件。这个技巧对于用户的操作具有提示作用，避免出现用户有不清楚当前操作的是哪个表单控件的情况，如图 8.43 所示（index7.html）。

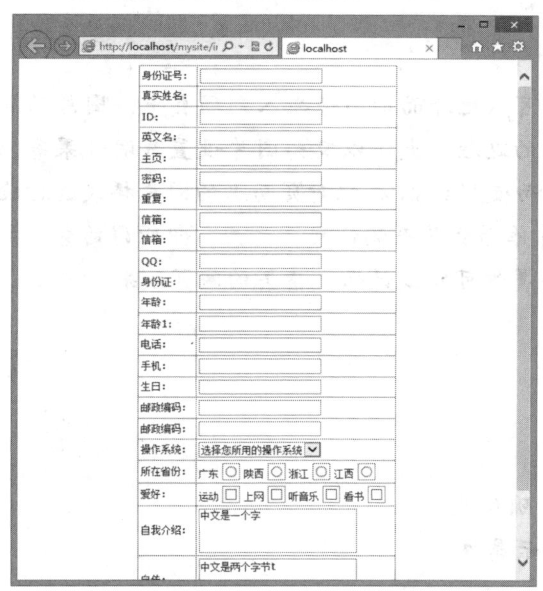

图 8.42　背景和辅助线

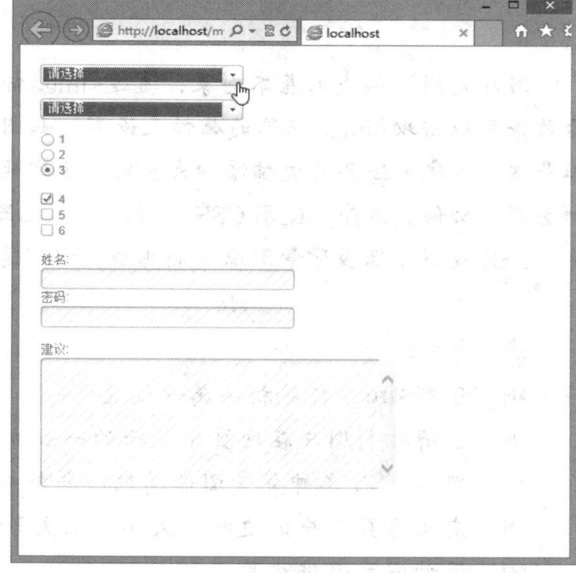

图 8.43　动态效果

当表单控件很多时，通过添加类样式，就可以让表单更具提示性，也使用户有更好的体验。即为某个控件定义伪类，如:hover、:focus 及:focus:hover 属性样式，让输入框被鼠标激活时更加突出，利于用户集中精神填写。当然，这对于老版本的 IE 浏览器没有作用，此时用户需要使用 JavaScript 脚本来控制。

设计图文样式和背景图

（视频讲解：61 分钟）

图片是网页构成的基本对象，通过<img>标签可以把外面的图像嵌入到网页中，图片的显示效果可以借助<img>标签的属性来设置，如图片的边框、大小以及为图片设置透明效果等，但是这种传统方法会给文档添加大量的冗余代码，而使用 CSS 属性对页面上的图片样式进行控制会事半功倍。另外，使用 CSS 属性还可以把图片作为背景来装饰网页元素，即所谓的背景图像，CSS 提供了很多背景图像控制属性，利用这些属性可以设计很多精美的网页效果。

学习重点：

- 了解<img>标签相关属性设置
- 了解控制图片在网页中显示的一般方法
- 理解 CSS 各种背景图像属性，并能够正确使用
- 定义网页图片的边框、大小、位置等显示属性
- 设计图文混排效果
- 使用 CSS 背景图像属性设计精美的栏目版块效果

Note

9.1　设计图片样式

网页需要图片来装饰，任何一个页面都少不了漂亮的图片。如何合理地使用图片、优化图片将直接影响网页的性能。

9.1.1　实战演练：定义图片大小

<img>标签包含 width 和 height 属性，可以控制图像的大小，在标准网页设计中这两个属性依然有效，且被严格型 XHTML 文档认可。与之相对应，在 CSS 中可以使用 width 和 height 属性定义图片的宽度和高度。

【操作步骤】

第 1 步，启动 Dreamweaver，新建一个网页，保存为 test.html。

第 2 步，在<body>标签内使用<img>标签插入两幅相同的图片，并分别使用 HTML 的 width 属性限制宽度为 200px。

```
<img src="images/1.jpg" width="200" />
<img src="images/1.jpg" width="200" />
```

第 3 步，在<head>标签内添加<style type="text/css">标签，定义一个内部样式表，然后输入以下样式，用来定义一个类样式。

```
.w600px { /*定义图像宽度*/
    width:600px;
}
```

第 4 步，在编辑窗口中单击第一幅图像，选中该图，在“属性”面板的 Class 下拉列表框中选择 w600px 类样式，用来控制指定的图片宽度为 600px，如图 9.1 所示。

图 9.1　以二进制数据流形式绘制图片

第 5 步，保存文档，按 F12 键在浏览器中预览，则可以看到 CSS 的 width 属性会优先于 HTML 的 width 属性，如图 9.2 所示。

Note

图 9.2　定义图片大小

> 提示：使用 HTML 的 width 和 height 属性定义图片大小存在很多局限性。一方面是因为它不符合结构和表现的分离原则；另一方面使用标签属性定义图像大小只能够使用像素单位（可以省略），而使用 CSS 属性可以自由选择任何相对和绝对单位。在设计图像大小随包含框宽度而变化时，使用百分比非常有用。如果对图片大小值使用百分比，则是基于父元素的宽度进行计算的，且不可以为负数。
>
> 当图像大小取值为百分比时，浏览器将根据图像包含框的宽和高进行计算。当为图像仅定义宽度或高度，则浏览器能够自动调整纵横比，使宽和高能够协调缩放，避免图像变形。如果同时为图像定义宽和高，则浏览器能够根据显式定义的宽和高来解析图像。

9.1.2 实战演练：定义图片边框

在默认状态下，网页中的图片是不显示边框的，但当为图像定义超链接时会自动显示 2～3px 宽的蓝色粗边框。

【示例 1】新建页面，尝试输入下面一行代码，然后在浏览器中预览效果。

```
<a href="#"><img src="images/login.gif" alt="登录" /></a>
```

HTML 为<img>标签定义 border 属性，使用该属性可以设置图片边框粗细，当设置为 0 时，则能够清除边框。

【示例 2】继续以示例 1 为基础，尝试输入下面一行代码，然后在浏览器中预览效果。

```
<a href="#"><img src="images/login.gif" alt="登录" border="0" /></a>
```

HTML 的 border 属性不是 XHTML 推荐属性，不建议使用，使用 CSS 的 border 属性会更恰当。CSS 的 border 属性不仅为图像定义边框，也可以为任意 HTML 元素定义边框，且提供丰富的边框样式，同时能够定义边框的粗细、颜色和样式，用户应养成使用 CSS 的 border 属性定义元素边框的习惯。下面分别讲解边框样式、颜色和粗细的设置方法。

1. 边框样式

CSS 使用 border-style 属性来定义对象的边框样式，这种边框样式包括两种：虚线框和实线框。该属性的用法如下：

```
border-style : none | hidden | dotted | dashed | solid | double | groove | ridge | inset | outset
```

该属性取值众多，说明如表 9.1 所示。

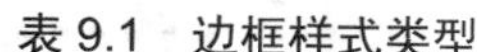

表 9.1　边框样式类型

运　算　符	执行的运算
none	默认值，无边框，不受任何指定的 border-width 值影响
dotted	点线
dashed	虚线
solid	实线
double	双实线
groove	3D 凹槽
ridge	3D 凸槽
inset	3D 凹边
outset	3D 凸边

常用边框样式包括 solid（实线）、dotted（点）和 dashed（虚线）。dotted（点）和 dashed（虚线）这两种样式效果略有不同，同时在不同浏览器中的解析效果也略有差异。

【示例 3】下面示例使用 CSS 为图像定义不同的虚线边框样式。

第 1 步，新建一个网页，保存为 test.html。

第 2 步，在<body>标签内使用<img>标签插入两幅相同的图片。

```
<div><img class="dotted" src="images/2.jpg" alt="点线边框" />
    <h2>点线边框</h2>
</div>
<div><img class="dashed" src="images/2.jpg" alt="虚线边框" />
    <h2>虚线边框</h2>
</div>
```

第 3 步，在<head>标签内添加<style type="text/css">标签，定义一个内部样式表，然后输入以下样式，定义两个类样式，用来设计图片边框效果。

```
div {
    float:left;
    text-align:center;
    margin:12px;}
img {
    width:250px;                    /*固定图像显示大小*/
    border-width:10px; }            /*定义图片边框宽度*/
.dotted { /*点线框样式类*/
    border-style:dotted;}
.dashed { /*虚线框样式类*/
    border-style:dashed;}
```

第 4 步，在浏览器中预览，则可以查看虚线和点线的比较效果，如图 9.3 所示。

Note

当单独定义对象某边边框样式时，可以使用单边边框属性：border-top-style（顶部边框样式）、border-right-style（右侧边框样式）、border-bottom-style（底部边框样式）和 border-left-style（左侧边框样式）。

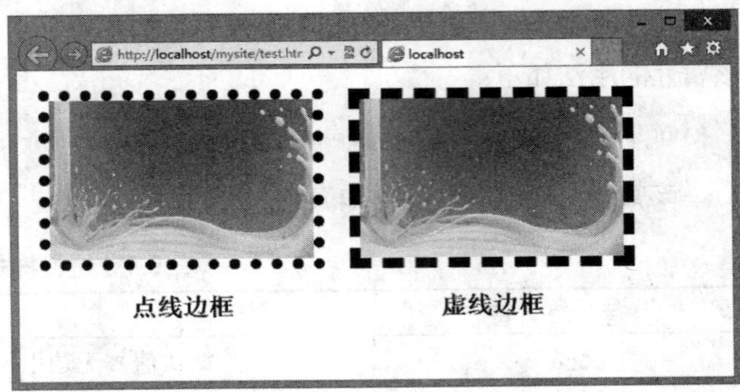

图 9.3　比较边框样式效果

【拓展】双线边框中，两条单线与其间隔空隙的和等于边框的宽度，即 border-width 属性值，但是双线框的值的分配存在一些矛盾，无法做到平均分配，例如，如果边框宽度为 3px，则两条单线与其间空隙分别为 1px；如果边框宽度为 4px，则外侧单线为 2px，内侧和中间空隙分别为 1px；如果边框宽度为 5px，则两条单线宽度为 2px，中间空隙为 1px，其他取值依此类推。

【示例 4】下面示例使用 CSS 为图像定义双线边框样式。

第 1 步，新建一个网页，保存为 test1.html。

第 2 步，在<body>标签内使用<img>标签插入一幅图片。

```
<img src="images/3.jpg" />
```

第 3 步，在<head>标签内添加<style type="text/css">标签，定义一个内部样式表，然后输入以下样式，分别定义每边边框的粗细，以便比较当边框设置为双线边框后，随着边框宽度的变化，内外侧边线和中间空隙的比例关系也发生变化。

```
img {
    width:400px;/*固定图像显示大小*/
    border-style:double;
    border-top-width:30px;
    border-bottom-width:40px;
    border-right-width:50px;
    border-left-width:60px;}
```

第 4 步，在浏览器中预览，则可以查看虚线和点线的比较效果，如图 9.4 所示。

2. 边框颜色和宽度

CSS 提供了 border-color 属性定义边框的颜色，颜色取值可以是任何有效的颜色表示法。同时 CSS 使用 border-width 属性定义边框的粗细，取值可以是任何长度单位，但是不能取负值。

如果定义单边边框的颜色，可以使用这些属性：border-top-color（顶部边框颜色）、border-right-color（右侧边框颜色）、border-bottom-color（底部边框颜色）和 border-left-color（左侧边框颜色）。

如果定义单边边框的宽度，可以使用这些属性：border-top-width（顶部边框宽度）、border-right-width（右侧边框宽度）、border-bottom-width（底部边框宽度）和 border-left-width（左侧边框宽度）。

当元素的边框样式为 none 时，所定义的边框颜色和边框宽度都会无效。在默认状态下，元素的边框样式为 none，而元素的边框宽度默认为 2～3px。

CSS 为方便用户控制元素的边框样式，提供了众多属性，这些属性从不同方位和不同类型定义元素的边框。例如，使用 border-style 属性快速定义各边样式，使用 border-color 属性快速定义各边颜色，

使用 border-width 属性快速定义各边宽度。这些属性在取值时，各边值的顺序是顶部、右侧、底部和左侧，各边值之间以空格分隔。

Note

【示例 5】下面示例使用 CSS 为图像定义不同边色样式。

第 1 步，新建一个网页，保存为 test2.html。

第 2 步，在<body>标签内使用<img>标签插入一幅图片。

```
<img src="images/1.jpg" />
```

第 3 步，在<head>标签内添加<style type="text/css">标签，定义一个内部样式表，然后输入以下样式，分别定义各边边框的颜色。

```
img {
    width:400px;                              /*宽度*/
    border:solid red 60px;                    /*定义边样式：实线框、红色、宽 120px */
    border-color:red blue green yellow;       /*顶边红色、右边蓝色、底边绿色、左边黄色*/
}
```

第 4 步，在浏览器中预览，显示效果如图 9.5 所示。

图 9.4　双线边框粗细变化

图 9.5　定义各边边框颜色效果

【拓展】配合使用复合属性自由定义各边样式，分别使用 border-style、border-color 和 border-width 属性重新定义图片各边边框样式，预览效果是完全相同的。

```
img {
    width:400px;                              /*宽度*/
    border-style:solid;
    border-width:60px;
    border-color:red blue green yellow;       /*顶边红色、右边蓝色、底边绿色、左边黄色*/
}
```

如果各边边框相同，使用 border 属性直接定义，会更加便捷，例如，定义图片各边边框为红色实线框，宽度为 20px。

```
div {
    width:400px;                              /*宽度*/
    border:solid 20px red; }                  /*边框样式*/
```

border 属性中的 3 个值分别表示边框样式、边框颜色和边框宽度，值的位置没有先后顺序，可以

自由排列。

9.1.3 实战演练：定义图片透明度

由于历史原因，早期 CSS 没有定义图像透明度的标准属性，不过各个主要浏览器都自定义了专有透明属性。简单说明如下。

☑ IE 浏览器

IE 浏览器使用 CSS 滤镜来定义透明度，用法如下：

```
filter:alpha(opacity=0~100);
```

alpha()函数取值范围在 0～100 之间，数值越低透明度也就越高，0 为完全透明，100 表示完全不透明。

☑ FF 浏览器

FF 浏览器定义了-moz-opacity 私有属性，该属性可以设计透明效果，用法如下：

```
-moz-opacity:0~1;
```

该属性取值范围在 0～1 之间，数值越低透明度也就越高，0 为完全透明，1 表示完全不透明。

☑ W3C 标准属性

W3C 在 CSS3 版本中增加了定义透明度的 opacity 属性，用法如下：

```
opacity: 0~ 1 ;
```

该属性取值范围在 0～1 之间，数值越低透明度也就越高，0 为完全透明，1 表示完全不透明。

由于早期的 IE 浏览器不支持标准属性，因此当需要定义图片透明度时，要利用浏览器兼容性技术把这几个属性同时放在一个声明中，这样就可以实现在不同浏览器中都能够正确显示的效果。

【示例】下面示例使用 CSS 为图像定义半透明效果。

第 1 步，新建一个网页，保存为 test.html。

第 2 步，在<body>标签内使用<img>标签插入两幅图片，以便进行比较。

```
<div><img src="images/1.jpg" alt="图像透明度" />
    <h2>原图</h2>
</div>
<div><img class="opacity" src="images/1.jpg" alt="图像透明度" />
    <h2>半透明效果</h2>
</div>
```

第 3 步，在<head>标签内添加<style type="text/css">标签，定义一个内部样式表，然后输入以下样式，设计网页中其中一幅图片半透明显示。

```
div {
    float:left;
    text-align:center;
    margin:12px;}
img { width:400px;}
.opacity {/*透明度样式类*/
    opacity: 0.5;                        /*兼容标准浏览器*/
    filter:alpha(opacity=50);            /*兼容 IE 浏览器*/
    -moz-opacity:0.5; }                  /*兼容 FF 浏览器*/
```

第 4 步，按 Ctrl+S 快捷键保存文档，按 F12 键在浏览器中预览，则显示效果如图 9.6 所示。

图 9.6　定义图片半透明效果

9.1.4　实战演练：定义图片对齐方式

图像能够设计为水平对齐和垂直对齐样式，实现方法可以使用 HTML 属性，也可以使用 CSS 属性，如 text-align（水平对齐）和 vertical-align（垂直对齐），其用法与文本对齐方法相同，可以选中图片，然后在“属性”面板中快速设置。

提示：<img>标签包含一个 align 属性，利用这个属性可以使图像真正脱离文本行，实现左右、上下方向的对齐显示。align 属性包含众多取值，包括 baseline（基线）、top（顶端）、middle（居中）、bottom（底部）、texttop（文本上方）、absmiddle（绝对居中）、absbottom（绝对底部）、left（左对齐）和 right（右对齐），在标准用法中已不再建议使用。

用户可以使用 CSS 的 float 属性代替设计，该属性能够让元素左右浮动显示。

【示例】使用 float 设计图文环绕效果。

第 1 步，启动 Dreamweaver，新建一个网页，保存为 test.html。

第 2 步，在<body>标签内使用<img>标签插入一幅图片，并把这幅图片混排于段落中。

```
<h1>《雨天的书》节选</h1>
<h2>张晓风</h2>
<p><img src="images/bg.jpg" ></p>
<p>我不知道，天为什么无端落起雨来了。薄薄的水雾把山和树隔到更远的地方去，我的窗外遂只剩下一片辽阔的空茫了。</p>
<p>想你那里必是很冷了吧？另芳。青色的屋顶上滚动着水珠子，滴沥的声音单调而沉闷，你会不会觉得很寂寥呢？ </p>
<p>你的信仍放在我的梳妆台上，折得方方正正的，依然是当日的手痕。我以前没见你；以后也找不着你，我所能有的，也不过就是这一片模模糊糊的痕迹罢了。另芳，而你呢？你没有我的只字片语，等到我提起笔，却又没有人能为我传递了。</p>
<p>冬天里，南馨拿着你的信来。细细斜斜的笔迹，优雅温婉的话语。我很高兴看你的信，我把它和另外一些信件并放着。它们总是给我鼓励和自信，让我知道，当我在灯下执笔的时候，实际上并不孤独。</p>
```

第 3 步，在<head>标签内添加<style type="text/css">标签，定义一个内部样式表，然后设计一个向左浮动的类样式。

```
.left { /*定义向左浮动类样式，同时定义图片高度为 300px，外边距为 20px*/
    float:left;
    height: 300px;
    margin: 20px;
}
```

第 4 步，在设计视图中选中图片，然后在“属性”面板中设置 Class 选项值为 left，在嵌入的图片标签中应用该类样式。

```
<p><img src="images/bg.jpg" class="left"></p>
```

第 5 步，分别选中一级标题和二级标题文本，在属性面板中设置文本居中显示。在“CSS 设计器”面板中为 body 元素定义一个背景图像，如图 9.7 所示。

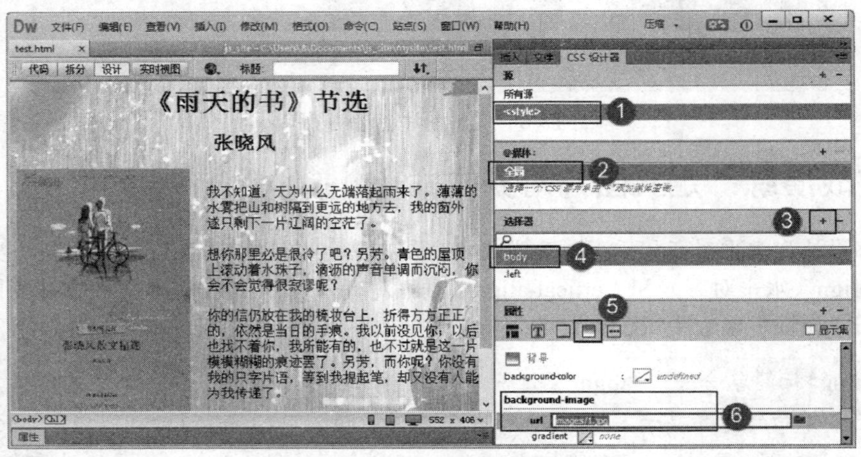

图 9.7　定义网页背景图像

第 6 步，保存文档，在浏览器中预览，显示效果如图 9.8 所示。

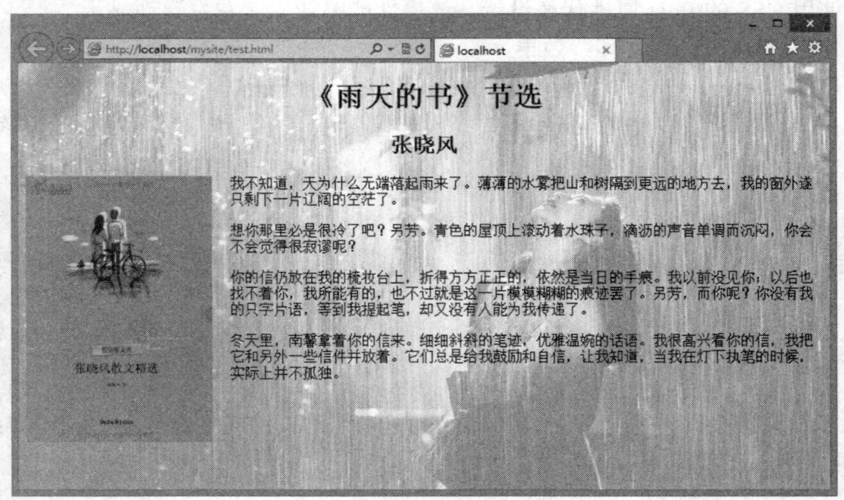

图 9.8　定义图片浮动显示

Note

9.2 设计背景样式

背景样式主要包括背景颜色和背景图像。在传统布局中，一般使用 HTML 的 background 属性为<body>、<table>和<td>等几个少数标签定义背景图像，使用 HTML 的 bgcolor 属性为其定义背景颜色。在标准设计中，CSS 使用 background 属性为所有的元素定义背景颜色和背景图像。

9.2.1 定义背景颜色

CSS 使用 background-color 定义元素的背景颜色，也可以使用 background 复合属性定义。background-color 属性的用法如下：

```
background-color : transparent | color
```

其中，transparent 属性值表示背景色透明，该属性值为默认值。color 可以指定颜色，为任意合法的颜色取值。

【示例】新建网页，在<head>标签内添加<style type="text/css">标签，定义一个内部样式表，然后输入以下样式，设计网页背景色为灰色。

```
body{
    background-color:gray;
}
```

使用 CSS 的 background 属性定义方法相同，修改上面样式如下：

```
body{
    background:gray;
}
```

9.2.2 定义背景图像

在 CSS 中可以使用 background-image 属性来定义背景图像。具体用法如下：

```
background-image : none | url(url)
```

其中，none 表示没有背景图像，该值为默认值，url(url)可以使用绝对或相对地址，url 地址指定背景图像所在的路径。

URL 所导入的图像可以是任意类型，但是符合网页显示的格式一般为 GIF、JPG 和 PNG，这些类型的图像各有优缺点，可以酌情选用。

例如，GIF 格式图像具备可设计动画、透明背景和图像小巧等优点，而 JPG 格式图像具有更丰富的颜色数，图像品质相对要好；PNG 类型综合了 GIF 和 JPG 两种图像的优点，缺点是占用空间相对要大。

【示例】使用 CSS 定义背景图像样式。

第 1 步，新建一个网页，保存为 test.html。

第 2 步，在<body>标签内使用<p>标签插入一段文字，以便比较观察。

```
<p>段落行背景图像</p>
```

第 3 步，在<head>标签内添加<style type="text/css">标签，定义一个内部样式表，然后输入以下

Note

样式，分别为网页和段落文本定义背景图像。

```
body {background-image:url(images/bg.jpg);}        /*网页背景图像*/
p {/*段落样式*/
    background-image:url(images/png1.png);          /*透明的 PNG 背景图像*/
    height:120px;                                   /*高度*/
    width:384px;                                    /*宽度*/
}
```

第 4 步，保存文档，按 F12 键在浏览器中预览，显示效果如图 9.9 所示。

图 9.9　定义背景图像

提示：如果背景图像为透明的 GIF 或 PNG 格式图像，则被设置为元素的背景图像时，这些透明区域依然被保留，但是对于 IE6 及其以下版本浏览器来说，由于不支持 PNG 格式的透明效果，需要使用 IE 滤镜进行兼容性处理。

9.2.3　定义显示方式

CSS 使用 background-repeat 属性专门控制背景图像的显示方式。具体用法如下：

```
background-repeat : repeat | no-repeat | repeat-x | repeat-y
```

其中，repeat 表示背景图像在纵向和横向上平铺，该值为默认值，no-repeat 表示背景图像不平铺，repeat-x 表示背景图像仅在横向上平铺，repeat-y 表示背景图像仅在纵向上平铺。

【示例】演示背景图像平铺的不同方式和效果。

第 1 步，新建一个网页，保存为 test.html。

第 2 步，在<body>标签内使用<div>标签定义 4 个盒子，以便比较观察。

```
<div id="box1">完全平铺</div>
<div id="box2">x 轴平铺</div>
<div id="box3">y 轴平铺</div>
<div id="box4">不平铺</div>
```

第 3 步，在<head>标签内添加<style type="text/css">标签，定义一个内部样式表，然后输入以下样式，分别为 4 个盒子定义不同的背景图像平铺显示。

```
div {/*定义盒子的公共样式*/
    background-image:url(images/ 1.jpg);            /*背景图像*/
    width:480px;                                    /*宽度*/
    height:300px;                                   /*高度*/
```

```
    border:solid 1px red;                          /*定义边框*/
    margin:2px;                                    /*定义边界*/
    float:left; }                                  /*向左浮动显示*/
#box1 {background-repeat:repeat;}                  /*完全平铺*/
#box2 {background-repeat:repeat-x;}                /*x 轴平铺*/
#box3 {background-repeat:repeat-y;}                /*y 轴平铺*/
#box4 {background-repeat:no-repeat;}               /*不平铺*/
```

第 4 步，保存文档，按 F12 键在浏览器中预览，显示效果如图 9.10 所示。

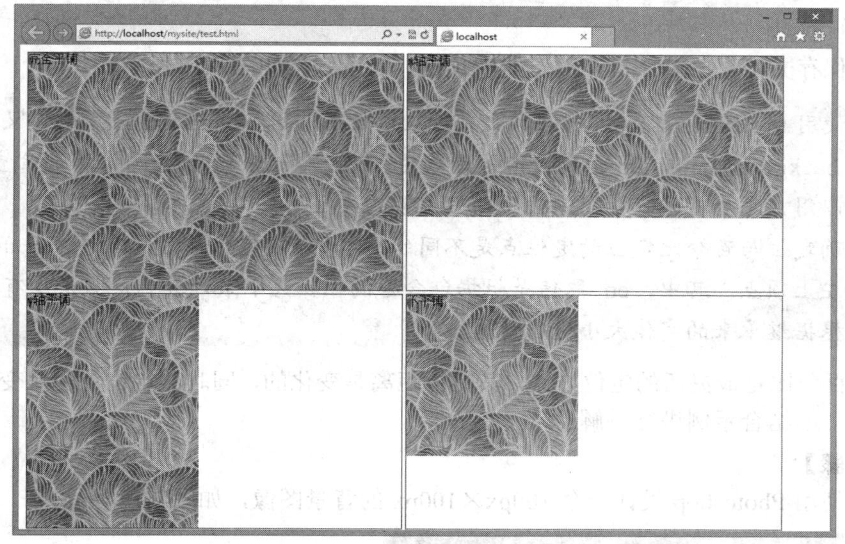

图 9.10　控制背景图像显示方式的效果比较

提示： 背景图像显示方式对于设计网页栏目的装饰性效果具有非常重要的价值。很多栏目就是借助背景图像的单向平铺来设计栏目的艺术边框效果。

9.2.4　定义显示位置

在默认情况下，背景图像显示在元素的左上角，并根据不同方式执行不同的显示效果。为了更好地控制背景图像的显示位置，CSS 定义了 background-position 属性来精确定位背景图像。

```
background-position : length || length
background-position : position || position
```

其中，length 表示百分数，或者由浮点数字和单位标识符组成的长度值。top、center、bottom 和 left、center、right 表示背景图像的特殊对齐方式，分别表示在 y 轴方向上顶部对齐、中间对齐和底部对齐，以及在 x 轴方向上左侧对齐、居中对齐和右侧对齐。

【示例】 定义背景图像居中显示。

第 1 步，新建一个网页，保存为 test.html。

第 2 步，在<body>标签内使用<div>标签定义一个盒子。

```
<div id="box"></div>
```

第 3 步，在<head>标签内添加<style type="text/css">标签，定义一个内部样式表，然后输入以下

Note

样式，在盒子的中央显示一幅背景图像。

```
#box {/*盒子的样式*/
    background-image:url(images/png1.png);                /*定义背景图像*/
    background-repeat:no-repeat;                          /*禁止平铺*/
    background-position:50% 50%;                          /*定位背景图像*/
    width:510px;                                          /*宽度*/
    height:260px;                                         /*高度*/
    border:solid 1px red;                                 /*边框*/
}
```

第 4 步，保存文档，按 F12 键在浏览器中预览，显示效果如图 9.11 所示。

提示：在使用 background-position 属性之前，应该使用 background-image 属性定义背景图像，否则 background-position 的属性值是无效的。在默认状态下，背景图像的定位值为（0% 0%），所以用户总会看见背景图像位于定位元素的左上角。

精确定位与百分比定位的定位点是不同的。对于精确定位来说，其定位点始终是背景图像的左上顶点，其中，em 取值是根据包含框的字体大小来计算的，如果没有定义字体，则将根据继承来的字体大小进行计算。

【拓展】百分比是最灵活的定位方式，其定位距离是变化的，同时其定位点也是变化的。为了解决这个问题，下面结合示例进行讲解。

【操作步骤】

第 1 步，使用 Photoshop 设计一个 100px×100px 的背景图像，如图 9.12 所示。

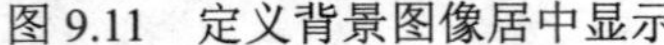

图 9.11　定义背景图像居中显示

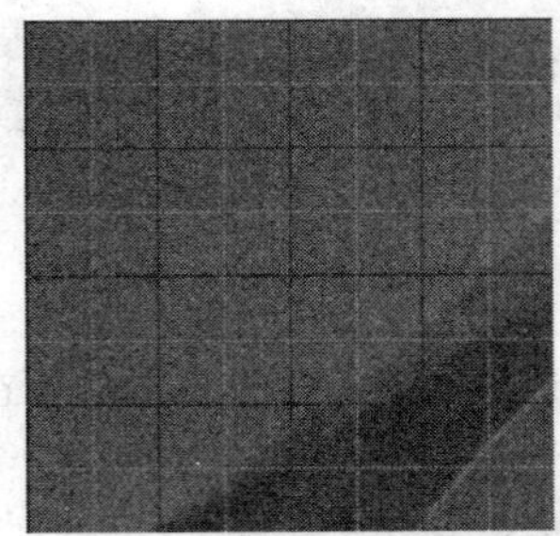

图 9.12　设计背景图像

第 2 步，新建一个网页，保存为 test1.html，在<body>标签内使用<div>标签定义一个盒子。

```
<div id="box"></div>
```

第 3 步，在<head>标签内添加<style type="text/css">标签，定义一个内部样式表，然后输入以下样式，设计在一个 400px×400px 的方形盒子中，定位一个 100px×100px 的背景图像，初显效果如图 9.13 所示。

```
body {/*清除页边距*/
    margin:0;                              /*边界为 0*/
    padding:0; }                           /*补白为 0*/
div {/*盒子的样式*/
```

```
    background-image:url(images/grid.gif);          /*背景图像*/
    background-repeat:no-repeat;                    /*禁止背景图像平铺*/
    width:400px;                                    /*盒子宽度*/
    height:400px;                                   /*盒子高度*/
    border:solid 1px red; }                         /*盒子边框*/
```

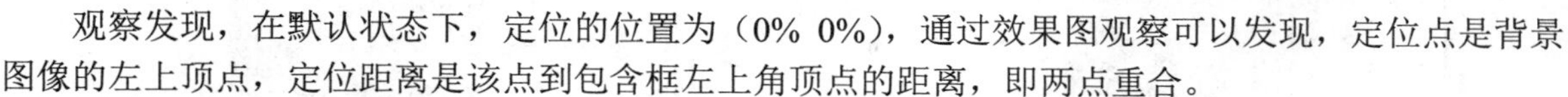

观察发现，在默认状态下，定位的位置为（0% 0%），通过效果图观察可以发现，定位点是背景图像的左上顶点，定位距离是该点到包含框左上角顶点的距离，即两点重合。

第 4 步，修改背景图像的定位位置，定位背景图像为（100% 100%），则显示效果如图 9.14 所示。

```
#box {/*定位背景图像的位置*/
    background-position:100% 100%;}
```

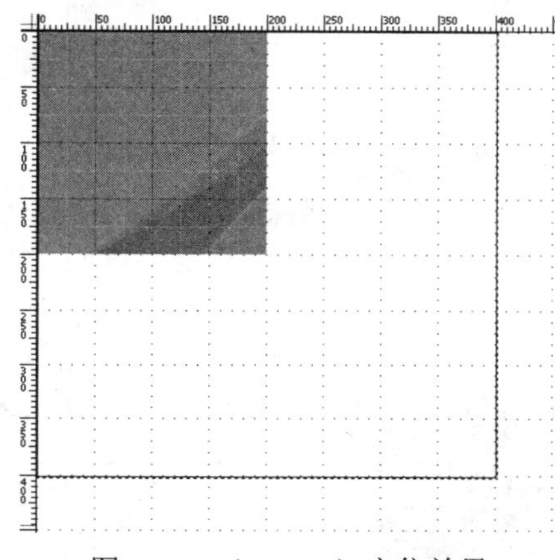

图 9.13　（0% 0%）定位效果

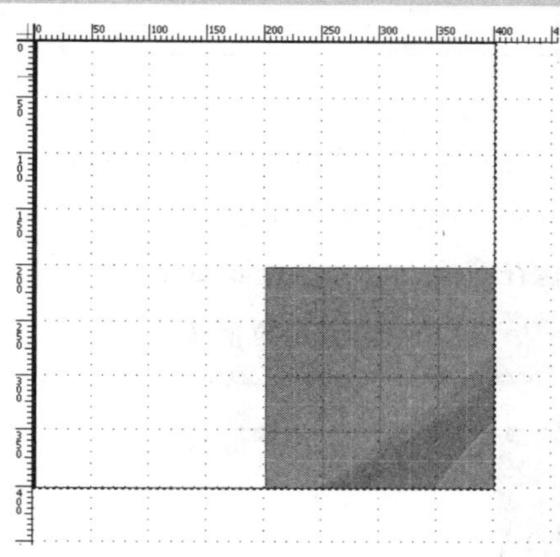

图 9.14　（100% 100%）定位效果

观察发现，定位点是背景图像的右下顶点，定位距离是该点到包含框左上角顶点的距离，这个距离等于包含框的宽度和高度。换句话说，当百分比值发生变化时，定位点也在以背景图像左上顶点为参考点不断变化，同时定位距离也根据百分比与包含框的宽和高进行计算得到一个动态值。

第 5 步，定位背景图像为（50% 50%），显示效果如图 9.15 所示。

```
#box {/*定位背景图像的位置*/
    background-position:50% 50%;}
```

观察发现，定位点是背景图像的中点，定位距离是该点到包含框左上角顶点的距离，这个距离等于包含框的宽度和高度的一半。

第 6 步，定位背景图像为（75% 25%），显示效果如图 9.16 所示。

```
#box {/*定位背景图像的位置*/
    background-position:75% 25%;}
```

观察发现，定位点是以背景图像的左上顶点为参考点（75% 25%）的位置，即图 9.16 所示的圆圈处。定位距离是该点到包含框左上角顶点的距离，这个距离等于包含框宽度的 75%和高度的 25%。

第 7 步，百分比也可以取负值，负值的定位点是包含框的左上顶点，而定位距离则以图像自身的宽和高来决定。例如，如果定位背景图像为（−75% −25%），则显示效果如图 9.17 所示。其中，背景图像在宽度上向左边框隐藏了自身宽度的 75%，在高度上向顶边框隐藏了自身高度的 25%。

```
#box {/*定位背景图像的位置*/
    background-position:-75% -25%;}
```

Note

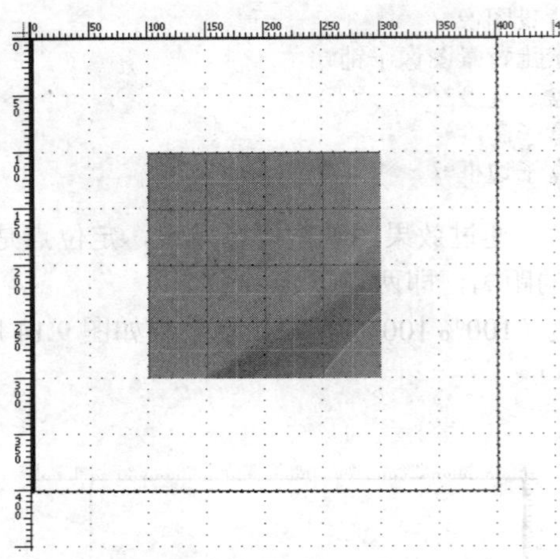

图 9.15　（50% 50%）定位效果

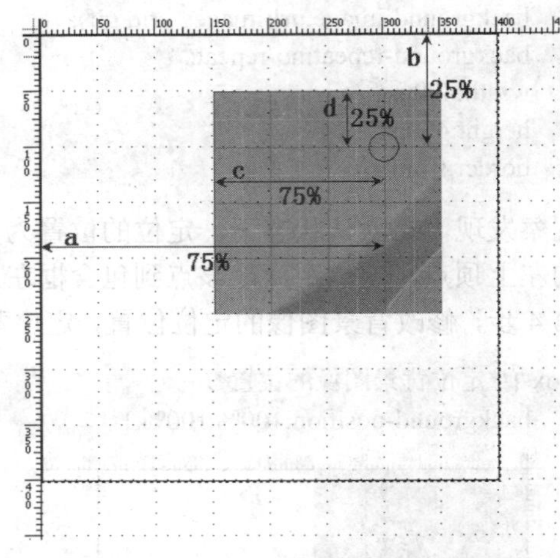

图 9.16　（75% 25%）定位效果

第 8 步，同样的道理，如果定位背景图像为（-25% -25%），则显示效果如图 9.18 所示。其中，背景图像在宽度上向左边框隐藏了自身宽度的 25%，在高度上向顶边框隐藏了自身高度的 25%。

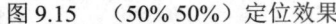

```
#box {/*定位背景图像的位置*/
    background-position:-25% -25%;}
```

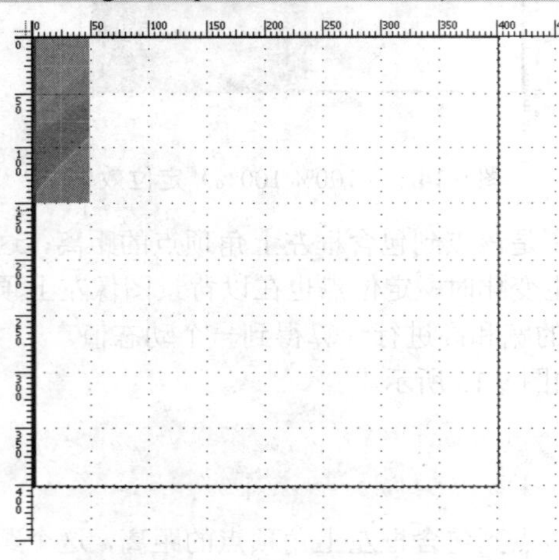

图 9.17　（-75% -25%）定位效果

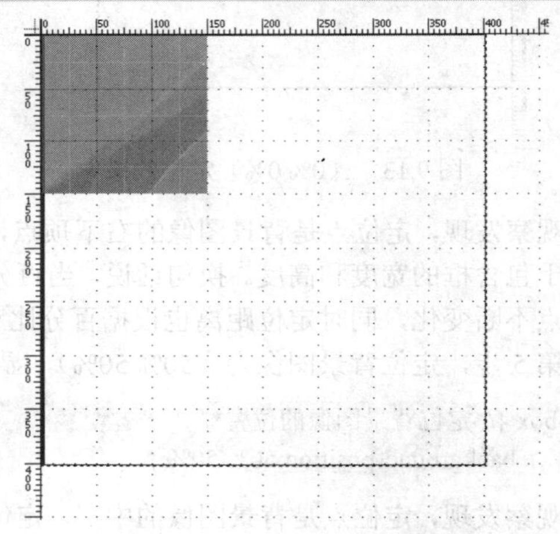

图 9.18　（-25% -25%）定位效果

第 9 步，background-position 属性提供了 5 个关键字：left、right、center、top 和 bottom。这些关键字实际上就是百分比特殊值的一种固定用法。详细列表说明如下：

```
/*普通用法*/
top left、left top                    = 0% 0%
right top、top right                  = 100% 0%
bottom left、left bottom              = 0% 100%
bottom right、right bottom            = 100% 100%
/*居中用法*/
center、center center                 = 50% 50%
/*特殊用法*/
top、top center、center top           = 50% 0%
left、left center、center left        = 0% 50%
```

```
right、right center、center right                    = 100% 50%
bottom、bottom center、center bottom                  = 50% 100%
```

通过上面的取值列表及其对应的百分比值，可以看到关键字是不分先后顺序的，浏览器能够根据关键字的语义判断出将要作用的方向。

9.2.5　定义固定显示

当定义背景图像之后，在默认状态下背景图像会随网页内容整体上下滚动。如果定义水印或者窗口背景等特殊背景图像，自然不希望这些背景图像在滚动网页时消失，为此 CSS 定义了 background-attachment 属性，该属性能够固定背景图像始终显示在浏览器窗口中的某个位置。该属性的具体用法如下：

```
background-attachment : scroll | fixed
```

其中，scroll 表示背景图像随对象内容滚动，该值为默认值，fixed 表示背景图像固定。

【示例】演示背景图像固定显示的基本用法。

第 1 步，新建一个网页，保存为 test.html。

第 2 步，在<body>标签内使用<div>标签定义一个盒子。

```
<div id="box"></div>
```

第 3 步，在<head>标签内添加<style type="text/css">标签，定义一个内部样式表，然后输入以下样式。定义网页背景，并将其固定在浏览器的中央，然后把 body 元素的高度定义为大于屏幕的高度，强迫显示滚动条，代码如下：

```
body {/*固定网页背景*/
    background-image:url(images/bg1.jpg);          /*定义背景图像*/
    background-repeat:no-repeat;                   /*禁止平铺显示*/
    background-attachment:fixed;                   /*固定显示*/
    background-position:left center;               /*定位背景图像的位置*/
    height:1000px; }                               /*定义网页内容高度*/
div {/*盒子的样式*/
    background-image:url(images/grid.gif);         /*背景图像*/
    background-repeat:no-repeat;                   /*禁止背景图像平铺*/
    background-position:center left;
    width:400px;                                   /*盒子宽度*/
    height:400px;                                  /*盒子高度*/
    border:solid 1px red; }                        /*盒子边框*/
```

第 4 步，保存文档，按 F12 键在浏览器中预览，这时如果拖动滚动条，则可以看到网页背景图像始终显示在窗口的中央位置，显示效果如图 9.19 所示。

【拓展】为了定义背景图像，有时需要设置多个属性，不过使用 CSS 定义的 background 复合属性，可以在一个属性中定义所有相关的值。

例如，如果把上面示例中的 4 个与背景图像相关的声明合并为一个声明，则代码如下：

```
body {/*固定网页背景*/
    background:url(images/bg2.jpg) no-repeat fixed left center;
    height:1000px;}
```

上面各个属性值不分先后顺序，且可以自由定义，不需要指定每一个属性值。另外，该复合属性还可以同时指定颜色值，这样，当背景图像没有完全覆盖所有区域，或者背景图像失效时（找不到路径），则会自动显示指定颜色。

Note

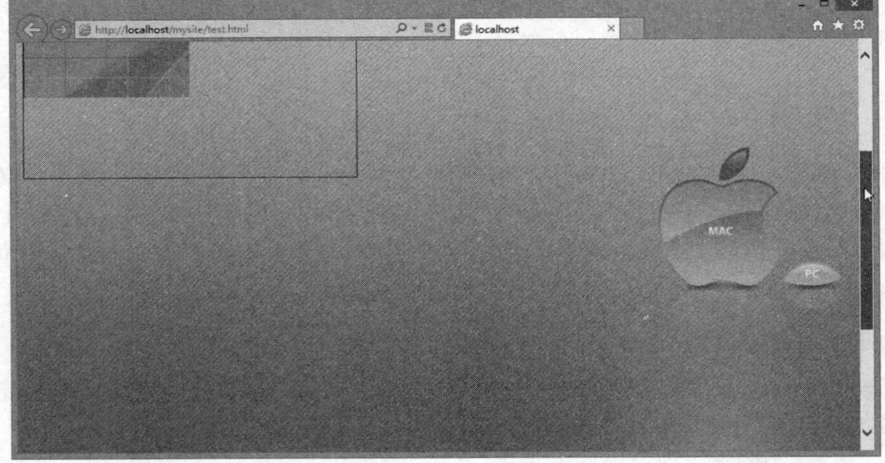

图 9.19　定义背景图像显示

例如，定义如下背景图像和背景颜色，则显示效果如图 9.20 所示。

```
body {/*同时定义背景图像和背景颜色*/
    background: #CCCC99 url(images/png-1.png);}
```

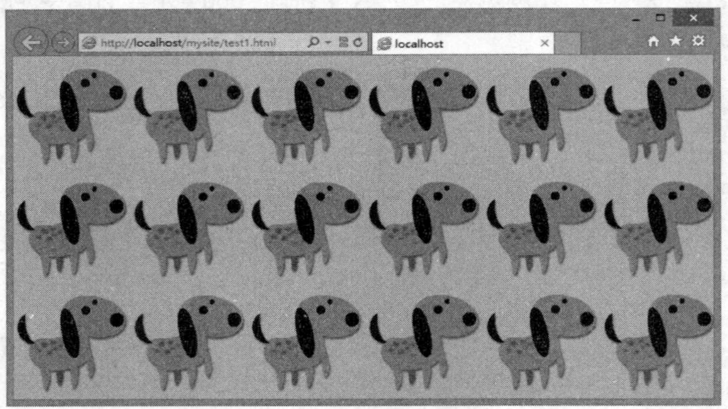

图 9.20　同时定义背景图像和背景颜色

但是如果把背景图像和背景颜色分开声明，则无法同时在网页中显示。例如，在下面代码中，后面的声明值将覆盖前面的声明值，所以就无法同时显示背景图像和背景颜色。

```
body {/*定义网页背景色和背景图像*/
    background:#CCCC99;
    background:url(images/png-1.png) no-repeat;}
```

9.3 案例实战

本节灵活使用 CSS、HTML 属性设计图文混排版式。综合使用 CSS 的背景图像属性设计网页效果。

Note

9.3.1　设计新闻列表栏目

在下面的案例中，将新闻列表排行榜前 3 名应用鲜明的背景图片，后 7 名应用颜色较暗的背景图片，列表排行榜背景图片不平铺。

【操作步骤】

第 1 步，新建一个网页，保存为 index.html。

第 2 步，在<body>标签内使用<div>标签定义一个栏目包含框，然后设计使用无序列表定义新闻列表。

```
<div class="content ap">
    <ul class="rankList">
        <li><span class="front">1</span><a href="#">科学家：木卫二外星人的概率比火星更大</a></li>
        <li><span class="front">2</span><a href="#">火星地球亿年前离奇核爆炸 是否巧合？</a></li>
        <li><span class="front">3</span><a href="#">2017 年嫦娥五号将携带月球岩石样品回到地球
</a></li>
        <li><span class="follow">4</span><a href="#">难以置信！外星人可能是智能机器生物 </a></li>
        <li><span class="follow">5</span><a href="#">最新研究将地球上水的历史再次前推 1.35 亿年
</a></li>
        <li><span class="follow">6</span><a href="#">远古地球有两月亮 背面或为飞碟基地</a></li>
        <li><span class="follow">7</span><a href="#">迄今最详细银河系地图绘成 含 2.19 亿颗已知恒星
</a></li>
        <li><span class="follow">8</span><a href="#">美首次观测火星上层大气：遭受太阳粒子风暴
</a></li>
        <li><span class="follow">9</span><a href="#">苹果已低调解决 iPhone6 Plus 弯曲门？</a></li>
        <li><span class="follow">10</span><a href="#">云安全：我们能用“云”吗？</a></li>
    </ul>
</div>
```

第 3 步，在<head>标签内添加<style type="text/css">标签，定义一个内部样式表，然后输入以下样式，设计新闻列表样式。

```
body,ul,li{
    text-align: center; font-size:13px;             /*字体大小、浏览器居中*/
    margin:0; padding:0; }                          /*清除外边距、内间距*/
li{
    list-style-type:none; }                         /*隐藏默认列表符号，用背景图片代替*/
a{
    color: #1f3a87!important;                       /*超链接字体颜色*/
    text-decoration:none; }                         /*隐藏默认下划线*/
a:hover {
    color: #83006f;                                 /*鼠标指针滑过时，超链接字体颜色*/
    text-decoration:underline; }                    /*鼠标指针滑过时，添加下划线*/
.content {
    margin:0 auto; width:300px; }                   /*定义宽度、火狐浏览器居中*/
.rankList li {
    height:28px;line-height:28px;                   /*单行文字垂直居中*/
    text-align:left;overflow:hidden; }              /*文本左对齐，超出一行隐藏*/
.rankList li span{
    color:#FFFFFF; font-family:Arial;               /*项目符号字体颜色、类型*/
```

Note

```
    font-size:11px;font-weight:bold;                /*项目符号字体大小、加粗*/
    height:13px;line-height:13px;                   /*单行文本垂直居中*/
    float:left;margin:7px 6px 0pt 0pt;              /*浮动、设置外边距，调整项目符号位置*/
    text-align:center;width:13px; }                 /*文本居中对齐、宽度*/
.rankList span.front {
    background-image:url(img/p1.gif);               /*前 3 名使用的背景图片*/
    background-repeat:no-repeat; }                  /*背景图片不平铺*/
.rankList span.follow {
    background-image:url(img/p2.gif);               /*后 7 名使用的背景图片*/
    background-repeat:no-repeat; }                  /*背景图片不平铺*/
```

在上面样式表中，首先进行初始化，隐藏项目图标，然后使用背景图片代替项目符号，清除<body>、<ul>标签外边距、内间距；字体初始化、超链接颜色等。

第 4 步，定义排行榜宽度为 300px 并居中。

```
.content { margin:0 auto; width:300px;}
```

第 5 步，针对列表项设置行高、高度为 28px，超出一行隐藏，文本对齐为左对齐。

```
.rankList li {height:28px;line-height:28px;overflow:hidden; text-align:left;}
```

第 6 步，为列表项设置背景图片。前 3 名与后 7 名设置不同背景图片，突出前 3 名。定义<span>标签内字体颜色为白色、字体类型为 Arial、字体大小为 11px，文本加粗；宽度、高度、行高为 13px，单行文本居中。

```
.rankList li span{
    color:#FFFFFF;float:left;font-family:Arial;font-size:11px;font-weight:bold;
    height:13px;line-height:13px;margin:3px 6px 0pt 0pt;text-align:center;width:13px;
}
```

第 7 步，前 3 名设置 p1.gif，且背景图片不平铺；后 7 名设置 p2.gif，且背景图片不平铺。设置外边距，调整项目图标与后面的文本内容拉开距离且在同一条线上。

```
.rankList li span{margin:3px 6px 0pt 0pt;}
.rankList span.front {background-image:url(img/p1.gif); background-repeat:no-repeat;}
.rankList span.follow {background-image:url(img/p2.gif); background-repeat:no-repeat;}
```

第 8 步，调整图标位置很关键，如果缺少 margin 的设置，则项目图标与项目内容不在同一行，无法体现二者是一体。如果每项行高设置较大值，例如设为.rankList li{line-height:28px;}时，项目图标需要调整为：

```
.rankList span{margin:0;}
```

或

```
.rankList li{line-height:28px;}
```

第 9 步，保存文档，按 F12 键在浏览器中预览，显示效果如图 9.21 所示。

9.3.2 设计图文混排版面

在网页中不仅只有用来修饰的背景图像，还有包含具体内容的图片，称之为内容图。调用内容图不能使用 CSS 的 background-image 背景属性，而应该使用 HTML 的<img>标签嵌入文本段中。

图 9.21　设计新闻列表效果

图文混排一般多用于介绍性的正文内容部分或者新闻内容部分，处理的方式也很简单，文字是围绕在图片的一侧，或者一边，或者四周。

【设计技巧】

- ☑ 图文混排版式一般情况下不是在页面设计过程中实现的，而是在后期网站发布后通过网站的新闻发布系统自动发布，这样的内容发布模式对于图片的大小、段落文本排版都存在不可控性，因此要考虑到图与文不规则问题。
- ☑ 使用绝对定位方式后，图片将脱离文档流，成为页面中具有层叠效果的一个元素，将会覆盖文字，因此不建议使用绝对定位实现图文混排。
- ☑ 通过浮动设计图文混排是比较理想的方式，适当利用补白（padding）或者文字缩进（text-indent）的方式将图片与文字分开。

【操作步骤】

第 1 步，启动 Dreamweaver CC，新建一个网页，保存为 index.html。

第 2 步，在<body>标签内输入如下结构代码，整个结构包含在<div class="pic_news">新闻框中，新闻框中包含 3 部分，第 1 部分是新闻标题，由标题标签控制；第 2 部分是新闻图片，由<div class="pic">图片框控制；第 3 部分是新闻正文部分，由<p>标签负责管理。

```
<div class="pic_news">
    <h1>英国百年前老报纸准确预测大事件  手机、高速火车赫然在列</h1>
    <h2>2014-08-05 08:34:49    来源：中国日报网</h2>
    <div class="pic"><img src="images/00000002.jpg" alt="" />
        <h3>金色的百年前老报纸</h3>
    </div>
    <p>家住英国普利茅斯的詹金斯夫妇近日在家中找到一个宝贝：一张发行于 100 多年前的《每日邮报》，它的价值不仅体现在年头久远，而且上面的内容竟然准确地预测出了 100 多年来发生的一些重大事件。 </p>
    <p>据英国《每日邮报》网站 8 月 4 日报道，这张使用金色油墨的报纸于 1900 年 12 月 31 日发行，是为庆祝 20 世纪降临而推出的纪念版。报纸上除了对此前一个世纪进行回顾外，还准确地预测了 20 世纪出现的航空、高速火车、移动电话以及英吉利海峡开通海底隧道等重大事件，而过去百年的变化可证明其预见性非比寻常。不过报纸上也存在略显牵强的内容，如英国港口城市加的夫的人口将超过伦敦、潜艇将成为度假出行的主要交通工具等。 </p>
    <p>谈及"淘宝"的过程，73 岁的船厂退休工人詹金斯先生说："我在翻看橱柜里的材料时，在一些上
```

```
世纪 50 年代的文献旁发现了这张报纸。" </p>
    <p>这张报纸是詹金斯夫人的祖父母在伦敦买的，然后留给了她的母亲阿梅莉亚，之后才传到第三代人的手中。詹金斯夫妇现正计划与历史学家分享他们的发现。■</p>
</div>
```

Note

第 3 步，在<head>标签内添加<style type="text/css">标签，定义一个内部样式表，然后输入以下样式，定义新闻框显示效果。

```
.pic_news {
    width:900px; }   /*控制内容区域的宽度，根据实际情况设置，也可以不设置*/
```

第 4 步，继续添加样式，设计新闻标题样式，其中包括三级标题，统一标题为居中显示对齐，一级标题字体大小为 28px，二级标题字体大小为 14px，三级标题字体大小为 12px，同时三级标题取消默认的上下边界样式。

```
.pic_news h1 {
    text-align:center;
    font-size:28px;}
.pic_news h2 {
    text-align:center;
    font-size:14px;}
.pic_news h3 {
    text-align:center;
    font-size:12px;
    margin:0;
    padding:0;}
```

第 5 步，设计新闻图片框和图片样式，设计新闻图片框向左浮动，然后定义新闻图片大小固定，并适当拉开与环绕的文字之间的距离。

```
.pic_news div {
    float:left;
    text-align:center;}
.pic_news img {
    margin-right:1em;
    margin-bottom:1em;
    width:300px;}
```

第 6 步，设计段落文本样式，主要包括段落文本的首行缩进和行高效果。

```
.pic_news p {
    line-height:1.8em;
    text-indent:2em;}
```

第 7 步，保存文档，按 F12 键在浏览器中预览，设计效果如图 9.22 所示。

9.3.3 设计半透明效果栏目

在设计半透明效果的页面版块时，有一个技术难点：如果直接为栏目包含框定义 opacity 属性，则栏目内的文字也会受到影响，导致正文信息无法清楚显示，干扰用户的正常阅读。

本案例利用绝对定位技巧解决这个技术难题，通过一个辅助层，将其覆盖在栏目的下面，然后为这个辅助层设计半透明效果，便不会影响栏目正文内容，同时通过设计栏目为无背景显示，就能够通

过覆盖在底部的辅助层半透明效果间接设计栏目的半透明效果。

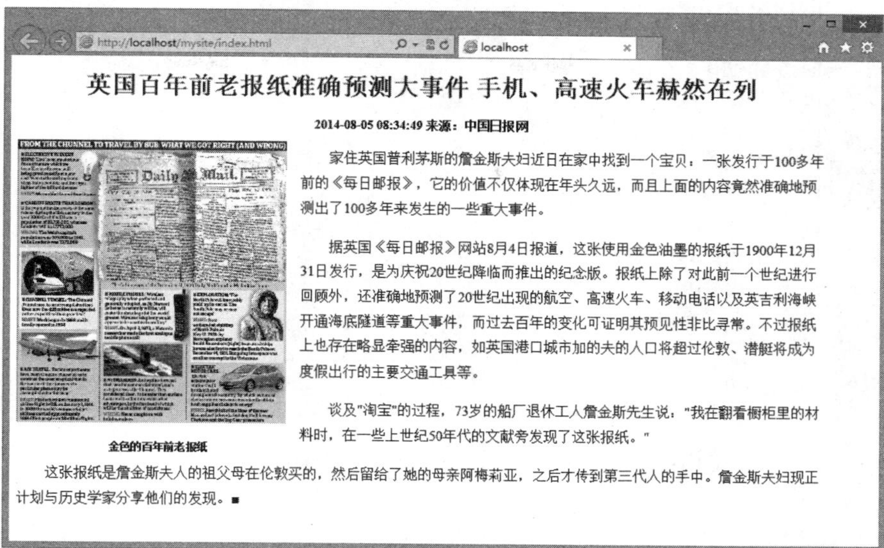

英国百年前老报纸准确预测大事件 手机、高速火车赫然在列

2014-08-05 08:34:49 来源：中国日报网

家住英国普利茅斯的詹金斯夫妇近日在家中找到一个宝贝：一张发行于100多年前的《每日邮报》，它的价值不仅体现在年头久远，而且上面的内容竟然准确地预测出了100多年来发生的一些重大事件。

据英国《每日邮报》网站8月4日报道，这张使用金色油墨的报纸于1900年12月31日发行，是为庆祝20世纪降临而推出的纪念版。报纸上除了对此前一个世纪进行回顾外，还准确地预测了20世纪出现的航空、高速火车、移动电话以及英吉利海峡开通海底隧道等重大事件，而过去百年的变化可证明其预见性非比寻常。不过报纸上也存在略显牵强的内容，如英国港口城市加的夫的人口将超过伦敦、潜艇将成为度假出行的主要交通工具等。

谈及"淘宝"的过程，73岁的船厂退休工人詹金斯先生说："我在翻看橱柜里的材料时，在一些上世纪50年代的文献旁发现了这张报纸。"

金色的百年前老报纸

这张报纸是詹金斯夫人的祖父母在伦敦买的，然后留给了她的母亲阿梅莉亚，之后才传到第三代人的手中。詹金斯夫妇现正计划与历史学家分享他们的发现。■

图 9.22　设计图文混排版式

【操作步骤】

第 1 步，启动 Dreamweaver CC，新建一个网页，保存为 index.html。

第 2 步，在<body>标签内输入如下结构代码，设计两个版块，以方便比较效果，并在栏目包含框<div class="name_list list_box">尾部添加一个辅助层<div class="bg">，该标签将被设计为半透明效果。

```
<div class="name_list list_box">
    <h3>歌曲 TOP500</h3>
    <div class="content">
        <ol>
            <li>伤不起  王麟</li>
            <li>小三  冷漠</li>
            <li>我最亲爱的  张惠妹</li>
            <li>传奇  王菲</li>
            <li>等不到的爱  樊凡</li>
            <li>走天涯  降央卓...</li>
            <li>伤不起  郁可唯</li>
            <li>老男孩  筷子兄...</li>
            <li>爱的供养  杨幂</li>
            <li>配角  sara</li>
            <li>我们的歌谣  凤凰传...</li>
            <li>my love  田馥甄</li>
        </ol>
    </div>
    <div class="bg"></div>
</div>
<div class="year_list list_box">
    <h3>歌手 TOP200</h3>
    <div class="content">
        <ul>
```

Note

```
            <li>凤凰传奇</li>
            <li>周杰伦</li>
            <li>刘德华</li>
            <li>许嵩</li>
            <li>王菲</li>
            <li>张惠妹</li>
            <li>郑源</li>
            <li>张学友</li>
            <li>邓丽君</li>
            <li>陈奕迅</li>
            <li>王力宏</li>
        </ul>
    </div>
    <div class="bg"></div>
</div>
```

第 3 步，在<head>标签内添加<style type="text/css">标签，定义一个内部样式表，然后输入以下样式，定义栏目显示效果。

```
body {
    font: normal 12px/1.5em simsun, Verdana, Lucida, Arial, Helvetica, sans-serif;
    /*定义页面中的所有元素的文字样式*/
    background: #344650 url(images/bg_body.jpg) no-repeat;/*定义页面的背景颜色以及背景图片，也定义了背景图片的显示方式*/
}
.list_box {
    position: relative; /*添加相对定位，使其子级有定位的参考对象*/
    float: left;
    width: 200px;
    margin-right: 15px;
    border: 1px solid #E8E8E8;
} /*将页面中的两个容器浮动，并列显示，并设置宽度属性、边框属性*/
.list_box * {
    margin: 0;
    padding: 0;
    list-style: none;
} /*将页面中所有元素的内补丁和外补丁设置为 0，并且去除列表的修饰符*/
.list_box h3 {
    height: 24px;
    margin-bottom: 8px;
    line-height: 24px;
    text-indent: 10px;
    color: #FFFFFF;
    background-color: #666666;
} /*定义标题高度以及标题文字显示方式，为了美观定义标题的文字颜色和背景颜色*/
.list_box li {
    position: relative;
    z-index: 2; /*添加相对定位，并添加层叠级别数，使其叠加在背景之上*/
    float: left;
    width: 100%; /*设置浮动并且设置宽度为 100%，避免 IE 中列表高度递增的 BUG*/
    height: 22px;
```

```
        line-height: 22px;
        text-indent: 10px;
        border-bottom: 1px dashed #E8E8E8;
    } /*定义列表的宽度以及高度，并设置列表底边框为浅灰色的虚线*/
    .name_list .bg {
        position: absolute;
        top: 24px;
        left: 0;
        width: 200px;
        height: 284px;
        background-color: #DCDCDC;
        filter: alpha(opacity=60);                    /*针对 IE 浏览器的透明度*/
        opacity: 0.6;                                 /*针对 FireFox 浏览器的透明度*/
    } /*将成员列表模块设置为透明，透明度为 60%*/
    .year_list { background-color: #DCDCDC; } /*设置列表的背景颜色*/
```

第 4 步，保存文档，按 F12 键在浏览器中预览，则本案例的设计效果如图 9.23 所示。

9.3.4　使用 CSS Sprites 设计新歌榜

CSS Sprites 表示 CSS 图像拼合，是将许多小的图片组合在一起，使用 CSS 背景图像属性来控制图片的显示位置和方式。当页面加载时，不是加载单一图片，而是一次加载整个组合图片，这大大减少了 HTTP 请求的次数，减轻服务器压力，同时缩短了悬停加载图片所需要的时间延迟，使效果更流畅，不会停顿。

CSS Sprites 常用来合并频繁使用的图形元素，如导航、Logo、分割线、RSS 图标、按钮等，通常涉及内容的图片并不是每个页面都一样，但从网络中读取了该背景图片之后，后期调用该图片将从浏览器的缓存中直接读取，避免了再次对服务器请求下载该背景图片。

【操作步骤】

第 1 步，在 Photoshop 中设计图标，然后把它们合并到一幅图片中，在合并图标时，图标排列不要太密，适当分散，留出部分空间添加文字，如图 9.24 所示。

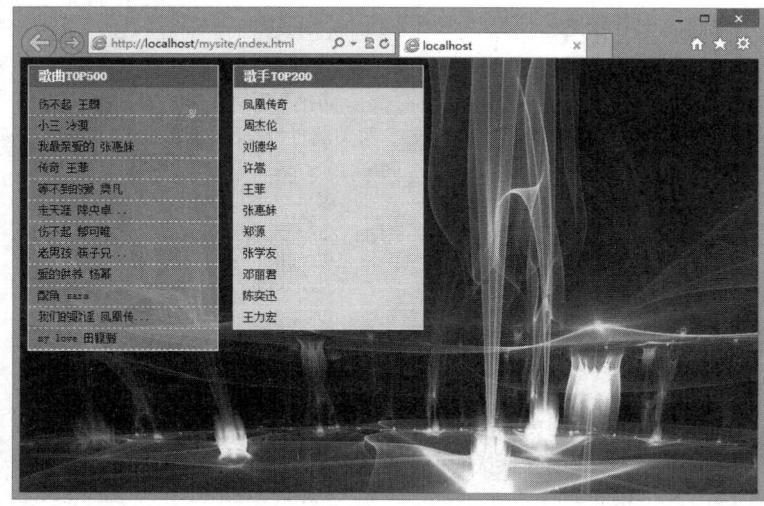

图 9.23　设计半透明栏目效果

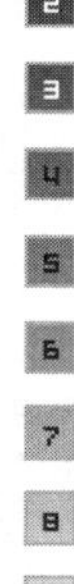

图 9.24　设计背景图像

提示：当需要使用 CSS Sprite 时，所用的背景图片肯定是由多张图片合并而成的，可以想象一下，当一张图片是由多张小图片合并而成，其排列的规律以及每个小图片所在的位置应该具备一定规律性，而且是有一个坐标值的。

Note

第 2 步，启动 Dreamweaver CC，新建一个网页，保存为 index.html，在<body>标签内输入如下结构代码，构建网页结构。

```
<div class="music_sort ap">
    <h1>音乐排行榜</h1>
    <div class="content">
        <ol>
            <li><strong>浪人情歌</strong> <span>伍佰</span></li>
            <li><strong>K 歌之王</strong> <span>陈奕迅</span></li>
            <li><strong>心如刀割</strong> <span>张学友</span></li>
            <li><strong>零（战神  主题曲）</strong> <span>柯有伦</span></li>
            <li><strong>双子星</strong> <span>光良</span></li>
            <li><strong>离歌</strong> <span>信乐团</span></li>
            <li><strong>海阔天空</strong> <span>信乐团</span></li>
            <li><strong>天高地厚</strong> <span>信乐团</span></li>
            <li><strong>边走边爱</strong> <span>谢霆锋</span></li>
            <li><strong>想到和做到的</strong> <span>马天宇</span></li>
        </ol>
    </div>
</div>
```

第 3 步，在<head>标签内添加<style type="text/css">标签，定义一个内部样式表，然后输入以下样式。

```
.music_sort {
    width: 265px;
    border: 1px solid #E8E8E8;}
.music_sort * {
    margin: 0;
    padding: 0;
    font: normal 12px/22px "宋体", Verdana, Lucida, Arial, Helvetica, sans-serif;
} /*清除.music_sort 容器中所有元素的默认补白和边界，并设置文字相关属性*/
.music_sort h1 {
    height: 24px;
    text-indent: 10px;                          /*标题文字缩进，增加空间感*/
    font-weight: bold;
    color: #FFFFFF;
    background-color: #999999;}
.music_sort ol {
    height: 220px;                              /*固定榜单列表的整体高度*/
    padding-left: 26px;                         /*利用补白增加 ol 容器空间显示背景图片*/
    list-style: none;                           /*去除默认的列表修饰符*/
    background: url(images/number.gif) no-repeat 0 0;}
.music_sort li {
```

```
        width: 100%;
        height: 22px;
        list-style: none; }                                    /*去除默认的列表修饰符*/
    .music_sort li span { color: #CCCCCC; }    /*将列表中的歌手名字设置为灰色*/
```

Note

第 4 步，保存文档，按 F12 键通过浏览器浏览页面效果，将显示如图 9.25 所示的效果，基本上满足了所有列表<li>标签中显示有背景图片的效果，但背景图片显示的都是不同的图标。

图 9.25　显示背景图片的列表<li>标签的页面效果

9.3.5　无图定圆角

在 CSS3 之前，设计圆角是很麻烦的事情，本节以及后面几节将通过案例帮助读者重温传统设计圆角的几种方法。在后面章节中会专门介绍 CSS3 圆角设计方法。

无图定圆角，即 CSS 制作圆角不需要图片，通过多个毫无意义的标签设置其宽度、外边距、边框属性等，最终制作出圆角形状。

【示例】在本示例中，通过 4 个高度为 1px 的层、外边距的减少及增加实现宽度的增加、减少，最终实现纯 CSS 圆角。

```
<!doctype html>
<html>
<head>
<meta charset="utf-8">
<title></title>
<style type="text/css">
body { font-size: 14px;                          /*字体大小*/ }
.wrap { margin: 1em; }                           /*设置外边距，便于观察*/
p { margin: 0 10px; }                            /*设置左右外边距，清除上下外边距*/
.Cir-top, .Cir-bottom {
    display: block;                              /*转换为块元素*/
    background: transparent;                     /*设置为透明*/
```

```
        font-size: 1px; }                          /*字体大小*/
    .Cir1, .Cir2, .Cir3, .Cir4 {
        display: block;                            /*转换为块元素，.Cir1、.Cir2、.Cir3、.Cir4 属性的设置很重要*/
        overflow: hidden; }                        /*超出部分隐藏*/
    .Cir1, .Cir2, .Cir3 { height: 1px; }           /*高度为 1px*/
    .Cir2, .Cir3, .Cir4 {
        background: #ccc;                          /*设置背景色与要制作的圆角层颜色一致*/
        border-left: 1px solid #08c;               /*左边框线*/
        border-right: 1px solid #08c; }            /*右边框线*/
    .Cir1 {
        margin: 0 5px;                             /*外边距最大，第 1 个容器宽度最短*/
        background: #08c; }                        /*设置背景色*/
    .Cir2 {
        margin: 0 3px;                             /*外边距较大，第 2 个容器宽度较短*/
        border-width: 0 2px;                       /*边框宽度*/
    }
    .Cir3 { margin: 0 2px; }                       /*外边距小，第 3 个容器宽度短*/
    .Cir4 {
        height: 2px;                               /*设置高度*/
        margin: 0 1px; }                           /*外边距最小，第 4 个容器宽度最短*/
    .Content {
        background: #ccc;                          /*设置背景色与圆角背景色一致*/
        border: 0 solid #08c;                      /*设置边框线与圆角边框线一致*/
        border-width: 0 1px;                       /*左右边框线宽度*/
        line-height: 150%;                         /*设置行高，不是重点*/
        text-indent: 2em;                          /*首行缩进，不是重点*/
        font-size: 22px; }                         /*文本大小，不是重点*/
    </style>
    </head>
    <body>
    <div class="wrap"> <span class="Cir-top"><span class="Cir1"></span><span class="Cir2"></span><span class=
"Cir3"></span><span class="Cir4"></span></span>
        <div class="Content">
            <p>CSS 圆角是很多网页设计者最喜爱的效果，也是很多网站惯用的网页模板样式，如网易、腾讯
等行业巨头都把圆角作为网页模块的基本样式。由圆角引发 CSS 深层次的制作方法：纯 CSS 制作圆角、滑动门
制作圆角、背景图片制作圆角以及如何通过多个有意义的标签设置圆角图片。 </p>
            <p>传统圆角样式有多种，它们各有优缺点：无图定圆角的优势为不需要图片即可制作圆角且扩展
性好，劣势是使用多个无意义标签，不属于标准的一部分；一图定圆角的优势为制作最简单，仅用一张图片即可，
劣势是无法扩展，不能作为模块的一部分；两图定圆角的优势为利用滑动门技术，扩展性一般，劣势是只能横向
或纵向自适应，不能同时自适应；四图定圆角的优势为利用所有有用的标签，扩展性好，符合标准，建议采用此
方法制作圆角。 </p>
        </div>
        <span class="Cir-bottom"><span class="Cir4"></span><span class="Cir3"></span><span class="Cir2">
</span><span class="Cir1"></span></span> </div>
    </body>
    </html>
```

页面演示效果如图 9.26 所示。

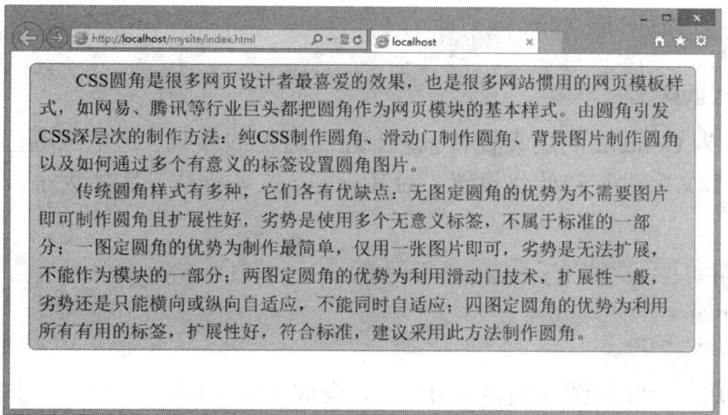

图 9.26　纯 CSS 构成圆角

【操作步骤】

第 1 步，将实现的圆角放大，顶部圆角如图 9.27 所示。

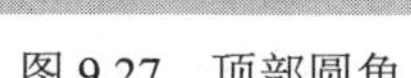

图 9.27　顶部圆角

观察效果图发现，圆角由 5 个长短不一的容器（即 HTML 标签）组成：最上层容器颜色是蓝色，宽度最短；第 2 个容器中间是灰色（内容部分设置灰色）、两端是蓝色（即左边框、右边框设置蓝色）；第 3 个容器、第 4 个容器以及第 5 个容器皆如此，不同的是一个容器比一个容器宽度大。

> **注意：** 第 5 个容器开始，宽度不变。为实现圆角宽度自适应，不设置其 5 个容器的宽度，而是通过外边距大小减小或增加该容器的宽度。

第 2 步，通过以上分析，编写如下 HTML 结构，其中，class 为 wrap 的层作为圆角层包含框，顶部圆角部分分别编写 4 个容器层，并放入一个包含框内，避免以后修改代码时误删除，因为是无意义标签（存放圆角，不属于内容的一部分），故使用<span>标签；中间编写一个 class 为 Content 的层结构存放内容。

```
<div class="wrap">
    <span class="Cir-top"><span class="Cir1"></span><span class="Cir2"></span><span class="Cir3"></span>
<span class="Cir4"></span></span>
    <div class="Content">
        <p>内容 </p>
    </div>
</div>
```

第 3 步，顶部和中间结构编写完毕，编写其相应的 CSS 样式。设置顶部圆角部分（4 个容器）：高度为 1px，超出部分隐藏，并将行内元素转换为内块级元素，使其宽度自适应，通过外边距设置，改变每个层的宽度，第一个容器外边距值为 5px，边框线颜色为圆角区域颜色，依次递减，设置背景色与整个层背景色一致。

```
.Cir1,.Cir2,.Cir3,.Cir4 {display:block; overflow:hidden;}
.Cir1,.Cir2,.Cir3 {height:1px;}
.Cir2,.Cir3,.Cir4 {background:#ccc; border-left:1px solid #08c; border-right:1px solid #08c;}
.Cir1{margin:0 5px; background:#08c;}
```

```
.Cir2{margin:0 3px; border-width:0 2px;}
.Cir3{margin:0 2px;}
.Cir4{height:2px; margin:0 1px;}
```

Note

第 4 步，为 class 为 Content 的层设置背景色、左右边框线参数、边框线颜色等，与圆角区域颜色一致即可。容器内段落文字进行初始化设置，对其行高、文本缩进、字体大小设置，最后设置段落的外边距。

```
.Content{background:#ccc; border:0 solid #08c; border-width:0 1px; line-height:150%;
text-indent:2em; font-size:22px;}
p{margin:0 10px;}
```

第 5 步，众所周知，上圆角图片旋转 180° 后，变成下圆角图片，故再通过 HTML 编写的结构旋转 180° ，层顺序由 Cir1、Cir2、Cir3、Cir4 变为 Cir4、Cir3、Cir2 、Cir1，外边距逐渐变大。

9.3.6　一图定圆角

一图定圆角，即在层中设置背景图，背景图制作成圆角，宽度、高度固定。

【示例】在本示例中，为 class 为 fiximg 的层设置背景图片，其背景图片大小与层设置大小一致。

```
<!doctype html>
<html>
<head>
<meta charset="utf-8">
<style type="text/css">
body {
    text-align: center;                              /*IE 浏览器下居中*/
    font-size: 12px; }                               /*字体大小*/
a {
    color: #2F3A30;                                  /*超链接字体颜色*/
    text-decoration: none; }                         /*隐藏下划线*/
.fiximg {
    width: 410px;                                    /*设置层大小*/
    height: 296px;                                   /*设置层大小*/
    background: url(images/4.jpg) no-repeat left top;/*设置背景图片，大约与层大小一致*/
    margin: 0 auto;                                  /*FireFox 浏览器下居中*/
    text-align: left; }                              /*文本左对齐*/
.fl {
    line-height: 24px;                               /*设置行高、标题高度*/
    text-indent: 10px; }                             /*文本缩进*/
.fl a {
    font-size: 14px;                                 /*设置字体大小*/
    font-weight: bold; }                             /*字体加粗*/
.textArea {
    font-size: 14px;                                 /*设置字体大小*/
    line-height: 24px;                               /*设置行高*/
    padding: 5px; }                                  /*设置间距，偏离左右背景图片*/
.textArea a:hover { text-decoration: underline; }    /*鼠标指针滑过时添加下划线效果*/
</style>
</head>
<body>
```

```
<div class="fiximg"> <span class="fl"><a href="#">娱乐</a> • <a href="#">音乐</a> • <a href="#">电影</a></span>
    <div class="textArea">
        <ol>
            <li>伤不起 王麟</li>
            <li>小三 冷漠</li>
            <li>我最亲爱的 张惠妹</li>
            <li>传奇 王菲</li>
            <li>等不到的爱 樊凡</li>
            <li>走天涯 降央卓...</li>
            <li>伤不起 郁可唯</li>
            <li>老男孩 筷子兄...</li>
            <li>爱的供养 杨幂</li>
            <li>配角 sara</li>
        </ol>
    </div>
</div>
</body>
</html>
```

页面演示效果如图 9.28 所示。

图 9.28　圆角固定宽度、高度

【操作步骤】

第 1 步，首先进行初始化设置，在 IE 浏览器下居中显示，设置字体大小、超链接颜色、去除其下划线。

第 2 步，制作圆角图片大小为 410px×296px，层大小与背景图片大小一致，故定义 class 为 fiximg 的层宽度为 410px、高度为 296px，设置背景图片为 4.jpg，不平铺，文本左对齐，然后添加文本内容。

```
.fiximg{width:410px; height:296px; background:url(img/4.jpg) no-repeat left top; margin:0 auto; text-align:left;}
```

第 3 步，定义小标题。高度为 24px，占据绿色横条圆角部分，缩进 10px。超链接文字大小为 14px，文本加粗。

```
.fl{line-height:24px; text-indent:10px;}
.fl a{font-size:14px; font-weight:bold;}
```

第 4 步，定义内容超链接。class 为 fiximg 的层字体大小为 14px、行高 24px、左右间距 5px，定

义鼠标指针滑过时添加下划线效果。

```
.textArea{font-size:14px; line-height:24px; padding:5px; }
.textArea a:hover{text-decoration:underline;}
```

Note

9.3.7 两图定圆角

通过两图可以设计圆角效果，包括水平平铺和垂直平铺两种圆角样式。最典型的两图定义圆角样式就是滑动门，所谓滑动门，就是两个背景图像可层叠，并允许二者在彼此之上进行滑动，以创造一些圆角效果，即宽度长的压在宽度短的图片上，长图在短图上随内容的增加而向后滑动。

【示例】在本示例中，使用横向滑动和纵向滑动实现圆角纵向高度自适应、横向宽度自适应。

```
<!doctype html>
<html>
<head>
<meta charset="utf-8">
<style type="text/css">
body,p{
    margin:0px;                                           /*清除外边距*/
    padding:0px;                                          /*清除内间距*/
    text-align:center; }                                  /*IE 浏览器下居中*/
.wrap{
    width:1200px;                                         /*包含框大小*/
    height:550px;                                         /*包含框大小*/
    margin:0 auto;                                        /*FireFox 浏览器下居中*/
    padding-top:30px; }                                   /*上间距*/
.S_cir{
    width:505px;                                          /*宽度大小*/
    padding-top:18px;                                     /*上间距与背景图片大小一致*/
    background:#7f7f9b url(img/H3.jpg) no-repeat left top;  /*设置背景图片*/
    float:left;                                           /*左浮动*/
    margin-right:30px; }                                  /*右边距，与浮动方向不一致*/
.S_cir p{
    line-height:160%;                                     /*段落内容行高*/
    font-size:14px;                                       /*字体大小*/
    padding:0px 10px;                                     /*左右间距*/
    text-indent:2em;                                      /*首行缩进 2 个字符*/
    text-align:left;                                      /*文本左对齐*/
    background:url(img/H4.jpg) no-repeat left bottom;     /*设置底部背景图片*/
    padding-bottom:18px; }                                /*下间距与背景图片大小一致*/
.Sec_cir2{
    width:520px;                                          /*设置宽度，不设置宽度，则自适应*/
    height:505px;                                         /*设置高度，因为背景图片高度是 505px*/
    padding:0px;                                          /*清除内间距*/
    padding-left:18px;                                    /*设置左间距与背景图片大小一致*/
    background:#7f7f9b url(img/H1.jpg) no-repeat left top; }  /*设置背景图片*/
.Sec_cir2 p{
    padding:0px;                                          /*清除内间距*/
    padding-right:18px;                                   /*设置右间距与背景图片大小一致*/
    padding-top:10px;                                     /*设置上间距*/
```

```
        padding-bottom:10px;                                  /*设置下间距*/
        height:485px;                                         /*设置高度，否则背景图片显示不完整*/
        background:#7f7f9b url(img/H2.jpg) no-repeat right top; }   /*设置右侧背景图片*/
</style>
</head>
<body>
<div class="wrap">
  <div class="S_cir">
        <p>该问题对 Web 开发者有着直接的影响。开发者总是希望用户使用最新的浏览器，以便能够直接采用新技术和技巧，而不必花费大量的时间来考虑旧浏览器的兼容问题。IE6 的发展是一个特别突出的问题。IE6 的最初版本已经发布 8 年了，而其至今还拥有用户。</p>
        </div>
  <div class="S_cir Sec_cir2">
        <p>该问题对 Web 开发者有着直接的影响。开发者总是希望用户使用最新的浏览器，以便能够直接采用新技术和技巧，而不必花费大量的时间来考虑旧浏览器的兼容问题。IE6 的发展是一个特别突出的问题。IE6 的最初版本已经发布 8 年了，而其至今还拥有用户。</p>
  </div>
</div>
</body>
</html>
```

页面演示效果如图 9.29 所示。

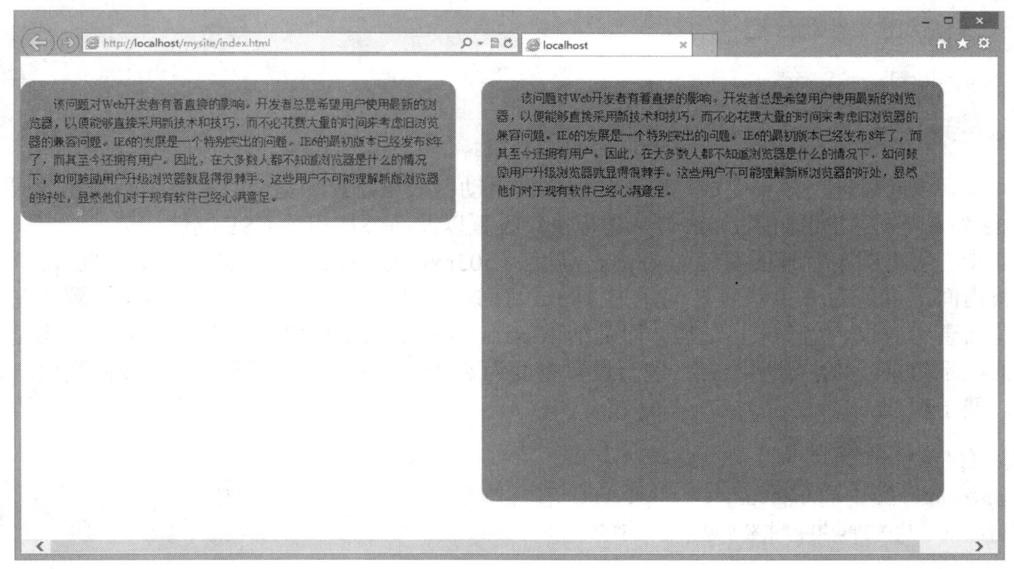

图 9.29　两图定圆角

【操作步骤】

第 1 步，在本示例中，首先包含两个滑动门元素，宽度为 1200px、高度为 550px，IE 浏览器下居中并设置上间距为 30px。

```
.wrap{width:1200px; height:550px; margin:0 auto; padding-top:30px;}
```

第 2 步，圆角背景图宽度为 505px，此处 class 为 S_cir 的层宽度为 505px，上间距为 18px，用于存放背景图片的大小，设置背景色与背景图片颜色一致。

```
.S_cir{width:505px; padding-top:18px;background:#7f7f9b url(img/H3.jpg) no-repeat left top; float:left; margin-right:30px;}
```

Note

第 3 步，class 为 S_cir 的层存放圆角图片的上半部分，<p>标签存放圆角图片的下半部分，定义图片 H4.jpg，其背景图片在左下角位置处显示。设置下间距为 18px，此处高度为背景图片高度。接着对段落内容进行格式化设置：行高为 160%，字体大小为 14px，文本对齐方式为左对齐，最后设置左右内间距为 10px，文字与左右两侧边界拉开距离。至此宽度固定，高度自适应的圆角图片设置完毕。

```
.S_cir p{line-height:160%; font-size:14px; padding:0px 10px; text-indent:2em; text-align:left; background:url(img/H4.jpg) no-repeat left bottom; padding-bottom:18px;}
```

提示： CSS 代码开始处，<p>标签清除外边距，若存在外边距，则左下角、右上角的圆角将因外边距的撑开，导致背景色压制背景图片，可通过删除定义查看：

```
body,p{margin:0px;padding:0px; text-align:center;}
```

变为

```
body{margin:0px;padding:0px; text-align:center;}
```

如果不使用<p>标签，使用<div>标签也可以避免这种现象。使用<p>标签，在 HTML 代码中需单独添加一个 class 名，避免多个段落存在时，产生多个下半部分圆角。本示例中使用<p>标签是为了 Web 标准语义化，可通过多添加一个与<p>标签同级的兄弟元素作为背景图片存放位置。

```
<div class="S_cir">
    <p> …</p>
</div>
```

第 4 步，纵向滑动门效果完成，现在实现横向滑动门效果，看浏览器中第二个圆角图效果。首先继承 class 为 S_cir 层并添加新 class 名，进行重新设置以及新添加相关 CSS 属性。

第 5 步，所需圆角背景图宽度为 18px、高度为 505px，故 class 为 S_cir 层高度为 505px，宽度不设置，将内间距重置为 0 并设置左间距为 18px，存放背景图片宽度，背景图片显示位置为左上角。通过浏览器查看效果，宽度未自适应，而是继承 class 为 S_cir 层的宽度，将宽度值设置为自适应。通过浏览器显示效果，该层占用一行。重新设置宽度为 520px，将横向宽度自适应和纵向高度自适应放在一行，便于观察。

☑ 去掉<p>标签设置：

```
body,p{margin:0px;padding:0px; text-align:center;}
body{margin:0px;padding:0px; text-align:center;}
```

☑ 设置为 auto：

```
.Sec_cir2{ height:505px; padding:0px; padding-left:18px;
background:#7f7f9b url(img/H1.jpg) no-repeat left top;}
.Sec_cir2{width: auto;}
```

☑ 定义宽度，便于观察：

```
.Sec_cir2{height:505px; padding:0px;padding-left:18px;background:#7f7f9b url(img/H1.jpg) no-repeat left}
```

第 6 步，在<p>标签中设置背景图片 H2.jpg，并在右上方显示，将内间距重置为 0 并设置右间距为 18px，存放背景图片宽度。设置上下间距为 10px，拉开文字顶部、底部与圆角距离。

提示：需设置<p>标签的高度，因其背景图片高度为 505px，不设置；因段落内容未达到 505px 高度，故设置高度：505px-上下间距 10px=485px。

```
.Sec_cir2 p{padding:0px; padding-right:18px; padding-top:10px; padding-bottom:10px; height:485px;
background:#7f7f9b url(img/H2.jpg) no-repeat right top;}
```

9.3.8 四图定圆角

四图定圆角就是用 4 张图片构造模块的 4 个圆角效果，即使用 CSS 背景定位的方式，将 4 张图片应用到 4 个标签内，最终组成圆角效果。

【示例】在本示例中，通过<dl>、<dt>、<dd>、<p>这 4 个标签，分别设置一个背景图片，最终组成需要的圆角背景图像。

```
<!doctype html>
<html>
<head>
<meta charset="utf-8">
<style type="text/css">
body,dl,dd,dt{
    margin:0px;                                    /*清除外边距*/
    padding:0px;                                   /*清除内间距*/
    text-align:center; }                           /*IE 浏览器下居中*/
dl.F_cir {
    margin:0 auto;                                 /*FireFox 浏览器下居中*/
    margin-top:50px;                               /*设置上外边距*/
    text-align:left;                               /*文本左对齐*/
    background:#7F7F9C url(img/c_tl.gif) no-repeat scroll left top;    /*字体大小*/
    width:60%;}                                    /*定义宽度*/
dl.F_cir dt {
    background:url(img/c_tr.gif) no-repeat scroll right top;    /*设置右上方圆角图片*/
    color:#FFFFFF;                                 /*字体颜色*/
    padding:10px;                                  /*设置内间距，相当于单行文字垂直居中*/
    text-align:left; }                             /*文本左对齐*/
dl.F_cir dd {background:#EEEEEE url(img/c_br.gif) no-repeat scroll right bottom; }/*字体大小*/
dl.F_cir p{
    margin:0;                                      /*清除默认外间距*/
    padding:5px 16px;                              /*图片宽度为 16px，偏离图片左右宽度大小*/
    line-height:180%;                              /*设置行高*/
    background: url(img/c_bl.gif) no-repeat scroll left bottom;  /*设置左下方圆角图片*/
    text-align:left; }                             /*文本左对齐*/
</style>
</head>
<body>
<dl class="F_cir">
    <dt>四张图片构成圆角</dt>
    <dd>
        <p>传统圆角样式有多种，它们各有优缺点：无图定圆角其优势不需要图片即可制作圆角且扩展性好；劣势就是使用多个无意义标签，不属于标准的一部分。一图固定圆角其优势制作最简单，一张图片即可；劣势就是无法扩展，不能作为模块的一部分。两图定圆角其优势利用滑动门技术、扩展性一般；劣势就是只能横向或纵向自适应，不能同时自适应。四图定圆角其优势利用所有有用的标签、扩展性好，符合标准化道路，建议采纳此方法制作圆角。 </p>
```

```
    </dd>
</dl>
</body></html>
```

Note

页面演示效果如图 9.30 所示。

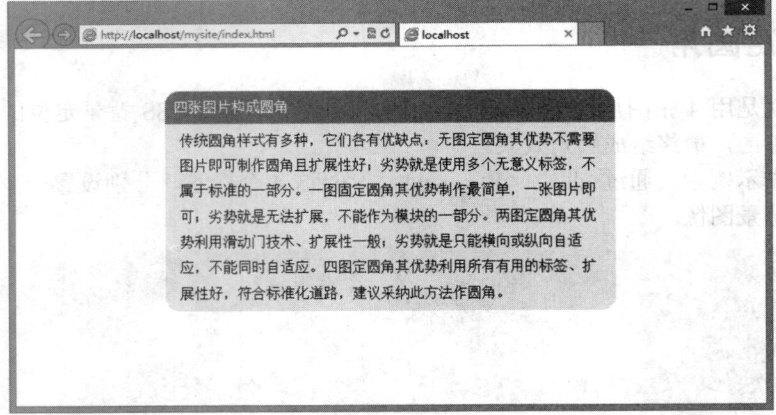

图 9.30　四图定圆角

【操作步骤】

第 1 步，初始化页面，清除<body>、<dl>、<dd>、<dt>等标签的默认样式，示例中总共用 4 组标签，一组标签设置一个背景图，其中没有无意义的标签，这一点比无图定圆角要好。

第 2 步，为 class 的 F_cir 层定义上边距为 50px，使其偏离浏览器顶端，宽度使用百分比，自适应浏览器宽度。定义圆角背景的左上方圆角部分，其位置位于左上角，背景色设置很关键，应与该层的左上方圆角颜色一致，颜色填充圆角图片未填充部分。

```
dl.F_cir{margin:0 auto;margin-top:50px;text-align:left; width:60%;
background:#7F7F9C url(img/c_tl.gif) no-repeat scroll left top; }
```

第 3 步，<dt>标签定义圆角背景的右上方圆角，设置文本内容左对齐，内间距为 10px，这相当于设置顶部圆角区域高度。对于顶部圆角区域，纵向中间位置即单行垂直的另一种设置方法，内间距上下方向值越大，顶部蓝色圆角部分越高。

```
dl.F_cir dt { color:#FFFFFF;padding:10px;text-align:left;
background:url(img/c_tr.gif) no-repeat scroll right top;}
```

测试、设置内间距为 40px：

```
dl.F_cir dt { padding:40px;}
```

第 4 步，<dd>标签定义圆角背景的右下方圆角部分，该背景图片颜色与顶部两个圆角颜色不一致。设置背景色与该圆角颜色一致。

```
dl.F_cir dd {background:#EEEEEE url(img/c_br.gif) no-repeat scroll right bottom;}
```

第 5 步，<p>标签定义圆角背景的左下方圆角部分，该背景图片颜色与右下方圆角颜色一致。<p>标签外边距为 0，左右间距赋新值，可清除默认上下外边距。若不清除，将发生上下外边距叠加现象，直接影响 dt 元素高度。圆角图片的宽度为 16px，内间距设置为左右各 16px，文字远离背景左右两侧。

```
dl.F_cir p{margin:0; padding:5px 16px; line-height:180%; text-align:left;
background: url(img/c_bl.gif) no-repeat scroll left bottom; }
```

第10章 使用行为设计网页特效

（视频讲解：45分钟）

行为（Behavior）就是在特定时间或者某个事件被触发时所产生的动作，如鼠标单击、网页加载完毕、浏览器解析出现错误等。本章将讲解 Dreamweaver 所定义的一套行为功能，使用行为可以完成很多复杂的 JavaScript 代码才能实现的动作。借助 Dreamweaver 的行为，读者只需要进行简单的可视化操作，即可快速设计超炫动态页面效果。

学习重点：

- 了解 Dreamweaver 行为
- 添加和编辑 Dreamweaver 行为
- 使用预定义行为
- 使用 jQuery 效果

10.1 行为概述

Note

行为是事件和动作的组合。在 Dreamweaver 中，行为实际上是插入到网页内的一段 JavaScript 代码，利用这些代码实现一些动态效果，允许浏览者与网页进行交互，以实现网页根据浏览者的操作而进行智能响应。下面分辨一下对象、事件、动作和行为这 4 个概念之间的内在关系。

- ☑ 对象：是产生行为的主体，大部分网页元素都可以成为对象，如图片、文本、多媒体等，甚至整个页面。
- ☑ 事件：是触发动作的原因，可以被附加到各种页面元素上，也可以被附加到 HTML 标签中。一个事件总是针对页面元素或标签而言的，例如，将鼠标指针移到图片上，把鼠标指针放在图片之外，单击鼠标左键。不同类型的浏览器可能支持的事件种类和数量是不一样的，通常高版本的浏览器支持更多的事件。
- ☑ 动作：通过动作来完成动态效果，如交换图像、弹出信息、打开浏览器、播放声音等都是动作。动作通常就是一段 JavaScript 代码，在 Dreamweaver 中内置了很多系统行为，运用这些代码会自动向页面中添加 JavaScript 代码，免除用户编写代码的麻烦。
- ☑ 行为：将事件和动作组合起来就构成了行为。例如，将 onClick 事件与一段 JavaScript 代码相关联，当在对象上单击时就可以执行这段关联代码。一个事件可以同多个动作相关联，即触发一个事件时可以执行多个动作。为了实现需要的效果，用户还可以指定和修改动作发生的顺序。动作的执行按照在“行为”面板列表框中的顺序进行执行。

Dreamweaver 预置了很多行为，除了这些内置行为之外，读者也可以链接到 Adobe 官方网站以获取更多的行为库，下载并在 Dreamweaver 中安装行为库中的文件，可以获得更多的行为。如果熟悉 JavaScript 语言，用户还可以自己编写更为个性灵活的代码，作为一种行为增加到网页中。

10.2 添加与编辑行为

在 Dreamweaver 中，向网页中添加行为和对行为进行控制主要是通过“行为”面板来实现的。要打开“行为”面板，选择“窗口”|“行为”命令，即可打开如图 10.1 所示的“行为”面板。如果打开的网页中已经附加了行为，那么这些行为将显示在列表框中。

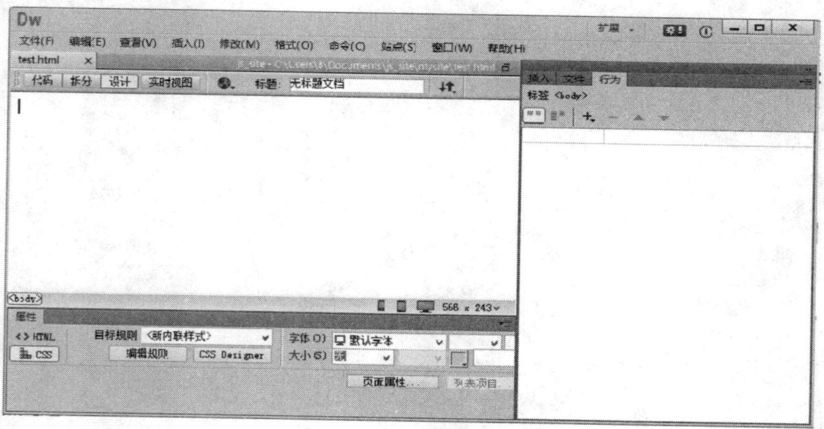

图 10.1 “行为”面板

10.2.1　增加行为

在 Dreamweaver 中，可以为整个页面、表格、链接、图像、表单或其他任何 HTML 元素增加行为，最后由浏览器决定是否执行这些行为。在页面中增加行为的一般步骤如下。

Note

【操作步骤】

第 1 步，在编辑窗口中，选择要增加行为的对象元素。在编辑窗口中选择元素，或者在编辑窗口底部的标签选择器中单击相应的页面元素标签。例如，选中<body>标签。

第 2 步，单击“行为”面板中的按钮，在打开的行为菜单中选择一种行为。

第 3 步，选择行为后，一般会打开一个参数设置对话框，根据需要完成设置。

第 4 步，单击“确定”按钮，这时在“行为”面板的列表框中将显示添加的事件及对应的动作。

第 5 步，如果要设置其他触发事件，可单击事件列表右边的下拉按钮，打开事件下拉菜单，从中选择一个需要的事件。

提示： 在 Dreamweaver 中纯文本是不能被增加行为的，因为使用<p>和<span>标签的文本不能在浏览器中产生事件，所以它们无法触发动作，但可以为具有链接属性的文本增加动作，方法是选中要加入链接的文本，在“属性”面板的“链接”文本框中输入“Javascript:;”。这里必须包含一个冒号（:）和一个分号（;），然后再次选中刚刚加入链接的文本，接着按照上面的步骤增加行为即可。

10.2.2　操作行为

不管是系统内置行为，还是用户自定义行为，都可以在“行为”面板中进行集中管理，包括增加、删除和更新行为，以及对行为进行排序等。

1. 增加行为

要在网页中增加行为，可单击“行为”面板列表框上的按钮，在打开的下拉菜单中选择系统内置的行为，如图 10.2 所示。

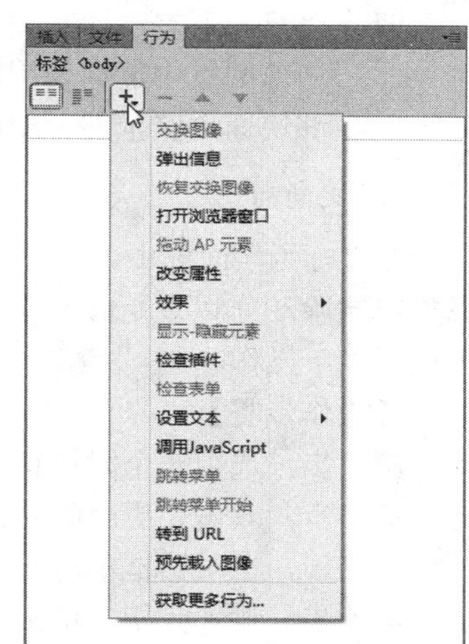

图 10.2　系统内置行为菜单

2. 删除行为

要删除网页中正在使用的某个行为，在“行为”面板的列表框中选中该行为，然后单击列表框上面的按钮即可，或按 Delete 键即可实现删除操作。

3. 行为排序

如果要将页面中多个行为设置到一个特定的事件上，动作之间的次序往往很重要。多个行为按事件以字母的顺序显示在面板上。如果同一个事件有多个动作，则以执行的顺序显示这些动作。若要更改给定事件的多个动作的顺序，用户可以选择某个动作后，单击按钮或按钮进行排序，如图 10.3 所示。另一种方法是选择该动作后剪切并粘贴到其他动作中所需的位置也可以实现行为的排序。

调整行为顺序只能在同一事件的行为之间实现，也就是说调整同一事件下不同动作的执行顺序，如图 10.3 所示。

4. 设置事件

在“行为”面板的行为列表框中选择一个行为，单击该项左侧的事件名称栏，会显示一个下拉箭头，单击箭头按钮，即可弹出下拉列表，如图 10.4 所示，下拉列表中列出了该行为所有可以使用的事件，用户可以根据实际需要进行设置（有关各种事件的详细内容在本章第 10.4 节中进行介绍）。

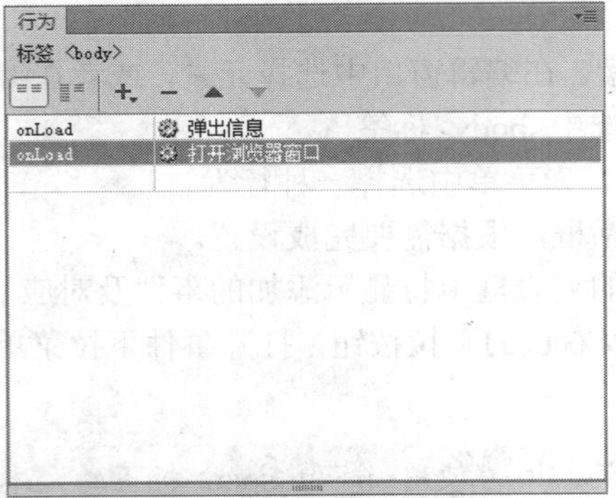

图 10.3　调整行为顺序

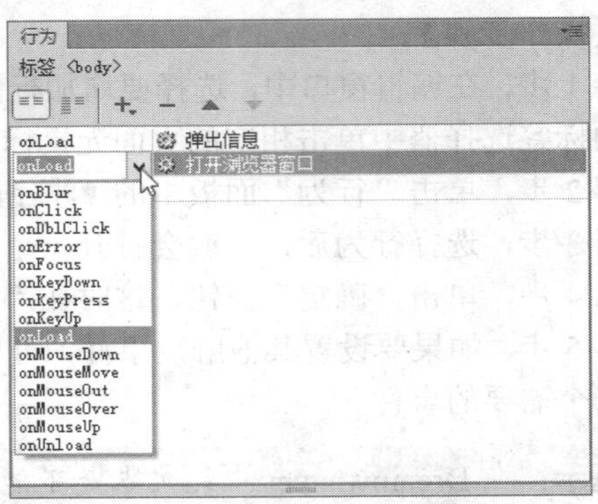

图 10.4　设置事件

5. 切换面板视图

在“行为”面板中，用户还可以设置事件的显示方式。在面板的左上角有两个按钮和，分别表示显示设置事件和显示所有事件，如图 10.5 所示。

- ☑ “显示设置事件”按钮：单击该按钮，仅显示当前网页中增加行为的事件，这种视图方便查看设置事件。
- ☑ “显示所有事件”按钮：单击该按钮，显示当前网页中能够使用的全部事件，这种视图能够快速浏览全部可使用事件。

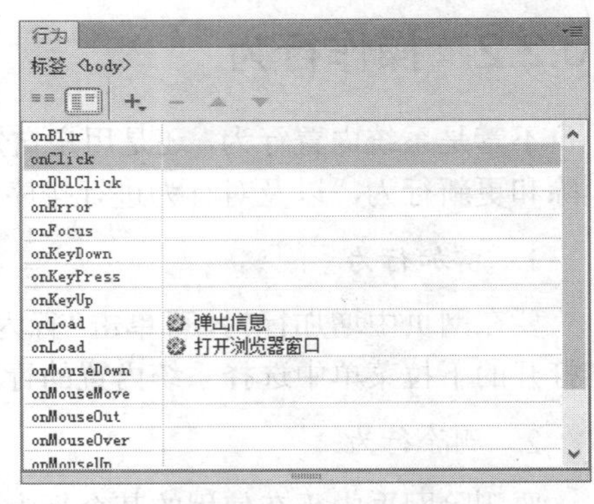

图 10.5　显示所有事件

6. 更新行为

在“行为”面板中，用户可以更新触发动作的事件、添加或删除动作以及更改动作的参数。若要更新行为，可执行以下操作。

【操作步骤】

第 1 步，选中一个附加有行为的对象。打开“行为”面板。

第 2 步，双击要更改的动作，打开带有预先设置参数的对话框。

第 3 步，在对话框中对已有的设置进行修改。

第 4 步，设置完毕，单击“确定”按钮即可。

7. 获取第三方行为

Dreamweaver 最有用的功能之一就是扩展性，在“行为”面板中单击按钮，并从弹出的快捷菜单中选择“获取更多行为”选项，随后打开一个浏览器窗口，如果联网则可以进入 Exchange 站点，在该站点中可以浏览、搜索、下载并且安装更多更新行为。如果用户需要更多的行为，还可以到第三方开发人员的站点上进行搜索并下载。

10.2.3　浏览器事件简介

事件是动态网页制作中一个非常重要的概念。当访问者与网页进行交互时，如单击、选中等，这些事件能触发客户端行为。没有用户交互也可以触发事件，例如，设置页面每 10 秒钟自动刷新一次，这也是一个事件。

每个页面元素所能触发的事件不尽相同，例如，页面文件本身能触发 onLoad 和 onUnload 事件，onLoad 表示页面被打开的事件，onUnload 表示页面被关闭的事件，而超链接能触发 onMouseOver 事件，即鼠标指针移动到其上的事件。

提示：不同类型浏览器所支持的事件数量和种类并不完全相同，下面详细介绍各种常用事件，如表 10.1 所示。其中，IE 代表 Internet Explorer 浏览器，后面的数值为起始版本号。

表 10.1　事件列表

类　别	事　件	最低版本浏览器	说　明
一般事件	onClick	IE3.0	单击鼠标左键时触发此事件
	onDblClick	IE4.0	双击鼠标时触发此事件
	onMouseDown	IE4.0	按下鼠标左键时触发此事件
	onMouseUp	IE4.0	鼠标左键按下后松开时触发此事件
	onMouseOver	IE3.0	鼠标指针移动到某对象范围内时触发此事件
	onMouseMove	IE4.0	鼠标指针在某对象范围内移动时触发此事件
	onMouseOut	IE4.0	鼠标指针离开某对象范围时触发此事件
	onKeyPress	IE4.0	键盘上的某个键被按下并且释放时触发此事件
	onKeyDown	IE4.0	键盘上某个按键被按下时触发此事件
	onKeyUp	IE4.0	键盘上某个按键被按下后放开时触发此事件
页面事件	onAbort	IE4.0	图片在下载时被用户中断
	onBeforeUnload	IE4.0	当前页面的内容将要被改变时触发此事件
	onError	IE4.0	出现错误时触发此事件
	onLoad	IE3.0	页面内容完成被载入时触发此事件
	onMove	IE4.0	浏览器窗口被移动时触发此事件
	onResize	IE4.0	浏览器窗口的大小被改变时触发此事件
	onScroll	IE4.0	浏览器的滚动条位置发生变化时触发此事件
	onStop	IE5.0	浏览器的“停止”按钮被按下时或者正在下载的文件被中断时触发此事件
	onUnload	IE3.0	当前页面被关闭时触发此事件
表单事件	onBlur	IE3.0	当前元素失去焦点时触发此事件
	onChange	IE3.0	当前元素失去焦点并且元素的内容发生改变时触发此事件
	onFocus	IE3.0	当某个元素获得焦点时触发此事件
	onReset	IE4.0	当表单中属性值被还原为默认值时触发此事件
	onSubmit	IE3.0	当表单中属性值被提交时触发此事件
滚动字幕事件	onBounce	IE4.0	在 Marquee 内的内容移动至 Marquee 显示范围之外时触发此事件
	onFinish	IE4.0	当 Marquee 元素完成需要显示的内容后触发此事件
	onStart	IE4.0	当 Marquee 元素开始显示内容时触发此事件

Note

续表

类　别	事　件	最低版本浏览器	说　明
编辑事件	onBeforeCopy	IE5.0	页面当前被选择的内容将要复制到浏览者系统的剪贴板前触发此事件
	onBeforeCut	IE5.0	页面中的一部分或者全部的内容将被剪贴到浏览者的系统剪贴板时触发此事件
	onBeforEdditFocus	IE5.0	当前元素将要进入编辑状态时触发此事件
	onBeforePaste	IE5.0	内容将要从浏览者的系统剪贴板粘贴到页面中时触发此事件
	onBeforeUpdate	IE5.0	当浏览者粘贴系统剪贴板中的内容时通知目标对象
	onContextMenu	IE5.0	当浏览者按下鼠标右键出现快捷菜单时或者通过键盘的按键触发页面菜单时触发此事件
	OnCopy	IE5.0	当前被选择内容被复制后触发此事件
	onCut	IE5.0	当前被选择内容被剪切时触发此事件
	onDrag	IE5.0	当某个对象被拖动时触发此事件
	onDragDrop	IE5.0	一个外部对象被鼠标拖进当前窗口或者帧
	onDragEnd	IE5.0	当鼠标拖动结束，即鼠标的按钮被释放时触发此事件
	onDragEnter	IE5.0	当对象被鼠标拖动，对象进入其容器范围内时触发此事件
	onDragLeave	IE5.0	当对象被鼠标拖动，对象离开其容器范围内时触发此事件
	onDragOver	IE5.0	当某被拖动的对象在另一对象容器范围内拖动时触发此事件
	onDragStart	IE4.0	当某对象将被拖动时触发此事件
	OnDrop	IE5.0	在一个拖动过程中，释放鼠标键时触发此事件
	onLoseCapture	IE5.0	当元素失去鼠标移动所形成的选择焦点时触发此事件
	onPaste	IE5.0	当内容被粘贴时触发此事件
	onSelect	IE4.0	当文本内容被选择时触发此事件
	onSelectStart	IE4.0	当文本内容选择将开始发生时触发此事件
数据绑定事件	onAfterUpdate	IE4.0	当数据完成由数据源到对象的传送时触发此事件
	onCellChange	IE5.0	当数据来源发生变化时触发此事件
	onDataAvailable	IE4.0	当数据接收完成时触发此事件
	onDatasetChanged	IE4.0	数据在数据源发生变化时触发此事件
	OnDatasetComplete	IE4.0	当来自数据源的全部有效数据读取完毕时触发此事件
	onErrorUpdate	IE4.0	当使用 onBeforeUpdate 事件触发取消了数据传送时，代替 onAfterUpdate 事件
	onRowEnter	IE5.0	当前数据源的数据发生变化并且有新的有效数据时触发此事件
	onRowExit	IE5.0	当前数据源的数据将要发生变化时触发此事件
	onRowsDelete	IE5.0	当前数据记录将被删除时触发此事件
	onRowsInserted	IE5.0	当前数据源将要插入新数据记录时触发此事件
其他事件	onAfterPrint	IE5.0	当文档被打印后触发此事件
	onBeforePrint	IE5.0	当文档即将打印时触发此事件
	onFilterChange	IE4.0	当某个对象的滤镜效果发生变化时触发此事件
	onHelp	IE4.0	当浏览者按下 F1 键或者浏览器的帮助功能被选择时触发此事件
	onPropertyChange	IE5.0	当对象的属性之一发生变化时触发此事件
	onReadyStateChange	IE5.0	当对象的初始化属性值发生变化时触发此事件

10.3　使用预定义行为

简单了解了“行为”面板的使用以及与行为相关的概念之后，本节将结合具体实例详细讲解 Dreamweaver 部分常用预定义行为。

10.3.1　实战演练：设计图像轮换

交换图像就是图像轮换或切换，当设置事件发生后，如鼠标指针移到图像上方时，图像变为另外一幅图像。然后，当鼠标指针移开后，使用恢复交换图像行为将变换图像还原为初始状态的图像。一般“交换图像”行为和“恢复交换图像”行为是配套使用的，当“交换图像”行为附加到对象时，“恢复交换图像”行为将自动增加，而无须人工选择。

【案例效果】

下面将演示如何快速设计交换式导航效果。当鼠标指针移到导航菜单项上时，会交换显示为高亮效果，如图 10.6 所示。该行为的效果与图像轮换功能相似。

初始效果

设计效果

图 10.6　案例效果

【操作步骤】

第 1 步，启动 Dreamweaver CC，打开本案例中的 orig.html 文件，另存为 effect.html。该页面是一个工具导航模块，栏目中包含 6 个工具，鼠标指针经过时会高亮导航项目。

第 2 步，将原始图片插入到栏目中，并选中每幅图片，在“属性”面板中为其定义 ID 编号，如图 10.7 所示。

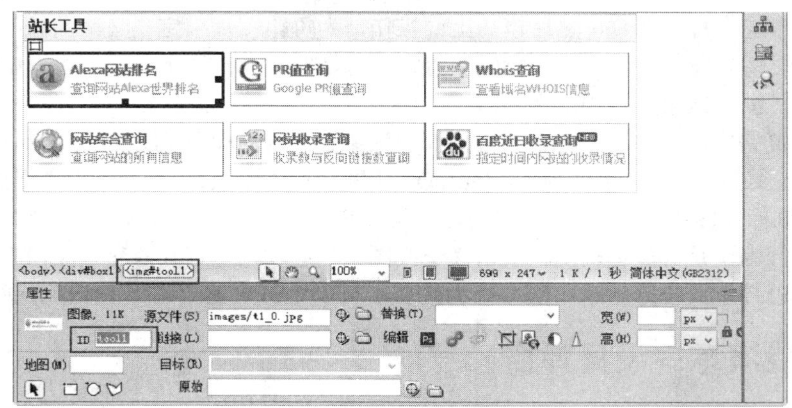

图 10.7　设置 ID 编号

提示：当页面中需要为多幅图片应用“交换图像”行为时，应该在“属性”面板中为每幅图片定义 ID 编号，以便脚本识别控制。

Note

第 3 步，选中第一幅图像，在“行为”面板中单击+按钮，在弹出的下拉菜单中选择“交换图像”命令，打开“交换图像”对话框。

提示：在“图像”列表框中列出了网页上的所有图像，这些图像通过 ID 编号进行识别和相互区分。因此，图像的命名不能与网页上其他对象重名。

第 4 步，在“设置原始档为”文本框中设置替换图像的路径。单击“浏览”按钮，可以打开“选择图像源文件”对话框，选择对应的另外一幅图像作为鼠标放置于按钮上时的替换图像。

第 5 步，选中“预先载入图像”复选框，设置预先载入图像，以便及时响应浏览者的鼠标动作。因为替换图像在正常状态下不显示，浏览器默认情况下不会下载该图像。

第 6 步，选中“鼠标滑开时恢复图像”复选框，设置鼠标指针离开按钮时恢复为原图像。如果不选中该复选框，要想恢复原始状态，用户还需要增加“恢复交换图像”行为恢复图像原始状态。

对话框设置效果如图 10.8 所示。

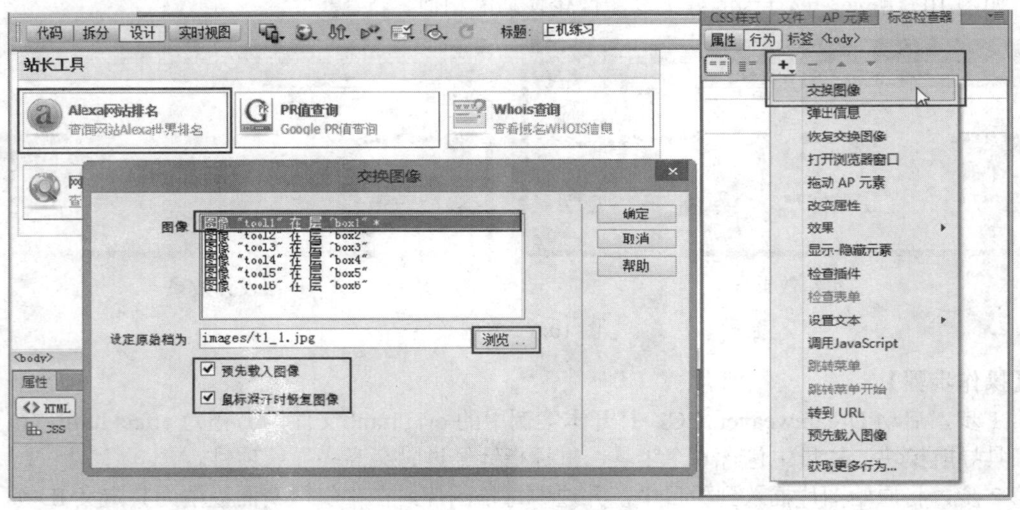

图 10.8　设置“交换图像”对话框

第 7 步，逐一选中每幅图片，然后模仿上面操作，为每幅图片绑定“交换图像”行为。完成交换图像制作，按 F12 键预览效果。当鼠标指针放置在图像上时，会出现另一幅图像，鼠标指针移开，恢复为原来的图像，演示效果如图 10.6 所示。

【拓展】设置完毕，选中图像，在“行为”面板中会出现两个行为，如图 10.9 所示。“动作”栏中一个为“恢复交换图像”，其事件为 onMouseOut（鼠标移出图像）；另一个为“交换图像”，事件为 onMouseOver（鼠标在图像上方）。单击该栏目，可以重设事件类型，设计不同的响应类型。

添加之后的行为还是可以编辑的，双击“交换图像”选项，会打开“交换图像”对话框，可以对交换图像的效果进行重新设置。选中一个行为之后，可以单击面板上的-按钮删除行为。

10.3.2　实战演练：设计弹窗

使用“打开浏览器窗口”行为可以在新窗口中打开一个 URL。用户可以指定新窗口的属性（包

括其大小）、特性（是否可以调整大小、是否具有菜单栏等）和名称。

图 10.9　增加的行为

【案例效果】

本案例实现效果如图 10.10 所示。

启动页面效果　　　　自动弹出新窗口效果

图 10.10　案例效果

【操作步骤】

第 1 步，启动 Dreamweaver CC，打开本案例中的 orig.html 文件，另存为 effect.html。该页面是一个游戏网站主页，版式设计单一，主要以文字信息列表为主。

第 2 步，在页面中选择一个对象，如<img>标签，作为事件控制的对象。也可以不选，然后单击“行为”面板中的+按钮，从弹出的菜单中选择“打开浏览器窗口”命令，打开“打开浏览器窗口”对话框。

第 3 步，在“要显示的 URL”文本框中设置在新窗口中载入的目标 URL 地址（可以是网页也可以是本地文件，如图像或者多媒体等），或者单击“浏览”按钮，用浏览的方式选择。这里选择了一个图像 images/adv.png。

第 4 步，在“窗口宽度”文本框中设置窗口的宽度（以像素为单位），在“窗口高度”文本框中指定新窗口的高度。这里设置宽度为 314，高度为 233。

第 5 步，在“属性”选项区域设置窗口显示属性。这里不选中任何复选框，仅显示一个简单的窗口。

Note

提示：在“属性”选项区域内，各个选项说明如下。

- ☑ “导航工具栏”复选框：选中此复选框将显示一组浏览器按钮，包括“后退”、“前进”、“主页”和“重新载入”。
- ☑ “地址工具栏”复选框：选中此复选框将显示一组浏览器选项，包括地址文本框等。
- ☑ “状态栏”复选框：选中此复选框将显示位于浏览器窗口底部的区域，在该区域中显示消息，如剩余的载入时间以及与超链接关联的 URL 等。
- ☑ “菜单条”复选框：选中此复选框将显示浏览器窗口上显示的菜单，如“文件”、“编辑”、“查看”、“转到”和“帮助”区域。如果要让访问者能够从新窗口导航，用户应该显式设置此选项。如果不设置此选项，则在新窗口中，用户只能关闭或最小化窗口。
- ☑ “需要时使用滚动条”复选框：指定如果内容超出可视区域应该显示滚动条。如果不显式设置此选项，则不显示滚动条。如果“调整大小手柄”复选框也未选中，则访问者将很难看到窗口原始大小范围以外的内容。
- ☑ “调整大小手柄”复选框：指定用户应该能够调整窗口的大小，方法是拖动窗口的右下角或单击右上角的最大化按钮。如果未显式设置此选项，则调整大小控件将不可用，右下角也不能拖动。

第 6 步，在“窗口名称”文本框中设置新窗口的名称。如果用户希望通过 JavaScript 使用链接指向新窗口或控制新窗口，则应该对新窗口进行命名。此名称不能包含空格和特殊字符。设置完毕后的对话框如图 10.11 所示。

图 10.11　设置“打开浏览器窗口”对话框

第 7 步，单击“确定”按钮，则在“行为”面板中会增加一个动作，然后在“行为”面板中调整事件为 onLoad。设置完毕，保存并预览网页，会自动打开新窗口，在窗口中显示提示信息，演示效果如图 10.10 所示。

> 提示：如果不指定浏览器窗口的属性，在打开时图像的大小与窗口相同。如果指定窗口的属性，将自动关闭所有未显式打开的属性。例如，如果不为窗口设置任何属性，将以 640px × 480px 大小打开并具有导航条、地址工具栏、状态栏和菜单栏。如果将宽度显式设置为 640，将高度设置为 480，并不设置其他属性，则该窗口将以 640px × 480px 大小打开，并且不具有导航条、地址工具栏、状态栏、菜单栏、调整大小手柄和滚动条。

10.3.3　实战演练：在页面中拖动对象

拖放是网页中非常重要的一个交互行为，在网页上实现拖放的操作方法为：首先，实时捕获鼠标坐标；然后，侦测用户单击一个网页元素并实现拖放；最后，移动这个元素，并知道何时能够停止拖放操作。

“拖动 AP 元素”行为就是在页面中应用拖放技术，该行为可以允许用户拖动绝对定位元素。下面介绍“拖动 AP 元素”行为的具体应用。在本案例中将制作一个简单的可拖动绝对定位元素，在这个区域中按下鼠标左键并移动时，该绝对定位元素将跟随鼠标指针移动。

【案例效果】

本案例实现效果如图 10.12 所示。

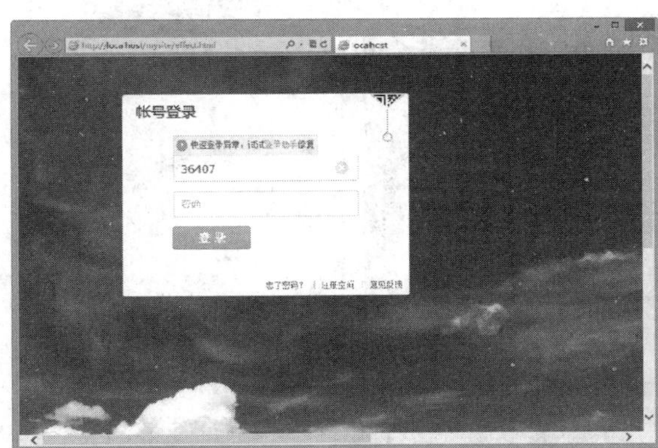

启动页面效果

自由拖动页面对话框

图 10.12　案例效果

【操作步骤】

第 1 步，启动 Dreamweaver CC，打开本节示例中的 orig.html 文件，另存为 effect.html。该页面是一个社区分享主页，版式设计单一，主要显示一个登录窗口，要求用户登录进入。

第 2 步，定义一个绝对定位的 Div 元素。选择“插入”|“结构”| Div 命令，在页面中插入一个 Div 元素，新建 CSS 规则，定义该元素为绝对定位显示。选中该元素，在“属性”面板的“AP 元素编号”下拉列表框中设置该绝对定位元素的名字为 apDiv1，同时定义元素的宽度和高度，最后在绝对定位元素中插入一个对话框，如图 10.13 所示。

第 3 步，在编辑窗口空白区域单击，不选择<body>标签，即不选中页面内任何内容。打开“行为”面板，单击 + 按钮，从弹出的菜单中选择“拖动 AP 元素”命令，打开“拖动 AP 元素”对话框，如图 10.14 所示。

第 4 步，在“AP 元素”下拉列表框中设置要拖动的绝对定位元素。在该下拉列表框中选择 div “apDiv1”选项。

Note

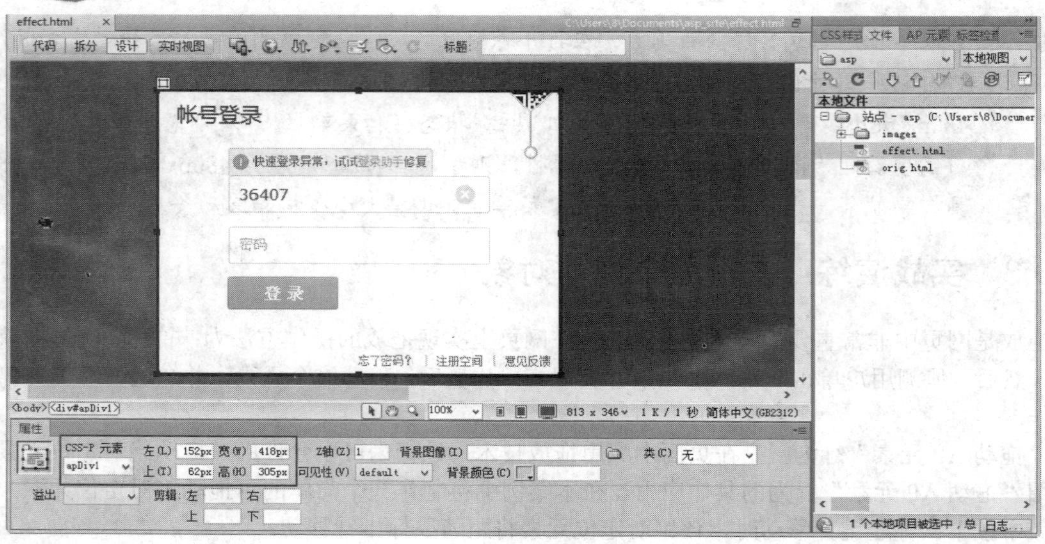

图 10.13　插入绝对定位的 Div 元素

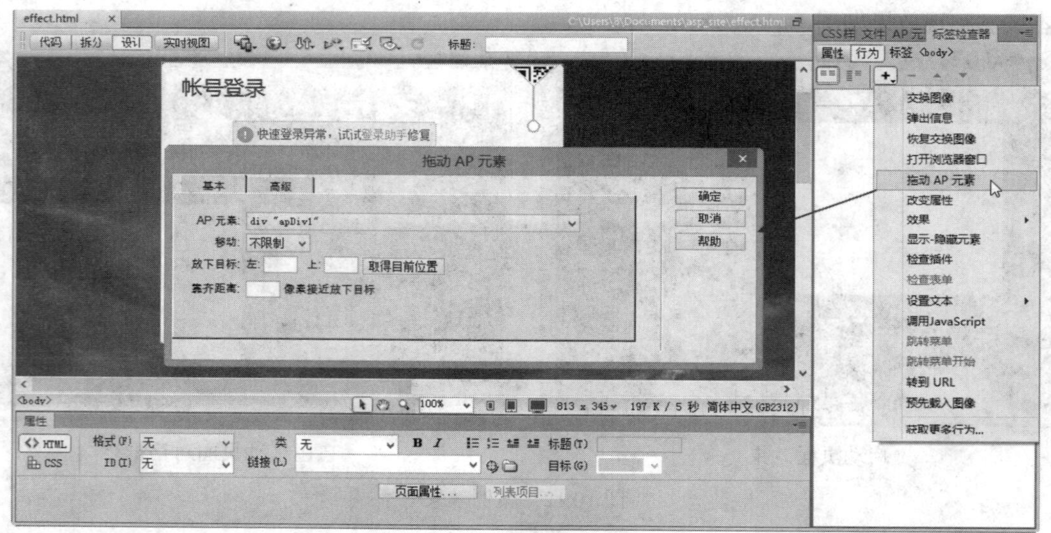

图 10.14　打开“拖动 AP 元素”对话框

第 5 步，在“移动”下拉列表框中设置移动区域，从中选择“不限制”选项，允许浏览者在网页中自由拖动绝对定位元素，其他选项保持默认设置。

第 6 步，设置完成后单击“确定”按钮，返回“行为”面板，在行为列表框中多了一条行为。在事件下拉列表框中选择 onLoad，动作项下保持默认值为“拖动 AP 元素”，如图 10.15 所示，这就是刚才为绝对定位元素添加“拖动 AP 元素”行为。

第 7 步，至此，操作完毕，保存并预览网页，在网页中可以任意拖动插入的对话框，演示效果如图 10.12 所示。

提示： Dreamweaver 仅支持绝对定位元素的拖放操作，因此当为普通元素应用拖放行为时，建议先把该对象转换为定位元素，或者把对象包含在定位元素中，通过拖动定位元素，间接实现拖放行为。

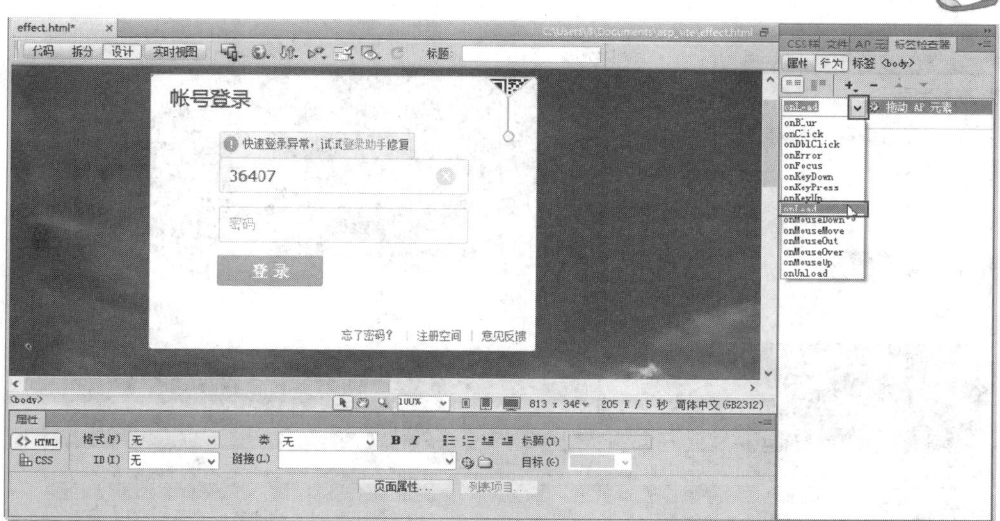

图 10.15　设置拖放激活事件

10.3.4　实战演练：定义在指定区域内拖放对象

10.3.3 节演示了如何拖动元素，也可以限制拖放区域，定义元素只能够在指定范围内拖动，这种行为在桌面化 Web 应用中非常实用，避免用户随意操作页面对象。

【案例效果】

本案例实现效果如图 10.16 所示。

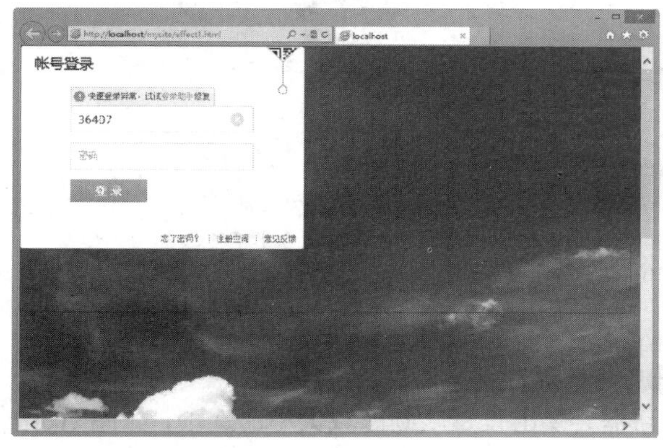

启动页面效果

限制在红色边框区域拖动元素

图 10.16　案例效果

【操作步骤】

第 1 步，启动 Dreamweaver CC，复制 10.3.3 节的实例文件 effect.html 为 effect1.html，插入第二个绝对定位的 Div 元素，定义宽度为 900px，高度为 400px，然后选中 apDiv1 定位元素，在“属性”面板中重置偏移坐标，设置“左”值为 0，设置“右”值也为 0，并用鼠标将其拖放到 apDiv2 元素内部，也可以不用嵌套，该嵌套关系不会影响拖放的限制区域，操作如图 10.17 所示。

第 2 步，在“属性”面板的“目标规则”下拉列表框中选择 apDiv2，单击“编辑规则”按钮，打开“#apDiv2 的 CSS 规则定义”对话框，在左侧“分类”列表框中选择“边框”选项，然后为 apDiv2 元素定义一个红色边框，如图 10.18 所示。

Note

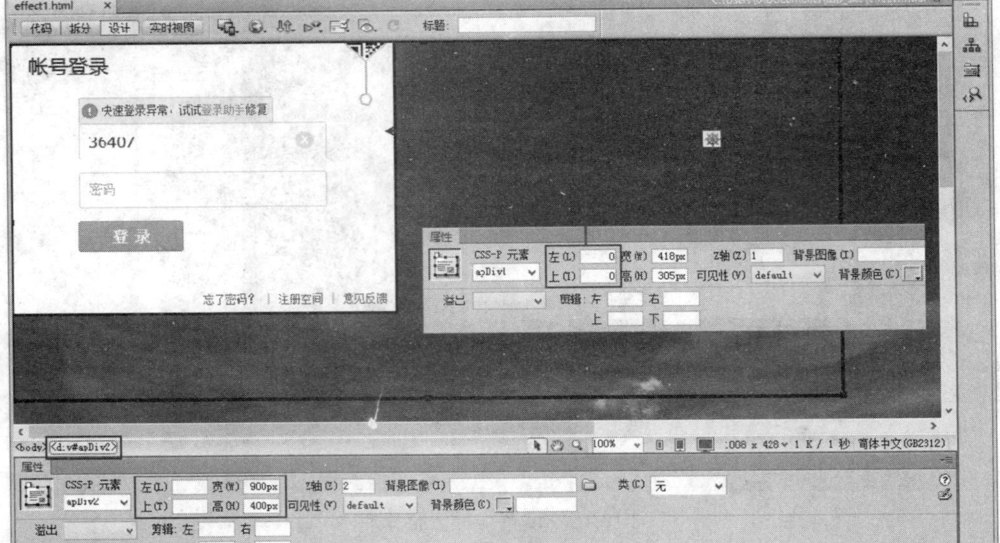

图 10.17　设置绝对定位的 Div 元素属性

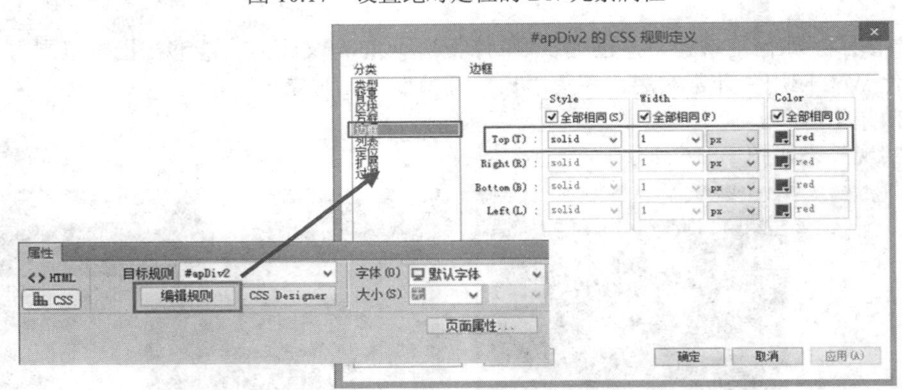

图 10.18　设置绝对定位的 Div 元素样式

第 3 步，在页面空白区域单击，不选中任何元素，在“行为”面板中将会显示 10.3.3 节案例中定义的“拖放 AP 元素”行为。双击该行为，打开“拖放 AP 元素”对话框。

第 4 步，选择“限制”选项，“拖动 AP 元素”对话框会多出设置限制区域大小的选项，如图 10.19 所示，这些设置用来选定拖动绝对定位元素的区域，区域为矩形。计算方法是以绝对定位元素当前所在的位置算起，向上、向下、向左、向右可以偏移多少像素的距离。这里只需要填写数字，单位默认为像素，参数设置如图 10.19 所示。

提示： 这些值是相对于绝对定位元素的起始位置的。如果限制在矩形区域中的移动，则在 4 个框中都输入正值。若要只允许垂直移动，则在“上”和“下”文本框中输入正值，在“左”和“右”文本框中输入“0”。若要只允许水平移动，则在“左”和“右”文本框中输入正值，在“上”和“下”文本框中输入“0”。

第 5 步，单击“确定”按钮，完成对话框的修改设置，然后在浏览器中预览，即可发现被拖动的 apDiv1 元素只能够在 apDiv2 包含框中移动，演示效果如图 10.16 所示。

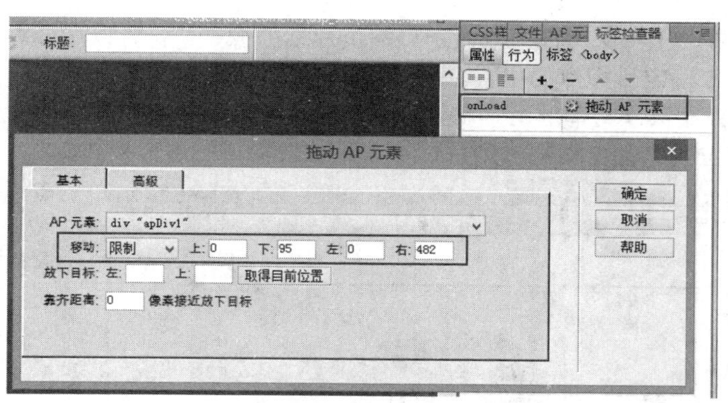

图 10.19　设置绝对定位的 Div 元素样式

Note

10.3.5　实战演练：定义投放吸附特效

拖动的对象在接近目标位置时，能够自动吸附，并准确停靠，这是 Web 开发中经常用到的一种行为。下面介绍如何利用 Dreamweaver CC 拖放行为来实现投放吸附特效。

【案例效果】

本案例实现效果如图 10.20 所示。

启动页面效果

让拖放对象自动停靠目标

图 10.20　案例效果

【操作步骤】

第 1 步，启动 Dreamweaver CC，打开本案例中的 orig.html 文件，另存为 effect.html。该页面是网络商店主页中的一个栏目，版式设计单一，主要显示商品列表，要求用户执行选购操作。

第 2 步，定义一个绝对定位的 Div 元素。选择“插入”|“结构”| Div 命令，在页面中插入一个 Div 元素，新建 CSS 规则，定义该元素为绝对定位显示。选中该元素，在“属性”面板的“AP 元素编号”下拉列表框中设置该绝对定位元素的名字为 apDiv1，同时定义元素的宽度和高度，最后在绝对定位元素中插入一个实物图片。

第 3 步，在编辑窗口空白区域单击，不选择<body>标签。打开“行为”面板，单击+按钮，从弹出的菜单中选择“拖动 AP 元素”命令，打开“拖动 AP 元素”对话框。

第 4 步，在“AP 元素”下拉列表框中设置要拖动的绝对定位元素；此处选择 div“apDiv1”选项。

第 5 步，在“放下目标”选项区域设置拖动绝对定位元素的目标，在“左”文本框中输入距离网

Note

页左边界的像素值，在“上”文本框中输入距离网页顶端的像素值。可以选择“查看”|“标尺”|“显示”命令，显示标尺来确定目标点的位置。

第 6 步，在“靠齐距离”文本框用于设置一旦绝对定位元素距离目标点小于规定的像素值时，释放鼠标按键后绝对定位元素会自动吸附到目标点。参数设置如图 10.21 所示。

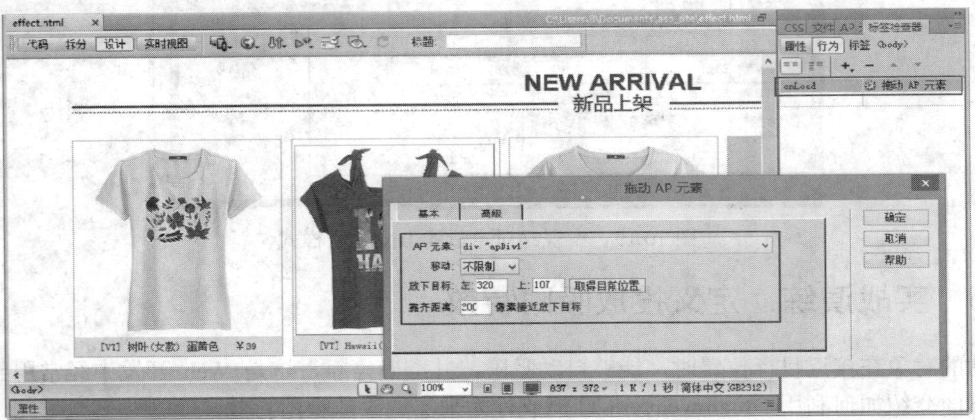

图 10.21　设置“拖动 AP 元素”对话框

第 7 步，单击“确定”按钮，完成对话框的设置，然后在浏览器中预览，即可发现被拖动的对象靠近目标位置时，会自动停靠在其中，演示效果如图 10.20 所示。

提示：如果希望拖动对象能够自动恢复到默认的位置，则可以单击“取得目前位置”按钮，将绝对定位元素当前所在的点作为目标点，并自动将对应的值填写在“左”和“上”两个文本框之中。

【拓展】“左”和“上”两个文本框之中为拖放目标输入值（以像素为单位）。拖放目标是希望访问者将绝对定位元素拖动到的点。当绝对定位元素的左坐标和上坐标与“左”和“上”文本框中设置的值匹配时，便认为绝对定位元素已经到达拖放目标。这些值是与浏览器窗口左上角的相对值。单击“取得目前位置”按钮可使用绝对定位元素的当前位置自动填充这些文本框。

在“靠齐距离”文本框中输入一个值（以像素为单位）以确定访问者必须将绝对定位元素拖到距离拖放目标多近时，才能使绝对定位元素靠齐到目标。较大的值可以使访问者较容易找到拖放目标，例如，在如图 10.22 所示的对话框中，如果设置“靠齐距离”为 2000，那么就可以设计在窗口内任意拖动对象，当松开鼠标按键之后，会快速返回默认位置。利用这种方法可以设计拖动对象归位操作。

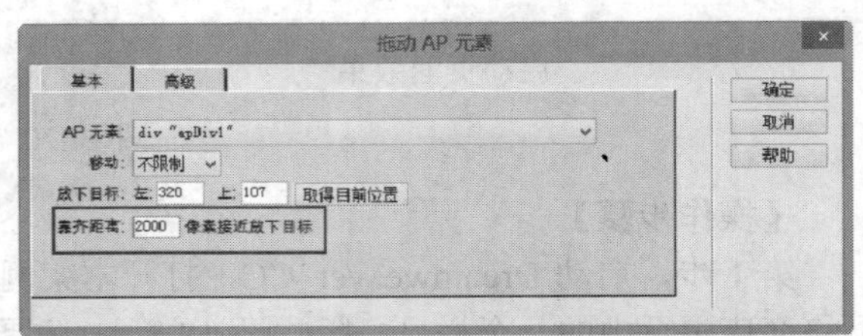

图 10.22　设置拖动对象快速归位行为

10.3.6　实战演练：定义仅能拖动标题栏特效

对于简单的拼板游戏和布景处理，使用基本设置即可。如果要定义 AP 元素的拖动控制点、在拖动绝对定位元素时跟踪其移动，以及在放下 AP 元素时触发一个动作，则可以使用“高级”选项设置。

【案例效果】

本案例实现效果如图 10.23 所示。

启动页面效果

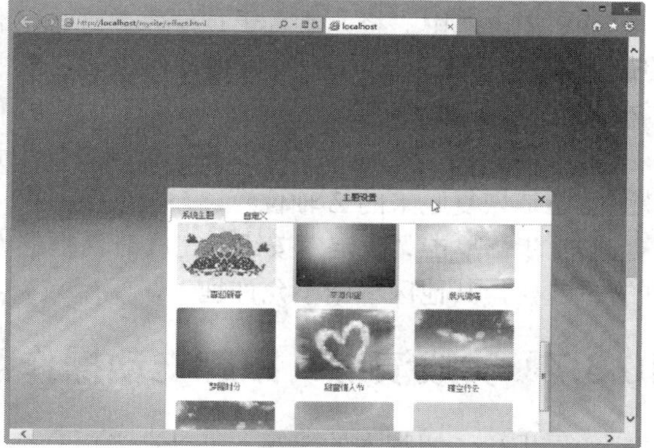

通过标题栏拖动对话框

图 10.23　案例效果

【操作步骤】

第 1 步，启动 Dreamweaver CC，打开本案例中的 orig.html 文件，另存为 effect.html。该页面是一个 Web 应用的桌面，在桌面中可以执行各种设置，使用各种应用。

第 2 步，定义一个绝对定位的 Div 元素。选择“插入”|“结构”| Div 命令，在页面中插入一个 Div 元素，新建 CSS 规则，定义该元素为绝对定位显示。选中该元素，在“属性”面板的“AP 元素编号”下拉列表框中设置该 AP 元素的名字为 apDiv1，同时定义元素的宽度和高度。

第 3 步，在编辑窗口空白区域单击，不选择<body>标签。打开“行为”面板，单击+按钮，从弹出的菜单中选择“拖动 AP 元素”命令，打开“拖动 AP 元素”对话框。

第 4 步，在“AP 元素”下拉列表框中设置要拖动的 AP 元素，此处选择 div “apDiv1”选项。

第 5 步，在“移动”下拉列表框中设置移动区域，从中选择“不限制”选项，允许浏览者在网页中自由拖动 AP 元素。其他选项保持默认设置。

第 6 步，在“拖动 AP 元素”对话框中选择“高级”选项卡，切换到高级设置选项。在“拖曳控制点”下拉列表框中选择“元素内的区域”选项，确定 AP 元素上的固定区域为拖动区域，然后在后面出现的“左”“上”“宽”“高”文本框中分别输入 0、0、502、26，表示设置 AP 元素可作用区域到 AP 元素左边的距离、可作用区域到 AP 元素顶部的距离、作用区域的宽度和高度。502 和 26 两个值正是拖动对话框中的标题栏的宽度和高度范围，如图 10.24 所示。

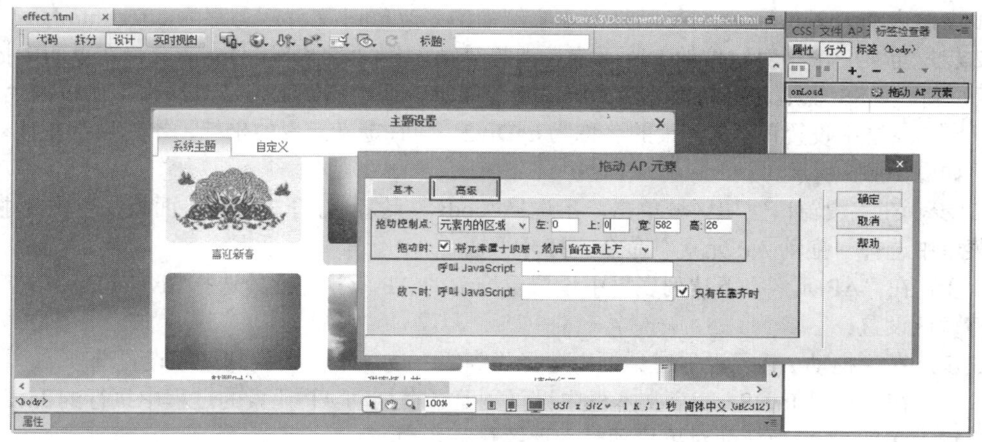

图 10.24　设置可拖动的区域

Note

第 7 步，选中“将元素置于顶层”复选框，使 AP 元素在被拖动的过程中总是位于所有 AP 元素的最上方。当页面中存在多个可拖动对象时，选中该复选框非常必要，避免拖动的绝对定位的 Div 元素被其他定位元素覆盖。

第 8 步，在“然后”字样后的下拉列表框中设置拖动结束后 AP 元素是依旧留在各个 AP 元素的最上面还是恢复原来的 Z 轴位置。

第 9 步，单击“确定”按钮，完成对话框的设置，然后在浏览器中预览，即可发现只能拖动对话框的标题栏，其他区域则不允许拖动，演示效果如图 10.23 所示。

10.3.7 实战演练：跟踪拖动操作

如果用户了解脚本的编写，可以定义更复杂的拖放操作，例如，可以编写一个函数，用于监视绝对定位元素的坐标，并在页面中显示提示等，也可以通过回调函数动态改变拖放元素的样式，实现更富交互性的拖放操作效果。

【案例效果】

本案例实现效果如图 10.25 所示。

启动页面效果

实时跟踪拖动对象，并显示提示信息和动态样式

图 10.25　案例效果

【操作步骤】

第 1 步，启动 Dreamweaver CC，打开本案例中的 orig.html 文件，另存为 effect.html。

第 2 步，定义一个绝对定位的 Div 元素。选择“插入”|“结构”| Div 命令，在页面中插入一个 Div 元素，新建 CSS 规则，定义该元素为绝对定位显示。选中该元素，在“属性”面板的“AP 元素编号”下拉列表框中设置该 AP 元素的名称为 apDiv2，同时定义元素的坐标，使其显示在移动对象的右上角，如图 10.26 所示。

第 3 步，在编辑窗口空白区域单击，不选择<body>标签。打开“行为”面板，单击+按钮，从弹出的菜单中选择“拖动 AP 元素”命令，打开“拖动 AP 元素”对话框。

第 4 步，在“AP 元素”下拉列表框中设置要拖动的 AP 元素，此处选择 div “apDiv1”选项，其他选项保持默认设置。

第 5 步，在“拖动 AP 元素”对话框中选择“高级”选项卡，切换到高级设置选项。

第 6 步，在“呼叫 JavaScript”文本框中设置浏览者在拖动 AP 元素的过程中执行的 JavaScript 代码，这里输入 a()，表示当拖动对象移动时，连续执行函数 a()。

图 10.26　插入 AP 元素

第 7 步，在“放下时，呼叫 JavaScript”文本框中设置浏览者释放鼠标后执行的 JavaScript 代码。如果只有在绝对定位元素到达拖放目标时才执行 JavaScript，则应该选中“只有在靠齐时”复选框。

这里输入 b()，并选中“只有在靠齐时”复选框，表示当停止鼠标拖动，且让拖动对象归位时，执行函数 b()，参数设置如图 10.27 所示。

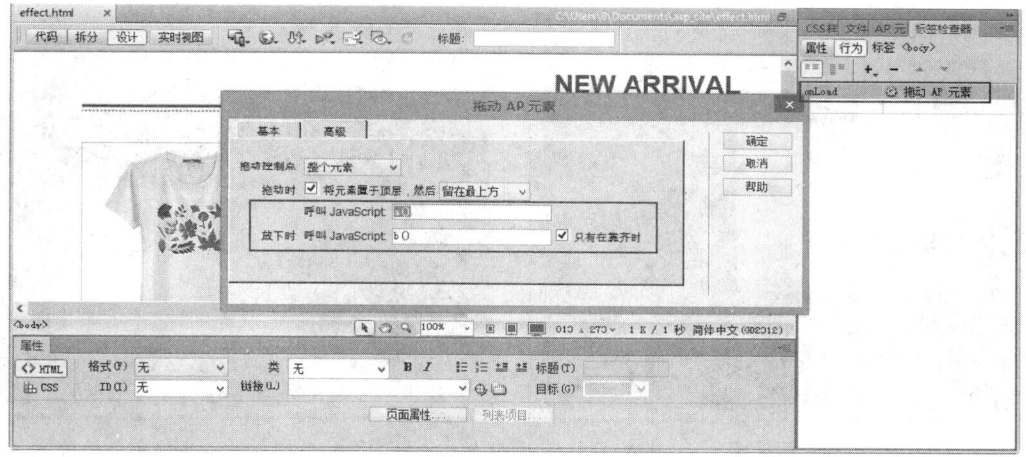

图 10.27　设置回调函数

第 8 步，切换到“代码”视图，在 JavaScript 脚本中定义函数 a()和 b()，代码如下：

```
<script>
function a(){
    var e1 = document.getElementById("apDiv1");
    var e2 = document.getElementById("apDiv2");
    e10.innerHTML = "Left:" + e1.offsetLeft + "<br>Top:" + e1.offsetTop;
    e1.style.border = "solid 1px red";
}
function b(){
    var e1 = document.getElementById("apDiv1");
    var e2 = document.getElementById("apDiv2");
    e10.innerHTML = "";
    e1.style.border = "none";
```

```
}
</script>
```

Note

在函数 a()和 b()中，首先使用 document.getElementById()方法获取 apDiv1 和 apDiv2 两个元素。然后在函数 a()中获取 apDiv1 元素的偏移坐标，并通过 innerHTML 属性把坐标移动信息显示在 apDiv2 元素中，并为拖动的对象添加一个红色边框。

在函数 b()中，清除 apDiv2 元素包含的任何文本信息，同时清除 apDiv1 元素的边框线。

第 9 步，单击“确定”按钮，完成对话框的设置，然后在浏览器中预览，即可发现当拖动对象时，该对象会显示红色边框线，同时实时显示坐标位置，演示效果如图 10.25 所示。

10.3.8 实战演练：使用行为动态控制 CSS

通过 JavaScript 可以脚本化控制 CSS 样式显示和变化。为了简化操作，Dreamweaver 把这些代码打包成行为，通过可视化操作快速完成复杂的动态样式设计。

使用“改变属性”行为可以动态改变对象的属性值，例如，当某个鼠标事件触发之后，可以改变表格的背景颜色或是改变图像的大小等，以获取相对动态的页面效果。这些改变实际上是改变对象对应标记的相应属性值。

【案例效果】

本案例实现效果如图 10.28 所示。

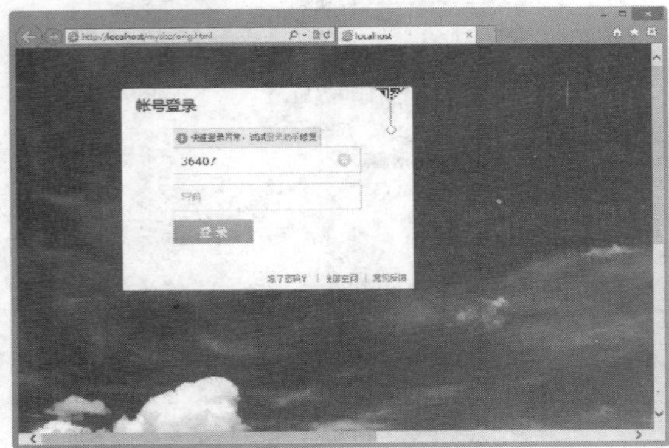

启动页面效果

自由拖动页面对话框会显示红色边框

图 10.28 案例效果

【操作步骤】

第 1 步，启动 Dreamweaver CC，打开本案例中的 orig.html 文件，另存为 effect.html，本例设计自由拖动页面对话框会显示红色边框。

第 2 步，选中<div id="apDiv1">标签，单击“行为”面板中的 + 按钮，从弹出的行为菜单中选择“改变属性”命令，打开“改变属性”对话框，如图 10.29 所示。

第 3 步，在“元素类型”下拉列表框中设置要更改其属性的对象的类型。本案例中要改变 AP 元素的属性，因此选择 DIV。

第 4 步，在“元素”下拉列表框中显示网页中所有该类对象的名称，例如，列出网页中所有的 AP 元素的名称，在其中选择要更改属性的 AP 元素的名称，如 DIV“apDiv1”。

第 5 步，在“属性”选项区域选择要更改的属性，因为要设置背景，所以选择 border。如果要更改的属性没有出现在下拉列表中，可以在“输入”文本框中手动输入属性。

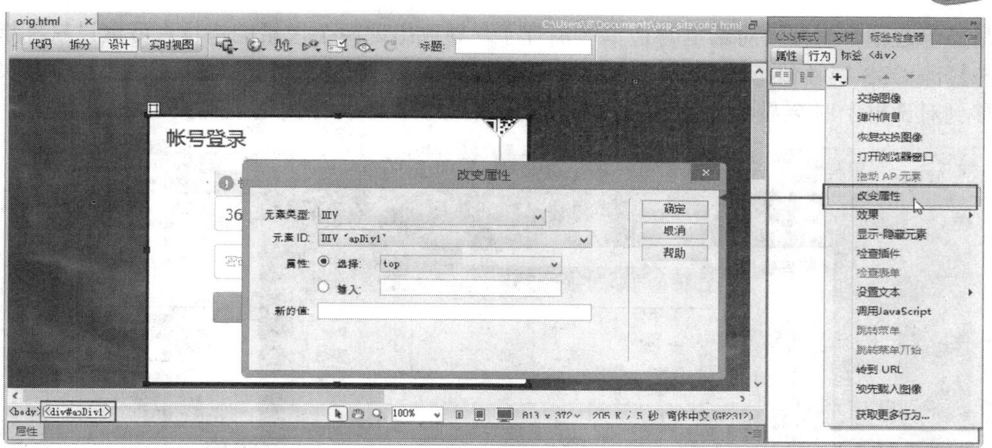

图 10.29　“改变属性”对话框

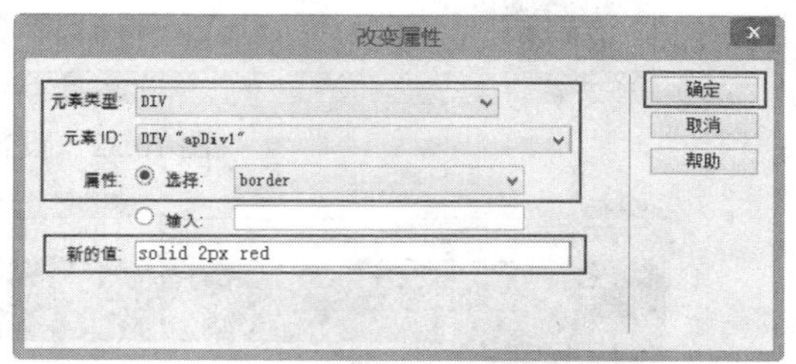

图 10.30　设置“改变属性”对话框

第 6 步，在“新的值”文本框中设置选择属性新值。这里要定义 AP 元素的边框线，输入 solid 2px red，参数设置如图 10.30 所示。

第 7 步，设置完成后单击“确定”按钮。在“行为”面板中确认触发动作的事件是否正确，这里设置为 onMouseover，如果不正确，需要在事件下拉列表中选择正确的事件，如图 10.31 所示。

第 8 步，选中 apDiv1 元素，继续添加一个“改变属性”行为，设计鼠标指针移出该元素后恢复默认的无边框效果，“改变属性”对话框中参数设置如图 10.32 所示。

图 10.31　修改事件类型

第 9 步，设置完成后单击“确定”按钮。在“行为”面板中确认触发动作的事件是否正确，这里设置为 onMouseout，即设计当鼠标指针离开对话框时，恢复默认的无边框状态，如图 10.33 所示。

第 10 步，保存并预览网页。当鼠标指针移到对话框上时会显示红色边框线，以提示用户注意，当鼠标指针移出对话框时则隐藏边框线，恢复默认的效果，演示效果如图 10.28 所示。

【拓展】在上面案例中，当鼠标指针经过和移出对话框时，会有轻微的晃动，这是因为鼠标指针

Note

经过时是显示边框，而移出对话框时边框被清理了，导致出现两个像素的错位。可重设鼠标指针移出时，动态修改 CSS 属性值，把 none 改为灰色边框线，如图 10.34 所示。此时保存并预览网页，当鼠标指针移到对话框上时会显示红色边框线，移出对话框后，不再出现错位现象。

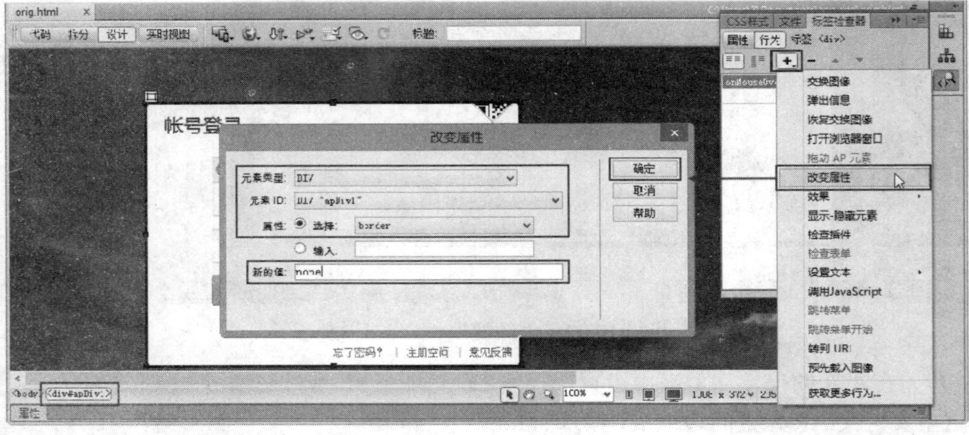

图 10.32　设置“改变属性”对话框

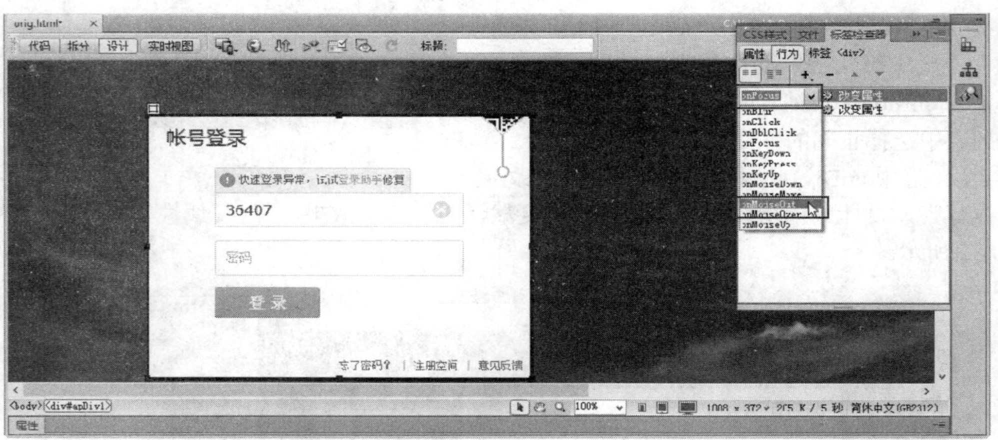

图 10.33　修改事件类型

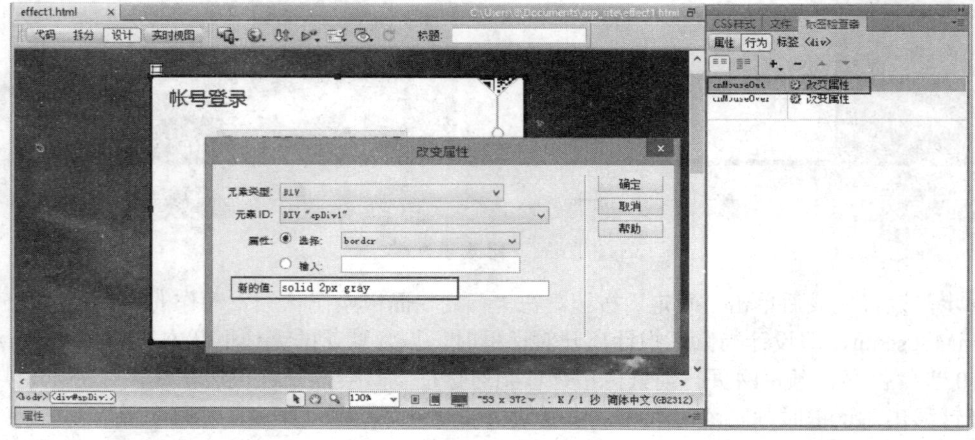

图 10.34　修改 CSS 样式属性

10.3.9　实战演练：使用行为操作 HTML 文档

Note

设置文本就是动态改变指定标签包含的文本信息或 HTML 源代码。在“设置文本”行为组中包含了 4 项针对不同类型文本的动作，包括设置容器的文本、设置文本域文字、设置框架文本和设置状态栏文本。由于状态栏文本和框架文本不是很常用，本节重点介绍“设计容器的文本”行为的应用。

使用“设置容器的文本”行为可以将指定网页容器内的内容替换为特定的内容，该内容可以包括任何有效的 HTML 源代码。

【案例效果】

本案例实现效果如图 10.35 所示。

向右滑动效果　　　　向左滑动效果

图 10.35　案例效果

【操作步骤】

第 1 步，启动 Dreamweaver CC，打开本案例中的 orig.html 文件，另存为 effect.html。在本案例中将借助“设置容器的文本”行为来设计宽幅广告的图片动态切换效果。

第 2 步，在编辑窗口中单击左侧按钮图标，打开“行为”面板，单击 + 按钮，在弹出的菜单中选择“设置文本”|“设置容器的文本”命令，如图 10.36 所示，打开“设置容器的文本”对话框。

图 10.36　选择“设置文本”|“设置容器的文本”命令

Note

第 3 步，在“容器”下拉列表中列出了页面中所有具备容器的对象，在其中选择要进行操作的层，本实例中为 div “apDiv1”。

第 4 步，在“新建 HTML”文本框中输入要替换内容的 HTML 代码，如<img src="images/f1.jpg" width="801" height="385" />，如图 10.37 所示。

第 5 步，单击“确定”按钮，关闭“设置容器的文本”对话框，然后在“行为”面板中将事件设置为 onClick，如图 10.38 所示。

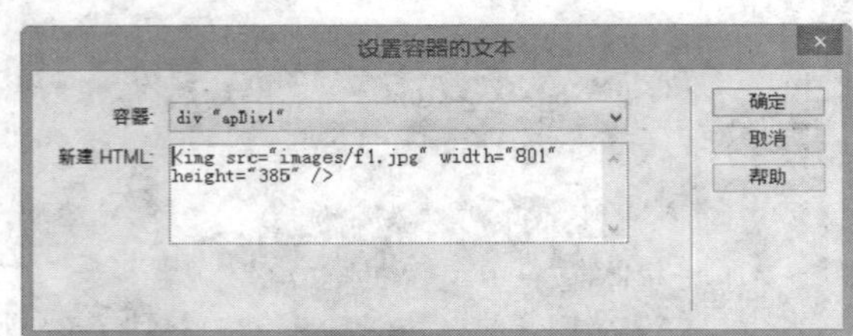

图 10.37　设置“设置容器的文本”对话框

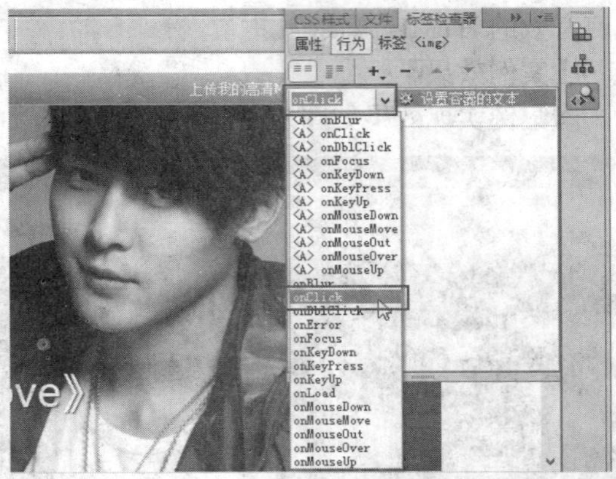

图 10.38　设置事件类型

第 6 步，选中右侧的导航按钮，单击 +. 按钮，在弹出的菜单中选择“设置文本”|“设置容器的文本”命令，打开“设置容器的文本”对话框。在“容器”下拉列表框中列出了页面中所有具备容器的对象，在其中选择要进行操作的层，此处选择 div “apDiv1”。

第 7 步，在“新建 HTML”文本框中输入要替换的内容的 HTML 代码，如<img src="images/f2.jpg" width="801" height="385" />，如图 10.37 所示。

第 8 步，单击“确定”按钮，关闭“设置容器的文本”对话框，然后在“行为”面板中将事件设置为 onClick，如图 10.39 所示。

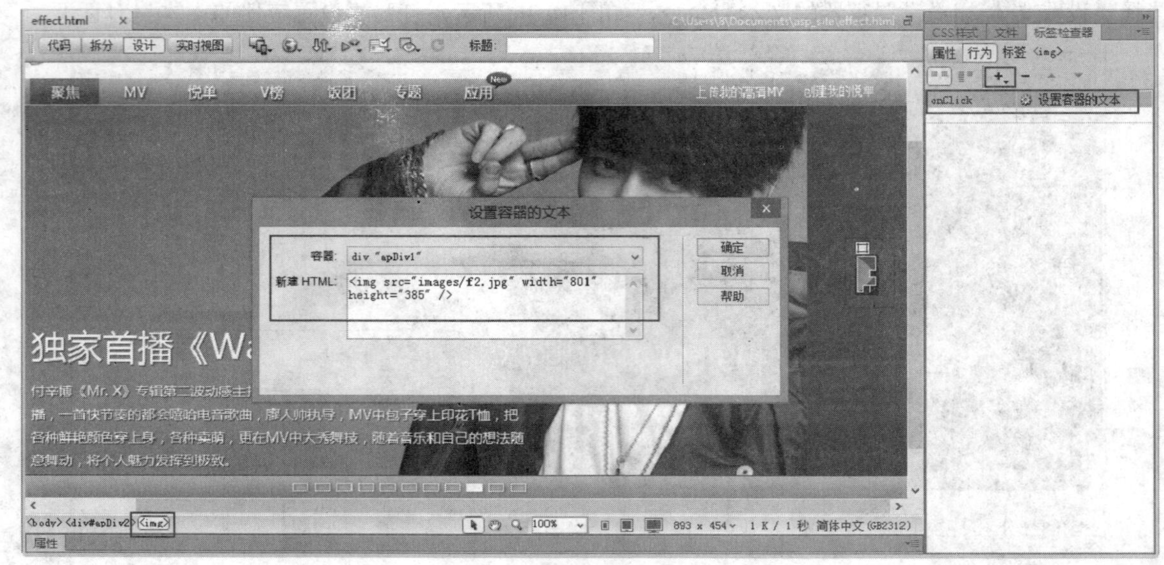

图 10.39　设置“设置容器的文本”对话框

第 9 步，保存并在浏览器中预览，单击段落文本，则该文本会自动替换为指定的图像，演示效果如图 10.35 所示。

10.3.10 实战演练：使用行为定义自动跳转的下拉菜单

使用“行为”面板中的“跳转菜单”动作，可以编辑和重新排列菜单项、更改要跳转到的文件以及编辑打开这些文件的窗口、设置触发事件等。

【案例效果】

本案例实现效果如图 10.40 所示。

页面初始化效果

通过跳转菜单选择城市

图 10.40 案例效果

【操作步骤】

第 1 步，启动 Dreamweaver CC，打开本案例中的 orig.html 文件，另存为 effect.html。在本案例中将在页面中添加一个跳转菜单，实现不同城市主页面快速切换。

第 2 步，在页面中创建一个下拉列表框对象。将光标置于要插入菜单的位置，选择“插入”|“表单”|“选择”命令，在页面中插入一个列表框。

第 3 步，选择列表框，选择“行为”面板中的“跳转菜单”命令，打开“跳转菜单”对话框，如图 10.41 所示，然后在该对话框中进行设置。

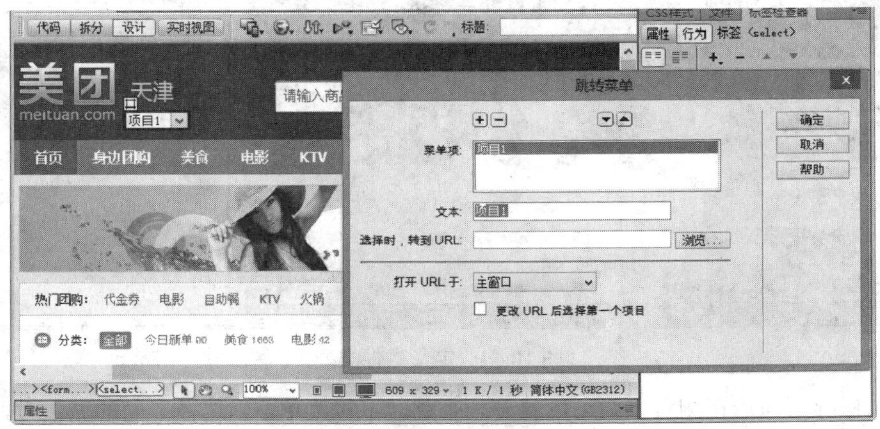

图 10.41 打开“跳转菜单”对话框

第 4 步，在“文本”文本框中设置项目的标题。在“选择时，转到 URL”文本框中设置链接网页的地址，或者直接单击“浏览”按钮找到链接的网页。

Note

第 5 步，在“打开 URL 于”下拉列表框中设置打开链接的窗口。如果选中“更改 URL 后选择第一个项目”复选框，可以设置在跳转菜单链接文件的地址发生错误时，自动转到菜单中第一个项目的地址，如图 10.42 所示。

第 6 步，设置完成后，单击面板上方的+按钮，可以添加新的链接项目，然后按第 5 步中介绍的方法进行设置，最后设置的结果如图 10.43 所示。选择“菜单项”列表框中的项目，然后单击面板上方的−按钮，可以删除项目。

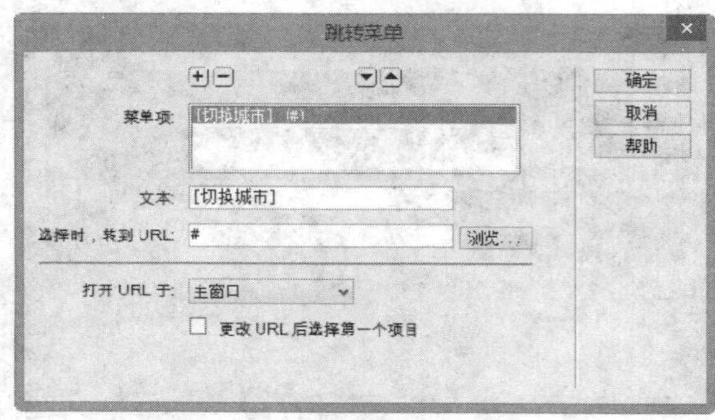

图 10.42 设置“跳转菜单”对话框

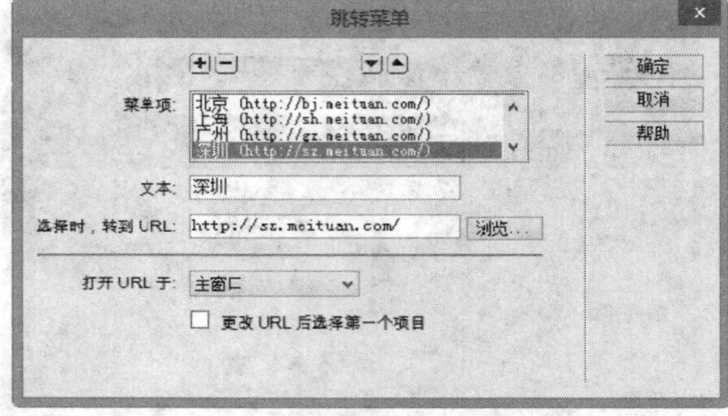

图 10.43 设置“跳转菜单”对话框

提示：选择已经添加的项目，然后单击面板上方的▲按钮或者▼按钮调整项目在跳转菜单中的位置。

第 7 步，设置完毕，这时可以看到在“行为”面板中自动定义了“跳转菜单”行为，根据需要设置事件类型，这里设置为 onChange，即当跳转菜单的值发生变化时，将触发跳转行为，如图 10.44 所示。

图 10.44 定义事件类型

第 8 步，保存页面后在浏览器中可以看到一个跳转下拉菜单，当选择不同的城市时，会自动跳转到该城市主页，演示效果如图 10.40 所示。

10.4　使用jQuery效果

在 Dreamweaver 的“行为”面板的下拉菜单中有一组效果，如图 10.45 所示，这些效果使用 jQuery 进行开发，是一组独立于 jQuery 的动画库，在 jQuery 动画库中提供了众多动画效果，说明如下。由于这些效果的用法相同，设置也基本相同，因此本节以示例的方式选取其中两个效果进行介绍。

☑　Blind（百叶窗）。

☑　Bounce（弹跳）。

☑　Clip（剪辑）。

☑　Drop（落体）。

☑　Fade（渐隐）。

☑　Fold（折叠）。

☑　Highlight（高光）。

☑　Pulsate（抖动）。

☑　Scale（缩放）。

☑　Shake（摇晃）。

☑　Slide（滑动）。

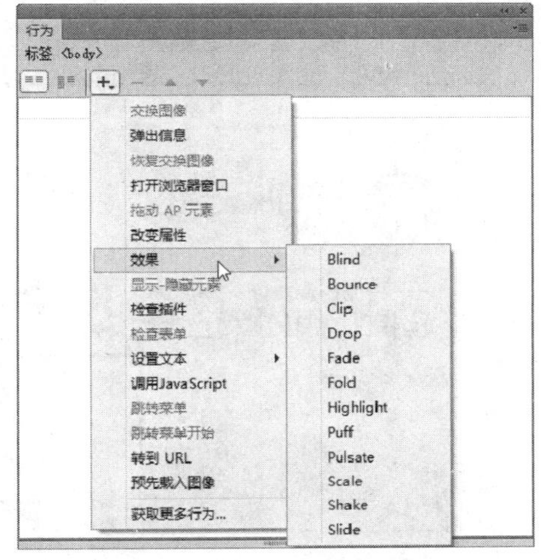

图 10.45　jQuery 效果组

10.4.1　实战演练：使用摇晃效果

摇晃效果与弹跳效果类似，任何应用该效果的对象都被设置为摇晃显示。利用该效果可以设计各种炫目的动态行为，以便设计一种富动态视觉。

下面利用 jQuery 摇摆效果设计广告窗口动态效果，当打开首页后页面将会显示一个摆动的广告窗口，以提醒用户收看该广告。

【案例效果】

本案例实现效果如图 10.46 所示。

页面初始显示效果

左右摆动的广告效果

图 10.46　案例效果

【操作步骤】

第 1 步，启动 Dreamweaver CC，打开本案例中的 orig.html 文件，另存为 effect.html。在本案例中将在页面中插入一个广告图片，并设计在页面初始化后广告图片以不断摆动形式显示，以提示用户点击。

第 2 步，把光标置于页面所在位置，然后选择“插入”|“图像”|“图像”命令，打开“选择图像源文件”对话框，在 images 文件夹中找到 haowai.png 图片，插入到页面中，如图 10.47 所示。

图 10.47 插入图片

第 3 步，选中插入的图像，在“属性”面板中为图像定义 ID 为 haowai，参数设置如图 10.48 所示。

图 10.48 为图像定义 ID 值

第 4 步，选中 ID 为 haowai 的图像，选择“窗口”|“行为”命令，打开“行为”面板，单击[+]按钮，从弹出的菜单中选择“效果”| Shake 命令，如图 10.49 所示。

图 10.49　选择“效果”| Shake 命令

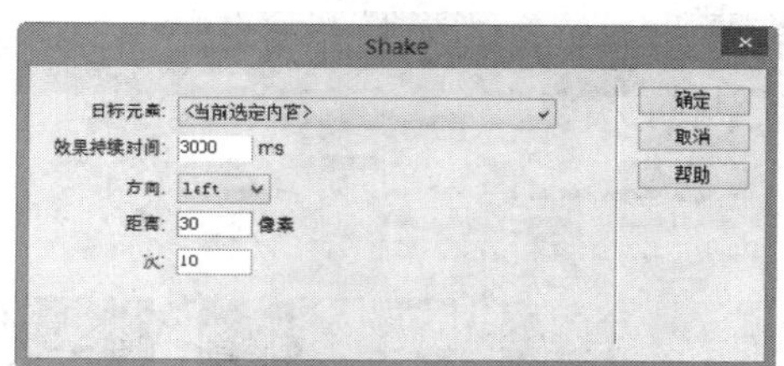

图 10.50　设置 Shake 对话框

第 5 步，打开 Shake 对话框，设置“目标元素”为“<当前选定内容>”，“效果持续时间”为 3000ms，即 3 秒；设置“方向”为 left，即定义目标对象向左摆动，定义“距离”为 30 像素，“次”为 10 次，如图 10.50 所示。设置完毕后，单击“确定”按钮完成操作。

第 6 步，在“行为”面板中可以看到新增加的行为，单击左侧的下拉列表框，从弹出的下拉列表中选择 onLoad，即设计页面初始化后就让图片摆动显示，如图 10.51 所示。

图 10.51　修改触发事件

第 7 步，按 Ctrl+S 快捷键保存页面，此时 Dreamweaver 会弹出对话框，提示保存两个插件文件，

如图 10.52 所示。单击“确定”按钮，保存 jquery-1.8.3.min.js 和 jquery-ui-effects.custom.min.js 两个库文件。

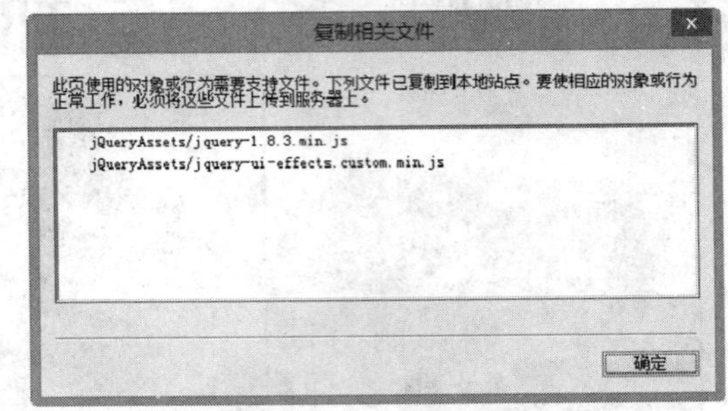

图 10.52　保存插件所需要的库文件

第 8 步，在浏览器中预览，当页面初始化完毕，在窗口中间显示的广告会左右摆动几下，以提示用户收看，演示效果如图 10.46 所示。

10.4.2　实战演练：使用缩放效果

缩放效果用于缩小或者放大指定的对象。利用该效果可以设计动态化菜单、按钮、图标等视觉效果，当鼠标指针经过时会放大显示，以便突出显示当前对象。

下面利用 jQuery 缩放效果设计团购大图动态效果，当鼠标指针经过团购大图时，大图会自动收窄并显示提示性的信息，以提醒用户该团购发生地点。

【案例效果】

本案例实现效果如图 10.53 所示。

页面初始显示效果

放大缩微图显示效果

图 10.53　案例效果

【操作步骤】

第 1 步，启动 Dreamweaver CC，打开本案例中的 orig.html 文件，另存为 effect.html。在本案例中将在页面中插入一个团购大图，并设计在鼠标指针经过大图时收缩图片，并在图片底部显示黑底白字的地址信息，以提示用户选择。

第 2 步，把光标置于页面所在位置，然后选择“插入”|“图像”|“图像”命令，打开“选择图像源文件”对话框，在 images 文件夹中找到 tuan.png 图片，插入到页面中，然后选中插入的图像，在“属性”面板中为图像定义 ID 为 tuan，在“替换”和“标题”文本框中分别输入“【2 店通用】诗薇雅婚纱摄影：双外景套系，节假日通用”，设计当图像下载失败时显示的文本，以及鼠标指针经过图像时显示的提示文本，参数设置如图 10.54 所示。

第 3 步，在图像后面继续输入文本“接待中心，拍摄基地”，然后拖选文本，选择“修改”|“快速标签编辑器”命令，在“环绕标签”文本框中输入“<div class="didian">”，为当前文本包裹一个标签，并定义类名为 didian，如图 10.55 所示。

图 10.54　插入图像并定义 ID 值和其他属性

图 10.55　为输入的文本插入环绕标签

第 4 步，选中<div class="didian">标签及其文本，在“CSS 设计器”面板中单击“选择器”选项右侧的加号按钮，添加一个选择器，Dreamweaver 会自动命名选择器的名称为#apDiv1.didian，把该名称修改为.didian，然后在“属性”选项区域设置文本样式：font-size:14px、color:#fff，定义段落文本大小为 14 像素，字体颜色为白色；设置布局样式：padding:8px、position:absolute、bottom:0、left:0、right:0、opacity:0.7，定义绝对定位，并对齐左侧、右侧和底部，这样就可以设计宽度 100%显示，设置图层不透明度为 0.7；设置背景样式：background-color:#000000，定义背景颜色为黑色。详细设置如图 10.56 所示。

第 5 步，选中 ID 为 tuan 的图像，选择“窗口”|“行为”命令，打开“行为”面板，单击+按钮，从弹出的菜单中选择“效果”| Scale 命令。

第 6 步，打开 Scale 对话框。设置“目标元素”为“<当前选定内容>”，“效果持续时间”为 2000ms，即 2s；设置“可见性”为 toggle，即定义目标对象在显隐之间切换；定义“方向”为 both，即图像宽高等比缩放；定义“原点 X”为 right，“原点 Y”为 top，即设置图像从右上角为原点进行缩放；定义

“百分比”为 180%，即放大图像 1.8 倍；定义“小数位数”为 content，参数设置如图 10.57 所示。设置完毕后，单击“确定”按钮完成操作。

图 10.56　定义 didian 类样式

第 7 步，在“行为”面板中可以看到新增加的行为，单击左侧的下拉列表框，从弹出的下拉列表中选择 onMouseover，即设计鼠标指针经过图像时触发行为。

第 8 步，继续选中 ID 为 tuan 的图像，选择“窗口”|“行为”命令，打开“行为”面板，单击 + 按钮，从弹出的菜单中选择“效果”| Scale 命令。

第 9 步，打开 Scale 对话框，设置“目标元素”为 img "tuan"，“效果持续时间”为 300ms，即 0.3s；设置“可见性”为 show，即定义目标对象最后显示呈现；定义“方向”为 both，即图像宽高等比缩放；定义“原点 X”为 left，“原点 Y”为 bottom，即设置图像从左下角为原点进行缩放；定义“百分比”为 100%，即恢复图像默认了大小显示；定义“小数位数”为 content，参数设置如图 10.58 所示。参数设置完毕后，单击“确定”按钮完成操作。

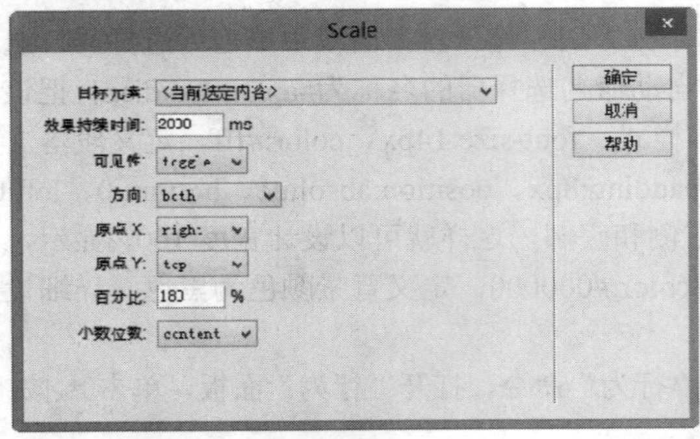

图 10.57　设置 Scale 对话框 1

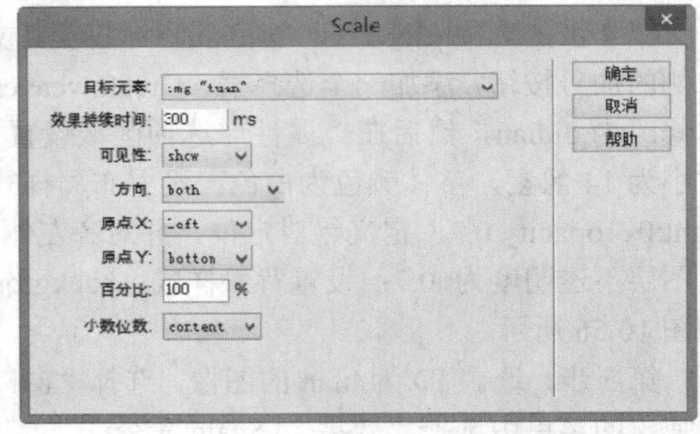

图 10.58　设置 Scale 对话框 2

第 10 步，在“行为”面板中可以看到新增加的行为，单击左侧的下拉列表框，从弹出的下拉菜单中选择 onMouseOver，即设计当鼠标指针经过图像时，将触发缩放效果，然后单击向下箭头按钮，

把当前行为移到下面，让该行为在第 10 步中定义的行为之后发生，参数设置如图 10.59 所示。

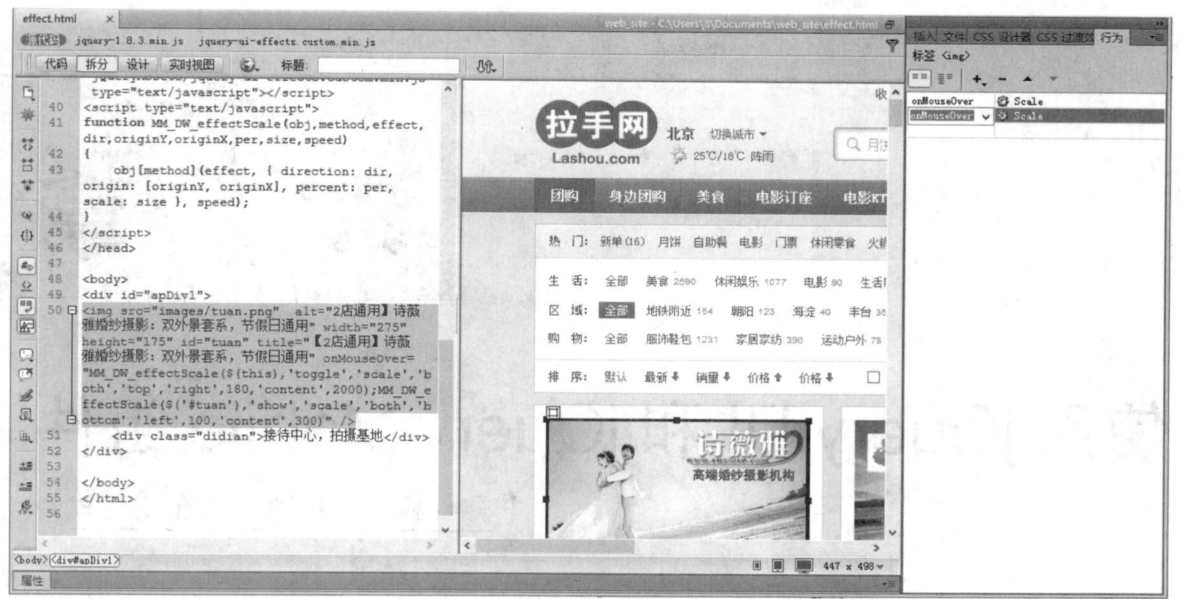

图 10.59 修改触发事件

第 11 步，按 Ctrl+S 快捷键保存页面，此时 Dreamweaver 会弹出对话框，提示保存两个插件文件，如图 10.60 所示。单击“确定”按钮，保存 jquery-1.8.3.min.js 和 jquery-ui-effects.custom.min.js 两个库文件。

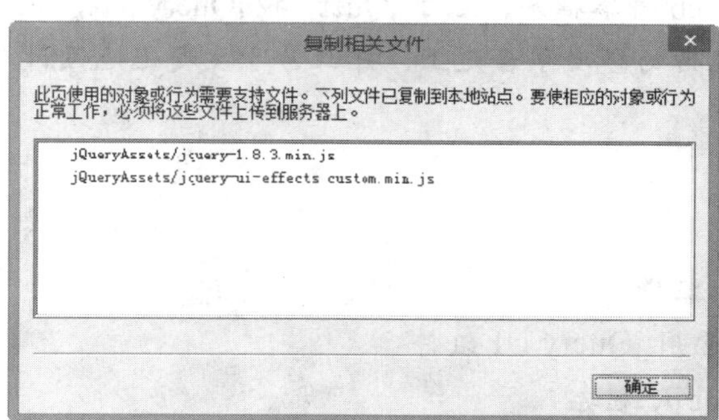

图 10.60 保存插件所需要的库文件

第 12 步，在浏览器中预览，当鼠标指针经过团购大图时，大图会从右上角向左下角逐步放大，然后再恢复默认大小，演示效果如图 10.53 所示。

使用 jQuery UI 和 jQuery Mobile 组件

（视频讲解：76 分钟）

Dreamweaver CC 集成了 jQuery UI 和 jQuery Mobile 组件，并提供了可视化操作命令，为构建轻便型 Web 应用和移动页面奠定基础。jQuery UI 组件是一组界面视图，通过简单的调用，就可以快速实现各种常规 Web 应用的设计，每种组件适用于特定的应用。jQuery Mobile 是专门针对移动端浏览器开发的 Web 脚本框架，基于 jQuery 和 jQuery UI，提供统一的用户系统接口，能够无缝隙运行于所有流行的移动平台之上，并且易于主题化地设计与建造，是一个轻量级的 Web 脚本框架。

学习重点：

- 了解 jQuery UI 组件
- 能够正确使用常用 jQuery UI 组件
- 了解 jQuery Mobile 框架
- 能借助 Dreamweaver CC 设计移动页面
- 使用 jQuery Mobile 设计常规移动页面效果

Note

11.1　使用 jQuery UI 组件

jQuery UI 是未来 jQuery 技术框架发展的趋势，也是未来互联网客户端发展的方向。jQuery UI 包含 3 部分：交互、组件和效果。组件是一组界面视图，通过简单的调用，就可以快速实现各种常规 Web 应用的设计。jQuery UI 组件包括以下 12 种，每种都适用于特定的应用。

- ☑ Accordion：手风琴。
- ☑ Autocomplete：自动完成。
- ☑ Button：按钮。
- ☑ Datepicker：日期选择器。
- ☑ Dialog：模态对话框。
- ☑ Menu：菜单。
- ☑ Progressbar：进度条。
- ☑ Selectmenu：下拉菜单。
- ☑ Slider：滑块。
- ☑ Spinner：胶囊。
- ☑ Tabs：选项卡。
- ☑ Tooltip：工具提示。

Dreamweaver CC 捆绑了大部分 jQuery UI，同时根据需要适当定制了几个组件，这些组件显示在插入菜单中，如图 11.1 所示。

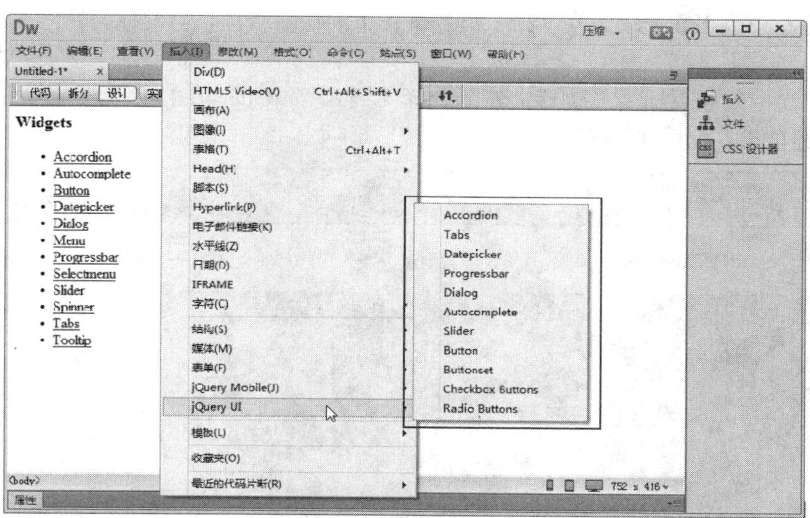

图 11.1　jQuery UI 组件

由于这些组件使用方法基本相同，下面重点结合选项卡和模态对话框组件进行说明，以示例形式演示如何应用 jQuery UI 组件。

11.1.1　实战演练：插入选项卡

选项卡组件用于在一组不同元素之间切换视角，可以通过单击每个元素的标题来访问该元素包含

Note

的内容，这些标题都作为独立的选项卡出现。

【案例效果】

本案例实现效果如图 11.2 所示。

页面初始显示效果

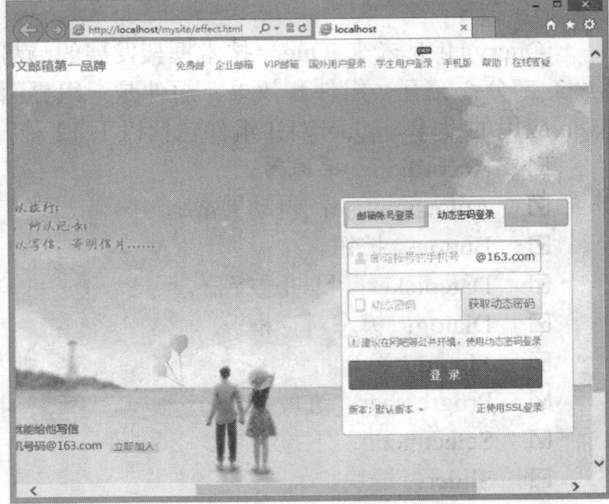

插入选项卡后的效果

图 11.2　案例效果

【操作步骤】

第 1 步，启动 Dreamweaver CC，打开本案例中的 orig.html 文件，另存为 effect.html。在本案例中将在页面中插入一个 Tab 选项卡，设计一个登录表单的切换版面，当鼠标指针经过时，会自动切换表单面板。

第 2 步，把光标置于页面所在位置，然后选择"插入" | jQuery UI | Tabs 命令，在页面当前位置插入一个 Tabs 选项卡，如图 11.3 所示。

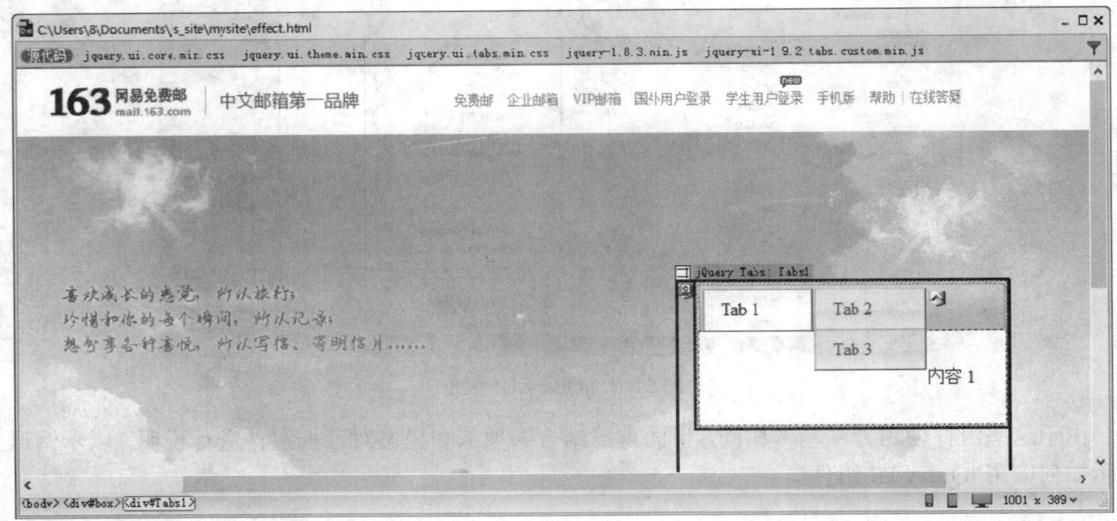

图 11.3　插入 Tabs 选项卡

第 3 步，单击 Tabs 面板，可以在"属性"面板中设置选项卡的相关属性，同时可以在编辑窗口

中修改标题名称并填写内容，如图 11.4 所示。

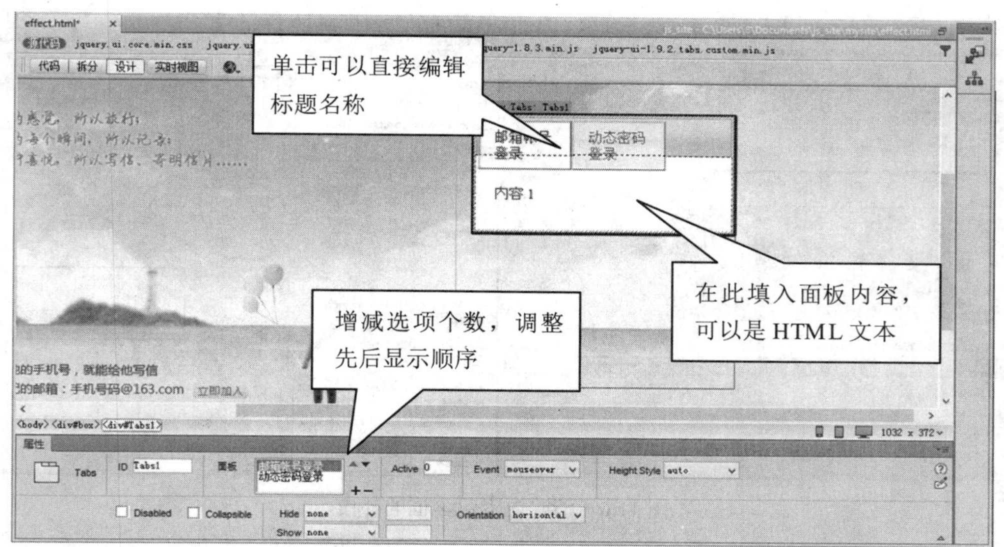

图 11.4　设置 Tabs 选项卡

（1）ID 文本框：设置 Tab 选项卡外包含框 Div 元素的 ID 属性值，以方便 JavaScript 脚本控制。

（2）“面板”列表框：在这里显示选项卡中每个选项标题的名称，可以单击▲和▼按钮调整选项显示的先后位置，单击＋按钮可以增加一个选项，单击－按钮可以减少一个选项。

（3）Active 文本框：设置在默认状态下显示的选项，第一个选项值为 0，第二个选项值为 1，依此类推。

（4）Event 下拉列表框：设置选项卡响应事件，包括 click（鼠标单击）和 mouseover（鼠标经过）。

（5）Height Style 下拉列表框：设置内容框的高度，包括 fill（固定高度）、content（根据内容确定高度）和 auto（自动调整）。

（6）Disabled 复选框：是否禁用选项卡。

（7）Collapsible 复选框：是否可折叠选项卡。默认选项是 false，不可以折叠。如果设置为 true，允许用户单击时将已经选中的选项卡内容折叠起来。

（8）Hide 和 Show 下拉列表框：设置选项卡隐藏和显示时的动画效果。

（9）Orientation 下拉列表框：设置选项卡标题栏是在顶部水平显示（horizontal），还是在左侧堆叠显示（vertical）。

第 4 步，按图 11.4 所示设置完毕，保存文档，则 Dreamweaver CC 会弹出对话框，要求保存相关的技术支持文件，如图 11.5 所示。单击“确定”按钮关闭该对话框即可。

第 5 步，在内容框中分别输入内容，这里插入表单截图。

第 6 步，选择“窗口”|“CSS 设计器”命令，打开“CSS 设计器”面板，在编辑窗口中选中内容包含框，在“CSS 设计器”面板中清除包含框的 padding 默认值，如图 11.6

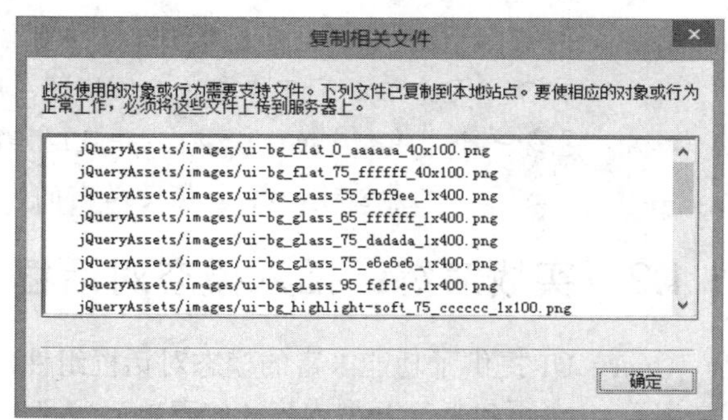

图 11.5　确定保存相关技术文件

所示。

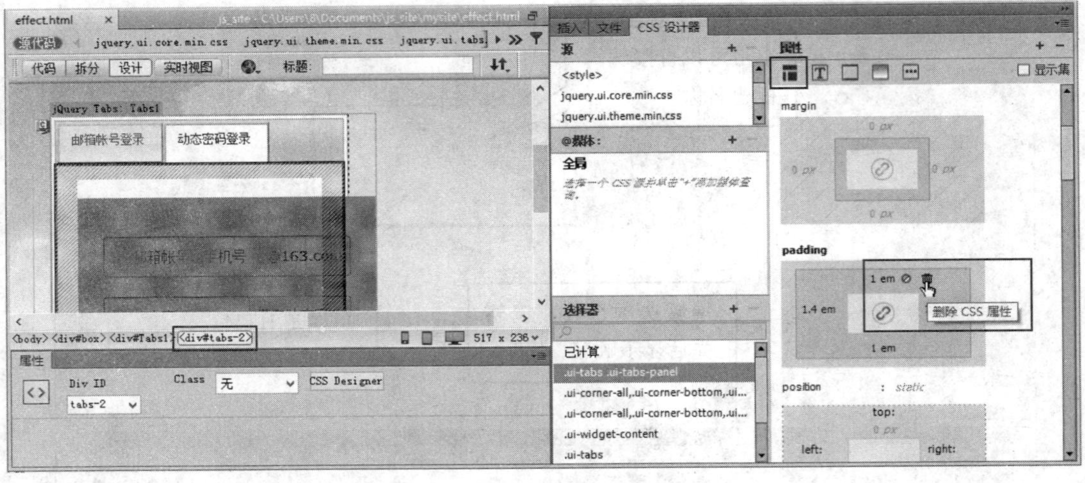

图 11.6　清除内容包含框的补白

> 提示：选项卡组件是基于底层的 HTML 元素结构，该结构是固定的，组件的运转依赖一些特定的元素。选项卡本身必须从列表元素中创建，列表结构可以是排序的，也可以是无序的，并且每个列表项应当包含一个 span 元素和一个 a 元素。每个链接还必须具有相应的 Div 元素，与其 href 属性相关联。例如：
>
> ```
> <ul>
>     <li><a href="#tabs">标题</a></li>
> </ul>
> Tab 面板容器 
> ```
>
> 对于该组件来说，必要的 CSS 样式是必需的，默认可以导入 jquery.ui.all.css 或者 jquery.ui.tabs.css 文件，也可以自定义 CSS 样式表，用来控制选项卡的基本样式。
>
> 一套选项卡面板包括了几种以特定方式排列的标准 HTML 元素，根据实际需要可以在页面中编写好，也可以动态添加，或者两者结合。
>
> ☑ 列表元素（ul 或 ol）。
>
> ☑ a 元素。
>
> ☑ span 元素。
>
> ☑ Div 元素。
>
> 前 3 个元素组成了可单击的选项标题，用来打开选项卡所关联的内容框，每个选项卡应该包含一个带有链接的列表项，并且链接内部还应嵌套一个 span 元素。每个选项卡的内容通过 Div 元素创建，其 id 值是必需的，标记了相应的 a 元素的链接目标。

11.1.2　实战演练：插入模态对话框

jQuery UI 提供了功能丰富的模态对话框组件，该对话框组件可以显示消息、附加内容（如图片或文字等），甚至包括交互型内容（如表单），为对话框添加按钮也更加容易，如简单的确定和取消按钮，并且可以为这些按钮定义回调函数，以便按钮在被单击时做出反应。

【案例效果】

本案例实现效果如图 11.7 所示。

页面初始显示效果

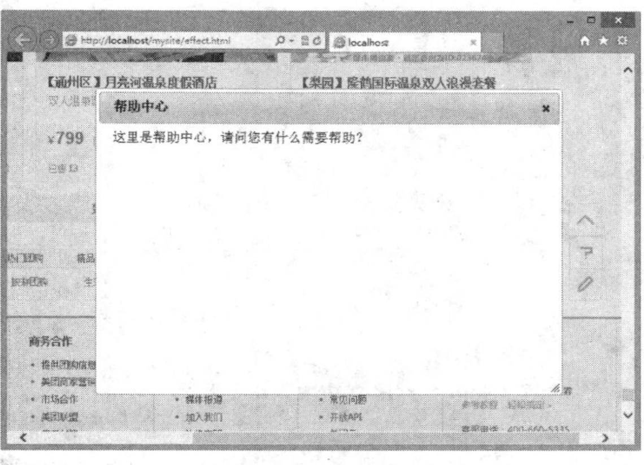

显示对话框效果

图 11.7　案例效果

【操作步骤】

第 1 步，启动 Dreamweaver CC，打开本案例中的 orig.html 文件，另存为 effect.html。在本案例中将在页面中插入一个按钮图标，单击该按钮图标可以打开模态对话框。

第 2 步，把光标置于页面所在位置，然后插入图像 images/out.png，命名为 help，如图 11.8 所示。

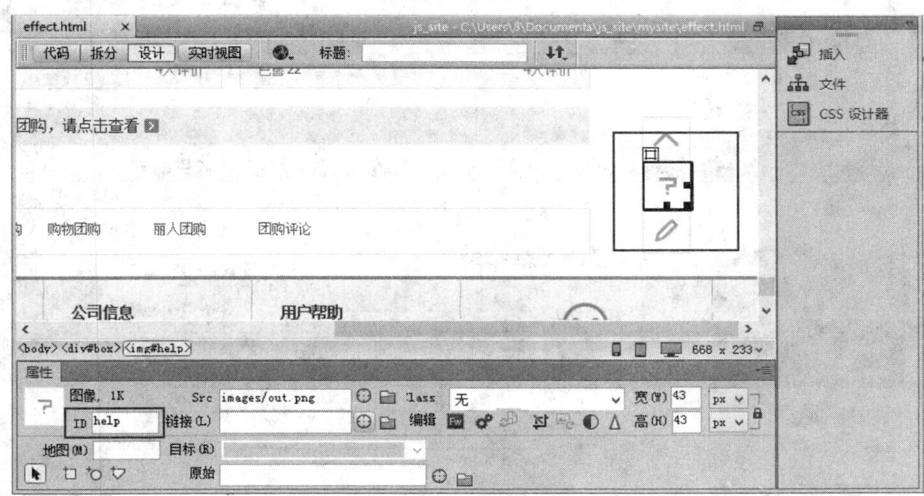

图 11.8　插入图像

第 3 步，选中插入的图像，打开“行为”面板，为当前图像绑定交换图像行为，详细设置如图 11.9 所示。绑定行为之后，在“行为”面板中设置触发事件，交换图像为 onMouseOver，恢复交换图像为 onMouseOut，即设计当鼠标指针经过图像时，能够动态显示图像交换效果。

第 4 步，在页面内单击，把光标置于页面内，不要选中任何对象，然后选择“插入”| jQuery UI | Dialog 命令，在页面当前位置插入一个模态对话框，如图 11.10 所示。

第 5 步，单击 Dialog 面板，可以在“属性”面板中设置对话框的相关属性，同时可以在编辑窗口中修改对话框的内容，如图 11.11 所示。

Note

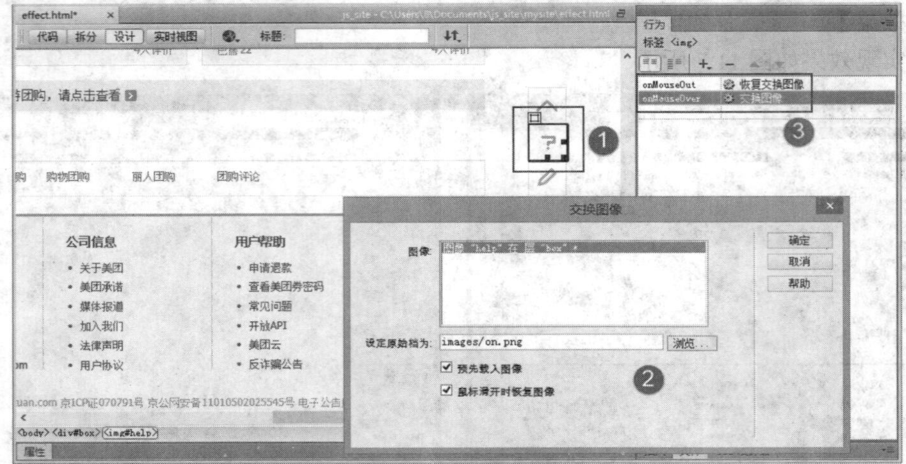

图 11.9　为图像绑定交换图像行为

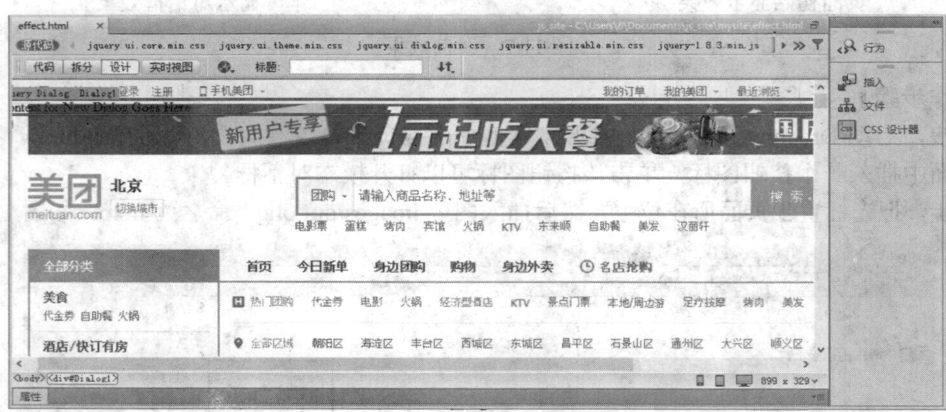

图 11.10　插入模态对话框

图 11.11　设置对话框内容

（1）ID 文本框：设置对话框外包含框 Div 元素的 ID 属性值，以方便 JavaScript 脚本控制。

（2）Title 文本框：设置对话框的标题。

（3）Position 下拉列表框：设置对话框在浏览器窗口中的显示位置，默认为 center（中央），包

括 left、right、top 和 bottom 选项。

（4）Width 和 Height 文本框：设置对话框的宽度和高度。

（5）Min Width、Min Height、Max Width 和 Max Height：设置对话框最小宽度、最小高度、最大宽度和最大高度。

（6）Auto Open 复选框：是否自动打开对话框。

（7）Draggable 复选框：是否允许使用鼠标拖动对话框。

（8）Modal 复选框：是否开启遮罩模式，在遮罩模式下用户只能在关闭对话框后才能够继续操作页面。

（9）Close On Escape 复选框：是否允许使用 Escape 键关闭对话框。

（10）Resizable 复选框：是否允许调整对话框大小。

（11）Hide 和 Show 下拉列表框：设置对话框隐藏和显示时的动画效果。

（12）Trigger Button：设置触发对话框的按钮对象。

（13）Trigger Event：设置触发对话框的事件。

第 6 步，按图 11.11 所示设置完毕，保存文档，则 Dreamweaver CC 会弹出对话框，要求保存相关的技术支持文件，如图 11.12 所示。单击“确定”按钮关闭该对话框即可。

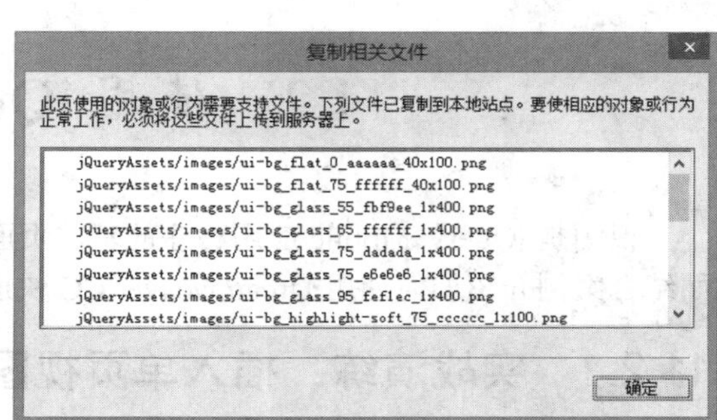

图 11.12　确定保存相关技术文件

第 7 步，切换到“代码”视图，可以看到 Dreamweaver CC 自动生成的脚本。

```
<script type="text/javascript">
$(function() {
    $( "#Dialog1" ).dialog({
        modal:true,
        autoOpen:false,
        title:"帮助中心",
        minWidth:300,
        width:600,
        height:400,
        minHeight:300,
        maxHeight:800,
        maxWidth:1024
    });
});
</script>
```

第 8 步，在$(function() {})函数体内增加如下代码，为交换图像绑定激活对话框的行为。

```
<script type="text/javascript">
$(function() {
    $( "#Dialog1" ).dialog({
    });
    $( "#help" ).click(function() {
        $( "#Dialog1" ).dialog( "open" );
    });
```

```
});
</script>
```

Note

提示：对话框组件带有内建模式，在默认情况下是非激活的，而一旦模式被激活，将会启用一个模式覆盖层元素，覆盖对话框的父页面。对话框将会位于该覆盖层的上面，同时页面的其他部分将位于覆盖层的下面。

这个特性的好处是可以确保对话框被关闭之前，父页面不能够进行交互，并且为要求访问者在进一步操作前必须关闭对话框提供了一个清晰的视觉指标。

改变对话框的皮肤使之与内容相适应是很容易的，可以从默认的主题样式表（jquery.ui.dialog.css）中进行修改，也可以自定义对话框样式表。

11.2 使用 jQuery Mobile 视图页

视图是 jQuery Mobile 应用程序的基本页面结构，包括单页视图、多页视图以及对话框视图，下面结合案例介绍如何使用 Dreamweaver CC 快速插入单页和多页视图。

11.2.1 实战演练：插入单页视图

jQuery Mobile 提供标准的页面结构模型：在<body>标签中插入一个<div>标签，为该标签定义 data-role 属性，设置值为 page，即可设计一个视图。

视图一般包含 3 个基本结构，分别是 data-role 属性为 header、content、footer 的 3 个子容器，用于定义标题、内容、脚注 3 个页面组成部分，用于包含移动页面中的不同内容。

下面将创建一个 jQuery Mobile 基本模板页，并在页面组成部分分别显示其对应的容器名称。

【案例效果】

本案例实现效果如图 11.13 所示。

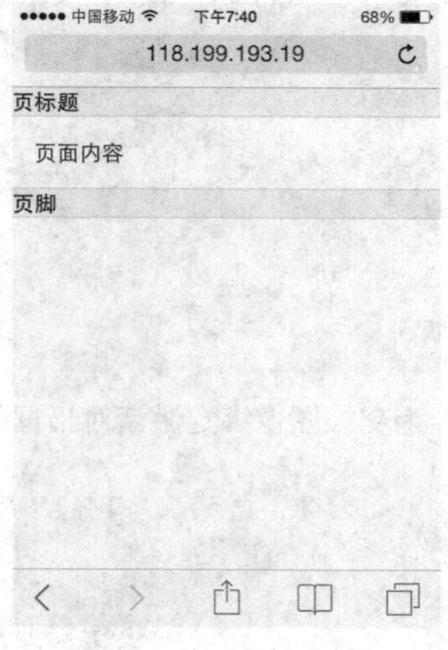

iPhone 5S 预览效果

iBBDemo3 模拟器预览效果

图 11.13 案例效果

【操作步骤】

第 1 步，启动 Dreamweaver CC，选择“文件”|“新建”命令，打开“新建文档”对话框，如图 11.14 所示。选择“空白页”选项，设置“页面类型”为 HTML，设置“文档类型”为 HTML5，然后单击“确定”按钮，完成文档的创建操作。

第 2 步，按 Ctrl+S 快捷键，保存文档为 index.html。选择“窗口”|“CSS 设计器”命令，打开“CSS 设计器”面板，在“源”选项标题栏中单击 + 按钮，从弹出的下拉菜单中选择“附加现有的 CSS 文件”命令，打开“使用现有的 CSS 文件”对话框，链接已下载的样式表文件 jquery.mobile-1.4.0-beta.1.css，如图 11.15 所示。

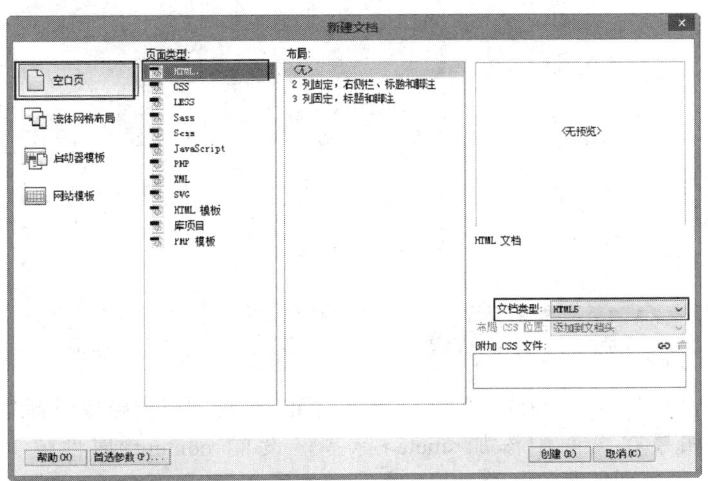

图 11.14 新建 HTML5 类型文档

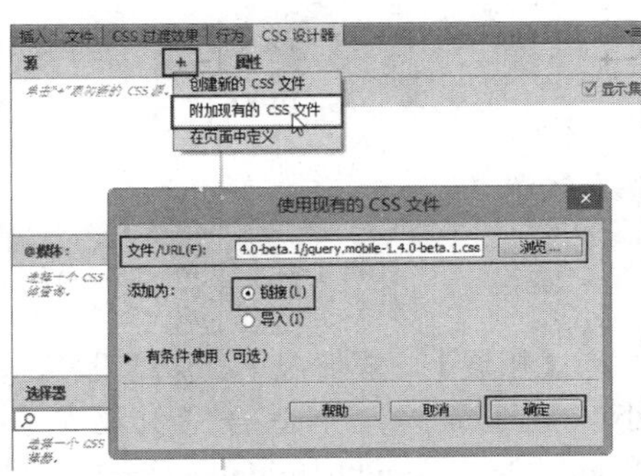

图 11.15 链接 jQuery Mobile 样式表文件

第 3 步，切换到“代码”视图，在头部可以看到新添加的<link>标签，使用<link>标签链接外部的 jQuery Mobile 样式表文件，然后在该行代码下面输入如下代码，导入 jQuery 库文件和 jQuery Mobile 脚本文件。

```
<script type="text/javascript" src="jquery.mobile/jquery-1.9.1.js"></script>
<script type="text/javascript" src="jquery.mobile/jquery.mobile-1.4.0-beta.1/jquery.mobile-1.4.0-beta.1.js"></script>
```

第 4 步，在<body>标签中输入以下代码，定义页面基本结构。

```
<div data-role="page">
    <div data-role="header">页标题</div>
    <div data-role="content">页面内容</div>
    <div data-role="footer">页脚</div>
</div>
```

【代码解析】

jQuery Mobile 应用了 HTML5 标准的特性，在结构化的页面中，完整的页面结构分为 header、content 和 footer 这 3 个主要区域。

```
<div data-role="page">
    <div data-role="header"></div>
    <div data-role="content"></div>
    <div data-role="footer"></div>
</div>
```

data-role="page"表示当前 div 是一个 Page，在一个屏幕中只会显示一个 Page，header 定义标题，content 表示内容块，footer 表示脚注。

Note

提示：新建文档之后，选择“插入”| jQuery Mobile |“页面”命令，打开“jQuery Mobile 文件”对话框，保持默认设置，如图 11.16 所示。单击“确定”按钮，打开“页面”对话框，设置页面的 ID 值，以及页面是否包含标题栏和脚注栏，如图 11.17 所示。最后，单击“确定”按钮，可以快速新建一个移动单页。

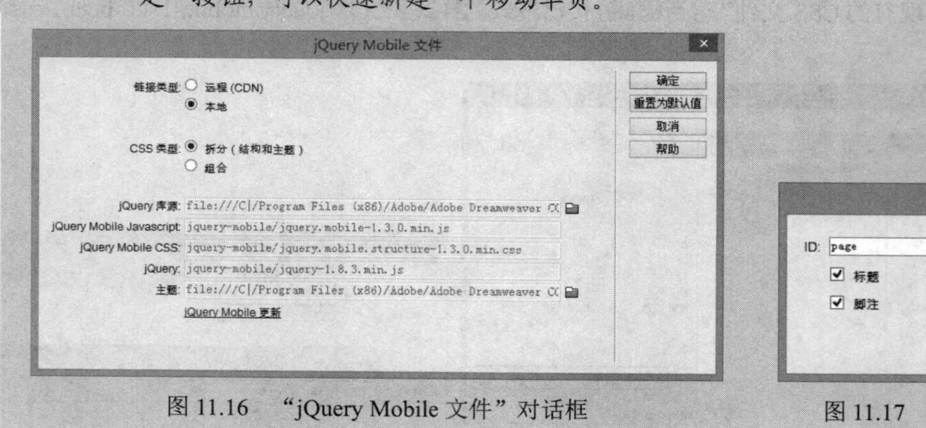

图 11.16 “jQuery Mobile 文件”对话框

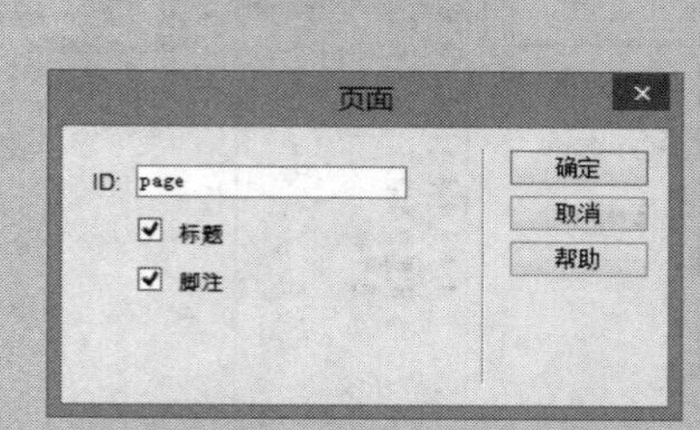

图 11.17 “页面”对话框

【拓展】一般情况下，移动设备的浏览器默认以 900px 的宽度显示页面，这种宽度会导致屏幕缩小，页面放大，不适合网页浏览。如果在页面中添加<meta>标签，设置 content 属性值为"width=device-width, initial-scale=1"，可以使页面的宽度与移动设备的屏幕宽度相同，更适合用户浏览。因此，建议在<head>标签中添加一个名称为 viewport 的<meta>标签，并设置标签的 content 属性，代码如下：

```
<meta name="viewport" content="width=device-width,initial-scale=1" />
```

上面一行代码的功能是设置移动设备中浏览器缩放的宽度与等级。

将上面示例另存为 index1.html，然后在编辑窗口中将“页标题”格式化为“标题 1”，将“页脚”格式化为“标题 4”，将“页面内容”格式化为“段落”文本，如图 11.18 所示。

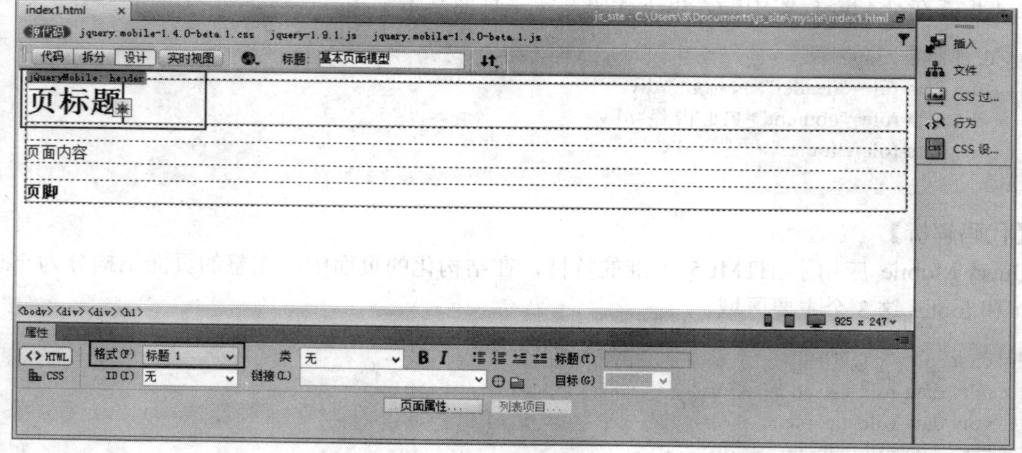

图 11.18 格式化页面文本

在移动设备浏览器中预览，显示效果如图 11.19 所示。

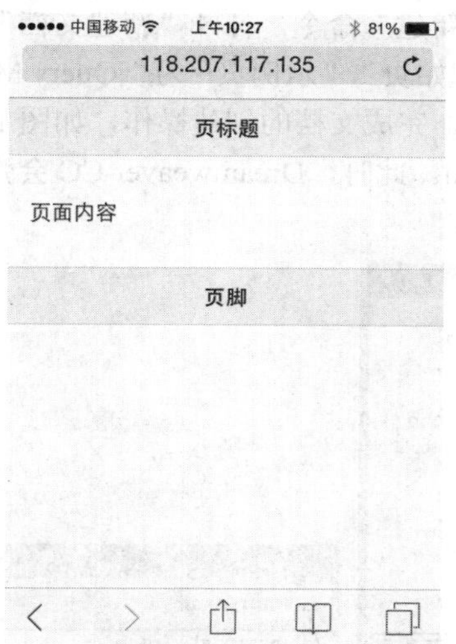

iPhone 5S 预览效果

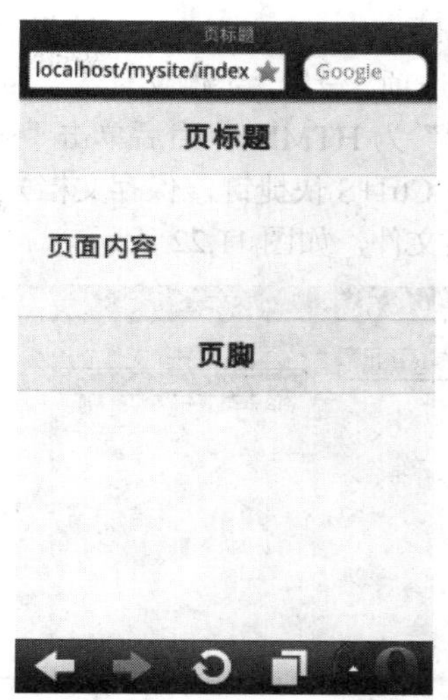

Opera Mobile12 模拟器预览效果

图 11.19　格式化后页面效果

11.2.2　实战演练：插入多页视图

一个 jQuery Mobile 文档可以包含多页结构（多视图页面），即一个文档可以包含多个标签属性 data-role 为 page 的容器，从而形成多容器页面结构。容器之间各自独立，拥有唯一的 ID 值。当页面加载时，会同时加载；访问容器时，可以通过锚点链接实现容器中间切换，即内部链接“#”加对应 ID 值的方式进行设置。单击该链接时，jQuery Mobile 将在文档中寻找对应 ID 的容器，以动画的效果切换至该容器中，实现容器间内容的互访，如图 11.20 所示。

首页视图效果

详细页视图效果

图 11.20　设计多页结构

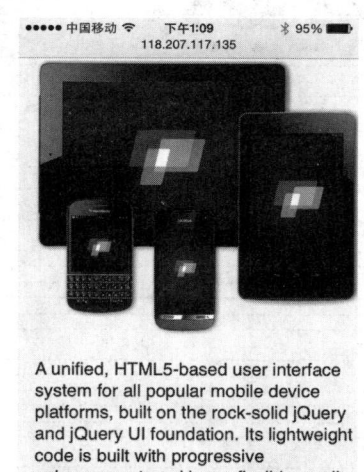

Dreamweaver CC 提供了构建多页视图的页面快速操作方式，具体操作步骤如下。

Note

【操作步骤】

第 1 步，启动 Dreamweaver CC。选择“文件”|“新建”命令，打开“新建文档”对话框，选择“启动器模板”选项，设置“示例文件夹”为“Mobile 起始页”，“示例页”为“jQuery Mobile（本地）”，设置“文档类型”为 HTML5，然后单击“确定”按钮，完成文档的创建操作，如图 11.21 所示。

第 2 步，按 Ctrl+S 快捷键，保存文档为 index3.html。此时，Dreamweaver CC 会弹出对话框提示保存相关的框架文件，如图 11.22 所示。

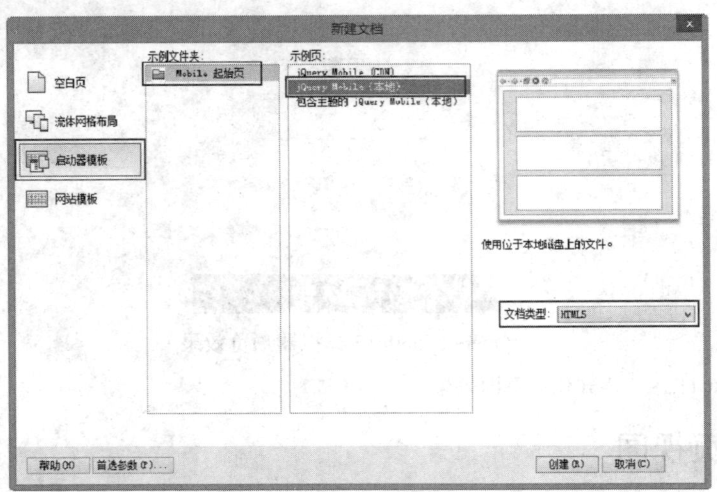

图 11.21　新建 jQuery Mobile 起始页

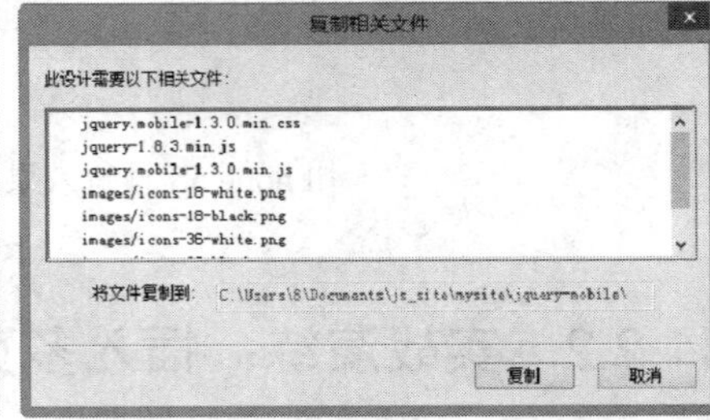

图 11.22　复制相关文件

第 3 步，在编辑窗口中，可以看到 Dreamweaver CC 新建了包含 4 个页面的 HTML5 文档，其中，第 1 个页面为导航列表页，第 2～4 页为具体的详细页面。在站点中新建了 jquery-mobile 文件夹，包括了所有需要的相关技术文件和图标文件，如图 11.23 所示。

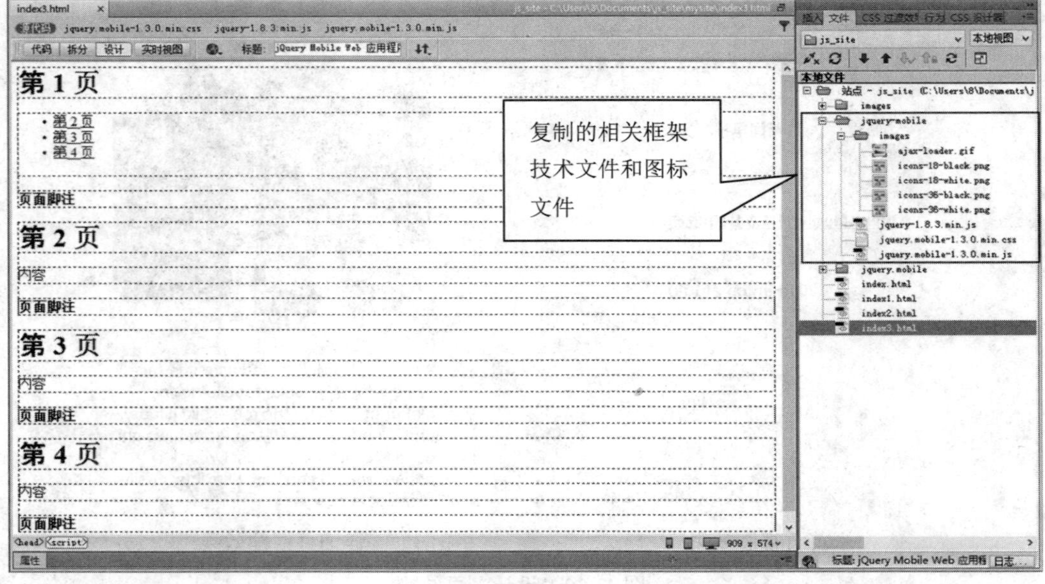

图 11.23　使用 Dreamweaver CC 新建 jQuery Mobile 起始页

第 4 步，切换到“代码”视图，可以看到大致相同的 HTML 结构代码，此时用户可以根据需要删除部分页结构，或者添加更多页结构，也可以删除列表页结构，并根据需要输入页面显示内容。在默认情况下，jQuery Mobile 起始页预览效果如图 11.24 所示。

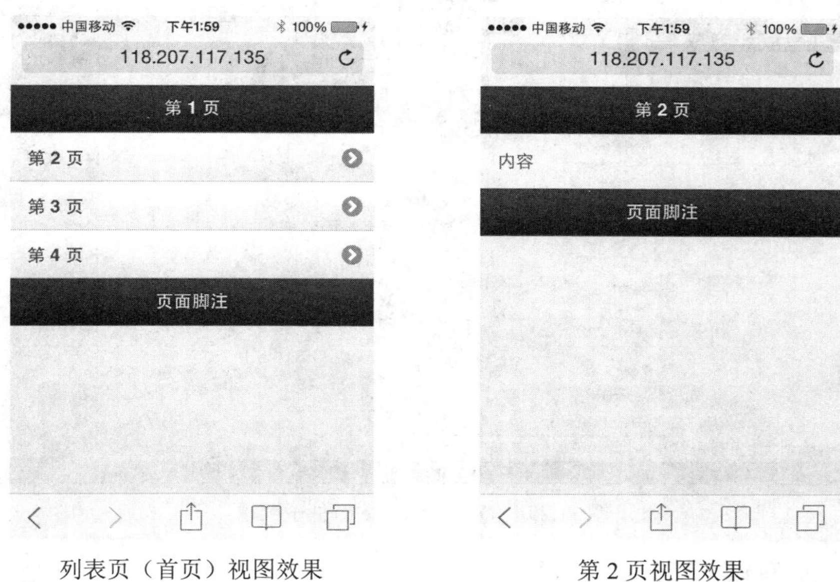

列表页（首页）视图效果　　　　第 2 页视图效果

图 11.24　jQuery Mobile 起始页预览效果

【拓展】在多页面切换过程中，可以使用 data-transition 属性定义页面切换的动画效果。例如：

```
<p><a href="#new1" data-transition="pop">jQuery Mobile 1.4.0 Beta 发布</a></p>
```

上面内部链接将以从中心渐显展开的方式弹出视图页面。data-transition 属性支持的属性值说明如表 11.1 所示。

表 11.1　data-transition 参数表

参　　数	说　　明
slide	从右到左切换（默认）
slideup	从下到上切换
slidedown	从上到下切换
pop	以弹出的形式打开一个页面
fade	以渐变退色的方式切换
flip	旧页面翻转飞出，新页面飞入

如果想要在目标页面中显示后退按钮，可以在链接中加入 data-direction="reverse"属性，这个属性和原来的 data-back="true"相同。

11.3　使用 jQuery Mobile 容器

在 jQuery Mobile 视图页内可以定义各种容器，主要包括通用模块（标题栏、导航栏和脚注栏）

Note

以及常用布局模块（网格、折叠面板和折叠组）。在 Dreamweaver CC 的“插入”菜单中可以找到这些容器命令，使用这些命令能够可视化、快速完成各种容器的部署操作，如图 11.25 所示。

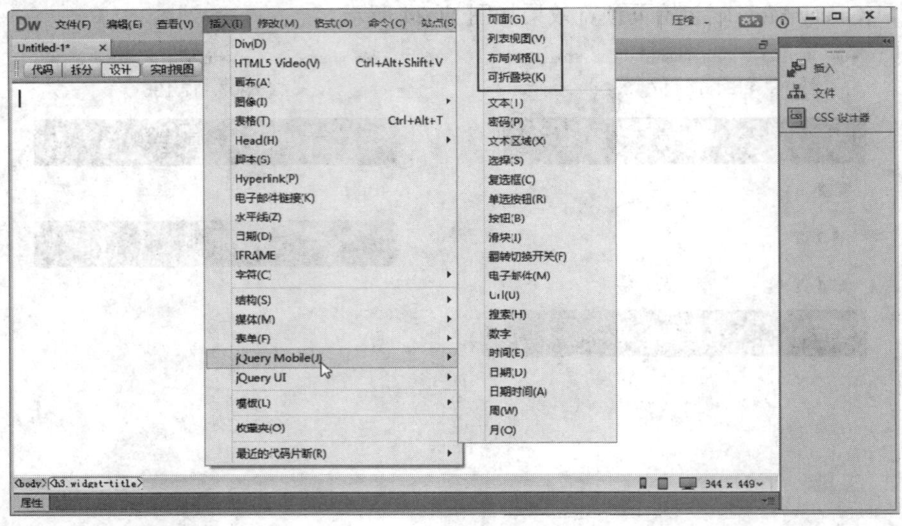

图 11.25　jQuery Mobile 组件子菜单

11.3.1　实战演练：定义标题栏

标题栏主要用来显示标题和各种导航按钮等操作区域，是视图页中第一个容器，由标题和按钮组成，其中，按钮可以使用后退按钮，也可以添加表单按钮，并可以通过设置相关属性控制标题按钮的相对位置。

【案例效果】

本案例实现效果如图 11.26 所示。

iBBDemo3 模拟器预览效果

Opera Mobile12 模拟器预览效果

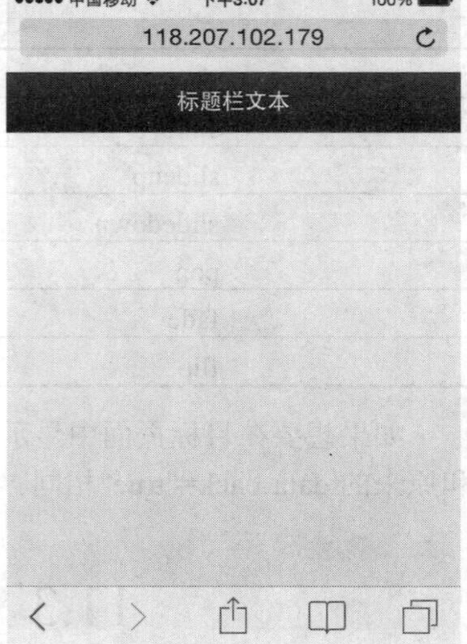

iPhone 5S 预览效果

图 11.26　案例效果

【操作步骤】

第 1 步，启动 Dreamweaver CC，选择“文件”|“新建”命令，打开“新建文档”对话框，选择“启动器模板”选项，设置“示例文件夹”为“Mobile 起始页”，“示例页”为“jQuery Mobile（本地）”，设置“文档类型”为 HTML5，然后单击“确定”按钮，完成文档的创建操作，如图 11.27 所示。

第 2 步，按 Ctrl+S 快捷键，保存文档为 index3.html。此时，Dreamweaver CC 会弹出对话框提示保存相关的框架文件，如图 11.28 所示。

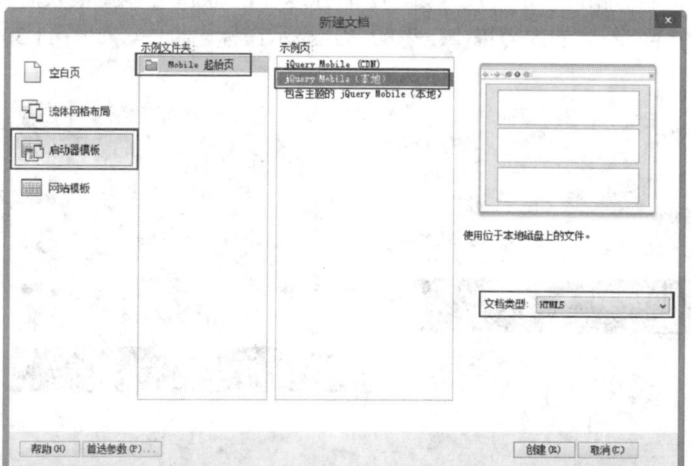

图 11.27　新建 jQuery Mobile 起始页

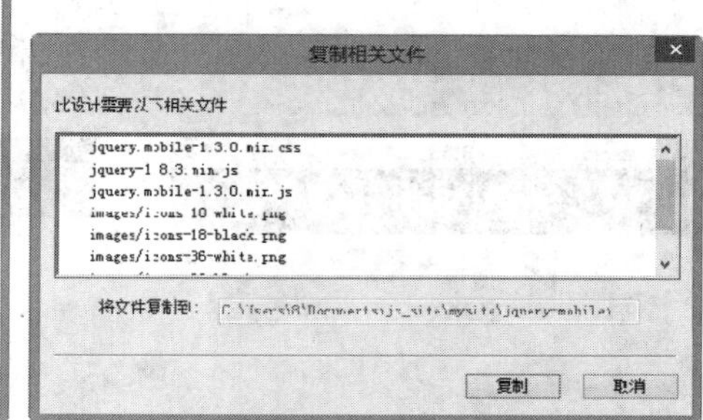

图 11.28　复制相关文件

第 3 步，在编辑窗口中，可以看到 Dreamweaver CC 新建了包含 4 个页面的 HTML5 文档，其中第 1 个页面为导航列表页，第 2～4 页为具体的详细页视图。在站点中新建了 jquery-mobile 文件夹，包括了所有需要的相关技术文件和图标文件。

第 4 步，切换到“代码”视图，清除第 2、3、4 页容器结构，保留第一个 Page 容器，在容器中添加一个 data-role 属性为 header 的<div>标签，定义标题栏结构。在标题栏中添加一个<h1>标签，定义标题，标题文本设置为“标题栏文本”，如图 11.29 所示。

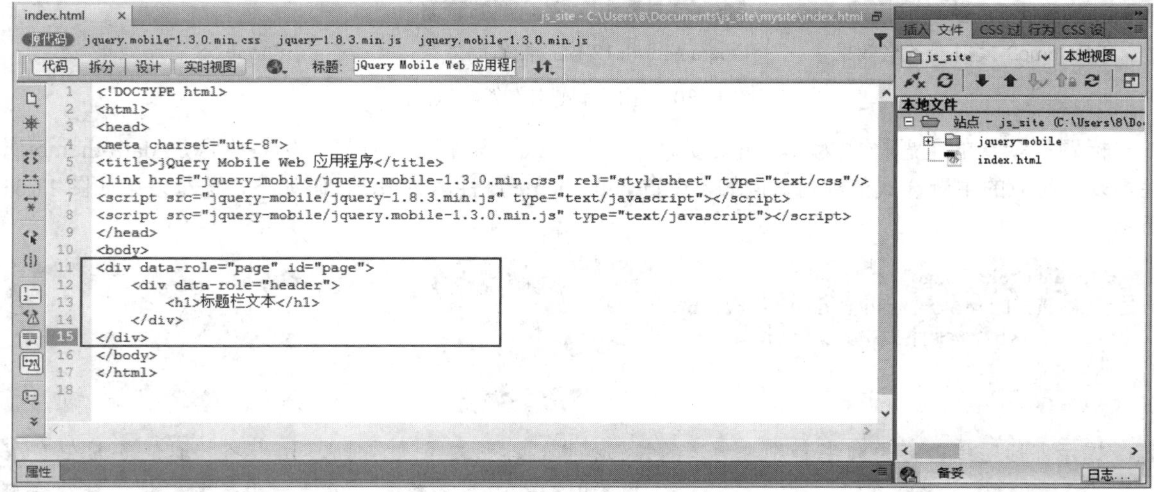

图 11.29　定义标题栏结构

每个视图容器中只能够有一个标题栏，通过添加一个 Page 容器的<div>标签，在容器中添加一个 data-role 属性，设置属性值为 header，然后即可在标题栏中添加标题、按钮或者标题文本。标题文本一般应包含在标题标签中。

第 5 步，在头部位置添加如下元信息，定义视图宽度与设备屏幕宽度保持一致。

```
<meta name="viewport" content="width=device-width,initial-scale=1" />
```

【拓展】由于移动设备的浏览器分辨率不尽相同，如果尺寸过小，而标题栏的标题内容又很长时，jQuery Mobile 会自动调整需要显示的标题内容，隐藏的内容以“…”的形式显示在标题栏中，如图 11.30 所示。

```
<div data-role="page" id="page">
    <div data-role="header">
        <h1>标题栏文本长度过长</h1>
    </div>
</div>
```

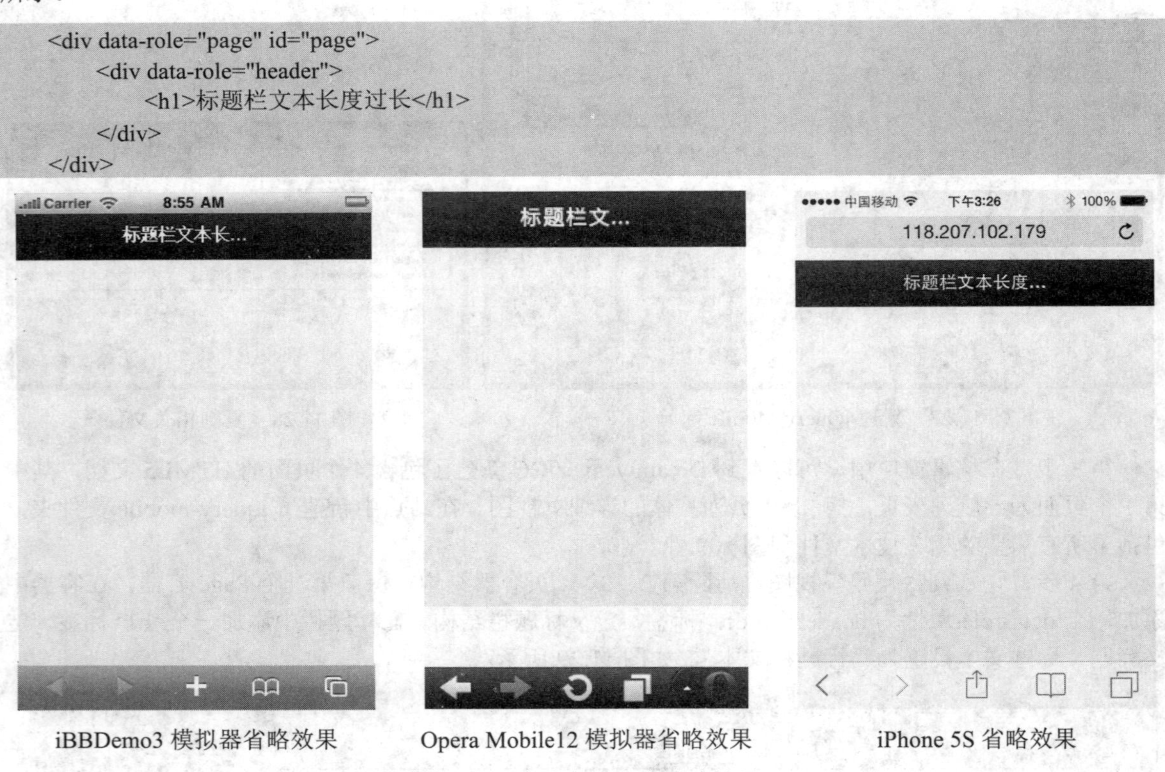

iBBDemo3 模拟器省略效果　　Opera Mobile12 模拟器省略效果　　iPhone 5S 省略效果

图 11.30　超出标题文本省略效果

标题栏默认的主题样式为 a，如果要修改主题样式，只需要在标题栏标签中添加 data-theme 属性，设置对应的主题样式值即可。例如，设置 data-theme 属性值为 b，代码如下，预览效果如图 11.31 所示。

```
<div data-role="page" id="page">
    <div data-role="header" data-theme="b">
        <h1>标题栏文本长度过长</h1>
    </div>
</div>
```

提示：标题栏由标题文字和左右两边的按钮构成，标题文字通常使用<h>标签，取值范围在 1～6 之间，常用<h1>标签，无论取值是多少，在同一个移动应用项目中都要保持一致。标题文字的左右两边可以分别放置一个或两个按钮，用于标题中的导航操作。

iBBDemo3 模拟器主题效果

Opera Mobile12 模拟器主题效果

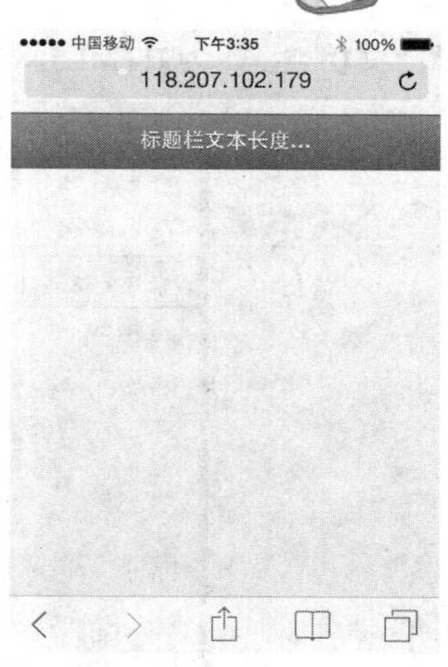

iPhone 5S 主题效果

图 11.31　定义标题栏主题效果

11.3.2　实战演练：定义导航栏

导航栏一般位于页视图的标题栏或者脚注栏。在导航容器内，通过列表结构定义导航项目，如果需要设置某导航项目为激活状态，只需在该标签中添加 ui-btn-active 类样式即可。

下面设计在标题栏添加一个导航栏，在其中创建 3 个导航按钮，分别在按钮上显示“采集”、“画板”和“推荐用户”文本，并将第一个按钮设置为选中状态。

【案例效果】

本案例实现效果如图 11.32 所示。

iPhone 5S 预览效果

Opera Mobile12 模拟器预览效果

图 11.32　案例效果

【操作步骤】

第 1 步，启动 Dreamweaver CC，选择“文件”|“新建”命令，打开“新建文档”对话框，选择“启动器模板”选项，设置“示例文件夹”为“Mobile 起始页”，“示例页”为“jQuery Mobile（本地）”，

Note

设置“文档类型”为 HTML5，然后单击“确定”按钮，完成文档的创建操作，如图 11.33 所示。

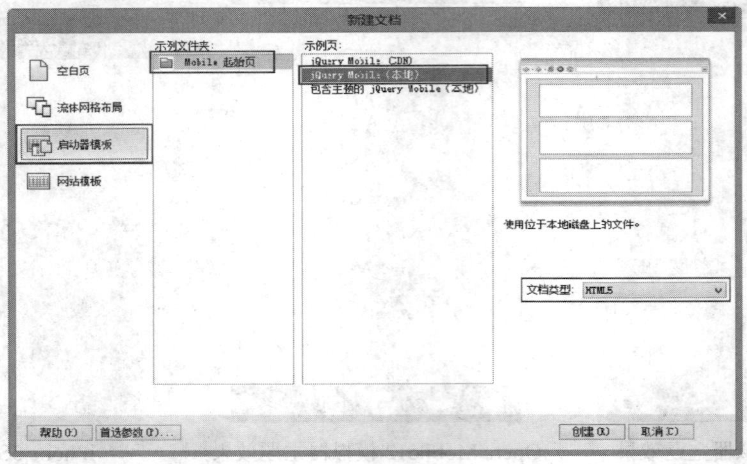

图 11.33　新建 jQuery Mobile 起始页

第 2 步，按 Ctrl+S 快捷键，保存文档为 index.html，然后根据 Dreamweaver CC 提示保存相关的框架文件。

第 3 步，切换到“代码”视图，清除第 2、3、4 页容器结构，保留第一个 Page 容器，然后在标题栏输入下面代码，定义导航栏结构。

```
<div data-role="navbar">
    <ul>
        <li><a href="page2.html">采集</a></li>
        <li><a href="page3.html">画板</a></li>
        <li><a href="page4.html">推荐用户</a></li>
    </ul>
</div>
```

第 4 步，选中第一个超链接标签，然后在“属性”面板中设置“类”为 ui-btn-active，激活第一个导航按钮，参数设置如图 11.34 所示。

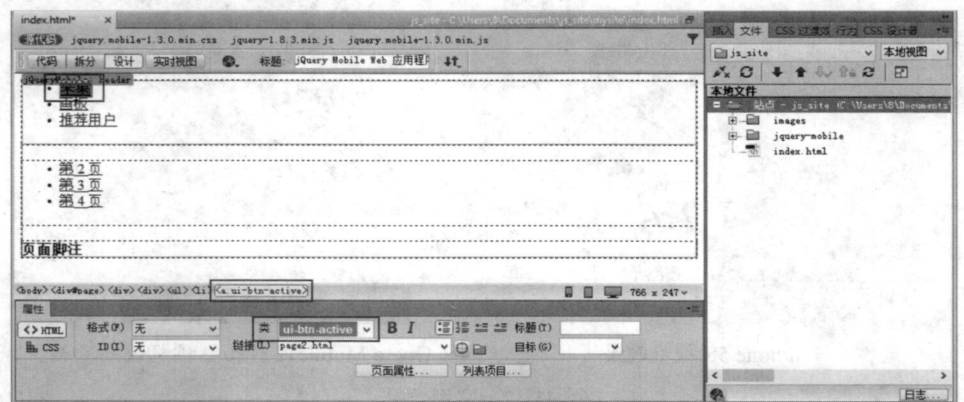

图 11.34　定义激活按钮类样式

第 5 步，删除内容容器中的列表视图结构（<ul data-role="listview">），选择“插入”|“图像”|“图像”命令，插入图像 images/1.jpg，清除自动定义的 width 和 height 属性后，为当前图像定义一

个类样式，设计其宽度为100%显示，参数设置如图 11.35 所示。

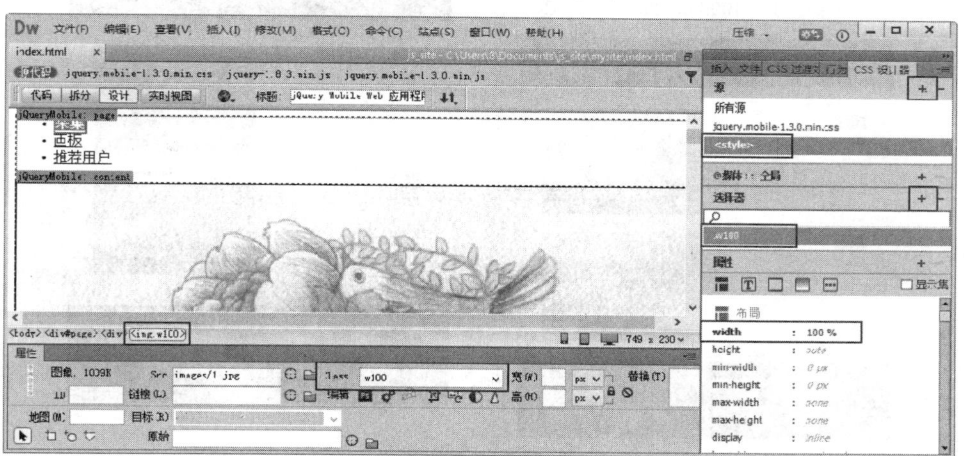

图 11.35　插入并定义图像类样式

第 6 步，在头部位置添加如下元信息，定义视图宽度与设备屏幕宽度保持一致。

```
<meta name="viewport" content="width=device-width,initial-scale=1" />
```

第 7 步，在移动设备中预览该首页，可以看到如图 11.32 所示的导航按钮效果。本案例将一个简单的导航栏容器通过嵌套的方式放置在标题栏容器中，形成顶部导航栏的页面效果。在导航栏的内部容器中，每个导航按钮的宽度都是一致的，因此，每增加一个按钮，都会将原先按钮的宽度按照等比例的方式进行均分。即如果原来有两个按钮，每个按钮的宽度为浏览器宽度的 1/2，再增加 1 个按钮时，原先的宽度又变为浏览器宽度的 1/3，依此类推。当导航栏中按钮的数量超过 5 个时，将自动换行显示。

提示：除了将导航栏放置在头部外，也可以将其放置在底部，形成脚注导航栏。在头部导航栏中，标题栏容器可以保留标题和按钮，只需要将导航栏容器以嵌套的方式放置在标题栏即可。

11.3.3　实战演练：定义脚注栏

脚注栏也可以嵌套导航按钮，jQuery Mobile 允许使用控件组容器包含多个按钮，以减少按钮间距（控件组容器通过 data-role 属性值为 controlgroup 进行定义），同时为控件组容器定义 data-type 属性，设置按钮组的排列方式，如当值为 horizontal 时，表示容器中的按钮按水平顺序排列。

【案例效果】

本案例实现效果如图 11.36 所示。

【操作步骤】

第 1 步，启动 Dreamweaver CC，选择“文件”|“新建”命令，打开“新建文档”对话框，选择“启动器模板”选项，设置“示例文件夹”为“Mobile 起始页”，“示例页”为“jQuery Mobile（本地）”，设置“文档类型”为 HTML5，然后单击“确定”按钮，完成文档的创建操作。

第 2 步，按 Ctrl+S 快捷键，保存文档为 index.html。切换到“代码”视图，清除第 2、3、4 页容器结构，保留第一个 Page 容器，在页面容器的标题栏中输入标题文本“<h1>普吉岛</h1>”。

```
<div data-role="header">
    <h1>普吉岛</h1>
</div>
```

iPhone 5S 预览效果

Opera Mobile12 模拟器预览效果

图 11.36　案例效果

第 3 步，清除内容容器内的列表视图容器，选择“插入”|“图像”|“图像”命令，在内容容器内导航栏后面插入图像 images/1.png，定义一个类样式 w100，设置 width 为 100%，绑定类样式到图像标签上。

```
<div data-role="content">
    <img src="images/1.png" class="w100" />
</div>
```

第 4 步，在脚注栏设计一个控件组<div data-role="controlgroup">，定义 data-type="horizontal"属性，设计按钮组水平显示，然后在该容器中插入 3 个按钮超链接，使用 data-role="button"属性声明按钮效果，使用 data-icon="home"为第一个按钮添加图标，代码如下：

```
<div data-role="footer">
    <div data-role="controlgroup" data-type="horizontal">
        <a href="#" data-role="button" data-icon="home">首页</a>
        <a href="#" data-role="button">业务合作</a>
        <a href="#" data-role="button">媒体报道</a>
    </div>
</div>
```

第 5 步，在内部样式表中定义一个 center 类样式，设计对象内的内容居中显示，然后把该类样式绑定到<div data-role="controlgroup">标签上。整个页面代码如图 11.37 所示。

```
<style type="text/css">
.center {text-align:center;}
</style>
<div data-role="controlgroup" data-type="horizontal" class="center">
```

第 6 步，在头部位置添加如下元信息，定义视图宽度与设备屏幕宽度保持一致。

```
<meta name="viewport" content="width=device-width,initial-scale=1" />
```

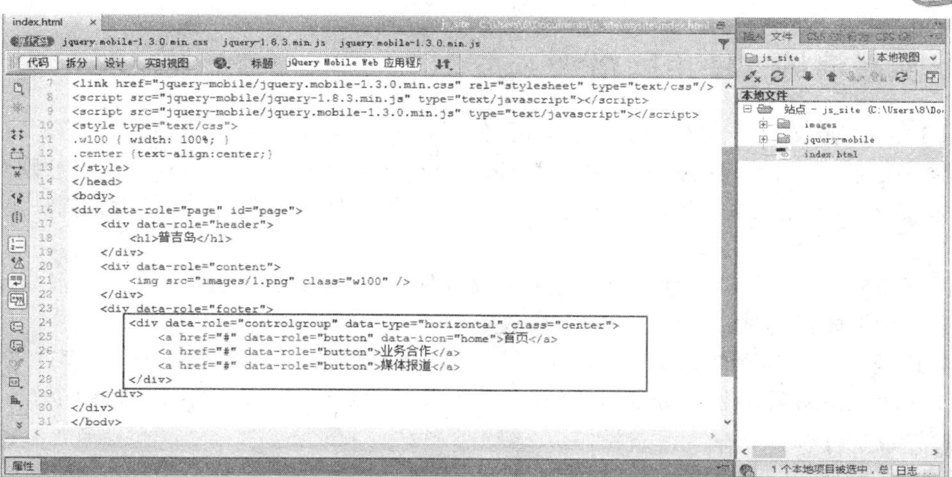

图 11.37　设计按钮组容器

第 7 步，完成设计之后，在移动设备中预览该 index.html 页面，可以看到如图 11.36 所示的脚注栏按钮组效果。

提示：在本案例中，由于脚注栏中的按钮放置在<div data-role="controlgroup">容器中，所以按钮间没有任何空隙。如果想要给脚注栏中的按钮添加空隙，则不需要使用容器包裹，另外给脚注栏容器添加一个 ui-bar 类样式即可，代码如下，则预览效果如图 11.38 所示。

```
<div data-role="footer" class="ui-bar">
    <a href="#" data-role="button" data-icon="home">首页</a>
    <a href="#" data-role="button">业务合作</a>
    <a href="#" data-role="button">媒体报道</a>
</div>
```

iPhone 5S 预览效果

Opera Mobile12 模拟器预览效果

图 11.38　不嵌套按钮组容器效果

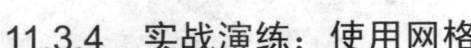

11.3.4 实战演练：使用网格

Note

jQuery Mobile 定义了一套网格布局类样式，使用 ui-grid 类样式可以实现页面内容的网格化版式设计。这套系统包括 4 种预设的配置布局：ui-grid-a、ui-grid-b、ui-grid-c 和 ui-grid-d，分别对应 2 列、3 列、4 列、5 列的网格布局，用户可以根据内容需要选用一种布局样式，以最大范围满足页面多列的需求。

使用网格布局时，整个宽度为 100%，没有定义任何 padding 和 margin 值，也没有预定义背景色，因此不会影响到页面其他对象在网格中的布局效果。

下面将创建一个两列网格。要创建一个两列（50%50%）布局，首先需要一个容器（class="ui-grid-a"），然后添加两个子容器（分别添加 ui-block-a 和 ui-block-b 的 class），代码如下：

```
<div class="ui-grid-a">
        <div class="ui-block-a"></div>
        <div class="ui-block-b"> </div>
</div>
```

【案例效果】

本案例实现效果如图 11.39 所示。

iPhone 5S 预览效果

Opera Mobile12 模拟器预览效果

图 11.39 案例效果

【操作步骤】

第 1 步，启动 Dreamweaver CC，选择“文件”|“新建”命令，打开“新建文档”对话框，选择“启动器模板”选项，设置“示例文件夹”为“Mobile 起始页”，“示例页”为“jQuery Mobile（本地）”，设置“文档类型”为 HTML5，然后单击“确定”按钮，完成文档的创建操作。

第 2 步，按 Ctrl+S 快捷键，保存文档为 index.html。切换到“代码”视图，清除第 2、3、4 页容器结构，保留第一个 Page 容器，在页面容器的标题栏中输入标题文本“<h1>网格化布局</h1>”。

```
<div data-role="header">
    <h1>网格化布局</h1>
</div>
```

第 3 步，清除内容容器及其包含的列表视图容器，选择“插入”| Div 命令，打开“插入 Div”对话框，设置“插入”选项为“在标签结束之前”选项，然后在后面的下拉列表框中选择<div id="page">，在 Class 下拉列表框中选择 ui-grid-a，插入一个两列版式的网格包含框，参数设置如图 11.40 所示。

第 4 步，把光标置于<div class="ui-grid-a">标签内，选择“插入”| Div 命令，打开“插入 Div”对话框，在 Class 下拉列表框中选择 ui-block-a，设计第一列包含框，参数设置如图 11.41 所示。

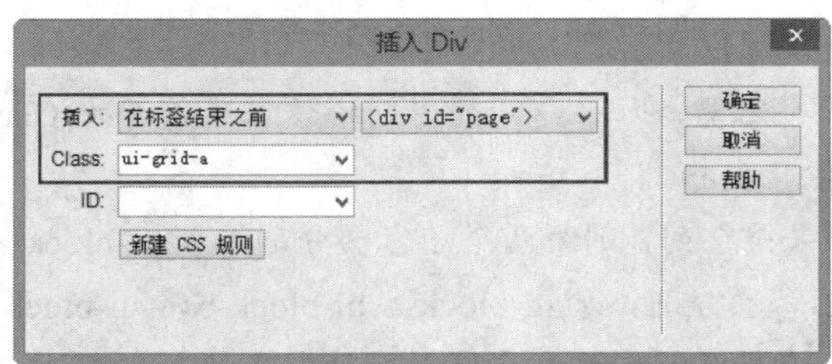

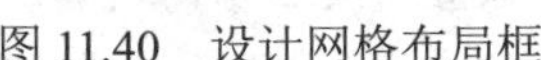

图 11.40　设计网格布局框

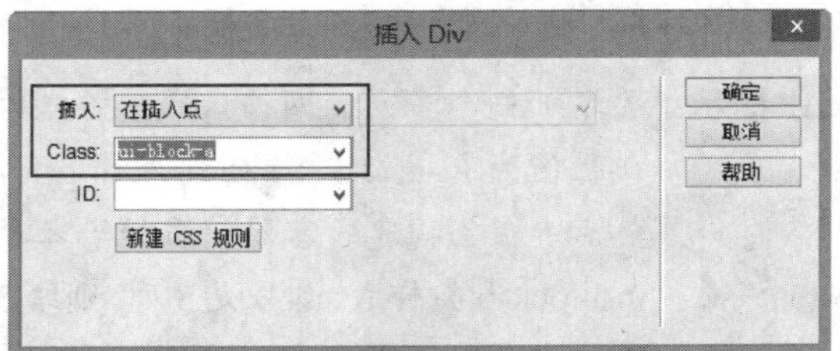

图 11.41　设计网格第一列包含框

第 5 步，把光标置于<div class="ui-grid-a">标签后面，选择“插入”| Div 命令，打开“插入 Div”对话框，在 Class 下拉列表框中选择 ui-block-b，设计第二列包含框，参数设置如图 11.42 所示。

第 6 步，把光标分别置于第一列和第二列包含框中，选择“插入”|“图像”|“图像”命令，在包含框中分别插入图像 images/2.png 和 images/4.png。完成设计的两列网格布局代码如下：

```
<div data-role="page" id="page">
    <div data-role="header">
        <h1>网格化布局</h1>
    </div>
    <div class="ui-grid-a">
        <div class="ui-block-a"> <img src="images/2.png" alt=""/> </div>
        <div class="ui-block-b"> <img src="images/4.png" alt=""/> </div>
    </div>
</div>
```

第 7 步，在文档头部添加一个内部样式表，设计网格包含框内的所有图像宽度均为 100%，代码如下：

```
<style type="text/css">
.ui-grid-a img { width: 100%; }
</style>
```

第 8 步，以同样的方式再添加两行网格系统，设计两列版式，然后完成内容的设计，如图 11.43 所示。

第 9 步，在头部位置添加如下元信息，定义视图宽度与设备屏幕宽度保持一致。

```
<meta name="viewport" content="width=device-width,initial-scale=1" />
```

第 10 步，完成设计之后，在移动设备中预览该 index.html 页面，可以看到如图 11.39 所示的两列版式效果。

Note

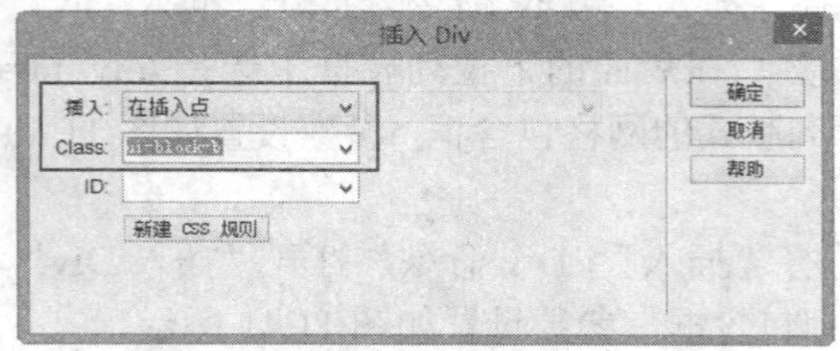

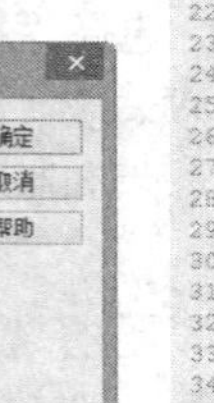

图 11.42　设计网格第二列包含框

```
<div data-role="page" id="page">
    <div data-role="header">
        <h1>网格化布局</h1>
    </div>
    <div class="ui-grid-a">
        <div class="ui-block-a"> <img src="images/2.png" alt=""/> </div>
        <div class="ui-block-b"> <img src="images/4.png" alt=""/> </div>
    </div>
    <div class="ui-grid-a">
        <div class="ui-block-a"> <img src="images/1.png" alt=""/> </div>
        <div class="ui-block-b"> <img src="images/3.png" alt=""/> </div>
    </div>
    <div class="ui-grid-a">
        <div class="ui-block-a"> <img src="images/6.png" alt=""/> </div>
        <div class="ui-block-b"> <img src="images/8.png" alt=""/> </div>
    </div>
    <div class="ui-grid-a">
        <div class="ui-block-a"> <img src="images/5.png" alt=""/> </div>
        <div class="ui-block-b"> <img src="images/7.png" alt=""/> </div>
    </div>
</div>
```

图 11.43　设计多行网格系统

提示：要增加一个多列的网格区域，首先构建一个容器，如果是两列，则给该容器添加的 Class 属性值为 ui-grid-a，3 列则为 ui-grid-b，依此类推。

然后，在已构建的容器中添加子容器，如果是 2 列，则给两个子容器分别添加 ui-block-a、ui-block-b 类样式；如果是 3 列，则给 3 个子容器分别添加 ui-block-a、ui-block-b 和 ui-block-c 类样式属性，其他多列依此类推。最后，在子容器中放置需要显示的内容。

在网格系统中，可以使用 jQuery Mobile 自带的样式 ui-bar 控制各子容器的间距。如果容器选择的样式为两列，即 Class 值为 ui-grid-a，而在其子容器中添加了 3 个子项，即 Class 值为 ui-block-c，那么该列自动被放置在下一行。

jQuery Mobile 有两个预设的配置布局：2 列布局（Class 含有 ui-grid-a）和 3 列布局（Class 含有 ui-grid-b）。网格 Class 可以应用于任何容器。在下面的代码中为<fieldset>添加了 ui-grid-a 并为两个 button 容器应用了 ui-block。

```
<fieldset class="ui-grid-a">
    <div class="ui-block-a"><button type="submit" data-theme="c">Cancel</button></div>
    <div class="ui-block-b"><button type="submit" data-theme="b">Submit</button></div>
</fieldset>
```

此外，网格块可以采用主题化系统中的样式，通过增加高度和颜色调板，即可实现这种风格的外观。

3 列网格布局配置在父级容器中使用 class=ui-grid-b，而 3 个子级容器使用 ui-block-a/b/c，以创建 3 列的布局（33%33%33%）。

```
<div class="ui-grid-b">
    <div class="ui-block-a">Block A</div>
    <div class="ui-block-b">Block B</div>
    <div class="ui-block-c">Block C</div>
</div>
```

4 列网格使用 class=ui-grid-c 来创建（25%25%25%25%）。

5 列网格使用 class=ui-grid-d 来创建（20%20%20%20%20%）。

多行网格被设计用来折断多行的内容。如果指定一个 3 列网格中包含 9 个子块，则会折断成 3 行 3 列的布局。该布局需要为 class=ui-block-子块使用一个重复的序列，例如，a, b, c, a, b, c 等来创建。

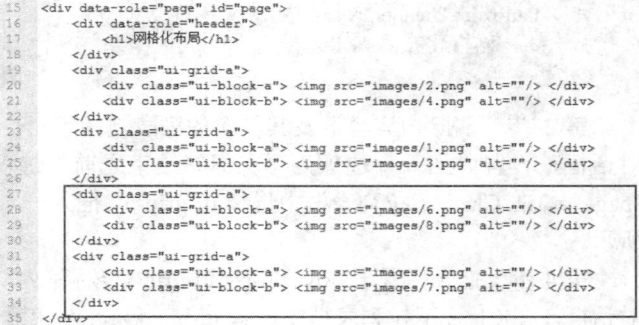

11.3.5 实战演练：使用可折叠面板

jQuery Mobile 允许将指定的区块进行折叠。设计方法：创建折叠容器，即将该容器的 data-role 属性设置为 collapsible，表示该容器是一个可折叠的区块。在容器中添加一个标题标签，设计该标签以按钮的形式显示。按钮的左侧有一个“+”号，表示该标题可以展开。在标题的下面放置需要折叠显示的内容，通常使用段落标签。当单击标题中的“+”号时，显示元素中的内容，标题左侧的“+”号变成“-”号；再次单击时，隐藏元素中的内容，标题左侧的“-”号变成“+”号。

【案例效果】

本案例实现效果如图 11.44 所示。

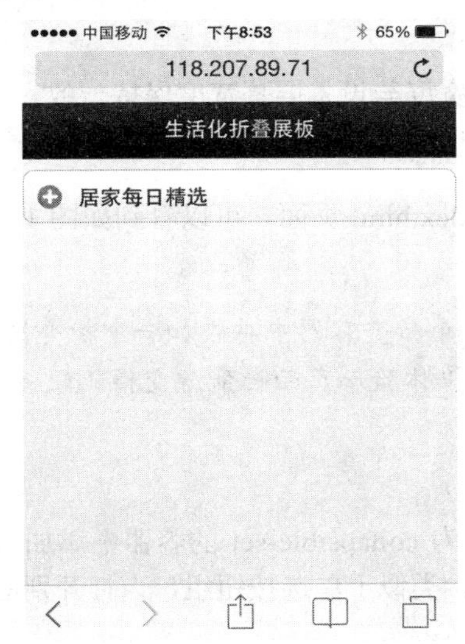

折叠容器收缩

折叠容器展开

图 11.44 案例效果

【操作步骤】

第 1 步，启动 Dreamweaver CC，选择“文件”|“新建”命令，打开“新建文档”对话框，选择“启动器模板”选项，设置“示例文件夹”为“Mobile 起始页”，“示例页”为“jQuery Mobile（本地）”，设置“文档类型”为 HTML5，然后单击“确定”按钮，完成文档的创建操作。

第 2 步，按 Ctrl+S 快捷键，保存文档为 index.html。切换到“代码”视图，清除第 2、3、4 页容器结构，保留第一个 Page 容器，在页面容器的标题栏中输入标题文本“<h1>生活化折叠展板</h1>”。

```
<div data-role="header">
    <h1>生活化折叠展板</h1>
</div>
```

第 3 步，清除内容容器及其包含的列表视图容器，切换到“代码”视图，在标题栏下面输入以下代码，定义折叠面板容器。其中，data-role="collapsible"属性声明当前标签为折叠容器，在折叠容器中，标题标签作为折叠标题栏显示，不管标题级别，可以是任意级别的标题，可以在 h1～h6 之间选择，根据需求进行设置，然后使用段落标签定义折叠容器的内容区域。

```
<div data-role="collapsible">
    <h1>居家每日精选</h1>
```

```
    <p><img src="images/1.png" alt=""/></p>
</div>
```

提示：在折叠容器中通过设置 data-collapsed 属性值，可以调整容器折叠的状态。该属性默认值为 true，表示标题下的内容是隐藏的，为收缩状态；如果将该属性值设置为 false，标题下的内容是显示的，为展开状态。

Note

第 4 步，在文档头部添加一个内部样式表，设计折叠容器内的所有图像宽度均为 100%，代码如下所示。设计的代码如图 11.45 所示。

```
<style type="text/css">
#page img { width: 100%; }
</style>
```

第 5 步，在头部位置添加如下元信息，定义视图宽度与设备屏幕宽度保持一致。

```
<meta name="viewport" content="width=device-width,initial-scale=1" />
```

第 6 步，完成设计之后，在移动设备中预览该 index.html 页面，可以看到如图 11.44 所示的折叠版式效果。

提示：jQuery Mobile 允许折叠嵌套显示，即在一个折叠容器中再添加一个折叠区块，依此类推。但建议这种嵌套最多不超过 3 层，否则用户体验和页面性能就变得比较差。

11.3.6 实战演练：使用折叠组

折叠容器可以编组，只需要在一个 data-role 属性为 collapsible-set 的容器中添加多个折叠块，从而形成一个组。在折叠组中只有一个折叠块是打开的，类似于单选按钮组，当打开别的折叠块时，其他折叠块自动收缩。

【案例效果】

本案例实现效果如图 11.46 所示。

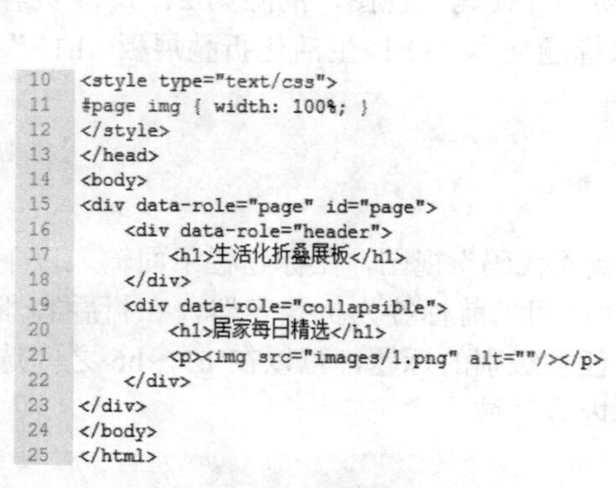

```
<style type="text/css">
#page img { width: 100%; }
</style>
</head>
<body>
<div data-role="page" id="page">
    <div data-role="header">
        <h1>生活化折叠展板</h1>
    </div>
    <div data-role="collapsible">
        <h1>居家每日精选</h1>
        <p><img src="images/1.png" alt=""/></p>
    </div>
</div>
</body>
</html>
```

图 11.45　设计折叠容器代码

默认状态　　　　折叠其他选项

图 11.46　案例效果

【操作步骤】

第 1 步，启动 Dreamweaver CC，选择“文件”|“新建”命令，打开“新建文档”对话框，选择“启动器模板”选项，设置“示例文件夹”为“Mobile 起始页”，“示例页”为“jQuery Mobile（本地）”，设置“文档类型”为 HTML5，然后单击“确定”按钮，完成文档的创建操作。

第 2 步，按 Ctrl+S 快捷键，保存文档为 index.html。切换到“代码”视图，清除第 2、3、4 页容器结构，保留第一个 Page 容器，在页面容器的标题栏中输入标题文本“<h1>网址导航</h1>”。

```
<div data-role="header">
    <h1>网址导航</h1>
</div>
```

第 3 步，清除内容容器及其包含的列表视图容器，切换到“代码”视图，在标题栏中输入下面代码，定义折叠组容器。其中，data-role="collapsible-set"属性声明当前标签为折叠组容器。

```
<div data-role="collapsible-set">
</div>
```

第 4 步，在折叠组容器中插入 4 个折叠容器，代码如下所示。其中，在第一个折叠容器中定义 data-collapsed="false"属性，设置第一个折叠容器默认为展开状态。

```
<div data-role="collapsible-set">
    <div data-role="collapsible" data-collapsed="false">
        <h1>视频</h1>
        <p><a href="#">优酷网</a></p>
        <p><a href="#">奇艺高清</a></p>
        <p><a href="#">搜狐视频</a></p>
    </div>
    <div data-role="collapsible">
        <h1>新闻</h1>
        <p><a href="#">CNTV</a></p>
        <p><a href="#">环球网</a></p>
        <p><a href="#">路透中文网</a></p>
    </div>
    <div data-role="collapsible">
        <h1>邮箱</h1>
        <p><a href="#">163 邮箱</a></p>
        <p><a href="#">126 邮箱</a></p>
        <p><a href="#">阿里云邮箱</a></p>
    </div>
    <div data-role="collapsible">
        <h1>网购</h1>
        <p><a href="#">淘宝网</a></p>
        <p><a href="#">京东商城</a></p>
        <p><a href="#">亚马逊</a></p>
    </div>
</div>
```

第 5 步，在头部位置添加如下元信息，定义视图宽度与设备屏幕宽度保持一致。

```
<meta name="viewport" content="width=device-width,initial-scale=1" />
```

第 6 步，完成设计之后，在移动设备中预览该 index.html 页面，可以看到如图 11.46 所示的折叠组版式效果。

Note

提示：折叠组中所有的折叠块在默认状态下都是收缩的，如果想在默认状态下使某个折叠区块为下拉状态，只要将该折叠区块的 data-collapsed 属性值设置为 false 即可，例如，在本案例中，将标题为“视频”的折叠块的 data-collapsed 属性值设置为 false。但是由于同处在一个折叠组内，这种下拉状态在同一时间只允许有一个。

11.4 使用 jQuery Mobile 小部件

在 jQuery Mobile 各种容器中可以插入表单对象、列表视图等各种小部件，也可以直接输入文本，插入图像等内容。这些 jQuery Mobile 部件都可以在 Dreamweaver CC 的“插入”| jQuery Mobile 菜单中找到。由于 jQuery Mobile 部件用法基本相同、使用简单，本节有选择性地介绍几种常用部件。

11.4.1 实战演练：插入按钮

在 jQuery Mobile 中，按钮组件默认显示为块状，自动填充页面宽度。如果要取消默认块状显示效果，只需要在按钮标签中添加 data-inline 属性，设置属性值为 true 即可，该按钮将会根据包含的文字和图片自动进行缩放，显示为行内按钮样式效果。

【案例效果】

本案例实现效果如图 11.47 所示。

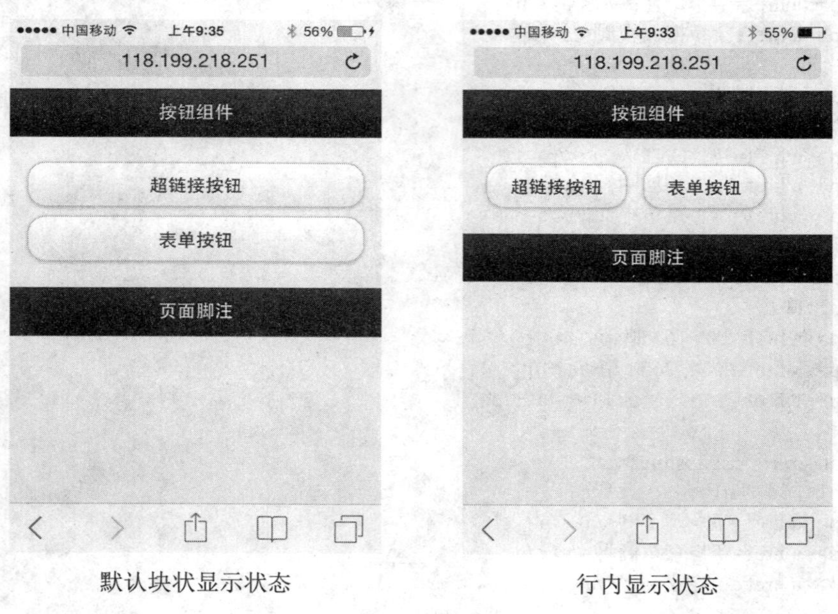

默认块状显示状态　　　　行内显示状态

图 11.47　案例效果

【操作步骤】

第 1 步，启动 Dreamweaver CC，选择“文件”|“新建”命令，打开“新建文档”对话框，选择“启动器模板”选项，设置“示例文件夹”为“Mobile 起始页”，“示例页”为“jQuery Mobile（本地）”，设置“文档类型”为 HTML5，然后单击“确定”按钮，完成文档的创建操作，如图 11.48 所示。

Note

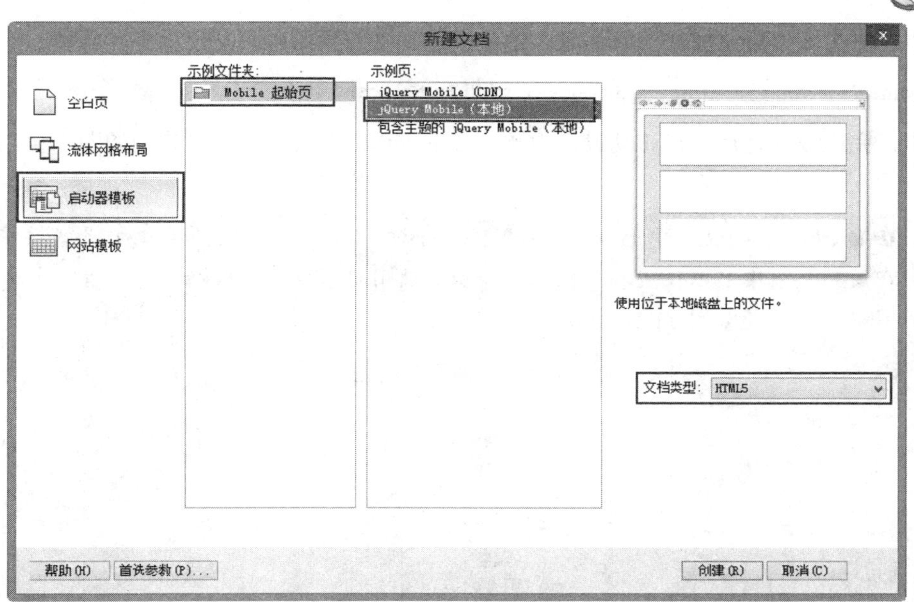

图 11.48 新建 jQuery Mobile 起始页

第 2 步，按 Ctrl+S 快捷键，保存文档为 index.html，然后根据 Dreamweaver CC 提示保存相关的框架文件。

第 3 步，切换到“代码”视图，清除第 2、3、4 页容器结构，保留第一个 Page 容器，然后在标题栏中输入“<h1>按钮组件</h1>”，定义页面标题。页脚栏内容保持不变。

```
<div data-role="header">
    <h1>按钮组件</h1>
</div>
```

第 4 步，清除内容栏内的列表视图结构，分别插入一个超链接和一个表单按钮对象，为超链接标签定义 data-role="button"和 data-inline="true"属性，为表单按钮对象添加 data-inline="true"属性，代码如下。详细代码如图 11.49 所示。

```
<div data-role="content">
    <a href="#" data-role="button" data-inline="true">超链接按钮</a>
    <input type="button" data-inline="true" value="表单按钮" />
</div>
```

```
<body>
<div data-role="page" id="page">
    <div data-role="header">
        <h1>按钮组件</h1>
    </div>
    <div data-role="content">
        <a href="#" data-role="button" data-inline="true">超链接按钮</a>
        <input type="button"  data-inline="true" value="表单按钮" />
    </div>
    <div data-role="footer">
        <h4>页面脚注</h4>
    </div>
</div>
</body>
</html>
```

图 11.49 定义行内按钮样式

第 5 步，在头部位置添加如下元信息，定义视图宽度与设备屏幕宽度保持一致。

```
<meta name="viewport" content="width=device-width,initial-scale=1" />
```

第 6 步，完成设计之后，在移动设备中预览该 index.html 页面，可以看到如图 11.47 所示的行内按钮效果。

Note

提示：在 Dreamweaver CC 中选择“插入” | jQuery Mobile | “按钮”命令，打开“按钮”对话框，在该对话框中可以设置插入按钮的个数、使用标签类型、按钮显示位置、布局方式、附加图标等选项，如图 11.50 所示。

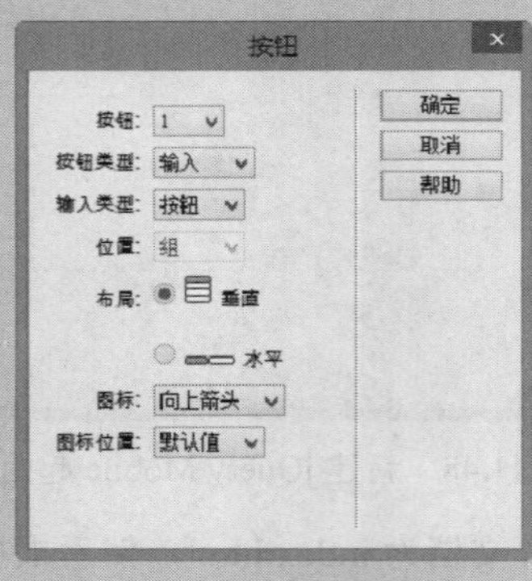

图 11.50　设置“按钮”对话框

“按钮”对话框中各选项的说明如下。

- ☑ 按钮：选择插入按钮的个数，可选 1～10。
- ☑ 按钮类型：定义按钮使用的标签，包括链接（<a>）、按钮（<button>）和输入（<innput>）3 个标签选项。
- ☑ 输入类型：当在“按钮类型”选项中选择“输入”选项，则该项有效，可以设置“按钮”（<input type="button" />）、“提交”（<input type="submit" />）、“重置”（<input type="reset" />）和“图像”（<input type="image" />）4 种输入型按钮。
- ☑ 位置：当设置“按钮”选项为大于等于 2 的值时，当前项目有效，可以设置按钮是以组的形式分布，还是以内联的形式显示。
- ☑ 布局：当设置“按钮”选项为大于等于 2 的值时，当前项目有效，可以设置按钮是以垂直方式还是水平方式显示。
- ☑ 图标：包含 jQuery Mobile 所有内置图标。
- ☑ 图标位置：设置图标显示位置，包括“左对齐”、“右对齐”、“顶端”、“底部”、“默认值”和“无文本”6 个选项。默认值为“左对齐”，“无文本”表示仅显示图标，不显示按钮文字。

11.4.2　实战演练：插入文本框

在 jQuery Mobile 中，文本输入框包括单行文本框和多行文本区域，同时 jQuery Mobile 还支持 HTML5 新增的输入类型，如时间输入框、日期输入框、数字输入框、URL 输入框、搜索输入框、电子邮件输入框等，在 Dreamweaver CC 的“插入” | jQuery Mobile 子菜单中可以看到这些组件。

【案例效果】

本案例实现效果如图 11.51 所示。

iBBDemo3 预览效果

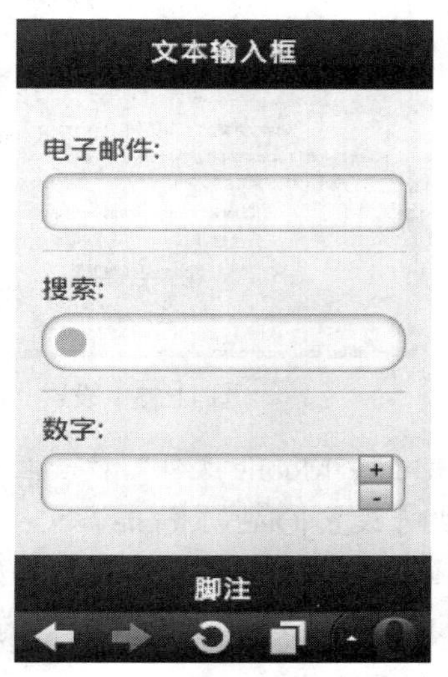

Opera Mobile12 模拟器预览效果

图 11.51　案例效果

【操作步骤】

第 1 步，启动 Dreamweaver CC，选择“文件”|“新建”命令，打开“新建文档”对话框，如图 11.52 所示。在该对话框中选择“空白页”选项，设置“页面类型”为 HTML，“文档类型”为 HTML5，然后单击“确定”按钮，完成文档的创建操作。

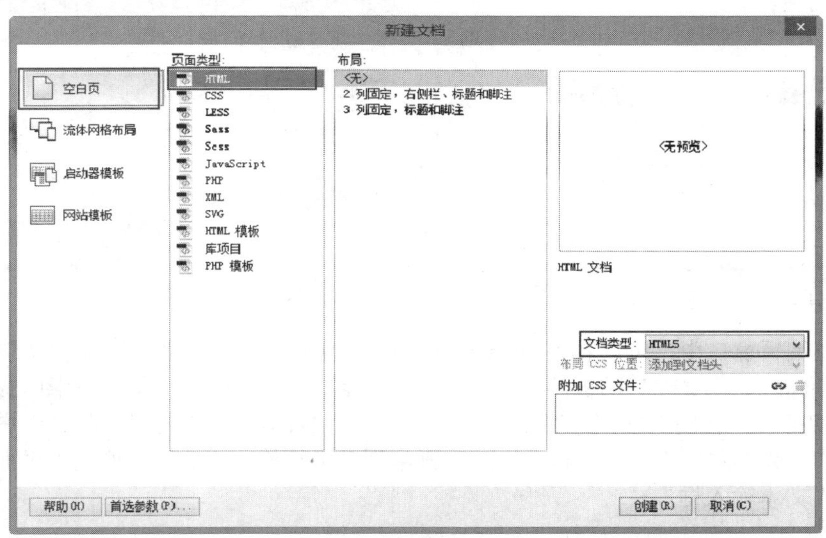

图 11.52　新建 HTML5 类型文档

第 2 步，按 Ctrl+S 快捷键，保存文档为 index.html。选择“插入”| jQuery Mobile |“页面”命令，打开“jQuery Mobile 文件”对话框，保留默认设置，单击“确定”按钮，完成在当前文档中插入视图页，如图 11.53 所示。

Note

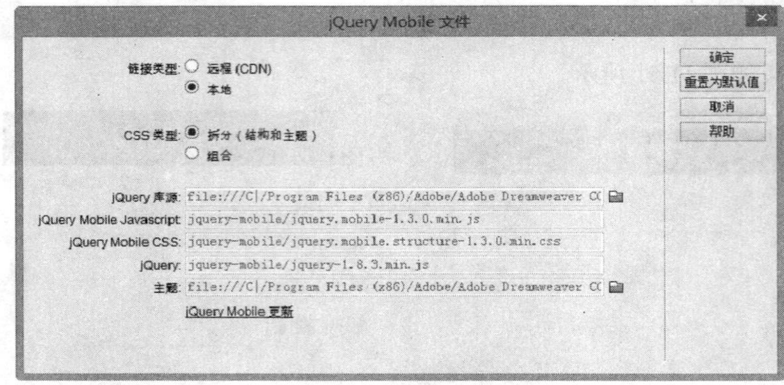

图 11.53　设置“jQuery Mobile 文件”对话框

提示：在“jQuery Mobile 文件”对话框中，链接类型包括“远程（CDN）”和“本地”，“远程”用于设置 jQuery Mobile 库文件放置于远程服务器上，而“本地”用于设置 jQuery Mobile 库文件放置于本地站点上。CSS 类型包括拆分和合并，如果选择拆分时，则把 jQuery Mobile 结构和主题样式拆分放置于不同的文件中，而选择合并则会把结构和主题样式都合并到一个 CSS 文件中。

第 3 步，单击“确定”按钮，关闭“jQuery Mobile 文件”对话框，然后打开“页面”对话框，在该对话框中设置页面的 ID 值，同时设置页面视图是否包含标题栏和页脚栏（脚注），保持默认设置，单击“确定”按钮，完成在当前 HTML5 文档中插入页面视图结构，参数设置如图 11.54 所示。

第 4 步，按 Ctrl+S 快捷键，保存当前文档 index.html。此时，Dreamweaver CC 会弹出对话框提示保存相关的框架文件，如图 11.55 所示。

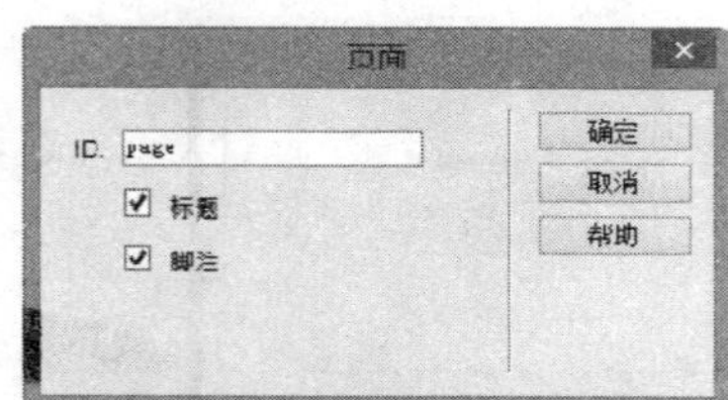

图 11.54　设置“页面”对话框

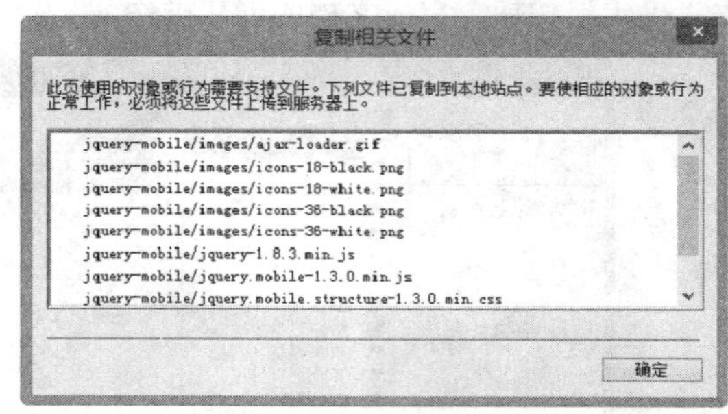

图 11.55　保存相关文件

第 5 步，在编辑窗口中，可以看到 Dreamweaver CC 新建了一个页面，页面视图包含标题栏、内容栏和脚注栏，同时在“文件”面板的列表框中可以看到复制的相关库文件，如图 11.56 所示。

第 6 步，切换到“代码”视图，可以看到页面视图的 HTML 结构代码，此时用户可以根据需要删除部分页结构，或者添加更多页结构，也可以删除列表页结构，并根据需要输入页面显示内容，修改标题文本为“文本输入框”。

```
<div data-role="page" id="page">
    <div data-role="header">
        <h1>文本输入框</h1>
    </div>
    <div data-role="content">内容</div>
    <div data-role="footer">
```

```
            <h4>脚注</h4>
        </div>
    </div>
```

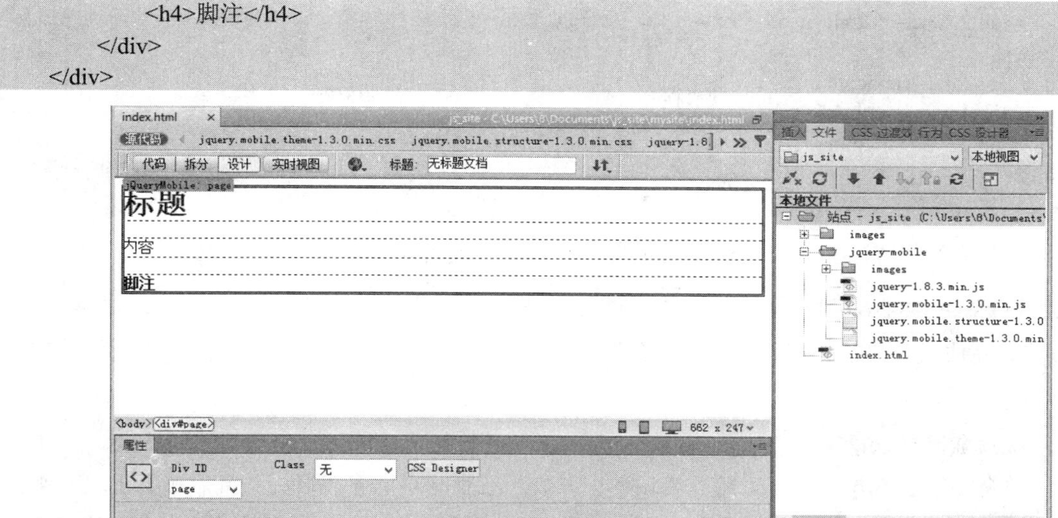

图 11.56　使用 Dreamweaver CC 新建 jQuery Mobile 视图页面

第 7 步，选中内容栏中的“内容”文本，清除内容栏中的文本，然后选择“插入”| jQuery Mobile |“电子邮件”命令，在内容栏中插入一个电子邮件文本输入框，如图 11.57 所示。

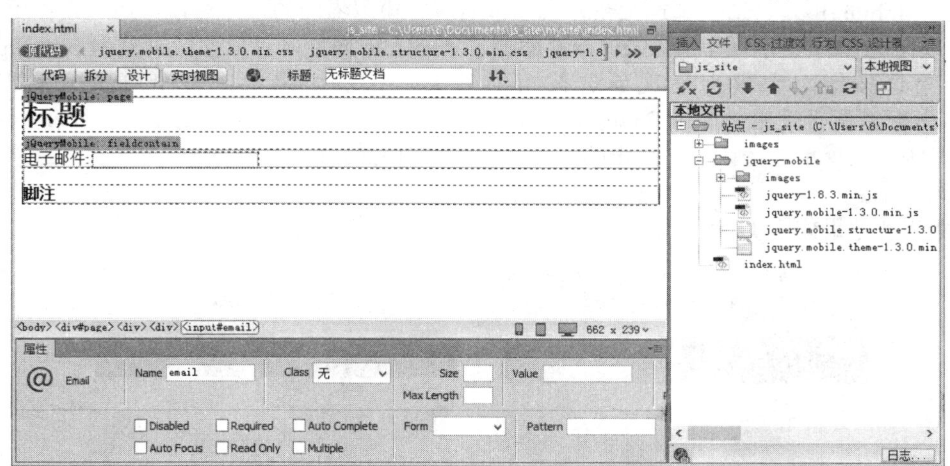

图 11.57　插入电子邮件文本框

第 8 步，继续选择“插入”| jQuery Mobile |“搜索”命令，在内容栏中插入一个搜索文本输入框；再选择“插入”| jQuery Mobile |“数字”命令，在内容栏中插入一个数字文本输入框。此时在“代码”视图中可以看到插入的代码段：

```
<div data-role="content">
    <div data-role="fieldcontain">
        <label for="email">电子邮件:</label>
        <input type="email" name="email" id="email" value=""   />
    </div>
    <div data-role="fieldcontain">
        <label for="search">搜索:</label>
```

```
            <input type="search" name="search" id="search" value=""   />
        </div>
        <div data-role="fieldcontain">
            <label for="number">数字:</label>
            <input type="number" name="number" id="number" value=""   />
        </div>
    </div>
```

Note

第 9 步，在头部位置添加如下元信息，定义视图宽度与设备屏幕宽度保持一致。

```
<meta name="viewport" content="width=device-width,initial-scale=1" />
```

第 10 步，完成设计之后，在移动设备中预览该 index.html 页面，可以看到如图 11.51 所示的文本输入框。

提示：从预览图可以看出，在 jQuery Mobile 中，type 类型是 search 的搜索文本输入框的外围有圆角，最左端有一个圆形的搜索图标。当输入框中有内容字符时，其最右侧会出现一个圆形的叉号按钮，单击该按钮，可以清空输入框中的内容。在 type 类型是 number 的数字文本输入框中，单击最右端的上下两个调整按钮，可以动态改变文本框的值，操作非常方便。

11.4.3 实战演练：插入单选按钮

jQuery Mobile 重新打造了单选按钮样式，以适应触摸屏界面的操作习惯，通过设计更大的单选按钮 UI，以便更容易点击。当<fieldset>标签添加了 data-role 属性，且属性值设置为 controlgroup 时，其包裹的单选按钮对象就会呈现单选按钮组效果。在按钮组中，每个<label>标签与<input type="radio">标签配合使用，通过 for 属性把它们捆绑在一起。jQuery Mobile 会把<label>标签放大显示，当用户触摸某个单选按钮时，点击的是该单选按钮对应的<label>标签。

【案例效果】

本案例实现效果如图 11.58 所示。

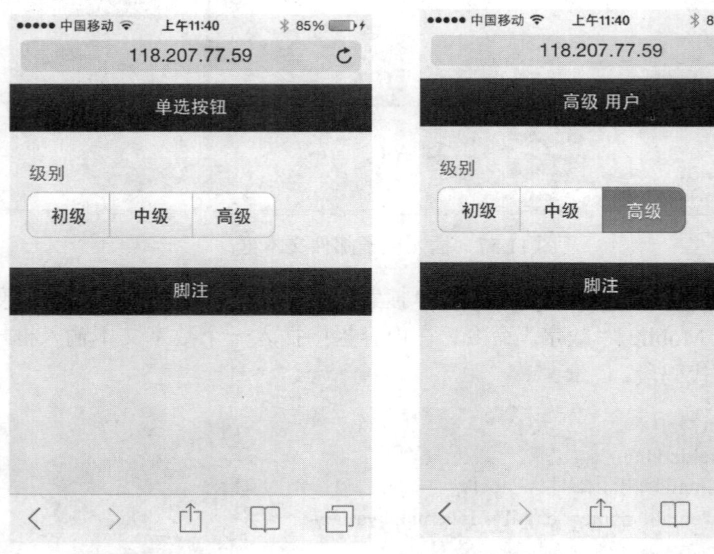

单选按钮组初始显示状态　　当选中高级选项后界面效果

图 11.58　案例效果

【操作步骤】

第 1 步，启动 Dreamweaver CC，选择“文件”|“新建”命令，新建 HTML5 文档。按 Ctrl+S 快捷键将文档保存为 index.html。在当前文档中，设计使用<fieldset>容器包含一个单选按钮组，该按钮组中有 3 个单选按钮，分别对应“初级”、“中级”和“高级”3 个选项。单击某个单选按钮，将在标题栏中显示被选中按钮的提示信息。

第 2 步，选择“插入”| jQuery Mobile |“页面”命令，打开“jQuery Mobile 文件”对话框，保留默认设置，单击“确定”按钮，在当前文档中插入一个视图页。

第 3 步，按 Ctrl+S 快捷键，保存当前文档为 index.html，并根据提示保存相关的框架文件。在编辑窗口中可以看到 Dreamweaver CC 中新建了一个页面，页面视图包含标题栏、内容栏和脚注栏，同时在“文件”面板的列表框中可以看到复制的相关库文件。

第 4 步，修改标题文本为“单选按钮”。选中内容栏中的“内容”文本，按 Delete 键清除内容栏内的文本，然后选择“插入”| jQuery Mobile |“单选按钮”命令，打开“单选按钮”对话框，设置“名称”为 radio1，设置“单选按钮”个数为 3，即定义包含 3 个按钮的组，设置“布局”为“水平”，如图 11.59 所示。

第 5 步，单击“确定”按钮，关闭“单选按钮”对话框，此时在编辑窗口的内容栏（<div data-role="content">）中插入 3 个按钮，如图 11.60 所示。

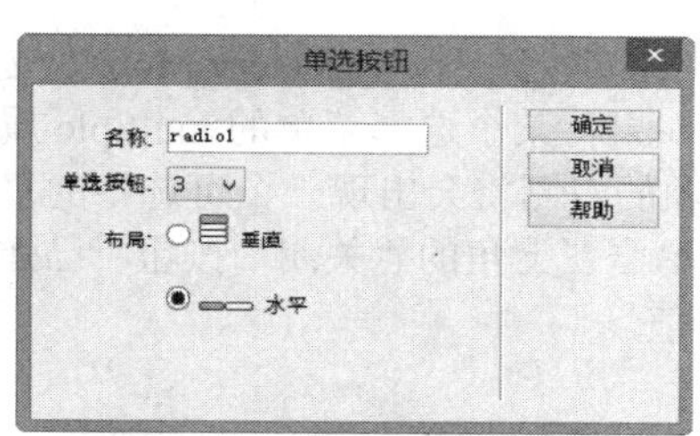

图 11.59　“单选按钮”对话框

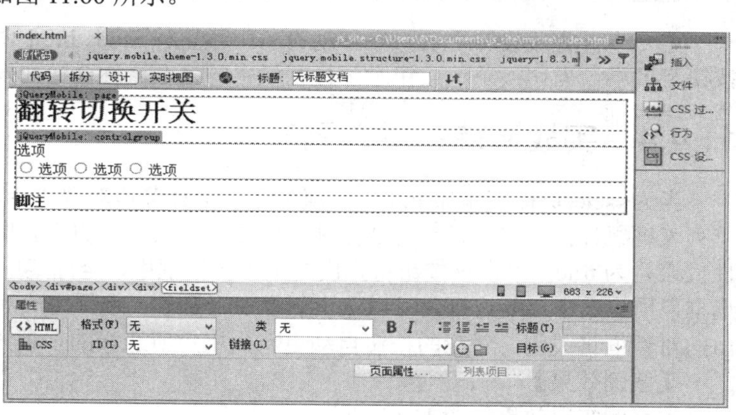

图 11.60　插入单选按钮

第 6 步，切换到“代码”视图，可以看到新添加的单选按钮组代码。修改其中的标签名称以及每个单选按钮标签<input type="radio">的 value 属性值，代码如下：

```
<div data-role="content">
    <div data-role="fieldcontain">
        <fieldset data-role="controlgroup" data-type="horizontal">
            <legend>级别</legend>
            <input type="radio" name="radio1" id="radio1_0" value="1" />
            <label for="radio1_0">初级</label>
            <input type="radio" name="radio1" id="radio1_1" value="2" />
            <label for="radio1_1">中级</label>
            <input type="radio" name="radio1" id="radio1_2" value="3" />
            <label for="radio1_2">高级</label>
        </fieldset>
    </div>
</div>
```

在上面代码中，data-role="controlgroup"属性定义<fieldset>标签为单选按钮组容器，data-type=

Note

"horizontal"定义了单选按钮的水平排列方式。在<fieldset>标签内，通过<legend>标签定义单选按钮组的提示性文本，每个单选按钮<input type="radio">与<label>标签关联，通过 for 属性实现绑定。

第 7 步，在头部位置输入下面脚本代码，通过$(function(){})定义页面初始化事件处理函数，然后使用$("input[type='radio']")找到每个单选按钮，使用 on()方法为其绑定 change 事件处理函数，在切换单选按钮时触发的事件处理函数中，先使用$(this).next("label").text()获取当前单选按钮相邻的标签文本，然后使用该值加上“"用户"”，作为一个字符串，使用 text()方法传递给标题栏的标题。

```
<script>
$(function(){
    $("input[type='radio']").on("change",
        function(event, ui) {
            $("div[data-role='header'] h1").text($(this).next("label").text() + "用户");
        })
})
</script>
```

第 8 步，在头部位置添加如下元信息，定义视图宽度与设备屏幕宽度保持一致。

```
<meta name="viewport" content="width=device-width,initial-scale=1" />
```

第 9 步，完成设计之后，在移动设备中预览该 index.html 页面，可以看到如图 11.58 所示的单选按钮组效果，当切换单选按钮时，标题栏中的标题名称会随之发生变化，提示当前用户的级别。

11.4.4 实战演练：插入列表框

当为<select>标签添加 multiple 属性后，选择菜单对象将会转换为多项列表框，jQuery Mobile 支持列表框组件，允许在菜单基础上进一步设计多项选择的列表框，如果将某个选择菜单的 multiple 属性值设置为 true，单击该按钮将弹出的菜单对话框中，全部菜单选项的右侧将会出现一个可选中的复选框，用户选中该复选框，可以选中任意多个选项。选择完成后，单击左上角的“关闭”按钮，已弹出的对话框将关闭，对应的按钮自动更新为用户所选择的多项内容值。

【案例效果】

本案例实现效果如图 11.61 所示。

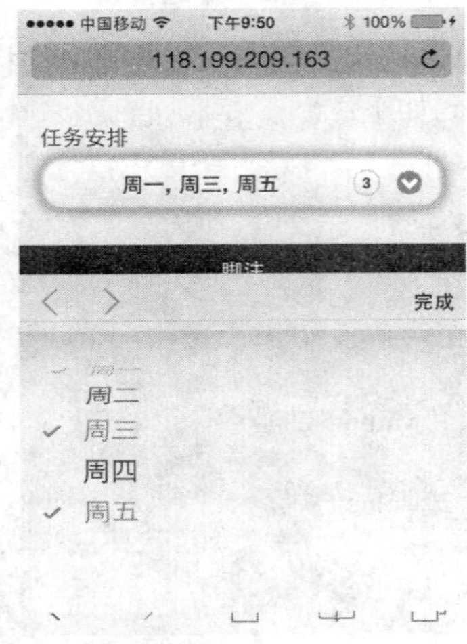

选择多项列表

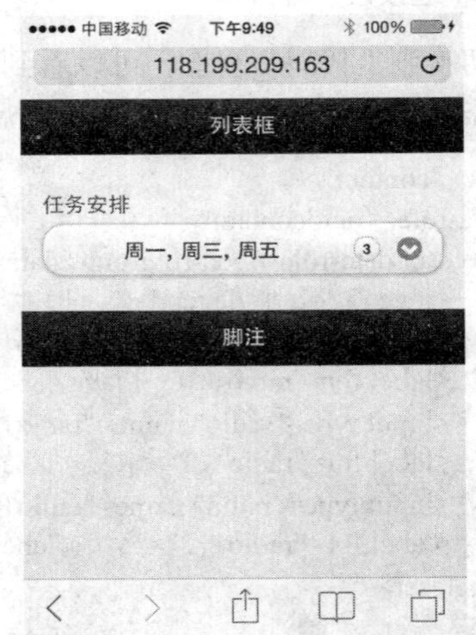

选中多项列表后的效果

图 11.61 案例效果

【操作步骤】

第 1 步，启动 Dreamweaver CC，新建 HTML5 文档，保存文档为 index.html。

第 2 步，选择“插入”| jQuery Mobile |“页面”命令，打开“jQuery Mobile 文件”对话框，保留默认设置，单击“确定”按钮，在当前文档中插入一个视图页。

第 3 步，修改标题文本为“列表框”。选中内容栏中的“内容”文本，按 Delete 键清除内容栏内的文本，然后选择“插入”| jQuery Mobile |“选择”命令，在编辑窗口中插入一个下拉列表框。

第 4 步，选中列表框对象，在“属性”面板中选中 Multiple 复选框，然后单击“列表值”按钮，打开“列表值”对话框，单击+按钮，添加 5 个列表项目，然后在“项目标签”和“值”栏中分别显示文本和对应的反馈值，如图 11.62 所示。

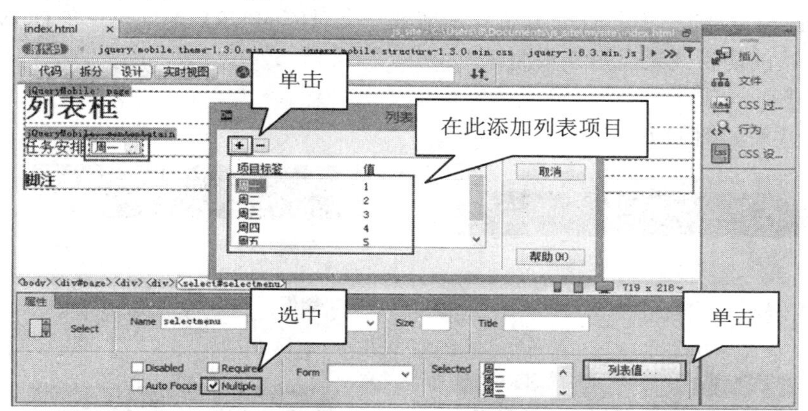

图 11.62　定义列表项目

第 5 步，单击“确定”按钮，关闭“列表值”对话框完成设计，切换到“代码”视图，可以看到新添加的列表框代码。

```
<div data-role="content">
    <div data-role="fieldcontain">
        <label for="selectmenu" class="select">任务安排</label>
        <select name="selectmenu" id="selectmenu"   multiple="true">
            <option value="1">周一</option>
            <option value="2">周二</option>
            <option value="3">周三</option>
            <option value="4">周四</option>
            <option value="5">周五</option>
        </select>
    </div>
</div>
```

在上面的代码中，<div data-role="fieldcontain">标签定义了一个表单容器，使用<select>标签定义 5 个菜单项目，每个菜单对象与前面的<label>标签关联，通过 for 属性实现绑定。

第 6 步，在头部位置添加如下元信息，定义视图宽度与设备屏幕宽度保持一致。

```
<meta name="viewport" content="width=device-width,initial-scale=1" />
```

第 7 步，完成设计之后，在移动设备中预览该 index.html 页面，可以看到如图 11.61 所示的菜单效果，当选择菜单项目的值时，标题栏中的标题名称会随之发生变化，提示当前用户选择的日期值。

提示：在单击多项选择列表框对应的按钮时，不仅会显示所选择的内容值，而且超过两项选择时，在下拉按钮的左侧还会出现一个圆形的标签，在标签中显示用户所选择的选项总数。另外，在弹出的菜单选择对话框中选择某一个选项后，对话框不会自动关闭，必须单击左上角的“关闭”按钮，才算完成一次菜单的选择。单击“关闭”按钮后，各项选择的值将会变成一行用逗号分隔的文本显示在对应按钮中。如果按钮长度不够，多余部分将显示成省略号。

Note

11.4.5 实战演练：插入列表视图

jQuery Mobile 框架对<ul>标签进行包装，经过样式渲染后，列表项目更适合触摸操作，当单击某项目列表时，jQuery Mobile 通过 Ajax 方式异步请求一个对应的 URL 地址，并在 DOM 中创建一个新的页面，借助默认的切换效果显示该页面。

【案例效果】

本案例实现效果如图 11.63 所示。

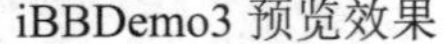

iBBDemo3 预览效果

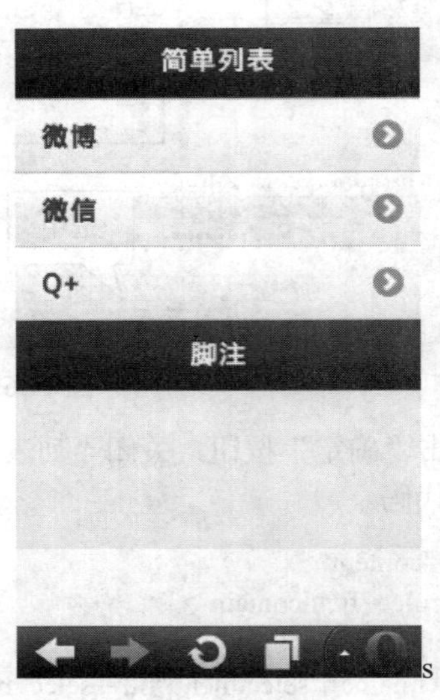

Opera Mobile12 模拟器预览效果

图 11.63　案例效果

【操作步骤】

第 1 步，启动 Dreamweaver CC，选择“文件”|“新建”命令，打开“新建文档”对话框，新建 HTML5 文档。计划在页面中添加一个简单列表结构，在列表容器中添加 3 个选项，分别为“微博”、“微信”和“Q+”。

第 2 步，按 Ctrl+S 快捷键，保存文档为 index.html。选择“插入”| jQuery Mobile |“页面”命令，打开“jQuery Mobile 文件”对话框，保留默认设置，如图 11.64 所示。

第 3 步，单击“确定”按钮，关闭“jQuery Mobile 文件”对话框后，打开“页面”对话框，在该对话框中设置页面的 ID 值，同时设置页面视图是否包含标题栏和脚注栏，保持默认设置，单击“确定”按钮，完成在当前 HTML5 文档中插入页面视图结构，参数设置如图 11.65 所示。

第 4 步，按 Ctrl+S 快捷键，保存当前文档为 index.html。此时，Dreamweaver CC 会弹出对话框提示保存相关的框架文件，如图 11.66 所示。

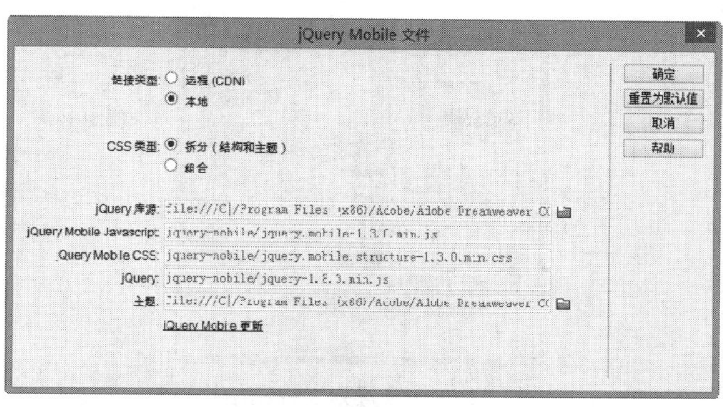

图 11.64　设置“jQuery Mobile 文件”对话框

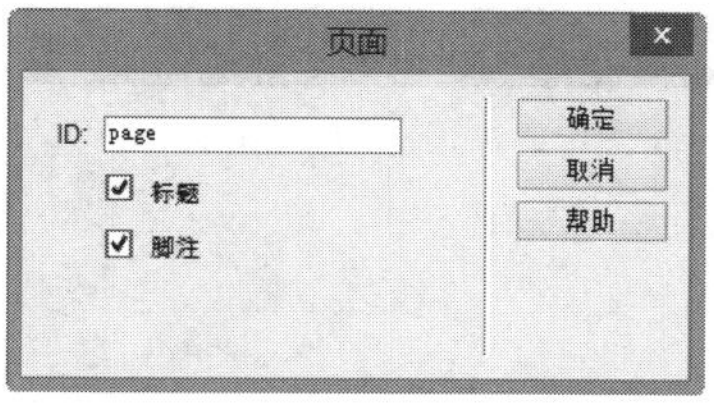

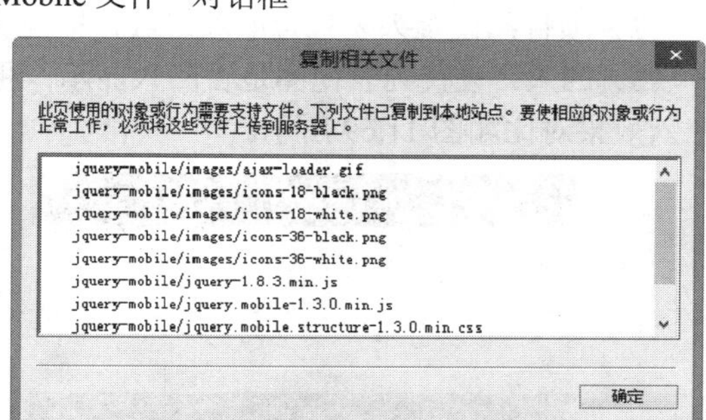

图 11.65　设置“页面”对话框

图 11.66　复制相关文件

第 5 步，在编辑窗口中，Dreamweaver CC 新建了一个页面视图，包含标题栏、内容栏和脚注栏，同时在“文件”面板的列表框中可以看到复制的相关库文件，如图 11.67 所示。

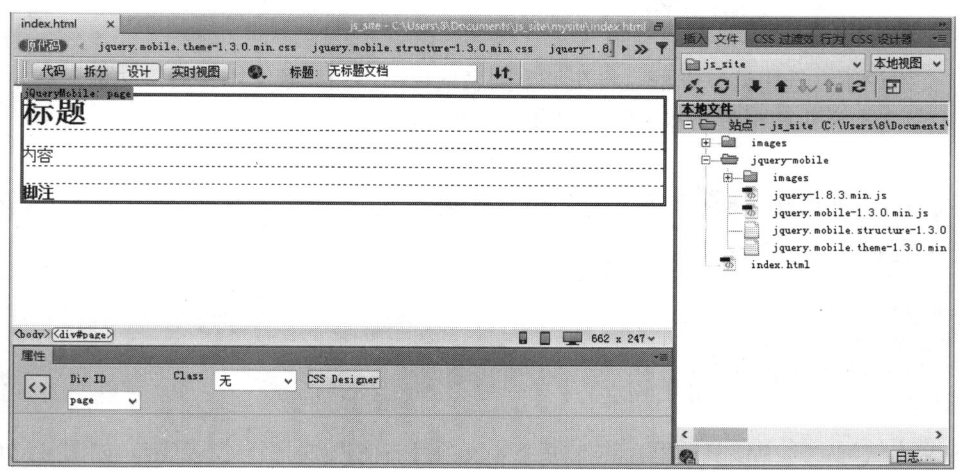

图 11.67　使用 Dreamweaver CC 新建 jQuery Mobile 视图页面

第 6 步，设置标题栏中标题文本为“简单列表”。选中内容栏中的“内容”文本，按 Delete 键清除内容栏中的文本，然后选择“插入”| jQuery Mobile |“列表视图”命令，打开“列表视图”对话框，如图 11.68 所示。

（1）列表类型：定义列表结构的标签，“无序”使用<ul>标签设计列表视图包含框，“有序”使用<ol>标签设计列表视图包含框。

Note

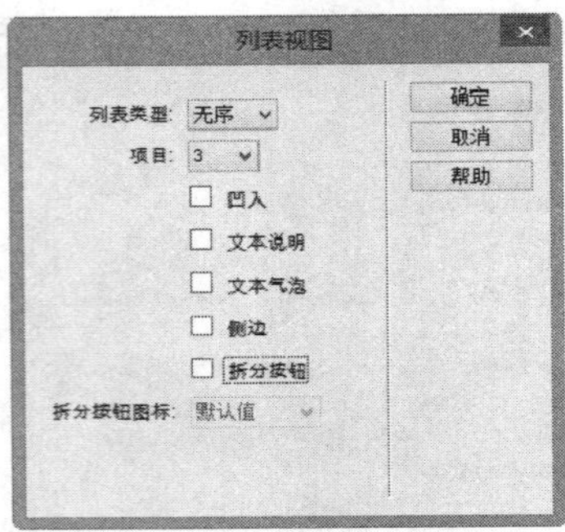

图 11.68　设置列表视图结构

（2）项目：设置列表包含的项目数，即定义多少个<li>标签。

（3）凹入：设置列表视图是否凹入显示，通过 data-inset 属性定义，默认值为 false。凹入效果和不凹入效果对比如图 11.69 所示。

不凹入效果（data-inset="falses"）

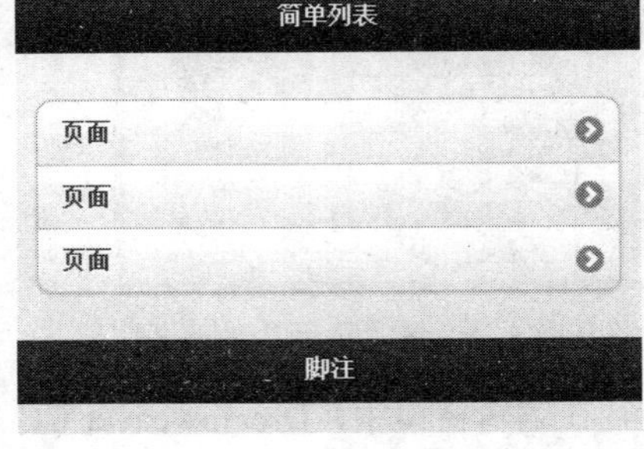

凹入效果（data-inset="true"）

图 11.69　凹入与不凹入效果对比

（4）文本说明：选中该复选框，将在每个列表项目中添加标题文本和段落文本。例如，下面代码分别演示带文本说明和不带文本说明的列表项目结构。

不带文本说明：

```
<li><a href="#">页面</a></li>
```

带文本说明：

```
<li><a href="#">
    <h3>页面</h3>
    <p>Lorem ipsum</p>
</a></li>
```

（5）文本气泡：选中该复选框，将在每个列表项目右侧添加一个文本气泡，如图 11.70 所示。使用代码定义，只需要在每个列表项目尾部添加<span class="ui-li-count">1</span></a>标签文本即可，该标签包含一个数字文本。

```
<ul data-role="listview">
    <li><a href="#">页面<span class="ui-li-count">1</span></a></li>
    <li><a href="#">页面<span class="ui-li-count">1</span></a></li>
    <li><a href="#">页面<span class="ui-li-count">1</span></a></li>
</ul>
```

图 11.70 气泡文本

（6）侧边：选中该复选框，将在每个列表项目右侧添加一个侧边文本，如图 11.71 所示。使用代码定义，只需要在每个列表项目尾部添加<p class="ui-li-aside">侧边</p>标签文本即可，该标签包含一个提示性文本。

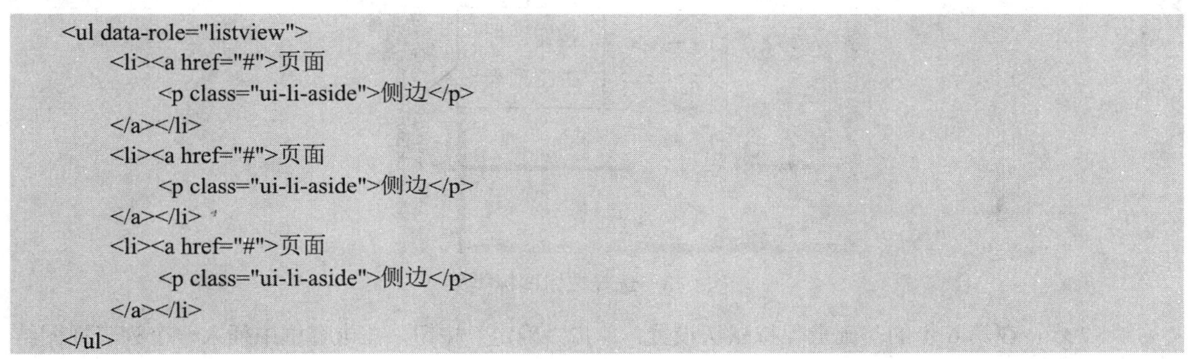

```
<ul data-role="listview">
    <li><a href="#">页面
        <p class="ui-li-aside">侧边</p>
    </a></li>
    <li><a href="#">页面
        <p class="ui-li-aside">侧边</p>
    </a></li>
    <li><a href="#">页面
        <p class="ui-li-aside">侧边</p>
    </a></li>
</ul>
```

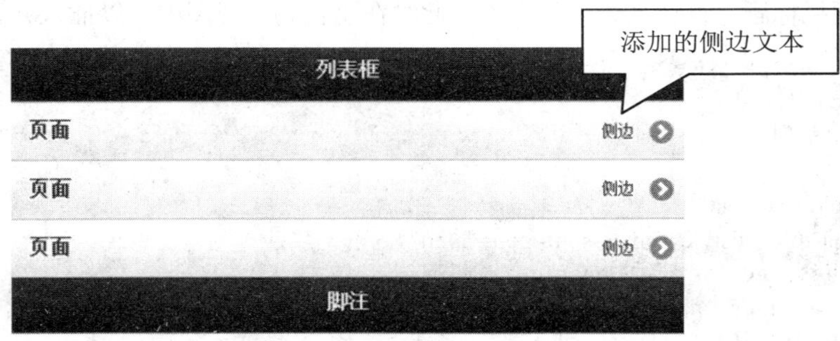

图 11.71 侧边文本

（7）拆分按钮：选中该复选框，将会在每个列表项目右侧添加按钮图标，效果如图 11.72 所示。

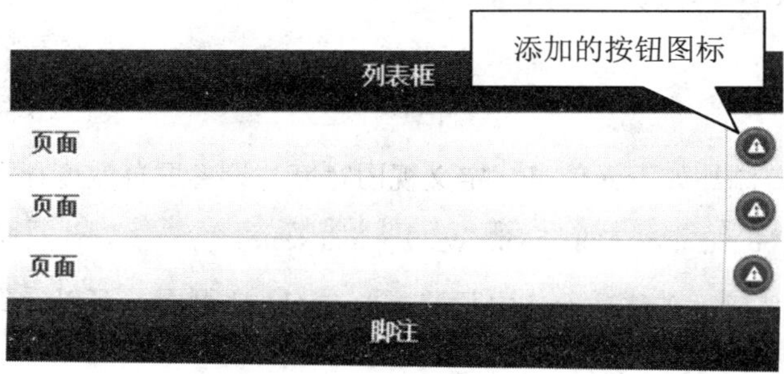

图 11.72 添加按钮

（8）拆分按钮图标：选中“拆分按钮”复选框后，可以在“拆分按钮图标”下拉列表框中选择一种图标类型，使用代码定义，只需要在每个列表项目尾部添加<a href="#">默认值</a>标签，然后在<ul>标签中添加 data-split-icon="alert"属性声明即可，该属性值为一个按钮图标类型名称，如图 11.73 所示。

```
<ul data-role="listview" data-split-icon="alert">
    <li><a href="#">页面</a><a href="#">默认值</a></li>
    <li><a href="#">页面</a><a href="#">默认值</a></li>
    <li><a href="#">页面</a><a href="#">默认值</a></li>
</ul>
```

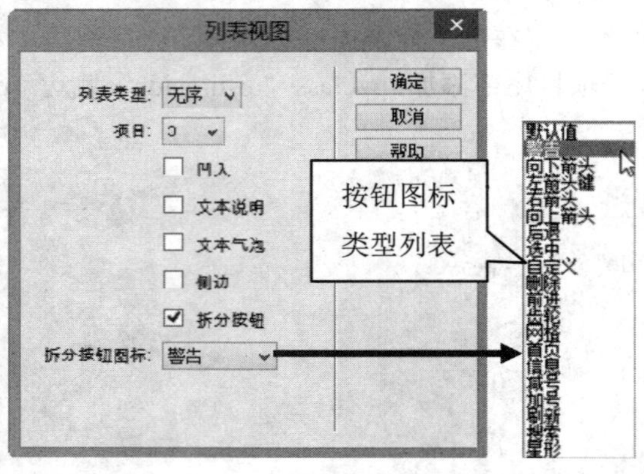

图 11.73 选择按钮图标类型

第 7 步，在第 6 步的基础上保持默认设置，单击“确定”按钮，在内容框中插入一个列表视图结构，然后修改标题栏标题，设计列表项目文本，此时在“代码”视图中可以插入并编辑代码段。

```
<div data-role="page" id="page">
    <div data-role="header">
        <h1>简单列表</h1>
    </div>
    <div data-role="content">
        <ul data-role="listview" data-split-icon="alert">
            <li><a href="#">微博</a></li>
            <li><a href="#">微信</a></li>
            <li><a href="#">Q+</a></li>
        </ul>
    </div>
    <div data-role="footer">
        <h4>脚注</h4>
    </div>
</div>
```

第 8 步，在头部位置添加如下元信息，定义视图宽度与设备屏幕宽度保持一致。

```
<meta name="viewport" content="width=device-width,initial-scale=1" />
```

第 9 步，完成设计之后，在移动设备中预览该 index.html 页面，可以看到如图 11.63 所示的列表效果。

设计 DIV+CSS 页面

（视频讲解：82 分钟）

网页布局就是根据设计图纸确定布局方式，将网页模块分别放入布局框架内，从而完成网页的设计。在网页中，HTML 构建页面结构，CSS 呈现效果。页面上所有的元素都遵循盒模型原则显示，只有很好地掌握盒模型以及网页布局的基本技巧，才能设计出优秀的页面。本章将介绍 CSS 盒模型基本概念以及网页布局的一般技法。

学习重点：

- 了解盒模型基本结构构成
- 熟悉控制元素的边框、补白和边界
- 了解元素重叠现象，并能够灵活应用
- 理解浮动布局的原理和应用方法
- 能解决浮动布局中遇到的常见问题
- 灵活使用清除浮动属性控制浮动布局
- 理解定位的原理和一般应用方法
- 解决定位布局中重叠问题
- 能够设计定宽布局、流动布局、弹性布局、伪列布局和负边界布局的应用技巧

12.1　CSS 盒模型

Note

盒模型是浏览器对元素的一种理解方式，同时也是 CSS 网页布局的核心，是页面的基本组成部分。每个 HTML 都可以看作是一个盒子，所不同的是不同元素默认盒子的设置不同。

12.1.1　了解盒模型

什么是盒模型？简单地说，有宽、高特征的元素就是一个盒模型。HTML 中的元素都符合这个条件，但不同性质的元素支持的属性有区别，例如，行内元素（<span>、<strong>等标签）设置的高度是无效的，需要转换成块元素才有布局特性。

盒模型由内到外划分为内容区域（content）、补白（padding）、边框（border）以及边界（margin），如图 12.1 所示。盒子的宽度和高度计算方式如下：

W=width（content）+(border[左右边框]+padding[左右补白]+margin[左右边界])*2

H=height（content）+(border[上下边框]+padding[上下补白]+margin[上下边界])*2

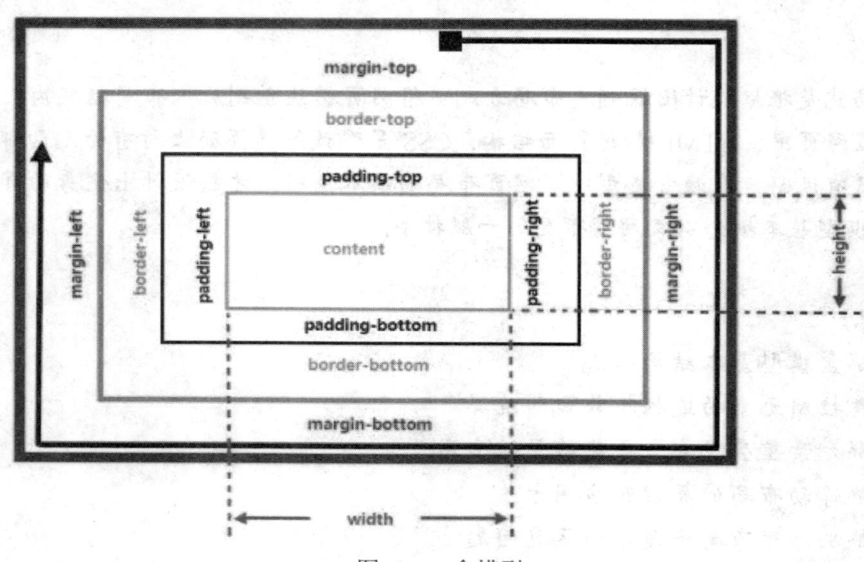

图 12.1　盒模型

在 IE 怪异解析模式下，上面的计算公式是另一种计算方式，如下所示：

W=width（content）+ (margin[左右边界])*2

H=height（content）+ (margin[上下边界])*2

IE 怪异解析模式下 width 包含了边框 border（左右边框）、width（内容）及补白 padding（左右补白）值，现在虽然很少使用 IE 怪异模式解析网页，但在 2005—2006 年开发的网页或者网页版游戏（如网页版《共和国之辉》）就是采用这种盒子计算方式。

【示例】在本示例中分别演示了盒模型在标准模式和怪异模式下的计算方式，测试软件为 IETester。

```
<html>
<head>
<style type="text/css">
```

```
    .box{
        width:100px;                           /*盒子宽度为 100px*/
        height:100px;                          /*盒子高度为 100px*/
        padding:30px;                          /*IE5.5 浏览器下盒子内容部分宽度、高度变为 40px*/
        margin:20px;;                          /*盒子边界为 20px*/
        background-color:#C39;                 /*设置背景颜色，查看盒子占用空间*/
        overflow:hidden; }                     /*超出隐藏，针对 IE5.5 浏览器*/
</style>
</head>
<body>
<div class="box">测试在 IE5.5 和 IE6 浏览器下的盒模型</div>
</body>
</html>
```

页面演示效果如图 12.2 和图 12.3 所示。

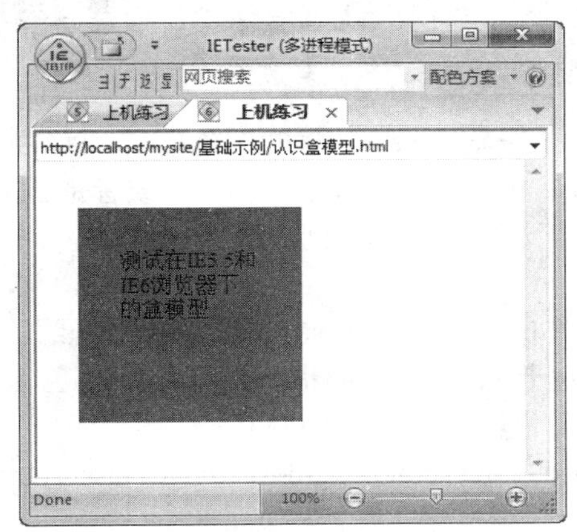

图 12.2　IE6 浏览器及以上版本下盒子的大小

图 12.3　IE5.5 浏览器下盒子的大小

在上面示例中，内容宽度、高度是 100px，在 IE 怪异解析模式中，实际内容宽度为 40px，即 100−30（左补白）−30（右补白）=40，高度为 40px，即 100−30（上补白）−30（下补白）=40，空间太小，文字竖向显示。而在标准解析模式下，盒子内容宽度、高度依然为 100px，实际盒子大小为 100+30+30=160px。当定义宽度（width）、高度（height）时，在 CSS 代码中设置超出部分隐藏，是因为文字内容过多时，盒子高度会因文字内容的长度而使盒子变长。这个问题在 IE6 浏览器中存在，可通过增加文字内容测试，在 IE7 浏览器中已经解决，其他现代浏览器不存在这个问题。

通常情况下，盒子最基本的大小由元素的宽度和高度属性定义，它为元素在页面中划分了区域，无论在代码中是否明确定义，在页面上都占用了空间。CSS 中的 width 属性、height 属性语法格式如下。

```
width:auto|length
height:auto|length
```

定义元素的宽度、高度。宽度和高度的值设置后应用于当前元素而不会影响子元素设置，即无继承性。有些 CSS 属性是有继承性的，父元素通过一些 CSS 属性设置可以将其继承于子元素中，即使当前子元素并没有定义该属性。如字体颜色，如果<body>标签定义为红色，那么页面所有标签中的文字只要没有定义字体颜色，都将变成红色（超链接<a>标签除外，且 IE 浏览器与 FireFox 浏览器的默认颜色设置也不一样）。宽度、高度的属性值说明如下。

☑　auto：默认值。无特殊定位，根据 HTML 定位规则分配，即取消盒子已定义的宽度。例如，如果第一行书写#box{width:100px;}，而在后面父元素（如 id 名为 Fcancel）中包含 box 盒子，且不使用已经为 box 盒子定义的宽度时，即可重新定义，如#Fcancel #box{width:60px;}。

☑ length：由浮点数字和单位标识符组成的长度值或者百分数。百分数是基于父对象的宽度，不可为负数，国内一般采用“整数+像素”的格式，如 30px，国外多用百分数，如 div{font-size: 0.13in;}。

Note

当宽度或高度属性应用到图片时，将根据图片源尺寸等比缩放至定义的宽度和高度，避免上传至网站后图片过大，造成页面布局错位的现象。

12.1.2 实战演练：定义边框

盒模型的边框线由 CSS 中的 border 属性定义，用于表示元素内容所能达到的边界线，即由 border 属性派生出 border-left、border-right、border-top 和 border-bottom 属性，通过 4 条不同的边框线属性可以为图片设置 4 条不同风格的边框线。

提示： 边框线由过边框颜色、边框样式及边框宽度构成，并可采用简写或者分解书写方式，需要注意的是，在 FireFox 浏览器下背景色或背景图片是可以渗透至边框线上的。

border 属性主要控制边框的粗细（即边框线的宽度 border-width）、边框的颜色（即边框线的颜色 border-color）、边框的式样（即边框线的样式 border-style，例如，是虚线还是实线，或者是 3D 效果的线），这 3 个属性是相辅相成的，缺少任何一个属性将无法在页面上看到边框。

下面分别介绍这 3 个属性的用法。

☑ border-width：取值为整数且大于等于 0，如设置 border-width:0px，表示隐藏边框线。

☑ border-color：与 color 值一样，取值可以为十六进制、RGB 格式或者颜色名，如 border-color:red；而 border-color 属性默认值为黑色，即 color:#000000。

☑ border-style：取值包含 none | hidden | dotted | dashed | solid | double | groove | ridge | inset | outset。

各取值详细介绍如下。

☑ none：默认值，无边框，不受任何指定的 border-width 值影响。

☑ hidden：隐藏边框，IE 浏览器不支持。

☑ dotted：点线组成的边框。

☑ dashed：虚线组成的边框。

☑ solid：实线组成的边框。

☑ double：双线组成的边框。两条单线与其间隔的和等于指定的 border-width 值。

☑ groove：根据 border-color 值描绘 3D 凹槽。

☑ ridge：根据 border-color 值描绘 3D 凸槽。

☑ inset：根据 border-color 值描绘 3D 凹边。

☑ outset：根据 border-color 值描绘 3D 凸边。

在页面上应用最多的边框线样式为 none、dashed、solid 以及 dashed，其余取值建议不使用或者通过背景图片来代替相应效果。需要注意的是，CSS 的 border 属性和 background 属性在 IE 浏览器中所显示的范围是 content（内容）+padding（补白）；而在 FireFox 浏览器中显示的范围却是 content（内容）+padding（补白）+border（边框）。

【示例 1】在本示例中将演示 border 属性的使用方法。<div>标签设置不同的边框线效果、统一的边框颜色和统一的边框宽度。

```
<html>
<head>
```

```
<style type="text/css">
div{
    width:300px;                              /*占领空间，定义 Div 元素宽度为 300px*/
    height:30px;                              /*占领空间，定义 Div 元素高度为 30px*/
    border:5px solid #666666;                 /*设置较大的边框值，便于观察样式和背景*/
    margin:0 auto;                            /*设置在 FireFox 浏览器下居中*/
    margin-top:10px;                          /*设置补白为 30px*/
    text-align:center;                        /*设置在 IE 浏览器下居中*/
    line-height:30px;                         /*设置行高为 30px，垂直居中*/
    background-color:#0099FF                  /*设置背景色观察 IE 和 FireFox 浏览器是否渗透至边框内*/
}
.a{border-style:dashed; }                     /*虚线设置*/
.b{border-style:dotted; }                     /*点线设置*/
.c{border-style:double; }                     /*双线边框*/
.d{border-style:groove; }                     /*3D 凹槽设置*/
.e{border-style:hidden; }                     /*隐藏边框，IE 不支持*/
.g{border-style:inset; }                      /*3D 凹边设置*/
.h{border-style:outset; }                     /*3D 凸边设置*/
.i{border-style:ridge; }                      /*3D 凸槽设置*/
</style>
</head>
<body>
<div>border-style:solid;</div>
<div class="a">border-style:dashed;</div>
<div class="b">border-style:dotted;</div>
<div class="c">border-style:double;</div>
<div class="d">border-style:groove;</div>
<div class="e">border-style:hidden;</div>
<div class="g">border-style:inset;</div>
<div class="h">border-style:outset;</div>
<div class="i">border-style:ridge;</div>
</body>
</html>
```

页面演示效果如图 12.4 所示。

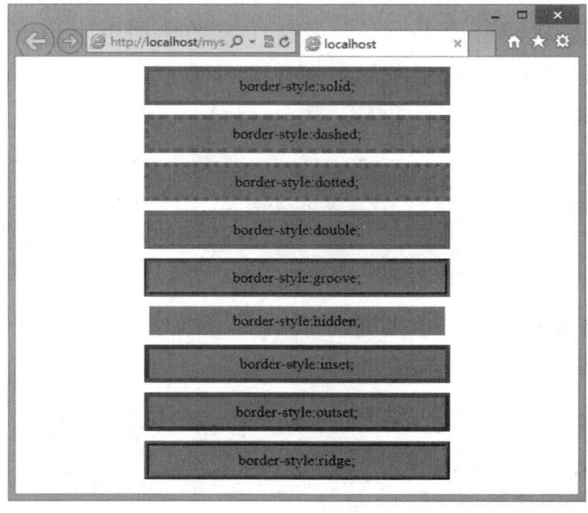

图 12.4　定义边框线

Note

边框 border 定义 4 条不同的边框线分解为 border-left、border-right、border-top 及 border-bottom 属性；边框线 3 个属性联合控制分解为 border-width、border-color 和 border-style；border-width 属性可以继续分解相应 CSS 属性 border-left-width、border-left-color 和 border-left-style，属性 border-color 和 border-style 也是如此。分解公式如下：

border=border-left+border-right+border-top+boder-bottom

border-left=border-width+border-color+border-style

border-width=border-left-width+border-left-color+border-left-style

分解其实就是由属性的简写方式进而分步书写每条边框的宽度、颜色和样式属性。border 属性的简写是为了减少 CSS 代码编写量，提高代码编写效率。

【示例 2】在本示例中，将示例 1 CSS 代码“border:5px solid #666666;”分解书写，观察每条边框线的宽度、样式和颜色属性。

```
border:5px solid #666666;                    /*简写 border 属性值*/
```

分解书写：

```
border-top-width:5px;                        /*设置上边框线宽度为 5px*/
border-top-style:solid;                      /*设置上边框线样式为实线*/
border-top-color:#666;                       /*设置上边框线颜色为#666*/
border-right-width:5px;                      /*设置右边框线宽度为 5px*/
border-right-style:solid;                    /*设置右边框线样式为实线*/
border-right-color:#666;                     /*设置右边框线颜色为#666*/
border-bottom-width:5px;                     /*设置下边框线宽度为 5px*/
border-bottom-style:solid;                   /*设置下边框线样式为实线*/
border-bottom-color:#666;                    /*设置下边框线颜色为#666*/
border-left-width:5px;                       /*设置左边框线宽度为 5px*/
border-left-style:solid;                     /*设置左边框线样式为实线*/
border-left-color:#666;                      /*设置左边框线颜色为#666*/
```

通过上面的分解可以看到简写方式比分解书写方便，并且为今后的代码修改提供便利。可以这样书写是因为 4 条边框线的宽度、颜色、样式完全一致，若不一致呢？即提供 4 个参数值，如上边框为 3px、下边框为 4px、左边框为 5px、右边框为 6px，此时应根据如下规则书写：

按照上边框线——右边框线——下边框线——左边框线的顺序为边框线赋值。若提供 1 个参数值，即 4 条边框线赋值相同；提供 2 个参数值，第 1 个参数值用于上边框线和下边框线，第 2 个参数值用于左边框线和右边框线；提供 3 个参数值，第 1 个参数值用于上边框线，第 2 个参数值用于左边框线和右边框线，第 3 个参数值用于下边框线。

```
border-width: 3px;                /*简写 border-width 属性值*/
border:3px 6px 4px 5px;           /*上、右、下、左提供不同的边框宽度，样式和颜色一致*/
border:3px 5px;                   /*上、下边框值为 3px，左、右边框值为 5px */
border:3px 5px 4px;               /*上边框值为 3px、左、右边框值为 5px、下边框值为 4px*/
```

上面的书写是针对宽度参数值不一致时边框线的排列顺序，若颜色不一致或者样式不一致，书写规则同上，例如：

```
border-color: #666666;                     /*简写 border-color 属性值*/
border-color:#666 #333;                    /*上、下边框颜色为#666，左、右边框颜色为#333*/
borde-style:solid dashed double groove;    /*上、右、下、左提供不同的边框颜色，宽度和样式一致*/
border- style: solid dashed double;        /*上边框——solid、左、右边框——dashed、下边框——double*/
```

Note

12.1.3 实战演练：设计三角形样式

利用为盒模型边框的 4 条边设置不同的颜色可以设计三角形。当边框线的宽度较大时，如 60px，同时定义上、右、下边框线的颜色与当前页面的背景色一致，设置左侧边框与其他边框的颜色不同时，三角形就可以形成。

【示例 1】在本示例中，通过设置不同的边框颜色实现三角形效果，第 1 个示意图是将要实现的效果；第 2 个示意图是为了准确看到三角形实现的原理，分别设置 4 种不同的颜色且边框宽度为 60px，近距离观察边框；第 3 个示意图是没有设置行高为 0，则超出部分没有隐藏。

```
<html>
<head>
<style type="text/css">
em {/*行内元素代替块级元素*/
    display:block;                          /*转换成块元素*/
    font:0/0 "宋体";                        /*设置字体字号，行高为 0，采用了简写方式*/
    border-top:solid;                       /*上边框为实线*/
    border-right:solid;                     /*右边框为实线*/
    border-bottom:solid;                    /*下边框为实线*/
    border-left:solid;                      /*左边框为实线*/
    border-color:#fff #fff #fff #000 ;      /*注意，设置 3 条边框线为白色，与浏览器背景一致*/
    border-width:60px;                      /*设置边框线宽度为 60px*/
    margin:10px auto;                       /*定义居中*/
    width:60px; }                           /*为了居中才设置宽度*/
div.box{/*定义 box 中 4 条边线，查看浏览器效果*/
    width:200px;                            /*设置宽度为 200px*/
    border:60px solid #ff7300;              /*为框线定义宽度、样式、颜色*/
    border-top-color:#663399;               /*设置上边框线颜色*/
    border-right-color:#000099;             /*设置右边框线颜色*/
    border-bottom-color:#339933;            /*设置下边框线颜色*/
    border-left-color:#CC0033;              /*停止写代码，查看浏览器效果*/
    font-size:0px;                          /*清除浏览器默认字体大小*/
    line-height:0px;                        /*清除浏览器默认行高*/
    overflow:hidden;                        /*超出部分隐藏*/
    margin:10px auto; }                     /*设置居中*/
div.box2{/*在 HTML 中继承 box 设置，并恢复 box 的字体、高度设置*/
    text-align:center;                      /*文字对齐方式*/
    font-size:12px;                         /*恢复默认字体大小*/
    height:20px;                            /*重新定义高度*/
    line-height:20px;                       /*重新定义行高*/
    overflow:hidden; }                      /*超出部分隐藏*/
</style>
</head>
<body>
<em></em>
<div class="box">盒子特殊效果</div>
<div class="box box2">盒子特殊效果</div>
</body></html>
```

Note

页面演示效果如图 12.5 所示。

在示例 1 中，分别给出了 3 种状态：第 1 种显示的三角形就是需要的效果，第 2 种是实线三角形效果的原理，第 3 种是不设置高度、行高，文字大小为 0 的结果。

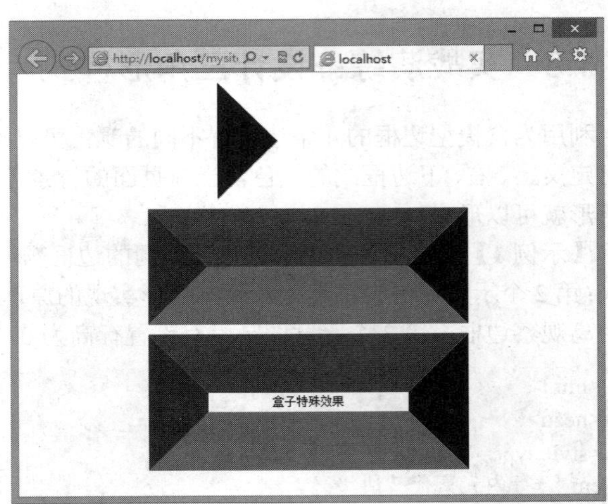

图 12.5　三角形的形成

【操作步骤】

第 1 步，分析 class 为 box 和 box2 的标签设置。首先定义了 class 为 box 的宽度，也可以不设置，设置宽度便于在浏览器中居中显示。定义 class 为 box 的边框线宽度为 60px、样式为实线、颜色为#ff7300，结果是出现一个带有颜色的矩形框。

```
div.box{width:200px;border:60px solid #ff7300;}
```

第 2 步，更改 class 为 box 的标签的 4 条边框线的颜色值，分别定义其颜色值，并查看浏览器中的效果，为浏览器中第 3 个图的效果。

```
div.box{
    width:200px;border:60px solid #ff7300;border-top-color:#663399; border-right-color:#000099;
    border-bottom-color:#339933;border-left-color:#CC0033;}
```

第 3 步，改变文字大小及清除默认行高设置，作用是将文字隐藏。定义字体大小为 0px，行高为 0px，超出部分隐藏，见浏览器中第 2 个图的效果。定义 box2 的高度、字体等，恢复第 2 步中第 3 个图的效果。

```
div.box{
    width:200px;border:60px solid #ff7300;border-top-color:#663399; border-right-color:#000099;
    border-bottom-color:#339933;border-left-color:#CC0033;
    font-size:0px;line-height:0px;overflow:hidden;margin:10px auto;}
div.box2{text-align:center;font-size:12px;height:20px;line-height:20px;overflow:hidden;}
```

第 4 步，通过观察浏览器发现 class 为 box 的标签左右两边是一个三角形的效果，此处的三角形是要实现的效果，需隐藏上边线、下边线、右边线的颜色，因而设置与浏览器一样的颜色，即白色。将 class 为 box 的标签中 CSS 属性设置应用到<em>标签中。

```
em {
    display:block;font:0/0 "宋体";border-top:solid;border-right:solid;border-bottom:solid;
    border-left:solid;border-color:#fff #fff #fff #000 ;border-width:60px;margin:10px auto;width:60px;}
```

通过 border 实现三角符号小图标时有两点需要注意。

- ☑ class 为 box 的标签中设置与 em 设置相似，关键在于<div class="box">盒子特殊效果</div><div class="box box2">盒子特殊效果</div>。class 为 box2 的标签继承了 class 为 box 的标签的 CSS 相关属性，但又重新设置了字体大小和行高以及超出部分隐藏。
- ☑ 为什么最后要用<em>标签代替<div>标签，此处是否多此一举？当然不会，此处的三角符号作为项目符号形式出现，如新闻列表前面的小图标。小图标或者项目符号属于修饰性部分，

因而用行内元素代替块级元素。初学者可以这样判断：块级元素用于布局，行内元素用于修饰、描述。

Note

【示例2】CSS的border属性实现的三角符号可以作为导航菜单鼠标指针滑过时的修饰，或者作为新闻列表前面的项目符号。在本示例中，将示例1中border属性实现的三角符号应用到新闻列表中，通过实际效果展示CSS属性的功能。

```
<html>
<head>
<style type="text/css">
em {
    display:block;                                  /*转换成块元素*/
    font:0/0 "宋体";                                 /*设置字体字号，行高为0，采用了简写方式*/
    border-top:solid;                               /*上边框为实线*/
    border-right:solid;                             /*右边框为实线*/
    border-bottom:solid;                            /*下边框为实线*/
    border-left:solid;                              /*左边框为实线*/
    border-color:#fff #fff #fff #000 ;              /*注意设置3条边框线为白色，与浏览器背景色一致*/
    border-width:60px; }                            /*设置边框线宽度为60px*/
a{
    font-size:12px;                                 /*超链接文字大小*/
    text-decoration:none;                           /*超链接文字去掉默认下划线*/
    color:#006699; }                                /*更改超链接文字默认颜色*/
a:hover{
    text-decoration:underline; }                    /*鼠标指针滑过时，增加下划线效果*/
.list{
    clear:both;                                     /*清除浮动*/
    background:url(images/bg.gif) repeat-y left top; /*设置背景图片代替左右边框线*/
    width:270px; }                                  /*设置整个区域大小为270px*/
.list ul{
    margin:0;                                       /*清除默认边界*/
    padding:0; }                                    /*清除默认补白*/
.list li{
    list-style:none;                                /*清除默认项目符号，通过EM代替*/
    text-align:left;                                /*文本左对齐*/
    clear:both;                                     /*清除浮动*/
    line-height:20px;                               /*设置行高*/
    padding:0 0 0 12px; }                           /*设置左间距，为项目图标留下存放空间*/
.list em{/*三角符号针对新闻列表重新定位*/
    border-width:4px;                               /*设置边框宽度*/
    float:left;                                     /*设置左浮动*/
    margin-top:7px;                                 /*设置上边界为7px（FireFox），后面使用hack*/
    margin-top:4px\9;                               /*设置上边界为7px（IE8）*/
    +margin-top:6px; }                              /*设置上边界为6px（IE6、IE7）*/
.list span{/*用span元素实现上边框效果*/
    background-color:#a8c1d2;                       /*设置背景颜色*/
    height:1px;                                     /*设置高度为1px，定义占用空间*/
    line-height:1px;                                /*设置行高为1px，清除IE6下的默认行高*/
    overflow:hidden;                                /*超出部分隐藏*/
    display:block; }                                /*转换成块元素，使之拥有块布局属性（主要是宽度）*/
</style>
```

```
</head>
<body>
<div class="list">
  <span></span>
  <ul>
    <li><em></em><a href="#">拉手网吴波：创业就要有一股狠劲和韧劲儿</a></li>
    <li><em></em><a href="#">上海文广前总裁黎瑞刚：男儿有梦在传媒</a></li>
    <li><em></em><a href="#">曹国伟：新浪微博商业化进度将加快</a></li>
    <li><em></em><a href="#">Google 董事长施密特：科技如何塑造未来社会</a></li>
    <li><em></em><a href="#">周鸿祎：年轻创业者要有自己的师傅</a></li>
    <li><em></em><a href="#">周鸿祎：奇虎 360 明显跑在了市场前面</a></li>   </ul>
  <span></span>
</div>
</body>
</html>
```

Note

页面演示效果如图 12.6 所示。

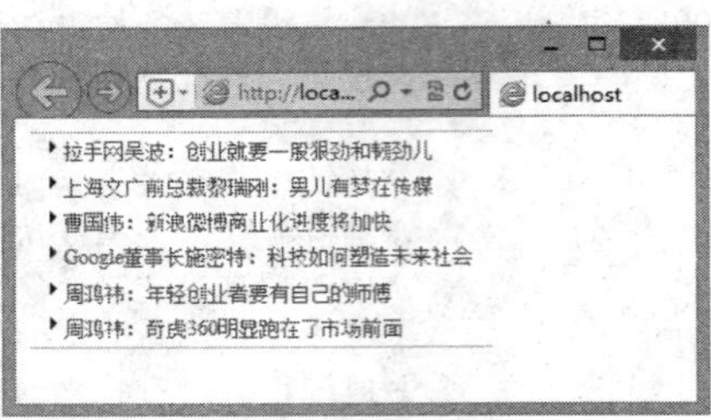

图 12.6　CSS 三角形应用

在示例 2 中，首先针对新闻列表的超链接进行初始化设置，文字大小为 12px，去掉默认的下划线，并重新定义默认超链接的颜色，通过设置鼠标滑过超链接添加下划线，实现当前鼠标指针指向超链接时的效果。

```
/*页面基本设置<清除默认设置> start*/
a{font-size:12px; text-decoration:none; color:#006699;}
a:hover{text-decoration:underline;}
```

【操作步骤】

第 1 步，左右边框线的代替。使用 Photoshop 工具或长度测量工具计算出宽度总共是 270px（包括边框线），使用 Photoshop 设计宽度为 270px、高度为 1px 的图像，图片命名为 bg.gif，把它定义为最外层<div>（class 名为.list）标签的背景图片，并进行纵向平铺。

```
.list{clear:both; background:url(images/bg.gif) repeat-y left top;width:270px; }
```

第 2 步，上下边框线的代替。通过 HTML 可以发现最外层<div>标签（class 名为.list）的第一个子元素和最后一个子元素都是<span>标签，将它作为最外层<div>标签（class 名为.list）的头部和底部边框线。定义背景颜色值与预设边框线的颜色值一致，边框线高度为 1px，因而设置 span 元素的高度为 1px，重置行高值，行高为 1px，超出部分隐藏。<span>标签是行内元素，宽度根据内容的多少来决定，而<span>标签内没有文字，故看不到背景色。将其转换成块元素，这里没有设置宽度值，因而在父元素中自适应，与父元素宽度一致。4 条边框线至此替代完毕。

```
.list span{background-color:#a8c1d2; height:1px; line-height:1px; overflow:hidden; display:block;}
```

第 3 步，制作小三角项目图标，制作方法参见上一示例，此处不再重复，唯一需要注意的是颜色设置和最外层<div>标签（class 名为.list）设置的背景颜色中间部分（白色）一致，如果背景颜色为其他颜色，需要将颜色值设置为其相对应的。通过浏览器发现三角图标过大，重新定义其宽度值“border-width:4px;”并设置左浮动，使其在新闻列表标题最左边显示。

```
em {
    display:block;font:0/0 "宋体";border-top:solid;border-right:solid;border-bottom:solid;border-left:solid;
    border-color:#fff #fff #fff #000 ;border-width:60px;}
.list em{border-width:4px; float:left;}
```

第 4 步，清除默认<ul>标签的边界（针对 IE 浏览器的默认间距设置）和补白（针对 FireFox 浏览器的默认间距设置）。

```
.list ul{margin:0; padding:0;}
```

第 5 步，设置<li>标签，清除默认项目符号，用前面定义的三角符号替代。设置文字为左对齐，设置行高且不设置高度，以便实现整个<div>标签（class 名为.list）纵向自适应（边框线是背景纵向平铺下来）；如果要实现横向自适应，须更改背景图片的宽度，并去掉<div>（class 名为.list）标签的宽度设置。最后进行 hack 书写，由于三角符号没有位于第一个文字纵向中间位置，需要针对不同浏览器书写不同的 hack（各个浏览器中三角符号位置不一致，需针对不同的浏览器单独定义其位置）。

```
.list li{list-style:none;text-align:left; clear:both; line-height:20px; padding:0 0 0 12px; }
.list em{
    border-width:4px; float:left;
    margin-top:7px;                          /*设置上边界为 7px（所有浏览器）*/
    margin-top:4px\9;                        /*设置上边界为 7px（针对 IE8 专门设置）*/
    +margin-top:6px; }                       /*设置上边界为 6px（针对 IE6、IE7 专门设置）*/
```

最终的 CSS 代码如下：

```
em {display:block;font:0/0 "宋体";border-top:solid;border-right:solid;border-bottom:solid;border-left:solid;
    border-color:#fff #fff #fff #000 ;border-width:60px;
}
a{font-size:12px; text-decoration:none; color:#006699;}
a:hover{text-decoration:underline;}
.list{clear:both; background:url(images/bg.gif) repeat-y left top; width:270px;}
.list ul{margin:0; padding:0;}
.list li{list-style:none;text-align:left; clear:both; line-height:20px; padding:0 0 0 12px; }
.list em{border-width:4px; float:left;margin-top:7px;margin-top:4px\9;+margin-top:6px;}
.list span{background-color:#a8c1d2; height:1px; line-height:1px; overflow:hidden; display:block;}
```

通过边框实现了左三角形符号，通过设置不同的边框线与其余边框线的颜色，可以实现其他几个方向的三角符号：下三角、上三角和右三角。接着将 border 属性实现的三角符号添加到实际例子中，并通过背景图片及背景颜色实现了替代边框线的设置，使最终盒模型的宽度、高度都是整数。

12.1.4　实战演练：定义边界

盒子与盒子之间的距离由 CSS 中的 margin 属性定义。margin 属性用于定义元素之间的距离，可以派生出 margin-left、margin-right、margin-top 及 margin-bottom 共 4 个属性。通过上、右、下、左 4 个方向规划出网页布局元素之间的距离。

Note

CSS 中的 margin 属性默认取值为 0，即不存在边界，两个盒子之间是紧贴在一起的，取值方式与 CSS 中的 width 属性相似，不过 margin 属性可以取负值，设置为负数的块将向相反的方向移动，甚至可以覆盖在父块或者其他块元素的上方，达到“破局”的效果。例如，设置 margin-left:30px 和 margin-left:-30px，则第一个元素从当前位置向右移动 30px，第二个元素从当前位置向左移动 30px。

【示例】在本示例中，父元素定义了宽度、高度，并通过边界线表示占用的空间大小，其子元素（插入的图片）却跳出了边框线，给予文字内容画龙点睛的效果。

```
<html>
<head>
<style type="text/css">
body{
    background-color:#f4f4f4;                /*设置背景颜色与图片背景色一致，融合*/
    font-size:12px; }                        /*文字初始化*/
.fa{
    height:250px;                            /*占领空间，定义 Div 元素高度为 250px*/
    width:200px;                             /*占领空间，定义 Div 元素宽度为 200px*/
    border:1px solid #ff1213;                /*设置边框线，表示标签内容占据的地方*/
    padding:10px;                            /*设置补白，让内部内容可以舒展，远离边框线 10px*/
    position:relative;                       /*设置相对定位，为内部图片绝对定义作伏笔*/
    margin:0 auto;                           /*设置浏览器的居中 */
    margin-top:30px; }                       /*设置上间距为内部图片跳出边框提供存放空间*/
.fa img{
    margin-top:-40px;                        /*设置图片向上移动 40px，视觉上跳出父元素空间*/
    position:absolute; }                     /*设置绝对定位，跳出普通文档流*/
.fa p{float:left; }                          /*设置左浮动，打破常规文档流*/
</style>
</head>
<body>
<div class="fa">
    <img src="images/bjh.gif" width="94" height="175" />
    <p>Littering a dark and dreary road lay the past relics of browser-specific tags, incompatible DOMs, and broken CSS support.Today, we must clear the mind of past practices. Web enlightenment has been achieved thanks to the tireless efforts of folk like the W3C, WaSP and the major browser creators. </p>
</div>
</body>
</html>
```

页面演示效果如图 12.7 所示。

图 12.7　margin 为负值

在本示例中，首先定义了<body>标签的浅色背景，用于衬托子元素并与插入的图片子元素的背景颜色一致，以期达到图片背景色与整个浏览器背景色的统一。然后，针对图片的父元素<div>标签进行空间设置：定义宽高且居中，边框线的设置决定了<div>标签内部占用的空间，将上边距定为 30px 以便存放图片跳出父元素<div>标签的图片部分。设置到此步时发现文字内容与边框之间过于紧密，没有“透气”的空间，影响美观，进而设置“padding: 10px;”使之<div>标签内容部分 4 个方向都能舒展

开。接着对<div>标签定义相对定位，为里面的图片绝对定位打下伏笔。将子元素<p>标签设置成浮动，让其成为浮动流，并与文档流相分离，最后设置图片为绝对定位，跳出默认文档流，并设置上边界为"margin-top:-40px;"，当 margin-top 值为负时可以打破常规的文档流。

<div>、<p>等标签是块级元素，这就意味着在页面中默认占据一行的位置；<strong>、<em>、<span>等标签是行内元素，即在页面中行内元素之间、行内元素与文字之间可以在一行中同时显示。

当为行内元素定义外边距时，上下外边距是无效的，左右边距有效，而浏览器对于块级元素却能很好地解析。当行内元素通过相关 CSS 属性，即 display 属性转换成为块元素时，可以让行内元素（<span>标签）拥有与块级元素（<div>标签）一样的特性，即 margin 属性上下左右边距都有效。

12.1.5　实战演练：边界重叠

当为两个行内元素设置边界时，二者之间的距离为第一个元素的 margin-right 加上第二个元素的 margin-left，上下间距不考虑；当两个块级元素同时设置边界时将会产生 margin 叠加问题：第一种是第一个块级元素下边距为正值，另一个块级元素上边距为负值，二者之间会发生叠加；第二种是两个块元素都是正值也会发生叠加问题；第三种是父子关系发生的叠加问题。下面分别针对上述情况进行讨论。

【示例 1】在本示例中，设置 class 为 fir 的<div>标签下边距为 20px，class 为 sec 的<div>标签上边距为-60px，即负值的绝对值大于正值的绝对值。

```
<html>
<head>
<style type="text/css">
body{
    background:#CCC; }                     /*设置背景色，衬托下面的元素背景色*/
.wrap{
    width:600px;                           /*占领空间，定义 Div 元素宽度为 600px*/
    height:200px;                          /*占领空间，定义 Div 元素高度为 200px*/
    background-color:#F9C; }               /*设置背景色，划分需要测试内部元素的大块区域*/
.fir{
    margin-left:100px;                     /*设置左间距，为父元素留出左边的空间*/
    margin-bottom:20px;                    /*设置下间距，重点*/
    height:100px;                          /*占领空间，定义 Div 元素高度为 100px*/
    width:400px;                           /*占领空间，定义 Div 元素宽度为 400px*/
    background-color:#099; }               /*通过背景色进行区分*/
.sec{
    margin-left:140px;                     /*设置左间距比.fir 的左间距大，便于查看效果*/
    margin-top:-60px;                      /*设置上间距，重点*/
    height:100px;                          /*占领空间，定义 Div 元素高度为 100px*/
    width:300px;                           /*占领空间，定义 Div 元素宽度为 300px*/
    background-color:#69C; }               /*通过背景色区分与上一个元素之间的关系*/
</style>
</head>
<body>
<div class="wrap">
  <div class="fir">margin-left:100px;margin-bottom:20px; </div>
  <div class="sec">margin-left:140px;margin-top:-60px;</div>
</div>
```

```
</body>
</html>
```

Note

页面演示效果如图 12.8 所示。

在本示例中，针对 class 为 wrap 的<div>标签设置背景色，并定义其宽高，让其子元素在内部显示。

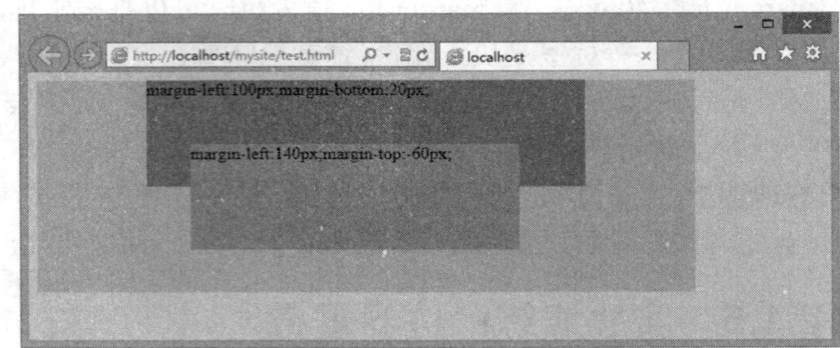

图 12.8　边距叠加 margin 值为一正一负

【操作步骤】

第 1 步，将 class 为 fir 的<div>标签定义宽高并设置背景色，最后设置左间距和下间距，左间距的设置是为了显示父元素左侧部分，重点是下边距的设置，即 margin-bottom:20px;。

第 2 步，将 class 为 sec 的<div>标签同样定义宽高和背景色，设置左间距的距离时需大于 class 为 fir 的<div>标签定义的左间距（一个是 140px，另一个是 100px），这样便于进行观察下一步的操作。最后设置上边距为-60px，这两个块之间的计算方式为：第一个块级元素下边距（20px）+ 第二个块级元素上边距（-60px）=二者间距（-40px）。最终显示 class 为 sec 的<div>标签遮挡了部分 class 为 fir 的<div>标签内容。

示例 1 讲到一个为正间距，一个为负间距，如果二者都是正间距呢？是否会产生二者相加后的间距效果？如果二者都为正，则取较大值作为它们之间的间距，但这并不代表较小的间距不存在，而是叠加（重合）在一起，较小边界值依然有效。

【示例 2】在本示例中，设置 class 为 fir 的<div>标签下边距为 20px，class 为 sec 的<div>标签上边距为 30px，且负值大于正值，通过浏览器查看是否取较大值作为二者的边界。

```
<html><head>
<style type="text/css">
body{
    background-color: #CCC;                /*设置背景色，衬托下面的元素背景色*/
    margin:0;                              /*清除默认边界*/
    padding:0; }                           /*清除补白*/
.fir{
    margin:20px;                           /*设置 4 个边界为 20px，重点观察下边界*/
    height:30px;                           /*设置高度与 sec 类上间距一致，比较空间大小*/
    width:300px;                           /*占领空间，定义 Div 元素宽度为 300px*/
    background-color:#099; }               /*通过背景色进行区分*/
.sec{
    margin-left:20px;                      /*设置左间距*/
    margin-top:30px;                       /*设置上边界，其值与 sec 类高度一致，重点*/
    height:50px;                           /*设置高度为 50px 与 fir 高度 30px 相对比*/
    width:300px;                           /*占领空间，定义 Div 元素宽度为 300px*/
    background-color:#69C; }               /*通过背景色进行区分*/
</style>
</head><body>
<div class="wrap">
  <div class="fir">margin-left:100px;margin-bottom:20px; </div>
  <div class="sec">margin-left:140px;margin-top:-60px;</div>
```

```
</div>
</body></html>
```

页面演示效果如图 12.9 所示。

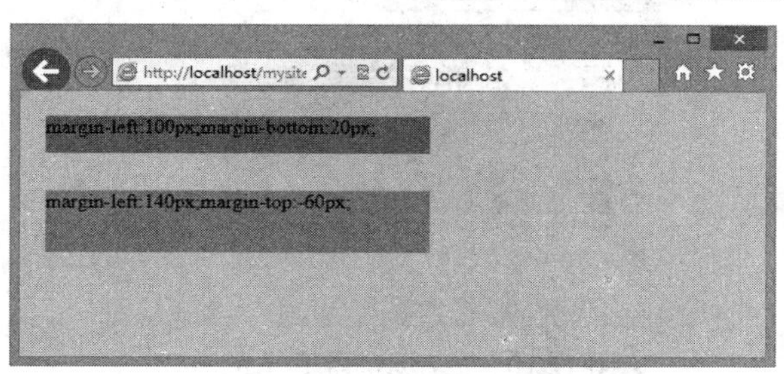

图 12.9　边距叠加两个 margin 值都为正

在示例 2 中，与“一正一负”情况大部分属性设置及其作用是一致的，所不同的是一开始先将<body>标签初始化并定义了背景色。而此处第一个元素（class="fir"）定义了 4 个方向的边界均为 20px，此处依然主要观察下边距，并且第一个元素（class="fir"）的高度为 30px，与第二个元素（class="sec"）定义的上边距为 30px 一致，并且第二个元素的高度为 50px，此处的高度同样用于比较。通过浏览器观察这两个元素之间的间距是否为 50px，显然不是，因为二者间距比第二个元素（class="sec"）的高度要小，通过测试工具测量（网上有专门的测量工具，或者截图通过 Photoshop 或者 Fireworks 的工具测量）结果为 30px，因此证实当两个块的间距均为正数（即上面块元素的下间距和下面块元素的上间距）时，取其大值作为二者之间的外边距值。

当一个元素包含在另一个元素中，且没有任何边框或者补白设置时，其上边距和下边距也会发生空白叠加问题，即普通文档流中拥有块级布局属性的几个元素都会发生叠加问题，只有行内框、浮动元素或定位元素之间的空白边是不会发生叠加问题的。

【示例 3】在本示例中，父元素没有设置边框、补白，其子元素发生边界叠加问题。

```
<html><head>
<style type="text/css">
.fir{
    width:300px;                          /*占领空间，定义 Div 元素宽度为 300px*/
    background-color:#099;                /*设置背景色查看子元素的设置情况*/
    margin:0 auto; }                      /*设置居中对齐*/
.sec{
    margin:30px;                          /*设置边界为 30px，上下间距却应用到父元素*/
    height:50px;                          /*占领空间，定义 Div 元素高度为 50px*/
    width:200px;                          /*占领空间，定义 Div 元素宽度为 200px*/
    background-color:#69C;                /*设置背景色*/
    font-size:12px; }                     /*定义字体大小*/
.w300{
    width:300px;                          /*占领空间，定义 Div 元素宽度为 300px*/
    margin:0 auto;                        /*设置居中对齐*/
    font-size:12px; }                     /*class 类 w300 用于提示解决方法*/
</style>
</head><body>
<div class="w300">border:1px solid #0C9;float:left;overflow:hidden; padding:1px;</div>
<div class="fir">
  <div class="sec">子元素设置了 margin:30px;，父元素没有设置边界</div>
</div>
<div class="w300">border:1px solid #0C9;float:left;overflow:hidden; padding:1px;</div>
</body></html>
```

页面演示效果如图 12.10 和图 12.11 所示。

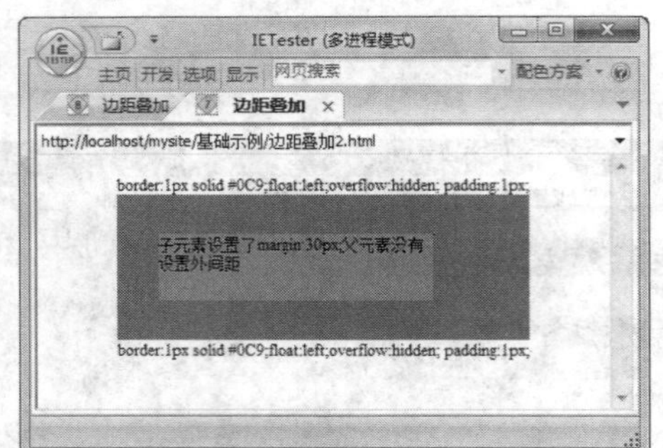

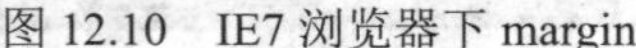

图 12.10　IE7 浏览器下 margin

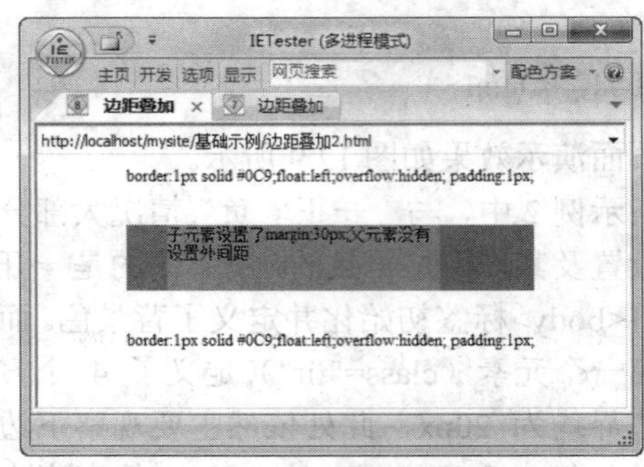

图 12.11　IE8+浏览器下 margin

Note

在示例 3 中，通过 IE8+浏览器、FireFox 浏览器（其他现代浏览器也存在这种情况）发现，子元素 class 为 w300 的上间距和下间距没有撑开 class 为 fir 的父元素（按照对盒模型边界的理解是如此），在 IE6/IE7 下却是正常显示的，解决这个问题有多种方法，如下所示。

方法 1：设置 class 为 fir 的元素的边框属性值，其值不为 0 或 none 即可，解决子元素上下边界叠加的问题，即.fir {border:1px solid #0C9;}。

方法 2：设置 class 为 fir 的元素的 padding 属性值，其值不为 0 即可，解决子元素上下边界叠加的问题，即.fir { padding:1px;}。

方法 3：设置 class 为 fir 的元素的 float 属性值，解决子元素上下边界叠加的问题，即.fir { float:left;}。

方法 4：设置 class 为 fir 的元素的 width:100%（IE 浏览器）、overflow:hidden（FireFox 等现代浏览器）属性值，解决子元素上下间距的问题，即.fir { overflow:hidden; width:100%}。

方法 1、方法 2 均改变默认元素的宽度，可缩小原先内容区域宽度值。如果设计图有特殊需求，无法使用这两种方法，则使用方法 3、方法 4，这是为了在 IE 中触发 IE 的 haslayout 特性，即 haslayout=-1，关于 haslayout 的测试方法，可以通过 IE 扩展工具 IE Developer Toobar 测试，其用法可在百度中搜索关键词 On having layout，或者通过 http://bbs.blueidea.com/thread-2636904-1-1.html 学习。

12.1.6　实战演练：设计负边界页面

当边界取负值时即为负边界，负边界应用到布局上时，可调换列的前后位置，一般应用于 HTML 代码固定不动，后期只需要修改 CSS 代码的情况。

为了让网页重要信息部分优先下载，需要在编写 HTML 代码时，将包含重要信息的结构先写出来，但在页面上显示时，要将重要信息写在次要或者简洁信息之后，通过浮动负边界实现。

【示例】在本示例中，优先编写重要内容信息结构，次要信息通过 CSS 相关属性设置，显示在主要信息之前。

```
<html><head>
<style type="text/css">
body {
    margin: 0;                          /*清除外边距*/
    padding: 0;                         /*清除补白*/
    text-align: center; }               /*IE 及使用 IE 内核的浏览器居中*/
.cont{
    width:600px;                        /*父元素宽度 600px*/
    font-size:16px;                     /*设置字体大小*/
    height:400px;                       /*父元素高度 400px*/
    margin:0 auto;                      /*FireFox 下居中*/
```

```
        background-color:#009933; }          /*设置背景色*/
    .import{
        float:left;                          /*设置左浮动*/
        width:360px;                         /*定义宽度*/
        margin-left:120px;                   /*定义左边距，用于存放“次要信息”*/
        background-color:#66CC33;            /*设置背景色，查看其空间*/
        height:200px;                        /*定义高度*/
        display:inline; }                    /*防止 IE6 浮动双倍 Bug*/
    .ciyao{
        float:left;                          /*设置左浮动*/
        width:90px;                          /*定义宽度*/
        background-color:#FF0033;            /*设置背景色，查看其空间*/
        margin-left:-480px;                  /*定义偏移位置，包括“主要信息”盒子宽度大小，为相反方向*/
        height:200px;                        /*定义高度*/
        display:inline; }                    /*防止 IE6 浮动双倍 Bug*/
    </style>
    </head><body>
    <div class="cont">
        <div class="import">主要信息</div>
        <div class="ciyao">次要信息</div>
    </div>
    </body></html>
```

页面演示效果如图 12.12 所示。

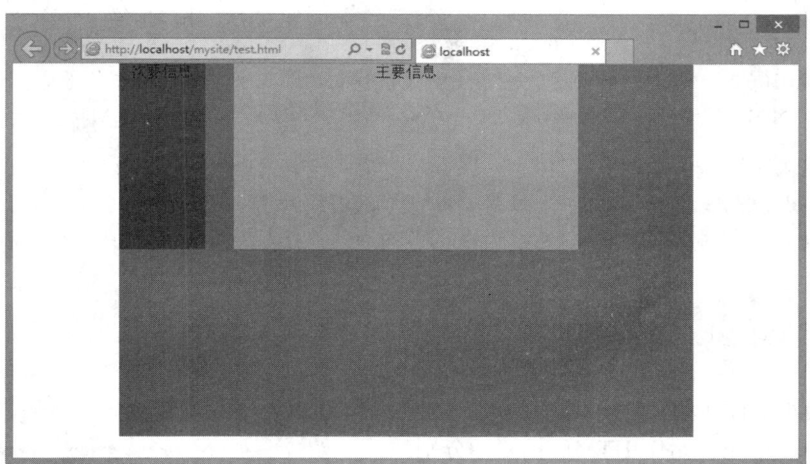

图 12.12　负边界布局 2

在上面示例中，首先初始化页面<body>标签，并设置居中。

【操作步骤】

第 1 步，定义包含网站内容的包含框，设置大小为 600×400，设置背景色，观察子元素。

第 2 步，在 HMTL 代码中优先编写重要信息。class 为 import 的层，定义宽度为 360px、高度为 200px，左浮动且左边距为 120px，此间距位置用于存放次要信息内容。

第 3 步，HMTL 代码中次要信息的移动。class 为 ciyao 的层，定义宽度为 90px、高度为 200px，左浮动且左边距为-480px，其计算方式：主要内容宽度+主要内容外边距=360+120=480px，因其将次要信息显示在主要信息左侧，故设置为负数值，占据主要信息设置左边距留出的空间。

12.1.7 实战演练：定义补白

Note

盒子内容与边框之间的距离由 CSS 中的 padding 属性定义。padding 属性与 margin 属性取值一样，主要用于定义盒模型内容与边框之间的 4 个方向的值，即 padding 属性派生出 padding-left、padding-right、padding-top 及 padding-bottom 属性。

CSS 中的 padding 属性默认取值为 0，即内容与边框之间是紧贴在一起，与 margin 不同的是 padding 取负值时是没有任何效果的；padding 属性值影响着整个盒子的大小，盒模型大小包含 padding 属性值；在讲解 margin 属性时，margin 叠加问题影响了用户对盒子的理解，而 padding 属性是不会发生叠加问题的。

border 属性能够实现两条边框线的效果，但是显然无法分别控制两条边框线的颜色以及宽度，通过 padding 属性与 border 属性的结合，利用背景色或背景图片可以延伸到 padding 属性的特性，实现此效果。

【示例 1】 在本示例中，通过定义图片的边框线宽度与补白的宽度相同且利用背景色的延伸特性实现双边框的效果。

```
<html><head>
<style type="text/css">
body,h2,p{
    margin:0;                          /*清除浏览器默认边界*/
    padding:0;                         /*清除浏览器默认补白*/
    text-align:center;                 /*设置居中对齐方式*/
    font-family:Verdana; }             /*设置字体主要应用于<h2>标签中*/
h2{
    line-height:30px;                  /*设置行高实现与下面元素的垂直间隔*/
    font-size:18px; }                  /*设置提示文字的大小*/
.img3{
    padding:5px;                       /*设置补白与边框宽度一样大*/
    border:5px solid #533F1C;          /*设置边框线为 5px 的实线*/
    background: #c33; }                /*设置背景色，并渗透至补白*/
</style>
</head><body>
<p><img src="images/1.jpg" class="img3" /></p>
</body></html>
```

页面演示效果如图 12.13 所示。

图 12.13 CSS 的 padding 和 border 实现图片双边框

在本示例中，首先初始化 HTML 标签，分别将<body>、<h2>及<p>标签清除默认边界和补白设置，并居中对齐，设置<h2>中提示文字的字体为 Verdana。接着定义<h2>标签的行高和字体大小，使<h2>标签的提示文字与下面的<p>标签进行垂直间隔。最后对<p>标签中的图片进行设置。

- ☑ 设置图片的边框线为宽度为 5px 的实线，并定义其边框颜色，应比背景色浅，以便突出 padding 实现的边框线颜色效果。
- ☑ 设置图片的补白与边框线宽度一致，即 5px，图片 4 个方向与边框线之间有 5px

的空隙。

☑　图片的背景色渗透至边框线，颜色鲜艳，易于对比，但不能与页面整体的颜色（白色）一致。

【示例 2】在本示例中，父元素定义了宽度和高度并设置了背景图片，其子元素内容设置为左补白 60px、上补白 10px，偏离父元素背景图片的左上角，并观察父元素的上外边距与子元素上补白的区别。

```
<html><head>
<style type="text/css">
body,p{
    margin:0;                                    /*清除浏览器默认边界*/
    padding:0; }                                 /*清除浏览器默认补白*/
.box1{
    background:url(images/1.jpg) no-repeat left top;/*设置背景图片*/
    width:360px;                                 /*盒子宽度与图片宽度一致*/
    height:340px;                                /*盒子高度与图片高度一致*/
    margin:0 auto;                               /*设置居中对齐方式*/
    margin-top:30px; }                           /*设置盒子与浏览器上方间距为 30px*/
.box1 p{
    font-size:42px;                              /*设置字体大小，太小则在图片上不明显*/
    color:#000;                                  /*设置字体颜色*/
    font-family:"黑体";                          /*设置字体类型*/
    line-height:1.2em;                           /*设置行高，根据字体大小计算行高大小*/
    padding-left:60px;                           /*单独使用左间距*/
    padding-top:10px; }                          /*单独使用上间距，并观察与外层盒子上边界的不同*/
</style>
</head><body>
<div class="box1">
    <p>横看成岭侧成峰远近高低各不同</p>
</div>
</body></html>
```

页面演示效果如图 12.14 所示。

图 12.14　使用 padding 调整内容显示位置

在示例 2 中，HTML 和 CSS 代码很简洁。首先针对盒子定义背景图片，图片的大小为 360×340，故定义盒子的宽度是 360px，高度是 340px，居中对齐。一开始清除了<body>标签的默认间距，现在单独定义盒子的上间距，以便图片不紧贴在浏览器空白区域上方，且里面的<p>标签会定义 padding-top，以便观察 margin-top 与 padding-top 的区别。接着<p>标签设置字体为 42 号、黑色，与背景图片内容匹配；分别定义 padding-left:60px、padding-top:10px，使之远离背景图片的最左边和最上边。最后定义行高，使用相对单位，根据相对字体大小进行行高设置。

Note

在页面设计中，padding 属性有时能完全代替 CSS 的 width、heigth 属性。宽度、高度的作用就是定义了元素在网页中占用的空间，而 padding 属性的上间距、下间距可以部分实现 height 属性功能，其左间距、右间距可以部分实现 width 属性功能。

【示例 3】在本示例中，通过 padding 属性 4 个方向的取值实现导航菜单项的宽度、高度，并通过 HTML 标签的嵌套实现滑动门技术。

```
<html><head>
<style type="text/css">
body{
    font-size:14px;                          /*设置字体大小*/
    font-weight:bold;                        /*设置文字加粗*/
    line-height:1.5em; }                     /*行高使用相对单位*/
.nav{
    background-color:#EDF7E7;                /*设置背景色与导航背景图片颜色接近*/
    width:700px;                             /*定义存放导航的宽度*/
    height:50px;                             /*定义存放导航的高度*/
    margin:0 auto; }                         /*设置居中对齐方式*/
.nav ul{
    margin:0;                                /*清除默认边界*/
    padding:0;                               /*清除默认补白*/
    list-style:none;                         /*隐藏项目符号*/
    padding:10px 10px 0 40px; }              /*设置导航在 class 为.nav 的层内 4 个方向的补白*/
.nav ul li{
    padding:0px 3px;                         /*设置每个菜单项的左右间距*/
    float:left; }                            /*设置居中对齐方式*/
.nav a {
    background:url(images/tableftC.gif) no-repeat scroll left top;     /*滑动门左侧背景图片*/
    float:left;                              /*设置浮动*/
    padding:0 0 0 4px;                       /*设置左间距，与背景图片宽度一致*/
    text-decoration:none; }                  /*清除超链接默认下划线*/
.nav a span{
    background:url(images/tabrightC.gif) no-repeat scroll right top;  /*设置滑动门右侧背景图片*/
    color:#464E42;                           /*设置字体颜色*/
    display:block;                           /*转换成块元素，拥有布局属性*/
    padding:5px 15px 4px 6px; }              /*文字内容与背景图片 4 个方向的补白*/
/*鼠标 hover 时左侧背景图片*/
nav a:hover{background:url(images/tableftC.gif) no-repeat scroll left -42px; }
/*鼠标 hover 时右侧背景图片*/
.nav a:hover span{background:url(images/tabrightC.gif) no-repeat scroll right -42px; }
/*与鼠标 hover 状态一致*/
.nav a.curr{background:url(images/tableftC.gif) no-repeat scroll left -42px; }
/*与鼠标 hover 状态一致*/
```

```
.nav a.curr span{background:url(images/tabrightC.gif) no-repeat scroll right -42px; }
</style>
</head><body>
<div class="nav">
    <ul>
        <li><a href="#" class="curr"><span>首页</span></a></li>
        <li><a href="#"><span>登录终端</span></a></li>
        <li><a href="#"><span>我要购买</span></a></li>
        <li><a href="#"><span>产品简介</span></a></li>
        <li><a href="#"><span>操盘手在线</span></a></li>
        <li><a href="#"><span>体验中心</span></a></li>
        <li><a href="#"><span>卫视视频</span></a></li>
    </ul>
</div>
</body></html>
```

页面演示效果如图 12.15 所示。

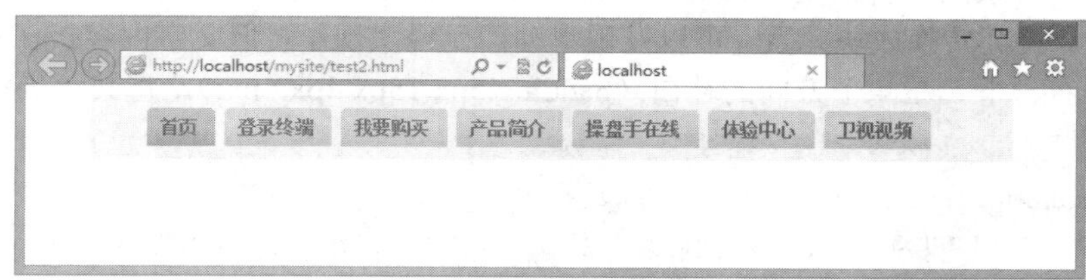

图 12.15 padding 实现的导航

【拓展】上面示例使用了滑动门技术。滑动门分为横向滑动门和纵向滑动门，分别介绍如下。

横向滑动门好像日常生活中的抽屉，当抽屉闭合时就是最简单的滑动门，当通过抽屉拉手拉开一点缝隙也是抽屉，只不过抽屉变长了，继续拉抽屉，那么抽屉整体会更长，当完全将盒子拉出来时代表抽屉的最大长度。

横向滑动门可以这样理解：一侧固定而另一侧一直变长，示例中左侧圆角固定，右侧的背景因为内容的增多而逐渐加长，一直到右侧背景宽度不够时结束。纵向滑动门可以这样理解：就像照镜子，一个镜子只有 1 米高，而人高 1.78 米，将镜子挂在墙上与人一样高时，上半身可以照得见，下半身照不见，将镜子向下移动，下半身逐渐显示，而上半身就会逐渐隐藏，示例中“登录终端”代表人体的上半身，当鼠标指针滑过“登录终端”时好比显示人体下半身，即显示“首页”背景图状态。

【操作步骤】

第 1 步，首先进行页面初始化设置，设置字体为 14 号加粗，并设置行高为相对单位。

```
/*页面基本设置 start*/
body {font-size:14px;font-weight:bold;line-height:1.5em;}
```

第 2 步，定义导航的背景色与背景图片的颜色相接近，设置宽度、高度并居中显示。设置导航<ul>标签，清除浏览器默认设置（margin:0;padding:0;），不使用<ul>标签默认项目符号，设置为 none，分别对导航<ul>标签上、右、下、左 4 个方向的补白进行设置，此处因使用补白，便不定义宽高属性。

```
.nav {background-color:#EDF7E7;width:700px; height:50px; margin:0 auto;}
.nav ul {margin:0;padding:0;list-style:none;padding:10px 10px 0 40px;}
```

第 3 步，为导航的每一项定义左右间距为 3px，使项与项之间相分隔，设置左浮动后导航项在一

行内显示，即导航由 HTML 中<li>标签默认纵向排列转为横向排列。

```
.nav ul li{padding:0px 3px; float:left}
```

Note

第 4 步，设置滑动门的左侧门。前面讲解滑动门时列出了左侧和右侧的两个背景图片，最终目的是将二者组合在一起。左侧门上半部分是纵向滑动门默认显示部分，背景图片的下半部分是鼠标指针滑过的状态。针对超链接<a>标签应用左滑动门，设置背景图片从左上角显示且不进行平铺，设置 4px 的左间距用于存放背景图片（图片宽度就是 4px），避免文字压住背景图片的最左边，此时需要设置浮动，否则背景图片只显示文字大小部分而不能全部显示图片（图片高度），隐藏超链接的默认下划线，以免影响背景图片效果。

```
.nav a {
    background:url(images/tableftC.gif) no-repeat scroll left top;
    float:left;padding:0 0 0 4px;text-decoration:none;}
```

第 5 步，设置滑动门的右侧门。设置<a>标签的子元素<span>标签的背景图片不平铺，且背景图片从右上角显示（背景图片右上角是圆角），其余部分被<a>标签遮挡，随着文字的增多，<a>标签遮挡部分逐渐减少。将其转换成块元素，可以发现滑动门已经实现了，但文字内容挤在背景图片中，此时应设置其上、右、下、左 4 个方向的补白（padding:5px 15px 4px 6px;），将其背景撑开。

```
.nav a span {
    background:url(images/tabrightC.gif) no-repeat scroll right top;color:#464E42;
    display:block;padding:5px 15px 4px 6px;}
```

第 6 步，定义鼠标指针滑过的状态，整个滑动门的背景图片同时向上移动 42px（背景图片高度是 84px（84/2=42px），故<a>标签和<span>标签同时向上移动 42px），显示滑动门背景图片的下半部分，为了查看滑过后滑动门的变化，为 a 超链接定义一个 class 类，代表当前状态应用到某个超链接上，相应设置与<a>标签的:hover 状态一致。

☑ CSS 样式：

```
.nav a.curr,.nav a:hover{
    background:url(images/tableftC.gif) no-repeat scroll left -42px;}
.nav a.curr span,.nav a:hover span{
    background:url(images/tabrightC.gif) no-repeat scroll right -42px;}
```

☑ HTML 结构：

```
<div class="nav">
  <ul>
    <li><a href="#" class="curr"><span>首页</span></a></li>
    <li><a href="#"><span>登录终端</span></a></li>
…
  </ul>
</div>
```

12.2 CSS 布局技法

CSS 布局方法包括两种：浮动式布局和定位式布局。其中，浮动式布局比较灵活，但是这种灵活

性也容易导致网页错位。定位式布局比较精确，可以准确定位元素在网页中的显示位置，但是又缺乏灵活性。CSS 定位式布局的方式也比较多，如相对定位、绝对定位和固定定位等，其中，相对定位、绝对定位使用场合较多。相对定位能够实现在不破坏文档流的基础上进行相对原位置的偏移定位，绝对定位可用于突破网页流，实现元素任意定位。

Note

12.2.1　实战演练：定义浮动

在学习浮动布局之前，读者需要了解一下什么是文档流。

文档流，即网页元素的显示方式，文档元素一般都是从左到右、从上到下依次显示，浏览器在解析时也是按照这个顺序执行。对于 HTML 结构的网页，body 元素下的任何元素，根据其前后顺序，组成网页的 DOM 结构，网页根据 DOM 结构解析内容。

HTML 的结构在显示时是无法改变的，不过通过浮动式布局和定位式布局打破普通文档流，改变页面 DOM 元素显示位置，实现在视觉效果上重组 DOM 结构。

当元素浮动显示后，会飘离普通文档流，此时的元素犹如氢气球，随风飘动。浮动显示有 3 种方式：向左、向右和不浮动，分别对应了 float 的 3 种属性。

☑　float:left：脱离普通文档流，对象向左浮动。

☑　float:right：脱离普通文档流，对象向右浮动。

☑　float:none：将浮动对象转换为普通文档流。

【示例 1】在本示例中，通过图片左右浮动，实现图片文字左右环绕；设置不浮动，显示浏览器默认状态下处理图片与段落文字的效果。

```
<html><head>
<style type="text/css">
div{
    width:500px;                    /*设置存放文字、图片的父元素宽度*/
    margin:0 auto;                  /*设置居中对齐*/
    font-size:12px;                 /*设置文字大小*/
    line-height:22px; }             /*设置文字行高*/
p{
    text-align:left;                /*段落文字左对齐*/
    text-indent:2em; }              /*首行文字缩进 2 个文字大小*/
img{
    padding:5px 10px;               /*图片的补白，与段落文字拉开距离*/
    float:left;                     /*设置图片左浮动，观察文字*/
    height:140px; }                 /*设置图片的大小*/
.fl img{float:left; }               /*通过 class 名控制图片左浮动*/
.fr img{float:right; }              /*通过 class 名控制图片右浮动*/
.fn img{float:none; }               /*转换为默认显示方式*/
</style>
</head><body>
<div class="fl"> <img src="images/1.gif" />
    <p>在 HTML5 出现前，实现这个效果需要两幅图像——彩色的图像和灰度的图像。现在 HTML5 让开发者创建这个效果时更加容易和高效，因为原始图像会直接生成灰度图像。</p>
</div>
<div class="fr"> <img src="images/2.png" />
    <p> CSS 是了不起的技术，我第一次用到的时候，觉得这是我做梦都想不到的东西，随着 CSS3 的引入，圆角、阴影、旋转技术将 CSS 带到前所未有的高度。然而，关于 CSS，我们是不是已经走得太远，本文以一个 Web
```

Note

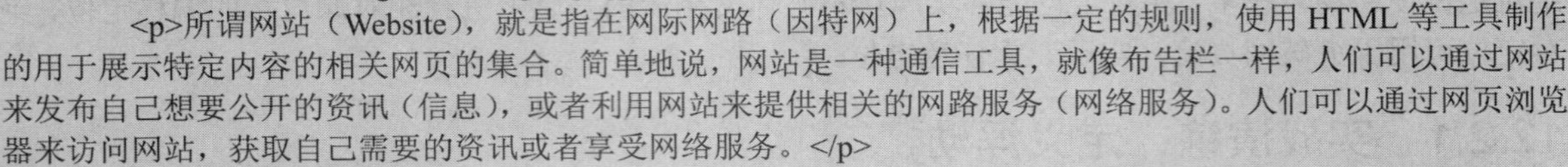

```
设计师的角度对 CSS 的一些实验性应用做了另一种思考。</p>
    </div>
    <div class="fr fn"> <img src="images/g1.jpg"/>
        <p>所谓网站（Website），就是指在网际网路（因特网）上，根据一定的规则，使用 HTML 等工具制作的用于展示特定内容的相关网页的集合。简单地说，网站是一种通信工具，就像布告栏一样，人们可以通过网站来发布自己想要公开的资讯（信息），或者利用网站来提供相关的网路服务（网络服务）。人们可以通过网页浏览器来访问网站，获取自己需要的资讯或者享受网络服务。</p>
    </div>
    </body></html>
```

页面演示效果如图 12.16 所示。

图 12.16　float 的 3 种属性

在示例 1 中，首先定义了图片与段落文字内容包含块的大小，并设置字体为 12px、行高为 22px、居中显示；按照阅读习惯，定义段落文字左对齐、首行缩进两个文字大小的空间，使用相对单位。定义图片的大小，设置补白并初始化浮动方式为左浮动。设置浮动的第一种情况，即在浏览器中第一幅图片与文字形成图片左环绕效果，即图片在左侧，段落文字在右边包围图片，段落文字最后一行在浮动元素下方继续显示，实现文字环绕效果。设置图片补白而非设置段落补白，原因在于图片浮动虽占据左边空间，却浮动脱离文档流，段落起始位置在文档流左上角位置，读者可通过将图片补白转变为段落补白测试，即：

```
div{border:1px solid #ff7300;}
p{text-align:left; text-indent:2em; padding:5px 10px;}
img{float:left; width:120px; height:100px;}
```

定义边框线便于观察<p>标签补白所处的位置、段落文字与边框线之间的距离，此处段落补白起始于父元素的左边，而图片后面，图片脱离文档流，因而段落的开始位置是父元素的最左边。

设置浮动的第二种情况，图片右浮动，即浏览器中第二幅图片和段落文字的效果；第三种情况：图片不浮动，通过新 class 名，将默认图片左浮动，转换为普通文档流，即默认不设置浮动时的效果，图片在上，段落为块级元素，独立占据一行。

浮动布局具有如下特性。

☑ 浮动元素能实现同行并列效果，通过这个特性实现页面布局效果。例如，A、B、C 这 3 个盒子同时设置浮动，则 A、B、C 可同行并列。

☑ 多个元素浮动时，浮动元素根据父元素的宽度灵活调整位置，最终漂浮至父元素左侧或右侧。当为浮动元素定义大小、缩小浏览器时，浏览器内部大小小于父元素，即子元素宽度之和大于父元素宽度，发生"错位"现象，前提是父元素宽度自适应，即不设置大小。

☑ 为元素定义浮动后，该元素会收缩至自身体积最小状态。若没有定义大小或没有包含子元素，则浮动元素缩成一个点或者不可见；若包含子元素，则浮动元素大小自动扩展为包含子元素；若定义大小，则以该元素的大小为准。

☑ 元素定义浮动后，float 的元素拥有块布局能力，相当于被定义了"display:block;"声明，即行内元素的宽度和高度等 CSS 属性都有效。

☑ 浮动元素脱离普通文档流空间，而浮动元素的定位基于普通文档流，然后从文档流中抽出并尽可能远地移动至左侧或者右侧。文字内容会围绕在浮动元素周围。当一个元素从正常文档流中抽出后，仍然在文档流中的其他元素将忽略该元素并填补原先的空间。

【示例 2】在本示例中，将默认纵向显示的 9 个演播室版块浮动，每行显示 3 个，使用相对定位实现鼠标指针滑过"演播室"时放大镜效果。

```
<html><head>
<style type="text/css">
body,ul{
    font-family:"宋体";text-align:center;            /*字体初始化*/
    margin:0; padding:0;font-size:12px; }           /*清除默认间距等设置*/
ul{list-style:none; }                               /*清除默认列表项的项目符号*/
.YBS{
    width:730px;                                    /*设置演播室整体宽度*/
    margin:0 auto; }                                /*居中对齐*/
.YBS li{
    width:188px; height:250px;                      /*每个演播室的大小*/
    background:url(images/link.gif) no-repeat 10px 20px;/*定义默认演播室的背景*/
    float:left; }                                   /*将默认纵向改成横向显示*/
.YBS .title2{
    line-height:25px;                               /*设置演播室标题文字行高*/
    margin-top:20px; }                              /*设置演播室标题文字上边距*/
.YBS .tanchu{
    height:69px;                                    /*设置播放按钮的高度*/
    background:url(images/c1.jpg) 0px center no-repeat; /*设置播放按钮的背景图片*/
    width:160px; }                                  /*设置播放按钮的宽度*/
.YBS .tanchu img{
    margin-top:23px; }                              /*设置播放按钮与背景图片顶端距离*/
.YBS .neirong{
    margin-top:10px;                                /*设置播放室的主题内容*/
    line-height:1.5em;                              /*设置主题内容的行高*/
    letter-spacing:0.2em;                           /*设置文字间隙，使用相对单位*/
    height:36px;                                    /*设置主题文字占用的高度*/
    overflow:hidden; }                              /*只显示 2 行主题文字，多余隐藏*/
.YBS .neirong br{width:0; line-height:0; font-size:0; letter-spacing:0em; } /*设置换行符不占用空间*/
#bjtu1{
```

Note

```
        background:url(images/c1.jpg) -9px center no-repeat; /*设置第一个播放按钮背景图片*/
        height:69px;width:160px; }                        /*设置播放按钮占用空间大小*/
#bjtu2{
        background:url(images/c2.jpg) -9px center no-repeat; /*设置第二个播放按钮背景图片*/
        height:69px;width:160px; }                        /*设置播放按钮占用空间大小*/
.YBS li.bj-hover{
        background:url(images/hover.gif) no-repeat left top;  /*设置鼠标指针滑过播放按钮时的背景图片*/
        font-size:14px;                                   /*鼠标指针滑过时文字变大*/
        position:relative;left:-8px; }                    /*鼠标指针滑过时位置偏移*/
.YBS li.bj-hover .title2{margin-top:15px; }               /*鼠标指针滑过时标题文字的上边距*/
.YBS li.bj-hover .neirong{
        height:37px;                                      /*鼠标指针滑过时的高度*/
        color:#fff!important;                             /*鼠标指针滑过时的文字颜色*/
        line-height:1.3em;                                /*鼠标指针滑过时主题内容的行高*/
        padding-left:13px;                                /*鼠标指针滑过时的左间距*/
        overflow:hidden; }                                /*超出部分隐藏*/
.YBS li.bj-hover #bjtu5{
        background:url(images/d5.jpg) 5px center no-repeat;  /*鼠标指针滑过时播放按钮更换背景图片*/
        width:176px;height:77px; }                        /*鼠标指针滑过时播放按钮占用的空间大小*/
<!--下面多行结构省略 -->
</style>
</head><body>
<ul class="YBS">
        <li>
        <div class="bian1">
                <div class="title2"><strong>第<span class="c11">1</span>直播室</strong></div>
                <div class="tanchu" id="bjtu1"><img src="images/bofang.gif" width="19" height="19"></div>
                <div class="neirong">最新财讯解读<br />大盘实时分析<br />大盘实时分析<br /></div>
        </div>
        </li>
        <!--下面多行结构省略 -->
        <li class="bj-hover">
        <div class="bian5">
                <div class="title2"><strong>第<span class="c11">5</span>直播室</strong></div>
                <div class="tanchu" id="bjtu5"><img src="images/bofang.gif" width="19" height="19"></div>
                <div class="neirong">浦发银行  长江证券<br />国元证券  东北证券</div>
        </div>
        </li>
        <!--下面多行结构省略 -->
        <li>
        <div class="bian9">
                <div class="title2"><strong>第<span class="c11">9</span>直播室</strong></div>
                <div class="tanchu" id="bjtu9"><img src="images/bofang.gif" width="19" height="19"></div>
                <div class="neirong">中联重科  潍柴动力<br />徐工科技  银河动力</div>
        </div>
        </li>
</ul>
</body></html>
```

页面演示效果如图 12.17 所示。

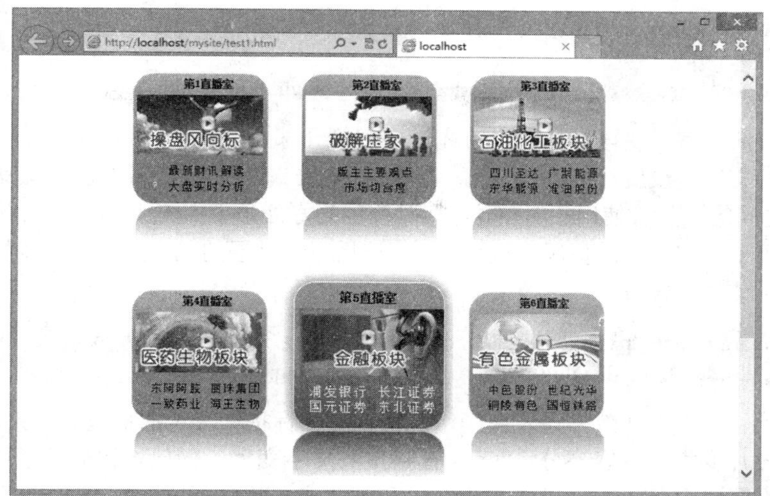

图 12.17 演播室效果

在示例 2 中，通过浮动和定位方式实现了“演播室”设计效果。整个案例的具体操作步骤如下。

【操作步骤】

第 1 步，首先初始化设置页面，例如，设置浏览器居中、字体为宋体、清除默认间距，并针对要使用的<ul>标签清除默认的项目符号。

```
/*页面基本设置<清除默认设置> start*/
body {text-align: center; font-family:"宋体";margin:0; padding:0;font-size:12px;}/*页面基本属性*/
div{margin:0 auto;}
ul{margin:0; padding:0; list-style:none;}
```

初始化时设置浏览器居中，故将 class 名为 YBS 的元素宽度定义为 570px，一行显示 3 个演播室版块。设置<li>标签的宽度、高度，并设置演播室（<li>标签）的默认背景图片。<li>标签按照浏览器默认解析方式纵向显示，通过左浮动实现横向显示。若不设置最外层块元素的宽度，则效果如图 12.17 所示，通过浏览器的缩小，每行显示的个数不一致，上图显示 6 个，继续改变大小时，可实现纵向排列；而将其设置宽度后，拖动浏览器窗口右下角改变大小时，每行 3 个演播室版块不会发生错位现象。

```
.YBS{ width:570px; margin:0 auto; }
.YBS li{width:188px; height:250px; background:url(images/link.gif) no-repeat 10px 20px; float:left;}
```

第 2 步，开始设置单独的演播室版块。在第 1 步中，背景图片没有在<li>标签的左上角开始显示，而是从左边 10px，顶部 20px 处显示，故此处文字上边距设置为 20px，让文字位于背景图片内。通过行高设置实现文字上方背景图片位置与文字下方演播室背景图片的间距接近一致。

```
.YBS .title2{line-height:25px; margin-top:20px;}
```

第 3 步，插入“播放按钮”图片设置背景。class 为 tanchu 的子元素是一个播放按钮，因各演播室使用不同图片，播放按钮是其公共部分，因而将播放按钮作为插入图片。背景图片通过 ID 值的不同进行设置。注意，同时为 class 为 tanchu 的元素设置 ID 和 class 值，ID 优先级高于 class，因而后面这 9 个演播室显示不同背景图片。

```
.YBS .tanchu{height:69px; background:url(images/c1.jpg) 0px center no-repeat; width:160px; }
#bjtu1{background:url(images/c1.jpg) -9px center no-repeat;height:69px;width:160px; }
```

```
#bjtu2{background:url(images/c2.jpg) -9px center no -repeat;height:69px;width:160px; }
<!--下面多行结构省略 -->
#bjtu9{background:url(images/c9.jpg) -9px center no-repeat;height:69px;width:160px; }
```

Note

第 4 步，设置演播室模块内容简介。首先，内容简介部分与其上的图片进行间隔，设置上间距，要求最多显示两行文字，设置行高为 1.5em，高度为 36px 超出 2 行隐藏。通过 CSS 的 letter-spacing 属性，设置文字之间的间隔且使用相对单位。相对单位的好处是文字大小改变时，间距也会自动更改，而绝对单位一般用于固定不变的情况，例如，9 个演播室最外层的包含元素。
标签的作用是表明不占用空间大小时该如何设置。

```
.YBS .neirong{margin-top:10px; line-height:1.5em; letter-spacing:0.2em; height:36px; overflow:hidden;}
.YBS .neirong br{width:0; line-height:0; font-size:0; letter-spacing:0em;}
```

第 5 步，至此，整个页面效果设置完毕，现在设置鼠标指针滑过演播室的效果。效果初步定义：当前演播室背景图片变大；内容部分，"第×直播室"文字变大，播放按钮的背景图片变大，演播室主题文字变大并设置成白色。所有操作与第 3 步和第 4 步一致，不同的是 IE6 浏览器不支持<a>标签以外的鼠标指针滑过效果，故为<li>标签添加一个 class 名 bj-hover，通过 jQuery 动态添加该 class 名即可。

```
.YBS li.bj-hover{background:url(images/hover.gif) no-repeat left top; font-size:14px;
position:relative; left:-8px;}
.YBS li.bj-hover .title2{margin-top:15px; }
.YBS li.bj-hover .neirong{ height:37px; color:#fff!important; line-height:1.3em;
padding-left:13px; overflow:hidden;}
.YBS li.bj-hover #bjtu1{background:url(images/d1.jpg) 5px center no-repeat;width:176px; height:77px;}
.YBS li.bj-hover #bjtu2{background:url(images/d2.jpg) 5px center no-repeat;width:176px; height:77px;}
.YBS li.bj-hover #bjtu3{background:url(images/d3.jpg) 5px center no-repeat;width:176px; height:77px;}
.YBS li.bj-hover #bjtu4{background:url(images/d4.jpg) 5px center no-repeat;width:176px; height:77px;}
.YBS li.bj-hover #bjtu5{background:url(images/d5.jpg) 5px center no-repeat;width:176px; height:77px;}
<!--下面多行结构省略 -->
.YBS li.bj-hover #bjtu9{background:url(images/d9.jpg) 5px center no-repeat;width:176px; height:77px;}
```

12.2.2 实战演练：清除浮动

浮动为网页布局带来便利的同时，也带来了新的问题，网页元素不再按照默认文档流显示。CSS 为了解决浮动带来的布局问题定义了 clear 属性，含有 4 个属性值：left、right、both 和 none，其属性说明如下。

- ☑ left：不允许左侧存在浮动对象，即当前元素设置此属性时，若上一个元素为左浮动，则当前元素换行显示。
- ☑ right：不允许右侧存在浮动对象，即当前元素设置此属性时，若上一个元素为右浮动，则当前元素换行显示。
- ☑ both：不允许存在浮动对象，即当前元素设置此属性时，上一个元素不能存在浮动设置，否则当前元素换行显示。
- ☑ none：允许两侧存在浮动对象。

为盒子设置清除浮动只影响该盒子元素的排列位置，而不能影响前后盒子的排列方式。

【示例 1】在本示例中，class 名为 wr3 的块级元素包含了 4 个盒子，其盒子设置分别对应 clear 的 4 种属性：right、none、both 和 left。

```
<html>
<head></head><body>
<style type="text/css">
.wr3{
    width:300px;                          /*设置父元素的宽度*/
    background-color:#993;                /*设置父元素的背景色*/
    margin:0 auto; }                      /*FireFox 浏览器下居中*/
.box1,.box2,.box3,.box4{
    float:left;                           /*4 个盒子都左对齐*/
    width:50px;                           /*4 个盒子宽度*/
    height:50px;                          /*4 个盒子高度*/
    background-color:#9C3;                /*设置盒子的背景色*/
    font-size:14px;                       /*设置盒子字体大小*/
    text-align:center; }                  /*设置盒子内文字居中对齐*/
.box2{
    background-color:#366;                /*区别其他盒子背景色*/
    clear:right; }                        /*清除右浮动*/
.box3{
    background-color:#F00;                /*区别其他盒子背景色*/
    clear:none; }                         /*元素不清除浮动*/
.box4{
    background-color:#C69;                /*区别其他盒子背景色*/
    clear:both; }                         /*不存在浮动元素*/
.box5{
    background-color:#36F;                /*区别其他盒子背景色*/
    clear:left}                           /*清除左浮动*/
</style>
<div class="wr3">
    <div class="box1">盒子一</div>
    <div class="box2">盒子二</div>
    <div class="box3">盒子三</div>
    <div class="box4">盒子四</div>
    <div class="box5">盒子五</div>
</div>
</body></html>
```

页面演示效果如图 12.18 所示。

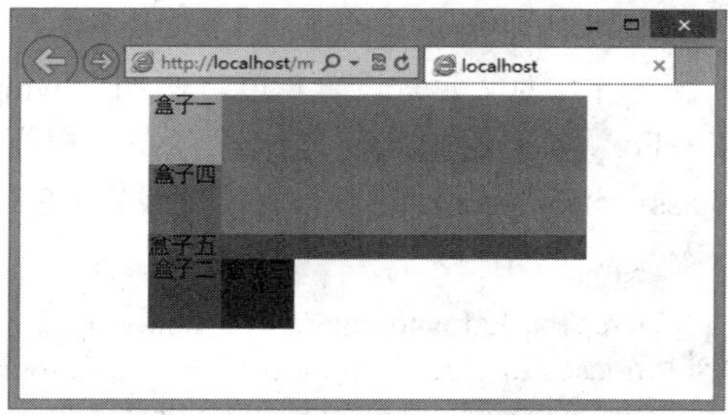

图 12.18　清除浮动测试

在示例 1 中，首先 5 个盒子统一设置宽度、高度、背景色和字体大小等，最后全部定义为左浮动，然后为各个盒子设置不同背景色。将盒子四设置为清除两边浮动，盒子一设置为左浮动，故盒子四换行显示；盒子五设置为清除左浮动且块元素左浮动，盒子四左浮动，因而盒子五换行显示；盒子二设置为清除右浮动且块元素左浮动，盒子五是左浮动且块元素清除左浮动，根据前面的知识点“盒子设置清除浮动只影响该盒子元素的排列位置，而不能影响前后盒子的排列方式”，盒子二在盒子五后显示且不需换行；盒子三设置为不清除浮动且块元素左浮动，因而盒子三在盒子二后显示且不需换行。

当为元素设置浮动后，元素脱离文档流，不再占用父元素空间；父元素因不确定高度，需要自适应子元素内容，未设置高度，因而会自动收缩，会出现容器不扩展的问题。严格地说这不能算是一个bug，所有浏览器都存在这个现象。

Note

【示例 2】在本示例中，class 为 wrap 的父元素没有设置高度，两个子元素通过设置左右浮动，脱离普通文档流。

```
<html><head>
<style type="text/css">
.wrap{
    background-color:#FC9;                    /*设置父元素背景色*/
    font-size:12px;                           /*设置字体大小*/
    padding:10px; }                           /*设置补白，没有设置宽度、高度*/
.flo,.secflo{
    float:left;                               /*设置左浮动*/
    width:100px;                              /*设置元素空间大小*/
    background:#F33; }                        /*设置背景色*/
.secflo{
    background-color:#993;                    /*区别其他盒子背景色*/
    float:right; }                            /*改为右浮动*/
</style>
</head>
<body>
<div class="wrap">
    <div class="flo">它设置了浮动</div>
    <div class="secflo">它设置了浮动</div>
</div>
</body></html>
```

页面演示效果如图 12.19 所示。

图 12.19　清除浮动测试

在示例 2 中，子元素设置左右浮动后，最外层的父元素的高度没有随着子元素的高度而自动扩展，原因在于子元素浮动后，脱离普通文档流，子元素内容不再占据父元素的空间，因而父元素高度为设置补白的高度，去掉补白，则父元素的背景不存在。

解决方法如下。

（1）为父元素设置宽度，例如，.wrap{width:300px;}，IE6、IE7 浏览器中可解决问题，但 IE8、FireFox 浏览器中此问题依然存在。根据 clear 特性，在 class 名为.wra 的块级元素中加入<span class="clear"> </sapn>，并设置 CSS 属性。

```
<style>
.wrap{background-color:#FC9;font-size:12px;width:300px;}
.flo,.secflo{float:left; width:100px; background:#F33;}
.secflo{background-color:#993; float:right}
.clear{font:0px; height:0px;line-height:0px; clear:both;display:block;}
</style>
<div class="wrap">
<div class="flo">它设置了浮动</div>
<div class="secflo">它设置了浮动</div>
```

```
<span class="clear"></span>
</div>
```

（2）通过 zoom:1 触发 IE 浏览器的 haslayout；在 FireFox 浏览器中通过父元素添加 overflow:hidden，清除内部子元素浮动的问题，二者相结合即.wrap{overflow:hidden;zoom:1;}可解决问题。

Note

12.2.3 实战演练：精确定位

浮动布局比较灵活，但也容易出现错位，版面容易凌乱。为弥补布局的缺陷，CSS 定义比 float 布局更加精确的 position 定位属性，能够精确定位页面中每个元素。position 定位定义网页布局的 4 种方式：static、absolute、relative 和 fixed。属性说明如下。

- ☑ static：静态定位即普通文档流。即当前元素设置此属性将原定位属性转变成普通文档流。一般不使用，除非需要取消继承的或改变定位方式。
- ☑ absolute：绝对定位，脱离普通文档流，以最近的定位父元素（依次向上级查找，可为祖父等级别元素）为参照物，偏移不影响文档流中的其他元素。通过 left、right、top、bottom 属性定义元素偏移位置，其 4 个方向的参照物以最近相对定位父元素为准。若方向属性与 margin 属性混合使用，偏移方向相同值累加，方向相反，margin 属性值无效。即 left+左边界=最终元素位置，left+右边界=最终元素位置值为 left。
- ☑ relative：相对定位，不脱离文档流，占用文档流物理空间，以当前元素左上角位置进行上、右、下、左方向偏移。其方向属性与 margin 属性混合使用会产生累加效果。
- ☑ fixed：固定定位，脱离普通文档流，固定元素在某个位置，可与方向属性结合使用，IE6 浏览器及以下版本不支持。

【示例 1】统一子盒子的定位方式，观察其定位，然后通过父元素包含子盒子，改变子盒子的定位方式。

```
<html>
<head></head><body>
<style type="text/css">
.wrap{
    width:500px;                    /*设置元素空间，所有子元素根据它来衬托*/
    height:400px;                   /*设置元素空间，所有子元素根据它来衬托*/
    background-color:#CCC;          /*设置背景色*/
    font-size:12px;                 /*设置字体大小*/
    margin:0 auto; }                /*居中对齐*/
.a{
    background:#3C3;                /*b、c 盒子定位的参考位置，设置背景色*/
    width:200px;                    /*设置宽度*/
    height:300px;                   /*设置高度*/
    position:relative;              /*相对定位，不偏移位置，不脱离文档流*/
    padding:20px; }                 /*设置补白*/
.b,.c,.d,.e{
    background:#C39;                /*统一设置背景色*/
    width:100px;                    /*设置盒子宽度*/
    height:100px;                   /*设置盒子高度*/
    position:absolute; }            /*设置绝对定位*/
.b{
    left:0px;                       /*定义左偏移量*/
```

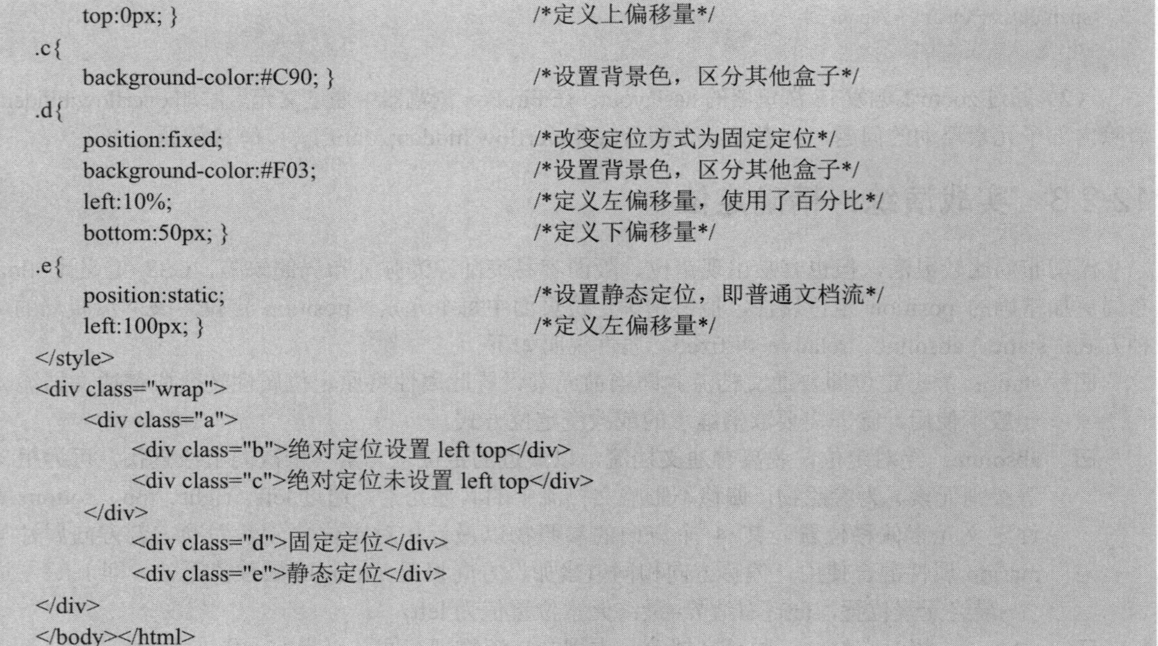

```
        top:0px; }                              /*定义上偏移量*/
    .c{
        background-color:#C90; }                /*设置背景色，区分其他盒子*/
    .d{
        position:fixed;                         /*改变定位方式为固定定位*/
        background-color:#F03;                  /*设置背景色，区分其他盒子*/
        left:10%;                               /*定义左偏移量，使用了百分比*/
        bottom:50px; }                          /*定义下偏移量*/
    .e{
        position:static;                        /*设置静态定位，即普通文档流*/
        left:100px; }                           /*定义左偏移量*/
    </style>
    <div class="wrap">
        <div class="a">
            <div class="b">绝对定位设置 left top</div>
            <div class="c">绝对定位未设置 left top</div>
        </div>
            <div class="d">固定定位</div>
            <div class="e">静态定位</div>
    </div>
    </body></html>
```

页面演示效果如图 12.20 所示。

图 12.20　定位 4 个属性及偏移位置变化

在示例 1 中，首先定义最外层 class 为 wrap 的块级元素，未设置定位方式。

【操作步骤】

第 1 步，class 为 a 的块级元素定义了大小、设置背景色，并定义相对定位。没有定义偏移坐标，故在文档流默认位置显示。设置补白，根据后面子元素 b、c 块级元素的设置进行观察。class 为 b、c、d、e 块级元素统一设置大小、背景色、绝对定位，在后面的设置中通过 CSS 代码进行不同的重置。

第 2 步，设置 class 为 b 的块级元素坐标为“left:0px; top:0px;”，该元素查找距离最靠近父元素并设置为相对、绝对定位元素（静态定位为普通文档流，故无法作为参照对象；固定定位在 IE6 等低级版本浏览器中不被支持，一般不设置）。作为参照对象，其父元素拥有相对定位属性，因而其偏移位

置以参照对象为准，根据偏移值定位于其父元素左上角。注意，当同时定义 4 个方向的偏移值时，left、top 为主，忽略 right、bottom 定义。

第 3 步，class 为 c 的块级元素未设置坐标，改变其背景颜色，此元素未与 class 为 b 的块级元素相重合，经计算为向上间隔 20px、向左间隔 20px，其原因在于父元素 class 为 a 的块级元素设置了 4 个方向的内边距均为 20px。通过 b、c 的块级元素位置对比得出结论：当设置定位后，未设置偏移值时，元素按照在默认文档流中的位置显示。

第 4 步，设置 class 为 d 的块级元素坐标为“left:10%;bottom:50px;”，其左边偏移值以浏览器空白区域最左边为基准、低边偏移值以浏览器空白区域最下边（浏览器状态栏顶部）为基准。若为父元素层 class 为 wrap 的块级元素设置了定位，其偏移位置依然如此，不会以父元素为基准，这也是相对定位、绝对定位与固定定位偏移位置参照的区别。

在浏览器中测试，改变浏览器大小、拖动滚动条，固定定位位置将发生改变。需要注意，IE6 及低版本浏览器不支持此属性。通过拖动滚动条测试，IE7+、FireFox 等浏览器中其元素位置不变，如同粘贴在此处，IE6 浏览器中以普通文档流对待。

第 5 步，将 class 为 e 的级元素设置为静态定位，页面中无任何变化，即普通文档流。

提示： 当同时定义 left、right、top 和 bottom，且定位元素没有定义宽度、高度时，IE 低版本浏览器以 left、top 为准，其宽高以标签内部元素或内容大小自适应，而 FireFox 浏览器为了同时满足 4 个方向的偏移值，自动改变该定位元素的大小，并自适应其父元素的大小；一个是根据子元素内容或大小改变大小，一个是根据父元素或根元素定义其大小，这是示例中定义元素宽高属性确保浏览器处理定位元素一致的原因。

【示例 2】在本示例中，<p>标签中内容重复，所不同的是重复文字放入<span>标签，<p>标签设置相对定位，<span>标签设置绝对定位，然后从父元素<p>标签的左上角进行位置偏移。

```
<html><head>
<style type="text/css">
.wrap{
    background-color:#0099CC;                /*设置父元素的背景色*/
    font-size:20px;                          /*设置字体大小*/
    font-family:"黑体";                      /*设置字体类型*/
    line-height:35px; }                      /*设置行高*/
.shadow {
    position:relative;                       /*子元素设置为相对定位*/
    color:#000; }                            /*字体颜色为黑色*/
.wrap span {
    position:absolute;                       /*设置绝对定位，其偏移时依照 class 为 shadow 偏移*/
    top:1px;                                 /*设置上偏移 1px*/
    left:1px;                                /*设置左偏移 1px*/
    color:#ff7300                            /*设置字体颜色*/
}
</style>
</head><body>
<div class="wrap">
    <p class="shadow">float 是 CSS 的定位属性。在传统的印刷布局中，文本可以按照需要围绕图片，一般把这种方式称为“文本环绕”。在网页设计中，应用了 CSS 的 float 属性的页面元素就像在印刷布局中被文字包围的图片一样。浮动的元素仍然是网页流的一部分。<span>float 是 CSS 的定位属性。在传统的印刷布局中，文本可以按照需要围绕图片，一般把这种方式称为“文本环绕”。在网页设计中，应用了 CSS 的 float 属性的页面元素就像在印刷布局中被文字包围的图片一样。浮动的元素仍然是网页流的一部分。</span>
```

```
    </p>
</div>
</body></html>
```

Note

页面演示效果如图 12.21 所示。

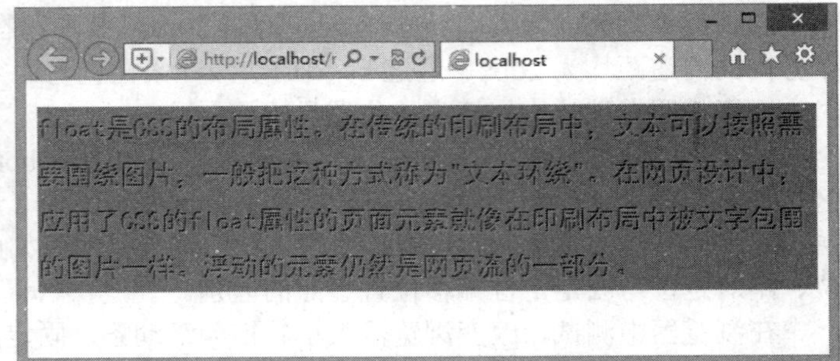

图 12.21　定位实现文字雕刻与阴影效果

在示例 2 中，为父元素定义背景色、行高、字体及字体类型，页面进行初始化，然后对 class 为 shadow 的元素进行相对定位，即原先占用空间不变，布局方式不同，为其子元素<span>标签重复内容的偏移作为参照物，最后，<span>标签设置绝对定位，脱离普通文档流，其偏移位置根据父元素的左上角确定，最终实现文字雕刻效果，若将“left:1px;”改为“left:2px;”，雕刻效果将变成阴影效果。

12.2.4　实战演练：层叠顺序

z-index 属性可调整定位元素之间的叠加顺序。其特点如下：

- ☑ 值为正数，可为负数，默认值为 auto（FireFox 浏览器）或 0（IE 浏览器）。当为元素设置定位属性时，该值即生效。
- ☑ 所有主流浏览器都支持 z-index 属性。IE 任何版本（包括 IE8）都不支持属性值 inherit。
- ☑ 同级元素之间 z-index 属性值越大，其位置越靠向用户视野，即 z-index 值较大的元素将叠加在 z-index 值较小的元素上。
- ☑ z-index 属性值为负数时，隐藏普通文档流下方。
- ☑ 同级元素定位方式相同（它们拥有同一个父元素），且无 z-index 设置时，HTML 元素靠后者居上。
- ☑ 非同级元素定位时，比较父元素定位 z-index 值或在 HTML 代码中位置。若父元素未设置定位，依次向上查找定位父元素。

【示例】在本示例中，将 a、b、c 盒子进行定位，并设置 z-index 属性值，通过父元素改变其 3 个盒子的 z-index 属性值，根据叠加原则，分析 a、b、c 盒子存放位置。

```
<html><head>
<style type="text/css">
body{padding-top:60px; }                /*设置上间距，盒子在距浏览器下方 60px 空白处*/
.a,.b,.c{
    width:100px;                        /*统一设置 3 个盒子占用的空间*/
    height:60px;                        /*统一设置 3 个盒子占用的空间*/
    position:relative;                  /*统一设置为相对定位，占用原先位置*/
    background-color:#09C;              /*设置背景色，后面针对不同盒子进行改变*/
    margin:0 auto; }                    /*居中对齐*/
.b{
    background-color:#C60;              /*改变背景色，与其他盒子不一致*/
    top:-10px;                          /*上偏移 10px*/
    left:10px; }                        /*左偏移 10px，未设置 z-index 值*/
.c{
```

```
    background-color:#660;            /*改变背景色，与其他盒子不一致*/
    top:-20px; }                      /*上偏移 20px，未设置 z-index 值*/
.text2 .b{z-index:-1; }               /*z-index 值为-1，与默认定位相比较*/
.text2 .c{z-index:1; }                /*z-index 值为 1，与默认定位相比较*/
.text3{
    position:relative;                /*设置相对定位*/
    z-index:100; }                    /* z-index 值为 100 与 class 为 text4 相比较*/
.text3 .a{left:10;z-index:10; }       /*子元素层叠值不起作用，须比较父元素的 z-index 值*/
.text4{
    position:relative;                /*设置相对定位*/
    z-index:99; }                     /*z-index 值为 99 与 class 为 text3 相比较*/
.text4 .c{z-index:500; }              /*子元素层叠值不起作用，须比较父元素的 z-index 值*/
</style>
</head><body>
<div class="a">盒子 a</div>
<div class="b">盒子 b</div>
<div class="c">盒子 c</div>
<div class="text2">
    <div class="a">盒子 a</div>
    <div class="b">盒子 b</div>
    <div class="c">盒子 c</div>
</div>
<div class="text3">
    <div class="a">盒子 a</div>
</div>
<div class="text4">
    <div class="b">盒子 b</div>
</div>
</body></html>
```

页面演示效果如图 12.22 所示。

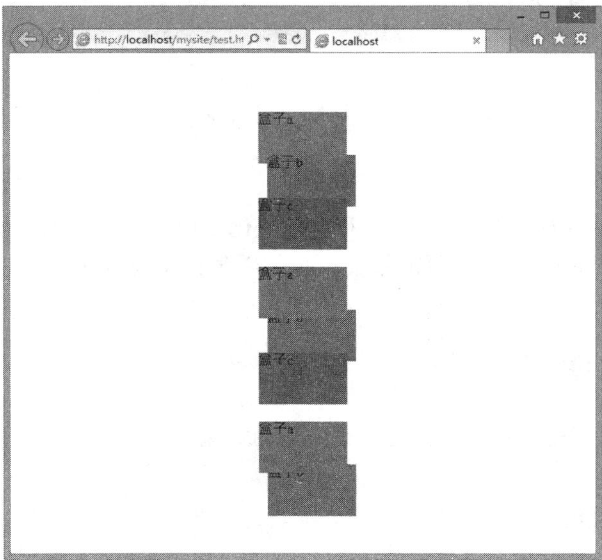

图 12.22　z-index 改变元素叠加顺序

Note

页面上有 3 种叠加方式，通过添加父元素，改变原先 a、b、c 这 3 个盒子的叠放顺序。

【操作步骤】

第 1 步，HTML 中的前 3 行代码。a、b、c 这 3 个盒子都进行了定位设置，未设置 z-index 值，故拥有 z-index 默认值。根据叠加原则，它们有一个共同的父元素 body，故同级元素定位方式相同，且无 z-index 设置时，HTML 代码靠后者居上，显示顺序为 a、b、c。

```
<div class="a">盒子 a</div>
<div class="b">盒子 b</div>
<div class="c">盒子 c</div>
```

第 2 步，HTML 中的 4～8 行代码。通过 a、b、c 这 3 个盒子添加一个父元素，通过父元素改变 3 个盒子的 z-index 值。设置盒子 b 的 z-index 为-1、盒子 c 的 z-index 为 1，盒子 a 保持默认值 0 或 auto。根据同级元素之间，值大者在上原则，故盒子 a、c 在盒子 b 上方。

```
<div class="text2">
    <div class="a">盒子 a</div>
    <div class="b">盒子 b</div>
    <div class="c">盒子 c</div>
</div>
```

第 3 步，HTML 中的 9～14 行代码。分别为 a、b 盒子添加一个父元素，在 class 为 text3 的子盒子 a 中，其 z-index 值为 10，在 class 为 text4 的子盒子 b 中，z-index 值为 500。按照层叠原则，值大的在上，但 a、b 盒子分属不同的父元素，因而比较父元素。父元素中设置了相对定位，但 text3 盒子高于 text4 盒子的层叠值，故 text4 盒子子元素的层叠值再大也受制于父元素，因而 text3 盒子在 text4 盒子上方。

```
<div class="text3">
    <div class="a">盒子 a</div>
</div>
<div class="text4">
    <div class="b">盒子 b</div>
</div>
```

12.3 案例实战

DIV+CSS 页面有多种布局方式，如固定布局、液化布局、弹性布局、伪劣布局、负边界布局、浮动布局、定位布局等。同时，大部分页面不会单独使用某种布局方式，往往会融合每种布局的优点，组成混合布局模型。

12.3.1 设计定宽博客首页

定宽布局，顾名思义就是网页宽度固定。最简单的定宽布局，HTML 代码非常简单，如一列式固定宽度。

```
<div class="flow">固定宽度，像素为单位</div>
```

通过为<div>标签添加一个 class 名，标签名也可以用 ID 值，如果该布局属于一个小模块，在其

他页面中可以调用时，最好使用 class 名，避免 ID 值的重复，然后为该标签定义布局样式。

优势：

☑ 固定宽度布局设计简便，像素调整方便。

☑ 分辨率、屏幕大小、页面宽度一致，图片、视频等宽度固定的内容，潜在的冲突少，定义为多少就是多少。

缺陷：

☑ 固定宽度的布局将在高分辨率屏幕中产生页面空白，尤其是为了兼容小屏幕、低分辨率用户设置的页面，最后结果是页面内容大小极有可能没有浏览器两侧空白间隙大。

☑ 若固定宽度设置符合大屏幕显示器的页面时，小屏幕显示器出现水平滚动条，影响用户体验，查看内容不方便。

☑ 设置背景图片时，需要考虑不同分辨率下背景图片的效果，尤其在应用于网站主页时，其背景图片设置在<body>标签中。

在本实例中，页面设置了符合小屏幕分辨率的宽度为 780px，在屏幕分辨率为 1280×900 时，会显示大量空白（网页背景色）。

```
<html>
<head>
<style type="text/css">
body {
    font: 100%  宋体,新宋体;                          /*设置字体*/
    background: #fdacbf;                              /*设置页面背景色*/
    margin: 0;                                        /*清除外边距*/
    padding: 0;                                       /*清除补白*/
    text-align: center;                               /*IE 及使用 IE 内核的浏览器居中*/
    color: #494949;                                   /*设置字体颜色*/
    line-height:150%;}                                /*设置行高*/
#container {
    width: 780px;                                     /*IE 及使用 IE 内核的浏览器居中*/
    background: #FFFFFF;                              /*IE 及使用 IE 内核的浏览器居中*/
    margin: 0 auto;                                   /*自动边距（与宽度一起）会将页面居中*/
    border: 1px solid #000000;                        /*IE 及使用 IE 内核的浏览器居中*/
    text-align: left; }                               /*覆盖<body>标签定义的 text-align: center*/
a{color:#AC656D!important; }                          /*定义超链接默认颜色*/
#mainContent {
    padding: 0 20px;                                  /*定义左右间距，与父元素拉开左右距离*/
    padding-bottom:20px; }                            /*定义下间距*/
#mainContent h1{
    margin:0;                                         /*清除<h1>元素默认边距*/
    background:url(images/1.jpg) center top;          /*设置背景图片，作为博客头部图片*/
    overflow:hidden;                                  /*超出部分隐藏*/
    height:120px;                                     /*定义高度为 120px*/
    width:740px;                                      /*定义宽度为 740px*/
    color:#A1545B; }                                  /*设置博客标题字体颜色*/
#mainContent h1 span{
    float:right;                                      /*设置博客标题右浮动*/
    font-size:24px;                                   /*设置博客标题字体大小*/
    font-family:"微软雅黑","黑体";                    /*设置博客标题字体类型*/
    line-height:40px;                                 /*设置行高*/
```

Note

```
        padding-right:20px;                         /*博客标题与右侧背景有 20px 间距*/
        font-weight:300; }                          /*设置字体加粗为 300*/
    #mainContent .blognavInfo{
        margin-top:-20px;                           /*设置导航上边距为 20px*/
        text-indent:80px;                           /*首行缩进 80px，导航仅一行*/
        width:740px; }                              /*导航的宽度*/
    .artic{
        height:24px;line-height:24px;               /*设置垂直居中*/
        background-color:#f3bac0;                   /*设置背景色*/
        text-indent:1em; font-size:14px;            /*IE 及使用 IE 内核的浏览器居中*/
        clear:both;                                 /*清除浮动*/
        width:740px; }                              /*博客栏目宽度为 740px*/
    #mainContent a{
        padding:0 5px; text-decoration:none;        /*超链接设置*/
        font-size:14px; color:Verdana,"宋体",sans-serif; }        /*字体设置*/
    #mainContent a:hover{font-weight:bold; text-decoration:underline; } /*鼠标指针滑过超链接时效果*/
    #mainContent h2{
        color:#BF3E46;font-weight:300;              /*文章标题名称颜色、加粗设置*/
        font-family:"微软雅黑","黑体";              /*文章标题字体类型*/
        margin:0; line-height:40px; }               /*文章标题行高及清除默认外边距*/
    #mainContent p{margin:0; }                      /*清除段落默认设置*/
    #mainContent p span{
        float:right;                                /*博客内容设置，向右浮动*/
        padding-right:200px;                        /*博客内容设置右间距，与图片位置贴近*/
        line-height:200%                            /*博客内容行高，不设置高度，高度自适应*/
    }
    </style>
    </head><body>
    <div id="container">
      <div id="mainContent">
        <h1><span>放你的童心在我的手心</span></h1>
        <div class="blognavInfo">
          <span><a href="E">首页</a></span>……</span>
        </div>
        <div class="artic">文章</div>
          <h2>粉红女孩</h2>
          <p><span>哲哲<br/>森林里的粉红精灵<br/>飘落在妈妈的眼前……</span>
               <img src="images/2.jpg" width="350" height="400" />
          </p>
      </div>
    </div>
    </body></html>
```

页面演示效果如图 12.23 所示。

在上面案例中，<body>标签定义 IE 浏览器下居中，定义整体页面基调为粉红色，给人以温馨的感觉，文本行高为相对单位，使用百分比，为后面的段落文字的纵向间距作准备。

博客页面使用一列固定宽度布局，高度自适应。需针对 ID 为 container 层定义在 FireFox 浏览器下居中属性，且因其继承<body>标签的居中方式，重新定义内部元素文字对齐方式为左对齐。设置背景色为白色、边框线宽 1px，将博客页面区域彰显出来。

☑ 博客主体部分：通过 ID 为 mainContent 的层包含博客主体，因其外层已经定义居中、宽度，

因而此处只需定义间距即可，其宽度自适应父元素宽度。

图 12.23 博客——固定宽度布局

- ☑ 博客标题部分：使用<h1>标签定义大背景图片，定义其宽度为 740px，高度为 120px。ID 为 mainContent 的层定义左右间距为 20px，整个博客宽度为 780px，故 780−20（ID 为 mainContent 的层的左间距）−20（ID 为 mainContent 的层的右间距）=740px。背景图片的宽度、高度大于定义的高度值，此处定义背景图片从浏览器中间、顶部开始显示。当改变其宽度时，在 IE8 浏览器下显示发现图片超出显示内容。内部字体采用微软雅黑，清除<h1>标签的默认加粗效果，重新定义文字粗细为 300px。
- ☑ 导航部分：导航默认的链接颜色设置为粉色基调，其余设置不再讲解。
- ☑ 段落部分：HTML 代码中，段落内容在图片前面。其中，设置<span>标签右浮动，脱离文档流，漂移到右侧，图片占据原段落占用的位置，默认图片的宽度、高度大于整个博客的大小，通过 HTML 代码限制其大小为 350px×400px。此属性设置可通过 CSS 定义，因 CSS 属性控制图片，故定义范围过大（当为 img 定义 CSS 属性时，所有的图片都将应用此属性设置，以后修改也会麻烦）。博客中的图片只能通过 HTML 代码定义，而不是用 CSS 属性限制大小，否则可能引起图片变形。

在浏览器中观察发现，图片与段落文件间距比较大，设置右间距为 200px，拉近段落文字与图片的距离，以期达到浏览器下图片文字与段落文字相互衬托的效果。

其余元素设置，请查看本节示例文件。此处主要讲解固定布局大小，图片大小也可认为是固定布局的一部分，其宽度、高度是以像素为单位的元素或标签，将其单独放到新页面下的新标签中，定义标签大小，可认为是固定布局。

12.3.2 设计流动博客首页

流动布局就是设计页面主容器以百分比作为宽度单位，并根据用户的屏幕分辨率自适应。实现一个良好的流动网页布局不是一件简单的事情，前期在使用 Photoshop 设计效果图时，需要考虑像素宽

Note

度与百分比宽度换算问题，同时后期页面的修改也是一个计算的过程。

优势：

☑ 流动网页布局拥有更强的亲和力，根据客户端屏幕大小及分辨率，网页内容自适应。

☑ 不同浏览器和屏幕分辨率下使用同一个背景图片，故背景图片设置的大小符合最大屏幕，小屏幕显示背景图片最重要的部分。

缺陷：

☑ 设计师对客户端的页面显示效果难以控制。屏幕大小的不同，设计的效果需要进行多样考虑，增加设计时间。

☑ 图片、视频以及其他拥有固定宽度的内容，需根据屏幕分辨率的不同设置不同的宽度，通过 CSS 属性设置为百分比无法解决此问题。

☑ 特别大的显示屏幕，如液晶显示屏，或者在电视上显示，内容不够多，或者背景图片设置不当，影响页面效果。

在本案例中，博客页面占据浏览器大小的 60%，博客页面内部元素大小也将像素单位转换为百分比。

```
<html>
<head>
<style type="text/css">
body {
    font: 100%  宋体,新宋体;                              /*设置字体*/
    background: #fdacbf;                                 /*设置页面背景色*/
    margin: 0;                                           /*清除外边距*/
    padding: 0;                                          /*清除补白*/
    text-align: center;                                  /*IE 及使用 IE 内核的浏览器居中*/
    color: #494949;                                      /*设置字体颜色*/
    line-height:150%;}                                   /*设置行高*/
#container {
    width: 60%;                                          /*百分比*/
    background: #FFFFFF;                                 /*IE 及使用 IE 内核的浏览器居中*/
    margin: 0 auto;                                      /*自动边距（与宽度一起）会将页面居中*/
    border: 1px solid #000000;                           /*IE 及使用 IE 内核的浏览器居中*/
    text-align: left; }                                  /*覆盖<body>标签定义的 text-align: center*/
a{
    color:#AC656D!important; }                           /*定义超链接默认颜色*/
#mainContent {
    padding: 0 20px;                                     /*定义左右间距，与父元素拉开左右距离*/
    padding-bottom:20px; }                               /*定义下间距*/
#mainContent h1{
    margin:0;                                            /*清除<h1>元素默认边距*/
    overflow:hidden;                                     /*超出部分隐藏*/
    height:120px;                                        /*定义高度为 120px，使用固定布局单位*/
    color:#A1545B;                                       /*设置博客标题字体颜色*/
    background:url(images/1.jpg) 10% 0%;                 /*使用流动布局单位百分比*/
    width:100%;}                                         /*宽度为 100%，自适应父元素宽度*/
#mainContent h1 span{
    float:right;                                         /*设置博客标题右浮动*/
    font-size:24px;                                      /*设置博客标题字体大小*/
    font-family:"微软雅黑","黑体";                        /*设置博客标题字体类型*/
    line-height:40px;                                    /*设置行高*/
```

```
        padding-right:20px;                             /*博客标题与右侧背景有 20px 间距*/
        font-weight:300; }                              /*设置字体加粗为 300*/
    #mainContent .blognavInfo{
        margin-top:-20px;                               /*设置导航上边距为-20px*/
        text-indent:20%;                                /*将固定布局单位转换为流动布局单位*/
        width:100%;}                                    /*宽度为 100%，自适应父元素宽度*/
    .artic{
        height:24px;line-height:24px;                   /*设置垂直居中*/
        background-color:#f3bac0;                       /*设置背景色*/
        font-size:14px;                                 /*设置字体大小*/
        clear:both;                                     /*清除浮动*/
        text-indent:95%;                                /*缩进使用百分比，将文字移动至最右侧*/
        width:100%;}                                    /*宽度为 100%，自适应父元素宽度*/
    #mainContent a{
        padding:0 5px; text-decoration:none;            /*超链接设置*/
        font-size:14px; color:Verdana,"宋体",sans-serif; }  /*字体设置*/
    #mainContent a:hover{
        font-weight:bold; text-decoration:underline; }  /*鼠标指针滑过超链接时效果*/
    #mainContent h2{
        color:#BF3E46;font-weight:300;                  /*设置文章标题名称颜色、加粗*/
        font-family:"微软雅黑","黑体";                  /*设置文章标题字体类型*/
        margin:0; line-height:40px; }                   /*设置文章标题行高及清除默认外边距*/
    #mainContent p{
        margin:0; }                                     /*清除段落默认设置*/
    #mainContent p span{
        float:right;                                    /*博客内容设置，向右浮动*/
        line-height:200%;                               /*设置行高*/
        padding-right:15%; }                            /*百分比，将文字内容偏离最右侧，与图片接近*/
    #mainContent p img{
        width:40%;                                      /*页面主容器内百分比时，图片也改变*/
        height:50%;}                                    /*页面主容器内百分比时，图片也改变*/
</style>
</head><body>
<div id="container">
    <div id="mainContent">
    <h1><span>放你的童心在我的手心</span></h1>
    <div class="blognavInfo">
        <span><a href="E">首页</a></span>……</span>
    </div>
    <div class="artic">文章</div>
        <h2>粉红女孩</h2>
        <p><span>哲哲<br/>森林里的粉红精灵<br/>飘落在妈妈的眼前……</span>
            <img src="images/2.jpg" />
        </p>
    </div>
</div>
</body></html>
```

页面演示效果如图 12.24 所示。

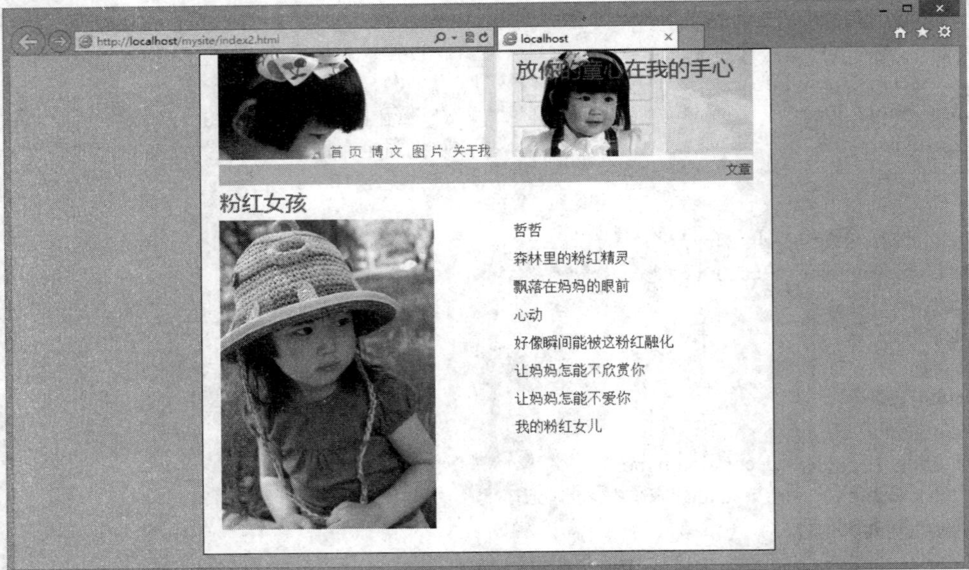

图 12.24　博客——流动布局

博客页面使用一列流动宽度布局，高度自适应。ID 为 container 层定义整体博客页面大小，即浏览器大小空白区域的 60%。

☑ 博客主体部分：通过 ID 为 mainContent 的层包含博客主体，定义间距，宽度自适应其父元素的宽度。

☑ 博客标题部分：使用<h1>标签定义大背景图片，高度使用固定定位的方式定义为 120px，宽度使用百分比，因其为 100%，可省略此定义。ID 为 mainContent 的层定义左右间距为 20px，整个博客宽度为浏览器的 60%，故浏览器宽度的 60%-20×2=ID 为 mainContent 的层的宽度（100%）。背景图片不是通过图片左上角进行显示，而是在图片大小的左 10%、上 0%位置开始显示，故流动布局显示背景图片与固定布局显示图片不完全一致。

☑ 导航部分：导航采用段落首行缩进的方式，导航占用一行，起始点位置定义为元素宽度的 20%处。

☑ 段落部分：HTML 代码中，段落内容在图片前面。通过<span>标签的右浮动脱离文档流，漂移到右侧，图片占据原段落占用的位置，图片的宽度、高度属性，通过 CSS 定义大小设置为百分比，高度为 50%，宽度为 40%。注意：ID 为 container 的层改变大小时，图片大小也将发生变化。

```
#container {width:90%}
```

改变图片与段落文件间距，设置段落文字右间距为 15%，拉近段落与图片的距离。当改变浏览器大小时，图片将发生错位，因而应针对不同浏览器设置图片大小，通过 CSS 定义插入图片的大小为百分比，而不是固定布局的标签内部的像素单位。这样在 800px×600px 下也不会发生错位。

12.3.3　设计弹性博客正文页

弹性布局，综合了流动布局和固定布局两种类型的特点，其特征在于使用 em 作为定义元素的单位。em 就是相对长度单位，相对于当前对象内文本的字体尺寸。例如，当前行内文本的字体尺寸未被人为设置，则是相对于浏览器的默认字体尺寸。

屏幕上的像素是一个不可缩放的点，而 em 则是相对于字体大小的单位宽度，即字体大小的改变，将最终影响页面布局的大小。

优势：

☑ 运用合理，可实现非常友好的用户界面。最终设计后的网页可以根据用户的改变而使整体页面发生变化。页面大小的变化最终掌握在用户手里。

☑ 弹性布局集合流动布局和固定布局的优点，因而当无法决定使用某种布局方式时，不如采用弹性布局。

缺陷：

☑ 弹性布局的代码编写非常复杂，需要不停地测试在不同情况的页面效果，这会无形中增加编写代码的工作量和时间。

☑ 难以实现，可能为实现很小的效果，需要不停地修改代码。在 IE6 浏览器下效果与现代标准浏览器不同时，需要单独编写符合 IE6 浏览器的效果。

在本案例中，通过使用弹性布局设计博客正文页面，通过改变 ID 为 container 的层的字体大小进而改变整个页面的大小，显示出拥有流动布局的优势，同时拥有固定布局特性。

```
<html>
<head>
<style type="text/css">
body {
    font: 1.1em 微软雅黑, 新宋体;                /*字体相关设置*/
    background: #666666;                       /*设置页面背景色为灰色*/
    margin:0;                                  /*清除外边距*/
    padding:0;                                 /*清除补白*/
    text-align:center;                         /*IE 及使用 IE 内核的浏览器居中*/
    color: #000000;                            /*设置字体颜色，可删除此定义*/
    line-height:150%;}                         /*设置段落文字行高*/
#container {
    width: 46em;                               /*高度使用弹性布局单位*/
    background: #FFFFFF;                       /*设置背景色为白色，与整体页面背景色对比*/
    margin: 0 auto;                            /*浏览器居中*/
    border: 1px solid #000000;                 /*设置边框线*/
    font-size:1em;                             /*字体大小改变时，整个页面发生变化*/
    text-align:left; }                         /*文本内容左对齐*/
#header {
    background:url(images/bg_header.gif) no-repeat center -2em;     /*设置背景图片*/
    height:13em; }                             /*高度使用 em 作为单位*/
#header h1 {
    margin: 0;                                 /*清除默认元素外边距*/
    padding: 10px 0 10px 30px; }               /*设置 4 个方向的补白*/
#header h1 a{
    color:#999;                                /*超链接字体颜色*/
    font-size:0.8em;                           /*字体大小使用相对单位*/
    text-decoration:none; }                    /*去除默认超链接的下划线*/
#mainContent {
    padding: 0 20px;                           /*设置左右间距，内容不紧贴在左右两侧*/
    background: #FFFFFF;                       /*设置背景色，可删除，ID 为 container 的层已定义*/
    font-size:0.95em; }                        /*字体大小使用相对单位*/
#footer {
```

Note

```
        padding: 0 20px;                      /*底部信息左右间距*/
        background:#DDDDDD; }                 /*底部信息背景色*/
    #footer p {
        margin: 0;                            /*底部段落，去掉默认外边距*/
        padding: 10px 0;                      /*设置上下间距为 10px*/
        font-size:1em; }                      /*字体大小使用相对单位*/
    #footer a{
        color:gray;                           /*底部信息超链接颜色*/
        text-decoration:none; }               /*去除默认超链接的下划线*/
    </style>
    </head><body>
    <div id="container">
      <div id="header">
       <h1><a href="#">WEB 前端开发</a></h1>
      </div>
      <div id="mainContent">
        <h1>Delicious 创始人辞去谷歌职务</h1>
        <p>北京时间 6 月 2 日消息，据国外媒体报道，社会化书签网站 Delicious 创始人、谷歌工程师约书亚·沙
赫特（Joshua Schachter）周二通过 Twitter 表示，他将辞去在谷歌的职务。 </p>
        <p>沙赫特表示，离职的原因是“他感觉需要做一些新的事情”，但目前尚不明确新项目是什么。去年 1
月，沙赫特以工程师身份加盟谷歌。沙赫特同时也是一位独立天使投资人，他的投资对象包括了手机地理位置社
交网络服务商 Foursquare、SimpleGEO，移动支付的创业企业 Square，照片微型博客服务 DailyBooth 等多家创业
企业。沙赫特表示，在新的职业阶段，他将会逐步减少对创业企业的投资。
        </p>
        <p>沙赫特因为创办 Delicious 而出名。雅虎于 2005 年收购了 Delicious，希望通过这笔收购改变用户在
互联网上分享、记忆、发现信息的方式。雅虎曾承诺“将向 Delicious 提供必要的资源、支持和空间，促进该服
务和社区继续成长”。然而近几年来，Delicious 已几乎停止增长。
        </p>
        <p>业内人士认为，沙赫特的态度完全可以理解。沙赫特曾把自己的全部精力投入到 Delicious 中，但并
没有获得相应的成就。
        </p>
      </div>
      <div id="footer">
        <p>Copyright ©2014   yuzhongwusan Powered By: <a href="http://www.cnblogs.com">博客园</a> Web 交
流群：4111111</p>
     </div>
    </div>
    </body></html>
```

页面演示效果如图 12.25 所示。

在上面示例中，<body>标签定义在 IE 浏览器下居中显示，整体页面基调为灰色，字体大小为 1.1em；注意 em 与 px 定义大小的不同。字体采用微软雅黑，这是迄今为止在个人计算机上显示最清晰的中文字体。

```
body {
    font: 1.1em 微软雅黑, 新宋体; background: #666666;margin: 0; padding: 0;t
    ext-align: center; color: #000000;line-height:150%;}
```

博客页面使用一列弹性宽度布局，宽度为 46em，高度自适应。针对 ID 为 container 的层定义在火狐浏览器下居中显示，且因其继承<body>标签的居中方式（IE 浏览器），重新定义内部元素文字对齐方式为左对齐，字体大小重新定义为 1em。

```
#container {
    width: 46em;background: #FFFFFFmargin: 0 auto;
    border: 1px solid #000000;text-align: left; font-size:1em;}
```

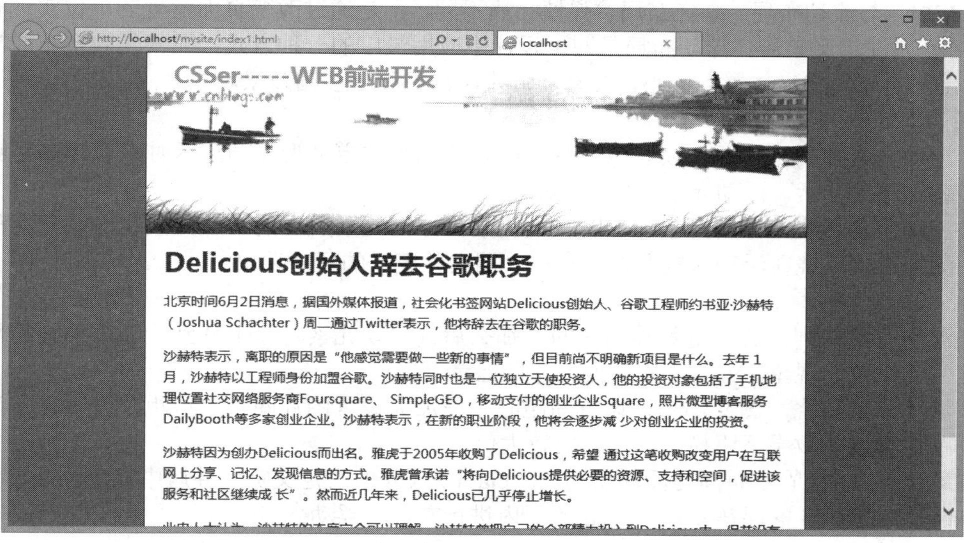

图 12.25　博客正文页

博客标题部分：ID 为 container 的层定义背景图片，其偏移位置为中间开始、顶部为-2em，定义行高为 13em。<h1>标签定义补白，调整博客标题文字，改变超链接默认设置，字体大小也使用 em 作为单位。

```
#header {background:url(images/bg_header.gif) no-repeat center -2em;height:13em;}
#header h1 {margin: 0; padding: 10px 0 10px 30px;}
#header h1 a{color:#999; font-size:0.8em; text-decoration:none;}
```

博客内容主体部分：HTML 代码中，主要包含文章内容部分，剩下的是网站底部信息。可将 class 为 footer 的层单独取出，作为<body>标签的直系子元素，而不是第二级子元素，最终实现两行弹性布局。文章内容是以段落的方式出现，定义段落文字与左右边界的补白，改变字体大小设置即可。

提示：在示例中定义了众多以 em 为单位的标签，ID 为 mainContent 的层定义字体大小为 0.95em，ID 为 container 的层定义字体大小为 1em，最终结果是 0.95em，在 CSS 属性定义中，默认定义的先后顺序决定其优先级。再者，ID 为 container 的层为最高层标签，当改变其字体大小时，页面大小及内容发生变化，字体也会发生变化，即使为每个标签都定义字体大小。

```
#mainContent {padding: 0 20px; background: #FFFFFF;font-size:0.95em;}
#footer {padding: 0 20px;background:#DDDDDD;}
#footer p {margin: 0; padding: 10px 0; font-size:1em;}
#footer a{color:gray; text-decoration:none;}
/*将底部信息单独拿出，变成两行弹性布局*/
#footer { background:#DDDDDD;width: 46em; }
/*字体的改变，带来整个页面大小的改变，内部单独定义字体大小也发生变化*/
#container {
    width: 46em; background: #FFFFFF;margin: 0 auto; border: 1px solid #000000;text-align: left;
    font-size:1.6em;}
```

12.3.4 设计浮动公司内页

浮动布局，与流动布局、固定布局、弹性布局不同，不是通过改变页面宽度的单位实现布局，而是通过 float 属性定义布局。浮动布局是网页设计中应用最广的一种方式，尤其是固定布局与浮动布局结合，由固定布局定义位置、大小，浮动布局定义内部元素多列效果。

优势：

☑ 浮动元素并列。当两个或者两个以上的相邻元素被定义为浮动显示时，若存在足够的空间容纳浮动元素，浮动元素可并列显示。

☑ 流动元素环绕。浮动元素能够随文档流动，浮动元素后面的块状元素和内联元素都能够以流的形式环绕在浮动元素左右，形成“图文并茂”的环绕现象。

缺陷：

☑ 浮动元素并列。若没有足够的空间，那么后列浮动元素将会下移到能够容纳它的地方，产生“错位”现象，并且影响后面元素的显示。

☑ 流动元素环绕。图文环绕，设置间距时，需加大设置图片间距、边距，设置文字间距、边距极有可能效果不明显，故需设置较大值。

在本案例中，结合固定布局与浮动布局。为 class 为 Cli 的层定义宽度并居中显示。class 为 left-cli 的层和 class 为 right-cli 的层在 class 为 Cli 的层内进行左、右浮动。

```
<html>
<head>
<style type="text/css">
body {
    font-family:"宋体", arial;                    /*设置字体类型*/
    font-size:14px;                               /*初始化字体大小*/
    margin: 0;                                    /*清除外边距*/
    padding: 0;                                   /*清除补白*/
    text-align: center; }                         /*IE 及使用 IE 内核的浏览器居中*/
.Cli{width:960px; }                               /*浮动元素的父元素宽度，便于浮动元素居中*/
.left-cli{
    width:220px;                                  /*左边浮动元素的宽度*/
    height:499px;                                 /*左边浮动元素的高度*/
    background:url(images/lt.jpg) no-repeat left top;    /*定义背景图片，衬托内部纵向导航*/
    float:left;                                   /*子元素左浮动*/
    border:1px solid #CACACA;                     /*边框线与背景图片颜色接近*/
    font-weight:bold;                             /*文字加粗*/
    font-size:16px;                               /*设置字体大小*/
    letter-spacing:4px; }                         /*内部导航文字之间的间距*/
.right-cli{
    width:709px;                                  /*右边浮动元素的宽度*/
    float:right;                                  /*子元素右浮动*/
    text-align:left                               /*文本左对齐*/
}
.right-cli h1{
    width:709px;                                  /*右侧标题宽度，与父元素一致*/
    height:40px;                                  /*设置高度，用于显示背景的空间*/
    background:url(images/loa3.jpg) no-repeat left top;  /*定义背景图片*/
    line-height:36px;                             /*设置行高，与高度大小不一致*/
    font-size:16px;                               /*设置字体大小*/
```

```
        letter-spacing:2px;                          /*字体间距*/
        font-weight:bold;                            /*字体加粗，便于突出与下面文字内容的不同*/
        text-indent:36px;                            /*用它替代左间距，宽度不计算在内*/
        margin-bottom:9px; }                         /*设置下边距*/
    <!--其余 CSS 代码省略-->
    </style>
    </head><body>
    <div class="nav">
    <!--其余代码省略-->
    </div>
    <div class="Cli">
      <div class="left-cli">
        <ul> <li><a href="Disclaimer.html">免责申明</a></li></ul>
      </div><!--left-cli end-->
      <div class="right-cli">
        <h1>关于财道</h1>
        <div class="cont">
        <div class="dingwei1">
        <p>公司通过独特的营销策略和运营发展，“滚雪球深度行情终端”用户累计达 300 万人，凭借强大的
数据分析功能和优质服务，获得广大终端用户的一致好评和业界的广泛认可。</p>
          </div>
        </div><!--cont end-->
      </div><!--right-cli end-->
    </div>
    <div class="footer">
      <p><!--其余代码省略--> </p>
    </div>
    </body></html>
```

页面演示效果如图 12.26 所示。

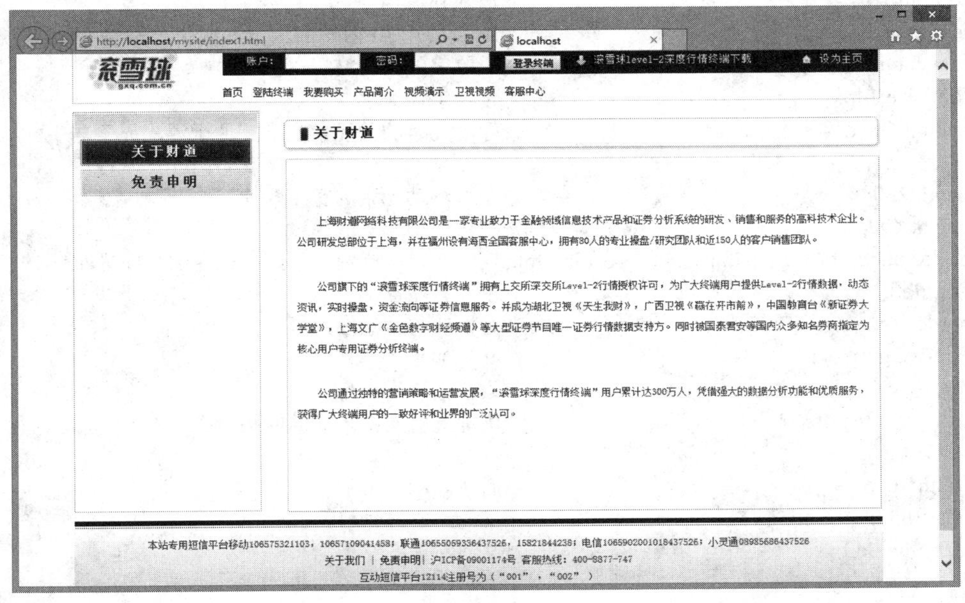

图 12.26　公司简介——浮动布局

Note

在上面案例中，<body>标签定义在 IE 浏览器下居中显示，并对页面进行初始化设置，如字体类型、字体大小等。网站头部和底部不属于浮动布局的一部分，读者可通过本节光盘示例文件查看相应设置。公司主体部分说明如下。

☑ class 为 Cli 层定义宽度，实现内部浮动元素的居中。

☑ class 为 left-cli 层存放导航，定义整体宽度为 220px，高度为 499px，设置导航顶部的背景图片，字体大小为 16px、加粗，字体间距为 4px，设置边框线，查看此层占据的位置，最后左浮动，没有设置左边距，故不需要 display 属性，左侧导航部分，读者可通过本节光盘示例文件查看相应设置。

☑ class 为 right-cli 层存放公司导航对应的内容，设置宽度为 709px，右浮动，段落文本对齐方式为左对齐。左侧的高度已经定义了，右侧高度随着段落内容的增加而逐渐增加。右侧标题部分和内容部分，读者可通过本节光盘示例文件查看相应设置。

12.3.5 设计定位宣传页

定位布局与浮动布局区别不大，都脱离普通文档流，不同的是浮动布局需要添加父元素设置居中，子元素设置浮动；定位布局通过设置父元素为相对定位，子元素为绝对定位元素进行定位，父元素是子元素定位偏移位置的参考。

本案例是在 12.3.4 节的基础上重新设计的，将浮动布局定义转换为定位布局，父元素定义相对定位，两个原浮动元素转换为一个定义绝对定位，偏移到父元素左上角，另一个定义绝对定位，偏移到父元素右上角。单独制作一个层，位于两个定位层之间。

```
<html>
<head>
<style type="text/css">
body {
    margin: 0;                                   /*清除外边距*/
    padding: 0;                                  /*清除补白*/
    text-align: center;                          /*IE 及使用 IE 内核的浏览器居中显示*/
    font-family:"宋体", arial;                   /*设置字体类型*/
    font-size:14px; }                            /*设置字体大小*/
.Cli{width:960px; }                              /*浮动元素的父元素宽度，便于浮动元素居中*/
.left-cli{
    width:220px;                                 /*左边浮动元素的宽度*/
    height:499px;                                /*左边浮动元素的高度*/
    background:url(images/lt.jpg) no-repeat left top;      /*定义背景图片，衬托内部纵向导航*/
    float:left;                                  /*子元素左浮动*/
    border:1px solid #CACACA;                    /*边框线与背景图片颜色接近*/
    font-weight:bold;                            /*文字加粗*/
    font-size:16px;                              /*设置字体大小*/
    letter-spacing:4px; }                        /*内部导航文字之间的间距*/
.right-cli{
    width:709px;                                 /*右边浮动元素的宽度*/
    float:right;                                 /*子元素右浮动*/
    text-align:left                              /*文本左对齐*/
}
.right-cli h1{
```

```
    width:709px;                                    /*右侧标题宽度，与父元素一致*/
    height:40px;                                    /*设置高度，用于显示背景的空间*/
    background:url(images/loa3.jpg) no-repeat left top;    /*定义背景图片*/
    line-height:36px;                               /*设置行高，与高度大小不一致*/
    font-size:16px;                                 /*设置字体大小*/
    letter-spacing:2px;                             /*字体间距*/
    font-weight:bold;                               /*字体加粗，便于突出与下面文字内容的不同*/
    text-indent:36px;                               /*用它替代左间距，宽度不计算在内*/
    margin-bottom:9px; }                            /*设置下边距*/
<!--其余 CSS 代码省略，详细内容查看本节示例，下面是与 12.3.4 节浮动布局不同的部分-->
.Cli{
    position:relative;                              /*父元素设置相对定位*/
    height:370px; }                                 /*设置高度，防止子元素绝对定位后，下面的元素错位*/
.left-cli{
    float:none;                                     /*取消浮动*/
    position:absolute;                              /*设置绝对定位*/
    left:0px;                                       /*偏移父元素的左上角*/
    top:0;                                          /*偏移父元素的左上角*/
    height:363px; }                                 /*定义高度*/
.right-cli{
    float:none;                                     /*取消浮动*/
    position:absolute;                              /*设置绝对定位*/
    right:0px;                                      /*偏移父元素的右上角*/
    top:0;                                          /*偏移父元素的右上角*/
    width:670px; }                                  /*IE 及使用 IE 内核的浏览器居中显示*/
.tips{
    width:30px;                                     /*位于两个定位层，中间层的宽度*/
    margin-left:240px; }                            /*定义左边距，至少大于 class 为 left-cli 的层的盒子宽度*/
.right-cli .cont{width:95%;}                        /*将固定单位改为相对单位，且大小为父元素的 95%*/
</style>
</head><body>
<div class="nav">
<!--其余代码省略-->
</div>
<div class="Cli">
  <div class="left-cli">
    <ul> <li><a href="Disclaimer.html">免责申明</a></li></ul>
  </div><!--left-cli end-->
  <div class="tips"><h1>关于财道</h1></div>
  <div class="right-cli">
    <div class="cont">
    <div class="dingwei1">
      <p>公司通过独特的营销策略和运营发展，“滚雪球深度行情终端”用户累计达 300 万人，凭借强大
的数据分析功能和优质的服务，获得广大终端用户的一致好评和业界的广泛认可。
      </p>
    </div>
    </div><!--cont end-->
  </div><!--right-cli end-->
```

Note

```
</div>
<div class="footer">
  <p><!--其余代码省略--> </p>
</div>
</body></html>
```

Note

页面演示效果如图 12.27 所示。

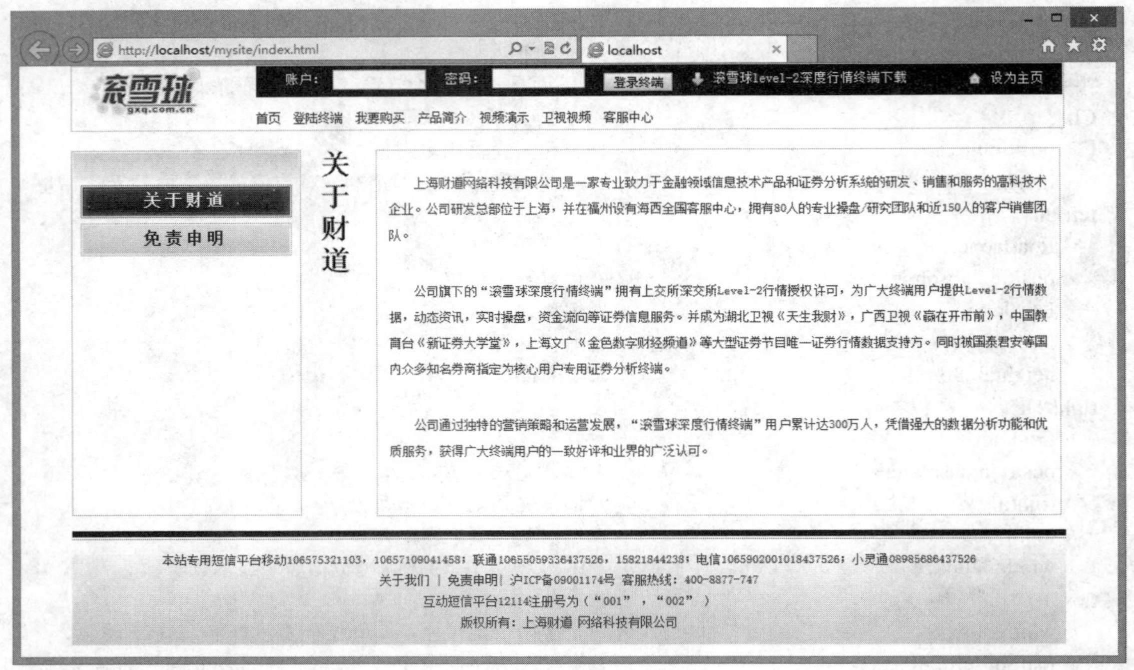

图 12.27　公司简介——定位布局

在上面示例中，大部分借鉴 12.3.4 节浮动布局案例的 CSS 和 HTML 代码，在后面的 CSS 代码中单独针对前面的 CSS 定义，继承、覆盖、添加新的 CSS 属性定义。HTML 代码将<h1>标签取出，作为新的布局元素，即主体部分包含 3 部分：class 为 Cli 的层、class 为 tips 的层（存放<h1>标签）和 class 为 right-cli 的层。

网站头部和底部不属于定位布局的一部分，公司主体部分说明如下。

☑ class 为 left-cli 的层存放导航，首先取消浮动布局中的浮动，接着定义绝对定位，因其父元素为相对定位，根据最近父元素定位元素作为参考对象原则，其参考位置为 Cli 层，故 CSS 属性“left:0px; top:0;”定位于 Cli 层的左上角。

☑ class 为 right-cli 的层存放公司导航对应的内容，首先取消浮动布局中的浮动，接着定义绝对定位，因其父元素为相对定位，根据最近父元素定位元素作为参考对象原则，其参考位置为 Cli 层，故根据定义的 CSS 属性“right:0px; top:0;”定位于右上角。

☑ class 为 Cli 的层定义宽度，实现内部浮动元素的居中。Cli 层之前未定义高度，而内部元素是绝对定位，脱离文档流，不占用文档空间，且 Cli 层没有定义高度，占用一行的高度，因而 footer 层会跑到上方，遮挡住 left-cli 层和 right-cli 层。

☑ 将 right-cli 中的 h1 取出，单独作为一个层，增加父元素，其 class 名为 tips。为 class 为 tips

的层定义左边距为 240px，避免被 class 为 left-cli 的层遮挡；宽度为 30px，使之内容纵向显示，避免遮挡 class 为 right-cli 层。

12.3.6 设计伪列公司首页

伪列布局，通过背景图片实现布局方式，用于解决浮动元素内容不定，高度不一致的现象。

在本案例中，父元素设置背景图片，背景图片中含有宽度为 1px 的竖线，用于划分两列，子元素分别设置浮动，最后通过浮动清除元素，实现背景图片向下高度扩展。

```
<html>
<head>
<style type="text/css">
body {
    margin: 0;                                  /*清除外边距*/
    padding: 0;                                 /*清除补白*/
    text-align: center;                         /*IE 及使用 IE 内核的浏览器居中显示*/
    font-family:"宋体", arial;                  /*字体类型*/
    background: #282d33;                        /*页面整体背景色*/
    font-size:12px; }                           /*页面字体大小*/
.clear{
    clear:both;                                 /*清除浮动，将父元素高度撑开*/
    font-size:0px;                              /*字体大小为 0px*/
    line-height:0px;                            /*行高为 0px*/
    height:0px; }                               /*高度为 0px*/
.important{
    width:990px;                                /*父元素宽度，便于浮动元素居中*/
    background-color:#FFF;                      /*设置背景色*/
    padding-bottom:20px;                        /*设置下间距*/
    padding-top:16px; }                         /*设置上间距*/
.bjrepy{
    width:990px;                                /*定义宽度，存放伪列背景*/
    background-color:#FFF;                      /*设置背景色*/
    background:url(images/bjrepy.jpg) repeat-y left top;   /*背景图片的制作很关键，1px 竖线*/
    padding-bottom:30px;                        /*设置下间距*/
    padding-top:10px; }                         /*设置上间距*/
.L-dh{
    float:left;                                 /*左浮动*/
    width:178px;                                /*设置宽度*/
    margin-left:11px;                           /*设置左边距*/
    display:inline;                             /*针对 IE6 浮动双倍 Bug*/
    position:relative;                          /*定义相对定位，不脱离文档流*/
    z-index:5; }                                /*层叠顺序，防止其他元素遮挡*/
.R-nr{
    float:right;                                /*右浮动*/
    width:775px;                                /*设置宽度*/
    margin-right:10px;                          /*设置右边距*/
    display:inline; }                           /*针对 IE6 浮动双倍 Bug*/
<!--其余 CSS 代码省略，详细查看本节示例-->
```

```
</style>
</head><body>
<div class="important">
  <div class="bjrepy">
    <!---L-dh start-->
    <div class="L-dh">
      <div class="pa-2">
        <ul class="lnav">
          <li><a href="/about_us/index.html" class="curr3">公司简介</a></li>
        </ul>
      </div><!--pa-2 end-->
    </div><!--L-dh end-->
    <!--R-nr start-->
    <div class="R-nr">
        <h4>公司简介</h4>
        <div class="neirong"><p>公司旨在打造中国最人性化的财经直播互动平台，采用电视平台展示，网络平台互动相捆绑的运作模式，拥有业内颇具号召力的财经专家团队。目前，财经天下隆重推出数档直播财经互动节目，股民的倾情互动，专家的精彩点评，带来全新的互动感受。</p>
        </div> <!--neirong end-->
    </div> <!--R-nr start-->
    <div class="clear"> </div>
  </div><!--bjrepy end-->
</div><!--important end-->
</body></html>
```

页面演示效果如图 12.28 所示。

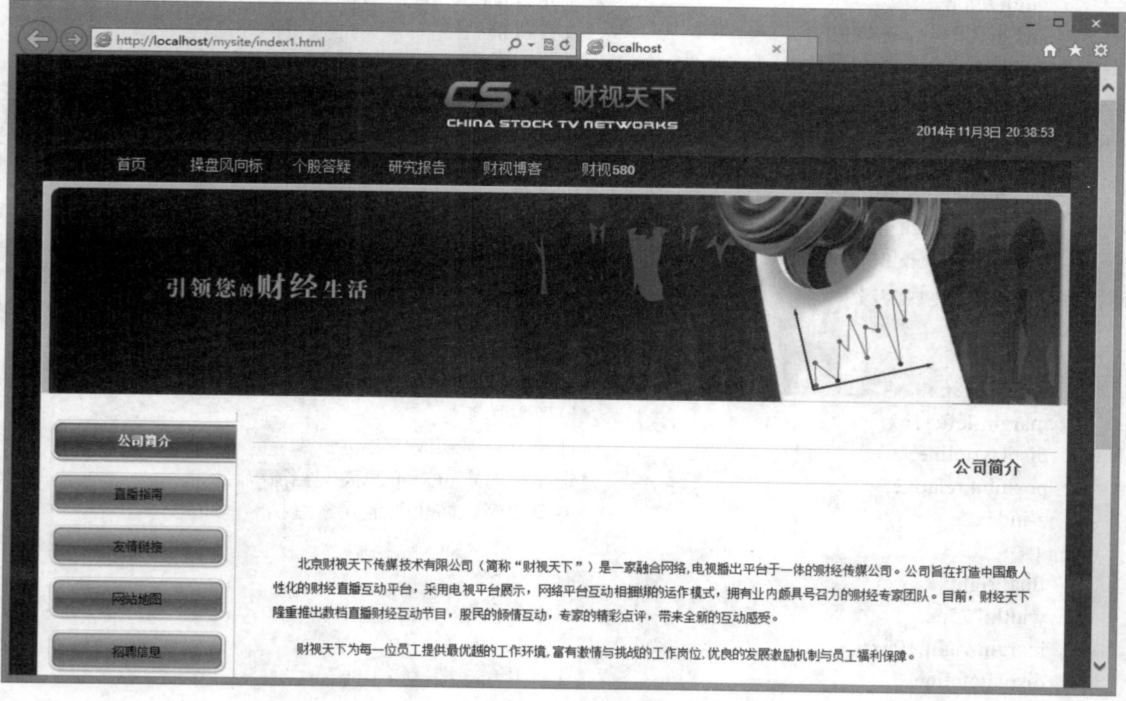

图 12.28　伪列布局

在本案例中，祖父元素 class 为 important 的层定义整体居中，设置上下补白，避免子元素设置的伪列背景与它紧贴在一起。

【操作步骤】

第 1 步，class 为 bjrepy 的层定义背景图片，该背景图片是两列，通过背景图片的纵向平铺，实现内部浮动元素左右高度一致的效果。如图 12.29 所示，导航右侧的细线就是需要的分列线，左右两侧的灰色颜色是整个<body>标签的背景色。因其背景平铺，设置的上下补白位置也包含了背景图片，但下面左右浮动子元素起始位置将在内边距下方开始。

图 12.29 伪列布局背景图

第 2 步，class 为 L-dh 的层定义左浮动，首先设置宽度为 178px、左边距为 11px，使之内部导航能够压在背景图片中间分列的线上。接着设置相对定位和层叠顺序，便于内部导航元素定位，避免发生父元素背景遮挡子元素现象，最后设置 display 属性，防止 IE6 双倍外边距问题出现，关于导航部分在第 6 章中已讲解过，此处不再讲解。

第 3 步，class 为 R-nr 的层定义右浮动，首先设置宽度为 775px，设置右边距为 10px，避免元素内容与右侧页面背景完全接触，同样设置 display 属性。其余段落内容部分以及标题部分，读者可通过伪列布局查看相应设置。

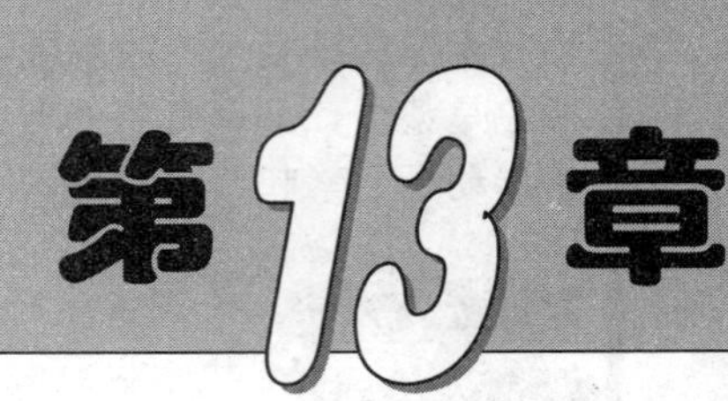

设计 HTML5+CSS3 页面

（视频讲解：22 分钟）

自从2010年HTML5正式推出以来，就以惊人的速度被迅速推广，各主流浏览器也都开始向HTML5+CSS3靠拢，曾经非常排斥标准的IE浏览器现在也在积极支持标准，在IE9版本中已经全面、分步支持HTML5+CSS3新技术。因此，HTML5+CSS3技术将是未来10年互联网行业发展的主流，也是广大初学者必须认真学习的新技术。本章将重点介绍使用HTML5+CSS3基本页面样式。

学习重点：

- 了解HTML5与HTML4基本语法的异同，包括DOCTYPE声明、内容类型、字符编码、元素标记、属性值、引号等内容
- 了解HTML5新增的元素和属性
- 了解HTML5新技术和应用
- 了解CSS3新特性
- 能够利用HTML5+CSS3设计一些简单的应用特效

13.1 HTML5 概述

1993 年 HTML 首次以草案的形式发布，20 世纪 90 年代是 HTML 发展速度最快的时期，到 1999 年的 13.01 版。在这个过程中，W3C（万维网联盟）主要负责 HTML 规范的制订。当 HTML 13.01 发布之后，业界普遍认为 HTML 已经到了穷途末路，对 Web 标准的焦点也开始转移到了 XML 和 XHTML 上，HTML 被放在了次要位置。

2004 年新成立的 Web 超文本应用技术工作组（WHATWG）创立了 HTML5 规范，同时开始专门针对 Web 应用开发新的功能。2006 年，W3C 又重新介入 HTML，并于 2008 年发布了 HTML5 的工作草案。2009 年，XHTML 2 工作组停止工作。2010 年，HTML5 开始解决实际问题。这时规范还未定稿，各大浏览器厂家开始对旗下产品进行升级以支持 HTML5 的新功能，因此，HTML5 规范也得到了持续性的完善，2012 年，HTML5 规范编写完成，2022 年计划发布 HTML5 推荐版。

13.1.1 为什么学习 HTML5

HTML5 是基于各种理念进行设计的，这些设计理念体现了对 Web 应用的可能性和可行性的新认识，如网页兼容性、实用性、互通性和访问性。

1. 兼容性

考虑到互联网上 HTML 文档已经存在二十多年了，因此支持所有现存 HTML 文档是非常重要的。HTML5 不是颠覆性的革新，其核心理念就是要保持与过去技术的兼容和过渡。一旦浏览器不支持 HTML5 的某项功能，针对该功能的备选行为就会悄悄运行。

2. 存在即合理

HTML5 新增加的元素都是对现有网页和用户习惯进行跟踪、分析和概括而推出的。例如，Google 分析了上百万的页面，从中分析出了<div>标签的通用 ID 名称，并且发现其重复量很大，如很多开发人员使用<div id="header">来标记页眉区域，为了解决实际问题，HTML5 就将添加一个<header>标签。也就是说，HTML5 新增的很多元素、属性或者功能都是根据现实互联网中已经存在的各种应用进行技术精练，而不是在实验室中进行理想化的新功能虚构。

3. 开发效率

HTML5 规范是基于用户优先准则编写的，其宗旨是用户即上帝，这意味着在遇到无法解决的冲突时，规范会把用户放到第一位，其次是页面作者，再次是实现者（或浏览器），接着是规范制定者（W3C/WHATWG），最后才考虑理论的纯粹性。因此，HTML5 的绝大部分是实用的，只是有些情况下还不够完美。例如，下面的几种代码写法在 HTML5 中都能被识别。

```
id="prohtml5"
id=prohtml5
ID="prohtml5"
```

当然，上面几种写法比较混乱，不够严谨，但是从用户开发角度考虑，用户不在乎代码怎么写，根据个人书写习惯反而提高了代码编写效率。当然，并不提倡初学者一开始写代码就这样随意、不严谨。

4. 安全性

为保证足够安全，HTML5 引入了一种新的基于来源的安全模型，该模型不仅易用，而且对各种不同的 API 都通用。这个安全模型可以不需要借助于任何 hack 就能跨域进行安全对话。

5. 表现与内容分离

在清晰分离表现与内容方面，HTML5 迈出了很大的步伐。HTML5 在所有可能的地方都努力进行了分离，包括 HTML 和 CSS。实际上，HTML5 规范已经不支持老版本 HTML 的大部分表现功能了。

6. 化繁为简

HTML5 要的就是简单，避免不必要的复杂性，简单至上，尽可能简化。因此，HTML5 做了以下改进。

☑ 以浏览器原生能力替代复杂的 JavaScript 代码。
☑ 简化的 DOCTYPE。
☑ 简化的字符集声明。
☑ 简单而强大的 HTML5 API。

7. 通用访问

通用访问的原则可以分成以下 3 个概念。

☑ 可访问性：出于对残障用户的考虑，HTML5 与 WAI（Web 可访问性倡议）和 ARIA（可访问的富 Internet 应用）做到了紧密结合，WAI-ARIA 中以屏幕阅读器为基础的元素已经被添加到 HTML 中。
☑ 媒体中立：如果可能，HTML5 的功能在所有不同的设备和平台上应该都能正常运行。
☑ 支持所有语种：如新的 ruby 元素支持在东亚页面排版中会用到的 ruby 注释。

8. 无插件范式

在传统 Web 应用中，很多功能只能通过插件或者复杂的 hack 来实现，但在 HTML5 中提供了对这些功能的原生支持。插件的方式存在很多问题。

☑ 插件安装可能失败。
☑ 插件可以被禁用或屏蔽（如 Flash 插件）。
☑ 插件自身会成为被攻击的对象。
☑ 插件不容易与 HTML 文档的其他部分集成，因为插件存在边界、剪裁和透明度问题。

以 HTML5 中的 canvas 元素为例，有很多非常底层的操作以前是没办法实现的，例如，在 HTML4 的页面中就难画出对角线，而有了 canvas 就可以很轻易地实现了。基于 HTML5 的各类 API 的优秀设计，可以轻松地对其进行组合应用。例如，从 video 元素中抓取的帧可以显示在 canvas 中，单击 canvas 即可播放这帧对应的视频文件。

13.1.2 HTML5 开发组织

HTML5 开发主要由以下 3 个组织负责和实施。

☑ WHATWG：由来自 Apple、Mozilla、Google、Opera 等浏览器厂商的人员组成，成立于 2004 年。WHATWG 开发 HTML 和 Web 应用 API，同时为各浏览器厂商以及其他有意向的组织提供开放式合作。
☑ W3C：W3C 下辖的 HTML 工作组，目前负责发布 HTML5 规范。
☑ IETF（互联网工程任务组）：这个任务组下辖 HTTP 等，负责 Internet 协议的团队。HTML5 定义的一种新 API（WebSocket API）依赖于新的 WebSocket 协议，IETF 工作组正在开发这

个协议。

13.1.3 HTML5 主要模块

HTML5 主要包括以下功能。

- ☑ Canvas（2D 和 3D）。
- ☑ Channel 消息传送。
- ☑ Cross-document 消息传送。
- ☑ Geolocation。
- ☑ MathML。
- ☑ Microdata。
- ☑ Server-Sent Events。
- ☑ Scalable Vector Graphics（SVG）。
- ☑ WebSocket API 及协议。
- ☑ Web Origin Concept。
- ☑ Web Storage。
- ☑ Web SQL Database。
- ☑ Web Workers。
- ☑ XMLHttpRequest Level 2。

HTML5 发展的速度非常快，因此不必担心浏览器的支持问题。读者可以访问 www.caniuse.com 网站，其中按照浏览器的版本提供了详尽的 HTML5 功能支持情况。如果通过浏览器访问 www.html5test.com，该网站会直接显示用户浏览器对 HTML5 规范的支持情况。另外，还可以使用 Modernizr（JavaScript 库）进行特性检测，它提供了非常先进的 HTML5 和 CSS3 检测功能。建议读者使用 Modernizr 检测当前浏览器是否支持某些特性。

13.2 HTML5 基础

HTML5 以 HTML4 为基础，对 HTML4 进行了大量的修改。下面简单介绍 HTML5 对 HTML4 进行了哪些修改，二者之间比较大的区别是什么。

13.2.1 HTML5 基本语法

1. 内容类型

HTML5 的文件扩展符与内容类型保持不变。也就是说，扩展符仍然为.html 或.htm，内容类型（ContentType）仍然为 text/html。

2. 文档类型声明

根据 HTML5 设计化繁为简准则，对文档类型和字符说明都进行了简化。DOCTYPE 声明是 HTML 文件中必不可少的，位于文件第一行。在 HTML 4 中，其声明方法如下：

```
<!DOCTYPE html PUBLIC "-//W3C//DTD XHTML 1.0 Transitional//EN" "http://www.w3.org/TR/xhtml1/DTD/xhtml1-transitional.dtd">
```

在 HTML5 中，刻意不使用版本声明，一份文档将会适用于所有版本的 HTML。HTML5 中的 DOCTYPE 声明方法（不区分大小写）如下：

```
<!DOCTYPE html>
```

Note

另外，当使用工具时，也可以在 DOCTYPE 声明方式中加入 SYSTEM 识别符，声明方法如下面的代码所示：

```
<!DOCTYPE HTML SYSTEM "about:legacy-compat">
```

在 HTML5 中像这样的 DOCTYPE 声明方式是允许的，不区分大小写，引号不区分是单引号还是双引号。

> 提示：使用 HTML5 的 DOCTYPE 会触发浏览器以标准兼容模式显示页面。众所周知，网页都有多种显示模式，如怪异模式（Quirks）、近标准模式（Almost Standards）和标准模式（Standards），其中，标准模式也被称为非怪异模式（no-quirks）。浏览器会根据 DOCTYPE 来识别该使用哪种模式，以及使用什么规则来验证页面。

3. 字符编码

在 HTML4 中，使用 meta 元素的形式指定文件中的字符编码，如下所示：

```
<meta http-equiv="Content-Type" content="text/html;charset=UTF-8">
```

在 HTML5 中，可以使用对 meta 元素直接追加 charset 属性的方式来指定字符编码，如下所示：

```
<meta charset="UTF-8">
```

两种方法都有效，可以继续使用前面一种方式，即通过 content 元素的属性来指定，但是不能同时混合使用两种方式。在以前的网站代码中可能会存在下面代码所示的标记方式，但在 HTML5 中，这种字符编码方式将被认为是错误的：

```
<meta charset="UTF-8" http-equiv="Content-Type" content="text/html;charset=UTF-8">
```

从 HTML5 开始，对于文件的字符编码推荐使用 UTF-8。

4. 版本兼容性

HTML5 的语法是为了保证与之前的 HTML 语法达到最大程度的兼容而设计的。简单说明如下。

☑ 可以省略标记的元素。

在 HTML5 中，元素的标记可以省略。具体来说，元素的标记分为 3 种类型：不允许写结束标记、可以省略结束标记、开始标记和结束标记全部可以省略。下面简单介绍这 3 种类型各包括哪些 HTML5 新元素。

不允许写结束标签的元素有 area、base、br、col、command、embed、hr、img、input、keygen、link、meta、param、source、track、wbr。

可以省略结束标签的元素有 li、dt、dd、p、rt、rp、optgroup、option、colgroup、thead、tbody、tfoot、tr、td、th。

可以省略全部标签的元素有 html、head、body、colgroup、tbody。

> 提示：不允许写结束标签的元素是指不允许使用开始标签与结束标签将元素括起来的形式，只允许使用<元素/>的形式进行书写，例如，
...</br>的书写方式是错误的，正确的书写方式为
。当然，HTML5 之前的版本中
这种写法可以被沿用。

可以省略全部标签的元素是指该元素可以完全被省略。注意，即使元素被省略了，但还是以隐式的方式存在的，例如，将 body 元素省略不写时，它在文档结构中还是存在的，可以使用 document.body 进行访问。

☑　具有布尔值的属性。

对于具有布尔（boolean）值的属性，如 disabled 与 readonly 等，当只写属性而不指定属性值时，表示属性值为 true；如果想要将属性值设为 false，可以不使用该属性。另外，要想将属性值设定为 true，也可以将属性名设定为属性值，或将空字符串设定为属性值。例如：

```
<!--只写属性，不写属性值，代表属性为 true-->
<input type="checkbox" checked>
<!--不写属性，代表属性为 false-->
<input type="checkbox">
<!--属性值=属性名，代表属性为 true-->
<input type="checkbox" checked="checked">
<!--属性值=空字符串，代表属性为 true-->
<input type="checkbox" checked="">
```

☑　省略引号。

属性值两边既可以用双引号，也可以用单引号。HTML5 在此基础上做了一些改进，当属性值不包括空字符串、<、>、=、单引号、双引号等字符时，属性值两边的引号可以省略。例如，下面的写法都是合法的。

```
<input type="text">
<input type='text'>
<input type=text>
```

【示例】通过上面介绍的 HTML5 语法知识，下面完全用 HTML5 编写一个文档，在该文档中省略了 html、head、body 等元素。可以通过这个示例复习一下 HTML5 的 DOCTYPE 声明、用 meta 元素的 charset 属性指定字符编码、p 元素的结束标签的省略、使用<元素/>的方式来结束 meta 元素，以及 br 元素等本节中所介绍到的知识要点。

```
<!DOCTYPE html>
<meta charset="UTF-8">
<title>HTML5 基本语法</title>
<h1>HTML5 的目标</h1>
<p>HTML5 的目标是为了能够创建更简单的 Web 程序，书写出更简洁的 HTML 代码。
<br/>例如，为了使 Web 应用程序的开发变得更容易，提供了很多 API；为了使 HTML 变得更简洁，开发出了新的属性、新的元素，等等。总体来说，为下一代 Web 平台提供了许许多多新的功能。
```

这段代码在 IE 浏览器中的运行结果如图 13.1 所示。

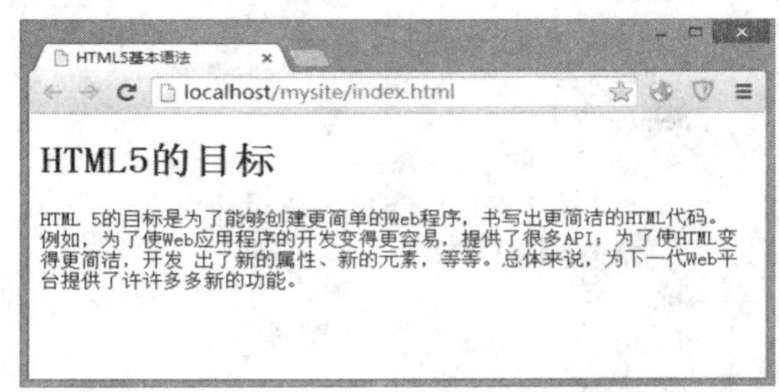

图 13.1　第一个 HTML5 文档

13.2.2　新增元素和废除元素

HTML5 引入了很多新的标记元素，根据内容类型的不同，这些元素被分成了 6 大类，如表 13.1 所示。

Note

表 13.1　HTML5 的内容类型

内容类型	说　明
内嵌	在文档中添加其他类型的内容，如 audio、video、canvas 和 iframe 等
流	在文档和应用的 body 中使用的元素，如 form、h1 和 small 等
标题	段落标题，如 h1、h2 和 hgroup 等
交互	与用户交互的内容，如音频和视频的控件、button 和 textarea 等
元数据	通常出现在页面的 head 中，设置页面其他部分的表现和行为，如 script、style 和 title 等
短语	文本和文本标记元素，如 mark、kbd、sub 和 sup 等

表 13.1 中所有类型的元素都可以通过 CSS 来设定样式。虽然 canvas、audio 和 video 元素在使用时往往需要其他 API 来配合，以实现细粒度控制，但它们同样可以直接使用。

1. 新增的结构元素

HTML5 定义了一组新的语义化标记来描述元素的内容。虽然语义化标记也可以使用 HTML 标记进行替换，但是它可以简化 HTML 页面设计，并且将来搜索引擎在抓取和索引网页时，也会用到这些元素的优势。在目前主流的浏览器中已经可以用这些元素了，新增的语义化标记元素如表 13.2 所示。

表 13.2　HTML5 新增的语义化元素

元素名称	说　明
header	标记头部区域的内容（用于整个页面或页面中的一块区域）
footer	标记脚部区域的内容（用于整个页面或页面中的一块区域）
section	Web 页面中的一块区域
article	独立的文章内容
aside	相关内容或者引文
nav	导航类辅助内容

根据 HTML5 效率优先的设计理念，推崇表现和内容的分离，所以在 HTML5 的实际编程中，开发人员必须使用 CSS 来定义样式。

【示例】下面分别使用 HTML5 提供的各种语义化结构标记重新设计一个网页，效果如图 13.2 所示。

```
<!DOCTYPE html>
<html>
<head>
<meta charset="utf-8" >
<title></title>
<link rel="stylesheet" href="images/html5.css">
</head>
<body>
<header>
    <h1>我的小窝</h1>
    <h2>使用 HTML5+CSS3 设计</h2>
    <h4>测试版</h4>
</header>
<div id="container">
    <nav>
        <h3>欢迎光临</h3>
```

```
            <a href="#">首页</a> <a href="#">博客</a> <a href="#">自我介绍</a> </nav>
        <section>
            <article>
                <header>
                    <h1>中国电商的友商灭绝计划</h1>
                </header>
                <p>如今的电商已走在自我封闭、唯我独尊的道路上</p>
                <p><img src="images/1.jpg" style="width:100%;" /></p>
                <footer>
                    <h2>您可能感兴趣的文章</h2>
                </footer>
            </article>
        </section>
        <aside>
            <h3>最新博文</h3>
            <p>融合通信，它会成为移动版的 iMessage 吗……</p>
        </aside>
        <footer>
            <h2>2014@www.mysite.cn</h2>
        </footer>
    </div>
    </body>
    </html>
```

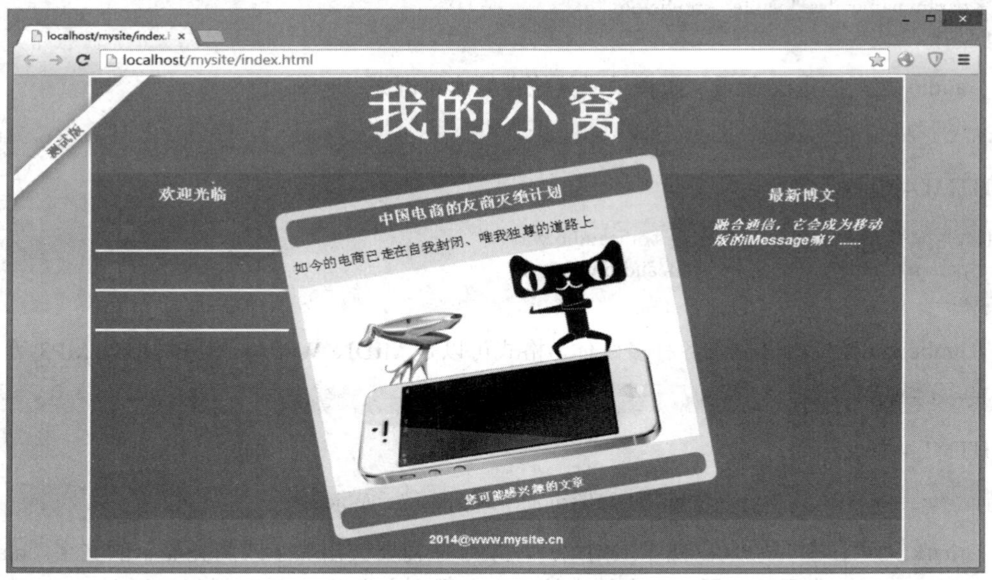

图 13.2　HTML5 语义化结构网页

在上面示例中使用了 CSS3 的一些新特性，如圆角（border-radius）和旋转变换（transform:rotate()）等，详细代码请参阅本节示例源代码。

2. HTML5 新增功能元素

☑　hgroup 元素：用于对整个页面或页面中一个内容区块的标题进行组合。例如：

```
<hgroup>...</hgroup>
```

在 HTML4 中表示为：

```
<div>...</div>
```

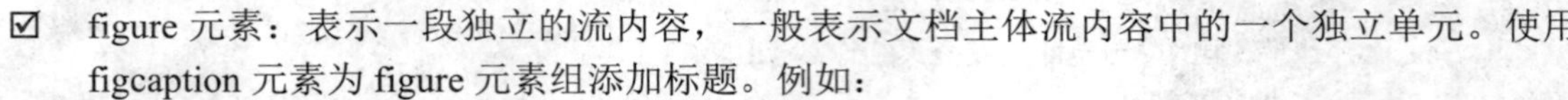

☑ figure 元素：表示一段独立的流内容，一般表示文档主体流内容中的一个独立单元。使用 figcaption 元素为 figure 元素组添加标题。例如：

Note

```
<figure>
    <figcaption>标题</figcaption>
    <p>内容</p>
</figure>
```

在 HTML4 中表示为：

```
<dl>
    <h1>标题</h1>
    <p>内容</p>
</dl>
```

☑ video 元素：定义视频，如电影片段或其他视频流。例如：

```
<video src="movie.ogg" controls="controls">video 元素</video>
```

在 HTML4 中表示为：

```
<object type="video/ogg" data="movie.ogv">
    <param name="src" value="movie.ogv">
</object>
```

☑ audio 元素：定义音频，如音乐或其他音频流。例如：

```
<audio src="someaudio.wav">audio 元素</audio>
```

在 HTML4 中表示为：

```
<object type="application/ogg" data="someaudio.wav">
    <param name="src" value="someaudio.wav">
</object>
```

☑ embed 元素：用来插入各种多媒体，格式可以是 MIDI、WAV、AIFF、AU、MP3 等。例如：

```
<embed src="horse.wav" />
```

在 HTML4 中表示为：

```
<object data="horse.wav " type="application/x-shockwave-flash"></object>
```

☑ mark 元素：主要用来在视觉上向用户呈现那些需要突出显示或高亮显示的文字。mark 元素的一个比较典型的应用就是在搜索结果中向用户高亮显示搜索关键词。例如：

```
<mark></mark>
```

在 HTML4 中表示为：

```
<span></span>
```

☑ time 元素：表示日期或时间，也可以同时表示两者。例如：

```
<time></time>
```

在 HTML4 中表示为：

```
<span></span>
```

☑ canvas 元素：表示图形，如图表和其他图像。这个元素本身没有行为，仅提供一块画布，但它把一个绘图 API 展现给客户端 JavaScript，以使脚本能够把想绘制的东西绘制到这块画布上。例如：

```
<canvas id="myCanvas" width="200" height="200"></canvas>
```

在 HTML4 中表示为：

```
<object data="inc/hdr.svg" type="image/svg+xml" width="200" height="200">
</object>
```

☑ output 元素：表示不同类型的输出，如脚本的输出。例如：

```
<output></output>
```

在 HTML4 中表示为：

```
<span></span>
```

☑ source 元素：为媒介元素（如<video>和<audio>）定义媒介资源。例如：

```
<source>
```

在 HTML4 中表示为：

```
<param>
```

☑ menu 元素：表示菜单列表。当希望列出表单控件时使用该标签。例如：

```
<menu>
    <li><input type="checkbox" />Red</li>
    <li><input type="checkbox" />Blue</li>
</menu>
```

在 HTML4 中，menu 元素不被推荐使用。

☑ ruby 元素：表示 ruby 注释（中文注音或字符）。例如：

```
<ruby>汉<rt><rp>(</rp>厂马'<rp>)</rp></rt></ruby>
```

☑ rt 元素：表示字符（中文注音或字符）的解释或发音。例如：

```
<ruby>汉<rt> 厂马'</rt></ruby>
```

☑ rp 元素：在 ruby 注释中使用，以定义不支持 ruby 元素的浏览器所显示的内容。例如：

```
<ruby>汉<rt><rp>(</rp>厂马'<rp>)</rp></rt></ruby>
```

☑ wbr 元素：表示软换行。wbr 元素与 br 元素的区别是，br 元素表示此处必须换行；而 wbr 元素表示浏览器窗口或父级元素的宽度足够宽时（即没必要换行时）不进行换行，而当宽度不够时，主动在此处进行换行。例如：

```
<p> TW3C invites media, analysts, and other attendees of Mobile World Congress (MWC) <wbr> 2012 to meet with W3C and learn how the Open Web Platform <wbr>is transforming industry. From 27 February through 1 March W3C will </p>
```

☑ command 元素：表示命令按钮，如单选按钮、复选框或按钮。例如：

```
<command onclick=cut()" label="cut">
```

Note

☑ details 元素：表示用户要求得到并且可以得到的细节信息，可以与 summary 元素配合使用。summary 元素提供标题或图例。标题是可见的，用户单击标题时，会显示出细节信息。summary 元素应该是 details 元素的第一个子元素。例如：

```
<details>
    <summary>HTML5</summary>
    For the latest updates from the HTML WG, possibly including important bug fixes, please look at the editor's draft instead. There may also be a more up-to-date Working Draft with changes based on resolution of Last Call issues..
</details>
```

☑ datalist 元素：表示可选数据的列表，与 input 元素配合使用，可以制作出输入值的下拉列表框。例如：

```
<datalist></datalist>
```

☑ datagrid 元素：表示可选数据的列表，以树形列表的形式来显示。例如：

```
<datagrid></datagrid>
```

☑ keygen 元素：表示生成密钥。例如：

```
<keygen>
```

☑ progress 元素：表示运行中的进程，可以使用 progress 元素来显示 JavaScript 中耗费时间的函数的进程。例如：

```
<meter></meter>
```

☑ email：表示必须输入 E-mail 地址的文本输入框。
☑ url：表示必须输入 URL 地址的文本输入框。
☑ number：表示必须输入数值的文本输入框。
☑ range：表示必须输入一定范围内数字值的文本输入框。
☑ Date Pickers：HTML5 拥有多个可供选取日期和时间的新型输入文本框。
  ➢ date——选取日、月、年。
  ➢ month——选取月、年。
  ➢ week——选取周、年。
  ➢ time——选取时间（小时和分钟）。
  ➢ datetime——选取时间、日、月、年（UTC 时间）。
  ➢ datetime-local——选取时间、日、月、年（本地时间）。

3. HTML5 中废除的元素

在 HTML5 中废除了 HTML4 中过时的元素，简单介绍如下。

☑ 能使用 CSS 替代的元素。

对于 basefont、big、center、font、s、strike、tt、u 这些元素，由于它们的功能都是表现文本效果，而 HTML5 中提倡把呈现性功能放在 CSS 样式表中统一编辑，所以将这些元素废除了，并使用编辑 CSS、添加 CSS 样式表的方式进行替代。其中，font 元素允许由“所见即所得”的编辑器来插入，s 元素、strike 元素可以由 del 元素替代，tt 元素可以由 CSS 的 font-family 属性替代。

☑ 不再使用 frame 框架。

对于 frameset 元素、frame 元素与 noframes 元素，由于 frame 框架对网页可用性存在负面影响，在 HTML5 中已不支持 frame 框架，只支持 iframe 框架，或者用服务器方创建的由多个页面组成的复合页面的形式，同时将以上 3 个元素废除。

☑ 只有部分浏览器支持的元素。

对于 applet、bgsound、blink、marquee 等元素，由于只有部分浏览器支持这些元素，特别是 bgsound 元素以及 marquee 元素，只被 IE 所支持，所以在 HTML5 中被废除。其中 applet 元素可由 embed 元素或 object 元素替代，bgsound 元素可由 audio 元素替代，marquee 可以由 JavaScript 编程的方式所替代。

其他被废除元素还有：

☑ 使用 ruby 元素替代 rb 元素。

☑ 使用 abbr 元素替代 acronym 元素。

☑ 使用 ul 元素替代 dir 元素。

☑ 使用 form 元素与 input 元素相结合的方式替代 isindex 元素。

☑ 使用 pre 元素替代 listing 元素。

☑ 使用 code 元素替代 xmp 元素。

☑ 使用 GUIDS 替代 nextid 元素。

☑ 使用 text/plian MIME 类型替代 plaintext 元素。

13.2.3 新增属性和废除属性

HTML5 同时增加和废除了很多属性。简单说明如下。

1. 表单属性

☑ 为 input（type=text）、select、textarea 与 button 元素新增加 autofocus 属性，可以指定属性的方式让元素在画面打开时自动获得焦点。

☑ 为 input 元素（type=text）与 textarea 元素新增加 placeholder 属性，会对用户的输入进行提示，如提示用户可以输入的内容。

☑ 为 input、output、select、textarea、button 与 fieldset 新增加 form 属性，声明它属于哪个表单，然后将其放置在页面上任何位置，而不是表单之内。

☑ 为 input 元素（type=text）与 textarea 元素新增加 required 属性。该属性表示在用户提交时进行检查，检查该元素内一定要有输入内容。

☑ 为 input 元素增加 autocomplete、min、max、multiple、pattern 和 step 属性。同时还有一个新的 list 元素与 datalist 元素配合使用。datalist 元素可与 autocomlete 属性配合使用。multiple 属性允许在上传文件时一次上传多个文件。

☑ 为 input 元素与 button 元素增加了新属性 formaction、formenctype、formmethod、formnovalidate 与 formtarget，它们可以重载 form 元素的 action、enctype、method、novalidate 与 target 属性。为 fieldset 元素增加了 disabled 属性，可以把它的子元素设为 disabled（无效）状态。

☑ 为 input 元素、button 元素、form 元素增加了 novalidate 属性，该属性可以取消提交时进行的有关检查，表单可以被无条件地提交。

2. 链接属性

☑ 为 a 与 area 元素增加了 media 属性，该属性规定目标 URL 是为什么类型的媒介/设备进行优

Note

化的，只能在 href 属性存在时使用。

☑ 为 area 元素增加了 hreflang 属性与 rel 属性，以保持与 a 元素、link 元素的一致。

☑ 为 link 元素增加了新属性 sizes。该属性可以与 icon 元素结合使用（通过 rel 属性），该属性指定关联图标（icon 元素）的大小。

☑ 为 base 元素增加了 target 属性，主要目的是保持与 a 元素的一致性。

3. 其他属性

☑ 为 ol 元素增加属性 reversed，指定列表倒序显示。

☑ 为 meta 元素增加 charset 属性，因为这个属性已经被广泛支持了，而且为文档的字符编码的指定提供了一种比较好的方式。

☑ 为 menu 元素增加了两个新的属性——type 与 label。label 属性为菜单定义一个可见的标注，type 属性让菜单可以以上下文菜单、工具条与列表菜单 3 种形式出现。

☑ 为 style 元素增加 scoped 属性，用来规定样式的作用范围，例如只对页面上某个树起作用。

☑ 为 script 元素增加 async 属性，定义脚本是否异步执行。

☑ 为 html 元素增加属性 manifest，开发离线 Web 应用程序时与 API 结合使用，定义一个 URL，在这个 URL 上描述文档的缓存信息。

☑ 为 iframe 元素增加 3 个属性 sandbox、seamless 与 srcdoc，用来提高页面安全性，防止不信任的 Web 页面执行某些操作。

4. 废除的属性

HTML5 废除了 HTML4 中过时的属性，采用其他属性或其他方案进行替代，具体说明如表 13.3 所示。

表 13.3　HTML5 废除的属性

HTML4 属性	适 应 元 素	HTML5 替代方案
rev	link、a	rel
charset	link、a	在被链接的资源中使用 HTTP Content-type 头元素
shape、coords	a	使用 area 元素代替 a 元素
longdesc	img、iframe	使用 a 元素链接到较长描述
target	link	多余属性，被省略
nohref	area	多余属性，被省略
profile	head	多余属性，被省略
version	html	多余属性，被省略
name	img	id
scheme	meta	只为某个表单域使用 scheme
archive、classid、codebase、codetype、declare、standby	object	使用 data 与 type 属性类调用插件。需要使用这些属性来设置参数时，使用 param 属性
valuetype、type	param	使用 name 与 value 属性，不声明值的 MIME 类型
axis、abbr	td、th	使用以明确简洁的文字开头、后跟详述文字的形式。可以对更详细的内容使用 title 属性，来使单元格的内容变得简短

续表

HTML 4 属性	适应元素	HTML5 替代方案
scope	td	在被链接的资源中使用 HTTP Content-type 头元素
align	caption、input、legend、div、h1、h2、h3、h4、h5、h6、p	使用 CSS 样式表替代
alink、link、text、vlink、background、bgcolor	body	使用 CSS 样式表替代
align、bgcolor、border、cellpadding、cellspacing、frame、rules、width	table	使用 CSS 样式表替代
align、char、charoff、height、nowrap、valign	tbody、thead、tfoot	使用 CSS 样式表替代
align、bgcolor、char、charoff、height、nowrap、valign、width	td、th	使用 CSS 样式表替代
align、bgcolor、char、charoff、valign	tr	使用 CSS 样式表替代
align、char、charoff、valign、width	col、colgroup	使用 CSS 样式表替代
align、border、hspace、vspace	object	使用 CSS 样式表替代
clear	br	使用 CSS 样式表替代
compact、type	ol、ul、li	使用 CSS 样式表替代
compact	dl、menu	使用 CSS 样式表替代
width	pre	使用 CSS 样式表替代
align、hspace、vspace	img	使用 CSS 样式表替代
align、noshade、size、width	hr	使用 CSS 样式表替代
align、frameborder、scrolling、marginheight、marginwidth	iframe	使用 CSS 样式表替代
autosubmit	menu	

13.2.4 新增全局属性

在 HTML5 中，新增全局属性的概念。所谓全局属性，是指可以对任何元素都使用的属性。

1. contentEditable 属性

contentEditable 属性的主要功能是允许用户在线编辑元素中的内容。contentEditable 是一个布尔值属性，可以被指定为 true 或 false。此外，该属性还有一个隐藏的 inherit（继承）状态，属性为 true 时，元素被指定为允许编辑；属性为 false 时，元素被指定为不允许编辑；未指定 true 或 false 时，则由 inherit 状态来决定，如果元素的父元素是可编辑的，则该元素就是可编辑的。

【示例】本示例中，为列表元素添加 contentEditable 属性后，该元素变为可编辑状态，读者可自行在浏览器中修改列表内容。

Note

```
<!DOCTYPE html>
<head>
<meta charset="UTF-8">
<title>conentEditable 属性示例</title>
</head>
<h2>可编辑列表</h2>
<ul contentEditable="true">
      <li>列表元素 1</li>
      <li>列表元素 2</li>
      <li>列表元素 3</li>
</ul>
```

这段代码运行后的结果如图 13.3 所示。

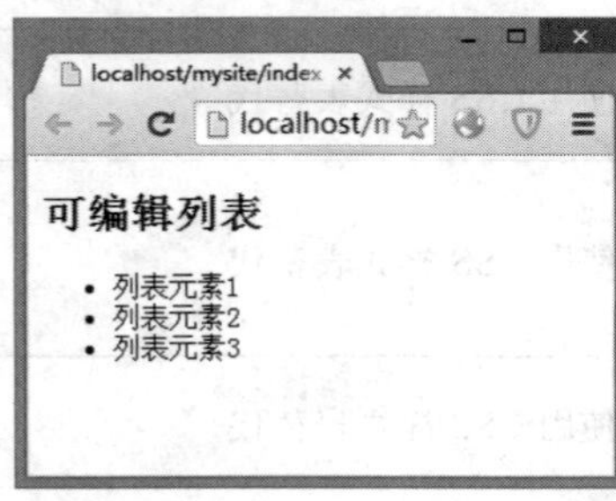

原始列表

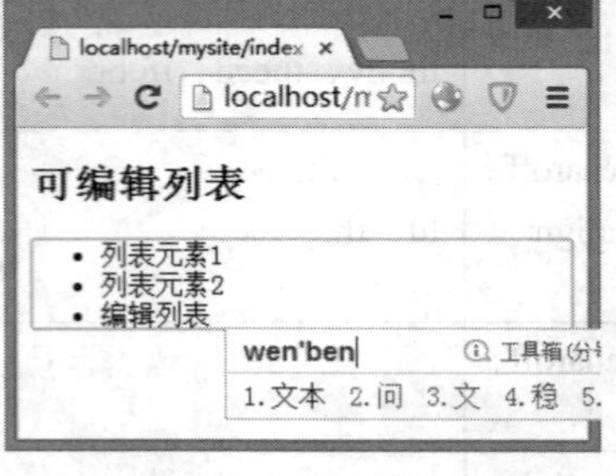

编辑列表项项目

图 13.3　可编辑列表

在编辑完元素中的内容后，如果想要保存其中内容，只能把该元素的 innerHTML 发送到服务器端进行保存，因为改变元素内容后该元素的 innerHTML 内容也会随之改变，目前还没有特别的 API 来保存编辑后元素中的内容。

contentEditable 属性支持的元素包括 defaults、A、ABBR、ACRONYM、ADDRESS、B、BDO、BIG、BLOCKQUOTE、BODY、BUTTON、CENTER、CITE、CODE、CUSTOM、DD、DEL、DFN、DIR、DIV、DL、DT、EM、FIELDSET、FONT、FORM、hn、I、INPUT type=button、INPUT type=password、INPUT type=radio、INPUT type=reset、INPUT type=submit、INPUT type=text、INS、ISINDEX、KBD 和 LABEL。

2. designMode 属性

designMode 属性用来指定整个页面是否可编辑，当页面可编辑时，页面中任何支持上文所述的 contentEditable 属性的元素都变成了可编辑状态。designMode 属性只能在 JavaScript 脚本中被编辑修改。该属性有两个值：on 与 off。属性被指定为 on 时，页面可编辑；被指定为 off 时，页面不可编辑。使用 JavaScript 脚本来指定 designMode 属性的用法如下所示。

```
document.designMode="on"
```

针对 designMode 属性，各浏览器的支持情况也各不相同。

☑　IE8：出于安全考虑，不允许使用 designMode 属性让页面进入编辑状态。

☑　IE9：允许使用 designMode 属性让页面进入编辑状态。

☑　Chrome 3 和 Safari：使用内嵌 frame 的方式，该内嵌 frame 是可编辑的。

☑　FireFox 和 Opera：允许使用 designMode 属性让页面进入编辑状态。

3. hidden 属性

在 HTML5 中，所有的元素都允许使用一个 hidden 属性。该属性类似于 input 元素中的 hidden 元素，功能是通知浏览器不渲染该元素，使该元素处于不可见状态。但是元素中的内容还是浏览器创建的，也就是说页面装载后允许使用 JavaScript 脚本将该属性取消，取消后该元素变为可见状态，同时元素中的内容也即时显示出来。hidden 属性是一个布尔值的属性，当设为 true 时，元素处于不可见状态；当设为 false 时，元素处于可见状态。

4. spellcheck 属性

spellcheck 属性是 HTML5 针对 input 元素（type=text）与 textarea 这两个文本输入框提供的一个新属性，其功能是对用户输入的文本内容进行拼写和语法检查。spellcheck 属性是一个布尔值的属性，具有 true 或 false 两种值，但是在书写时有一个特殊的地方，就是必须明确声明属性值为 true 或 false。基本用法如下所示。

```
<!--以下两种书写方法正确-->
<textarea spellcheck="true" >
<input type=text spellcheck=false>
<!--以下书写方法为错误-->
<textarea spellcheck >
```

需要注意的是，如果元素的 readOnly 属性或 disabled 属性设为 true，则不执行拼写检查。目前除了 IE 浏览器之外，FireFox、Chrome、Safari、Opera 等浏览器都对该属性提供了支持。

5. tabindex 属性

tabindex 是开发中的一个基本概念，当不断敲击 Tab 键让窗口或页面中的控件获得焦点，对窗口或页面中的所有控件进行遍历时，每一个控件的 tabindex 表示该控件是第几个被访问到的。

13.2.5　HTML5 其他新功能

1. Selectors API

HTML5 引入了一种用于查找页面 DOM 元素的快捷方式。在传统方法中主要使用 JavaScript 脚本来实现。例如，使用 getElementById()函数根据指定的 ID 值查找并返回元素，使用 getElementsByName()函数返回所有 name 指定值的元素，getElementsByTagName()函数返回所有标签名称与指定值相匹配的元素。

有了新的 Selectors API 之后，可以用更精确的方式来指定希望获取的元素，而不必再用标准 DOM 的方式循环遍历。Selectors API 与现在 CSS 中使用的选择规则一样，通过它可以查找页面中的一个或多个元素。例如，CSS 已经可以基于嵌套、兄弟和子模式等关系进行元素选择。CSS 的最新版除添加了更多对伪类的支持，例如，判断一个对象是否被启用、禁用或者被选择等，还支持对属性和层次的随意组合叠加。使用如表 13.4 所示的函数就能按照 CSS 规则来选取 DOM 中的元素。

表 13.4　QuerySelector 新方法

函　数	说　明	示　例	返 回 值
querySelector()	根据指定的选择规则，返回在页面中找到的第一个匹配元素	querySelector("input.error");	返回第一个 CSS 类名为 error 的文本输入框
querySelectorAll()	根据指定规则返回页面中所有相匹配的元素	querySelectorAll("#results td");	返回 id 值为 results 的元素下所有的单元格

可以为 Selectors API 函数同时指定多个选择规则，例如：

```
//选择文档中类名为 highClass 或 lowClass 的第一个元素
var x = document.querySelector(".highClass", ".lowClass");
```

Note

对于 querySelector()来说，选择的是满足规则中任意条件的第一个元素。对于 querySelector All()来说，页面中的元素只要满足规则中的任何一个条件，都会被返回，多条规则是用逗号分隔的。以前在页面上跟踪用户操作很困难，但新的 Selectors API 提供了更为便捷的方法。

【示例】在页面上有一个表格，如果想获取鼠标指针当前在哪个单元格上，使用 Selectors API 实现很简单。演示效果如图 13.4 所示。

```
<!DOCTYPE html>
<html>
<head>
<meta charset="utf-8" />
<style type="text/css">
td { border-style: solid; border-width: 1px; font-size: 200%; }
td:hover { background-color: cyan; }
#hoverResult { color: green; font-size: 200%; }
</style>
</head>
<body>
<section>
    <table>
        <tr>
            <td>1</td>
            <td>一个人生活</td>
            <td>温岚</td>
        </tr>
        <tr>
            <td>2</td>
            <td>让我爱你</td>
            <td>胡夏</td>
        </tr>
    </table>
    <button type="button" id="findHover" autofocus>查看鼠标焦点目标位置</button>
    <div id="hoverResult"></div>
    <script type="text/javascript">
    document.getElementById("findHover").onclick = function() {
    //找到鼠标指针当前悬停的单元格
        var hovered = document.querySelector("td:hover");
        if (hovered)
            document.getElementById("hoverResult").innerHTML = hovered.innerHTML;
        }
    </script>
</section>
</body>
</html>
```

从以上示例可以看到，仅用一行代码即可找到用户鼠标下面的元素：

```
var hovered = document.querySelector("td:hover");
```

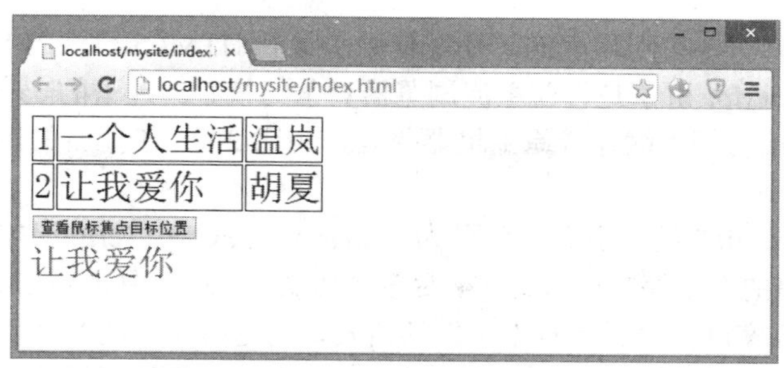

图 13.4　Selectors API 应用

> 提示：Selectors API 不仅仅只是方便，在遍历 DOM 时，Selectors API 通常会比以前的子节点搜索 API 更快。为了实现快速样式表，浏览器对选择器匹配进行了高度优化。

2. JavaScript 日志和调试

从技术上讲，JavaScript 日志和浏览器内调试虽然不属于 HTML5 的功能，但在过去的几年里，相关工具的发展出现了质的飞跃。第一个可以用来分析 Web 页面及其所运行脚本的强大工具是一款名为 Firebug 的 FireFox 插件。现在，相同的功能在其他浏览器的内嵌开发工具中也可以找到。例如，Safari 的 Web Inspector、Google 的 Chrome 开发者工具（Developer Tools）、IE 的开发者工具（Developer Tools），以及 Opera 的 Dragonfly。很多调试工具支持设置断点来暂停代码执行、分析程序状态以及查看变量的当前值。

console.log API 已经成为 JavaScript 开发人员记录日志的事实标准。为了便于开发人员查看记录到控制台的信息，很多浏览器提供了分栏窗格的视图。console.log API 要比 alert()好用很多，因为它不会阻塞脚本的执行。

3. window.JSON

JSON 是一种相对来说比较新并且正在日益流行的数据交换格式。作为 JavaScript 语法的一个子集，JSON 将数据表示为对象字面量。由于其语法简单和在 JavaScript 编程中与生俱来的兼容性，JSON 变成了 HTML5 应用内部数据交换的事实标准。典型的 JSON API 包含两个函数，parse()和 stringify()，分别用于将字符串序列化成 DOM 对象和将 DOM 对象转换成字符串。

如果在旧的浏览器中使用 JSON，需要 JavaScript 库（有些可以从 http://json.org 找到）。在 JavaScript 中执行解析和序列化效率往往不高，为了提高执行速度，现在新的浏览器原生扩展了对 JSON 的支持，可以直接通过 JavaScript 来调用 JSON。这种本地化的 JSON 对象被纳入了 ECMAScript 5 标准，成为了下一代 JavaScript 语言的一部分。它也是 ECMAScript 5 标准中首批被浏览器支持的功能之一。所有新的浏览器都支持 window.JSON，将来 JSON 必将大量应用于 HTML5 应用中。

4. DOM Level 3

事件处理是目前 Web 应用开发中最麻烦的部分。除了 IE 以外，绝大多数浏览器都支持处理事件和元素的标准 API。早期 IE 实现的是与最终标准不同的事件模型，而 IE9 开始支持 DOM Level 2 和 DOM Level 3 的特性。如此，在所有支持 HTML5 的浏览器中，用户终于可以使用相同的代码来实现 DOM 操作和事件处理了，包括非常重要的 addEventListener()和 dispatchEvent()方法。

5. Monkeys、Squirrelfish 和其他 JavaScript 引擎

最新版本的主流浏览器不仅大量增加了新的 HTML5 标签和 API，主流浏览器中 JavaScript/ECMAScript 引擎升级幅度也非常大。新的 API 提供了很多上一代浏览器无法实现的功能，因而脚本

Note

引擎整体执行效率的提升，不论对现有的，还是使用了最新 HTML5 特性的 Web 应用都有好处。

开发出更快的 JavaScript 引擎是目前主流浏览器竞争的核心。过去的 JavaScript 纯粹是被解释执行，而最新的引擎则直接将脚本编译成原生机器代码，相比 2005 年前后的浏览器，速度的提升已经不在一个数量级上了。

2006 年，Adobe 将其 JIT 编译引擎和代号为 Tamarin 的 ECMAScript 虚拟机捐赠给 Mozilla 基金会，从此 JavaScript 引擎的竞争序幕就拉开了。尽管新版的 Mozilla 中 Tamarin 技术已经所剩无几，但 Tamarin 的捐赠促进了各家浏览器对新脚本引擎的研发，而这些引擎的名字就如同它们声称的性能一样有意思。总之，得益于浏览器厂商间的良性竞争，JavaScript 的执行性能越来越接近于本地桌面应用程序了。

各主流浏览器最新的 JavaScript 引擎说明如表 13.5 所示。

表 13.5　Web 浏览器的 JavaScript 引擎

浏　览　器	引 擎 名 称	说　　明
Safari	Nitro（也称 Squirrel Fish Extreme）	Safari 4 中发布，在 Safari 5 中提升性能，包括字节码优化和上下文线程的本地编译器
Chrome	V8	自从 Chrome 2 开始，使用了新一代垃圾回收机制，可确保内存高度可扩展而不会发生中断
IE	Chakra	注重于后台编译和高效的类型系统，速度比 IE8 快 10 倍
FireFox	JägerMonkey	从 3.5 版本优化而来，结合了快速解释和源自追踪树（trace tree）的本地编译
Opera	Carakan	采用了基于寄存器的字节码和选择性本地编译的方式，声称效率比 10.50 版本提升了 75%
nohref	area	多余属性，被省略

13.3　CSS3 基础

早在 2001 年 5 月，W3C 就开始准备开发 CSS3 版本规范。CSS3 规范的最大亮点就是模块化开发。一方面分成若干较小的模块有利于规范及时更新和发布，及时调整模块的内容；另外一方面，由于受支持设备和浏览器厂商的限制，设备或者厂商可以有选择地支持一部分模块，如支持 CSS3 的一个子集，这样将有利于 CSS3 的推广。相信以前 CSS 支持混乱的局面将会有所改观。CSS3 规范的全面推广和支持看起来还遥遥无期，但是目前主流浏览器都已迫不及待地开始支持 CSS3 的大部分特性了。CSS3 的新功能是非常丰富的，限于篇幅，下面就 CSS3 中几个比较典型的功能进行说明。

13.3.1　实战演练：设计元素阴影

box-shadow 属性定义元素的阴影，与 text-shadow 属性功能相同，但是作用对象略有不同。该属性的基本语法如下：

```
text-shadow:none | <shadow> [ , <shadow> ]*;
```

参数说明：

☑　none 为默认值，表示元素没有阴影。

☑ <shadow>可以使用公式表示为 inset? && [<length>{2,4} && <color>?]，其中，inset 表示设置阴影的类型为内阴影，默认为外阴影，<length>是由浮点数字和单位标识符组成的长度值，可取正负值，用来定义阴影水平偏移、垂直偏移，以及阴影大小、阴影扩展（即阴影模糊度）。<color>表示阴影颜色。

【示例】本例演示了如何给一个元素设置多个阴影效果，演示效果如图 13.5 所示。当给同一个元素设计多个阴影时，需要注意它们的顺序，最先写的阴影将显示在最顶层。如在下面的代码中，先定义一个 10px 的红色阴影，再定义一个 10px 大小、10px 扩展的阴影，显示结果就是红色阴影层覆盖在黄色阴影层之上，此时如果顶层的阴影太大，就会遮盖底部的阴影。

```
<!doctype html>
<html>
<head>
<meta charset="utf-8">
<title></title>
<style type="text/css">
body { margin: 24px; }
img {
    height: 300px;
    -moz-box-shadow: 4px 4px 12px 12px green,   0 0 10px red,   2px 2px 10px 10px yellow;
    -webkit-box-shadow: 0 0 10px red,   2px 2px 10px 10px yellow,   4px 4px 12px 12px green;
    box-shadow: 0 0 10px red,   2px 2px 10px 10px yellow,   4px 4px 12px 12px green;
}
</style>
</head>
<body>
<img src="images/1.jpg">
</body>
</html>
```

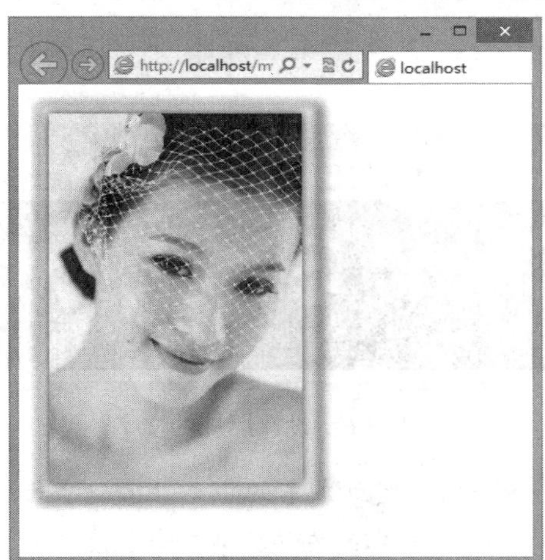

图 13.5　设计栏目阴影效果

13.3.2　实战演练：设计文本阴影

在 CSS2.1 版本中 W3C 就已经定义了 text-shadow 属性，不过 CSS3 又重新定义了 text-shadow，

并增加了不透明度效果，该属性的基本语法如下：

```
text-shadow:none | <length> none | [<shadow>, ] * <shadow>
```

或

```
text-shadow:none | <color> [, <color> ]*
```

参数说明：

☑ <color>表示颜色。

☑ <length>表示由浮点数字和单位标识符组成的长度值，可为负值，指定阴影的水平延伸距离。

【示例】下面借助阴影效果列表机制，设计燃烧的文字效果，演示效果如图 13.6 所示。

```
<!doctype html>
<html>
<head>
<meta charset="utf-8">
<title></title>
<style type="text/css">
p {
    text-align: center;
    padding: 24px; margin: 0;
    font-family: helvetica, arial, sans-serif;
    color: #000; background: #000;
    font-size: 80px; font-weight: bold;
    text-shadow: 0 0 4px white, 0 -5px 4px #ff3, 2px -10px 6px #fd3, -2px -15px 11px #f80, 2px -25px 18px
#f20;}
</style>
</head>
<body>
<p>Text Shadow</p>
</body>
</html>
```

图 13.6 设计燃烧的文字

提示： 阴影偏移由两个<length>值指定到文本的距离。第一个长度值指定距离文本右边的水平距离，负值将会把阴影放置在文本的左边。第二个长度值指定距离文本下边的垂直距离，负值将会把阴影放置在文本上方。在阴影偏移之后，可以指定一个模糊半径。模糊半径是一个长度值，指出模糊效果的范围。计算模糊效果的具体算法并没有指定。在阴影效果的长度值之前或之后还可以选择指定一个颜色值。颜色值会被用作阴影效果的基础。如果没有指定颜色，那么将使用 color 属性值来替代。

13.3.3　实战演练：设计半透明色

CSS3 新增加了 HSL 颜色表现方式。HSL 色彩模式是工业界的一种颜色标准，通过对色调（H）、饱和度（S）、亮度（L）3 个颜色通道的变化以及相互之间的叠加来获得各种颜色。在 CSS3 中，HSL 色彩模式的表示语法如下：

```
hsl(<length> , <percentage> , <percentage>)
```

参数说明：

☑ <length>表示色调，取值可以为任意数值。

☑ 第一个<percentage>表示饱和度，取值为 0%～100%之间的值，其中，0%表示灰度，100%饱和度最高，即颜色最鲜艳。第二个<percentage>表示亮度，值为 0%～100%之间，其中，0%最暗，显示为黑色，50%表示均值，100%最亮，显示为白色。

HSLA 色彩模式是 HSL 色彩模式的扩展版，在色相、饱和度、亮度三要素的基础上增加了不透明度参数。使用 HSLA 色彩模式，设计师能够更灵活地设计颜色不同的透明效果。其语法格式如下：

```
hsla(<length> , <percentage> , <percentage> , <opacity>)
```

其中，前 3 个参数与 hsl()函数各参数的含义和用法相同，第 4 个参数<opacity>表示不透明度，取值在 0～1 之间。

RGBA 色彩模式是 RGB 色彩模式的扩展版，在红、绿、蓝三原色通道基础上增加了不透明度参数。其语法格式如下：

```
rgba(r, g , b , <opacity>)
```

其中，r、g、b 分别表示红色、绿色、蓝色 3 种原色所占的比重。r、g、b 的值可以是正整数或者百分数。正整数值的取值范围为 0～255，百分数值的取值范围为 0.0%～100.0%。超出范围的数值将被截至其最接近的取值极限。注意，并非所有浏览器都支持使用百分数值。第 4 个参数<opacity>表示不透明度，取值在 0～1 之间。

【示例】下面使用 CSS3 新增加的 box-shadow 属性为栏目添加阴影效果，然后使用 RGBA 颜色模式为表单元素设置半透明度的阴影，从而实现一种润边形式阴影效果，演示效果如图 13.7 所示。

```
<!doctype html>
<html>
<head>
<meta charset="utf-8">
<title></title>
<style type="text/css">
input, textarea {
    padding: 4px;
    border: solid 1px #E5E5E5;
    outline: 0;
    font: normal 13px/100% Verdana, Tahoma, sans-serif;
    width: 200px;
    background: #FFFFFF;
    box-shadow: rgba(0, 0, 0, 0.1) 0px 0px 8px;
    -moz-box-shadow: rgba(0, 0, 0, 0.1) 0px 0px 8px;
    -webkit-box-shadow: rgba(0, 0, 0, 0.1) 0px 0px 8px;}
textarea {
```

Note

```
        width: 400px;
        max-width: 400px;
        height: 150px;
        line-height: 150%;
        background: url(images/form-shadow.png) no-repeat bottom right;}
input:hover, textarea:hover, input:focus, textarea:focus { border-color: #C9C9C9; }
label {margin-left: 10px; color: #999999; display: block;}
.submit input {width: auto; padding: 9px 15px; background: #617798; border: 0; font-size: 14px; color: #FFFFFF;}
</style>
</head>
<body>
<form>
    <p class="name">
        <label for="name">姓名</label>
        <input type="text" name="name" id="name">
    </p>
    <p class="email">
        <label for="email">邮箱</label>
        <input type="text" name="email" id="email">
    </p>
    <p class="web">
        <label for="web">个人网址</label>
        <input type="text" name="web" id="web">
    </p>
    <p class="text">
        <label for="text">留言</label>
        <textarea name="text" id="text"></textarea>
    </p>
    <p class="submit">
        <input type="submit" value="提交">
    </p>
</form>
</body>
</html>
```

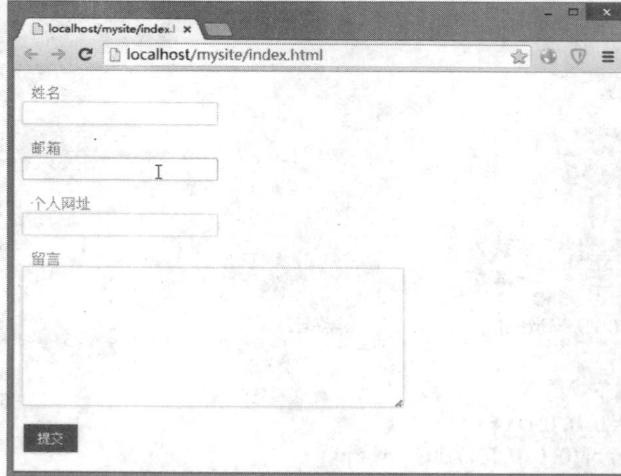

图 13.7 设计半透明的文本框

13.3.4 实战演练：设计弹性盒布局

Note

CSS3 引入了新的盒模型处理机制，即弹性盒模型，该模型决定元素在一个盒子中的分布方式以及如何处理盒子的可用空间。使用弹性盒模型，可以很轻松地创建自适应浏览器窗口的流动布局或自适应字体大小的弹性布局。

为了适应弹性盒模型的表现需要，CSS3 新增了 8 个属性，简单说明如下。

- ☑ box-align：定义子元素在盒子内垂直方向上的空间分配方式。
- ☑ box-direction：定义盒子的显示顺序。
- ☑ box-flex：定义子元素在盒子内的自适应尺寸。
- ☑ box-flex-group：定义自适应子元素群组。
- ☑ box-lines：定义子元素分列显示。
- ☑ box-ordinal-group：定义子元素在盒子内的显示位置。
- ☑ box-orient：定义盒子分布的坐标轴。
- ☑ box-pack：定义子元素在盒子内水平方向的空间分配方式。

【示例】下面使用 box-flex 属性设计盒布局，并将表示左侧边栏与右侧边栏的两个 Div 元素的宽度保留为 200px，在表示中间内容的 Div 元素的样式代码中去除原来指定宽度为 300px 的样式代码，加入 box-flex 属性。详细代码如下所示，演示效果如图 13.8 所示，当调整窗口宽度时，中间列的宽度会自适应显示，使整个页面总是满窗口显示。

```
<!doctype html>
<html>
<head>
<meta charset="utf-8">
<title></title>
<style type="text/css">
#container{
    /*定义盒布局样式*/
    display: -moz-box;
    display: -webkit-box;}
#left-sidebar{
    width: 200px;
    padding: 20px;
    background-color: orange;}
#contents{
    /*定义中间列宽度为自适应显示*/
    -moz-box-flex:1;
    -webkit-box-flex:1;
    padding: 20px;
    background-color: yellow;}
#right-sidebar{
    width: 200px;
    padding: 20px;
    background-color: limegreen;}
#left-sidebar, #contents, #right-sidebar{
    /*定义盒样式*/
    -moz-box-sizing: border-box;
```

Note

```
        -webkit-box-sizing: border-box;}
</style>
</head>
<body>
<div id="container">
    <div id="left-sidebar">
        <h2>站内导航</h2>
        <ul>
            <li><a href="">新闻</a></li>
            <li><a href="">博客</a></li>
            <li><a href="">微博</a></li>
            <li><a href="">社区</a></li>
            <li><a href="">关于</a></li>
        </ul>
    </div>
    <div id="contents">
        <h2>伦敦夜景</h2>
        <p><img src="images/bg.jpg" style="width:100%;"/></p>
    </div>
    <div id="right-sidebar">
        <h2>友情链接</h2>
        <ul>
            <li><a href="">百度</a></li>
            <li><a href="">谷歌</a></li>
            <li><a href="">360</a></li>
        </ul>
    </div>
</div>
</body>
</html>
```

盒布局窗口变窄

盒布局窗口变宽

图 13.8　定义自适应宽度

13.3.5　实战演练：设计边框样式

CSS3 增强了对元素边框样式的定义，用户可以自定义边框颜色，或者为边框定义背景图像。border-color 属性在 CSS1 版本中就已经定义，使用该属性可以设置边框的颜色。不过，CSS3 增强了

这个属性的功能，可以为边框设置更多的颜色，从而方便设计师设计渐变等炫丽的边框效果。border-color 属性的基本语法如下：

```
border-color:<color>;
```

<color>可以为任意合法的颜色值或颜色值列表，支持不透明参数设置。与 CSS2.1 中的 border-color 属性可以混合使用，当为该属性设置一个颜色值时，则表示为边框设置纯色，如果设置 n 个颜色值，且边框宽度为 npx，那么就可以在该边框上使用 n 种颜色，每种颜色显示 1px 的宽度。如果边框宽度是 10px，但是只声明了 5 种颜色，那么最后一个颜色将被添加到剩下的宽度中。

CSS3 在这个属性基础上派生了 4 个边框颜色属性，介绍如下。

☑　border-top-color：定义指定元素顶部边框的色彩。
☑　border-right-color：定义指定元素右侧边框的色彩。
☑　border-bottom-color：定义指定元素底部边框的色彩。
☑　border-left-color：定义指定元素左侧边框的色彩。

同时 CSS3 新增了 border-image 属性，该属性能够模拟 background-image 属性功能，该属性的基本语法如下：

```
border-image:none | <image> [ <number> | <percentage>]{1,4} [ / <border-width>{1,4}? [ stretch | repeat | round ]{0,2};
```

参数说明：

☑　none 为默认值，表示边框无背景图。
☑　<image>使用绝对或相对 URL 地址指定边框的背景图像。
☑　<number>设置边框宽度或者边框背景图像大小，使用固定像素值表示。
☑　<percentage>设置边框背景图像大小，使用百分比表示。
☑　[stretch|repeat|round]分别表示拉伸、重复和平铺，默认为拉伸。注意，当设置 border-collapse 为 collapse 时无效。

CSS3 将 border-image 分成了 8 部分，使用 8 个子属性分别定义特定方位上边框的背景图像。

☑　border-top-image：定义顶部边框背景图像。
☑　border-right-image：定义右侧边框背景图像。
☑　border-bottom-image：定义底部边框背景图像。
☑　border-left-image：定义左侧边框背景图像。
☑　border-top-left-image：定义左上角边框背景图像。
☑　border-top-right-image：定义右上角边框背景图像。
☑　border-bottom-left-image：定义左下角边框背景图像。
☑　border-bottom-right-image：定义右下角边框背景图像。

另外，根据边框背景图像的处理功能，border-image 属性还派生了下面几个属性。

☑　border-image-source：定义边框的背景图像源，即图像 URL。
☑　border-image-slice：定义如何裁切背景图像，与背景图像的定位功能不同。
☑　border-image-repeat：定义边框背景图像的重复性。
☑　border-image-width：定义边框背景图像的显示大小（即边框显示大小）。虽然 W3C 定义了该属性，但是浏览器还是习惯使用 border-width 实现相同的功能。
☑　border-image-outset：定义边框背景图像的偏移位置。

【示例】下面为 Div 元素定义一个背景图像边框样式，演示效果如图 13.9 所示。

Note

```
<!doctype html>
<html>
<head>
<meta charset="utf-8">
<title></title>
<style type="text/css">
div {
    height: 120px;
    border-width: 54px;
    -moz-border-image: url(images/border2.png) 33% repeat;
    -webkit-border-image: url(images/border2.png) 33% repeat;
    -o-border-image: url(images/border2.png) 33% repeat;
    border-image: url(images/border2.png) 33% repeat;
}
</style>
</head>
<body>
<div></div>
</body>
</html>
```

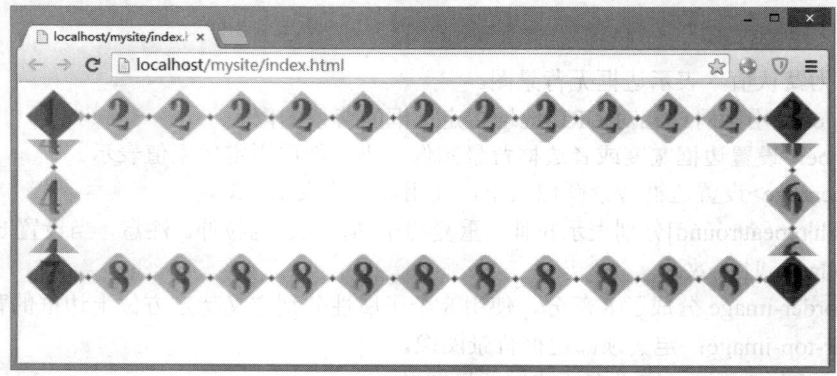

图 13.9 设计图像边框样式

13.3.6 实战演练：设计圆角

CSS3 定义了 border-radius 属性，使用该属性可以设计元素以圆角样式显示。border-radius 属性的基本语法如下：

```
border-radius:none | <length>{1,4} [ / <length>{1,4} ]? ;
```

其中，none 为默认值，表示元素没有圆角。<length>为由浮点数字和单位标识符组成的长度值，不可为负值。为了方便设计师更灵活地定义元素的 4 个顶角圆角，派生了 4 个子属性。

- border-top-right-radius：定义右上角的圆角。
- border-bottom-right-radius：定义右下角的圆角。
- border-bottom-left-radius：定义左下角的圆角。
- border-top-left-radius：定义左上角的圆角。

【示例】使用 border-radius 属性也可以定义圆形。下面代码设置元素长宽相同，同时设置圆角半径为元素大小的一半，则演示效果如图 13.10 所示。

```
<!doctype html>
<html>
<head>
<meta charset="utf-8">
<title></title>
<style type="text/css">
body{background:url(images/bg.jpg);}
div {
    margin:20px 80px;
    height: 200px;
    width: 200px;
    background: url(images/img9.jpg) no-repeat;
    border: 1px solid #ddd;
    -moz-border-radius: 100px;
    -webkit-border-radius: 100px;
    border-radius: 100px;
}
</style>
</head>
<body>
<div></div>
</body>
</html>
```

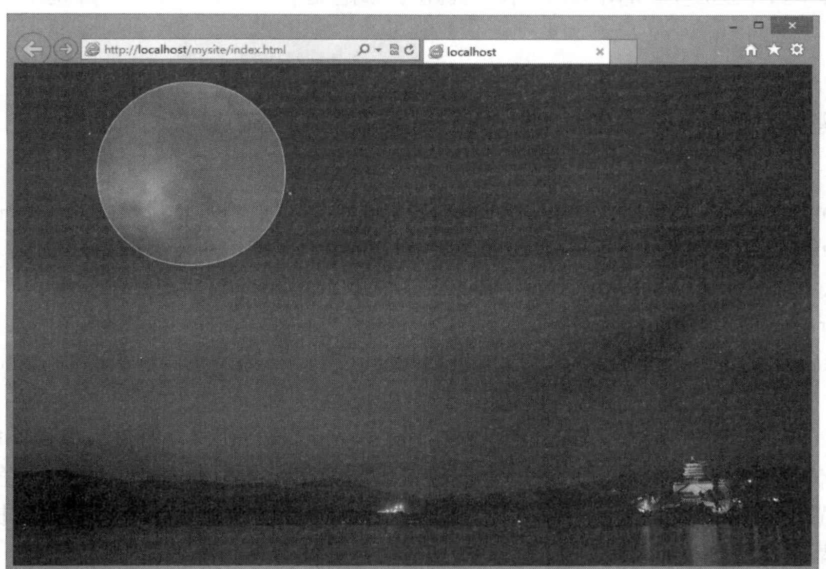

图 13.10 设计圆形图形效果

提示：在上面示例中，即使 border 属性值为 none，也会呈现圆形效果。注意，如果 background-clip 属性值为 padding-box，那么背景会被曲线的圆角内边裁剪。如果 background-clip 属性值为 border-box，那么背景会被圆角外边裁剪。border 和 padding 属性定义的区域也一样会被曲线裁剪。另外，所有边框样式（如 solid、dotted、inset 等）都遵循边框圆角的曲线，即使是定义了 border-image 属性，那么曲线以外的边框背景都会被裁剪掉。

13.3.7 实战演练：设计渐变效果

Note

CSS3 渐变目前主要基于 Webkit（如 Chrome、Safari 浏览器）和 Gecko（如 FireFox 浏览器）引擎的浏览器，基于 Presto 引擎的 Opera 浏览器在最新版本中也开始支持渐变，IE 浏览器只能通过滤镜的方式实现。

Webkit 是第一个支持渐变的浏览器引擎（Safari 4 及其以上版本支持），Webkit 引擎支持的渐变语法如下：

```
-webkit-gradient(<type>, <point> [, <radius>]?, <point> [, <radius>]? [,<stop>]*)
```

参数说明：

☑ <type>定义渐变类型，包括线性渐变（linear）和径向渐变（radial）。

☑ <point>定义渐变起始点和结束点坐标，即开始应用渐变的 x 轴和 y 轴坐标，以及结束渐变的坐标。该参数支持数值、百分比和关键字，如(0 0)或者(left top)等。关键字包括 top、bottom、left 和 right。当定义径向渐变时，<radius>用来设置径向渐变的长度，该参数为一个数值。

☑ <stop>定义渐变色和步长。包括 3 个类型值，即开始的颜色，使用 from()函数定义；结束的颜色，使用 to()函数定义；颜色步长，使用 colorstop(value, clor value)定义。color-stop()函数包含两个参数值，第一个参数值为一个数值或者百分比值，取值范围在 0～1.0 之间（或者 0%～100%之间），第二个参数值表示任意颜色值。

Gecko 引擎与 Webkit 引擎的用法不同，Gecko 引擎定义了两个私有函数，分别用来设计直线渐变和径向渐变。

直线渐变的基本语法如下：

```
-moz-linear-gradient( [<point> || <angle>,]? <stop>, <stop> [, <stop>]* )
```

参数说明：

☑ <point>定义渐变起始点，取值包含数值、百分比，也可以使用关键字，其中，left、center 和 right 关键字定义 x 轴坐标，top、center 和 bottom 关键字定义 y 轴坐标。用法与 background-position 和-moz-transform-origin 属性中定位方式相同。当指定一个值时，另一个值默认为 center。

☑ <angle>定义直线渐变的角度。单位包括 deg（度，一圈等于 360deg）、grad（梯度、90°等于 100grad）、rad（弧度，一圈等于 2*PI rad）。

☑ <stop>定义步长，用法与 Webkit 引擎的 color-stop()函数相似，但是该参数不需要调用函数，直接传递参数即可。其中，第一个参数设置颜色值，可以为任何合法的颜色值，第二个参数设置颜色的位置，取值为百分比（0%～100%）或者数值，也可以省略步长位置。

径向渐变基本语法如下：

```
-moz-radial-gradient( [<position> || <angle>,]? [<shape> || <size>,]? <stop>,<stop>[, <stop>]* )
```

参数说明：

☑ <position>定义渐变起始点，取值包含数值、百分比，也可以使用关键字，其中，left、center 和 right 关键字定义 x 轴坐标，top、center 和 bottom 关键字定义 y 轴坐标，用法与 background-position 和-moz-transform-origin 属性中的定位方式相同。当指定一个值时，则另一个值默认为 center。

☑ <angle>定义渐变角度。单位包括 deg（度，一圈等于 360deg）、grad（梯度、90°等于 100grad）、

rad（弧度，一圈等于 2*PI rad），默认值为 0deg。

☑ <shape>定义径向渐变的形状，包括 circle（圆）和 ellipse（椭圆），默认值为 ellipse。

☑ <size>定义圆半径，或者椭圆的轴长度。

☑ <stop>定义步长，用法与 Webkit 引擎的 color-stop()函数相似，但是该参数不需要调用函数，直接传递参数即可。其中，第一个参数值设置颜色值，可以为任何合法的颜色值，第二个参数设置颜色的位置，取值为百分比（0%～100%）或者数值，也可以省略步长位置。

W3C 标准用法与 Gecko 引擎渐变用法基本相同，不再重复讲解，但是属性名不要加-moz-前缀。

【示例】下面演示如何用渐变属性设计比较精致的按钮效果，演示效果如图 13.11 所示。其中用到了 CSS3 新增的渐变、阴影、圆角等功能。纯 CSS 渐变按钮可以根据字体大小自动伸缩，也可以通过修改 padding 和 font-size 属性值来调整按钮大小，同时还可以应用 HTML 元素，如 div、span、p、a、button、input 等。

```
<!doctype html>
<html>
<head>
<meta charset="utf-8">
<title></title>
<style type="text/css">
body {background: #ededed; margin: 30px auto; color: #999;}
.button {/*设计按钮类样式*/
    display: inline-block;                              /*行内块显示，以便控制大小*/
    zoom: 1;                                            /*兼容 IE6、IE7 等不支持 display:inline-block */
    *display: inline;
    vertical-align: baseline;                           /*垂直对齐方式，基线对齐*/
    margin: 0 2px;                                      /*调整外边距离*/
    outline: none;                                      /*取消外阴影线*/
    cursor: pointer;                                    /*定义鼠标指针手形样式*/
    text-align: center;                                 /*文本居中显示*/
    text-decoration: none;                              /*清除下划线样式*/
    font: 14px/100% Arial, Helvetica, sans-serif;       /*字体类型和大小*/
    padding: .5em 2em .55em;                            /*增加文本内边距*/
    text-shadow: 0 1px 1px rgba(0, 0, 0, .3);           /*为文本定义阴影效果*/
    /*设计圆角效果*/
    -webkit-border-radius: .5em;                        /*兼容 Webkit 引擎浏览器*/
    -moz-border-radius: .5em;                           /*兼容 Gecko 引擎浏览器*/
    border-radius: .5em;                                /*兼容标准浏览器*/
    /*设计投影效果*/
    -webkit-box-shadow: 0 1px 2px rgba(0, 0, 0, .2);    /*兼容 Webkit 引擎浏览器*/
    -moz-box-shadow: 0 1px 2px rgba(0, 0, 0, .2);       /*兼容 Gecko 引擎浏览器*/
    box-shadow: 0 1px 2px rgba(0, 0, 0, .2);            /*兼容标准浏览器*/
}
.button:hover { text-decoration: none; }
.button:active {position: relative; top: 1px;}
.bigrounded {-webkit-border-radius: 2em; -moz-border-radius: 2em; border-radius: 2em;}
.medium {font-size: 12px; padding: .4em 1.5em .42em;}
.small { font-size: 11px; padding: .2em 1em .275em;}
/* color styles: black */
.black {
```

Note

```
        color: #d7d7d7;
        border: solid 1px #333;
        background: #333;
        background: -webkit-gradient(linear, left top, left bottom, from(#666), to(#000));
        background: -moz-linear-gradient(top, #666, #000);
        background: linear-gradient(top, #666, #000);
    filter: progid:DXImageTransform.Microsoft.gradient(startColorstr='#666666', endColorstr='#000000');
    }
    .black:hover {
        background: #000;
        background: -webkit-gradient(linear, left top, left bottom, from(#444), to(#000));
        background: -moz-linear-gradient(top, #444, #000);
        background: linear-gradient(top, #444, #000);
    filter: progid:DXImageTransform.Microsoft.gradient(startColorstr='#444444', endColorstr='#000000');
    }
    .black:active {
        color: #666;
        background: -webkit-gradient(linear, left top, left bottom, from(#000), to(#444));
        background: -moz-linear-gradient(top, #000, #444);
        background: linear-gradient(top, #000, #444);
    filter: progid:DXImageTransform.Microsoft.gradient(startColorstr='#000000', endColorstr='#666666');
    }
    </style>
    </head>
    <body>
    <div> <a href="#" class="button black">Rectangle</a> <a href="#" class="button black bigrounded">Rounded
</a> <a href="#" class="button black medium">Medium</a> <a href="#" class="button black small">Small</a> <br>
        <br>
        <input class="button black" type="button" value="Input Element">
        <button class="button black">Button Tag</button>
        <span class="button black">Span</span>
        <div class="button black">Div</div>
        <p class="button black">P Tag</p>
        <h3 class="button black">H3</h3>
    </div>
    </body>
    </html>
```

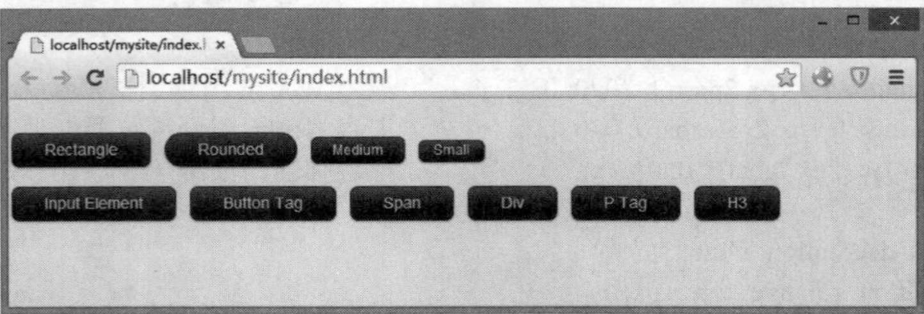

图 13.11　设计渐变按钮效果

第14章 设计动态数据库网页

（视频讲解：87分钟）

动态数据库网页不是动态效果网页，需要与服务器端进行数据交互，因此用户需要构建虚拟服务器运行环境，以及安装数据库管理系统等。动态网站一般都需要数据库的支持，数据库常用来存储和管理网站所有动态数据。目前比较流行的数据库包括SQL Server、DB2和Oracle等，简单的网站可选用Access数据库，Access适合个人网站建设和学习使用。

本章以ASP为服务基础，结合Access数据库，使用Dreamweaver作为工具来实现动态网页。在Dreamweaver中制作动态网页一般需要3步。

第1步，定义数据源，为具体的网页提供动态数据。

第2步，查询数据，并把动态数据绑定到页面中。

第3步，利用Dreamweaver服务器行为，快速在网页中插入服务器端脚本，实现数据的多样化显示和操作。

学习重点：

- 了解服务器技术
- 构建ASP虚拟服务器环境
- 建立数据库连接
- 读取数据库中的数据并实现显示
- 借助Dreamweaver实现各种复杂的数据库操作

14.1 动态网站开发基础

网页可分为静态网页和动态网页两种类型。除了扩展名不同外（静态网页扩展名一般为.htm或.html，而动态网页的扩展名可以为.asp或.aspx等），动态网页与静态网页都使用简单的ASCII字符进行编码，能够用记事本打开和编辑，并且都可以放在服务器上，等待提交给网页浏览器。此外，这两种网页都可以使用VBScript或JavaScript脚本语言进行控制。不过，动态网页的脚本必须在服务器上被执行，而静态网页的脚本不能在服务器上被执行，而是在客户端浏览器中被执行。

严格地说，静态网页也可能动起来，在网页中插入脚本，并依靠客户端浏览器来执行这些脚本使静态网页动起来，这些在客户端被执行的脚本在Dreamweaver中称为行为。但是，本书介绍的动态网页脚本是指必须在服务器上被执行的代码。动态网页执行原理示意图如图14.1所示。

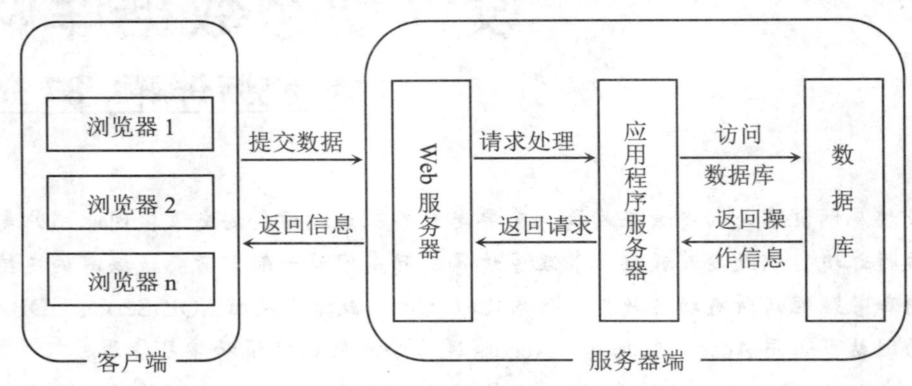

图 14.1　动态网页工作原理示意图

由图14.1可知，客户端浏览器首先应向服务器提交表单或URL地址参数，提出服务请求。Web服务器接到用户请求后，会把该请求交给具体处理该任务的应用程序服务器进行分析处理。至于对提交的信息如何处理，则由网站开发人员编写的网页应用程序来决定。

应用程序服务器接到任务后，便进行处理，如果需要访问数据库，查询数据，则需要提交查询语句给DBMS处理。如果需要对数据库进行访问，开发人员还可以利用应用程序服务器所提供的接口对其进行访问，然后从数据库中获取查询记录或操作信息。应用程序服务器把处理的结果生成静态网页源代码返回到Web服务器，最后由Web服务器将生成的结果网页反馈给客户端浏览器。

一般来说，在Web服务器上可以通过多种技术途径来实现动态网站，最常见的技术包括CGI、JSP、ASP和PHP等。能在服务器上运行的代码称为服务器端脚本，服务器端脚本能够操作数据库，调用各种服务器端资源。例如，在一个网页提交给浏览器之前，服务器端的脚本可以发出指令给服务器，让服务器提取数据库中的数据，并把这些数据插入到返回到客户端的网页中。在Dreamweaver中，服务器端的脚本称为服务器行为。

14.1.1 动态网页制作方法

在Dreamweaver中用可视化方法创建的所有动态网页都要以静态网页框架为基础。创建一个动态网页，首先要创建一个静态网页框架结构，然后把数据库中的数据绑定到静态网页页面内的元素上，实现数据的动态链接。在Dreamweaver中用可视化方法创建动态网页的基本方法如下。

【操作步骤】

第 1 步，制作网页结构。制作动态网页的第一步就是创建静态网页页面结构，而静态网页页面的设计方法和技巧在前面已经详细介绍过了，这里不再赘述。

第 2 步，定义记录集。如果要在动态网页中调用数据库中的数据，就要建立数据库连接，定义记录集，以便从数据库中读取数据。网页本身不能直接调用数据库内的数据，必须利用 ADO 控件来实现数据库读写。在 ADO 组件中，记录集是一个最重要、最基本的对象，能够对数据库中的数据进行各种操作，例如，添加、删除或更新数据，排序、筛选和计算数据。

在 Dreamweaver 中用可视化方法定义的记录集都被添加到“绑定”面板的“数据绑定”列表框中。利用“绑定”面板可以在网页中绑定数据。

第 3 步，绑定数据。定义了记录集或其他数据源之后，就可以向网页中添加动态内容，而不必考虑插入到网页中的服务器端脚本。用 Dreamweaver 绑定数据时，仅需要指明数据绑定的位置和字段，具体代码由 Dreamweaver 自动实现。

在 Dreamweaver 中，可以把动态内容插入在网页中任意位置，这些位置可能是放置在网页中的某个插入点、替换字符串或者作为 HTML 元素的属性值等。例如，动态内容可以被绑定到图片元素 img 的 src 属性或表单元素 form 的 value 属性中。

第 4 步，增加服务器行为。当绑定数据后，用户还可以向网页中添加服务器行为，例如，重复显示、条件显示等。所谓服务器行为，就是用 VBScript、JavaScript 等脚本语言编写的运行在服务器上的能够实现特定功能的代码。

第 5 步，调试动态网页。制作动态网页的最后一步就是根据需要调试网页。Dreamweaver 提供了 3 种编辑环境：可视化编辑环境、实时编辑环境和源代码编辑环境。在添加动态内容之前，Dreamweaver 默认处于可视编辑环境中，即“设计”视图文档窗口，显示的页面和在浏览器中显示的是一样的，这是一种理想的编辑静态内容的工作环境。

提示： 在浏览动态网页时，其显示的内容是动态的，在可视编辑环境中是一个样子，在浏览器中浏览时是另一种样子。为了便于查看与浏览器中相同效果的页面，可以切换到实时编辑环境中，即在“文档”工具栏中单击“实时代码”按钮，切换到实时编辑环境中查看动态网页的实际显示效果。也可以按 F12 键直接在浏览器中查看动态网页效果。

14.1.2　定义服务器

利用 Dreamweaver 开发动态网站，首先需要为网站指定一种服务器端技术，如 ASP、ASP.NET、JSP、PHP 等。只有指定了服务器技术，才能利用 Dreamweaver 向网页页面定义记录集，添加服务器行为，Dreamweaver 生成哪种语言的程序代码，取决于指定的服务器技术。

在 Dreamweaver 中指定服务器技术可以在站点设置对话框中进行，如图 14.2 所示，在该对话框的“服务器”选项卡中单击 + 按钮可以添加服务器。

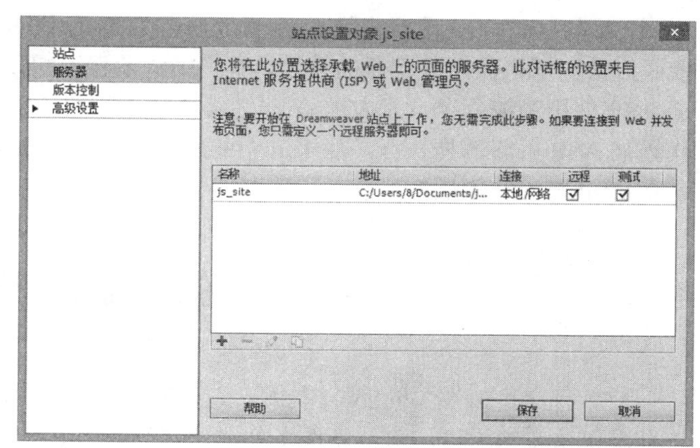

图 14.2　增加服务器技术

目前实现动态网页的服务器技术主

Note

要有 ASP、ASP.NET、PHP 和 JSP 等。

1. ASP

ASP（Active Server Pages，动态服务器页面）是在 CGI 技术基础上由微软公司开发的一种快速、简便的服务器技术，由于它的学习门槛比较低，初学者很容易学习，且功能强大，一经推出就受到了众多专业人士的好评，凭借微软公司强有力的技术支持，可以说是时下网站建设中最为流行的技术之一。

ASP 是一种类似 HTML、Script 与 CGI 的混合体，但是其运行效率却要比 CGI 高。ASP 与 CGI 最大的区别在于对象和组件的使用。ASP 除了内置的 Request 对象、Response 对象、Server 对象、Session 对象、Application 对象及 ObjectContext 对象等基本对象外，还允许用户以外挂的方式使用 ActiveX 控件。当然，ASP 本身也提供了多个 ActiveX 控件以供使用，包括广告回转组件、文件存取组件、文件连接组件及数据库存取组件等，这些大量扩充且重复使用的组件使得 ASP 的功能远远强于 CGI。

2. ASP.NET

ASP.NET 是微软公司新推出的一种服务器技术，它是在 ASP 技术的基础上进行全新的技术改造，全面采用效率较高的、面向对象的方法来创建动态 Web 应用程序。在原来的 ASP 技术中，服务器端代码和客户端 HTML 混合、交织在一起，常常导致页面的代码冗长而复杂，程序的逻辑难以理解，而 ASP.NET 就能很好地解决这个问题，而且能与浏览器独立，且可以支持 VB.NET、C#、VC++.NET、JS.NET 这 4 种编程语言。

3. PHP

PHP（Hypertext Preprocessor，超文本预处理器）是一种 HTML 内嵌式的语言，PHP 与微软的 ASP 很相似，都是一种在服务器端执行的嵌入 HTML 文档的脚本语言，语言的风格类似于 C 语言，现在被很多网站编程人员广泛运用。PHP 独特的语法混合了 C、Java、Perl 以及 PHP 自创的新语法，可以比 CGI 或者 Perl 更快速地执行动态网页。PHP 具有非常强大的功能，所有的 CGI 或者 JavaScript 的功能 PHP 都能实现，而且支持几乎所有流行的数据库以及操作系统。

由于 PHP 源代码是开放的，所有的 PHP 源代码事实上都可以得到。同时，PHP 技术又是免费的，因此深受一些用户欢迎。

4. JSP

JSP（Java Server Pages，Java 服务器页面）是 Sun 公司推出的网站开发技术，是将纯 Java 代码嵌入 HTML 中实现动态功能的一项技术。目前，JSP 已经成为 ASP 的有力竞争者。

JSP 与 ASP 技术非常相似，两者都是在 HTML 代码中嵌入某种脚本并由语言引擎解释执行程序代码，它们都是面向服务器的技术，客户端浏览器不需要任何附加软件的支持。二者最明显的区别在于 ASP 使用的编程语言是 VBScript 之类的脚本程序，而 JSP 使用的是 Java。此外，ASP 中的 VBScript 代码被 ASP 引擎解释执行，而 JSP 中的脚本在第一次执行时被编译成 Servlet 并由 Java 虚拟机执行，这是 ASP 与 JSP 本质的区别。

14.2 搭建虚拟服务器环境

ASP 程序可以在 Windows 95/98/NT/2000/XP 等操作系统内运行，因此计算机的硬件配备至少要符合操作系统的需求，除了硬件之外，还必须正确安装和设置 TCP/IP 网络通信协议、网页服务器以

及 ASP 组件。

14.2.1 ASP 服务器概述

ASP 用于服务器端脚本编写，可以创建和运行动态、交互的网页服务器应用程序。使用 ASP 可以组合 HTML 标签、脚本命令和 ActiveX 组件以创建动态网页和基于网页的功能强大的应用程序。HTML 由于自身的限制，无法直接存取数据库中的数据，因此也就无法实现动态网页功能。脚本（Script）是由一组可以在网页服务器端或客户浏览器端运行的命令组成，目前在网页编制上比较流行的脚本语言包括 VBScript 与 JavaScript。

ASP 是用服务器端脚本、对象和组件扩展了的标准 HTML 页，使用 ASP 可以用动态内容创建网站。ASP 具有以下几个重要特性：

☑ ASP 可以包含服务器端脚本。将服务器端脚本包含在 ASP 中就可以用动态内容创建网页。

☑ ASP 提供了几种内置对象。在 ASP 中使用内置对象可以使脚本功能更强。另外，利用这些对象还可以从客户端浏览器中获得信息或者向客户端浏览器发送信息。

☑ 使用附加组件可以扩展 ASP。ASP 可以同几个标准的服务器端 ActiveX 组件捆绑在一起，使用这些组件可以方便地处理数据库。

☑ ASP 可以与数据库（如 SQL Server、Microsoft Access 等）建立连接，通过对数据库的操作建立功能强大的动态网页应用程序。

总之，ASP 是目前网页开发技术中最容易学习、灵活性最大的开发工具之一。最重要的是 ASP 拥有非常好的可扩充性。ASP 是用附加特性扩展了的标准的 HTML 文件，包含可被网页浏览器显示并解释的 HTML 标签。通常放入 HTML 文件的 Java 小程序、用户端脚本、用户端 ActiveX 控件都可以放入 ASP 中。

ASP 采用 B/S 模型，但其工作原理与 HTML 网页有所不同。执行过程如下：

第 1 步，用户在浏览器的地址栏中输入 ASP 文件，并按 Enter 键触发这个 ASP 的申请。

第 2 步，浏览器将这个 ASP 的请求发送给网页服务器。

第 3 步，网页服务器接收这些申请并根据.asp 的后缀名判断这是 ASP 要求。网页服务器从硬盘或内存中读取正确的 ASP 文件。

第 4 步，网页服务器将这个文件发送到名为 ASP.DLL 的特定文件中。

第 5 步，ASP 文件将会从头至尾执行并根据命令要求生成相应的 HTML 文件。

第 6 步，HTML 文件被送回浏览器。

第 7 步，用户浏览器接收并解释这些 HTML 文件，然后将结果显示出来。

上述过程是一个简化的过程，但从中可以看出 ASP 与 HTML 有着本质的区别。对于网页服务器来说，HTML 文件不经过任何处理就被送到了客户端浏览器，而 ASP 中的每一个命令都首先要在服务器端执行并根据执行结果生成相应的 HTML 页面，再将 HTML 页面送给客户端浏览器。利用 ASP 的这种特性，可以根据实际情况定制网页，在用户浏览器中显示不同的内容，即 ASP 可以根据需要动态地向客户端浏览器显示内容（如用户登录、网络搜索引擎等），因此，ASP 又称为动态网页开发技术。

14.2.2 安装 IIS

IIS（Internet Information Server，Internet 信息服务）是 Microsoft 公司推出的基于 Windows 平台提供网页站点服务的组件。

大部分 Windows 操作系统提供了 IIS 组件，但是部分版本需要用户手动安装，下面以 Windows 8 版本为例介绍 IIS 组件的安装方法。

【操作步骤】

Note

第 1 步，在桌面右下角右击“开始”图标，从弹出的快捷菜单中选择“控制面板”命令，打开“控制面板”窗口，如图 14.3 所示。

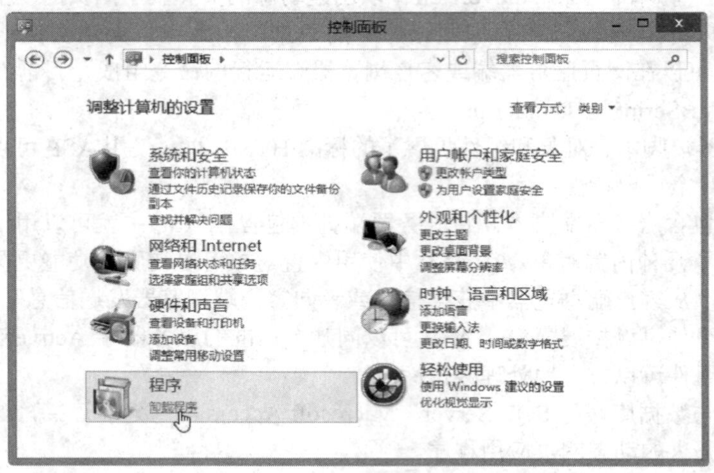

图 14.3 “控制面板”窗口

第 2 步，单击“卸载程序”超链接，打开“程序和功能”窗口，如图 14.4 所示，然后在窗口左侧单击“启动或关闭 Windows 功能”超链接，打开“Windows 功能”窗口。

第 3 步，在“Windows 功能”窗口中选中“Internet 信息服务”复选框，可以单击展开树形列表，查看并选择 IIS 所有包含的组件，如图 14.5 所示。选中主要服务组件。

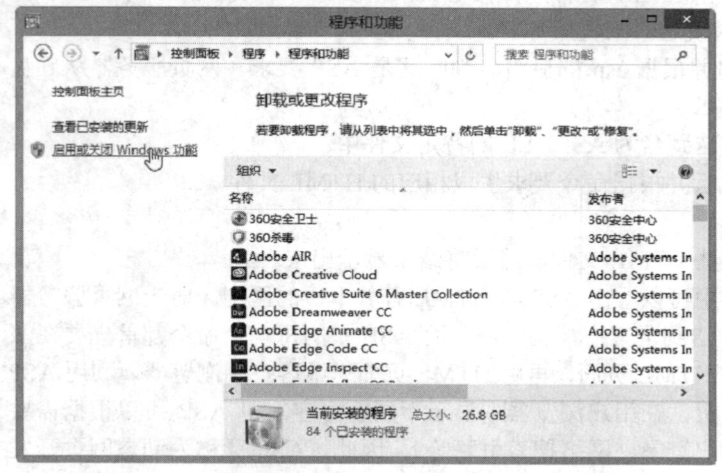

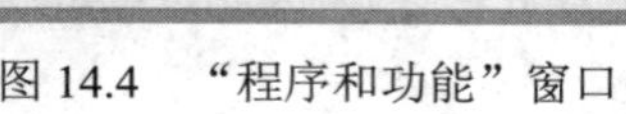

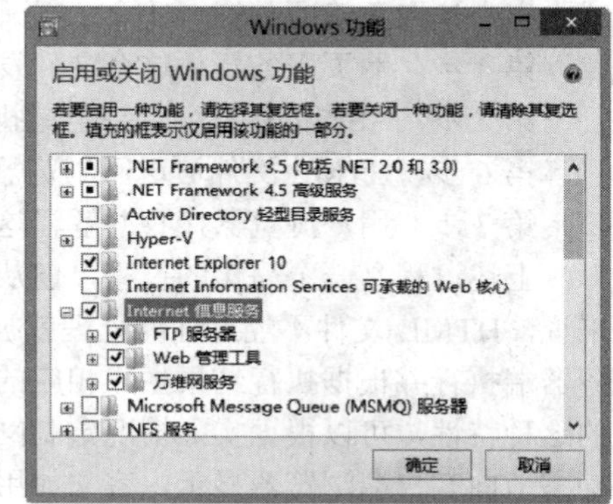

图 14.4 “程序和功能”窗口

图 14.5 设置“Windows 功能”窗口

第 4 步，单击“确定”按钮，则系统会自动安装，整个安装过程可能等待几分钟时间，然后就可以完成 Internet 信息服务的安装。

第 5 步，安装完毕，启动 IE 浏览器，在地址栏中输入“http://localhost/”，如果能够显示 IIS 欢迎界面，表示安装成功，如图 14.6 所示。

Note

图 14.6　IIS8 欢迎界面

> 提示：不同版本的 Windows 操作系统在安装成功后所显示的信息是不同的，但结果是一样的，即 IIS 已经安装成功。

14.2.3　定义虚拟目录

虚拟目录，顾名思义就是网页目录不是真实存在的。例如，在 http://localhost/mysite//index.asp 中，index.asp 文件就位于系统盘下的\Inetpub\wwwroot\mysite 目录中，也许这个文件就位于 D:\site 或 E:\site\news 目录中，也可能是在其他计算机的目录中，或者是网络上的 URL 地址等，用户可以在 IIS 中设置，因此 http://localhost/mysite//index.asp 中的 mysite 就是一个虚拟目录，这个虚拟目录与真实的网站路径存在一种映射关系，定义虚拟目录后，服务器会自动指向真实的路径，网站更安全。虚拟目录的作用就是隐藏真实的路径，这样在 URL 地址中的路径就不一定对应服务器上真实的物理路径，从而防止恶意的入侵和破坏。

☑　方便站点管理。动态网站中的所有内容一般都可以存储在主目录中，但随着网站内容的不断丰富，用户需要把不同层次的内容组织成网站主目录下的子目录。当在本地主目录中定义多个站点时，文件的管理将是件很麻烦的事情。利用虚拟目录，将不同站点分散保存在多个目录或计算机上，会方便站点的管理和维护。

☑　可以挖掘更多的功能。创建虚拟目录之后，系统会把站点视为独立的应用程序，这样就可以使用 Global.asa 文件对站点进行管理，还可以利用 FSO 组件读写服务器上的资源。

【操作步骤】

第 1 步，在 14.2.2 节操作基础上，右击窗口左侧的 Default Web Site 选项，从弹出的快捷菜单中选择“添加虚拟目录”命令，如图 14.7 所示，创建一个虚拟网站目录。

第 2 步，在打开的“添加虚拟目录”对话框中设置虚拟网站的名称和本地路径，如图 14.8 所示，然后单击“确定”按钮完成本地虚拟服务器的设置操作。

第 3 步，选择右侧的“编辑权限”选项，打开“mysite 属性”对话框，选择“安全”选项卡，在其中添加 Everyone 用户身份，在“Everyone 的权限”列表框中选中所有选项，允许任何用户都可以对网站进行读写操作，如图 14.9 所示。

Note

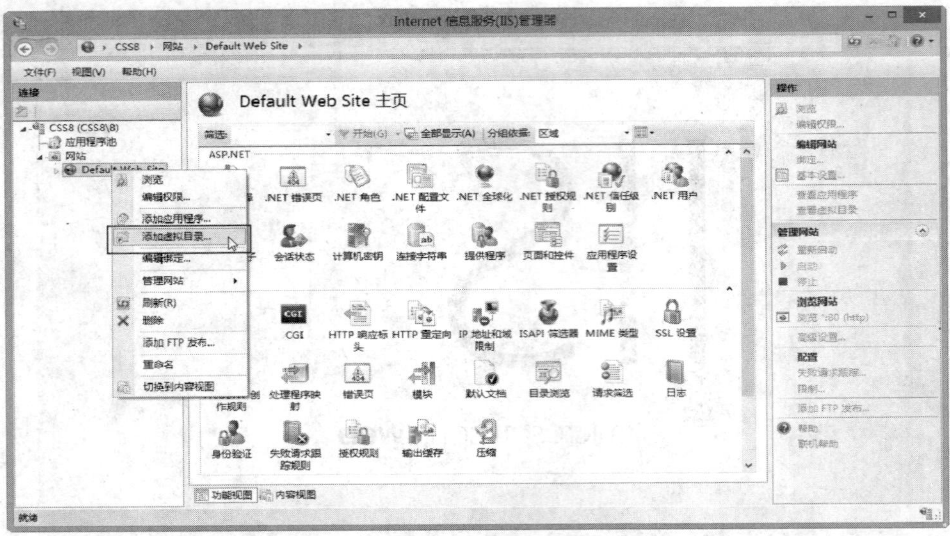

图 14.7　创建虚拟目录

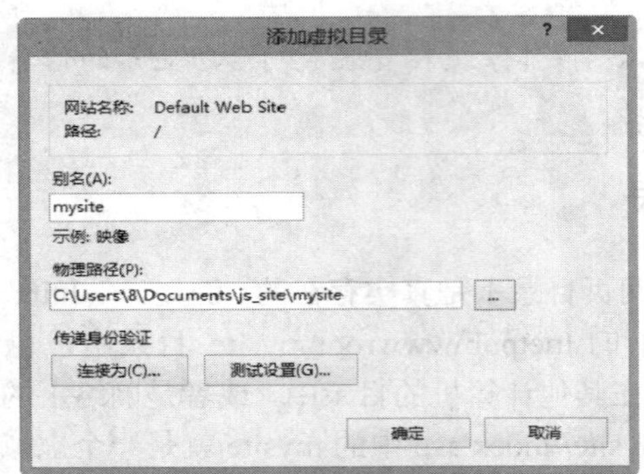

图 14.8　定义虚拟目录名称和路径

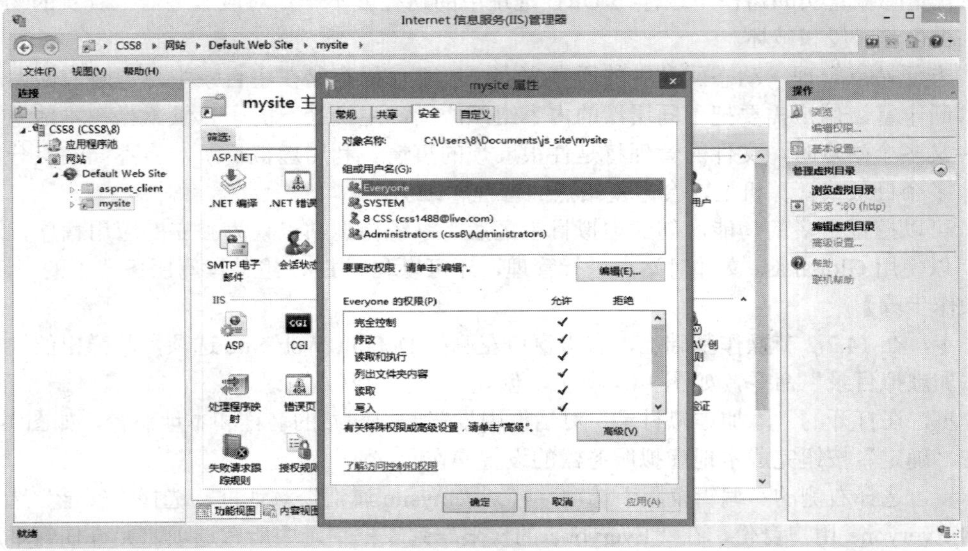

图 14.9　定义用户权限

14.2.4　定义本地站点

在个人计算机上安装了 Internet 信息服务（IIS）程序，实际上就是将本地计算机构建成一个真正的远程服务器。但在真正使用之前，还需要定义本地站点。

【操作步骤】

第 1 步，启动 Dreamweaver CC，选择“站点”|“新建站点”命令，打开“站点设置对象”对话框。

第 2 步，在“站点名称”文本框中输入站点名称，如 test_site，在“本地站点文件夹”文本框中设置站点在本地文件中的存放路径，可以直接输入，也可以单击右侧的“选择文件”按钮选择相应的文件夹，参数设置如图 14.10 所示。

第 3 步，选择“高级设置”选项卡，展开高级设置选项，在左侧的选项列表中选择“本地信息”选项。然后在右侧界面中设置本地信息，如图 14.11 所示。

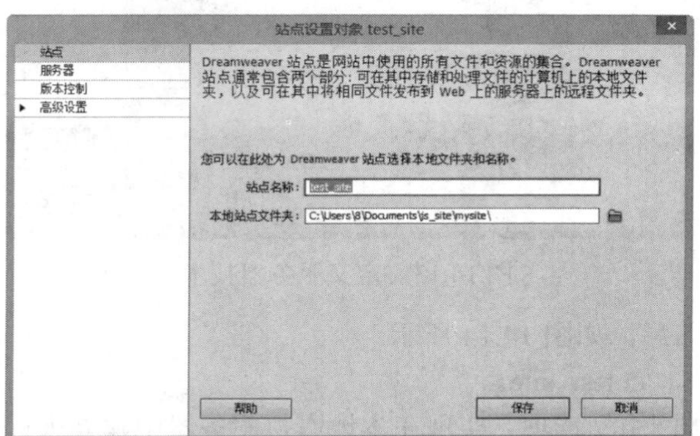

图 14.10　定义本地信息 1

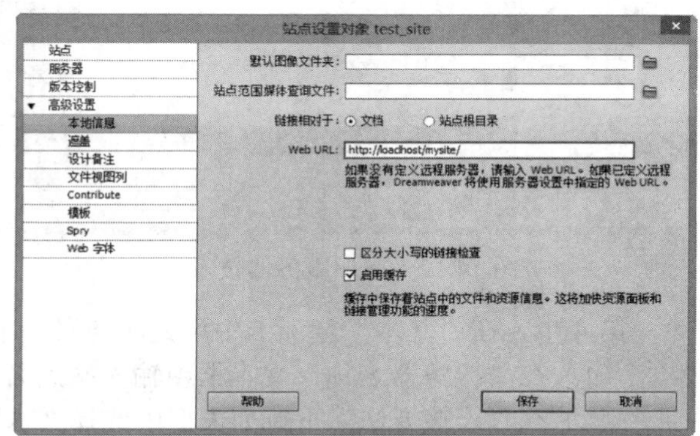

图 14.11　定义本地信息 2

☑ “默认图像文件夹”文本框：设置默认的存放站点图片的文件夹，但是对于比较复杂的网站，图片往往不仅仅只存放在一个文件夹中，因此可以不输入。

☑ “链接相对于”选项：定义当在 Dreamweaver CC 中为站点内所有网页插入超链接时是采用相对路径，还是绝对路径，如果希望是相对路径，则可以选中“文档”单选按钮，如果希望以绝对路径的形式定义超链接，则可以选中“站点根目录”单选按钮。

☑ Web URL 文本框：输入网站的网址，该网址能够供链接检查器验证使用绝对地址的链接。在输入网址时需要输入完全网址，例如，http://localhost/msite/。该选项只有在定义动态站点后有效。

☑ “区分大小写的链接检查”复选框：选中该复选框可以对链接的文件名称大小进行区分。

☑ “启用缓存”复选框：选中该复选框可以创建缓存，以加快链接和站点管理任务的速度，建议选中。

14.2.5　定义动态站点

为了方便学习，本节将介绍如何建立一个 ASP 技术、VBScript 脚本的动态网站，本书后面章节实例都是在这样的动态网站上制作运行的。如果用户熟悉其他服务器技术或脚本语言，也可以按这这种方法建立其他类型的动态网站。

【操作步骤】

第 1 步，首先，用户应该建立一个站点虚拟目录，作为服务器端应用程序的根目录，然后在本地

Note

计算机的其他硬盘中建立一个文件夹作为本地站点目录。建议建立的两个文件夹名称最好相同。

用户也可以在默认站点 C:\Inetpub\wwwroot\内建立一个文件夹作为一个站点的根目录，但这种方法有很多局限性，ASP 的很多功能无法实现，所以不建议使用这种简单的方法建立服务器站点。

第 2 步，在 Dreamweaver CC 中，选择“站点”|“新建站点”命令，打开“站点设置对象”对话框，选择“服务器”选项，切换到服务器设置面板。

第 3 步，在“服务器”选项面板中单击 + 按钮，如图 14.12 所示。显示增加服务器技术面板，在该面板中定义服务器技术，如图 14.13 所示。

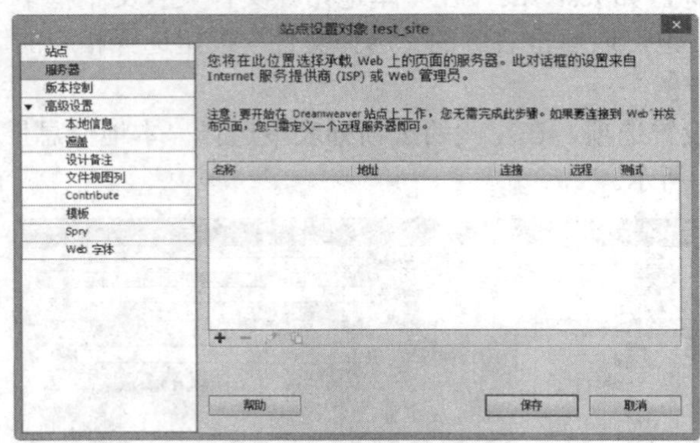
图 14.12　增加服务器技术

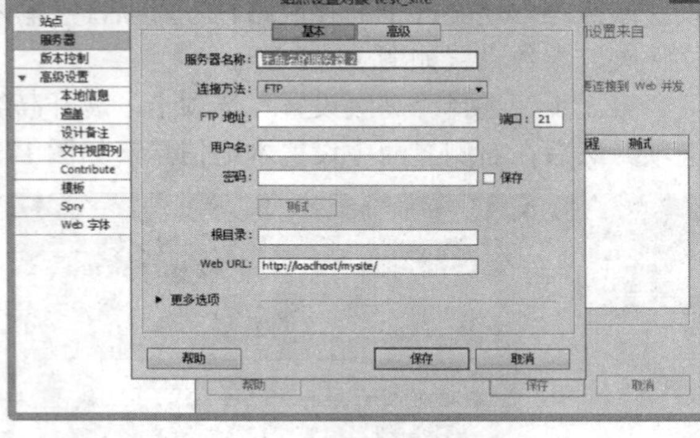
图 14.13　定义服务器技术

第 4 步，在“基本”选项卡中设置服务器基本信息，如图 14.14 所示。

（1）在“服务器名称”文本框中输入站点名称，如 test_site。

（2）在“连接方法”下拉列表框中选择“本地/网络”选项。实现在本地虚拟服务器中建立远程连接，也就是说设置远程服务器类型为在本地计算机上运行网页服务器。其他几个选项说明如下。

☑ FTP：使用 FTP 连接到 Web 服务器。该类型在实际网站开发中比较常用，其中涉及很多方法和技巧。

☑ WebDAV：该选项表示基于 Web 的分布式创作和版本控制，使用 WebDAV 协议连接到网页服务器。对于这种访问方法，必须有支持该协议的服务器，如 Microsoft Internet Information Server（IIS）6.0 和 Apache Web 服务器。

☑ RDS：该选项表示远程开发服务，使用 RDS 连接到网页服务器。对于这种访问方式，远程文件夹必须位于运行 ColdFusion 服务器环境的计算机上。

（3）在“服务器文件夹”文本框中设置站点在服务器端的存放路径，可以直接输入，也可以单击右侧的“选择文件”按钮选择相应的文件夹。为了方便管理，可以把本地文件夹和远程文件夹设置相同的路径。

（4）在 Web URL 文本框中输入 HTTP 前缀地址，该选项必须准确设置，因为 Dreamweaver 将使用这个地址确保根目录被上传到远程服务器上是有效的。

例如，本地目录为 D:\mysite\，本地虚拟目录为 mysite，在本地站点中根目录就是 mysite；如果网站本地测试成功之后，准备使用 Dreamweaver 把站点上传到 http://www.mysite.com/news/目录中，此时远程目录中的根目录就为 news 了，如果此时在 HTTP 地址栏中输入“http://www.mysite.com/news/”，则 Dreamweaver 会自动把本地根目录 mysite 转换为远程根目录 news。

第 5 步，在“站点设置对象”对话框中选择“高级”选项卡，设置服务器的其他信息，如图 14.15 所示。

Note

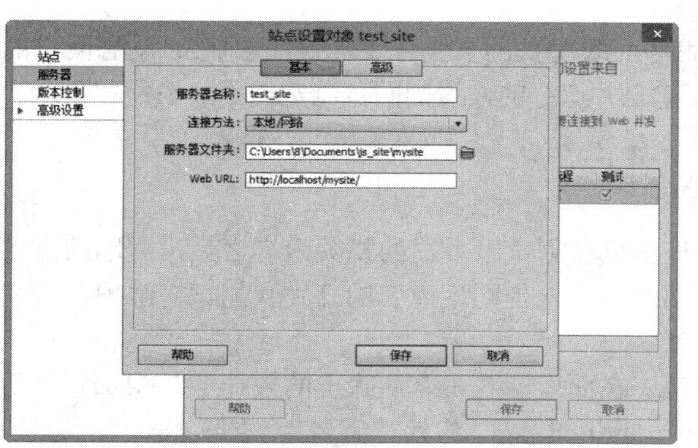

图 14.14 定义基本信息

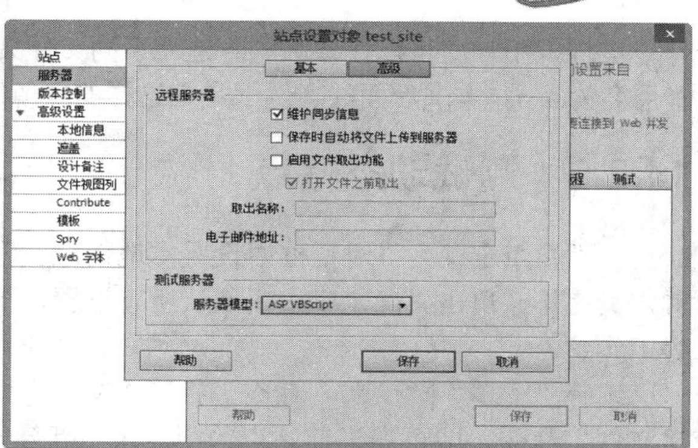

图 14.15 定义高级信息

在“服务器模型”下拉列表框中选择 ASP VBScript 技术。服务器模型用来设置服务器支持的脚本模式，包括无、ASP JavaScript、ASP VBScript、ASP.NET C#、ASP.NET VB、ColdFusion、JSP 和 PHP MySQL。目前使用比较广泛的有 ASP、JSP 和 PHP 这 3 种服务器脚本模式。

在“远程服务器”选项区域，还可以设置各种协助功能，详细说明如下：

☑ 选中“维护同步信息”复选框，可以确保本地信息与远程信息同步更新。

☑ 选中“保存时自动将文件上传到服务器”复选框，可以确保在本地保存网站文件时，会自动把保存的文件上传到远程服务器。

☑ 选中“启用文件取出功能”复选框，则在编辑远程服务器上的文件时，Dreamweaver CC 会自动锁定服务器端该文件，禁止其他用户再编辑该文件，防止同步操作可能引发的冲突。

☑ 在“取出名称”和“电子邮件地址”文本框中输入用户的名称和电子邮件地址，确保网站团队内部即时进行通信，相互沟通。

第 6 步，设置完毕，单击“保存”按钮，返回“站点设置对象”对话框，这样即可建立一个动态网站，如图 14.16 所示。此时如果选中新定义的服务器，则可以单击“编辑”按钮重新设置服务器选项。当然也可以单击“删除”按钮删除该服务器，或者单击“增加”按钮再定义一个服务器，单击“复制”按钮可复制选中的服务器。

第 7 步，选择“站点”|“管理站点”命令，打开“管理站点”对话框，用户就可以看见刚刚建立的动态站点，如图 14.17 所示。

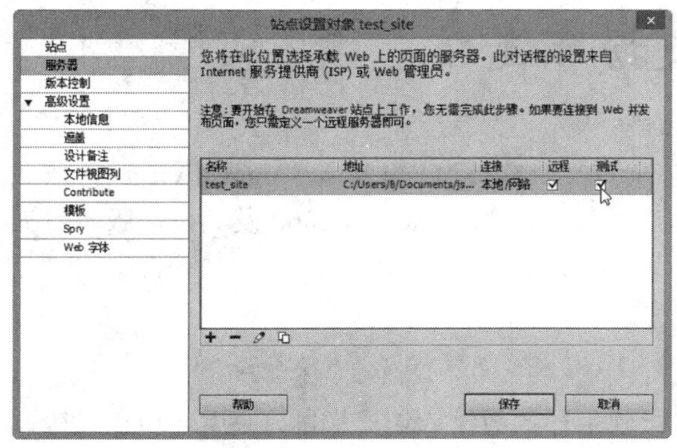

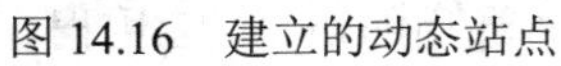

图 14.16 建立的动态站点

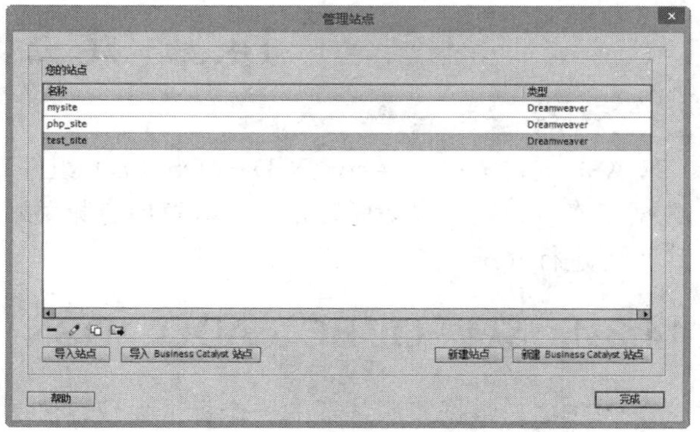

图 14.17 管理站点

第 8 步，选择“窗口”|“文件”命令，或者按 F8 键，打开“文件”面板。在“文件”下拉列表框中选择刚建立的 test_site 动态网站，这时就可以打开 test_site 站点，如图 14.18 所示。

这样，用户就可以在该站点下建立不同文件夹和各种类型的网页文件了。要注意 ASP 动态网页的扩展名为.asp。本书后面的实例都是在这样的环境下建立并运行的，否则网页浏览器不能识别和显示。

14.2.6　测试动态站点

在“站点定义为”对话框中设置本地信息、远程信息和测试服务器的相关内容之后，本地站点也就定义完毕，单击“确定”按钮确认所有设置，下面的工作就是网站内容的开发、测试、维护和管理等工作了。

选择“窗口”|“文件”命令，打开“文件”面板。在面板中右击，从弹出的快捷菜单中选择“新建文件”命令，即可在当前站点的根目录下新建一个 untitled.asp，将其重命名为 index.asp。

双击打开该文件，切换到“代码”视图，输入下面一行代码，该代码表示输出显示一行字符串。

```
<%="<h2>Hello world!</h2>"%>
```

按 F12 键预览文件，则 Dreamweaver CC 提示是否要保存并上传文件。单击“是”按钮，如果远程目录中已存在该文件，则 Dreamweaver CC 会提示是否覆盖该文件。

这时 Dreamweaver CC 将打开默认的浏览器（如 IE）显示预览效果，如图 14.19 所示。实际上在浏览器地址栏中直接输入 http://localhost/mysite/index.asp 或 http://localhost/mysite，按 Enter 键确认，在浏览器窗口中也会打开该页面，说明本地站点测试成功。

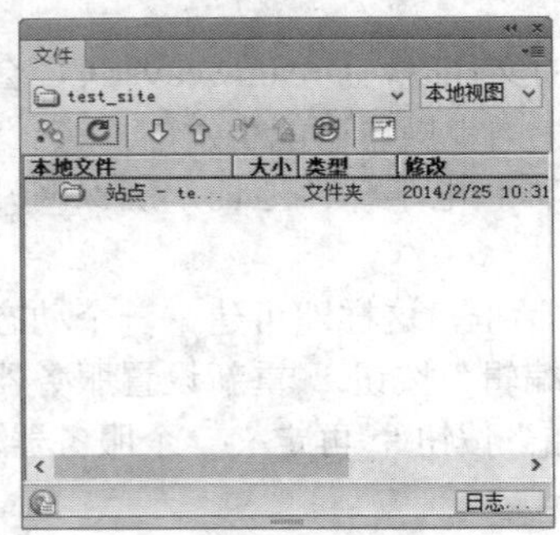

图 14.18　打开站点

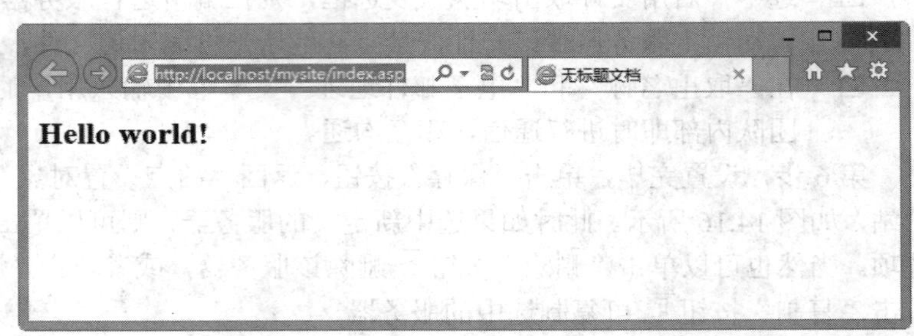

图 14.19　测试网页

14.3　建立数据库连接

ASP 通过 ADO（ActiveX Data Objects）组件或者 ODBC（Open Data Base Connectivity，开放式数据库连接）接口来访问数据库。本章所有相关数据库操作示例都以 Access 2000 及其以上版本数据库为主进行介绍。

14.3.1　认识 ODBC、ADO、DSN

ODBC 是数据库服务器的一个标准协议，它是由微软主导的数据库连接标准，应用环境也以微软的操作系统最成熟。ODBC 向访问网络数据库的应用程序提供一种通用的语言。应用程序通过 ODBC 定义的接口与驱动程序管理器通信，驱动程序管理器选择相应的驱动程序与指定的数据库进行通信。只要系统中有相应的 ODBC 驱动程序，任何程序都可以通过 ODBC 操纵驱动程序的数据库。

可以对多种数据库安装 ODBC 驱动程序，用来连接数据库并访问它们的数据。ODBC 数据源是整个 ODBC 设计的一个重要组成部分，该部分含有允许 ODBC 驱动程序管理器及驱动程序链接到指定信息库的信息，其中包括该数据库的类型及位置、缓冲区大小、登录名及口令、超时值以及用于控制链接操作的其他标志。

ADO 是在 Microsoft 的 OLE DB（数据库应用开发接口）技术基础上实现的，这些技术都基于 ODBC 驱动程序。随着 OLE DB 版本的升级，它将具备支持指定数据库（如 SQL Server）的专用接口的能力，这样，不需要通过 ODBC 驱动程序即可直接访问数据库。

每个 ODBC 数据源都被指定一个名字，即 DSN（Data Source Name）。ODBC 数据源分为机器数据源和文件数据源两种。

☑ 机器数据源把信息存储在登录信息中，因而只能被该计算机访问。机器数据源包括系统数据源和用户数据源。本地计算机的所有用户都是可见系统数据源的，而用户数据源是针对某个用户的，只对当前用户可见。

☑ 文件数据源把信息存储在后缀名为.dsn 的文件中，如果文件放在网络共享的驱动器中，就可以被所有安装了相同驱动程序的用户共享。

DSN（数据源名称）表示将应用程序和某个数据库建立连接的信息集合。ODBC 数据源管理器就是利用该信息来创建管理指向的数据库连接。通常 DSN 可以保存在文件或注册表中。建立 ODBC 连接，实际就是创建同数据源的连接，也就是创建 DSN。一旦建立了一个数据库的 ODBC 连接，那么同该数据库的连接信息将被保存在 DSN 中，程序的运行必须通过 DSN 来进行。

DSN 主要包含下列信息。

☑ 数据库名称：在 ODBC 数据源管理器中，DSN 的名称不能出现重名。

☑ 驱动信息：关于数据库驱动程序的信息。

☑ 数据库的存放位置：对于文件型的数据库（如 Access）来说，数据库的存放位置是数据库文件的路径，但对于非文件型的数据库（SQL Server）来说，数据库的存放位置即为服务器的名称。

14.3.2　实战演练：启动 ODBC 连接服务

在动态网页中使用 ADO 对象来操作数据库，应先创建一个指向该数据库的连接。在 Windows 系统中，ODBC 的连接主要是通过 ODBC 数据库资源管理器来完成。

【操作步骤】

第 1 步，在本地计算机 Windows 系统中打开“控制面板”窗口，选择并打开“管理工具”窗口，在其中双击“数据源（ODBC）”图标，打开“ODBC 数据源管理程序”对话框。

第 2 步，在“ODBC 数据源管理程序”对话框中切换到“系统 DSN”选项卡，在该选项卡的列表框中显示当前计算机中所有已定义的系统 DSN。列表框的左侧显示 DSN 的名称，右侧显示该 DSN 所使用的驱动程序信息。

第 3 步，单击对话框右侧的“添加”按钮可以在当前计算机系统内增加一个新的 DSN；在列表框中选中一个 DSN，然后单击“配置”按钮可以打开相应的对话框（不同驱动程序所显示的配置对话框不同）对该 DSN 进行重新设置；在列表框中选中一个 DSN，然后单击“删除”按钮可以在当前计算机系统内删除被选中的 DSN。

第 4 步，在“ODBC 数据源管理程序”对话框中单击“添加”按钮，打开“创建新数据源”对话框，从该对话框的驱动程序列表框中选择数据源相对应的驱动程序。

☑ 如果预定义一个 Access 数据库类型的 DSN，则应该在驱动程序列表框中选择 Microsoft

Access Driver (*.mdb, *.accdb)选项。

☑ 如果定义一个 SQL Server 数据库类型的 DSN，则应该在驱动程序列表框中选择 SQL Server 选项。

☑ 如果在驱动程序列表框中没有发现数据源相对应的驱动程序，需要在本地计算机系统内安装并注册相应的驱动程序。

Note

第 5 步，当定义 Access 数据库类型的 DSN 时，从“创建新数据源”对话框的驱动程序列表框中选择数据源相对应的驱动程序，如图 14.20 所示，然后单击“完成”按钮，打开“ODBC Microsoft Access 安装”对话框，如图 14.21 所示。

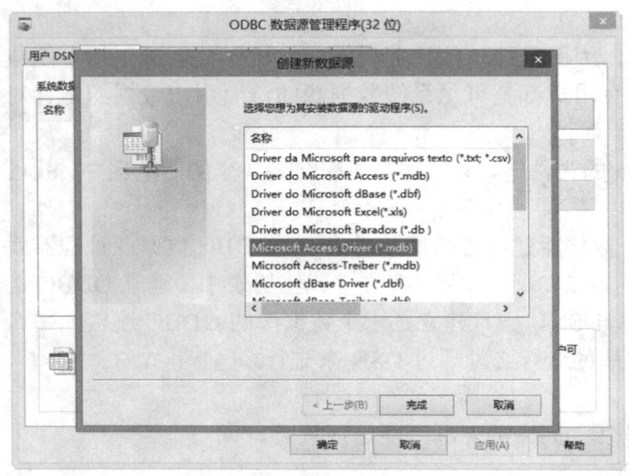

图 14.20 “创建新数据源”对话框

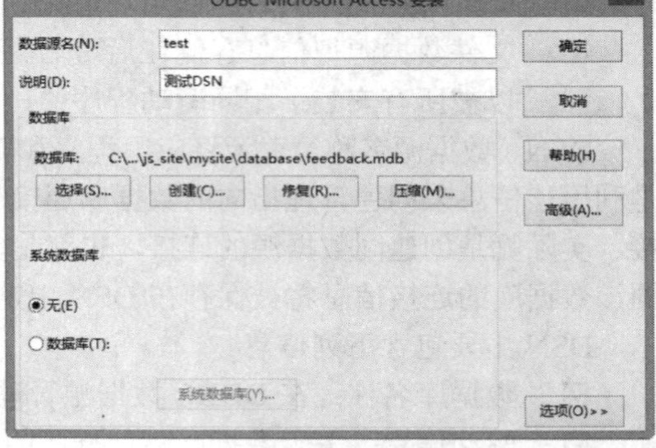

图 14.21 “ODBC Microsoft Access 安装”对话框

第 6 步，在“ODBC Microsoft Access 安装”对话框的“数据源名”文本框中输入 DSN 的名称；在“说明”文本框中输入该 DSN 的说明字符，单击“选择”按钮将会打开“选择数据库”对话框，从中选择需要连接的数据源；单击“创建”按钮可以在打开的“新建数据库”对话框中新建一个数据库；单击“修复”按钮会打开“修复数据库”对话框，修改连接数据的名称和路径；单击“高级”按钮可以在打开的对话框中设置访问数据库的权限信息（即用户登录名和密码）；单击“选项”按钮可以展开“驱动程序”设置区域，用来设置驱动程序执行连接操作的属性。默认情况下，只需要设置 DSN 的名称和数据库的路径信息即可，其他选项由系统进行最优化设置。

第 7 步，完成“ODBC Microsoft Access 安装”对话框的设置，单击“确定”按钮返回到“ODBC 数据源管理程序”对话框，此时会发现在系统 DSN 列表框中显示刚定义的 DSN。

第 8 步，单击“确定”按钮完成在本地计算机系统中定义一个新的 Access 数据库类型的 DSN。返回到 Dreamweaver 中，在“数据源名称（DSN）”对话框的“数据源名称（DSN）”下拉列表框中会自动显示新定义的 DSN。如果没有显示，可以再次单击“定义”按钮，在“ODBC 数据源管理程序”对话框中选中新定义的 DSN，然后单击“确定”按钮返回。

14.3.3 实战演练：定义 DSN 连接

【操作步骤】

第 1 步，在 Dreamweaver 中，选择“窗口”|“数据库”命令，打开“数据库”面板，然后单击⊞按钮，弹出下拉菜单，从中选择连接定义的方式。

提示：在建立数据库连接之前，应该先建立一个拥有动态服务器技术的站点，并打开站点内要运用数据库的网页文件，否则⊞按钮显示无效，如图 14.22 所示。

可按照列表框中提示的步骤新建站点，设置服务器文档类型，即该文档使用什么服务器技术和脚本语言支持。同时还要设置测试服务器。当“数据库”面板中各项列表条件前边显示一个对号✔，说明可以建立数据库连接，⊞按钮显示有效，如图 14.23 所示。

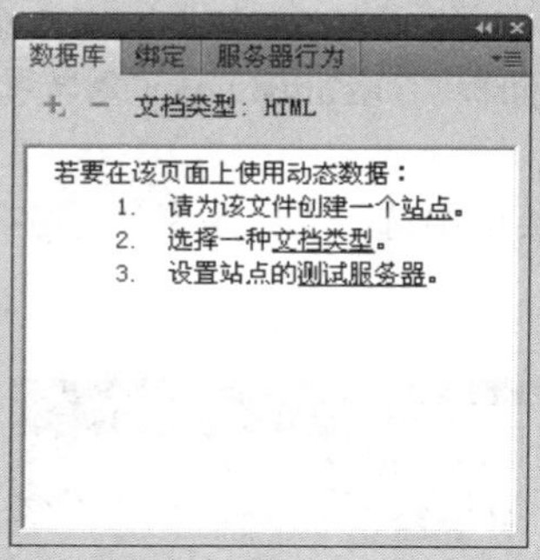

图 14.22　无效状态

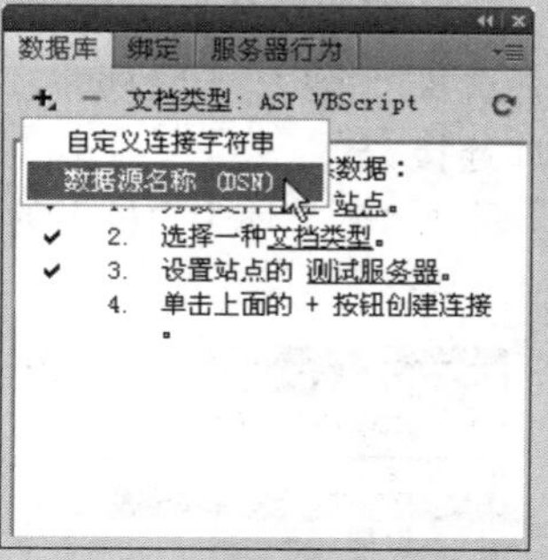

图 14.23　选择连接定义的方式

建立连接时必须选择一种合适的连接类型，如 ADO、ODBC 或 ColdFusion 等。如果 Web 服务器和 Dreamweaver 都运行在同一个 Windows 系统上，也就是说用户的服务器和 Dreamweaver 都工作在同一台计算机中，那么就可以使用系统 DSN 来创建数据库连接（DSN 是指向系统内数据库的一个快捷方式），否则就应该使用自定义连接字符串（Connection string）建立一个连接。

第 2 步，在下拉菜单中选择“数据源名称（DSN）”命令，打开“数据源名称（DSN）”对话框，如图 14.24 所示。

第 3 步，在“连接名称”文本框中输入一个字符串作为连接名，添加 corn 前缀是一个很好的习惯，主要是为了和代码中的其他对象名称区分开来，这也是命名规范，遵守这个规范能使程序更容易读懂。

第 4 步，在“数据源名称（DSN）”下拉列表框中选择所需的 DSN，如果没有定义 DSN，用户可以单击后面的“定义”按钮，会打开“ODBC 数据源管理器”对话框，这时可以模仿 14.3.2 节介绍的方法定义一个 DSN。其余项目保持默认值即可。如果设置了数据库的用户名和密码，还需要设置“用户名”和“密码”文本框。

第 5 步，单击“测试”按钮，稍等一会儿，如果看到如图 14.25 所示的对话框，说明已经成功地建立了与数据库的连接。单击“确定”按钮关闭“数据源名称（DSN）”对话框，此时新建的连接出现在“数据库”面板中，如图 14.26 所示。

图 14.24　“数据源名称（DSN）”对话框

图 14.25　提示对话框

14.3.4 实战演练：定义字符串连接

使用自定义连接字符串创建数据库连接，可以保证用户在本地计算机中定义的数据库连接上传到服务器上后依然可以继续使用，具有更大的灵活性和实用性，因此被更多用户选用。

【操作步骤】

第 1 步，将数据库文件上传到远程服务器，记下它的虚拟路径，例如，/Database/feedback.mdb。

第 2 步，选择“窗口”|“数据库”命令，打开“数据库”面板。Dreamweaver 会显示站点内定义的所有数据库连接。

第 3 步，单击“数据库”面板上的⊞按钮，从弹出的下拉菜单中选择“自定义连接字符串”命令，如图 14.27 所示。

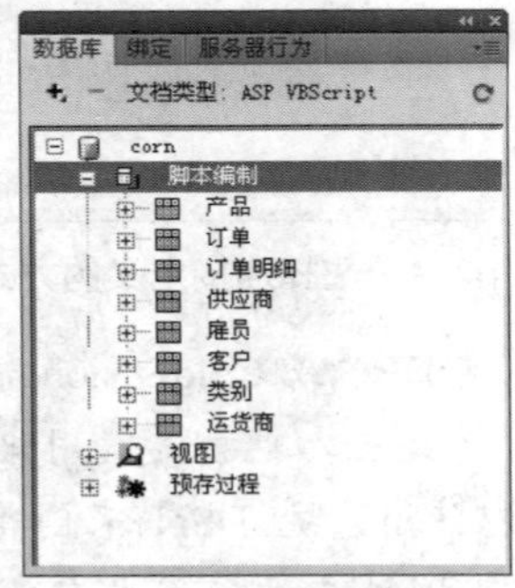

图 14.26 “数据库”面板

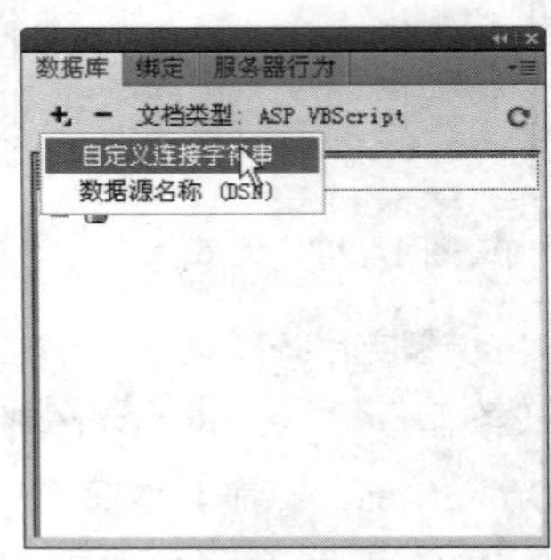

图 14.27 选择“自定义连接字符串”命令

第 4 步，打开“自定义连接字符串”对话框，如图 14.28 所示。在“连接名称”文本框中输入数据库连接的名称，如 conn。

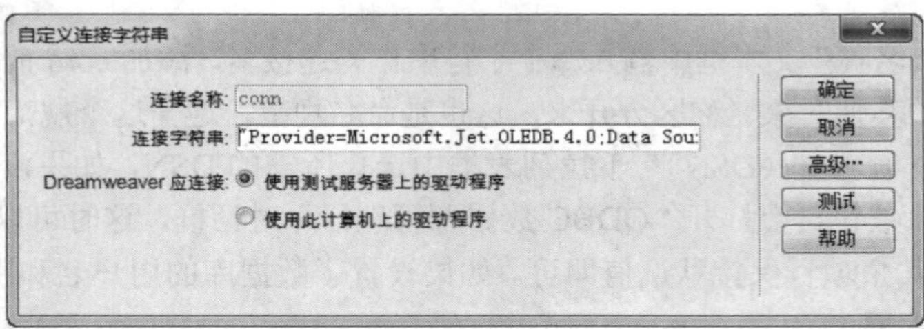

图 14.28 “自定义连接字符串”对话框

第 5 步，在“连接字符串”文本框中输入连接字符串，由于在本地计算机中无法确定站点在服务器上的物理路径，而服务器连接到数据库时需要程序提供系统物理路径，因此一般都使用 MapPath() 函数来获取数据库的准确物理路径。如果 Microsoft Access 数据库的虚拟路径为/data/feedback.mdb。用 VBScript 作为脚本撰写语言，连接字符串可表示如下。

```
"Driver={Microsoft Access Driver(*.mdb)};DBQ="&Server.MapPath("Database/feedback.mdb")
```

或者

```
"Provider=Microsoft.Jet.OLEDB.4.0;Data Source="&Server.MapPath("Database/feedback.mdb ")
```

如果要连接到 Access 2007 以及以上版本数据库，则自定义连接字符串为：

```
"Provider=Microsoft.ACE.OLEDB.14.0;Data Source="&Server.MapPath("罗斯文_2007.accdb ")
```

提示：Server.MapPath(path)方法是 ASP 中 Server 对象的一个方法，该方法能够返回与 Web 服务器上的指定文件的虚拟路径相对应的物理路径。例如，Server.MapPath("/")可以返回应用程序根目录所在的位置，如 C:\Inetpub\wwwroot\；Server.MapPath("./")可以返回所在页面的当前目录，与 Server.MapPath("") 相同都可以返回所在页面的物理文件路径，Server.MapPath("../")表示上一级目录，Server.MapPath("~/")表示当前应用级程序的目录，如果是根目录，就是根目录所在的位置，如果是虚拟目录，就是虚拟目录所在的位置，如 C:\Inetpub\wwwroot\mysite\。

第 6 步，选中"使用测试服务器上的驱动程序"单选按钮，单击"测试"按钮，Dreamweaver 尝试连接到数据库。如果连接失败，请复查连接字符串；如果连接成功，则会显示连接成功的提示对话框。

提示：如果连接仍然失败，请与用户的 ISP 联系，确保远程服务器上已经安装用户在连接字符串中指定的数据库驱动程序，另外还需要检查 ISP 是否具有驱动程序的最新版本，例如，在 Microsoft Access 2002 中创建的数据库将无法与 Microsoft Access Driver 3.5 一起工作，需要使用 IE4.0 以上版本。

初次使用自定义字符串连接数据库时，Dreamweaver 会提示如图 14.29 所示的错误信息，这是因为 Dreamweaver 在建立数据库连接时，会在站点根目录下自动生成_mmServerScripts 目录，该目录下有 3 个文件——adojavas.inc、MMHTTPDB.asp 和 MMHTTPDB.js，这些文件主要用来调试程序，但是如果用自定义连接字符串连接数据库时，使用上面方法，系统会提示在_mmServerScripts 目录下找不到数据库。对于这个问题，目前还没有很好的解决方法，不过用户可以把数据库按照已存在的相对路径复制一份放在_mmServerScripts 目录下，这样就可以测试连接成功了，等到程序开发完成后再把_mmServerScripts 目录下的数据库删除即可。

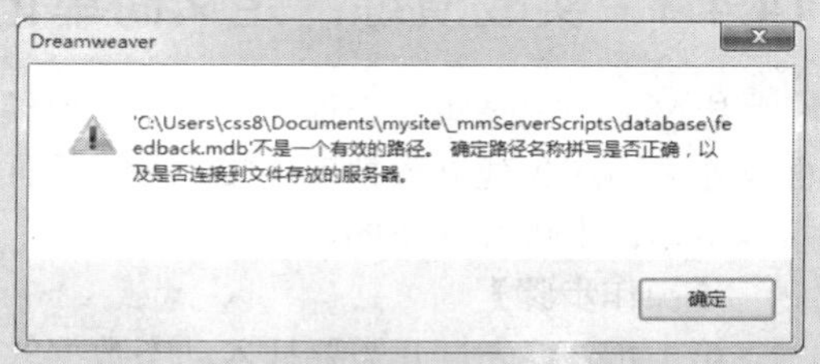

图 14.29　提示错误信息

此外，Dreamweaver 和 Windows XP SP2 操作系统存在兼容问题，可能会影响用户的数据库连接，具体信息可以参阅 http://www.adobe.com/cn/support/dreamweaver/ts/documents/dw_xp_sp2.htm#aspnet_db。

第 7 步，使用 Dreamweaver 可视化工具建立的数据库连接，系统会自动在站点根目录下生成一个 Connections 目录，在该目录中存放着用户定义的数据库连接文件，数据库连接文件的名称就是数据库连接时定义的名称，例如，conn.asp，打开该文件可以看到数据库连接代码：

```
<%
' FileName="Connection_ado_conn_string.htm"
' Type="ADO"
' DesigntimeType="ADO"
' HTTP="true"
' Catalog=""
' Schema=""
Dim MM_conn_STRING
MM_conn_STRING = "Provider=Microsoft.Jet.OLEDB.4.0;Data Source="&Server.MapPath("Database /Feedback.mdb")
%>
```

如果是连接到 Access 2007 数据库，最后一行代码为：

```
MM_conn2007_STRING = "Provider=Microsoft.ACE.OLEDB.14.0;Data Source="&Server.MapPath("Database/罗斯文_2007.accdb")
```

Note

通过源代码，会发现数据库连接其实非常简单，为数据库连接变量提供数据库驱动程序和数据库路径即可，因此读者完全可以在此基础上进行修改，以实现更灵活的数据库连接操作。

14.4 定义记录集

记录集（Recordset）是通过查询操作从数据库中提取的一个数据子集，也就是一个临时的数据表，保存在服务器所在计算机的内存中。查询结果可以包括数据库中一个数据表，或者多个数据表，以及表中部分数据，例如，仅查询数据表中某些字段，或者不包括某些记录。记录集也可以包含数据表中所有记录和字段。

14.4.1 实战演练：定义简单记录集

定义简单记录集（查询）一般不需要编写 SQL 语句，只需要用简单操作可视化即可。在执行下面操作之前应先建立数据库连接，否则后面将无法继续学习，下面的操作都是在前面讲解的数据库连接示例基础上进行介绍的。

【操作步骤】

第 1 步，首先打开需要插入动态数据的页面，该页面必须是已经指定了某种服务器技术，并且页面所在站点已经建立了数据库连接，即在“数据库”面板中可以看见已经建立好的数据库连接名称。

第 2 步，选择“窗口”|“绑定”命令，打开“绑定”面板。单击该面板下的⊞按钮，在弹出的下拉菜单中选择“记录集（查询）”命令，如图 14.30 所示。

第 3 步，打开“记录集”对话框，如图 14.31 所示。如果在“记录集”对话框的右边有一个“简单”按钮，那么当前“记录集”对话框处在高级状态，单击“简单”按钮切换到简单状态的“记录集”对话框。

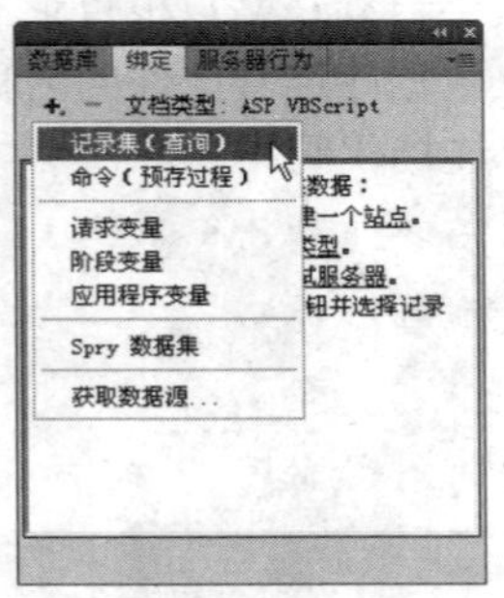

图 14.30　选择“记录集（查询）”命令

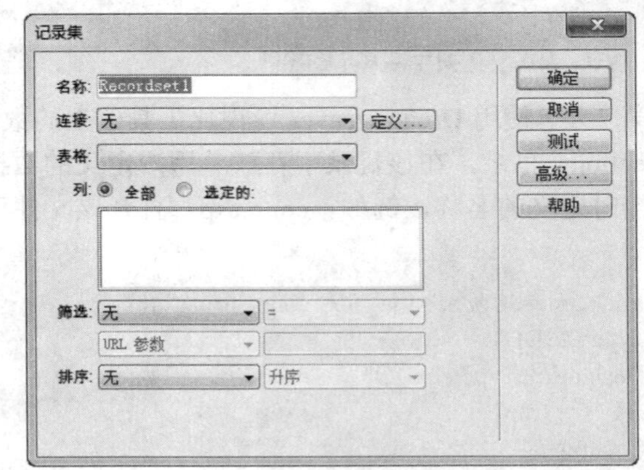

图 14.31　“记录集”对话框

“记录集”对话框中的各个选项具体说明如下。

☑ “名称”文本框：输入记录集（查询）的名称。对于记录集（查询）的名称，一般约定名

称前面加前缀 rs，以便与其他对象名称区别开来。记录集（查询）的名称不能使用空格或者特殊字符。

☑ “连接”下拉列表框：设置指定一个已经建立好的数据库连接名称。如果在下拉列表框中没有出现可用的连接，说明还没有建立。可以单击“定义”按钮重复前面章节介绍的方法建立一个新的连接。实际上如果用户没有定义连接，“绑定”面板中的⊞按钮会处于无效状态。

☑ “表格”下拉列表框：选择所需要的表格。该下拉列表框已显示建立连接的数据库中的所有表。该表列出的是选择的数据库连接中的表。如果用户在设计和运行时指定了不同的数据库连接，那么这时显示的就是在设计时的数据库中的表。

☑ “列”选项：如果用户要使用表中的所有字段作为一个记录集（查询），可以选中“全部”单选按钮，否则选中“选定的”单选按钮，然后在下面的列表框中选择所需要的字段。在窗口中，如果选中多个不连续的字段，则需要按住 Ctrl 键然后进行选择；如果选中多个连续字段，则先选中第一个字段，再按下 Shift 键，单击最后一个字段即可。

☑ “筛选”选项：用于设置所需字段筛选。如果仅包括表中的部分记录，可完成如下筛选设置。只有符合过滤条件的指定的记录值才会出现在记录集中。

➢ 从第 1 个下拉列表框中，在字段列表中选择用于过滤记录的条件字段。

➢ 从第 2 个下拉列表框中选择一个条件表达式符号。用来使每条记录的值与后边指定的值进行比较。

➢ 从第 3 个下拉列表框中选择一个参数类型，可以是 URL 参数、窗体变量、Cookie、会话变量、应用程序变量或者输入的值。关于这些名词的详细解释将在后面介绍。

➢ 在第 4 个文本框中输入值。

☑ “排序”选项：如果想要设置记录的显示顺序，可以在该选项第一个下拉列表框中选择按哪个字段排序，并设置是升序或者降序。

第 4 步，按照如图 14.32 所示设置“记录集”对话框，然后单击“测试”按钮测试记录集定义是否正确，如果定义正确则会显示如图 14.33 所示的记录集。

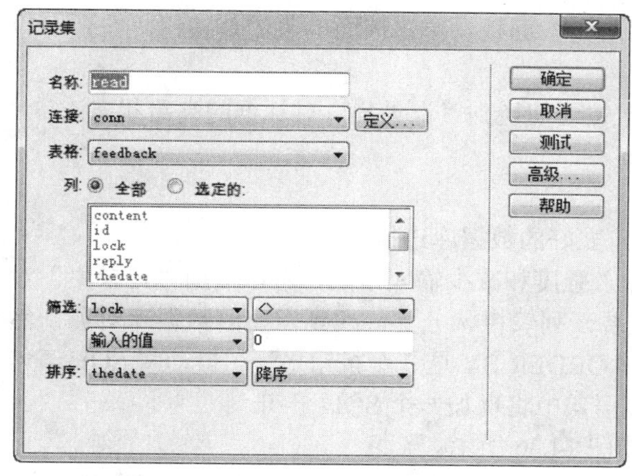

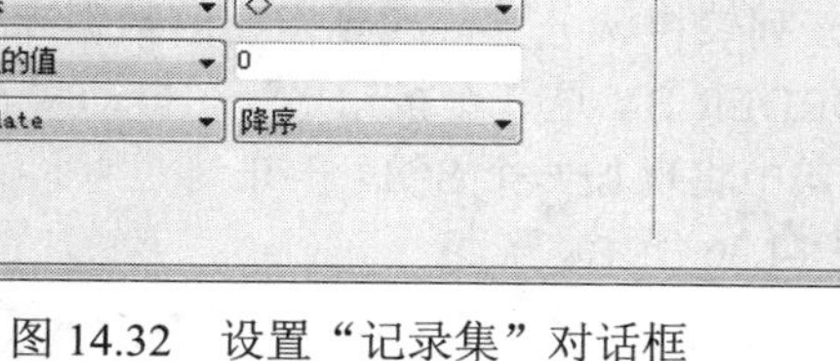

图 14.32　设置“记录集”对话框

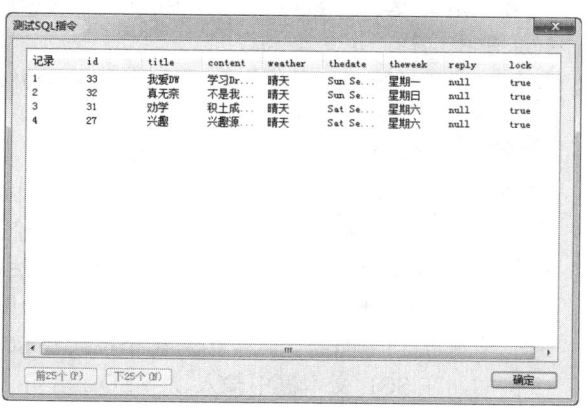

图 14.33　显示定义的记录集

第 5 步，单击“确定”按钮。Dreamweaver 就会把记录集增加到“绑定”面板的可用数据源列表中。单击记录集最左边的加号可以展开记录集，查看定义的字段，如图 14.34 所示，这时就可以使用其中的任何字段作为网页的动态数据源了。

Note

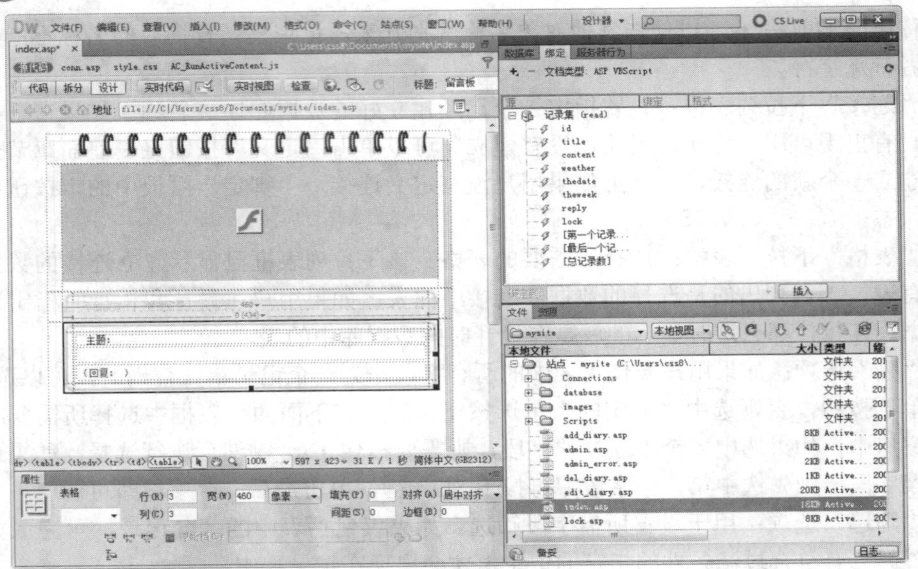

图 14.34 “绑定”面板中的记录集

14.4.2 实战演练：定义高级记录集

在“记录集”对话框中单击“高级”按钮可以切换到“记录集”对话框的高级状态，如图 14.35 所示。在高级“记录集”对话框中定义记录集，需要编写 SQL 语句，因此要求用户了解 SQL 查询语言，对于初级用户而言难度可能大些，但使用高级“记录集”对话框可以定义一些复杂的查询条件，定义记录集也比较灵活。

【操作步骤】

第 1 步，首先打开需要插入动态数据的页面，该页面必须已经指定了某种服务器技术，并且该页面所在站点已经建立了数据库连接。

第 2 步，选择“窗口”|“绑定”命令，打开“绑定”面板，单击该面板下的⊞按钮，在弹出的下拉菜单中选择“记录集（查询）”命令。

第 3 步，打开“记录集”对话框，单击“高级”按钮切换到“记录集”对话框的高级状态。

该对话框中的各个选项具体说明如下。

☑ “名称”文本框：输入记录集的名称。

☑ “连接”下拉列表框：设置指定一个已经建立好的数据库连接。

☑ SQL 文本框：输入 SQL 语句。为了降低输入强度和减少输入错误，可以借用“记录集”对话框底部的“数据库项”列表框。方法是展开列表树状分支，找到需要的数据库对象，然后单击对话框右边的 SELECT、WHERE 和 ORDER BY 这 3 个按钮之一，自动将 SQL 语句添加到上面的文本框中。每个按钮在 SQL 语句中将增加一个 SQL 子句。

例如，在 SQL 文本框中输入以下 SQL 语句，如图 14.36 所示。

```
SELECT *
FROM feedback
WHERE [lock] <> MMColParam
ORDER BY thedate DESC;
```

● “变量”列表框：如果在 SQL 语句中使用了变量，单击“变量”列表框上面的⊞按钮，在

列表框中输入变量的名称、默认值（没有运行值返回时变量应取的值）和运行值（通常由服务器对象获取浏览器发送过来的值，如使用 ASP 的 Response 对象获取）。

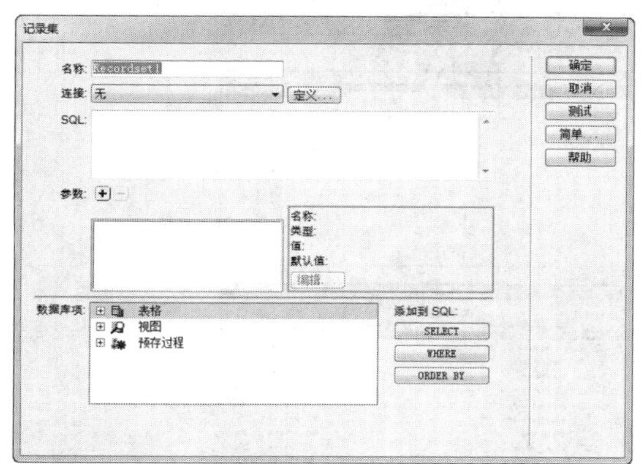

图 14.35　“记录集”对话框高级状态

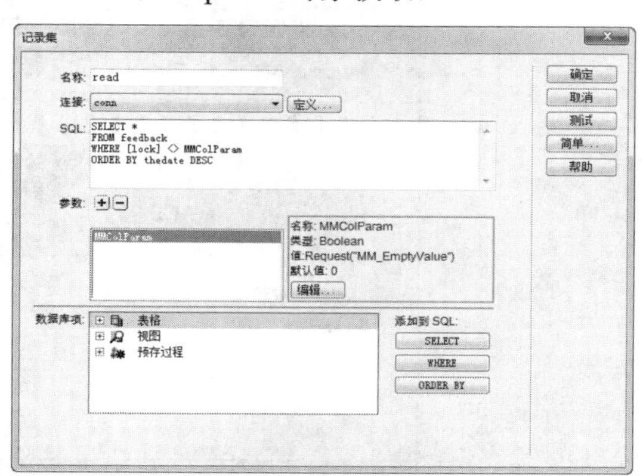

图 14.36　自动输入 SQL 子句

第 4 步，按照如图 14.36 所示输入 SQL 语句，单击“测试”按钮，测试高级记录集（查询）的查询结果，如图 14.37 所示。

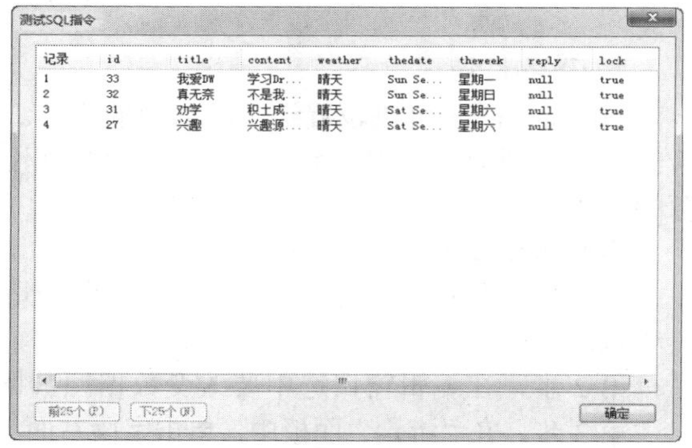

图 14.37　用高级对话框查询的一个记录集

14.4.3　操作记录集

对已经建立好的数据源，可以进行编辑、删除和复制等操作。

1. 编辑数据源

【操作步骤】

第 1 步，选择“服务器行为”面板，双击要编辑的记录集名称。

第 2 步，在打开的“记录集”对话框中修改记录集设置，然后单击“确定”按钮即可。

第 3 步，可以使用“属性”面板来编辑记录集。打开“属性”面板，选择“服务器行为”面板中的记录集，然后在“属性”面板中进行编辑即可。

第 4 步，其他对象的编辑方式与记录集操作相同。

2. 复制记录集

记录集是依附于某个页面的。在一个页面中可以定义一个记录集，也可以定义多个记录集，但不能定义一个属于多个页面的记录集。如果多个页面都使了相同的记录集，则可以复制记录集。

【操作步骤】

第 1 步，在“服务器行为”面板中选择记录集。

第 2 步，单击面板右上角的菜单按钮，从弹出的菜单中选择“拷贝”命令。也可以右击记录集名称，在弹出的快捷菜单中选择“拷贝”命令，如图 14.38 所示。

第 3 步，打开另一页，单击右上角的菜单按钮，然后从弹出的菜单中选择“粘贴”命令，这样就可以把另外一个网页中的记录集复制过来。

3. 删除数据源

在“服务器行为”面板中选择数据源，单击“绑定”面板或“服务器行为”面板上的⊟按钮，即

Note

可删除选中的数据源。也可以使用菜单中的“剪切”命令删除数据源。

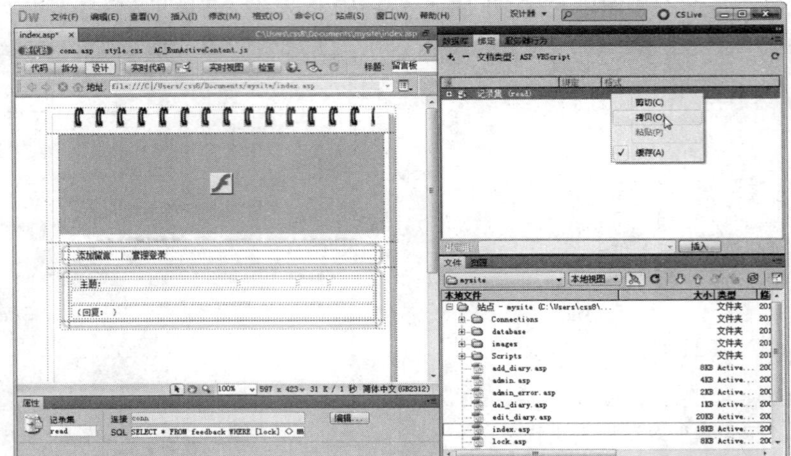

图 14.38　复制记录集

4. 设置数据源格式

Dreamweaver 可以设置绑定数据源的格式。这些格式一般只是对动态内容进行了转换，并把转换后结果返回到浏览器中，而数据库中的数据并没有改变。只要数据绑定在了页面上，就可以设置数据源的数据格式。

【操作步骤】

第 1 步，由于只有插入到页面上的字段变量才可以进行数据源的数据格式设置，首先需要插入字段变量。

第 2 步，在编辑窗口选中要改变数据源数据格式的字段变量。

第 3 步，在“绑定”面板中，单击字段右面的小三角按钮，打开数据源格式下拉菜单，如图 14.39 所示。

图 14.39　数据源格式下拉菜单

第 4 步，从下拉菜单中选择适当的选项格式即可完成对绑定数据格式的设置。

下拉菜单中各命令说明如下。

☑ 日期/时间：设置的日期和时间格式，其中的“常规格式”、“长日期格式”和“短日期格式”显示方式与服务器上运行 Windows NT 本身设置相关。

☑ 货币：选择货币格式。

- ➢ 默认值：选择该命令，将采用 Windows 的“区域设置属性”对话框的“货币”选项卡中的设置。
- ➢ 2 个小数位：选择该命令，则以 2 位十进制小数的方式显示货币。
- ➢ 舍入为整数：选择该命令，则将数值的货币值四舍五入。这种取整并不影响数据库中的真实数据，仅仅是显示发生了变化而已。
- ➢ 若为分数则有前导 0：选择该命令，如果数值小于 1，则在小数点显示前置 0。
- ➢ 若为分数则无前导 0：选择该命令，如果数值小于 1，则不在小数点显示前置 0。
- ➢ 若为负数则使用 0：选择该命令，如果货币值为负，则将数值放在圆括号内。
- ➢ 若为负数则使用减号：选择该命令，如果货币值为负，则将在数值前添加负号。
- ➢ 将位分组：选择该命令，则采用分隔符分隔数字。默认使用逗号形式的千位分隔符。
- ➢ 不将位分组：选择该命令，则不采用分隔符分隔数字。

☑ 数字：选择设置数字格式。

- ➢ 默认值：十进制实数，取 2 位有效数字。
- ➢ 2 个小数位：十进制实数，取 2 位有效数字。
- ➢ 舍入为整数：四舍五入取整。
- ➢ 若为分数则有前导 0：选择该命令，如果数值小于 1，则在小数点前置 0。
- ➢ 若为分数则无前导 0：选择该命令，如果数值小于 1，则不在小数点前置 0。
- ➢ 若为负数则使用 0：选择该命令，如果数值为负，则将数值放在圆括号内。
- ➢ 若为负数则使用减号：选择该命令，如果数值为负，则将在数值前添加负号。
- ➢ 将位分组：选择该命令，则采用分隔符分隔数字。默认使用逗号形式的千位分隔符。
- ➢ 不将位分组：选择该命令，则不采用分隔符分隔数字。

☑ 百分比：选择设置百分比格式。

☑ AlphaCase：设置字母大小写格式。

☑ 大写：如果选择该命令，则将动态内容的所有字母转换为大写。

☑ 小写：如果选择该命令，则将动态内容的所有字母转换为小写。

☑ 修整：返回头、尾或两侧都没有空白的字符串。

☑ 绝对值：选择该命令，可以获取动态内容对应的绝对值。

☑ 舍入整数：选择该命令，可以为动态内容进行四舍五入取整。

☑ 编码-Server.HTMLEncode：选择该命令，则为动态内容进行 HTML 编码。

☑ 编码-Server.URLEncode：选择该命令，则为动态内容进行 URL 编码。

☑ 路径-Server.MapPath：选择该命令，则获取动态内容对应的绝对路径。

☑ 编辑格式列表：Dreamweaver 允许用户自行定制对动态内容进行数字、货币和分比类型格式化的方式。选择“编辑格式列表”选项，可以打开“编辑格式列表”对话框进行格式定制，如图 14.40 所示。

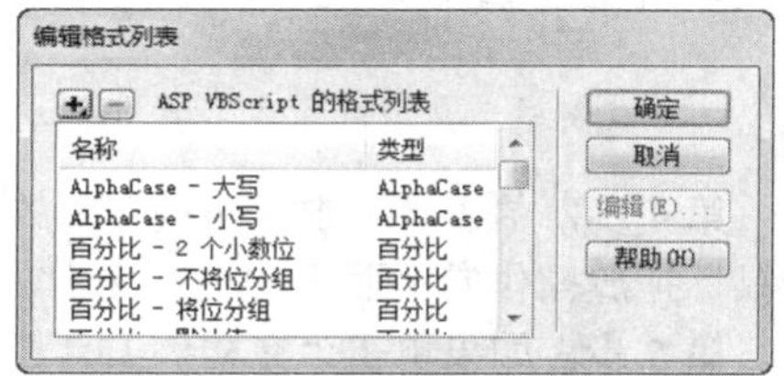

图 14.40　“编辑格式列表”对话框

14.5 案例实战：在网页中显示动态数据

Note

在 Dreamweaver 中制作动态网页的第 2 步就是把定义好的数据源绑定到页面上。绑定位置可以是页面的任何位置，也可以为元素的属性绑定记录集，实现动态控制和显示。用户可以利用“绑定”面板快速绑定记录集。

14.5.1 插入动态文本

动态文本就是在段落文本中动态显示的数据。可以将网页中现有的文本替换为动态文本，也可把动态文本插入网页内某一位置，动态文本将沿用已存在的文本或插入点的格式。

例如，如果选择的文本被定义 CSS 样式，替换它的动态内容也会根据 CSS 样式进行显示。当然，也可以使用 Dreamweaver 提供的各种格式化工具增加或者改变动态内容的文本格式。

【操作步骤】

第 1 步，首先打开要插入动态文本的页面，确保页面类型为 ASP 文件（扩展名为.asp）。

第 2 步，在绑定动态文本之前，应先搭建好服务器运行环境，并建立一个站点，然后定义站点与数据库之间的连接，再定义一个记录集。

第 3 步，在页面或者活动的数据窗口中选择网页中的文本，或者把光标置于需要增加动态文本的位置。打开“绑定”面板，在“绑定”面板中选择需要绑定的记录集字段，如图 14.41 所示。

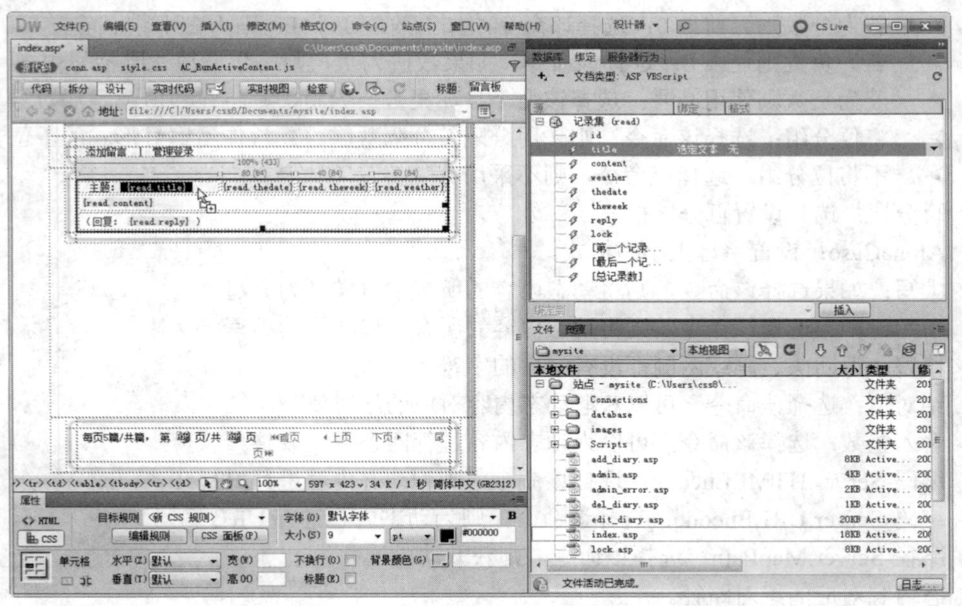

图 14.41 打开要绑定动态数据的文件

第 4 步，单击“绑定”面板底部的“插入”按钮，把选中的动态数据插入到指定的位置，也可通过鼠标拖放操作向页面添加动态文本，这时在编辑窗口中会出现占位符。

第 5 步，如果单击“文档”工具栏中的“实时视图”按钮，可以立即看到动态数据显示效果，如图 14.42 所示。也可以按 F12 键在系统默认浏览器中预览效果。

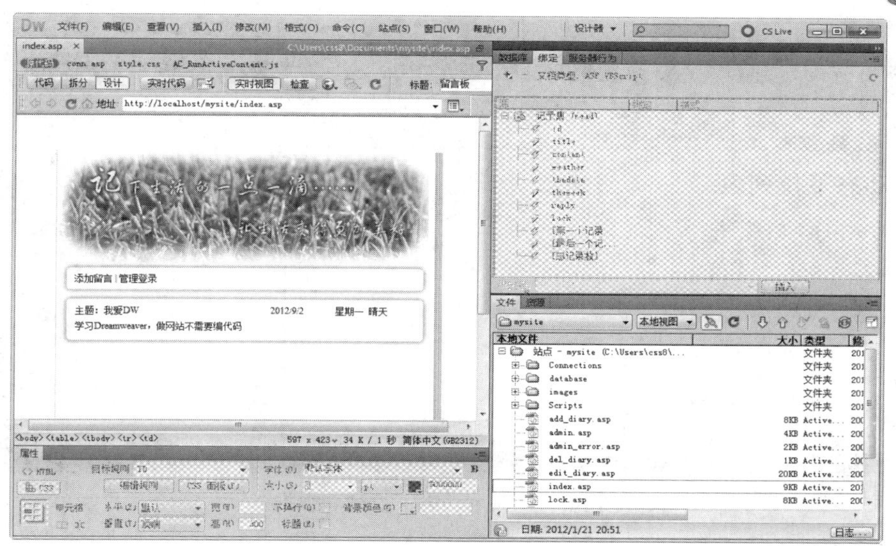

图 14.42　显示动态数据

14.5.2　设计动态下拉列表

动态下拉列表可以用来需要组织一系列的数据，而组织和管理数据之间的复杂关系正是数据库的强项。

【操作步骤】

第 1 步，首先新建动态页面，定义一个记录集，查询雇员表中所有数据，同时在页面中插入一个空的下拉列表框。

第 2 步，选中该页面内的下拉列表表单对象，选择“窗口”|“服务器行为”命令，打开“服务器行为”面板，单击“服务器行为”面板中的按钮，在打开的下拉菜单中选择“动态表单元素”|“动态列表/菜单”命令，打开“动态列表/菜单”对话框，如图 14.43 所示。

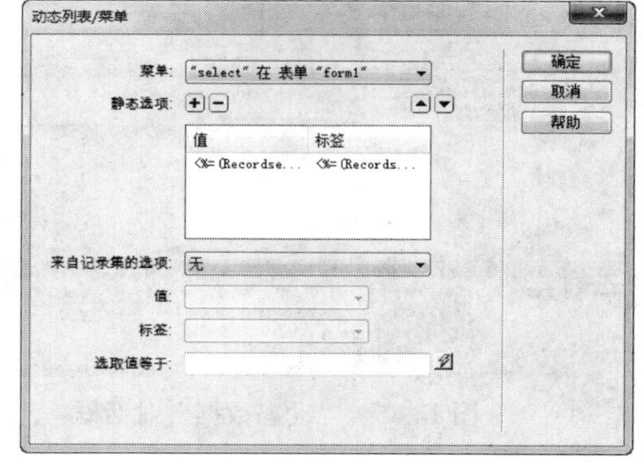

图 14.43　“动态列表/菜单”对话框

第 3 步，在“动态列表/菜单”对话框的“来自记录集的选项”下拉列表框中选择一个记录集，如果没有事先定义记录集，用户应首先定义记录集。

第 4 步，在“标签”下拉列表框中选择项目的内容，然后在“值”下拉列表框中选择要提交的内容。

第 5 步，如果想设置下拉列表框的默认显示项目，则可以在“选取值等于”文本框中输入一个静态值，或者单击按钮，在打开的“动态数据”对话框中指定一个变量。

第 6 步，设置完成后单击“确定”按钮关闭对话框并保存网页，按 F12 键在浏览器中预览效果，如图 14.44 所示。

14.5.3　设计动态文本框

动态文本框就是把记录集中的动态项目绑定到文本框中，从而实现在文本框中显示动态数据，这样可以对动态数据进行编辑，然后可以把这些数据再写入到数据库，从而实现数据更新。

Note

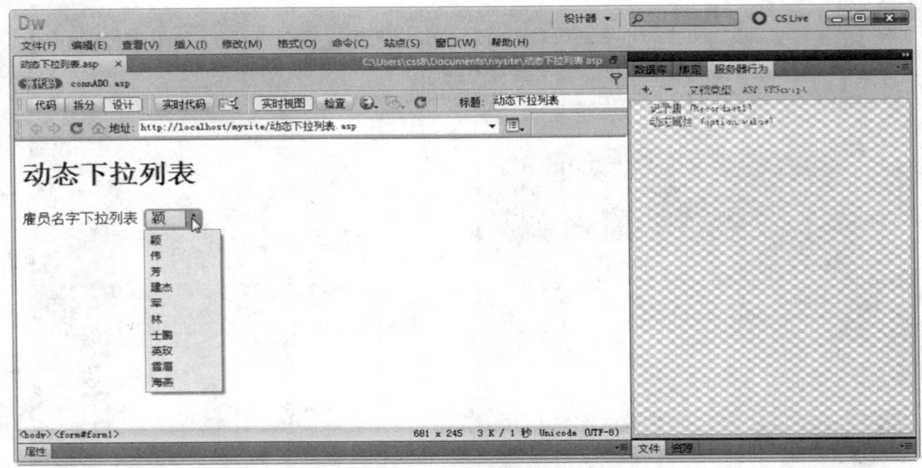

图 14.44　显示动态下拉列表数据

【操作步骤】

第 1 步，新建动态页面，定义记录集查询所有雇员信息，然后在页面中插入一个文本框，并在文本框前面插入雇员姓氏和名字字段的动态数据。

第 2 步，选中文本框，单击“属性”面板中“初始值”文本框右侧的“绑定到动态源”按钮，打开“动态数据”对话框，在该对话框中选择记录集中的“地址”字段，如图 14.45 所示。也可以在“服务器行为”面板中单击按钮，在打开的下拉菜单中选择“动态表单元素”|“动态文本字段”命令，打开“动态文本字段”对话框进行设置，如图 14.46 所示。

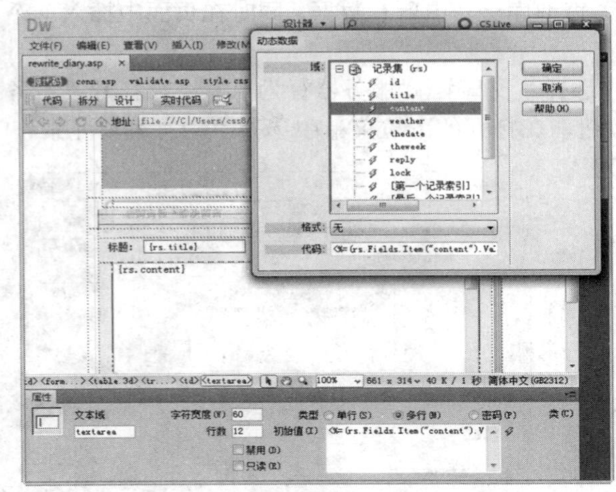

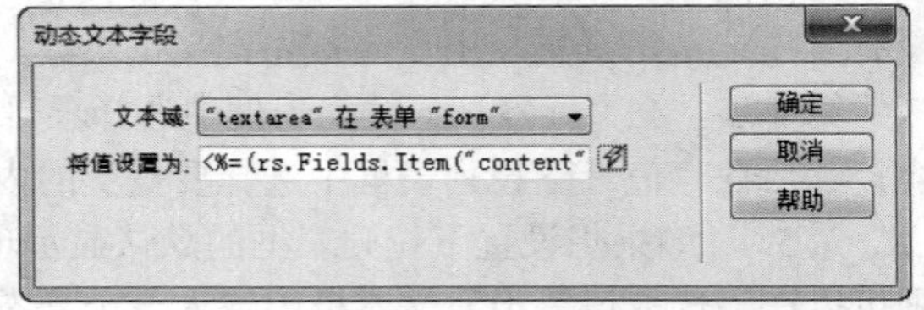

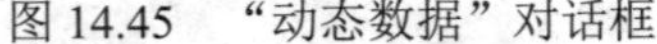

图 14.45　“动态数据”对话框　　　　图 14.46　绑定动态数据到文本框

第 3 步，在“属性”面板的“初始值”文本框中插入代码“<%=(Recordset1.Fields.Item("地址").Value)%>”，如图 14.47 所示。

图 14.47　为文本框初始值绑定数据源

第 4 步，保存文件，按 F12 键在浏览器中浏览，效果如图 14.48 所示。

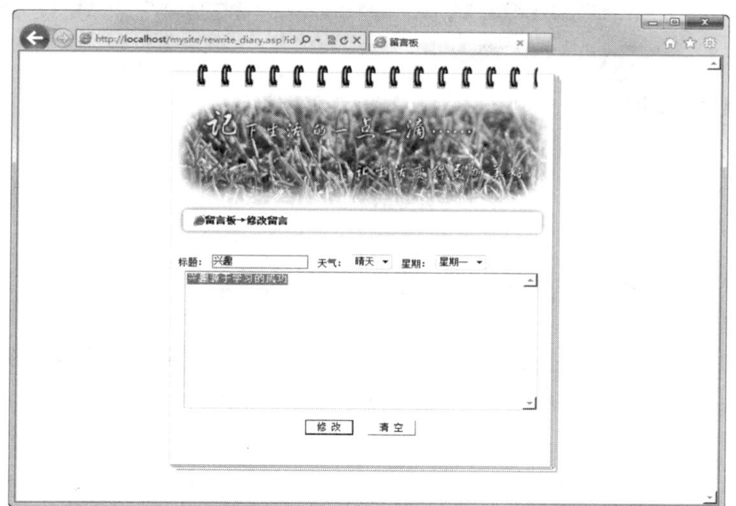

图 14.48　绑定动态数据的文本框

14.5.4　设计动态复选框

复选框可以实现多选，以获取多种准确信息。所谓动态复选框，就是把数据库中的信息绑定到复选框上，以实现信息的动态显示。

【操作步骤】

第 1 步，在页面中选中一个复选框。

第 2 步，选择“窗口”|“服务器行为”命令，打开“服务器行为”面板，单击“服务器行为”面板中的按钮，在弹出的下拉菜单中选择“动态表单元素”|“动态复选框”命令，打开“动态复选框”对话框，如图 14.49 所示。

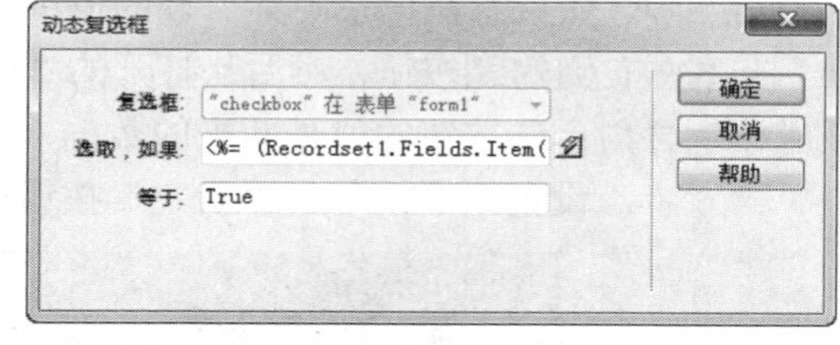

图 14.49　“动态复选框”对话框

第 3 步，当记录中的一个域等于某一个值时，如果想让复选框被选中，可单击“选取，如果”文本框右侧的按钮，然后从打开的“动态数据”对话框的数据源列表中选择一个字段或一个变量。一般来说，数据源都是布尔型的数据，例如，YES 或 NO、TRUE 或 FALSE、1 或 0 等。

第 4 步，在“等于”文本框中，输入复选框被选中时所选数据源必须具备的值，例如，想让记录中的所选数据源等于 YES，那么应在“等于”文本框中输入“YES”。

第 5 步，设置完毕，单击“确定”按钮即可。

第 6 步，当在浏览器中浏览表单时，复选框既可以被选中也可以不被选中，这取决于绑定复选框的动态数据源取值。如果用户单击表单中的“提交”按钮，这个值也将被提交至服务器，演示效果如图 14.50 所示。

14.5.5　设计动态单选按钮

动态单选按钮是指动态设置单选按钮是否被选中。

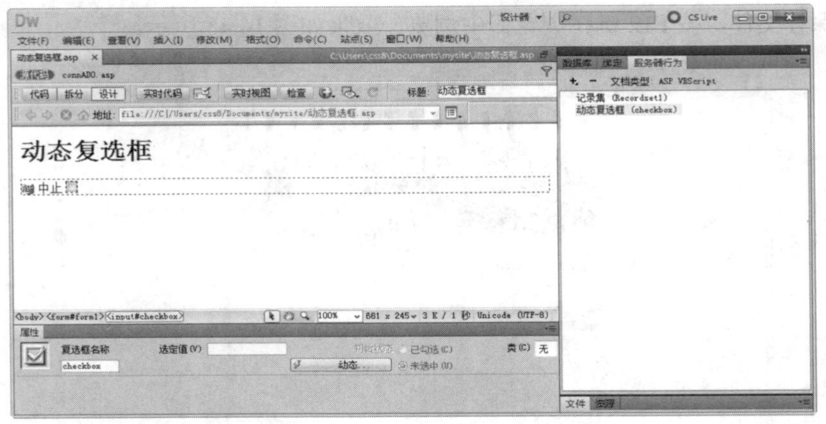

图 14.50　动态复选框的实时演示效果

【操作步骤】

第 1 步，在网页上插入一组单选按钮。如果是几个独立的单选按钮，可为几个单选按钮取相同的名称，使其成为一组。

第 2 步，选择"窗口"|"服务器行为"命令，打开"服务器行为"面板，单击"服务器行为"面板中的按钮，在打开的下拉菜单中选择"动态表单元素"|"动态单选按钮"命令，打开"动态单选按钮"对话框，如图 14.51 所示。

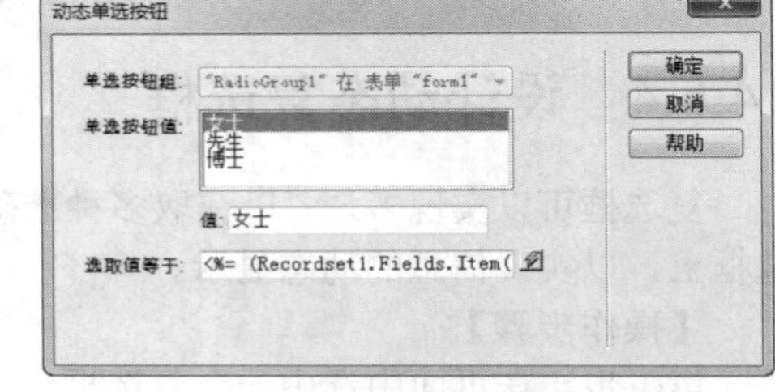

图 14.51　"动态单选按钮"对话框

第 3 步，在"单选按钮组"下拉列表框中选择网页中的一组单选按钮。

第 4 步，可以指定单选按钮组中每一个单选按钮的值。首先在"单选按钮值"列表框中选择一个单选按钮，然后在"值"文本框中输入单选按钮的值。

第 5 步，如果想在记录中某一域的值等于单选按钮的值时让单选按钮被选中，则单击"选取值等于"文本框右侧的按钮，然后从打开的"动态数据"对话框的数据源列表中选择一个域。被选中的域应该包含与单选按钮的值相匹配的数据，即包含出现在单选按钮列表中的数据。

第 6 步，设置完毕，单击"确定"按钮即可，演示效果如图 14.52 所示。

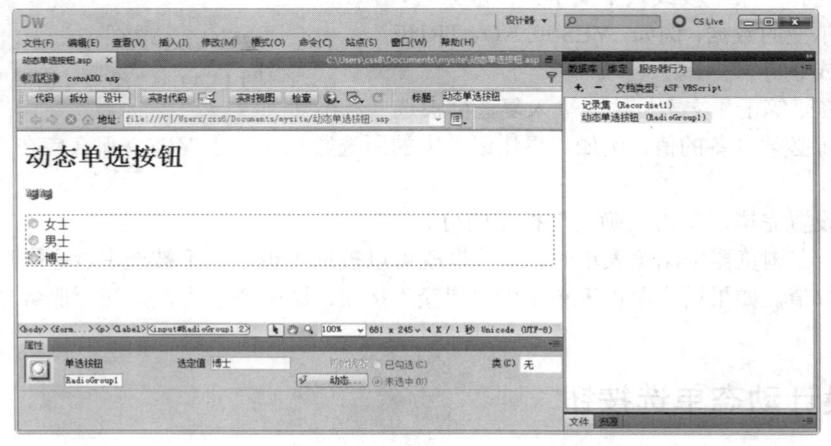

图 14.52　动态单选按钮实时演示效果

14.5.6　设计重复区域

“重复区域”服务器行为可以定义在页面中显示记录集中的多条记录。任何被选择的动态数据及各种对象都可以转变成重复的区域。最常见的区域是表格、表格行或一系列表格行。添加“重复区域”服务器行为之前，需要选中重复显示的动态数据区，然后再增加“重复区域”服务器行为。

Note

【操作步骤】

第 1 步，打开需要重复显示动态数据的页面。

第 2 步，选中要重复的数据源行，如图 14.53 所示。可以选定任意内容，包括表格、表格行甚至一段文本。若要精确选择页面上的区域，则可以使用状态栏中的标签选择器，例如，如果重复区域为表格的一行，那么在页面上的该行内单击，然后单击标签选择器最右侧的<table>标签以选择该<td>标签内的完整的表格。

第 3 步，选择“窗口”|“服务器行为”命令，打开“服务器行为”面板，单击⊞按钮，在下拉菜单中选择“重复区域”命令，打开“重复区域”对话框，如图 14.54 所示。

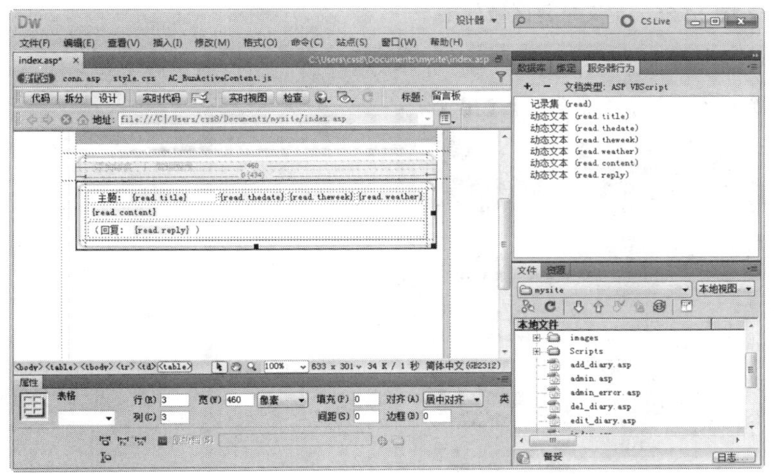

图 14.53　选中要重复的区域

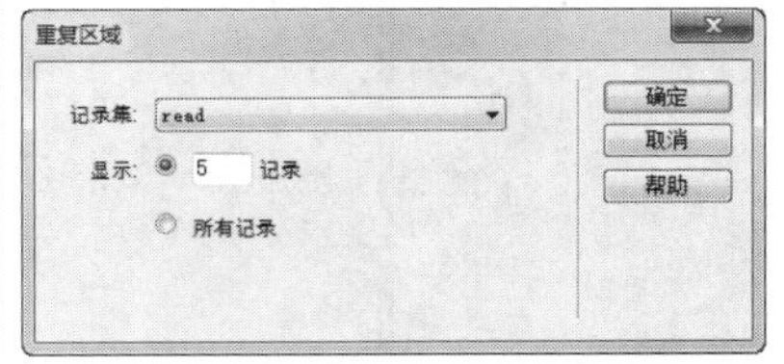

图 14.54　“重复区域”对话框

第 4 步，在“记录集”下拉列表框中选择要使用的记录集（该记录集应该与重复区域内的数据源的记录集对应）。在“显示”选项区域中设置每页要显示的记录数，在“显示”文本框中可以输入每页要显示的记录数，默认值为 10，也可以选中“所有记录”单选按钮显示全部记录。

第 5 步，单击“确定”按钮，在编辑窗口中，重复区域周围会显示灰色细轮廓，如图 14.55 所示。

第 6 步，保存页面，按 F12 键在浏览器中预览，显示效果如图 14.56 所示。

【拓展】服务器行为实质上就是一段在服务器端控制运行的脚本代码，这些代码完全可以在 HTML“代码”视图中进行编写。当插入一个服务器行为，在“代码”视图下会发现新增加的控制代码。如果熟悉 VBScript、JavaScript、Java 或 ColdFusion 脚本，使用代码进行控制会更加方便快捷，但对于初学者来说，学习使用服务器行为可以快速控制动态数据的显示。

Dreamweaver 内置了很多服务器行为，例如，重复区域、显示区域、记录集分页、转到详细页面、转到相关页面、插入记录、更新记录、删除记录和用户验证等，灵活使用这些服务器行为可以提高 Web 开发效率和增强网页功能。

在“服务器行为”面板中可以执行增加、删除、修改服务器行为等操作。

☑　增加服务器行为：单击“服务器行为”面板中的⊞按钮，在打开的下拉菜单中可以选择增

Note

加服务器行为。

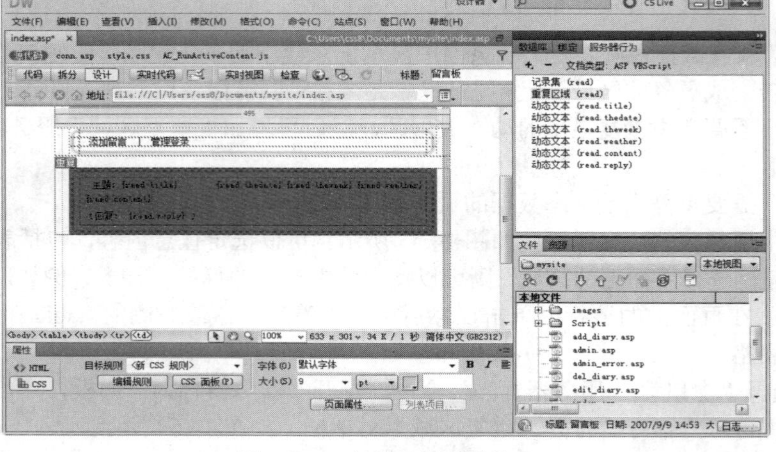

图 14.55　定义重复区域效果

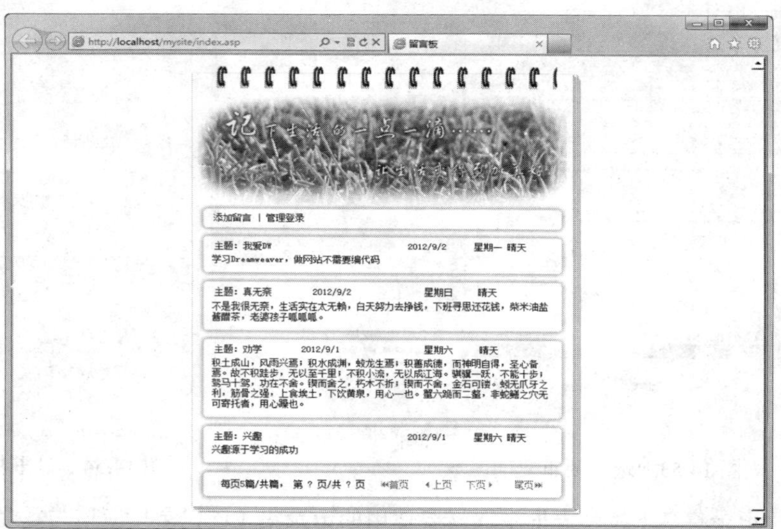

图 14.56　在浏览器中浏览重复区域效果

☑　删除服务器行为：在“服务器行为”面板中选择一个服务器行为，单击⊟按钮可以删除选中的服务器行为。

☑　修改服务器参数：选中某个服务器行为，然后双击该行为，可以在打开的“服务器行为”面板中修改服务器行为的参数。

☑　编辑服务器行为：右击某个服务器行为，在弹出的快捷菜单中选择一种命令可以实现对该行为的编辑操作。

14.5.7　设计记录集分页

当数据源中的记录非常多时，无法在一页中显示，或者在一页中显示会非常长，不利于浏览，这时就需要进行分页显示。利用“记录集分页”子菜单可以建立多种形式的分页显示。

在“服务器行为”面板中单击⊞按钮，在下拉菜单中选择“记录集分页”命令，从打开的子菜单

中可以进行选择，如图 14.57 所示。

该子菜单命令说明如下。

☑　移至第一条记录：在页面中可以创建跳转到第一条记录页面上的超链接。

☑　移至前一条记录：在页面中可以创建跳转到前一条记录页面上的超链接。

☑　移至下一条记录：在页面中可以创建跳转到下一条记录页面上的超链接。

☑　移至最后一条记录：在页面中可以创建跳转到最后一条记录页面上的超链接。

☑　移至特定记录：在详细页面中可以创建直接跳转到特定记录页面上的超链接。

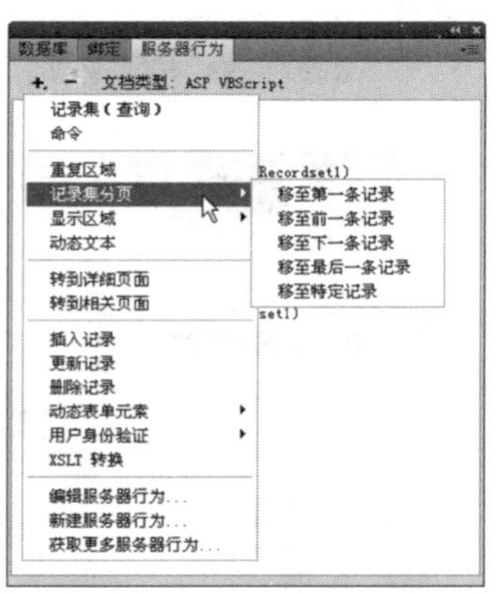

图 14.57　“记录集分页”子菜单

在该菜单中任意选择一个命令，都会打开一个设置对话框，提示用户选择链接的目标和记录集。

“移至特定记录”服务器行为的作用是移动当前记录集中的记录指针到合适的位置，具体位置由 URL 参数决定。应用“移至特定记录”服务器行为，首先在当前页面上应存在一个包含多条记录的记录集。如果把该记录集中字段绑定到页面上，那么在默认的情况下应该显示的是该记录集中的第一条记录。如果在该页面上添加了“移至特定记录”服务器行为，则显示的有可能不是第一条记录。

在“记录集分页”子菜单中选择“移至特定记录”命令，打开“移至特定记录”对话框，如图 14.58 所示。

该对话框选项设置说明如下。

☑　“移至以下内容中的记录”下拉列表框：选择当前使用的记录集。

☑　“其中的列”下拉列表框：选择包含 URL 参数的字段。

☑　“匹配 URL 参数”文本框：设置所传递的 URL 参数。

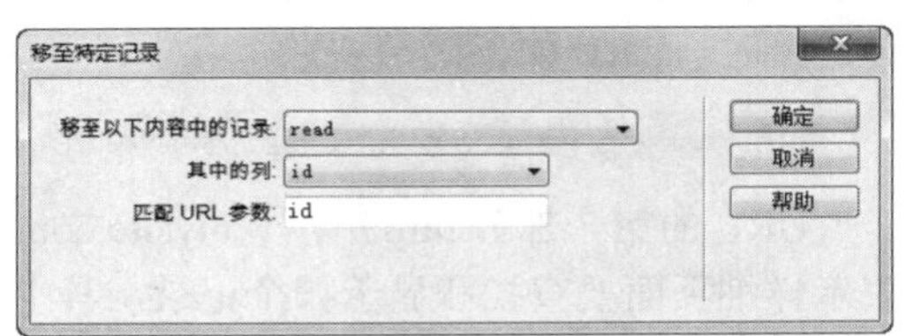

图 14.58　“移至特定记录”对话框

14.5.8　设计显示区域

所谓显示区域就是通过脚本控制页面中部分区域是否显示，以及在什么条件下隐藏或显示。例如，当插入记录集导航条后，当页面显示为第一页时，“第一页”和“前一页”超链接就被隐藏起来，而当页面显示为最后一页时，则“下一页”和“最后一页”超链接就被隐藏起来。当然，也可以在其他环境中利用 Dreamweaver 提供的显示区域服务器行为来控制特定内容的显示或隐藏条件。

首先选择需要显示的区域，然后选择“窗口”|“服务器行为”命令，打开“服务器行为”面板，单击⊞按钮，在弹出的下拉菜单中选择“显示区域”命令，如图 14.59 所示，在“显示区域”的子菜单中选择显示条件，说明如下。

☑　如果记录集为空则显示区域：当记录集为空时，显示选中区域。

☑　如果记录集不为空则显示区域：当记录集中包含记录时，显示选中区域。

☑　如果为第一条记录则显示区域：当处于记录集中的第一条记录时，显示选中区域。

☑　如果不是第一条记录则显示区域：当没有处于记录集中的第一条记录时，显示选中区域。

☑　如果为最后一条记录则显示区域：当处于记录集中的最后一条记录时，显示选中区域。

☑　如果不是最后一条记录则显示区域：当没有处于记录集中的最后一条记录时，显示选中区域。

在定义记录集导航条时，在“服务器行为”面板中自动增加“显示区域”服务器行为，如图 14.60 所示。

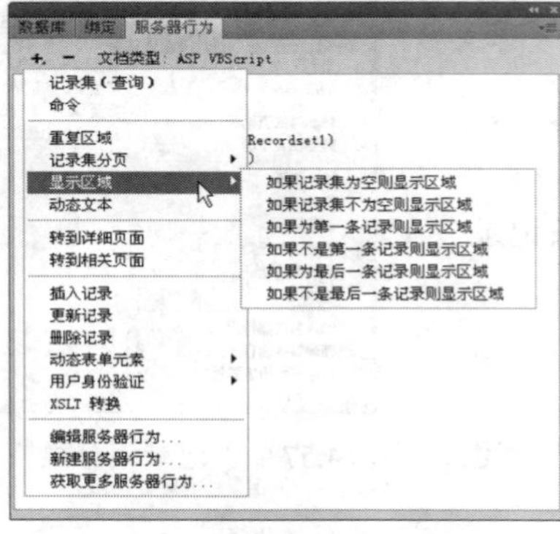

图 14.59 “显示区域”子菜单

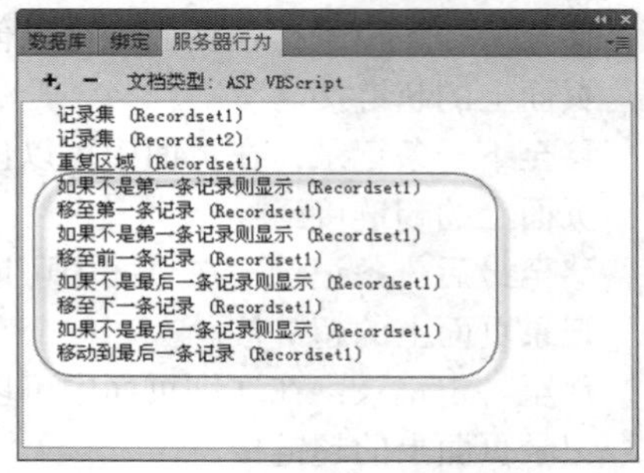

图 14.60 “显示区域”服务器行为

14.5.9 设计转到详细页面

详细页面是与列表页面相对而言，如果在列表页面中选择某条列表项后，将会打开详细页显示该列表项对应的详细信息。例如，如果 URL 参数的名称为 id，详细页的名称为 lock.asp，则当用户单击该链接时，URL 如下：

```
http://www.mysite.com/ lock.asp?id=3
```

URL 的第一部分 http://www.mysite.com/ lock.asp 用于打开详细页；第二部分?id=3 是 URL 参数，表示详细页面要查找和显示哪个记录，其中，id 是 URL 参数的名称，3 是 URL 参数的值。在本案例中，URL 参数包含记录的 ID 编号，即 3。下面结合操作步骤进行详细介绍。该案例在列表页面中显示所有日志列表，当单击某条日志记录的“审核”超链接时，会自动跳转到审核页面，并显示该条日志的详细信息，如图 14.61 所示。

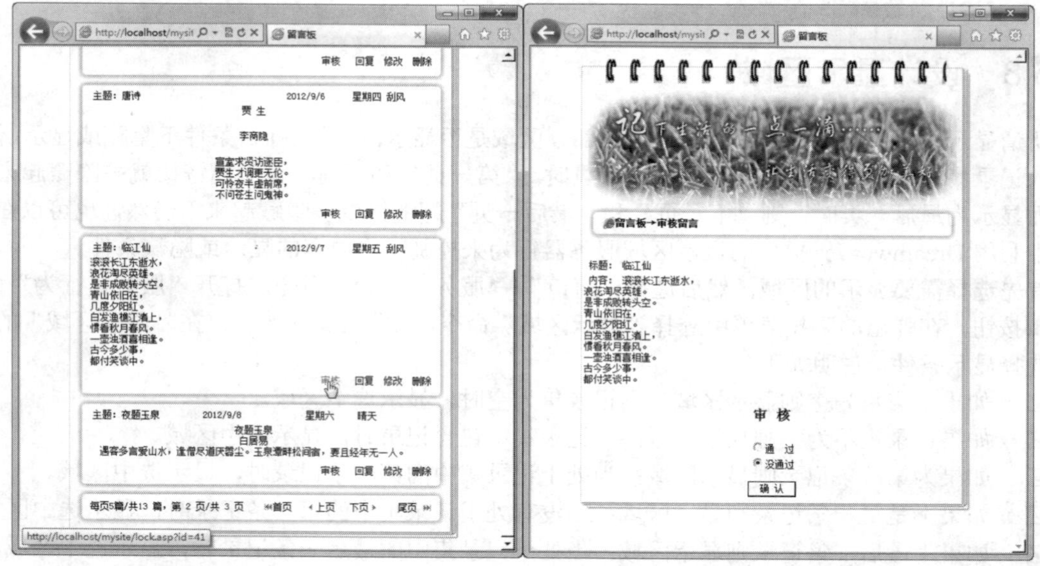

图 14.61 转到详细页面

Note

【操作步骤】

第 1 步，设计列表页（edit_diary.asp），该页面将显示所有日志列表。先定义一个记录集，查询日志数据表中所有记录，并把日志标题和内容绑定到页面中，同时利用重复区域服务器行为重复显示所有记录，如图 14.62 所示。

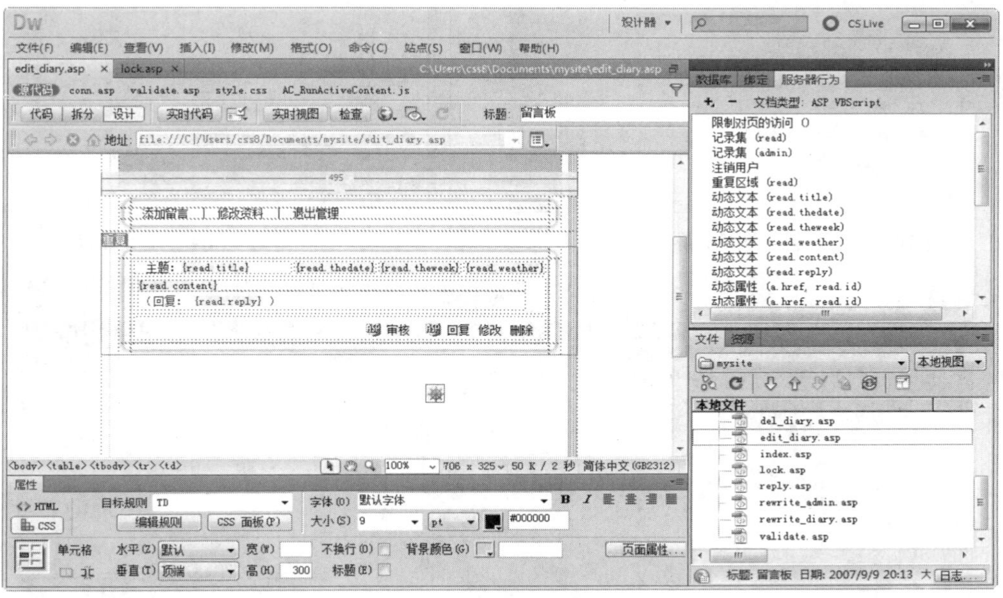

图 14.62　显示所有日志列表

第 2 步，选中“审核”文本，然后在“服务器行为”面板中单击+按钮，在弹出的下拉菜单中选择“转到详细页面”命令，打开“转到详细页面”对话框，如图 14.63 所示。

该对话框选项设置说明如下。

☑　“链接”下拉列表：可以选择要把行为应用到哪个链接上，如果在页面中选择了动态文本，则会自动选择该内容。

☑　“详细信息页”文本框：输入详细页文件的 URL 地址，也可以单击“浏览”按钮进行选择。

☑　“传递 URL 参数”文本框：输入要通过 URL 传递到详细页中的参数名称。

☑　“记录集”下拉列表框：设置通过 URL 传递参数所属的记录集。

☑　“列”下拉列表框：选择通过 URL 传递参数所属记录集中的字段名称，即设置 URL 传递参数的值的来源。

☑　“URL 参数”复选框：选中该复选框表示将通过 URL 参数传递信息到详细页面。在详细页面上需要使用 Request.QueryString 请求变量获取传递的参数值。

☑　“表单参数”复选框：选中该复选框表示将表单值以 POST 方式传递信息到详细页面。在详细页面上需要使用 Request.Form 请求变量获取传递的参数值。

第 3 步，打开详细页面（lock.asp），在该页面中定义记录集为筛选条件的记录集，详细设置如图 14.64 所示。查询雇员数据表，筛选条件为：雇员 ID 值等于查询字符串中“雇员 ID”变量的值。

第 4 步，根据前面介绍的方法把记录集绑定到页面中，如图 14.65 所示。

第 5 步，保存文件，按 F12 键运行首页文件，显示效果如图 14.61 所示。如果分别单击不同记录的日记，则会分别打开不同日记，并对该条日记进行审核操作。

Note

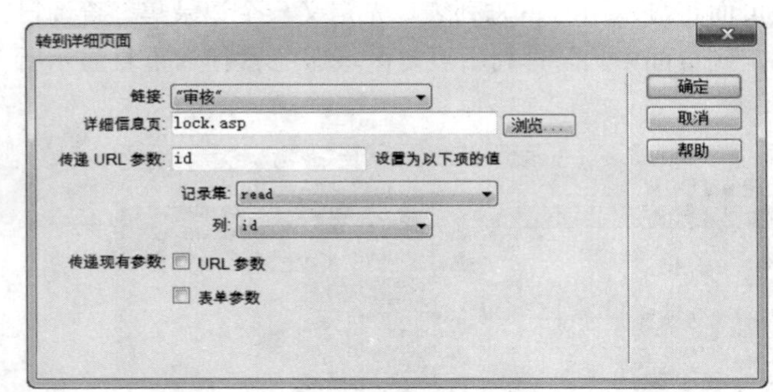

图 14.63 “转到详细页面”对话框

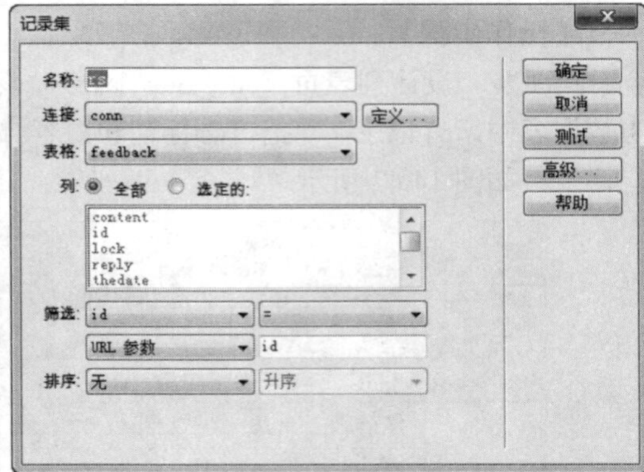

图 14.64 定义记录集

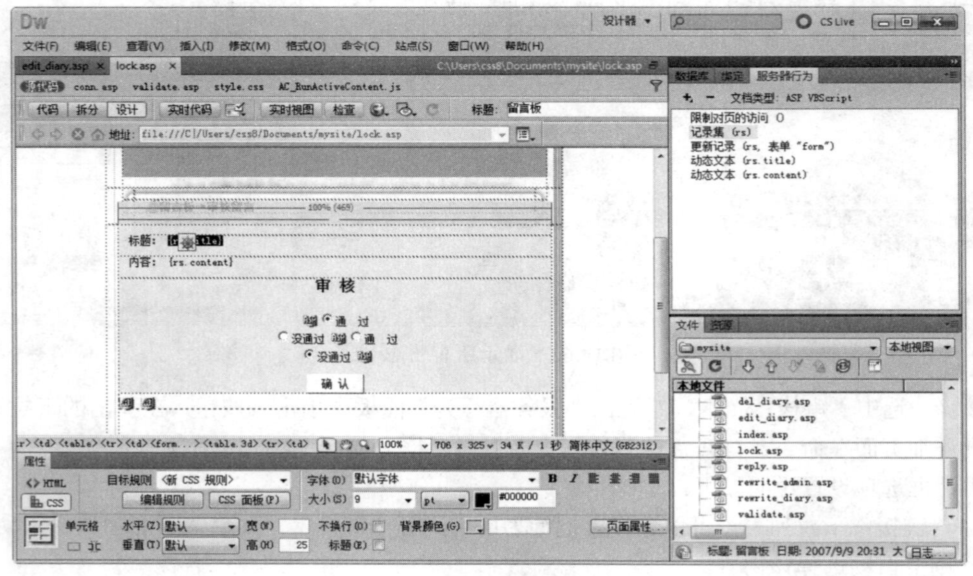

图 14.65 绑定记录集

14.5.10 操作记录

Dreamweaver 提供了 3 个有关操作数据表中记录的服务器行为，分别用来向数据库中插入记录、修改和删除数据库中指定的记录。对应的 3 个服务器行为分别为“插入记录”、“更新记录”和“删除记录”。

1. 插入记录

使用“插入记录”服务器行为可以将记录写入到数据库中。

【操作步骤】

第 1 步，新建动态页面，在页面中设计一个简单的表单，该表单包含两个文本框，允许用户输入日记标记和内容，同时设计两个下拉菜单，用来选择天气和星期，如图 14.66 所示。

第 2 步，在“服务器行为”面板中单击⊞按钮，在弹出的下拉菜单中选择“插入”命令，打开“插入记录”对话框，如图 14.67 所示。

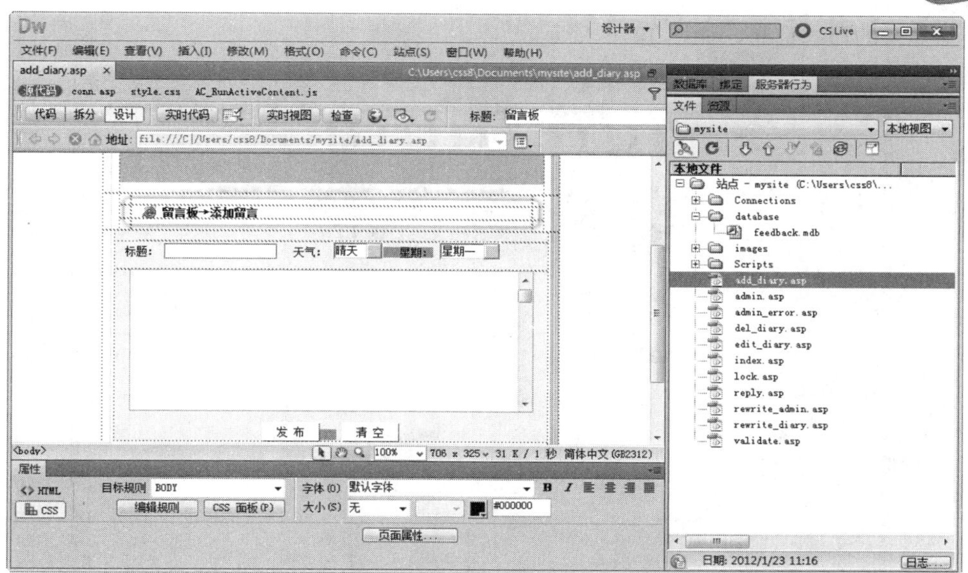

图 14.66　设计表单

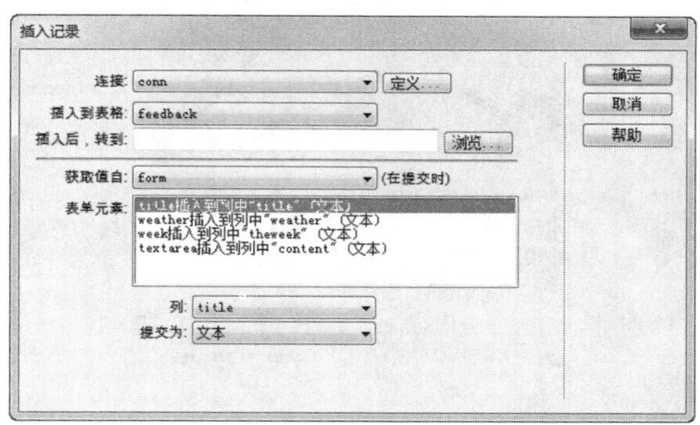

图 14.67　“插入记录”对话框

该对话框选项设置说明如下。

☑ “连接”下拉列表框：选择指定连接的数据库，如果没有指定连接，可以单击右侧的“定义”按钮定义数据库连接。

☑ “插入到表格”下拉列表框：选择要插入的表的名称。

☑ “插入后，转到”文本框：输入一个文件名，或者单击其右侧的按钮指定，以便做完插入操作后跳转到该页面。

☑ “获取值自”下拉列表框：指定 HTML 表单以便提交输入数据。

☑ “表单元素”列表框：设置指定数据库中要更新的表单域对象。用户应先选择表单域对象，然后从“列”下拉列表框中选择数据表中的字段。如果字段仅接受数字值，那么选择“数据”选项，如果表单对象的名称和被设置字段的名称一致，Dreamweaver 则会自动为之建立对应关系。

第 3 步，设置完毕，单击“确定”按钮即可。保存文件，按 F12 键运行文件，在页面表单中输入新的客户信息，如图 14.68 所示。

第 4 步，单击“发布”按钮，输入的信息会自动插入到数据库中，此时如果浏览最新的日记列表，

Note

可以看到新插入的日志信息，如图 14.69 所示。

图 14.68　输入表单信息

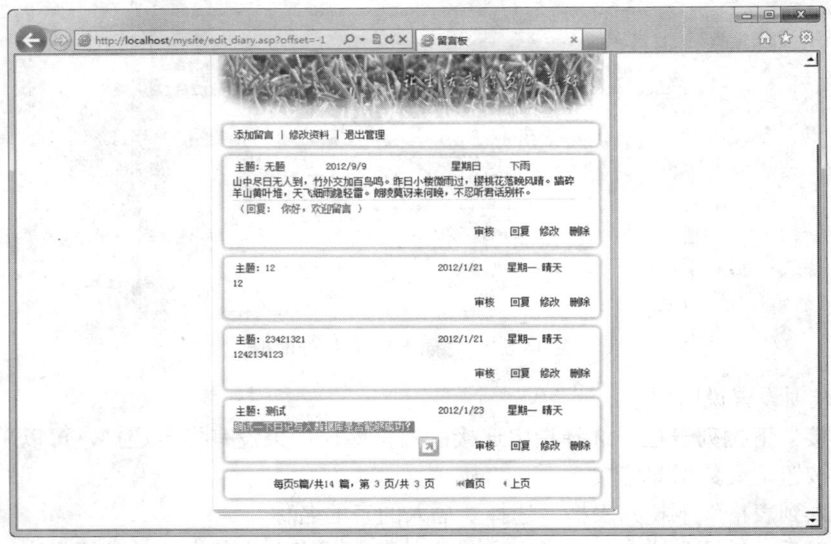

图 14.69　新插入的数据

2. 更新记录

更新记录是对数据库中指定的记录进行修改，然后将修改后的数据重新写入数据库的过程。动态网页应用中有时包含让用户在数据库中更新记录的页面，一般利用“更新记录”服务器行为可以完成此类任务。这类更新记录的操作通常需要主页面和详细页面。

【操作步骤】

第 1 步，在主页面中选择要更新的记录，然后在详细页面中更新记录，并把更新后的数据保存到数据库中。设计在 edit_diary.asp 页面中显示所有的日记记录，并通过“修改”超链接设计一个转到详细页面的行为，如图 14.70 所示。

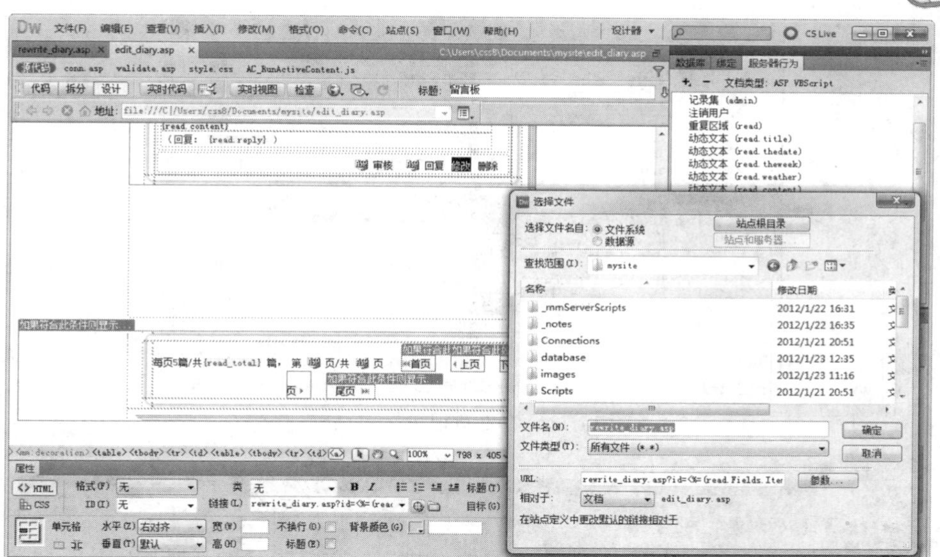

图 14.70 设计列表页面的转到详细页面行为

第 2 步，在详细页面中定义一个记录集，通过 edit_diary.asp 页面传递过来的 id 值查询记录集，查询一条要更新的记录，如图 14.71 所示。

图 14.71 设计详细页面的记录集查询行为

第 3 步，在"服务器行为"面板中单击+按钮，在弹出的下拉菜单中选择"更新记录"命令，打开"更新记录"对话框，如图 14.72 所示。要注意实现一个更新记录服务器行为就应该相应地提供一个供用户修改数据的界面，这个界面通常由包含着记录内容的文本域组成。该对话框的操作与"插入"对话框的操作基本相同，这里不再重复说明。

第 4 步，设置完毕后单击"确定"按钮，这时用户会发现表单区域内对象显示为浅绿色，如图 14.73 所示。

第 5 步，保存文件，按 F12 键运行实例，然后在文本框中修改记录显示的数据，如图 14.74 所示。

Note

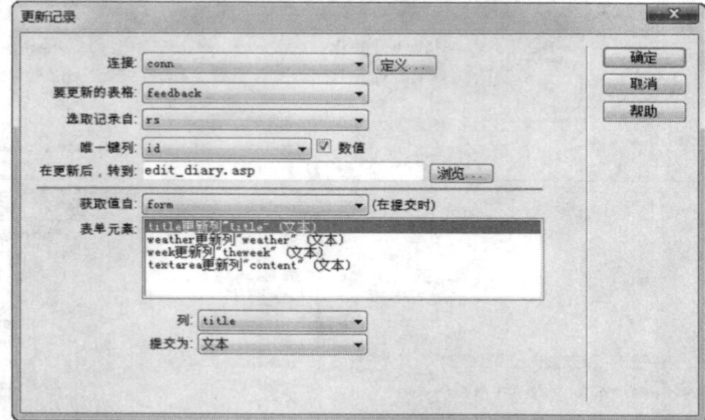

图 14.72 “更新记录”对话框

图 14.73 插入“更新记录”服务器行为后的效果

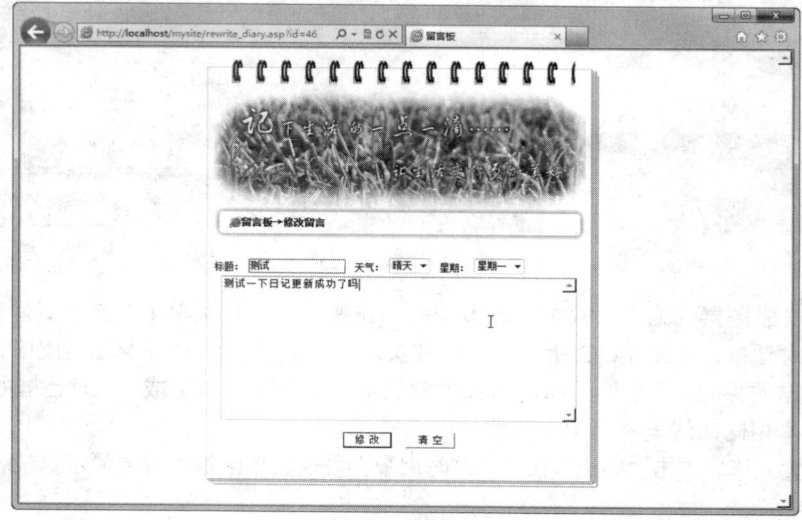

图 14.74 更新页面记录

第 6 步，单击提交按钮，修改后的信息会自动被提交到数据库中并对数据库原数据进行更新，此时在列表中会显示被更新的记录，如图 14.75 所示。

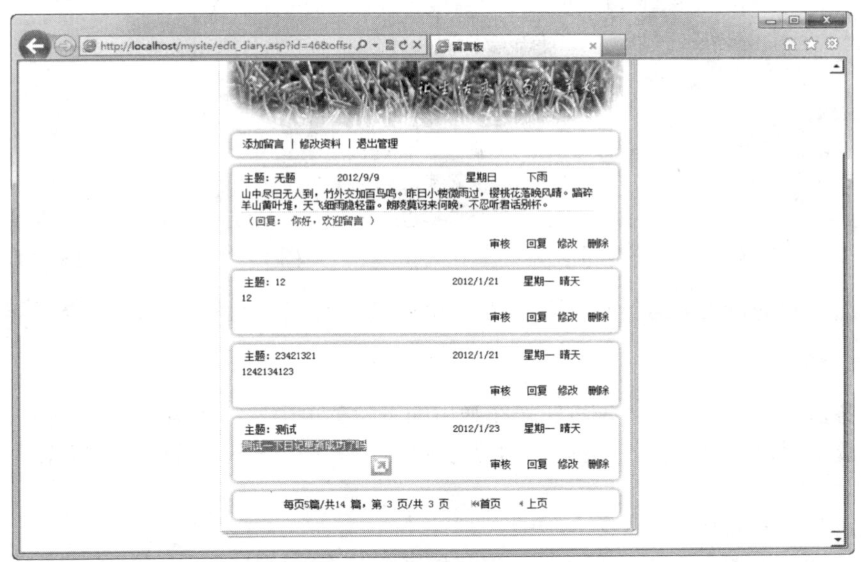

图 14.75　更新后的数据库中记录

3. 删除记录

在后台管理中，经常需要管理员或者允许用户从浏览器中操作删除数据库中的记录。这种删除记录行为与更新记录行为一样需要主页面和详细页面。主页面允许用户选择要删除的记录，然后把选择删除的 ID 信息传递给详细页面，由详细页面执行删除操作。利用“删除记录”服务器行为可以轻松删除指定的记录，但是用户在使用“删除记录”服务器行为之前，必须建立一个表单。

在“服务器行为”面板中单击⊞按钮，在弹出的下拉菜单中选择“删除记录”命令，打开“删除记录”对话框，参数设置如图 14.76 所示。单击“确定”按钮即可在当前文档中插入“删除记录”服务器行为。

14.5.11　设计用户管理

为了有效管理访问共享资源的用户，需要规范化访问共享资源的行为。一般采用注册（新用户取得访问权）—登录（验证用户是否合法并分配资源）—访问（授权的资源）—退出（释放资源）这一行为模式来实施管理。Dreamweaver 提供一组与用户身份验证有关的服务器行为来实现这些功能设置。

1. 检查新用户名

“检查新用户名”服务器行为是限制“插入记录”服务器行为的行为，用来验证欲插入记录的指定字段的值在记录集中是否唯一，一般用来验证注册用户名是否已存在。

单击“服务器行为”面板上的⊞按钮，在弹出的下拉菜单中选择“用户身份验证”|“检查新用户名”命令，打开“检查新用户名”对话框，如图 14.77 所示。

该对话框选项设置说明如下。

- ☑　“用户名字段”下拉列表框：选择需要验证的记录字段，验证该字段在记录集中是否唯一。
- ☑　“如果已存在，则转到”文本框：如果用户名字段的值已经存在，那么可以在该文本框中

Note

指定所要跳转的页面。

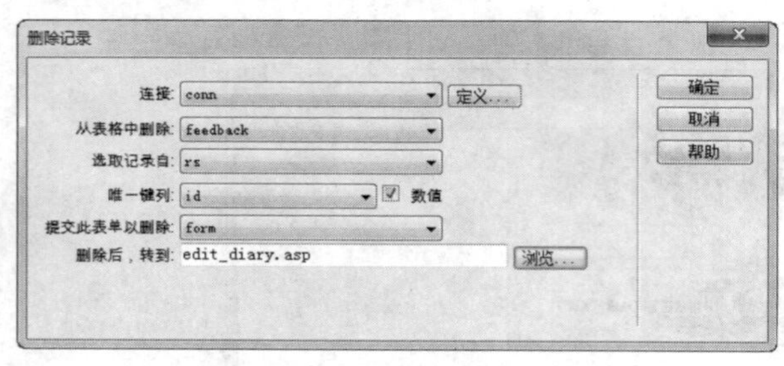

图 14.76 “删除记录”对话框

图 14.77 “检查新用户名”对话框

提示：使用“检查新用户名”服务器行为之前，用户插入了“插入记录”服务器行为。

2. 登录用户

单击“服务器行为”面板上的按钮，在弹出的下拉菜单中选择“用户身份验证”|“登录用户”命令，打开“登录用户”对话框，如图 14.78 所示。在“登录用户”对话框中可以完整地定义用户登录行为。

该对话框选项设置说明如下。

- ☑ “从表单获取输入”下拉列表框：选择接受哪一个表单的提交。
- ☑ “用户名字段”下拉列表框：选择用户名所对应的文本框。
- ☑ “密码字段”下拉列表框：选择用户密码所对应的文本框。
- ☑ “使用连接验证”下拉列表框：设置使用哪一个数据库连接。
- ☑ “表格”下拉列表框：设置使用数据库中的哪一个表格。
- ☑ “用户名列”下拉列表框：选择用户名对应的字段。
- ☑ “密码列”下拉列表框：选择用户密码对应的字段。
- ☑ “如果登录成功，转到”文本框：设置如果登录成功（验证通过），那么就将用户引导至该文本框所指定的页面。
- ☑ “转到前一个 URL（如果它存在）”复选框：设置如果存在一个需要通过当前定义的登录行为验证才能访问页面。
- ☑ “如果登录失败，转到”文本框：设置如果登录不成功（验证没有通过），就将用户引导至文本框所指定的页面。
- ☑ “基于以下项限制访问”选项区域：设置选择是否包含级别验证。

3. 限制对页的访问

“限制对页的访问”服务器行为可以设置某一页面需要通过登录验证才能被访问。单击“服务器行为”面板上的按钮，在弹出的下拉菜单中选择“用户身份验证”|“限制对页的访问”命令，打开“限制对页的访问”对话框，如图 14.79 所示。在该对话框中可以定义当前页面的访问限制。

该对话框选项设置说明如下。

- ☑ “基于以下内容进行限制”选项区域：可选择是否包含级别验证。
- ☑ “如果访问被拒绝，则转到”文本框：如果没有经过验证，就将用户引至“如果访问被拒绝，则转到”文本框所指定的页面。如果需要级别验证，单击“定义”按钮，打开“定义访问级别”对话框，如图 14.80 所示。
  - ➢ “添加”按钮：用来添加级别。

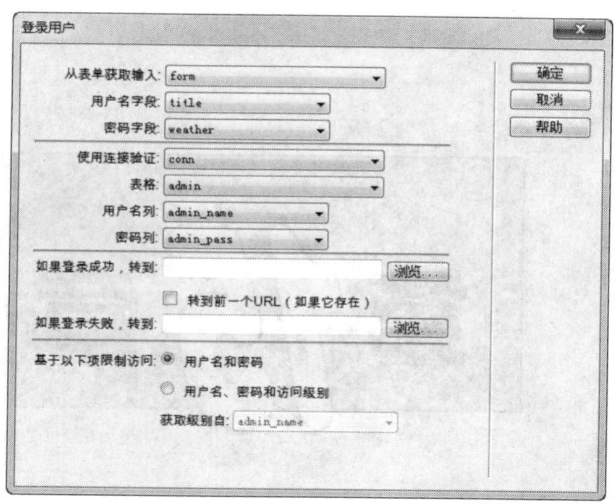

图 14.78 “登录用户”对话框

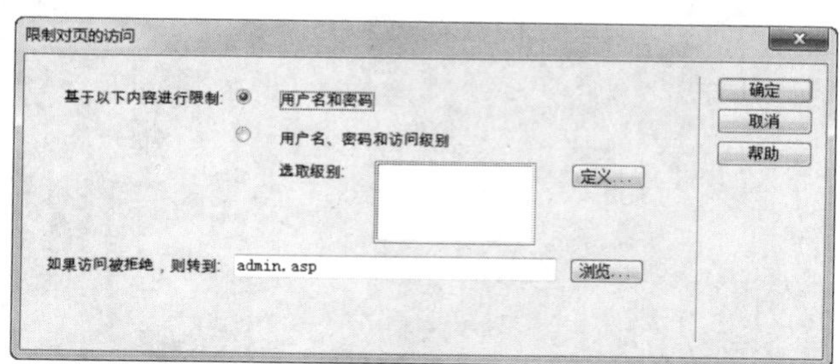

图 14.79 “限制对页的访问”对话框

> “删除”按钮⊟：用来删除级别。

> “名称”文本框：指定级别的名称。级别的名称应该与数据库中相关记录集对应字段的值相同。

4. 注销用户

使用“注销用户”服务器行为可以实现在网页应用服务中用户退出行为，即结束会话行为（终止 Session 变量）。单击“服务器行为”面板上的⊞按钮，在弹出的下拉菜单中选择“用户身份验证”|“注销用户”命令，打开“注销用户”对话框，如图 14.81 所示。

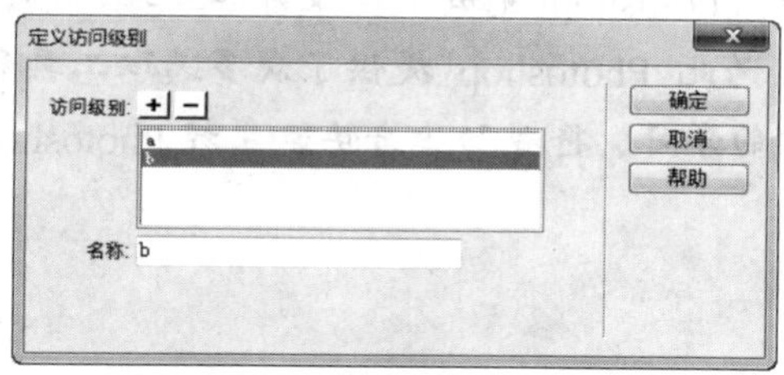

图 14.80 “定义访问级别”对话框

图 14.81 “注销用户”对话框

该对话框选项设置说明如下。

☑ “在以下情况下注销”选项区域：选择何时运行退出行为。

> 单击链接：指的是当用户单击指定的链接时运行。指定链接可以在右面的下拉列表框中进行选择，其中的选项包括定义本行为之前，在编辑窗口中选中的对象（不包括表单对象）。

> 页面载入：指的是加载本页面时运行。

☑ “在完成后，转到”文本框：设置如果完成注销用户操作，那么就将用户引导至文本框所指定的页面。

第15章 Photoshop 操作基础

（视频讲解：55 分钟）

Photoshop 是图像处理专业工具，被广泛应用于平面设计、媒体广告和网页设计等诸多领域。Photoshop 支持多种图像格式和颜色模式，能同时进行多图层操作，其绘画功能与选取功能使图像编辑变得非常方便。在网页图像设计中，经常需要用 Photoshop 完成前期设计和处理工作，如针对图像特定区域进行处理，就需要精确选取范围，为此 Photoshop 提供了众多选取工具和命令，灵活使用它们可以轻松设计网页元素。通过本章的学习，将帮助读者快速掌握 Photoshop 的基本操作，并且能够快速建立选区、编辑图像等。

学习重点：

- 了解 Photoshop 界面构成
- 能够对图像进行简单的处理
- 能够借助 Photoshop 完成各种选取操作
- 通过对选区的操作实现复杂的图像处理

Note

15.1 熟悉 Photoshop 主界面

在启动 Photoshop 之前，应该确定在系统中安装了 Photoshop，如果没有安装，则首先需要进行安装。因为 Photoshop 的安装操作比较简单，这里不再介绍。

启动 Photoshop 之后，会显示一个主界面，如图 15.1 所示。

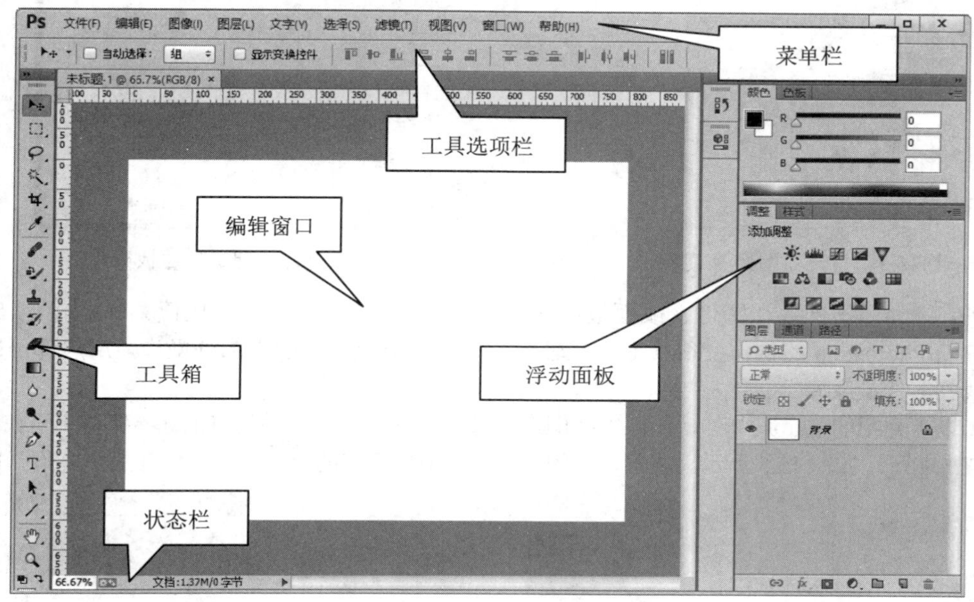

图 15.1 Photoshop 主界面

Photoshop 主界面由菜单栏、编辑窗口、工具箱、工具选项栏、浮动面板和状态栏组成。其中，图像窗口在打开一个图像文件后即会出现。各部分的功能介绍如下。

- ☑ 菜单栏：显示 Photoshop 的菜单命令，包括“文件”、“编辑”、“图像”、“图层”、“文字”、“选择”、“滤镜”、“视图”、“窗口”和“帮助”共 10 个菜单。菜单栏中还包含标题栏，显示 Photoshop 图标。右边显示 3 个按钮，从左到右分别为最小化、最大化和关闭按钮。当窗口很大时，才会独立显示标题栏。
- ☑ 工具选项栏：用于设置工具箱中各个工具的参数。选项栏具有很大的可变性，随着用户所选择的工具的不同而变化。
- ☑ 工具箱：列出常用工具。单击每个工具的图标即可以使用该工具。在图标上右击或者按下鼠标左键不放，可以显示该组工具。
- ☑ 浮动面板：列出许多操作的功能设置和参数设置，利用这些设置可以进行各种操作。
- ☑ 状态栏：状态栏显示当前打开图像的信息和当前操作的提示信息。

15.1.1 菜单栏

Photoshop 的菜单命令比较完善。使用菜单时，只需将鼠标指针移到菜单名上单击即可弹出该菜单，从中可选择要使用的命令，如图 15.2 所示，把鼠标指针移到“图像”菜单上单击即可打开菜单。

Note

除了屏幕顶部的菜单外，每个面板也有和其相关的面板菜单，单击各个面板右上角的三角形图标，即可打开相应面板的面板菜单，如图 15.3 所示为打开“通道”面板菜单。

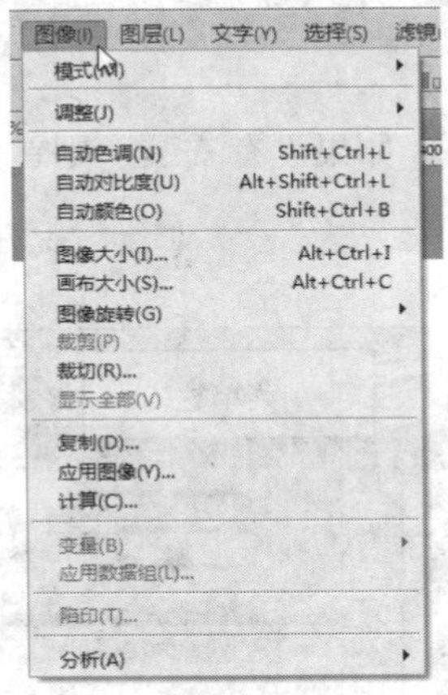

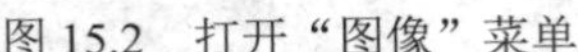

图 15.2 打开“图像”菜单

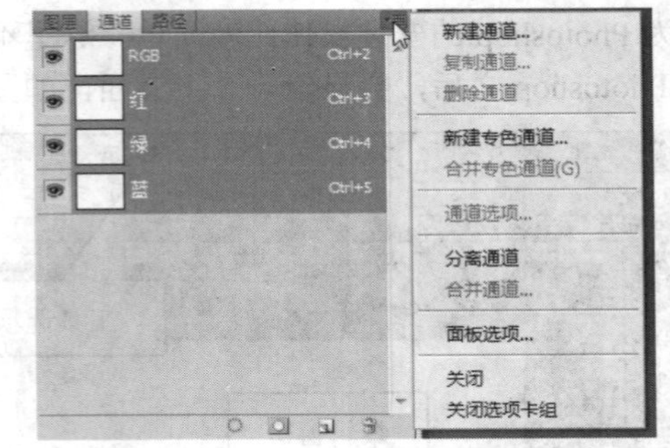

图 15.3 打开“通道”面板菜单

另外，将鼠标指针放在图像上或面板中的一个项目上，右击可以弹出快捷菜单，如图 15.4 所示。快捷菜单使 Photoshop 的操作变得既方便又轻松，对于图像处理中的大部分操作，用户都可以在相关的位置找到其快捷菜单。

除了以上介绍的几个菜单外，还可以在图像窗口中打开菜单，方法是将鼠标指针移到正在编辑的图像上，右击即可，如图 15.5 所示。注意，在图像窗口中使用不同的工具，右击打开的快捷菜单也不同。

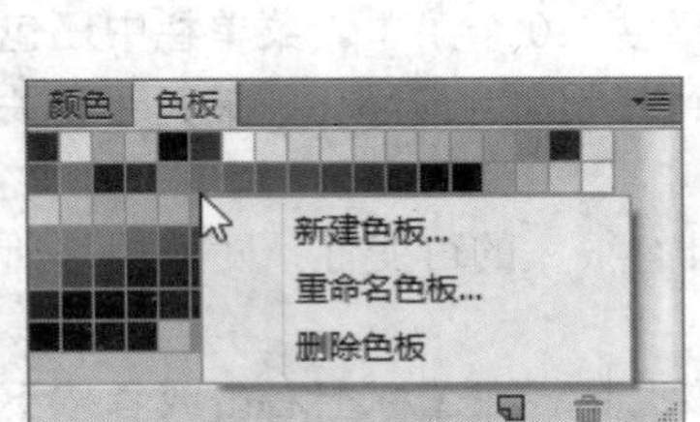

图 15.4 打开快捷菜单

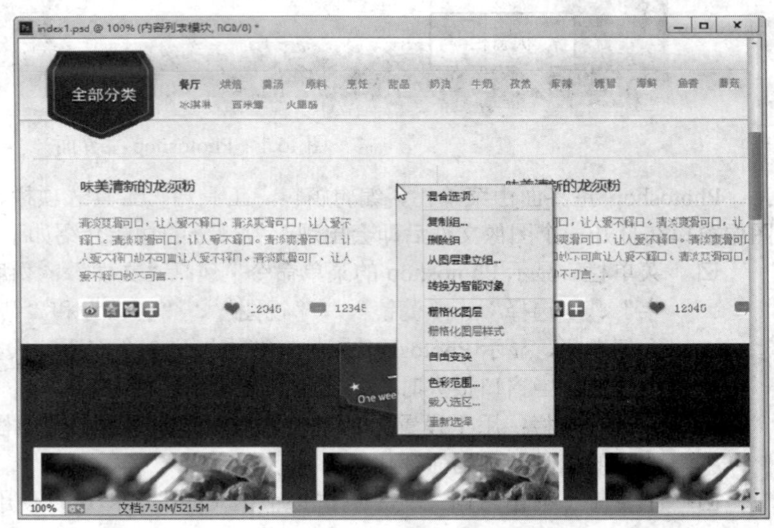

图 15.5 打开所编辑图像的快捷菜单

15.1.2 工具箱

Photoshop 工具箱集合了多种绘图工具及制作工具，用户可以利用这里的工具对图形进行各种各样的修改和编辑。

在默认情况下，当打开 Photoshop 时，这个工具箱是打开的，也可以通过选择“窗口”|“工具”命令打开和关闭工具箱。打开后的工具箱如图 15.6 所示，其中包含多种工具。要使用这些工具，只

Note

要单击工具图标或者按下相应快捷键即可，例如，要选择移动工具，可单击此工具图标或在键盘上按下 V 键。

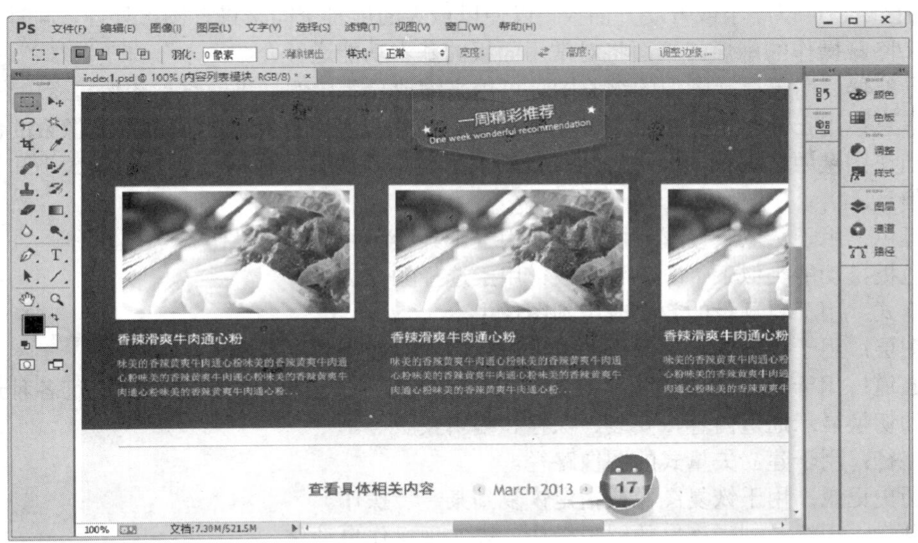

图 15.6　Photoshop 工具箱

提示：将鼠标指针移到工具箱中的工具图标上稍等片刻，即可显示关于该工具的名称及组合键的提示，工具箱中没有显示出全部工具，有些工具被隐藏了，例如，套索工具中有 3 种工具，要打开这些工具，只要将鼠标指针移至含有多个工具的图标上右击，或者用鼠标左键按住不放，就可以打开一个菜单，然后移动鼠标指针选取即可。如果用户按下 Alt 键不放，再单击工具箱中的工具图标，则可以在多个工具之间切换。

如果要移动工具箱，可以在工具箱的顶端标题栏上按住鼠标左键拖动；如果要显示或隐藏工具箱，可以按下 Tab 键。

15.1.3　选项栏

当在工具箱中选中一个工具之后，在选项栏中就会显示该工具的相应设置参数，如图 15.7 所示，并且不同的工具所拥有的参数各不相同，因此学会使用 Photoshop 选项栏，是掌握 Photoshop 功能的基础。用户可以分别选中工具箱中的不同工具，查看选择各个工具时的工具栏参数，以便对各工具的参数设置有一个初步了解。

图 15.7　选项栏

选项栏可以缩小和移动，操作方法：在选项栏左侧双击，即可将工具栏缩小，将鼠标指针放在选项栏的最左端，按住鼠标左键并拖动可以移动选项栏。

15.1.4　浮动面板

浮动面板最大的优点就是可以通过它对图像进行一些简单快捷的操作，而且还可以在需要时打开它，不需要时则可以将其隐藏，以免因面板遮住图像而给图像处理带来不便。要显示这些面板，可以

选择“窗口”命令，从打开的下拉菜单中选择相应的命令即可打开相应的面板。

按下 Shift+Tab 快捷键可以在保留显示工具箱的情况下，显示或隐藏所有的面板。如果双击面板标题栏空白区域，可以缩小或者展开面板，以便以最大的屏幕空间来进行图像处理，同时又省去频繁地进行显示/隐藏操作的麻烦。下面将对常用面板的基本功能进行介绍。

☑ 导航器：用于显示图像的缩览图，可用来缩放显示比例，迅速移动图像显示内容。
☑ 信息：用于显示鼠标指针所在位置的坐标值，以及鼠标指针当前位置的像素的色彩数值。当在图像中选取范围或进行图像旋转变形时，还会显示出所选取的范围大小和旋转角度等信息。
☑ 颜色：用于选取或设置颜色，以便用于工具绘图和填充等操作。
☑ 色板：功能类似于“颜色”面板，用于选择颜色。
☑ 样式：用于将预设的效果应用到图像中。
☑ 图层：用于控制图层的操作，可以进行新建层或合并层等操作。
☑ 通道：用于记录图像的颜色数据和保存蒙版内容。用户可以在通道中进行各种通道操作，如切换显示通道内容，安装、保存和编辑蒙版等。
☑ 路径：用于建立矢量式的图像路径。
☑ 历史记录：用于恢复图像或指定恢复到某一步操作。
☑ 动作：用于录制一连串的编辑操作，以实现操作自动化。
☑ 工具：用于设置画笔、文本等各种工具的预设参数。
☑ 画笔：用于选取绘图工具的画笔大小和型号。
☑ 字符：用于控制文字的字符格式。
☑ 段落：用于控制文本的段落格式。
☑ 图层复合：创建、应用和修改图层复合。
☑ 直方图：用来监视图像的更改操作。

15.1.5 状态栏

状态栏位于窗口最底部，主要用于显示图像处理的各种信息。如果窗口中未显示状态栏，可以选择“窗口”|“状态栏”命令先显示。状态栏由 3 部分组成：

☑ 最左边的是一个文本框，用于控制图像窗口的显示比例。可以直接在文本框中输入一个数值，然后按 Enter 键即可改变图像窗口的显示比例。
☑ 中间部分显示图像文件信息的区域。在其右边的小三角按钮上按住鼠标左键不放，可以查看更多的信息，如文档大小、暂存盘大小和效率等。
☑ 状态栏最右边区域显示 Photoshop 当前工作状态和操作时的提示信息。

15.2 使用辅助工具

在学习 Photoshop 处理图像之前，用户应该先掌握辅助工具的操作，这样会大大提高图像处理效率，起到事半功倍的效果。

15.2.1 标尺

使用标尺可以显示当前鼠标指针所在位置的坐标值和图像尺寸，还可以让用户准确地对齐对象和

选取范围。使用标尺，首先要显示标尺，方法有两种：

☑　选择“视图”|“标尺”命令。

☑　按 Ctrl+R 快捷键。

如图 15.8 所示是显示标尺后的图像。标尺分为水平标尺和垂直标尺。在默认设置下，标尺的原点在窗口左上角，其坐标值为（0,0）。当鼠标指针在窗口中移动时，在水平标尺和垂直标尺上会出现一条虚线，如图 15.8 所示，该虚线标出了鼠标指针当前所在位置的坐标。

图 15.8　显示标尺

有时为了查看或者对齐图像，需要调整原点的位置，以方便进行图像处理，调整原点的位置的操作如下：

第 1 步，按 Ctrl+R 快捷键显示标尺。

第 2 步，将鼠标指针移到窗口左上角的水平标尺和垂直标尺的交汇处，按下鼠标左键并拖动，如图 15.9 所示。

第 3 步，拖动到适当位置后释放鼠标左键即可改变原点位置，如图 15.10 所示。

图 15.9　改变标尺起始位置

图 15.10　改变原点位置后的效果

提示：在标尺左上角双击，可以将标尺原点位置还原。

15.2.2 网格

Note

为了方便在制作图像时对齐物体或参考线，Photoshop 还为用户提供了网格功能。下面是关于网格的操作。

☑ 显示网格：选择“视图”|“显示”|“网格”命令或按 Ctrl+”快捷键，都可以显示网格，如图 15.11 所示。显示网格后，用户就可以利用网格的功能，沿着网格线的位置选取范围，以及移动和对齐图形对象。

图 15.11 显示网格

☑ 隐藏网格：当不需要显示网格时，可以隐藏网格。只要再次选择“视图”|“显示”|“网格”命令，当“网格”命令左侧的√号不见时，表示网格已隐藏。也可以选择“视图”|“显示额外内容”命令或按 Ctrl+H 快捷键来隐藏网格。

注意：“显示额外内容”命令用于显示或隐藏多项扩展对象，包括选取范围、网格、参考线、路径、分割区域和注释等，但该命令不能直接显示选取范围、网格、参考线、路径等扩展对象，必须先选择“视图”子菜单下的命令显示相应的内容后，才可以使用该命令的功能来显示/隐藏各对象，如图 15.12 所示。

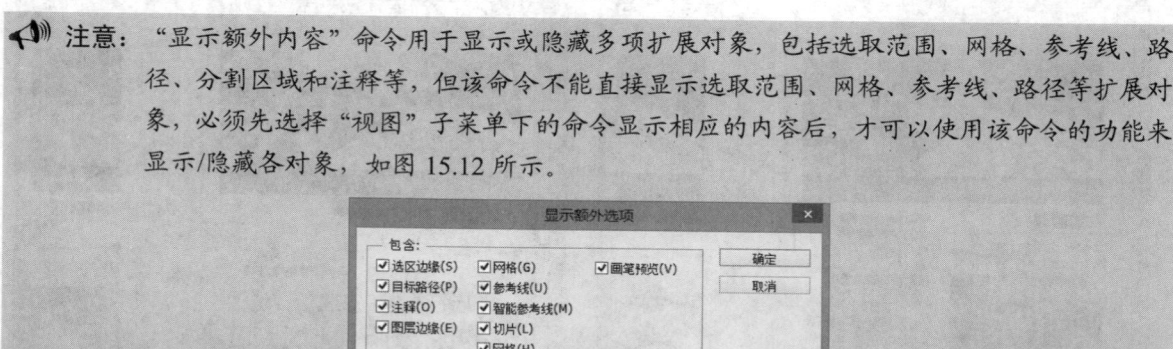

显示额外选项
包含：
☑选区边缘(S) ☑网格(G) ☑画笔预览(V)
☑目标路径(P) ☑参考线(U)
☑注释(O) ☑智能参考线(M)
☑图层边缘(E) ☑切片(L)
☑网格(H)
☑编辑图钉
确定
取消

图 15.12 显示额外选项

提示：选择“视图”|“显示”|“全部”命令可以显示所有扩展对象，而选择“视图”|“显示”|“无”命令则可以隐藏所有扩展对象。

- ☑ 对齐网格：选择“视图”|“对齐到”|“网格”命令可以在移动物体时自动贴齐网格，或者在选取范围时自动贴齐网格线的位置进行定位选取。
- ☑ 设置网格线的颜色和线型：选择“编辑”|“首选项”命令，打开“首选项”对话框，如图 15.13 所示，在该对话框中可以设置网格和参考线的线型和颜色。在“网格”选项组的“颜色”下拉列表框中选择参考线的颜色。在“样式”下拉列表框中选择参考线的线型，其中有直线和虚线两种选择。

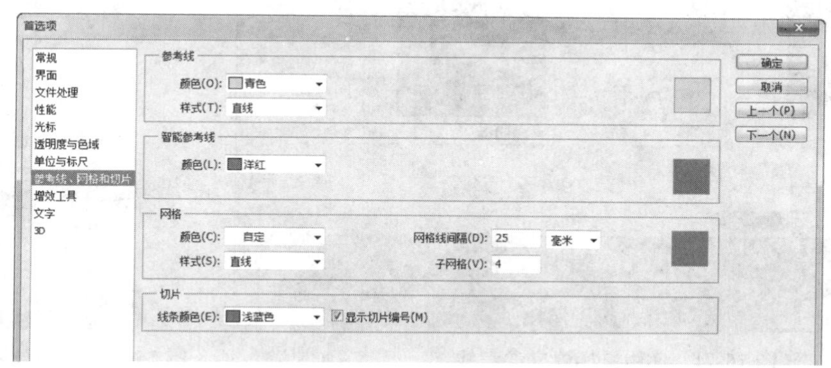

图 15.13 设置网格的颜色和线型

设置网格或参考线的颜色，一般是当图像所使用的颜色与网格或参考线的颜色太接近，会造成视觉上的不便而影响操作时进行；例如，当图像中底色是蓝颜色，而网格线或参考线也是蓝颜色时，就无法看清楚网格线和参考线的位置。

15.2.3 参考线

与网格一样，参考线也可以用来对齐物体，建立参考线有如下两种方法。

1. 使用鼠标

首先按 Ctrl+R 快捷键显示标尺，然后在标尺上按住鼠标左键并拖动至窗口中，释放鼠标左键后即可出现参考线，如图 15.14 所示。

2. 使用菜单命令

选择“视图”|“新参考线”命令，打开“新建参考线”对话框，如图 15.15 所示，在“取向”选项组中选择参考线方向，在“位置”文本框中输入参考线的位置，然后单击“确定”按钮，即可创建参考线。

用户还可以对参考线进行移动、显示或隐藏、锁定和删除等操作，具体介绍如下。

- ☑ 移动参考线：选择移动工具，再将鼠标指针移到参考线上，然后按住鼠标左键的同时拖动鼠标即可移动参考线。

提示：如果在移动工具状态下，按住 Alt 键并单击参考线，可使参考线在水平和垂直方向之间切换。

- ☑ 显示/隐藏参考线：选择“视图”|“显示”|“参考线”命令可显示/隐藏参考线。
- ☑ 锁定参考线：选择“视图”|“锁定参考线”命令或按 Ctrl+Alt+;组合键可锁定参考线。参考

Note

线锁定后不能移动。

☑ 清除参考线：选择“视图”|“清除参考线”命令可清除图像中的所有参考线。此外，也可以通过用鼠标将参考线拖动到窗口之外的方法来删除。

☑ 对齐参考线：选择“视图”|“对齐到”|“参考线”命令，可以在移动物体时自动贴紧参考线，或者是在选取区域时自动沿参考线位置进行定位选取。

☑ 设置参考线的颜色和线型：此操作与设置网络的颜色和线型的操作相同。

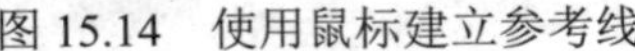

图 15.14　使用鼠标建立参考线

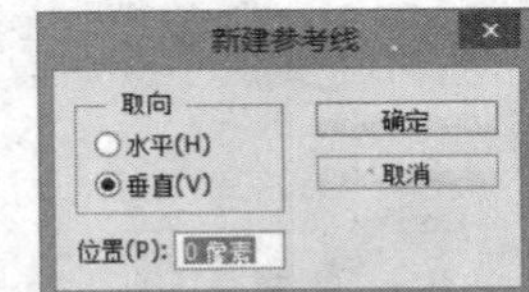

图 15.15　“新建参考线”对话框

15.3　上 机 练 习

初次学习 Photoshop，建议先上机练习如何新建、保存、关闭、打开和置入图像，这些功能是用户在处理图像时使用最为频繁的操作。

15.3.1　新建图像

启动 Photoshop 后，Photoshop 窗口中是没有任何图像的。如果要在一个新图像中进行创作，则需要先建立一个新图像。

【操作步骤】

第 1 步，选择“文件”|“新建”命令或者按 Ctrl+N 快捷键。

第 2 步，打开“新建”对话框，如图 15.16 所示。在“新建”对话框中做以下设置。按住 Ctrl 键后双击 Photoshop 窗口中的灰色工作区也可打开“新建”对话框。

☑ “名称”文本框：用于输入新文件的名称。若不输入，则以默认名“未标题-1”为名。如连续新建多个，则文件按顺序为“未标题-2”“未标题-3”，依此类推。

☑ “预设”下拉列表框：在此下拉列表框中可以选择一个图像预设尺寸的大小、分辨率等，如选择 A4，此时在“宽度”“高度”文本框中将显示预设的尺寸。使用预设可以提高建立图像的速度和标准。

☑ “宽度”和“高度”选项：用于设定图像的宽度和高度，用户可在其文本框中输入具体数值，但要注意在设定前需要确定文件尺寸的单位，即在其右侧下拉列表框中选择单位，包括像素、英寸、厘米、毫米、点、派卡和列。

Note

☑ “分辨率”选项：用于设定图像的分辨率。在设定分辨率时，用户也需要设定分辨率的单位，有两种选择，分别是像素/英寸和像素/厘米，通用单位为像素/英寸。

> **提示：** 如果没有特殊说明，本书后面章节中有关新建图像的操作，所使用的分辨率单位均为像素/英寸，如分辨率为 72，是指 72 像素/英寸。

☑ “颜色模式”选项：用于设定图像的色彩模式，并可以在右侧的下拉列表框中选择色彩模式的位数，分别有 1 位、8 位和 16 位 3 种选择，其中，1 位的模式主要用于位图模式的图像，而 8 位和 16 位的模式可以用于除位图模式之外的任何一种色彩模式。

☑ “背景内容”下拉列表框：用于设定新图像的背景层颜色，从中可以选择“白色”、“背景色”和“透明”3 种方式。当选择“背景色”选项时，新文件的颜色与工具箱中背景色颜色框中的颜色相同。

第 3 步，设定新文件的各项参数后，单击“确定”按钮或按下 Enter 键，即可建立一个新文件。此时将出现如图 15.17 所示的图像窗口，其文件名（未标题-1）、显示比例（66.67%）、颜色模式（RGB）显示在图像窗口中。建立新文件后，用户可以在新图像中绘制图形、输入文字，实现所想得到的效果。

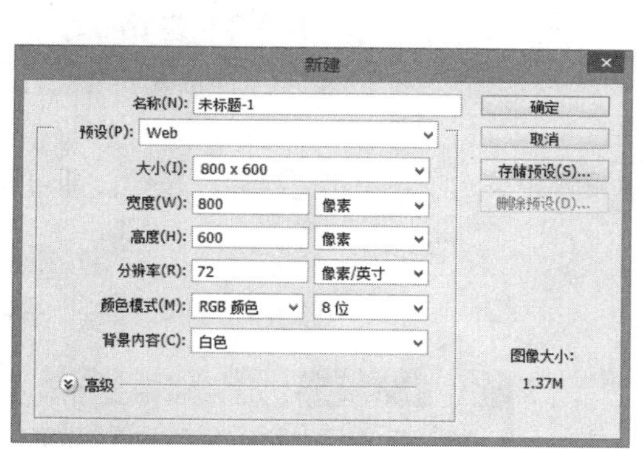

图 15.16 “新建”对话框

图 15.17 新建的空白图像窗口

> **提示：** 如果已经打开一个图像（如打开了一个网页设计效果图），用户想新建一个与该图像相同尺寸和分辨率的图像，可以先打开“新建”对话框，然后选择“窗口”命令，在其下方选择已打开文件的列表，此时对话框中的参数将显示为与所选的图像相同的尺寸和分辨率，接着单击“确定”按钮关闭对话框即可。事实上此操作与在“预设”下拉列表框中选择已打开的图像文件名的作用相同。

15.3.2 保存图像

当完成对图像的一系列编辑操作后，就需要进行保存，保存图像文件有许多方法，最常见的有以下两种。

1. 保存一幅新图像

【操作步骤】

第 1 步，选择“文件”|“存储”命令或者按 Ctrl+S 快捷键。

Note

第 2 步，打开如图 15.18 所示的“另存为”对话框。注意，如果当前图像已经保存过，那么按 Ctrl+S 快捷键或选择“文件”|“存储”命令不会打开“另存为”对话框，而是直接保存文件。

第 3 步，在“保存在”下拉列表框中选择存放文件的位置。

第 4 步，在“文件名”下拉列表框中输入新文件的名称。

第 5 步，在“保存类型”下拉列表框中选择图像文件格式。Photoshop 的默认格式的扩展名为 PSD。

第 6 步，完成上述设置后，单击“保存”按钮即可完成新图像的保存。

> 提示：如果图像中含有图层，且要保存这些层的内容，以便日后修改编辑，则只能使用 Photoshop 自身的格式（即 PSD 格式）或 TIFF 格式（此格式也可以保留图层）保存。

2. 将文件保存为其他图像格式

Photoshop 所支持的图像格式有二十多种，所以可以用 Photoshop 转换图像文件。

【操作步骤】

第 1 步，打开要转换格式的图像，选择“文件”|“存储为”命令或按 Ctrl+S 快捷键，打开“另存为”对话框。

第 2 步，在“另存为”对话框中设置文件保存位置、文件名，并在“保存类型”下拉列表框中选择一种图像格式，如选择 JPG。

> 提示：当用户选择了一种图像格式后，对话框下方的“存储选项”选项组中的选项内容均会发生相应的变化，要求用户选择要保存的内容。

第 3 步，设置完毕，单击“保存”按钮。

第 4 步，此时显示如图 15.19 所示的对话框，在其中设置相关选项，单击“确定”按钮，即可将图像保存为其他格式的图像。

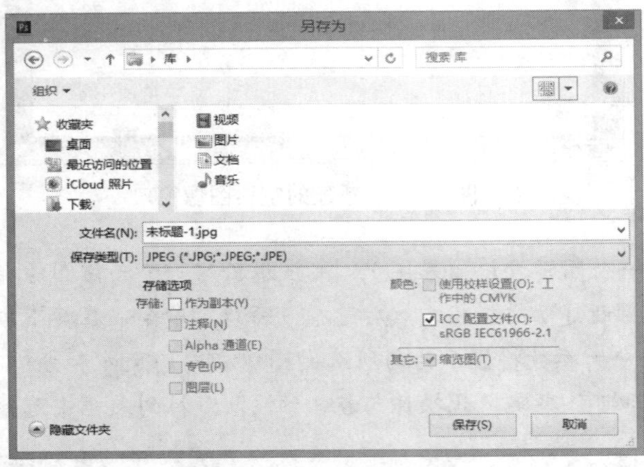

图 15.18 “另存为”对话框

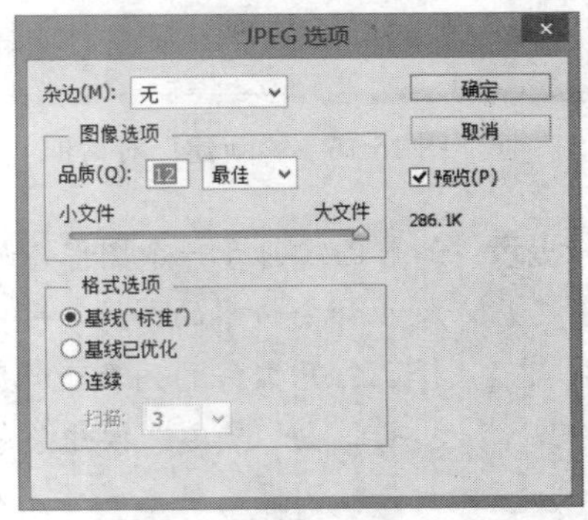

图 15.19 “JPEG 选项”对话框

> 提示：在保存为不同格式的图像文件时，会因所保存文件格式的不同而打开类似图 15.19 所示的对话框，要求用户设置相应的保存内容，例如，选择 TIFF、JPEG 等格式，打开的对话框不相同。Photoshop 支持多种文件格式，不同的格式有不同的特点。

15.3.3 打开图像

要对已存在的图像进行编辑，必须先打开图像。打开图像有以下几种方法。

1. 常规打开方法

【操作步骤】

第 1 步，选择“文件”|“打开”命令或按 Ctrl+O 快捷键，打开“打开”对话框，如图 15.20 所示。双击 Photoshop 灰色工作区也可以打开“打开”对话框。

图 15.20　“打开”对话框

第 2 步，在“查找范围”下拉列表框中查找图像文件所存放的位置，即所在驱动器或文件夹。在“文件类型”下拉列表框中选定要打开的图像文件格式，若选择“所有格式”选项，则全部文件都会显示在对话框中。

第 3 步，选中要打开的图像文件，单击“打开”按钮可以打开图像。

提示：如果要一次打开多个图像，可以在“打开”对话框中选中多个文件，方法是先单击第 1 个文件，然后按住 Shift 键，单击要选择的最后一个文件，可以选中多个连续的文件；若按住 Ctrl 键不放，然后单击要选取的文件，可选中多个不连续的文件。

注意：如果用户计算机的内存和磁盘空间太少，将无法打开多个文件，如果文件过大，也有可能无法打开图像。这是因为打开的文件数量取决于用户使用的计算机的内存和磁盘空间的大小，内存和磁盘空间越多，能打开的文件数目也就越多。

2. 打开指定格式的图像

【操作步骤】

第 1 步，选择“文件”|“打开为”命令，打开“打开为”对话框，此对话框与“打开”对话框基本相同。

提示：如果按住 Alt 键再双击 Photoshop 灰色工作区也可以打开“打开为”对话框。

第 2 步，在“打开为”对话框的“文件类型”下拉列表框中选择指定格式的图像，例如，用户要打开 TIP 格式的图像，就需要在“文件类型”下拉列表框中选择 TIP 格式。

第 3 步，在“打开为”对话框的文件列表中选择要打开的文件。

第 4 步，单击“打开”按钮即可打开文件。

3. 打开最近使用过的图像

当用户在 Photoshop 中保存并打开文件后，在“文件”|“最近打开文件”子菜单中就会显示出以前编辑过的图像文件，所以利用“文件”|“最近打开文件”子菜单中的文件列表即可快速打开最近使用过的文件。

15.3.4　置入图像

在 Photoshop 中允许插入一些图像。要将图像文件插入到当前图像中，操作如下。

【操作步骤】

第 1 步，新建或打开一个要向其中插入图形的图像。

Note

第 2 步，选择“文件”|“置入”命令，打开“置入”对话框，如图 15.21 所示。

第 3 步，在“查找范围”下拉列表框中找到文件存放的位置，并选定要插入的文件，然后单击“置入”按钮。

第 4 步，出现一个浮动的对象控制框，如图 15.22 所示，用户可以改变控制框的位置、大小和方向。完成调整后在框线内双击或按 Enter 键确认插入。

图 15.21 “置入”对话框

图 15.22 对象控制框

提示：如果按 Esc 键则取消图像的插入。

15.4 修改网页图像

不管是打开的图像，还是新建的图像，往往都需要进行修改，以适应网页设计要求，如修改图像尺寸、图像分辨率、图像裁切等。

15.4.1 修改图像尺寸和分辨率

分辨率是指在单位长度内所含有的点（即像素）的多少。图像品质的好坏与图像分辨率有直接关系，分辨率越高说明图像越精细、越清晰。

在处理网页图像时，有时需要在不改变分辨率的情况下改变图像尺寸，有时需要在不改变图像尺寸的情况下改变图像分辨率。这些更改都需要改变图像的像素尺寸，文件大小也就相应改变了。在减少像素时，信息会从图像中删除，在增加像素时，会在现有的像素颜色值的基础上添加新的像素信息。

要更改图像尺寸，可选择“图像”|“图像大小”命令，此时会打开如图 15.23 所示的“图像大小”对话框，在其中可以调整图像大小，或者重设图像分辨率。完成设置后，单击“确定”按钮即可按用户

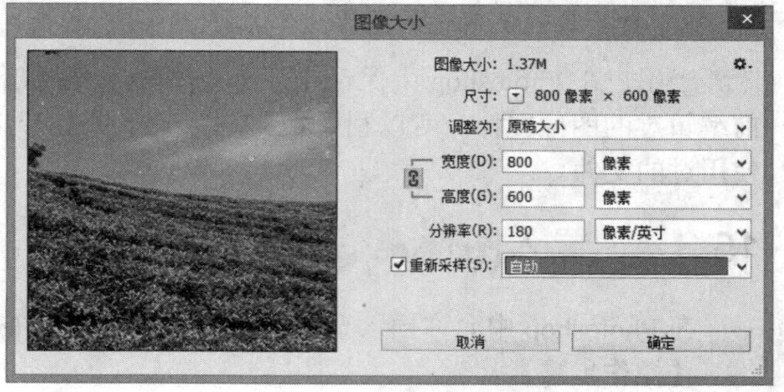

图 15.23 “图像大小”对话框

要求改变分辨率或尺寸。

> 提示：在实际操作中，经常只改变图像尺寸和分辨率中的一个数值，而保留另一个数值不变：如果要固定图像尺寸而更改分辨率，则只要更改分辨率的数值，尺寸数值保留不变即可；如果要固定分辨率而更改图像尺寸，则只要更改尺寸数值，分辨率的数值保留不变即可。

15.4.2 修改画布大小

画布是指绘制和编辑图像的工作区域，也就是图像显示区域。调整画布大小可以添加或删除现有图像周围的工作空间。用户可以通过减小画布区域来裁剪图像；添加画布会在图像之外增加空白区域，并以与背景相同的颜色或透明度填充。

【操作步骤】

第 1 步，先选择“图像”|“画布大小”命令，打开“画布大小”对话框，如图 15.24 所示。

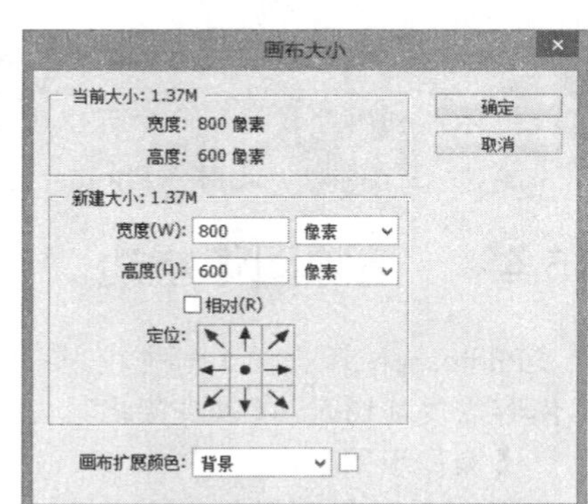

图 15.24 “画布大小”对话框

第 2 步，在该对话框中设置如下选项。

☑ “当前大小”选项组：显示当前图像的实际大小。

☑ “新建大小”选项组：在这个选项组中，可以设置调整图像之后的“宽度”和“高度”值。当该值大于图像的原尺寸时，Photoshop 会在原图像的基础上增加工作区域，反之，当该值小于原图像尺寸时，则会把被缩小的部分裁切掉。

- ➢ “相对”复选框：选中此复选框后，“宽度”和“高度”的值将初始化为 0，这时所设置的值将是相对于“定位”选项中某一位置的尺寸。
- ➢ “定位”选项：在此设置画布以某一位置为中心进行缩放，默认情况下，是以图像中心的方格为中心。例如，选择左上角的方格，则完成画布调整后，如果调整后的图像大于原图像，那么在左下角将出现空白区域；而如果调整后的图像小于原图像，则裁剪掉左下角超出的内容。

第 3 步，完成上述设置后，单击“确定”按钮完成操作即可。

15.4.3 裁切图像

如果用户需要将图像四周的多余部分删除时，可以使用 Photoshop 提供的裁切功能。有两种方法可以进行裁切操作。

1. 使用裁切工具

使用裁切工具进行裁切是最方便快捷的方法，不仅可以随意控制裁剪的大小，还可以旋转图像和更改图像的分辨率。

【操作步骤】

第 1 步，在工具箱中选择裁切工具，若在选定裁切区域时同时按下 Shift 键，则可选择一个正方形裁切区域；若同时按下 Alt 键，则选取以开始点为中心的裁切区域。若同时按下 Shift 和 Alt 键，则选取以开始点为中心的正方形裁切区域。

第 2 步，用鼠标拖曳出图像裁切的范围，如图 15.25 所示。

第 3 步，在图像中分别调节裁切区域的控制点，将裁切区域调节到满意的范围，被裁切区域将以深灰色显示。

第 4 步，调节好裁切范围后，按 Enter 键或在裁切区域内双击（也可单击选项栏右侧的✔按钮或选择“图像”|“裁切”命令）即可完成裁剪操作。如果想取消裁切操作，可以按 Esc 键或单击选项栏右侧的⊘按钮取消。

Note

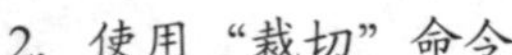

2. 使用“裁切”命令

也可以使用“图像”菜单中的“裁切”命令进行裁切。

【操作步骤】

第 1 步，先用选取工具，如选框工具、套索工具或魔棒工具等，在图像中选取一个选择区域。

第 2 步，选择“图像”|“裁切”命令即可将四周不需要的内容裁切掉。

提示：利用“裁切”命令可以对任何一个形状的选取范围（即使是使用魔棒工具选取的范围）进行裁切，此时，Photoshop 就以选取范围四周最边缘位置的像素为基准进行裁切。

15.4.4 清除图像空边

Photoshop 还提供了一种较为特殊的裁切方法，即裁切图像空白边缘，也就是当图像四周出现空白内容需要裁切时，可以直接将其去除，而不必像使用裁切工具那样需要经过选取裁切范围才能裁切。

【操作步骤】

第 1 步，打开要裁切的图像，如果发现图中四周有很多空白区域，可以选择“图像”|“裁切”命令，打开“裁切”对话框，如图 15.26 所示。

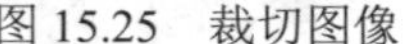

图 15.25 裁切图像

图 15.26 裁切图像

第 2 步，在该对话框中设置各选项，选项含义如下。

☑ “基于”选项组：在该选项组中选择一种裁切方式，是基于某个位置进行裁切。若选中“透明像素”单选按钮，则以图像中有透明像素的位置为基准进行裁切（该单选按钮只有在图像中没有背景图层时有效）；若选中“左上角像素颜色”单选按钮，则以图像左上角位置为基准进行裁切；若选中“右下角像素颜色”单选按钮，则以图像右下角位置为基准进行裁切。

☑ “裁切”选项组：在该选项组中选择裁切的区域，即图像的“顶”、“左”、“底”和“右”，如果选中所有复选框，则裁切四周空白边缘。

第 3 步，单击“确定”按钮完成裁切。

15.5 编辑网页图像

在平面设计过程中，复制、移动和粘贴图像，以及对图像中的图层进行缩放和旋转等，都是常用的编辑操作，熟练掌握这些操作可以大大提高工作效率。

15.5.1 移动图像

在编辑图像时，图像位置不一定合适，尤其是粘贴复制的图像时，新粘贴的图像位置不固定。使用“移动工具”可以将选区或图层拖动到图像中的一个新位置。移动图像有两种情况，一种是直接移动某一图层中的图像，另一种是移动选取范围中的图像。

1. 移动图层中的图像

要移动图像中某层图像内容，操作如下。

【操作步骤】

第 1 步，在“图层”面板中将该层设置为当前图层，如图 15.27 所示。

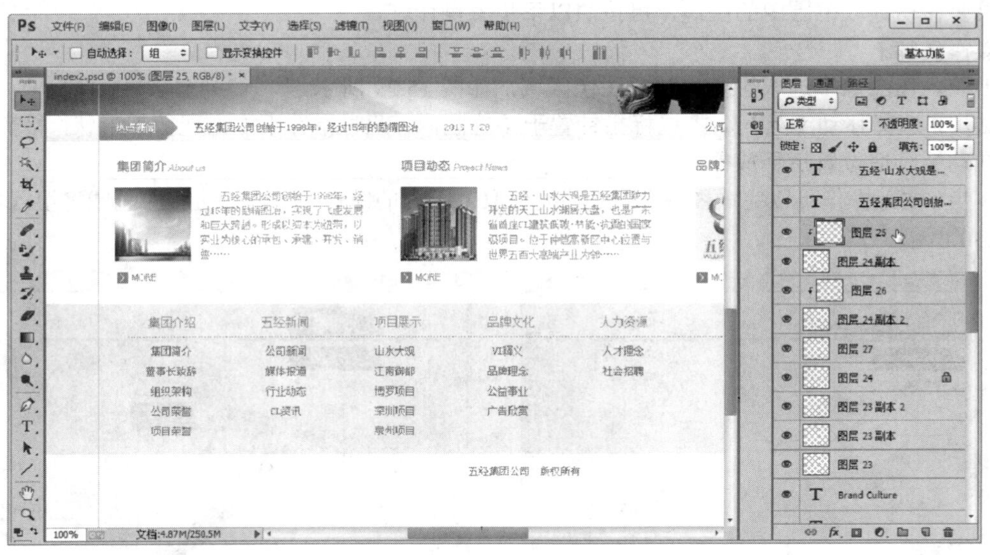

图 15.27 设置当前作用层

第 2 步，在工具箱中选择移动工具，把鼠标指针移动到被移动图像文件上，按住鼠标左键直接拖动，即可移动该图层中的图像，如图 15.28 所示。

提示：在移动图像时，如果当前所选取的工具是移动工具之外的工具，如选框工具，那么可以按 Ctrl 键移动图像。若按下 Shift 键的同时用移动工具移动图像，则可按水平、垂直或与水平、垂直成 45° 角的方向移动图像。若在按下 Alt 键的同时用移动工具移动，则可以在移动过程中复制原图像，功能相当于先复制再粘贴。若按下 Ctrl+Alt+方向键，则可按 4 个方向以 1px 为单位移动并复制图像。

Note

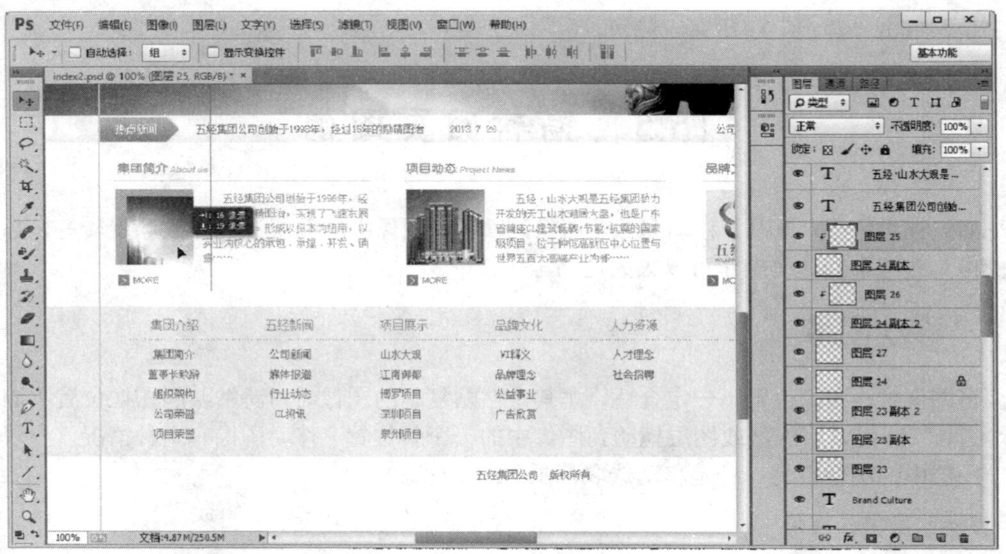

图 15.28　移动图层中的图像

2. 移动选取范围中的图像

如果要移动选取范围中的图像，可按照以下步骤操作。

【操作步骤】

第 1 步，在图像中选取想要移动的图像区域，如图 15.29 所示。

第 2 步，选择移动工具，把鼠标指针置于该选区内，此时指针下方出现剪刀形状，接着按住鼠标左键拖动至合适位置后释放鼠标。

第 3 步，如上操作可以完成图像移动。移动选取范围内的图像后，被移动后的区域将填入背景色，如图 15.30 所示。

图 15.29　选取要移动的图像区域

图 15.30　拖曳鼠标移动图像

15.5.2　复制和粘贴图像

复制和粘贴图像有以下几种方法，下面分别进行介绍。

Note

1. 一般复制和粘贴

一般情况下，要把一个图像中的内容复制到另一个图像中，需使用“编辑”菜单中的“复制”和“粘贴”命令。

【操作步骤】

第 1 步，选择要复制的图像区域和图层（把其设为当前图层），如图 15.31 所示。

第 2 步，选择“编辑”|“复制”命令或按 Ctrl+C 快捷键复制图像。

> **提示：** 如果用户在选取范围后选择“编辑”|“剪切”命令或按 Ctrl+X 快捷键，则将执行剪切操作。剪切是将选取范围内的图像剪切掉，并放入剪贴板中，所以，剪切区域内的图像会消失，并填入背景色。

第 3 步，打开要粘贴的图像，并选择“编辑”|“粘贴”命令或按 Ctrl+V 快捷键粘贴图像，得到如图 15.32 所示的效果。

图 15.31　复制图像

图 15.32　粘贴图像

2. 合并复制和粘贴入

在“编辑”菜单中提供了“合并复制”和“粘贴入”命令，这两个命令也是用于复制和粘贴，但是不同于“复制”和“粘贴”命令，其功能如下。

- ☑ 合并复制：该命令用于复制图像中的所有图层，即在不影响原图像的情况下，将选取范围内的所有图层都复制并放入剪贴板中。“合并复制”命令对应的快捷键为 Shift+Ctrl+C。
- ☑ 粘贴入：使用该命令之前，必须先选取一个范围。当执行该命令后，粘贴的图像只显示在选取范围之内。使用该命令能够得到一些意想不到的效果。“粘贴入”命令对应的快捷键为 Shift+Ctrl+V。

15.5.3 删除与恢复图像

1. 删除图像

要删除图像，必须先选取范围，指定清除的图像内容，然后选择“编辑”|“清除”命令或按 Delete 键即可，删除图像后的区域会填入背景色。

不管是复制操作还是删除操作，都可以配合使用羽化功能，先对选取范围进行羽化操作，然后进行剪切、复制或清除，这样可以使两个图层之间的图像更快地融合在一起，产生朦胧渐入的效果，如果羽化值为 0，粘贴图像的边界会非常整齐。

Note

2. 恢复图像

在编辑图像的过程中，只要没有保存图像，选择“文件”|“恢复”命令或按 F12 键，都可以将图像恢复至打开时的状态。若在编辑过程中进行了保存，则选择“恢复”命令后，恢复图像至上一次保存的画面，并将未保存的编辑数据丢弃。

15.5.4 还原与重做

当用户在操作过程中出现错误，或者是对执行滤镜的操作不满意时，可以使用“编辑”菜单中的“还原”命令还原上一次操作，此时，“还原”命令将变为“重做”命令，选择“重做”命令则可以重做已还原的操作。

在没有进行任何还原操作之前，“编辑”菜单中显示为“还原”命令。当执行还原命令后，该命令就变成“重做”命令。此外，还可以选择“编辑”菜单中的“向前”和“返回”命令进行还原和重做。

> 提示：“向前”、“返回”命令和“还原”、“重做”命令有不同之处，“还原”和“重做”命令只能还原和重做一次操作，而“向前”和“返回”命令可以还原和重做多次操作。不管是什么图像，编辑操作都可以用“还原”和“重做”命令，如果要更快地进行还原和重做，则可以按 Ctrl + Z 快捷键。

15.5.5 使用“历史记录”面板

“历史记录”面板主要用于还原和重做的操作。使用该面板比使用“还原”和“重做”命令更加方便。

选择“窗口”|“历史记录”命令，打开“历史记录”面板，如图 15.33 所示，可以看出该面板由两部分组成，上半部分显示快照的内容；下半部分显示编辑图像时的每一步操作（即历史记录状态），每一个状态都按操作的先后顺序从上至下排列。

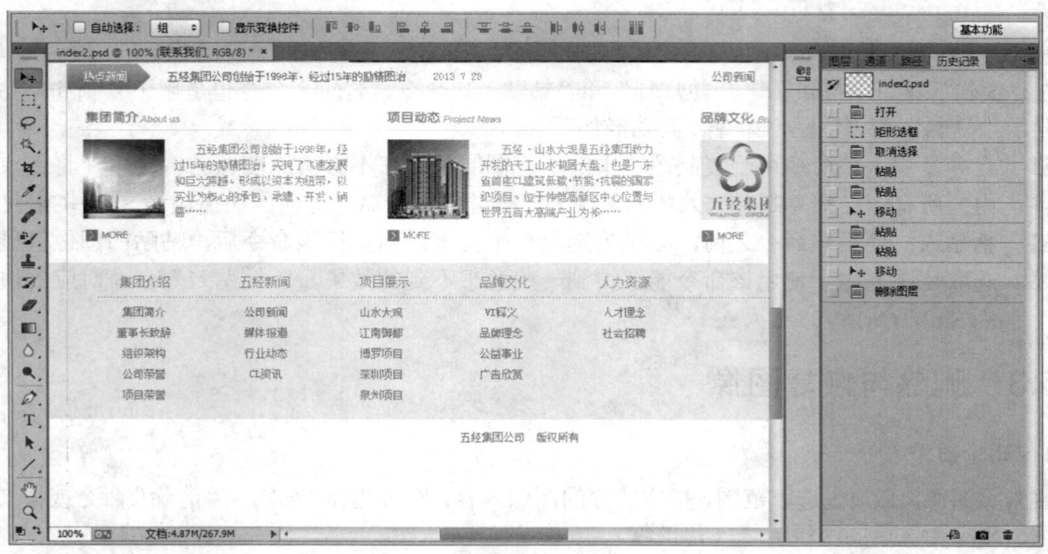

图 15.33　使用“历史记录”面板恢复某一步操作

如果想恢复图像到某一步操作，则只需在历史记录状态中单击想要恢复的状态即可，单击后以蓝色显示出当前作用状态（其左侧有一个历史记录状态滑块）。同时，图像窗口中的图像也将恢复为与当前所选的作用状态相一致的显示效果。“历史记录”面板的最大优点就是用户可以有选择地恢复至某一步操作。

Note

提示： 默认设置下，删除“历史记录”面板中某一状态时，其后面的状态都将被一并删除，除非在“历史记录选项”对话框中选择了“允许非线性历史记录”选项，则删除当前状态时并不会删除其后面的状态。

15.6 修饰网页图像

当导入外部素材图像时，难免会出现瑕疵，所以经常需要对素材图像进行修饰，以达到最佳效果。

15.6.1 使用橡皮擦工具

使用橡皮擦工具可以除去图像前景色，填入背景色。如图 15.34 所示，图像中相框部分有一朵小花，由于附近没有复杂的像素，因此，使用橡皮擦工具可以很轻松地擦除，只要在工具箱中选择橡皮擦工具后，移动鼠标指针到图像的杂点位置按下鼠标左键拖动进行擦除即可，当然在此之前选取的背景色应为白色。

当擦除点附近的图像颜色是如图 15.35 所示的图像颜色时，仍直接用橡皮擦工具擦除就不行了，应按如下步骤进行。

图 15.34　使用橡皮擦工具擦除前景色

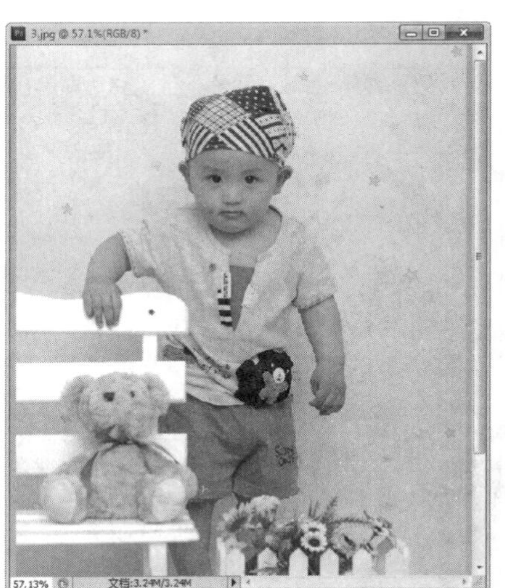

图 15.35　有杂点的图像

【操作步骤】

第 1 步，打开要修饰的图像，然后在工具箱中选择放大镜工具，并在图像窗口中按住鼠标左键拖动进行局部放大，如图 15.36 所示。

第 2 步，放大图像后，用吸管工具在图像杂点附近按下 Alt 键并单击选取背景颜色，如图 15.37 所示。

Note

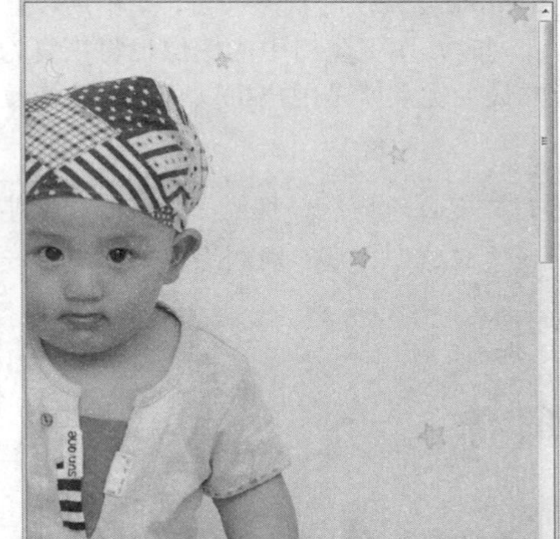
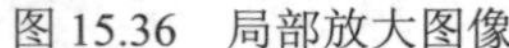

图 15.36　局部放大图像

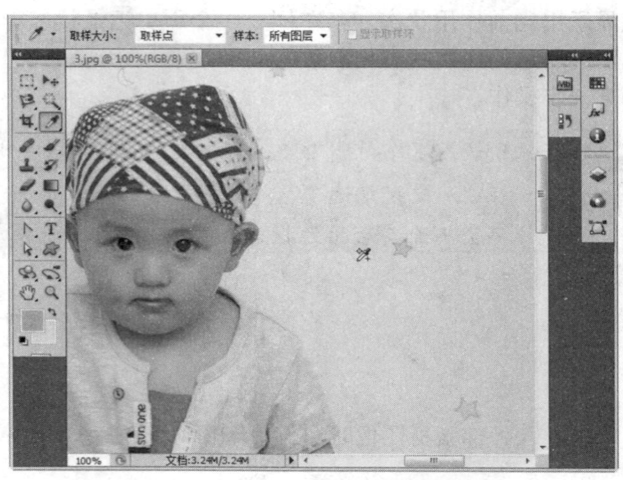

图 15.37　选取杂点附近的图像颜色

第 3 步，在工具箱中选择橡皮擦工具，并设置橡皮擦工具栏选项，选择擦除模式为"画笔"，并选择一个适当大小的画笔（不可太大，最好选择软边画笔），然后移动鼠标指针到图像杂点处，单击或按住鼠标左键拖动，将杂点擦除即可，如图 15.38 所示。

第 4 步，按照上面的方法将所有杂点擦除并恢复原始大小，即得到如图 15.39 所示的效果。当然，在此擦除过程中，需要进行多次选取背景颜色的操作，因为不同位置的颜色值不同，为了更精确地恢复，应选取杂点最近的像素颜色进行恢复。

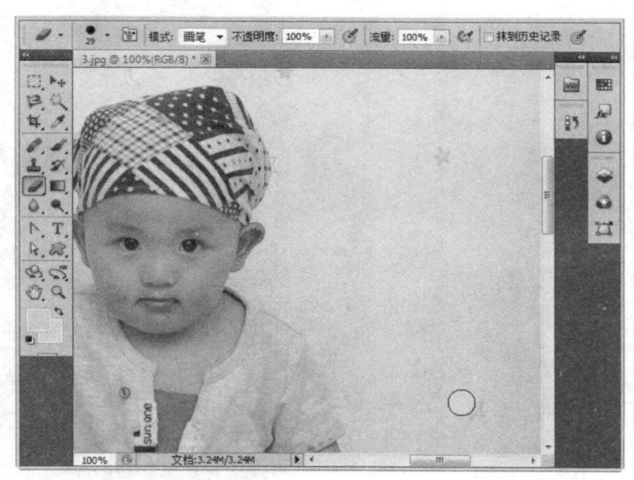

图 15.38　擦除杂点

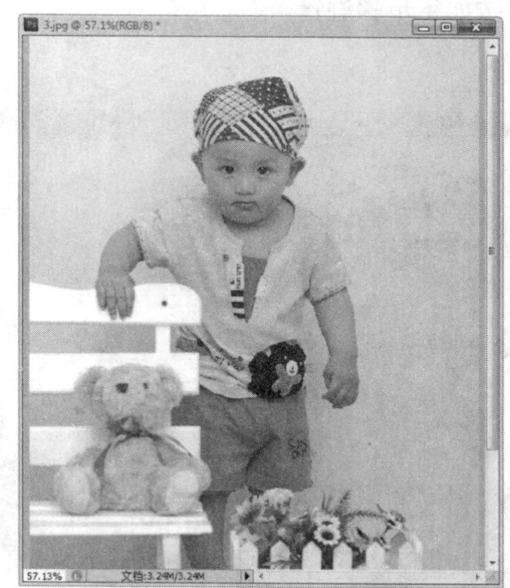

图 15.39　恢复图像大小后的效果

15.6.2　使用图章工具

图章工具共分为两类：仿制图章工具和图案图章工具。使用仿制图章工具能够将一幅图像的全部或部分复制到同一幅图或其他图像中；使用图案图章工具可以将用户定义的图案内容复制到同一幅图或其他图像中。下面先介绍如何使用仿制图章工具。

【操作步骤】

第 1 步，在工具箱中选择仿制图章工具，此时鼠标指针移到图像窗口中变成○形状，按住 Alt 键在图像中单击定位取样点（此时鼠标指针变成⊕），如图 15.40 所示，单击处即为取样点。

第 2 步，执行第 1 步操作后，取样复制后的内容会被存放到 Photoshop 的剪贴板中。接着需要进行粘贴操作，将鼠标指针移到当前图像或另一幅图像中，单击并来回拖动鼠标即可完成。

在仿制图章工具的工具栏中，用户可以设置仿制图章工具的画笔大小、颜色混合模式、不透明度和流量参数。除此之外，还有以下两个选项，其功能如下。

☑ “对齐的”复选框：选中此复选框，在绘制图形时，不论中间停止多长时间，再下笔复制图像都不会间断图像的连续性，如图 15.41 所示就是在这种工作方式下复制的图像。而未选中“对齐的”复选框，中途停下并再次开始复制时，就会以上次停止后再次单击的位置为中心，从最初取样点进行复制，因此能够连续复制多个相同的图像，如图 15.42 所示。

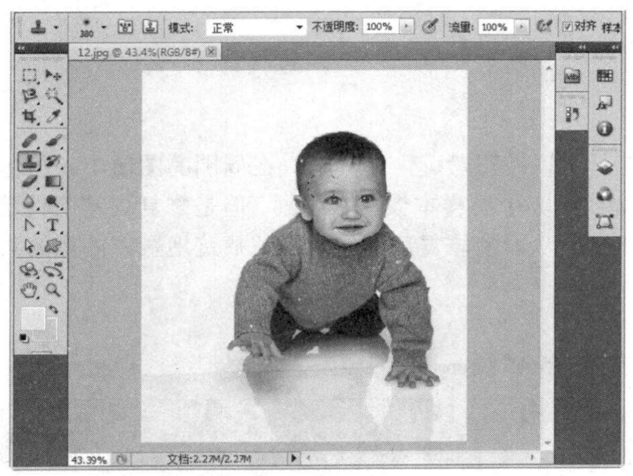

图 15.40　单击定位取样点

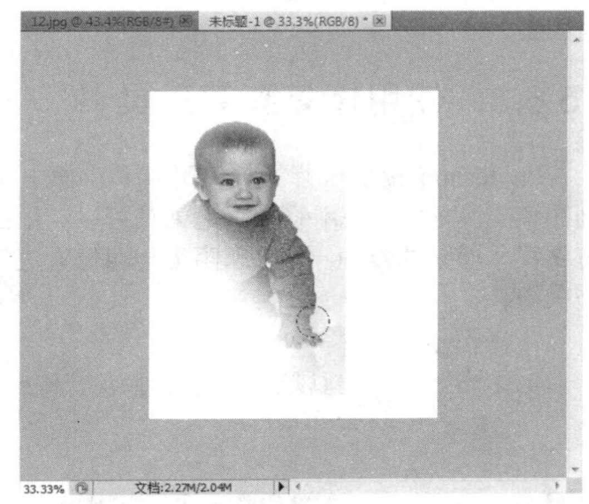

图 15.41　选中“对齐的”复选框时复制的图像

☑ “用于所有图层”复选框：选中此复选框，可以在所有可见的图层上取样。若取消选中该复选框，则只对当前图层取样。

了解了仿制图章工具的功能后，即可使用该工具修饰图像，如图 15.43 所示，图像中有一些黑色的杂点，现在要将这些杂点去除，可以执行如下操作。

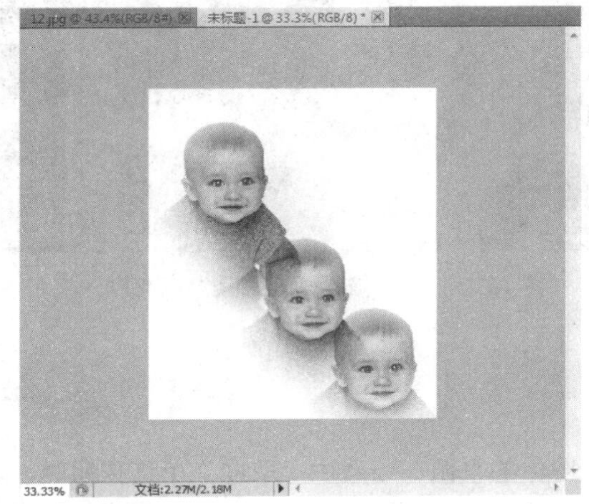

图 15.42　未选中“对齐的”复选框时复制的图像

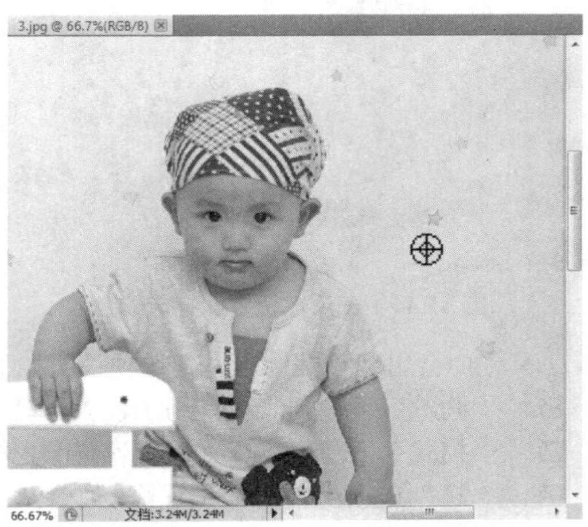

图 15.43　定位取样点

【操作步骤】

第 1 步，选择仿制图章工具，并在工具栏中设置相应的画笔大小，模式设置为“正常”，不透明度、流量均设为 100%，取消选中“对齐的”复选框，这样可以在再次复制时重定取样点，从而易于操作。

第 2 步，移动鼠标指针到图像杂点位置附近并按住 Alt 键单击取样，如图 15.43 所示。

第 3 步，复制图像后，再移动鼠标指针到杂点位置处，按下鼠标左键拖动即可将取样点的颜色粘贴到杂点位置，以盖住杂点，从而达到修正图像的目的，如图 15.44 所示。

第 4 步，同样，使用仿制图章工具修正图像时，也需要经过多次定点取样，才能更准确地恢复图像。

另外一个图章工具是图案图章工具，该工具的功能和使用方法类似于仿制图章工具，但取样方式不同。在使用此工具之前，用户必须先定义一个图案，然后才能使用图案图章工具在图像窗口中复制出图案。

15.6.3 使用修复画笔工具

Photoshop 提供了修复画笔工具，使用此工具可以校正瑕疵，使其消失在周围的图像中。与仿制图章工具一样，使用修复画笔工具可以利用图像或图案中的样本像素来绘画。但是修复画笔工具还可将样本像素的纹理、光照和阴影与源像素进行匹配，从而使修复后的像素不留痕迹地融入图像的其余部分。

【操作步骤】

第 1 步，选择工具箱中的修复画笔工具，如图 15.45 所示。

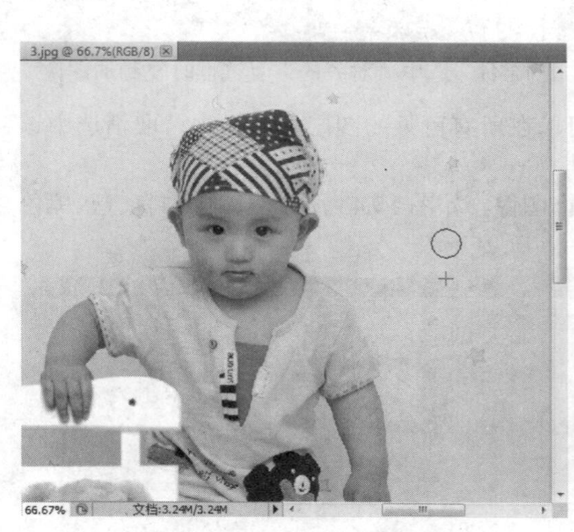

图 15.44　在杂点位置涂抹

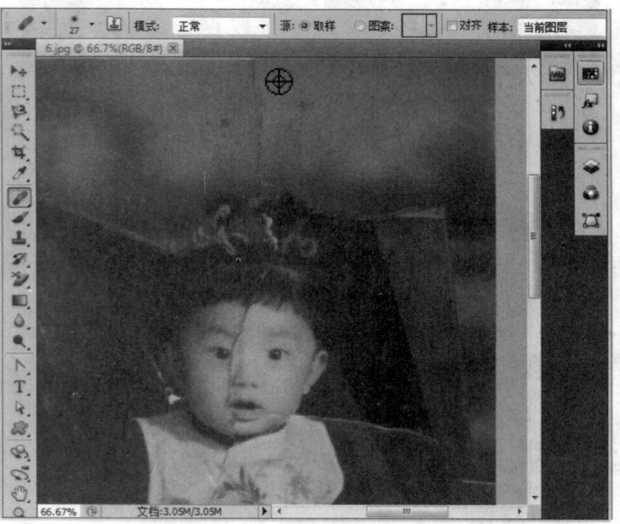

图 15.45　使用修复画笔工具定点取样

工具栏中会出现相关选项，各选项说明如下。

☑　“画笔”下拉列表框：用于设置画笔。

☑　“模式”下拉列表框：用于设置颜色模式。

☑　“源”选项组：用于设置修复画笔工具复制图像的来源。当选中“取样”单选按钮时，表示单击图像中某一点位置来取样；选中“图案”单选按钮表示使用 Photoshop 提供的图案来

取样。

☑ “对齐”复选框：此复选框的功能与仿制图章工具中的“对齐”复选框完全相同。

第 2 步，假设在工具栏中选中“取样”单选按钮，以单击位置来确定点取样，接着移动鼠标指针到图像窗口中，按住 Alt 键在图像中单击定点取样（此时鼠标指针变为⊕），如图 15.45 所示。

第 3 步，执行第 2 步操作后，取样复制后的内容会被存放到 Photoshop 的剪贴板中。接着进行粘贴操作，将鼠标指针移到当前图像窗口中有杂点的位置，按住鼠标左键并来回拖动，如图 15.46 所示。

第 4 步，多次重复第 2 步和第 3 步的操作即可将全部杂点与背景图融合在一起，如图 15.47 所示。

Note

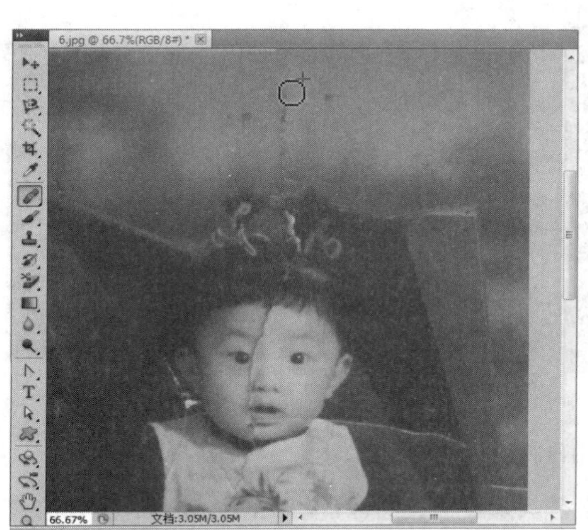

图 15.46　按住鼠标左键拖动并粘贴图像

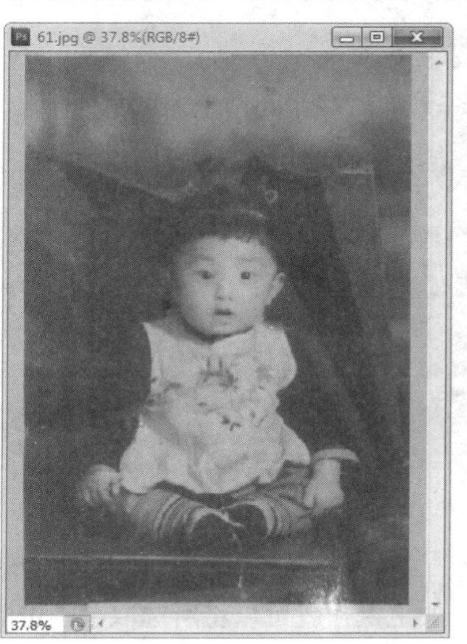

图 15.47　最终完成的效果

15.6.4　使用修补工具

使用修补工具可以用其他区域或图案中的像素来修复选中的区域。像修复画笔工具一样，修补工具会将样本像素的纹理、光照和阴影与源像素进行匹配。还可以使用修补工具来仿制图像的隔离区域。

【操作步骤】

第 1 步，打开一幅要进行修饰的图像，在工具箱中选择修补工具，然后将鼠标指针移到图像中，在与杂点位置像素颜色相近的区域按住鼠标左键不放，选取一个范围，如图 15.48 所示。

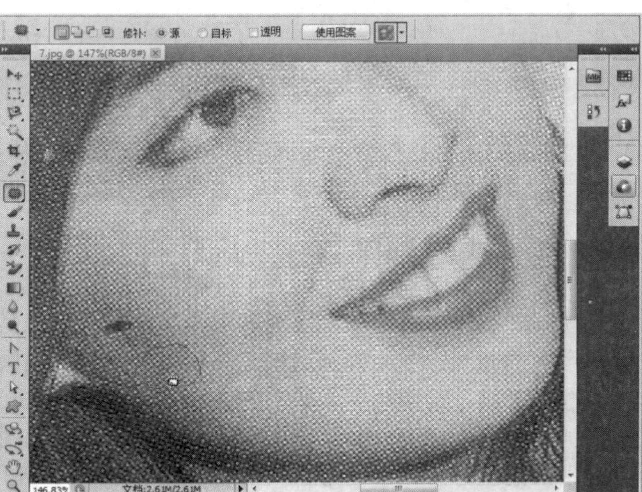

图 15.48　使用修补工具选取范围

第 2 步，在工具栏中选中“目标”单选按钮。

☑ “目标”单选按钮：选中此单选按钮，则合成后的效果是将选取范围中的图像与目标区域中的图像进行融合。

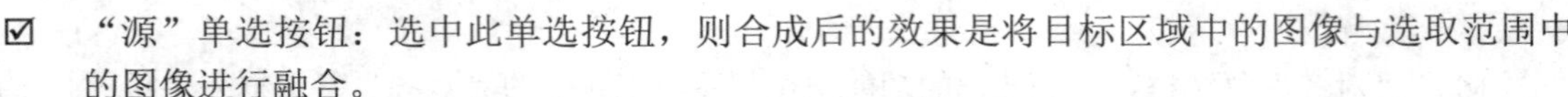

☑ “源”单选按钮：选中此单选按钮，则合成后的效果是将目标区域中的图像与选取范围中的图像进行融合。

第 3 步，将鼠标指针移到选取范围中，按住鼠标左键并拖动到有杂点的位置，放开鼠标，效果如图 15.49（a）所示。

Note

第 4 步，Photoshop 经过运算会自动将补丁粘贴到修补范围，并和原图案融合生成新图案，如图 15.49（b）所示。

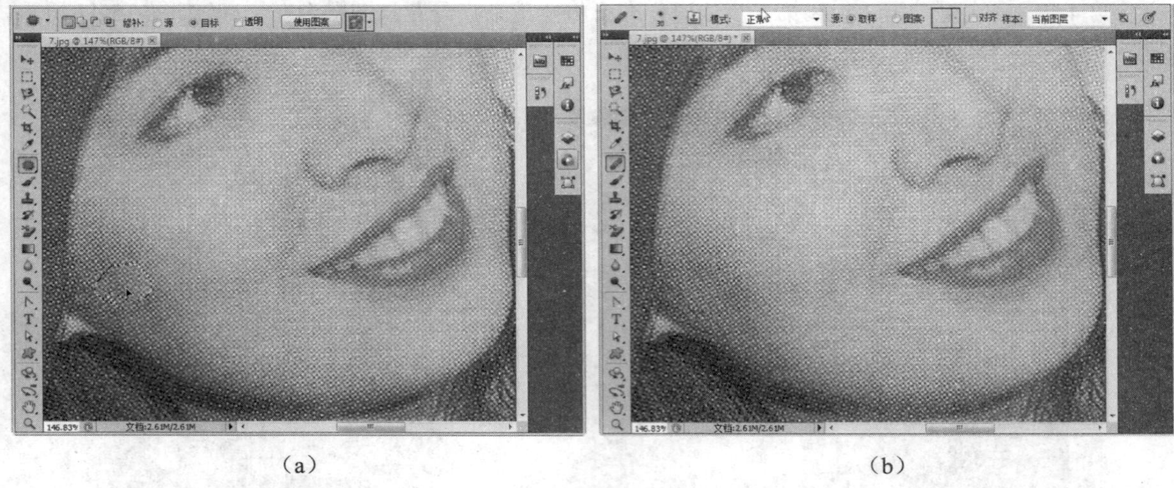

（a）　　（b）

图 15.49　使用修补工具修饰图像

如上操作就可以将所选取范围中的图像像素替代杂点位置的像素，从而达到修补图像的目的。

提示：如果在修补工具的工具栏中单击“使用图案”按钮，则可以将当前选中的图案应用到当前选取的范围中。

15.7　选取范围

Photoshop 主要是使用选框工具、套索工具、魔棒工具等工具来创建选区，也可以使用色彩范围命令、通道、路径等方式创建不规则选区，以实现对图像的灵活处理。

15.7.1　选取规则区域

规则形状范围的选取主要通过工具箱中的选框工具来完成。使用工具箱中的矩形选框工具可以选取一个矩形范围，使用椭圆选框工具可以直接绘制出圆形和椭圆形范围。

选框工具是最常用、最基本的选取方法。按下 Shift 键拖动，可以选取一个正方形或者圆形范围。按下 Alt 键拖动，可以选取一个以起点为中心的矩形。按下 Alt 和 Shift 键拖动，则可以选取一个以起点为中心的正方形或者圆形。

如果要取消所选取范围，可以在图像窗口中单击，或者选择“选择”|“取消选择”命令，或按 Ctrl+D 快捷键即可。选取范围可以隐藏，方法是选择“视图”|“显示”|“选区边缘”命令，或按 Ctrl+H 快捷键。隐藏选区的作用是便于查看图像的实际效果，例如，执行滤镜或完成填充后的效果。当选取

范围被隐藏后，如果又选取了新的范围，则隐藏的选取范围将不再存在。

在选框工具选项栏中一般提供各种按钮或者参数，如图 15.50 所示，简单说明如下。

图 15.50 选框工具选项栏

☑ “新选区”按钮：选中任意一种选框工具后的默认状态，此时即可选取新的范围。

☑ “添加到选区”按钮：单击此按钮后，新选中的区域和以前的选取范围合并为一个选取范围。

☑ “从选区减去”按钮：单击此按钮后进行选取操作时，不会选取新的范围，这将发生两种情况——要选择的新区域与以前的选取范围没有重叠部分，则图像不发生任何变化；新选中的区域若与以前的选取范围有重叠，重叠的部分将从以前的选取范围中减掉。

☑ “与选区交叉”按钮：单击此按钮后进行选取操作时，会在新选取范围与原选取范围的重叠部分（即相交的区域）产生一个新的选取范围，而两者不重叠的范围则被删减；如果选取时在原有选取范围之外的区域选取，则会出现一个警告对话框，单击“确定”按钮后，将取消所有选取范围。

☑ “羽化”文本框：在该文本框中输入数值，可以设置选取范围的羽化功能。设置羽化功能后，在选取范围的边缘部分会产生渐变晕开的柔和效果，其羽化的取值范围在 0～250px 之间。

☑ “消除锯齿”复选框：选中此复选框后，选取的范围具有消除锯齿功能，这时进行填充或删除选取范围中的图像都不会出现锯齿，从而使边缘平顺。这是因为 Photoshop 的图像是由像素组合而成的，而像素实际上是正方形的色块。因此在图像中有斜线或圆弧的部分就容易产生锯齿状的边缘，当分辨率越低时，锯齿就越明显。而选中“消除锯齿”复选框后，Photoshop 会在锯齿之间填入介于边缘与背景色的中间色调的色彩，使锯齿的硬边变得较为平滑。因此，肉眼就不易看出锯齿，从而使画面看起来更为平顺。

15.7.2 选取不规则区域

利用 Photoshop 处理和编辑图像，更多时候是选择不规则区域，此时就需要使用套索工具和魔棒工具等来选取形状不规则的选区。

1. 使用套索工具

使用套索工具可以选取形状不规则的曲线区域。

【操作步骤】

第 1 步，在工具箱中选择套索工具。

第 2 步，在套索工具的工具栏中设置“羽化”选项并选中“消除锯齿”复选框。

第 3 步，移动鼠标指针到图像窗口中，然后拖动鼠标选取需要选定的范围，当鼠标指针回到选取的起点位置时释放鼠标，这样就可以选择一个不规则的选取范围，如图 15.51 所示。

第 4 步，如果选取的曲线终点未回到起点，Photoshop 会自动封闭未完成的选取区域。

在用套索工具选取时，如果按住 Delete 键不放，可以使曲线逐渐变直，直到最后删除当前所选内容，但要注意按下 Delete 键时最好停止用鼠标拖动。在未放开鼠标按键之前，若按一下 Esc 键，则可以直接取消刚才选取的内容。

Note

图 15.51　使用套索工具选取

2. 使用多边形套索工具

使用多边形套索工具可以选择不规则形状的多边形，如三角形、梯形和五角星等。

【操作步骤】

第 1 步，在工具箱中选择多边形套索工具，在工具栏中设置“羽化”选项并选中“消除锯齿”复选框。

第 2 步，将鼠标指针移到图像窗口中单击以确定开始点。

第 3 步，移动鼠标指针至想改变选取范围方向的转折点处并单击。

第 4 步，确定好全部选取范围并回到开始点时，鼠标指针右下角会出现一个小圆圈，表示可以封闭此选取范围，单击即可完成选取操作。如果选取线段的终点没有回到起点，那么双击后，Photoshop 就会自动连接终点和起点，形成一个封闭的选取范围，如图 15.52 所示。

图 15.52　用多边形套索工具选取

若在选取时按下 Shift 键，则可按水平、垂直或 45°角的方向选取线段。若在选取时按一下 Delete 键，则可删除最近选取的线段；若按住 Delete 键不放，则可删除选取的所有线段；若按 Esc 键，则取消当前选取范围。

3. 使用磁性套索工具

磁性套索工具是一个方便、准确、快速的选取工具，使用此工具可以根据选取边缘在指定宽度内不同像素的颜色值的反差来确定选取范围。

【操作步骤】

第 1 步，在工具箱中选择磁性套索工具。

第 2 步，移动鼠标指针至图像窗口中，单击确定选取的起点，然后沿着要选取的物体边缘（如图 15.53 所示的人物边缘）移动鼠标指针（注意，不需要按下鼠标左键拖动），当选取终点位置回到起点位置时，鼠标指针右下角会出现一个小圆圈，此时单击即可准确完成选取。

第 3 步，在选取过程中，按一下 Delete 键可以删除一个节点，如果按下 Esc 或 Ctrl+ • 键，则可取消当前选取操作。

磁性套索工具的工具选项栏提供了许多参数供用户设置，如图 15.53 所示，通过这些参数的设置，可以更准确、更好地选取范围。

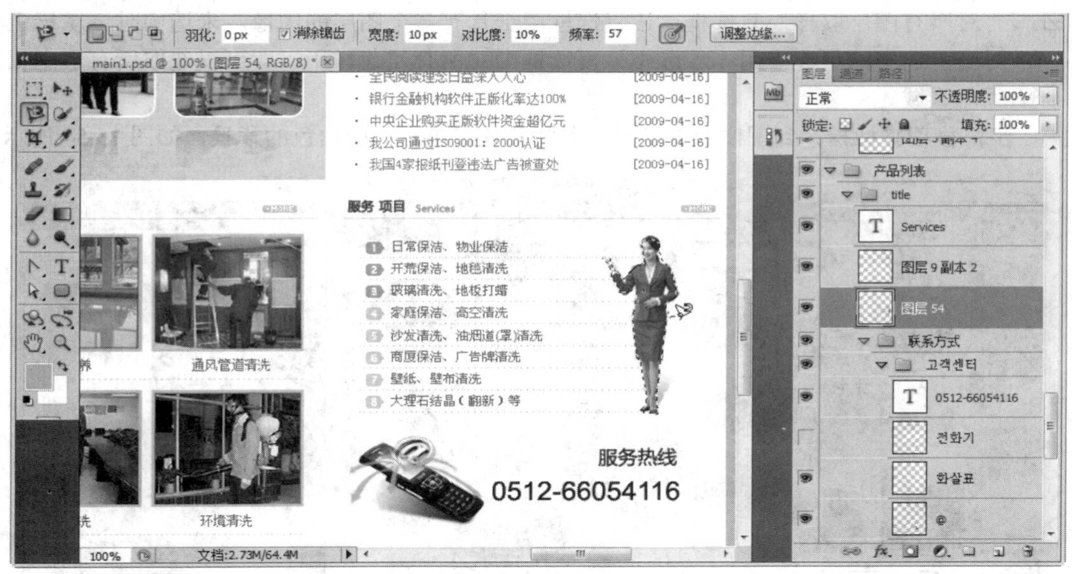

图 15.53　磁性套索工具的工具栏

- ☑ “羽化”文本框和“消除锯齿”复选框：这两项功能与选框工具的工具栏中的功能一样，这里不再重复。
- ☑ “宽度”文本框：用于设置磁性套索工具在选取时，指定检测的边缘宽度，其值在 1～40px 之间，值越小检测越精确。
- ☑ “频率”文本框：用于设置选取时的节点数。在选取路径中将产生很多节点，这些节点起到定位选择的作用。在选取时单击即可产生一个节点，便于指定当前选定的位置。在“频率”文本框中输入数值，范围在 0～100 之间，该值越高所产生的节点越多。
- ☑ “对比度”文本框：用于设置选取时的边缘反差，范围在 1%～100%之间。值越大反差越大，选取的范围越精确。

☑ “钢笔压力”按钮：用于设置绘图板的钢笔压力。该按钮只有安装了绘图板（一种类似鼠标的外接硬件设备）及其驱动程序时才有效。

Note

4. 使用魔棒工具

使用魔棒工具可以选取颜色相同或相近的区域。要将图像中的网页元素都抠出来，逐一选中是非常麻烦的，而使用魔棒工具就很简单。

【操作步骤】

第 1 步，在工具箱中选择魔棒工具。

第 2 步，在工具栏中设置以下参数。

☑ “容差”文本框：此文本框用来确定选取范围的容差，数值范围在 0～255 之间，其默认值为 32。输入的值越小，则选取的颜色范围越近似，选取范围也就越小。

☑ “消除锯齿”复选框：设置选取范围是否具备消除锯齿的功能。

☑ “连续”复选框：选中该复选框，表示只能选中与单击处邻近区域中的相近像素；而取消选中该复选框，则可以选中整个图像中符合像素要求的所有区域。在默认情况下，该复选框总是被选中的。

☑ “对所有图层取样”复选框：该复选框用于具有多个图层的图像。未选中时，魔棒工具只对当前选中的层起作用，若选中该复选框则对所有层起作用，即可以选取所有层中相近的颜色区域。

第 3 步，移动鼠标指针到图像的上半部白色背景处，单击选中白色的背景，如图 15.54 所示。

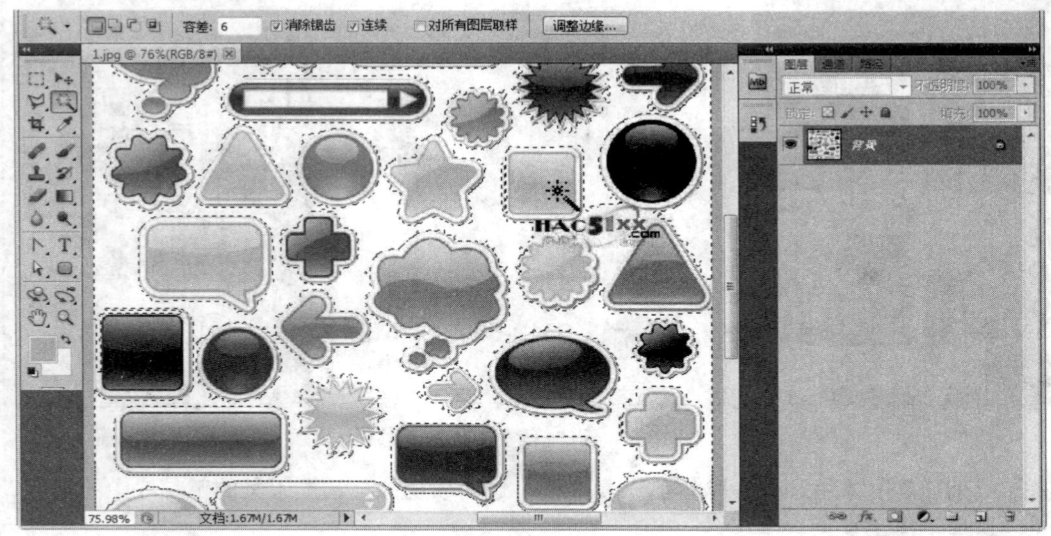

图 15.54 用魔棒工具选取

第 4 步，由于在选取时选中了“连续”复选框，因此，只选中上半部分白色区域，用户可以继续进行选取，按下 Shift 键再单击其他未选取的白色部分即可。当然，也可以取消选中工具栏中的“连续的”复选框，再次单击选取。

第 5 步，如果想选中图像中的网页元素，可以将选取范围反选，方法是选择“选择”菜单中的“反选”命令，或者按 Shift+Ctrl+I 组合键，此时就可以得到如图 15.55 所示的选取效果。

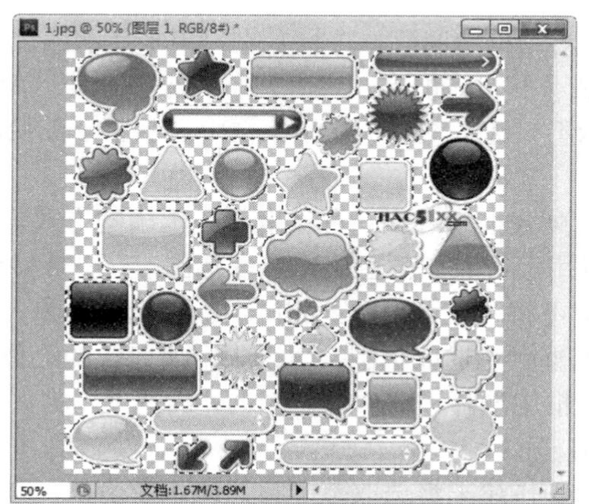

图 15.55 用魔棒工具快速抠出的网页元素效果

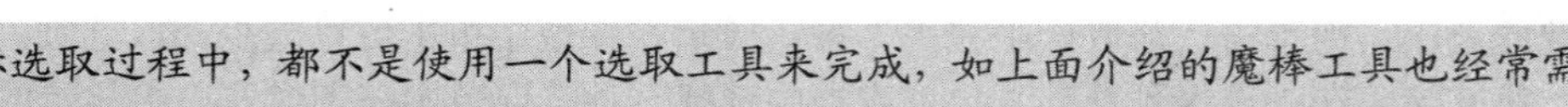

提示： 在实际选取过程中，都不是使用一个选取工具来完成，如上面介绍的魔棒工具也经常需要结合“选择”菜单中的命令选取范围，下面介绍这几个命令的功能和操作。

- ☑ 全选：选择此命令可以将图像全部选中，对应快捷键为 Ctrl+A。
- ☑ 取消选择：选择此命令可以取消已选取的范围，对应快捷键为 Ctrl+D。
- ☑ 重新选择：选择此命令可以重复上一次的范围选取，对应快捷键为 Shift+Ctrl+D。
- ☑ 反选：选择此命令可将当前选取范围反转，即以相反的范围进行选定，对应快捷键为 Shift+Ctrl+I。

5. 使用“色彩范围”命令

魔棒工具虽然是很好的选择工具，但也有其局限性，当用户对所选区域不满意时，只能重新选择。Photoshop 提供了一个很好的选取范围命令，即“色彩范围”命令，使用该命令可以选取特定的颜色范围。用此命令选取不但可以一面预览一面调整，还可以随心所欲地完善选取的范围。

【操作步骤】

第 1 步，打来预抠取的图像。

第 2 步，选择“选择” | “色彩范围”命令，打开“色彩范围”对话框，如图 15.56 所示。

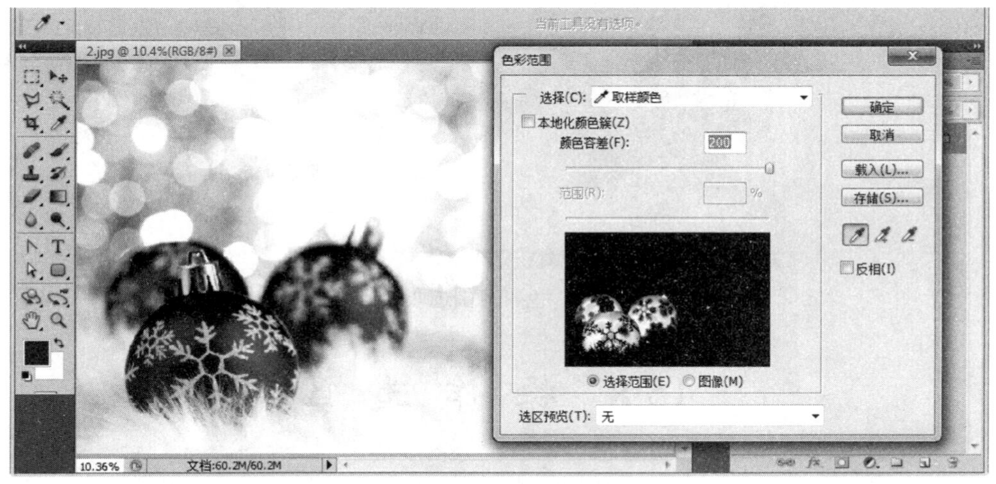

图 15.56 使用“色彩范围”命令

Note

第 3 步，在“色彩范围”对话框中间有一个预览框，用来显示图像当前选取范围的效果。该预览框下面的两个单选按钮用来显示不同的预览方式。选中“选择范围”单选按钮时，在预览框中只显示出被选取的范围。选中“图像”单选按钮时，在预览框中显示整个图像。这里选中“选择范围”单选按钮。

第 4 步，在“选择”下拉列表框中选择一种选取颜色范围的方式。默认设置下选择“取样颜色”选项，选择此选项时用户可以用吸管吸取颜色确定选取范围，方法是移动鼠标指针到图像窗口或者是对话框中的预览框中单击，即可将与当前单击处相同的颜色选取出来，同时还可以配合“颜色容差”滑杆进行使用，此滑杆可以调整颜色选取范围，值越大，所包含的近似颜色越多，选取的范围越大。如果用户在“选择”下拉列表框中选择“取样颜色”之外的选项，将只选取图像中相对应的颜色，此时“颜色容差”滑杆不起作用。

第 5 步，如果经过上面的操作还未将选取范围很好地选取出来，可以使用对话框右侧的“添加到取样”按钮和“从取样中减去”按钮进行选取，单击“添加到取样”按钮后在图像中单击可添加选取范围；而单击“从取样中减去”按钮后在图像中单击可以减少选取范围。

第 6 步，在“选区预览”下拉列表框中选择一种选取范围在图像窗口中显示的方式。

☑ 无：表示在图像窗口中不显示预览。

☑ 灰度：表示在图像窗口中以灰色调显示未被选取的区域。

☑ 黑色杂边：表示在图像窗口中以黑色显示未被选取的区域。

☑ 白色杂边：表示在图像窗口中以白色显示未被选取的区域。

☑ 快速蒙版：表示在图像窗口中以默认的蒙版颜色显示未被选取的区域。

提示：选中“反相”复选框可在选取范围与非选取范围之间互换，与选择“选择”|“反选”命令的功能相同。

第 7 步，当一切设置完毕后，单击“确定”按钮即可完成范围的选取，如图 15.57 所示。

图 15.57　色彩范围选取的效果

15.8　操作选区

当选取了一个图像区域后，可能因其位置大小不合适需要移动和改变，也可能需要增加或删减选

取范围，以及对选取范围进行旋转、翻转和自由变换等。

15.8.1 移动选区

初学者在学习时，首先要区分移动选取范围与移动图像，移动选取范围针对的只是在图像中的选取范围，而移动图像则是将选取范围中的图像移动位置。可以在 Photoshop 中任意移动选取范围，而不会影响图像内容。移动的方法有两种。

1. 使用鼠标移动

在工具箱中选择一个选取工具（包括选框工具、套索工具和魔棒工具），再将鼠标指针移到选取范围内，此时指针形状会变成形状，然后按下鼠标左键并拖动即可移动选取范围。

2. 使用键盘移动

用鼠标移动的缺点是很难准确地移动到指定的位置，所以要非常准确地移动选取范围时，要用键盘来移动，方法是按下键盘的上、下、左、右 4 个方向键移动选取范围，每按一下可以移动一个像素点的距离。

提示： 不管是用鼠标移动，还是用键盘上的方向键移动，如果在移动时按下 Shift 键，则会按垂直、水平和 45° 角的方向移动；若按下 Ctrl 键拖动，则可以移动选取范围中的图像。

15.8.2 增加选区

创建选区之后，还可以继续修改，如添加选区、删减选区，或者制作交叉选区等。

1. 增加选取范围

【操作步骤】

第 1 步，用选框工具或其他选取工具选取一个范围。

第 2 步，按住 Shift 键不放，或者在工具栏中单击“添加到选区”按钮。

第 3 步，移动鼠标指针到窗口中并按住鼠标左键拖动，此时鼠标指针中有一个+号，表示将要在原来的基础上增加选取范围。

提示： 在选择多个区域时，可以使用不同的工具选取不同形状的范围，例如，可以先选取一个矩形范围，再用椭圆选框工具选取一个椭圆，也可以使用套索工具或魔棒工具增加选取范围。

2. 删减选取范围

【操作步骤】

第 1 步，用选框工具或其他选取工具选取一个范围。

第 2 步，按住 Alt 键不放，或者在工具栏中单击“从选区减去”按钮。

第 3 步，在矩形选取范围的一角上按住鼠标左键拖动，此时鼠标指针中有一个-号，表示将要在原来的基础上删减选取范围。

3. 交叉选区

在选取范围时，除了会出现上面介绍的增加和删减选取范围的情况外，还有一种情况，即与原有的选区交叉，方法如下：先选择一种选取工具，然后在工具栏中单击“与选区交叉”按钮，接着移动鼠标指针到图像窗口中拖动选取，此时新选取范围与原选取范围的重叠部分（即相交的区域）将产生一个新的选取范围，而两者不重叠的范围则被删减。“与选区交叉”按钮的快捷键是 Shift+Alt。

15.8.3 修改选区

Note

如同变换图像一样，选区也可以被放大、缩小或者旋转。总之，只要图像允许的操作，都可以用在选区上。

1. 放大选区

选择“选择”|“修改”|“扩展”命令，在打开的“扩展选区”对话框中输入数值，单击“确定”按钮即可扩展选区。

放大选取范围也可以使用“选择”菜单中的“扩大选取”和“选取相似”这两个命令，但二者与“扩展”命令的用法不同。

☑ 扩大选取：选择此命令可以扩大原有的选取范围，所扩大的范围是原有的选取范围相邻和颜色相近的区域。颜色的近似程度由魔棒工具的工具栏中的容差值来决定。

☑ 选取相似：选择此命令也可扩大原有的选取范围，类似于“扩大选取”命令，但是该命令所扩大的选择范围不限于相邻的区域，只要是图像中有近似颜色的区域都会被涵盖。同样，颜色的近似程度也由魔棒工具的工具栏中容差值来决定。

2. 缩小选区

选择“选择”|“修改”|“收缩”命令，打开“收缩选区”对话框，在该对话框中设置“收缩量”的值后，单击“确定”按钮即可缩小选取范围。

3. 扩边

选择“选择”|“修改”|“边界”命令，打开“边界选区”对话框，在“宽度”文本框中输入 1～64px 之间的数值来确定宽度，单击“确定”按钮即可，扩边后的选区将出现一个带状边框，如图 15.58 所示。

图 15.58 扩展选区的边界

4. 平滑选取

选取范围后，选择“选择”|“修改”|“平滑”命令可以将选取范围变得较连续而且平滑。执行此命令后打开“平滑选区”对话框，在“取样半径”文本框中输入数值，单击“确定”按钮即可。

“平滑”命令一般用于修正使用魔棒工具选取的范围。用魔棒工具选择时，选取范围很不连续，而且会选中一些主颜色区域之外的零星的像素，用“平滑”命令就可以解决这一问题。

15.8.4　变换选区

如果无法准确选取范围，可以使用 Photoshop 提供的自由变换功能对选取范围进行自由缩放，而且还可以进行任意旋转和翻转。

可以自由变换选取范围，选取一个范围后，选择“选择”|“变换选区”命令，此时进入选取范围自由变换状态，用户可以任意改变选取范围的大小、位置和角度，方法如下：

将鼠标指针移到选取范围，鼠标指针变为▶形状时拖动即可。将鼠标指针移到选取范围的控制柄上，鼠标指针变为↗↘↔↕形状时拖动即可改变大小，鼠标指针变为↻的形状时可以旋转，如图 15.59 所示。

图 15.59　旋转选区

当进入选取范围自由变换状态后，可以选择“编辑”|“变换”命令，打开“变换”子菜单，其中有许多用于变换选取范围的命令，如“缩放”、“扭曲”、“旋转”、“斜切”和“透视”命令。

选择“编辑”|“变换”|“再次”命令，可以重复上一次进行的变换操作。确定选取范围的大小、方向和位置后，在选取范围内双击或按下 Enter 键，确认刚才的设置而完成操作。此外，也可以在工具箱中单击鼠标确认设置。

当选择了“选择”|“变换选区”命令进入自由变换状态后，工具栏上的参数将变为如图 15.60 所示状态。此时，通过在工具栏中输入数值并单击工具栏右侧的√按钮即可完成变换操作。

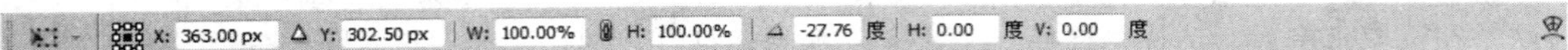

图 15.60　变换选取范围时的工具栏

Note

工具栏中各项参数的意义如下。

☑ ：用于控制选取范围的变换中心点的位置。这里提供了 9 个方位，即变换框架上的 8 个控制柄和一个中心的位置。想将选取范围的变换中心点设在其中的某个位置，只需要在此按钮的相应位置单击即可。

☑ X: 472.2 ：用于控制选取范围的变换中心点的水平位置。

☑ Y: 8.2 px ：用于控制选取范围的变换中心点的垂直位置。

☑ W: 100.0% ：用于控制水平缩放选取范围的比例。

☑ H: 100.0% ：用于控制垂直缩放选取范围的比例。

☑ -19.5 °：用于控制选取范围旋转的角度。

☑ H: 0.0 °：用于控制选取范围水平倾斜的角度。

☑ V: 0.0 °：用于控制选取范围垂直倾斜的角度。

15.8.5 羽化选区

在精确选取时，选区越复杂，选区的边缘就变得越来越不光滑，尤其是对不规则区域的选择。使用羽化功能，可以使选取范围的边缘部分产生渐变晕开的柔和效果。下面就以一个实例来介绍羽化的作用。

【操作步骤】

第 1 步，打开一个图像，接着在工具箱中选择椭圆选框工具，在其工具栏的“羽化”文本框中输入一个羽化数值，如 30px。

第 2 步，在图像窗口选取一个椭圆形范围，如图 15.61 所示，然后选择“选择”|“反选”命令或按 Shift+Ctrl+I 组合键反选。

第 3 步，按 Delete 键删除选取范围内的图像，将得到如图 15.62 所示的效果。

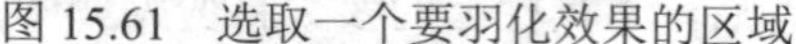
图 15.61 选取一个要羽化效果的区域

图 15.62 羽化效果

第 4 步，如果在选取范围时未设置羽化值，可以利用菜单中的命令来设置选取范围的羽化效果。方法是在选取范围后，选择“选择”|“羽化”命令，打开“羽化选区”对话框，在“羽化”文本框中设置羽化值（范围在 0.2～250.0px 之间），单击“确定”按钮。

提示：精确的选取范围往往不易得到，需要花费很多时间才能完成，因此，在使用完之后，应将其保存起来，以备日后重复使用。要保存一个选取范围，选择“选择”|“存储选区”命令，打开“存储选区”对话框，然后保存即可。选择“选择”|“载入选区”命令，可以载入选区。

15.8.6 案例实战：快速抠字

如图 15.63 所示是一幅比较复杂的网页图像，现在要抠出其中的“大视野”3 个字，如果简单使用魔棒工具选取会比较麻烦，应灵活使用多种选取方法配合，快速完成选取。

【操作步骤】

第 1 步，打开网页图像，如图 15.63 所示。

第 2 步，使用矩形选框工具框选“大视野”3 个字的大致范围，以缩小选取的范围。

第 3 步，选择“选择”|“色彩范围”命令，打开“色彩范围”对话框，单击按钮，然后在图像窗口的文字上单击，将“颜色容差”设为 46。在实际操作中，用户可根据自己的需要来设置。一直到使“色彩范围”对话框的预览框中显示出白色的“大视野”3 个字，如图 15.64 所示。

第 4 步，单击“确定”按钮即可将文字选取出来。

图 15.63 网页图像

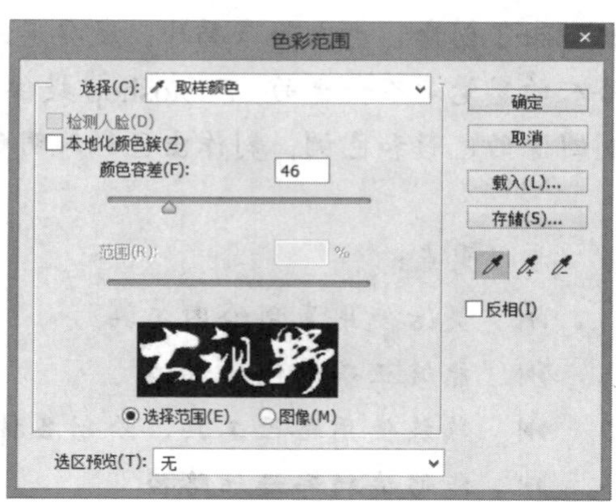

图 15.64 “色彩范围”对话框

第16章

网页绘图和调色基础

（视频讲解：48 分钟）

在网页设计中经常需要绘图，熟练掌握绘图工具的使用是非常必要的。对于一幅网页效果图，除了创意、内容和布局外，还要考虑色彩表现。颜色是图像中最本质的信息，不同的颜色给人的感觉是不一样的。Photoshop 提供了很多图像调色命令，使用这些命令可以快速有效地控制图像的色彩和色调，制作出色彩鲜明的网页图。

学习重点：

- 灵活使用常用绘图工具
- 能够正确填色和描边
- 熟练使用路径工具，绘制各种矢量图形
- 能够编辑和操作路径
- 能够使用文本工具
- 能够使用各种色彩命令调整网页图像

Note

16.1　使用绘图工具

Photoshop 不仅在图像处理方面功能强大，而且在图形绘制方面也很优秀，图像编辑功能和绘图功能是 Photoshop 的两大优势功能。本节将介绍 Photoshop 的绘图工具组，熟练掌握和应用该工具组，对网页绘图非常重要。

16.1.1　使用画笔工具

在绘图和图像编辑操作中画笔工具是一个非常重要的工具，画笔的设定会影响到其他绘图和编辑工具的形状和大小，如画笔工具、铅笔工具、颜色替换工具、图章工具、历史画笔工具、橡皮擦工具、模糊、锐化、涂抹、加深、减淡和海绵工具等，因此画笔是绘图和编辑工具中的基础性工具。

画笔工具可以绘制出比较柔和的线条，其效果如同用毛笔画出的线条，如图 16.1（a）所示。要使用画笔工具绘制图形，可按如下步骤操作。

【操作步骤】

第 1 步，在工具箱中选择画笔工具，然后选取一种前景色。

第 2 步，在选项栏中设置画笔的形状、大小、模式、不透明度和流量等参数。

第 3 步，将鼠标指针移至绘画区，使其变为相应的形状时便可开始绘画，如图 16.1（b）所示为利用自定义的画笔绘制图像后的效果。

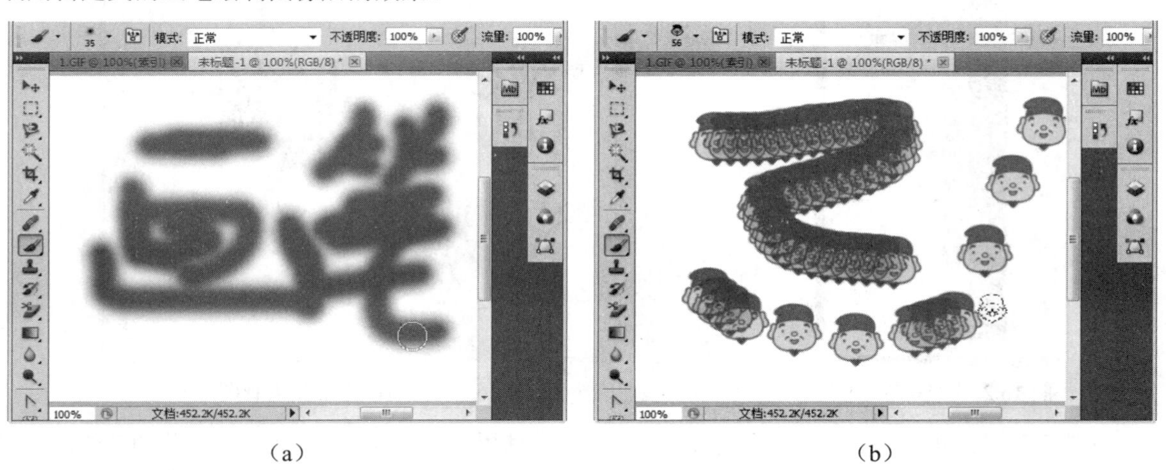

（a）　　　　（b）

图 16.1　用画笔工具绘制图形

画笔工具选项栏中的各项参数功能如下。

1. 模式

“模式”下拉列表框用于设置绘图时的颜色混合模式，是 Photoshop 的一项较为突出的功能，通过对色彩的混合获得出乎意料的效果，完成高难度的操作。

色彩混合是指用当前绘画或编辑工具应用的颜色与图像原有的底色进行混合，从而产生一种结果颜色。“模式”下拉列表如图 16.2 所示，其中共提供了除“正常”模式以外的 24 种色彩混合模式。

2. 不透明度

利用“不透明度”下拉列表框可以设置画笔的不透明程度，在其后的文本框中输入数值，或单击旁边的三角按钮，打开标尺，通过拖动标尺上的不透明度滑块进行调节。

Note

3. 流量

利用“流量”下拉列表框可设置绘图颜色的浓度比率。在“流量”下拉列表框中输入 1～100 的整数，或者单击下拉列表框右侧的小三角按钮，在打开的下拉列表中拖动滑杆即可进行调整。流量值越小，颜色越浅。当流量值取 100%时，颜色的各像素参数就是调色板中设置的数值。

16.1.2 使用铅笔工具

铅笔工具可以在当前图层或所选择的区域内模拟铅笔的效果进行描绘，画出的线条硬、有棱角，就像实际生活当中使用铅笔绘制的图形一样。其工作方式与画笔工具相同，所不同的是使用铅笔工具绘图时，所选择的画笔都是硬边的。如图 16.3 所示是使用铅笔工具绘制的图形效果。

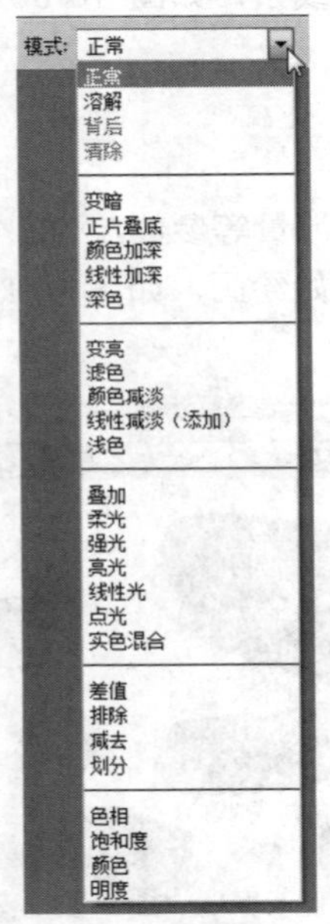

图 16.2 “模式”下拉列表

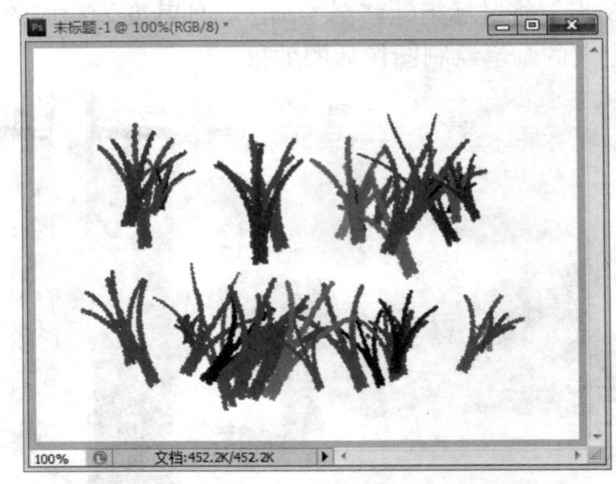

图 16.3 使用铅笔工具绘制图形

在铅笔工具选项栏中有一个“自动抹掉”复选框。使用此复选框可以实现自动擦除的功能，即可以在前景色上绘制背景色，也就是说，当从与前景色颜色相同的区域开始用铅笔工具绘图时，会自动擦除前景色的颜色而以背景色代替，这有些类似橡皮擦工具的效果，但在擦除的同时，又画出新的色彩。

提示： 选中“自动抹掉”复选框，当开始拖动鼠标时，如果光标的中心在前景色上，则拖动区域用背景颜色涂抹；如果光标的中心不包含前景颜色，则拖动区域用前景颜色涂抹。

16.1.3 使用橡皮

在创作时，有时会因为操作失误或者要绘制特殊效果而需要用到橡皮擦工具（用橡皮擦工具可擦除各种效果），它是 Photoshop 中最为常用的工具之一。Photoshop 提供了 3 种橡皮擦工具，分别是橡

皮擦工具、背景色橡皮擦工具和魔术橡皮擦工具。

1. 橡皮擦工具

橡皮擦工具用于擦除图像颜色。使用橡皮擦工具的方法很简单，只需移动鼠标指针至要擦除的位置，按下鼠标左键来回拖动即可。当图像中的像素被擦除后，在擦除位置上将填入背景色，如图 16.4 所示。如果擦除的内容在一个透明的图层中，擦除后将变为透明，如图 16.5 所示。

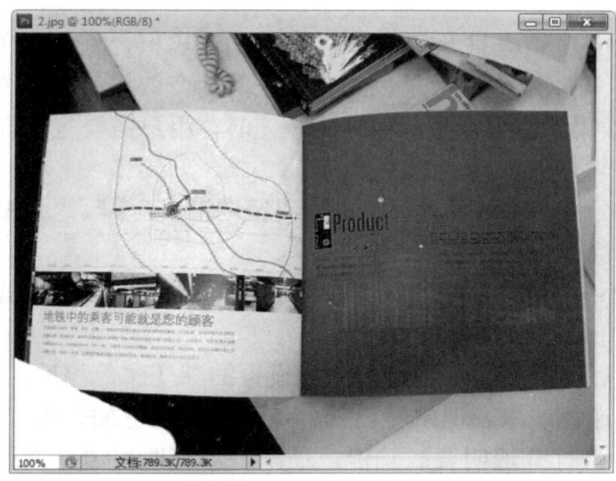

图 16.4　擦除背景层中的颜色时将以背景色填充

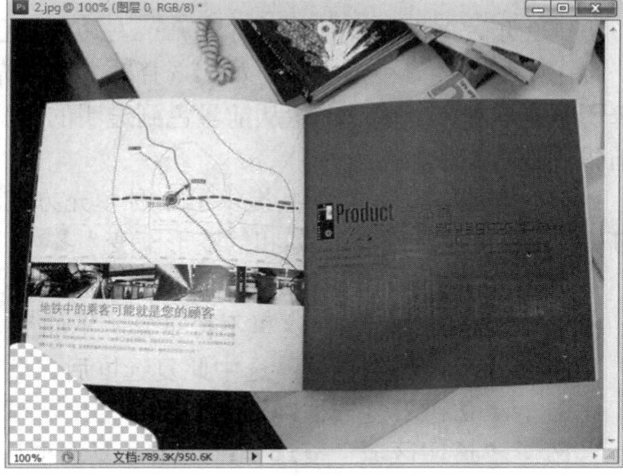

图 16.5　擦除普通图层中的颜色时将变为透明

2. 背景色橡皮擦工具

使用背景色橡皮擦工具可以擦除图像中的像素，但它与橡皮擦工具的擦除效果有所不同，使用背景色橡皮擦工具擦除图像时，凡是鼠标指针移动过的路径区域，背景色橡皮擦都会以中心点颜色为准，将在橡皮擦触及的范围内的相同或相近颜色区域擦除至透明。

提示：使用背景色橡皮擦工具擦除背景层中的像素后，背景图层会自动变为透明的图层。

3. 魔术橡皮擦工具

使用魔术橡皮擦工具可以擦除图像中的颜色，其奇妙之处就在于，只要将鼠标指针放在将要擦除的范围内并单击，则整个图像中凡是相同或相似的色彩区域都会被擦除，并将擦除的地方变为透明，所以魔术橡皮擦工具的作用相当于魔棒工具与背景色橡皮擦工具的组合效果。

16.2　颜色填充和描边

图像绘制工具和选择工具都可以绘制图像轮廓，有了图像轮廓，就需要对其进行颜色填充。本节将介绍有关颜色填充和描边的操作。

16.2.1　使用渐变填充

使用渐变工具可以创建多种颜色间的逐渐混合，实质上就是在图像中或图像的某一区域中填入一种具有多种颜色过渡的混合色。

Note

1. 使用渐变颜色填充

【操作步骤】

第 1 步，在工具箱中选择渐变工具，此时在选项栏中将显示如图 16.6 所示的参数设置。

图 16.6 渐变工具参数设置

第 2 步，单击渐变预览图标右边的黑色小三角，打开如图 16.7 所示的列表框，从中选择一种用于填充的渐变颜色，例如，选择方式填充，可以产生从前景色到背景色的渐变效果；如果选择方式填充，则可以产生从前景色到透明的渐变效果。使用以上两种方式填充时，用户需要先选择前景色或背景色。

第 3 步，在选项栏中共提供了 5 种填充方式，分别为“线性渐变”、“径向渐变”、“角度渐变”、“对称渐变”和“菱形渐变”，默认设置为“线性渐变”。

第 4 步，在选项栏中设置其他参数，如模式、不透明度、仿色和反向等，其中，不透明度和模式的作用前面已经介绍过，这里不再重复。下面简单介绍其他几个选项的功能。

☑ “反向”复选框：选中此复选框后，填充后的渐变颜色刚好与用户设置的渐变颜色相反。

☑ “仿色”复选框：选中此复选框后，可用递色法来表现中间色调，使渐变效果更加平顺。

☑ “透明区域”复选框：选中此复选框后，将打开透明蒙版功能，使渐变填充时可以应用透明设置。

第 5 步，设置以上参数后，移动鼠标指针至图像中，按下鼠标左键并拖动，当拖动至另一位置后放开鼠标即可在图像（选取范围）中填入渐变颜色，效果如图 16.8 所示。

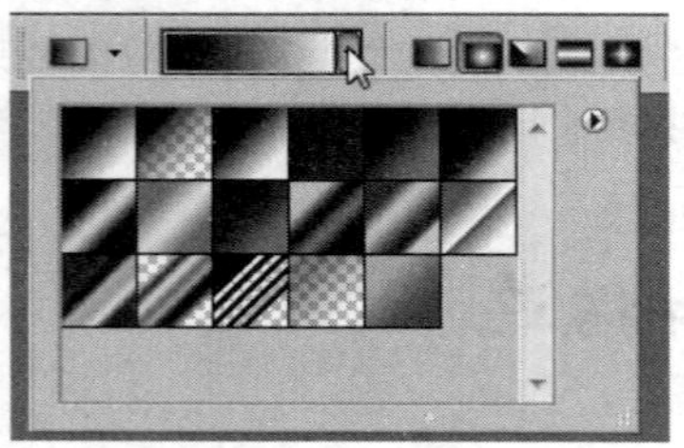

图 16.7 选择渐变方式

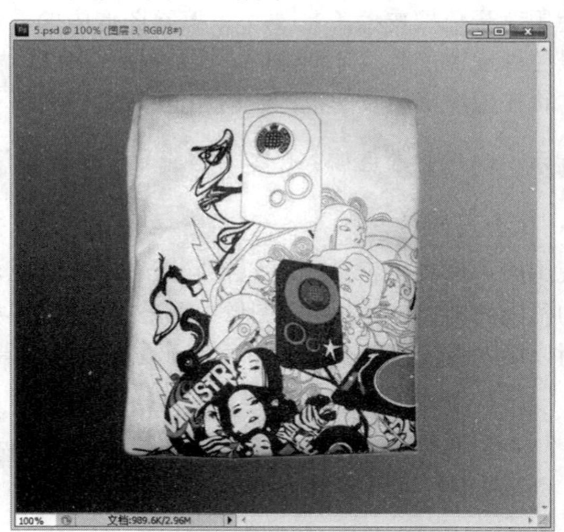

图 16.8 填充渐变颜色后的效果

提示：拖动鼠标填充颜色时，若按下 Shift 键，则可以按 45°、水平或垂直的方向填充。此外，在填充颜色时拖动的距离越长，两种颜色间的过渡效果就越平顺，拖动的方向不同，其填充后的效果也不一样。如果在填充渐变颜色之前先选取范围，那么填充操作只对选取范围起作用。

注意：渐变工具不能在位图和索引颜色模式下使用。

2. 定义渐变填充效果

使用渐变工具填充渐变效果的操作很简单，但是在创作图形时，当 Photoshop 提供的渐变色不能满足要求时，还可以对渐变颜色进行编辑，以获得新的渐变色。所以，自定义一个渐变颜色是创建渐变效果的关键。

【操作步骤】

第 1 步，选择渐变工具，然后在选项栏中单击“渐变”下拉列表框中的渐变预览条，打开如图 16.9 所示的“渐变编辑器”对话框。

第 2 步，单击“新建”按钮，或者右击，在弹出的快捷菜单中选择“新渐变”命令。新建一个渐变颜色。

第 3 步，此时在“预设”列表框中将多出一个渐变样式，选中该样式，并在此基础上进行编辑。

第 4 步，在“名称”文本框中输入新建渐变的名称，再在“渐变类型”下拉列表框中选择“实底”选项。

第 5 步，在渐变颜色条上单击起点颜色标志，此时“色标”选项组中的“颜色”下拉列表框将会置亮，接着单击“颜色”下拉列表框右侧的小三角按钮，在打开的下拉列表中选择一种颜色。当选择“前景”或“背景”选项时，则可用前景色或背景色作为渐变颜色；当选择“用户颜色”时，需要用户自己指定一种颜色，即将鼠标指针移至渐变颜色条上或者是图像窗口中变成吸管形状时，单击即可取色。另外，也可以双击渐变颜色条上的颜色标志，打开“拾色器”对话框选取颜色。

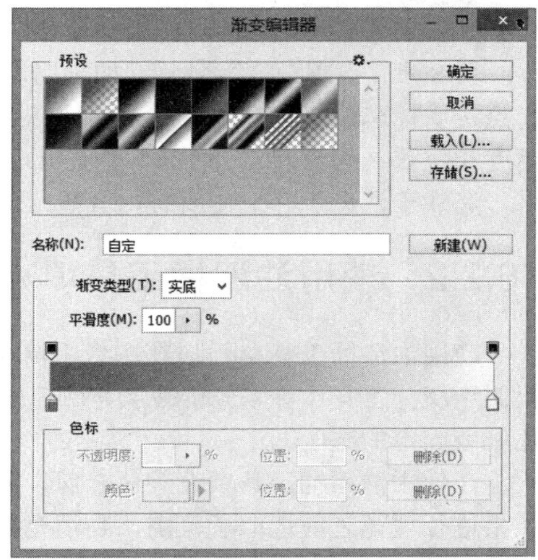

图 16.9　“渐变编辑器”对话框

第 6 步，选定起点颜色后，该颜色会立刻显示在渐变颜色条上，接着需要指定渐变的终点颜色，即选中终点颜色标志，按照第 5 步中介绍的方法选择一种颜色。

提示：如果用户要在颜色渐变条上增加一个颜色标志，则可以移动鼠标指针到颜色条的下方，当指针变为小手形状时单击即可，如图 16.10 所示。

图 16.10　增加渐变颜色

第 7 步，指定渐变颜色的起点颜色和终点颜色后，还可以指定渐变颜色在渐变颜色条上的位置，以及两种颜色之间的中点位置，这样整个渐变颜色编辑才算完成。设置渐变位置的方法如下。

☑ 选中渐变颜色标志，然后按住鼠标左键拖动，如图 16.11 所示。

☑ 选中渐变颜色标志，然后在“位置”文本框中输入一个数值。

☑ 如果要设置两种颜色之间的中点位置，则在渐变颜色条上拖动中点标志◇即可。

提示：要删除新增的标志，可以在选中颜色标志后，单击“位置”文本框右侧的“删除”按钮，或者将颜色标志拖出渐变颜色条。

第 8 步，设置渐变颜色后，如果用户想给渐变颜色设置一个透明蒙版，则在渐变颜色条上方选中起点透明标志或终点透明标志，然后在“色标”选项组的“不透明度”和“位置”文本框中设置不透明度和位置（假设起点为 100，终点 0），并且调整这两个透明标志之间的中点位置。

第 9 步，设置好上述所有内容后，单击“确定”按钮即可完成渐变样式的编辑。

16.2.2 使用油漆桶工具填充

使用油漆桶工具可以在图像中填充颜色，但只对图像中颜色相近的区域进行填充。油漆桶工具类似于魔棒工具，首先分析被填充颜色的亮度值，然后指定色差范围（填充的范围一般是图像的近似色域或固定的选区）。

在使用油漆桶工具填充颜色之前，需要先选定前景色，然后才可以在图像中单击以填充前景色。如果进行填充之前选取了范围，则填充颜色只对选取范围之内的区域有效。

16.2.3 使用“填充”命令

使用“填充”命令可以对整个图像或选取范围进行颜色填充，除了能填充一般的颜色之外，还可以填充图案和快照内容。

【操作步骤】

第 1 步，先在图像中选中要进行填充的图层，如果是对某一个选取范围进行填充，则先在图像中选取范围（例如，载入一个选取范围），如图 16.12 所示。

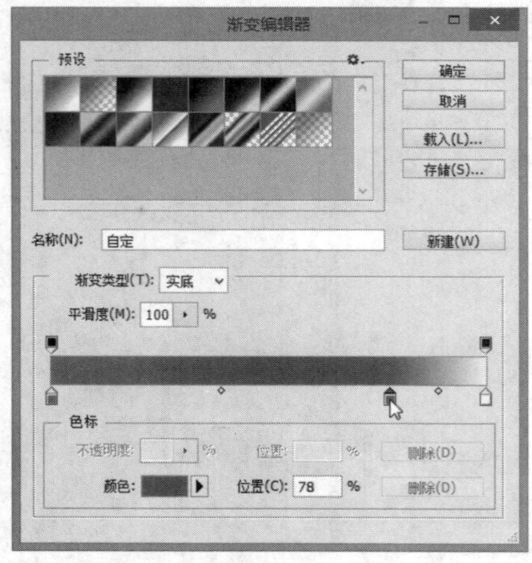

图 16.11 改变渐变颜色位置

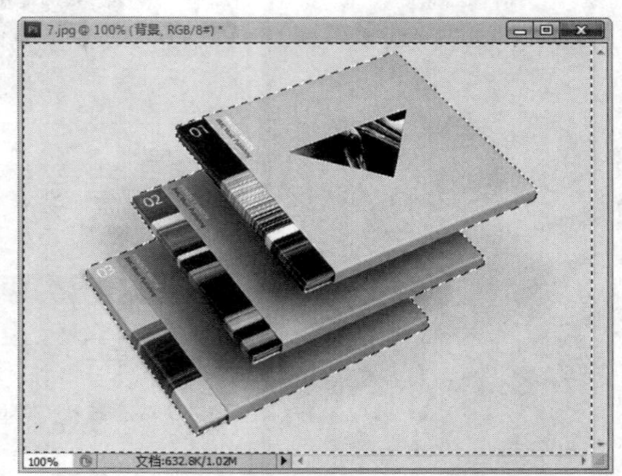

图 16.12 选定填充范围

第 2 步，选择“编辑”|“填充”命令，打开“填充”对话框，如图 16.13（a）所示。

第 3 步，在“填充”对话框中设置各选项，选项功能介绍如下。

☑　“内容”选项组：在“使用”下拉列表框中可选择要填充的内容，选项有“前景色”、“背景色”、“图案”、“历史记录”、“黑色”、“50%灰色”及“白色”。当选择“图案”方式填充时（要选择此选项，必须事先定义图案内容，否则不能使用图案填充），对话框中的“自定图案”下拉列表框可用，从中可选择用户定义的图案进行填充。

☑　“混合”选项组：用于设置不透明度和模式。

☑　“保留透明区域”复选框：对图层填充颜色时，可以保留透明的部分不填入颜色。该复选框只有对透明的图层进行填充时可用。

第 4 步，单击“确定”按钮即可得到如图 16.13（b）所示的效果。

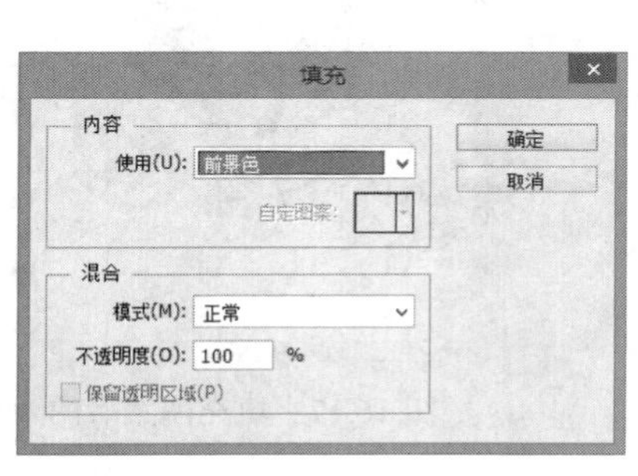

（a）

（b）

图 16.13　填充颜色后效果

提示： 若要快速填充前景色，可按 Alt+Delete 快捷键或 Alt+Backspace 快捷键；若要快速填充背景色，可按 Ctrl+Delete 快捷键或 Ctrl+Backspace 快捷键。

16.2.4　使用图案填充

要使用图案进行填充，首先要定义图案内容，定义图案的操作如下。

【操作步骤】

第 1 步，首先打开一个图像，然后用矩形选框工具选取一个矩形范围，如图 16.14 所示，如果要选取整个图像，可按下 Ctrl+A 快捷键。

第 2 步，选择“编辑”|“定义图案”命令，打开“图案名称”对话框，如图 16.15 所示。

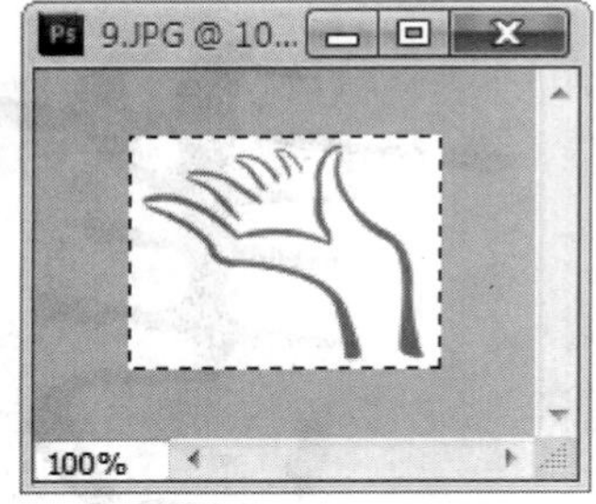

图 16.14　选取一个矩形范围

图 16.15　“图案名称”对话框

第 3 步，在“名称”文本框中输入图案名称，单击“确定”按钮，图案定义完成。

提示：定义图案时，选取的范围必须是一个矩形，并且不能带有羽化值，否则“编辑”|“定义图案”命令不能使用。

定义图案后，即可将其应用于图像中，一般使用“填充”命令，完成图案的填充，新建一个600px×668px的文件，然后选择“编辑”|“填充”命令，打开“填充”对话框，如图16.16所示，在“使用”下拉列表框中选择“图案”选项，再在“自定图案”下拉列表框中选择用户自定义的图案，完成设置后，单击“确定”按钮即可得到类似于图16.17所示的图像。

Note

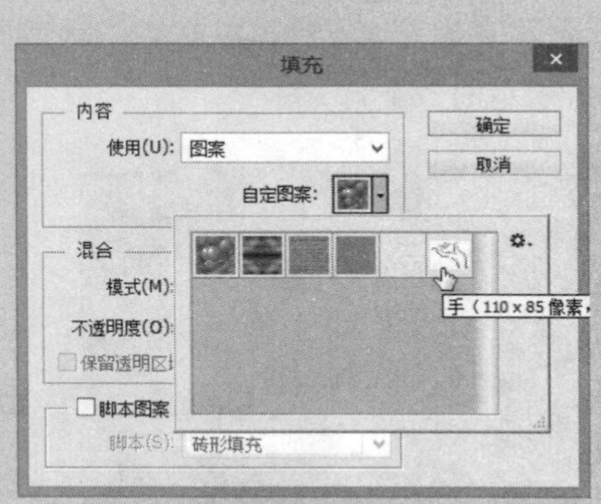

图 16.16　使用图案填充

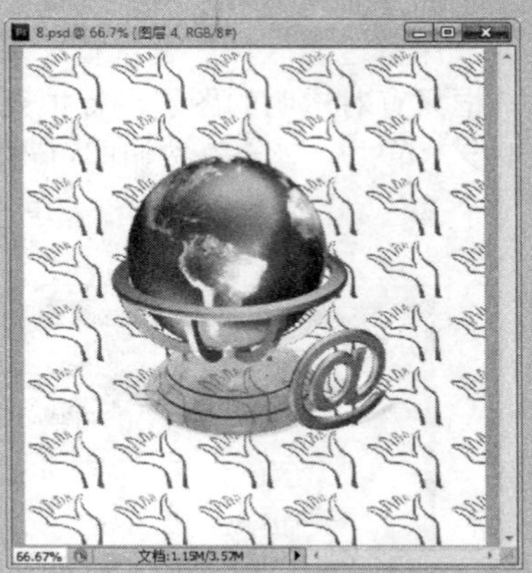

图 16.17　填充图案后的效果

16.2.5　使用“描边”命令

使用“描边”命令可以在选取范围或图层周围绘制出边框。“描边”命令的操作方法与“填充”命令的操作方法基本相同。

【操作步骤】

第1步，先选取一个范围或选中一个已有内容的图层（注意，如果当前所选图层是背景层，则必须先选取范围）。

第2步，选择“编辑”|“描边”命令，打开如图16.18所示的“描边”对话框，在对话框中设置如下内容。

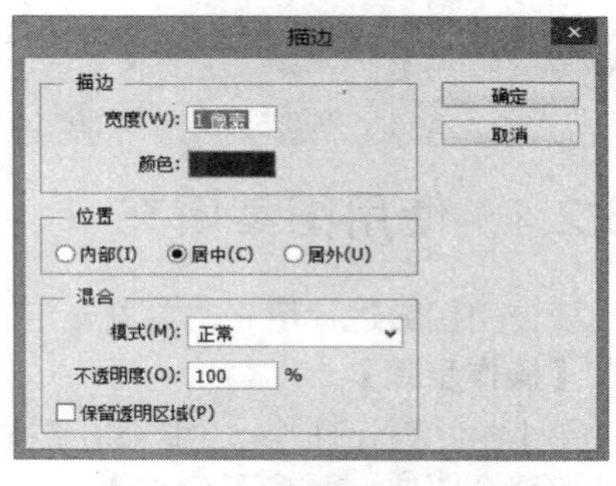

图 16.18　“描边”对话框

- ☑ “描边”选项组：在此选项组的“宽度”文本框中可以输入一个数值，范围为1～16px，以确定描边的宽度，在“颜色”列表框中可以选择描边的颜色。
- ☑ “位置”选项组：设置描边的位置，可分别在选取范围边框线的内部、居中、居外位置显示。
- ☑ “混合”选项组：设置描边的不透明度和模式。
- ☑ “保留透明区域”复选框：该复选框的功能与在“填充”对话框中相同。

第3步，单击“确定”按钮即可完成描边的操作。如图16.19所示是对文字进行描边后的效果。

图 16.19　文字描边效果

16.3　使用路径工具

Note

在矢量图形中，构成形状的轮廓被称为路径。路径可以是开放的（如直线或曲线），也可以是闭合的（如圆圈或多边形）。路径还可以由单个直线、曲线段组成或者由多个部分组合在一起。由于路径是基于矢量而不是基于像素的，路径的形状可以任意改变，而且能和选取范围互相转换，因此可以制作出形状很复杂的选取范围，大大方便了用户。

在 Photoshop 中制作路径的工具主要包括钢笔工具组、路径选择工具组和“路径”面板。

1．钢笔工具组

钢笔工具是最基本的路径绘制工具，用户可以使用它创建或编辑直线、曲线及自由的线条、形状。当创建复杂的图形时，与形状工具组合使用可以使创建工作更有成效，对于大多数用户而言，钢笔工具为绘图提供了最佳的控制和最高的准确度。

要创建路径，就要用到工具箱中的钢笔工具组，如图 16.20 所示，钢笔工具组包含 5 个工具，各个工具的功能如下。

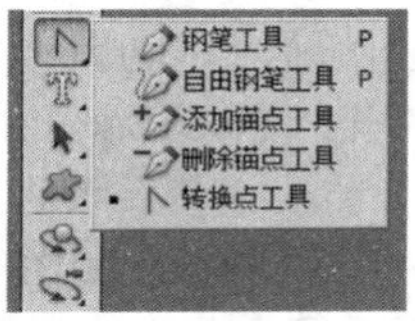

☑　钢笔工具：可以绘制出由多个点连接而成的线段或曲线。

☑　自由钢笔工具：可以自由地绘制线条或曲线。

☑　添加锚点工具：可以在现有的路径上增加一个锚点。

☑　删除锚点工具：可以在现有的路径上删除一个锚点。

☑　转换点工具：可以在平滑曲线转折点和直线转折点之间进行转换。

图 16.20　钢笔工具组

2．路径选择工具组

创建路径以后，对路径进行编辑就需要用到路径选择工具组，路径选择工具组由两个工具组成：路径选择工具和直接选择工具，如图 16.21 所示，这两个工具的功能介绍如下。

☑　路径选择工具：用于选择整个路径及移动路径。

☑　直接选择工具：用于选择路径锚点和改变路径的形状。

3．“路径”面板

选择“窗口”|“路径”命令，可打开“路径”面板。在创建了路径以后，该面板才会显示路径的相关信息，如图 16.22 所示。

图 16.21　路径选择工具组

图 16.22　“路径”面板

16.4 新建路径

Note

本节分别介绍各种路径工具的基本使用方法。

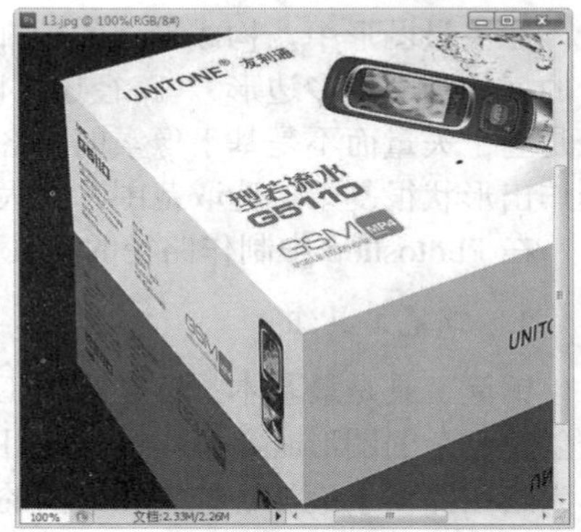

图 16.23 打开图片

16.4.1 使用钢笔工具

钢笔工具是建立路径的基本工具，用于徒手绘制路径，使用该工具可创建直线路径和曲线路径。下面先介绍如何绘制一个多边形的直线路径。打开如图 16.23 所示的图片，使用钢笔工具建立选取范围的方法如下。

【操作步骤】

第 1 步，单击工具箱中的钢笔工具组，选择其中的钢笔工具，移动鼠标指针至图中矩形的边缘单击，定出路径的开始点，即第一个锚点，如图 16.24 所示。

第 2 步，移动鼠标指针到要建立第 2 个锚点的位置处单击，Photoshop 自动将第 1 个和第 2 个锚点连接起来，如图 16.25 所示。

第 3 步，按照第 2 步中的方法依次创建其他锚点，当绘制的锚点回到开始点时，如图 16.26 所示，在鼠标指针变为形状，表示终点已经连接开始点，此时单击可以完成一个封闭式的路径。

图 16.24 绘制开始点

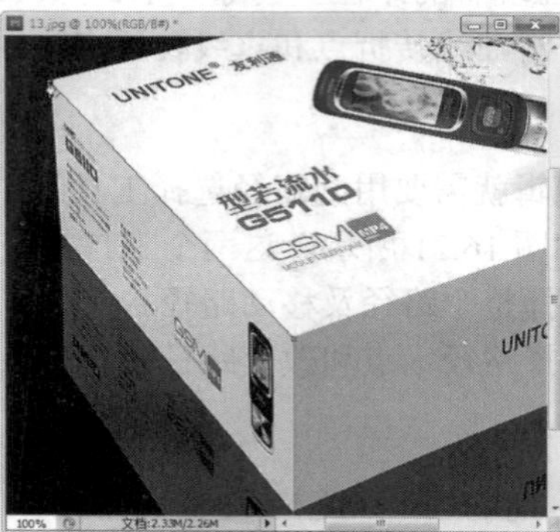

图 16.25 绘制第 2 个锚点

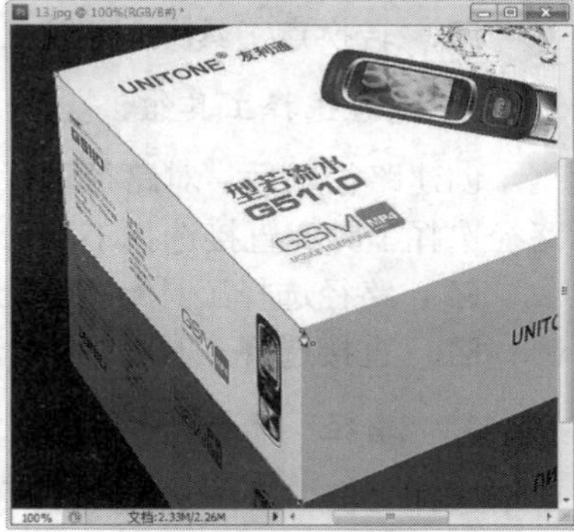

图 16.26 路径绘制完成

提示：以上绘制的是一个封闭式的路径，当锚点的终点和起点重合时，Photoshop 自动结束绘制操作。如需结束一个开放路径的绘制，则在绘制完成后需要选择钢笔工具组，然后单击路径外的任何位置即可。

注意：在绘制路径之前，若未在“路径”面板中新建路径，则会自动出现一个工作路径，如图 16.27 所示，工作路径是一种暂时性的路径，一旦有新的路径建立，则马上被新的工作路径覆盖，原来创建的路径将会丢失。用户可以单击“路径”面板右上角的按钮，在打开的菜单中选择“存储路径”命令将其保存为普通路径。

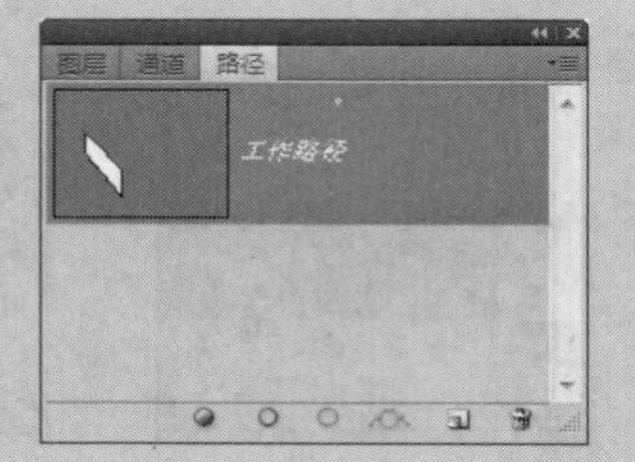

图 16.27 出现工作路径

钢笔工具除了可以绘制直线路径以外，还可以绘制曲线，绘制曲线路径要比绘制直线路径复杂一些，用户可以通过沿曲线伸展的方向拖动钢笔工具来创建曲线。

【操作步骤】

第 1 步，选择钢笔工具在图像编辑窗口单击定义第一个锚点，不要松开鼠标按键并向任意方向拖动，鼠标指针将变成箭头形状，如图 16.28 所示。

第 2 步，松开鼠标按键，从第一个锚点处移开，定义下一个锚点，如图 16.29 所示。向绘制曲线段的方向拖动指针，指针将引导其中一个方向点的移动。如果按住 Shift 键，则可限制该工具沿着 45°的倍数方向移动。

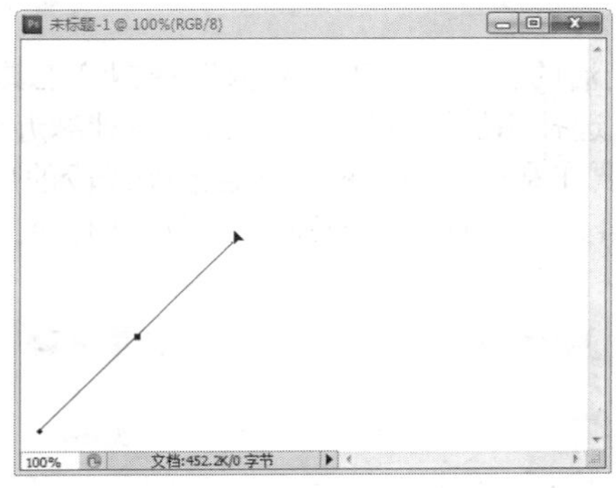

图 16.28　设置第一个锚点

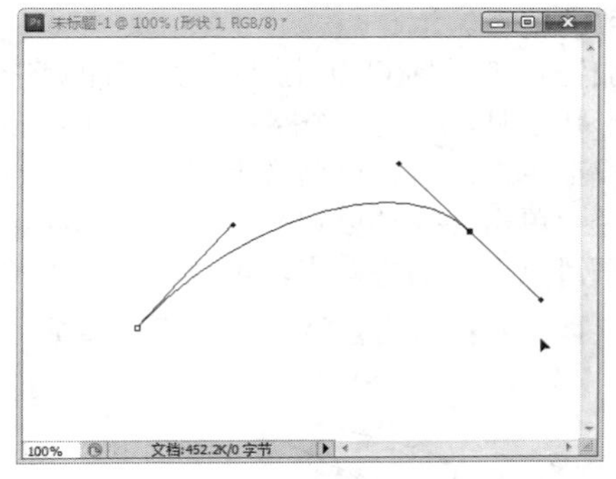

图 16.29　绘制出曲线段

第 3 步，图 16.28 所示为第一次单击和拖动操作的结果，从锚点延伸的直线为方向线，箭头表明拖动鼠标的方向，即为方向点。

第 4 步，随着新锚点的增加，路径的新部分也随之变化。如果要绘制平滑曲线的下一段，可以将鼠标指针定位于下一段的终点，并向曲线外拖动，如图 16.30 所示。

第 5 步，如果希望曲线有一个转折以改变曲线的方向，可以松开鼠标，按住 Alt 键沿曲线方向拖动方向点。松开 Alt 键及鼠标，将指针重新定位于曲线段的终点，并向相反方向拖动即可绘制出改变方向的曲线段，如图 16.31 所示。

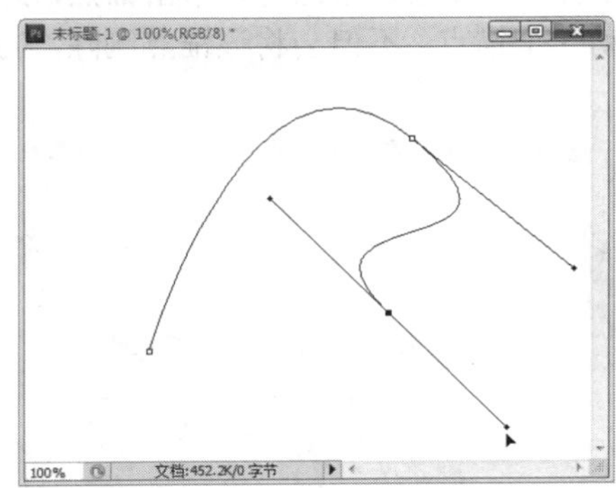

图 16.30　绘制平滑曲线

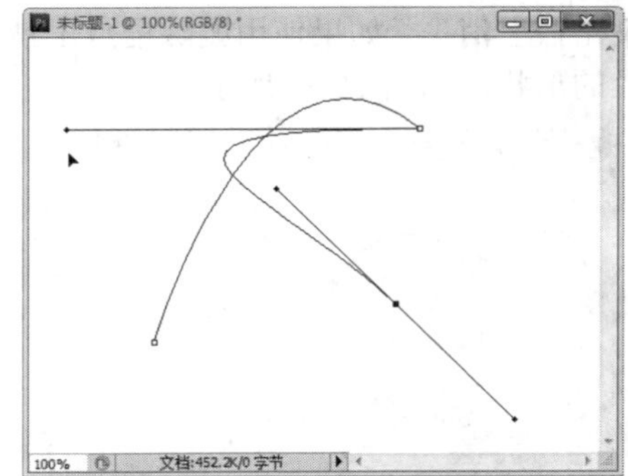

图 16.31　改变平滑曲线的方向

16.4.2　使用自由钢笔工具

自由钢笔工具同样用于徒手绘制路径，与钢笔工具不同的是，自由钢笔工具不是通过创建锚点来建立路径，而是通过绘制曲线来直接创建路径的，绘制完成后，Photoshop 会自动在曲线的拐角等位置添加相应的锚点，是比较灵活随意的路径创建工具。

Note

【操作步骤】

第 1 步，新建一幅图像，在工具箱中选择自由钢笔工具。

第 2 步，在图像窗口中拖动鼠标绘制任意形状的曲线，如图 16.32 所示，释放鼠标后即可创建路径。

第 3 步，如果想对未封闭的路径继续进行绘制，可以将鼠标指针移到曲线的任意一个端点，按下鼠标键并拖动，当到达路径的另一端点时，松开鼠标键即可完成封闭路径的绘制。

16.4.3 增加和删除锚点

使用添加锚点工具和删除锚点工具工具可以添加和删除路径上的锚点，从而使用户对路径图形进行更细致的编辑。

添加锚点工具可以让用户对现有的路径进行更灵活的编辑。在工具箱内选择钢笔工具或者任意一种形状工具，绘制一个路径图形，如图 16.33 所示。选择添加锚点工具，当鼠标指针靠近路径时，在路径段上单击即可在该路径上添加一个锚点。如果需要在路径上添加锚点并且改变线段的形状，可以在路径上单击并拖动以定义锚点的方向线，如图 16.34 所示。使用添加锚点工具时按住 Alt 键单击并拖动平滑点一侧的方向点，可以将该锚点转变成角点。

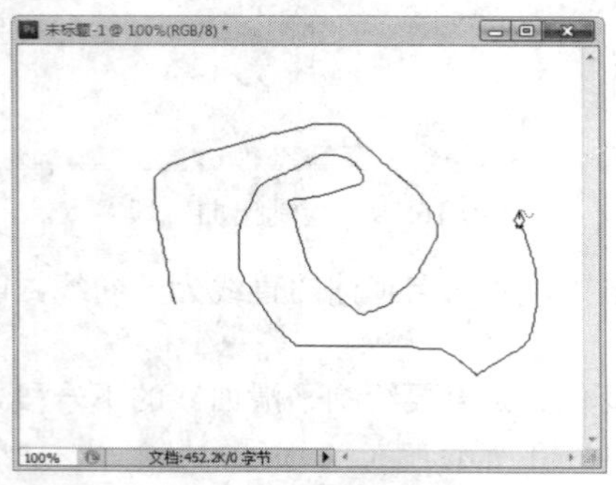

图 16.32 使用自由钢笔工具绘制路径

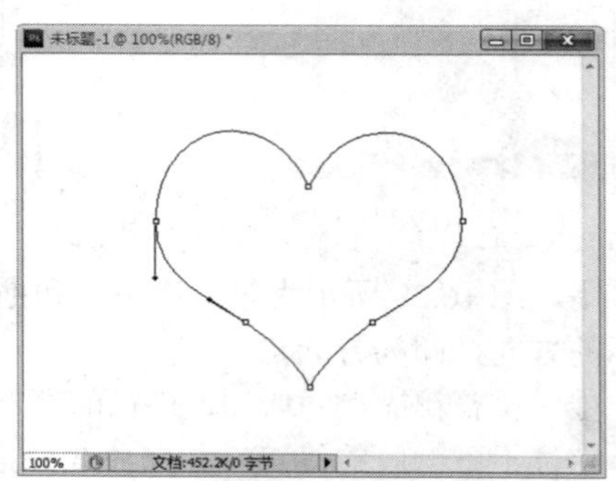

图 16.33 绘制路径图形

当用户已经绘制完成一条路径并且决定删除路径上某些多余的锚点时，使用删除锚点工具可以完成这项工作。当鼠标指针靠近路径上的锚点时，在指针右下角会出现减号，单击锚点，此锚点就会从这条路径上消失。如果使用删除锚点工具单击并拖动一个锚点，不但会将该锚点删除，同时还会改变路径的形状，如图 16.35 所示。

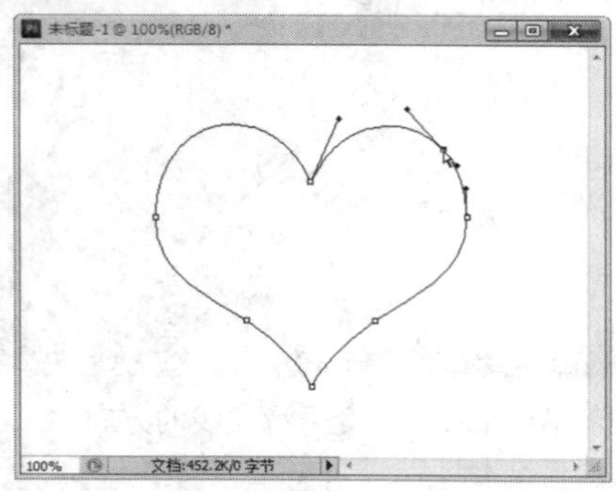

图 16.34 添加锚点

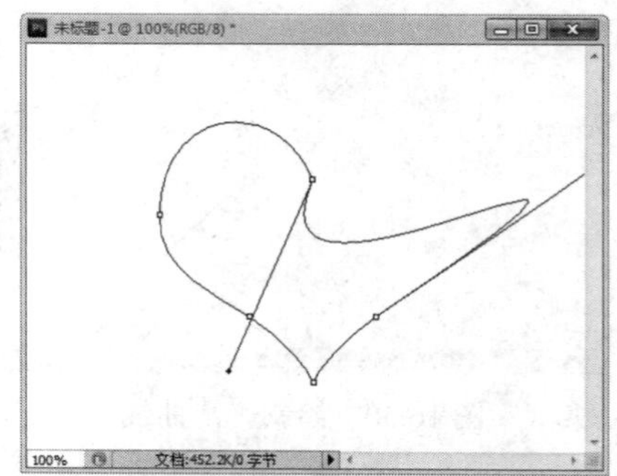

图 16.35 删除锚点

16.4.4 转换矢量点

路径由直线路径和曲线路径构成，而直线路径和曲线路径又分别是由直线锚点和曲线锚点连接而

成，有时为了满足路径编辑的要求，需要在直线锚点和曲线锚点之间互相转换，为了达到此目的，需要使用工具箱中的转换点工具。

转换点工具可以转换路径上的锚点类型，例如，将平滑点转换成角点，将角点转换成平滑点等。转换点工具在编辑路径的过程中扮演着重要的角色，使路径编辑工作更具灵活性。

如果要把曲线锚点转换为直线锚点，操作方法是在工具箱中选择转换点工具，移动鼠标指针至图像中的路径锚点上单击，即可将一个曲线锚点转换为一个直线锚点，如图 16.36 所示，转换后的效果如图 16.37 所示。

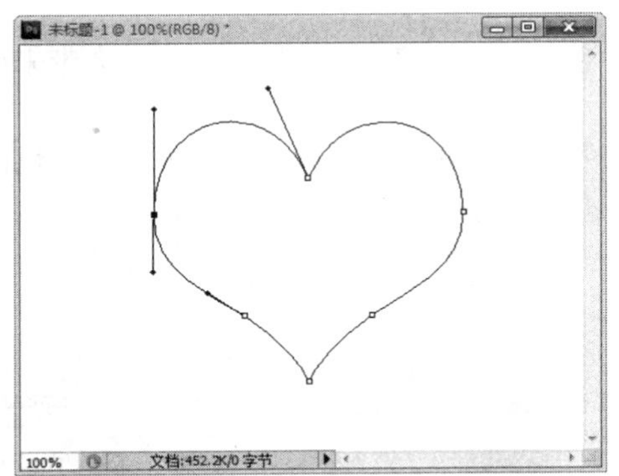

图 16.36 转换前路径

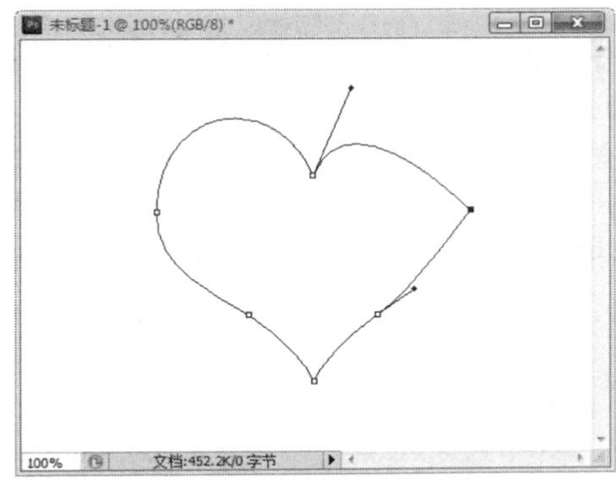

图 16.37 转换为一个直线锚点

如果要把直线锚点转换为曲线锚点，操作方法是在工具箱中选择转换点工具，单击需要转换的锚点并拖动调整弯曲形状，如图 16.38 所示是将图 16.35 中间的直线锚点转换为曲线锚点后的效果。

使用转换点工具还可以调整曲线的方向。如图 16.38 所示，中间的曲线锚点有两条方向线，选择转换点工具后单击其中一条方向线的一端并拖动，如图 16.39 所示，即可单独调整这一端方向线所控制的曲线形状。如图 16.40 所示是将该端点拖动至窗口左下角时路径的效果图。

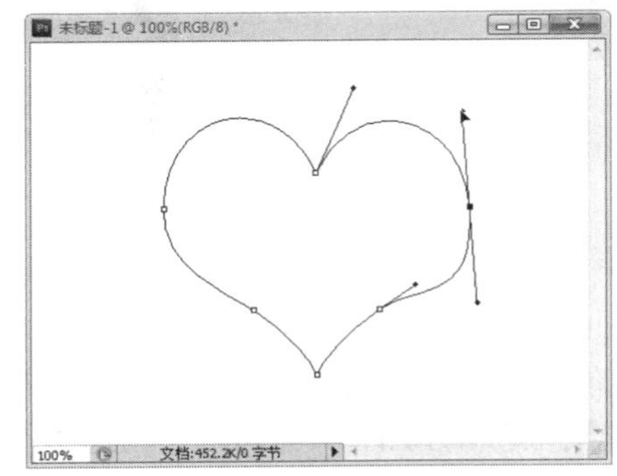

图 16.38 转换为曲线锚点

提示： 在选择钢笔工具的情况下，移动鼠标指针至曲线的方向线上按下 Alt 键，则会变为转换点工具。

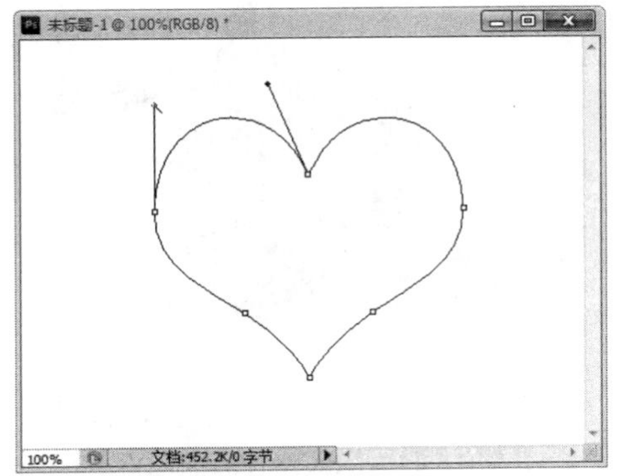

图 16.39 用转换点工具调整曲线

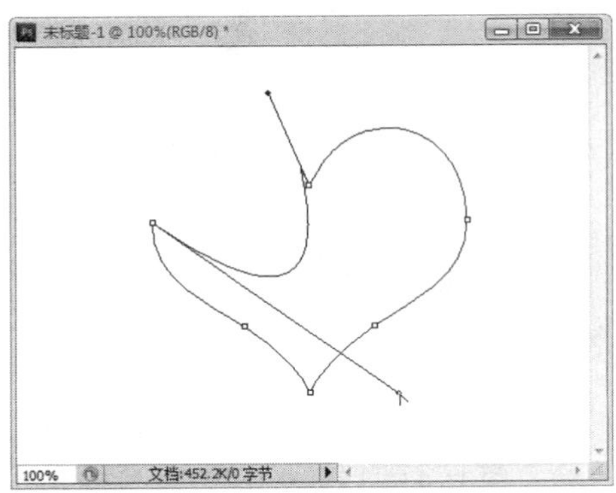

图 16.40 调整后的曲线

16.5 编辑路径

绘制完路径，还可以继续修改其形状，以使其与图像中的其他部分协调地融合在一起。

16.5.1 打开和关闭路径

路径绘制完成以后，该路径始终出现在图像中，在对图像进行编辑时，显示的路径会带来诸多不便，此时就需要关闭路径。

要关闭路径，首先在“路径”面板中选中需要关闭的路径名称，在“路径”面板上的灰色区域单击一下，如图 16.41 所示，就会取消所有路径的作用状态，图像上的所有路径都会被关闭。也可以通过按住 Shift 键单击路径名称来快速关闭当前路径。如图 16.42 所示是关闭路径后的图像。要打开路径，只需在“路径”面板中单击要显示的路径名称即可。

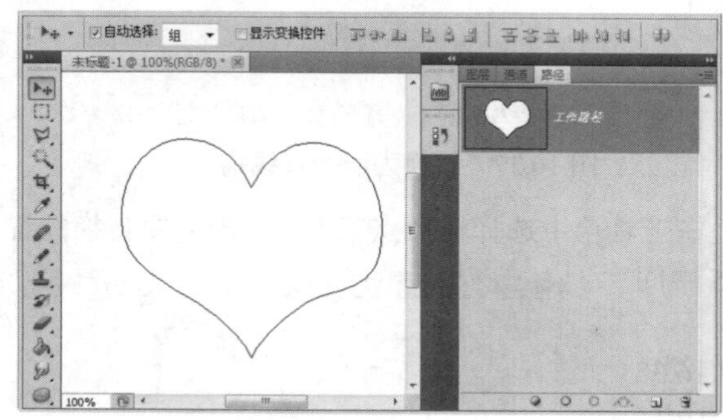

图 16.41 关闭路径

图 16.42 关闭路径后的图像

路径可以关闭，也可以隐藏。选择“视图”|“显示”|“目标路径”命令或按 Shift+Ctrl+H 组合键可以隐藏路径，如图 16.43 所示是隐藏路径前的图像，图 16.44 所示是隐藏路径后的图像。此时虽然在图像窗口中看不见路径的形状，但并未将其删除，在“路径”面板中该路径仍然处于打开状态。若要重新显示路径，则可以再次选择“视图”|“显示”|“目标路径”命令或按 Shift+Ctrl+H 组合键。

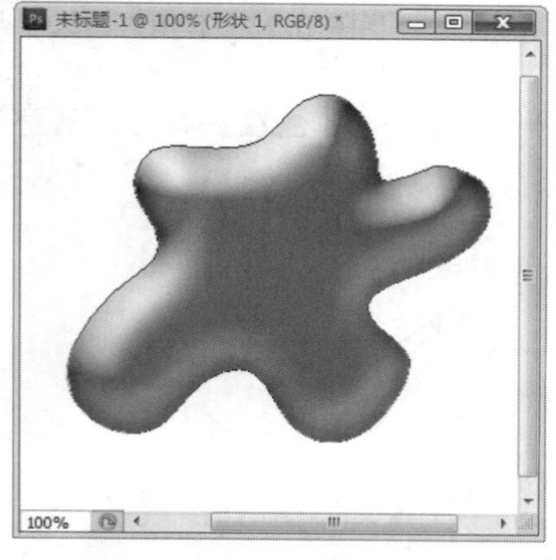

图 16.43 隐藏路径前的图像

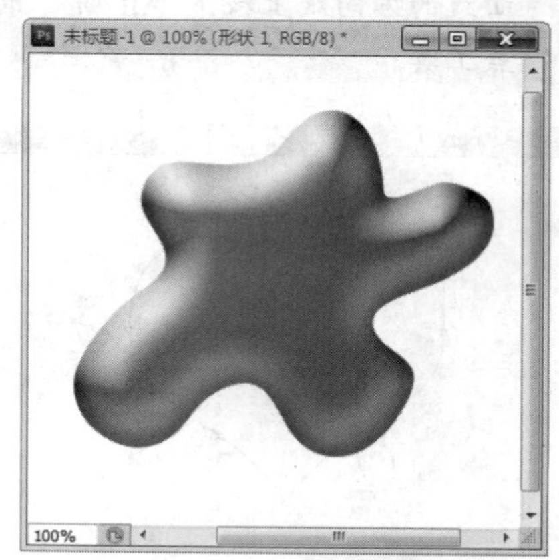

图 16.44 隐藏路径后的图像

16.5.2 改变路径形状

可以通过变形来改变路径形状，路径的变形处理操作和一般图形的变形相似，首先用路径选取工具选中将要变形的路径，然后选择“编辑”|“自由变换路径”命令，或是选择“编辑”|“变换路径”下的各种变形命令对路径进行变形处理，如图 16.45 和图 16.46 所示。

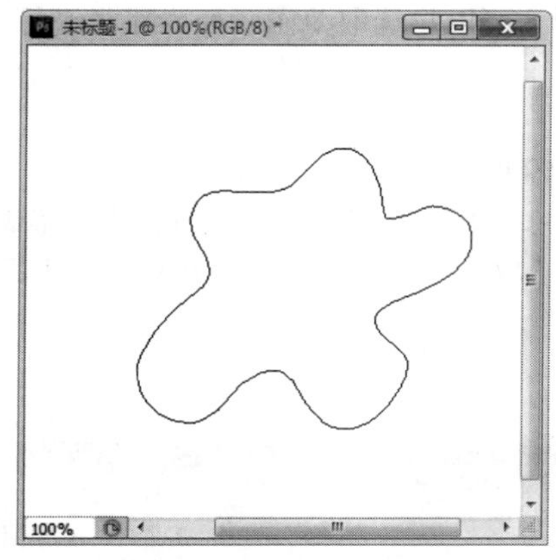

图 16.45　建立路径

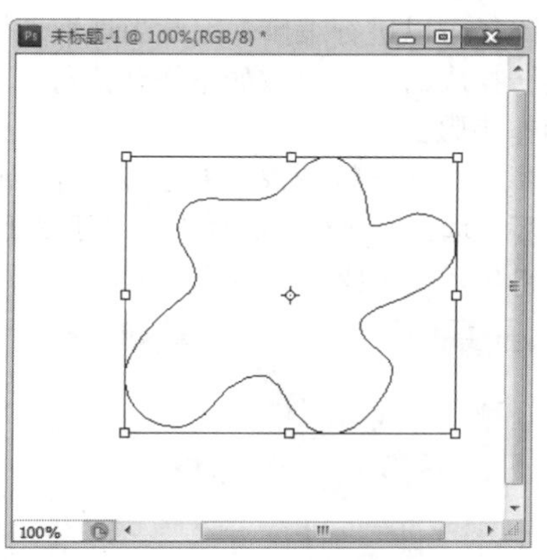

图 16.46　对路径进行变形

16.5.3 路径与选取范围间的转换

创建路径的最终目的就是要将其转换为选取范围，而将一个选取范围转换为路径，利用路径的功能对其进行精确调整，可以制作出许多形状较为复杂的选取范围。

【操作步骤】

第 1 步，打开一幅图像，在图中创建路径，如图 16.47 所示。

第 2 步，打开“路径”面板菜单，选择“建立选区”命令。另外，在选中路径后，也可以单击“路径”面板底部的“将路径作为选区载入”按钮，直接将路径转换为选取范围，并省去第 3 步的操作。

第 3 步，弹出“建立选区”对话框，如图 16.48 所示，将“羽化半径”设为 0，选中“消除锯齿”复选框，然后单击“确定”按钮，路径就被转换为选区。

图 16.47　创建路径

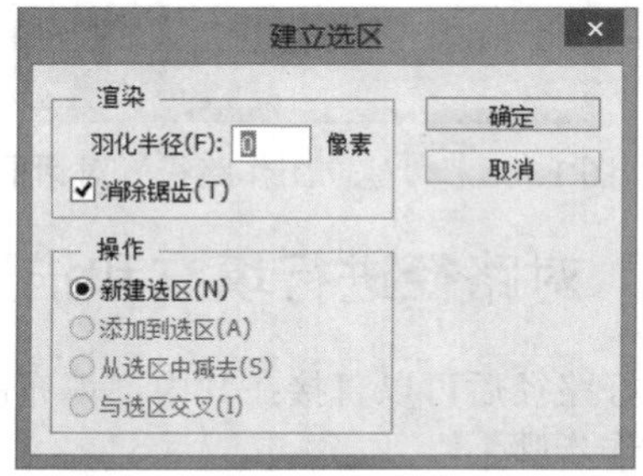

图 16.48　“建立选区”对话框

提示：“建立选区”对话框的“羽化半径”文本框可以控制选取范围转换后的边缘羽化程度，变化范围为 0.0 ~ 250.0px。若选中“消除锯齿”复选框，则转换后的选取范围具有消除锯齿的功能。

Note

如果是一个开放式的路径，则在转换为选取范围后，路径的起点会连接终点成为一个封闭的选取范围。

因为路径可以进行编辑，因此当选取范围不够精确时，可以将选取范围转换为路径进行调整。将选取范围转换成路径，可按如下操作进行。

【操作步骤】

第 1 步，打开一幅图像，并选取一个范围，如图 16.49 所示。

第 2 步，选择“路径”面板中的“建立工作路径”命令，如图 16.50 所示。另外，也可单击“路径”面板中的“从选区生成工作路径”按钮，直接将当前选取范围转换为路径，并省去第 3 步的操作。

图 16.49　选取范围

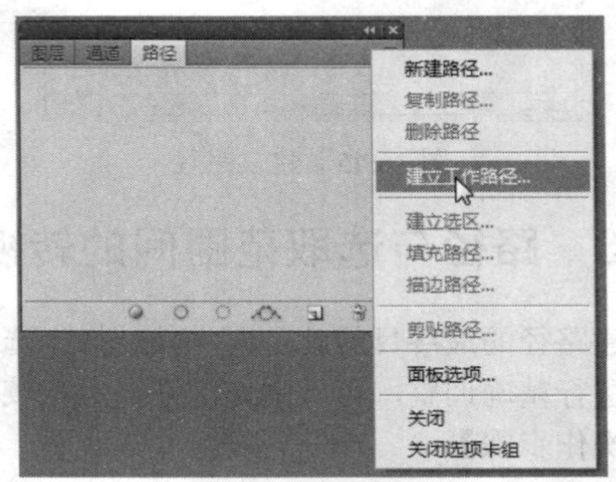

图 16.50　选择“建立工作路径”命令

第 3 步，选择“建立工作路径”命令后弹出“建立工作路径”对话框，如图 16.51 所示，“容差”文本框用于控制转换后的路径平滑度，变化范围为 0.5～16.0px，该值越小所产生的锚点越多，线条越平滑，设置完成后单击“确定”按钮，选取范围即可转换为路径，如图 16.52 所示。

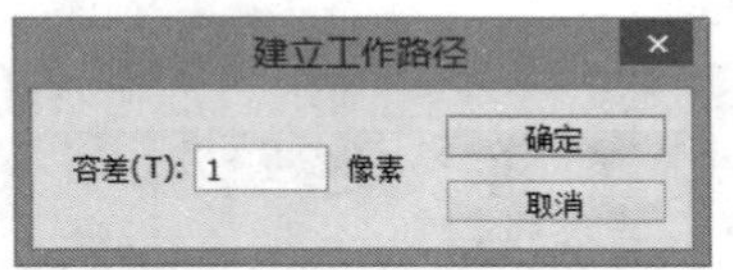

图 16.51　“建立工作路径”对话框

图 16.52　建立工作路径

16.5.4　对路径进行填充和描边

绘制好路径后可以直接在其内部填充前景色，也可以进行描边处理。

【操作步骤】

第 1 步，打开要进行填充的路径，如图 16.53 所示。

第 2 步，选择“路径”面板菜单中的“填充路径”命令，或单击“路径”面板上的“用前景色填充路径”按钮，直接进行填充。其填充的各选项设置，与“填充路径”对话框中的设置相同，这样做可省去第 3 步和第 4 步的操作。

第 3 步，弹出“填充路径”对话框，如图 16.54 所示。该对话框中的选项与前面介绍的“填充”对话框中的各选项功能相同，可参阅相应的内容。完成设置后，单击“确定”按钮。

图 16.53　打开路径

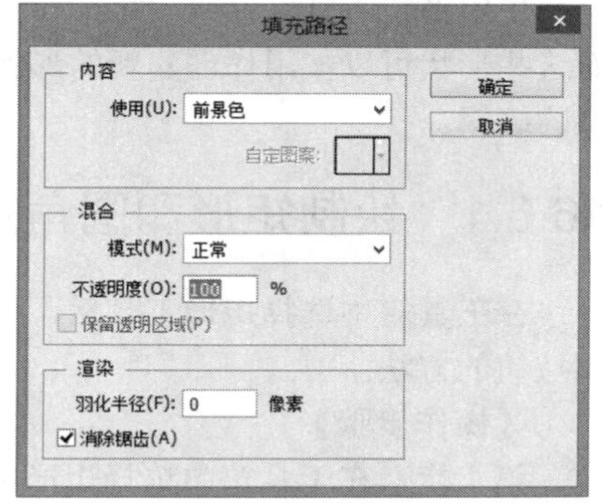

图 16.54　“填充路径”对话框

第 4 步，按 Shift+Ctrl+H 组合键隐藏路径，可得到如图 16.55 所示的图像效果。

图 16.55　填充后的效果图

除了可以对路径进行填充以外，还可以对其进行描边，在描边过程中可以指定一种绘图工具来进行描边。

【操作步骤】

第 1 步，打开需要描边的路径，选择“路径”面板菜单中的“描边路径”命令，或者按住 Alt 键单击“用画笔描边路径”按钮，打开“描边路径”对话框，如图 16.56 所示。

第 2 步，在“描边路径”对话框中选择一种工具进行描边，然后单击“确定”按钮，描边操作即可完成，如图 16.57 所示。

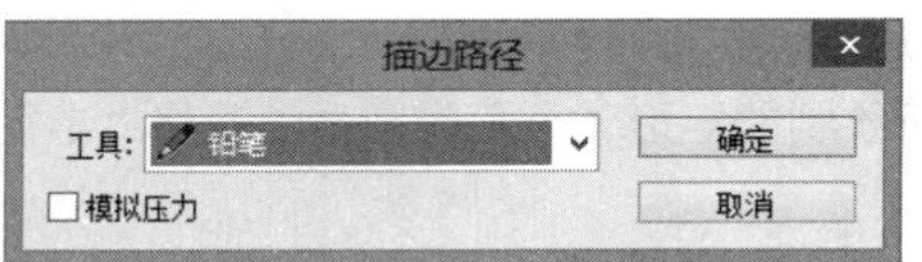

图 16.56　“描边路径”对话框

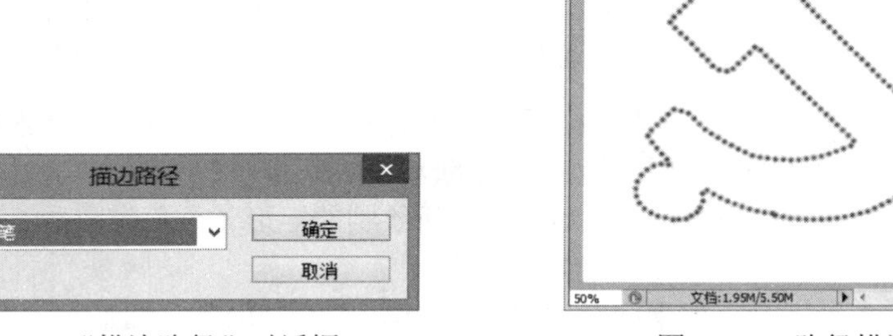

图 16.57　路径描边后效果

提示：在“路径”面板上单击“用画笔描边路径”按钮，可以直接对路径执行描边操作。此时使用的描边工具是当前在工具箱中选定的工具，其选项设置也与当前工具的设置一致。

16.6 绘制形状

使用形状工具可以绘制矩形、圆角矩形、椭圆形、多边形、直线和其他 Photoshop 自带的形状，而这些形状可以被用作创建新的形状图层、新的工作路径及填充区域，这样更加有利于用户对图形图像的编辑。

16.6.1 绘制矩形和圆角矩形

在工具箱中选择矩形工具后，可以绘制出矩形、正方形的路径或形状。下面介绍使用矩形工具绘制按钮的方法。

【操作步骤】

第 1 步，在工具箱中选择矩形工具，单击选项栏中的“形状图层”按钮。

第 2 步，在选项栏“填充”下拉列表框中选择“起泡”图案。

第 3 步，将鼠标指针移至图像窗口，按下鼠标左键并拖动，将出现一个矩形框，如图 16.58 所示。

第 4 步，释放鼠标按键后，矩形按钮绘制完成。此时“路径”面板自动建立了一个工作路径，如图 16.59 所示。在“图层”面板中自动建立了一个形状图层，如图 16.60 所示。

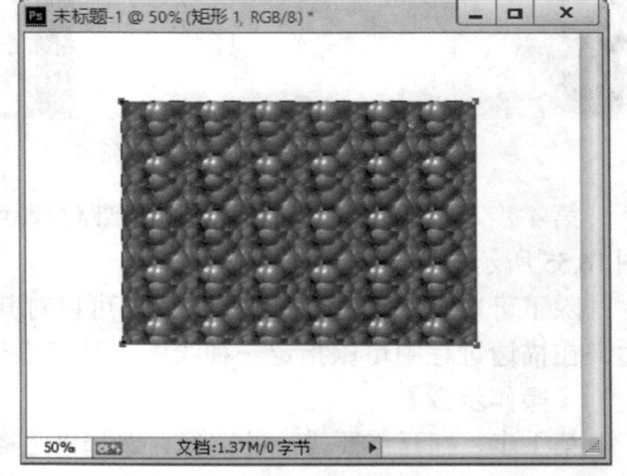

图 16.58 绘制矩形框

图 16.59 完成矩形路径绘制后的“路径”面板

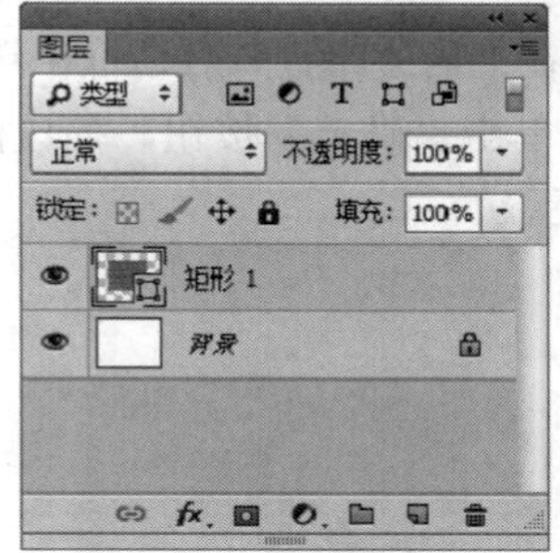

图 16.60 “图层”面板

绘制圆角矩形的方法与此相同，只要在工具箱中选择圆角矩形工具，按上述方法进行操作，即可绘制出圆角矩形。两者的区别是，圆角矩形工具的选项栏多了一个“半径”文本框。“半径”文本框用于控制圆角矩形 4 个角的圆滑程度，数值越大，所绘制的矩形 4 个角越圆滑。若将“半径”的数值设为 0，则圆角矩形工具就与矩形工具的作用一样。

当使用圆角矩形工具绘制时，如果同时按住 Shift 键，则绘制的是正圆形。

16.6.2 绘制圆形和椭圆形

绘制圆形和椭圆形的路径或形状需要用到工具箱中的椭圆工具，其使用方法和选项栏设置都与矩形工具基本相同。

16.6.3 绘制多边形

使用多边形工具可以绘制等边多边形，如等边三角形、五角星和星形等。在工具箱中选择多边形工具后会显示其选项栏，用户通过在选项栏中设置多边形工具的选项，可以绘制出更多的多边形效果。

多边形工具的选项栏与矩形工具的选项栏相似，只是多了一个“边”文本框，用于设置所绘制的多边形边数，范围为 3～100，当边数为 100 时，绘制出来的形状是一个圆。

【操作步骤】

第 1 步，在工具箱中选择多边形工具。

第 2 步，在选项栏中设置多边形工具的选项。

第 3 步，移动鼠标指针至图像窗口中，拖动鼠标进行绘制。在绘制多边形时，图形的中心点为在图像窗口中首次单击时的位置。拖动鼠标绘制时，图形可以绕中心点旋转以调整方向。

16.6.4 绘制直线

使用直线工具可以绘制直线、箭头的形状和路径，其绘制操作与矩形工具基本相同，只要使用此工具在图像窗口中拖动即可拉出一条直线。

绘制直线时，可以在选项栏中的“粗细”文本框中设置线条的宽度，数值范围为 1～1000，数值越大，绘制出来的线条越粗。

在选项栏中单击“设置”图标可以打开“箭头”面板，如图 16.61 所示。通过在“箭头”面板中进行设置，直线工具可以绘制出各种各样的箭头。“箭头”面板中各个选项的具体含义如下。

☑ “起点”复选框：在起点位置绘制出箭头，如图 16.61 所示。

☑ “终点”复选框：在终点位置绘制出箭头，如图 16.61 所示。

☑ “宽度”文本框：设置箭头宽度，范围在 10%～1000%之间。

☑ “长度”文本框：设置箭头长度，范围在 10%～5000%之间。

☑ “凹度”文本框：设置箭头凹度，范围在-50%～50%之间，如图 16.62 所示。

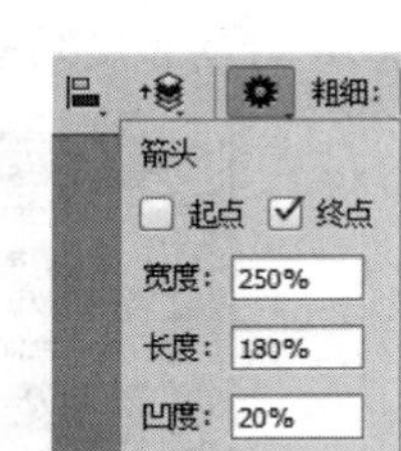

图 16.61 “箭头”面板

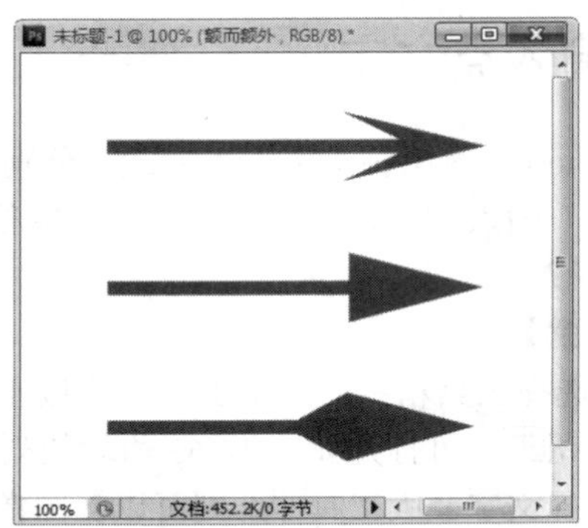

图 16.62 设置凹度

16.6.5 绘制自定义形状

自定义形状工具提供的是一些不规则的图样，用户可以在这里选择套用矢量图、路径和位图填充区域。使用自定义形状工具可以绘制出 Photoshop 预设的各种形状，如箭头、月牙形和心形等。

【操作步骤】

第 1 步，首先设置前景色，设置的颜色将会填入所绘制的图形中。

第 2 步，在工具箱中选择自定义形状工具。

第 3 步，在选项栏中单击“形状”下拉列表框，打开如图 16.63 所示的“形状”面板，其中显示了许多预设的形状，此处选择一个图形。

第 4 步，在选项栏中设置其他选项，如样式等。设置完各选项后，在图像窗口中按住鼠标左键拖动，即可在图像窗口中绘制想要的图形形状。绘制完成后的效果如图 16.64 所示。

图 16.63 “形状”面板

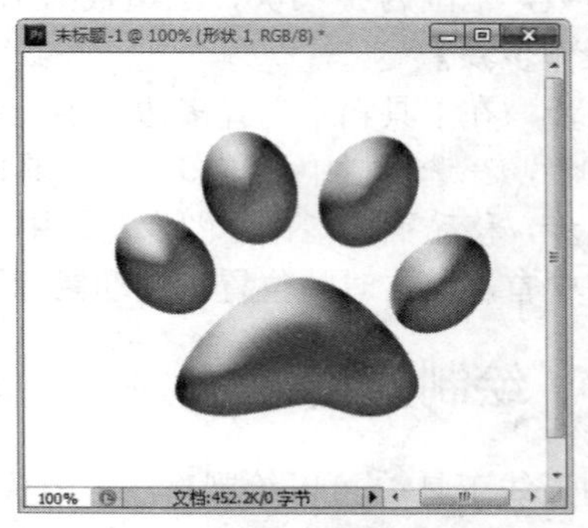

图 16.64 绘制好的自定义形状

第 5 步，单击“形状”面板右上角的小三角形按钮，可以打开一个面板菜单，从中可以载入、保存、替换和重置面板预设的形状，以及改变面板中形状的显示方式。

16.7 输入文本

使用 Photoshop 制作网页效果图、Logo、Banner 等时，常常需要输入文字，在 Photoshop 中输入文本是通过文字工具实现的。用户可使用文字工具在图像中的任何位置创建横排或竖排文字。

16.7.1 输入点文字

在 Photoshop 中有两种文字输入方式，分别是“点文字”和“段落文字”。

“点文字”输入方式是指在图像中输入单独的文本行（如标题文本），行的长度随着编辑增加或缩短，但不换行。

【操作步骤】

第 1 步，选择工具箱中的文字工具T或按 T 键，右击或按住工具箱内的文字工具按钮T，可打开如图 16.65 所示的列表，在其中选择某一文字工具，如果选择文字蒙版工具，则可以在图像中建立文字选取范围。

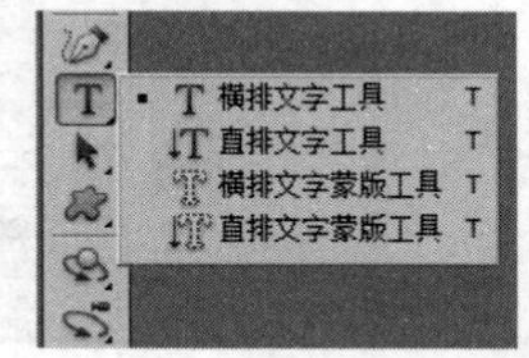

图 16.65 文字工具组

第 2 步，选择工具后显示如图 16.66 所示的文字工具选项栏。在其中

设置字体、字号、消除锯齿方法、对齐方式以及字体颜色。

图 16.66　文字工具选项栏

第 3 步，移动鼠标指针到图像窗口中单击，以定位光标输入位置，此时图像窗口中显示一个闪烁光标，接着输入文字内容。

第 4 步，输入文字后，单击选项栏中的“提交所有当前编辑”按钮☑即可完成输入。如果用户单击“取消所有当前编辑”按钮⊘则将取消输入操作。

> 提示：当文字工具处于编辑模式时，可以输入并编辑字符，但是如果要执行其他操作，则必须提交对文字图层的更改后才能进行。

第 5 步，输入文字后，“图层”面板中会自动产生一个新的文字图层，如图 16.67 所示。

> 提示：在输入蒙版文字时，Photoshop 会按文字形状创建选取范围。文字选取范围出现在当前图层中，并可以像普通选取范围一样进行移动、复制、填充或描边。

16.7.2　输入段落文字

当需要输入大块文字时，可使用段落文字功能。输入段落文字时，文字会基于文字框的尺寸自动换行。用户可以根据需要自由调整定界框大小，使文字在调整后的矩形框中重新排列，也可以在输入文字时或创建文字图层后调整定界框，甚至还可以使用定界框旋转、缩放和斜切文字。

【操作步骤】

第 1 步，在工具箱中选择文字工具T。

第 2 步，用鼠标在想要输入文本的图像区域内沿对角线方向拖曳出一个文本定界框。

第 3 步，在文本定界框内输入文本，如图 16.68 所示。可以发现不用按 Enter 键即可进行换行输入，当然，用户可以根据段落的文字内容进行分段，与在其他文本处理软件中一样，按 Enter 键即可换行输入。

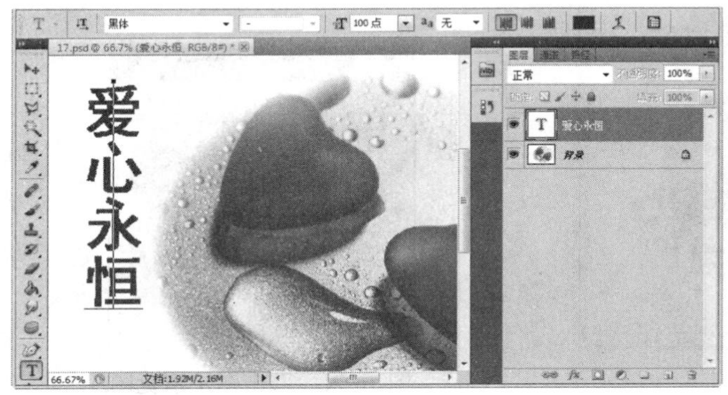

图 16.67　输入文字

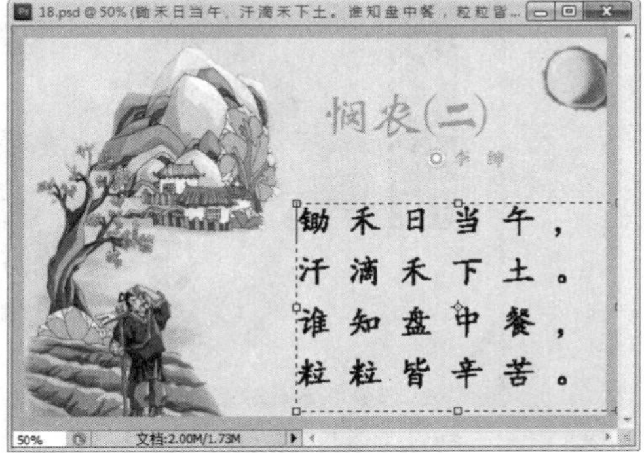

图 16.68　输入段落文本

第 4 步，完成输入后，单击选项栏中的“提交所有当前编辑”按钮☑确认输入。

> 提示：若要移动文本定界框，可以按住 Ctrl 键不放，然后将光标置于文本框内（光标会变成▶形状），拖动鼠标即可移动该定界框。如果移动鼠标指针到定界框四周的控制点上，按下鼠标左键并拖动，可以对定界框进行缩放或变形。

16.8 设置文本和段落格式

Note

不管输入点文字还是段落文字，都可以使用格式编排选项来指定字体类型、粗细、大小、颜色、字距微调、字距调整、基线移动及对齐等其他字符属性。用户可以在输入字符之前就将文字属性设置好，也可以对文字图层中选择的字符重新设置属性，更改文字外观。

16.8.1 设置文字格式

“字符”面板是用来设置所输入的文字字体、字号、字间距与行间距的。

在默认设置下，Photoshop 工作区内不显示“字符”面板，要对文字格式进行设置时，可以选择“窗口”|“字符”命令，打开该面板，如图 16.69 所示。

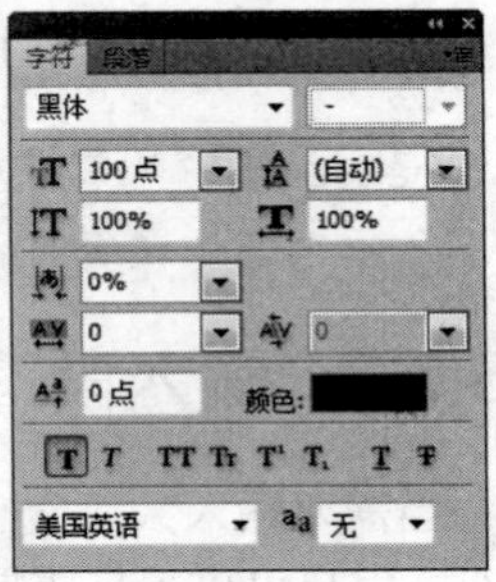

图 16.69 “字符”面板

1. 设置字体

如先设置某种字体，则其后输入的文字都将使用该字体；如先选中某些已输入的文字，再通过“字符”控制面板设置字体，则所选文字就变为该字体。

【操作步骤】

第 1 步，选择要设置字体的文字，选取的方法有如下两种。

☑ 在工具箱中选择文字工具T，然后移动光标到图像窗口中的文字位置，按下鼠标左键拖动，如图 16.70 所示。

☑ 在“图层”面板中双击文字图层缩览图，如图 16.71 所示。此方法选取的是整段文字，如果只选择文字图层中的某几个文字，则还需用上面的方法。

图 16.70 用鼠标拖动选取

图 16.71 双击图层缩览图

第 2 步，从“字符”面板左上角的“字体”下拉列表框中选择想要使用的字体，文本图层中所选的字体就会进行相应的改变。

2. 改变字体大小

【操作步骤】

第 1 步，选取要设置字符大小的文字。

第 2 步，直接在“字符”面板的“字体大小”下拉列表框 41.67 点 中输入字体大小的数值，或在该下拉列表框中选择字体的预置大小，即可改变所选文字的大小。

3. 调整行距

行距指的是两行文字之间的基线距离（基线是一条看不见的直线，大部分文字都位于这条直线的上面），Photoshop 默认的行距是字号的 120%。如果用户在创作中想自行调整行距，可进行如下操作。

【操作步骤】

第 1 步，选取要调整行距的文字。

第 2 步，在“字符”面板的“行距”下拉列表框 (自动) 中直接输入行距数值，或选择想要设置的行距数值（如果选择“自动”，行距即为字体大小的 120%）。

4. 调整字符间距

调整字符间距可以调节两个字符间的距离。

【操作步骤】

第 1 步，选取要调节字符间距的文字。

第 2 步，在“字符”面板的“字距”下拉列表框 0 中直接输入字符间距的数值（输入正数值使字符间距增加，输入负数值使字符间距减少），或在其下拉列表中选择想要设置的字符间距数值。

提示： 如果要对两个字符间距进行微调，则选择文字工具，在两个字符间单击，然后在 度量标准 下拉列表框中输入数值，正数使字符间距增加，负数使字符间距减少。

5. 更改字符长宽比例

更改字符长宽比例的具体方法如下。

【操作步骤】

第 1 步，选取需要调整字符水平或垂直缩放比例的文字。

第 2 步，在“字符”面板的“垂直缩放”文本框和“水平缩放”文本框中输入数值，即可缩放所选的文字。

6. 偏移字符基线

移动字符基线可以使字符根据设置的参数上下移动位置，在“字符”面板的“基线偏移”文本框 0 点 中输入数值，正值使文字向上移，如图 16.72 所示，负值使文字向下移，类似 Word 软件中的上标和下标。

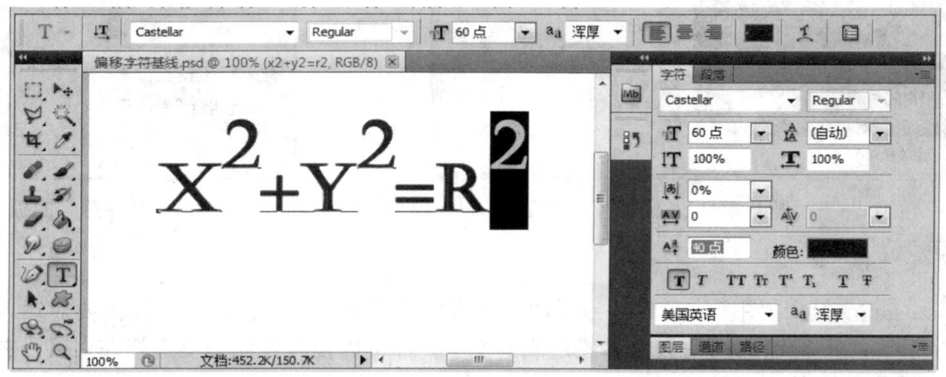

图 16.72　文字基线偏移正值效果

Note

7. 设置字符颜色

在 Photoshop 中输入文字后，还可以重新设置字符的颜色。

【操作步骤】

第 1 步，选取想要设置颜色的字符。

第 2 步，单击“字符”面板中的“颜色”框，打开“拾色器（文本颜色）”对话框，如图 16.73 所示。

第 3 步，在文本颜色区中选择所需的颜色，然后单击“确定”按钮，即可对所选字符应用新的颜色。

8. 转换英文字符大小写

在 Photoshop 中，可以很方便地转换英文字符的大小写。

【操作步骤】

第 1 步，选取文字字符或文本图层。

第 2 步，单击“字符”面板中的“全部大写字母”按钮**TT**或者“小型大写字母”按钮**Tr**，即可更改所选字符的大小写。

> 提示：单击“字符”面板右上角的按钮，在弹出的面板菜单中选择“全部大写字母”或者“小型大写字母”命令，也可更改所选字符的大小写方式。
>
> 在 Photoshop 的“字符”面板上，还有几个与更改大小写类似的按钮，分别是“仿粗体”按钮、“仿斜体”按钮、“上标”按钮、“下标”按钮、“下划线”按钮和“删除线”按钮等，其操作方法与更改大小写的方法相同，这里不再赘述，读者可以自行练习。

16.8.2 设置段落格式

在默认情况下，“段落”面板与“字符”面板在一起，单击面板上的“段落”标签，即可打开“段落”面板，如图 16.74 所示。选择“窗口”|“段落”命令可以显示“段落”面板。对段落格式的设置主要体现在段落对齐、段前段后间距的设置上。

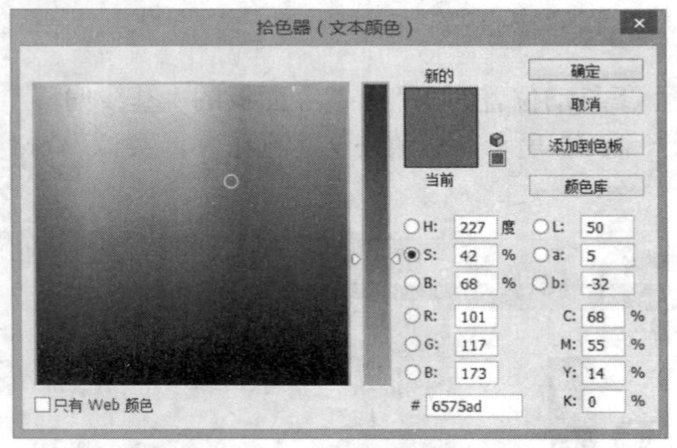

图 16.73 “拾色器（文本颜色）”对话框

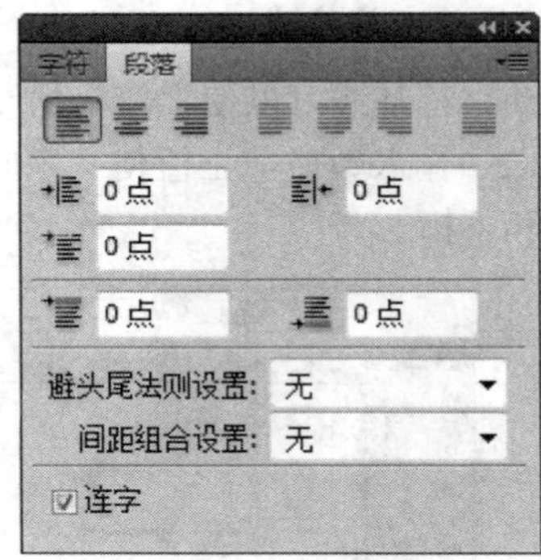

图 16.74 “段落”面板

1. 段落对齐

在 Photoshop 中创作图像作品时，为了达到图像整体效果的协调性，一般都需要对输入文本的对齐方式进行设置。不管输入的是点文字还是段落文字，都可以使其按照需要选择左对齐、右对齐或居中对齐，以达到整洁的视觉效果。

【操作步骤】

第 1 步，选取欲设置段落文字对齐方式的文字。

第 2 步，单击“段落”面板最上方的段落对齐按钮即可设置对齐方式，从左到右分别为“左对齐文本”按钮、“居中文本”按钮、“右对齐文本”按钮、“最后一行左边对齐”按钮、“最后一行居中对齐”按钮、“最后一行右边对齐”按钮和“全部对齐”按钮。

2. 段落缩进和间距

段落缩进是指段落文字与文字边框之间的距离，或者是段落首行（第一行）缩进的文字距离。段落间距是指当前段落与上一段落或下一段落之间的距离。进行段落缩进和间距处理时，只会影响选中的段落区域，因此可以对不同段落设置不同的缩进方式和间距，增加创作中文本处理的灵活性。

【操作步骤】

第 1 步，选取一段文字或在“图层”面板上选择一个文字图层。

第 2 步，在“段落”面板上的“左缩进”文本框 0 点、“右缩进”文本框 0 点、“首行缩进”文本框 0 点、“段前间距”文本框 0 点和“段后间距”文本框 0 点中输入数值，即可精确设置所选段落的缩进，以及与前后段落的间距。

16.9　编 辑 文 本

在设计网页图像时如果只是输入单纯的文本，会使文字版面显得特别单调，这时就可以对文本进行一些编辑操作，例如，对文字进行旋转和扭曲变形等。

16.9.1　文本变形

Photoshop 为用户提供了广阔的文字设计空间，尤其是使用文字变形功能，可以轻松创建出丰富的文字扭曲形状。

【操作步骤】

第 1 步，先在“图层”面板中选中要进行旋转和翻转的文本图层。

第 2 步，选择“编辑”|“变换”命令打开子菜单。

第 3 步，选择子菜单中的“旋转”和“翻转”命令即可。如选择“斜切”命令，然后移动鼠标指针到定界框的四周控制点，按下鼠标左键拖动即可，如图 16.75 和图 16.76 所示。

图 16.75　旋转文字

图 16.76　倾斜文字

Note

除上面介绍的方法外，Photoshop 还有一种非常方便的变形功能，使用此功能可以制作出各种各样的文本变形效果。

【操作步骤】

第 1 步，单击“文字工具”选项栏上的“创建变形文本”按钮，打开如图 16.77 所示的“变形文字”对话框。

第 2 步，单击“样式”下拉列表框，打开如图 16.78 所示的“样式”下拉列表，选择所需的文字变形样式。

第 3 步，选择一种样式后，“变形文字”对话框中就会显示该样式的相关参数。用户可以根据需要设置该样式的具体参数。

第 4 步，通过“水平”和“垂直”单选按钮选择文字变形的方向，通过调节“弯曲”、“水平扭曲”和“垂直扭曲”值或滑块，调节文字弯曲度和水平、垂直扭曲度。如图 16.79 所示是设置了“扇形”样式并弯曲-50%文字样式的效果。

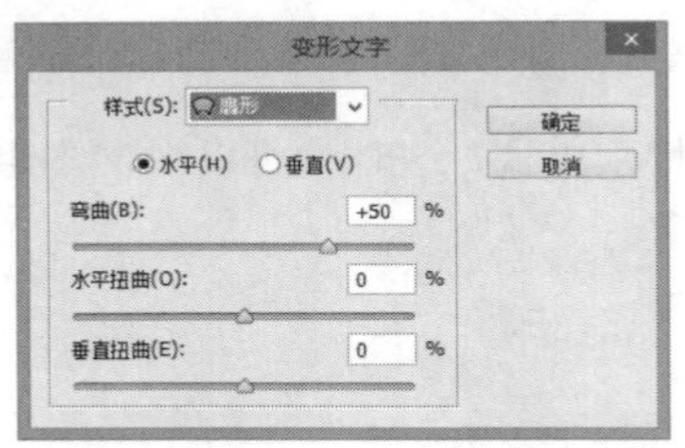

图 16.77 “变形文字”对话框

图 16.78 “样式”下拉列表

图 16.79 扇形效果下的字体

提示：如果对某一种变形效果不满意，请选择应用变形的文字图层，然后在“变形文字”对话框的“样式”下拉列表中选择“无”选项，这样即可恢复文本的最初样式。

除上述扭曲变形方法以外，用户还可以通过选择“编辑”|“自由变换”命令或者“编辑”|“变换”级联菜单中的命令，对文字进行旋转、拉伸、缩放等操作。

16.9.2 更改文本排列方式

Photoshop 提供了两种文字排列方式，分别是垂直排列和水平排列，一般情况下使用的是水平排列方式。如果用户要在水平排列方式和垂直排列方式之间进行互换，那么可以按如下步骤操作。

【操作步骤】

第 1 步，在“图层”面板中选中文字图层。

第 2 步，选择“图层”|“文字”命令，打开其子菜单。

第 3 步，选择“文字”子菜单中的“垂直”或“水平”命令即可在两种方式之间互换。

16.9.3 将文本转换为选取范围

在 Photoshop 中创作图像时，文本不仅仅是简单的文字，有时往往可作为图形应用。将文本转换

成选取范围，再进行编辑处理，便是其中一个非常重要的应用。

【操作步骤】

第 1 步，在“图层”面板中选中文字图层。

第 2 步，按住 Ctrl 键的同时单击“图层”面板中的文字图层按钮T，即可将文字图层的文字转换为选取范围，如图 16.80 所示。此时即可在这个选区上进行例如描边、填充色彩图案等操作。

图 16.80　将文字图层变成选取范围

提示：用户也可以使用横排文字蒙版工具和直排文字蒙版工具在图像中直接产生一个文字选取范围。

16.9.4　将文本转换为路径和形状

有时 Photoshop 中的默认字体可能不完全符合用户的需求，但重新设计一套字体又会很麻烦，这时可以在某个默认字体的基础上进行修改、变化和编辑，以制作出一种符合要求的字体，即将文字转换为路径和形状。

【操作步骤】

第 1 步，输入文本，并在“图层”面板上选择想要转换成路径或形状的文本。

第 2 步，选择“图层”|“文字”|“创建工作路径”命令，或者选择“图层”|“文字”|“转换为形状”命令。

第 3 步，如上操作可以将文本转换为路径或形状，如图 16.81 所示为将文本转换为形状的效果。

图 16.81　将文本转换为形状

Note

16.9.5 案例实战：设计超炫灯管文字

此文字效果的制作主要通过描边和羽化的技巧来完成。

【操作步骤】

第 1 步，打开设计好的半成品图像。

第 2 步，在图像中建立一个文字区域，效果如图 16.82 所示。

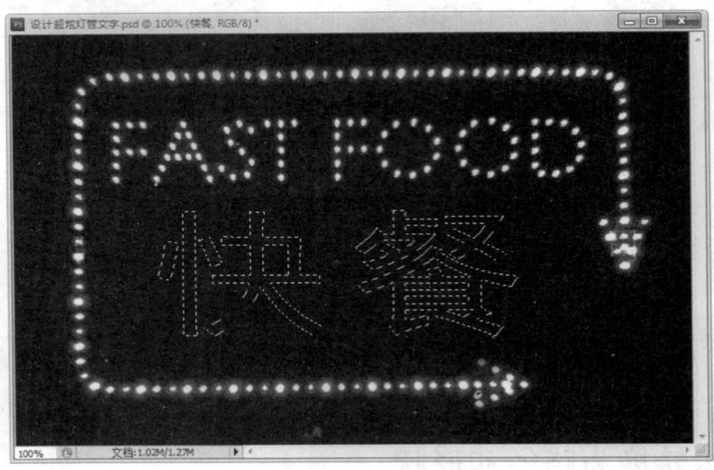

图 16.82　建立文字区域

第 3 步，选择“选择”|“羽化”命令，在打开的对话框中设置一个选取范围的羽化值，此处设为 3（注意，羽化值不可过大，也不可过小，否则影响效果，具体数值由用户自定义）。

第 4 步，选择“编辑”|“描边”命令，打开“描边”对话框，在该对话框中设置描边线的宽度为 5（根据当前文字区域来确定，若文字区域较大，则设得宽一点），颜色为深红色，位置为居中，模式为正常，不透明度为 100%。

第 5 步，单击“确定”按钮，按 Ctrl+D 快捷键取消范围选取，即可得到如图 16.83 所示的效果。如果颜色太淡，可以多执行几次填充操作。

图 16.83　效果图

16.10　网 页 配 色

使用绘图工具绘制图形时，都需先选取一种绘图颜色，然后才能顺利地绘制出用户想要的效果。所以，对于 Photoshop 绘图来说，颜色选配绘制相当重要。

16.10.1　区分前景色和背景色

在 Photoshop 中选取颜色，主要是通过工具箱中的前景色和背景色按钮来完成的，如图 16.84 所示，选择后的颜色将显示在这两个颜色框中。

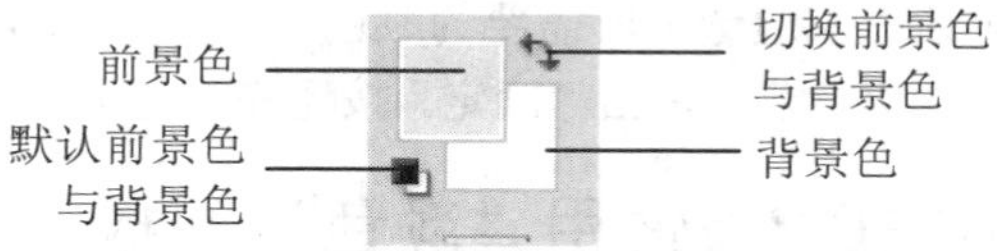

前景色　切换前景色与背景色　默认前景色与背景色　背景色

图 16.84　前景色与背景色

- ☑ 前景色：用于显示和选取当前绘图工具所使用的颜色。单击前景色按钮，可以打开“拾色器”对话框并从中选取颜色。使用画笔工具在画板中画出的颜色就是前景色。
- ☑ 背景色：用于显示和选取图像的底色（即背景色）。选取背景色后，并不会立即改变图像的背景色，只有在使用与背景色有关的工具时才会依照背景色的设置来执行命令，例如，使用橡皮擦工具擦除图像时，擦除前景色后就会露出背景色。
- ☑ 切换前景色与背景色：用于切换前景色与背景色。操作方法是在该按钮上单击或按 X 键。
- ☑ 默认前景色与背景色：用于恢复前景色和背景色为初始的默认颜色，即 100%的黑色与白色。单击该按钮或按 D 键即可执行。

16.10.2　使用拾色器

选取颜色的方法有很多，比较传统的方法是使用“拾色器”对话框进行选取。

【操作步骤】

第 1 步，在工具箱中单击前景色按钮，打开相应对话框，如图 16.85 所示，在此对话框中可以使用鼠标或键盘设置选取的颜色。

第 2 步，在对话框右下角提供了 9 个单选按钮，即 HSB、RGB、Lab 颜色模式的三原色按钮。选择一种方式，例如，选中 R 单选按钮，此时滑杆用来控制亮度。

第 3 步，移动鼠标指针到对话框左侧的彩色域中选择 H 与 S 颜色值，方法是在其中单击，同时，用户可以通过调整滑杆并配合彩色域选择出成千上万种颜色。

第 4 步，选取完成后，单击“确定”按钮即可。

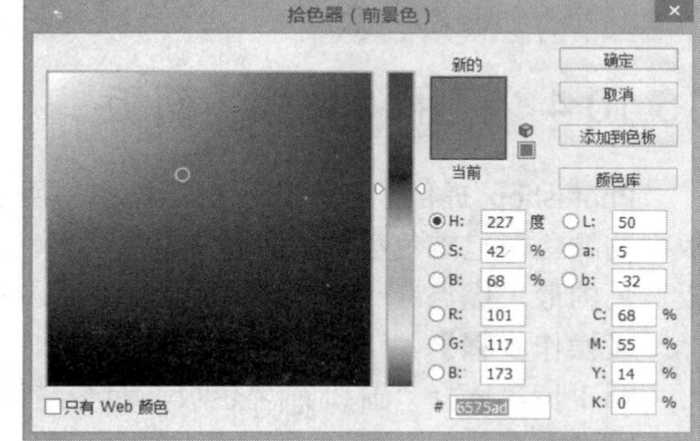

图 16.85　“拾色器”对话框

提示：若在“拾色器”对话框中选中“只有 Web 颜色”复选框，则在对话框中只能选择 216 种适用于 Web（网页）的颜色。

在“拾色器”对话框中，用鼠标拖动滑杆并配合彩色域即可选择颜色。此外，也可以输入数值来

定义颜色，例如，要在 RGB 模式下选取颜色，那么在 R、G、B 文本框中输入一个数值即可。或者在颜色编号文本框（即#文本框）中输入一个编号来指定颜色。最后，单击“确定”按钮便可完成选定颜色的操作。

在“拾色器”对话框中有一个“颜色库”按钮，单击此按钮可切换到“颜色库”对话框，可在该对话框中选取颜色，如图 16.86 所示。

【操作步骤】

第 1 步，在“色库”下拉列表框中选择一种色彩型号。

第 2 步，用鼠标拖动滑杆上的小三角滑块来指定所需颜色的大致范围，接着在对话框左边选定所需要的颜色。

第 3 步，单击“确定”按钮完成选取。

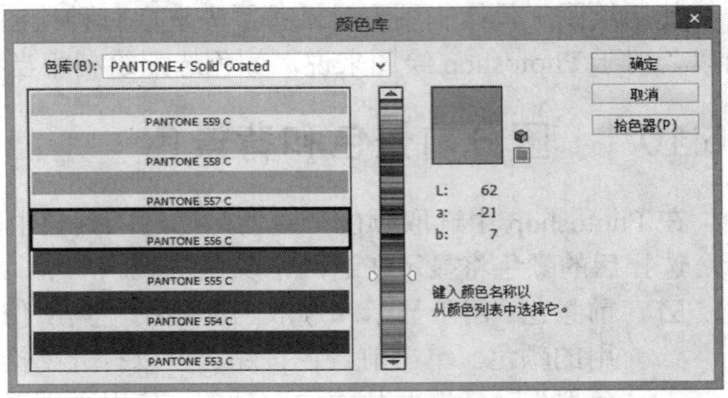

图 16.86 “颜色库”对话框

16.10.3 使用“颜色”面板

使用“颜色”面板选择颜色如同在“拾色器”对话框中选色一样轻松，并且也可以选择不同的颜色模式进行选色。选择“窗口”|“颜色”命令或按 F6 键，显示“颜色”面板，如图 16.87 所示，使用此面板即可选取颜色。

【操作步骤】

第 1 步，在“颜色”面板中单击“前景色”或“背景色”按钮确定是选择前景色还是背景色。

第 2 步，移动鼠标指针，在“颜色”面板右侧拖动滑杆调整各个滑杆的参数值，或者直接在滑杆右侧的文本框中输入数值。

第 3 步，调整后的结果即为要选取的颜色。

提示：“颜色”面板底部有一根颜色条，用来显示某种颜色模式的光谱，默认设置为 RGB 模式。使用这根颜色条也能选择颜色，将鼠标指针移至颜色条内时会变成吸管形状，单击即可选定颜色。

16.10.4 使用“色板”面板

Photoshop 提供了一个“色板”面板，用于快速选择前景色和背景色，也可以通过增加或删减色板中的颜色来建立色盘。该面板中的颜色都是预设好的，可以直接选取使用，这就是使用“色板”面板选色的最大优点。

【操作步骤】

第 1 步，选择“窗口”|“色板”命令显示“色板”面板，如图 16.88 所示。

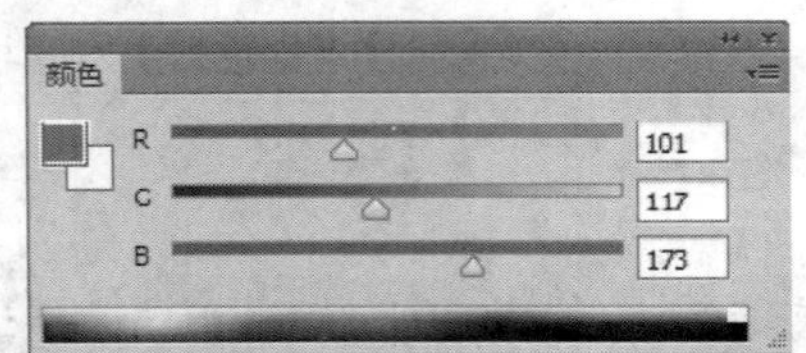

图 16.87 “颜色”面板

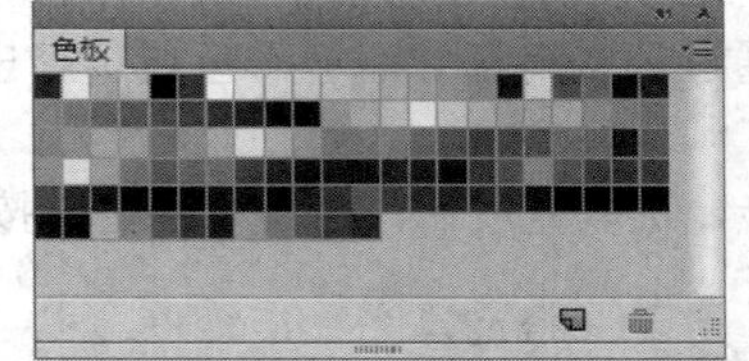

图 16.88 “色板”面板

第 2 步，移动鼠标指针至面板的色板方格中，此时鼠标指针变成吸管形状，单击即可选定当前

指定颜色。

用户还可以在“色板”面板中加入一些常用的颜色，或将一些不常用的颜色删除，还可以保存和安装色板。

16.10.5　使用吸管工具

使用吸管工具可以在图像区域中进行颜色采样，并用采样颜色重新定义前景色或背景色。当需要一种颜色时，如果要求不是太高，就可以用吸管工具完成。

【操作步骤】

第 1 步，在工具箱中选择吸管工具。

第 2 步，将鼠标指针移到图像上并单击所需的颜色，这样就完成了前景色取色工作，如图 16.89 所示。如果此时按下 Alt 键单击，则可以选择背景色。

提示： 用户也可以在选择吸管工具后，移动鼠标指针到“色板”面板和“颜色”面板的颜色条上单击选取颜色。

默认情况下，吸管工具获取的是单个像素的颜色，但也可以在一定的范围内取样，以便更准确地选取颜色，如图 16.90 所示，该工具提供了一个“取样大小”下拉列表框，包含 7 种选取方式，前 3 种选项说明如下，后面选项含义相近，不再重复说明。

图 16.89　使用吸管工具选取颜色

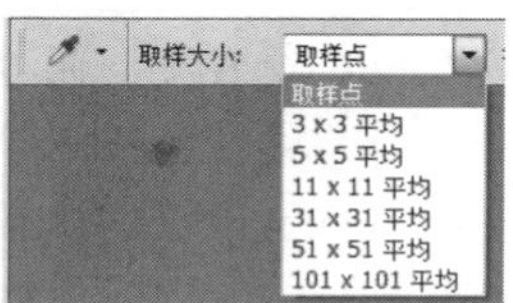

图 16.90　吸管工具选项

- ☑ 取样点：为 Photoshop 中的默认设置，选择此选项即表示选取颜色精确到一个像素，单击的位置即为当前选取的颜色。
- ☑ 3×3 平均：选择此选项，表示以 3px×3px 的平均值来选取颜色。
- ☑ 5×5 平均：选择此选项，表示以 5px×5px 的平均值来选取颜色。

选择吸管工具后，在图像窗口中右击可打开快捷菜单，在其中也可选择切换参数，如图 16.91 所示。此切换吸管工具参数选项的方法也适用于其他工具。

图 16.91　利用快捷菜单选择吸管工具参数

16.11 网页调色

Note

Photoshop 提供了多个图像色彩调整命令，使用这些命令可以轻松、快捷地改变图像的色相、饱和度、亮度和对比度。

16.11.1 调整图像明暗度

使用“色阶”命令可以精确地调整图像的暗调、中间调和亮调等强度级别（即色阶），从而达到校正图像色调范围的目的。通过色阶直方图可以很直观地调整图像基本色调。

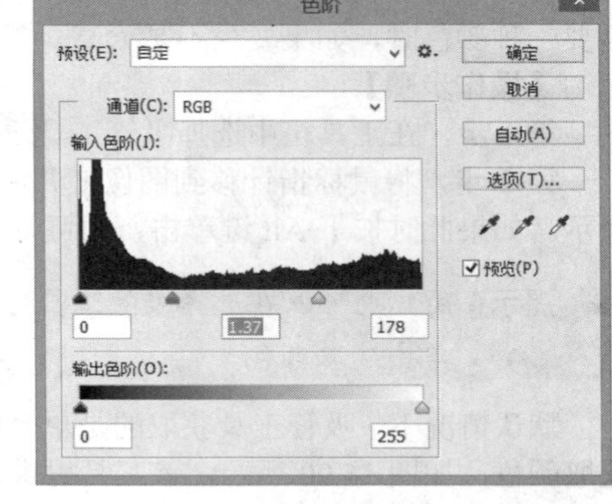

图 16.92 “色阶”对话框

【操作步骤】

第 1 步，打开需要调整明暗的素材图像。选择“图像”|“调整”|“色阶”命令，打开“色阶”对话框，如图 16.92 所示。

第 2 步，在“色阶”对话框中通过拖动滑杆和输入数值，调整输入和输出的“色阶”值，即可针对指定的通道和图像的明暗度进行调整。用户可以调整以下参数。

☑ “通道”下拉列表框：用于选择要调整色调的通道，在同一张图像中，不同的通道中可能有不同的色阶分布，可以针对不同的通道进行不同的设置。

☑ “预览”选项：确定是否在图像窗口中预览调整后的图像效果。

☑ “输入色阶”选项：拖动滑动滑杆和直接在“输入色阶”文本框中输入数值都可以调整色阶效果，通过此色阶调整可以使图像中较深的颜色变得更深；将较浅的颜色变得更浅。此项目包括 3 个文本框：最左侧的文本框用于调整图像的暗部色调，取值范围为 0～253（低于该值的像素为黑色），通过修改该值，可将某些像素变为黑色；中间编辑框用于调整图像的中间色调（即灰度），其取值范围为 0.10～16.99；最右侧的文本框用于设置图像亮部色调，其取值范围为 2～255（高于该值的像素为白色），通过修改数值，可将某些像素变为白色。这 3 个编辑框中的值分别对应了色阶图像中的 3 个小三角图标，用户既可通过在各文本框中直接输入数值来调整图像色调，也可通过在滑杆中拖动小三角图标来控制和调整色调。例如，将输入色阶数值由 0 调至 50，表示在图像中低于 50 的数值将变得更深，调整后的图像将比原来的图像更深。

☑ “输出色阶”选项：“输出色阶”和“输入色阶”的作用相反。利用“输入色阶”调整图像，可使较暗的像素更暗，较亮的像素更亮；利用“输出色阶”，可使较暗的像素变亮，较亮的像素变暗。

☑ “自动”按钮：单击该按钮，Photoshop 将以 0.5%的比例调整图像的亮度，把最亮的像素变为白色，把最暗的像素变为黑色，选择此命令的主要目的是为了使图像亮度分布更均匀，消除图像中不正常的亮度。

第 3 步，完成设置后，单击“确定”按钮确认，调整前后的对比效果如图 16.93 所示。

调整前　　　　　　　　调整后

图 16.93　增亮图像

16.11.2　调整图像亮度、对比度和色彩

“曲线”命令与色阶的功能和原理类似，都是调整图像色彩的明暗及反差。“色阶”命令控制整体图像的明暗度，但“曲线”命令还可以针对对比度和色彩进行控制，调整的效果更加细腻、精确，因而比色阶命令使用得更为广泛，功能也更为强大。

选择“图像”|“调整”|“曲线”命令，即可打开“曲线”对话框，如图 16.94 所示。通过调整“曲线”对话框表格中的曲线形状，可以调整图像的亮度、对比度和色彩等。表格的横坐标代表输出色阶，纵坐标代表图像输入色阶，其变化范围均在 0～255 之间。调整曲线时，首先单击曲线上的点，然后拖动即可改变。

要增加和调节曲线上的控制点，操作方法是先对曲线进行调节，在曲线上单击一下即添加一个控制点，然后在这个控制点上，按住鼠标左键不放并往上或往下拖曳即可调整图像的色调，如图 16.95 所示。

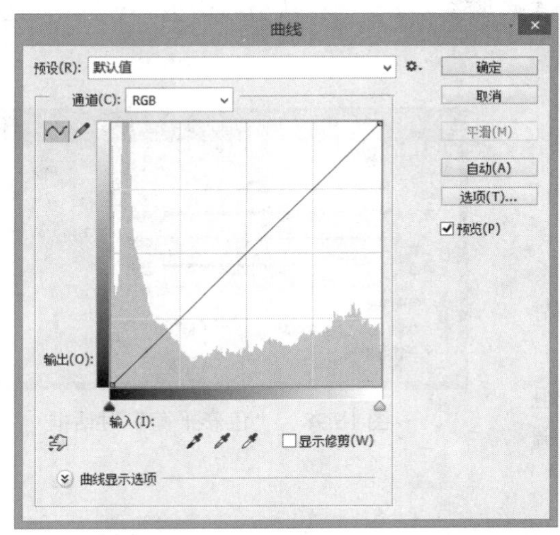

图 16.94　“曲线”对话框

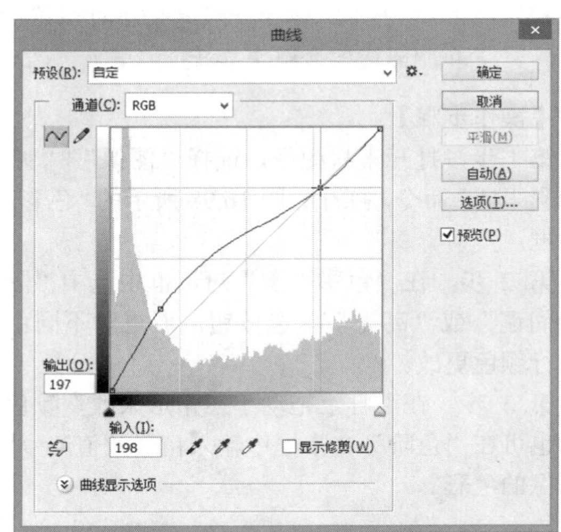

图 16.95　在曲线表格中调节曲线

提示：可以增加多个控制点，只要继续在曲线上单击即可。如果想删除某个控制点，则只要将这个控制点往曲线以外的位置拖曳即可。

Note

如果在对话框中选择铅笔工具，在曲线表格上可以画出各种随心所欲的曲线，这样可以直接对图像进行更多更精密的调节。在绘制完曲线后，单击“平滑”按钮，使曲线变得平滑，这时在这条曲线的转折处增加若干个控制点，用户还可以对这些控制点再重新调整，如图 16.96 和图 16.97 所示。

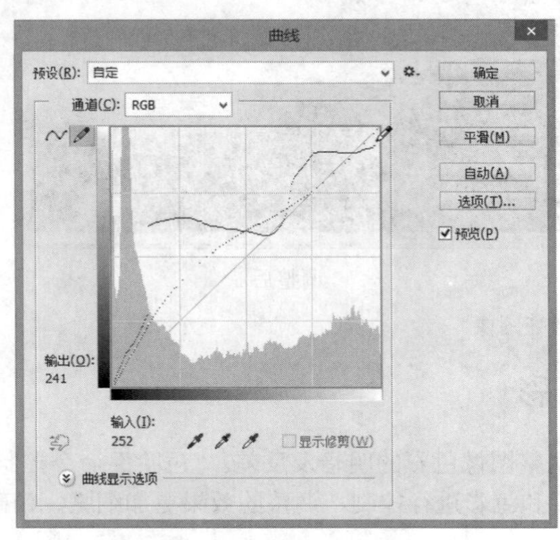

图 16.96　利用铅笔工具绘制曲线

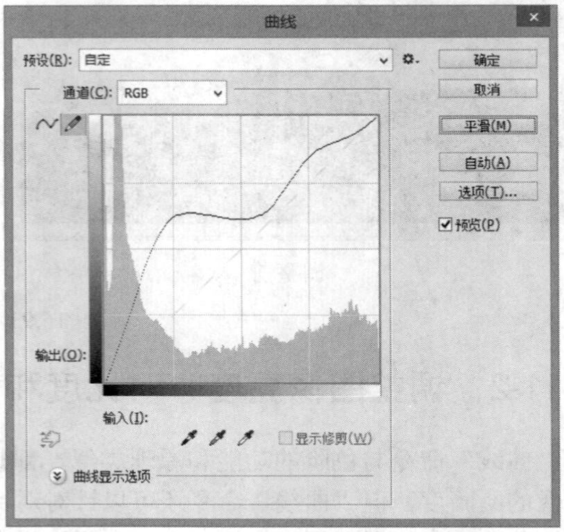

图 16.97　平滑曲线

注意：用铅笔工具所绘制的曲线不能迂回重复。因为对应每一个横坐标值，只能有一个纵坐标值。

16.11.3　色彩平衡

很多素材图像经常会出现色偏，这时就需校正色彩，“色彩平衡”就是 Photoshop 中进行色彩校正的一个重要工具，可以改变图像中的颜色组成。

提示：“色彩平衡”命令一般只用于对图像进行粗略调整，如要进行精确的调整，还要用“色阶”和“曲线”命令来实现。

【操作步骤】

第 1 步，打开素材图像。选择“图像”|“调整”|“色彩平衡”命令，打开如图 16.98 所示的“色彩平衡”对话框。

第 2 步，在“色彩平衡”对话框中选中“阴影”、“中间调”或“高光”单选按钮，着重对不同色调范围进行颜色更改。

第 3 步，在滑杆上拖动小三角形来改变颜色的组成（也可在“色阶”文本框中输入精确数值），从而调整图像的色彩。

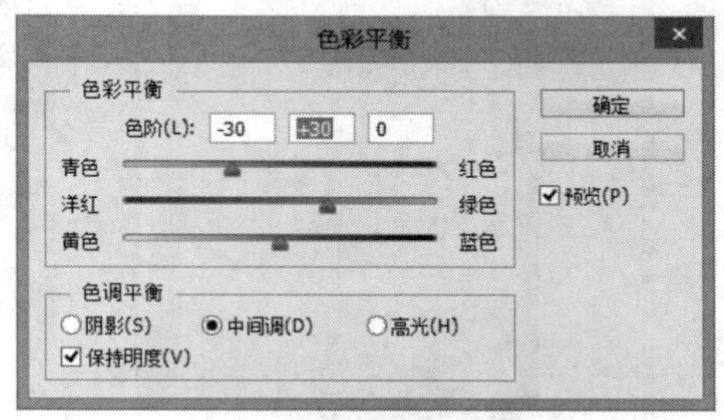

图 16.98　“色彩平衡”对话框

提示：如果要在改变颜色时保持原来图像的亮度值，则要选中“色彩平衡”对话框中的“保持明度”复选框，以防止在更改颜色时更改了图像中的亮度值，并以此保持图像中的色调平衡。

第 4 步，完成设置后，单击“确定”按钮确认，调整前后的对比效果如图 16.99 所示。

调整前

调整后

图 16.99　图像色彩平衡

16.11.4　调整亮度和对比度

使用“亮度/对比度”命令可调整图像的亮度和对比度，是对图像的色调范围进行简单调整的最便捷方法，与“色阶”和“曲线”命令不同，该命令一次性调整图像中的所有像素，包括高光、暗调和中间调。

【操作步骤】

第 1 步，选择“图像”|“调整”|“亮度/对比度”命令。

第 2 步，在弹出的“亮度/对比度”对话框中设置“亮度”和“对比度”的值（二者设置的数值范围都在-100～100 之间），如图 16.100 所示。

第 3 步，设置后单击“确定”按钮即可。

16.11.5　调整色相和饱和度

“色相/饱和度”命令主要调整整个图像或图像中单个颜色的色相和饱和度。与“色彩平衡”命令一样，该命令也是通过色彩的混合模式改变来调整色彩。

【操作步骤】

第 1 步，打开素材图像，选择“图像”|“调整”|“色相/饱和度”命令，打开如图 16.101 所示的“色相/饱和度”对话框。

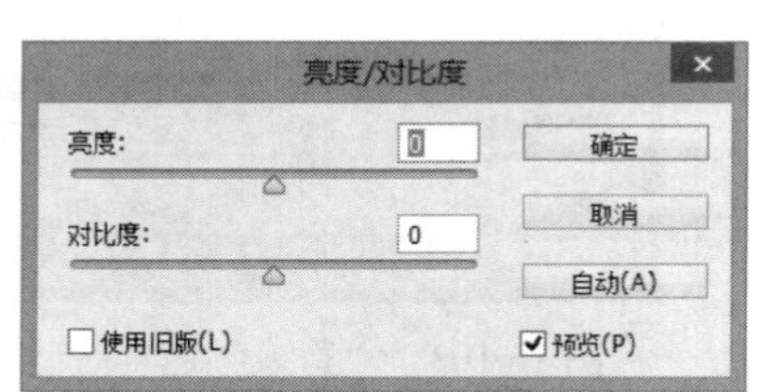

图 16.100　“亮度/对比度”对话框

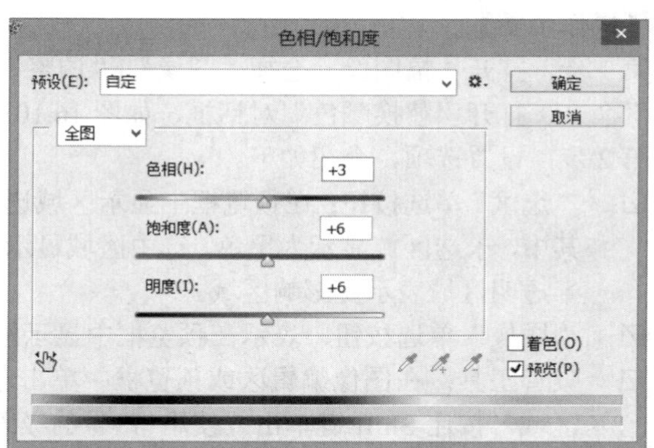

图 16.101　“色相/饱和度”对话框

第 2 步，在“色相/饱和度”对话框的“编辑”下拉列表框中选择 6 种颜色中的任何一种颜色进行调整。

提示：在“编辑”下拉列表框中，“全图”表示选择所有像素，“红色”表示选择红色像素，“洋红”表示选择洋红色像素等。

Note

第 3 步，选择要调整的像素后，通过拖动滑杆上的三角控制点改变色相、饱和度和明度来调整所选颜色像素的显示效果（如选择“红色”则只对红色起作用）。

第 4 步，完成调整后，单击“确定”按钮，效果如图 16.102 所示。

调整前

调整后

图 16.102　图像色彩平衡

提示：如果选中“着色”复选框，可使灰色图像变为单一颜色的彩色图像，或使彩色图像变为单一颜色的图像。

16.11.6　替换颜色

使用“替换颜色”命令可以很方便地在图像中针对特定颜色创建一个临时蒙版，然后替换图像中的相应颜色。该命令还可以设置颜色的色相、饱和度和明度。

【操作步骤】

第 1 步，打开一幅图像，选择“图像”|“调整”|“替换颜色”命令，打开“替换颜色”对话框，如图 16.103 所示。

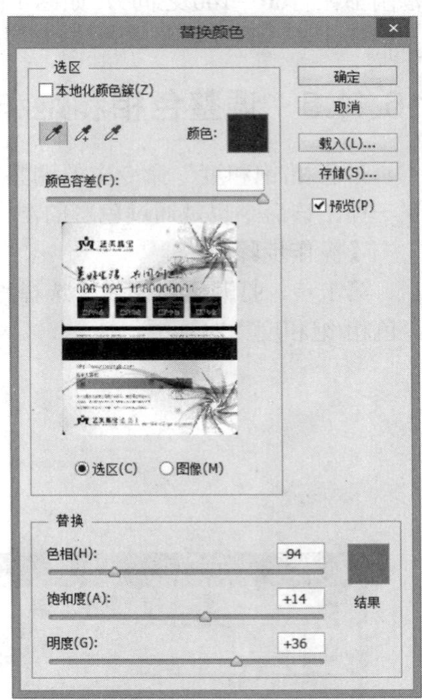

图 16.103　“替换颜色”对话框

第 2 步，设置选项，介绍如下。

☑　“选区”单选按钮：在预览框中显示区域选择情况。其中，未选区域显示为黑色，选中区域显示为白色，半透明区域表示受影响区域。

☑　“图像”单选按钮：表示在预览框中显示原图像。

☑　吸管工具：在图像编辑区或预览框中单击选择颜色区域，按住 Shift 键单击或使用带+号的吸管工具可添加要选取的区域；按住 Alt 键单击或使用带−号的

吸管按钮可以删减要选取的区域。

第 3 步，在“替换”选项组中可以拖动“色相”、“饱和度”和“明度”滑块来更改所选区域的颜色。

第 4 步，单击“确定”按钮，即可替换选定颜色。如图 16.104 所示是图像替换颜色前和替换颜色后的效果。

调整前

调整后

图 16.104 图像替换颜色

16.11.7 去色

“去色”命令能够去掉彩色图像中的所有颜色值，将其转换为相同颜色模式的灰度图像。该命令使用方法很简单，选择“图像”|“调整”|“去色”命令，系统会自动将彩色图像转换为灰度图像，无须进行设置。要创建灰度图像或黑白照片，此命令将是最好的选择。

使用图层、通道和滤镜

（视频讲解：71分钟）

图层是Photoshop中图像处理的基础，使用图层可以简化复杂的图像处理操作。一般而言，网页图像都需要经过多个操作步骤才能完成，特别是网页效果图，都由多个图层组成，并且需要对这些图层进行多次编辑后，才能得到理想的设计效果。

通道和蒙版与图层一样，都是Photoshop的重要功能，要制作有创意的图像、要成为真正的Photoshop设计高手，就不能忽视通道和蒙版。使用Photoshop滤镜可以快速设计出许多惊艳、虚幻的特殊效果，而不必进行复杂的操作。因此，在用户绘制图像时，巧妙使用滤镜能够起到画龙点睛的作用。

学习重点：

- 了解图层基本功能、面板组成和外观设置
- 掌握创建各种图层和图层组的方法
- 掌握图层的各种编辑和应用技巧
- 掌握图层的高级编辑操作，如图层旋转、翻转、链接、合并，以及图层混合等
- 了解通道和蒙版的基础知识
- 掌握通道和蒙版在网页图像设计中的应用
- 使用滤镜制作出特殊的效果

17.1　认识图层

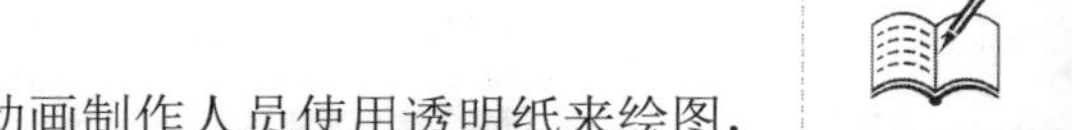

图层这个概念源自动画制作领域，为了减少不必要的工作量，动画制作人员使用透明纸来绘图，将动画中的变动部分和背景图分别画在不同的透明纸上。这样背景图就不必重复绘制了，需要时叠放在一起即可。

Photoshop 参照了用透明纸进行绘图的方法，使用图层将图像分层。用户可以将每个图层理解为一张透明的纸，将图像的各部分绘制在不同的图层上。透过这层纸，可以看到纸后面的内容，如图 17.1 所示。而且无论在这层纸上如何涂画，都不会影响到其他图层中的图像。也就是说，每个图层可以进行独立的编辑或修改。同时，Photoshop 提供了多种图层混合模式和透明度的功能，可以将两个图层的图像通过各种形式很好地融合在一起，从而产生许多特殊效果，例如，常见的建筑效果图主要就是通过图层混合技术来实现的。

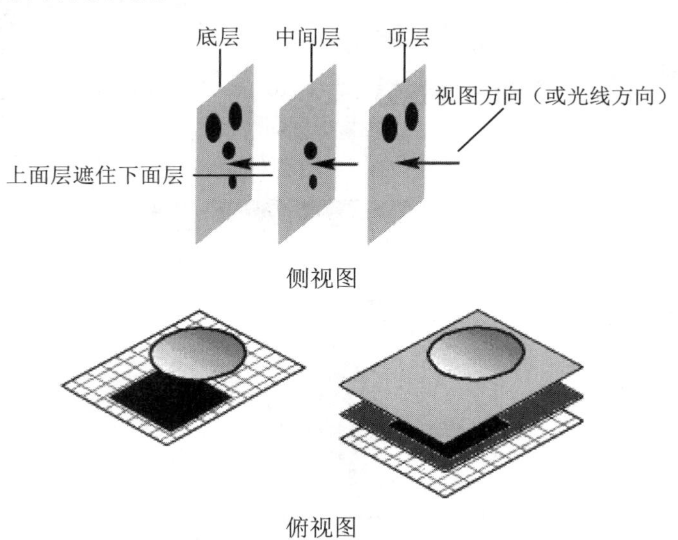

图 17.1　图层视觉和原理

“图层”面板是进行图层编辑操作时必不可少的工具，显示了当前图像的图层信息，用户从中可以调节图层叠放顺序、图层不透明度以及图层混合模式等参数。几乎所有的图层操作都可通过“图层”面板来实现。所以，要使用图层功能，首先要熟悉“图层”面板。

要显示“图层”面板，先打开图像，然后在主界面中选择“窗口”｜“图层”命令或者按 F7 键，此时出现如图 17.2 所示的“图层”面板。由图 17.2 可以看出，各个图层在面板中依次自下而上排列，并且在图像窗口也按照该顺序叠放。也就是说，在面板中最底层（即背景图层）的图像，是在图像窗口中显示在最底层的图像（即叠放在其他层的最后面），而在面板中最顶层的图像，是在图像窗口中被叠放在最前面的图像。因此，最顶层图像不会被任何层所遮盖，而最底层的图像将被其上面的图层所遮盖。

对图层进行操作时，一些较常用的控制，如新建、复制和删除图层等，可以通过图层菜单中的命令来完成。这样可以大大提高工作效率。除了可以使用“图层”菜单和“图层”面板菜单之外，还可以使用快捷菜单完成图层操作。当右击“图层”面板中的不同图层或不同位置时，会发现能够打开许

Note

多含有不同命令的快捷菜单，如图 17.3 所示。利用这些快捷菜单，可以快速、准确地完成图层操作。这些操作的功能和前面所述的“图层”菜单和“图层”面板菜单的功能是一致的。

图 17.2 “图层”面板

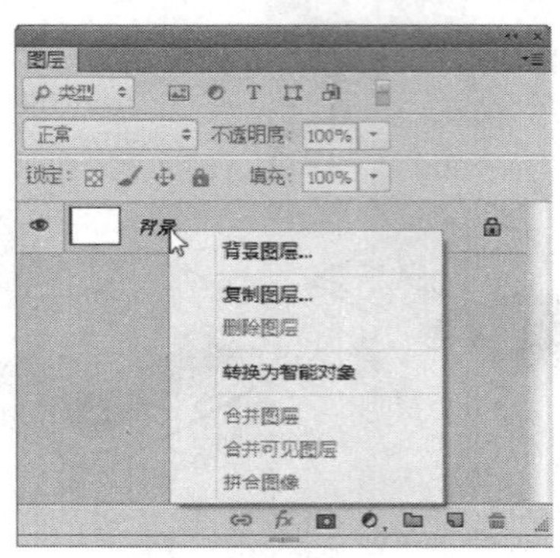

图 17.3 使用快捷菜单完成图层操作

17.2 创 建 图 层

在 Photoshop 中，图层可以分为多种类型，如文本图层、调整图层、背景图层等。不同的图层，其应用场合和实现的功能也有所差别，操作和使用方法也各不相同。下面介绍各种类型图层的创建及应用方法。

17.2.1 新建普通图层

在普通图层中，用户可以进行任何操作，不受限制，可以设置不透明度和混合模式等选项。建立普通图层的方法很简单，只要在“图层”面板上单击“创建新的图层”按钮，即可新建一个空白图层，如图 17.4 所示。

选择“图层”|“新建”|“图层”命令或者按 Shift+Ctrl+N 组合键，也可以建立新图层，此时会弹出“新建图层”对话框，如图 17.5 所示，在对话框中设置图层的名称、不透明度和颜色等参数，然后单击“确定”按钮即可。

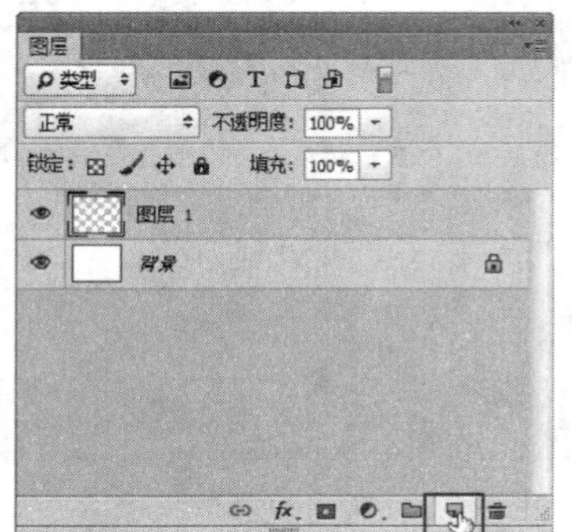

图 17.4　建立新图层

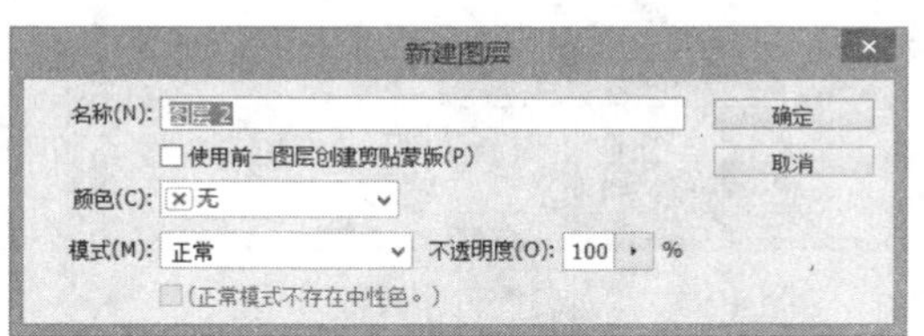

图 17.5　“新建图层”对话框

提示：用户可以更改图层名称，方法是在“图层”面板上双击要重新命名的图层，然后直接输入新名称即可，如图 17.6 所示。

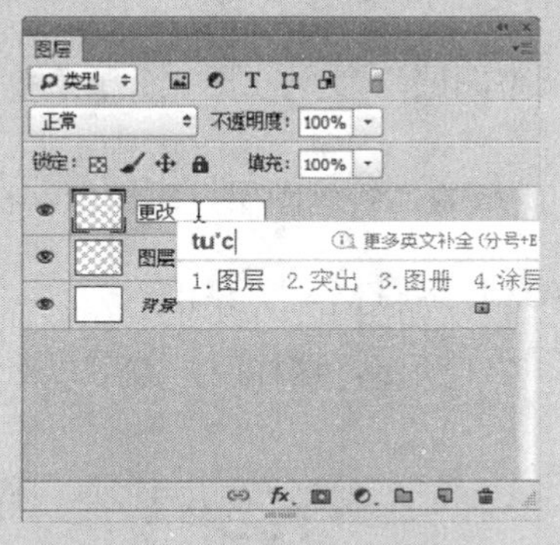

图 17.6　重命名图层

17.2.2　新建背景图层

背景图层与普通图层有很大区别，主要特点如下。

☑　背景图层以背景色为底色，并且始终被锁定。

☑　背景图层不能调整图层的不透明度、混合模式和填充颜色。

☑　背景图层始终以“背景”为名，位于“图层”面板的最底层。

☑　用户无法移动背景图层的叠放次序，无法对背景进行锁定操作。

若要创建一个有背景色的图像，请按照如下步骤操作。

【操作步骤】

第 1 步，在工具箱中选择背景颜色，例如绿色。

第 2 步，选择“文件”|“新建”命令，打开如图 17.7 所示的“新建”对话框。

第 3 步，在“背景内容”下拉列表框中选择“背景色”。

第 4 步，在“颜色模式”下拉列表框中选择“RGB 颜色”。

第 5 步，单击“确定”按钮即可建立一个背景色为绿色的新图像，如图 17.8 所示。

Note

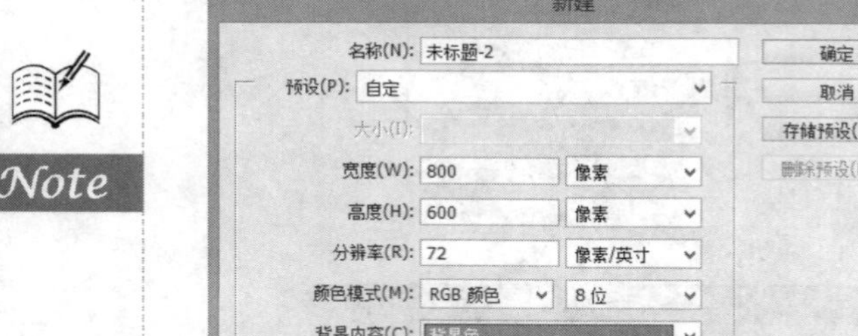

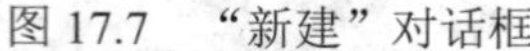

图 17.7 “新建”对话框

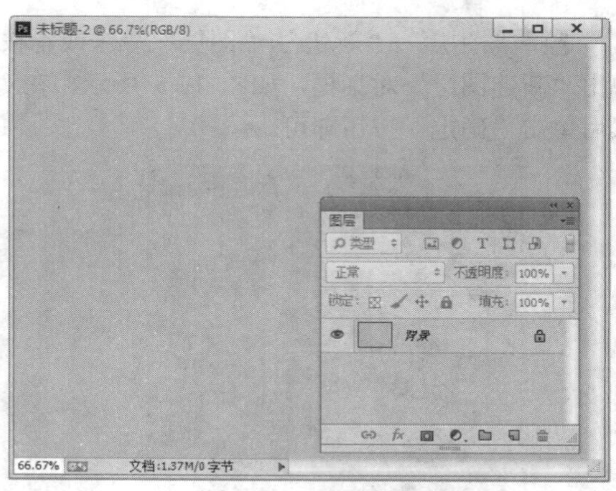

图 17.8 新建的背景图像

17.2.3 新建调整图层

调整图层是一种比较特殊的图层，主要用来控制色调和色彩的调整。

【操作步骤】

第 1 步，选择“图层”|“新调整图层”命令打开一个子菜单，在其中选择一个命令，例如，选择“曲线”命令。

第 2 步，此时将弹出如图 17.9 所示的“新建图层”对话框，在该对话框中设置图层名称、颜色、模式和不透明度，单击“确定”按钮。

第 3 步，弹出相应的“属性”面板，如图 17.10 所示，在该面板中设置相应的参数。

第 4 步，新建的调整图层如图 17.11 所示，这样用户就可以对调整图层下方的图层进行色彩和色调调整，且不会影响原图像。

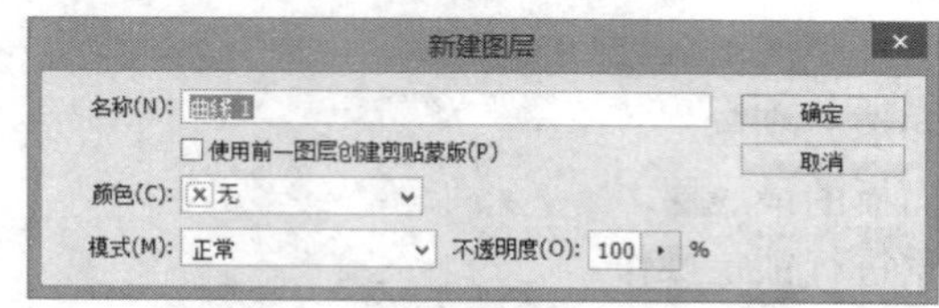

图 17.9 “新建图层”对话框

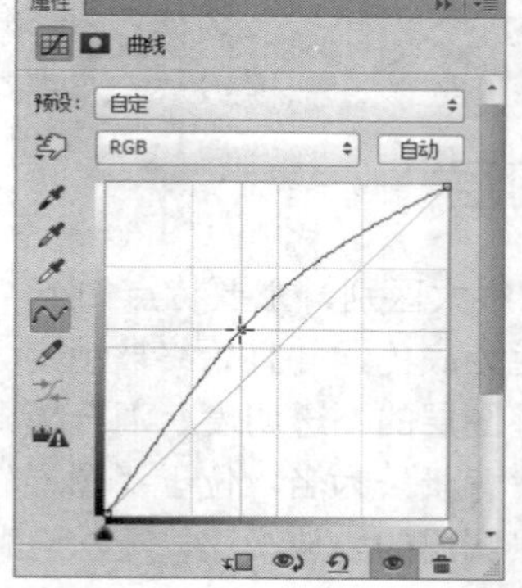

图 17.10 “属性”面板

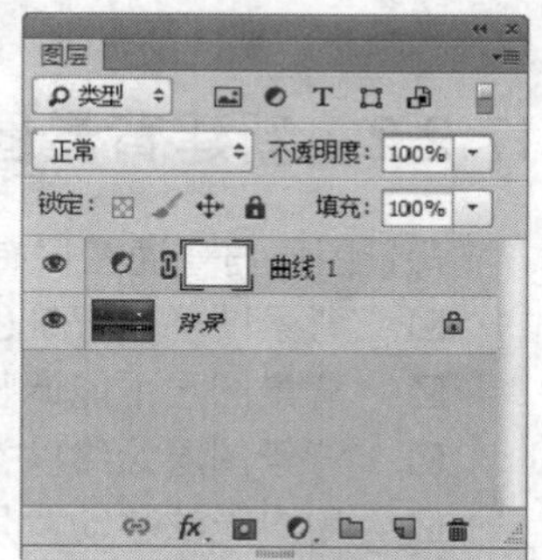

图 17.11 建立调整图层

第 5 步，对设置效果不满意时，可以重新进行调整。只要双击调整图层中的缩览图，即可重新打开相应的对话框进行设置。

> 提示：在“图层”面板底部单击“创建新的填充和调整图层”按钮，从弹出的下拉菜单中选择一个命令，即可在图像上建立一个新的调整图层，使用此方法创建图层时不会打开“新建图层”对话框。

17.2.4 新建文本图层

使用文本工具在图像中输入文字后，Photoshop 会自动建立一个文本图层，如图 17.12 所示。与普通图层不同，在文本图层上不能使用 Photoshop 的许多工具来编辑和绘图，如喷枪、画笔、铅笔、直线、图章、渐变和橡皮擦等。如果要在文本图层上应用上述工具，必须将文本图层转换为普通图层，方法有以下两种。

☑ 在“图层”面板中选中文本图层，然后选择“图层”|“栅格化”|“文字”命令。

☑ 在“图层”面板中的文本图层上右击，在弹出的快捷菜单中选择“栅格化文字”命令。

17.2.5 新建填充图层

填充图层可以在当前图层中填入一种颜色（纯色或渐变色）或图案，并结合图层蒙版的功能，从而产生一种遮盖特效。

【操作步骤】

第 1 步，打开素材图像，使用魔棒工具选择白色的背景区域，如图 17.13 所示。

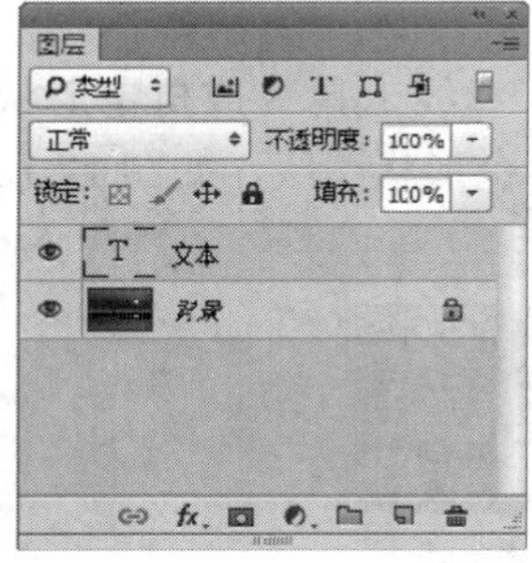

图 17.12 建立一个文本图层

图 17.13 建立文字选取范围

第 2 步，选择“图层”|“新填充图层”命令，或者在“图层”面板底部单击按钮，从弹出的下拉菜单中选择一种填充类型。

☑ 如果选择“纯色”命令，则可以在填充图层中填入一种纯色。

☑ 如果选择“渐变”命令，则可以在填充图层中填入一种渐变颜色。

☑ 如果选择“图案”命令，则可以在填充图层中填入图案。

第 3 步，选择“渐变”命令，此时会弹出一个“新建图层”对话框，在这个对话框中用户可以进行为填充的图层命名以及设置颜色等操作。

第 4 步，设置完毕后单击“确定”按钮。在打开的“渐变填充”对话框中设置渐变颜色、样式和角度等选项，如图 17.14 所示，单击“确定”按钮。

第 5 步，进行如上操作后可得到如图 17.15 所示的渐变文字效果。右侧的方框为图层蒙版缩览图。

Note

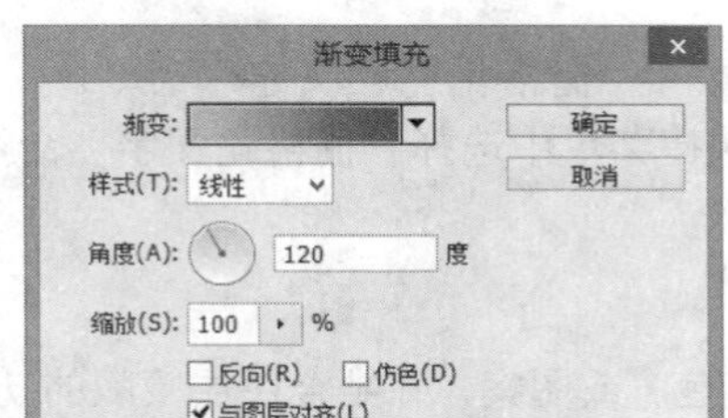

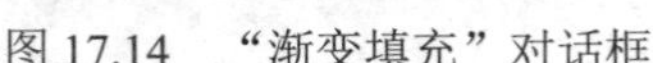

图 17.14 “渐变填充”对话框　　　图 17.15 填充渐变颜色后的文字效果

提示：在“图层”面板的填充图层中，图层左侧方框为缩览图，中间的是链接符号，出现此符号时，表示移动填充图层中的图像内容时将同时移动图层蒙版，如果单击取消显示此符号，表示移动填充图层中的图像内容时不会同时移动图层蒙版。

如果选择“图层”|“栅格化”|“填充内容”命令，可将填充图层转换成普通图层，但此后就失去反复修改的弹性。

17.2.6 新建形状图层

当使用矩形工具、圆角矩形工具、椭圆工具、多边形工具、直线工具或自定形状工具等形状工具在图像中绘制形状时，就会在“图层”面板中自动产生一个形状图层，如图 17.16 所示。

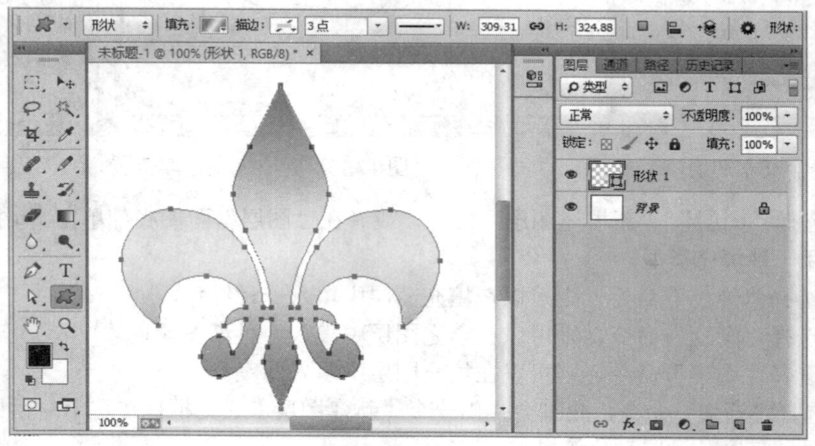

图 17.16 形状图层

形状图层与填充图层很相似，在“图层”面板中都有一个图层缩览图和一个链接符号，而在链接符号右侧则有一个剪辑路径预览缩略图。该缩略图中显示的是一个矢量式的剪辑路径，而不是图层蒙版，但也具有类似蒙版的功能，即在路径之内的区域显示图层缩览图中的颜色，而在路径之外的区

域则像是被蒙版遮盖住一样，不显示填充颜色，而显示为透明。

提示：形状图层具有可以反复修改和编辑的弹性。在“图层”面板中单击选中剪辑路径缩览图，Photoshop 就会在“路径”面板中自动选中当前路径，随后用户即可开始利用各种路径编辑工具进行编辑。与此同时，用户也可以更改形状图层中的填充颜色，只要双击图层缩览图即可打开对话框重新设置填充颜色。

注意：形状图层不能直接应用众多的 Photoshop 功能，如色调和色彩调整以及滤镜功能等，所以必须先转换成普通图层。方法是选中要转换成普通图层的形状图层，然后选择“图层”|“栅格化”|“形状”命令即可。如果选择“图层”|“栅格化”|“矢量蒙版”命令，则可将形状图层中的剪辑路径变成一个图层蒙版，从而使形状图层变成填充图层。

17.3　使用图层组

为了便于管理图层，Photoshop 提供了图层组功能，使用图层组可以创建文件夹用来放置图层内容。

17.3.1　创建图层组

新建图层组的方法有以下几种。

- ☑ 单击“图层”面板右上角的三角形按钮，在弹出的下拉菜单中选择“新建组”命令。
- ☑ 在“图层”面板上单击“创建新组”按钮，可新建一个空白图层组。
- ☑ 选择“图层”|“新建”|“从图层建立组”命令，可新建一个空白图层组。
- ☑ 如果用户已把多个图层设为链接的图层，则可以将链接的图层编为一组，方法是选择“图层”|“新建”|“从图层建立组”命令。

注意：如果要更改图层组名称，可以在“图层”面板中双击图层组名称激活该图层组，然后输入新名称即可。

17.3.2　将图层添加到图层组中

建立图层组后，用户可以直接在图层组中新建图层，方法是选中图层组，然后单击“图层”面板中的“创建新图层”按钮。

用户也可以将已有的图层编入图层组，操作方法是将鼠标指针移到要进行编组的图层上并按住鼠标左键不放，然后拖到图层组图标上即可，如图 17.17 所示。

图 17.17　将已有的图层编组

图 17.18　复制图层组

17.3.3　复制图层组

复制图层组有以下 3 种方法。

- ☑ 在“图层”面板上选定要复制的图层组，拖曳到“创建新图层”按钮上即可，如图 17.18 所示，在弹出的“复制组”对话框中设置新复制的图层组的名称，然后单击“确定”按钮即可。

☑ 单击“图层”面板右上角的三角形按钮，在弹出的下拉菜单中选择“复制图层组”命令，也可以复制图层组。

Note

17.3.4 删除图层组

删除图层组的方法与删除图层的方法类似，具体介绍如下。

☑ 在“图层”面板上，用鼠标直接把想要删除的图层组拖曳到“图层”面板下方的按钮上。

☑ 选定想要删除的图层组，单击“图层”面板下方的按钮，在弹出的警告框中单击“组和内容”按钮，确定对图层组的删除。

☑ 选定想要删除的图层组，选择“图层”|“删除”|“图层组”命令。

☑ 选定想要删除的图层组，在“图层”面板菜单中选择“删除图层组”命令。

17.4 图层基本操作

了解了图层的功能以及创建方法，下面重点介绍图层的基本编辑操作。

17.4.1 移动图层

要移动图层中图像的位置，可按如下步骤进行操作。

【操作步骤】

第 1 步，首先在“图层”面板中将要移动的图像的图层设置为当前作用层，也就是选中该层，如图 17.19 所示。

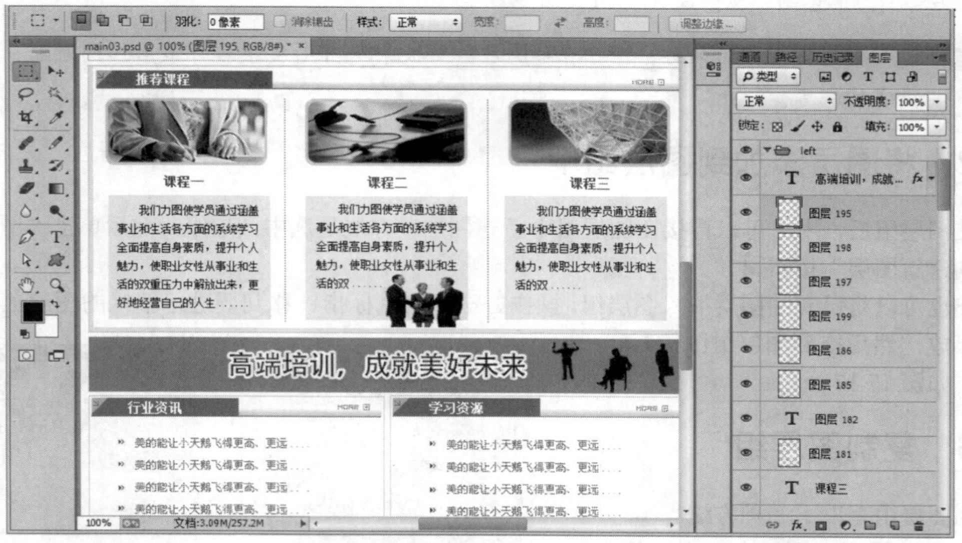

图 17.19　选中要移动图像的图层

第 2 步，在工具箱中选择移动工具，将鼠标指针指向图像文件，然后直接拖动，即可移动图层中的图像，如图 17.20 所示。

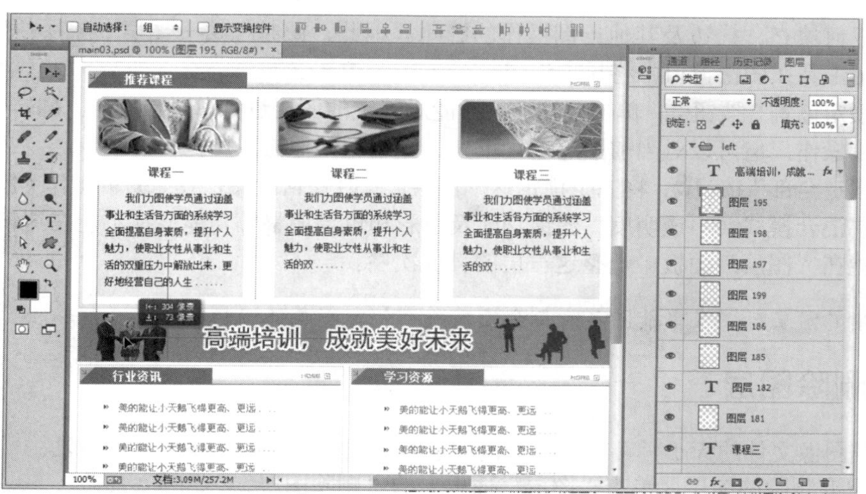

图 17.20 移动图层中的图像

提示：移动图层中的图像时，如果是要移动整个图层内容，则不需要先选取范围再进行移动，只要先将要移动的图层设为作用图层，然后用移动工具或按住 Ctrl 键拖动即可移动图像；如果是要移动图层中的某一块区域，则必须先选取范围后，再使用移动工具进行移动。

17.4.2 复制图层

复制图层是较为常用的操作，用户可以在同一图像中复制任何图层（包括背景）或任何图层组，还可以将任何图层或图层组复制到另一幅图像中。

当在同一图像中复制图层时，可以用下面介绍的方法完成复制操作。

☑ 用鼠标拖放复制：在“图层”面板中选中要复制的图层，然后将图层拖曳至“创建新图层”按钮上。

☑ 使用命令复制：先选中要复制的图层，然后选择“图层”菜单或“图层”面板菜单中的“复制图层”命令，按提示操作即可。

复制图层后，新复制的图层出现在原图层的上方，其文件名在原图层名基础上加上“副本”二字。

Photoshop 在“图层”|“新建”子菜单中提供了“通过拷贝的图层”和“通过剪切的图层”命令。使用“通过拷贝的图层”命令，可以将选取范围中的图像复制后，粘贴到新建立的图层中；而使用“通过剪切的图层”命令，则可将选取范围中的图像剪切后粘贴到新建立的图层中。

17.4.3 锁定图层

Photoshop 提供了锁定图层的功能，可以锁定某一个图层和图层组，使其在编辑图像时不受影响，从而可以给编辑图像带来方便。锁定功能主要通过“图层”面板中“锁定”选项组中的 4 个选项来控制，如图 17.21 所示，各选项功能如下。

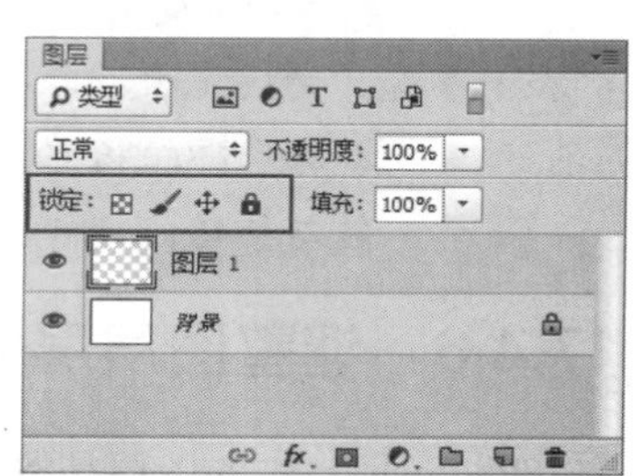

图 17.21 锁定图层内容

☑ “锁定透明像素”按钮：会将透明区域保护起来。因此在使用绘图工具绘图以及填充和描边时，只对不透明的部分（即有颜色的像素）起作用。

☑ “锁定图像像素”按钮：可以将当前图层保护起来，不

Note

受任何填充、描边及其他绘图操作的影响。因此，此时在这一图层上无法使用绘图工具，绘图工具在图像窗口中将显示为⊘。

☑ “锁定位置”按钮✥：单击此按钮，不能对锁定的图层进行移动、旋转、翻转和自由变换等编辑操作，但可以对当前图层进行填充、描边和其他绘图操作。

☑ “锁定全部”按钮🔒：将完全锁定这一图层，此时任何绘图操作、编辑操作（包括删除图像、图层混合模式、不透明度、滤镜功能及色彩和色调调整等功能）都不能在这一图层上使用，只能在“图层”面板中调整这一层的叠放次序。

提示：锁定图层后，在当前图层右侧会出现一个锁定图层的图标🔒。

17.4.4 删除图层

为了缩小图像文件的大小，可以将不用的图层或图层组删除。有以下几种方法。

☑ 选中要删除的图层，单击“图层”面板上的“删除图层”按钮🗑。

☑ 选中要删除的图层，选择“图层”面板菜单中的“删除图层”命令。

☑ 直接用鼠标拖动图层到“删除图层”按钮🗑上。

☑ 如果所选图层是隐藏的，则可以选择“图层”|“删除”|“隐藏图层”命令来删除。

17.4.5 旋转和翻转图层

如果用户要对整个图像进行旋转和翻转，可进行如下操作。

【操作步骤】

第 1 步，打开图像后，选择“图像”|“图像旋转”命令，打开子菜单。

第 2 步，执行该子菜单中的命令即可进行旋转和翻转。这些命令的功能如下。

☑ 任意角度：执行此命令可打开“旋转画布”对话框，用户可以自由设置图像旋转的角度和方向。角度在“角度”文本框中设置，方向则由“度（顺时针）”和“度（逆时针）”单选按钮决定。

☑ 180 度：执行此命令可将整个图像旋转 180°。

☑ 90 度（顺时针）：执行此命令可将整个图像顺时针旋转 90°。

☑ 90 度（逆时针）：执行此命令可将整个图像逆时针旋转 90°。

☑ 水平翻转画布：执行此命令可将整个图像水平翻转。

☑ 垂直翻转画布：执行此命令可将整个图像垂直翻转。

注意：在对整个图像进行旋转和翻转时，用户不需要事先选取范围，即使在图像中选取了范围，旋转或翻转的操作仍对整个图像起作用。

要对局部的图像进行旋转和翻转，首先应选取一个范围或选中一个图层，然后选择“编辑”|“变换”子菜单中的旋转和翻转命令。

旋转和翻转局部图像时只对当前作用图层有效。若对单个图层（除背景图层以外）进行旋转与翻转，只需将该图层设为作用图层，即可执行“编辑”|“变换”子菜单中的命令。

17.4.6 调整图层层叠顺序

Photoshop 中的图层是按层叠的方式排列的，一般来说，最底层是背景图层，然后从下到上排列

图层，排列在上面的图层将遮盖住下方的图层。

用户可以通过更改图层在列表中的次序来更改它们在图像中的层叠顺序。调整图层次序有两种方法。

1. 使用鼠标拖动

【操作步骤】

第 1 步，打开一个有多个图层的图像，接着在“图层”面板中选中要调整次序的图层和图层组，拖动图层名称在“图层”面板中上下移动。

第 2 步，当拖动至所需的位置时，松开鼠标按键即可，如图 17.22 所示。

图 17.22　更改图层的叠放次序

第 3 步，当完成图层次序调整后，图像中的显示效果也将发生改变。

2. 使用“图层”|“排列”命令

选择“图层”|“排列”命令，打开子菜单，在其中有 4 个命令可以更改图层的叠放次序，具体介绍如下。

☑ 置为顶层：选择该命令，可将选择的图层放置在所有图层的最上面，按 Shift+Ctrl+]组合键可快速执行该命令。

☑ 前移一层：选择该命令，可将选择的图层在叠放次序中上移一层，按 Ctrl+]快捷键可快速执行该命令。

☑ 后移一层：选择该命令，可将选择的图层在叠放次序中下移一层，按 Ctrl+[快捷键可快速执行该命令。

☑ 置为底层：该命令可将选择的图层放置于图像的最底层，但背景除外，按 Shift+Ctrl+[组合键可快速执行该命令。

17.5　多图层操作

在 Photoshop 中，有时需要把多个图层作为一个整体操作，如进行移动操作，这时就可以先将要移动的图层设为链接的图层，这样就可以很方便地进行移动、合并或设置图层样式等操作。

Note

17.5.1　选择多图层

选择多个图层的方法如下。

☑　选择多个连续的图层：按住 Shift 键，同时单击首尾两个图层。

☑　选择多个不连续的图层：按住 Ctrl 键，同时单击这些图层。

☑　选择所有图层：选择“选择”|“所有图层”命令，或者按 Ctrl+Alt+A 组合键。

☑　选择所有相似图层：例如，有多个文本图层时，先选中一个文本图层，然后选择“选择”|“相似图层”命令，即可选中所有的文本图层。

提示：按住 Ctrl 键单击时，不要单击图层的缩略图，而要单击图层的名称，否则就会载入图层中的选区，而不是选中该图层。

17.5.2　链接多图层

1．建立图层链接

【操作步骤】

第 1 步，在“图层”面板中选中多个图层，作为当前作用图层。

第 2 步，单击“图层”面板底部的“链接图层”按钮，即可将选中的图层链接起来。

第 3 步，这时，每个选中图层右侧就会显示一个链接图标，表示选中图层已建立链接关系，如图 17.23 所示。

第 4 步，当图层建立链接后，就可以选择工具箱中的移动工具，在图像窗口中同时移动这些图层。

第 5 步，如果要取消链接图层的链接，则只需再次单击“链接图层”按钮即可。

2．建立图层组链接

用户也可以对图层组建立链接，如图 17.24 所示，先选中多个图层组，然后单击“图层”面板底部的“链接图层”图标就可以将选中的图层组链接起来。当图层组建立链接后，当前图层组下方的图层都将被设置为链接的图层。

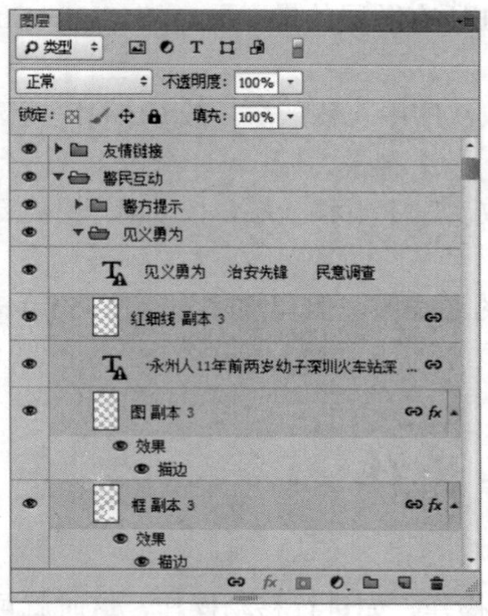

图 17.23　建立图层链接

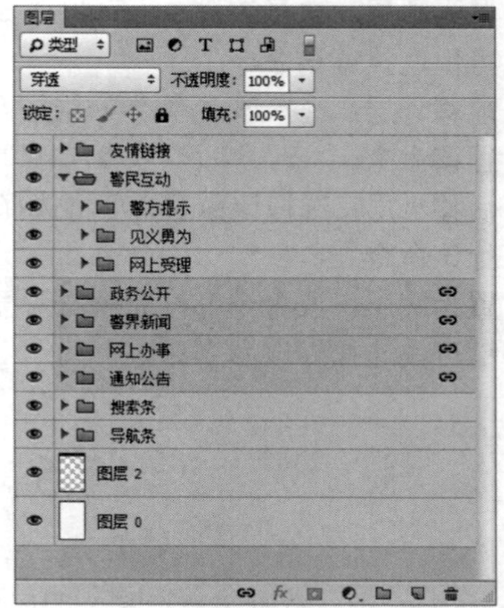

图 17.24　建立图层组链接

17.5.3 对齐图层

当选择多个图层后，选择“图层”|“对齐”命令，在其下拉菜单中选择相关命令。

- ☑ 顶边：将所有链接图层最顶端的像素与作用图层最上边的像素对齐。
- ☑ 垂直居中：将所有链接图层垂直方向的中心像素与作用图层垂直方向的中心像素对齐。
- ☑ 底边：将所有链接图层最底端的像素与作用图层最底端的像素对齐。
- ☑ 左边：将所有链接图层最左端的像素与作用图层最左端的像素对齐。
- ☑ 水平居中：将所有链接图层水平方向的中心像素与作用图层水平方向的中心像素对齐。
- ☑ 右边：将所有链接图层最右端的像素与作用图层最右端的像素对齐。

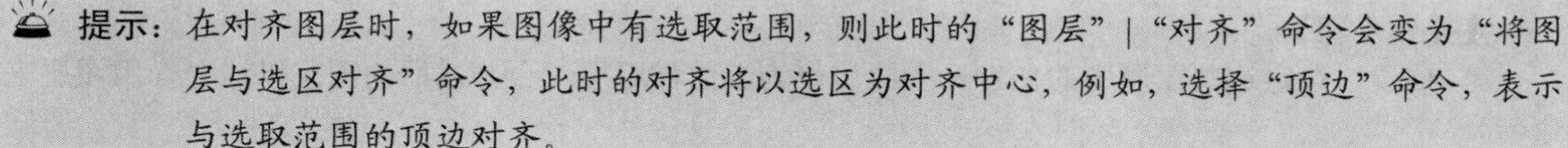

提示：在对齐图层时，如果图像中有选取范围，则此时的“图层”|“对齐”命令会变为“将图层与选区对齐”命令，此时的对齐将以选区为对齐中心，例如，选择“顶边”命令，表示与选取范围的顶边对齐。

17.5.4 分布图层

有时为了版面设置的需要，可以在 Photoshop 中分布 3 个或更多的图层。

【操作步骤】

第 1 步，选中两个或两个以上的图层。

第 2 步，选择“图层”|“分布”命令，打开分布子菜单。

第 3 步，选择子菜单中的各个命令即可分布多个链接的图层。

- ☑ 顶边：从每个图层最顶端的像素开始，均匀分布各链接图层的位置，使最顶边的像素间隔相同的距离。
- ☑ 垂直居中：从每个图层垂直居中的像素开始，均匀分布各链接图层的位置，使其垂直方向的中心像素间隔相同的距离。
- ☑ 底边：从每个图层最底端的像素开始，均匀分布各链接图层的位置，使其最底端的像素间隔相同的距离。
- ☑ 左边：从每个图层最左端的像素开始，均匀分布各链接图层的位置，使其最左端的像素间隔相同的距离。
- ☑ 水平居中：从每个图层水平居中的像素开始，均匀分布各链接图层的位置，使其水平方向的中心像素间隔相同的距离。
- ☑ 右边：从每个图层最右端的像素开始，均匀分布各链接图层的位置，使其最右端的像素间隔相同的距离。

17.5.5 向下合并图层

为了减小文件存储空间，加快计算机运行速度，有必要将一些已编辑完成又没必要再独立的图层进行合并。

图层合并有很多种方式，如果只是对相邻的两个图层进行合并，可以执行如下操作。

【操作步骤】

第 1 步，在“图层”面板中选择上方的图层。

第 2 步，在“图层”面板菜单中选择“向下合并”命令或按 Ctrl+E 快捷键，也可以选择“图层”

菜单中的“向下合并”命令进行向下合并。

第 3 步，如上操作可将当前作用图层与下一个图层合并，其他图层则保持不变，合并后图层名称将以下方的图层名称来命名。

注意：用这种方式合并图层时，一定要将当前作用图层的下一个图层设为显示状态，如果是隐藏状态，则不能进行合并。

17.5.6 合并图层和图层组

在进行图层合并操作时，如果遇到要合并不相邻的图层时，可以先将想要合并的图层选中，然后再进行合并。

【操作步骤】

第 1 步，选定这些图层中的任意一个图层作为当前作用层（合并以后的图层以这个作用图层来命名）。

第 2 步，在“图层”面板菜单中选择“合并图层”命令。

提示：如果用户在“图层”面板中选中了图层组，那么“图层”菜单和“图层”面板菜单中的“向下合并”命令将变为“合并图层组”命令，选择此命令可以将当前所选图层组合并为一个图层，合并后的图层名称以图层组名称来命名。

17.5.7 合并可见图层和图层组

合并可见的图层可将图像中所有正在显示的图层合并，而隐藏的图层则不会被合并。

在“图层”面板菜单中选择“合并可见图层”命令，或在“图层”菜单中选择“合并可见图层”命令，可以将所有当前显示的图层合并，而隐藏的图层则不会被合并，并仍然保留。

17.5.8 拼合图层

如果用户要对整个图像进行合并，可以在“图层”面板菜单中选择“拼合图层”命令，即可将所有的图层合并，使用此方法合并图层时，系统会从图像文件中删去所有的隐藏图层，并显示警告消息框，单击“确定”按钮即可完成合并。

提示：一般在未完成图像的编辑之前不要拼合图层，以免造成以后修改和调整的不便，即使要进行拼合，也应事先做一个备份再拼合。

17.5.9 图层混合

通过图层混合，可以产生许多奇特的效果。在 Photoshop 中，不但可以在图层混合时设置不透明度和模式，还可以设置图层内部不透明度，“图层”面板中“填充”列表框就是用来设置图层内部不透明度的。

一般情况下，进行图层混合使用最多的是“图层”面板中的“模式”、“不透明度”和“填充”这几个选项的功能，如图 17.25 所示。

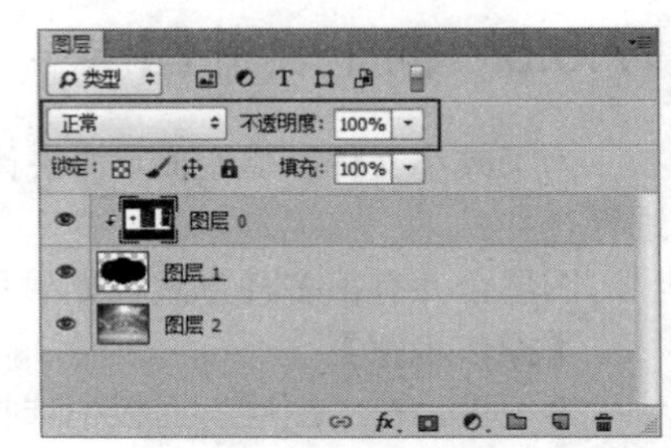

图 17.25 一般图层混合方式

通过这几项功能可以完成图像合成效果，在使用这几个选

项的功能时，需要先选中图层，然后在“图层”面板中设置各项参数即可达到图像混合的效果。

17.6　案例实战：使用图层蒙版

Note

图层蒙版相当于在当前图层上面覆盖一层玻璃片，有透明、半透明和完全不透明效果，然后用各种绘图工具在蒙版上涂色（只能涂黑白灰色），涂黑色的地方蒙版变为透明的，看不见当前图层的图像。涂白色则使涂色部分变为不透明，可看到当前图层上的图像，涂灰色使蒙版变为半透明，透明的程度由涂色的灰度深浅决定。

【操作步骤】

第 1 步，打开一个图像文件，如图 17.26 所示，使用魔棒工具选择黑色的背景。

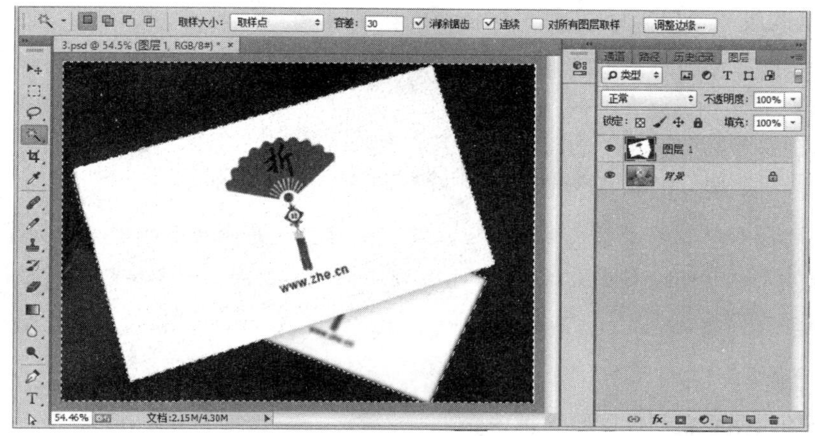

图 17.26　选择背景区域

第 2 步，选择“选择”|“反向”命令，反向选择选区。

第 3 步，在“图层”面板上单击“添加图层蒙版”按钮或者选择“图层”|“图层蒙版”|“显示选择”命令。

第 4 步，此时，将出现如图 17.27 所示的效果。

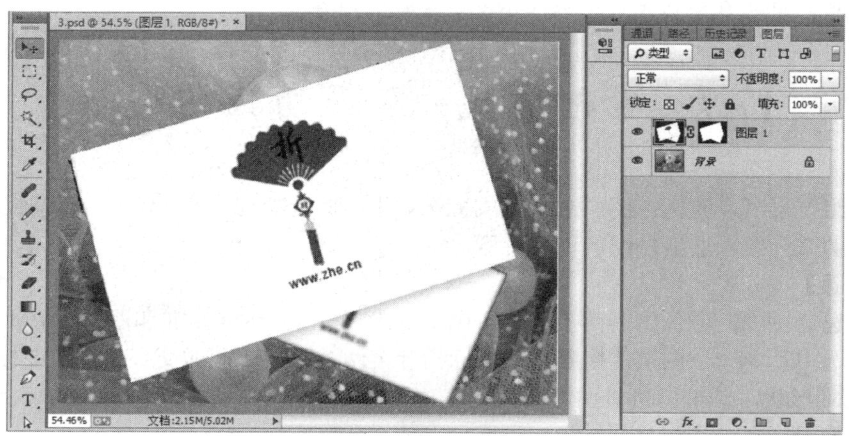

图 17.27　产生图层蒙版后的图像

从图 17.27 中可以看出，选取范围之外的区域已被遮盖，而在“图层”面板的当前图层缩览图右侧，则出现一个图层蒙版缩览图，其中黑色区域将遮盖住当前图层中的图像，白色的区域则透出原图层中的图像内容。

Note

提示：图层蒙版的作用是将选取范围之外的区域隐藏并遮盖起来，仅显示蒙版轮廓的范围。在图层缩览图和图层蒙版缩览图中间有一个链接符号，该符号用于链接图层中图像和图层蒙版。当有此符号出现时，可以同时移动图层中图像与图层蒙版；若无此符号，则只能移动其中之一。单击此链接符号，可以进行显示或隐藏。

【拓展】单击图层蒙版缩览图可以选中图层蒙版，表示用户对图层蒙版进行编辑操作，所有操作将只对图层蒙版起作用，而不会影响图像内容；单击图层预览缩览图则可以选中图层内容，表示用户可以对当前图层中的图像进行编辑操作，而不会影响图层蒙版内容。可以对图层蒙版进行以下操作。

1. 删除图层蒙版

当用户不需要图层蒙版时，可以将其删除。

【操作步骤】

第 1 步，选中要删除图层蒙版的图层。

第 2 步，选择“图层”|“图层蒙版”|“删除”命令。

提示：将鼠标指针移到图层蒙版缩览图上，按住鼠标左键并拖动至“图层”面板的“删除图层”按钮上也可删除图层蒙版，但使用此方法删除时会弹出一个提示对话框，单击“不应用”按钮即可删除。

2. 显示和隐藏蒙版

用户可以将图层蒙版关闭或隐藏图像内容。

☑ 关闭蒙版。选中建有图层蒙版的图层，再选择“图层”|“图层蒙版”|“禁用”命令，或按住 Shift 键单击图层蒙版缩览图即可。这样，图层蒙版将被关闭，而只显示图像内容。关闭蒙版时，在蒙版缩览图上将显示红色的×号。要显示蒙版时，可重新按住 Shift 键单击图层蒙版的图层缩览图。

☑ 关闭图像内容。选中建有图层蒙版的图层，然后在“图层”面板中按住 Alt 键单击图层蒙版缩览图，即可在图像窗口中只显示图层蒙版的内容。

17.7 案例实战：使用剪贴组图层

使用剪贴组图层可以在两个图层之间合成特殊效果，此功能与 17.6 节介绍的蒙版功能类似。下面通过一个案例来介绍图层剪贴组的使用过程。

【操作步骤】

第 1 步，建立图像，图像中有两个图层，图层的效果分别如图 17.28 和图 17.29 所示。

第 2 步，选中其中一个图层，接着移动鼠标指针至两个图层中间的交界线上，并按下 Alt 键，此时光标显示为形状，单击即可将两个图层建立剪贴组。用户也可以在选中图层后，选择“图层”|“与前一图层编组”命令来建立剪贴组。

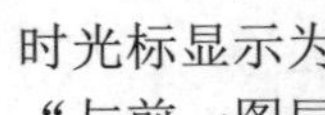

图 17.28　图层 1 中的图像效果

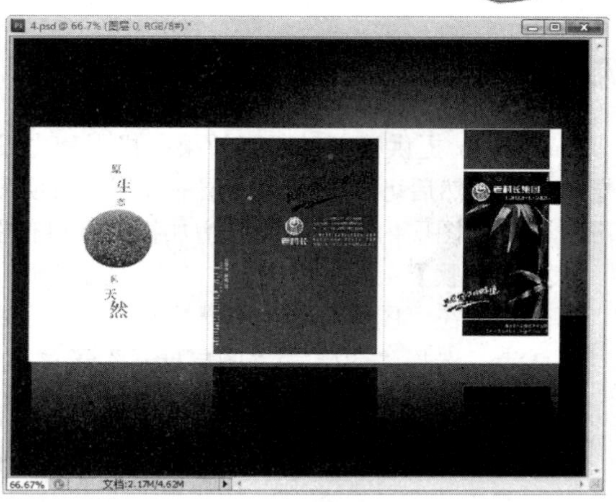

图 17.29　图层 0 中的图像效果

第 3 步，执行上面操作即可建立剪贴组，如图 17.30 所示是建立剪贴组图层后的图像效果，可以看到，在“图层”面板中被编组的图层上有一个向下的箭头，此箭头表示这是一个剪辑编组的图层。建立剪贴组后，底层透明部分的内容将遮盖住上一图层中的内容，而只显示出底层不透明部分的内容。

图 17.30　建立剪贴组图层后的效果

提示：如果要取消剪贴组图层，只要按住 Alt 键，在剪贴组图层的两个图层之间单击，或者选中要取消剪贴组图层的图层，选择“图层”|“释放裁切蒙版”命令。

17.8　添加图层特效

使用图层样式，可以设计很多特效，且图层样式可反复修改。图层样式主要通过“图层样式”对话框来选择和控制。有 3 种方式可以显示图层样式调板，一种是执行“图层”|“图层样式”子菜单下的各种样式命令；一种是单击“图层”面板下方的样式按钮，从弹出的下拉菜单中选择相应命令；另一种是双击“图层”面板中普通图层的图层缩览图。

Note

17.8.1　案例实战：制作阴影效果

Photoshop 提供了两种阴影效果：投影和内投影。使用投影可在当前图层下面添加一个类似当前图层的新层，然后可以设置新图层的模式、透明度和角度等各种参数，从而达到所需的效果；使用内投影时，将在图层内图像的边缘增加投影，可使图像产生立体感和凹陷感。

【操作步骤】

第 1 步，在“图层”面板中选中要设置图层样式的图层。

第 2 步，选择“图层”|“图层样式”子菜单中的“投影”或“内阴影”命令。

第 3 步，打开“图层样式”对话框，如图 17.31 所示。

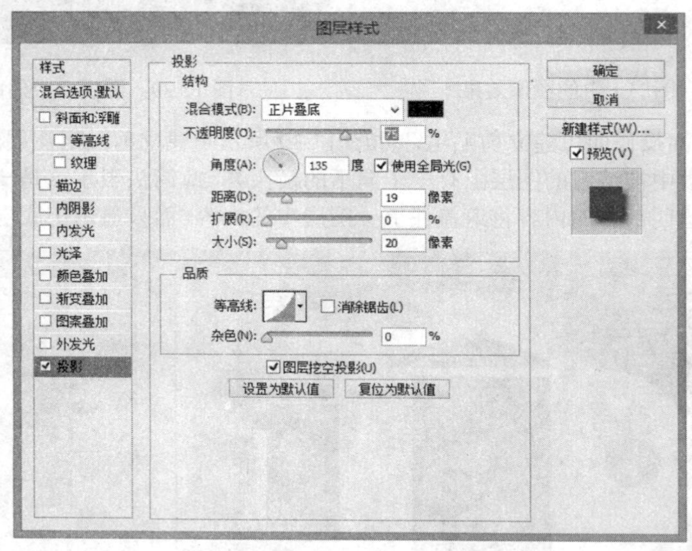

图 17.31　“图层样式”对话框

第 4 步，在对话框左侧的“样式”列表框中选中“投影”或“内阴影”复选框，如图 17.31 所示。

第 5 步，设置上述各选项后，单击“确定”按钮即可产生投影或内阴影的效果，如图 17.32 所示。一旦建立图层样式，在“图层”面板中将出现一个 按钮。

图 17.32　设置投影效果

提示：在打开“图层样式”对话框时，如果按住 Alt 键，则“取消”按钮变为“复位”按钮，单击此按钮可以将对话框中的参数恢复至刚打开对话框时的设置。

17.8.2　案例实战：制作发光效果

发光效果在视觉上比阴影效果更具有计算机色彩，其制作方法也很简单，如图 17.33 和图 17.34 所示为外发光和内发光的效果。

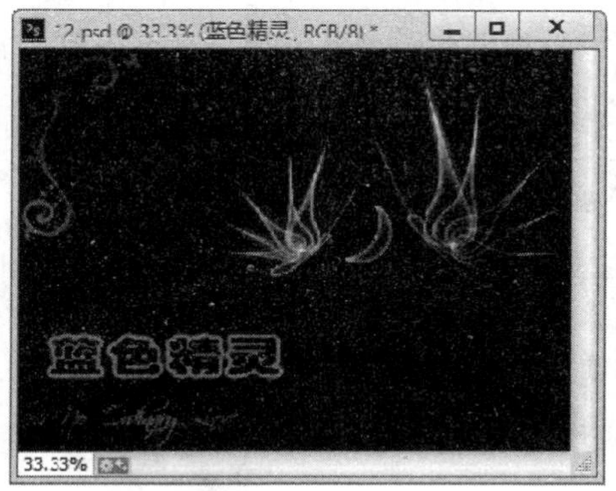

图 17.33　外发光效果

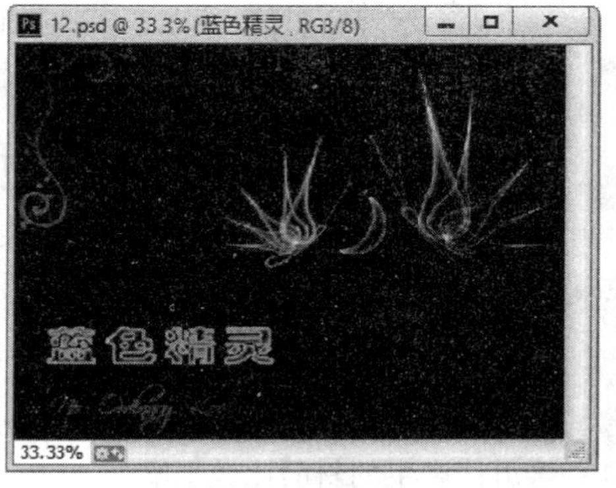

图 17.34　内发光效果

操作方法：选中图层后，选择“图层”|“图层样式”子菜单中的“外发光”和“内发光”命令，打开“图层样式”对话框，在该对话框中设置发光效果的各项参数。

在制作发光效果时，如果发光物体或文字的颜色较深，那么发光颜色就应选择较为明亮的颜色。反之，如果发光物体或文字的颜色较浅，则发光颜色必须选择偏暗的颜色。总之，发光物体的颜色与发光颜色需要有一个较强的反差，才能突出发光的效果。

17.8.3　案例实战：制作斜面和浮雕效果

使用斜面和浮雕效果容易制作出具有立体感的文字和图像。在制作网页图像时，这两种效果的应用是非常普遍的。

【操作步骤】

第 1 步，选择要应用图层样式的图层。

第 2 步，选择“图层”|“图层样式”|“斜面和浮雕”命令，打开“图层样式”对话框，如图 17.35 所示。

第 3 步，在“图层样式”对话框左侧选中“斜面和浮雕”复选框，接着在右侧的“结构”选项组的“样式”下拉列表框中选择一种图层效果。

☑　外斜面：可以在图层内容的外部边缘产生一种斜面的光线照明效果。此效果类似于投影效果，只不过在图像两侧都有光线照明效果而已。

☑　内斜面：可以在图层内容的内部边缘产生一种斜面的光线照明效果。此效果与内投影效果非常相似。

☑　浮雕效果：创建图层内容相对于其下面的图层凸出的效果。

☑　枕状浮雕：创建图层内容的边缘陷进下面图层的效果。

☑　描边浮雕：创建边缘浮雕效果。

Note

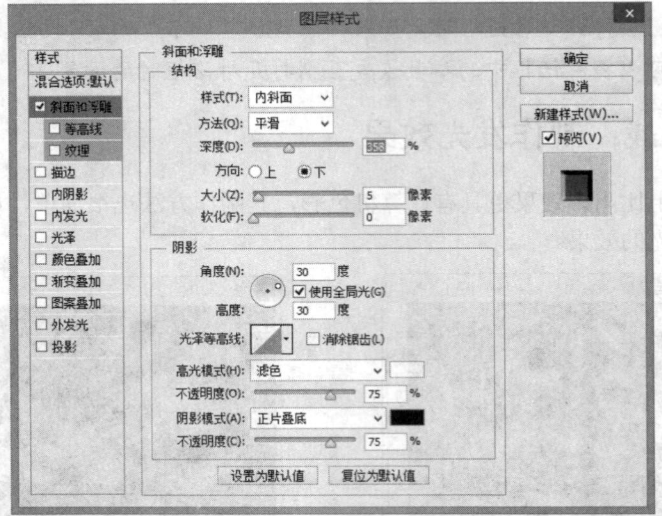

图 17.35　斜面和浮雕参数设置

第 4 步，在“方法”下拉列表框中选择一种斜面表现方式。

☑　平滑：产生的斜面比较平滑。

☑　雕刻清晰：产生一个较生硬的平面效果。

☑　雕刻柔和：产生一个柔和的平面效果。

第 5 步，设置斜面的“深度”、“大小”和“软化”选项，以及斜面的亮部是在图层上还是在图层下，默认设置为上。

第 6 步，在“阴影”选项组中设置阴影的“角度”、“高度”和“光泽等高线”，以及“高光模式”及“不透明度”，“阴影模式”及“不透明度”。

第 7 步，设置完毕，单击“确定”按钮即可制作出斜面和浮雕效果。如图 17.36 所示为浮雕效果。

图 17.36　浮雕效果

还可以为斜面和浮雕的效果添加底纹图案和轮廓，以产生更多的效果变化。只要在对话框左侧选中“等高线”和“纹理”复选框，再在其右侧设置相关选项即可。

除了上面介绍的阴影、发光、斜面和浮雕效果之外，Photoshop 还有其他几种图层效果，其功能如下。

☑　光泽：用于在当前图层上添加单一色彩，并在边缘部分产生柔和的绸缎光泽效果，还可创

建有类似金属表面光泽的外观，并在遮蔽斜面或浮雕后应用。

☑ 颜色叠加：可以在图层内容上填充一种纯色。此图层效果与使用“填充”命令填充前景色的功能相同，与建立一个纯色的填充图层类似，只不过颜色叠加图层效果比上述两种方法更方便，因为可以随便更改已填充的颜色。

☑ 渐变叠加：可以在图层内容上填充一种渐变颜色。此图层效果与在图层中填充渐变颜色的功能相同，与创建渐变填充图层的功能相似。

☑ 图案叠加：可以在图层内容上填充一种图案。此图层效果与使用“填充”命令填充图案的功能相同，与创建图案填充图层功能相似。

☑ 描边：此图层样式会在图层内容边缘产生一种描边的效果。

17.8.4　案例实战：应用样式

Photoshop 提供了很多设计好的图层特效，这些特效被放置在“样式”面板中。同时，通过“样式”面板，用户可制作出特殊效果，也可以直接应用和保存已经设置好的图层样式，管理图层样式，以及创建新的图层样式。

选择“窗口”|“样式”命令可显示“样式”面板，如图 17.37 所示。使用“样式”面板可以方便地应用、新建和保存图层样式。

【操作步骤】

第 1 步，打开一幅图像，然后在图像中输入文字。

第 2 步，确保选中要应用样式的图层。

第 3 步，移动鼠标指针至样式面板中，单击要应用的样式，例如，这里单击“雕刻天空”样式，即可看到应用的图层特效，效果如图 17.38 所示。

图 17.37　“样式”面板

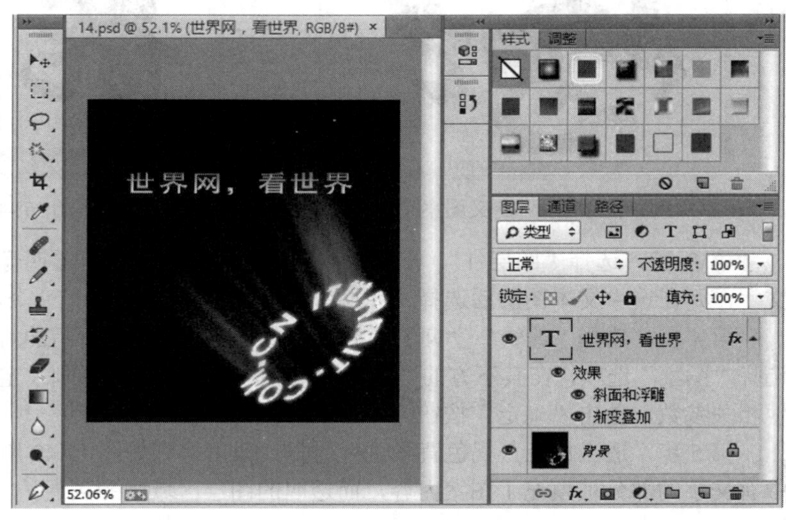

图 17.38　应用图层样式效果

提示：在“样式”面板中按住样式预览缩略图，然后拖动至“图层”面板的指定图层上或图像窗口中，也可应用样式到图层中。将某一个新样式应用到一个已应用了样式的图层中时，新样式中的效果将替代原有样式中的效果。而如果按下 Shift 键将新样式拖动至已应用了样式的图层中，则可将新样式中的效果添加到图层中，并保留原有样式的效果。

17.9 案例实战：图层综合应用

Note

本节将通过图层功能设计多个案例，以实战方式练习图层操作。

17.9.1 制作图案文字

本节将结合 Photoshop 的文本图层、填充、图案和锁定的功能制作一个图案文字。

【操作步骤】

第 1 步，先打开一个用作图案的图像（用户可以自定义一个图像），如果图案图像太大，则选择“图像”|“图像大小”命令，缩小图像，如图 17.39 所示，然后选择“编辑”|“定义图案”命令，打开对话框设置图案名称，单击“确定”按钮定义一个图案。

第 2 步，打开包含龙字的图像，使用魔棒工具抠出“龙”字，然后使用白色填充背景图层，效果如图 17.40 所示。读者也可以使用文字工具T直接输入“龙”字。

图 17.39 定义图案

图 17.40 输入文字

第 3 步，选择“图层 1”，在“图层”面板中单击“锁定透明像素”按钮。如果是直接输入的文字，则在选中文本图层后选择“图层”|“栅格化”|“文字”命令，将文本图层栅格化。

第 4 步，选择“编辑”|“填充”命令，打开如图 17.41 所示的对话框，在“使用”下拉列表框中选择“图案”选项，在其下方的“自定图案”下拉面板中选择刚才定义的图案，并在对话框中设置其他相关参数，单击“确定”按钮。

第 5 步，适当加上黄褐色背景进行衬托，即可得到如图 17.42 所示的文字效果，即原来文本图层中有文字的部分被填充了图案内容，而透明的图层区域则受到保护不会被填充，仍显示为透明。

17.9.2 制作倒影文字

本节将通过制作文字的倒影，练习图层和图像旋转和翻转的功能。

【操作步骤】

第 1 步，打开一幅背景图像，然后在图像中输入文字“老村长”，如图 17.43 所示，并调整文字图层到合适的位置。

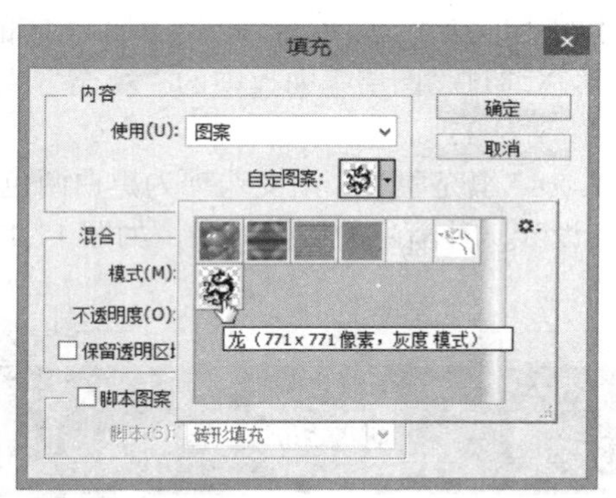

图 17.41　定义图案

图 17.42　创建后的图案文字

第 2 步，在“图层”面板中单击“创建新图层”按钮创建一个新图层，如图 17.44 所示。选中新建的图层，然后按下 Ctrl 键单击文本图层，载入文字选取范围。

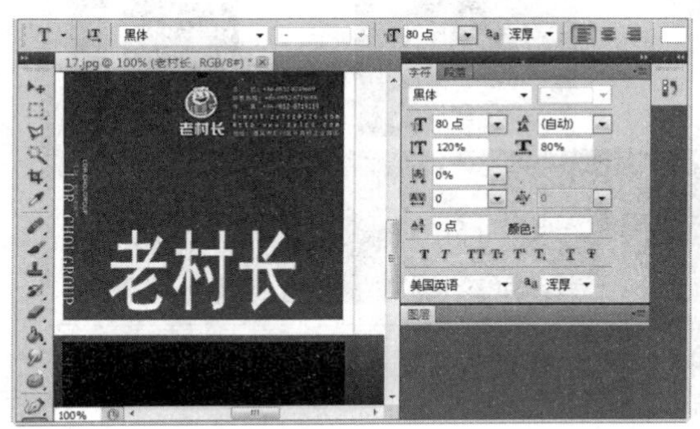

图 17.43　在新图像中输入文字

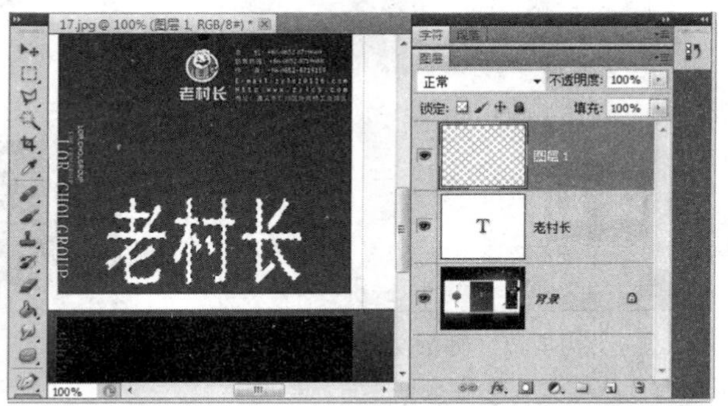

图 17.44　载入文本图层中的选取范围

第 3 步，按 Alt+Delete 快捷键填充前景色，前景色为白色。

第 4 步，按 Ctrl+T 快捷键对图层中的图像进行自由变换，此时显示一个定界框，移动鼠标指针到定界框中心点上，按下鼠标左键并将其拖曳到定界框下边的中心点上，如图 17.45 所示。

第 5 步，选择“编辑”|“变换”|“垂直翻转”命令，对图像进行垂直翻转，再在定界框中右击，适当向下移动位置，并在弹出的快捷菜单中依次选择“缩放”和“斜切”命令，将图像变形为如图 17.46 所示的效果。

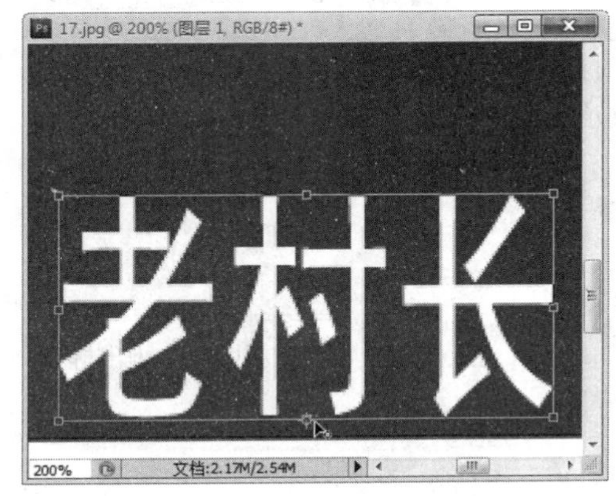

图 17.45　拖动中心点位置

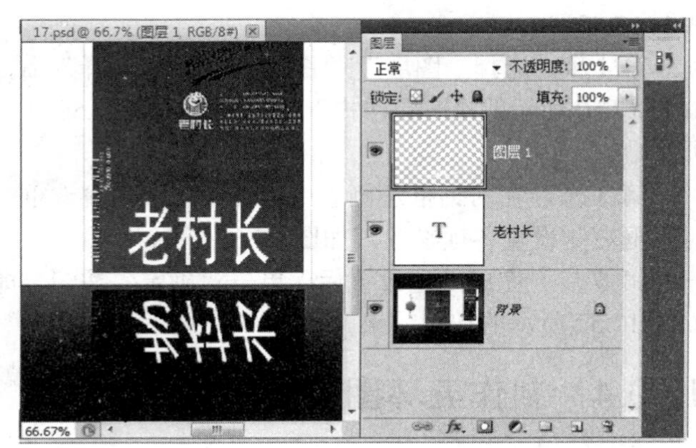

图 17.46　对文字变形

Note

第 6 步，在定界框内双击或者按下 Enter 键确认刚才的变形操作，即可得到一个倒影文字的效果，由于倒影的颜色与原文字的颜色相同，效果不太理想，可以通过"图层"面板中的"填充"或"不透明度"下拉列表框进行图层混合，例如，将"不透明度"改为 25%。

第 7 步，为"图层 1"添加图层蒙版，并使用渐变工具填充蒙版，渐变选项为黑白两色的线性渐变，然后按住 Shift 键，从下往上拉出一个渐变填充，设计一种渐隐的倒影效果，如图 17.47 所示，最后可以得到如图 17.48 所示的效果。

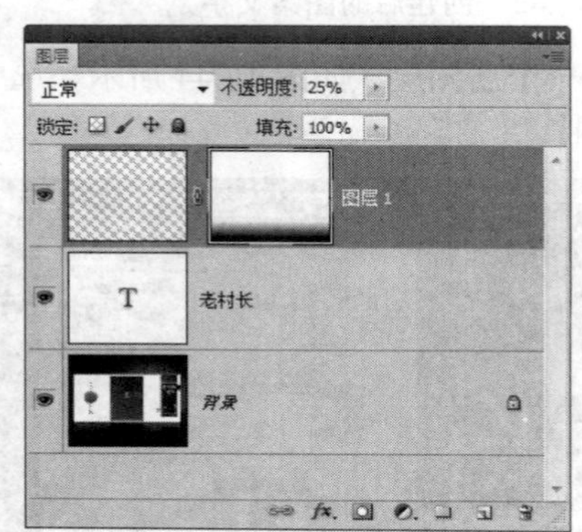

图 17.47　倒影文字效果

图 17.48　将不透明度设为 50%后的效果

17.9.3　制作立体按钮

本节将通过制作一个立体按钮，练习"光泽"和"图案叠加"图层样式的使用技巧。

【操作步骤】

第 1 步，建立一个 RGB 模式的空白图像，大小和分辨率可以自己定义。

第 2 步，在"图层"面板中单击"创建新图层"按钮新建一个图层，并选中新图层。

第 3 步，用椭圆选框工具在图像中拉出一个椭圆形选取框，然后选择"编辑"|"填充"命令将选区填充颜色。填充颜色后，按 Ctrl+D 快捷键取消范围，效果如图 17.49 所示。

第 4 步，选择"图层"|"图层样式"|"光泽"命令，打开如图 17.50 所示的"图层样式"对话框，按图 17.50 所示设定各项参数。

第 5 步，在对话框左侧选中"图案叠加"复选框，然后在对话框右侧设置各项参数，如图 17.51 所示。

第 6 步，完成上述设置后，单击"确定"按钮，即可得到如图 17.52 所示的按钮效果。

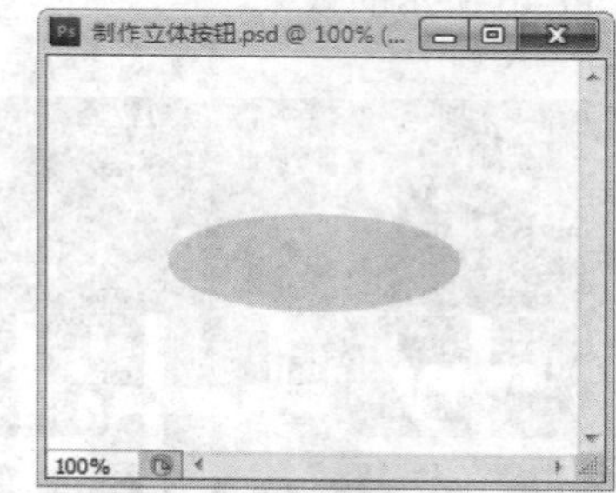

图 17.49　在新图层中画出椭圆

17.9.4　制作五环图案

本节将学习制作一个环环相扣的图像，来说明调整图层次序的技巧。

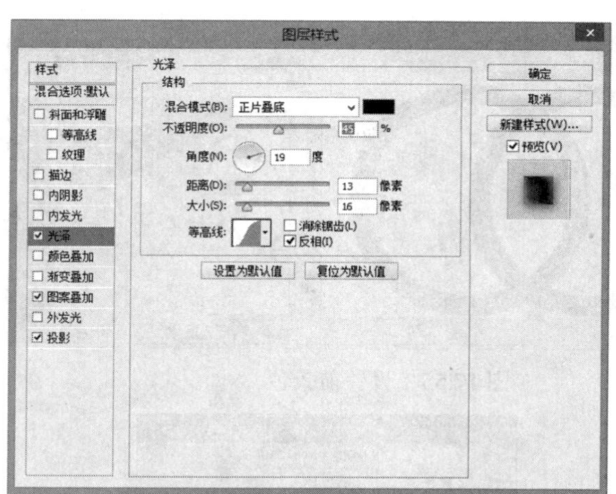

图 17.50　设置光泽效果

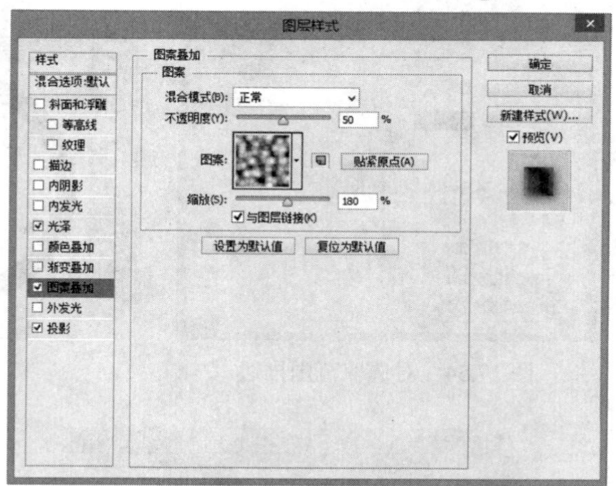

图 17.51　设置图案叠加效果

【操作步骤】

第 1 步，新建一幅 RGB 模式的图像，单击“图层”面板中的“创建新图层”按钮创建一个新图层，再用椭圆选框工具在图像中选取一个圆形范围，如图 17.53 所示。

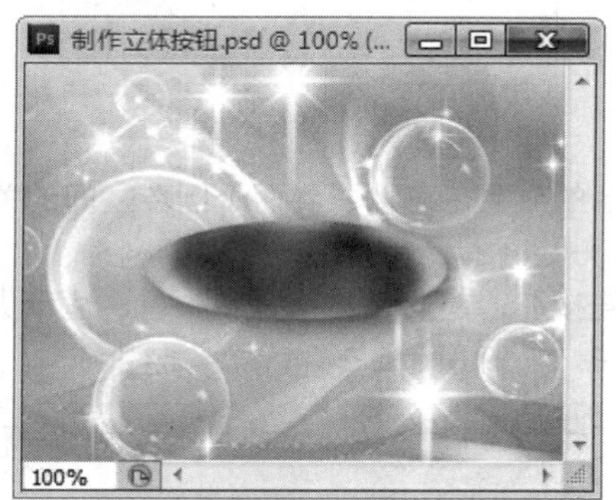

图 17.52　最终按钮效果

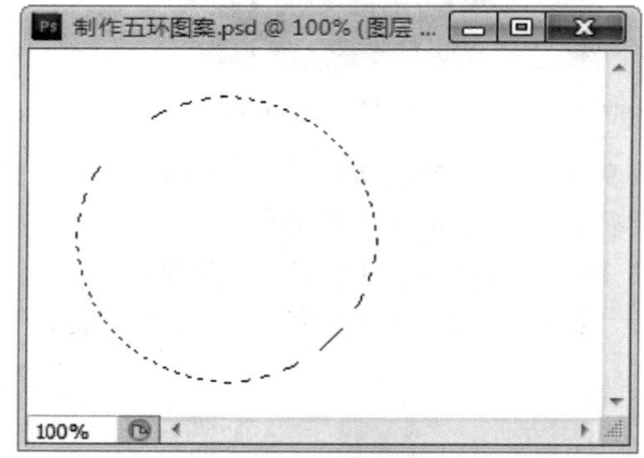

图 17.53　选取圆形范围

第 2 步，选择“编辑”|“描边”命令，打开“描边”对话框，如图 17.54 所示，设置“宽度”为“16 像素”，“颜色”为蓝色，“位置”为“居中”，单击“确定”按钮。

第 3 步，按 Ctrl+D 快捷键取消选取范围，在“图层”面板中拖动“图层 1”到“创建新图层”按钮上复制图层。

第 4 步，出现“图层 1 副本”图层，接着选择移动工具，在图像窗口将新复制的图像移到窗口右侧，接着选中“图层 1 副本”图层，并单击“图层”面板中的“锁定透明像素”按钮。

第 5 步，设置前景色为红色，接着按 Alt+Delete 快捷键填充圆环颜色，此时圆环变成红色，如图 17.55 所示。

第 6 步，选择矩形选框工具，在图像窗口中的红色圆环上选取半个圆环，如图 17.56 所示。

第 7 步，在选取范围中右击，从弹出的快捷菜单中选择“通过剪切的图层”命令。也可以在选取范围后，选择“图层”|“新建”|“通过剪切的图层”命令或按 Shift+Ctrl+J 组合键。

第 8 步，此时，在“图层”面板中将出现一个新图层，如图 17.57 所示，调整剪切后新增图层的图层次序，在图层上按住鼠标左键拖动至指定位置即可。

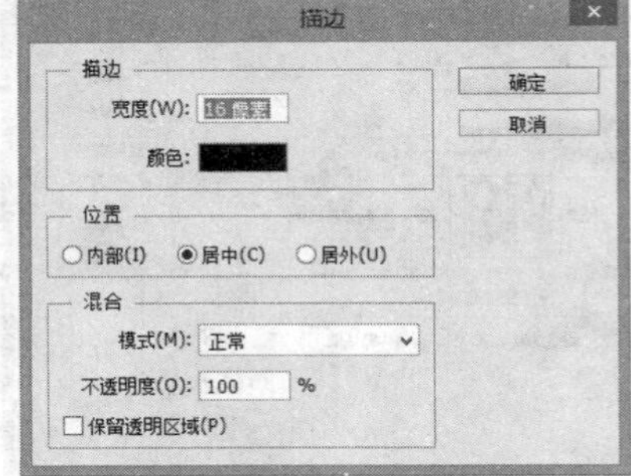

图 17.54　对选取范围描边

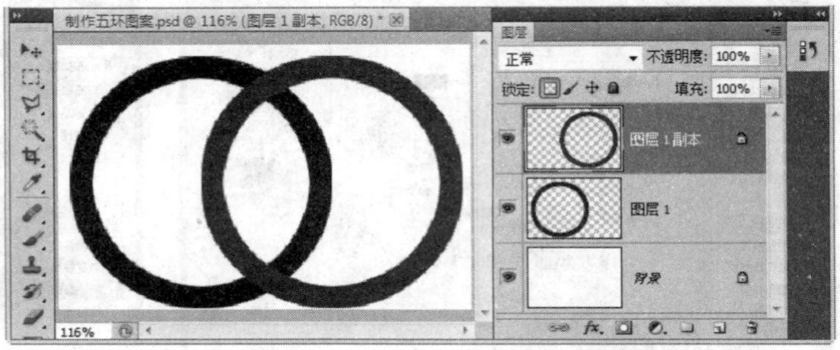

图 17.55　设置前景色

图 17.56　选取范围

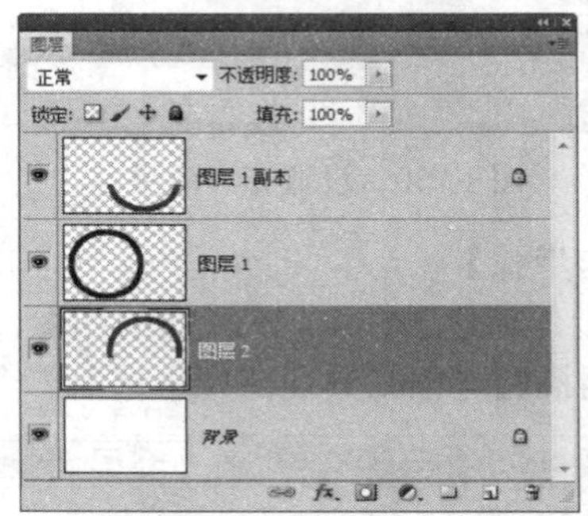

图 17.57　调整图层次序

第 9 步，调整图层次序后，即可得到如图 17.58 所示的效果。可以看到两个圆环之间的关系已不再是层叠关系，而是环环相套的关系。

第 10 步，以同样的方式设计其他圆环，并把它们连接在一起，调整位置和颜色，适当进行装饰性设计，如镶嵌图像、添加图层样式等，最后的效果如图 17.59 所示。

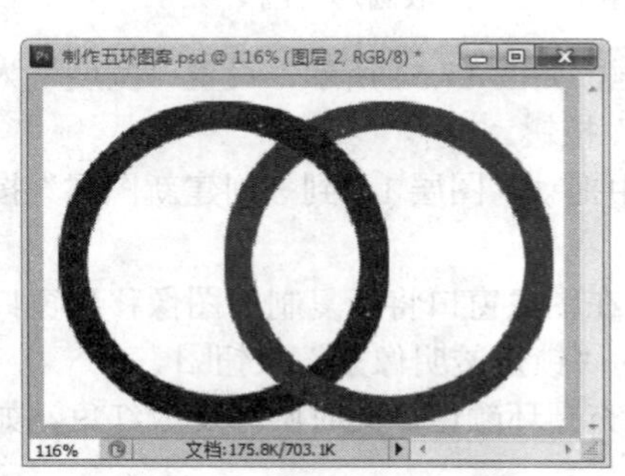

图 17.58　完成后的效果

图 17.59　设计的五环图案效果

17.10　使 用 通 道

“通道”面板是比较常用的面板，在完成作品的过程中常常会用到此面板。通道显示了图像的大

量信息，是文档的组成部分。

17.10.1　认识通道

选择“窗口”|“通道”命令，可以显示“通道”面板，如图 17.60 所示。通过该面板，可以完成所有的通道操作，如建立新通道，删除、复制、合并以及拆分通道等。首先熟悉一下该面板的组成。

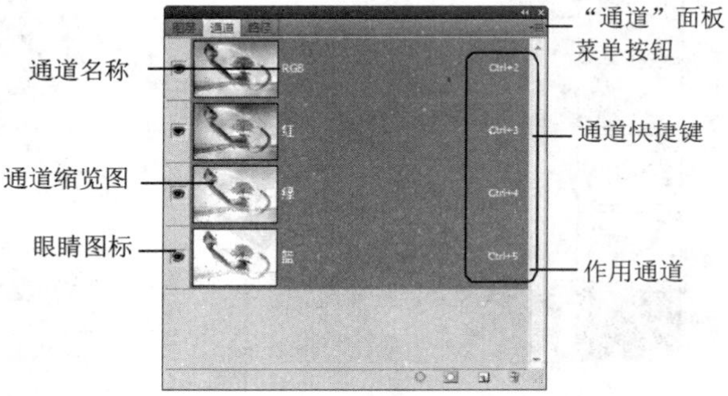

“通道”面板菜单按钮
通道名称
通道快捷键
通道缩览图
眼睛图标
作用通道

图 17.60　“通道”面板的组成

- ☑ 通道名称：每个通道都有一个不同的名称以便区分。
- ☑ 通道缩览图：在通道名称的左侧有一个缩览图，显示该通道中的内容，从中可以迅速辨识每个通道。
- ☑ 眼睛图标：用于显示或隐藏当前通道，切换时只需单击该图标即可。
- ☑ 通道快捷键：通道名称右侧的 Ctrl+~、Ctrl+1 等字样为通道快捷键，按下这些快捷键可快速、准确地选中所指定的通道。

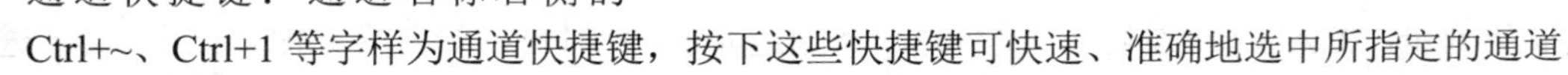

- ☑ 作用通道：也称为活动通道，选中某一通道后，将以蓝色显示这一条通道。

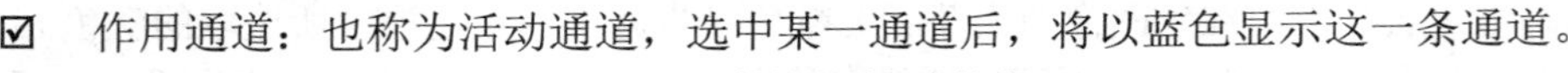

“通道”面板的底部是 4 个按钮，各个按钮的功能如下。

- ☑ “将通道作为选区载入”按钮：单击此按钮可将当前作用通道中的内容转换为选取范围，或者将某一通道拖动至该按钮上来载入选取范围。
- ☑ “将选区存储为通道”按钮：单击此按钮可以将当前图像中的选取范围转变成一个蒙版保存到一个新增的 Alpha 通道中。该功能与“选择”|“保存选区”命令的功能相同，但使用此按钮将更加快捷。
- ☑ “创建新通道”按钮：单击此按钮可以快速建立一个新通道。
- ☑ “删除当前通道”按钮：单击此按钮可以删除当前作用通道。

下面举一个例子，简单介绍一下如何创建新通道。

【操作步骤】

第 1 步，选择“通道”面板菜单中的“新建通道”命令，弹出如图 17.61 所示的对话框。

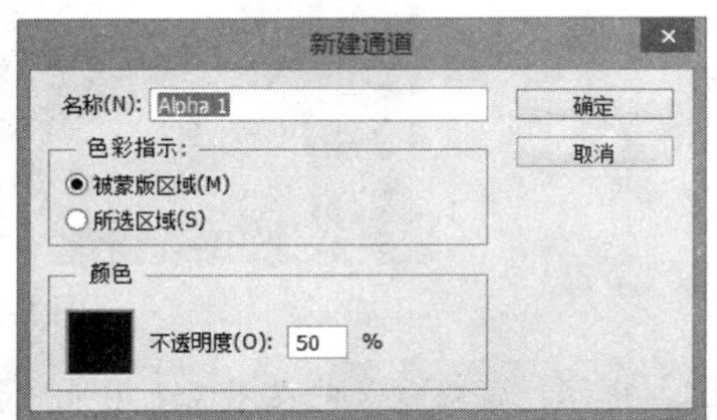

图 17.61　“新建通道”对话框

第 2 步，在“名称”文本框中，可以设置新通道的文件名，若不输入，则 Photoshop 会自动依次序命名为 Alpha 1、Alpha 2、Alpha 3，依此类推。

第 3 步，在“色彩指示”选项组中，可以选择新建通道的颜色显示方式。此处选中“被蒙版区域”单选按钮，即新建的通道中有颜色的区域为被遮盖的范围，而没有颜色的区域为选取范围。而如果选中“所选区域”单选按钮，即表示新建的通道中没有颜色的区域为被遮盖的范围，而有颜色的区域则为选取范围。

第 4 步，单击颜色框打开“拾色器”对话框，从中选择用于显示蒙版的颜色，默认情况下该颜色为半透明的红色。在颜色框右边有一个“不透明度”文本框，可以用来设置蒙版颜色的不透明度。当一个新通道建立后，在“通道”面板中将增加一条新通道，并且该通道会自动设为作用通道，如

Note

图 17.62 所示。

第 5 步，选中主通道，使之显示图像内容，如图 17.63 所示。

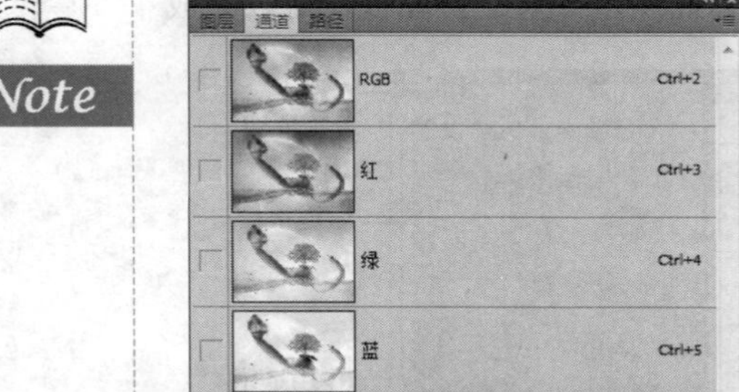

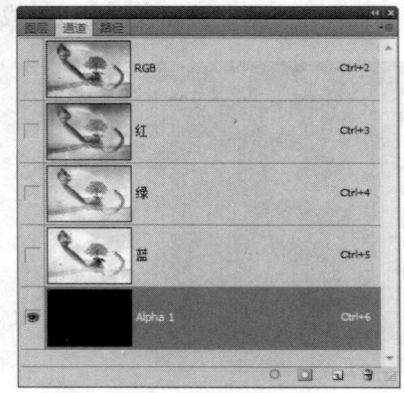

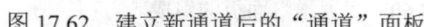

图 17.62　建立新通道后的“通道”面板

图 17.63　未显示通道 1 的图像

第 6 步，在 Alpha 1 左侧单击，使这一条通道显示，此时可以看到图像被罩上了一层半透明红色，如图 17.64 所示。这一层半透明红色图像即为蒙版的颜色（也就是在颜色框中所选取的颜色）。若在新建时将蒙版颜色的不透明度设为 100%（双击通道名称即可打开对话框更改不透明度设置），则蒙版颜色变成完全不透明，因此将盖住背景图像，而只显示红色，如图 17.64 所示。

图 17.64　同时显示通道 1 的图像

提示： 蒙版就是蒙在图像上用来保护图像的一层“板”。当要给图像的某些区域应用颜色变化、滤镜和其他效果时，蒙版可以隔离和保护图像的其余区域。当选择了部分图像时，没有被选择的区域“被蒙版”或被保护而不能编辑。

另外，蒙版还有一个最大的优势就是将制作费时的选区存储为 Alpha 通道，重新使用时，可以直接载入，因为 Alpha 通道可以转换为选区。蒙版是作为 8 位灰度通道存放的，因此可以用所有绘图和编辑工具调整和编辑，例如，执行滤镜功能、旋转和变形等，然后转换为选取范围应用到图像中。

17.10.2　创建临时蒙版

快速蒙版功能可以快速地将一个选取范围变成一个蒙版，然后对这个快速蒙版进行修改或编辑，以完成精确的范围选取，此后再转换为选取范围使用。

下面演示如何创建快速蒙版。

【操作步骤】

第 1 步，使用任一选择工具，在“书”中建立一个选区，如图 17.65 所示，在工具箱中单击“以快速蒙版模式编辑”按钮，切换到快速蒙版编辑模式。

第 2 步，进入快速蒙版编辑模式，在“通道”面板中将出现一个名为“快速蒙版”的蒙版，如图 17.66 所示。其作用与将选取范围保存到通道中相同，只不过它是临时的蒙版，一旦单击“以标准模式编辑”按钮切换为标准模式后，快速蒙版就会马上消失。

图 17.65　用魔棒选取一个范围

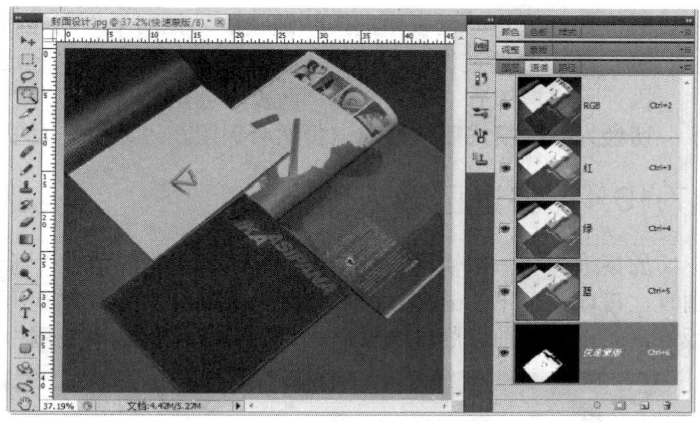

图 17.66　图像的快速蒙版显示及其“通道”面板

第 3 步，在快速蒙版模式下，可以使用绘图工具进行编辑来选取范围，如用橡皮擦工具将需选取的范围擦除，用画笔工具或其他绘图工具将不需选取的范围填上颜色，这样就可以很准确地选取出来，如图 17.67 所示。

第 4 步，编辑完毕后，单击“以标准模式编辑”按钮切换为标准模式，此时就可以得到一个较为精确的选取范围，如图 17.68 所示。

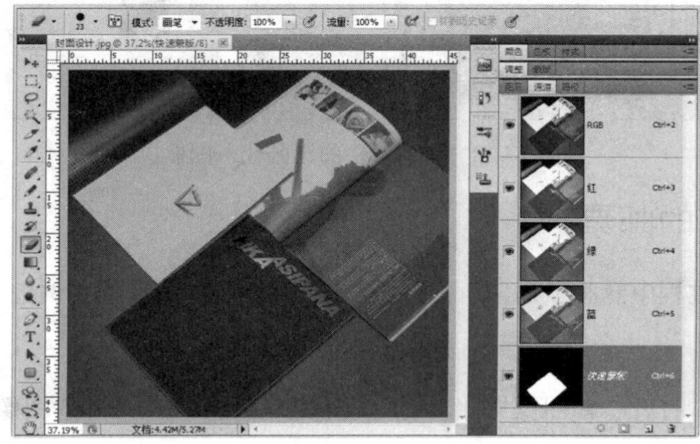

图 17.67　完成编辑后的效果

图 17.68　切换到标准编辑模式得到选区

Note

注意：从快速蒙版模式切换到标准模式时，Photoshop 会将颜色灰度值大于 50%的像素转换成被遮盖区域，而小于或等于 50%的像素转换为选取范围。
为了编辑一个准确的选取范围，在编辑快速蒙版时，最好不要用软边笔刷，因为软边笔刷会给选取范围边缘加上一种羽化效果，因而不能很准确地选取。在使用绘图工具填色时，可以按下 Caps Lock 键将鼠标指针切换成“十”字形，以便于更准确地填色。如果必要，可以放大视图显示比例，以便更准确地进行编辑。

17.10.3 存储蒙版选区

用户在快速蒙版编辑模式下创建的快速蒙版是一个临时蒙版，一旦单击“以标准模式编辑”按钮切换为标准模式后，快速蒙版就会马上消失。若要让快速蒙版永久地保留在“通道”面板中成为一个普通的蒙版，可按以下两种方法进行。

☑ 将“通道”面板中的“快速蒙版”拖动至“创建新通道”按钮上。

☑ 选中“通道”面板中的“快速蒙版”，选择“通道”面板菜单中的“复制通道”命令。

执行上述操作后，在“通道”面板中会出现一个名为“快速蒙版 副本”的蒙版，如图 17.69 所示。切换为标准模式后，该通道仍然会保留在“通道”面板中。

17.10.4 将选区载入图像

如果创建了一个快速蒙版，并且已将其复制保留在“通道”面板中，当需要载入该蒙版的选取范围时，可以在按下 Ctrl 键的同时单击该蒙版，如图 17.70 所示。若是按住 Shift+Ctrl 快捷键再单击蒙版，则可以将当前蒙版的选取范围增加到原有的选取范围中。

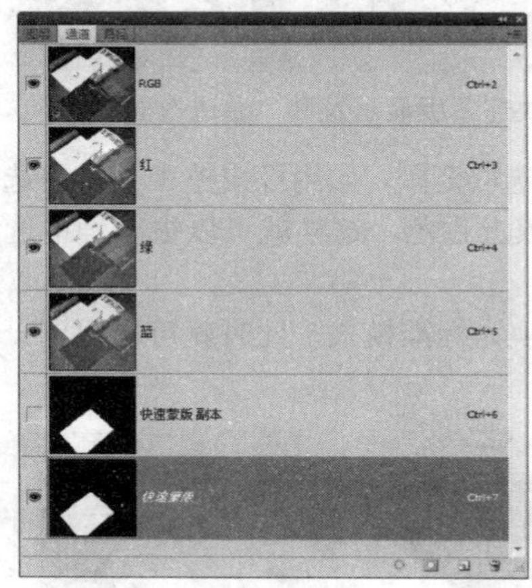

图 17.69 出现“快速蒙版 副本”通道

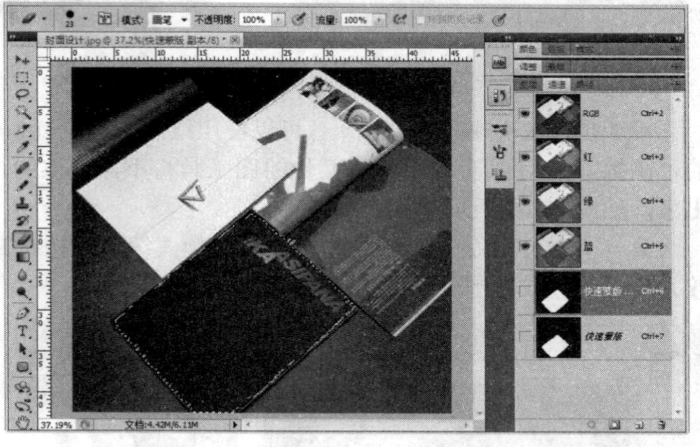

图 17.70 将蒙版中的选区载入图像

17.10.5 案例实战：制作断裂的邮票

编辑和使用蒙版需要用户不断在应用过程中熟悉了解，下面通过制作一个断裂的邮票的实例进一步介绍蒙版的应用。

【操作步骤】

第 1 步，选择“文件”|“打开”命令，打开一幅图像文件，使用矩形选框工具选择邮票图像，如图 17.71 所示。

第 2 步，单击工具箱中的“以快速蒙版模式编辑”按钮，效果如图 17.72 所示。

图 17.71　选择空白区域

图 17.72　使用蒙版效果

第 3 步，选择铅笔工具绘制要保留的区域，如图 17.73 所示。此时“通道”面板中增加了“快速蒙版”通道，如图 17.74 所示。

图 17.73　使用铅笔工具绘制

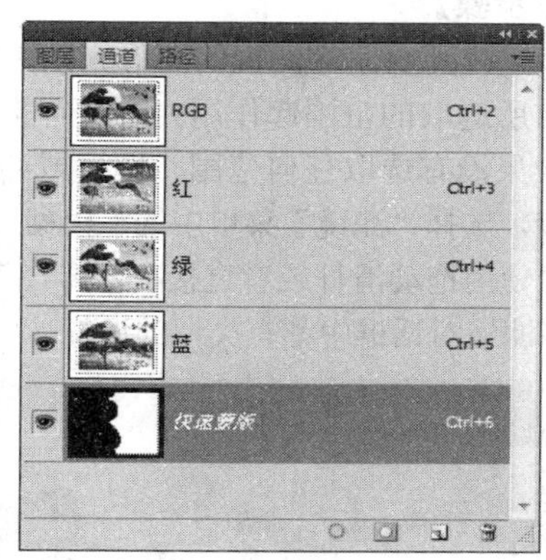

图 17.74　“通道”面板

第 4 步，单击工具箱中的“以标准模式编辑”按钮把没有使用色彩保护的区域建立为选区，也可以单击“通道”面板下面的“将通道作为选区载入”按钮建立选区，如图 17.75 所示。

第 5 步，按 Ctrl+C 与 Ctrl+V 快捷键将两个选区图像分别复制到新的图层中，最后选择“编辑”|“变换”|“旋转”命令旋转图像，选择“图层”|“图层样式”命令将两个图层分别设置投影，最后效果如图 17.76 所示。

图 17.75　建立选区

图 17.76　最后效果

Note

17.11 使用滤镜

在 Photoshop 中滤镜有非常神奇的作用，主要用来实现各种特殊效果。所有 Photoshop 滤镜都分类放置在“滤镜”菜单中，使用时只需从该菜单中执行相应的滤镜命令即可。

17.11.1 使用滤镜的一般方法

滤镜的操作非常简单，但是要应用得恰到好处，就需要用户熟悉每一种滤镜的功能以及可能达成的效果。滤镜通常与通道、图层联合使用，才能取得更好的艺术效果。下面介绍使用滤镜的一般过程和使用滤镜时需要注意的问题。

下面演示如何对图像执行高斯模糊操作。

【操作步骤】

第 1 步，打开要添加滤镜的图像。如果只是对局部图像添加滤镜，要先选取范围，这样滤镜操作将只对当前所选取的范围起作用；如果当前选中的是某一图层或某一通道，则只对当前图层或通道起作用；而如果没有选取任何范围、图层或通道，那么滤镜操作将对整个图像起作用。

第 2 步，选择“滤镜”菜单中的“模糊”|“高斯模糊”命令，打开“高斯模糊”对话框，如图 17.77 所示。可以使用拖动滑杆或者直接在“半径”文本框中输入一个半径值的方法，在对话框中设置各项参数。在众多滤镜对话框中都有类似的滑杆。用户可以在调整参数值的同时，预览图像执行滤镜后的效果。

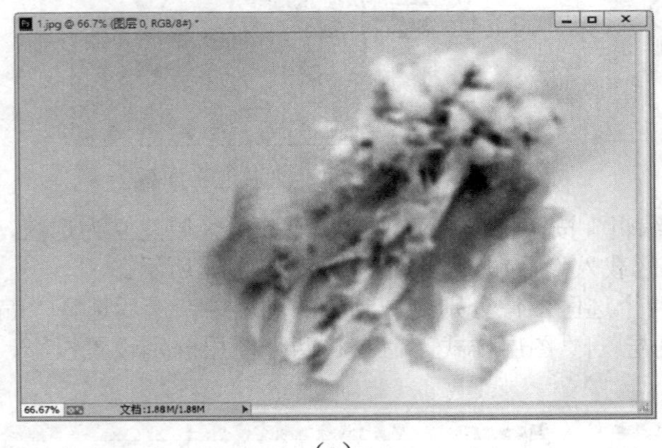

（a）

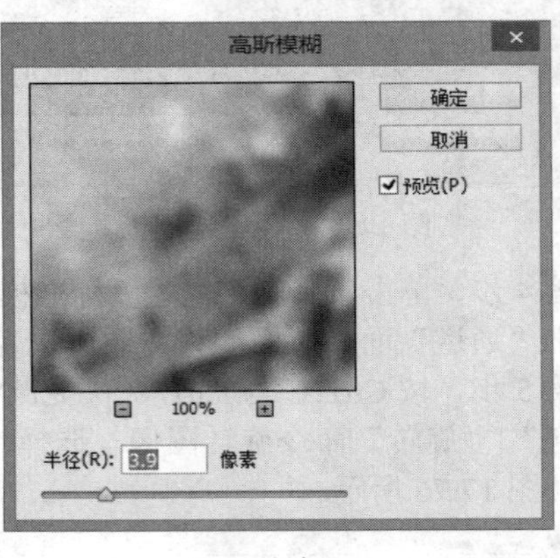

（b）

图 17.77 在滤镜对话框中预览图像

提示： 在 Photoshop 中，大多数滤镜对话框都有一个预览框，显示参数调整后的图像效果，单击预览框下方的+号或−号按钮可以放大或缩小所预览图像的显示比例，或者按住 Ctrl 键的同时单击预览框可以放大显示比例，按住 Alt 键的同时单击预览框可以缩小显示比例。

第 3 步，在“高斯模糊”对话框中按 Alt 键，则对话框中的“取消”按钮变成“复位”按钮，单击该按钮可将滤镜设置恢复到刚打开对话框时的状态。

第 4 步，在“高斯模糊”对话框中设置参数后，单击“确定”按钮即可完成滤镜的操作。

第 5 步，完成滤镜操作后，如果用户要恢复为未执行命令之前的效果，则可选择“编辑”菜单中

的“还原”命令恢复到原来的效果，此后又可以选择“编辑”|“重做”命令重做滤镜操作后的效果，这样可以对比滤镜操作前后的效果。

【拓展】掌握了滤镜的基本操作，下面介绍使用滤镜的一些技巧。

☑ 当执行完一个滤镜命令后，在“滤镜”菜单的第 1 行会出现上一次使用过的滤镜，单击或使用 Ctrl+F 快捷键可快速重复执行相同设置的滤镜命令；如果按 Ctrl+Alt+F 组合键，则会重新打开上一次执行过的滤镜对话框，以便用户设置滤镜参数。

☑ “编辑”菜单中的“渐隐高斯模糊”命令或按 Shift+Ctrl+F 组合键后将打开“渐隐”对话框，用来将执行滤镜后的效果与原图像进行混合，如图 17.78 所示。在该对话框中调整不透明度和颜色混合模式，选中“预览”复选框，可以即时显示图像效果，单击“确定”按钮即可完成调整。例如，设置参数如图 17.78 所示，则渐隐高斯模糊命令相当于降低一半模糊效果，相当于高斯模糊的值为 1.5 的效果，如图 17.79 所示。

渐隐
不透明度(O): 50 %
模式(M): 正常
确定
取消
☑预览(P)

图 17.78　“渐隐”对话框

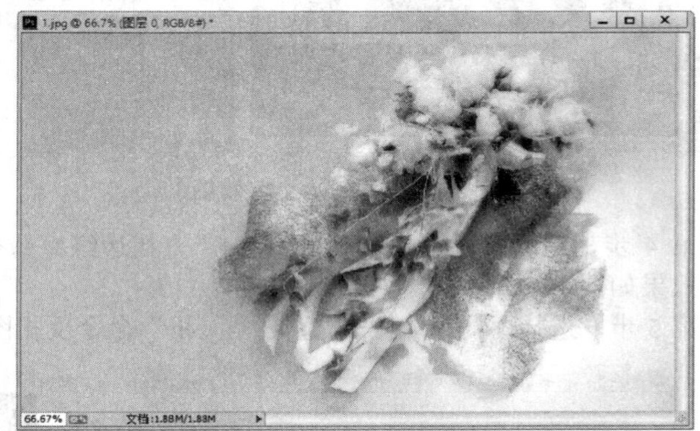

图 17.79　高斯模糊效果

☑ 一些滤镜效果需要有很多内存，尤其是在应用于高分辨率图像的情况下，执行滤镜时有可能需要很长的时间。为了更快、更有效地使用滤镜功能，用户可以使用以下技巧。

➢ 先对图像的一小部分试用滤镜，再对整个图像执行滤镜功能。

➢ 如果图像太大且内存不足时，先对单个通道应用滤镜效果，再对 RGB 通道使用滤镜。

➢ 在低分辨率的文件备份上先试用滤镜，记录下所用的滤镜和设置，再对高分辨率原图应用此滤镜和设置。

提示：在位图和索引颜色的模式下不能使用滤镜。此外，不同的颜色模式其使用的范围也不同，在 CMYK 和 Lab 模式下，有部分滤镜不可以使用，如“画笔描边”和“素描”等滤镜。对文本图层和形状图层执行滤镜时，会提示先转换为普通图层之后，才可以执行滤镜功能。当对文本图层直接执行滤镜功能时，则会出现提示对话框，提示用户是否先将文本图层转换成普通图层。

17.11.2　案例实战：制作透空立体文字

制作透空立体文字，主要是使用“动感模糊”和“查找边缘”滤镜，再加上几个色彩调整命令，步骤如下。

【操作步骤】

第 1 步，首先建立一个 72dpi、640px×480px 的 RGB 模式图像。填充背景色为黑色。

Note

第 2 步，打开“通道”面板，在其中新建一个通道 Alpha 1，然后选择文本工具T，输入“透空”两个字，适当设置文本字体和大小，得到如图 17.80 所示的效果。

第 3 步，按 Ctrl+D 快捷键取消选取范围，选择“滤镜”|“模糊”|“动感模糊”命令，打开如图 17.81 所示的“动感模糊”对话框对文字进行动感模糊，在对话框中设置参数后，单击“确定”按钮。

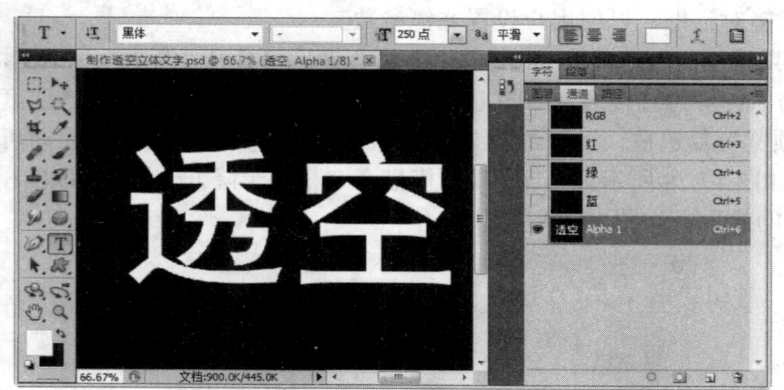

图 17.80　初始文字效果

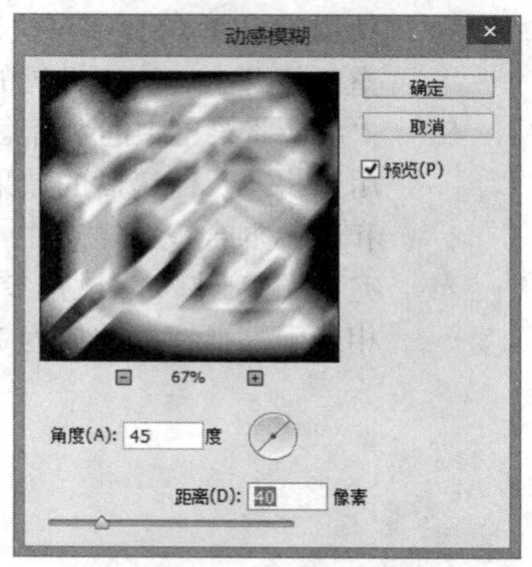

图 17.81　“动感模糊”对话框

第 4 步，选择“滤镜”|“风格化”|“查找边缘”命令对图像进行边缘查找，使文字边缘突显出来，效果如图 17.82 所示。

第 5 步，选择“图像”|“调整”|“反相”命令反相图像，效果如图 17.83 所示。

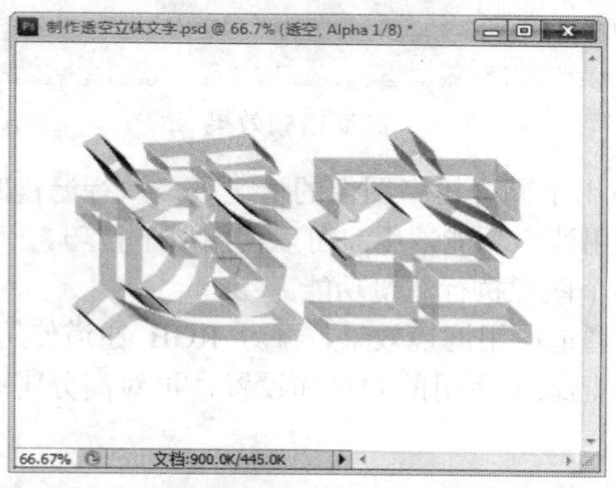

图 17.82　执行“查找边缘”滤镜后的结果

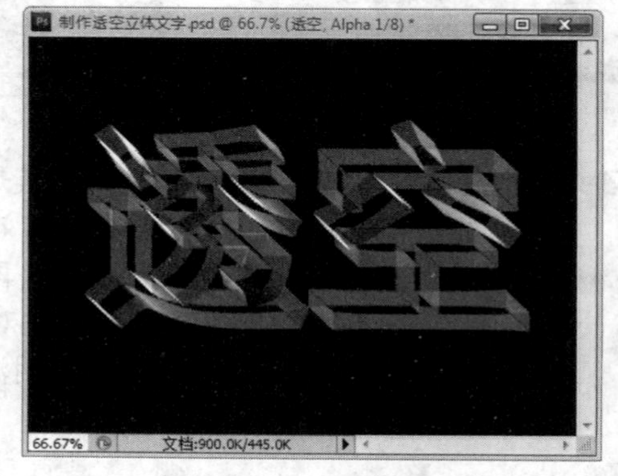

图 17.83　反相图像效果

第 6 步，按 Ctrl+L 快捷键打开“色阶”对话框，如图 17.84 所示。调整图像明暗度，以突显出字体。按如图 17.84 所示进行设置后，单击“确定”按钮。

第 7 步，按住 Ctrl 键的同时单击 Alpha 1 通道，载入字体选取范围，如图 17.85 所示，并单击 RGB 通道切换到主通道。

第 8 步，选择渐变工具，并在工具栏中设置适当的渐变颜色等其他参数，如图 17.86 所示，然后从文字左上角向右下角拖动填充渐变颜色。

第 9 步，填充渐变颜色后，按 Ctrl+D 快捷键取消选取，适当添加背景图像，即可得到如图 17.87 所示的

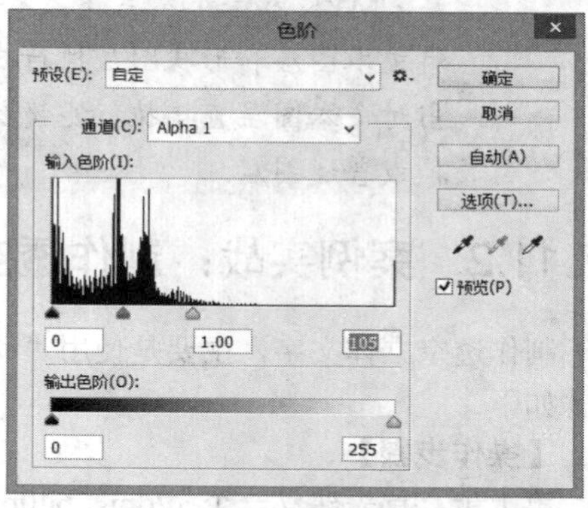

图 17.84　调整图像亮度

效果。

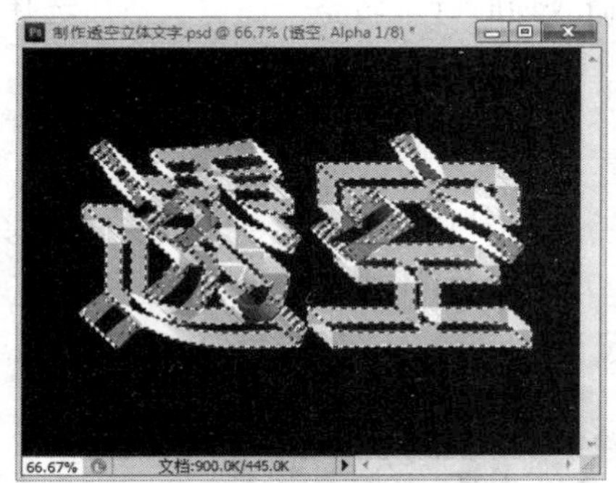

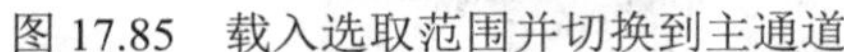

图 17.85 载入选取范围并切换到主通道

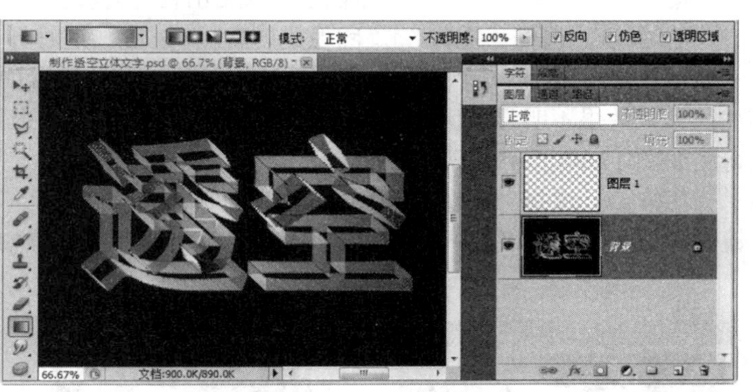

图 17.86 渐变工具参数设置及运用渐变后的效果

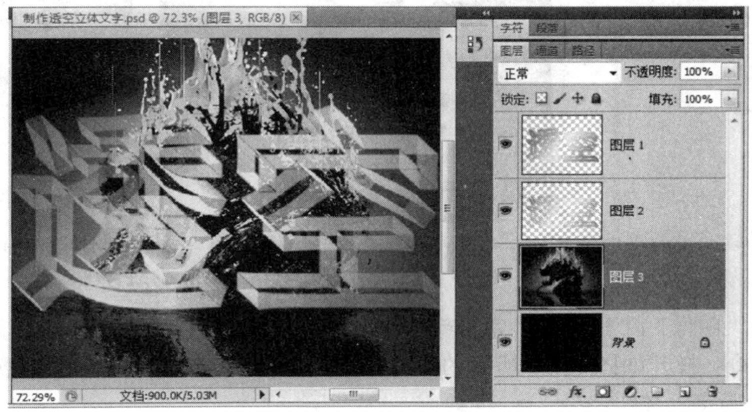

图 17.87 制作完成的字体

17.11.3 案例实战：制作火焰文字效果

本节主要通过“风”和“扭曲”滤镜来制作一种火焰的效果。

【操作步骤】

第 1 步，先建立一个分辨率为 72dpi、640px×480px 的灰度模式图像，填充背景色为黑色，再输入制作火焰效果的文字，文字颜色为白色，如图 17.88 所示。

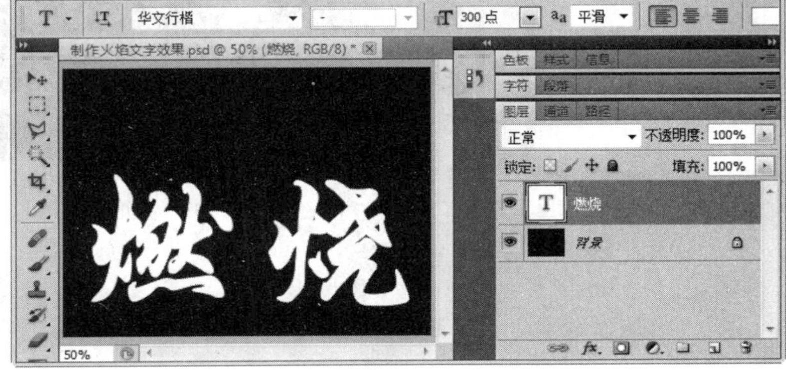

图 17.88 输入文字

Note

第 2 步，选中“燃烧”文字图层，按 Ctrl+E 快捷键合并文字图层与背景图层。

第 3 步，选择“图像”|“图像旋转”|“90 度（逆时针）”命令逆时针旋转整个图像。然后选择“滤镜”|“风格化”|“风”命令制造风吹效果，参数设置如图 17.89 所示。执行一次“风”命令，往往风吹效果不明显，因此需要多次使用“风”滤镜来加强风吹效果，例如，使用 4 次“风”滤镜，得到如图 17.90 所示的风吹效果。

第 4 步，选择“图像”|“图像旋转”|“90 度（顺时针）”命令顺时针旋转整个图像。再选择“滤镜”|“扭曲”|“波纹”命令制造图像抖动效果，参数设置如图 17.91 所示。

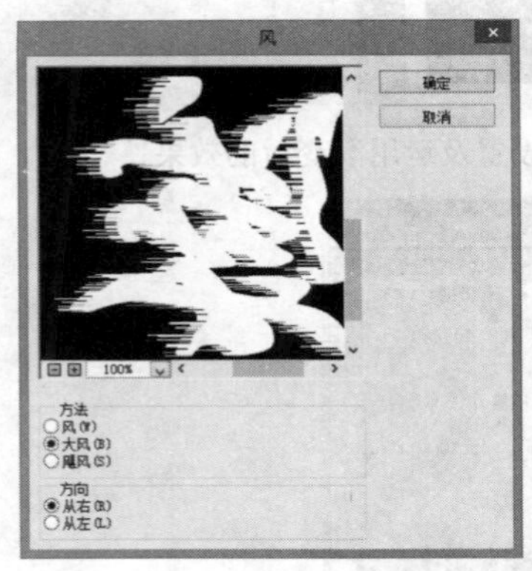

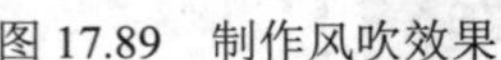

图 17.89 制作风吹效果

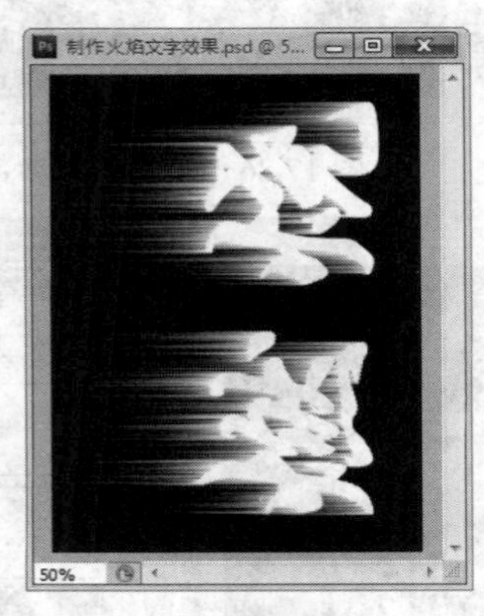

图 17.90 3 次风吹后的效果

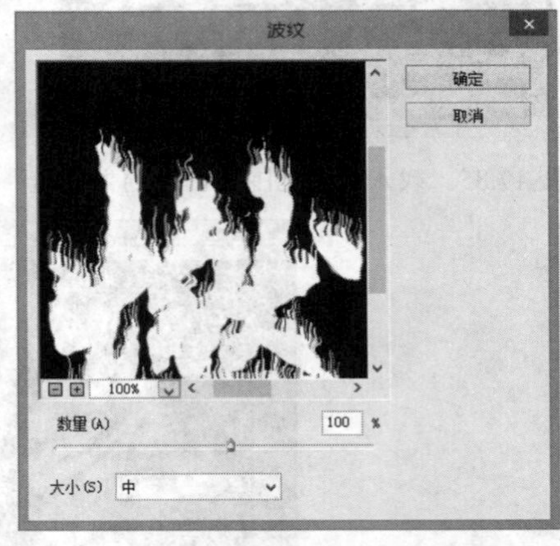

图 17.91 制作图像抖动效果

第 5 步，选择“图像”|“模式”|“索引颜色”命令将图像转换为索引模式，再选择“图像”|“模式”|“颜色表”命令，打开如图 17.92 所示的“颜色表”对话框，在“颜色表”下拉列表框中选择“黑体”选项，单击“确定”按钮。

第 6 步，适当添加一些背景装饰，即可得到如图 17.93 所示的火焰文字图像效果。

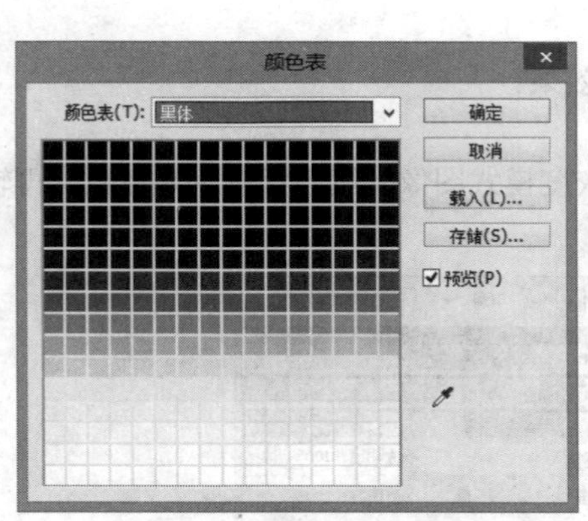

图 17.92 “颜色表”对话框

图 17.93 火焰效果

第18章

设计网页元素

（视频讲解：60 分钟）

图像是网页中不可或缺的组成成分，恰当地使用图像，可以使网站充满生命力与说服力，吸引更多的浏览者，加深浏览者欣赏网站的意愿，另一方面，网页的容量大小是网站成功与否的一大关键因素。由于网络在传输上的限制，导致了下载的速度不可能太快，因此，网页就不能太大，其中，关键要素就在于图像的大小，无论网页设计得多么精彩，浏览者是没有耐心去慢慢等待下载的。所以，在网页容量大小的问题上一定要重视网页图像的设计。本章将详细介绍各种网页图像元素的设计技巧。

学习重点：

- 了解主图和标题文字的制作
- 能够根据网页需要制作按钮和导航图像
- 能够设计网页背景图像
- 能够设计网站 Logo 和 Banner

18.1　设计主效果图

主效果图是一个网页的门面，能体现出这个网页的整体风格。如图 18.1 所示是一个电商的主页，其中标题行部分就是一个主题图形，在很大程度上决定了整个网页的主体色彩及风格。因此，在网页设计时，首先要设计的就是主题图形。

图 18.1　电商首页的主图

设计主题图形是比较关键的环节，主题图形制作得好坏，将直接关系到能否吸引浏览者的注意力。一个优秀的主题图形寥寥几笔就能生动地体现网站的特点。一般来说，主题图形的颜色必须与网页完美融合、有独特的创意，这是制作主题图形时必须注意的。另外，网页中的主题图形不仅要好看，还要恰当和经济，即在网页中的位置与大小要合适、能够体现出网页主题思想、图像文件的大小，格式应符合要求等。

主题图形是多种多样的，可以是一幅极具创意的特效图像，也可以是一个特别精致的小图，或者整个网页就使用一幅大图。设计主图需要通过 Logo、Banner、导航条、按钮等网页元素来体现，所以不要空洞地谈主图设计。

18.2　设计标题文字

一篇文章或是一条新闻都需要有一个醒目的标题。在报纸上如此，在网页中也是如此，并且在网页设计中，标题文字更为重要，因为标题文字设计得是否吸引人，将直接关系网页的访问量。而在设计标题文字时，除了名字好听、易懂、富有情趣之外，还要在文字效果的创意上下一番工夫，这样才能引起浏览者的注意。

究竟什么样的文字才算标题文字？这没有严格标准，总之，只要能够体现主题内容，具有一定的特效和创意，并能区别于正文内容即可。当然，如果是一个广告标题，就需要精心设计，因为它将直接影响广告效益。如图 18.2 所示，左侧广告条中的文字就是比较有创意的标题文字。

图 18.2　以图形方式显示的标题文字

在制作网页标题文字时，要做到简单、醒目，所以需要对标题文字进行一些简单的特效处理，如添加阴影、发光及渐变颜色等效果，但并不是将标题文字设计得越复杂就越漂亮，往往简单明了的效果反而让人喜欢。如图 18.3 所示是一些常见的标题文字效果。

阴影文字　　发光文字　　有背景图像的文字

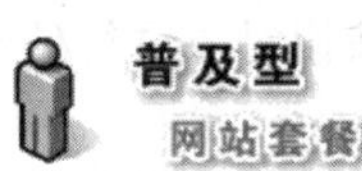

合理规划的文字　　图标加文字的标题

图 18.3　一些常见的标题文字效果

阴影文字是万能的特效文字，适用于任何页面。制作阴影文字的方法很简单，所以在制作标题文字时应用阴影效果非常多。制作阴影文字一般可按如下步骤操作。

【操作步骤】

第 1 步，在 Photoshop 中输入文字，并设置好文本格式。

第 2 步，选择“图层”|“图层样式”|“投影”命令，在打开的“图层样式”对话框中为文字添加投影效果，结合“内阴影”、“外发光”和“内发光”等样式类型，可以设置各种阴影效果。

发光文字的效果不亚于阴影文字，其制作方法与制作阴影文字相同，只要在输入文字后，选择“图层”|“图层样式”|“外发光”命令，或者“内发光”命令，在打开的“图层样式”对话框中设置相关参数即可。但要注意的是，制作发光文字时，文字颜色与发光的颜色一定要有较大反差。如果文字为白色，则发光的颜色必须是深颜色；反之，若文字为黑色，发光颜色就应为淡颜色。此外，还要考虑背景

Note

颜色，即背景颜色与发光颜色之间也要有较大的反差，只有做到这一点，才能使文字发光效果明显。

给标题文字加入背景图像，也是在制作标题文字时常用的手法，这样可以更容易地突出标题内容，使其在网页中一目了然。例如，可以加入一些漂亮的小图标，或者有渐变颜色的色块等。但要记住，前景文字与背景图像的颜色及大小要搭配得当，否则会画蛇添足。

此外，在设计标题文字时，要合理安排文字内容。特别是当标题中文字较多或者有副标题时，更需要合理地规划文字，如文字的内容、字体、大小、颜色及排列方式等。只有做到这些，才能使标题内容重点突出、主题鲜明。

标题文字的制作没有固定的标准，是否成功，取决于设计者的创意和设计思想。至于该如何制作，要看用户对 Photoshop 软件的熟悉程度。注意，熟练掌握"图层样式"对话框的功能，以便更快速有效地设计出标题文字。

18.3 设计网页按钮

如图 18.4 所示是一些网页按钮，看上去很漂亮。制作这些按钮的方法很多，用 Photoshop 可以轻松实现。

图 18.4 各种形状的网页按钮

要在 Photoshop 中制作网页按钮，一般要经过以下操作步骤。

【操作步骤】

第 1 步，在 Photoshop 中绘制出按钮形状，如矩形、圆形、椭圆或多边形。绘制按钮形状，可以使用 Photoshop 提供的形状工具；如果是绘制不规则的形状，则可使用钢笔工具、刷子工具和铅笔工具，再用自由变形工具和更改区域形状工具进行调整。

第 2 步，利用"图层样式"对话框对按钮对象进行处理。例如，给按钮填充渐变颜色，或者填入一些底纹效果等。

第 3 步，给按钮添加立体效果，可以使用"样式"面板为按钮添加一些样式效果，使按钮具有立体感。当然也可以使用其他效果。

第 4 步，进行按钮形状的编辑，最后给按钮命名，这样就完成了网页按钮的制作。

悬停按钮是一组按钮的组合，在网页中有多种显示状态。如图 18.5 所示，在正常状态下，按钮中的书图标是关着的，文字显示为白色，当鼠标指针移到该按钮上时变成了第 2 种状态，即鼠标指针移过的状态，此时书被翻开一半，而文字会变成蓝色，而当在按钮上按下鼠标时，按钮变成了第 3 种状态，即鼠标按下状态，此时书完全被翻开，文字颜色又变成红色。

图 18.5 悬停按钮的 3 种状态

在 Photoshop 中制作悬停按钮的操作步骤如下。

【操作步骤】

第 1 步，新建文档，在“图层”面板中新建“图层 1”，使用图形工具绘制一个圆角矩形，指定填充颜色，如图 18.6 所示。

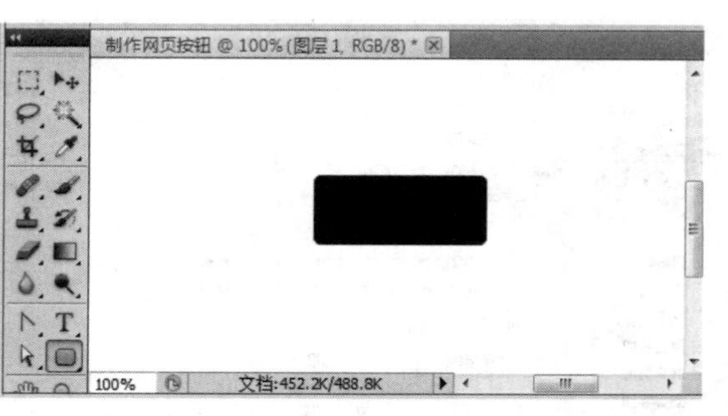

图 18.6 设计悬停按钮背景

第 2 步，选择“窗口”|“样式”命令，打开“样式”面板，从中选择一款样式，单击为当前背景图层应用样式，如图 18.7 所示，也可以自己利用“图层样式”对话框自定义设计。

第 3 步，重命名“图层 1”为“正常”，然后按 Ctrl+J 快捷键复制该图层，命名为“移过”。为该图层应用“投影”效果，设置保持默认值即可，设置“不透明度”为 50%，降低阴影度，效果如图 18.8 所示。

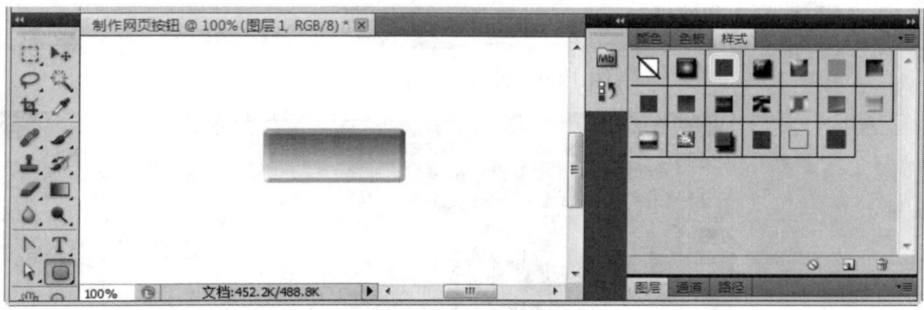

图 18.7 为按钮应用样式

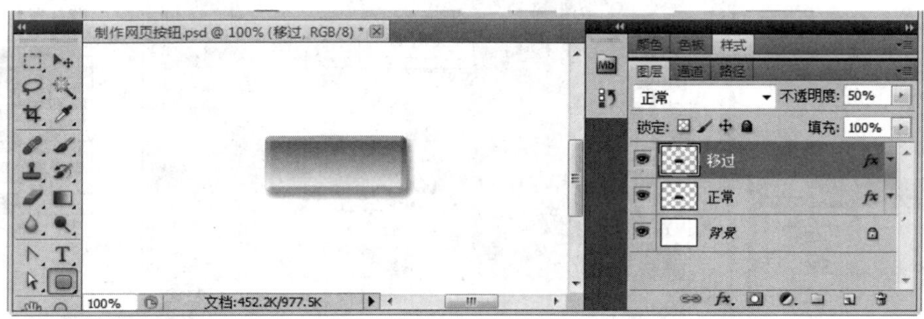

图 18.8 设计鼠标指针经过样式

第 4 步，复制“移过”图层，并命名为“按下”，双击图层缩览图，在打开的“图层样式”对话框中修改浮雕设置参数，如图 18.9 所示，完成鼠标按下时按钮的效果。

用户还可以设计更多的变化，例如，可以将鼠标指针移过状态设计成一个文字发光效果。这样，当鼠标指针移到按钮上时，就会出现文字发光的效果。总之，只要能够制作出悬停按钮的 3 种状态，悬停按钮就算制作成功了，即使只是一个简单的颜色变换或是位置的移动也可以。

第 5 步，完成 3 种不同状态的背景样式，最后使用文本工具输入按钮文本，选择“图像”|“裁切”命令，打开“裁切”对话框，裁切掉多余的区域，如图 18.10 所示。

第 6 步，隐藏“背景”图层，仅显示“正常”图层和“面对面”文字图层，选择“文件”|“存储为 Web 和设备所用格式”命令，在打开的“存储为 Web 和设备所用格式”对话框中单击“存储”

按钮即可，如图 18.11 所示。

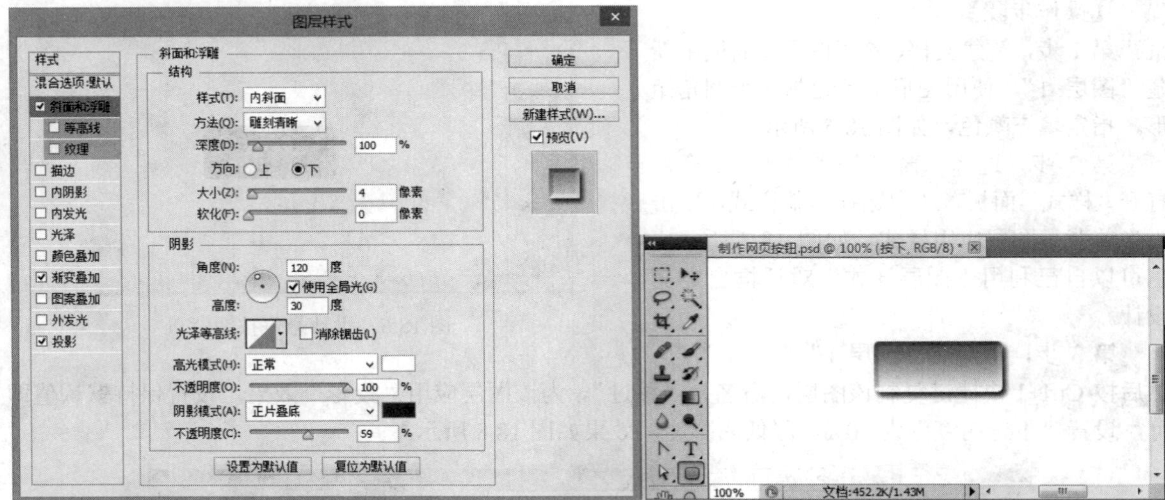

图 18.9　设计鼠标按下样式

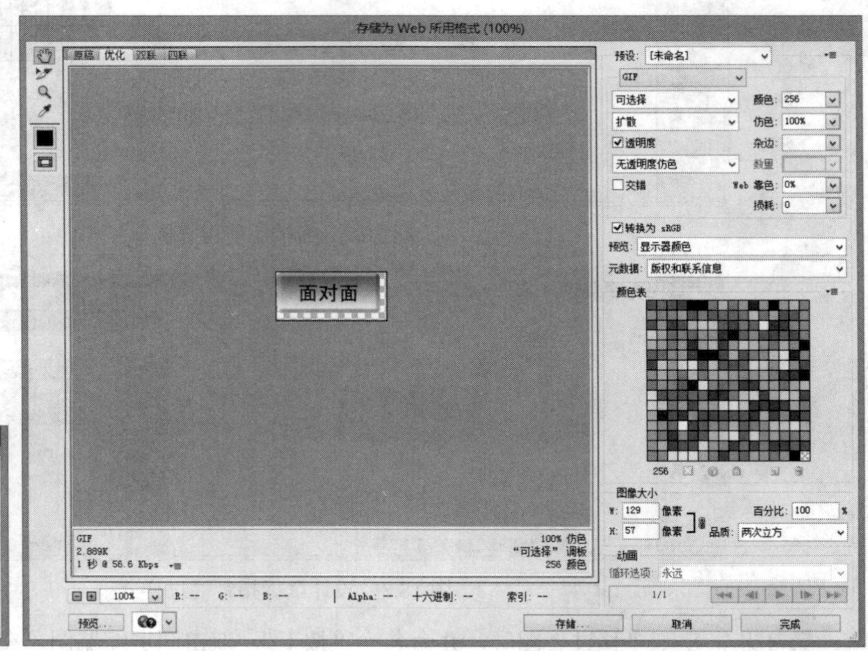

裁切

基于

○透明像素(A)

◉左上角像素颜色(O)

○右下角像素颜色(M)

裁切

☑顶(T)　☑左(L)

☑底(B)　☑右(R)

确定

取消

图 18.10　输入按钮文本　　　　图 18.11　输出悬停按钮状态图

第 7 步，以同样的方式输出鼠标指针经过和鼠标按钮按下时的按钮状态图，最后效果如图 18.12 所示。

图 18.12　设计的悬停按钮

Note

18.4　设计导航图

导航条图像与悬停按钮很相似，不同的只是比悬停按钮多了一种状态变化，即除了与悬停按钮共有的“正常”、“鼠标经过”和“鼠标按下”3 种状态之外，还有一种“鼠标按下时滑过”状态。

在网页中使用导航条，可以使网站的结构层次更加分明，同时也可方便浏览者在网站的各页面之间切换。

制作导航条图像的操作与制作悬停按钮的方法基本相同，所不同的只是需要多做一种状态的变化图像，以用于“鼠标按下时滑过”状态下显示。所以，用户可以按照 18.3 节中介绍制作悬停按钮的方法来制作导航图像。

18.5　设计网页背景图

在一个网页中，其网页背景既可以用简单的颜色来填充，也可以用一个背景图像来填充。如果是使用背景颜色填充，直接在 Dreamweaver 中设置即可；如果是使用背景图像填充，则必须使用图像处理软件制作一个背景图像，才可以载入到 Dreamweaver 中使用。

一般来说，背景图像的格式均采用 GIF 格式。在 Dreamweaver 中，还可以使用 GIF 动画格式作为网页背景。注意，使用动画作为背景会占用很多内存。此外，背景图像的尺寸不宜过大，否则在网络上传输太慢。所以，实际应用中经常是使用如图 18.13 所示的有渐变效果的图像或底纹。

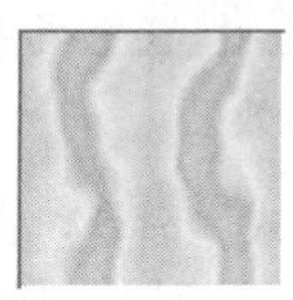    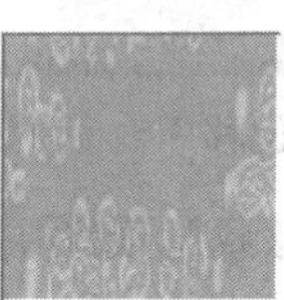

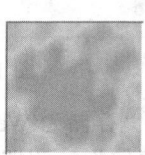

图 18.13　各种网页背景图像

使用 Photoshop 制作背景图像时，应该考虑背景图像的无缝拼接问题。所谓无缝拼接，就是整幅网页背景图像可以看作是由若干个矩形小图像拼接而成，并且各个小矩形图像之间没有接缝的痕迹，各个小图像之间也完全吻合。这种无缝拼接图像在日常生活中也很常见，如地面上铺的地板革、墙纸、花纹布料、礼品包装纸等，无缝拼接图像在计算机图像处理上应用广泛，特别是在一些平面设计和网页背景方面，对主题内容进行烘托，不仅美观别致，而且简便易行，又不至于浪费大量的时间和空间。下面以制作花布纹理图案为例来说明。

【操作步骤】

第 1 步，新建一个大小为 80px×60px、分辨率为 72 像素/英寸、背景色为白色的 RGB 文件。

第 2 步，将前景色设置为天蓝色。从工具箱中选择画笔工具，选择一种预设的枫叶图形，在属性选项栏中设置大小为 28px（可以小于 30px，但是不要大于或者等于 30px），如图 18.14 所示。

第 3 步，在“图层”面板中新建“图层 1”，使用画笔在图像中间点位置单击，生成一个图案，如果图案不居中，可以按住 Ctrl 键，选中“背景”图层和“图层 1”，然后在工具箱中选择移动工具，在属性选项栏中单击“垂直居中对齐”和“水平居中对齐”按钮，让图案居中显示，如图 18.15 所示。

Note

图 18.14　输出悬停按钮状态图

图 18.15　绘制图案

第 4 步，在“图层”面板中复制“图层 1”为“图层 1 副本”，选择“滤镜”|“其他”|“位移”命令，在“位移”对话框中设置“水平”为 40，“垂直”为 30，未定义区域为“折回”，如图 18.16 所示。

第 5 步，单击“确定”按钮，得到如图 18.17 所示的图案效果。

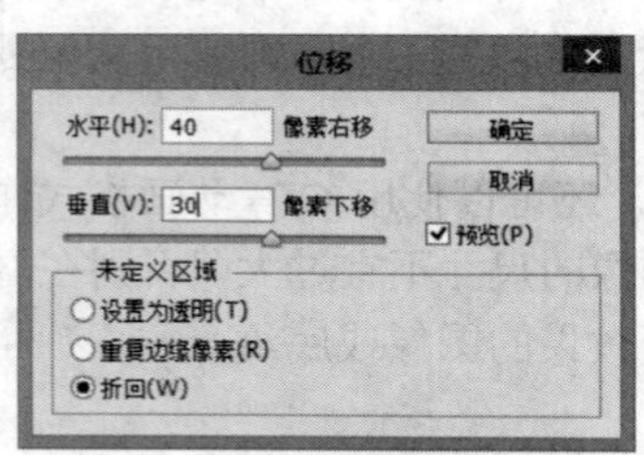

图 18.16　“位移”对话框

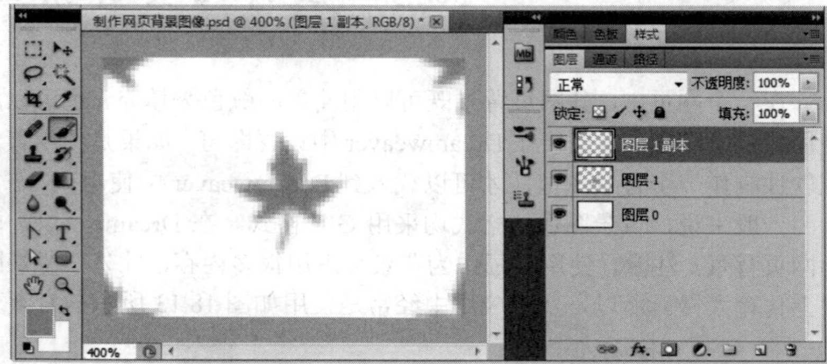

图 18.17　设计的图案效果

第 6 步，隐藏背景图层，选择“文件”|“存储为 Web 和设备所用格式”命令，在打开的“存储为 Web 和设备所用格式”对话框中单击“存储”按钮即可，然后在网页中应用，则效果如图 18.18 所示。

图 18.18　应用背景图像效果

注意：背景图像的整体色调不宜过深。应选用淡色，以便突出前景文字的内容。需要使用深色背景时，前景内容（如文字）就应选用淡色调。在真正的网页应用中，选用渐变背景图像作为网页背景时，应尽量选用最小的图像，图像尺寸还可缩小。选择“图像”|“图像大小”命令进行相关设置，这样，该背景图像就会非常小，但应用到网页中却不会影响效果。

Note

18.6 设计网页 Logo

Logo 是徽标或者商标的英文名称，网站 Logo 主要是各个网站用来与其他网站链接的图形标志，代表一个网站或网站的一个版块。Logo 设计在网页设计中占据了很重要的地位，相当于画龙点睛，同时 Logo 设计风格将会决定整个网页的设计风格。

18.6.1 Logo 规格

为了便于在互联网上进行传播，需要一个统一的国际标准，关于网站的 Logo 设计，目前有 4 种规格（单位为像素），介绍如下。

☑ 88×31：互联网上最普遍的 Logo 规格，主要用于友情链接。

☑ 120×60：用于一般大小的 Logo 规格，主要用在首页的 Logo 广告上。

☑ 120×90：用于大型的 Logo 规格。

☑ 200×70：这种规格 Logo 比较少用，但是也已经出现。

18.6.2 Logo 表现形式

网站 Logo 表现形式的组合方式一般分为特示图案、特示文字和合成文字。

☑ 特示图案：属于表象符号，独特、醒目、图案本身易被区分、记忆，通过隐喻、联想、概括、抽象等绘画表现方法表现被标识体，对其理念的表达概括而形象。

☑ 特示文字：属于表意符号。在沟通与传播活动中，反复使用的被标识体的名称或是其产品名，用一种文字形态加以统一。特示文字一般作为特示图案的补充，要求选择的字体应与整体风格一致，应尽可能做出全新的区别性创作。设计网站 Logo 时一般应考虑至少有中英文双语的形式，要考虑中英文字的比例、搭配，一般要有图案中文、图案英文、图案中英文及单独的图案、中文、英文的组合形式。

☑ 合成文字：是一种表象表意的综合，指文字与图案结合的设计，兼具文字与图案的属性，其综合功能为能够直接将被标识体通过文字造型让浏览者理解，造型后的文字较易于使观者留下深刻印象与记忆。

18.6.3 Logo 定位

可以从 6 个方面定位网站 Logo 设计思路。

☑ 性质定位：以网站性质作为定位点。如中国人民银行和中国农业银行标志，分别以古钱币、“人”字和麦穗、人民币符号“￥”突出了金融机构性质。

☑ 内容定位：与网站名称或者内容相一致。如永久牌自行车用“永久”两字组成自行车形，白天鹅宾馆采用天鹅图形。

Note

- ☑ 艺术化定位：多用于各类与文化、艺术有关的网站，如文化馆、美术馆、文化交流协会等。特点是强调艺术性，有幽默感。
- ☑ 民族化定位：多用于具有较悠久历史的产品，如中国茶叶出口商标，用“中”字组成极具中国特色的连续纹样。
- ☑ 国际化定位：多用于国际化网站，特点是多用字母型，如可口可乐、柯达商标等。
- ☑ 理念定位：广泛应用于各企业或机构。

18.6.4 Logo 设计技巧

Logo 的设计技巧很多，概括来说要注意以下几点。

- ☑ 保持视觉平衡、讲究线条的流畅，使整体形状美观。
- ☑ 用反差、对比或边框等强调主题。
- ☑ 选择恰当的字体。
- ☑ 注意留白，给人想象的空间。
- ☑ 运用色彩。因为人们对色彩的反应比对形状的反应更为敏锐和直接，更能激发情感，运用色彩应该注意，基色要相对稳定；强调色彩的形式感，如重色块、线条的组合；强调色彩的记忆感和感情规律，如橙红给人温暖、热烈感，蓝色、紫色、绿色使人凉爽、沉静，茶色、熟褐色令人联想到浓郁的香味；合理使用色彩的对比关系，色彩的对比能产生强烈的视觉效果，而色彩的调和则构成空间层次；重视色彩的注目性。

18.6.5 案例实战：制作 Google 标志

下面将模拟 Google 标志来演示如何设计 Logo。

【操作步骤】

第 1 步，启动 Photoshop，新建文档，设置大小为 500px×300px，分辨率为 300 像素/英寸，保存为“制作 Google 标志.psd”。在工具箱中选择横排文字工具T，在文档中输入“Google”，如图 18.19 所示。

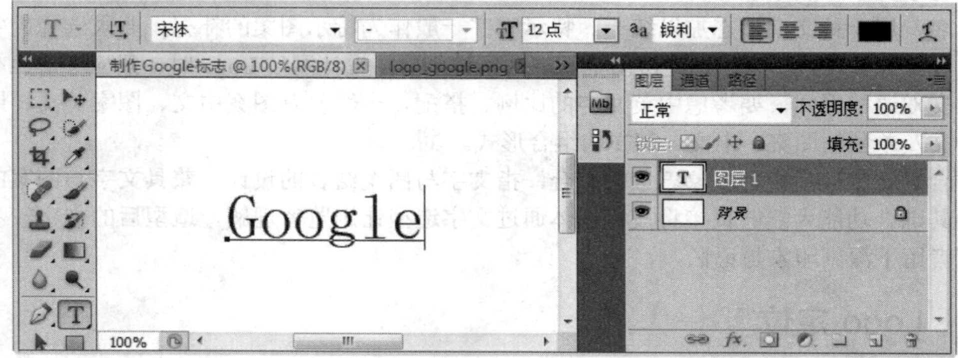

图 18.19 输入“Google”

第 2 步，设置字体类型和大小。Google 的 Logo 使用的是 CATULL 字体，这是一个商业字体，需要付费购买。如果没有该字体，可以使用免费的字体 Book Anitqua，该字体可以从网上免费下载。如果这两种字体都没有，可以使用 Windows 内置的 New Times Roman。这里选用 Book Antiqua，字体大小是 36，不过可以按自己的需要选择字体大小，如图 18.20 所示。

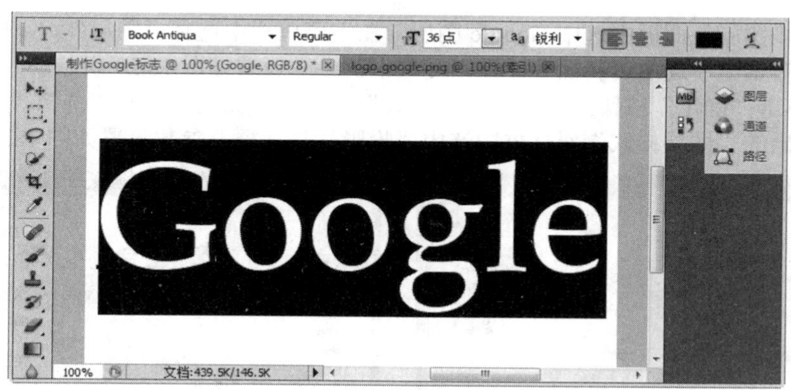

图 18.20　设置字体样式

第 3 步，分别为每个字母单独设置 Logo 字体的色彩，从左到右字体颜色为#1851ce、#c61800、#efba00、#1851ce、#1ba823 和#c61800，如图 18.21 所示。

图 18.21　设置字母颜色

第 4 步，如果希望 Logo 有商标，在右下角添加 TM 标识。TM 字体颜色使用#606060，大小为 5 点，使用相同的字体，如图 18.22 所示。

图 18.22　添加商标标识符

第 5 步，在“图层”面板中选中 Google 图层，在主菜单栏中选择“图层”|“图层样式”命令，在“图层样式”对话框中选中“斜面和浮雕”复选框，参数设置如图 18.23 所示。

第 6 步，单击“确定”按钮，关闭“图层样式”对话框，在主菜单栏中选择“图层”|“图层样式”命令，在弹出的“图层样式”对话框中选中“投影”复选框，参数设置如图 18.24 所示。

Note

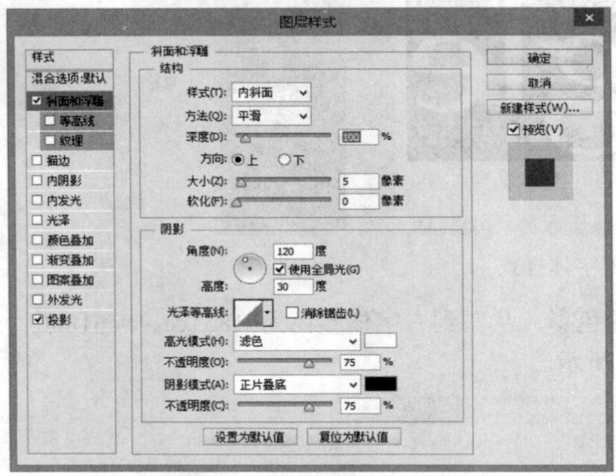

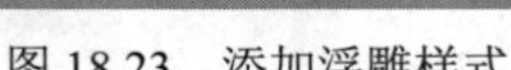
图 18.23　添加浮雕样式

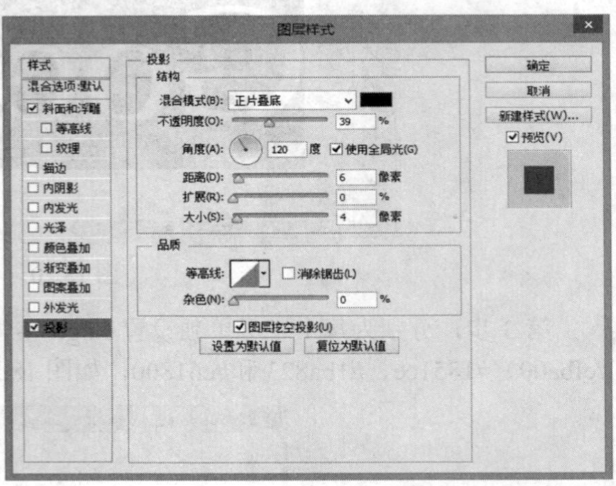

图 18.24　添加投影样式

第 7 步，单击“确定”按钮，最后可以设计出 Google 图标，效果如图 18.25 所示。

图 18.25　最后设计效果

18.6.6　案例实战：制作迅雷标志

下面将模拟迅雷标志来演示如何设计 Logo。

【操作步骤】

第 1 步，启动 Photoshop，新建文档，设置大小为 600px×600px，分辨率为 300 像素/英寸的 RGB 图像，保存为“制 Google 标志.psd”。使用钢笔工具绘制迅雷图标的一部分，如图 18.26 所示。

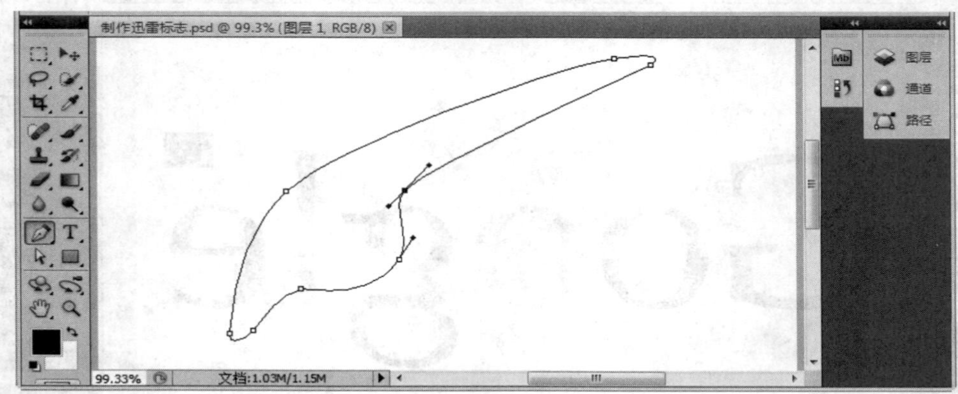

图 18.26　使用钢笔工具绘制路径

第 2 步，按 Ctrl+Enter 快捷键将路径转换为选区，在“图层”面板中新建“图层 1”。在工具箱中

选择渐变填充工具▣，设置左侧渐变色为#6edeec，右侧渐变色为#2562df，然后使用渐变填充工具▣在选区内从左下角向右上角斜拉，填充渐变色，如图 18.27 所示。

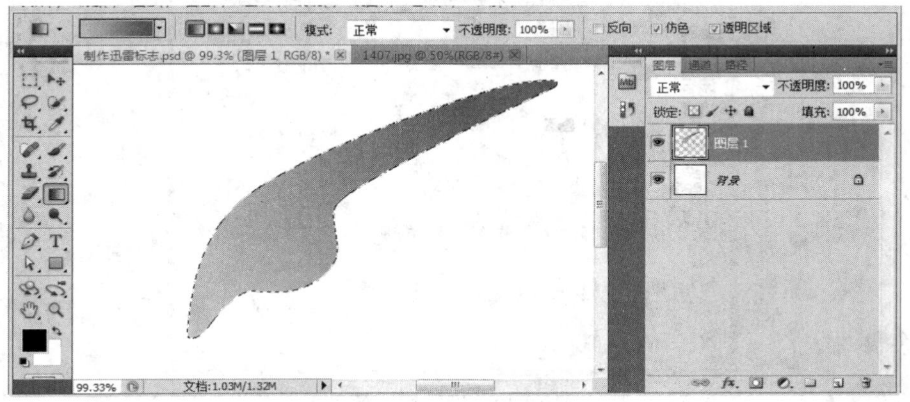

图 18.27 给选区填充渐变色

第 3 步，在主菜单栏中选择“图层”|“图层样式”命令，在弹出的“图层样式”对话框中选中“投影”复选框，参数设置如图 18.28 所示。

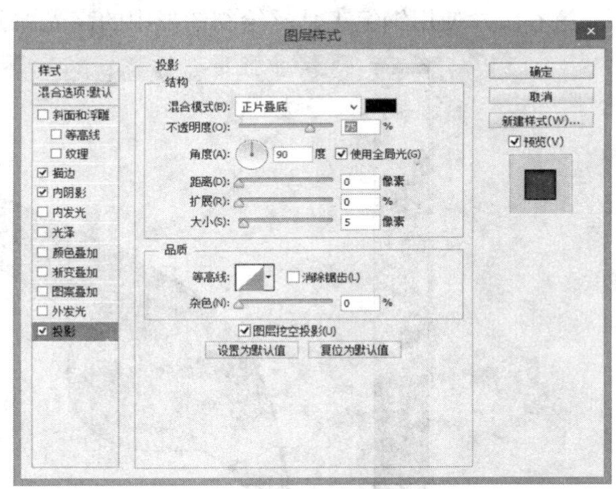

图 18.28 添加投影样式

第 4 步，在“图层样式”对话框左侧“样式”列表框中选中“内阴影”复选框，然后在右侧设置“图层 1”的内阴影样式，参数设置和效果如图 18.29 所示。

第 5 步，在“图层样式”对话框左侧的“样式”列表框中选中“描边”复选框，然后在右侧设置“图层 1”的描边样式，参数设置如图 18.30 所示。

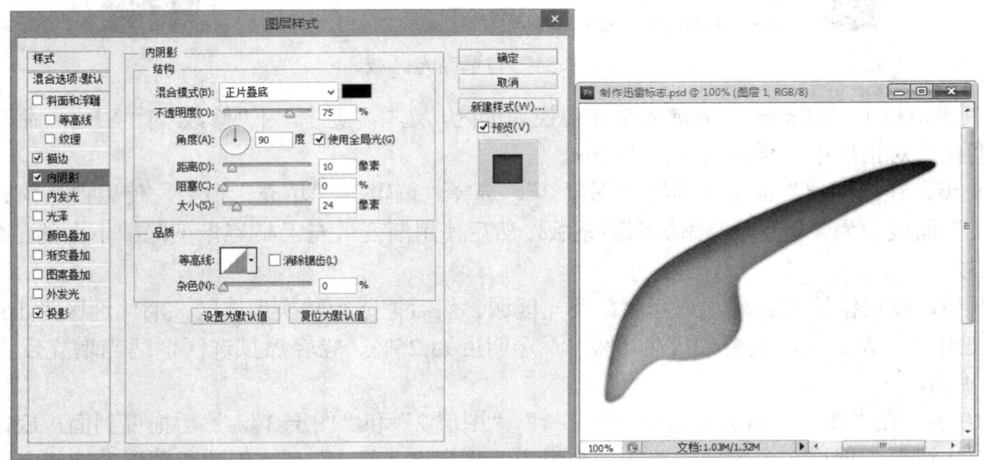

图 18.29 设置内阴影效果

Note

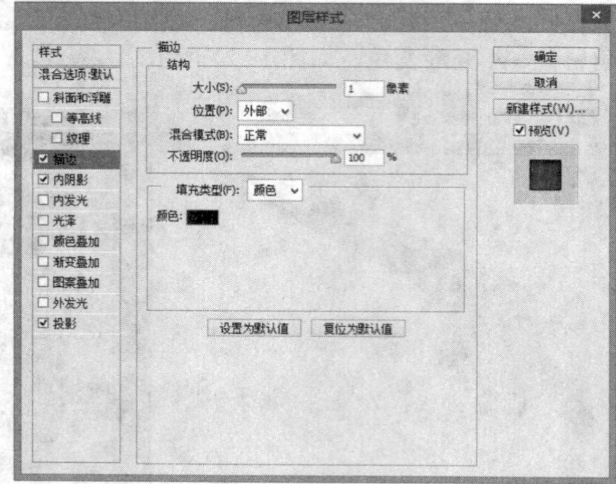

图 18.30　设置描边效果

第 6 步，使用钢笔工具绘制图形中的高光部分，如图 18.31 所示。

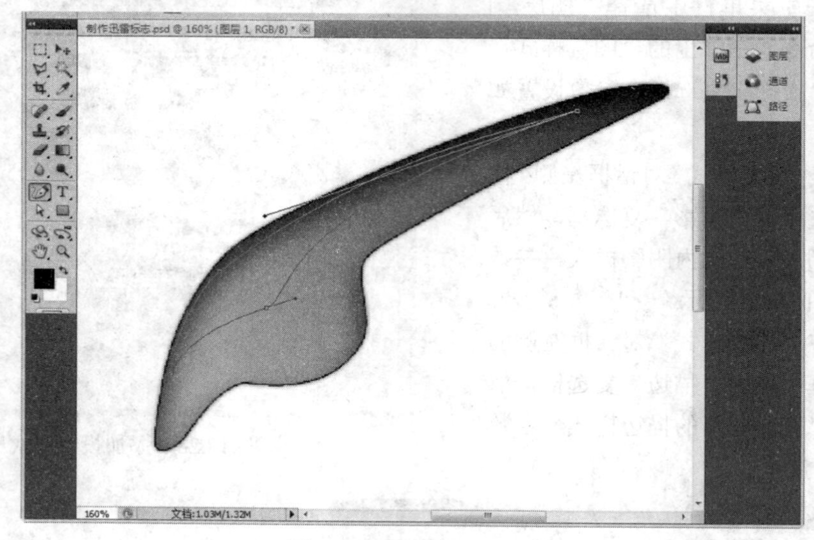

图 18.31　勾选高光区域

第 7 步，按 Ctrl+Enter 快捷键将路径转换为选区，选择“选择”|“修改”|“羽化”命令，在打开的“羽化”对话框中设置羽化选区为 1px。

第 8 步，在“图层”面板中新建“图层 2”，选择“编辑”|“填充”命令，使用白色填充选区。在“图层”面板中为“图层 2”添加图层蒙版，然后使用渐变填充工具渐变隐藏下面的白色区域，如图 18.32 所示。

第 9 步，使用钢笔工具，选择底部反光区域，然后把路径转换为选区，羽化选区为 1px，新建图层，使用白色大笔刷，设置硬度为 0%，不透明度为 25%，轻轻擦拭选区，适当增亮反光区，如图 18.33 所示。

第 10 步，在“图层”面板中选中“图层 1”、“图层 2”和“图层 3”，然后拖曳到面板底部的“创建新组”按钮上，把这 3 个图层放置在一个组中，再拖曳“组 1”到“创建新图层”按钮上，复制该组，得到“组 1 副本”，然后按 Ctrl+E 快捷键，合并该组，如图 18.34 所示。

Note

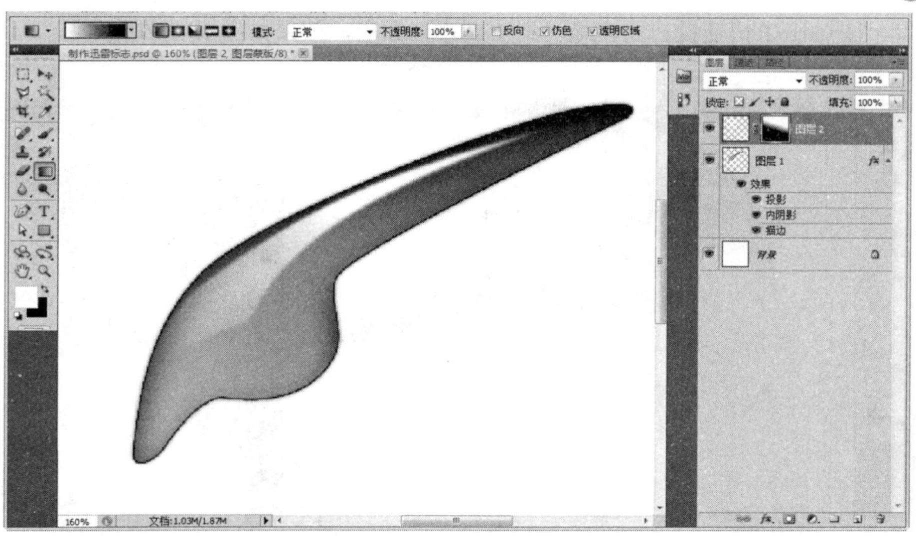

图 18.32　设置高亮区域

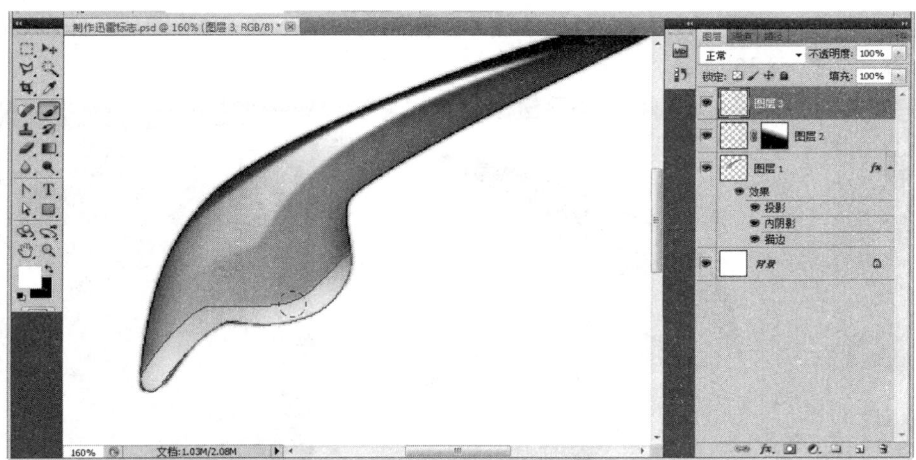

图 18.33　绘制反光区域

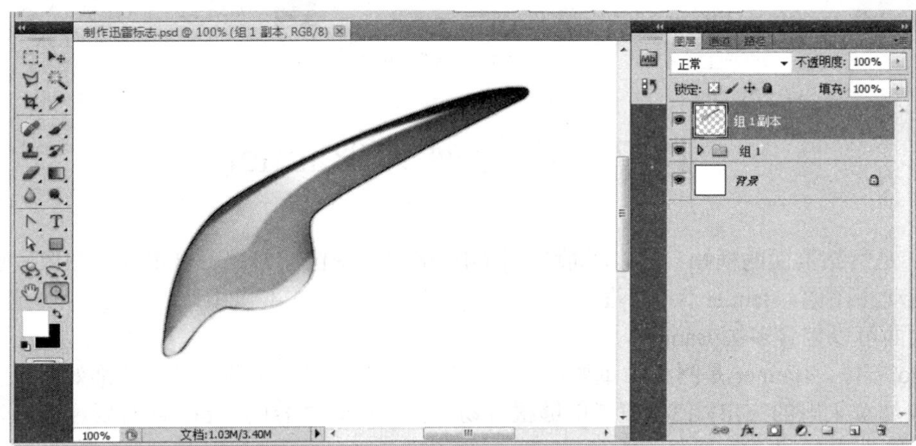

图 18.34　合并并复制图层组

Note

第 11 步，按 Ctrl+T 快捷键自由变换“组 1 副本”图层，效果如图 18.35 所示。

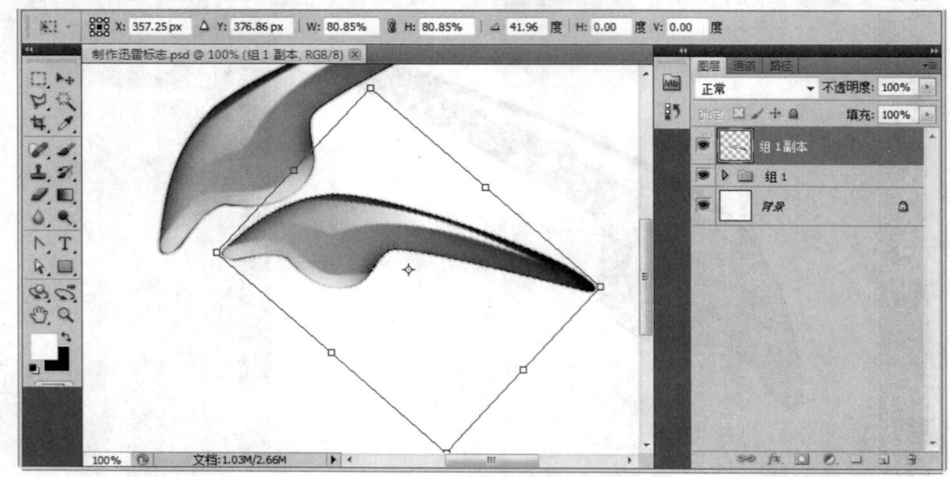

图 18.35　自由变换图形

第 12 步，按 Ctrl+J 快捷键，复制“组 1 副本”图层为“组 1 副本 2”图层，然后缩小图形，并放置在最下方，如图 18.36 所示。

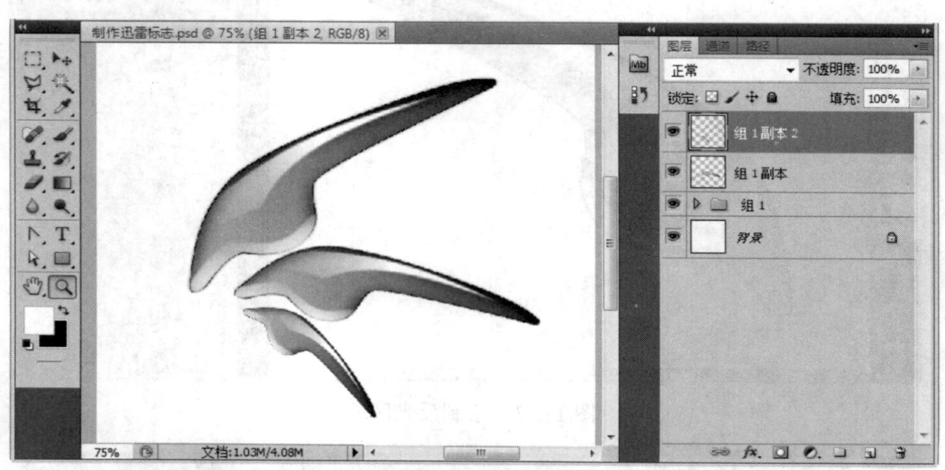

图 18.36　复制图层

18.7　设计网页 Banner

Banner 是网站页面的横幅广告，一般使用 GIF 格式的图像文件，可以用静态图像，也可用多帧图像拼接为动画图像。Banner 大小不固定，根据具体页面而定，在网页中比较常见，多位于头部区域，当然一个页面可以包含多幅 Banner。

与 Logo 一样，Banner 是网页中重要的元素，除了广告作用，还具有页面装饰效果，因此在制作 Banner 时要注意主题的突出，使浏览者能够很容易地把握广告内容的主旨，同时要注意广告的视觉效果，要能够给浏览者留下深刻的印象。

18.7.1　Banner 设计策划

在网页中最醒目、最吸引用户的应该是 Banner，尤其是 Web 2.0 平台中 Banner 显得更突出，Banner 应该形象鲜明地展示所要表达的内容，因此网页 Banner 设计至关重要，特别是首页的 Banner，直接决定了用户的停留时间。

1. 定位

在设计之前，读者应该顾及需求方的频道定位。因为包含内容不同，门户网站各个频道有着不同的风格，所以在做设计时也要考虑到这个因素，如体育频道要具有运动感，财经频道要国际化和高端等。如图 18.37 所示为一频道风格示例。

图 18.37　频道定位风格

应该考虑好 Banner 用色基调，也就是读者应该考虑到色彩的情感联想，色彩的情感联想，主要从具体联想和抽象联想两个维度划分，介绍如下。

- ☑ 红色：红色象征热情、热烈、喜庆、吉祥、兴奋、革命、火热、性感、权威、自信，是能量充沛的色彩，不过有时会给人血腥、暴力、忌妒等印象，容易造成心理压力。
- ☑ 粉红色：粉红色象征温柔、甜美、浪漫、没有压力，可以软化攻击、安抚浮躁。比粉红色更深一点的桃红色则象征着女性化的热情，比起粉红色的浪漫，桃红色是更为洒脱、大方的色彩。
- ☑ 橙色：橙色象征着温暖、富于母爱特质，给人亲切、坦率、开朗、健康的感觉；介于橙色和粉红色之间的粉橘色，则是浪漫中带着成熟的色彩，让人感到安适、放心。
- ☑ 黄色：黄色是明度极高的颜色，能刺激大脑中与焦虑有关的区域，具有警告的效果，所以雨具、雨衣多半是黄色。艳黄色象征信心、聪明、希望；淡黄色显得天真、浪漫、娇嫩，但艳黄色有不稳定、招摇，甚至挑衅的味道。
- ☑ 蓝色：蓝色是让人感到幽远、深邃、宁静、理智的颜色，略带几许忧郁和伤感。
- ☑ 绿色：绿色是中性色，象征着和平、生命、青春和希望。
- ☑ 紫色：紫色象征着神秘，暗紫色代表迷信，亮紫色象征着高贵典雅等。
- ☑ 黑色：黑色象征着稳重、严肃、庄严肃穆等。
- ☑ 白色：白色象征着纯洁、和平、单纯等。

考虑用户的浏览习惯。大部分用户在浏览网页时都是按从上到下、从左到右的顺序浏览。为了使 Banner 更容易被用户浏览，应该顺应用户这样的浏览习惯，糟糕的设计会让用户无所适从，焦点到处都是，如图 18.38 所示。

如图 18.39 所示为成功的 Banner 设计效果。

2. 文字

设计 Banner，首先要抓住用户的心理，了解用户的想法很重要，还要了解用户对什么感兴趣。

从构成上讲，一个 Banner 分为两个部分：文字和辅助图。辅助图虽然占据大多数的面积，但是

不加以文字的说明，很难让用户知道这个 Banner 要说明什么。在一个 Banner 中，文字是整个图像的主角。所以对于文字的处理，显得尤为重要。

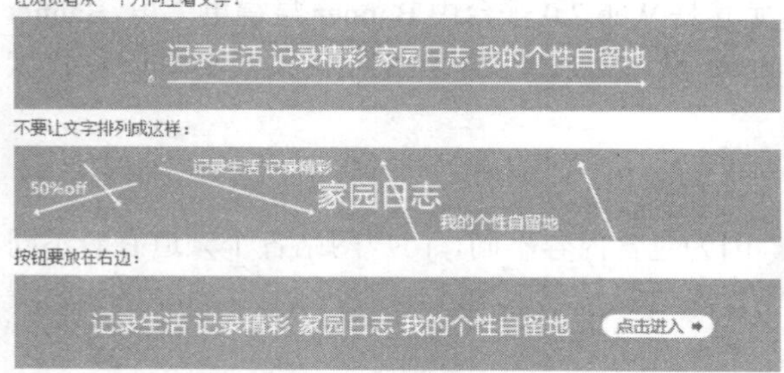

图 18.38 考虑用户的浏览习惯

图 18.39 成功的 Banner 设计效果

如果主标题太长，需求方不想删除文字的情况下，对主标题中重要的关键字进行权重，突出主要的信息，弱化信息量不大的词，如图 18.40 所示。

图 18.40 突出显示主要文字

如果认为整体文字太短，画面太空，可以加入一些辅助信息丰富画面，如英文、域名、频道名等，如图 18.41 所示。

图 18.41 添加辅助信息

3. 结构

当文字和辅助图进行搭配时，应该考虑整个 Banner 结构的视觉效果。

☑ 文字与背景陪衬

此结构以文字为主，背景陪衬为辅，形成两段式，特点是突出文字，报道感强，如图 18.42 所示。

图 18.42 文字与背景陪衬

☑　文字与主体物

此结构中文字和主体物同时出现，形成两段式，文字图案相辅相成，起到文字言事图案帮助理解的效果。这样的 Banner 适合用于介绍类或者产品类，如图 18.43 所示。

图 18.43　文字与主体物

☑　文字、背景与主体物

此结构中文字、背景和主体物同时出现，形成三段式，特点虚实结合，主次关系明显，也是效果最好，用得最广泛的一种形式，如图 18.44 所示。

图 18.44　文字、背景与主体物

4. 主题

主题在 Banner 中非常重要，创造力对主题的艺术化表现很关键，轻松话题可以做出幽默感。有时需要做一些具有轻松感、娱乐感的专题，在做这些专题时，可以根据主题进行艺术化的创意，如图 18.45 所示。

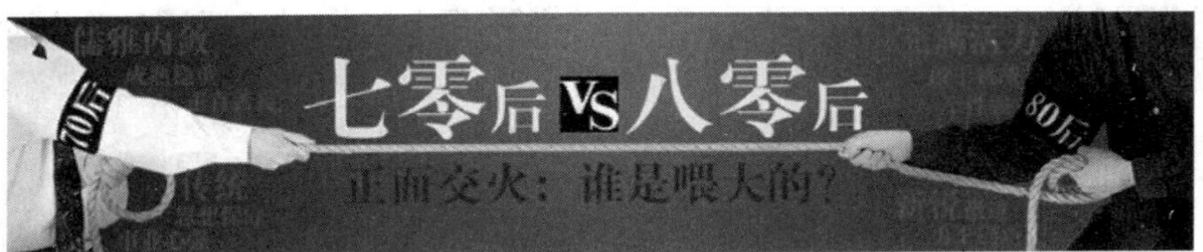

图 18.45　主题艺术化

18.7.2　网页 Banner 设计技巧

Banner 尺寸大小不一，文件大小也有一定的限制，这就使得在设计上增加了许多障碍，颜色不能太丰富，否则会在文件大小的限制下失真，软文不能太多，否则会没有重点，得不偿失，怎么在方寸间把握平衡，变得十分重要。

1. 配色

Banner 与环境对比。如果在一个以浅色调为基准的网站上投放 Banner，从明度上拉开对比会很好地提高用户的注意力，相反亦然，如图 18.46 所示。

如果在一个颜色基调确定的网站上投放补色或者对比色的 Banner，效果就会变得更突出，如图 18.47 所示。

Note

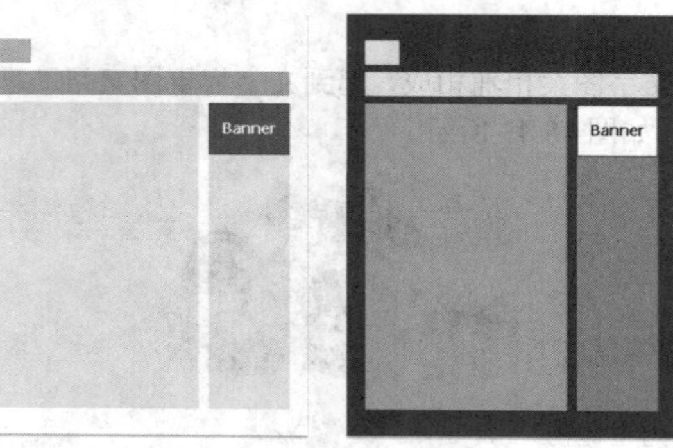

图 18.46　Banner 与环境对比

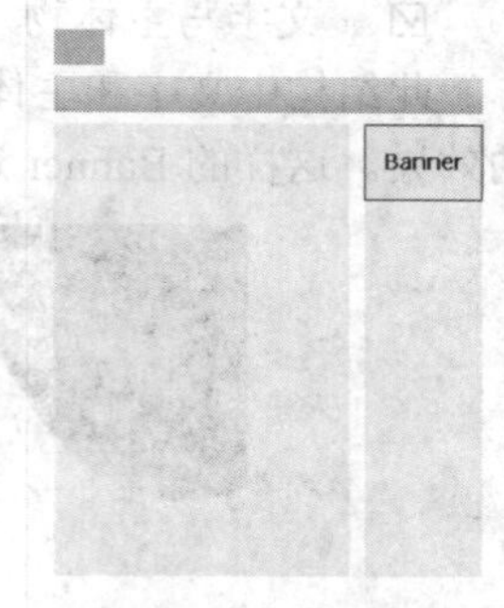

图 18.47　Banner 与环境对比

因此，在配色时应该追求 Banner 颜色简单至上，如图 18.48 所示是配色繁简对比效果。

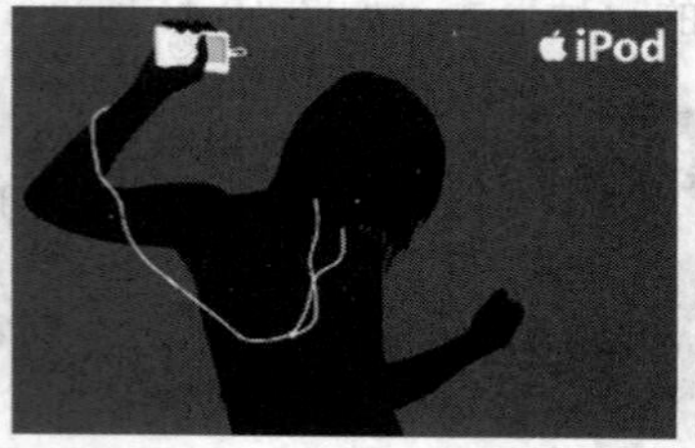

图 18.48　Banner 配色繁简对比

在图 18.48 中，右侧的 Banner 给用户带来的视觉传达力更强，简洁明确、朴素有力的效果，给人一种重量感和力量感。左侧的 Banner 颜色虽多，却没有带来更好的视觉传达效果。因为颜色过度使用会打乱色彩节奏，并且减弱了颜色间的对比，使整体效果变弱。

同时，使用颜色越多，最后保存时文件体积越大，加载起来越慢，如果靠降低品质来达到 Banner 的上传要求，那展现给用户的会是低质量的 Banner，影响视觉效果。针对图 18.84 中两个 Banner 的用色，左图大小要比右图大 7 倍左右，如图 18.49 所示。

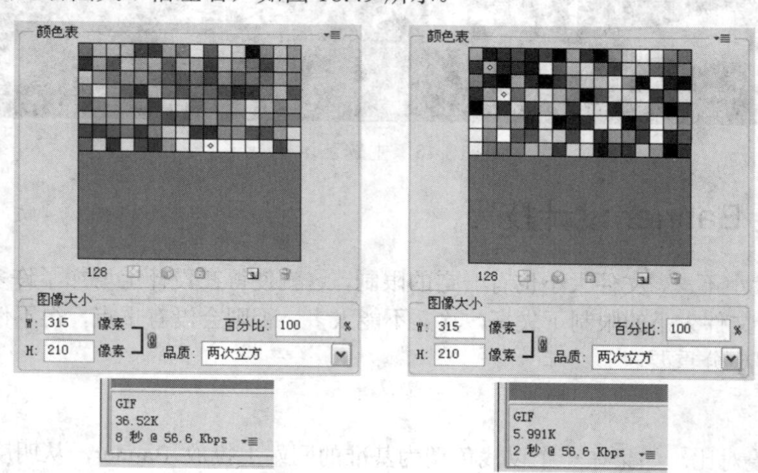

图 18.49　Banner 大小对比

颜色简单有力，加载清晰快速，对于 Banner 的视觉传达很重要，只要让用户产生点击欲望，推广的目的就达到了。

2. 构图

构图其实就是布局，在构图的引导下吸引用户点击，了解内容，如果能做到，那说明构图成功了。构图的基本规则是均衡、对比和视点。

- ☑ 均衡：均衡不是对称，是一种力量上的平衡感，使画面具有稳定性，如图 18.50 所示。
- ☑ 对比：在构图上来说就是大小对比、粗细对比、方圆对比、曲线与直线对比等。如图 18.51 所示，白色线条的疏密对比产生了空间感。

图 18.50　Banner 均衡

- ☑ 视点：就是如何将用户的目光集中在画面的中心点上，可以用构图去引导用户的视点，如图 18.52 所示。

图 18.51　Banner 疏密对比

图 18.52　将视点集中引导到 Slogan 上

例如，在如图 18.53 所示的 Banner 设计中，人物排布既平衡又不对称，人物大小不一，产生对比，突出了部分剧中人物。Banner 正中一个大大的 X，视点集中到了画面的最中心，很好地利用基本构图规则进行 Banner 设计，如图 18.53 所示。

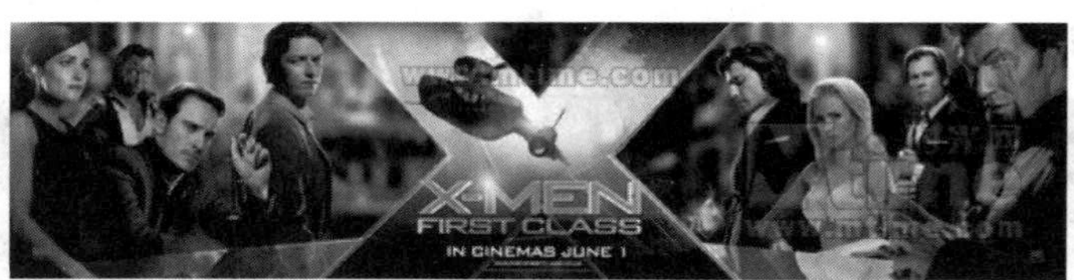

图 18.53　X-MEN 的宣传 Banner

3. 样式

Banner 构图大致分为以下几种：垂直水平式、三角形、渐次式、辐射式、框架式和对角线等。

☑ 垂直水平式构图

平行排列每一个产品，每个产品展示效果都很好，各个产品所占比重相同，秩序感强，此类构图给用户带来产品规矩正式、高大、安全感强的感觉，如图 18.54 所示。

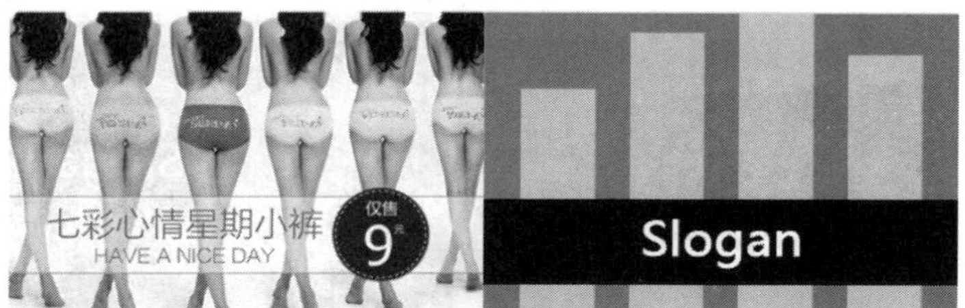

图 18.54　垂直水平式构图

Note

☑ 正三角形和倒三角构图

多个产品进行正三角构图，产品立体感强，各个产品所占比重有轻有重，构图稳定自然，空间感强。此类构图给用户的感觉是安全感极强、稳定可靠，如图 18.55 所示。

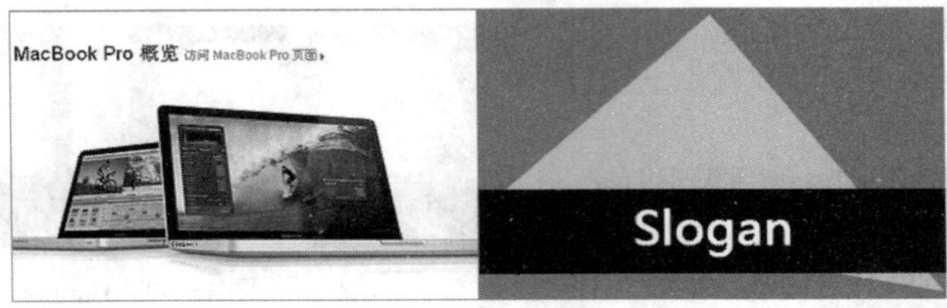

图 18.55 正三角形和倒三角构图

多个产品进行倒三角构图，产品立体感极强，各个产品所占比重有轻有重，构图动感活泼失衡，运动感、空间感强。此类构图不稳定，容易激发用户情绪，如图 18.56 所示。

图 18.56 正三角形和倒三角构图

☑ 对角线构图

一个产品或两个产品进行组合对角线构图，产品的空间感强，各个产品所占比重相对平衡，构图动感活泼稳定，运动感空间感强。此类构图给用户的感觉是动感十足且稳定，如图 18.57 所示。

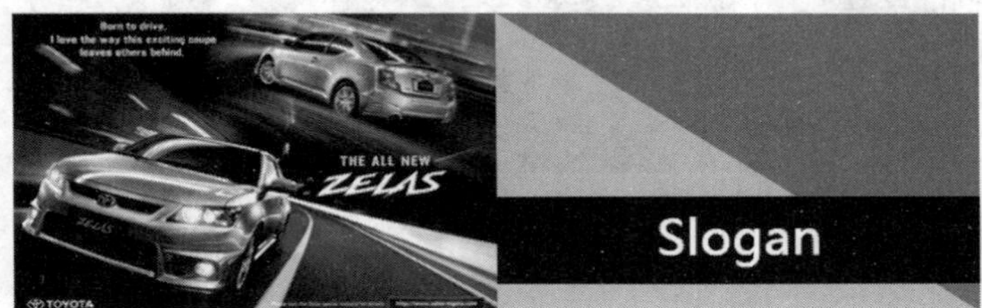

图 18.57 对角线构图

☑ 渐次式构图

多个产品进行渐次式排列，产品展示空间感强，各个产品所占比重不同，由大及小，构图稳定，次序感强，利用透视引导指向 Slogan。此类构图给用户的感觉是稳定自然，产品丰富可靠，如图 18.58 所示。

图 18.58 渐次式构图

☑　辐射式构图

多个产品进行辐射式构图，产品空间感强，各个产品所占比重不同，由大及小。构图动感活泼，次序感强，利用透视指向 Slogan，此类构图给用户的感觉是活泼动感，产品丰富可靠，如图 18.59 所示。

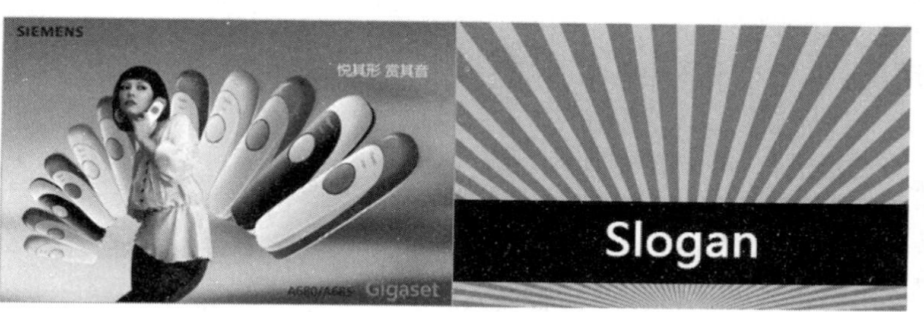

图 18.59　辐射式构图

☑　框架式构图

单个或多个产品框架式构图，产品展示效果好，有画中画的感觉。构图规整平衡，稳定坚固。此类构图给用户的感觉是稳定可信赖，产品可靠，如图 18.60 所示。

图 18.60　框架式构图

18.7.3　案例实战：设计产品促销 Banner

【操作步骤】

第 1 步，启动 Photoshop，新建一个文档，设置尺寸为 500px×300px，白色背景。新建“图层 1”，在工具箱中选择圆角矩形工具，圆角半径设为 5px，在该图层中画出一个圆角矩形，填充#6d9e1e，如图 18.61 所示。

图 18.61　设计底图

第 2 步，在“图层”面板中双击“图层 1”的缩览图，打开“图层样式”对话框，，设置渐变叠加，参数设置如图 18.62 所示。

第 3 步，单击“确定”按钮，关闭“图层样式”对话框，然后开始制作 Banner 头部区域。按住 Ctrl 键用鼠标左键单击图层缩略图，载入图层选区。选择矩形选区工具，按住 Alt 键拖曳减去下面一部分选区，如图 18.63 所示。

第 4 步，在“图层”面板中新建“图层 2”，选择“编辑”|“填充”命令，在打开的“填充”对话框中，使用白色填充选区，然后按 Ctrl+D 快捷键取消选区。在“图层”面板中设置图层混合模式为“叠加”，填充设置为 20%，如图 18.64 所示。

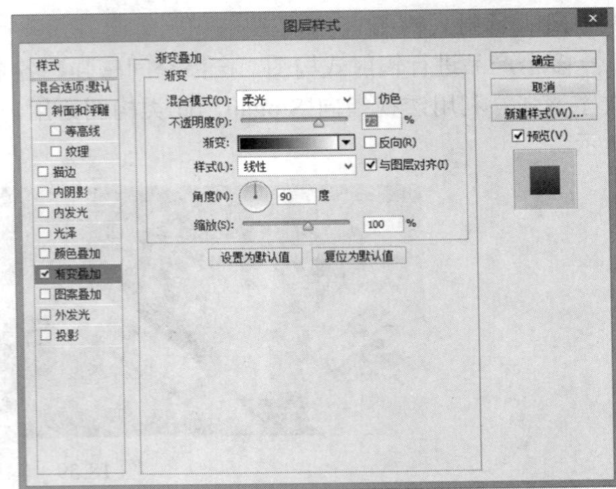

图 18.62 “图层样式”对话框

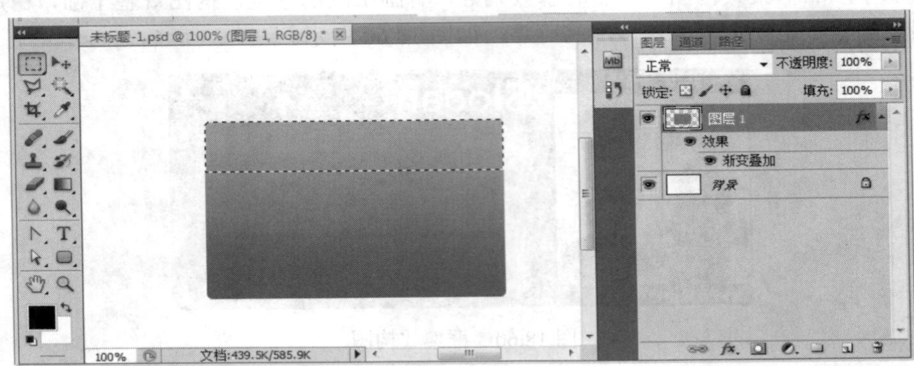

图 18.63 选取头部区域

图 18.64 设计头部区域背景

第 5 步，打开小钟表图片，把它复制到文件中，按 Ctrl+T 快捷键把图形变小一些，如图 18.65 所示。

第 6 步，选择“图像”|“调整”|“匹配颜色”命令，打开“匹配颜色”对话框，使用背景色匹配时钟颜色，参数设置及效果如图 18.66 所示。

第 7 步，使用文字工具输入标题文本“SPECIAL OFFER!”，设置字体为 Comic Sans MS，字体

颜色为白色，大小适中，效果如图 18.67 所示。

图 18.65　复制并变换时钟

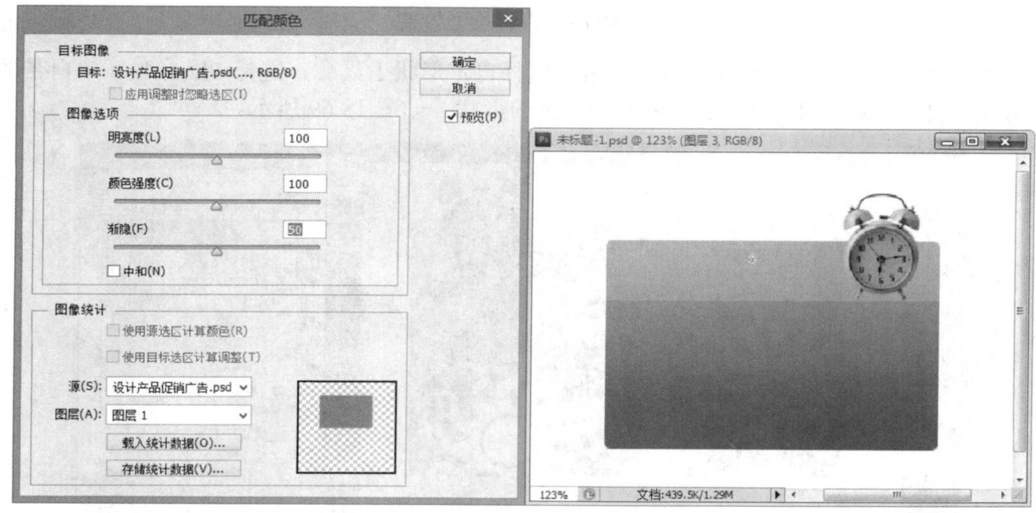

图 18.66　匹配颜色

图 18.67　设置标题文本

第 8 步，选择“图层”|“图层样式”命令，打开“图层样式”对话框，选中“投影”复选框，设置投影效果，具体设置如图 18.68 所示。

Note

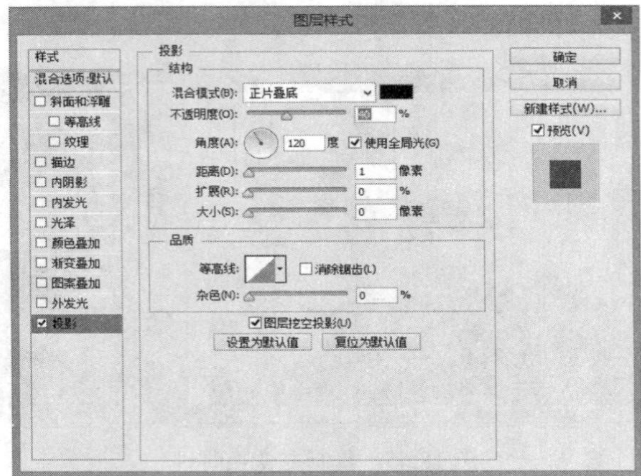

图 18.68 设置投影效果

第 9 步，为 Banner 添加更多的设计元素。选择自定形状工具，选择 Photoshop 中自带的一个形状，分别新建图层，在 Banner 上添加两个白色的形状，如图 18.69 所示。

图 18.69 添加图形效果

第 10 步，合并两个形状到一个图层中，接着把 Banner 外面的形状删除，设置形状图层的混合模式为“柔光”，不透明度为 20%，设计效果如图 18.70 所示。

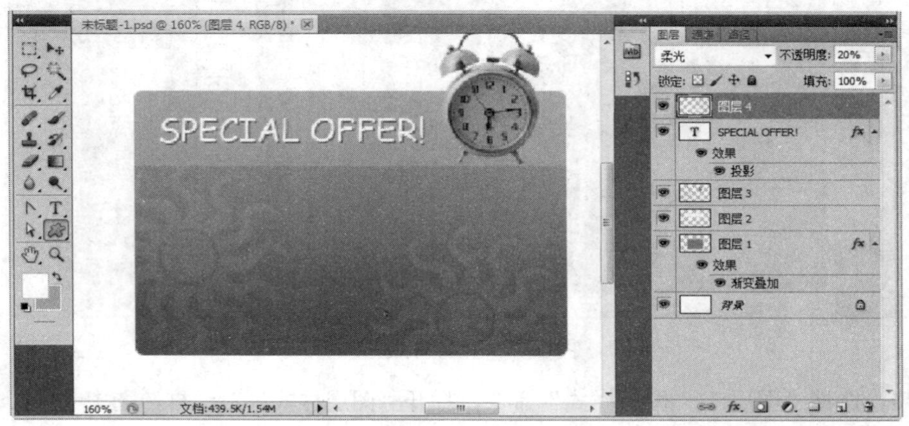

图 18.70 设计暗花纹效果

第 11 步，继续添加说明文字和按钮文字，利用圆角矩形工具，设置圆角半径为 5px，拖曳一个颜色为#40720b 的圆角矩形作为按钮背景，最后的设计效果如图 18.71 所示。

图 18.71　Banner 最后设计效果

18.8　设计其他网页元素

在网页中，除了网页主图、标题文字、网页按钮、悬停按钮、导航条图像以及背景图像之外，还需要用到一些其他元素，如项目符号、分隔线和一些富有代表性的小图标。虽然在 Dreamweaver 中可以直接插入分隔线和项目符号，但是其艺术效果太差，无法使网页生动活泼。因此，用户可以自行制作一些富有特效的分隔线、项目符号和图标，使网页更富情趣。制作分隔线、项目符号和图标等元素需要一定的创意和想象力。

这些网页元素都可以在 Photoshop 中轻松实现，只要读者掌握 Photoshop 的基本操作，完成制作之后，根据 Photoshop 向导提示完成网页元素的编辑、图像最优化、导出 GIF 图像，最终将其应用到 Dreamweaver 中。由于这些细小的网页元素制作较简单，本节不再展开介绍。

第19章

把效果图转换为网页

（视频讲解：75分钟）

很多精美的网页图片都是用Photoshop制作的，本章将介绍如何使用Photoshop生成网页。在Photoshop中，使用切片工具可以快速进行网页图片的制作，主要包括切片工具与切片选择工具。切片工具能够将一个完整的设计稿切成一片一片的，或很多个表格，这样就可以对每一张图片进行单独的优化，以便于网络下载。当把设计图切成网格后，即可用Dreamweaver进行细致处理。

学习重点：

- 使用Photoshop切片工具
- 使用Photoshop输出Web效果图
- 能够根据具体效果图灵活输出版式

19.1　使用 Photoshop 切图

Note

在 Photoshop 中设计好效果图之后，利用切片工具可以将效果图切分为数个切片，这些切片可以充分根据页面设置需要酌情进行调整，不会因为网页制作上的限制而失去网页的完整性和完美效果。

19.1.1　实战演练：切图基本方法

下面通过示例介绍如何灵活运用切片工具，根据效果图中版面区块边界来切分图像。

【操作步骤】

第 1 步，使用 Photoshop 打开本节的 index.psd 示例文件，如图 19.1 所示，练习如何将首页效果图转换成网页格式，并进行相应的功能设定。

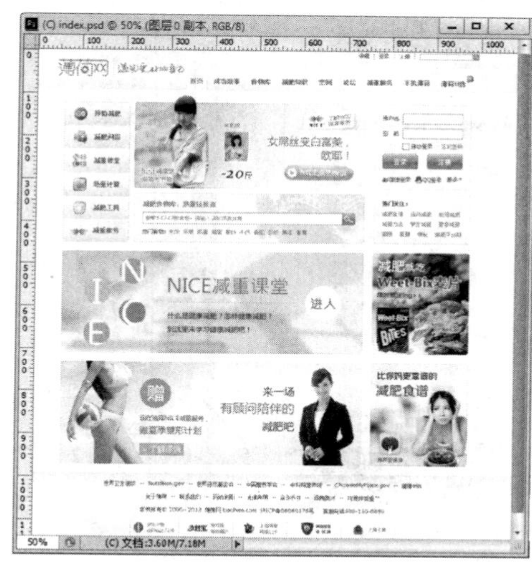

首页效果图

转换成 HTML 格式的页面效果

图 19.1　范例效果

第 2 步，在工具箱中选择切片工具，在编辑窗口左上角按下鼠标左键，往右下角拖曳，使选区覆盖整个 Logo 区域，即可创建一个切片 02，如图 19.2 所示。

> 提示：建立切片之后，如果不满意，按 Ctrl+Z 快捷键还原操作，即可重新创建新切片。也可以按住工具箱中"切片工具"按钮不放，从弹出的下拉选项中选择"切片选择工具"，然后单击切片，拖动切片边框来调整切片区域大小。

第 3 步，模仿第 2 步操作，按顺序把整个效果图切分出多个图片，如图 19.3 所示。注意，在切分时，切片与切片之间不要留下空隙，并且要对齐切片，此处总共制作 15 个切片。

【拓展】如果效果图没有明显的版块边界，整个页面是一幅图，则可以采用均分切割法快速实现 HTML 格式转换，其目的就是通过均分分割来缩小图像的大小，以提升网页下载速度和用户体验。

第 1 步，在工具箱中选择切片选择工具，在编辑窗口中单击，确定开始进行切片分割，此时窗口中显示自动切片状态，在编辑窗口左上角显示一个灰色的切片编号 01，如图 19.4 所示。

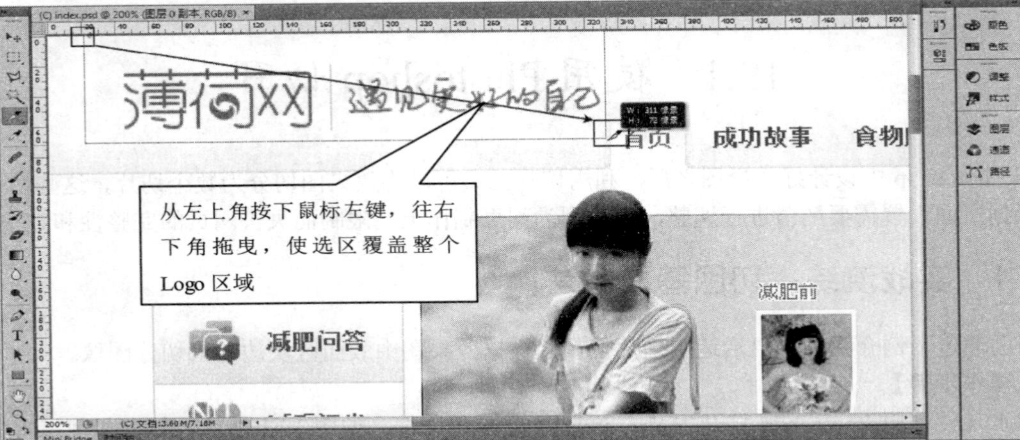

图 19.2　新建切片

图 19.3　完成后的切片示意图

图 19.4　显示自动切片状态

提示：如果没有状态提示，在工具选项栏中可以看到“显示自动切片”按钮，单击该按钮即可进入到自动切片状态，如图19.5所示。

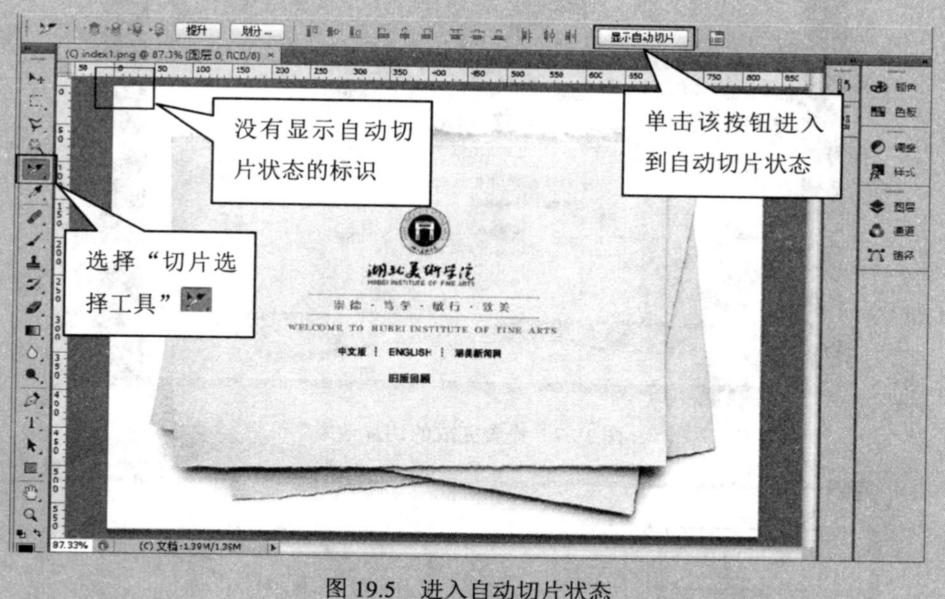

图19.5 进入自动切片状态

第2步，在工具选项栏中单击“划分”按钮，打开“划分切片”对话框，选中“水平划分为”复选框，然后在下面的文本框中输入数字3，设置水平分为3栏；选中“垂直划分为”复选框，然后在下面的文本框中输入数字3，设置垂直分为3栏，设置如图19.6所示。

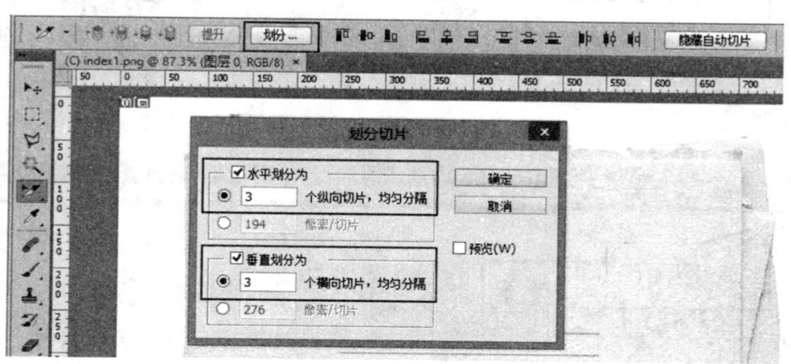

图19.6 设置自动切片

第3步，单击“确定”按钮，关闭“划分切片”对话框，此时Photoshop会自动把整个图片切分为9块，如图19.7所示。

在使用切片工具分割效果图时，应该注意3个问题：

☑ 切片之间不要预留空隙。

在切分图片时，应该确保切片之间不要留出空隙，读者可以通过切片编号观察，从上到下，从左到右，如果切片编号出现跳跃，则可能中间出现空隙区域，如图19.8所示。

☑ 切片之间不要重叠。

除了切片之间不要预留空隙外，也不能够出现切片重叠现象。如果出现重叠现象，应该及时使用切片选择工具进行调整。如图19.9所示，切片01和切片03之间就存在重叠现象。

Note

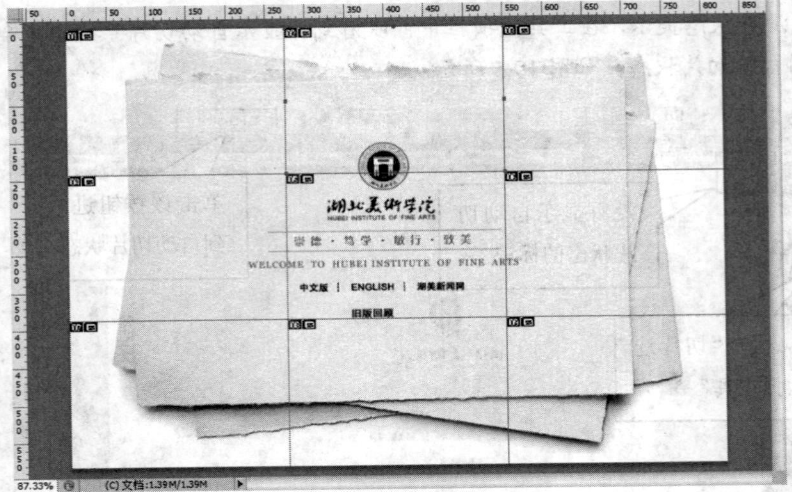

图 19.7　设置完成的切片效果

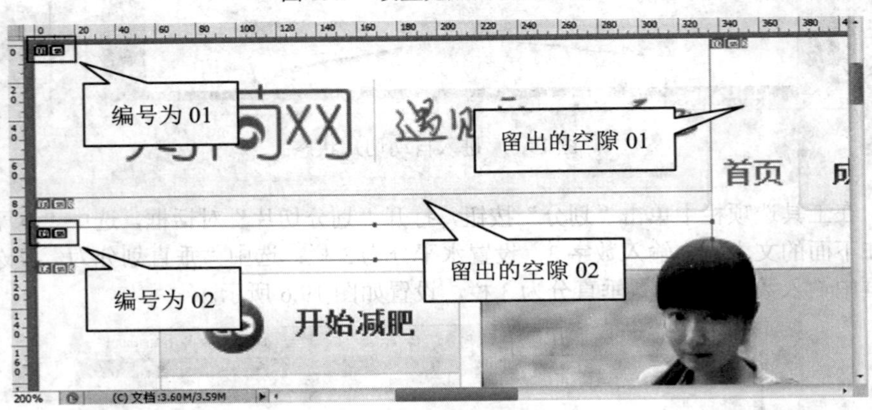

图 19.8　切片之间存在空隙

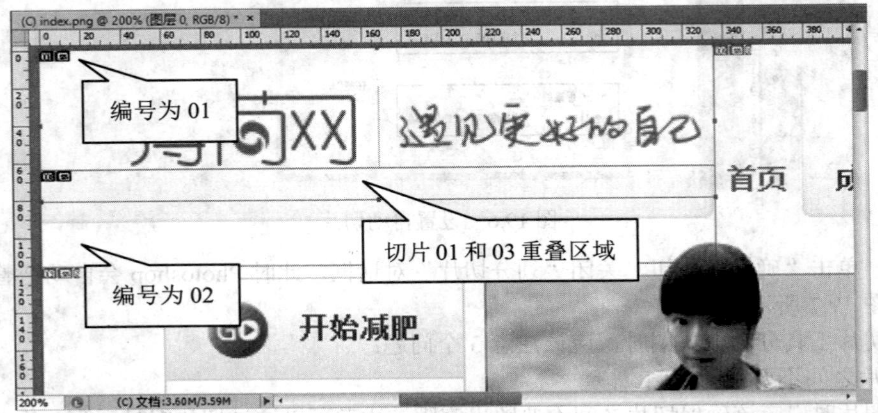

图 19.9　切片之间存在重叠

☑　确保切片之间对齐。

考虑到切片最终都被转换为表格，因此不规则的切片会产生大量嵌套表格，并产生很多冗余代码。在操作时，应该尽量确保上下、左右切片之间保持对齐，如图 19.10 所示。

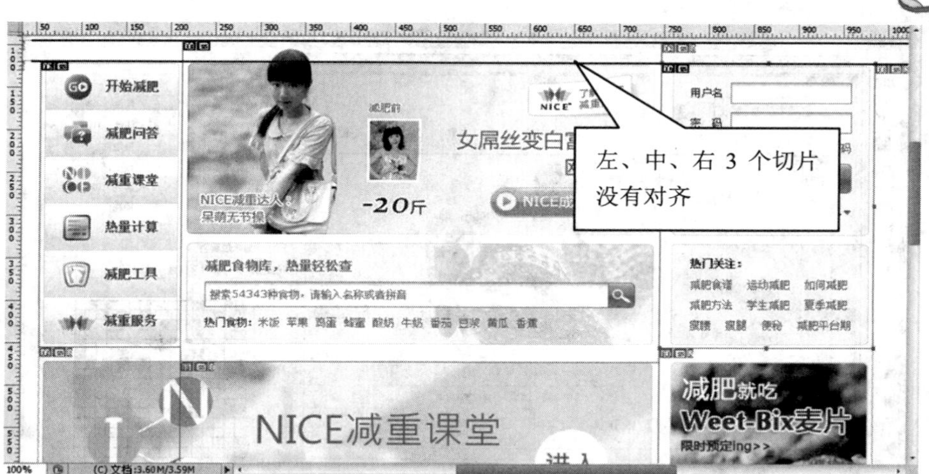

图 19.10 切片之间没有对齐

19.1.2 设置切片选项

新建切片之后，除了使用切片选择工具调整切片的位置和大小外，也可以使用该工具双击切片区域，打开“切片选项”对话框，定义切片的类型、名称，以及输出为网页后会产生的 URL、链接目标（目标）、描述的信息文本（信息文本）、鼠标指针经过时的提示文字（Alt 标记），如图 19.11 所示。

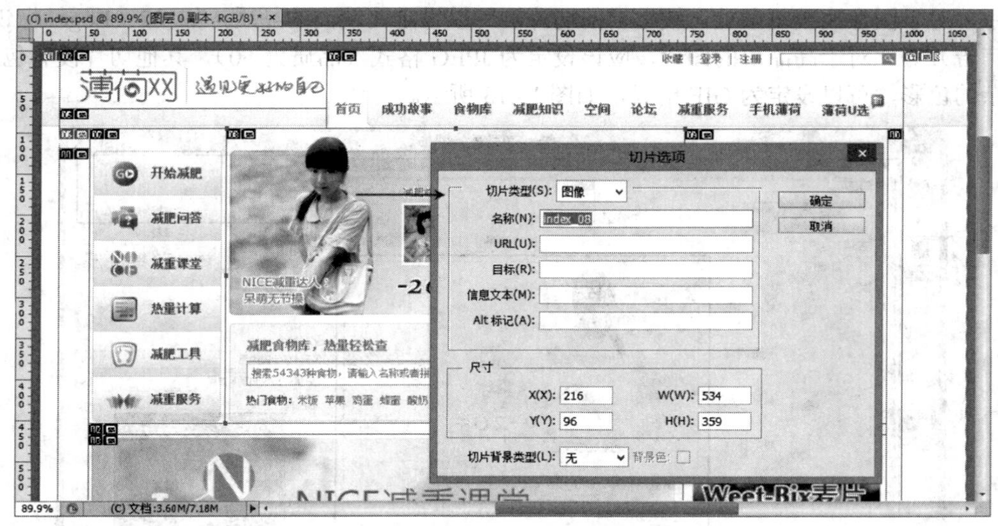

图 19.11 设置切片选项

另外，在“尺寸”选项区域可以精确定位切片的坐标位置（X 和 Y）以及切片大小（W 和 H）。设置完毕后，单击“确定”按钮即可。

19.1.3 实战演练：输出网页

完成效果图的切割之后，就需要把它输出为网页文档。

第 1 步，继续以上面 19.1.2 节中示例为基础进行演示。在 Photoshop 中选择“文件”|“存储为 Web 所用格式”命令，打开“存储为 Web 所用格式”对话框，如图 19.12 所示。

Note

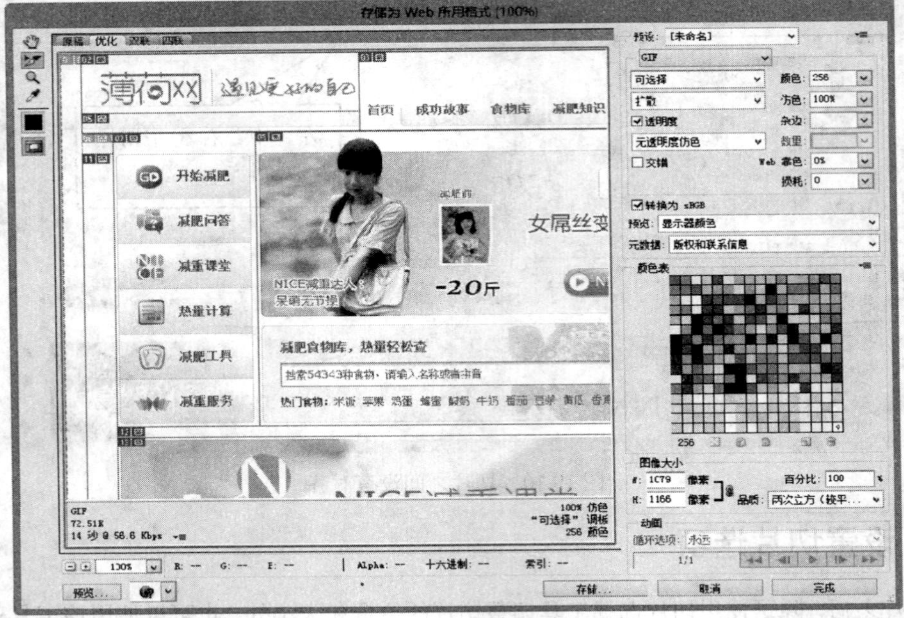

图 19.12　打开“存储为 Web 所用格式”对话框

第 2 步，在对话框左侧选择切片选择工具，依次单击选中每个切片，设置切片的图像质量。在设置中，对于图像比较复杂且比较重要的切片，可以设定比较高的品质，如 02（Logo 标识）、08（灯箱广告）等。对于高品质的图片，应该设定为 JPEG 格式（品质为 60），其他切片没有包含图像或者复杂的色彩，可以设定为 GIF 格式，如图 19.13 所示。

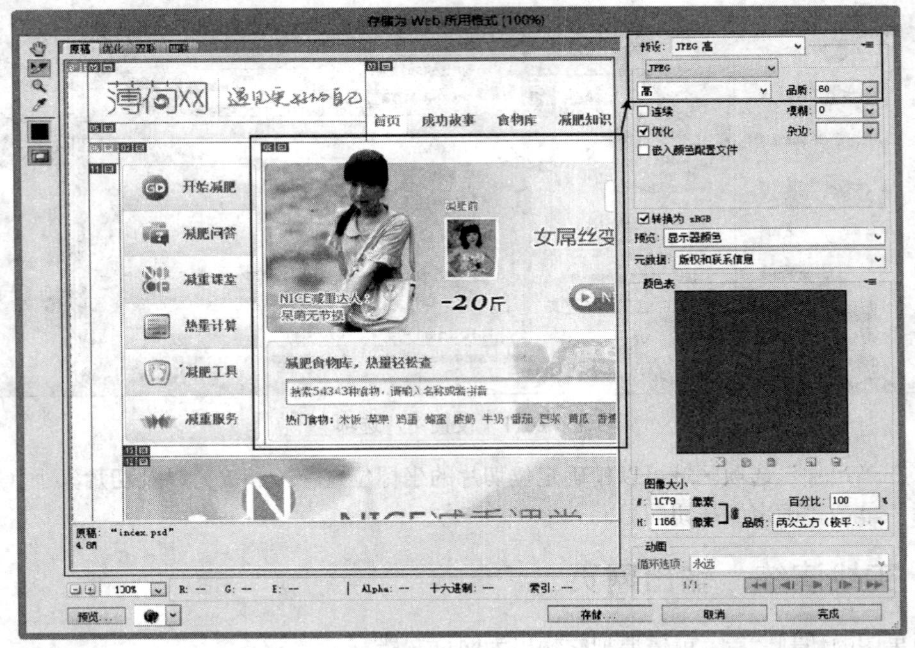

图 19.13　设定为 JPEG 格式切片

第 3 步，在窗口左上位置单击“优化”标签，切换到优化状态，检查每个切片的优化效果，以便

根据情况调整优化品质，并在左下角查看优化图片的大小、传输速率等信息，如图 19.14 所示。

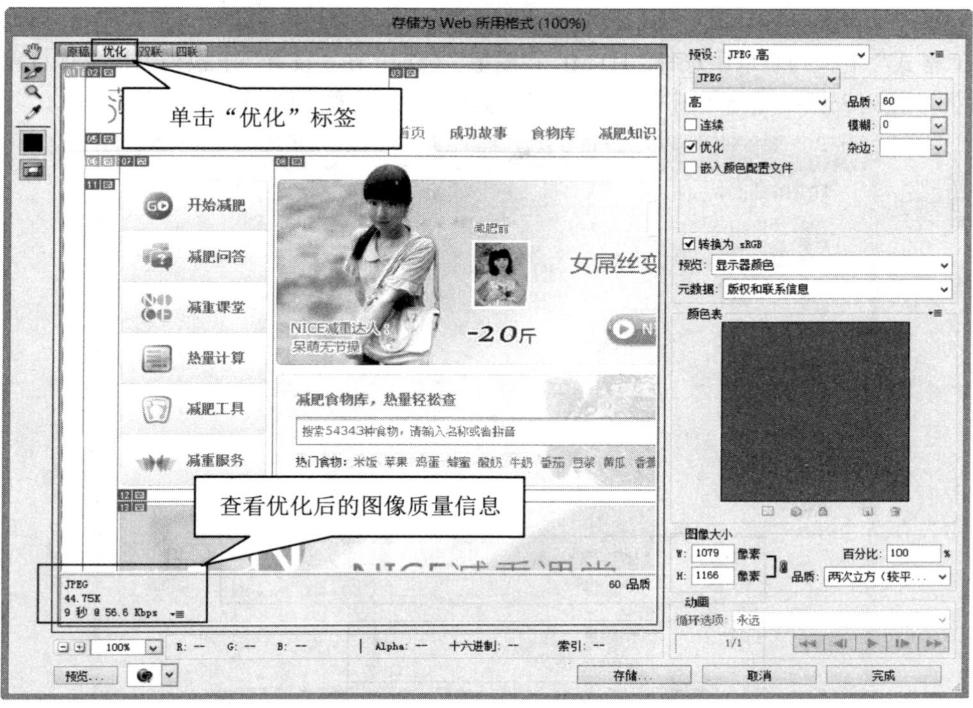

图 19.14　优化 JPEG 格式切片

第 4 步，在优化过程中，单击窗口底部的“预览”按钮，可以自动开启网页浏览器，预览当前图片转换为网页的效果，如图 19.15 所示。

图 19.15　预览图片优化效果

Note

第 5 步，设定完毕，对于优化后的切片品质感觉满意之后，可以单击“存储”按钮，打开“将优化结果存储为”对话框，在“文件名”下拉列表框中设置网页的名称，建议以英文字母配合数值进行命名；在“格式”下拉列表框中选择“HTML 和图像”选项；在“设置”下拉列表框中保持默认设置，在“切片”下拉列表框中选择“所有用户切片”选项，详细设置如图 19.16 所示。

图 19.16　存储为网页格式

存储之后，可以在当前站点目录下看到所存储的 HTML 文档和 images 文件夹，在 images 文件夹中保存着所有的用户切片图像，直接双击 HTML 文件名，即可在网页浏览器中预览网页效果。

第 6 步，在 Dreamweaver 中打开 HTML 文件，可以看到所有的切片图像都是通过隐形表格进行控制，接着可以让表格居中显示，并设计网页背景色，如图 19.17 所示。

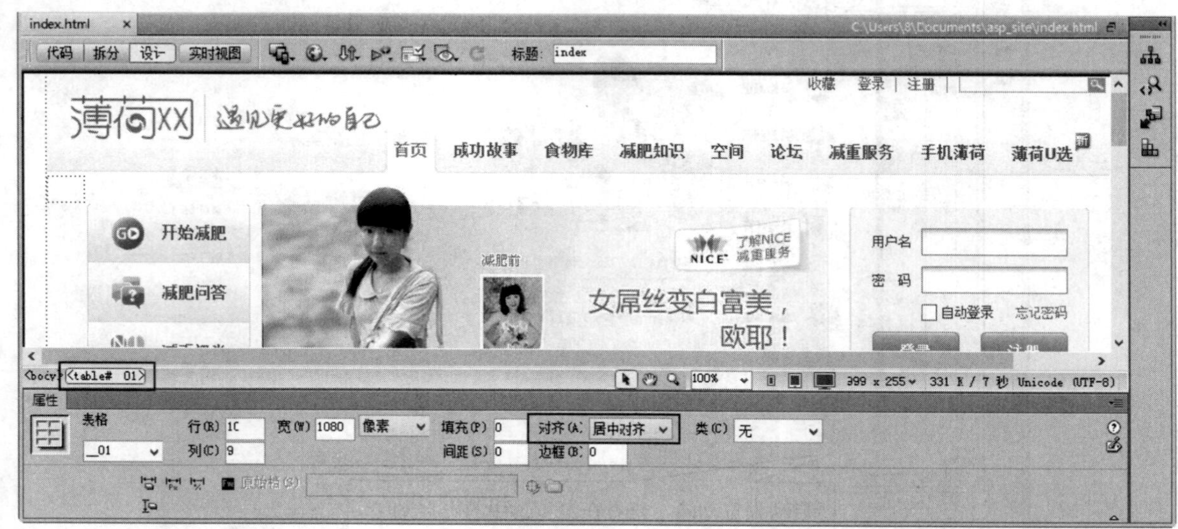

图 19.17　设置网页居中显示

【知识拓展】

☑ 色彩模式

网页图像都在屏幕中预览，一般均为 RGB 格式，如果要更改色彩模式，可以在 Photoshop 中打开图片，选择“图像”|“模式”|“RGB 色彩”命令即可。

☑ 解析度

对于屏幕来说，大部分网页图像的解析度只需要 72 像素/英寸，如果高于这个解析度，就会导致图像变大。

☑ 图像大小

在网页中，图像大小直接影响到浏览器的下载速度，在兼顾小而美的设计原则下，图像尽可能要缩小，当然要确保图像浏览质量，一般网页修饰性的图片大小不应该大于 30KB。

☑ 图像格式

网页图像格式主要包括 GIF、JPG 和 PNG。JPG 格式适合应用于色彩丰富的图片，但不适合做简单色彩（色调少）的图片，如 Logo、各种小图标（ICONS）。GIF 不适合应用于色彩丰富的照片，主要适用于 Logo、小图标以及用于布局的图片（如布局背景、角落、边框等），对于仅包含不超过 256 种色彩的简单图片也可以考虑使用。GIF 支持基本的透明特性，可以设置透明背景，也支持动画，可以用来设计简单的动态提示性效果。PNG 拥有与 JPG 和 GIF 格式的不同特点，具有更广泛的应用场合，支持多色彩，也支持透明特性，成为网页设计中首选的图像格式。

19.1.4　输出效果图注意事项

每个 PSD 源图建议都设计 3 套配色方案，按照同样规格分别切图，且 3 种配色切出的同一区域图片命名必须相同。按照配色方案建立 3 个以颜色命名的文件夹，每个文件夹中放置“配色方案”制作成网页所需的资料。

每种配色方案文件夹中必须包含 images、css、headers、buttons 文件夹、两个 HTML 文件所有命名按照样例进行，自定义内容可以自由命名。

网页布局，所有网页都由以下几部分组成。

☑ 页头（Logo、headers）。

☑ 一级导航条（buttons）。

☑ 二级导航条（buttons）。

☑ 页面内容区（内容区用于显示正文网页）。

☑ 页脚（底部菜单、copyright）。

根据 PSD 文件决定制作的区域，源图中绘制出的区域必须制作出来，没有的区域（如 2 级导航条，或页脚）不需要制作。

整个页面要制作在一个表格之内。然后通过表格嵌套设计不同部分，具体说明如下。

☑ 页头：可以把 header 制作成背景，有些 header 图片属于不规则图形，可以切成几部分来处理，要尽量减少切割次数。Logo 区域单独制作在一个表格内（可以限定表格宽度）；Logo 分为 3 部分：Logo 图片、公司名称和公司标语。

☑ 一级导航：一级导航（菜单）中的内容必须制作在一个独立的表格内；不得设置单元格的宽度和高度；按钮图片需要制作出超链接的 3 种状态变化（根据 PSD 图，有些可能只有两种状态）；每一项中的图片和文字必须制作在一行中，可以使用
使产生分行显示

Note

效果。

- ☑ 二级导航（竖导航）：二级导航（菜单）中的内容必须制作在一个独立的表格内；不得设置表格的高度；文字链接最少需要制作出超连接的两种状态变化。
- ☑ 页面内容区：可以使用替代文本使页面达到在 1024px×768px 的屏幕下使用的 IE 浏览器出现左右上下拉伸条。
- ☑ 页脚：为保证页面美观，版权信息区域要与上下区域保留一定的距离。
- ☑ 底部菜单：底部菜单中的内容必须制作在一个独立的表格内，不得设置表格的高度。

19.2 编 排 版 面

用户可以直接在 Dreamweaver 中插入表格实现页面版面的编排处理，但更多时候利用 Photoshop 设计好效果图或者草图，也可以利用 Photoshop 设计好渐变、水晶、玻璃等效果，最后输出为网页格式。利用 Photoshop 前期设计，Dreamweaver 后期编排，仍然能够保证网页的文本编辑功能，而不是一张无法编排的表格图片。

19.2.1 实战演练：输出正文版面

在 Photoshop 中完成版面的效果设计，必须经过分割、存储等操作工序，完成版面设计的第一步，然后开启 Dreamweaver 实现页面的编排工作。

【操作步骤】

第 1 步，使用 Photoshop 打开本节的 index.psd 示例文件，如图 19.18 所示，练习如何将此版型图转换成网页，并能够把文字置于版面空白区域，且确保版面保持完好。

第 2 步，使用切片工具把整个图切分为左、中、右 3 部分，左右为空白边，中间部分为网页内容区域。继续使用切片工具把内容区域切分为上、中、下 3 部分，上面为头部区块，中间为主体内容区块，下面为页脚区块，如图 19.19 所示。

空白版式效果

图 19.18 范例效果

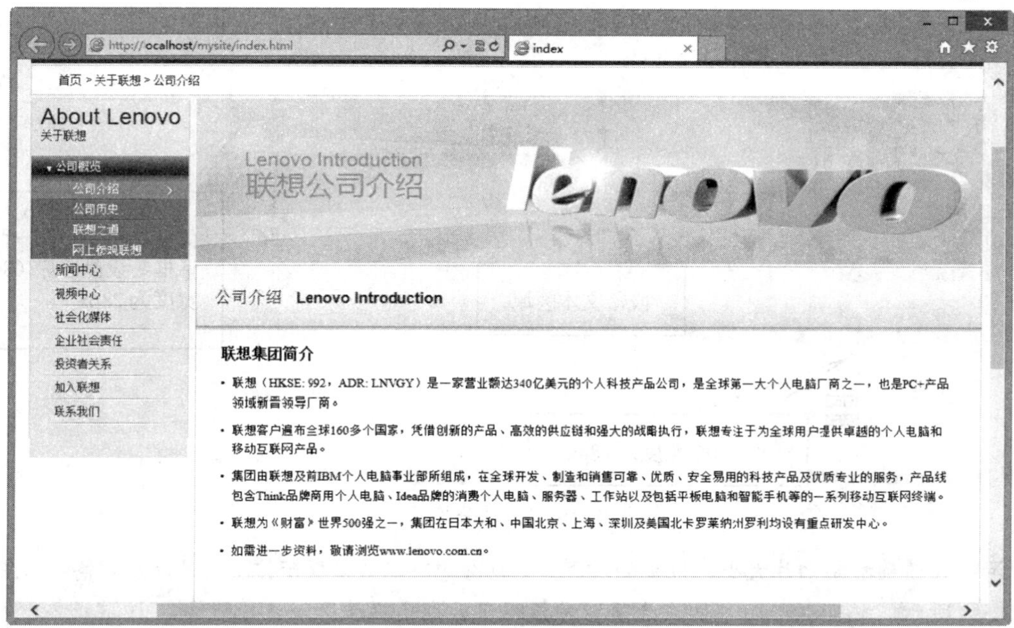

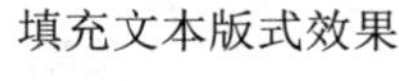
填充文本版式效果

图 19.18　范例效果（续）

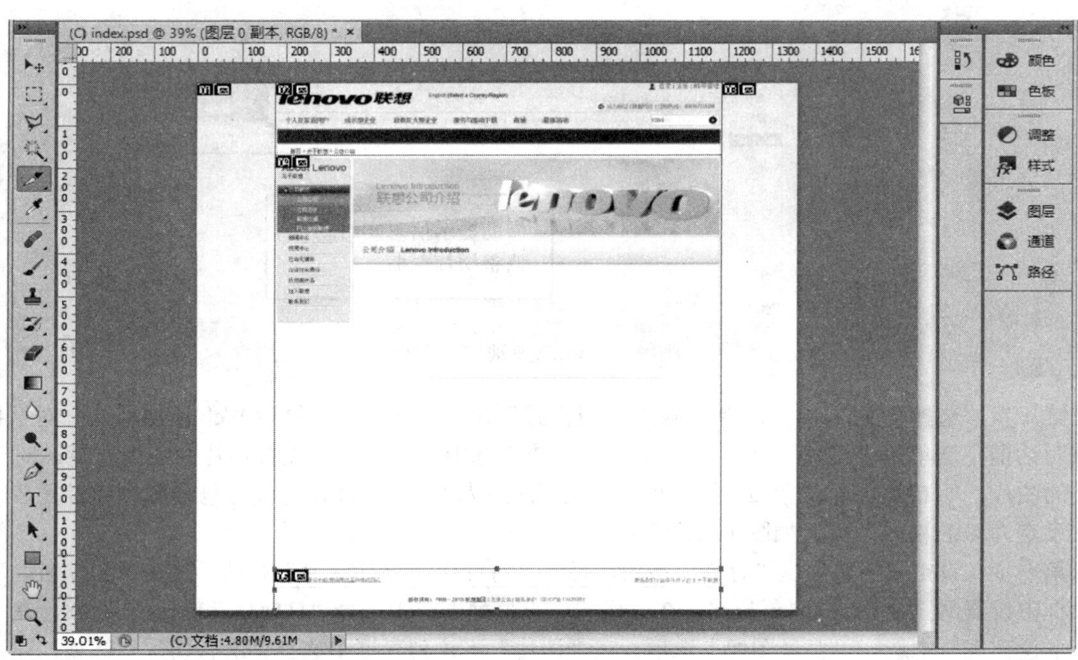

图 19.19　切分页面

第 3 步，使用切片工具把整个版面区域分为左、右两部分，左侧为导航区域，右侧为内容区域。继续使用切片工具把右侧分为上、中、下 3 部分，再把中间部分切分为 06、07、08 这 3 部分，切片 06 和 08 的宽度确保相同，设置为 28px，如图 19.20 所示。

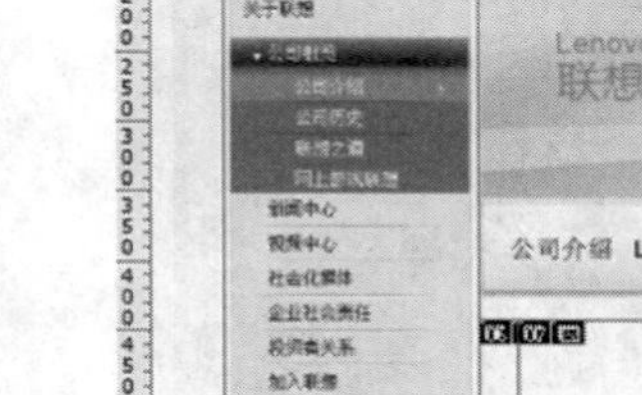
Note

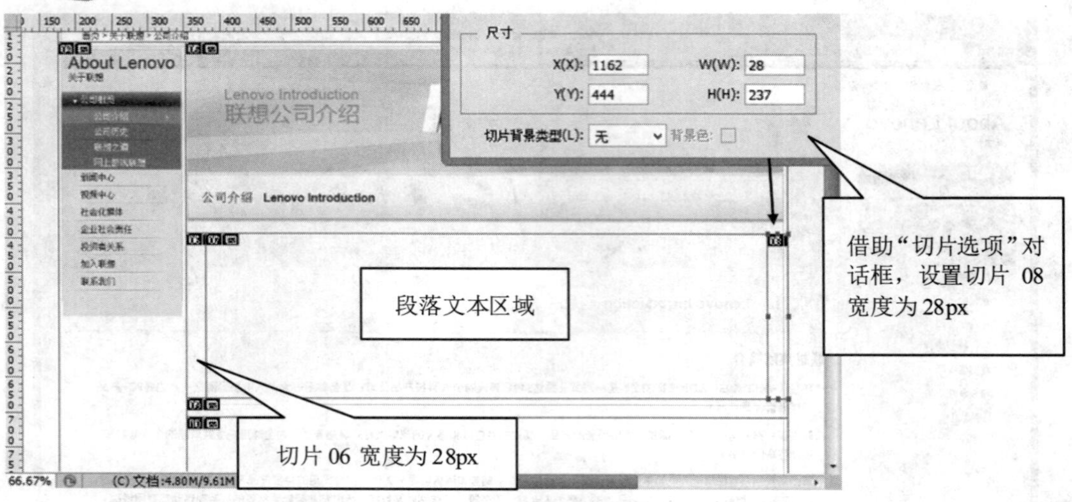

图 19.20 切分版面

提示：在精确控制切片大小和位置的过程中，切分中可以借助提示信息实时动态调整，如图 19.21 所示，也可以借助“切片选项”对话框在后期精确设置切片位置和大小。

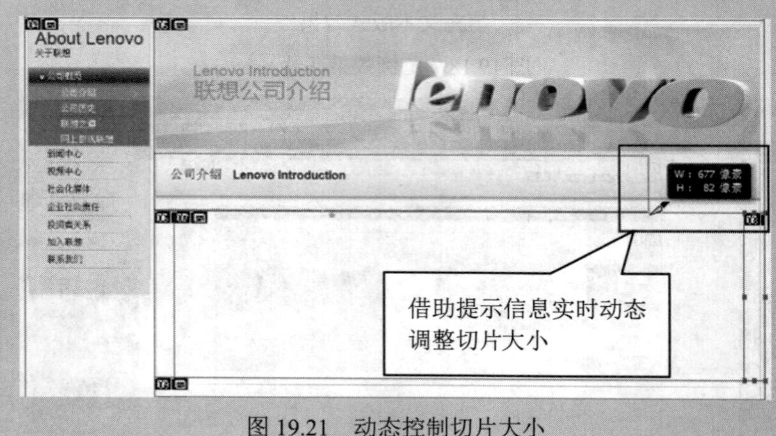

图 19.21 动态控制切片大小

第 4 步，选择“文件”|“存储为 Web 所用格式”命令，打开“存储为 Web 所用格式”对话框，在该对话框左侧单击“切片选择工具”按钮，依次选中每个切片，设置切片的图像质量。对于高品质的图片，如 04、05，应该设定为 JPEG 格式（品质为 60），其他切片没有包含图像或者复杂的色彩，设定为 GIF 格式即可，如图 19.22 所示。

第 5 步，设定完毕，单击“存储”按钮，打开“将优化结果存储为”对话框，在“文件名”下拉列表框中设置网页名称为 index.html，在“格式”下拉列表框中选择“HTML 和图像”选项，在“设置”下拉列表框中选择“背景图像”选项，在“切片”下拉列表框中选择“所有切片”选项，详细设置如图 19.23 所示。

第 6 步，在 Dreamweaver 中打开 HTML 文件，可以看到所有的切片图像都是通过隐形表格进行控制，接着可以让表格居中显示，并设计网页背景色，然后删除需要填充文字的切片单元格中的图片，如图 19.24 所示。

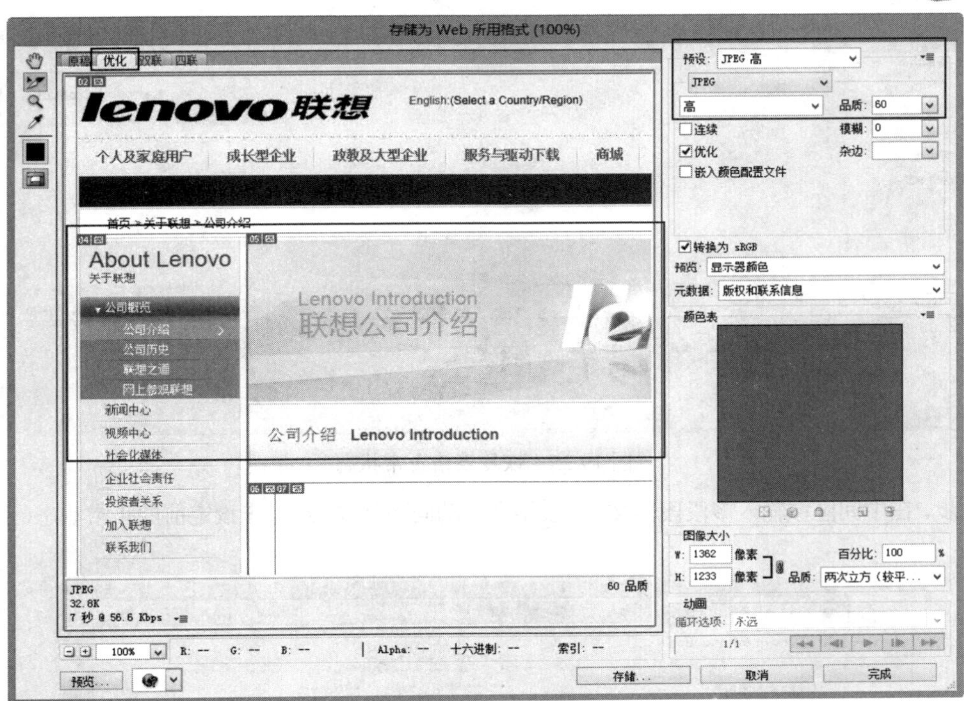

图 19.22　优化切片质量

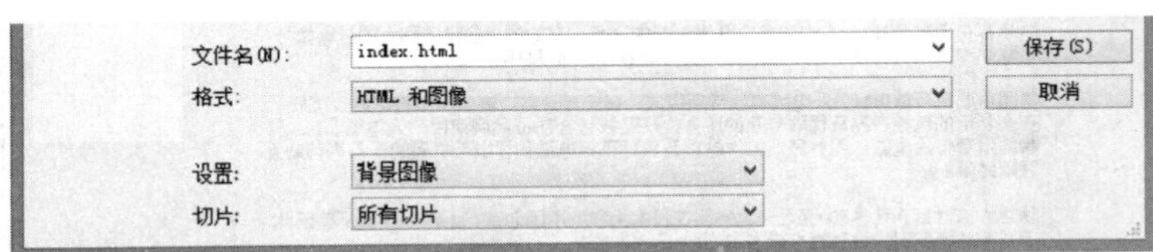

图 19.23　存储为网页格式

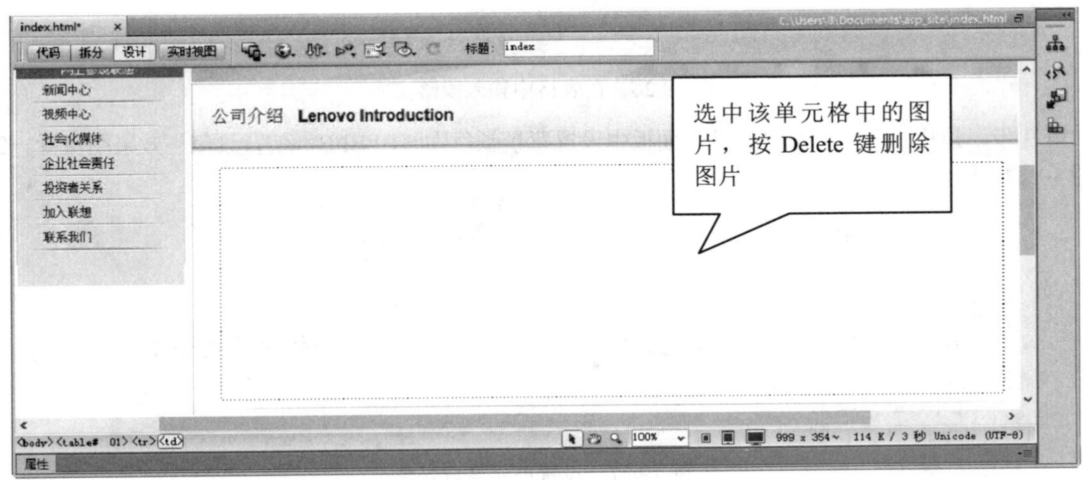

图 19.24　清理单元格内的图片

第 7 步，删除单元格中的图片之后，表格发生错位现象，版面变得混乱，此时选中该表格，然后在“属性”面板中单击“清除列高度”按钮，即可让表格恢复正常状态，如图 19.25 所示。

Note

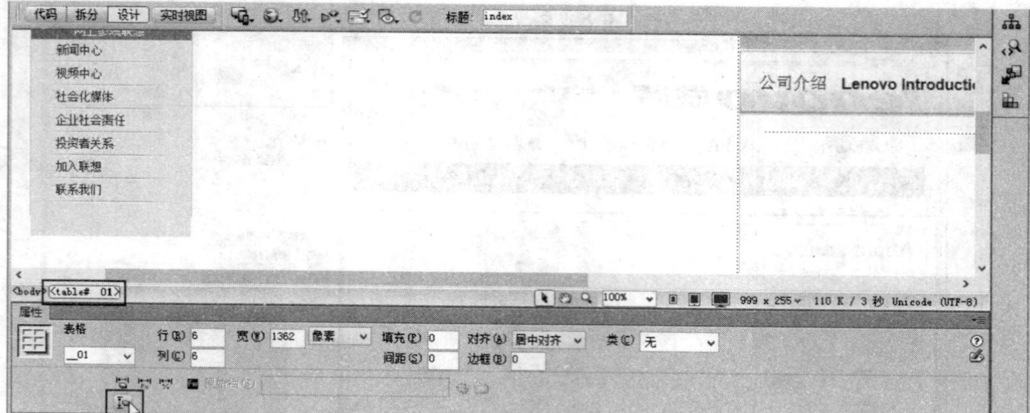

图 19.25 恢复表格正常状态

第 8 步，在中间区域输入多段段落文本，表格会自动向下延伸，这是未设定前的正常状态，如图 19.26 所示。

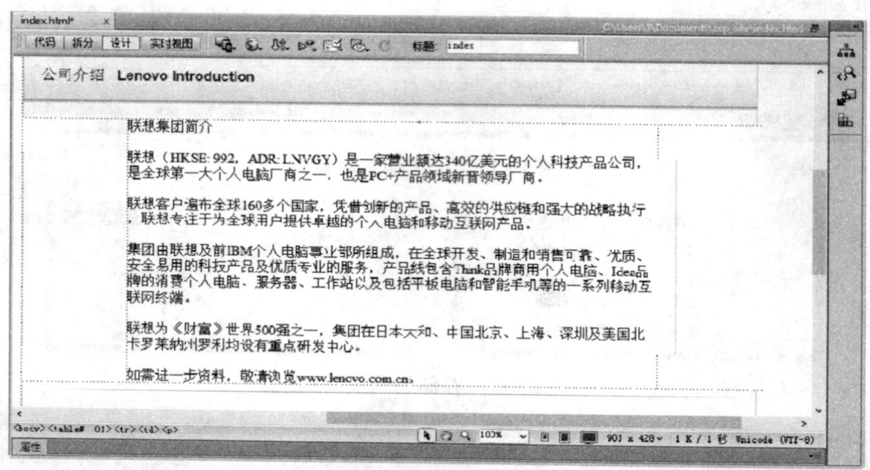

图 19.26 在表格中输入段落文本

第 9 步，选中单元格，在“属性”面板中设置背景颜色为#FBFBFB，使背景色与效果图保持一致，如图 19.27 所示。

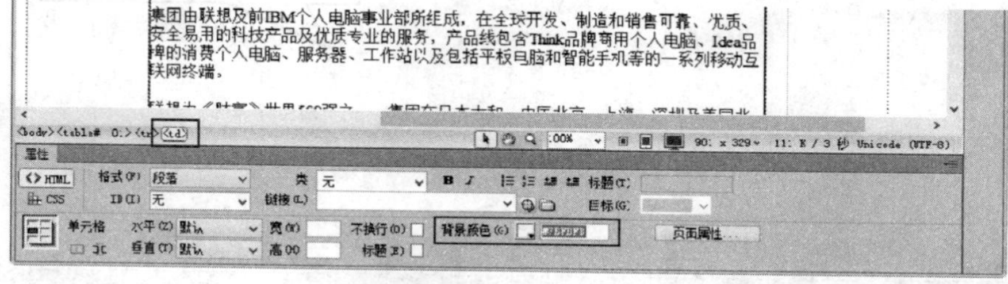

图 19.27 设置单元格背景色

第 10 步，选中第 1 段文本，在“属性”面板中设置“格式”为“标题 1”，选择“插入” | Div 命令，打开“插入 Div”对话框，单击“新建 CSS 规则”按钮，打开“新建 CSS 规则”对话框，按图 19.28 所示进行设置，单击“确定”按钮开始定义样式。

Note

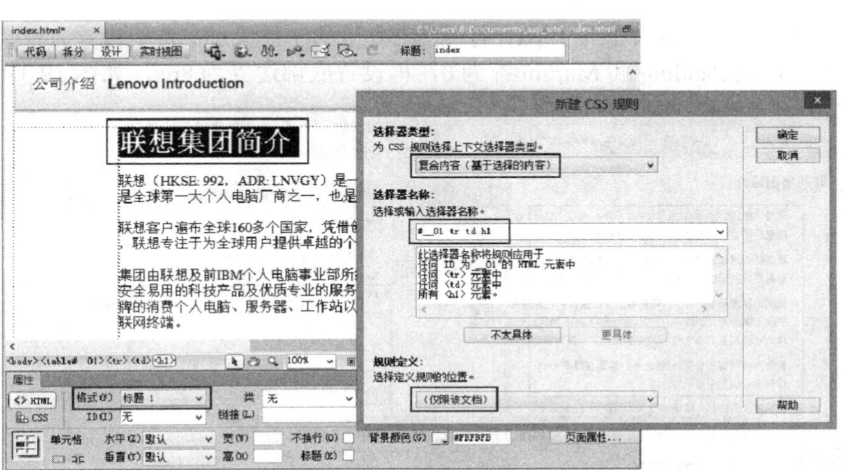

图 19.28　定义标题样式

第 11 步，在打开的对话框的“分类”列表框中选择“类型”选项，然后在右侧设置字体大小为 16px，如图 19.29 所示。

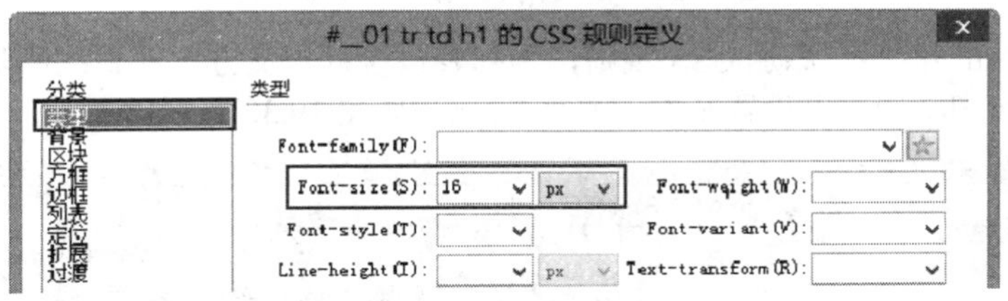

图 19.29　定义标题字体大小

第 12 步，使用鼠标拖选第 2 段及后面多段文本，在“属性”面板中单击“项目列表”按钮，把段落文本变成列表文本，如图 19.30 所示。

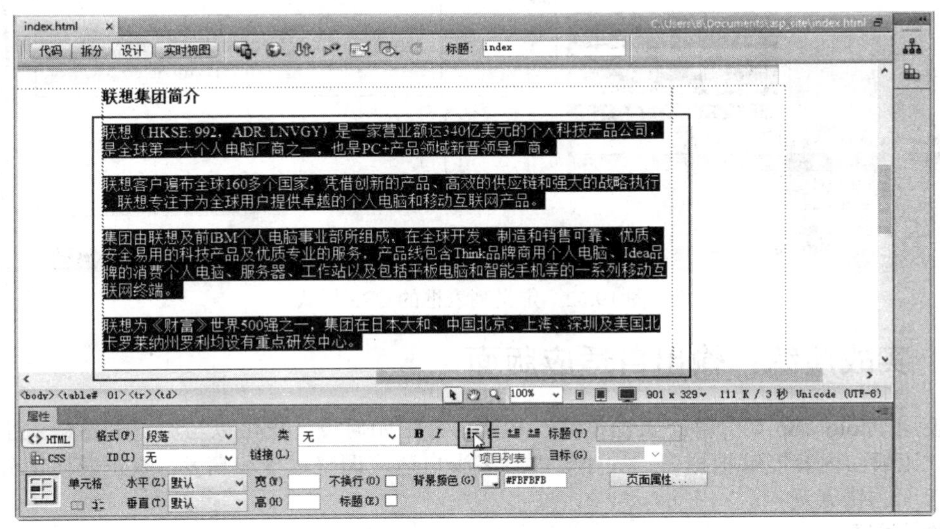

图 19.30　定义列表文本

第 13 步，把光标置于项目文本中，在“属性”面板中单击“编辑规则”按钮，为列表项目定义

Note

类型样式：设计列表文字字体大小为 13px，行高为 1.6 倍的字体大小高度。设置方框样式：清除列表项目的缩进样式，设置 Padding 和 Margin 都为 0，再设置底部边界为 8px，如图 19.31 所示。

图 19.31　定义列表项目的 CSS 样式

第 14 步，选中<ul>标签，添加 CSS 规则，为列表包含框定义方框样式：清除列表缩进样式，设置 Padding 和 Margin 都为 0，再设置左右边界为 12px，如图 19.32 所示。

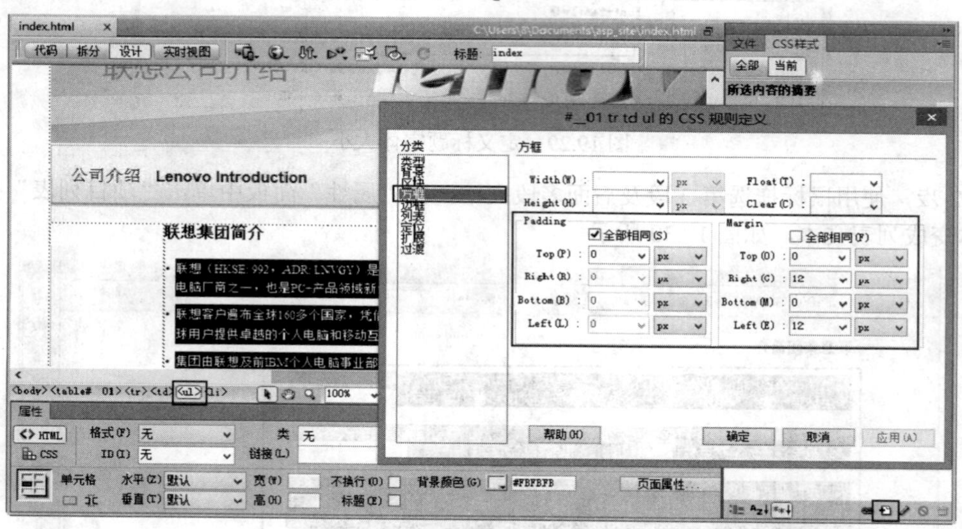

图 19.32　定义列表框的 CSS 样式

19.2.2　实战演练：输出自适应版面

学习使用 Photoshop 切分静态页面之后，本节将介绍如何设计出可以与浏览器窗口大小自适应的表格版面，让版面内容能够根据窗口大小、内容多少自适应调整宽度和高度，纠正表格切分中一定是固定尺寸版面的错误观点。

【操作步骤】

第 1 步，使用 Photoshop 打开本节的 index.psd 示例文件，如图 19.33 所示，练习如何将此版型图转换成网页，并能够把文字置于版面空白区域，让版面能够根据窗口自适应调整大小。

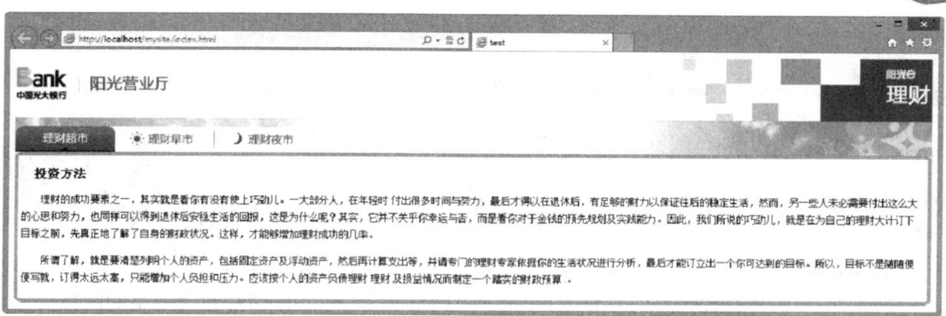

宽屏窗口中显示效果

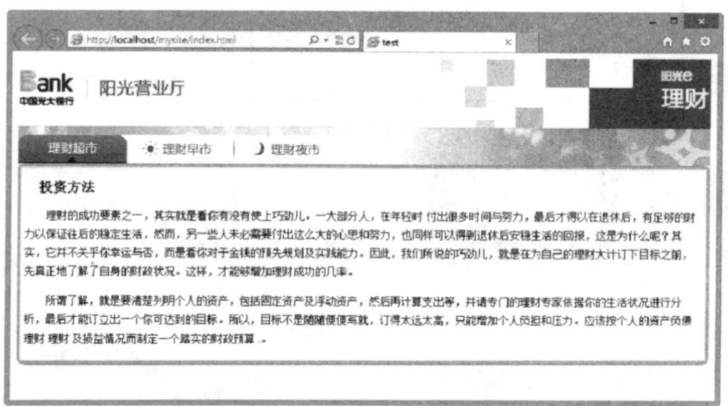

窄屏窗口中显示效果

图 19.33　范例效果

第 2 步，使用切片工具把整个图切分为左、中、右 3 部分，左右为空白边，中间部分为网页内容区域。继续使用切片工具把内容区域切分为上、中、下 3 部分，上面为头部区块，中间为内容版块，下面为空白区域，如图 19.34 所示。

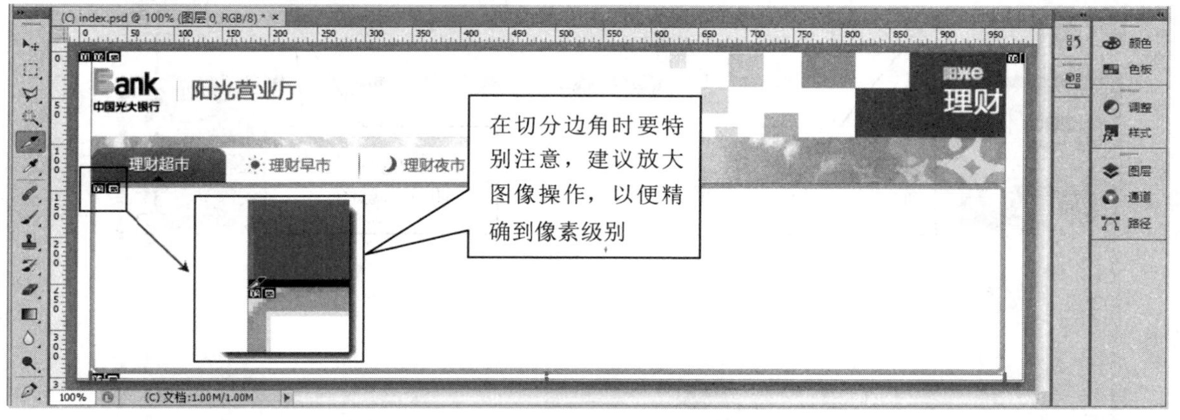

图 19.34　切分页面

第 3 步，使用切片工具把第 2 步中 02 切片再分为左、中、右 3 部分，左右两部分要包含所有色彩内容，中间部分为空白区域，将作为背景图像进行平铺显示，如图 19.35 所示。

第 4 步，使用切片工具把第 2 步中 04 切片再进行细分，主要切割出 4 个顶角，为了能够精确切分，建议放大图像到 3200%，即从像素精度上进行控制，如图 19.36 所示即为放大显示左上角和右上

Note

角的切割细节。

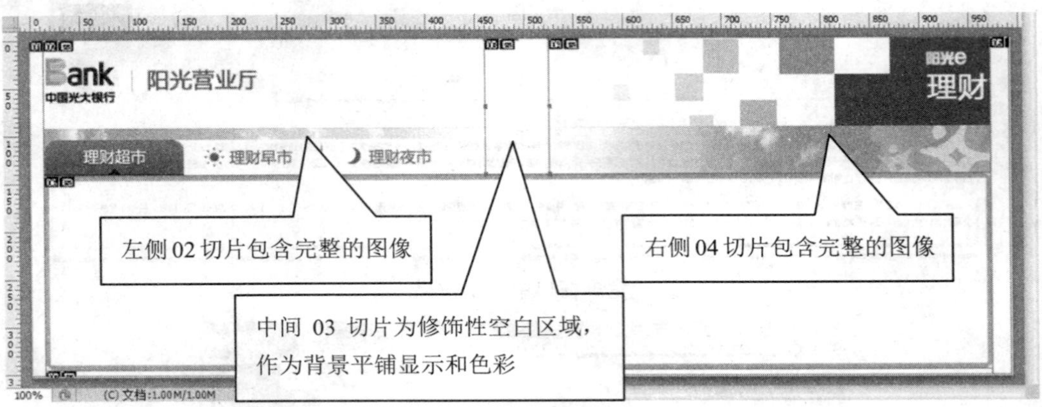

图 19.35　切分头部内容块

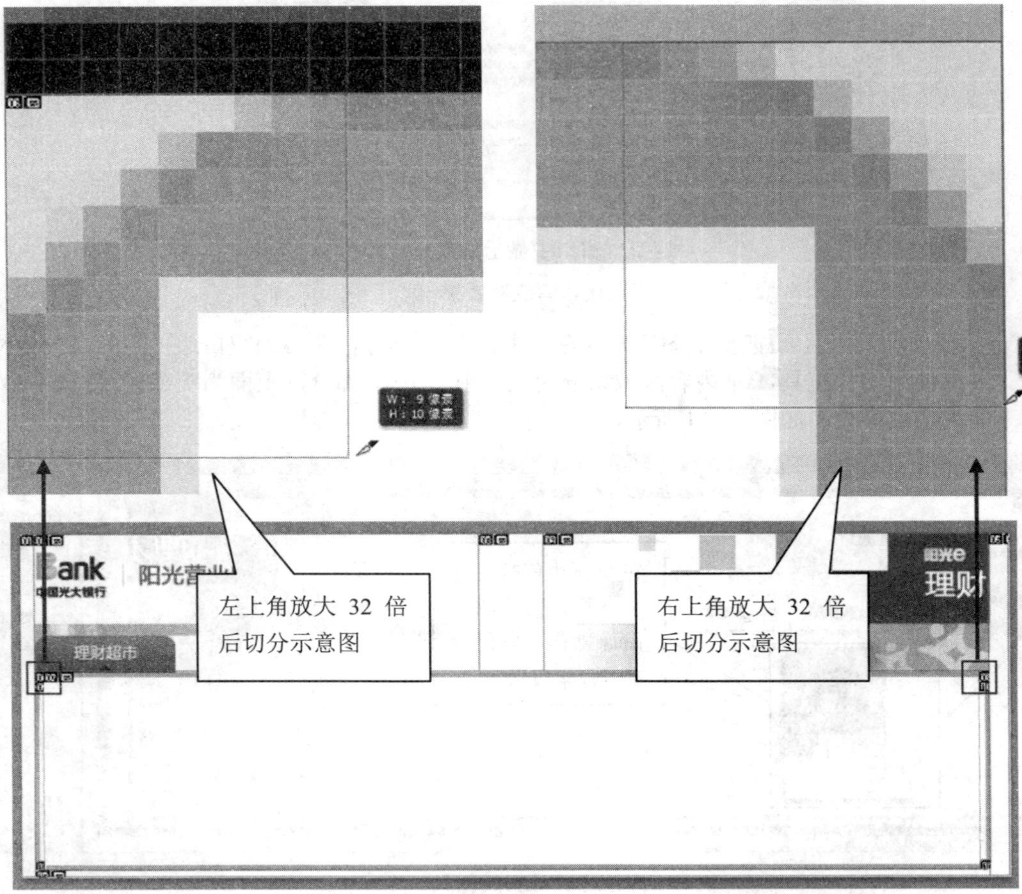

图 19.36　切分内容块四角和四边

提示：在切分 4 个顶角时，要注意左上角和右上角的高度必须相同，宽度可以不同，与此类似，左下角和右下角的切片高度也必须相同；左上角和左下角的宽度必须相同，高度可以不同，右上角和右下角的切片宽度必须相同。

【拓展】九宫格是一种比较古老的设计，其实就是一个 3 行 3 列的表格，如图 19.37 所示，因为窗体或版块需要在 8 个方向拉伸，所以网页版面中大量采用这种技术来布局设计。

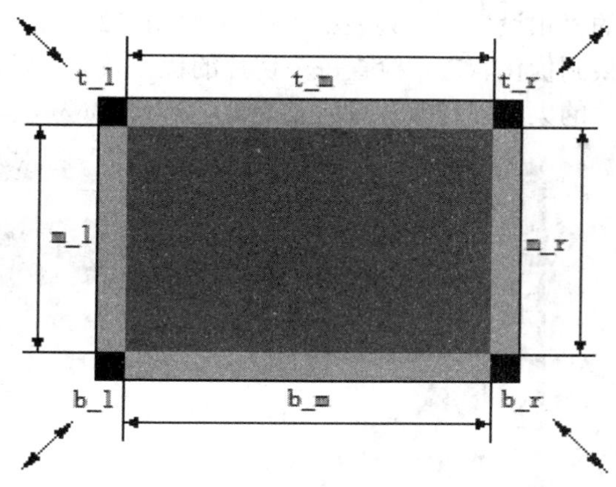

图 19.37　九宫格示意图

从图 19.37 可以看出，每一行包括 3 列，其中，蓝色方块是顶角，这 4 个块是宽高固定的区域，黄色的 4 个区域分别是 4 条边，这些都是要水平或垂直平铺的，中间的橙色区域是填充内容的主要区域。这样的结构最有利于内容区域随窗口不同而自动伸展宽高，也是网页设计师最想要的一种布局结构。

第 5 步，分别切分出 4 条边和中间内容块，由于已经把 4 个顶角准确切割出来，此时可以利用切片工具的吸附功能，自动把 4 条边和内容块切分出来。切分之后，要记录下九宫格中每个位置切片的编号，如图 19.38 所示。

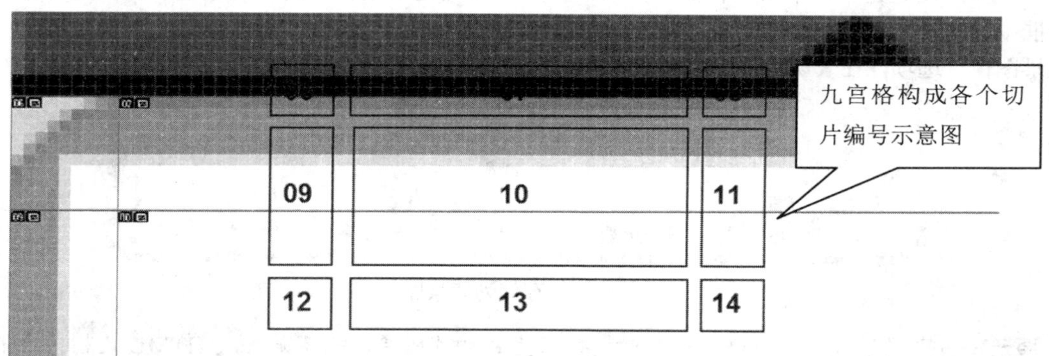

图 19.38　切分出 4 条边和中间内容区

第 6 步，选择“文件”|“存储为 Web 所用格式”命令，打开“存储为 Web 所用格式”对话框，在该对话框左侧单击“切片选择工具”按钮，依次选中每个切片，设置切片的图像质量。分别选中切片 02 和 04，在窗口右上角的“预设”选项组中选择“JPEG 最佳”，设置“品质”为 100，如图 19.39 所示。

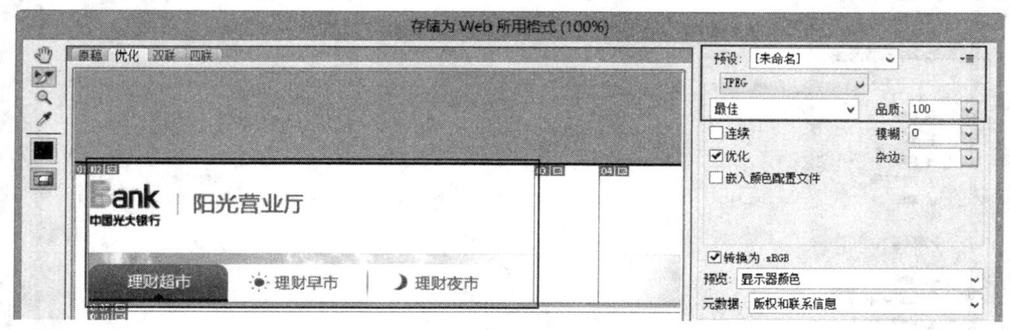

图 19.39　设定 JPEG 格式切片

第 7 步，其他各个切片设置为 GIF 格式。使用切片选择工具选中每个切片，然后在窗口右上

Note

角的“预设”下拉列表框中选择“GIF 32 无仿色”选项，如图 19.40 所示，然后单击“优化”标签，切换到优化状态，检查每个切片的优化效果，以便根据情况调整优化品质，并可以在左下角查看优化图片的大小、传输速率等信息。

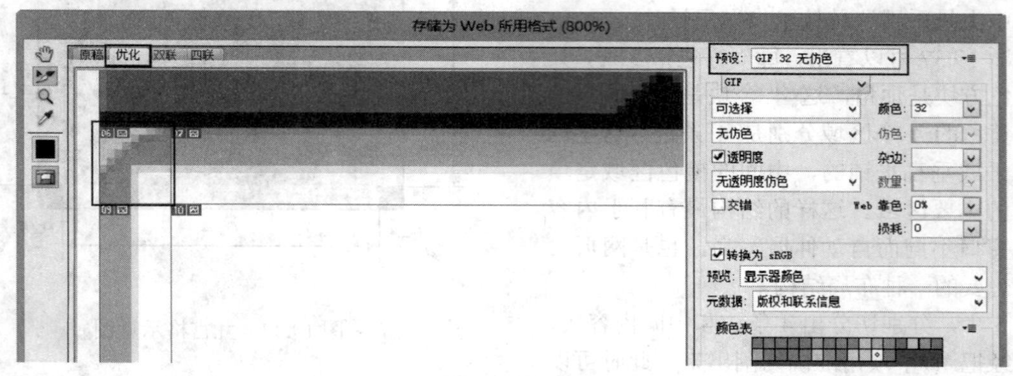

图 19.40　设定 GIF 格式切片

第 8 步，设定完毕，单击“存储”按钮，打开“将优化结果存储为”对话框，在“文件名”下拉列表框中输入 bg；在“格式”下拉列表框中选择“仅限图像”选项；在“设置”下拉列表框中选择“背景图像”选项，在“切片”下拉列表框中选择“所有用户切片”选项，详细设置如图 19.41 所示。

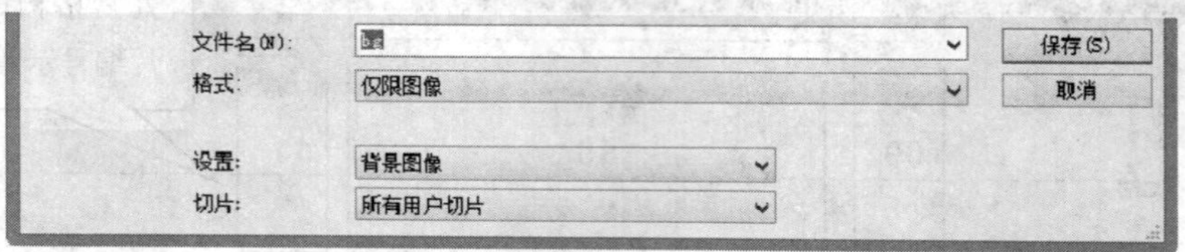

图 19.41　存储为背景图像

提示：当设置格式为“仅限图像”时，则只生成切片图像，而不是生成 HTML 文档。在 images 文件夹中，将看到以文件名为前缀的序列切片图像，这些图像以文件名为前缀并添加切片编号，如图 19.42 所示。

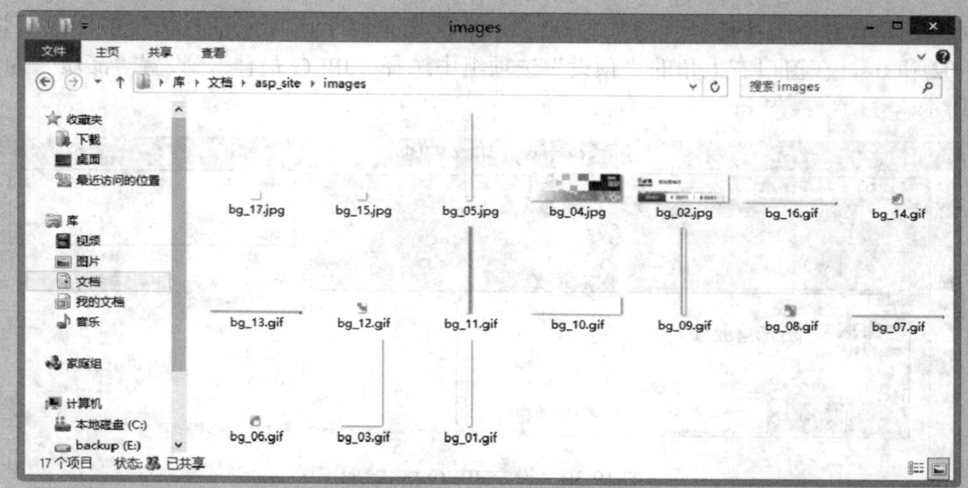

图 19.42　存储的背景图像

第 9 步，在 Dreamweaver 中新建 HTML 文件，保存为 index.html 文件，然后选择“插入”|“表格”命令，打开“表格”对话框，插入一个 2 行 1 列的无边框表格，设置宽度为 100%，边框粗细为 0，单元格边距为 0，单元格间距为 0，参数设置如图 19.43 所示。

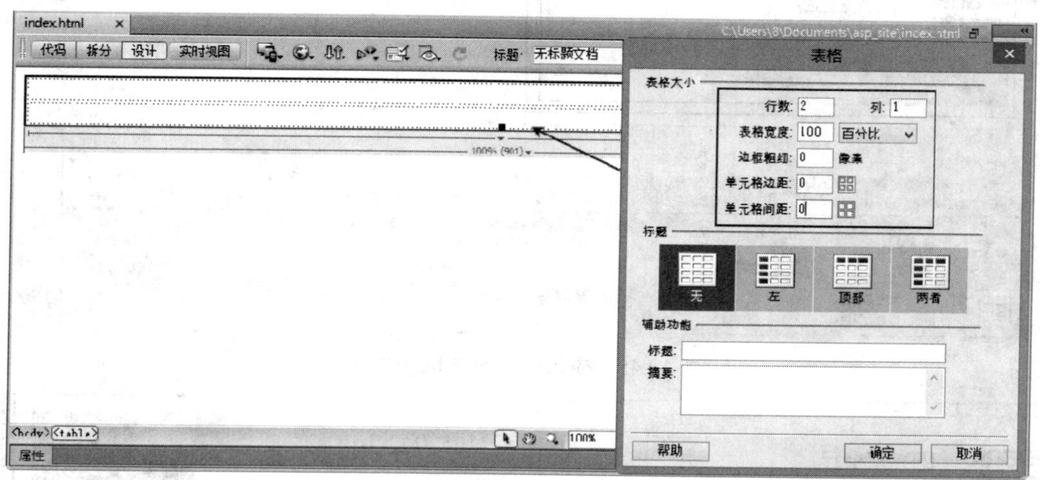

图 19.43　插入表格

第 10 步，把光标置于第一行单元格，然后选择“插入”|“表格”命令，插入一个 1 行 3 列的嵌套表格，设置宽度为 100%，边框粗细为 0，单元格边距为 0，单元格间距为 0。把光标置于第二行单元格，然后选择“插入”|“表格”命令，插入一个 3 行 3 列的嵌套表格，设置宽度为 100%，边框粗细为 0，单元格边距为 0，单元格间距为 0，效果如图 19.44 所示。

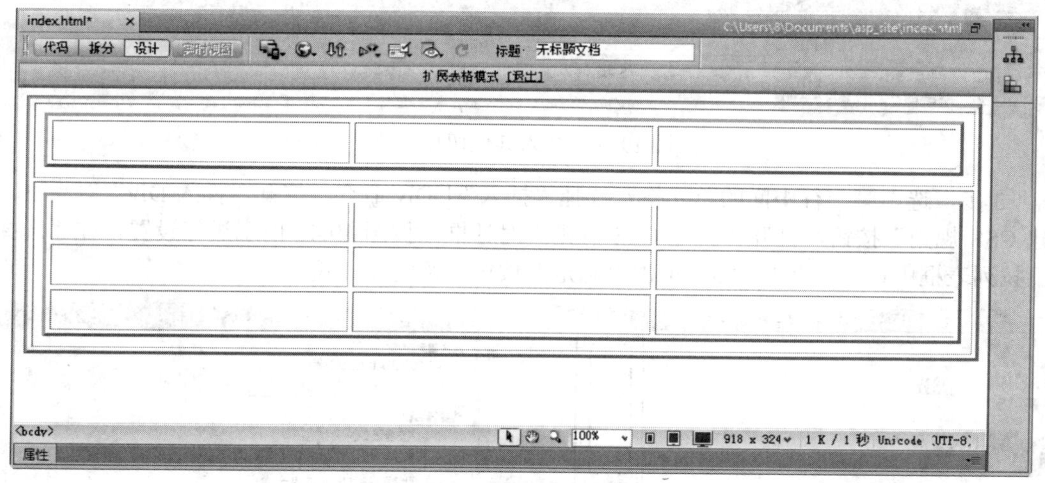

图 19.44　插入嵌套表格

第 11 步，把光标置于第一行内嵌套表格的第一个单元格，然后选择“插入”|“图像”命令，插入切片图像 bg_019.jpg，然后选择该单元格，设置宽度为 447，即让单元格的宽度与 bg_019.jpg 切片图像的宽度相同，如图 19.45 所示。

第 12 步，以同样的方式插入 bg_04.jpg、bg_06.gif、bg_08.gif、bg_019.gif、bg_014.gif 切片图像，即插入标题栏右侧图像，以及九宫格 4 个顶角的图像，在插入图像之后，根据该图像大小选中包含图像的单元格，在“属性”面板中设置单元格的大小与图像大小相同，如图 19.46 所示。

Note

图 19.45　插入切片图像 bg_019.jpg

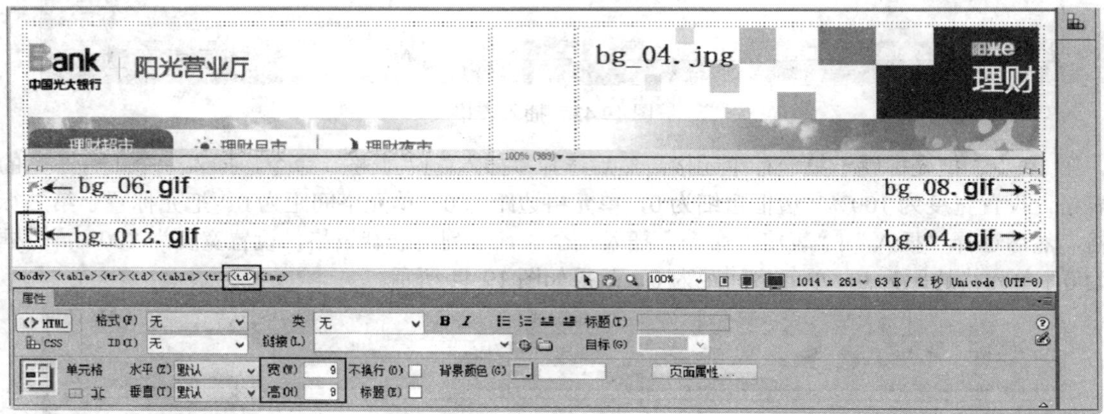

图 19.46　插入其他切片图像

第 13 步，选中第一行中间的单元格，选择“插入”| Div 命令，打开“插入 Div”对话框，单击“新建 CSS 规则”按钮，打开“新建 CSS 规则”对话框，按图 19.47 所示进行设置，在“选择器名称”下拉列表框中输入类名 bg_03，单击“确定”按钮开始定义样式。

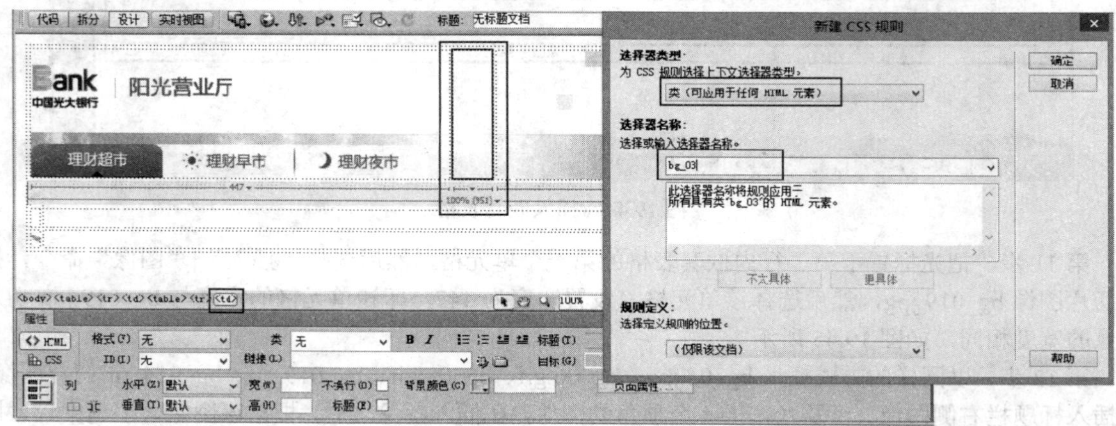

图 19.47　定义类样式

第 14 步，在打开的 CSS 规则定义对话框中，从“分类”列表框中选择“背景”选项，然后设置背景样式为使用切片图像 bg_03.gif 水平平铺单元格，如图 19.48 所示。

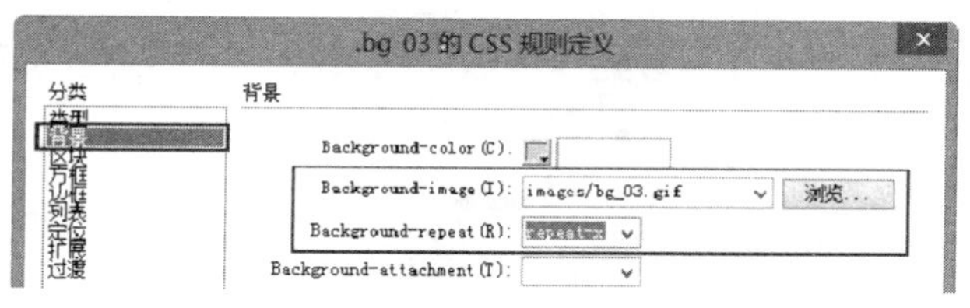

图 19.48　定义背景样式

第 15 步，以同样的方式定义 4 个样式类，分别命名为.bg_07、.bg_09、.bg_11、.bg_13，定义的背景样式如图 19.49 所示。这 4 个类样式分别应用于对应切片编号所在的位置，目的是设计九宫格上下两边和左右两边的背景平铺效果。

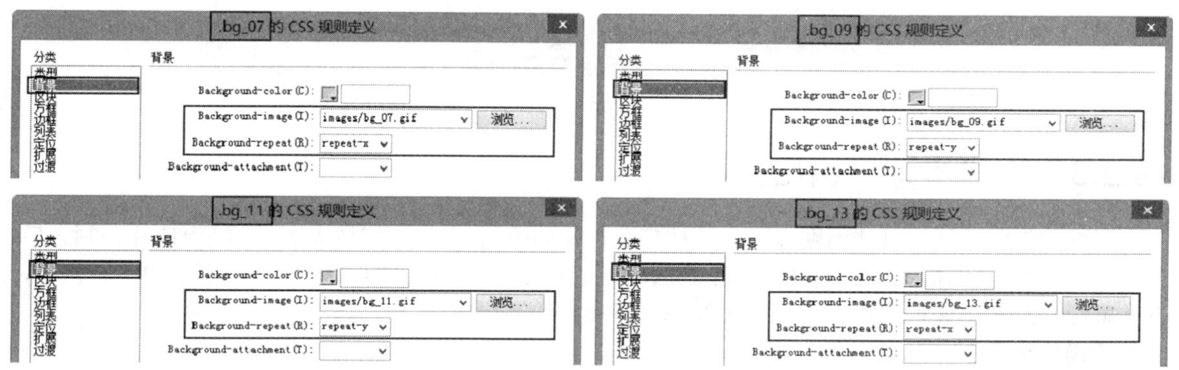

图 19.49　定义其他类样式

第 16 步，分别选中对应单元格，在“属性”面板中选择对应的类样式，为这些单元格应用背景重叠平铺样式，参数设置如图 19.50 所示。注意，类样式名称与每个单元格切片位置是一致的，读者在操作时应该根据切片编号分别进行应用。

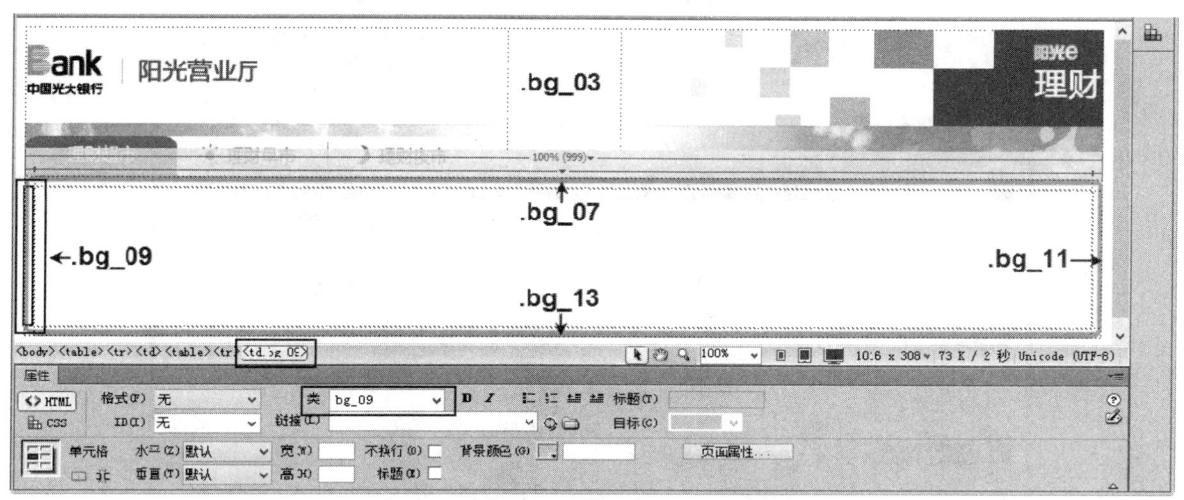

图 19.50　为单元格应用背景类样式

第 17 步，完成页面设计之后，在中间单元格中填入版块内容，最后效果如图 19.51 所示。保存页面，在浏览器中预览，即可看到当改变窗口大小时，版面大小也自适应进行调整。

Note

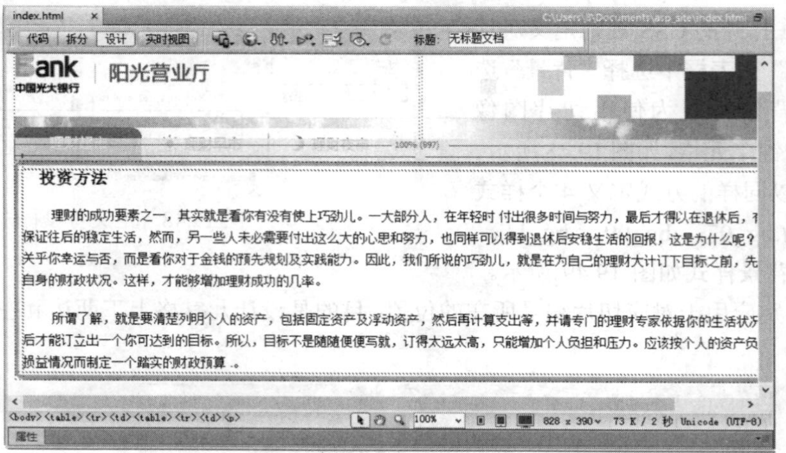

图 19.51 完成单元格内容的填充

19.2.3 实战演练：输出首页

网页的版面设计可以使用图像表格的技巧，在 Photoshop 中设计好效果图后，经由切片分割之后，存储为 HTML 文档格式，再通过 Dreamweaver 处理设定，就会以完美的形式呈现页面内容，例如，设计鼠标交互式图像按钮效果，背景图像的平铺和延伸等特效。

【操作步骤】

第 1 步，使用 Photoshop 打开本节的 index.psd 示例文件，如图 19.52 所示，练习如何将此首页效果图转换成网页，并能够把滑动按钮图像同时输出为交换图像效果，实现交互式动态效果设计。

第 2 步，使用切片工具把整个效果图切分为左、中、右 3 部分，左右为背景图，中间部分为网页内容区域。继续使用切片工具把内容区域切分为上、中、下、底 4 部分，上面为头部区块，中间为广告区块，下面为内容版块，底部为版权区域，如图 19.53 所示。

首页版面效果

图 19.52 范例效果

交互式按钮显示效果

图 19.52　范例效果（续）

图 19.53　切分效果图

第 3 步，在“图层”面板中显示所有按钮图层，放大图像并分别切割每个栏目，在切分按钮图片时，应该为每个按钮进行独立切割，并记录每个按钮的切片编号，如图 19.54 所示。

第 4 步，先隐藏按钮组图层，然后选择“文件”|“存储为 Web 所用格式”命令，打开“存储为 Web 所用格式”对话框，在该对话框左侧单击“切片选择工具”按钮，依次选中每个切片，设置切片的图像质量。分别选中切片 05、22、24、44 等，在窗口右上角的“预设”选项中选择“GIF 可选择”选项，设置“品质”为 60。其他各个切片设置为 GIF 格式。使用切片选择工具选中每个切片，然后在窗口右上角的“预设”下拉列表框中选择“GIF 32 无仿色”选项，如图 19.55 所示，然后在左上位置单击“优化”标签，切换到优化状态，检查每个切片的优化效果，以便根据情况调整优化

品质，并可以在左下角查看优化图片的大小、传输速率等信息。

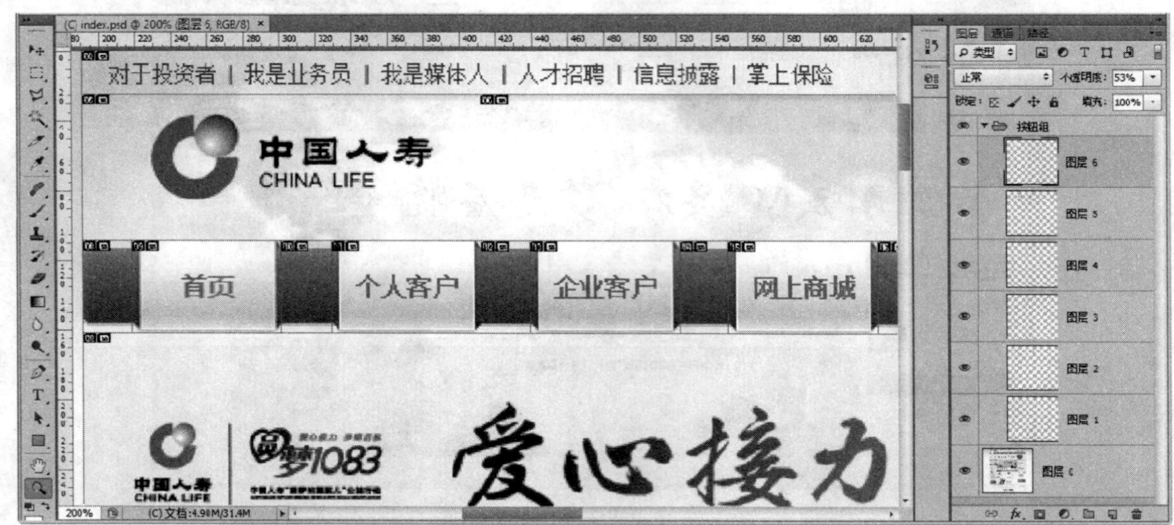

图 19.54　切分按钮组

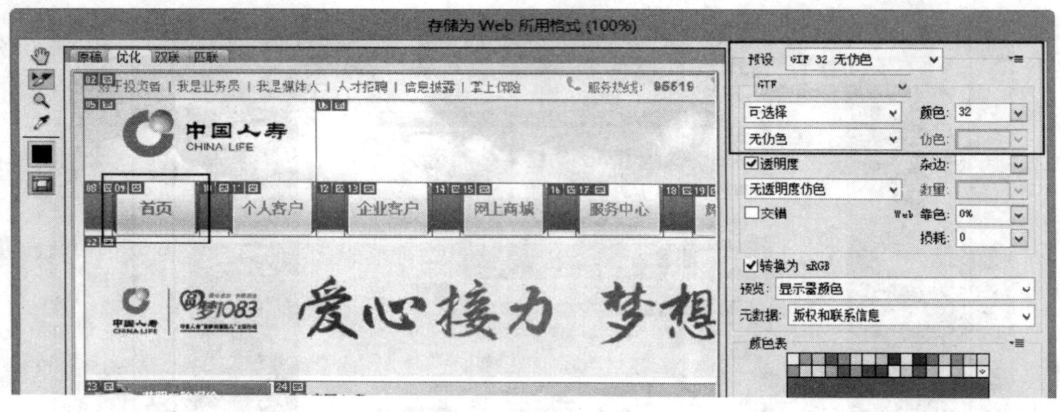

图 19.55　设定切片格式和质量

第 5 步，设定完毕，单击“存储”按钮，打开“将优化结果存储为”对话框，在“文件名”下拉列表框中输入 index.html；在“格式”下拉列表框中选择“HTML 和图像”选项；在“设置”下拉列表框中选择“背景图像”选项，在“切片”下拉列表框中选择“所有切片”选项，详细设置如图 19.56 所示。

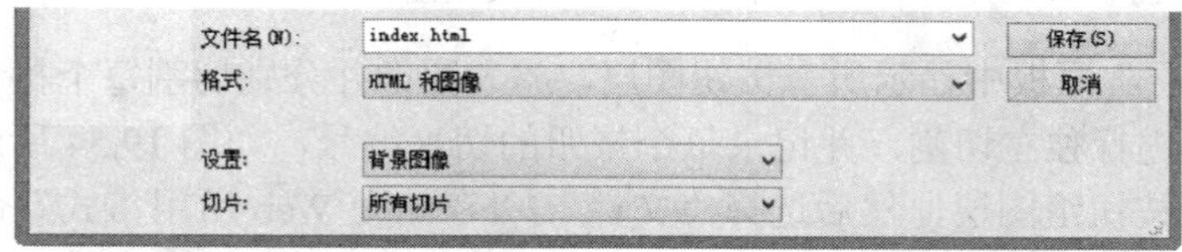

图 19.56　存储为背景图像

第 6 步，显示按钮组图层，然后选择“文件”|“存储为 Web 所用格式”命令，打开“存储为 Web 所用格式”对话框，在该对话框左侧单击“切片选取工具”按钮，按住 Shift 键，依次选中按钮切片。单击“存储”按钮，打开“将优化结果存储为”对话框，在“文件名”下拉列表框框中输入 over；在

“格式”下拉列表框中选择“仅限图像”选项；在“设置”下拉列表框中选择“背景图像”选项，在“切片”下拉列表框中选择“选中的切片”选项，如图 19.57 所示。

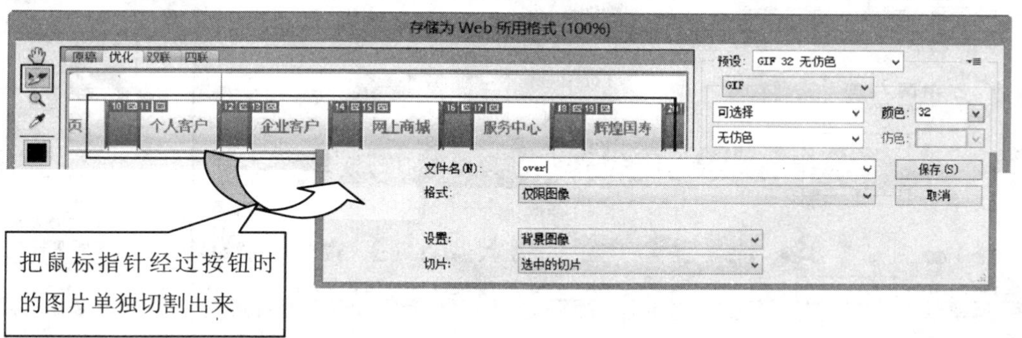
存储为 Web 所用格式 (100%)
把鼠标指针经过按钮时
的图片单独切割出来

图 19.57　存储为背景图像

第 7 步，在 Dreamweaver 中打开 index.html 文件，可以看到所有的切片图像都是通过隐形表格进行控制。选中整个表格，在“属性”面板中让表格居中显示，如图 19.58 所示。

图 19.58　设置表格居中显示

第 8 步，设计网页背景渐变左右延伸。选择“修改”|“页面属性”命令，打开“页面属性”对话框，在左侧“分类”列表框中选择“外观（CSS）”选项，然后设置“背景图像”为 images/index_01.jpg，即切片 01 图像，设置“重复”为 repeat-x，即切片 01 图像沿水平方向平铺，参数设置如图 19.59 所示。

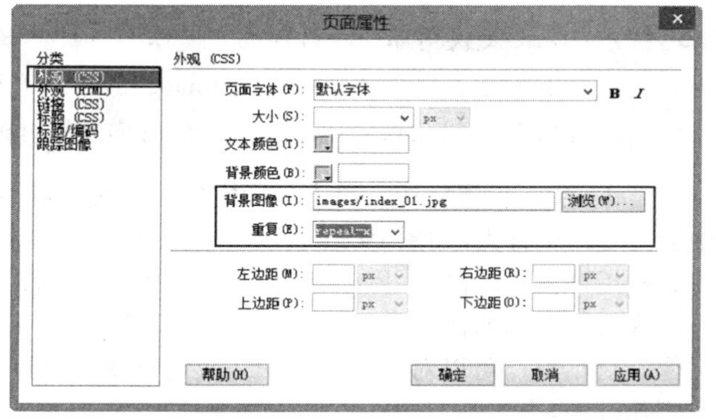

图 19.59　设定背景图像平铺

第 9 步，设计交互式按钮效果。鼠标指针经过导航按钮时，将交换显示另一个图片效果。先选中切片 11 图像（即“个人客户”菜单），在“属性”面板中定义 ID 编号为 index_11，保持与切片名称一致，后面几个按钮都按此规律命名。单击“行为”面板上的 + 按钮，在弹出的下拉菜单中选择“交换图像”命令，如图 19.60 所示，打开“交

Note

换图像”对话框。

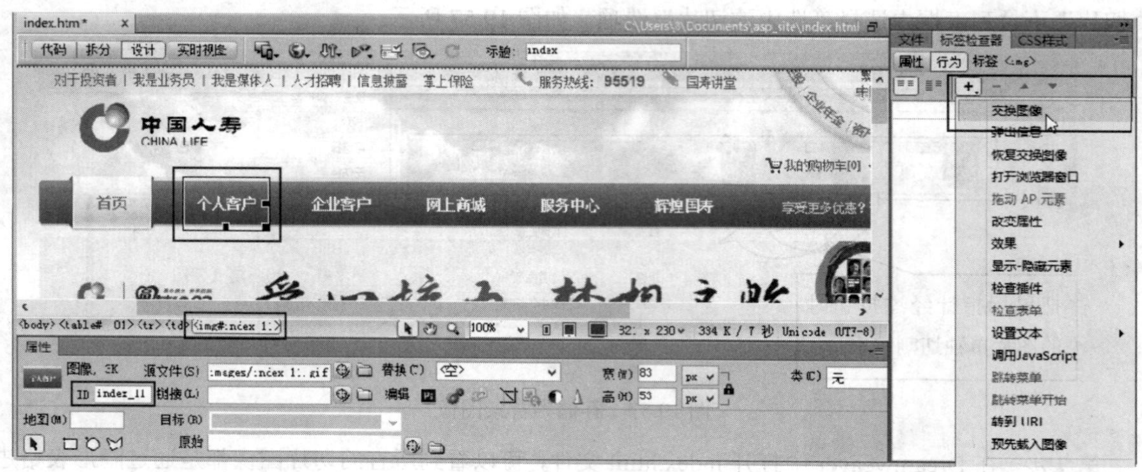

图 19.60 打开“交换图像”对话框

提示：如果窗口中没有显示“行为”面板，则在“窗口”菜单中选择“行为”命令即可。

第 10 步，在“设定原始档为”文本框中设置替换图像的路径，单击“浏览”按钮，打开“选择图像源文件”对话框，从中选择需要交互的图片，作为鼠标指针放置于按钮上的替换图像。这里选择与切片 11 对应的 over_11.gif 切片图像，如图 19.61 所示。

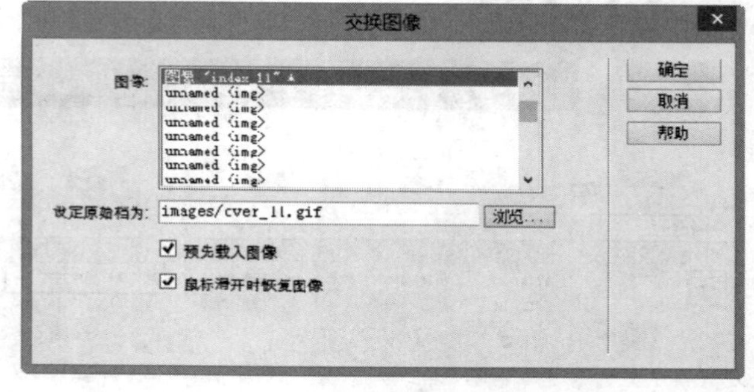

图 19.61 设置“交换图像”对话框

第 11 步，选中“预先载入图像”复选框，设置预先载入图像，以便及时响应浏览者的鼠标动作。因为替换图像在正常状态下不显示，浏览器默认情况下不会下载该图像。

第 12 步，选中“鼠标滑开时恢复图像”复选框，设置鼠标指针离开按钮时恢复为原图像，该复选框实际上是启用“恢复交换图像”行为。如果不选中该复选框，如果要恢复原始状态，用户还需要增加“恢复交换图像”行为恢复图像原始状态。

提示：在“交换图像”对话框的“图像”列表框中列出了网页上的所有图像。选中的图像如果没有命名，则会添加默认名 Image 1。如果网页上图像很多，就必须命名来区分不同的图像。需要特别注意的是，图像不能与网页上其他对象重名。

第 13 步，设置完毕，单击“确定”按钮关闭对话框。在编辑窗口中选中图像，在“行为”面板中会出现两个行为，如图 19.62 所示。“动作”栏中的显示一个为“恢复交换图像”，其事件为 onMouseOut（鼠标指针移出图像），另一个为“交换图像”，事件为 onMouseOver（鼠标指针在图像上方）。

【拓展】添加行为之后，还可以编辑，在“行为”面板中双击“交换图像”选项，会打开“交换图像”对话框，可以对交换图像的效果进行重新设置。选中一个行为之后，可以单击面板上的 - 按钮删除行为。

图 19.62　设置交换图像事件

第 14 步，以同样的方式为切片 13、切片 15、切片 17 和切片 19 也定义交换图像行为，依次对应的切片图像为 over_13.gif、over_15.gif、over_17.gif 和 over_19.gif。至此，交换图像制作完成，按 F12 键预览效果。当鼠标指针放置在图像上时，会出现另一幅图像，鼠标指针移开，恢复为原来的图像。

19.2.4　实战演练：输出内页

对于网站内页来说，最常见的是左右分栏的版式效果，无论是页面顶部的标题区，还是左侧导航服务区，在 Photoshop 中设计好版式，经由切片分割之后，存储为 HTML 文档格式，再通过 Dreamweaver 处理设定，就会以完美的形式呈现页面内容。

【操作步骤】

第 1 步，使用 Photoshop 打开本节的 index.psd 示例文件，如图 19.63 所示，练习如何将此内页效果图转换成网页，并设计交互式鼠标动态效果设计。

内页版面初始效果

图 19.63　范例效果

Note

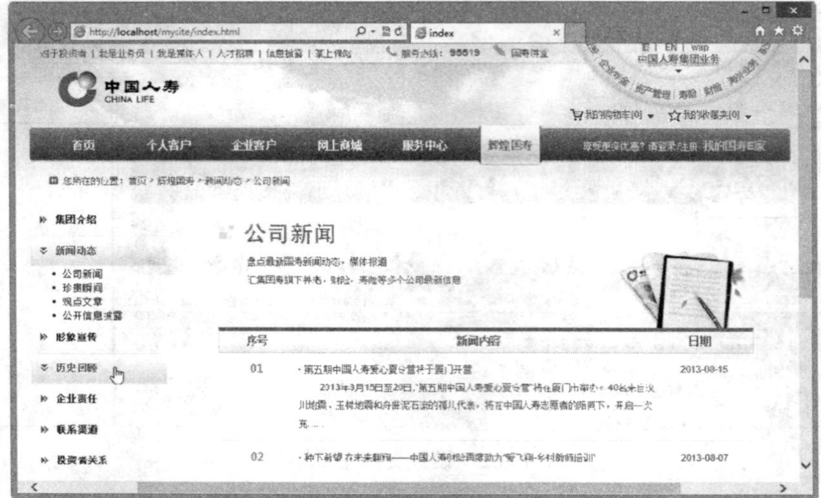

内页版面完整设计效果

图 19.63 范例效果（续）

第 2 步，使用切片工具把整个效果图切分为左、中、右 3 部分，左右为背景图，中间部分为网页内容区域。继续使用切片工具把内容区域切分为上下 7 部分：置顶导航条、标题区、主导航条、地址工具条、主体内容区、版权信息和版权图标，主体内容区又分为左、中、右 3 部分，左侧为导航栏目，中间为空白区域，右侧为内容区域，如图 19.64 所示。最后，根据需要对不同区块内容进行细节化切分。

图 19.64 切分效果图

第 3 步，选择“文件”|“存储为 Web 所用格式”命令，打开“存储为 Web 所用格式”对话框，在该对话框左侧单击“切片选择工具”按钮，依次选中每个切片，设置切片的图像质量，在窗口右上角的“预设”选项中选择“JPEG 非常高”，设置“品质”为 80，如图 19.65 所示。

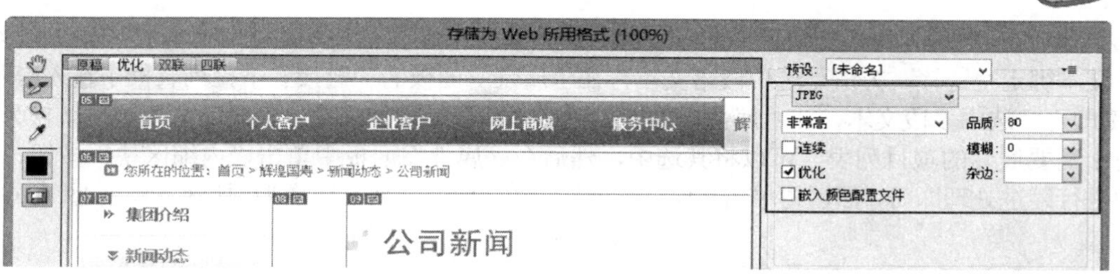

图 19.65　设定切片格式和质量

第 4 步，设定完毕，单击“存储”按钮，打开“将优化结果存储为”对话框，在“文件名”下拉列表框中输入 index.html；在“格式”下拉列表框中选择“HTML 和图像”选项；在“设置”下拉列表框中选择“背景图像”选项，在“切片”下拉列表框中选择“所有切片”选项，详细设置如图 19.66 所示。

图 19.66　存储为背景图像

第 5 步，把 index.psd 另存为 index1.psd，使用切片工具切割出左侧导航列表的项目列表图标和展开项目的背景平铺效果，然后切割出右侧新闻表格标题栏需要的背景图像，在“切片选项”对话框中为每个切片重新命名，如图 19.67 所示。

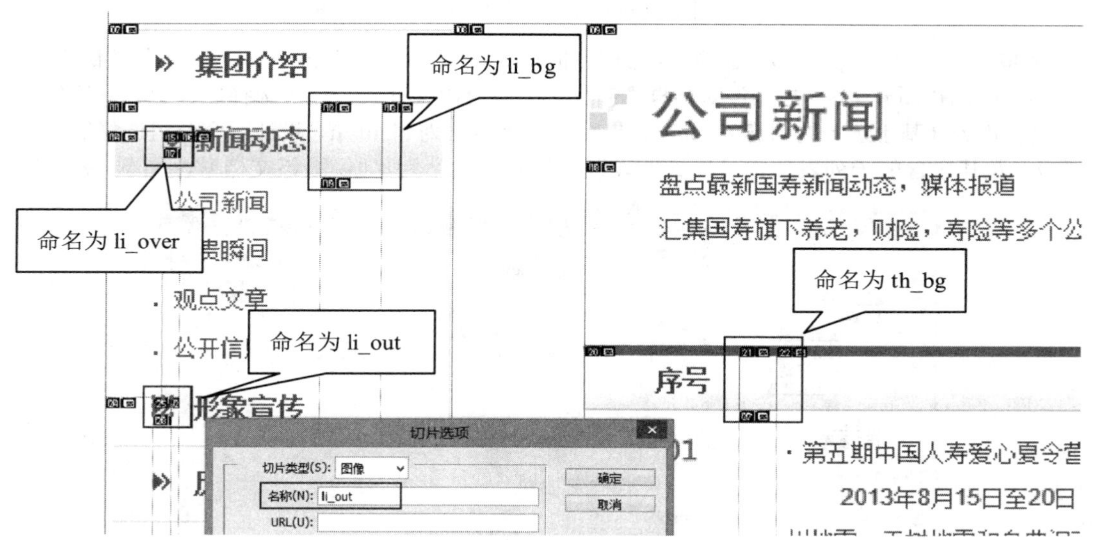

图 19.67　分割和命名背景图标切片

第 6 步，选择“文件”|“存储为 Web 所用格式”命令，打开“存储为 Web 所用格式”对话框，在该对话框左侧单击“切片选择工具”按钮，按住 Shift 键，依次选中上面 4 个切片。单击“存储”按钮，打开“将优化结果存储为”对话框，在“文件名”下拉列表框中输入 icon；在“格式”下拉列表框中选择“仅限图像”选项；在“设置”下拉列表框中选择“背景图像”选项，在“切片”下拉列表框中选择“选中的切片”选项，详细设置如图 19.68 所示。

图 19.68　存储为背景图像

第 7 步，在 Dreamweaver 中打开 index.html 文件，选中并删除切片 07，在该单元格中输入段落文本，为每段文本绑定空链接，方法是选中段落文本，在“属性”面板的“链接”下拉列表框中输入#，然后按 Enter 键即可。选中多段文本，在“属性”面板中单击“编号列表”按钮，把段落文本快速转换为编号列表。对于需要嵌套的项目列表，可以将其选中，然后在“属性”面板中单击“内缩区块”按钮，对部分列表项进行缩进处理即可，然后再单击“项目列表”按钮，把编号列表转换为项目列表，如图 19.69 所示。

Note

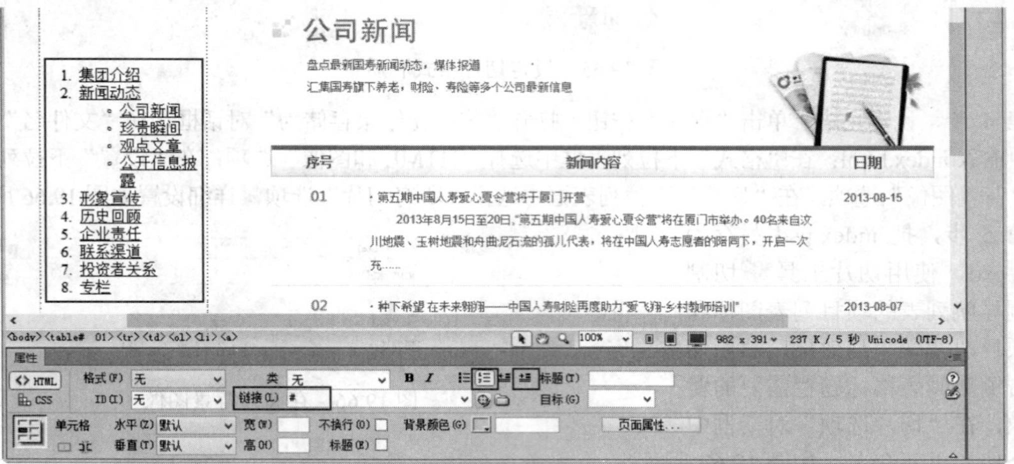

图 19.69　设计嵌套列表结构

第 8 步，选择“插入”| Div 命令，打开“插入 Div”对话框，在该对话框中单击“新建 CSS 规则”按钮，弹出“新建 CSS 规则”对话框，新建一个复合内容样式，在“选择器类型”下拉列表框中选择“复合内容（基于选择的内容）”选项，设置选择器名称为 ol, ol>li，设计一个分组选择器（即编号列表框），及其包含的子列表项定义样式，设置“规则定义”为“（仅限该文档）”，如图 19.70 所示。

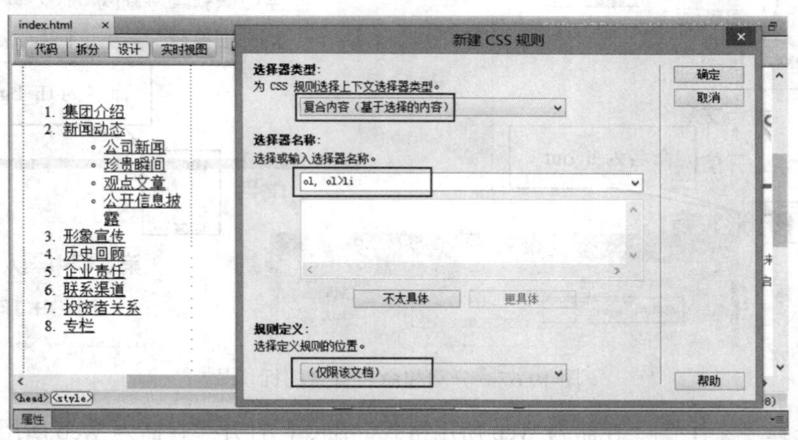

图 19.70　定义复合样式

第 9 步，定义编号列表样式，清除列表项目符号；设置方框样式，清除列表缩进样式，参数设置如图 19.71 所示。

第 10 步，在 CSS 面板中新建 CSS 规则，添加一个标签类型样式，设置<a>标签的类型样式：定义超链接文本字体大小为 13px，字体颜色为深灰色，清除默认的下划线样式，参数设置如图 19.72 所示。

第 11 步，新建 CSS 规则，设置选择器类型为复合内容，名称为 a:hover，设置类型样式，定义鼠标指针经过超链接文本时，字体颜色为蓝色，参数设置如图 19.73 所示。

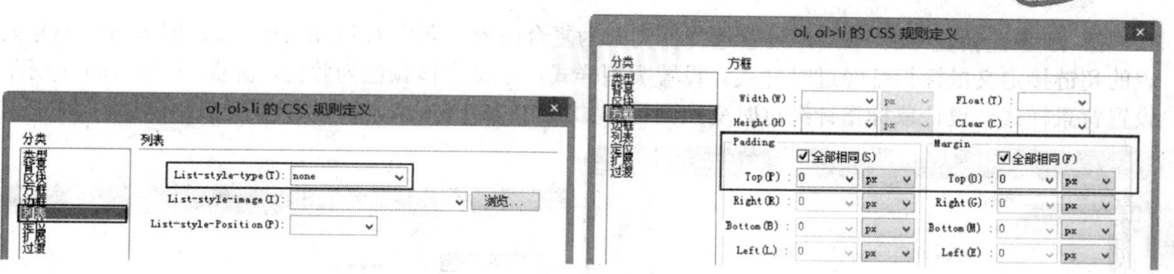

图 19.71 设置编号列表样式

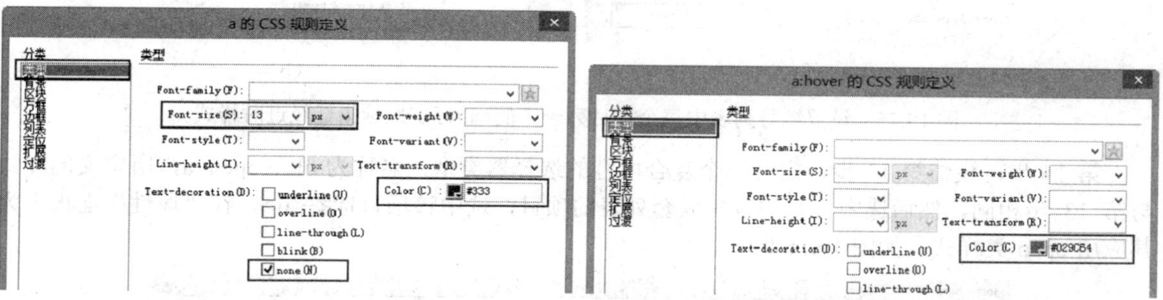

图 19.72 设置<a>标签类型样式

图 19.73 设置 a:hover 伪类样式

第 12 步，新建 CSS 规则，设置选择器类型为复合内容，名称为 ol>li>a，即为所有编号列表的子项目列表定义超链接样式，其中的大于号表示 li 为 ol 的子元素，而不是包含元素，这样可以排除嵌套的项目列表中的 li 元素。

设置类型样式：定义字体加粗显示，行高为 41px，与高度相同，实现文本垂直居中显示，如图 19.74（a）所示；设置背景样式：为每个超链接前面定义一个项目图标，如图 19.74（b）所示；设置区块样式：定义超链接<a>标签以块状显示，这样就可以定义高度，如图 19.74（c）所示；设置方框样式：定义超链接文本行高度为 41px，左侧补白为 19.4 倍字体宽度，如图 19.74（d）所示。

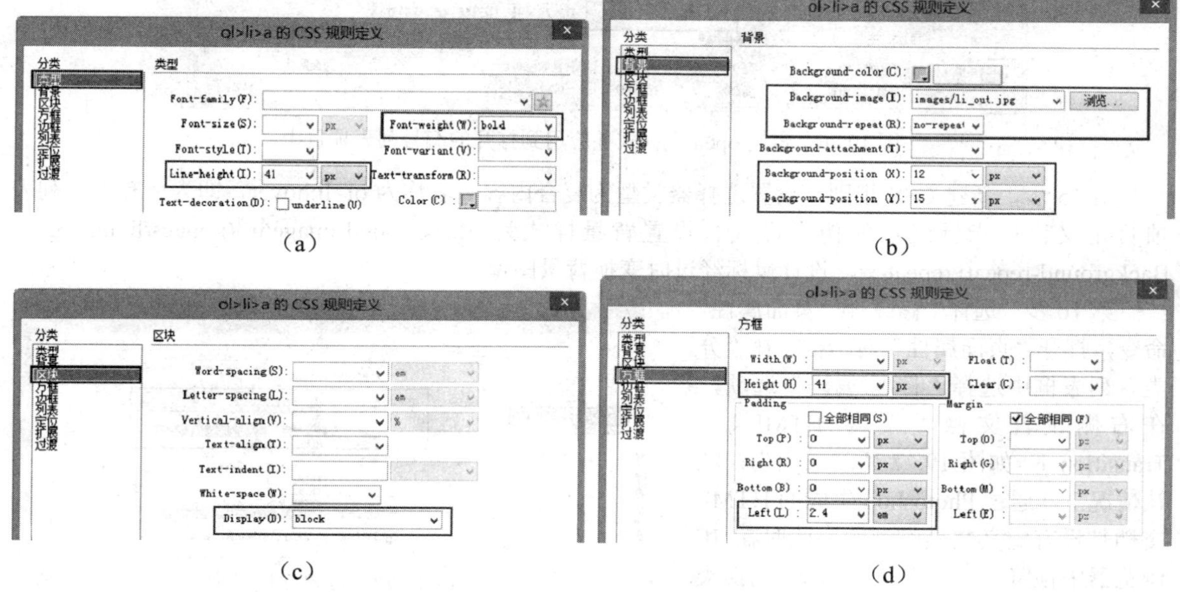

（a）（b）

（c）（d）

图 19.74 设置编号列表中每个项目列表中的<a>标签

第 13 步，新建 CSS 规则，设置选择器类型为复合内容，名称为 ol>li>a:hover，即为所有编号列表的超链接定义鼠标指针经过时样式。设置类型样式，定义字体颜色为蓝色，如图 19.75（a）所示；设置背景样式，设计鼠标指针经过时变换图标，如图 19.75（b）所示。

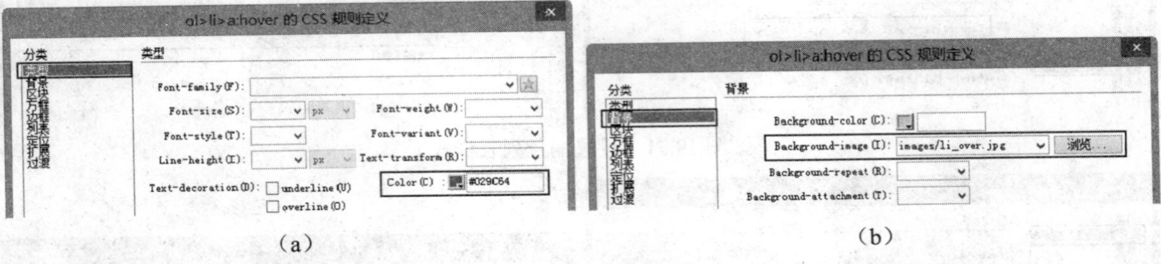

（a）　　　　（b）

图 19.75　设置编号列表中每个项目列表中的<a>标签鼠标指针经过时样式

第 14 步，模仿第 13 步，定义一个复合内容的选择器类型，名称为 ol>li.open>a，所定义的样式与第 13 步相同，然后选中打开的包含嵌套列表的项目，选中该项目标签<li>，在“属性”面板中为其应用 open 类样式，如图 19.76 所示。

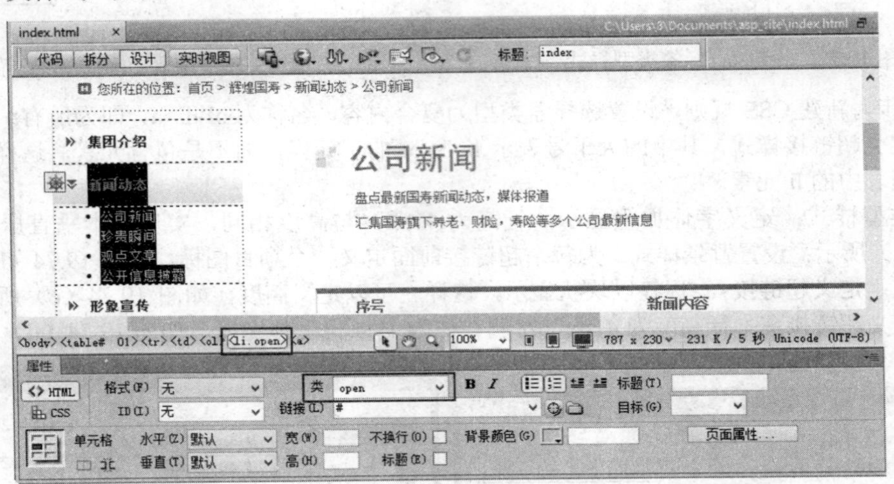

图 19.76　定义 open 类样式并应用到打开的编号列表项目中

第 15 步，新建 CSS 规则，设置选择器类型为复合内容，名称为 ol>li:hover，即为所有编号列表项目定义鼠标指针经过的伪类样式。设置背景样式为 Background-image:url(images/li_bg.jpg)、Background-repeat: repeat-x;，设计鼠标经过时变换背景图像。

第 16 步，选择“修改”|“页面属性”命令，打开“页面属性”对话框。在“分类”列表框中选择“标题/编码”选项，在右侧设置文档类型为 HTML 4.01 Transitional，如图 19.77 所示。因为在默认情况下，通过 Photoshop 生成的 HTML 文档是没有定义文档类型的，此时在 IE 浏览器中预览，会不支持 li:hove 的伪类样式。

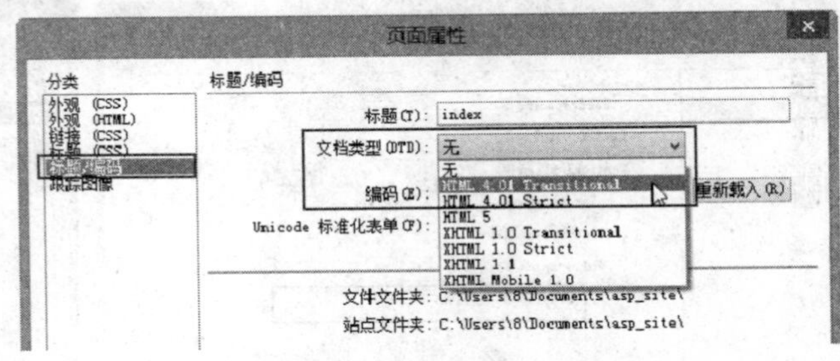

图 19.77　设置文档类型

19.3 编排背景图

设定版面背景，主要包括背景图像固定、页面渐变背景、圆角版面等。在网页设计中，如果配合页面、表格、单元格背景设定，就能够做出更多变化丰富的版面效果。

19.3.1 实战演练：设计固定背景

使用 CSS 可以定义背景图，包括背景图像、定位方式、平铺方式等，在网页应用中可以先定义样式类，然后把这个类绑定到网页任何元素中，包括表格、单元格等。

【操作步骤】

第 1 步，启动 Dreamweaver，新建文档并保存为 index.html，初步完成页面设计，效果如图 19.78 所示。下面将利用 CSS 规则为页面定义背景图，让页面看起来更加漂亮。

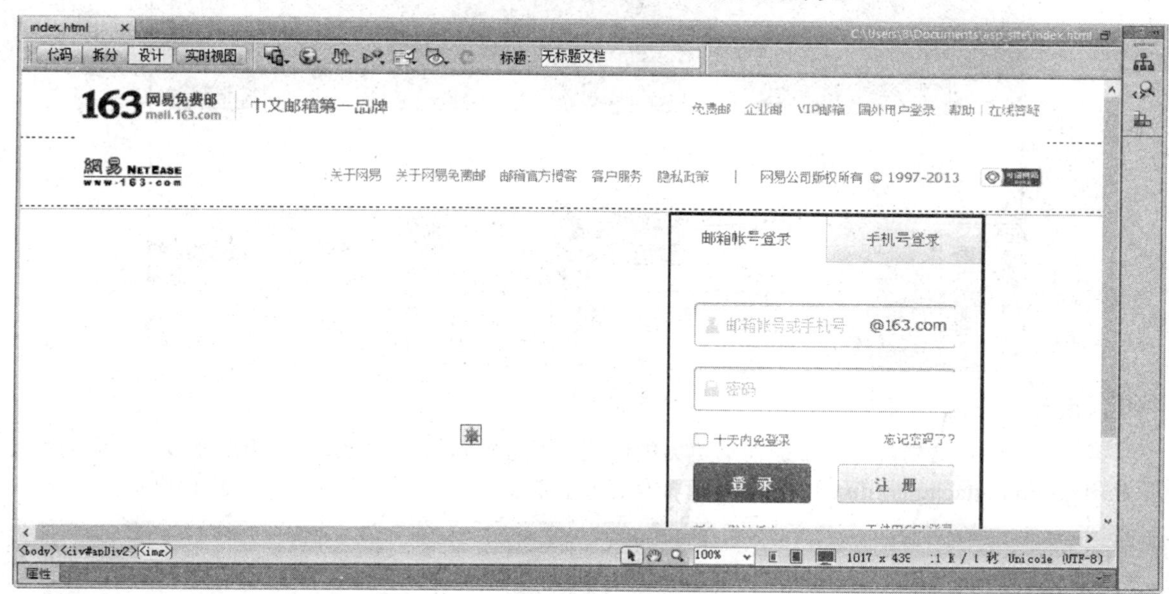

图 19.78 设计页面初步效果

第 2 步，选择“插入”| Div 命令，打开“插入 Div”对话框，在该对话框中单击“新建 CSS 规则”命令，打开“新建 CSS 规则”对话框，新建一个类样式，在“选择器类型”下拉列表框中选择“类”选项，设置选择器名称为 bg，设计一个背景类样式，设置“规则定义”为“(仅限该文档)”，如图 19.79 所示。

第 3 步，单击“确定”按钮，关闭“新建 CSS 规则”对话框，在打开的 CSS 规则定义对话框中设置背景样式。在左侧“分类”列表框中选择“背景”选项，在右侧设置具体样式：设置背景图像为 images/bg.jpg，禁止平铺，让背景图像固定在窗口中显示，显示位置是在窗口中居中显示，参数设置如图 19.80 所示。

第 4 步，确定之后完成 CSS 规则定义，在编辑窗口左下角的标签选择器中单击<body.bg>标签，在“属性”面板的“类”下拉列表框中选择类样式 bg，参数设置如图 19.81 所示。

Note

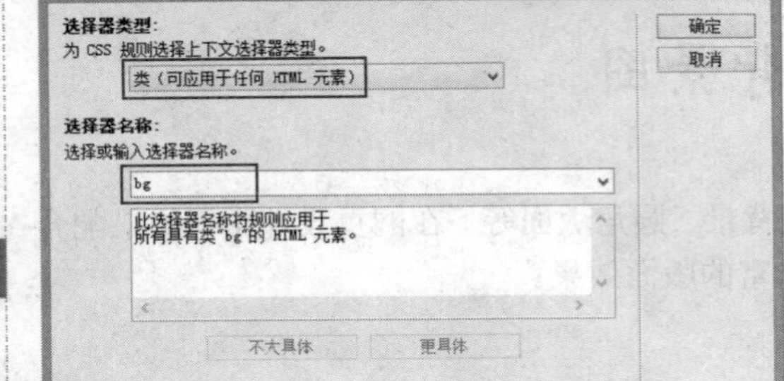

图 19.79 定义类样式

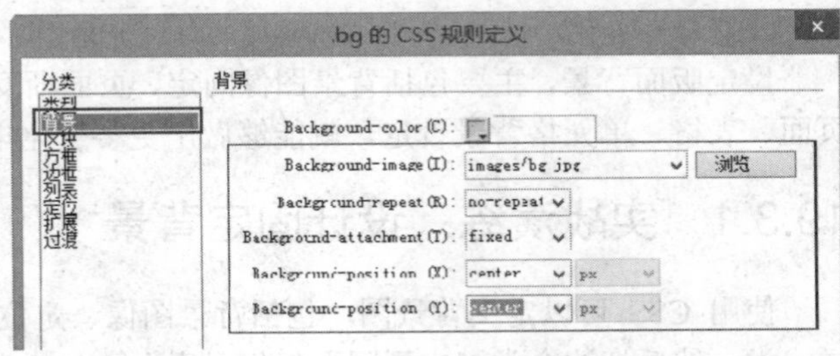

图 19.80 设置背景样式

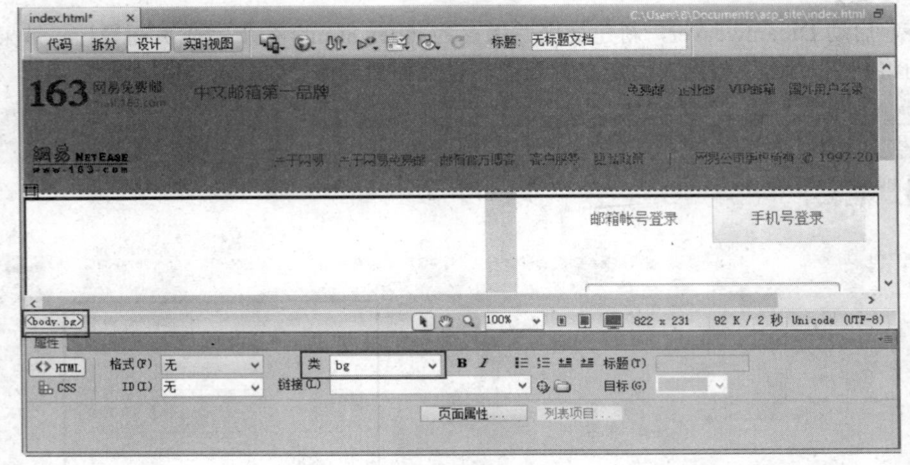

图 19.81 应用背景样式

第 5 步，保存文档，按 F12 键在浏览器中预览，即可看到如图 19.82 所示的页面效果，因为设定了 Background-attachment:fixed，所以不管如何滚动窗口，网页背景图总是显示在窗口中央。

无背景图像效果

添加背景图像效果

图 19.82 案例效果

19.3.2　实战演练：设计渐变背景

CSS 背景图像平铺显示在网页设计中是一个比较常用的技术，巧妙使用这个技术，能够设计出很多富有立体感的版面效果，如可以制作栏目边框或者栏目标题背景等。如果网页宽度或者栏目宽度不固定，则非常适合使用背景图像水平平铺来设计栏目或版块区域的背景。

【操作步骤】

第 1 步，启动 Photoshop，新建一个文档，命名为 footer_bg，设置宽度为 79，高度为 150，分辨率为 96 像素/英寸，如图 19.83 所示。

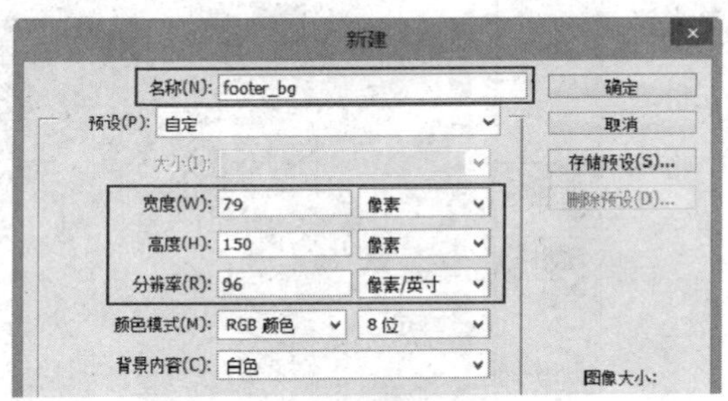

图 19.83　新建文档

第 2 步，在工具箱中选择渐变工具，然后双击选项栏中渐变图标，打开“渐变编辑器”对话框，设计一个渐变样式，左侧为白色，在 10%的位置处单击添加一个色标，设置色标颜色为#026ec2，设置右侧色标为白色。确定之后关闭“渐变编辑器”对话框，在窗口中从上往下拉出渐变，如图 19.84 所示。

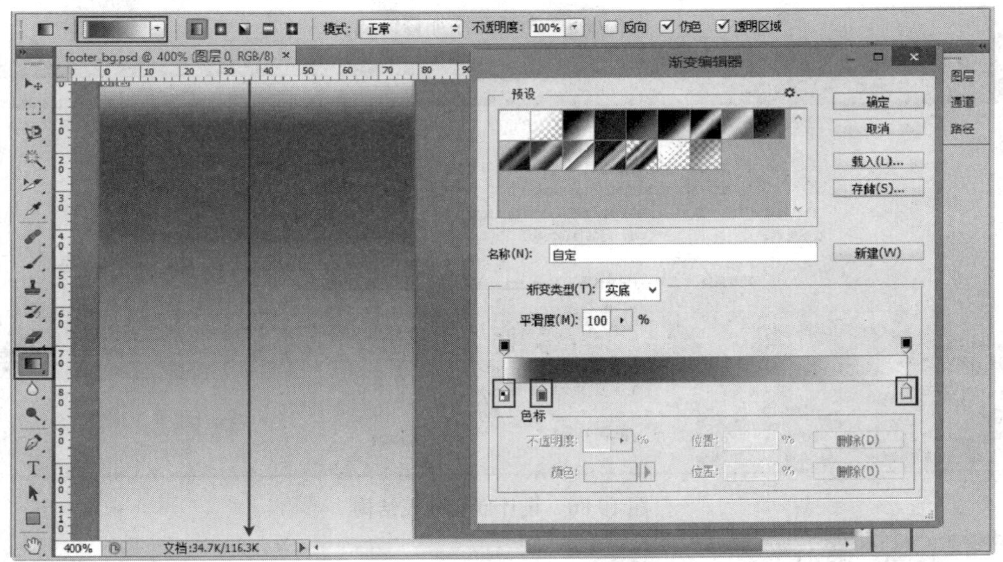

图 19.84　设计渐变

第 3 步，设置前景色为#134e90，使用直线工具在编辑窗口顶部拉出一条宽度为 1px 的水平线，如图 19.85 所示。

第 4 步，最后把图像裁切为宽度为 1px，高度保持不变，另存为 GIF 格式图像即可。

第 5 步，在 Dreamweaver 中打开 index.html 文件，另存为 effect.html 文件，如图 19.86 所示，这是一个企业网站的版权信息版面初步效果，下面将为该版面设计一个 CSS 渐变背景。

第 6 步，选择“插入”| Div 命令，打开“插入 Div”对话框，单击“新建 CSS 规则”按钮，打开“新建 CSS 规则”对话框，新建一个类样式，在“选择器类型”下拉列表框中选择“类”选项，设置选择器名称为 footer_bg，设计一个类样式，设置“规则定义”为“(仅限该文档)”，如图 19.87 所示。

第 7 步，单击“确定”按钮，关闭“新建 CSS 规则”对话框，在打开的 CSS 规则定义对话框中

Note

设置背景样式。在左侧的“分类”列表框中选择“背景”选项，在右侧设置具体样式：设置背景图像为 images/footer_bg.gif，沿 x 轴水平平铺，显示位置从左上角开始，参数设置如图 19.88 所示。

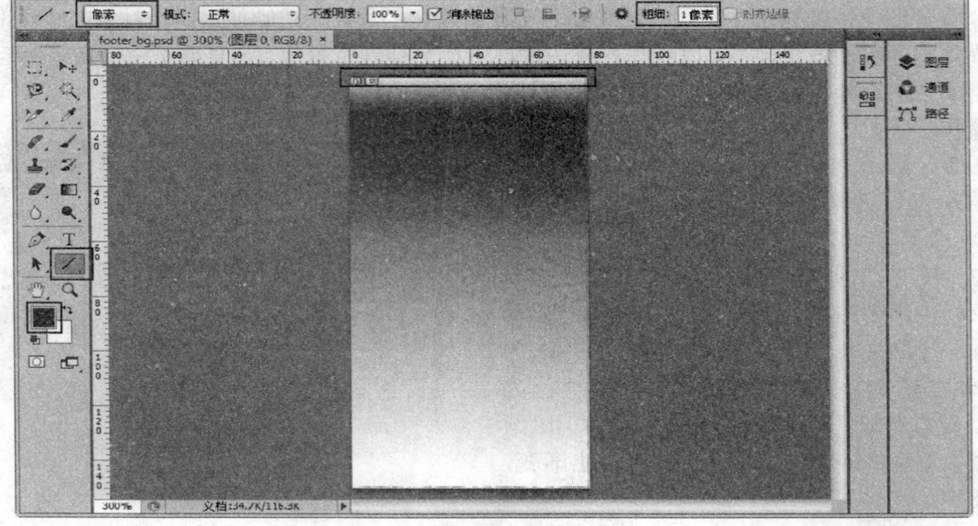

图 19.85　为渐变添加修饰线

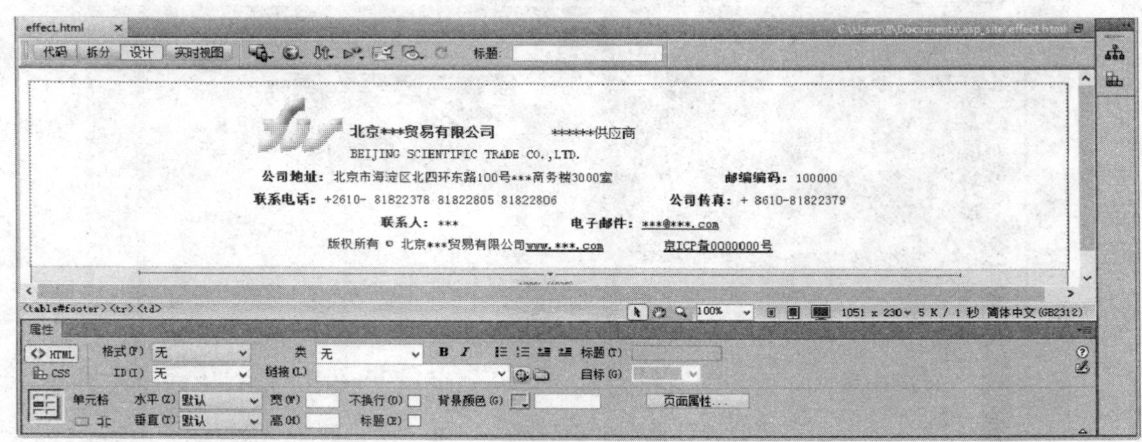

图 19.86　设计嵌套列表结构

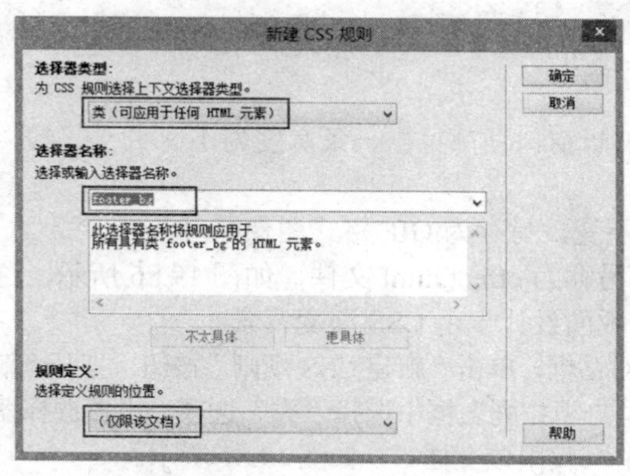

图 19.87　定义类样式

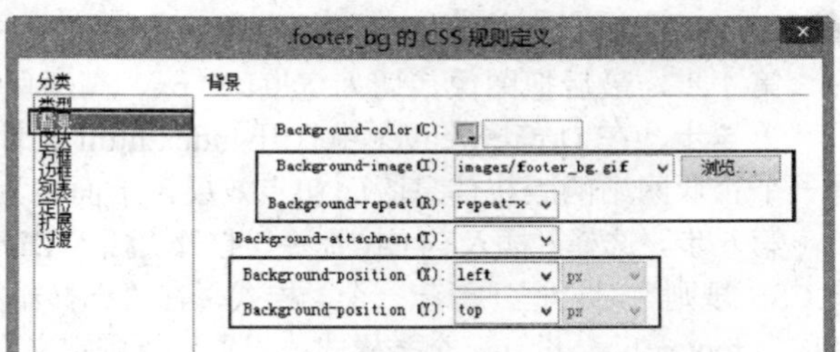

图 19.88　设置背景样式

第 8 步，确定之后完成 CSS 规则定义，在编辑窗口左下角的标签选择器中单击<td>，选中<td>标签，在“属性”面板“类”下拉列表框中选择类样式 footer_bg，参数设置如图 19.89 所示。

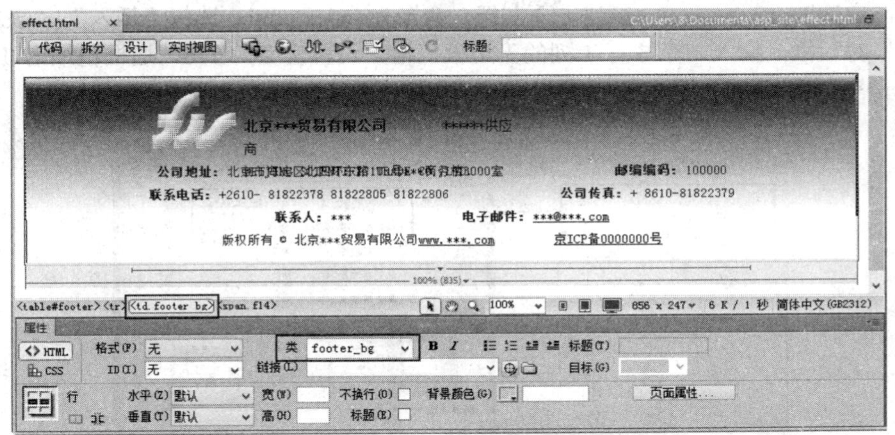

图 19.89　应用背景样式

第 9 步，保存文档，按 F12 键在浏览器中预览，即可得到如图 19.90 所示的页面效果。

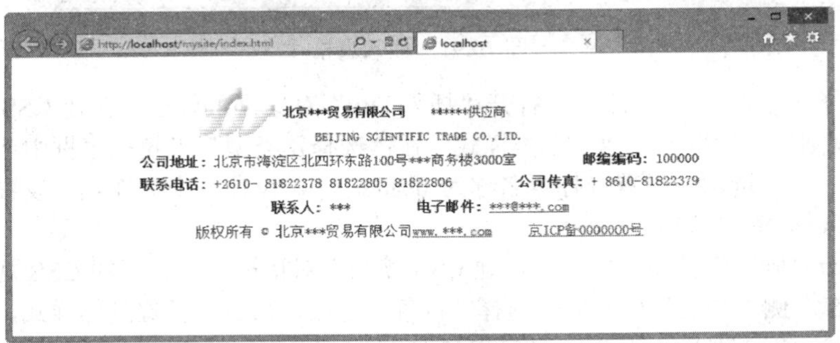

无背景版面效果

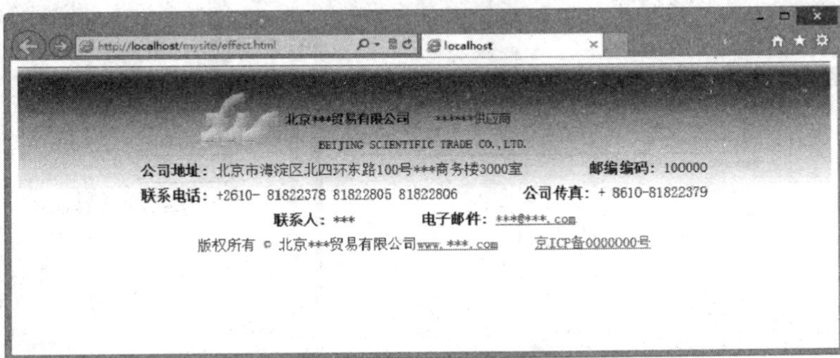

添加渐变背景的版面效果

图 19.90　范例效果

19.3.3　实战演练：设计圆角背景

使用背景图像设计圆角背景的基本思路是：先用 Photoshop 设计好圆角图像，再用 CSS 把圆角图像定义为背景图像，定位到版面中。用背景图像打造圆角布局的方法简单，能够节省很多 CSS 代码，

Note

而且还可以发挥想象力创造出更多富有个性的圆角效果。

【操作步骤】

第 1 步，启动 Dreamweaver，新建一个文档，命名为 index.html。选择“插入”|“表格”命令，打开“表格”对话框，插入一个 3 行 1 列的无边框表格，设置宽度为 218，边框粗细为 0，单元格边距为 0，单元格间距为 0，如图 19.91 所示。

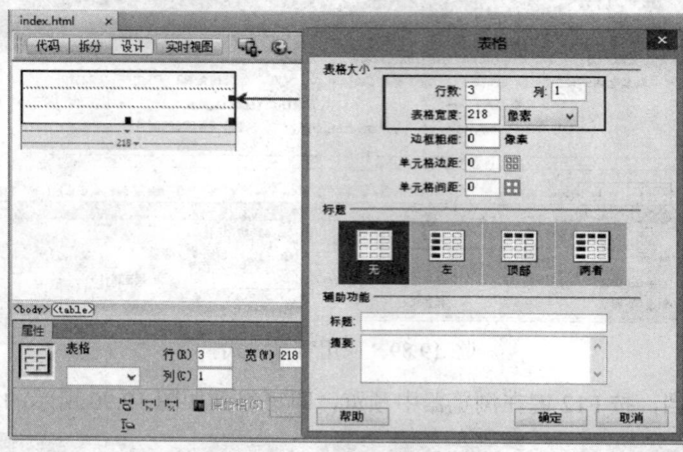

图 19.91　插入表格

第 2 步，选择“插入”| Div 命令，打开“插入 Div”对话框，单击“新建 CSS 规则”命令，打开“新建 CSS 规则”对话框，新建一个类样式，在“选择器类型”下拉列表框中选择“类（可应用于任何 HTML 元素）”选项，设置选择器名称为 header_bg，设计一个类样式，设置“规则定义”为“（仅限该文档）”，如图 19.92 所示。

第 3 步，单击“确定”按钮，关闭“新建 CSS 规则”对话框，在打开的 CSS 规则定义对话框中设置背景样式。在左侧“分类”列表框中选择“背景”选项，在右侧设置具体样式，设置背景图像为 images/call_top.gif，沿 x 轴水平平铺，如图 19.92 所示。

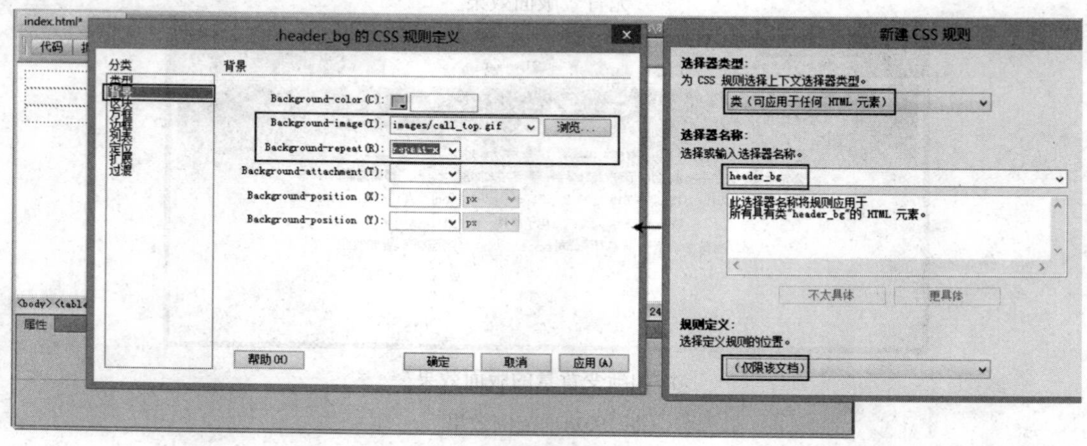

图 19.92　设置背景样式

第 4 步，选中第一行单元格，在“属性”面板中设置“水平”为“居中对齐”，类为第 2 步定义的 header_bg，高度为 43px。然后在单元格中输入文本“公司公告”，在属性面板中单击“加粗”按钮，为标题文本加粗显示，如图 19.93 所示。

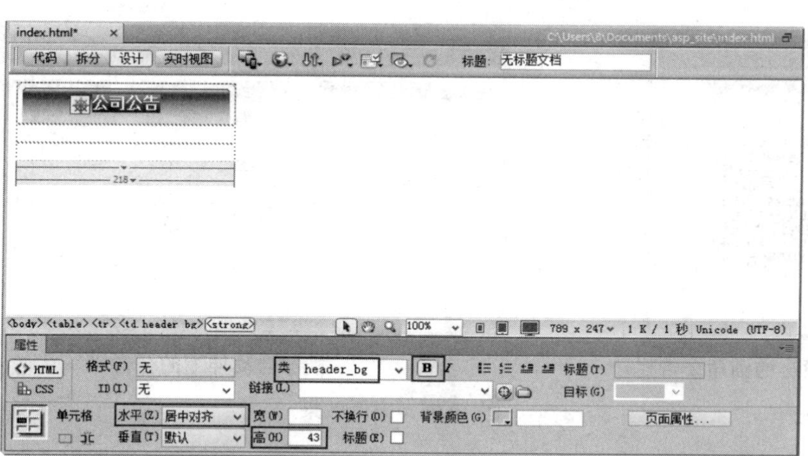

图 19.93　设置单元格样式

第 5 步，新建两个类样式：body_bg 和 footer_bg。分别设置背景样式，如图 19.94 所示。其中，body_bg 类样式设计背景图 images/call_mid.gif 垂直平铺，footer_bg 类样式设计背景图 images/call_btm.gif 禁止平铺。

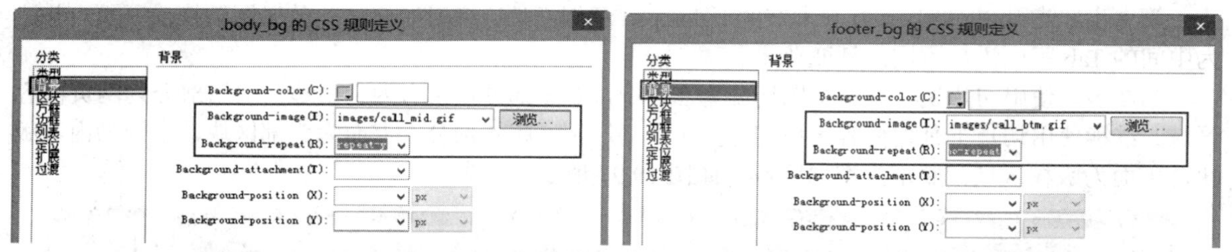

图 19.94　设置背景类样式

第 6 步，选中第二行单元格，在“属性”面板中设置类为 body_bg。选中第三行单元格，在“属性”面板中设置类为 footer_bg，设置单元格高度为 11px，如图 19.95 所示。

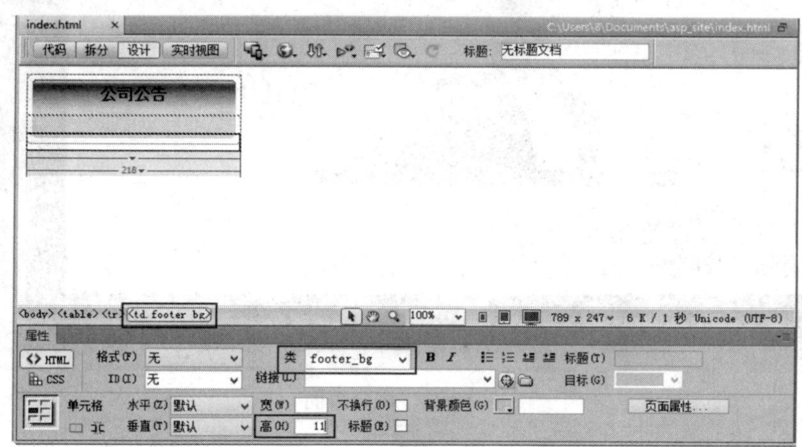

图 19.95　为单元格应用类样式

第 7 步，输入正文内容，然后保存文档，按 F12 键在浏览器中预览，即可看到如图 19.96 所示的页面效果。

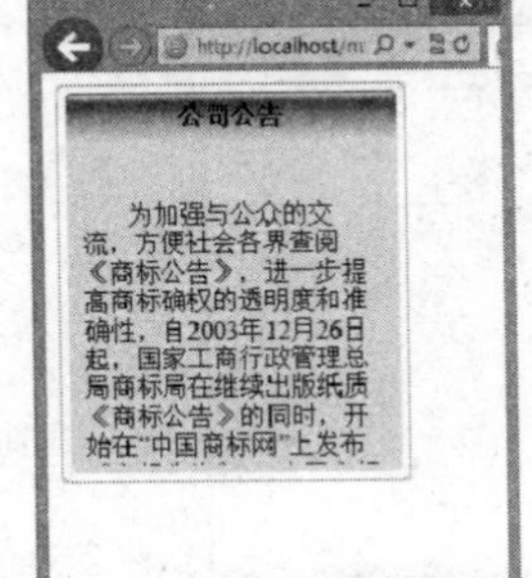
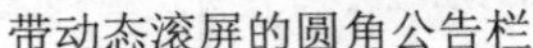

带动态滚屏的圆角公告栏

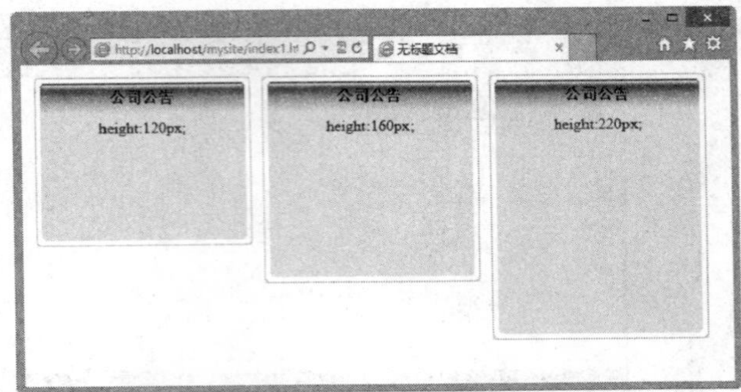

能够自动伸缩的公告栏

图 19.96　案例效果

19.3.4　实战演练：设计单栏背景

对于内容区无左、右侧栏的上下行单栏式版面，可以将背景设计在左右两侧，或者页头、页脚、内容区两侧，下面将介绍如何使用 CSS 制作 Tab 版面栏目背景的方法。

【操作步骤】

第 1 步，使用 Photoshop 打开本节的 index.psd 示例文件，练习如何将此效果图转换成网页，并能为中间的 Tab 版面添加不同的渐变背景。

第 2 步，使用切片工具把整个图切分为左、中、右 3 部分，左右为空白边，中间部分为网页内容区域。继续使用切片工具把内容区域切分为上、中、下、底 4 部分，上面为头部区块，中间为内容版块，下面为版权区域，底部为空白区域，如图 19.97 所示。

图 19.97　切分页面

第 3 步，使用切片工具把第 2 步中 04 切分再分为左、中、右 3 部分，左右两部分为渐变背景，中间部分为主体内容区域，然后再进行细致切分，将作为背景图像进行平铺显示，如图 19.98 所示。

第 4 步，选择"文件"|"存储为 Web 所用格式"命令，打开"存储为 Web 所用格式"对话框，在该对话框左侧单击"切片选择工具"按钮，依次选中每个切片，设置切片的图像质量，在对话

框右上角的“预设”选项中选择“JPEG 非常高”，设置“品质”为 80，如图 19.99 所示。

图 19.98　切分头部内容块

图 19.99　设定 JPG 格式切片

第 5 步，设定完毕，单击“存储”按钮，打开“将优化结果存储为”对话框，在“文件名”文本框中输入 index.html；在“格式”下拉列表框中选择“HTML 和图像”选项；在“设置”下拉列表框中选择“背景图像”选项，在“切片”下拉列表框中选择“所有用户切片”选项，详细设置如图 19.100 所示。

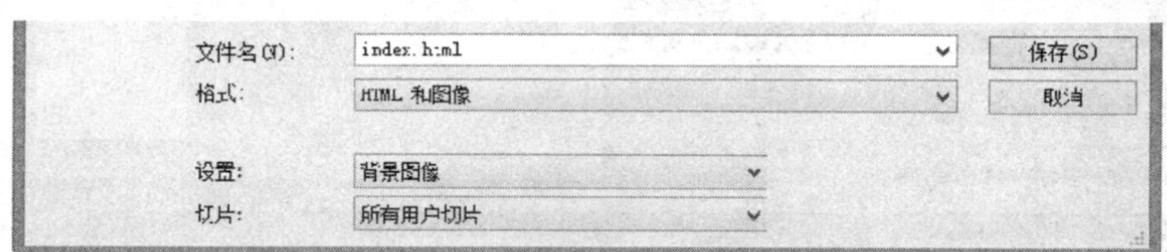

图 19.100　存储为背景图像

第 6 步，使用切片工具将创建的 07、08 切分再进行细分，主要切割出 Tab 选项卡栏目的修饰背景图，如标题栏圆角背景、标题栏背景、内容区背景等。为了能够精确切分，建议放大图像到 3200%，即从像素精度上进行控制，操作如图 19.101 所示。

第 7 步，选择“文件”|“存储为 Web 所用格式”命令，打开“存储为 Web 所用格式”对话框，在该对话框左侧单击“切片选择工具”按钮，依次选中第 6 步分割的切片，单击“存储”按钮，

打开“将优化结果存储为”对话框，在“文件名”下拉列表框中输入 tab；在“格式”下拉列表框中选择“仅限图像”选项；在“设置”下拉列表框中选择“背景图像”选项，在“切片”下拉列表框中选择“选中的切片”选项，详细设置如图 19.102 所示。

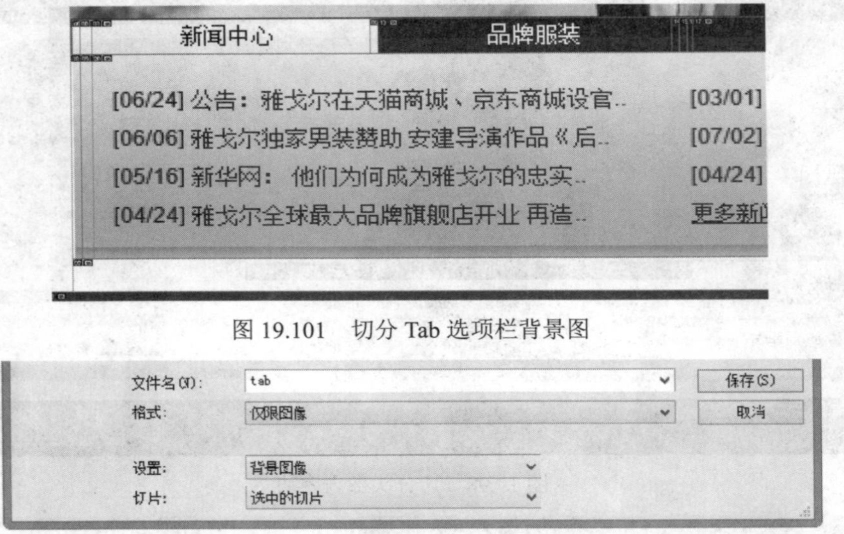

图 19.101　切分 Tab 选项栏背景图

文件名(N): tab　保存(S)
格式: 仅限图像　取消
设置: 背景图像
切片: 选中的切片

图 19.102　存储选中的切片

第 8 步，在 Dreamweaver 中打开 Photoshop 生成的 index.html 文档。选中整个表格，在“属性”面板中设置“对齐”为“居中对齐”。选择“修改”|“页面属性”命令，打开“页面属性”对话框，在左侧“分类”列表框中选择“外观（CSS）”选项，在右侧设置“背景颜色”为#151517，如图 19.103 所示。

图 19.103　设置网页居中显示并定义页面背景色

第 9 步，选中广告大图，在“属性”面板的“源文件”中更换为 images/adv.jpg，选中切片 08，然后按 Delete 键删除该切片图像，再选中该单元格，在“属性”面板中设置宽度为 633px，高度为 134px，背景颜色为白色，如图 19.104 所示。

图 19.104　设置 Tab 选项栏单元格属性

第 10 步，选择“插入”|“表格”命令，打开“表格”对话框，插入一个 2 行 4 列的无边框表格，设置宽度为 100%，边框粗细为 0，单元格边距为 0，单元格间距为 0。选中第 2 行 4 个单元格，在“属性”面板中单击“合并所选单元格”按钮，把 4 个单元格合并为一个单元格，参数设置如图 19.105 所示。

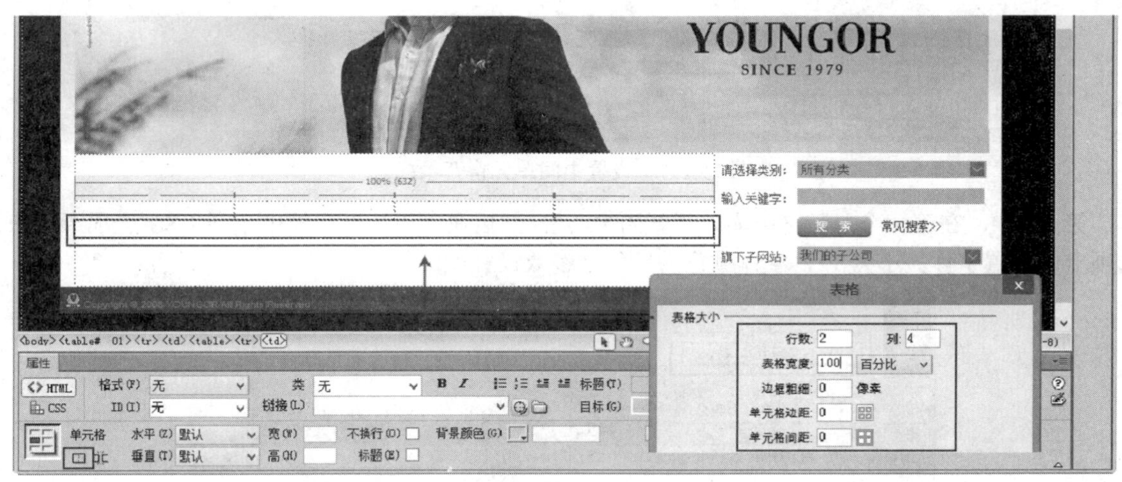

图 19.105　插入表格

第 11 步，分别选中第 1 行的 4 个单元格，设置其高度为 20，宽度为 25%，选中第 2 行的单元格，设置高度为 117，参数设置如图 19.106 所示。

第 12 步，把光标置于第 1 行第 1 个单元格，然后选择“插入”|“表格”命令，插入 1 行 3 列的嵌套表格，设置宽度为 100%，边框粗细为 0，单元格边距为 0，单元格间距为 0。在第 1 个单元格中插入 tab_09.jpg 切片图像，在第 3 个单元格中插入 tab_119.jpg 切片图像。

第 13 步，新建 bg_over 类样式，设置背景样式，定义切片图像 tab_10.jpg 沿水平方向平铺，然后选中第 2 个单元格，在“属性”面板的“类”下拉列表框中选择 bg_over 类样式，参数设置如图 19.107 所示。

Note

图 19.106 设置单元格的高度和宽度

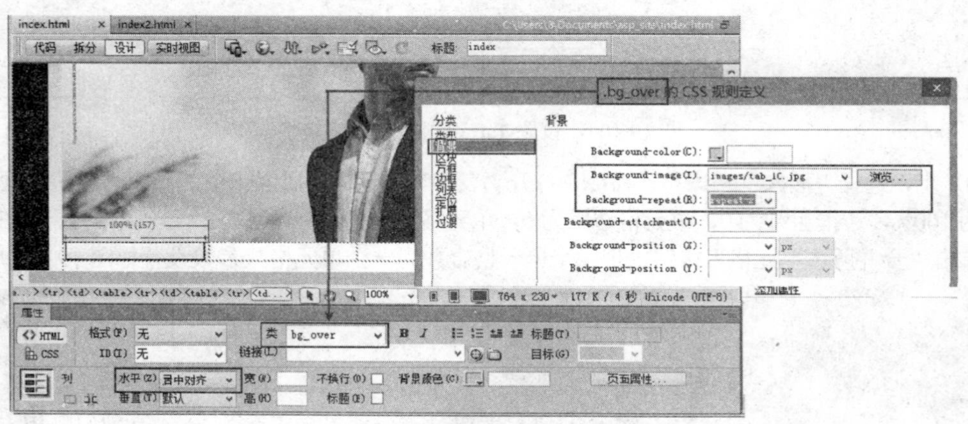

图 19.107 设置中间单元格背景样式

第 14 步，在第一个单元格中输入“新闻中心”，然后在“属性”面板中选择 CSS 选项卡，在其选项卡中设置字体大小为 12，字体颜色为黑色，参数设置如图 19.108 所示。

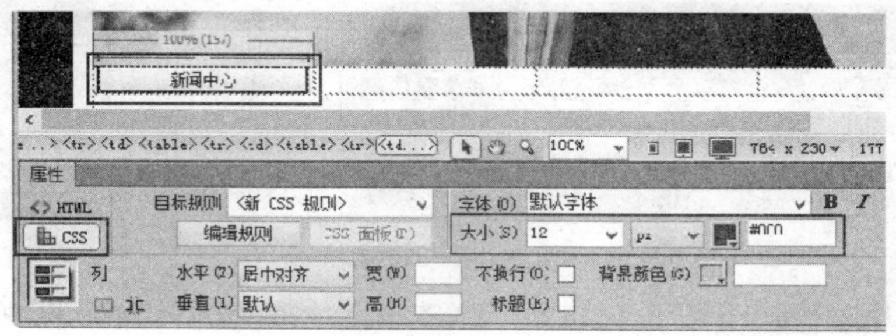

图 19.108 设置 Tab 标题及其样式

第 15 步，模仿上面 3 步操作，在第 2 个单元格中插入 1 行 3 列的表格，左右两侧单元格分别插入 images/tab_16.jpg 和 images/tab_15.jpg 切片图像，定义类样式 bg_out，在第 2 个单元格中应用该类样式，参数设置如图 19.109 所示。

第 16 步，模仿第 14 步操作，选中第 2 个单元格，设置水平居中，字体大小为 12，字体颜色为白色，输入标题文本，然后依次完成第 3 个、第 4 个 Tab 单元格的样式和文本设置，如图 19.110 所示。

图 19.109　设置第 2 个 Tab 单元格的样式

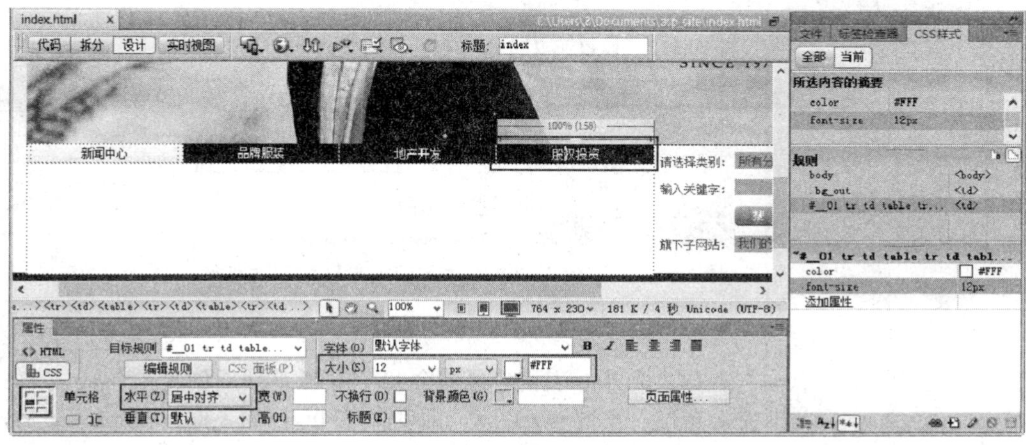

图 19.110　设置其他 Tab 单元格的文本和样式

第 17 步，选中整个 Tab 标题行，在“属性”面板中设置背景颜色为#1C3144，然后把光标置于第 2 行合并单元格中，插入一个 1 行 2 列的表格，如图 19.111 所示。

图 19.111　设置行背景色

第 18 步，新建 content_bg 类样式，设置背景样式，定义切片图像 tab_19.jpg 与沿水平方向平铺，然后选中第 2 行合并单元格，在“属性”面板的“类”下拉列表框中选择 content_bg 类样式，参数设置如图 19.112 所示。

第 19 步，选中 Tab 版面的外包含单元格，为其添加定位样式 position:relative，定义该单元格能

Note

够作为定位的窗口，以便让 Tab 版面向上偏移定位显示，参数设置如图 19.113 所示。

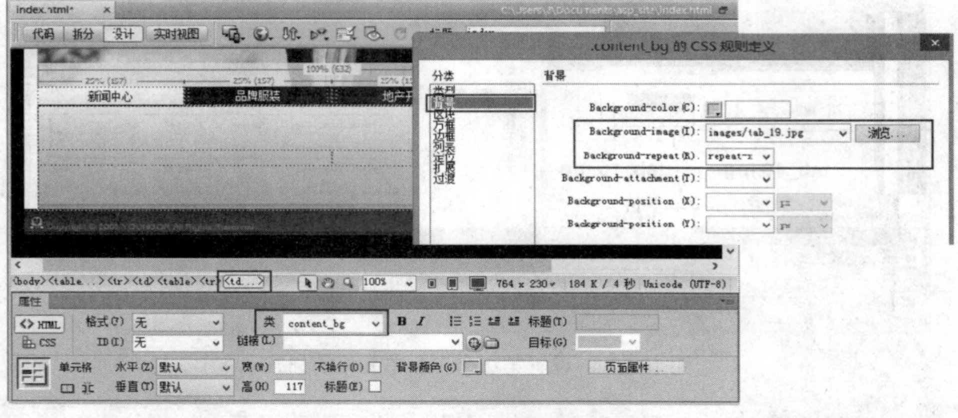

图 19.112　设置第 2 行合并单元格背景样式

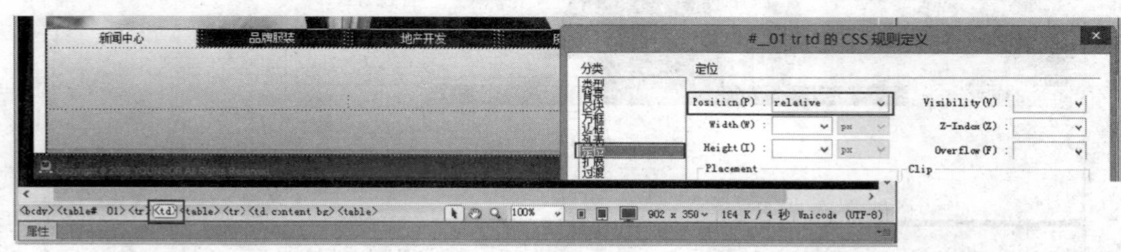

图 19.113　定义定位包含框

第 20 步，切换到“代码”视图，为 Tab 表格包裹一个<div>标签，然后创建一个 ap 类样式，设置定位样式，定义 ap 类样式绝对定位，宽度为 633px，高度为 134px，向上偏移-20px。最后，把这个类样式绑定到包裹标签<div>上，如图 19.114 所示。

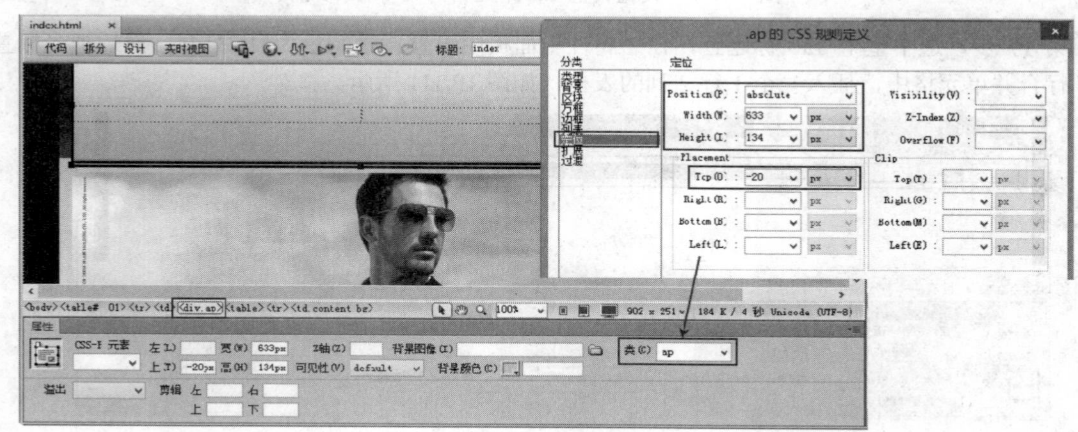

图 19.114　设计 Tab 版面绝对定位并向上偏移

第 21 步，输入段落文本，并设置段落文本样式，定义段落文本字体大小为 12px，行高为 1.6 倍字体大小高度；设置方框样式为 margin:0、margin-left:2em，如图 19.115 所示。

第 22 步，保存文档，按 F12 键在浏览器中预览，即可看到如图 19.116 所示的页面效果，整个版面通过表格设计，并通过绝对定位方式让表格向上偏移，通过错落搭配，设计出一种很个性的版面效果。

图 19.115　输入文本并设置文本样式

原始版面效果

单栏版面效果

图 19.116　范例效果

Note

19.3.5 实战演练：设计双栏背景

本节将设计双栏背景，具体操作如下。

【操作步骤】

第 1 步，使用 Photoshop 打开本节的 index.psd 示例文件，下面将练习如何将此效果图转换成网页，并把左右两栏转换为可编辑的文本区域，同时为页面、栏目标题和页脚添加背景图像。

第 2 步，使用切片工具把整个图切分为上、中、下、底 4 部分，上面为头部区块，中间为导航块，下面为内容区，底部为版权区，如图 19.117 所示。

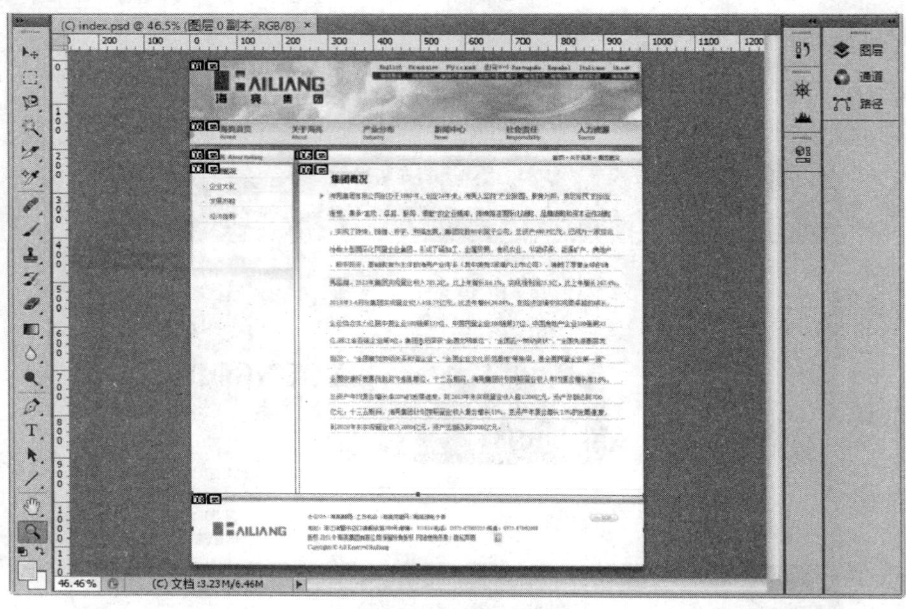

图 19.117　切分页面

第 3 步，使用切片工具把正文区左右两侧栏目切分出标题栏和正文部分，左右两栏中间的空白区域也要单独切分出来，避免后期文本编辑中对文本单元格造成影响，如图 19.118 所示。

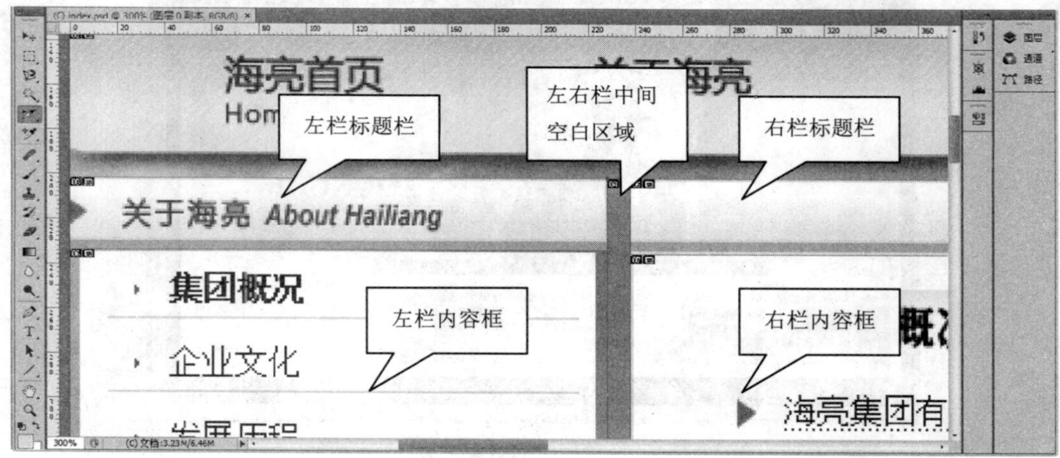

图 19.118　切分头部内容块

第 4 步，选择“文件”|“存储为 Web 所用格式”命令，打开“存储为 Web 所用格式”对话框，在该对话框左侧单击“切片选择工具”按钮，依次选中每个切片，设置切片的图像质量，在窗口右上角的“预设”选项中选择“JPEG 高”，设置“品质”为 70，如图 19.119 所示。

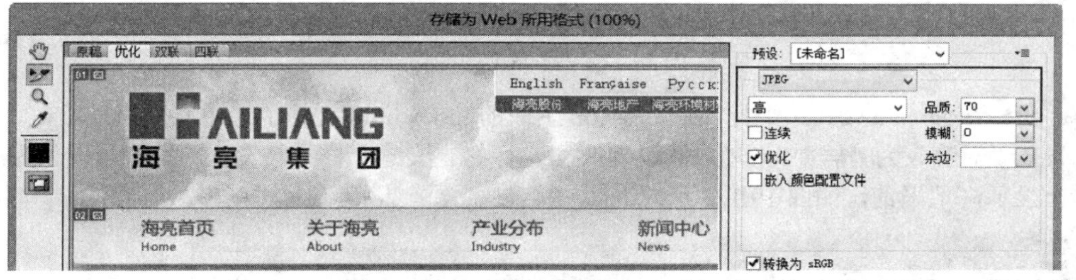

图 19.119　设定 JPEG 格式切片

第 5 步，设定完毕，单击“存储”按钮，打开“将优化结果存储为”对话框，在“文件名”下拉列表框中输入 index.html；在“格式”下拉列表框中选择“HTML 和图像”选项；在“设置”下拉列表框中选择“背景图像”选项，在“切片”下拉列表框中选择“所有用户切片”选项，详细设置如图 19.120 所示。

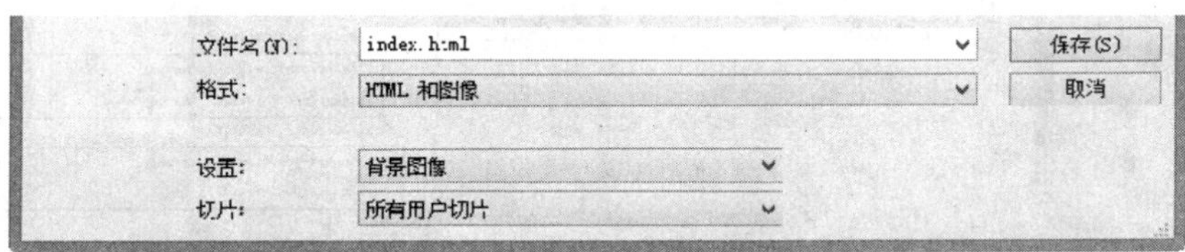

图 19.120　存储为背景图像

第 6 步，使用切片工具把栏目标题栏背景和页脚顶部的修饰线切分出来。为了能够精确切分，建议放大图像到 3200%，即从像素精度进行控制，操作如图 19.121 所示。

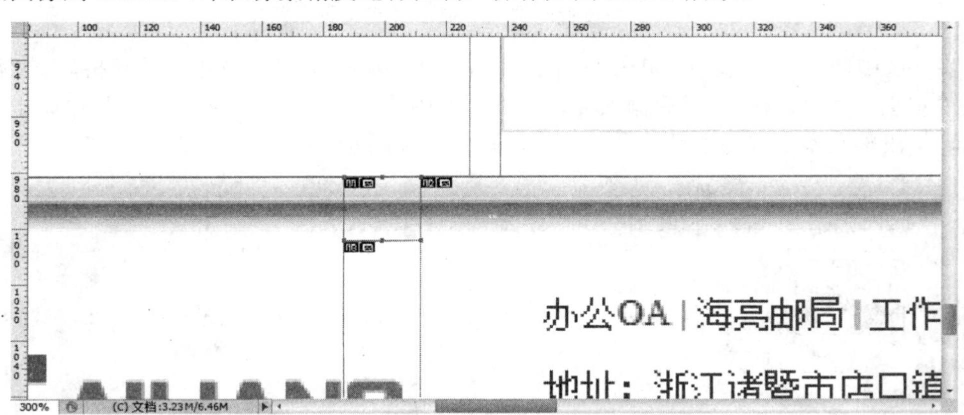

图 19.121　切分 Tab 选项栏背景图

第 7 步，选择“文件”|“存储为 Web 所用格式”命令，打开“存储为 Web 所用格式”对话框，在该对话框左侧单击“切片选择工具”按钮，依次选中第 6 步分割的切片，单击“存储”按钮，打开“将优化结果存储为”对话框，在“文件名”下拉列表框中输入 bg；在“格式”下拉列表框中选择“仅限图像”选项；在“设置”下拉列表框中选择“背景图像”选项，在“切片”下拉列表框中选择“选中的切片”选项，详细设置如图 19.122 所示。

图 19.122　存储选中的切片

第 8 步，在 Dreamweaver 中打开 Photoshop 生成的 index.html 文档。选中整个表格，在“属性”面板中设置“对齐”为“居中对齐”，然后为<body>标签定义一个样式，设置网页背景图像为 bg.jpg，居中靠上显示，不平铺，如图 19.123 所示。

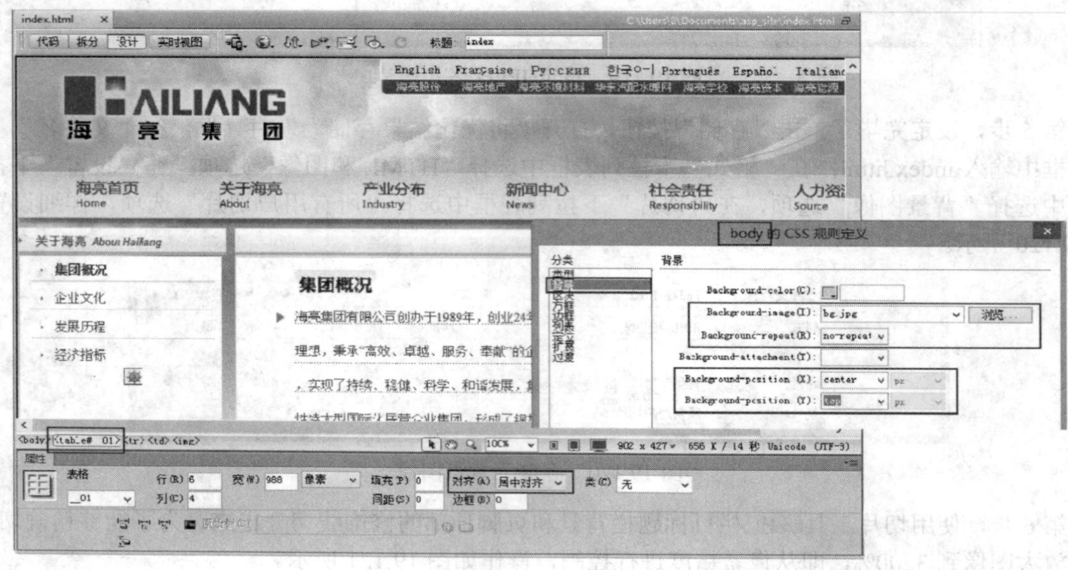

图 19.123　设置网页居中显示并定义页面背景

第 9 步，选中切片 06 的图像 index_06.jpg，按 Delete 键删除，然后选中该单元格，在“属性”面板中设置“垂直”为“顶端”，然后输入 4 段文本，选中这些文本，在“属性”面板中单击“项目列表”按钮，把段落文本设置为项目列表文本，如图 19.124 所示。

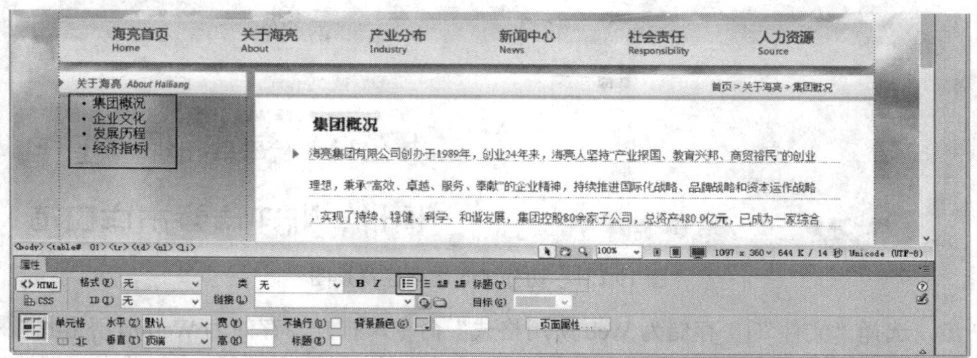

图 19.124　设置左侧导航区项目文本

第 10 步，选中<ul>标签，设计项目列表框样式：设置该项目列表区域背景色为白色；设置方框样式：定义项目列表框宽度为 100%，边界为 0，补白为 12px，即清除默认的缩进样式，如图 19.125 所示。

Note

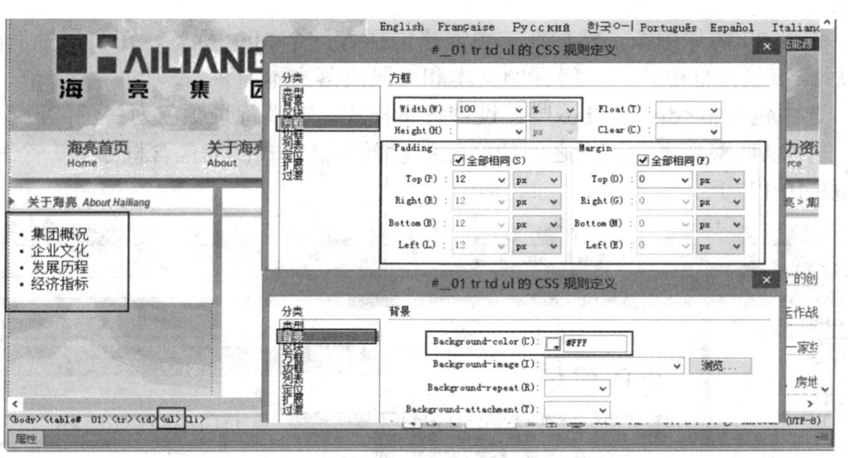

图 19.125　设计列表框样式

第 11 步，选中<li>标签，在 CSS 样式面板中设计列表项目样式。设置类型样式：定义项目列表字体大小为 13px，行高为 1.8 倍字体大小高度；设置背景样式：为每个项目定义背景式项目符号，使项目符号背景图显示在右侧居中位置，禁止平铺；设置方框样式：清除项目列表缩进样式，设置左侧缩进为 2 个字体大小宽度，以便留出空间显示项目符号背景图；设置边框样式：为每条项目定义一条浅色的下划线效果；设置列表样式：清除默认的项目列表符号样式。各样式设置如图 19.126 所示。

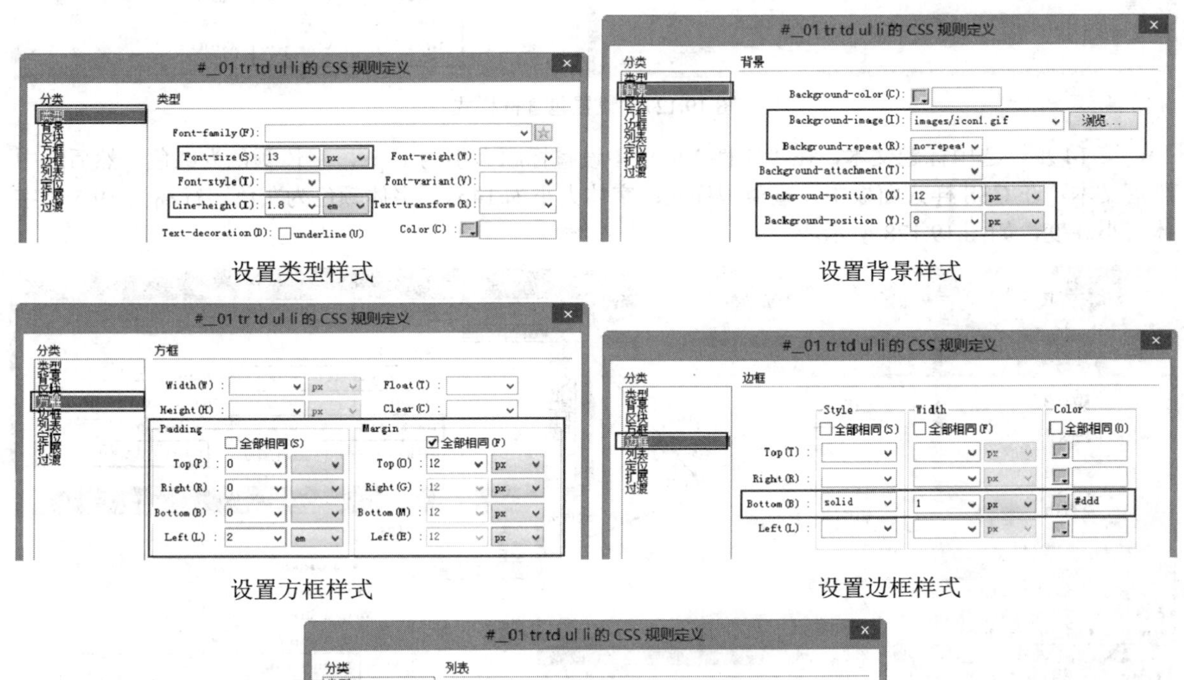

设置类型样式　　设置背景样式

设置方框样式　　设置边框样式

设置列表样式

图 19.126　设置列表项目样式

第 12 步，删除 07 切片图像，然后在该单元格中插入一个<div>标签，在“属性”面板中命名 ID 值为 box，然后在该包含框中输入一级标题文本和一段段落文本。

Note

第 13 步，选中包含框<div id="box">，设置背景样式：定义背景颜色为白色；设置方框样式：为包含框添加补白，以调整文本与边框之间的空隙；设置边框样式：为包含框添加一个浅色边框效果，各参数设置如图 19.127 所示。

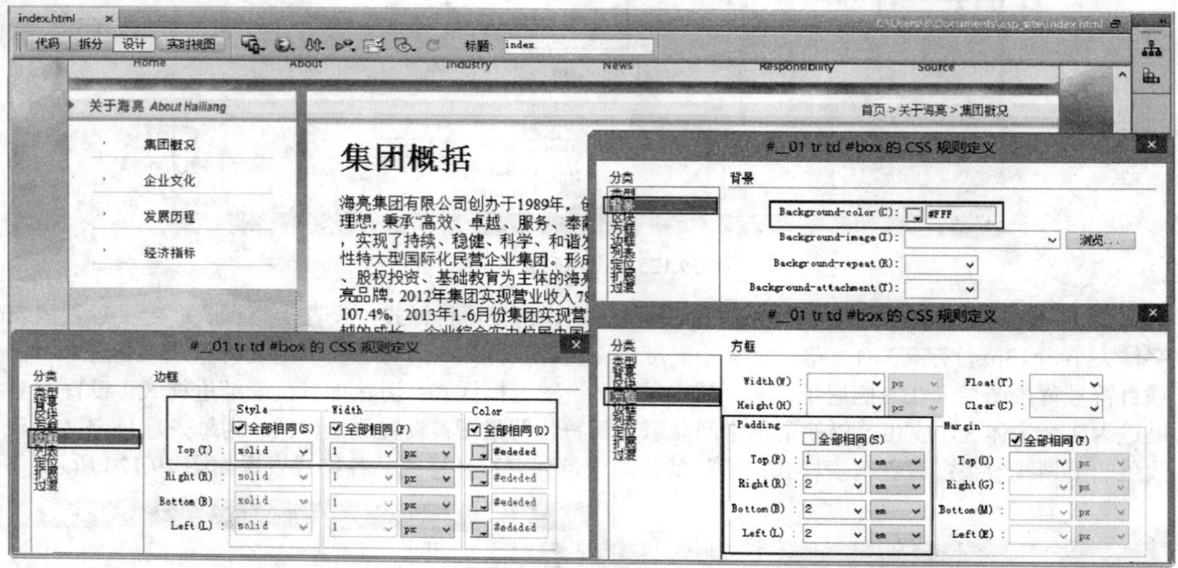

图 19.127　设置包含框样式

第 14 步，选中标题文本，在“属性”面板中设置标题大小为 18px，字体颜色为红色，然后选中段落文本，在 CSS 样式面板中设置类型样式：字体大小为 14px，字体颜色为灰色，行高为 19.5 倍字体大小高度，如图 19.128 所示。

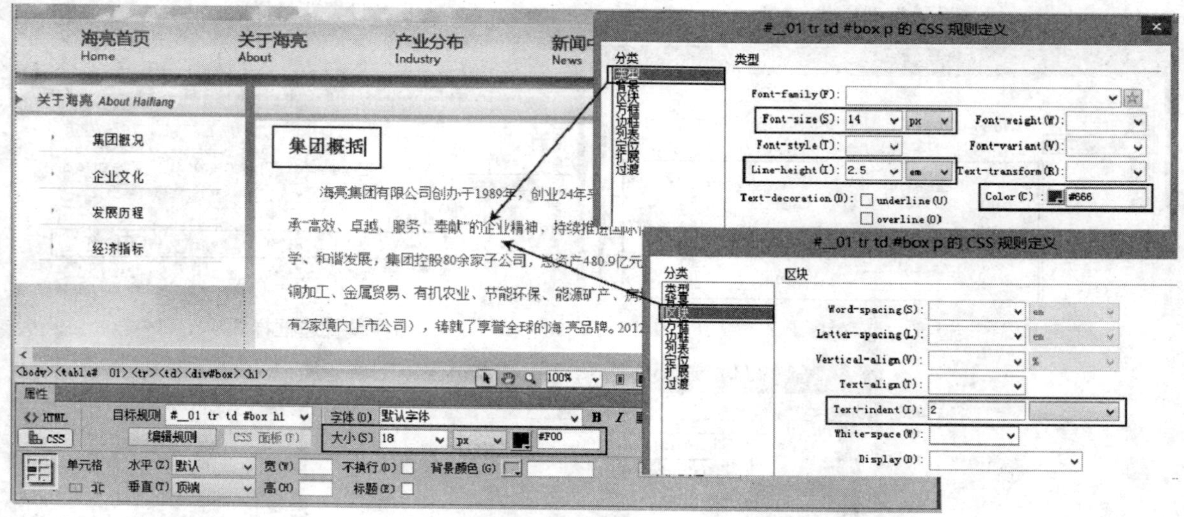

图 19.128　设置标题和段落文本样式

第 15 步，保存文档，按 F12 键在浏览器中预览，即可看到如图 19.129 所示的页面效果，整个版

面通过表格设计，通过背景设计，把两个两栏版面划分得清晰明了，页面设计效果规范。

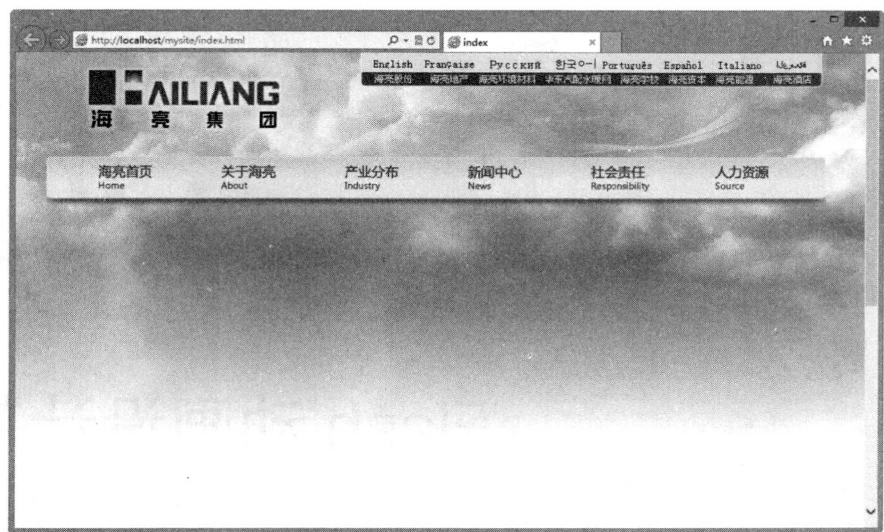

出版效果

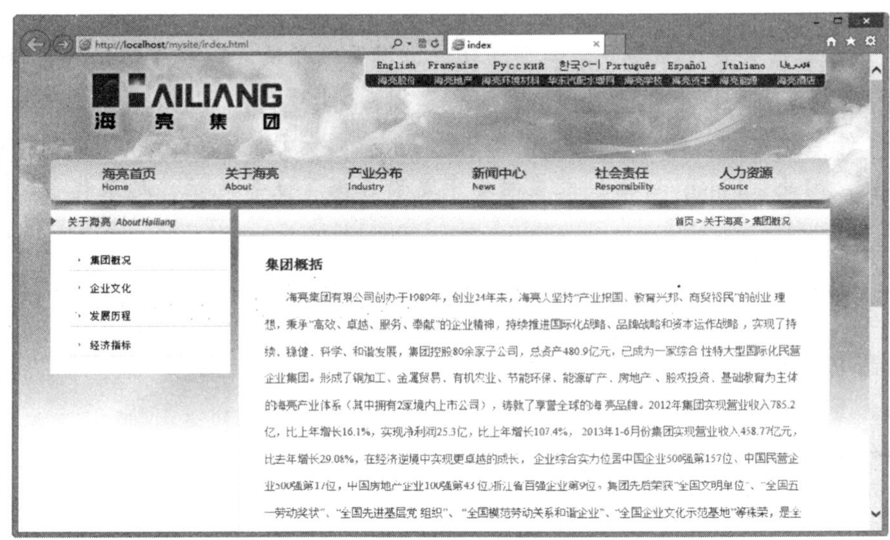

双栏版面效果

图 19.129　案例效果

第20章

Flash动画设计基础

（视频讲解：32分钟）

Flash是最著名的矢量动画和多媒体创作软件，用于网页设计和多媒体创作等领域，不仅制作动画的功能强大，还支持声音控制和丰富的交互功能。由于使用Flash制作的动画文件远远小于使用其他软件制作的动画文件，并且采用了网络流式播放技术，使得动画在较慢的网络上也能快速地播放，因此，Flash动画技术在网络中逐渐占据了主导地位，越来越多的网站应用了Flash动画技术。

学习重点：

- 熟悉Flash CC界面
- 熟悉Flash工作场景
- 操作Flash文档
- 制作简单的动画

20.1　熟悉 Flash CC 主界面

启动 Flash CC 后，进入主工作界面，它与其他 Adobe CC 组件具有一致的外观，从而可以帮助用户更容易地使用多个应用程序，如图 20.1 所示。

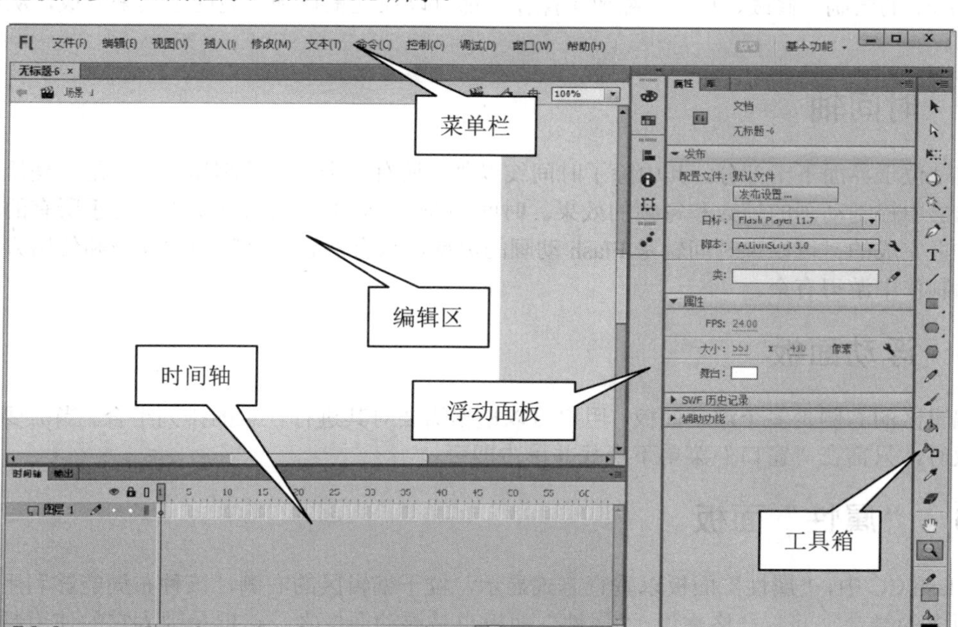

图 20.1　Flash CC 工作界面

20.1.1　编辑区

编辑区是 Flash CC 提供的制作动画内容的区域，所制作的 Flash 动画内容将完全显示在该区域中。在这里，用户可以充分发挥自己的想象力，制作出充满动感和生机的动画作品。根据工作情况和状态的不同，可以将编辑区分为舞台和工作区两个部分。

编辑区正中间的矩形区域就是舞台（Stage），在编辑时，用户可以在其中绘制或者放置素材（或其他电影）内容，舞台中显示的内容是最终生成动画后，访问者能看到的全部内容，当前舞台的背景也就是生成影片的背景。

舞台周围灰色的区域就是工作区，在工作区里不管放置了多少内容，都不会在最终的影片中显示出来，因此可以将工作区看成舞台的后台。工作区是动画的开始点和结束点，也就是角色进场和出场的地方，为进行全局性的编辑提供了条件。

如果不想在舞台后面显示工作区，可以选择“视图”命令，在菜单中取消对“工作区”（快捷键：Shift+Ctrl+W）命令的选择。执行该操作后，虽然工作区中的内容不显示，但是在生成影片时，工作区中的内容并不会被删除，它仍然存在。

20.1.2　菜单栏

在 Flash CC 中，菜单栏与窗口栏整合在一起，使得界面整体更简洁，工作区域进一步扩大。菜单栏中提供了几乎所有的 Flash CC 命令，用户可以根据不同的功能类型，在相应的菜单下找到所需的功能，其具体操作将在后面的章节中详细介绍。

Note

20.1.3 工具箱

工具箱位于界面的右侧，包括工具、查看、颜色以及选项 4 个区域，集中了编辑过程中最常用的命令，如图形的绘制、修改、移动、缩放等操作，都可以在这里找到合适的工具来完成，从而提高了编辑效率。

20.1.4 时间轴

时间轴位于界面下半部分，其中除了时间线以外，还有一个图层管理器，两者配合使用，可以在每一个图层中控制动画的帧数和每帧的效果。时间轴在 Flash 中是相当重要的，几乎所有的动画效果都是在这里完成的，可以说时间轴是 Flash 动画的灵魂，只有熟悉了时间轴的操作和使用方法，才可以在动画制作中游刃有余。

20.1.5 浮动面板

在编辑区的右侧是多个浮动面板，用户可以根据需要对其进行任意的排列组合。当需要打开某个浮动面板时，只需在“窗口”菜单下查找并单击即可。

20.1.6 “属性”面板

在 Flash CC 中，“属性”面板以垂直方式显示，位于编辑区的右侧，该种布局能够利用更宽的屏幕提供更多的舞台空间。严格来说，“属性”面板也是浮动面板之一，但是因为它的使用频率较高，作用比较重要，用法比较特别，所以从浮动面板中单列出来。在动画的制作过程中，所有素材（包括工具箱及舞台）的各种属性都可以通过属性面板进行编辑和修改，使用起来非常方便。

20.2 文档操作

在制作 Flash 动画之前，必须首先创建一个新的 Flash CC 文档，Flash CC 为用户提供了非常便捷的文档操作。

20.2.1 打开文档

选择“文件”|“打开”命令（快捷键：Ctrl+O），打开“打开”对话框，如图 20.2 所示，选择需要打开的文档，单击“打开”按钮即可。

20.2.2 新建文档

选择“文件”|“新建”命令（快捷键：Ctrl+N），打开“新建文档”对话框，如图 20.3 所示，进行相应的设置，然后单击“确定”按钮即可。

图 20.2 打开已有的 Flash 文档

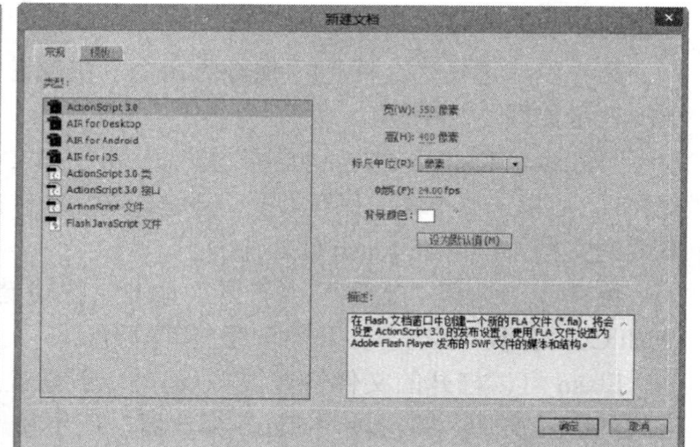

图 20.3 "新建文档"对话框

20.2.3 保存文档

制作好 Flash 动画，可以选择"文件" | "保存"命令（快捷键：Ctrl+S）进行保存。

如果需要将当前文档保存到计算机中的另一个位置，并且重命名，可以选择"文件" | "另存为"命令（快捷键：Shift+Ctrl+S）进行保存。

20.2.4 关闭文档

当不需要继续制作 Flash 动画时，可以选择"文件" | "关闭"命令（快捷键：Ctrl+W）关闭当前文档，也可以选择"文件" | "全部关闭"命令（快捷键：Ctrl+Alt+W）关闭所有打开的文档。

当完成动画的编辑和制作之后，可以单击 Flash 软件右上角的"关闭"按钮关闭当前窗口，也可以选择"文件" | "退出"命令（快捷键：Ctrl+Q）退出 Flash 软件。

20.3 案例实战：使用 Flash 进行操作

在制作 Flash 动画之前，必须了解如何在 Flash 中对文档进行相应的操作。

【操作步骤】

第 1 步，启动 Flash CC 软件。

第 2 步，选择"文件" | "新建"命令（快捷键：Ctrl+N）。

第 3 步，在打开的"新建文档"对话框中，选择"常规"选项卡中的"ActionScript 3.0"选项，如图 20.4 所示。

提示： 选择 ActionScript 3.0 和 ActionScript 2.0 版本的文档，所创建出来的文档对 ActionScript 的支持是不一样的，即 ActionScript 3.0 文档支持更多的功能。

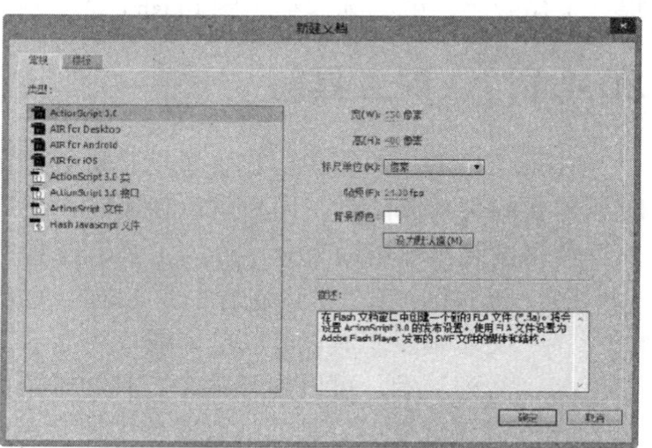

图 20.4 新建 Flash 文档

第 4 步，单击"确定"按钮，创建一个新的

Flash CC 文档。

第 5 步，选择“文件”|“保存”命令（快捷键：Ctrl+S）。Flash 源文件的格式为 FLA，在计算机中的表示如图 20.5 所示。

第 6 步，在打开的对话框中设置保存路径和文件名称，单击“确定”按钮保存。在保存 Flash 源文件时，可以选择不同的保存类型，但是不同版本的 Flash 软件只能打开特定类型的文档，例如，Flash CC 格式的文档不能够在 Flash CS3 中打开。

第 7 步，选择“文件”|“打开”命令（快捷键：Ctrl+O），在打开的对话框中找到第 6 步保存的 Flash CC 文档，单击“打开”按钮将其打开。

Flash 可以打开的文件格式很多，但是一般来说，打开的都是 FLA 格式的源文件，如果要打开 SWF 格式的影片文件，将会使用 Flash 播放器，而不使用 Flash 编辑软件，如图 20.6 和图 20.7 所示。

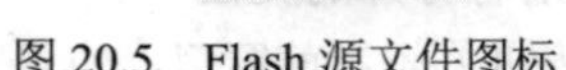

图 20.5 Flash 源文件图标

图 20.6 Flash 影片文件图标

图 20.7 使用 Flash 播放器观看动画效果

第 8 步，选择“文件”|“关闭”命令（快捷键：Ctrl+W），关闭当前文档，退出 Flash 动画的编辑状态。

20.4 熟悉工作场景

所谓“工欲善其事，必先利其器”，要想顺畅自如地进行动画设计，提高工作效率，就必须详细了解 Flash CC 的基本设置。

20.4.1 认识工具箱

Flash CC 的工具箱中，包含了用户进行矢量图形绘制和图形处理时所需要的大部分工具，用户可以使用它们进行图形设计。Flash CC 的工具箱按照具体用途来分，分为工具、查看、颜色和选项 4 个区。

☑ 工具区：工具区内包含的是 Flash CC 的强大矢量绘图工具和文本编辑工具。可以单列或双列显示工具，如图 20.8 所示为 3 列显示。可以展开某个工具的子菜单，选择更多工具，如在任意变形工具的折叠菜单中还有渐变变形工具，如图 20.9 所示。

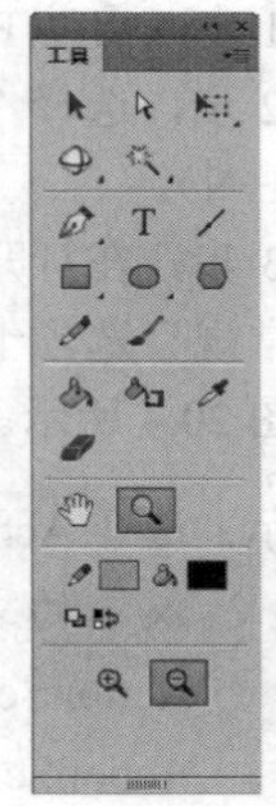

图 20.8 Flash CC 的工具区

☑ 查看区：包括对工作区中对象进行缩放和移动的工具，如图 20.10 所示。
☑ 颜色区：包括描边工具和填充工具，如图 20.11 所示。
☑ 选项区：显示选定工具的功能设置按钮，如图 20.12 所示。

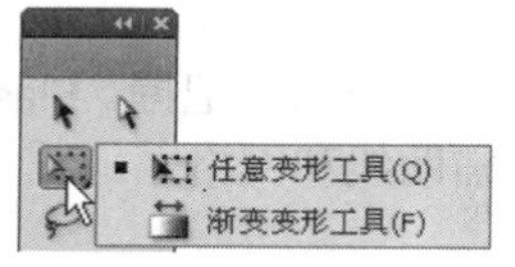

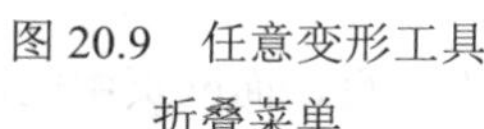

图 20.9 任意变形工具折叠菜单

图 20.10 Flash CC 的查看区

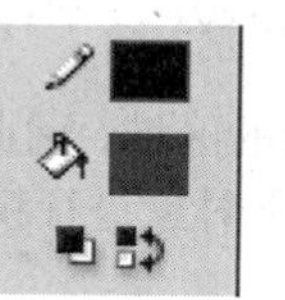

图 20.11 Flash CC 的颜色区

图 20.12 Flash CC 的选项区

20.4.2 舞台设置

Flash 中的舞台好比现实生活中剧场的舞台，用户可以根据需要，对舞台的效果进行设置。

【操作步骤】

第 1 步，启动 Flash CC 软件。

第 2 步，选择“文件”|“新建”命令（快捷键：Ctrl+N），创建一个新的 Flash 文档。

第 3 步，选择“修改”|“文档”命令（快捷键：Ctrl+J），打开 Flash 的“文档设置”对话框，如图 20.13 所示。

第 4 步，在“舞台大小”后的文本框中输入文档的宽度和高度，在“单位”下拉列表框中选择标尺的单位，一般选择“像素”。

第 5 步，单击“舞台颜色”的颜色选取框，在打开的颜色拾取器中为当前 Flash 文档选择一种背景颜色，如图 20.14 所示。

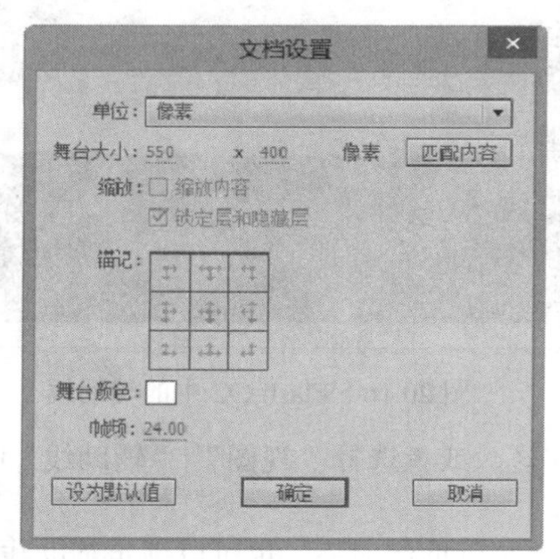

图 20.13 Flash CC 的“文档设置”对话框

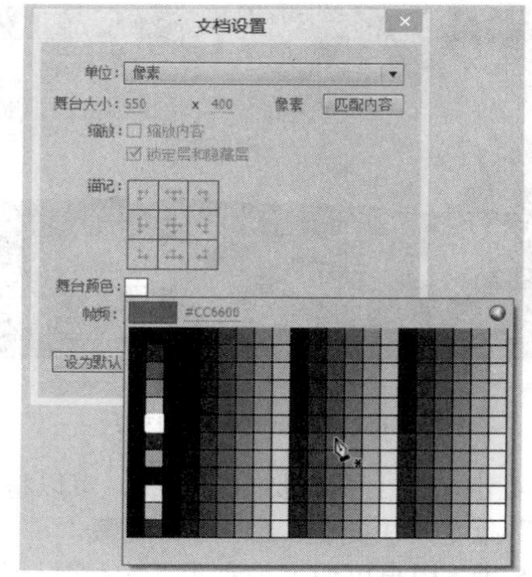

图 20.14 Flash CC 的颜色拾取器

> 提示：在 Flash 的颜色拾取器中，只能选择单色作为舞台的背景颜色，如果需要使用渐变色作为舞台的背景，可以在舞台上绘制一个和舞台同样尺寸的矩形，然后填充渐变色。

第 6 步，在“帧频”数值框中设置当前影片的播放速率，fps 的含义是每秒钟播放的帧数，Flash CC 默认的帧频为 24。

并不是所有 Flash 影片的帧频都要设置为 24，而是要根据实际的影片发布需要来设置，如果制作的影片是要在多媒体设备上播放的，例如电视、计算机，那么帧频一般设置为 24，如果是在互联网上进行播放，帧频一般设置为 12。

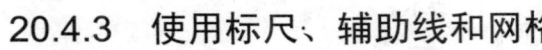

Note

20.4.3 使用标尺、辅助线和网格

由于舞台是集中展示动画的区域，因此对象在舞台上的位置非常重要，需要用户精确把握。Flash CC 提供了 3 种辅助工具，用于对象进行精确定位，这 3 种工具分别是标尺、辅助线和网格。

1. 标尺

标尺能够帮助用户测量、组织和计划作品的布局。由于 Flash 图形旨在用于网页，而网页中的图形是以像素为单位进行度量的，所以大部分情况下，标尺以像素为单位。

如果需要更改标尺的单位，可以在“文档设置”对话框中进行设置，如果需要显示和隐藏标尺，可以选择“视图”|“标尺”命令（快捷键：Shift+Ctrl+Alt+R），此时，垂直标尺和水平标尺会出现在文档窗口的边缘，如图 20.15 所示。

2. 辅助线

辅助线是用户从标尺拖到舞台上的线条，主要用于放置和对齐对象。用户可以使用辅助线来标记舞台上的重要部分，如边距、舞台中心点和要在其中精确地进行工作的区域。

【操作步骤】

第 1 步，打开标尺。

第 2 步，单击并从相应的标尺开始拖动。

第 3 步，在画布上定位辅助线并释放鼠标按键，绘制的辅助线如图 20.16 所示。

图 20.15 Flash CC 中的标尺

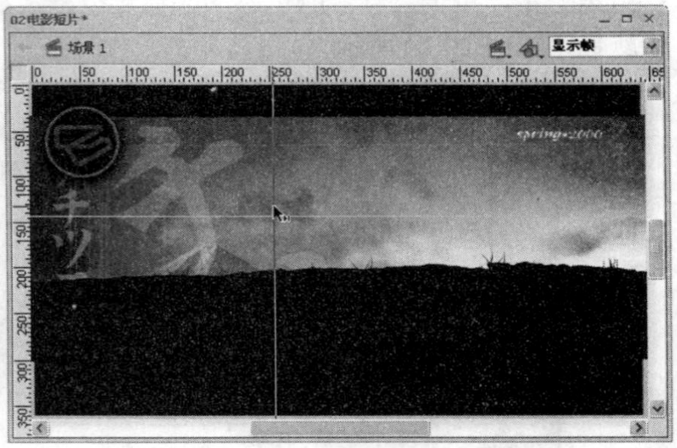

图 20.16 Flash CC 中的辅助线

第 4 步，对于不需要的辅助线，可以将其拖曳到工作区，或者选择“视图”|“辅助线”|“隐藏辅助线”命令（快捷键：Ctrl+;）隐藏。

第 5 步，用户可通过拖动重新定位辅助线，可以将对象与辅助线对齐，也可以锁定辅助线以防止它们意外移动，并且辅助线最终不会随文档导出。

3. 网格

Flash 网格在舞台上显示为一个由横线和竖线构成的体系，对于精确放置对象很有用。用户可以查看和编辑网格、调整网格大小以及更改网格的颜色。

☑ 选择“视图”|“网格”|“显示网格”命令（快捷键：Ctrl+’），显示和隐藏网格，如图 20.17 所示。

☑　选择“视图”|“网格”|“编辑网格”命令（快捷键：Ctrl+Alt+G），更改网格颜色或网格尺寸，如图 20.18 所示。

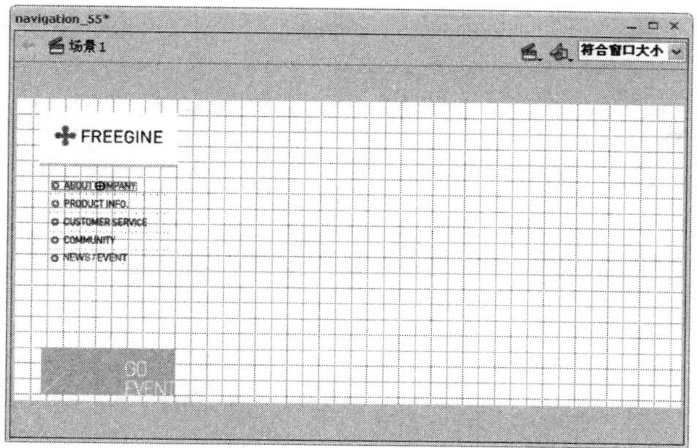

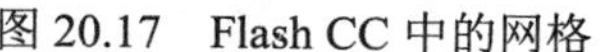

图 20.17　Flash CC 中的网格

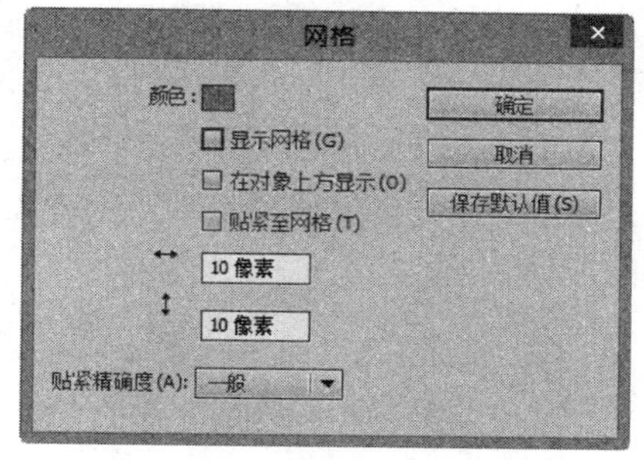

图 20.18　编辑网格

☑　选择“视图”|“对齐”|“对齐网格”命令（快捷键：Shitf+Ctrl+’），使对象与网格对齐。

20.4.4　使用场景

与电影里的分镜头十分相似，场景就是在复杂的 Flash 动画中，几个相互联系，但性质不同的分镜头，即不同场景之间的组合和互换构成了一个精彩的多镜头动画。一般比较大型的动画和复杂的动画经常使用多场景。在 Flash CC 中，通过“场景”面板对影片的场景进行控制。

☑　选择“窗口”|“其他面板”|“场景”命令（快捷键：Shift+F2），打开“场景”面板，如图 20.19 所示。

☑　单击“复制场景”按钮，复制当前场景。

☑　单击“新建场景”按钮，添加一个新的场景。

☑　单击“删除场景”按钮，删除当前场景。

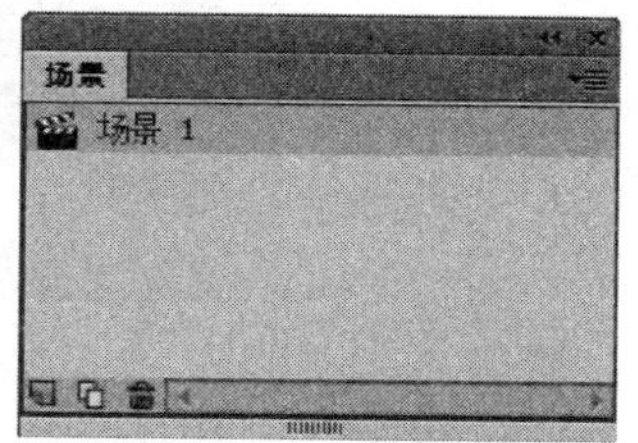

图 20.19　“场景”面板

20.5　案例实战：设计第一个动画

在开始使用 Flash CC 创作动画之前，先制作一个简单的动画，让读者对动画制作的整个流程有一个大概的认识，该动画制作流程和任何复杂动画的制作流程都是一样的。

20.5.1　设置舞台

首先设置 Flash CC 的舞台属性，就好比在绘画之前准备纸张一样。Flash CC 舞台属性的设置如下。

【操作步骤】

第 1 步，启动 Flash CC 软件。

第 2 步，选择“文件”|“新建”命令（快捷键：Ctrl+N），打开“新建文档”对话框，如图 20.20 所示。

第 3 步，选择“新建文档”对话框中的 Flash 文件 ActionScript 3.0，然后单击“确定”按钮。

Note

第 4 步，设置影片文件的大小、背景色和播放速率等参数。选择“修改”|“文档”命令（快捷键：Ctrl+J），打开“文档设置”对话框，如图 20.21 所示。

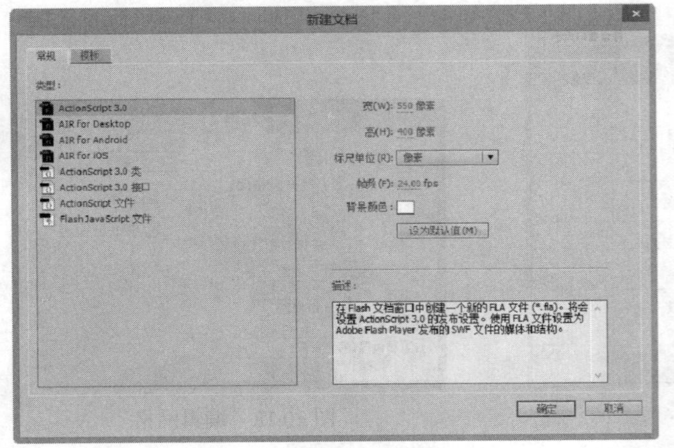

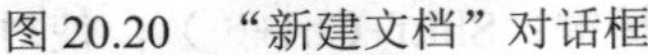

图 20.20 “新建文档”对话框

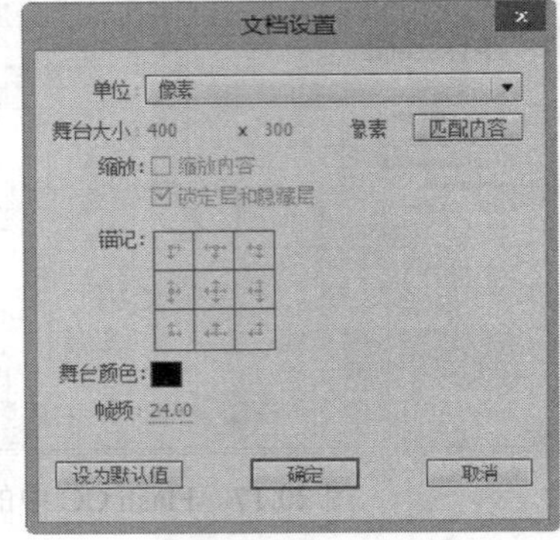

图 20.21 Flash CC 的“文档设置”对话框

也可双击时间轴中如图 20.22 所示的位置，同样可以打开“文档设置”对话框。

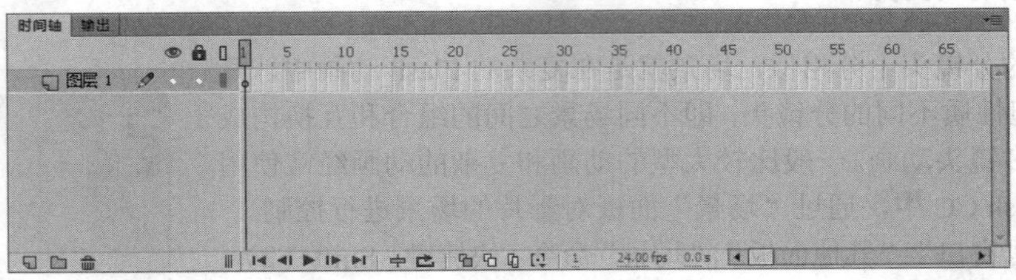

图 20.22 双击图中所示的位置

还有一种最快捷的方法，就是使用“属性”面板，如图 20.23 所示。

第 5 步，在“文档设置”对话框中设置尺寸为 400px×300px，舞台的背景颜色为黑色，设置完毕后，单击“确定”按钮。

第 6 步，修饰舞台背景。选择工具箱中的矩形工具，如图 20.24 所示，然后将颜色区中的笔触设置为无色，填充设置为白色。

第 7 步，使用矩形工具在舞台的中央绘制一个没有边框的白色矩形，如图 20.25 所示。

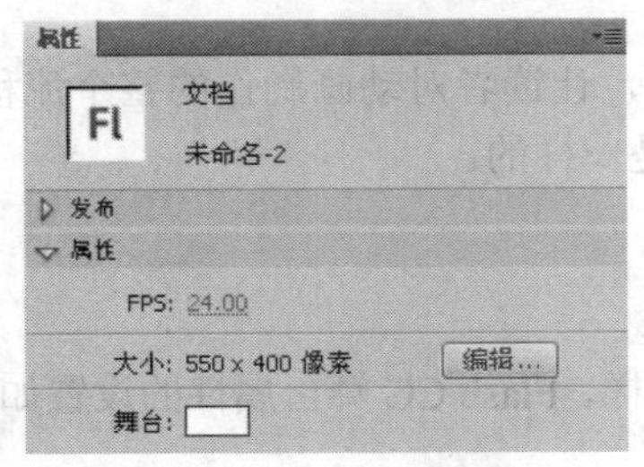

图 20.23 在“属性”面板中设置文档属性

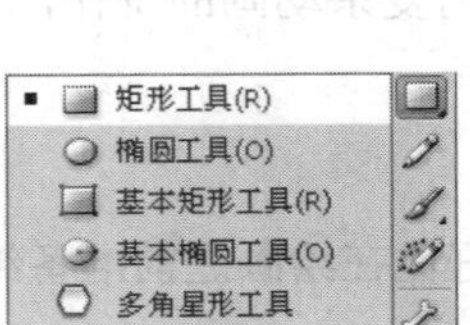

图 20.24 选择矩形工具

图 20.25 在舞台中绘制白色无边框矩形

第 8 步，选择工具箱中的文本工具，单击舞台的左上角，输入“Flash CC 动画制作”，然后在“属性”面板中设置文本的属性，如图 20.26 所示。

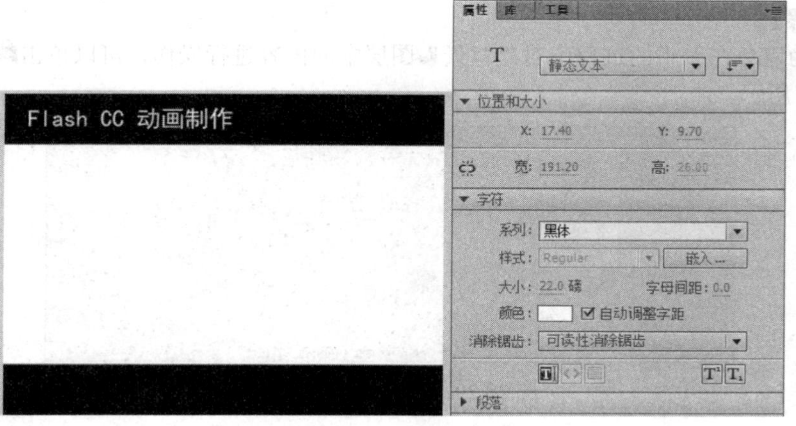

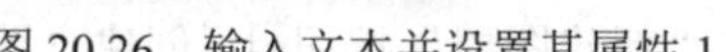

图 20.26　输入文本并设置其属性 1

第 9 步，选择工具箱中的文本工具T，在舞台的下方单击，输入“网页顽主，不怕慢就怕站”，然后在“属性”面板中设置文本的属性，如图 20.27 所示。

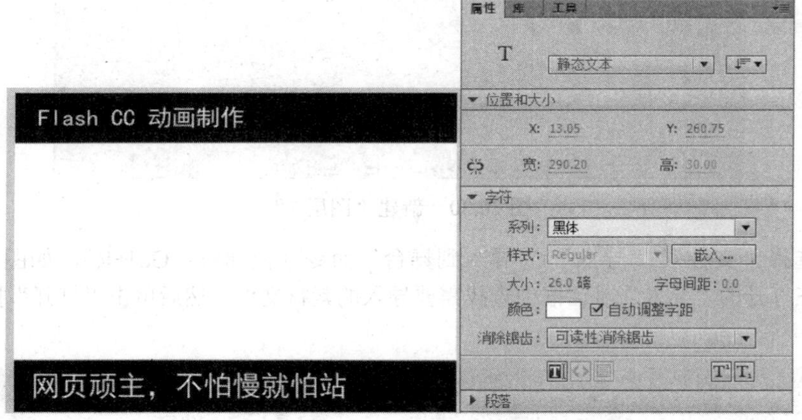

图 20.27　输入文本并设置其属性 2

第 10 步，以上所有的操作都是在“图层 1”中完成，为便于操作，将“图层 1”更名为“背景”，如图 20.28 所示。

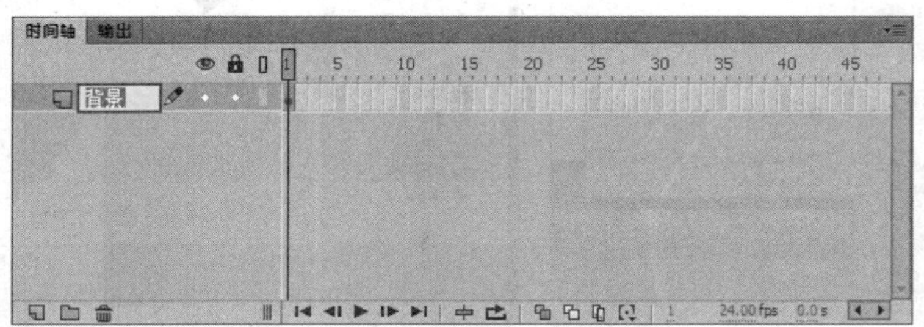

图 20.28　更改图层名称

20.5.2　制作动画

完成舞台设置之后，就可以制作动画了。

【操作步骤】

第 1 步，为避免在编辑的过程中对“背景”图层中的内容进行操作，可以单击锁定“背景”图层，如图 20.29 所示。

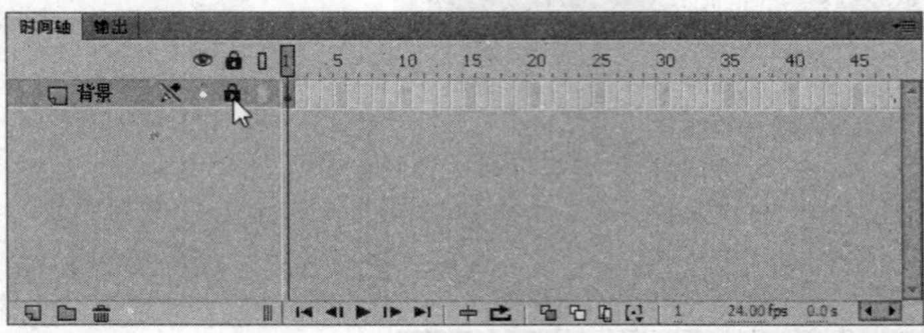

图 20.29　锁定“背景”图层

第 2 步，单击时间轴左下角的“新建图层”按钮，创建“图层 2”，如图 20.30 所示（接下来的操作将在“图层 2”中完成）。

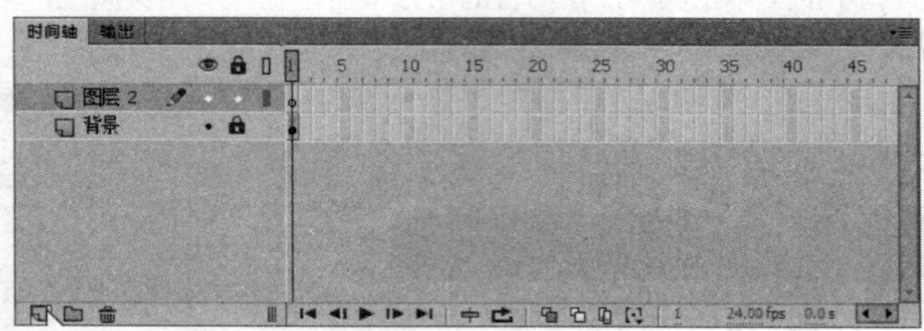

图 20.30　新建“图层 2”

第 3 步，选择“文件”|“导入”|“导入到舞台”命令（快捷键：Ctrl+R），如图 20.31 所示。

第 4 步，在打开的“导入”对话框中查找需要导入的素材文件，然后单击“打开”按钮，如图 20.32 所示。

图 20.31　导入素材的命令

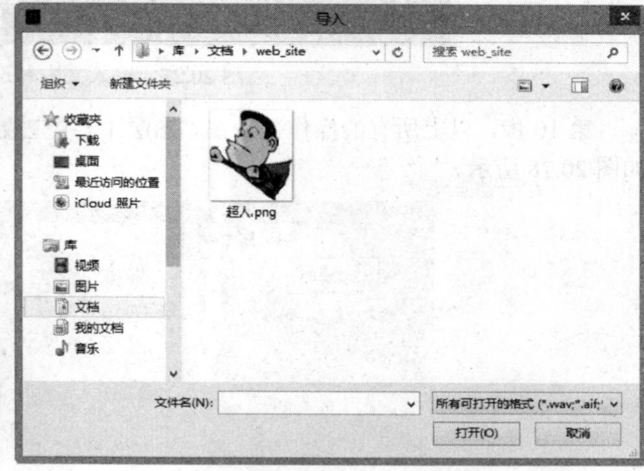

图 20.32　选择要导入的素材

第 5 步，此时，导入的素材会出现在舞台上，如图 20.33 所示。

第 6 步，选中舞台中的图片素材，选择“修改”|“转换为元件”命令，在打开的“转换为元件”对话框中进行相关设置，把图片转换为一个图形元件，如图 20.34 所示。

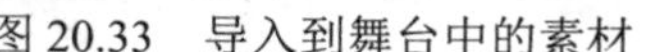
图 20.33 导入到舞台中的素材

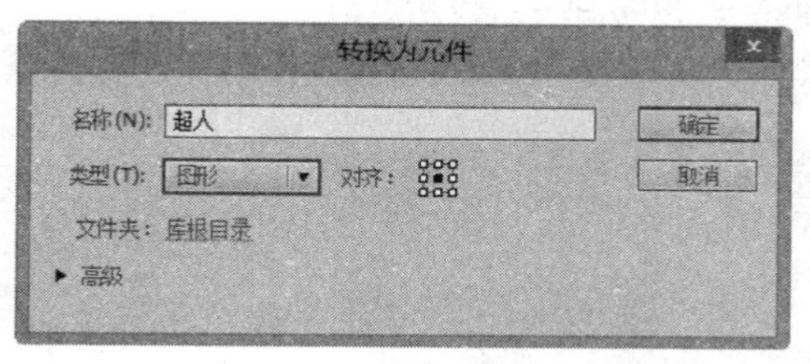

图 20.34 “转换为元件”对话框

第 7 步，使用选择工具把转换好的图形元件拖曳到舞台的最右边，如图 20.35 所示。

第 8 步，选中“图层 2”的第 30 帧，按 F6 键插入关键帧，然后把该帧中的图形元件水平移动到舞台的最左侧，如图 20.36 所示。

图 20.35 移动元件的位置

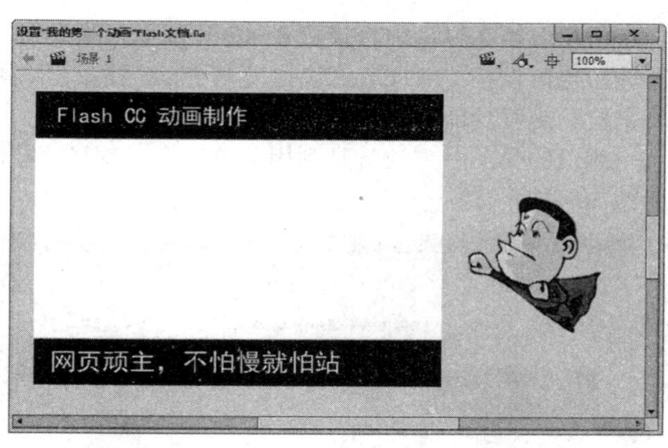

图 20.36 设置第 30 帧的元件

第 9 步，为了能在整个动画的播放过程中看到所制作的背景，选中“背景”图层的第 30 帧，按 F5 键，插入静态延长帧，延长“背景”图层的播放时间，如图 20.37 所示。

第 10 步，右击“图层 2”第 1～29 帧之间的任意一帧，在打开的快捷菜单中选择“创建传统补间”命令，如图 20.38 所示。

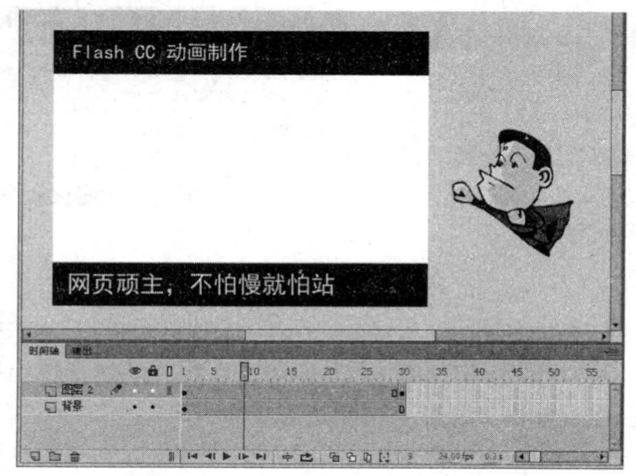

图 20.37 延长“背景”图层的播放时间

图 20.38 选择补间动画的类型

Note

第 11 步，此时，在时间轴上会看到紫色的区域和由左向右的箭头，这就是成功创建传统补间动画的标志，如图 20.39 所示。

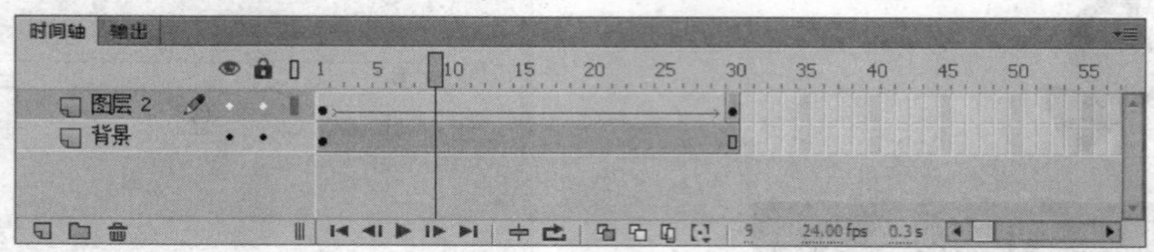

图 20.39　传统补间动画创建完成

至此，一个简单的动画就制作完成了。

20.5.3　测试动画

用户可以在舞台中直接按 Enter 键预览动画效果，会看到超人快速地从舞台的右边移动到舞台的左边，也可以按 Ctrl+Enter 快捷键在 Flash 播放器中测试动画，如图 20.40 所示，测试的过程一般是用来检验交互功能的过程。

测试的另一种方法就是利用菜单命令，选择“控制”|“测试影片”命令（快捷键：Ctrl+Enter），如图 20.41 所示。

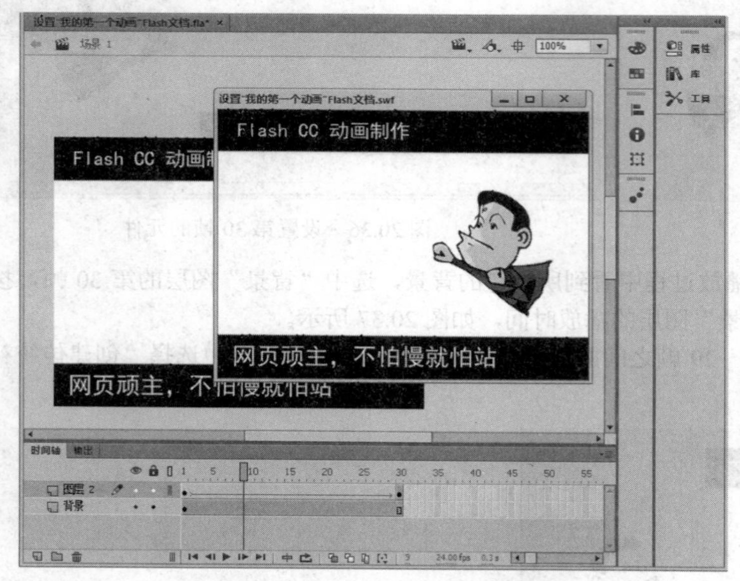

图 20.40　在 Flash 播放器中测试动画

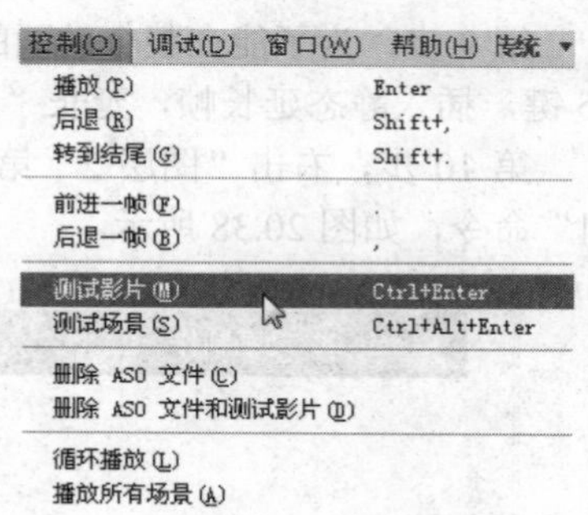

图 20.41　主菜单中的测试命令

20.5.4　保存、发布动画

动画制作完毕后要进行保存，选择“文件”|“保存”命令（快捷键：Ctrl+S）可以将动画保存为.fla 的 Flash 源文件格式。也可以选择“另存为”命令（快捷键：Shift+Ctrl+S），在打开的对话框中设置“保存类型”为“Flash 文档”，扩展名为.fla，然后单击“保存”按钮进行保存。

其实所有的 Flash 动画源文件其格式都是.fla，但是如果将其导出，则可能是 Flash 支持的任何格式，默认的导出格式为.swf。

动画的导出和发布很简单，选择“文件”|“发布设置”命令（快捷键：Shift+Ctrl+F12），打开如图 20.42 所示的对话框，设置输出文件的类型为 Flash、GIF、JPG 以及 QuickTime 影片等（默认选中的是 Flash 和 HTML 两项），然后单击“发布”按钮，即可发布动画。

另一种导出影片的方法是选择“文件”|“导出”|“导出影片”命令（快捷键：Shitf+Ctrl+Alt+S），在打开的“导出影片”对话框中选择导出格式，如图 20.43 所示。

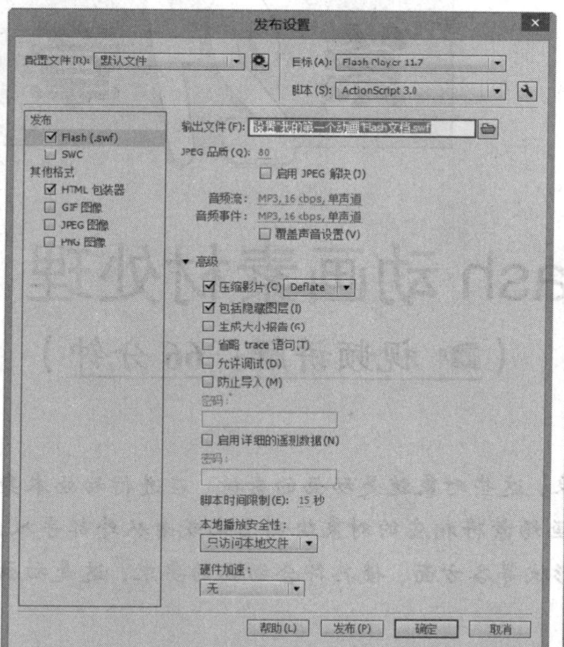

图 20.42　“发布设置”对话框

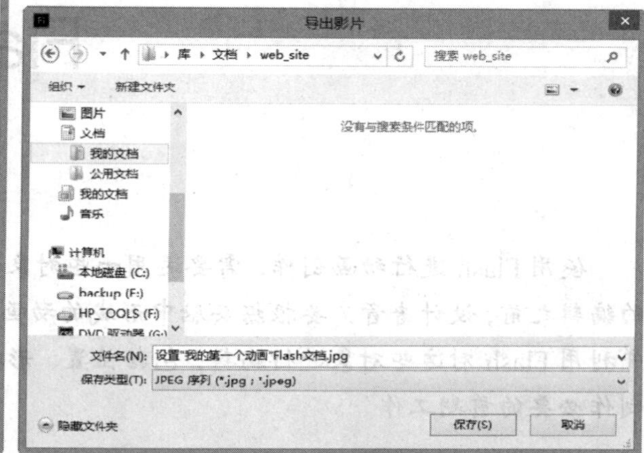

图 20.43　“导出影片”对话框

到此为止，整个动画制作完毕。在以后的制作中，不管用户制作什么样的动画效果，其制作流程和方法都是一样的。

第21章

Flash 动画素材处理

（视频讲解：66 分钟）

使用 Flash 进行动画创作，需要运用一些对象，这些对象就是动画的素材。在进行动画本身的编辑之前，设计者首先要根据头脑中形成的动画场景将相应的对象绘制出来或者从外部导入，并利用 Flash 对这些对象进行编辑，包括位置、形状等各方面，使其符合动画的要求，这是动画制作必要的前期工作。

学习重点：

- Flash 素材来源
- Flash 素材类型
- Flash 中图片素材的编辑

Note

21.1 Flash 素材来源

要想将巧妙构思最终实现为精彩的动画作品，首先必须有足够的和高品质的可供操作的素材，其来源有两种途径：使用 Flash 自行绘制或从其他地方导入。

21.1.1 绘制对象

使用 Flash CC 提供的绘图工具可以直接绘制矢量图形，从而使用这些绘制出来的图形生成简单的动画效果，如图 21.1 所示。

图 21.1 使用 Flash 绘图工具绘制简单图形来制作动画

使用 Flash CC 直接绘制出来的矢量图形有两种不同的属性，即路径形式（Lines）和填充形式（Fills）。使用基本形状工具可以同时绘制出边框路径和填充颜色，就是这两种不同属性的具体表现。下面通过一个简单的案例来说明两种形式的区别。

【操作步骤】

第 1 步，新建一个 Flash 文件。

第 2 步，分别选择工具箱中的铅笔工具和笔刷工具，在位图中绘制粗细接近的两条直线，如图 21.2 所示。

第 3 步，选择工具箱中的选择工具，把鼠标指针移动到路径的边缘，通过拖曳改变路径的形状，如图 21.3 所示。

第 4 步，选择工具箱中的选择工具，把鼠标指针移动到色块的边缘，通过拖曳改变色块的形状，如图 21.4 所示。

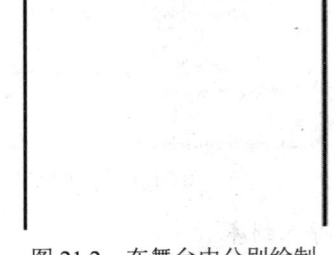

图 21.2 在舞台中分别绘制路径和色块

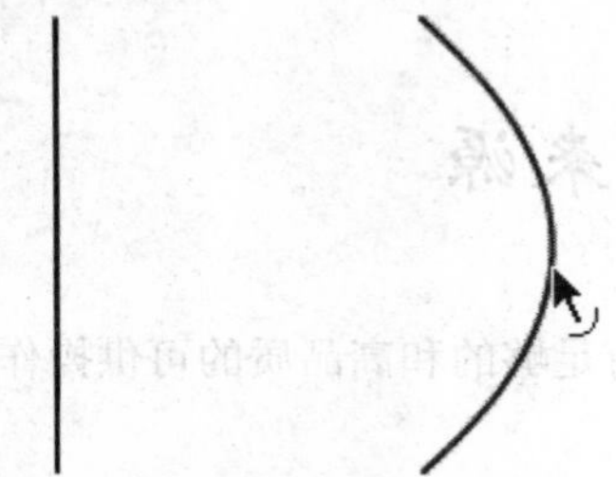

图 21.3　路径变形前后的效果对比

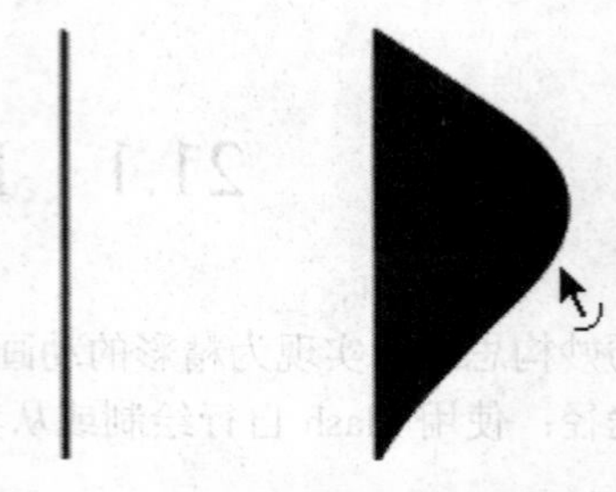

图 21.4　色块变形前后的效果对比

可以看到，由于属性不同，即使有时二者的形状完全相同，在进行编辑时也有完全不同的特性，因此使用的工具和编辑的方法也不同。

21.1.2　导入对象

动画的制作往往是复杂而富于针对性的，在很多情况下不可能用手工绘制的方法得到所有对象，所以可以从其他地方将对象导入。导入方式有 3 种：导入到舞台、导入到库和打开外部库。

1. 导入到舞台

可以把外部图片素材直接导入到当前的动画舞台中，下面通过一个简单的案例来说明。

【操作步骤】

第 1 步，新建一个 Flash 文件。

第 2 步，选择“文件”|“导入”|“导入到舞台”命令（快捷键：Ctrl+R），在打开的“导入”对话框中查找需要导入的素材，如图 21.5 所示。

第 3 步，单击“打开”按钮，素材会直接导入到当前的舞台中，如图 21.6 所示。

第 4 步，如果要导入的文件名称以数字结尾，并且在同一文件夹中还有其他按顺序编号的文件，Flash 会自动提示是否导入文件序列，如图 21.7 所示。单击“是”按钮，可以导入所有的顺序文件；单击“否”按钮，则只导入指定的文件。

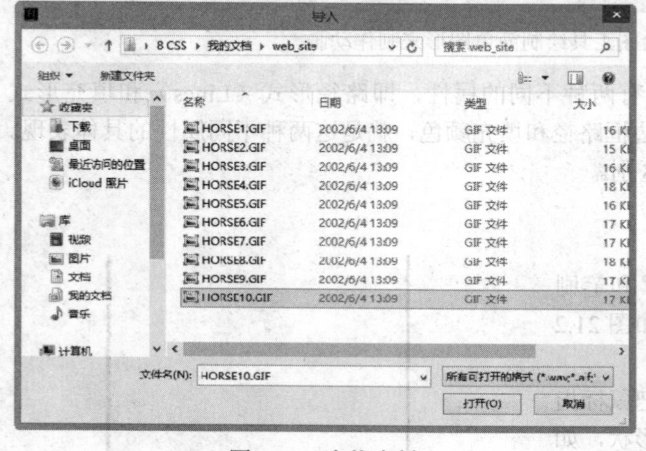

图 21.5　查找素材

图 21.6　导入到舞台的图片

图 21.7　选择是否导入所有的素材

2. 导入到库

导入到库的操作过程和导入到舞台的基本一样，所不同的是，导入到动画中的对象会自动保存到

库中，而不在舞台中出现。

【操作步骤】

第 1 步，新建一个 Flash 文件。

第 2 步，选择“文件”|“导入”|“导入到库”命令，在打开的“导入到库”对话框中查找需要导入的素材，如图 21.8 所示。

第 3 步，单击“打开”按钮，素材会直接导入到当前动画的库中，如图 21.9 所示。

图 21.8 查找素材

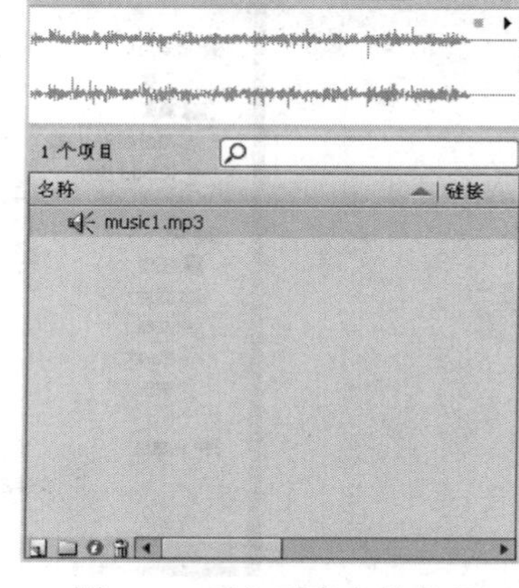

图 21.9 导入到库中的声音

第 4 步，选择“窗口”|“库”命令（快捷键：Ctrl+L），打开“库”面板。选择需要调用的素材，按住鼠标左键直接拖曳到舞台中的相应位置，如图 21.10 所示。

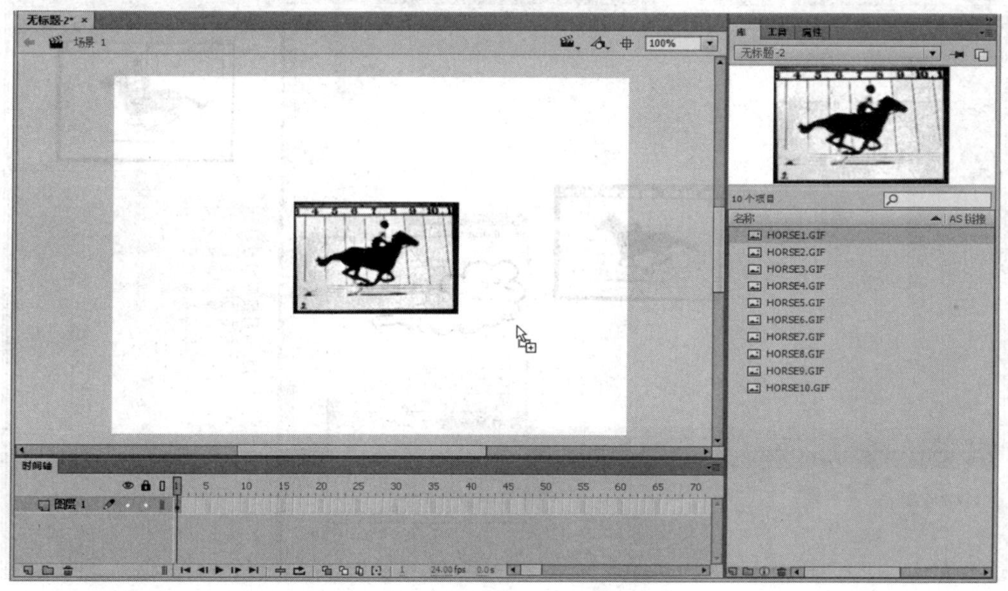

图 21.10 把库中的素材添加到舞台中

3. 打开外部库

打开外部库的作用是只打开其他动画文件的“库”面板而不打开舞台，这样可以方便地在多个动

画中互相调用不同库中的素材。

【操作步骤】

第 1 步，新建一个 Flash 文件。

第 2 步，选择“文件”|“导入”|“打开外部库”命令（快捷键：Shift+Ctrl+O），在“打开”对话框中查找需要打开的动画源文件，如图 21.11 所示。

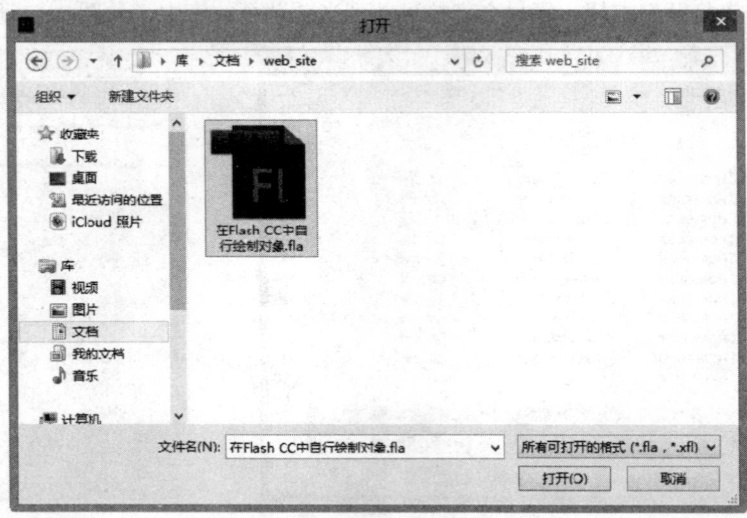

图 21.11　查找需要打开的动画源文件

第 3 步，单击“打开”按钮，打开所选动画源文件的“库”面板，如图 21.12 所示。

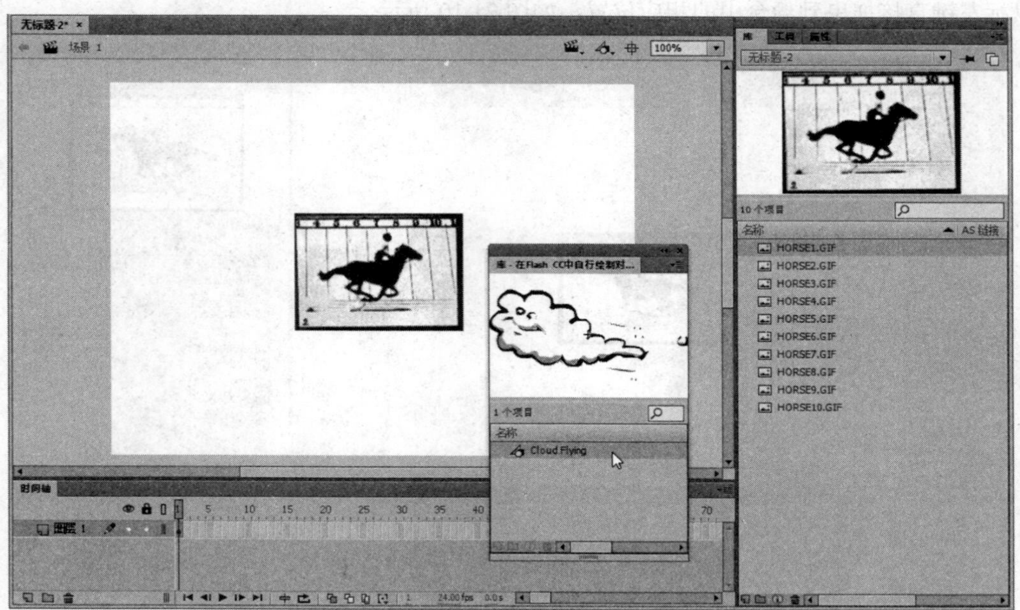

图 21.12　打开其他动画的“库”面板

第 4 步，打开的动画“库”面板呈灰色显示，但是同样可以直接用鼠标拖曳其中素材到当前动画中，从而实现不同动画素材的互相调用。

Note

提示： 作为一款动画制作软件，Flash CC 最主要的功能还是动画的制作，在对象编辑方面，它不具备专业编辑软件的强大功能，如图形编辑功能、声音编辑功能等，所以在对所需对象要求较高，而对相关软件又有一些了解时，可以先在该软件中编辑相应的对象，等满意之后再将其导入到 Flash CC 中，进行下一步动画制作。

21.2　编 辑 位 图

虽然 Flash 是一个矢量绘图软件，所提供的工具也都是矢量绘图工具，但是在 Flash 中仍然可以简单地编辑位图，并可以结合位图在 Flash 中制作动画效果。

21.2.1　设置位图属性

在 Flash CC 中，所有导入到动画中的位图都会自动保存到当前动画的库面板中，用户可以在库面板中对位图的属性进行设置，从而对位图进行优化，加快下载速度。

【操作步骤】

第 1 步，首先把位图素材导入到当前动画中。

第 2 步，选择“窗口”|“库”命令（快捷键：Ctrl+L），打开当前动画的“库”面板，如图 21.13 所示。

第 3 步，选择“库”面板中需要编辑的位图素材并双击。

第 4 步，在打开的“位图属性”对话框中对所选位图进行设置，如图 21.14 所示。

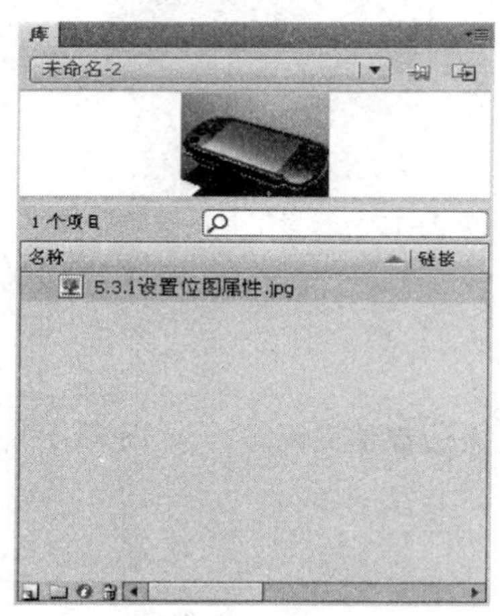

图 21.13　“库”面板

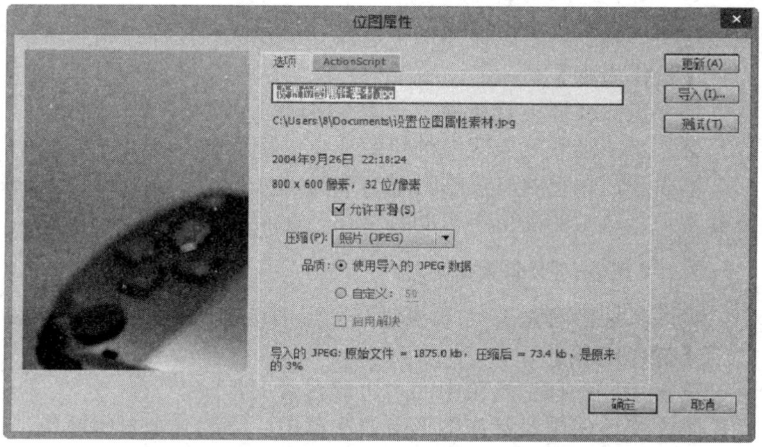

图 21.14　“位图属性”对话框

第 5 步，选中“允许平滑”复选框，可以平滑位图素材的边缘。

第 6 步，展开“压缩”下拉列表框，如图 21.15 所示。

第 7 步，选择“照片（JPEG）”选项表示用 JPEG 格式输出图像，选择“无损（PNG/GIF）”选项表示以压缩的格式输出文件，但不牺牲任何图像数据。

第 8 步，选择“使用导入的 JPEG 数据”选项表示使用位图素材的默认质量，也可以选择“自定义”选项，并在其文本框中输入新的品质值，如图 21.16 所示。

第 9 步，单击“更新”按钮，表示更新导入的位图素材。

Note

压缩(C): 照片 (JPEG)
照片 (JPEG)
无损 (PNG/GIF)

图 21.15 “压缩”选项的下拉列表

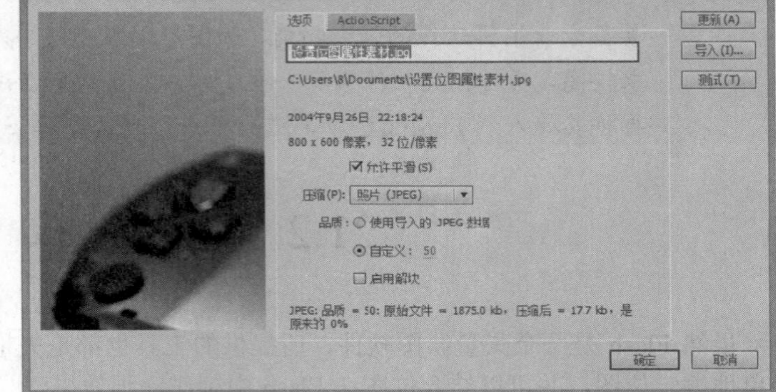

图 21.16 自定义位图属性

第 10 步，单击“导入”按钮，可以导入一张新的位图素材。

第 11 步，单击“测试”按钮，可以显示文件压缩的结果，并与未压缩的文件尺寸进行比较。

21.2.2 选择图像

套索工具主要用来选择任意形状的区域，选中后的区域可以作为单一对象进行编辑。套索工具也常常用于分割被分离后的图像的某一部分。

在工具箱中单击并展开套索工具，可以看到其包含 3 个工具：套索工具、多边形工具和魔术棒，如图 21.17 所示。

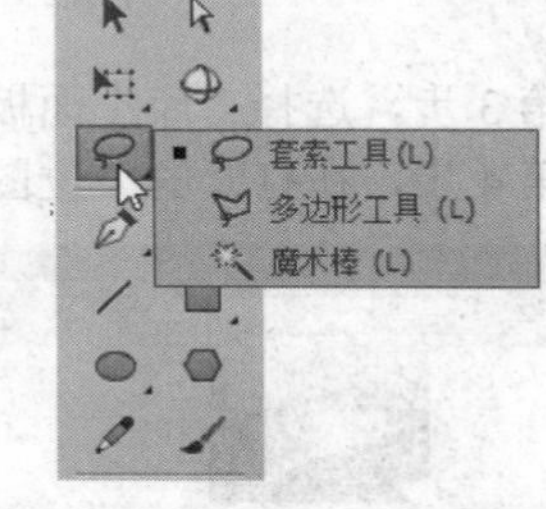

图 21.17 套索工具的选项区域

1. 使用套索工具

使用套索工具可以在图形中选择一个任意的鼠标绘制区域。

【操作步骤】

第 1 步，选择工具箱中的套索工具。

第 2 步，沿着对象区域的轮廓拖曳鼠标绘制。

第 3 步，在起始位置的附近结束拖曳，形成一个封闭的环，则被套索工具选中的图形将自动融合在一起。

2. 使用多边形套索工具

使用多边形套索工具可以在图形中选择一个多边形区域，其每条边都是直线。

【操作步骤】

第 1 步，选择工具箱中的多边形套索工具。

第 2 步，使用鼠标在图形上依次单击，绘制一个封闭区域。

第 3 步，被套索工具选中的图形将自动融合在一起。

3. 使用魔术棒工具

使用魔术棒工具可以在图形中选择一片颜色相同的区域。魔术棒工具与前两种工具的不同之处在于，套索工具和多边形套索工具选择的是形状，而魔术棒工具选择的是一片颜色相同的区域。

【操作步骤】

第 1 步，选择工具箱中的魔术棒工具。

第 2 步，在“属性”面板中可以设置魔术棒属性，如图 21.18 所示。

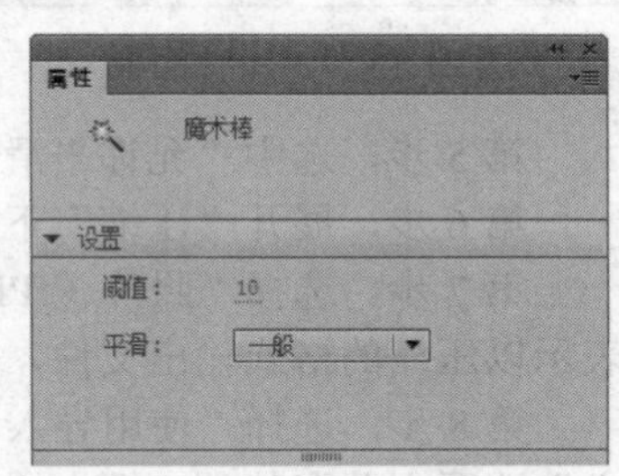

图 21.18 设置魔术棒工具属性

第 3 步，在“阈值”数值框中输入 0～200 之间的整数，可以设定相邻像素在所选区域内必须达到的颜色接近程度。数值越高，可以选择的范围就越大。

第 4 步，在“平滑”下拉列表框中设置所选区域边缘的平滑程度。

如果需要选择导入到舞台中的位图素材，必须先选择“分离”命令（快捷键：Ctrl+B），将其转换为可编辑的状态。

21.2.3　案例实战：设计名片

在 Flash 动画中结合视频能够实现更加丰富的动画效果。下面通过一个具体的案例来说明。

【操作步骤】

第 1 步，新建一个 Flash 文件。

第 2 步，选择“文件”|“导入”|“导入到舞台”命令（快捷键：Ctrl+R），把图片素材“背景.jpg”导入到当前动画的舞台中，如图 21.19 所示。

第 3 步，选择“修改”|“分离”命令（快捷键：Ctrl+B），把导入到当前动画的位图素材“背景.jpg”转换为可编辑的网格状，如图 21.20 所示。

图 21.19　在舞台中导入图片素材

图 21.20　使用“分离”命令把位图转换为可编辑状态

第 4 步，取消当前图片的选择状态，选择工具箱中的套索工具。

第 5 步，使用套索工具在当前图片上拖曳鼠标，绘制一个任意区域，如图 21.21 所示。

第 6 步，使用工具箱中的选择工具，把选取区域以外部分全部删除，如图 21.22 所示。

图 21.21　使用套索工具选择图片的任意区域

图 21.22　使用选择工具删除多余的区域

第 7 步，选择“修改”|“组合”命令（快捷键：Ctrl+G），将得到的图形区域组合起来，以避免和其他图形裁切，如图 21.23 所示。

第 8 步，选择工具箱中的任意变形工具，按住 Shift 键拖曳某一顶点，把得到的图形适当缩小，以符合舞台尺寸，如图 21.24 所示。

第 9 步，选择“窗口”|“对齐”命令（快捷键：Ctrl+K），打开“对齐”面板。把缩小后的图形对齐到舞台的中心位置，如图 21.25 所示。

第 10 步，选择“文件”|“导入”|“导入到舞台”命令（快捷键：Ctrl+R），把图片素材“树叶.jpg”导入到当前动画的舞台中，如图 21.26 所示。

图 21.23 把得到的图形区域组合起来

图 21.24 使用任意变形工具缩小图形

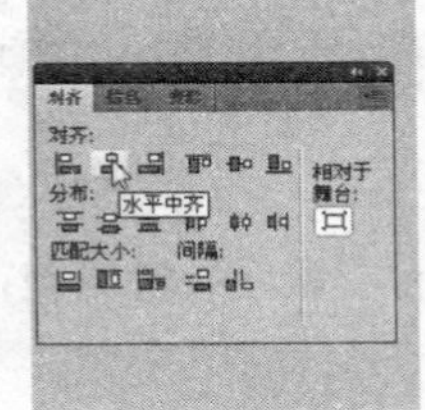

图 21.25 使用“对齐”面板把图形对齐到舞台的中心位置

图 21.26 继续导入位图素材“树叶”到舞台

第 11 步，选择“修改”|“分离”命令（快捷键：Ctrl+B），把导入到当前动画中的位图素材“树叶.jpg”转换到可编辑的网格状，如图 21.27 所示。

第 12 步，取消当前图片的选择状态，选择工具箱中的魔术棒工具。

第 13 步，在当前图片上的空白区域单击，选择并删除素材树叶的白色背景，如图 21.28 所示。

图 21.27 把位图转换为可编辑状态

图 21.28 使用魔术棒工具选择并删除图片的白色背景

第 14 步，选择“修改”|“组合”命令（快捷键：Ctrl+G），把树叶组合起来，以避免和其他图形裁切。

第 15 步，选择“窗口”|“变形”命令（快捷键：Ctrl+K），打开“变形”面板。把树叶缩小为原来的 20%，并单击“重制选区和变形”按钮，复制一个新的对象，如图 21.29 所示。

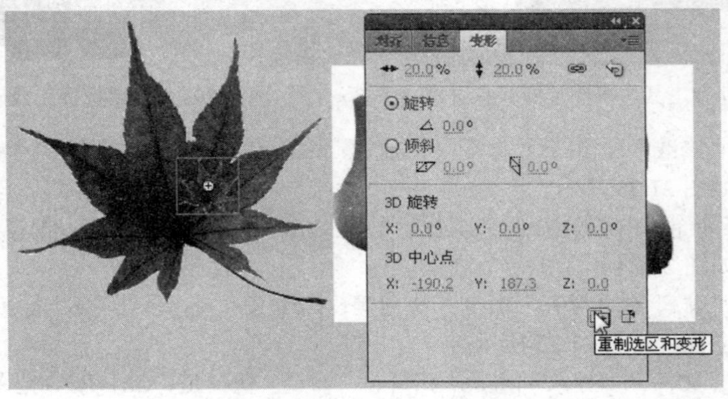

图 21.29 使用“变形”面板缩小并复制树叶素材

第 16 步，使用同样的方法，分别得到 20%、30%和 40%大小的树叶，并调整到舞台中合适的位置，如图 21.30 所示。

第 17 步，选择“文件”|“导入”|“导入到舞台”命令（快捷键：Ctrl+R），把图片素材“美女.ai”导入到当前动画的舞台中，如图 21.31 所示。

第 18 步，导入进来的素材“美女.ai”默认是组合状态，用户可以在当前图形上双击，以进入到组合对象内部进行编辑。此时，其他的对象都呈半透明状显示，如图 21.32 所示。

图 21.30　把得到的 3 片叶子调整到合适位置

图 21.31　在舞台中导入图片素材

图 21.32　双击进入到组合对象内部进行编辑

第 19 步，这时的时间轴如图 21.33 所示，表示已进入到组合对象内部。

图 21.33　进入到组合对象内部时的时间轴状态

第 20 步，在组合对象内部对当前的图形进行位图填充，如图 21.34 所示。由于具体操作已在前面介绍，这里就不再赘述。

第 21 步，单击时间轴上的“场景 1”，返回到场景的编辑状态。

第 22 步，调整各个图形的位置，如图 21.35 所示。

图 21.34　对图形进行位图填充

图 21.35　回到场景的编辑状态，调整各个图形的位置

第 23 步，选择工具箱中的文本工具T，在位图中输入文字，并调整其位置，最终效果如图 21.36 所示。

21.2.4　案例实战：把位图转换为矢量图

位图是由像素点构成的，而矢量图是由路径和色块构成的，二者在本质上有着很大的区别。Flash CC 提供了一个非常有用的“转换位图为矢量图”命令，这样在动画制作中，获得素材的方式就更多了。

【操作步骤】

第 1 步，新建一个 Flash 文件。

Note

第 2 步，选择“文件”|“导入”|“导入到舞台”命令（快捷键：Ctrl+R），把图片素材导入到当前动画的舞台中，如图 21.37 所示。

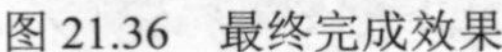
图 21.36　最终完成效果

图 21.37　在舞台中导入图片素材

第 3 步，选择“修改”|“位图”|“转换位图为矢量图”命令，打开“转换位图为矢量图”对话框，如图 21.38 所示。各个选项的功能说明如下。

- ☑ 颜色阈值：在该文本框中输入的数值范围是 1～500。当两个像素进行比较后，如果它们在 RGB 颜色值上的差异低于该颜色阈值，则两个像素被认为是颜色相同。如果增大了该阈值，则意味着降低了颜色的数量。
- ☑ 最小区域：在这个文本框中输入的数值范围是 1～1000，用于设置在指定像素颜色时要考虑的周围像素的数量。
- ☑ 曲线拟合：用于确定所绘制轮廓的平滑程度，如图 21.39 所示。其中，选择“像素”选项，图像最接近于原图；选择“非常紧密”选项，图像不失真；选择“紧密”选项，图像几乎不失真；选择“一般”选项，是推荐使用的选项；选择“平滑”选项，图像相对失真；选择“非常平滑”选项，图像严重失真。
- ☑ 角阈值：用于确定是保留锐边还是进行平滑处理，如图 21.40 所示。

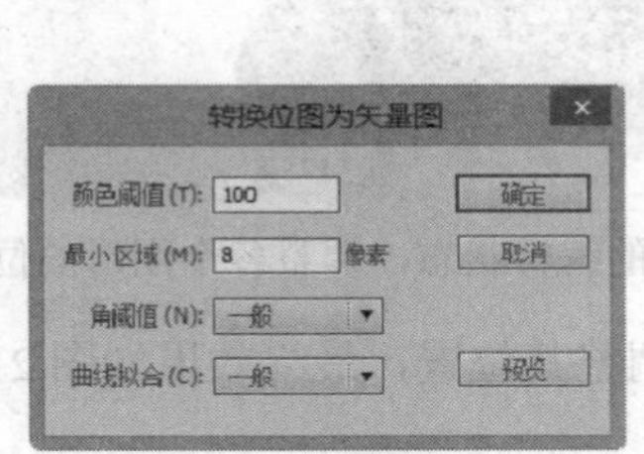

图 21.38　“转换位图为矢量图”对话框

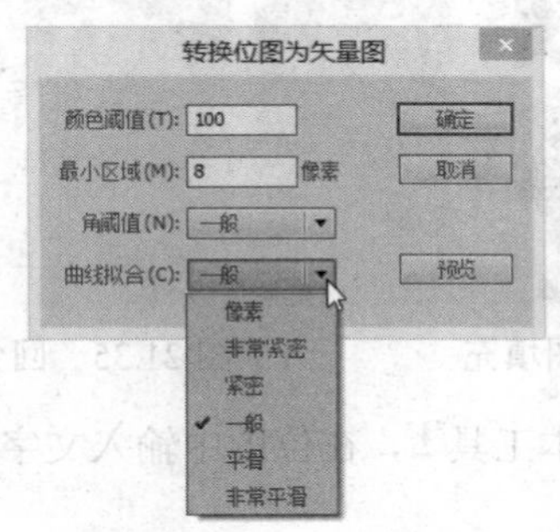

图 21.39　“曲线拟合”选项

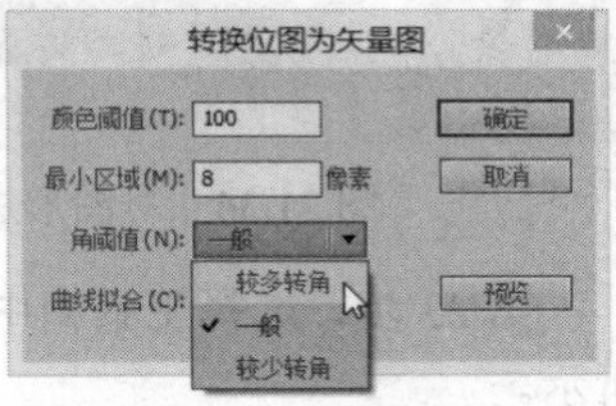

图 21.40　“角阈值”选项

其中，选择“较多转角”选项，表示转角很多，图像将失真；“一般”选项是推荐使用的选项；选择“较少转角”选项，图像不失真，如图 21.41 所示为使用不同设置的位图转换效果。

原图　　颜色阈值为 200，最小区域为 10　颜色阈值为 40，最小区域为 4

图 21.41　使用不同设置的位图转换效果

21.3　编辑图形

对对象的编辑操作是使用 Flash CC 制作动画的基本的和主体的工作。在动画制作过程中，设计者需要根据设计的动画流程，对相关的对象进行移动、旋转、变形等编辑操作，并根据生成动画的预览效果对对象的属性进一步修改。

21.3.1　任意变形

任意变形工具是 Flash CC 提供的一项基本的编辑功能，对象的变形不仅包括缩放、旋转、倾斜、翻转等基本的变形形式，还包括扭曲、封套等特殊的变形形式。

选择工具箱中的任意变形工具，在舞台中选择需要进行变形的图像，在工具箱的选项区内将出现如图 21.42 所示的附加功能。下面分别以简单的实例来介绍任意变形工具的使用。

1. 旋转与倾斜

旋转会使对象围绕其中心点进行旋转。一般中心点都在对象的物理中心，通过调整中心点的位置，可以得到不同的旋转效果。而倾斜的作用是使图形对象倾斜。

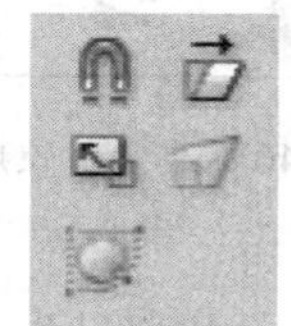

图 21.42　任意变形工具的附加选项

【操作步骤】

第 1 步，选择舞台中的对象。

第 2 步，选择工具箱中的任意变形工具，在工具箱中单击附加选项中的“旋转与倾斜”按钮。

第 3 步，在舞台中的图形对象周围会出现一个可以调整的矩形框，该矩形框上一共有 8 个控制点，如图 21.43 所示。

图 21.43　使用旋转与倾斜工具选择舞台中的对象

第 4 步，将鼠标指针放置在矩形框边线中间的 4 个控制点上，可以对对象进行倾斜操作，如图 21.44 所示。

第 5 步，将鼠标指针放置在矩形框的 4 个顶点上，可以对对象进行旋转操作，在默认情况下，是围绕图形对象的物理中心点进行旋转的，如图 21.45 所示。

第 6 步，也可以通过鼠标指针拖曳，改变默认中心点的位置。对于以后的操作，图形对象将围绕调整后的中心点进行旋转，如图 21.46 所示。

2. 缩放

可以通过调整图形对象的宽度和高度来调整对象的尺寸，这是在设计中使用非常频繁的操作。

Note

图 21.44　对图形对象进行倾斜操作

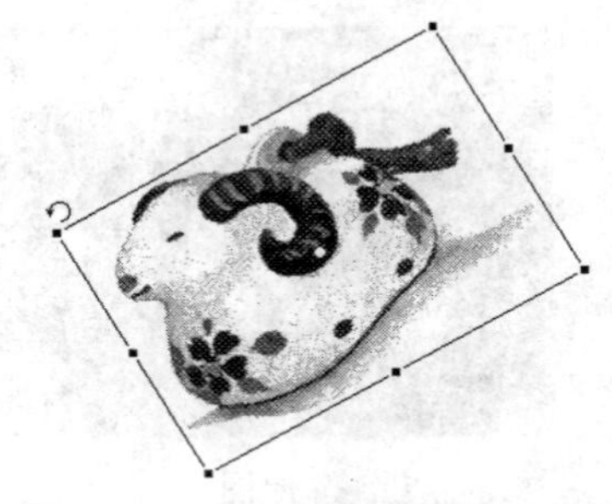

图 21.45　对图形对象进行旋转操作

【操作步骤】

第 1 步，选择舞台中的对象。

第 2 步，选择工具箱中的任意变形工具，在工具箱中单击附加选项中的“缩放”按钮。

第 3 步，在舞台中的图形对象周围会出现一个可以调整的矩形框，该矩形框上一共有 8 个控制点，如图 21.47 所示。

第 4 步，将鼠标指针放置在矩形框边线中间的 4 个控制点上，可以单独改变图形对象的宽度和高度，如图 21.48 所示。

图 21.46　改变对象旋转的中心点

图 21.47　使用缩放工具选择舞台中的对象

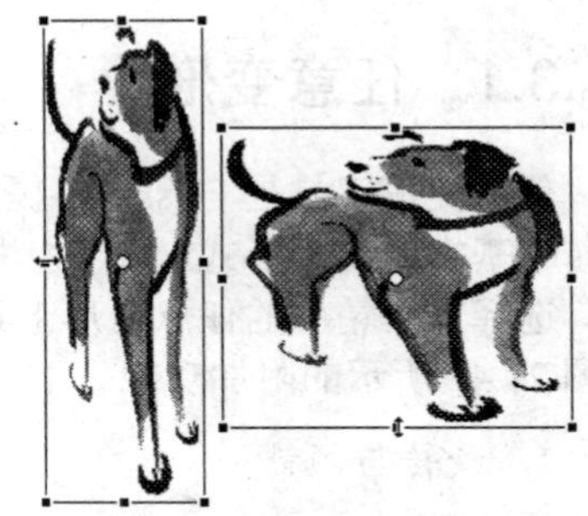

图 21.48　分别改变图形对象的宽度和高度

第 5 步，将鼠标指针放置在矩形框的 4 个顶点上，可以同时改变当前图形对象的宽度和高度，如图 21.49 所示。

3. 扭曲

扭曲也称为对称调整，对称调整就是在对象的一个方向上进行调整时，反方向也会自动调整。

图 21.49　同时改变当前图形对象的宽度和高度

【操作步骤】

第 1 步，选择舞台中的对象。

第 2 步，选择工具箱中的任意变形工具，在工具箱中单击附加选项中的“扭曲”按钮。

第 3 步，在舞台中的图形对象周围会出现一个可以调整的矩形框，该矩形框上一共有 8 个控制点，如图 21.50 所示。

第 4 步，将鼠标指针放置在矩形框边线中间的 4 个控制点上，可以单独改变 4 个边的位置，如图 21.51 所示。

第 5 步，将鼠标指针放置在矩形框的 4 个顶点上，可以单独调整图形对象的一个角，如图 21.52 所示。

图 21.50 使用扭曲工具选择舞台中的对象

图 21.51 使用扭曲工具拖曳 4 个中间点

第 6 步，在拖曳 4 个顶点的过程中，按住 Shift 键可以锥化该对象，使该角和相邻角沿彼此的相反方向移动相同距离，如图 21.53 所示。

图 21.52 使用扭曲工具拖曳 4 个顶点

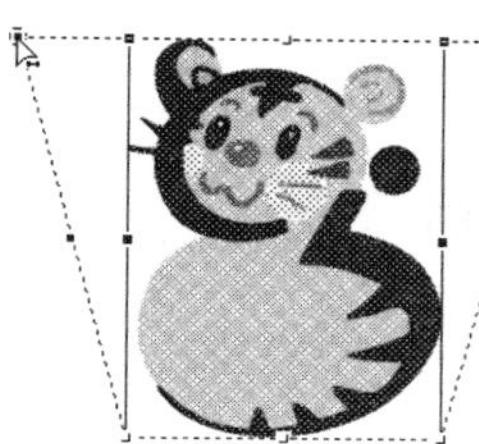

图 21.53 在拖曳过程中按住 Shift 键锥化图形对象

4. 封套

封套功能有些类似于部分选取工具的功能，允许使用切线调整曲线，从而调整对象的形状。

【操作步骤】

第 1 步，选择舞台中的对象。

第 2 步，选择工具箱中的任意变形工具，在工具箱中单击附加选项中的“封套”按钮。

第 3 步，在舞台中的图形对象周围会出现一个可以调整的矩形框，该矩形框上一共有 8 个方形控制点，并且每个方形控制点两边都有两个圆形的调整点，如图 21.54 所示。

第 4 步，将鼠标指针放置在矩形框的 8 个方形控制点上，可以改变图形对象的形状，如图 21.55 所示。

第 5 步，将鼠标指针放置在矩形框的圆形点上，可以对每条边的边缘进行曲线变形，如图 21.56 所示。

图 21.54 使用封套工具选择舞台中的对象

图 21.55 对图形对象进行变形操作

图 21.56 对图形对象进行曲线编辑

提示：扭曲工具和封套工具不能修改元件、位图、视频对象、声音、渐变、对象组和文本。如果所选内容包含以上内容，则只能扭曲形状对象。另外，要修改文本，必须首先将文本分离。

21.3.2 快速变形

对图形对象进行形状的编辑，也可以使用 Flash CC 的变形命令完成。Flash 不仅提供了任意变形工具，还提供了一些更加方便快捷的变形命令。选择“修改”|“变形”命令，可以显示 Flash CC 中的所有变形命令，如图 21.57 所示。

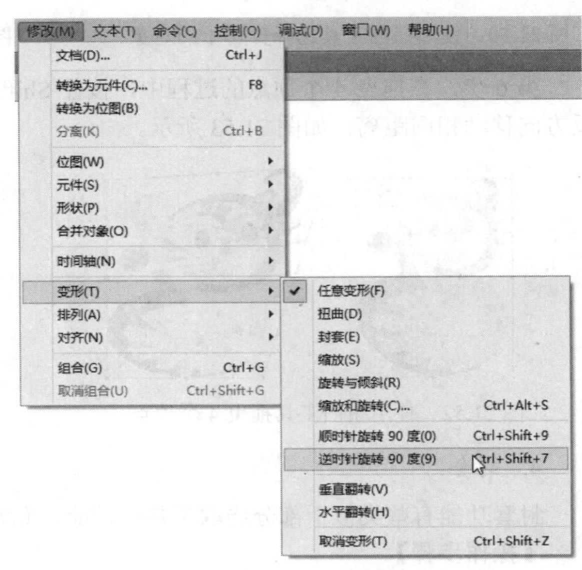

图 21.57 Flash CC 中的变形命令

通过其中的命令，可以对对象进行顺时针或逆时针 90° 的旋转，也可以直接旋转 180°，同时也可以对对象进行垂直和水平翻转。只需在选择舞台中的对象后，选择相应的命令即可实现变形效果。

21.3.3 组合和分散对象

组合与分散操作常用于舞台中对象比较复杂的情况。

1. 组合对象

组合对象的操作会涉及对象的组合与解组两部分，组合后的各个对象可以被一起移动、复制、缩放和旋转等，这样会减少编辑中不必要的麻烦。当需要对组合对象中的某个对象进行单独编辑时，可以在解组后再进行编辑。组合不仅可以在对象和对象之间，也可以在组合和组合对象之间。

【操作步骤】

第 1 步，选择舞台中需要组合的多个对象，如图 21.58 所示。

第 2 步，选择“修改”|“组合”命令（快捷键：Ctrl+G），将所选对象组合成一个整体，如图 21.59 所示。

图 21.58 同时选择舞台中的多个对象

图 21.59 组合后的对象

第 3 步，如果需要对舞台中已经组合的对象进行解组，可以选择“修改”|“取消组合”命令（快捷键：Shift+Ctrl+G）。也可以在组合后的对象上双击，进入到组合对象的内部，单独编辑组合内的对

象，如图 21.60 所示。

第 4 步，在完成单独对象的编辑后，只需要单击时间轴左上角的“场景 1”按钮，从当前的“组合”编辑状态返回到场景编辑状态即可。

图 21.60　进入到组合对象内部单独编辑对象

2. 分散到图层

在 Flash 动画制作中，可以把不同的对象放置到不同的图层中，以便于制作动画时操作方便。为此，Flash CC 提供了非常方便的命令——分散到图层，帮助用户快速地把同一图层中的多个对象分别放置到不同的图层中。

【操作步骤】

第 1 步，在一个图层中选择多个对象，如图 21.61 所示。

第 2 步，选择“修改”|“时间轴”|“分散到图层”命令（快捷键：Shift+Ctrl+D），把舞台中的不同对象放置到不同的图层中，如图 21.62 所示。

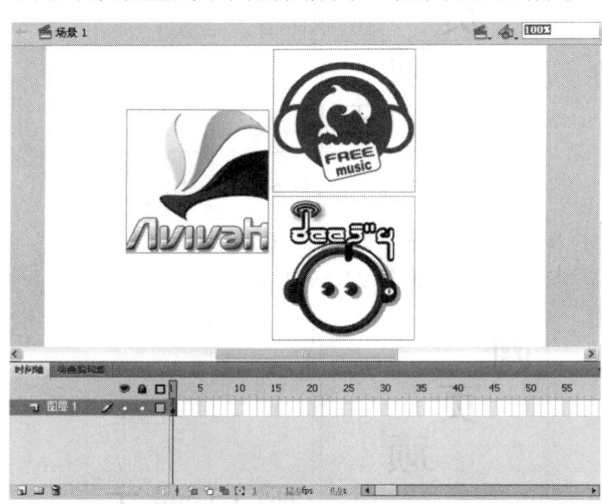

图 21.61　选择同一个图层中的多个对象

图 21.62　分散到图层

21.3.4　对齐对象

虽然借助辅助工具，如标尺、网格等将舞台中的对象对齐，但是不够精确。通过使用“对齐”面板，可以实现对象的精确定位。

选择“窗口”|“对齐”命令（快捷键：Ctrl+K），可以打开 Flash CC 的“对齐”面板，如图 21.63 所示。在“对齐”面板中，包含“对齐”、“分布”、“匹配大小”、“间隔”和“相对于舞台”5 个选项组。下面通过一些具体操作来说明各选项组的功能。

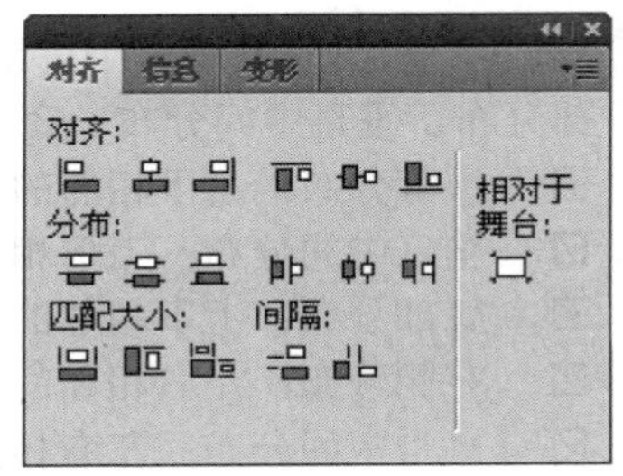

图 21.63　“对齐”面板

Note

1. 对齐

“对齐”选项组中的 6 个按钮用来进行多个对象的左对齐、水平中齐、右对齐、上对齐、垂直中齐、底对齐操作。

☑ 左对齐：以所有被选对象的最左侧为基准，向左对齐，如图 21.64 所示。

☑ 水平中齐：以所有被选对象的中心进行垂直方向上的对齐，如图 21.65 所示。

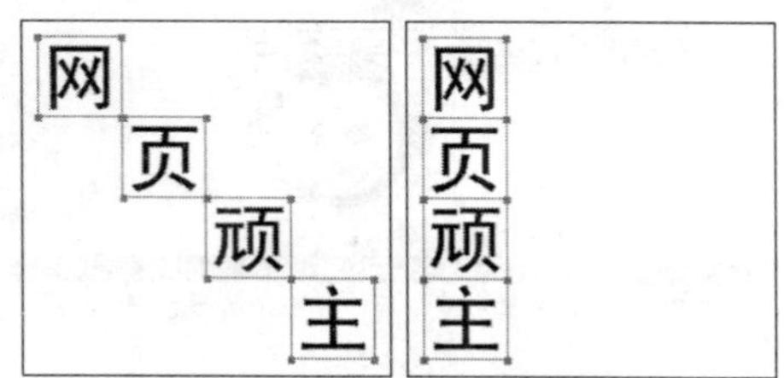

图 21.64 左对齐前后对比

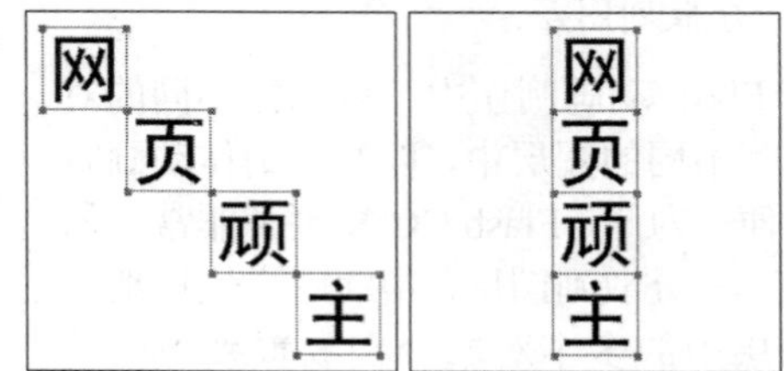

图 21.65 水平中齐前后对比

☑ 右对齐：以所有被选对象的最右侧为基准，向右对齐，如图 21.66 所示。

☑ 上对齐：以所有被选对象的最上方为基准，向上对齐，如图 21.67 所示。

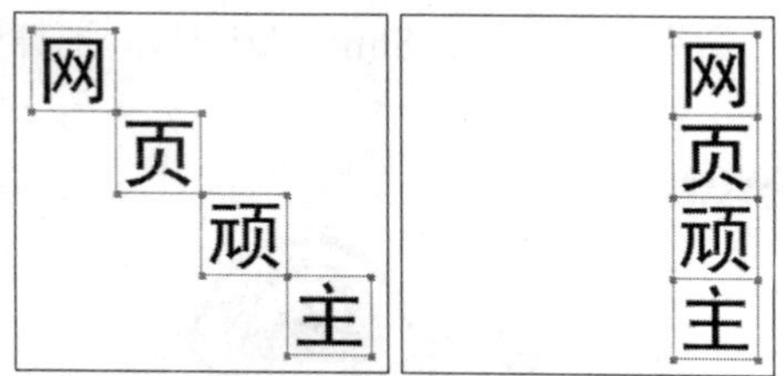

图 21.66 右对齐前后对比

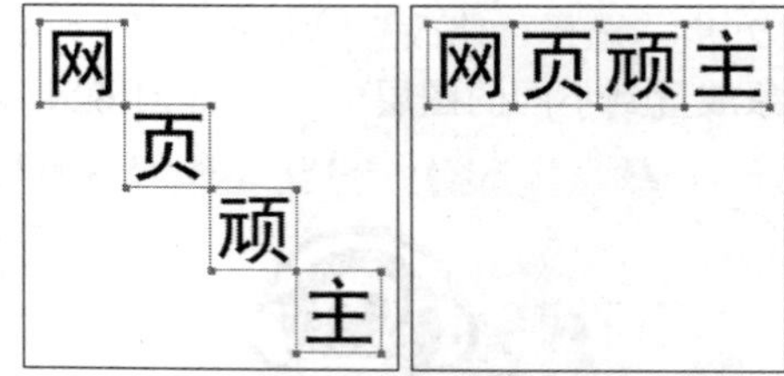

图 21.67 上对齐前后对比

☑ 垂直中齐：以所有被选对象的中心进行水平方向上的对齐，如图 21.68 所示。

☑ 底对齐：以所有被选对象的最下方为基准，向下对齐，如图 21.69 所示。

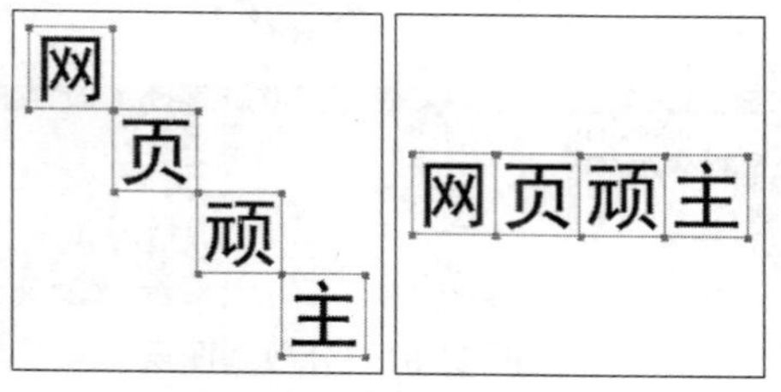

图 21.68 垂直中齐前后对比

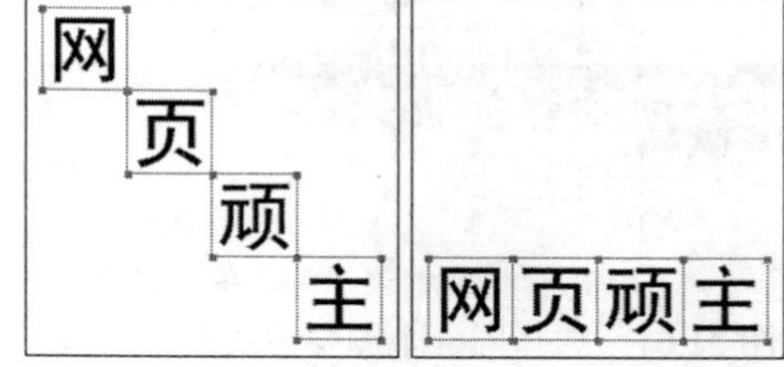

图 21.69 底对齐前后对比

2. 分布

“分布”选项组中的 6 个按钮用于使所选对象按照中心间距或边缘间距相等的方式进行分布，包括顶部分布、垂直中间分布、底部分布、左侧分布、水平中间分布和右侧分布。

☑ 顶部分布：上下相邻的多个对象的上边缘等间距，如图 21.70 所示。

☑ 垂直中间分布：上下相邻的多个对象的垂直中心等间距，如图 21.71 所示。

☑ 底部分布：上下相邻的多个对象的下边缘等间距，如图 21.72 所示。

☑ 左侧分布：左右相邻的多个对象的左边缘等间距，如图 21.73 所示。

☑ 水平中间分布：左右相邻的多个对象的中心等间距，如图 21.74 所示。

☑ 右侧分布：左右相邻的两个对象的右边缘等间距，如图 21.75 所示。

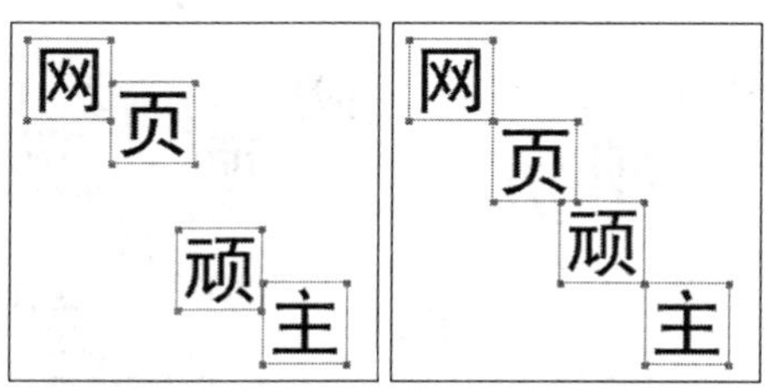

图 21.70　顶部分布的前后对比

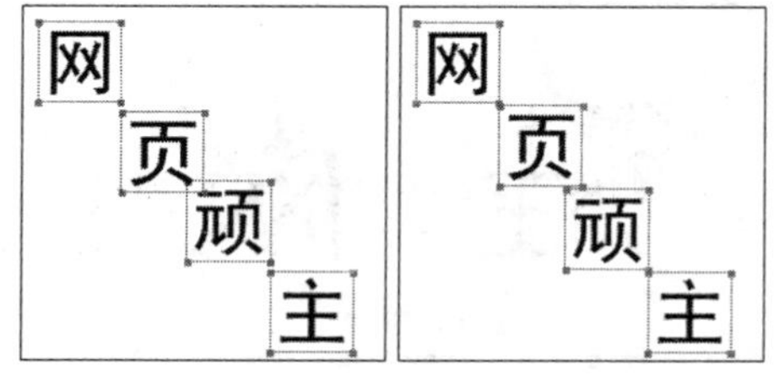

图 21.71　垂直中间分布的前后对比

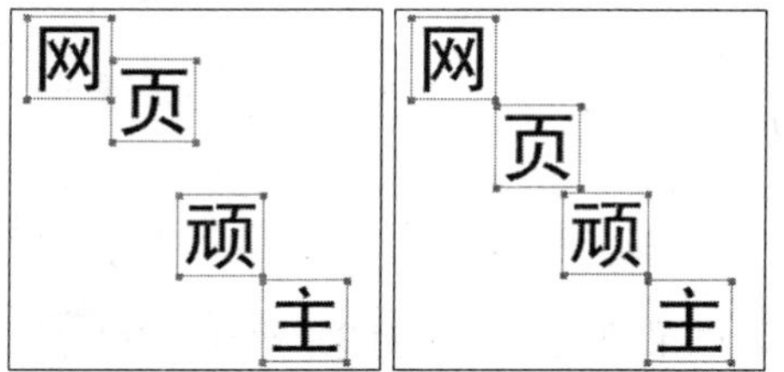

图 21.72　底部分布的前后对比

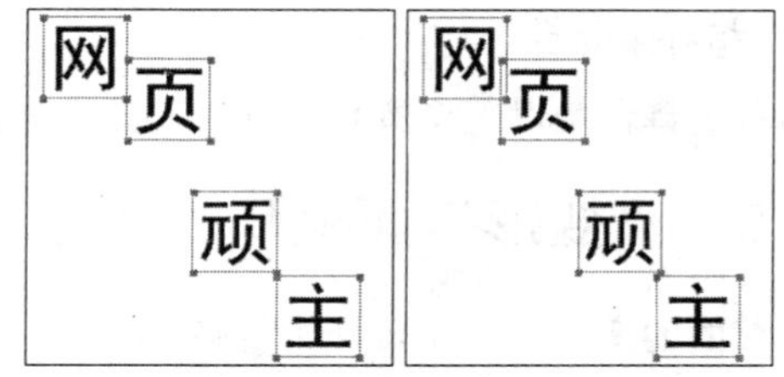

图 21.73　左侧分布的前后对比

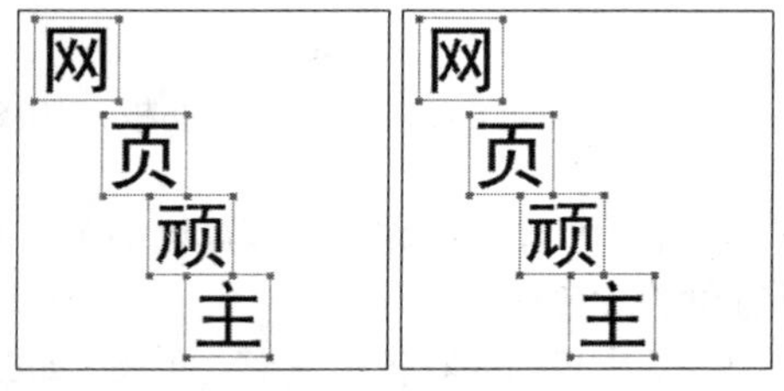

图 21.74　水平中间分布的前后对比

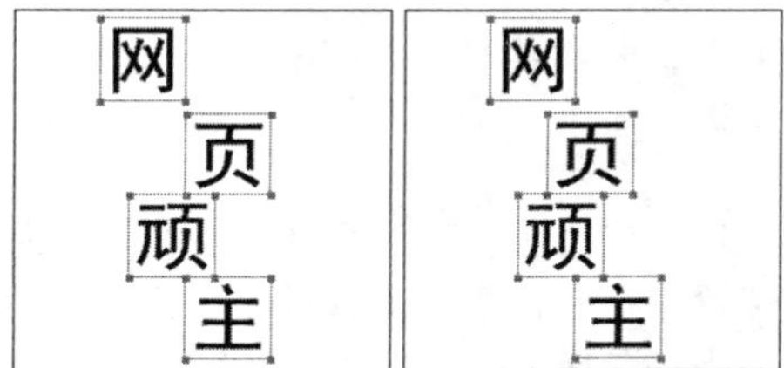

图 21.75　右侧分布的前后对比

3. 匹配大小

“匹配大小”选项组中的 3 个按钮，用于将形状和尺寸不同的对象统一，既可以在高度或宽度上分别统一尺寸，也可以同时统一宽度和高度。

☑　匹配宽度：将所有选中对象的宽度调整为相等，如图 21.76 所示。

☑　匹配高度：将所有选中对象的高度调整为相等，如图 21.77 所示。

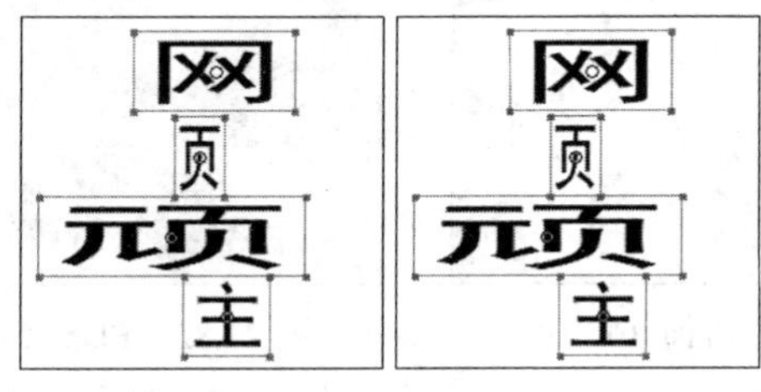

图 21.76　匹配宽度的前后对比

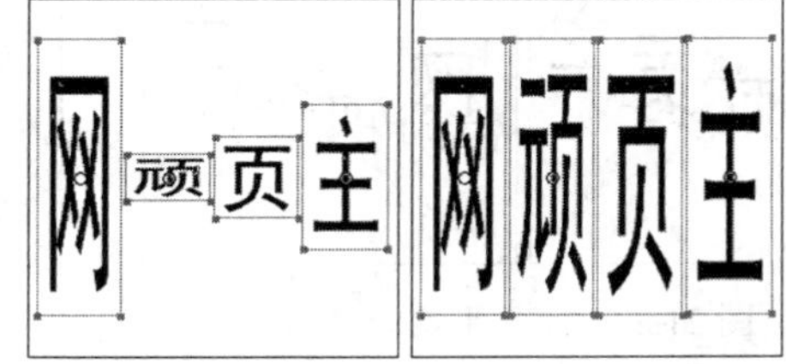

图 21.77　匹配高度的前后对比

☑　匹配宽和高：将所有选中对象的宽度和高度同时调整为相等，如图 21.78 所示。

4. 间隔

“间隔”选项组中有两个按钮，用于使对象之间的间距保持相等。

☑　垂直平均间隔：使上下相邻的多个对象的间距相等，如图 21.79 所示。

☑　水平平均间隔：使左右相邻的多个对象的间距相等，如图 21.80 所示。

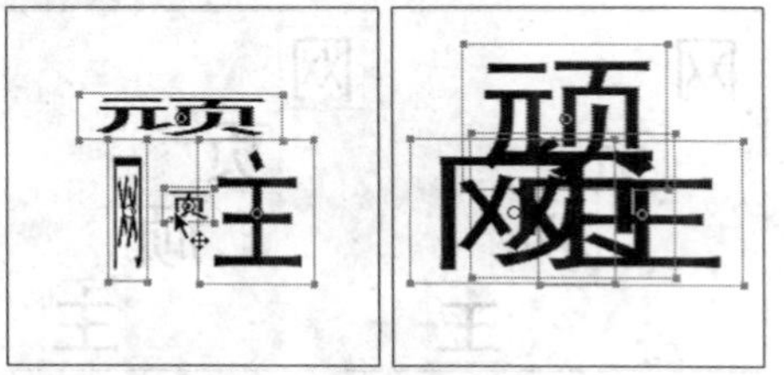

图 21.78　匹配宽和高的前后对比

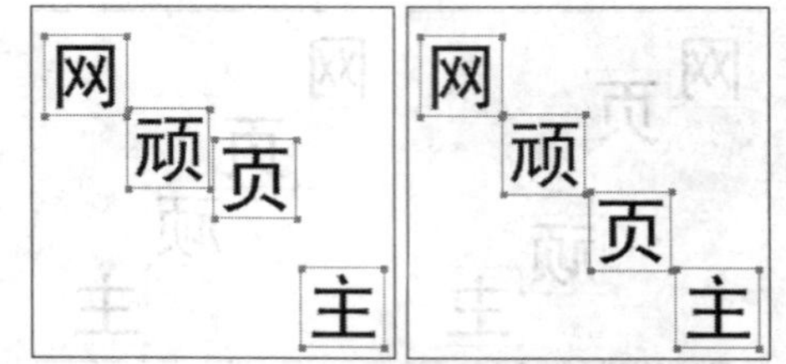

图 21.79　垂直平均间隔的前后对比

5. 相对于舞台

相对于舞台是以整个舞台为参考对象来进行对齐的。

21.3.5　“变形”面板和“信息”面板

在前面的变形操作中，只能粗略地改变对象的形状，如果要精确控制对象的变形程度，可以使用“变形”面板和“信息”面板来完成。

【操作步骤】

第 1 步，选择舞台中的对象。

第 2 步，选择“窗口”|“对齐”命令（快捷键：Ctrl+I），打开 Flash CC 的“信息”面板，如图 21.81 所示。

第 3 步，在“信息”面板中可以以像素为单位改变当前对象的宽度和高度，也可以调整对象在舞台中的位置。在“信息”面板的下方还会出现当前选择对象的颜色信息。

第 4 步，选择“窗口”|“变形”命令（快捷键：Ctrl+T），打开 Flash CC 的“变形”面板，如图 21.82 所示。

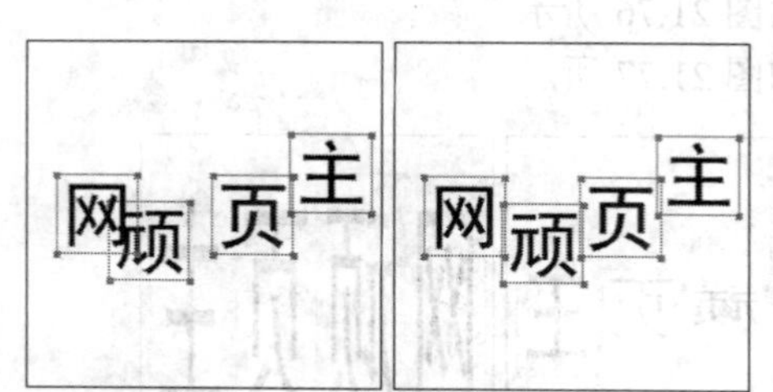

图 21.80　水平平均间隔的前后对比

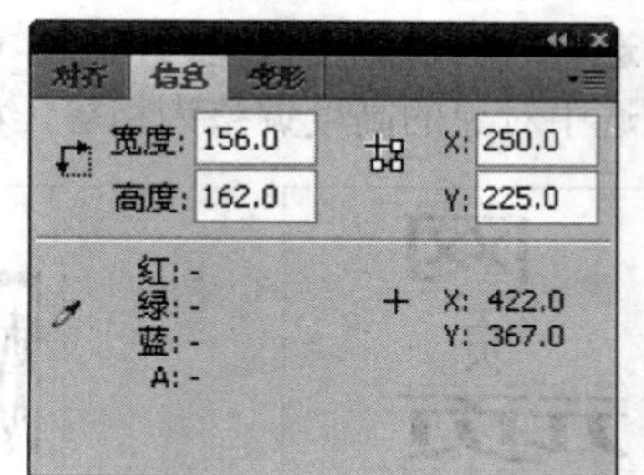

图 21.81　Flash CC 的“信息”面板

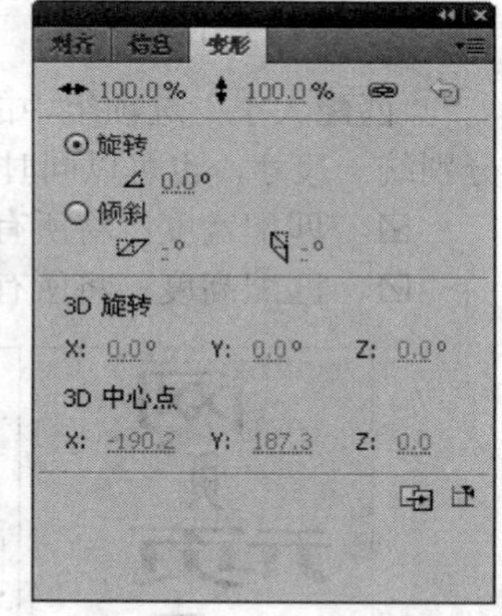

图 21.82　Flash CC 的“变形”面板

第 5 步，在“变形”面板中可以以百分比为单位改变当前对象的宽度和高度，也可以调整对象的旋转角度和倾斜程度。

第 6 步，单击“重制选区和变形”按钮，可以在变形对象的同时复制对象。

21.3.6　案例实战：设计倒影特效

如图 21.83 所示为一个有倒影的 Logo，从整体上看给人一种立体的感觉，实现这种倒影特效的具体

操作步骤如下。

【操作步骤】

第 1 步，新建一个 Flash 文件。

第 2 步，选择“文件”|“导入”|“导入到舞台”命令（快捷键：Ctrl+R），把图片素材 Avivah.png 导入到当前动画的舞台中，如图 21.84 所示。

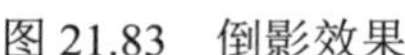

图 21.83 倒影效果

图 21.84 在舞台中导入图片素材

第 3 步，选择“修改”|“转换为元件”命令（快捷键：F8），打开“转换为元件”对话框，如图 21.85 所示。

第 4 步，选择“图形”元件类型，单击“确定”按钮，把导入到当前动画中的位图素材“背景.jpg”转换为图形元件，如图 21.86 所示。

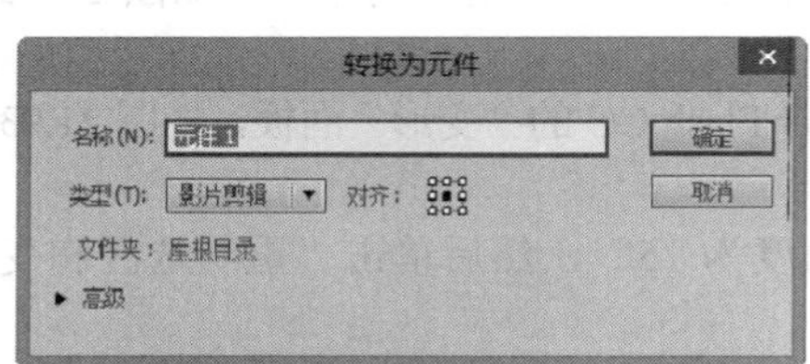

图 21.85 “转换为元件”对话框

图 21.86 把图形素材转换为图形元件

第 5 步，在按住 Alt 键的同时拖曳鼠标，复制当前的图形元件，如图 21.87 所示。

第 6 步，选择“修改”|“变形”|“垂直翻转”命令，把复制出来的图形元件垂直翻转，如图 21.88 所示。

图 21.87 复制当前的图形元件

图 21.88 垂直翻转复制出来的图形元件

第 7 步，调整两个图形元件在舞台中的位置，如图 21.89 所示。

第 8 步，选择下方的图形元件，在“属性”面板的“样式”下拉列表框中选择 Alpha 选项，如图 21.90 所示。

第 9 步，设置下方图形元件的透明度为 30%，完成最终效果。

图 21.89 调整两个图形元件在舞台中的位置

Note

21.3.7 案例实战：设计折叠纸扇

折扇的结构很特别，由多根扇骨和扇面构成，并且每根扇骨的形状一致，两根扇骨之间的角度也是固定的。因此，可以根据一根扇骨的旋转变形来获得所有的扇骨，从而和扇面构成一把折扇。

【操作步骤】

第 1 步，新建一个 Flash 文件。

第 2 步，选择工具箱中的矩形工具绘制扇骨，在矩形工具选项中选择对象绘制模式，并调整矩形的颜色和尺寸，如图 21.91 所示。

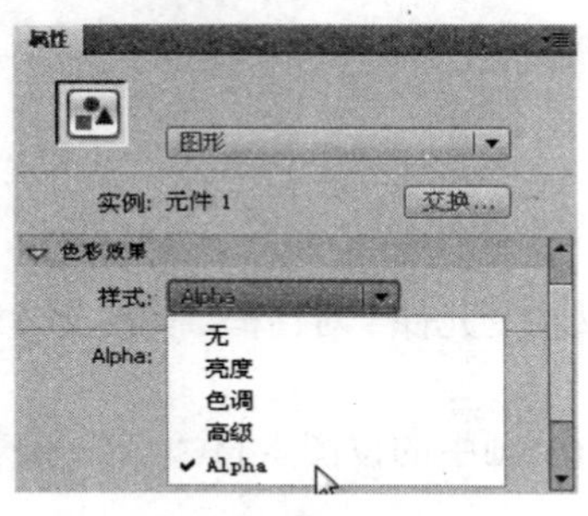

图 21.90 选择 Alpha 选项

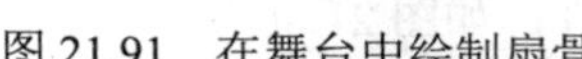

图 21.91 在舞台中绘制扇骨

第 3 步，选择工具箱中的任意变形工具，把当前矩形的中心点调整到矩形的下方，如图 21.92 所示。

第 4 步，选择“窗口”|“变形”命令（快捷键：Ctrl+T），打开 Flash CC 的“变形”面板，如图 21.93 所示。

第 5 步，在“变形”面板的“旋转”数值框中输入旋转角度为 15°，然后单击“重制选区和变形”按钮，一边旋转一边复制多个矩形，如图 21.94 所示。

图 21.92 使用任意变形工具调整矩形中心点的位置

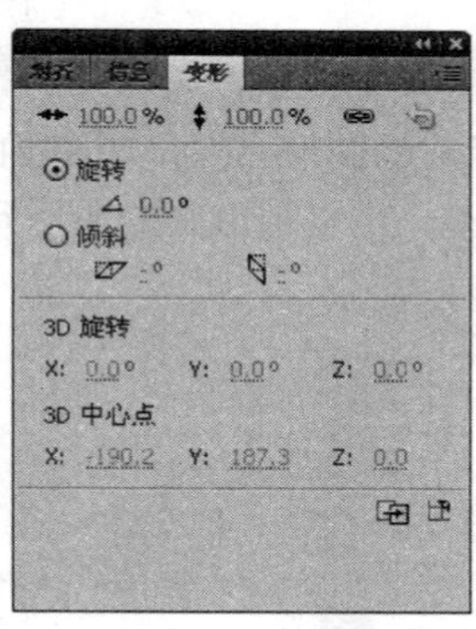

图 21.93 Flash CC 的“变形”面板

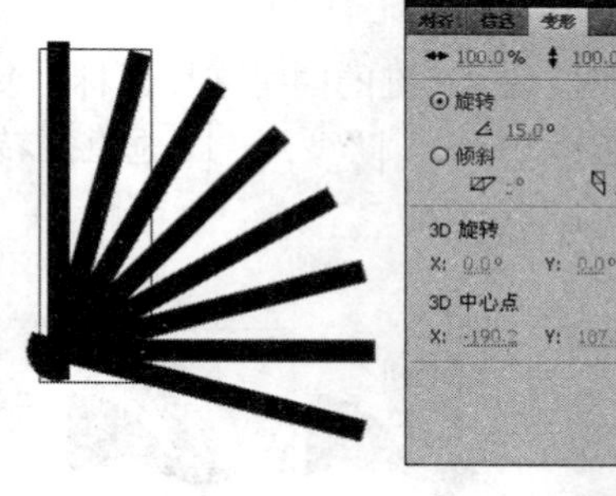

图 21.94 使用“变形”面板旋转并复制当前的矩形

第 6 步，单击时间轴中的“新建图层”按钮，创建一个新的图层“图层 2”，如图 21.95 所示。

第 7 步，选择工具箱中的线条工具，在扇骨的两边绘制两条直线（由于此时直线是绘制在“图层 2”中的，所以是独立的），如图 21.96 所示。

第 8 步，使用选择工具，将两条直线拉成和扇面弧度一样的圆弧，如图 21.97 所示。

第 9 步，选择工具箱中的线条工具，把两条直线的两端连接起来，变成一个闭合的路径，同时使用油漆桶工具填充一种颜色，如图 21.98 所示。

Note

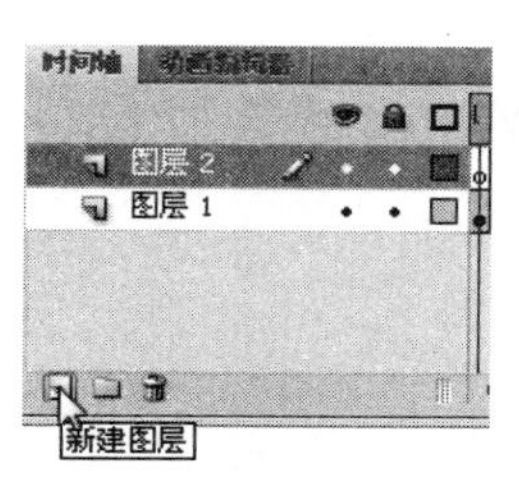

图 21.95　创建一个新的图层

图 21.96　在新的图层中绘制两条直线

图 21.97　使用选择工具对直线变形

图 21.98　给得到的形状填充颜色

第 10 步，在“颜色”面板的“类型”下拉列表框中选择“位图”选项，单击“导入”按钮，在打开的“导入到库”对话框中找到扇面的图片素材。

第 11 步，所选图片将会填充到“扇面”中，如图 21.99 所示。

第 12 步，选择工具箱中的渐变变形工具，调整填充到扇面中的图片素材，使图片和扇面更加吻合，如图 21.100 所示。

第 13 步，完成后的最终效果如图 21.101 所示。

图 21.99　把图片填充到扇面中

图 21.100　使用填充变形工具调整填充到扇面中的图片素材

图 21.101　最终完成的折扇效果

21.4　修饰图形

路径和色块是 Flash CC 中经常要使用的对象，主要用来实现各种动画效果。除了可以使用前面介绍过的工具进行调整以外，还可以使用 Flash CC 所提供的一些修饰命令来进行调整。

21.4.1　优化路径

优化路径的作用就是通过减少定义路径形状的路径点数量来改变路径和填充的轮廓，以达到减小 Flash 文件大小的目的。

Note

【操作步骤】

第 1 步，选择舞台中需要优化的图形对象。

第 2 步，选择“修改”|“形状”|“优化”命令（快捷键：Shift+Ctrl+Alt+C），打开 Flash CC 的“优化曲线”对话框，如图 21.102 所示。

第 3 步，在“优化强度”文本框中设置路径平滑程度。

第 4 步，选中“显示总计消息”复选框，将显示提示框，提示完成平滑时优化的效果，如图 21.103 所示。

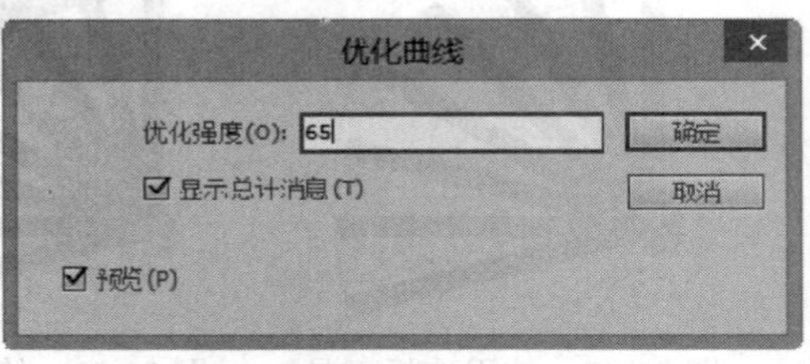

图 21.102 “优化曲线”对话框

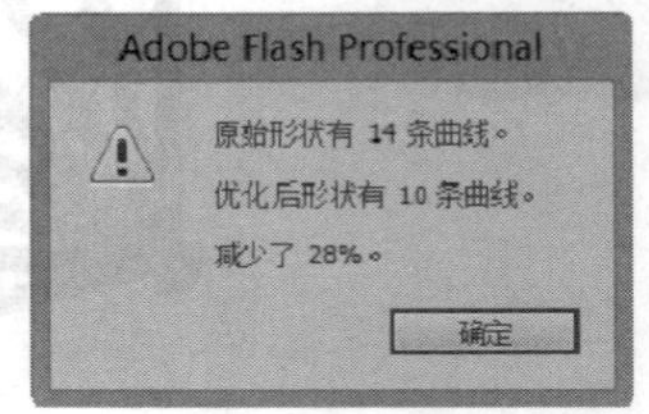

图 21.103 显示总计消息的提示框

第 5 步，不同的优化对比效果如图 21.104 所示。

原图 优化后 重复优化后

图 21.104 不同的优化对比效果

21.4.2 将线条转换为填充

将线条转换为填充的目的，是为了把路径的编辑状态转换为色块的编辑状态，从而填充渐变色，进行路径运算等，但是在 Flash CC 中，路径已经可以任意改变粗细和填充渐变色，所以该命令的使用相对较少。

【操作步骤】

第 1 步，使用基本绘图工具在舞台中绘制路径，如图 21.105 所示。

第 2 步，选择“修改”|“形状”|“将线条转换为填充”命令，将路径转换为色块，如图 21.106 所示。

第 3 步，转换后，对路径和色块进行变形的对比效果如图 21.107 所示。

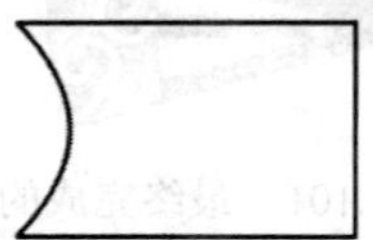
图 21.105 在舞台中绘制路径

图 21.106 将路径转换为色块

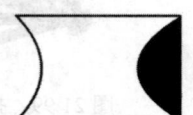

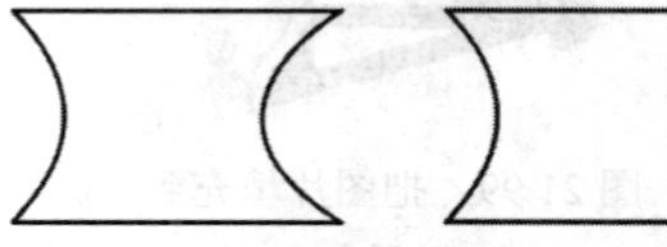
图 21.107 转换后变形的对比效果

21.4.3 扩展填充

使用扩展填充可以改变填充的大小范围。

【操作步骤】

第 1 步，选择舞台中的填充对象。

第 2 步，选择“修改”|“形状”|“扩展填充”命令，打开“扩展填充”对话框，如图 21.108 所示。

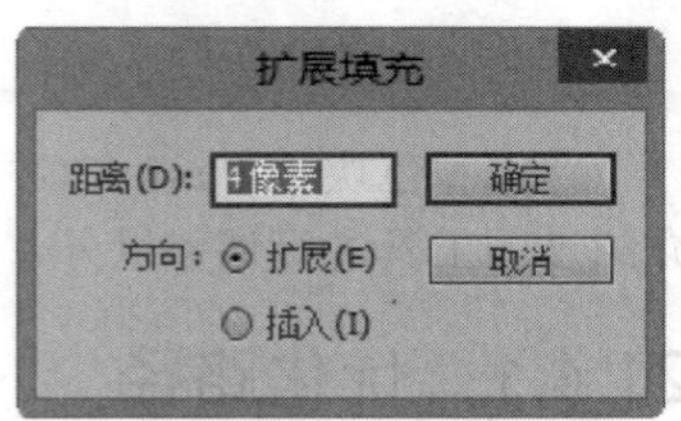

图 21.108 “扩展填充”对话框

第 3 步，在“距离”文本框中输入改变范围的尺寸。

第 4 步，在“方向”选项组中选中“扩展”或“插入”单选按钮，其中，“扩展”表示扩大一个填充，“插入”表示缩小一个填充。

第 5 步，设置完毕后，单击“确定”按钮。转换前后的对比效果如图 21.109 所示。

原图　　“距离”为 10，“方向”为“扩展”　　“距离”为 10，“方向”为“插入”

图 21.109　扩展填充前后的对比效果

21.4.4　柔化填充边缘

使用“柔化填充边缘”命令可以对对象的边缘进行模糊，如果图形边缘过于尖锐，可以使用该命令适当进行调整。

【操作步骤】

第 1 步，选择舞台中的填充对象。

第 2 步，选择“修改”|“形状”|“柔化填充边缘”命令，打开“柔化填充边缘”对话框，如图 21.110 所示。

第 3 步，在“距离”文本框中输入柔化边缘的宽度。

第 4 步，在“步长数”文本框中输入用于控制柔化边缘效果的曲线数值。

第 5 步，在“方向”选项组中选中“扩展”或“插入”单选按钮，其中，“扩展”表示扩大一个填充，“插入”表示缩小一个填充。

第 6 步，设置完毕后，单击“确定”按钮。转换前后的对比效果如图 21.111 所示。

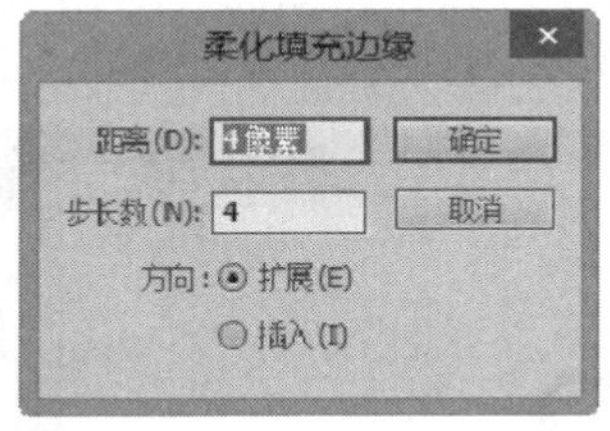

图 21.110　“柔化填充边缘”对话框

原图　扩展效果　插入效果

图 21.111　柔化填充边缘前后的对比效果

21.5　使用辅助工具

辅助工具的作用是帮助用户更好地进行图形绘制。

21.5.1　手形工具

手形工具应用于许多图像处理软件中，用于在画面内容超出显示范围时调整视窗，以方便在工作区中操作。

【操作步骤】

第 1 步，选择工具箱中的手形工具，此时鼠标指针会显示为手形。

第 2 步，在工作区的任意位置按住鼠标左键拖曳，可以改变工作区的显示范围，如图 21.112 所示。也可以直接按 Space 键，快速切换为手形工具。

Note

图 21.112　使用手形工具

21.5.2　缩放工具

缩放工具的作用是在绘制较大或较小的舞台内容时，对舞台的显示比例进行放大或缩小操作，以便于编辑。

【操作步骤】

第 1 步，选择工具箱中的缩放工具。

第 2 步，在缩放工具的附加选项中单击“放大”或“缩小”按钮，如图 21.113 所示，也可以使用快捷键，Ctrl++表示放大，Ctrl+–表示缩小，如图 21.114 所示。

图 21.113　缩放工具的附加选项

图 21.114　使用缩放工具改变舞台的显示比例

第 3 步，双击工具箱中的“放大镜”按钮，可以将舞台恢复至原来的尺寸。

21.6　案例实战：导入视频

Flash CC 视频功能较以往版本有了很大改进，支持的视频文件格式如下。

☑　.avi（音频视频交叉）。

☑　.dv（数字视频）。

☑　.mpg、.mpeg（运动图像专家组）。

☑　.mov（QuickTime 影片）。

☑　.wmv、.asf（Windows 媒体文件）。

如果系统上安装了 QuickTime 4 或更高版本（Windows 或 Macintosh），或 DirectX 7 或更高版本（仅限 Windows），则可以导入更多文件格式的嵌入视频剪辑，包括 MOV（QuickTime 影片）、AVI（音频、视频交叉文件）、MPG/MPEG（运动图像专家组文件）及 MOV 格式的链接视频剪辑等。

如果要导入视频文件的格式，Flash CC 不支持，它会显示一个提示信息，说明不能完成导入。对于某些视频文件，Flash CC 只能导入其中的视频部分而无法导入其中的音频。

下面的案例演示如何在 Flash 动画中导入视频，实现更加丰富的动画效果。

【操作步骤】

第 1 步，新建一个 Flash 文件。

第 2 步，选择"文件"|"导入"|"导入到舞台"命令（快捷键：Ctrl+R），把图片素材"电视效果素材.png"导入到当前动画的舞台中，如图 21.115 所示。

第 3 步，单击"时间轴"面板中的"新建图层"按钮，创建"图层 2"，如图 21.116 所示。

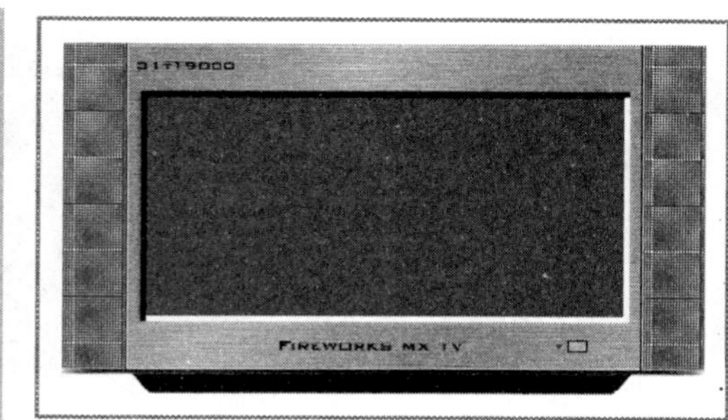

图 21.115　在舞台中导入图片素材

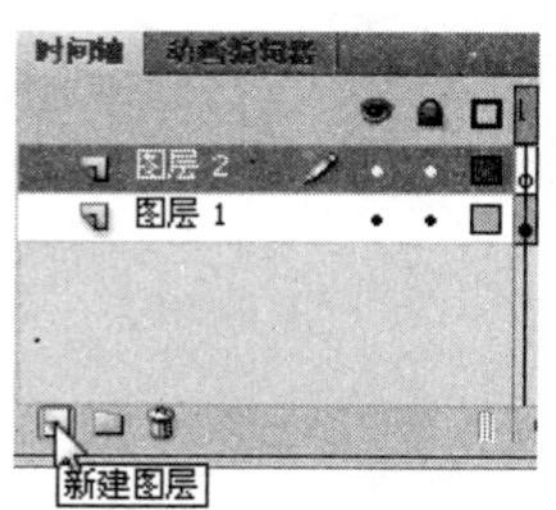

图 21.116　创建一个新的图层

第 4 步，选择"文件"|"导入"|"导入视频"命令，在打开的"导入视频"对话框中查找视频文件的位置，如图 21.117 所示。

第 5 步，把视频素材"视频素材.wmv"导入到当前舞台的"图层 2"中，如图 21.118 所示。

第 6 步，在文件路径下面的 3 个选项中选择适合的视频类型，如图 21.119 所示。

第 7 步，单击"下一步"按钮，在"导入视频"对话框的"嵌入"界面中调整嵌入视频文件的方式，如图 21.120 所示。

第 8 步，单击"下一步"按钮，在"导入视频"对话框的"完成视频导入"界面中会出现视频文件的设置说明，如图 21.121 所示。

第 9 步，单击"完成"按钮，打开"导入视频帧..."对话框，显示 Flash 视频导入

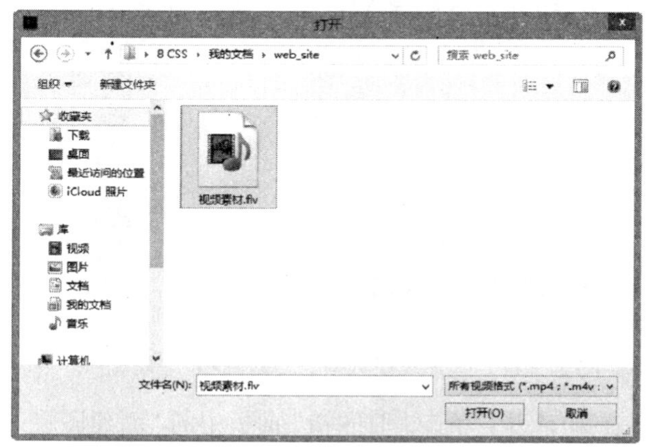

图 21.117　选择需要导入的视频文件

进程，如图 21.122 所示。当进度条显示为 100%时，表示视频导入完毕。

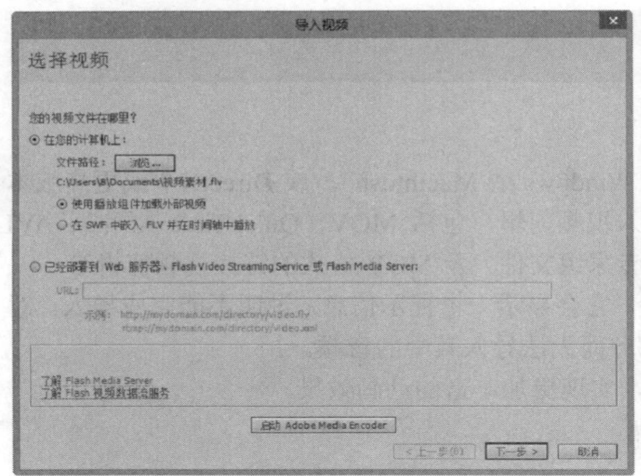

图 21.118　选择需要打开的视频文件

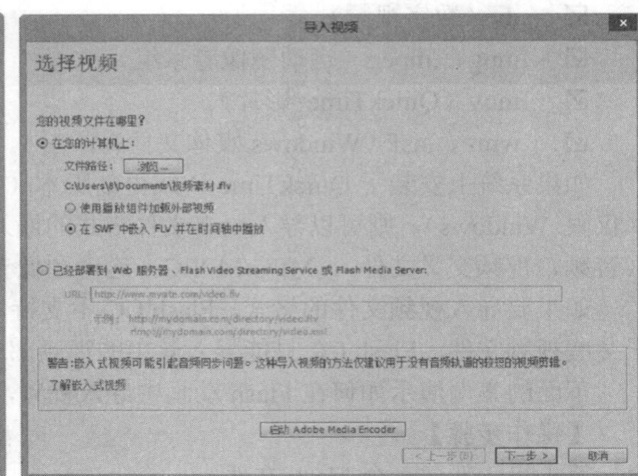

图 21.119　视频的部署选项

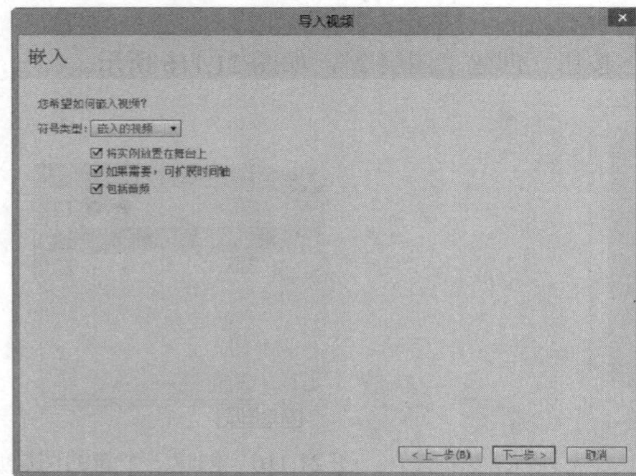

图 21.120　选择嵌入视频的方式

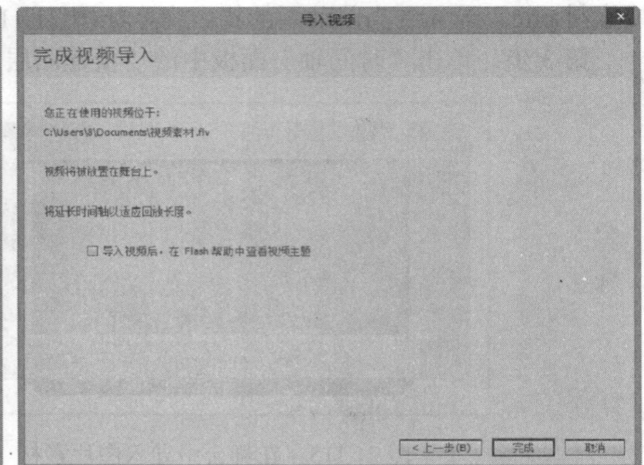

图 21.121　完成视频导入

第 10 步，视频导入完毕后，显示在舞台的“图层 2”中，如图 21.123 所示。

图 21.122　“导入视频帧…”对话框

图 21.123　导入到舞台中的视频

第 11 步，单击“时间轴”面板中的“新建图层”按钮。如图 21.124 所示，创建一个新的图层“图层 3”。

第 12 步，选择工具箱中的矩形工具▭，在“图层 3”中绘制一个和电视机屏幕同样大小的矩形，颜色不限，如图 21.125 所示。

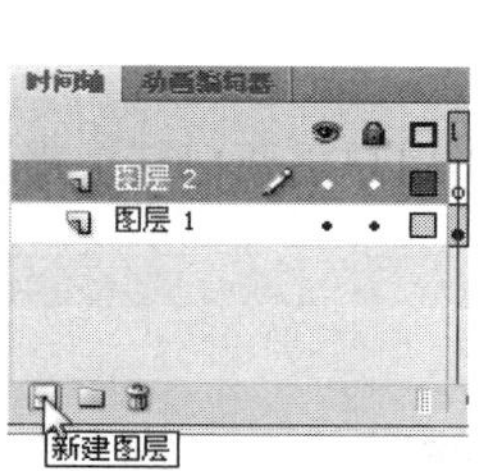

图 21.124　创建一个新的图层

图 21.125　绘制矩形

第 13 步，把“图层 3”中的矩形和“图层 1”中的电视屏幕调整到相同的位置。

第 14 步，选择“时间轴”面板中的“图层 3”，右击，在弹出的快捷菜单中选择“遮罩层”命令，如图 21.126 所示。

第 15 步，至此，即可把视频的内容显示在矩形内，动画效果完成，如图 21.127 所示。

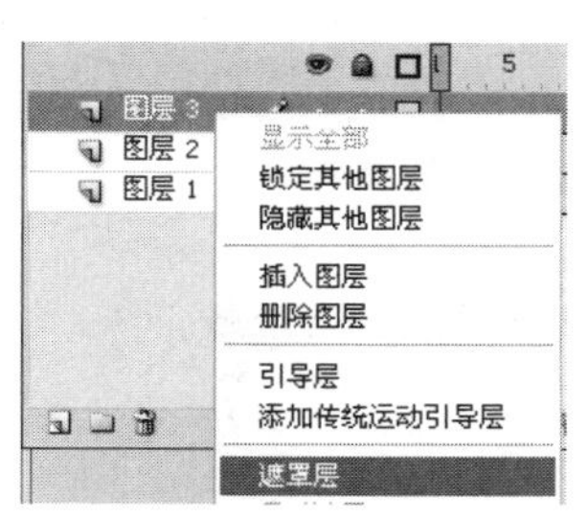

图 21.126　“遮罩层”命令

图 21.127　动画效果完成

第 16 步，选择“控制”|“测试影片”命令（快捷键：Ctrl+Enter），在 Flash 播放器中预览动画效果，如图 21.128 所示。

图 21.128　完成后的最终效果

21.7　案例实战：导入音频

为动画配音堪称点睛之笔，因为大部分情况下，使用声音往往可以实现动画所不能表达的效果。Flash CC 几乎支持了现在计算机系统中所有主流的声音文件格式，如下所示。

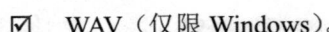

☑ WAV（仅限 Windows）。

☑ AIFF（仅限 Macintosh）。

☑ MP3（Windows 或 Macintosh）。

所有导入到 Flash 中的声音文件会自动保存到当前 Flash 动画的库中。当用户需要把某个声音文件导入到 Flash 中时，可以按下面的操作步骤来完成。

【操作步骤】

第 1 步，选择“文件”|“导入”|“导入到舞台”命令（快捷键：Ctrl+R），弹出“导入”对话框，选择需要导入的声音文件，然后单击“打开”按钮，如图 21.129 所示。

第 2 步，导入的声音文件会自动出现在当前影片的“库”面板中，如图 21.130 所示。

第 3 步，在“库”面板的预览窗口中，如果显示的是一条波形，则导入的是单声道的声音文件，如图 21.130 所示；如果显示的是两条波形，则导入的是双声道的声音文件，如图 21.131 所示。

图 21.129　选择要导入的声音文件

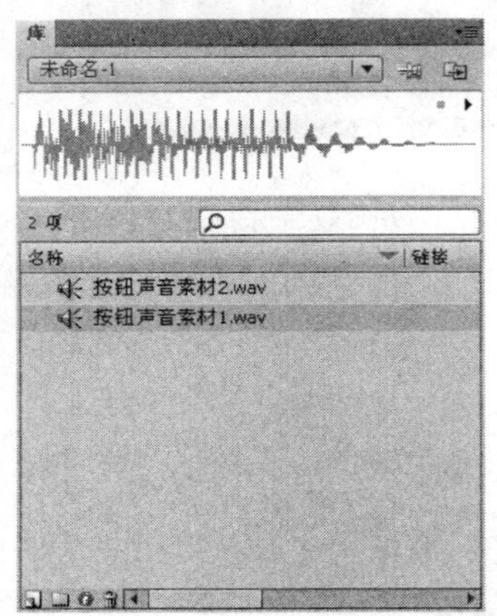

图 21.130　“库”面板中的单声道声音文件

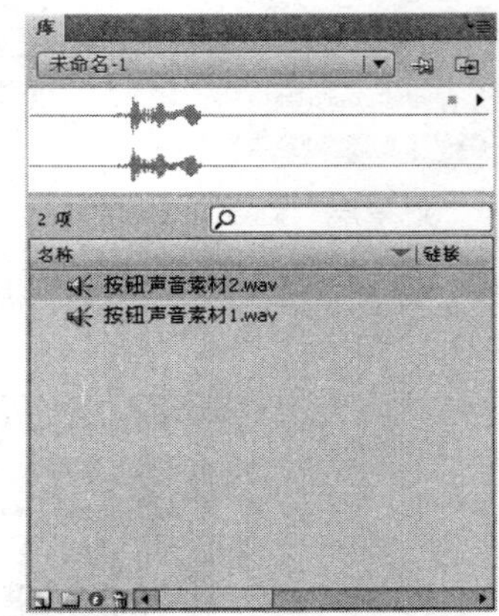

图 21.131　双声道的声音文件

为了给 Flash 动画添加声音，可以把声音添加到影片的时间轴上。用户通常要建立一个新的图层来放置声音，在一个影片文件中可以有任意数量的声音图层，Flash 会对这些声音进行混合，但是图层太多会增加影片文件的大小，而且也会影响动画的播放速度。下面通过一个简单的实例来说明如何将声音添加到关键帧上。

【操作步骤】

第 1 步，新建一个 Flash 文件。

第 2 步，从外部导入一个声音文件。

第 3 步，单击时间轴中的“新建图层”按钮，创建“图层 2”。

第 4 步，选择“窗口”|“库”命令（快捷键：Ctrl+L），打开 Flash 的“库”面板。

第 5 步，把“库”面板中的声音文件拖曳到“图层 2”所对应的舞台中。声音文件只能拖曳到舞台中，不能拖曳到图层上。

第 6 步，这时在时间轴上会出现声音的波形，但是却只有一帧，所以看不见，如图 21.132 所示。

第 7 步，要将声音的波形显示出来，在“图层 2”靠后的任意一帧插入一个静态延长帧即可，如图 21.133 所示。

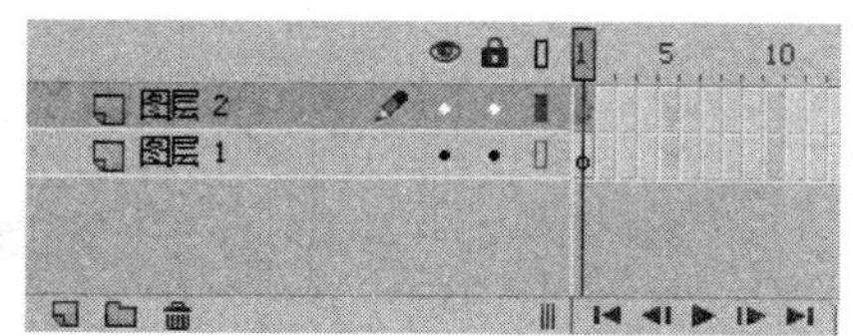

图 21.132 添加声音后的时间轴

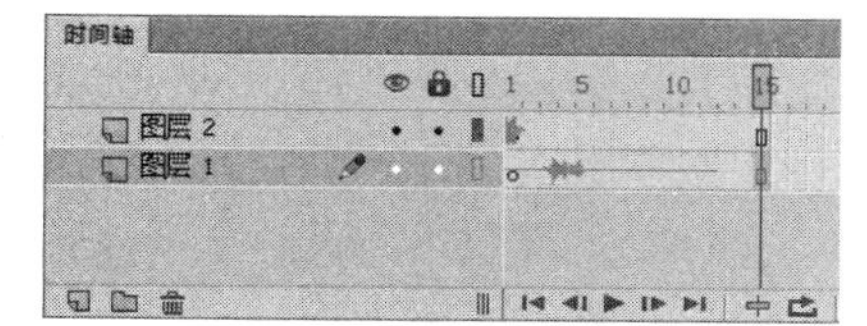

图 21.133 在时间轴中显示声音的波形

第 8 步，如果要使声音和动画播放的时间相同，则需要计算声音总帧数，用声音文件的总时间（单位秒）×12 即可得出声音文件的总帧数。

在 Flash CC 中，可以很方便地为按钮元件添加声音效果，从而增强交互性。按钮元件的 4 种状态都可以添加声音，即可以在指针经过、按下、弹起和点击帧中设置不同的声音效果。下面通过一个简单的实例来说明如何给按钮元件添加声音。

【操作步骤】

第 1 步，新建一个 Flash 文件。

第 2 步，从外部导入一个声音文件。

第 3 步，选择舞台中需要添加声音的按钮元件，双击进入到按钮元件的编辑状态，如图 21.134 所示。

第 4 步，单击时间轴中的“新建图层”按钮，创建“图层 2”。

第 5 步，选择时间轴中的“按下”状态，按 F7 键，插入空白关键帧，如图 21.135 所示。

第 6 步，选择“窗口”|“库”命令（快捷键：Ctrl+L），打开 Flash 的“库”面板。

第 7 步，把“库”面板中的声音文件拖曳到“图层 2”的“按下”状态所对应的舞台中，如图 21.136 所示。

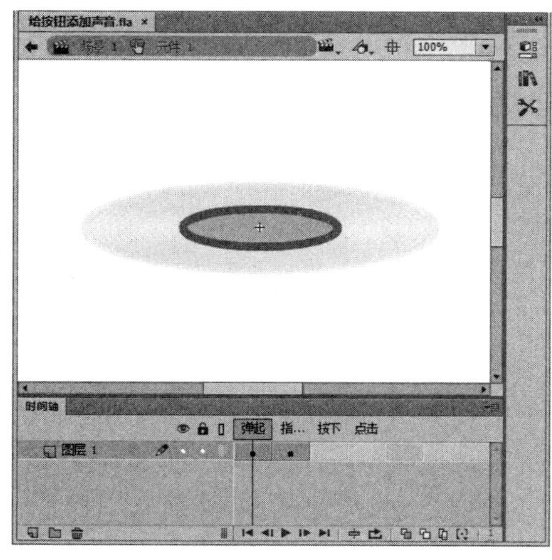

图 21.134 进入到按钮元件的编辑窗口

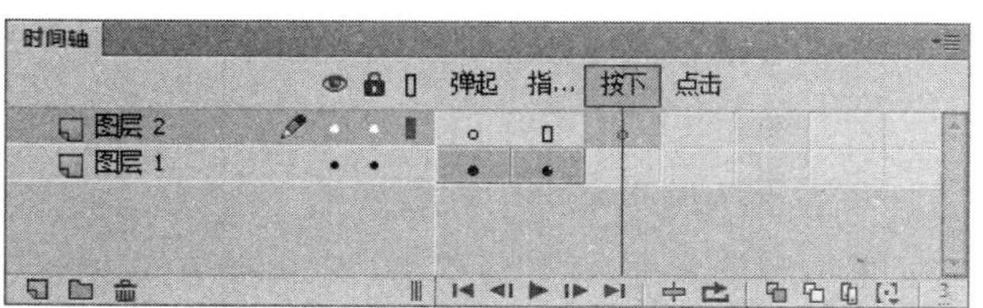

图 21.135 在“按下”状态插入空白关键帧

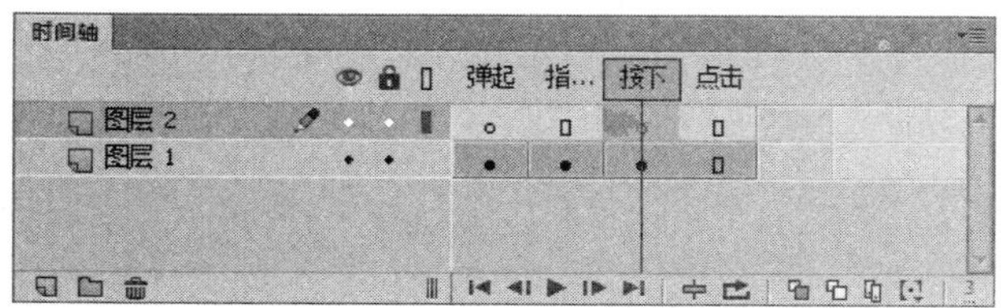

图 21.136 在“按下”状态添加声音

第 8 步，单击时间轴左上角的“场景 1”按钮，返回场景的编辑状态。

第 9 步，选择“控制”|“测试影片”命令（快捷键：Ctrl+Enter），在 Flash 播放器中预览动画效果。

第22章

使用 Flash 制作动画元素

（视频讲解：97 分钟）

图形和文本是动画制作的基础，它们构成了 Flash 动画基本元素。每个精彩的 Flash 动画都少不了精美的图形素材以及必要的文字说明。Flash 具有强大的绘图和文本工具，可以利用绘图工具绘制图形、上色和修饰等。熟练掌握 Flash 的绘图技巧，将为制作精彩的 Flash 动画奠定坚实的基础。Flash 的文本编辑功能非常强大，除了可以通过 Flash 输入文本外，还可以制作各种很酷炫的字体效果，以及利用文本进行交互输入等。

学习重点：

- 熟练使用 Flash 基本绘图工具
- 绘制 Flash 路径、图形等
- 熟练使用 Flash 颜色工具
- 能够编辑和管理颜色
- 熟练使用文本工具
- 能够编辑和操作图形对象

Note

22.1　绘 图 准 备

在学习绘图之前，用户需要掌握选择工具的使用以及绘图模式基础。选择工具是工具箱中使用最频繁的工具，主要用于对工作区中的对象进行选择和对一些路径进行修改。部分选取工具主要用于对图形进行细致的变形处理。

22.1.1　选择工具

选择工具可用于抓取、选择、移动和改变图形形状，是 Flash 中使用最多的工具，选择该工具后，在工具箱下方的工具选项中会出现 3 个按钮，如图 22.1 所示，通过这些按钮可以完成以下操作。

图 22.1　选择工具的选项

☑　“对齐”按钮：单击该按钮，然后使用选择工具拖曳某一对象时，鼠标指针将出现一个圆圈，如果将指针向其他对象移动，则会自动吸附上去，有助于将两个对象连接在一起。另外，此按钮还可以使对象对齐辅助线或网格。

☑　“平滑”按钮：对路径和形状进行平滑处理，消除多余的锯齿。可以柔化曲线，减少整体凹凸等不规则变化，形成轻微的弯曲。

☑　“伸直”按钮：对路径和形状进行平直处理，消除路径上多余的弧度。

为了说明“平滑”按钮和“伸直”按钮的作用，下面通过实例看一下操作的结果。如图 22.2 所示，左侧的曲线是使用铅笔工具绘制的，它是凹凸不平而且带有毛刺的，使用鼠标徒手绘制的结果大多如此。图中间及右侧的曲线分别是经过 3 次平滑和伸直操作得到的，可以看出曲线变得非常光滑。

图 22.2　平滑和伸直效果

在工作区使用选择工具选择对象时，应注意下面几个问题。

1. 选择一个对象

如果选择的是一条直线，一组对象或文本，只需要在该对象上单击即可；如果所选的对象是图形，单击一条边线并不能选择整个图形，而需要在某条边线上双击。在图 22.3 中，左侧是单击选择一条边线的效果，右侧是双击一条边线后选择所有边线的效果。

2. 选择多个对象

选择多个对象的方法主要有两种：使用选择工具框选或者按住 Shift 键进行复选，如图 22.4 所示。

3. 裁剪对象

在框选对象时，如果只框选了对象的一部分，那么将会对对象进行裁剪操作，如图 22.5 所示。

4. 移动拐角

如果要利用选择工具移动对象的拐角，当鼠标指针移动到对象的拐角点上时，鼠标指针的形状会发生变化，如图 22.6 所示。这时可以按住鼠标左键并拖曳鼠标，改变前拐点的位置，当移动到指定

Note

位置后释放鼠标左键即可。移动拐点前后的效果如图 22.7 所示。

图 22.3　不同的选择效果

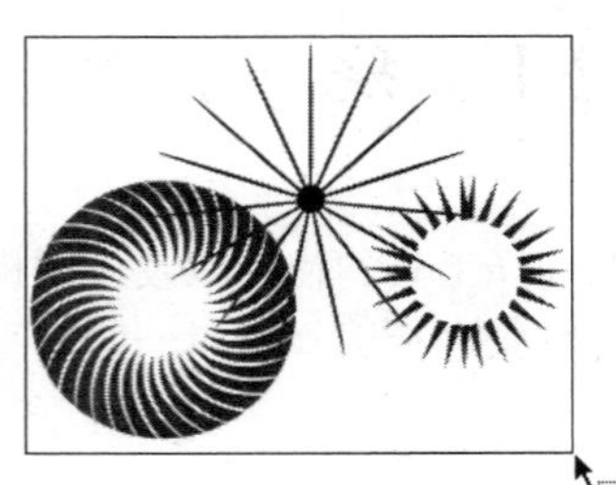
图 22.4　框选多个对象

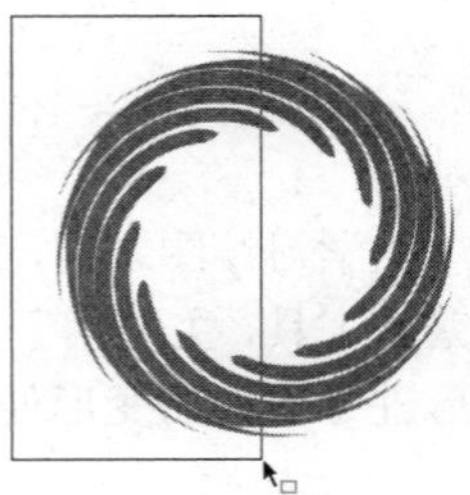
图 22.5　裁剪对象

图 22.6　选择拐点时鼠标指针的变化

图 22.7　移动拐点的过程

5. 将直线变为曲线

将选择工具移动到对象的边缘时，鼠标指针的形状会发生变化，如图 22.8 所示。这时按住鼠标左键并拖曳鼠标，当移动到指定位置后释放鼠标左键即可。直线变曲线的前后效果如图 22.9 所示。

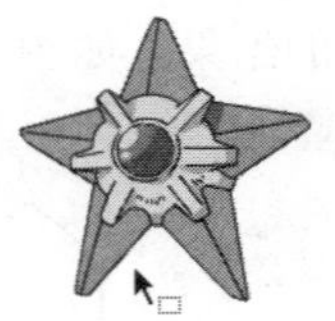

图 22.8　选择对象边缘时鼠标指针的变化

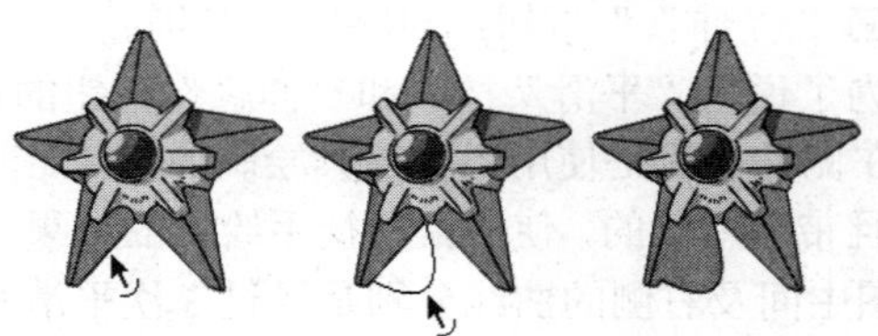
图 22.9　直线到曲线的变化过程

6. 增加拐点

用户可以在线段上增加新的拐点，当鼠标指针下方出现一个弧线的标志时，按住 Ctrl 键进行拖曳，当移动到适当位置后释放鼠标左键，即可增加一个拐点，如图 22.10 所示。

7. 复制对象

使用选择工具可以直接在工作区中复制对象。首先选择需要复制的对象，然后按住 Alt 键，拖曳对象至工作区上的任意位置，然后释放鼠标左键，即可生成复制对象。

图 22.10　添加拐点的操作

22.1.2　部分选取工具

使用部分选取工具可以像使用选择工具那样选择并移动对象，还可以对图形进行变形等处理。当使用部分选取工具选择对象时，对象上将会出现很多路径点，表示该对象已经被选中，如图 22.11 所示。

图 22.11　被部分选择工具选中的对象

1. 移动路径点

使用部分选取工具选择图形，在其周围会出现一些路径点，把鼠标指针移动到这些路径点上，在鼠标指针的右下角会出现一个白色的正方形，拖曳路径点可以改变对象的形状，如图 22.12 所示。

2. 调整路径点的控制手柄

选择路径点进行移动的过程中，在路径点的两端会出现调节路径弧度的控制手柄，并且选中的路径点将变为实心，拖曳路径点两边的控制手柄，可以改变曲线弧度，如图 22.13 所示。

图 22.12　移动路径点

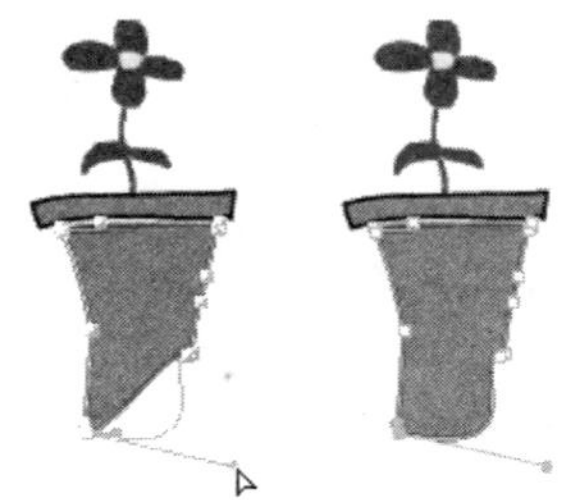

图 22.13　调整路径点两端的控制手柄

3. 删除路径点

使用部分选取工具选中对象上的任意路径点后，按 Delete 键可以删除当前选中的路径点，删除路径点可以改变当前对象的形状。在选择多个路径点时，同样可以框选或者按 Shift 键进行复选，如图 22.14 所示。

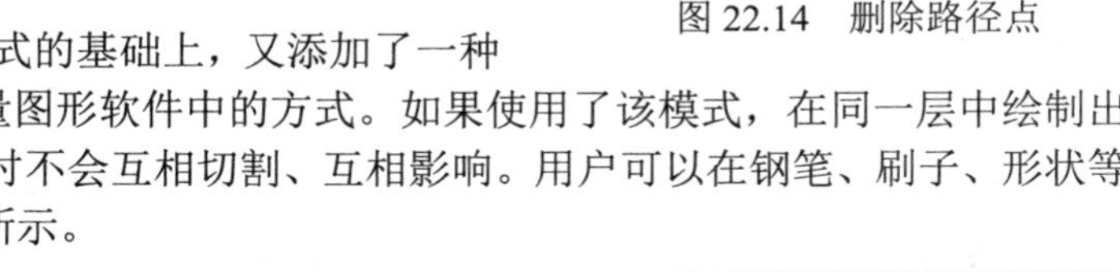

图 22.14　删除路径点

22.1.3　Flash 绘图模式

在 Flash 中，当同一图层的形状或线条叠加在一起时，会互相裁切，这会给用户操作带来不少麻烦，最常见的就是移动对象时只把填充移走了，而轮廓线还留在原处，给后面的操作带来不必要的麻烦，如图 22.15 所示。

在 Flash CC 中，在保留原来绘图模式的基础上，又添加了一种对象绘制模式，类似于 Illustrator 等矢量图形软件中的方式。如果使用了该模式，在同一层中绘制出的形状和线条会自动成组，并且在移动时不会互相切割、互相影响。用户可以在钢笔、刷子、形状等工具的选项中找到该设置，如图 22.16 所示。

图 22.15　同一图层的对象裁切

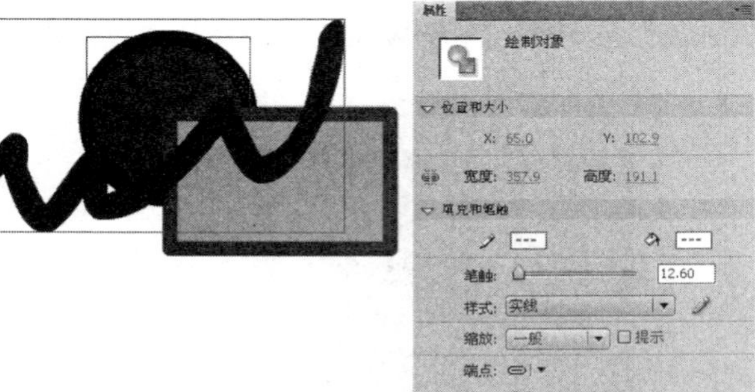

图 22.16　对象绘制模式

当然这并不意味着在该种模式下，用户无法完成对象的组合和切割。Flash CC 提供了更完善和标准的方法，即在“修改”|“合并对象”菜单下添加了一些新的命令，如图 22.17 所示。

Note

这些命令是在任何一个矢量绘图软件中都有的矢量运算命令，用于对多个路径进行运算，从而生成新的形状。在 Fireworks 中，这些命令被称为“组合路径”。如图 22.18 所示为对两个叠加在一起的图形使用“合并对象”命令后的效果。合理、灵活地运用这些命令必定会为作品添姿增彩。

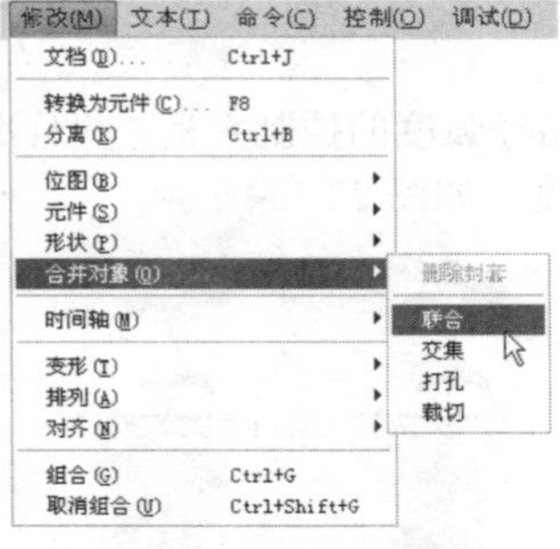

图 22.17 “合并对象”命令

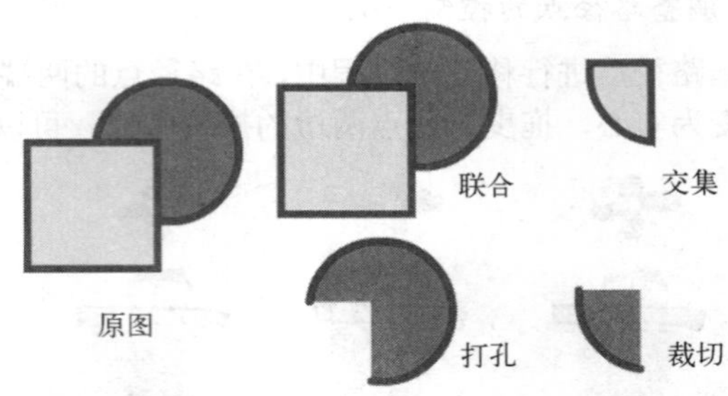

图 22.18 使用“合并对象”命令得到的效果

22.2 绘 制 路 径

在 Flash 中，路径和路径点的绘制是最基本的操作，绘制路径的工具有线条工具、钢笔工具和铅笔工具。绘制路径的方法非常简单，只需使用这些工具在合适的位置单击即可，至于具体使用哪种工具，要根据实际的需要来选择。绘制路径的主要目的是为了得到各种形状。

22.2.1 绘制线条

选择线条工具，拖曳鼠标可以在舞台中绘制直线路径。通过设置“属性”面板中的相应参数，还可以得到各种样式、粗细不同的直线路径。

在使用线条工具绘制直线路径的过程中，按住 Shift 键，可以使绘制的直线路径围绕 45° 角进行旋转，从而很容易地绘制出水平和垂直的直线。

1. 更改直线路径的颜色

单击工具箱中的“笔触颜色”按钮，会打开一个调色板，如图 22.19 所示。调色板中所给出的是 216 种 Web 安全色，用户可以直接在调色板中选择需要的颜色，也可以通过单击调色板右上角的“系统颜色”按钮，打开 Windows 的系统调色托盘，从中选择更多的颜色，如图 22.20 所示。

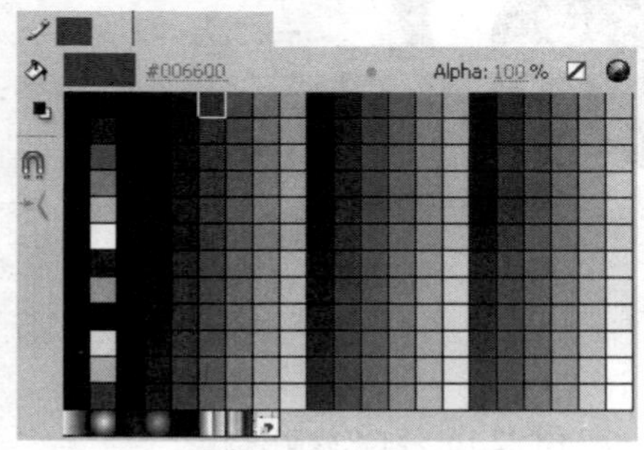

图 22.19 “笔触颜色”的调色板

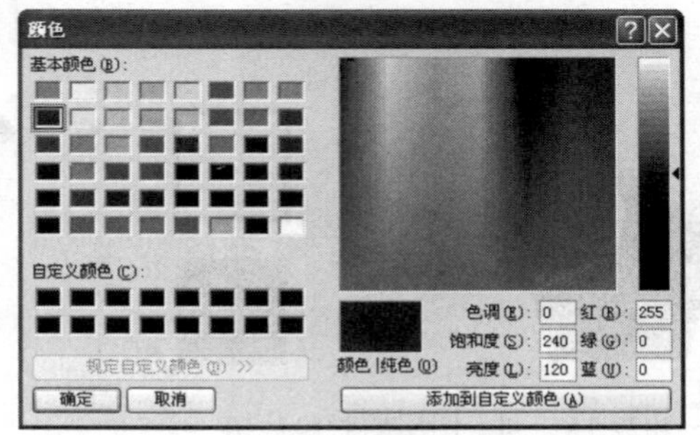

图 22.20 Windows 的系统调色托盘

同样，颜色设置也可以从“属性”面板的笔触颜色中进行调整，由于其操作和上面操作相似，这

里不再赘述，如图 22.21 所示。

2. 更改直线路径的宽度和样式

选择需要设置的线条，在“属性”面板中显示当前直线路径的属性，如图 22.22 所示。其中，“笔触”文本框用于设置直线路径的宽度，用户可以在其文本框中手动输入数值，也可以通过拖曳滑块设置；“样式”下拉列表框用于设置直线路径的样式效果，用户可以根据需要进行设置，如图 22.23 所示。

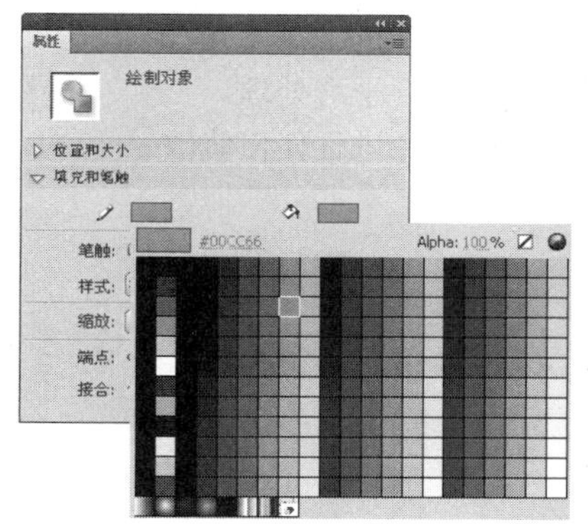

图 22.21　“属性”面板中的笔触颜色

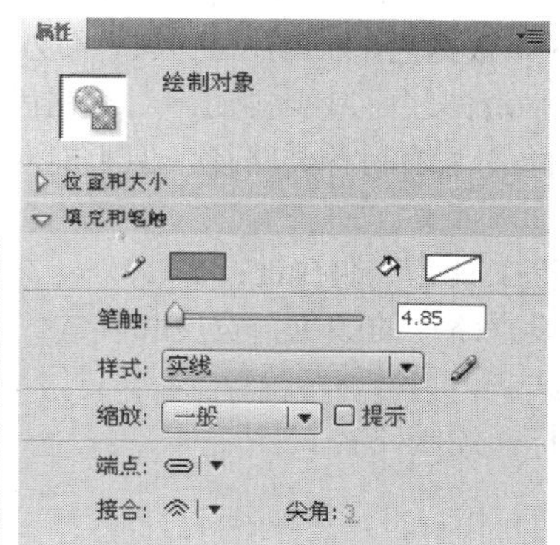

图 22.22　直线路径的属性

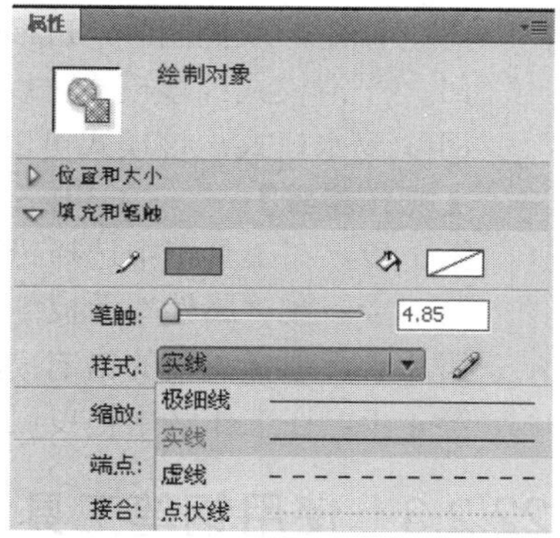

图 22.23　直线路径的宽度和样式

如果单击后面的“编辑”按钮，会打开“笔触样式”对话框，在该对话框中可以对直线路径的属性进行详细设置，如图 22.24 所示。

3. 更改直线路径的端点和接合点

在 Flash CC 的“属性”面板中，可以对所绘路径的端点设置形状，如图 22.25 所示。若分别选择“圆角”和“方形”，其效果如图 22.26 所示。

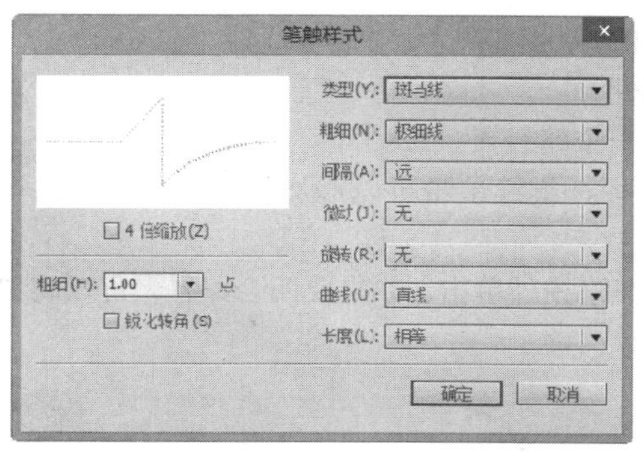

图 22.24　在“笔触样式”对话框中设置直线路径的属性

图 22.25　端点选项

圆角

方形

图 22.26　直线路径端点的设置

接合点指两条线段的相接处，也就是拐角的端点形状。Flash CC 提供了 3 种接合点的形状：“尖角”、“圆角”和“斜角”，其中，“斜角”是指被“削平”的方形端点。如图 22.27 所示为 3 种接合点的形状对比。

尖角　　圆角　　斜角

图 22.27　直线路径接合时的形状

22.2.2 使用铅笔工具

铅笔工具是一种手绘工具，使用铅笔工具可以

在 Flash 中随意绘制路径和不规则的形状，这与日常生活中使用的铅笔一样，只要用户有足够的美术基础，即可利用铅笔工具绘制任何需要的图形。在绘制完成后，Flash 还能够帮助用户把不是直线的路径变直或者把路径变平滑。

Note

在工具箱的选项区中单击“铅笔模式”按钮后，在打开的面板中选择不同的“铅笔模式”类型，有“伸直”、“平滑”和“墨水”3 种选择。

☑ 伸直模式：该模式可以将所绘路径自动调整为平直（或圆弧形）的路径，例如，在绘制近似矩形或椭圆时，Flash 将根据它的判断，将其调整成规则的几何形状。

☑ 平滑模式：该模式可以平滑曲线、减少抖动，对有锯齿的路径进行平滑处理。

☑ 墨水模式：该模式可以随意地绘制各类路径，但不能对得到的路径进行任何修改。

【操作步骤】

第 1 步，在工具箱中选择铅笔工具（快捷键：Y）。

第 2 步，在“属性”面板中设置路径的颜色、宽度和样式。

第 3 步，选择需要的铅笔模式。

第 4 步，在工作区中拖曳鼠标，绘制路径。

22.2.3 使用钢笔工具

钢笔工具的主要作用是绘制贝塞尔曲线，这是一种由路径点调节路径形状的曲线。使用钢笔工具与使用铅笔工具有很大差别，要绘制精确的路径，可以使用钢笔工具创建直线和曲线段，然后调整直线段的角度和长度以及曲线段的斜率。钢笔工具不但可以绘制普通的开放路径，还可以创建闭合的路径。

1. 绘制直线路径

【操作步骤】

第 1 步，在工具箱中选择钢笔工具（快捷键：P）。

第 2 步，在“属性”面板中设置笔触和填充的属性。

第 3 步，返回到工作区，在舞台上单击，确定第一个路径点。

第 4 步，单击舞台上的其他位置绘制一条直线路径，继续单击可以添加相连接的直线路径，如图 22.28 所示。

第 5 步，如果要结束路径绘制，可以按住 Ctrl 键在路径外单击。如果要闭合路径，可以将鼠标指针移到第一个路径点上单击，如图 22.29 所示。

图 22.28　使用钢笔工具绘制直线路径

图 22.29　结束路径绘制

2. 绘制曲线路径

【操作步骤】

第 1 步，在工具箱中选择钢笔工具（快捷键：P）。

第 2 步，在“属性”面板中设置笔触和填充的属性。

第 3 步，返回到工作区，在舞台上单击，确定第一个路径点。

第 4 步，拖曳出曲线的方向。在拖曳时，路径点的两端会出现曲线的切线手柄。

第 5 步，释放鼠标，将指针放置在希望曲线结束的位置，单击，然后向相同或相反的方向拖曳，如图 22.30 所示。

第 6 步，如果要结束路径绘制，可以按住 Ctrl 键在路径外单击。如果要闭合路径，可以将鼠标指针移到第一个路径点上单击。

3. 转换路径点

路径点分为直线点和曲线点，要将曲线点转换为直线点，在选择路径后，使用转换锚点工具单击所选路径上已存在的曲线路径点，即可将曲线点转换为直线点，如图 22.31 所示。

图 22.30 曲线路径的绘制

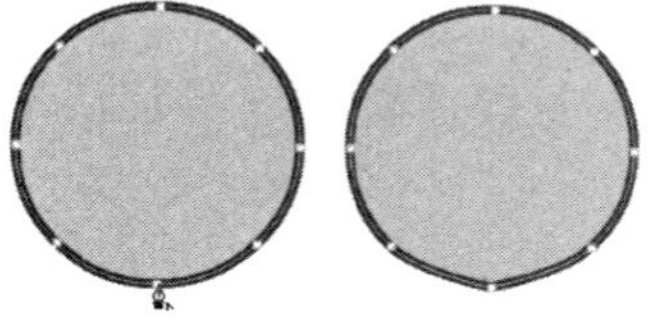

图 22.31 使用转换锚点工具将曲线点转换为直线点

4. 添加、删除路径点

用户可以使用 Flash CC 中的添加锚点工具和删除锚点工具为路径添加或删除路径点，从而得到满意的图形。

添加路径点的方法为选择路径，使用添加锚点工具在路径边缘没有路径点的位置单击，即可完成操作。

删除路径点的方法为选择路径，使用删除锚点工具单击所选路径上已存在的路径点，即可完成操作。

22.3 绘制图形

使用 Flash CC 中的基本形状工具，可以快速绘制想要的图形。

22.3.1 绘制椭圆

Flash 中的椭圆工具用于绘制椭圆和正圆，用户可以根据需要任意设置椭圆路径的颜色、样式和填充色。当选择工具箱中的椭圆工具时，在“属性”面板中就会出现与椭圆工具相关的属性设置，如图 22.32 所示。

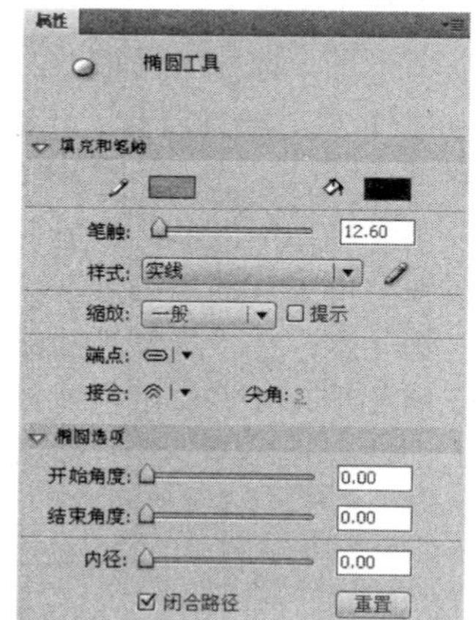

图 22.32 椭圆工具对应的“属性”面板

【操作步骤】

第 1 步，选择工具箱中的椭圆工具。

第 2 步，在选项区中选择“对象绘制”模式。

第 3 步，在“属性”面板中设置椭圆路径和填充属性。

第 4 步，在舞台中拖曳鼠标指针，绘制图形。

22.3.2 绘制矩形

矩形工具用于创建矩形和正方形。矩形工具的使用方法和椭圆工具一样，所不同的是矩形工具

Note

包括一个控制矩形圆角度数的属性，在“属性”面板中输入一个圆角的半径像素点数值，如图 22.33 所示，即能绘制出相应的圆角矩形。

在“矩形选项”的文本框中，可以输入 0～999 的数值，数值越小，绘制出来的圆角弧度就越小，默认值为 0，即绘制直角矩形。如果输入 999，绘制出来的圆角弧度则最大，得到的是两端为半圆的圆角矩形，如图 22.34 所示。

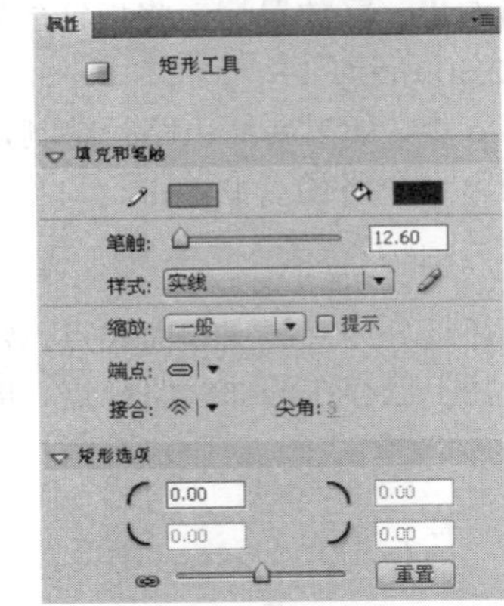

图 22.33　矩形工具的“属性”面板

图 22.34　边角半径为 999 的圆角矩形

【操作步骤】

第 1 步，选择工具箱中的矩形工具。

第 2 步，根据需要，在选项区中单击“对象绘制”按钮。

第 3 步，根据需要，在“属性”面板中控制矩形的圆角度数。

第 4 步，在“属性”面板中设置矩形的路径和填充属性。

第 5 步，在舞台中拖曳鼠标，绘制图形。

与基本椭圆工具一样，Flash CC 也新增加了基本矩形工具，使用该工具在舞台中绘制矩形以后，如果对矩形圆角的度数不满意，可以随时进行修改。

22.3.3　绘制多角星形

多角星形工具用于创建星形和多边形。多角星形工具的使用方法和矩形工具一样，所不同的是多角星形工具的“属性”面板中多了“选项”按钮，如图 22.35 所示。单击该按钮，在打开的“工具设置”对话框中可以设置多角星形工具的详细参数，如图 22.36 所示。

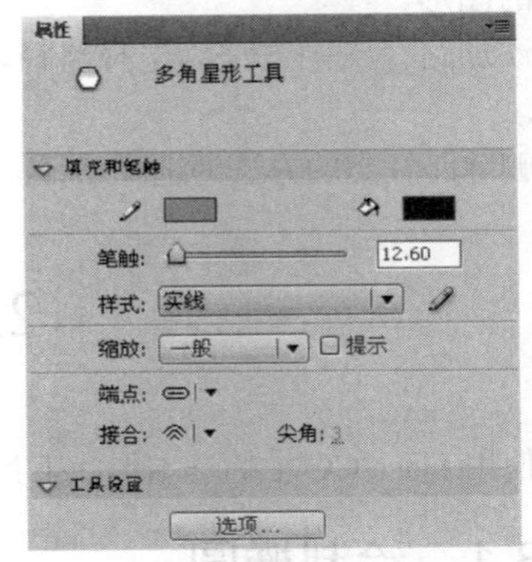

图 22.35　多角星形工具对应的“属性”面板

【操作步骤】

第 1 步，选择工具箱中的多角星形工具。

第 2 步，根据需要，在选项区中单击“对象绘制”按钮。

第 3 步，单击多角星形工具“属性”面板中的“选项”按钮，在打开的“工具设置”对话框中设置多角星形工具的详细参数。

第 4 步，在“属性”面板中设置矩形的路径和填充属性。

第 5 步，在舞台中拖曳鼠标，绘制图形，如图 22.37 所示。

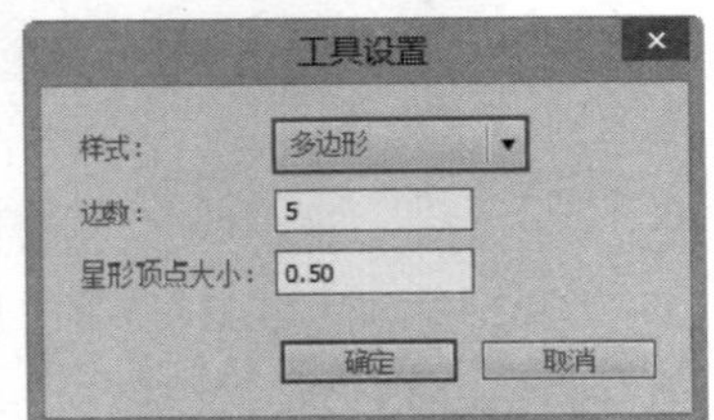

图 22.36　多角星形工具的“工具设置”对话框

图 22.37　使用多角星形工具绘制图形

22.3.4 使用刷子工具

刷子工具绘制的效果与日常生活中使用的刷子类似，是为影片进行大面积上色时使用的。使用刷子工具可以为任意区域和图形填充颜色，对于填充精度要求不高。通过更改刷子的大小和形状，可以绘制各种样式的填充线条。

选择刷子工具时，在“属性”面板中会出现刷子工具的相关属性，如图 22.38 所示。同时，在刷子工具的选项区中也会出现一些刷子的附加功能，如图 22.39 所示。

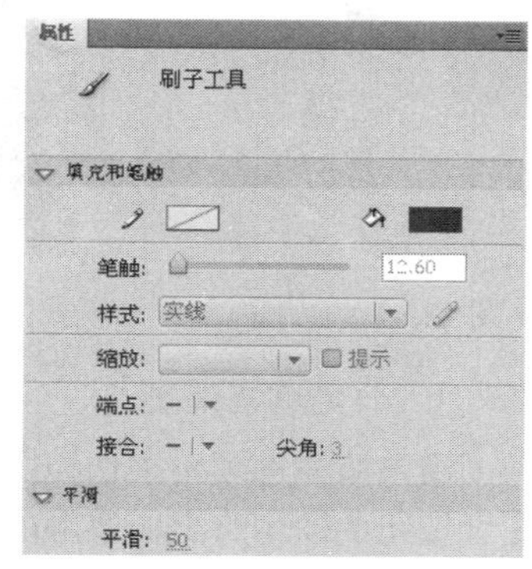

图 22.38 刷子工具的“属性”面板设置

1. 设置模式

刷子模式用于设置使用刷子绘图时对舞台中其他对象的影响方式，但是在绘图时不能使用对象绘制模式。各个模式的特点如下。

☑ 标准绘画：在该模式下，新绘制的线条会覆盖同一层中原有的图形，但是不会影响文本对象和导入的对象，对比效果如图 22.40 所示。

☑ 颜料填充：在该模式下，只能在空白区域和已有的矢量色块填充区域内绘制，并且不会影响矢量路径的颜色，对比效果如图 22.41 所示。

图 22.39 刷子工具的选项区

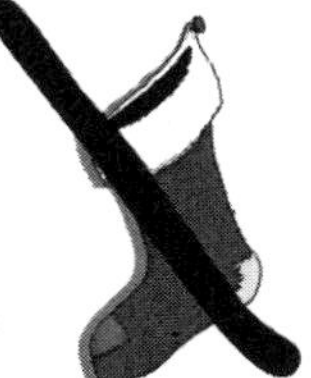

图 22.40 使用标准绘画模式的对比效果

图 22.41 使用颜料填充模式的对比效果

☑ 后面绘画：在该模式下，只能在空白区域绘制，不会影响原有图形的颜色，所绘制出来的色块全部在原有图形下方，对比效果如图 22.42 所示。

☑ 颜料选择：在该模式下，只能在选择的区域中绘制，也就是说，必须先选择一个区域，然后才能在被选区域中绘图，对比效果如图 22.43 所示。

图 22.42 使用后面绘画模式的对比效果

图 22.43 使用颜料选择模式的对比效果

☑ 内部绘画：在该模式下，只能在起始点所在的封闭区域中绘制。如果起始点在空白区域，则只能在空白区域内绘制；如果起始点在图形内部，则只能在图形内部进行绘制，对比效果如图 22.44 所示。

2. 设置大小和形状

利用刷子大小选项，可以设置刷子的大小，共有 8 种不同的尺寸可以选择，如图 22.45 所示。利用刷子形状选项，可以设置刷子的不同形状，共有 9 种形状的刷子样式可以选择，如图 22.46 所示。

图 22.44　使用内部绘画模式的对比效果

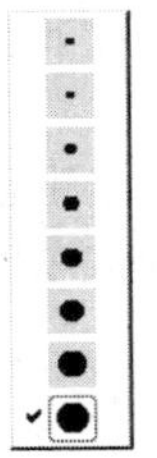

图 22.45　刷子的大小设置

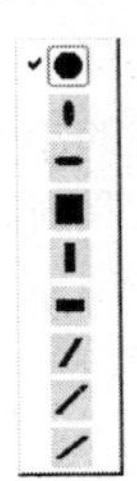

图 22.46　刷子的形状设置

3. 锁定填充设置

锁定填充选项用来切换在使用渐变色进行填充时的参照点。当使用渐变色填充时，单击“锁定填充”按钮，即可将上一笔触的颜色变化规律锁定，从而作为对该区域的色彩变化规范。

【操作步骤】

第 1 步，选择工具箱中的刷子工具。

第 2 步，在“属性”面板中设置刷子工具的填充色和平滑度。

第 3 步，在工具箱中设置刷子模式。

第 4 步，在工具箱中设置刷子大小。

第 5 步，在工具箱中设置刷子形状。

第 6 步，在舞台中拖曳鼠标，绘制图形。

22.3.5　使用橡皮擦工具

橡皮擦工具虽然不具备绘图的能力，但是可以用来擦除图形的填充色和路径。选择橡皮擦工具时，在“属性”面板中并没有相关设置，但是在工具箱的选项区中会出现橡皮擦工具的一些附加选项，如图 22.47 所示。

1. 橡皮擦模式

在橡皮擦工具的选项区中单击“橡皮擦模式”按钮，会打开擦除模式选项，共有 5 种不同的擦除模式，各个模式的特点如下。

☑　标准擦除：在该模式下，将擦除同一层中的矢量图形、路径、分离后的位图和文本，擦除效果如图 22.48 所示。

☑　擦除填色：在该模式下，只擦除图形内部的填充色，而不擦除路径，如图 22.49 所示。

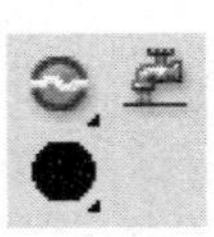

图 22.47　橡皮擦工具的选项区

图 22.48　使用标准擦除模式得到的效果

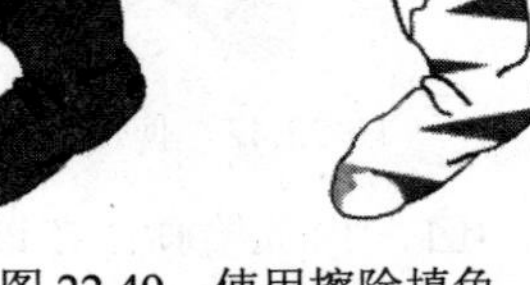

图 22.49　使用擦除填色模式得到的效果

☑　擦除线条：在该模式下，只擦除路径而不擦除填充色，如图 22.50 所示。

☑　擦除所选填充：在该模式下，只擦除事先被选择的区域，但是不管路径是否被选择，都不会受到影响，擦除效果如图 22.51 所示。

图 22.50　使用擦除线条模式得到的效果

图 22.51　使用擦除所选填充模式得到的效果

☑　内部擦除：在该模式下，只擦除连续的、不能分割的填充色块，如图 22.52 所示。

2. 水龙头模式

使用水龙头模式的橡皮擦工具可以删除整个路径和填充区域，被看作是油漆桶工具和墨水瓶工具的反作用，也就是将图形的填充色整体去除，或者将路径全部擦除。在使用时，只需在要擦除的填充色或路径上单击即可，如图 22.53 所示。

图 22.52　使用内部擦除模式得到的效果

图 22.53　使用水龙头模式得到的效果

3. 橡皮擦的大小和形状

打开橡皮擦大小和形状下拉列表框，可以看到 Flash CC 提供的 10 种大小和形状不同的选项，如图 22.54 所示。

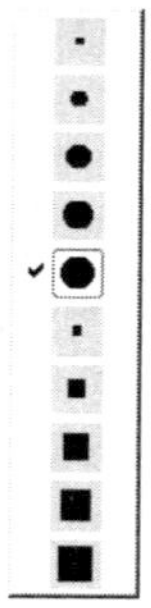

【操作步骤】

第 1 步，选择工具箱中的橡皮擦工具。

第 2 步，在工具箱中设置橡皮擦模式。

第 3 步，在工具箱中设置橡皮擦大小。

第 4 步，在工具箱中设置橡皮擦形状。

第 5 步，在舞台中拖曳鼠标，擦除图形。

图 22.54　橡皮擦的大小和形状

22.3.6　案例实战：绘制头像

使用 Flash 的绘图工具创建一个人物头像，在这里并不需要绘制复杂的细节，只需绘制出一个轮廓图，就已经能够展示人物风采，如图 22.55 所示。人物头像由直线和曲线组成，对于这种复杂的路径绘制，可以使用钢笔工具来完成，再搭配不同的颜色，突出整体效果。

【操作提示】

对于多个对象叠加的效果，可以使用“对象绘制”模式。在路径上添加路径点时，要事先选中被

Note

编辑的路径。单独编辑路径点一端的控制手柄时，可以按 Alt 键。

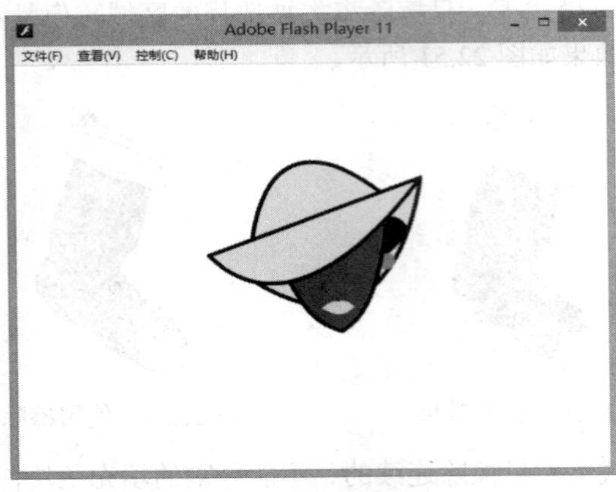

图 22.55　人物头像效果

【操作步骤】

第 1 步，新建一个 Flash 文件。

第 2 步，选择工具箱中的钢笔工具，在“属性”面板中设置路径和填充样式，如图 22.56 所示。路径为黑色，路径宽度为 4，填充颜色为#CCEBC6。单击工具选项中的“对象绘制”按钮，在舞台的任意位置单击，创建第一个路径点，如图 22.57 所示。

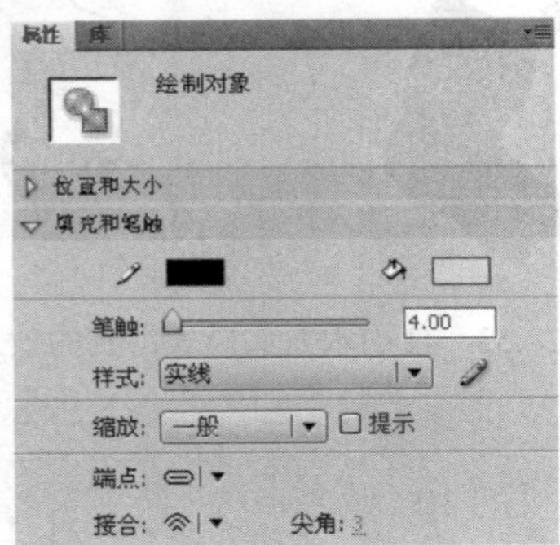

图 22.56　钢笔工具属性设置

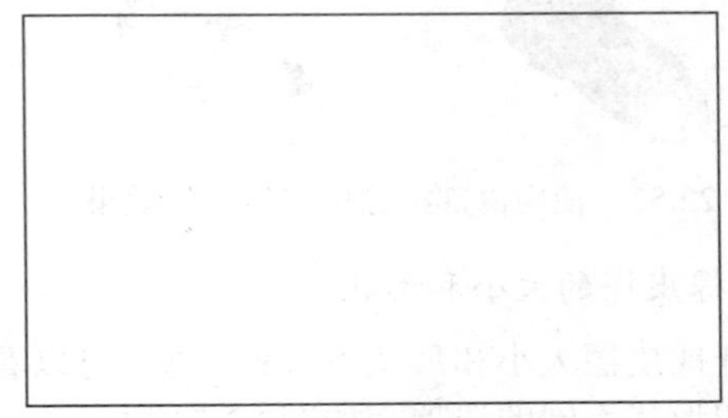

图 22.57　创建第一个路径点

第 3 步，在第一个路径点右边偏上的位置继续单击，创建第二个路径点，两个路径点间将会连接一条直线路径，如图 22.58 所示。

第 4 步，把鼠标指针移动到第一个路径点，单击并且拖曳，这样就可以在直线的下方出现一条曲线，得到帽沿的形状，如图 22.59 所示。

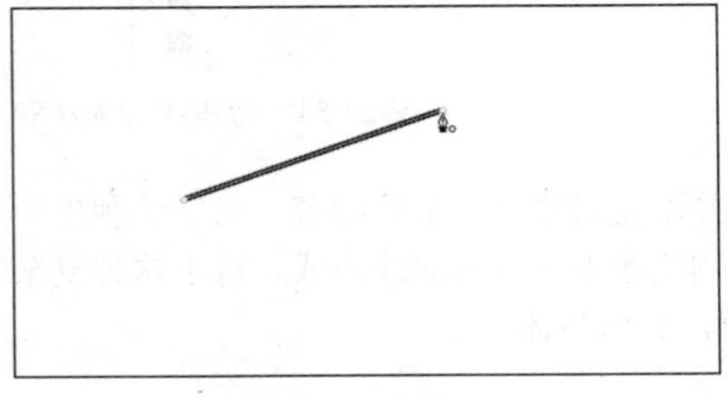

图 22.58　绘制直线

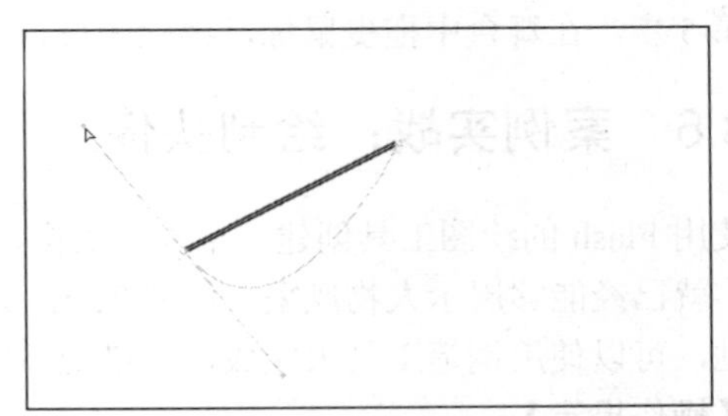

图 22.59　绘制人物帽子

第 5 步，如果对于得到的帽沿形状不满意，可以选择部分选取工具来对路径点进行调整，达到最佳的状态，如图 22.60 所示。

第 6 步，复制这个图形，选择“编辑”|“粘贴到当前位置”命令（快捷键：Shift+Ctrl+V）进行复制，可以在相同的位置复制出一个新的图形。选择部分选取工具，调整复制出图形的左侧路径点，调整的效果如图 22.61 所示。

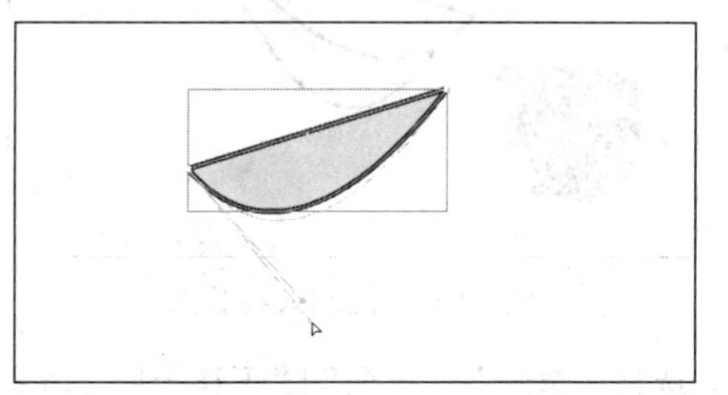

图 22.60 使用部分选取工具调整路径点

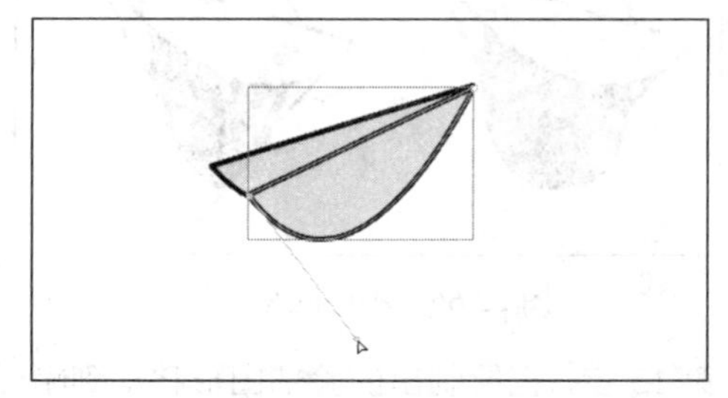

图 22.61 调整复制出的图形路径点位置及控制手柄

第 7 步，选择“修改”|“排列”|“下移一层”命令（快捷键：Ctrl+下箭头），把新复制出来的图形移动到原图形的下方，如图 22.62 所示，得到帽子的整体效果，如果对帽子的尺寸及帽沿的弧度不满意，还可以继续调整图形的路径点。

第 8 步，选择工具箱中的钢笔工具，继续在得到的帽子图形上方绘制帽子的顶部区域，如图 22.63 所示。

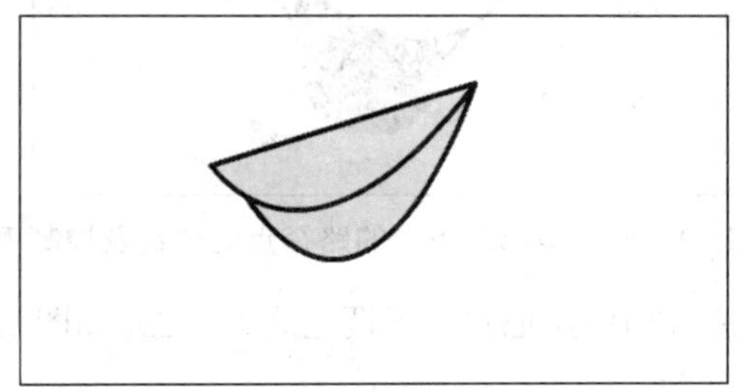

图 22.62 帽子的整体效果

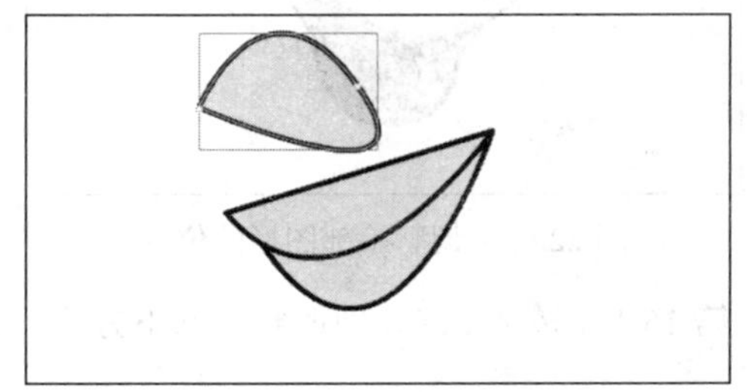

图 22.63 绘制帽子顶部区域

第 9 步，选择部分选取工具，调整绘制出的图形右侧路径点的位置及控制手柄，调整效果如图 22.64 所示，按 Alt 键可以只调整路径点一边的控制手柄。

第 10 步，调整好帽子顶部和帽沿的位置，选择“修改”|“排列”|“移至底层”命令（快捷键：Shift+Ctrl+下箭头），把帽子顶部移动到最下方，如图 22.65 所示。

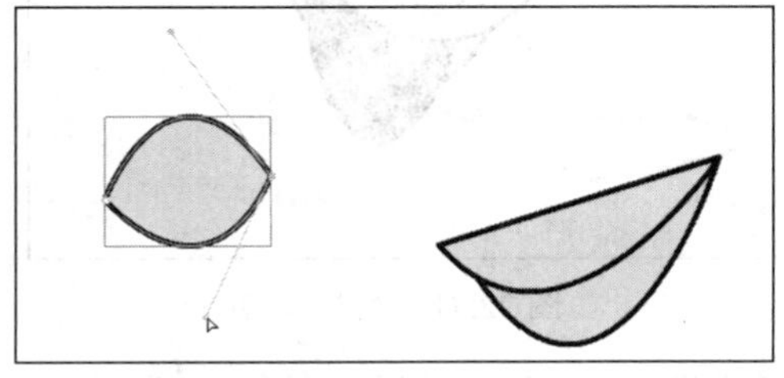

图 22.64 调整路径点两端的控制手柄

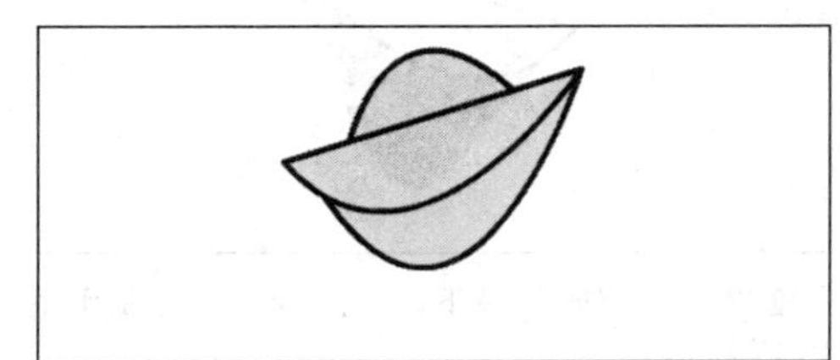

图 22.65 绘制好的帽子效果

第 11 步，绘制人物面部，该绘制过程非常重要，因为最终效果取决于脸的形状，例如，方脸给

人老实稳重的感觉，圆脸给人圆滑的感觉，如图 22.66 所示为不同脸型效果对比。

第 12 步，选择工具箱中的钢笔工具，在“属性”面板中设置路径和填充样式，路径样式不变，填充颜色为#663300。使用钢笔工具在舞台中绘制一个 U 字形，由 3 个路径点构成，如图 22.67 所示。

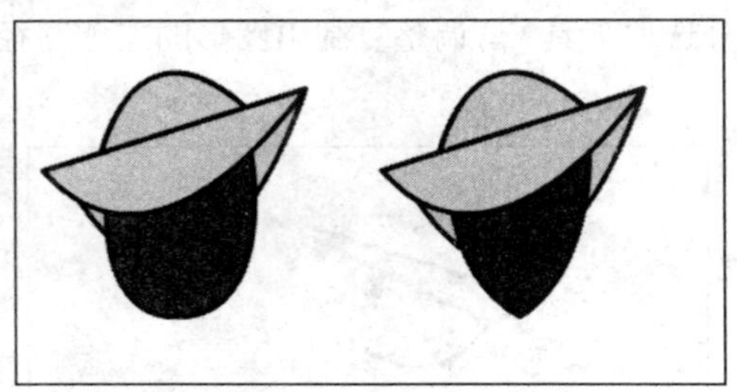

图 22.66　不同脸型对比

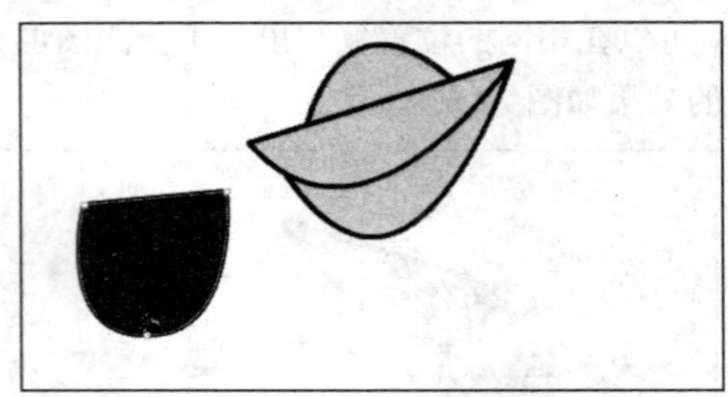

图 22.67　绘制人物脸部

第 13 步，把绘制出的脸部图形移动到帽子的下方，选择“修改”|“排列”|“下移一层”命令（快捷键：Ctrl+下箭头），把脸部图形移动到前后帽沿之间，如图 22.68 所示。

第 14 步，选择部分选取工具，调整脸部最下方的路径点，首先要把脸调正。调整的效果如图 22.69 所示。

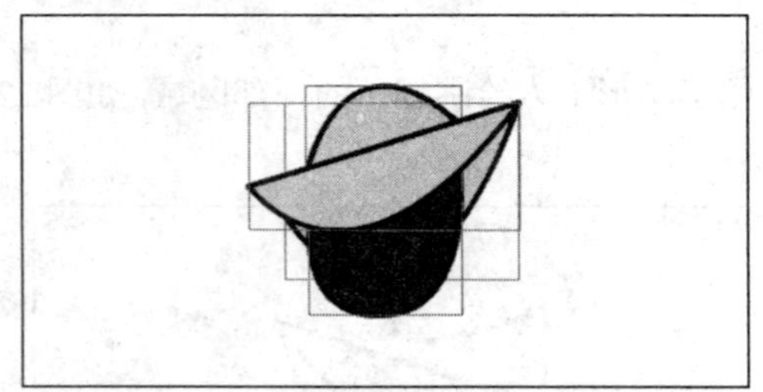

图 22.68　调整脸部图形的位置

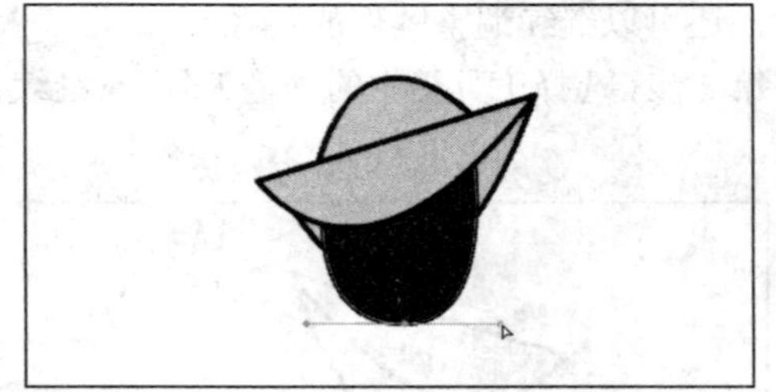

图 22.69　调整脸部最下方的路径点的位置及控制手柄

第 15 步，按 Alt 键分别调整脸部下方路径点两端的控制手柄，把圆下巴调整成尖下巴，如图 22.70 所示。

第 16 步，绘制嘴唇。选择工具箱中的钢笔工具，在“属性”面板中设置路径和填充样式，路径样式不变，填充颜色为#FFCCCC。在任意位置单击创建第一个路径点，在水平向右的位置单击创建第二个路径点并拖曳。回到起始路径点单击闭合路径，得到的形状如图 22.71 所示。

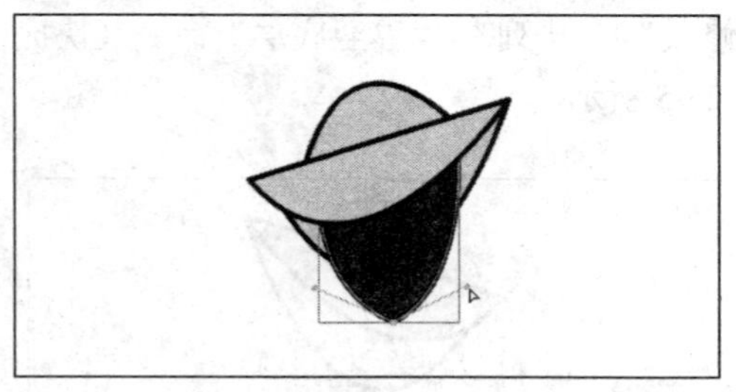

图 22.70　调整脸部最下方的路径点的控制手柄

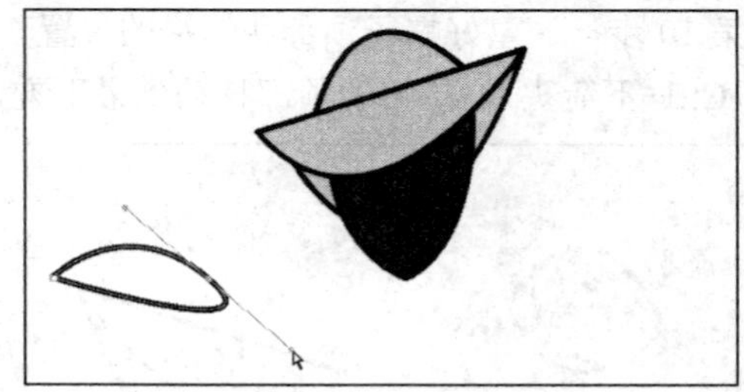

图 22.71　绘制嘴唇

第 17 步，选择部分选取工具，按 Alt 键调整右侧的路径点，调整效果如图 22.72 所示。

第 18 步，选择工具箱中的放大镜工具，适当放大视图的显示比例，如图 22.73 所示。

第 19 步，选择工具箱中的钢笔工具，在嘴唇上方的路径上添加 3 个路径点，如图 22.74 所示。

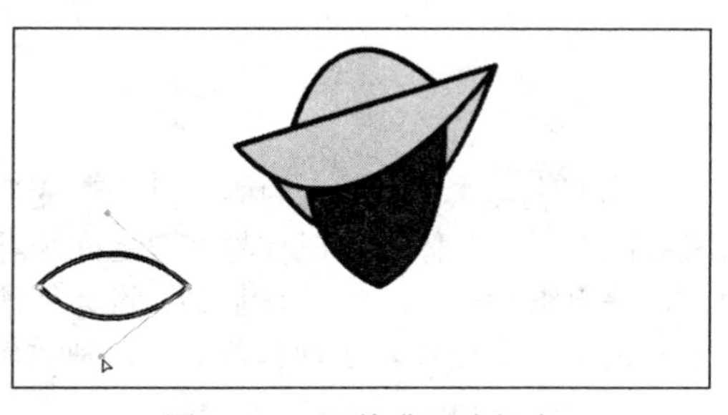

图 22.72 调整嘴唇路径点

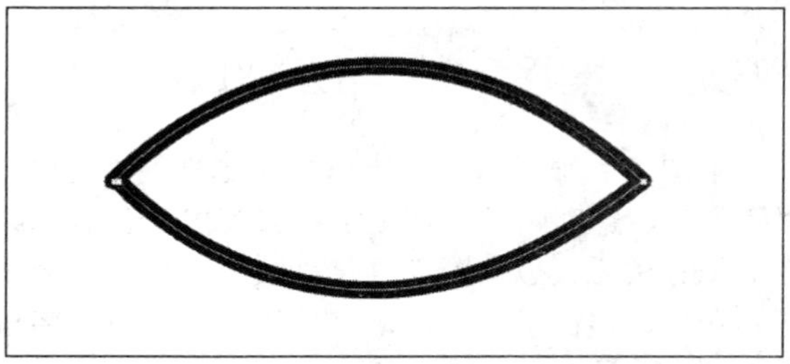

图 22.73 放大视图显示比例

第 20 步，选择部分选取工具，把中间的路径点适当往下移动，调整出嘴唇的形状，调整后的效果如图 22.75 所示。

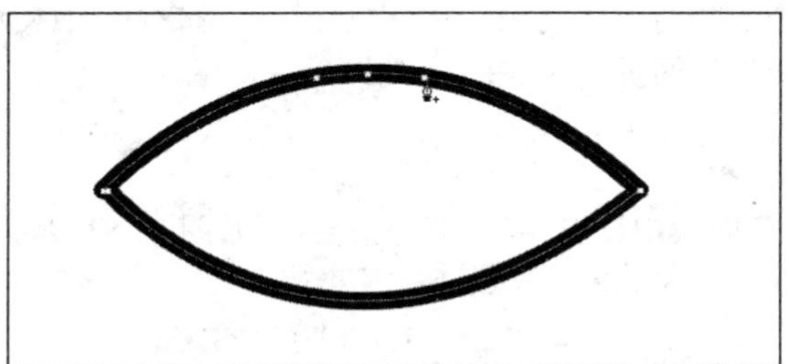

图 22.74 添加路径点

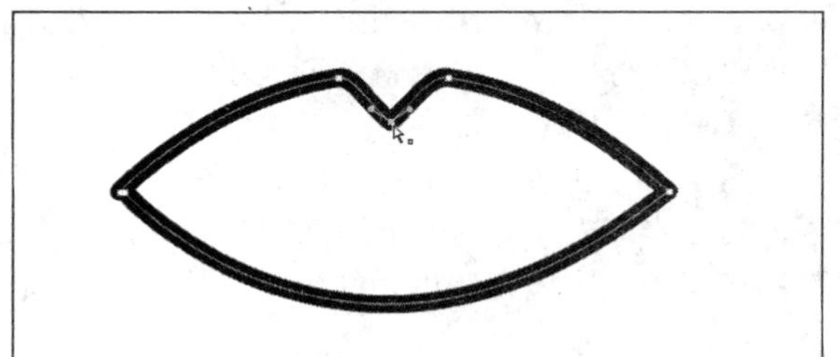

图 22.75 调整路径点位置

第 21 步，去掉嘴唇路径中的黑色，填充前面设置好的填充色，如图 22.76 所示。

第 22 步，调整嘴唇和脸的大小和位置，如图 22.77 所示。

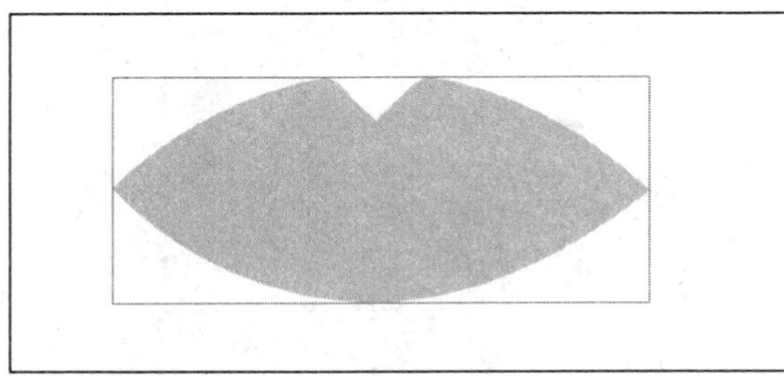

图 22.76 给嘴唇填充颜色

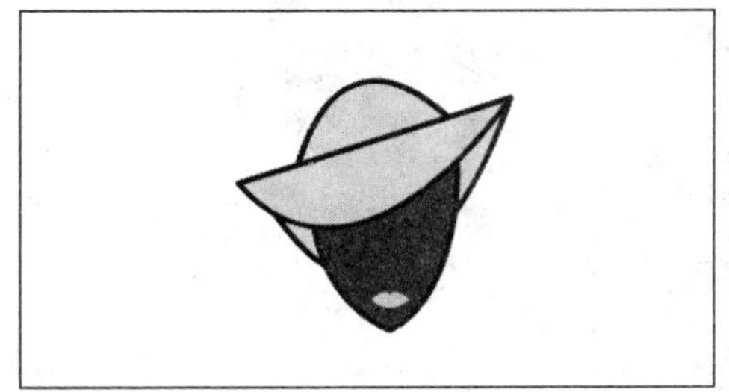

图 22.77 脸和嘴唇的效果

第 23 步，选择工具箱中的钢笔工具，绘制黑色头发，效果如图 22.78 所示。

第 24 步，选择工具箱中的椭圆工具，绘制一个耳环，填充颜色为#FF33CC，如图 22.79 所示，最后适当调整各个部分的尺寸和位置，人物头像效果制作完成。

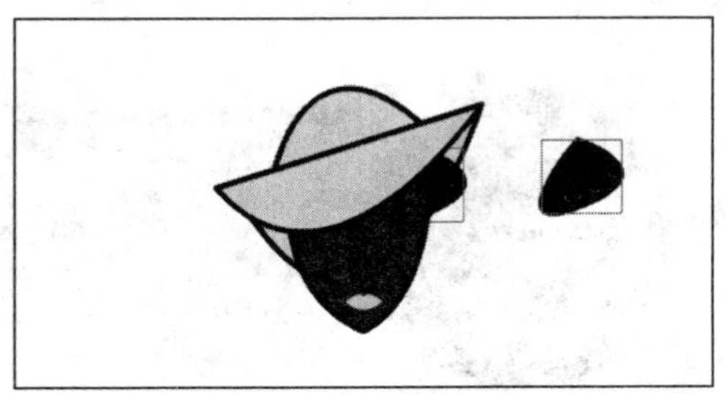

图 22.78 绘制头发

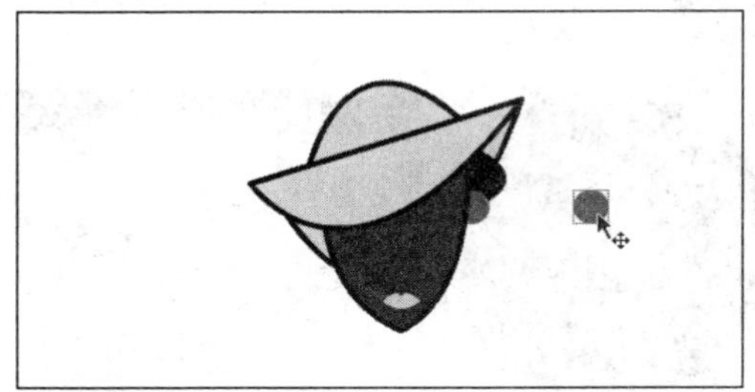

图 22.79 绘制耳环

22.3.7 案例实战：绘制 Logo

中国工商银行整体标志以一个隐性的方孔圆币体现金融业的行业特征，标志的中心是经过变形的“工”字，中间断开，使工字更加突出，表达了深层含义；两边对称，体现出银行与客户之间平等互信的依存关系；以“断”强化“续”，以“分”形成“合”，突出银行与客户的共存基础。设计手法的巧妙应用，强化了标志的语言表达力，中国汉字与古钱币形的运用充分体现了现代气息，绘制效果如图 22.80 所示。

【操作提示】

复杂的图形实际上可以分解为一些简单的基本的图形，可以使用 Flash 中的基本形状工具来绘制不同大小的椭圆和矩形，通过这些椭圆和矩形的叠加可以最终得到工商银行的标志。在选择图形后，可以直接在“属性”面板中更改图形尺寸。在对齐多个对象时可以使用“对齐”面板（快捷键：Ctrl+K）。当需要以百分比为单位调整图形大小时可以打开“变形”面板（快捷键：Ctrl+T）。

【操作步骤】

第 1 步，新建一个 Flash 文件。

第 2 步，选择工具箱中的椭圆工具，在“属性”面板中设置路径和填充样式，如图 22.81 所示。路径没有颜色，填充颜色为红色。选择工具选项中的“对象绘制”模式。

图 22.80 工商银行标志

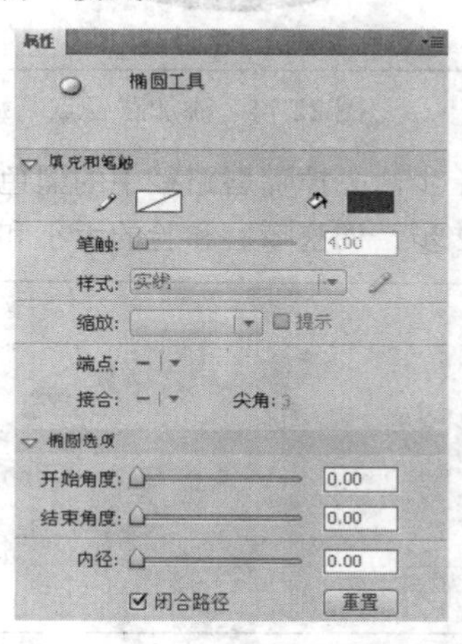

图 22.81 设置椭圆工具属性

第 3 步，在舞台中绘制一个宽度和高度都为 200px 的正圆，圆的尺寸可以直接在“属性”面板中进行设置，如图 22.82 所示。

第 4 步，选择“窗口”|“对齐”命令（快捷键：Ctrl+K），打开“对齐”面板，单击“相对于舞台”按钮，把椭圆对齐到舞台的正中心位置，如图 22.83 所示。

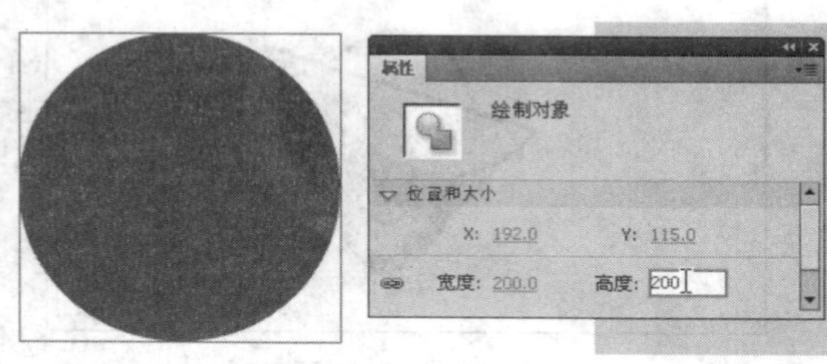

图 22.82 绘制一个正圆

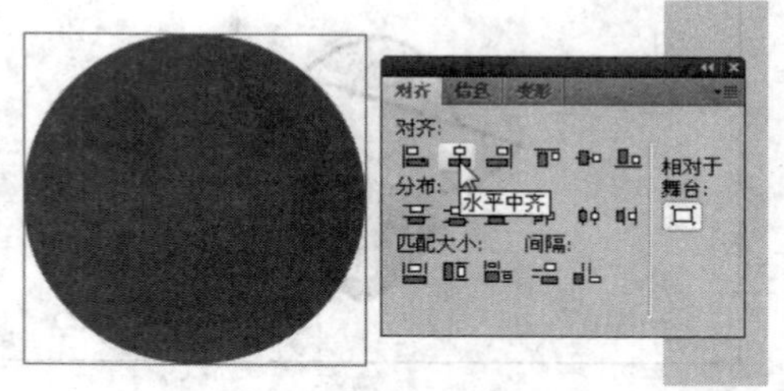

图 22.83 对齐椭圆到舞台正中心

第 5 步，选择“窗口”|“变形”命令（快捷键：Ctrl+T），打开“变形”面板，把椭圆等比例缩小到原来的 80%，然后单击“复制并应用变形”按钮，这样可以边缩小边复制，如图 22.84 所示。

第 6 步，同时选择两个椭圆，选择“修改”|“合并对象”|“打孔”命令，对两个椭圆进行路径运算，得到的效果如图 22.85 所示。

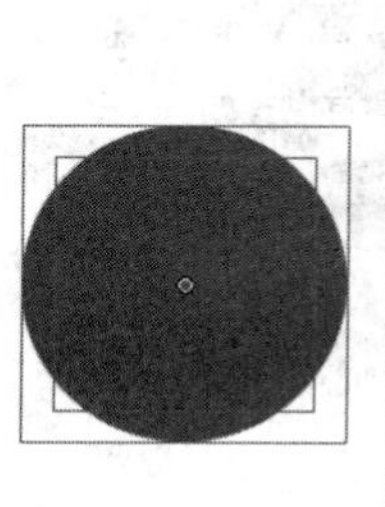

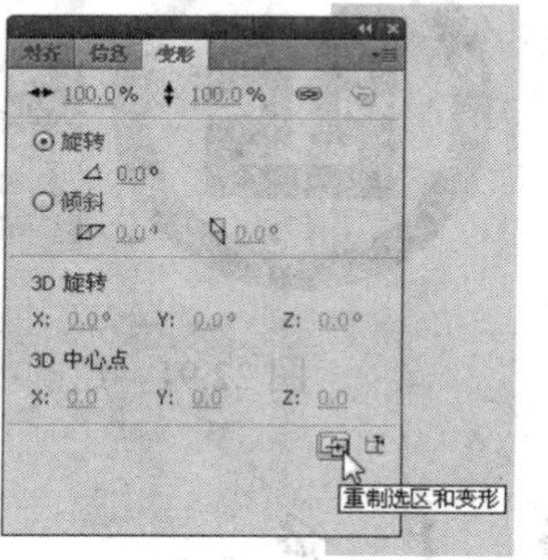

图 22.84　使用“变形”面板缩小并复制当前椭圆

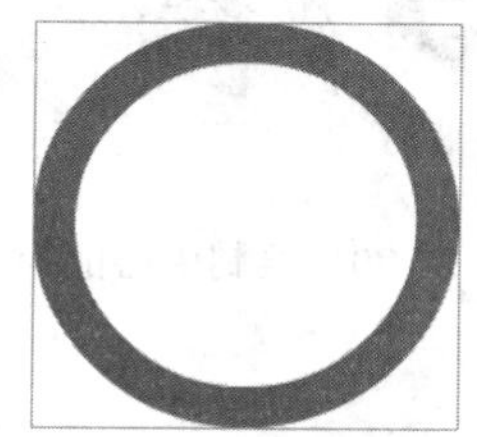

图 22.85　选择“打孔”命令后得到的图形

第 7 步，选择工具箱中的矩形工具，“属性”面板中设置同上。在舞台中绘制一个边长为 100px 的正方形，如图 22.86 所示。

第 8 步，选择“窗口”|“对齐”命令（快捷键：Ctrl+K），打开“对齐”面板，单击“对齐”面板中的“相对于舞台”按钮，把正方形和圆环都对齐到舞台的正中心位置，如图 22.87 所示。

图 22.86　绘制一个正方形

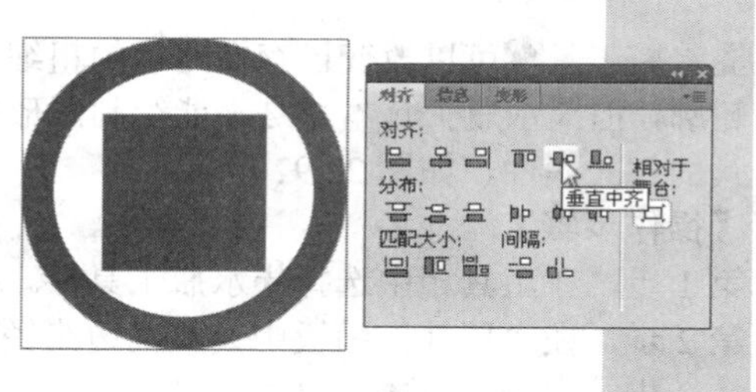

图 22.87　使用对齐面板对齐矩形和圆形

第 9 步，选择工具箱中的矩形工具，设置填充色为白色。在舞台中绘制两个宽度为 30px，高度为 10px 的矩形，对齐到如图 22.88 所示的位置。

第 10 步，选择工具箱中的矩形工具，“属性”面板中设置同上。在舞台中绘制两个宽度为 60px，高度为 10px 的矩形，对齐到如图 22.89 所示的位置。

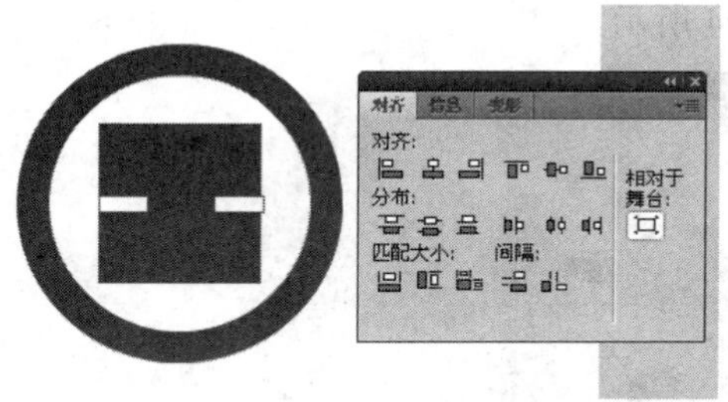

图 22.88　绘制两个矩形并放置到相应位置

图 22.89　绘制两个矩形并放置到相应位置

第 11 步，选择工具箱中的矩形工具，“属性”面板中设置同上。在舞台中绘制一个宽度为 5px，高度为 110px 的矩形，对齐到如图 22.90 所示的位置。

第 12 步，选择工具箱中的矩形工具▭，“属性”面板中设置同上。在舞台中绘制一个宽度为 10px，高度为 60px 的矩形，对齐到如图 22.91 所示的位置。

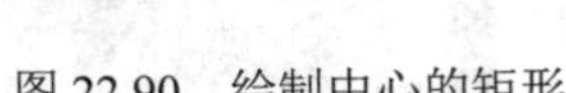

图 22.90　绘制中心的矩形

图 22.91　绘制中心矩形

22.4　动画上色

一个动画效果的好坏，不仅取决于动画的声光效果，颜色的合理搭配也是非常重要的。Flash 中的色彩工具提供了对图形路径和填充色的编辑和调整功能，用户可以轻松创建各种颜色效果应用到动画中。

22.4.1　使用墨水瓶工具

墨水瓶工具可以改变已存在路径的粗细、颜色和样式等，并且可以给分离后的文本或图形添加路径轮廓，但墨水瓶工具本身是不能绘制图形的。选择墨水瓶工具时，在“属性”面板中会出现墨水瓶工具的相关属性，如图 22.92 所示。

【操作步骤】

第 1 步，在工具箱中选择墨水瓶工具。

第 2 步，在“属性”面板中设置描边路径的颜色、粗细和样式。

第 3 步，在图形对象上单击即可。

22.4.2　使用颜料桶工具

颜料桶工具用于填充单色、渐变色及位图到封闭的区域，同时也可以更改已填充的区域颜色。在填充时，如果被填充的区域不是闭合的，则可以通过设置颜料桶工具的“空隙大小”参数来进行填充。选择颜料桶工具时，在“属性”面板中会出现颜料桶工具的相关属性，如图 22.93 所示。同时，颜料桶工具的选项区中也会出现一些附加功能，如图 22.94 所示。

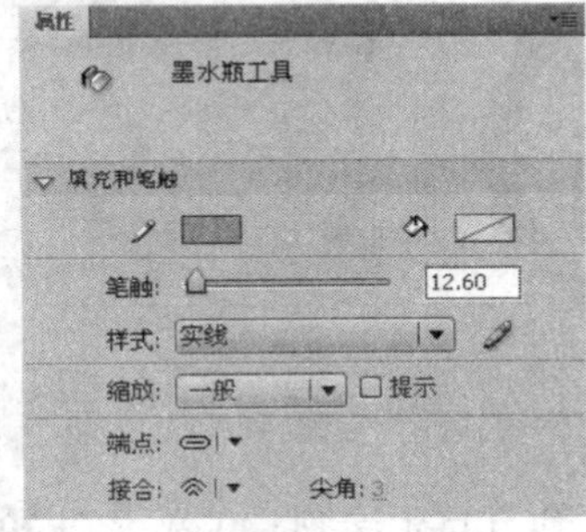

图 22.92　墨水瓶工具的“属性”面板

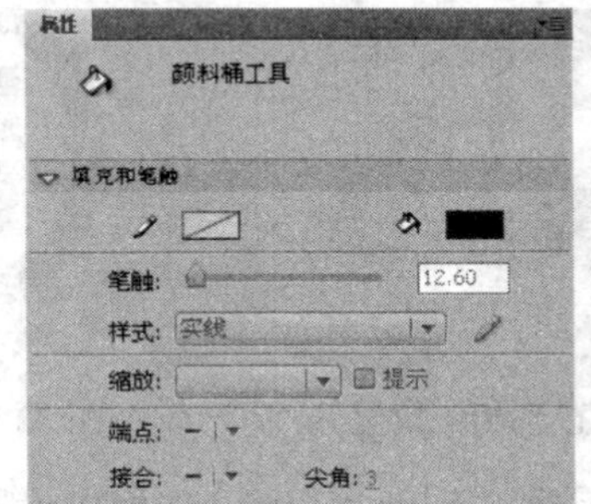

图 22.93　颜料桶工具的“属性”面板

图 22.94　颜料桶工具的选项

1. 空隙大小

空隙大小是颜料桶工具特有的选项，单击此按钮会出现一个下拉菜单，有 4 个选项，如图 22.95 所示。

用户在进行填充颜色操作时，可能会遇到无法填充颜色的问题，原因是鼠标所单击的区域不是完全闭合的区域。解决方法有两种：一是闭合路径；二是使用空隙大小选项。各空隙大小选项的功能如下。

- ☑ 不封闭空隙：填充时不允许空隙存在。
- ☑ 封闭小空隙：如果空隙很小，Flash 会近似地将其判断为完全封闭空隙而进行填充。
- ☑ 封闭中等空隙：如果空隙中等，Flash 会近似地将其判断为完全封闭空隙而进行填充。
- ☑ 封闭大空隙：如果空隙很大，Flash 会近似地将其判断为完全封闭空隙而进行填充。

2. 锁定填充

单击颜料桶工具选项中的“锁定填充”按钮，可以将位图或者渐变填充扩展覆盖在要填充的图形对象上，该功能和刷子工具的锁定功能类似。

【操作步骤】

第 1 步，选择工具箱中的颜料桶工具。

第 2 步，选择一种填充颜色。

第 3 步，选择一种空隙大小。

第 4 步，单击需要填充颜色的区域，如图 22.96 所示为填充前后的效果对比。

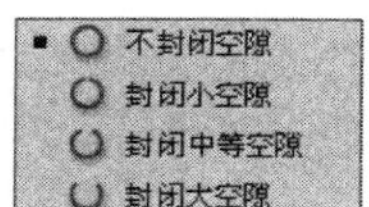

图 22.95　空隙大小选项

图 22.96　使用颜料桶工具的前后对比

22.4.3　使用滴管工具

滴管工具可以从 Flash 的各种对象上获得颜色和类型的信息，从而帮助用户快速得到颜色。

Flash CC 中的滴管工具和其他绘图软件中的滴管工具在功能上有很大区别，如果滴管工具吸取的是路径颜色，则会自动转换为墨水瓶工具，如图 22.97 所示。如果滴管工具吸取的是填充颜色，则会自动转换为颜料桶工具，如图 22.98 所示。

滴管工具没有“属性”面板，在工具箱的选项区中也没有附加选项，其功能就是对颜色特征进行采集。

22.4.4　使用渐变变形工具

渐变变形工具用于调整渐变的颜色、填充对象和位图的尺寸、角度和中心点。使用渐变变形工具调整填充内容时，在调整对象的周围会出现一些控制手柄，根据填充内容的不同，显示的手柄也会有所区别。

1. 调整线性渐变

【操作步骤】

第 1 步，使用渐变变形工具单击需要调整的对象，在被调整对象的周围会出现一些控制手柄，如图 22.99 所示。

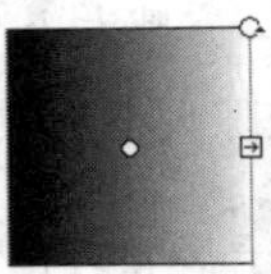

图 22.97　吸取路径颜色　　图 22.98　吸取填充颜色　　图 22.99　选择填充对象

第 2 步，使用鼠标拖曳中间的空心圆点，可以改变线性渐变中心点的位置，如图 22.100 所示。

第 3 步，使用鼠标拖曳右上角的空心圆点，可以改变线性渐变的方向，如图 22.101 所示。

第 4 步，使用鼠标拖曳右边的空心方点，可以改变线性渐变的范围，如图 22.102 所示。

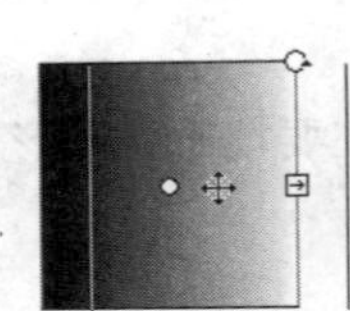

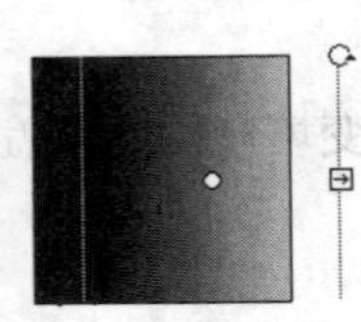

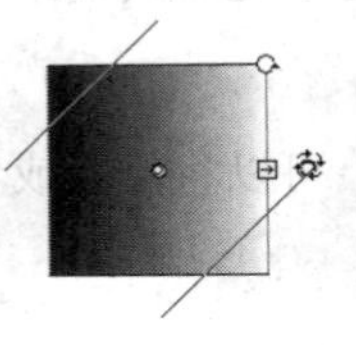

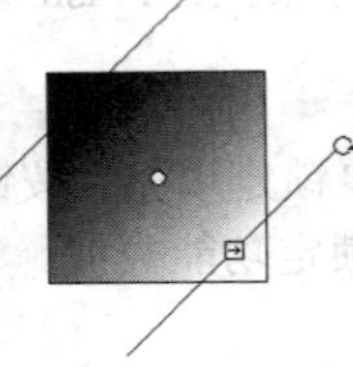

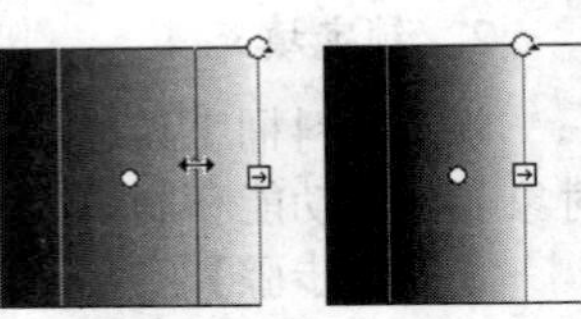

图 22.100　调整线性渐变中心点位置　　图 22.101　调整线性渐变方向　　图 22.102　调整线性渐变范围

2. 调整放射状渐变

【操作步骤】

第 1 步，使用渐变变形工具单击调整的对象，在被调整对象的周围出现一些控制手柄，如图 22.103 所示。

第 2 步，使用鼠标拖曳中间的空心圆点，改变放射性渐变中心点的位置，如图 22.104 所示。

第 3 步，使用鼠标拖曳中间空心倒三角，改变放射状渐变中心的方向，如图 22.105 所示。

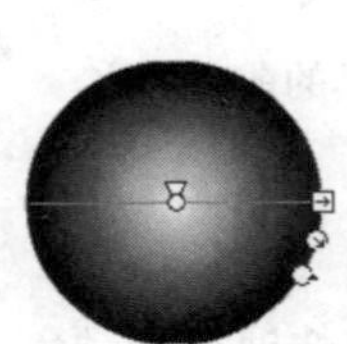

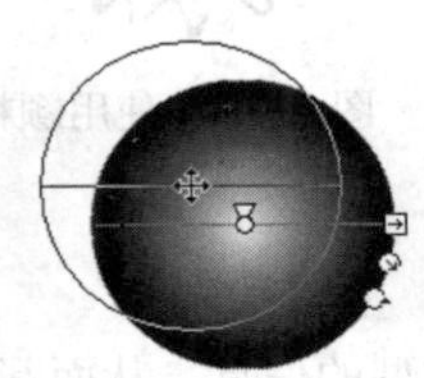

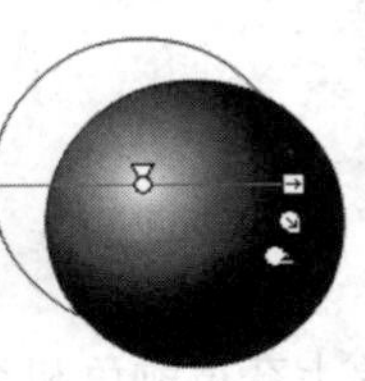

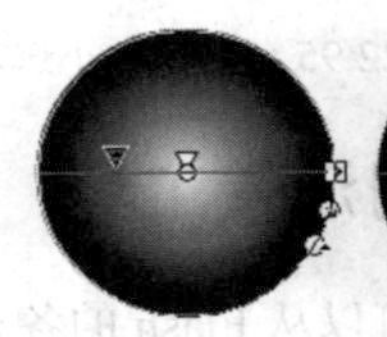

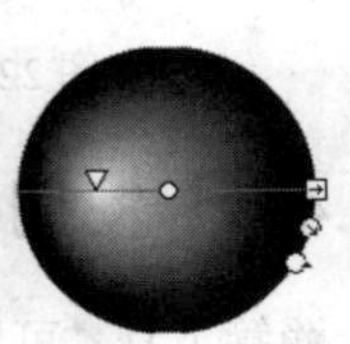

图 22.103　选择填充对象　图 22.104　调整放射状渐变中心点位置　图 22.105　调整放射状渐变中心方向

第 4 步，使用鼠标拖曳右边的空心方点，改变放射状渐变的宽度，如图 22.106 所示。

第 5 步，使用鼠标拖曳右边中间空心圆点，改变放射状渐变的范围，如图 22.107 所示。

第 6 步，使用鼠标拖曳右边下方空心圆点，改变放射状渐变的旋转角度，如图 22.108 所示。

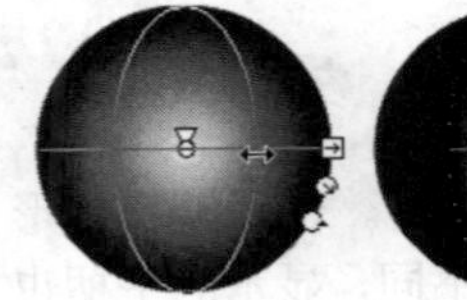

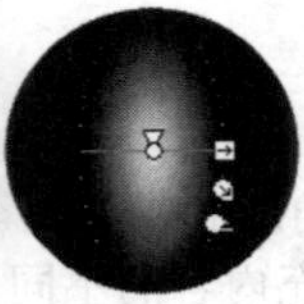

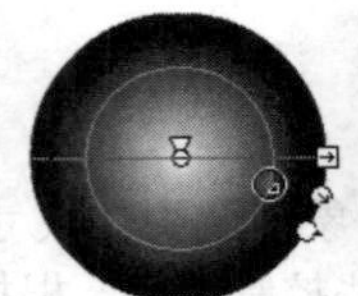

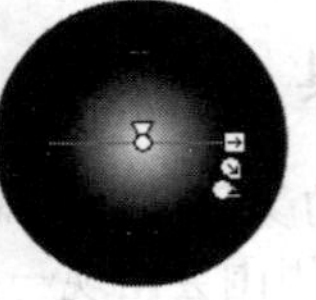

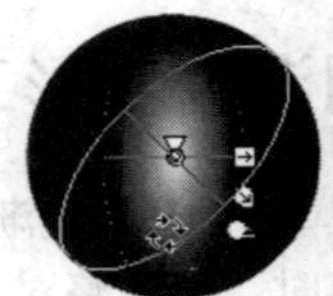

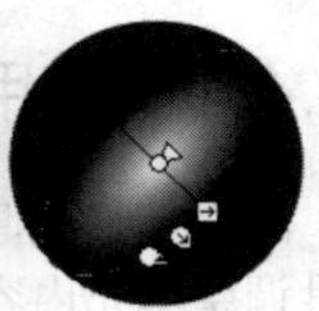

图 22.106　调整放射状渐变宽度　　图 22.107　调整放射状渐变范围　　图 22.108　调整放射状渐变旋转角度

3. 调整位图填充

【操作步骤】

第 1 步，使用渐变变形工具单击需要调整的对象，在被调整对象的周围会出现一些控制手柄，

如图 22.109 所示。

第 2 步，使用鼠标拖曳中间空心圆点，改变位图填充中心点的位置，如图 22.110 所示。

图 22.109 选择填充对象

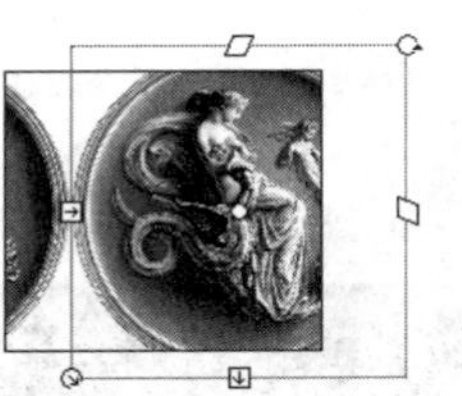

图 22.110 调整位图填充中心点位置

第 3 步，使用鼠标拖曳上方和右边的空心四边形，可以改变位图填充的倾斜角度，如图 22.111 所示。

第 4 步，使用鼠标拖曳左边和下方的空心方点，可以分别调整位图填充的宽度和高度，拖曳右下角的空心圆点则可以同时调整位图填充的宽度和高度，如图 22.112 所示。

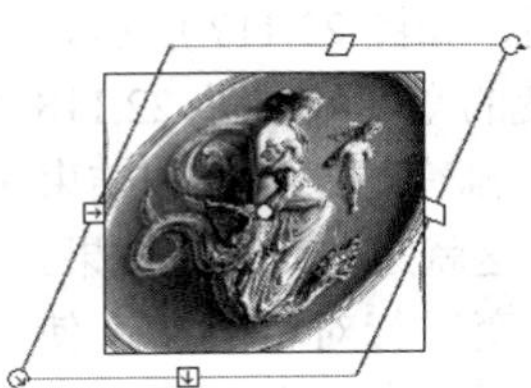

图 22.111 调整位图填充倾斜角度

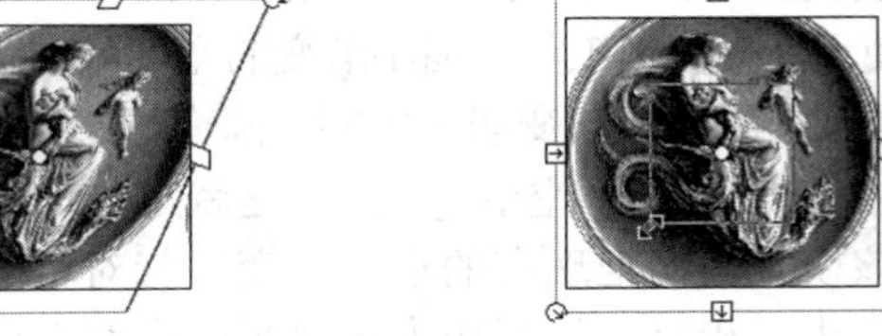

图 22.112 调整位图填充的大小

22.4.5 使用“颜色”面板

“颜色”面板的主要作用是创建颜色，该面板中提供了多种不同的颜色创建方式。选择“窗口”|“颜色”命令（快捷键：Shift+F9），可以打开“颜色”面板，如图 22.113 所示。

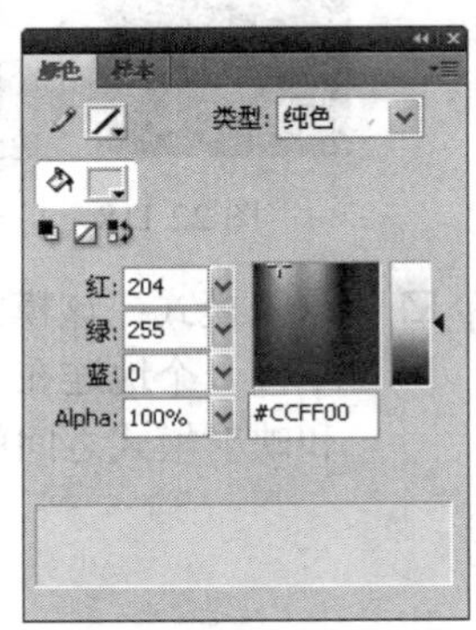

图 22.113 “颜色”面板

1. 设置单色

在“颜色”面板中可以设置颜色，也可以对现有的颜色进行编辑。在“红”“绿”“蓝”3 个文本框中输入数值，即可得到新的颜色，在 Alpha 文本框中输入不同的百分比，即可得到不同的透明度效果。

在“颜色”面板中选择一种基色后，调节右边的黑色小三角箭头的上下位置，即可得到不同明暗的颜色。

2. 设置渐变色

渐变色就是从一种颜色过渡到另一种颜色的过程。利用这种填充方式，可以轻松地表现出光线、立体及金属等效果。Flash 中提供的渐变色共有两种类型：线性渐变和放射状渐变。“线性渐变”的颜色变化方式是从左到右沿直线进行的，如图 22.114 所示。“放射状渐变”的颜色变化方式是从中心向四周扩散变化的，如图 22.115 所示。

选择一种渐变色以后，即可在“颜色”面板中对颜色进行调整。要更改渐变中的颜色，可以单击渐变定义栏下面的某个指针，然后在展开的渐变栏下面的颜色空间中单击，拖动“亮度”控件还可以调整颜色的亮度，如图 22.116 所示。

图 22.114　线性渐变

图 22.115　放射状渐变

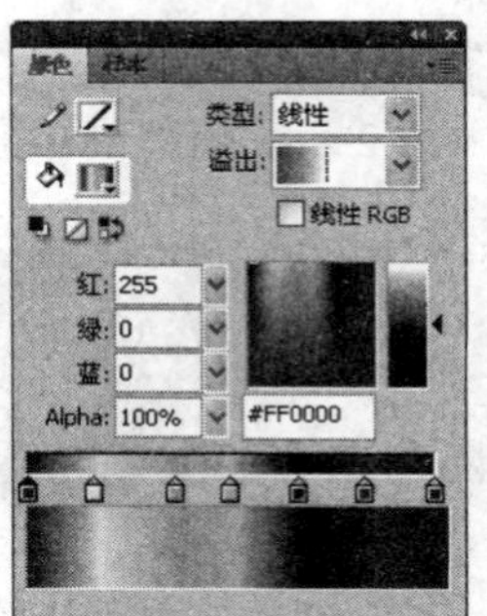

图 22.116　调整渐变色

3. 设置渐变溢出

溢出是指当应用的颜色超出了这两种渐变的限制，会以何种方式填充空余的区域。Flash 提供了 3 种溢出样式，“扩充”、“映射”和“重复”，只能在“线性”和“放射状”两种渐变状态下使用，如图 22.117 所示。

图 22.117　渐变溢出设置

- ☑ 扩充模式：使用渐变变形工具，缩小渐变的宽度，如图 22.118 所示。可以看到，缩小后渐变居于中间，渐变的起始色和结束色一直向边缘延伸，填充了空余的空间，这就是扩充模式效果。
- ☑ 映射模式：该模式是指把现有的小段渐变进行对称翻转，使其合为一体、头尾相接，然后作为图案平铺在空余的区域，并且根据形状大小的伸缩重复此段渐变，直到填充整个形状为止，如图 22.119 所示。

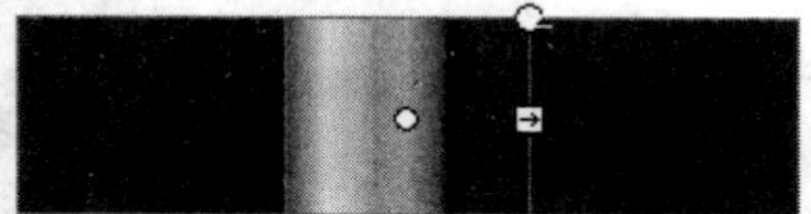

图 22.118　扩充模式的效果

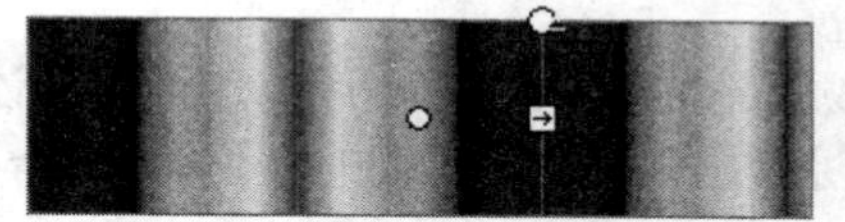

图 22.119　映射模式的效果

- ☑ 重复模式：该模式比较容易理解，可以想象此段渐变有无数个副本，它们像排队一样，一个接一个地连在一起，以填充溢出后空余的区域，如图 22.120 所示，可以明显看出该模式和映射模式之间的区别。

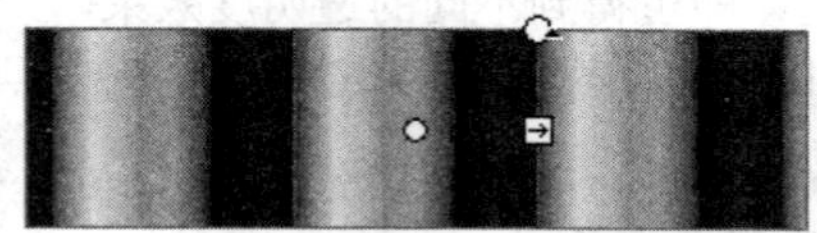

图 22.120　重复模式的效果

4. 设置位图填充

在 Flash 中可以把位图填充到矢量图形中，如图 22.121 所示。

【操作步骤】

第 1 步，选择舞台中的矢量对象。

第 2 步，打开“颜色”面板。

第 3 步，在“类型”下拉列表框中选择“位图”选项。

第 4 步，单击“导入”按钮，查找需要填充的位图素材。

22.4.6 案例实战：给卡通涂色

很多时候，在操作的过程中需要给图形对象添加边框路径，使用墨水瓶工具可以快速完成该效果。

【操作步骤】

第 1 步，新建一个 Flash 文件。

第 2 步，选择“文件”|“导入”|“导入到舞台”命令（快捷键：Ctrl+R），导入素材图片，如图 22.122 所示。

第 3 步，素材图片的不足之处是没有边框路径，给人的感觉很空洞，下面使用墨水瓶工具为图像描边。

第 4 步，选择工具箱中的墨水瓶工具，设置笔触颜色为彩虹渐变色（对于填充颜色不必理会，因为墨水瓶工具不会对填充进行任何修改）。

第 5 步，在“属性”面板中设置笔触的高度为 2，样式为实线，如图 22.123 所示。

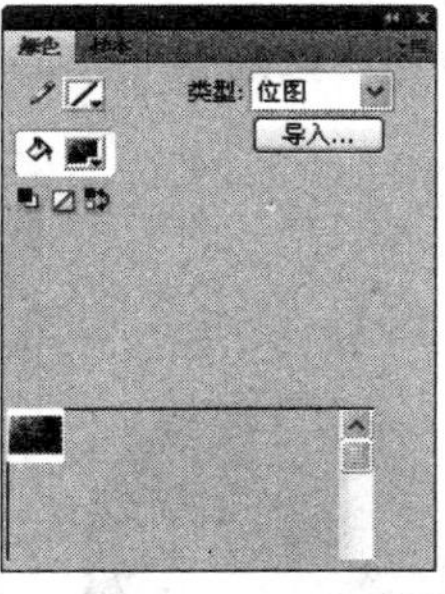

图 22.121 位图填充

图 22.122 素材图片

图 22.123 墨水瓶工具的“属性”面板

第 6 步，设置完毕后，把鼠标指针移动到图形上，会显示为倾倒的墨水瓶形状，如图 22.124 所示。

第 7 步，在图像上单击，“小兔子”的身体周围就描绘出了边框路径。使用同样的方法给整个图形添加边框路径，如图 22.125 所示。

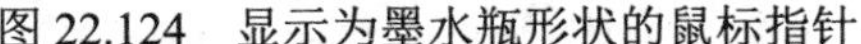

图 22.124 显示为墨水瓶形状的鼠标指针

图 22.125 使用墨水瓶工具给图形描边

22.4.7 案例实战：设计导航按钮

在 Flash 中通过调整渐变色，可以很轻松地实现立体按钮效果。

【操作步骤】

第 1 步，新建一个 Flash 文件。

第 2 步，选择工具箱中的椭圆工具，激活对象绘制模式，在舞台中绘制一个正圆，如图 22.126 所示。

第 3 步，选中椭圆，在“属性”面板中选择一种放射状渐变，如图 22.127 所示。

第 4 步，在“属性”面板中设置笔触颜色为无色，去掉椭圆的边框路径。

第 5 步，选择工具箱中的渐变变形工具，调整放射状渐变的中心点位置和渐变范围，调整后的效果如图 22.128 所示。

图 22.126　在舞台中绘制一个正圆

图 22.127　调整正圆的颜色为放射状渐变

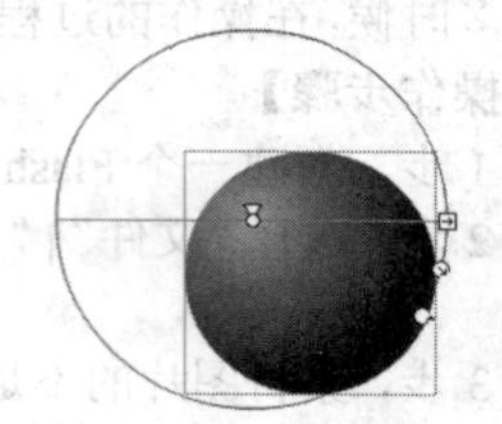

图 22.128　使用渐变变形工具调整渐变色

第 6 步，选择“窗口”|“变形”命令（快捷键：Ctrl+T），打开“变形”面板，把正圆等比例缩小为原来的 60%，并且同时旋转 180°，如图 22.129 所示。

第 7 步，单击“变形”面板中的“重制选区和变形”按钮，按照第 6 步的变形设置复制一个新的正圆，如图 22.130 所示。

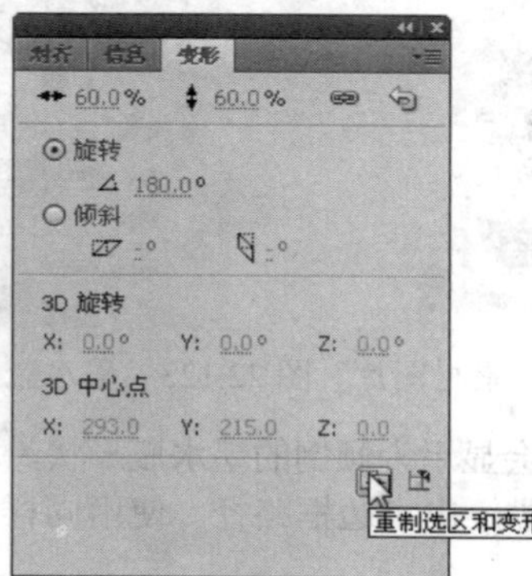

图 22.129　使用“变形”面板对正圆变形

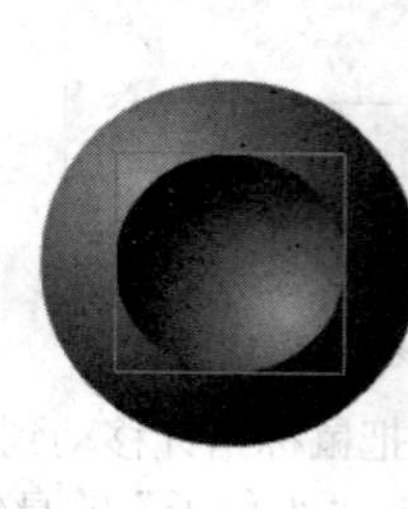

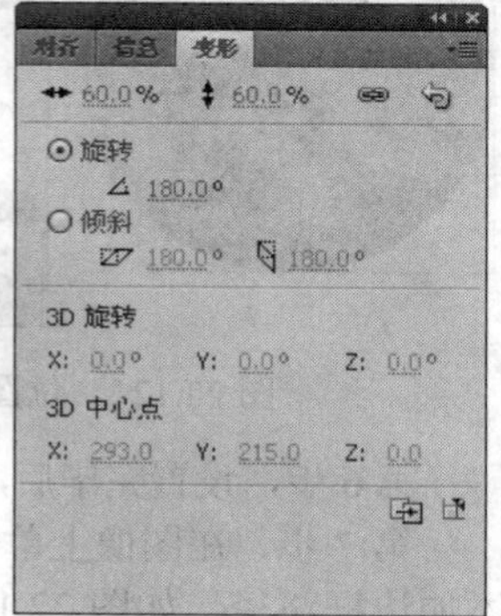

图 22.130　复制并且变形以后得到的效果

第 8 步，选中复制出的正圆，在“变形”面板中将其等比例缩小为原来的 57%，旋转角度为 0°，如图 22.131 所示。

第 9 步，继续单击“变形”面板中的“重制选区和变形”按钮，得到如图 22.132 所示的效果。

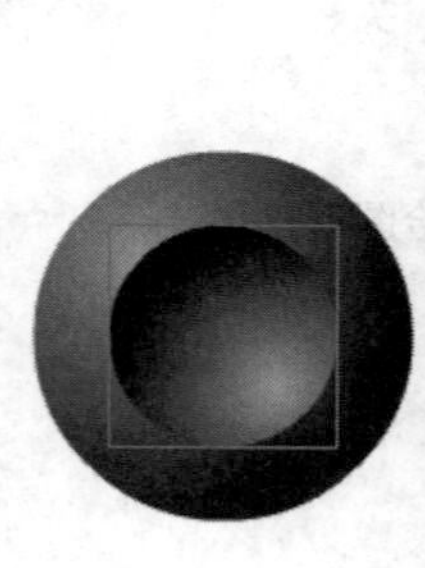

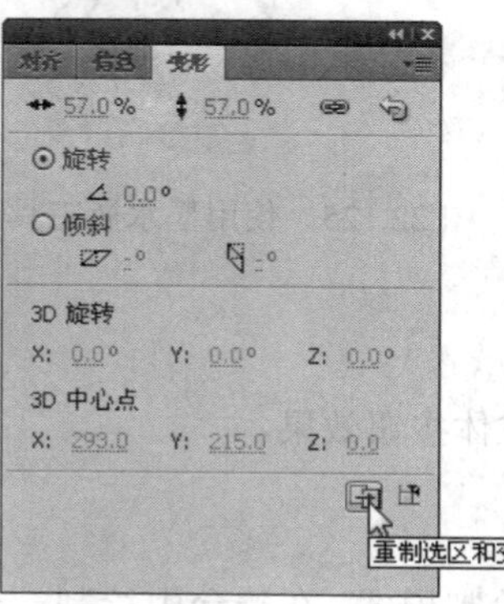

图 22.131　使用“变形”面板对正圆变形

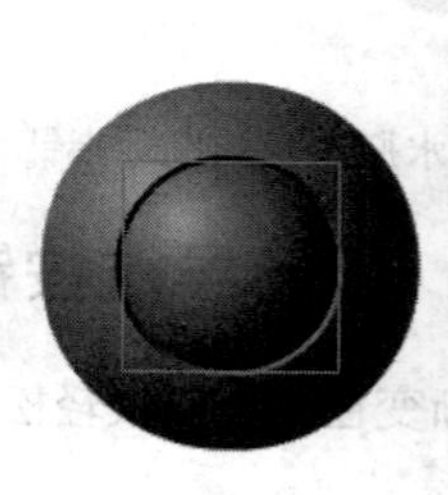

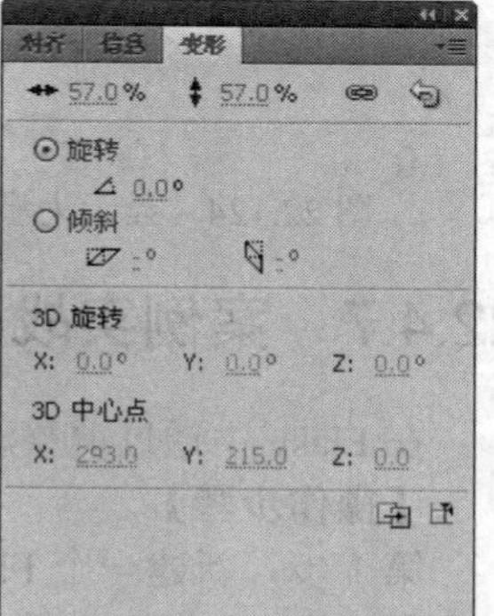

图 22.132　得到的按钮效果

第 10 步，选择工具箱中的文本工具**T**，在按钮上书写文本，如图 22.133 所示。

提示：在实际的动画设计中，很多立体效果都是通过渐变色的调整来实现的。

22.4.8　案例实战：给人物上色

如果在动画设计中仅使用矢量图形，给人的感觉就比较单调，而且不真实。用户可以通过在矢量图形中填充位图图像来解决这个问题。

【操作步骤】

第 1 步，新建一个 Flash 文件。

第 2 步，选择“文件”|“导入”|“导入到舞台”命令（快捷键：Ctrl+R），导入矢量素材图片，如图 22.134 所示。

第 3 步，选择“窗口”|“颜色”命令（快捷键：Shift+F9），打开“颜色”面板。

第 4 步，在“颜色”面板中选择“位图”选项。

第 5 步，单击“导入”按钮，查找需要填充的位图素材，如图 22.135 所示。

图 22.133　最终效果

图 22.134　导入的矢量素材

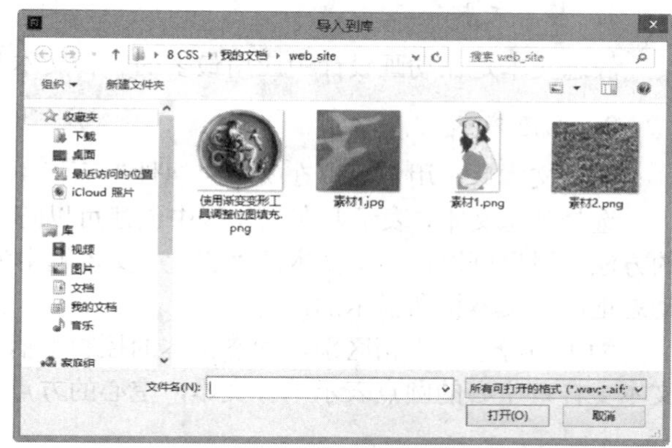

图 22.135　查找填充的位图素材

第 6 步，单击“打开”按钮，选中的素材会出现在“颜色”面板的下方，如图 22.136 所示。

第 7 步，选择舞台中矢量图形“美女”的衣服区域，在“颜色”面板下方的位图素材上单击，把位图填充到矢量图形中，如图 22.137 所示。

第 8 步，选择工具箱中的渐变变形工具，调整位图的填充范围，如图 22.138 所示。

第 9 步，继续调整其他衣服区域，最终效果如图 22.139 所示。

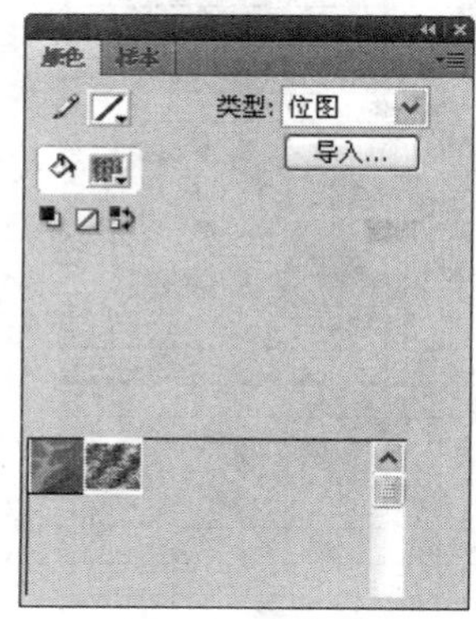

图 22.136　“颜色”面板中的位图素材

图 22.137　把位图填充到矢量图形中

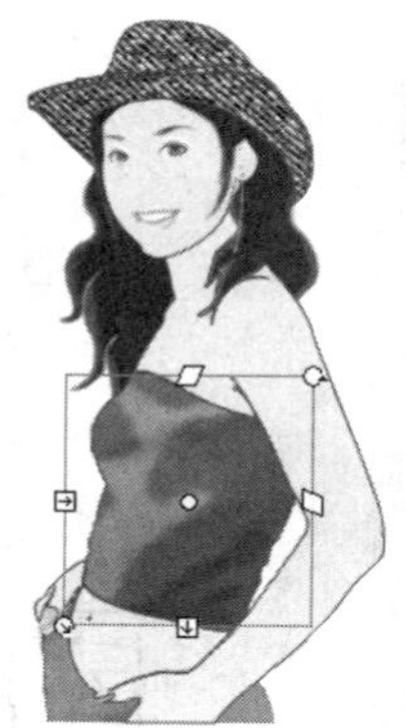

图 22.138　使用渐变变形工具调整位图填充范围

图 22.139　最终完成效果

22.5 使用文本

Note

在 Flash 中，大部分信息都需要使用文本来传递，因此，几乎所有的动画都离不开文本。本节介绍 Flash 文本工具的使用，以及动画文本的一般编辑方法。

22.5.1 文本类型

Flash 文本包括 3 种类型：静态文本、动态文本和输入文本。在一般动画制作中主要使用的是静态文本，在动画的播放过程中，静态文本是不可以编辑和改变的。动态文本和输入文本都是在 Flash 中结合函数来进行交互控制的，如游戏的积分，显示动画的部分时间等。

1. 静态文本

静态文本是在动画设计中应用最多的一种文本类型，也是 Flash 软件所默认的文本类型。

2. 动态文本

输入文本后，用户可以在文本“属性”面板中选择“动态文本”类型，如图 22.140 所示。

选择动态文本，表示要在工作区中创建可以随时更新的信息，它提供了一种实时跟踪和显示文本的方法。用户可以在动态文本的“变量”文本框中为该文本命名，文本框将接收这个变量的值，从而动态地改变文本框所显示的内容。

为了与静态文本相区别，动态文本的控制手柄出现在文本框右下角，如图 22.141 所示。和静态文本一样，空心的圆点表示单行文本，空心的方点表示多行文本。

3. 输入文本

输入文本与动态文本一样，用于信息实时交互，但是它可以作为一个输入文本框来使用，在 Flash 动画播放时，可以通过这种输入文本框输入文本，实现用户与动画的交互。用户可以在文本“属性”面板中选择“输入文本”类型，如图 22.142 所示。

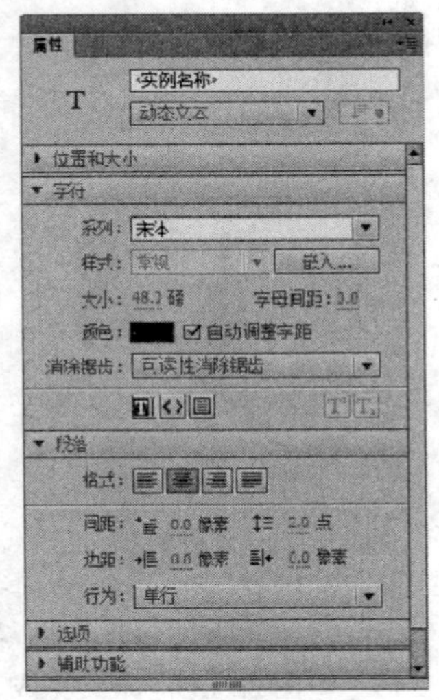

图 22.140 动态文本“属性”面板

图 22.141 动态文本框的控制手柄

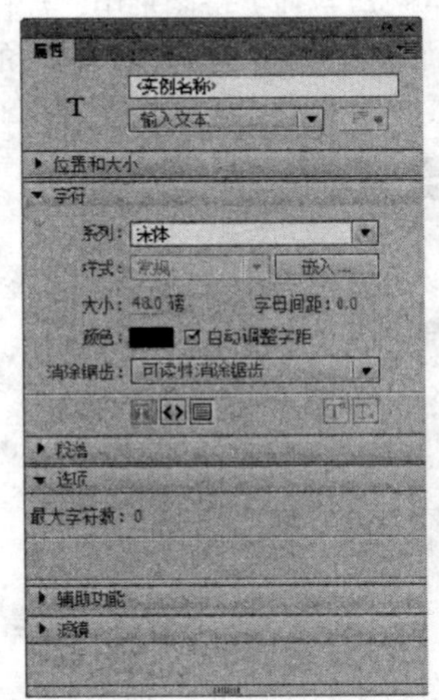

图 22.142 输入文本“属性”面板

22.5.2　创建文本

选择工具箱中的文本工具，这时鼠标指针会显示为一个十字光标样式。在舞台中单击，直接输入文本即可，Flash 中的文本输入方式有如下两种。

1. 创建可伸缩文本框

【操作步骤】

第 1 步，选择工具箱中的文本工具。

第 2 步，在工作区的空白位置单击，这时在舞台中会出现文本框，并且文本框的右上角显示空心的圆形，表示此文本框为可伸缩文本框，如图 22.143 所示。

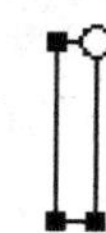

图 22.143　舞台中的可伸缩文本框状态

第 3 步，在文本框中输入文本，文本框会跟随文本自动改变宽度，如图 22.144 所示。

2. 创建固定文本框

【操作步骤】

第 1 步，选择工具箱中的文本工具。

第 2 步，在工作区的空白位置单击，然后拖曳出一个区域，这时在舞台中会出现文本框，并且文本框的右上角显示空心的方形，表示此文本框为固定文本框，如图 22.145 所示。

第 3 步，在文本框中输入文本，文本会根据文本框的宽度自动换行，如图 22.146 所示。

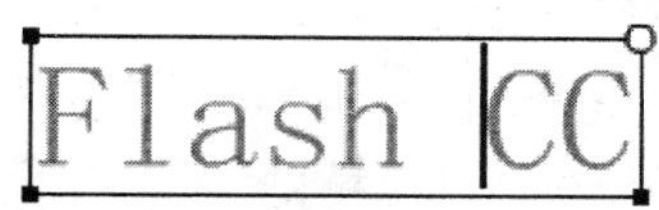

图 22.144　在可伸缩文本框中输入文本

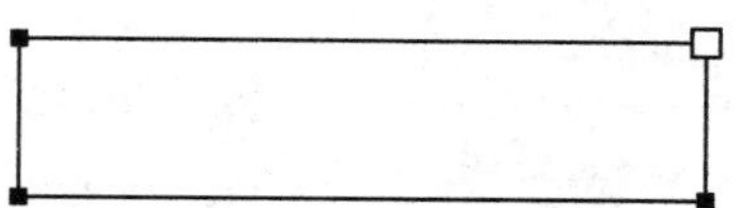

图 22.145　舞台中的固定文本框状态

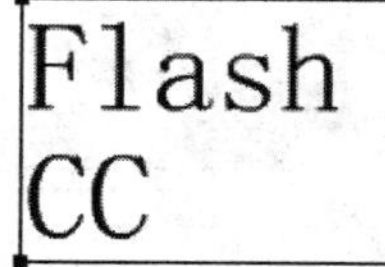

图 22.146　在固定文本框中输入文本

22.5.3　修改文本

在 Flash 中添加文本后，可以使用文本工具进行修改，修改文本的方式有以下两种。

1. 在文本框外部修改

直接选择文本框调整文本属性，可以对当前文本框中的所有文本进行同时设置。

【操作步骤】

第 1 步，选择工具箱中的选择工具，单击需要调整的文本框，如图 22.147 所示。

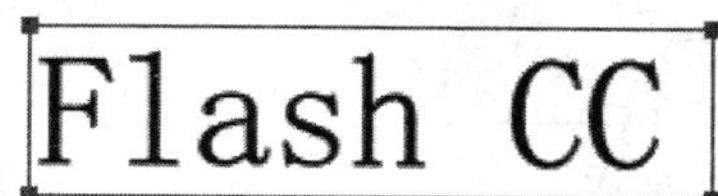

图 22.147　选择舞台中的文本

第 2 步，直接在“属性”面板中调整相应的文本属性，所有文本效果被同时更改。

2. 在文本框内部修改

进入到文本框的内部，可以对同一个文本框中的不同文本分别进行设置。

Note

【操作步骤】

第 1 步，选择工具箱中的文本工具T，单击需要调整的文本框，进入到文本框内部，如图 22.148 所示。

第 2 步，拖曳鼠标，选择需要调整的文本，如图 22.149 所示。

第 3 步，直接在“属性”面板中调整相应的文本属性，所选文本效果被更改，如图 22.150 所示。

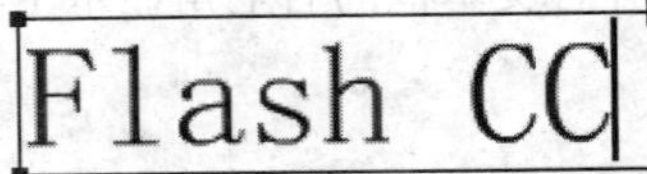

图 22.148　进入文本框内部

图 22.149　选择需要调整的文本

图 22.150　修改所选文本的属性

22.5.4　设置文本属性

选择工具箱中的文本工具T，在“属性”面板中会出现相应的文本属性设置，用户可以在其中设置文本的字体、大小和颜色等文本属性，如图 22.151 所示。

1. 设置文本样式

【操作步骤】

第 1 步，在“系列”下拉列表框中可以调整文本的字体，如图 22.152 所示。

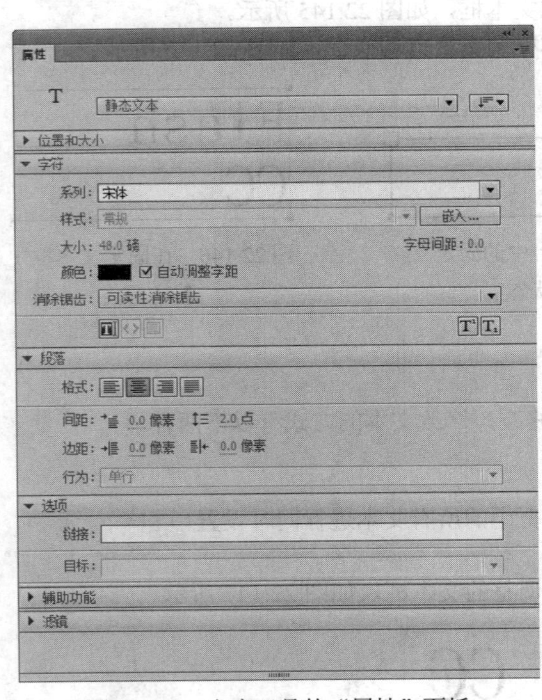

图 22.151　文本工具的“属性”面板

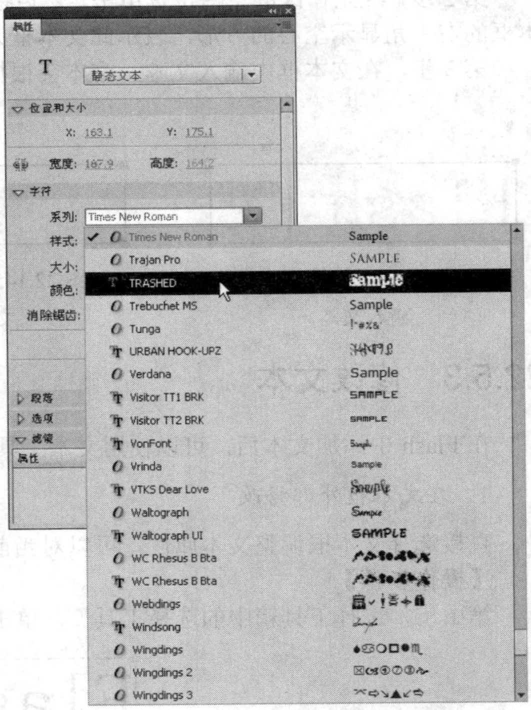

图 22.152　文本的字体属性

第 2 步，在“大小”数值框中设置文本的字体大小。

第 3 步，设置当前文本的颜色。可以单击“颜色”后的颜色块，在调色板中选择颜色，如图 22.153 所示。

第 4 步，在“样式”下拉列表框中设置文本的加粗、倾斜和对齐方式。

第 5 步，在“字母间距”和“字符位置”中设置文本字母之间的距离和基线对齐方式。

2. 设置文本渲染

Flash CC 允许用户使用 FlashType 字体渲染引擎，以对字体进行更多控制。FlashType 允许设计者对字体拥有与 Flash 项目中其他元素同样多的控制，如图 22.154 所示。

Flash 包含字体渲染的预置，为动画文本提供了等同于静态文本的高质量优化。新的渲染引擎使得文本即使使用较小的字体，看上去也会很清晰，这一功能是 Flash 的一大重要改进。

3. 设置文本链接

在 Dreamewaver 中，用户可以很轻易地为文本添加超链接，在 Flash CC 中同样可以做到。选择工作区中的文本，在“属性”面板的“链接”文本框中输入完整的链接地址即可，如图 22.155 所示。

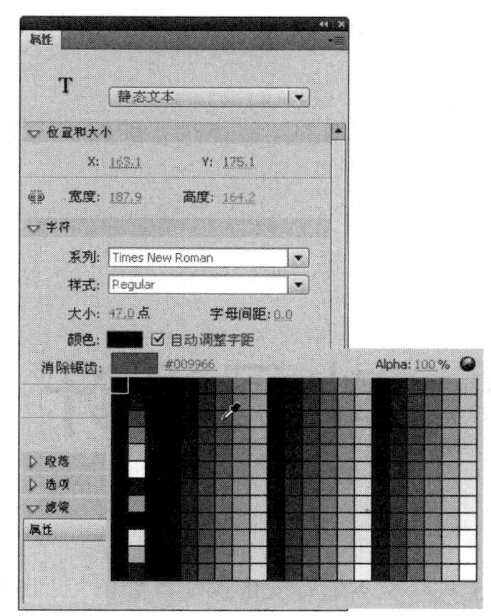

图 22.153　文本的填充颜色属性设置

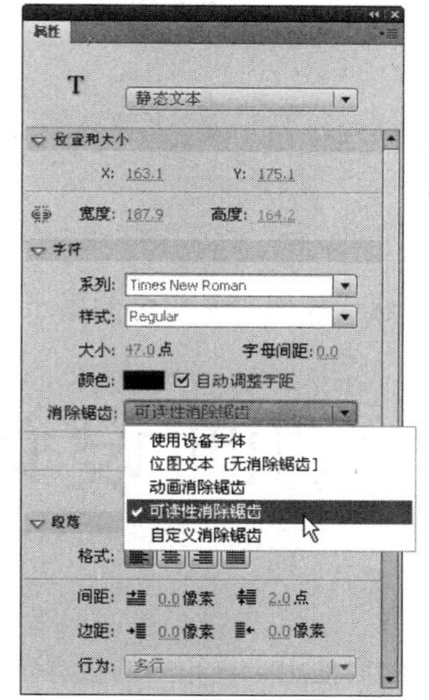

图 22.154　文本渲染属性设置

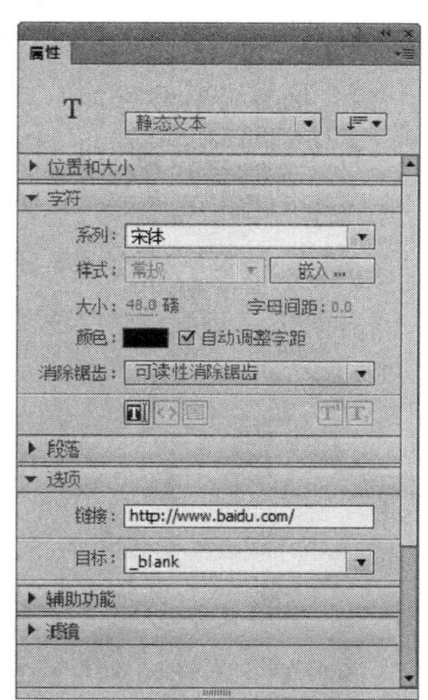

图 22.155　文本的链接设置

当用户输入链接地址后，该文本框下面的“目标”下拉列表框会变成激活状态，用户可以从中选择不同的选项，控制浏览器窗口的打开方式。

22.5.5　分离文本

Flash 中的文本是比较特殊的矢量对象，不能对其直接进行渐变色填充、绘制边框路径等针对矢量图形的操作；也不能制作形状改变的动画。如果要进行以上操作，首先要对文本进行分离，分离的作用是把文本转换为可编辑状态的矢量图形。

【操作步骤】

第 1 步，选择工具箱中的文本工具 T，在舞台中输入文字，如图 22.156 所示。

第 2 步，选择“修改”|“分离”命令（快捷键：Ctrl+B），原来的单个文本框会拆分成数个文本框，并且每个字符各占一个，如图 22.157 所示，此时，每一个字符都可以单独使用文本工具进行编辑。

第 3 步，选择所有的文本，继续选择“修改”|“分离”命令（快捷键：Ctrl+B），这时所有的文本都会转换为网格状的可编辑状态，如图 22.158 所示。

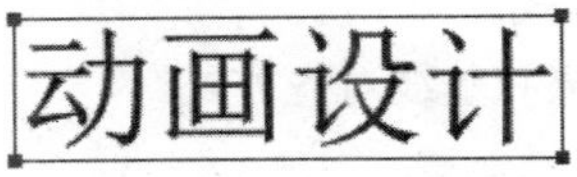

图 22.156　使用文本工具在舞台中输入文字

图 22.157　第一次分离后的文本状态

图 22.158　第二次分离后的文本状态

提示：将文本转换为矢量图形的过程是不可逆转的，即不能将矢量图形转换成单个的文本。

22.5.6　编辑矢量文本

将文本转换为矢量图形后，即可对其进行路径编辑、填充渐变色、添加边框路径等操作。

1. 给文本添加渐变色

首先把文本转换为矢量图形，然后在“颜色”面板中为文本设置渐变色效果，如图 22.159 所示。

2. 编辑文本路径

首先把文本转换为矢量图形，然后使用工具箱中的部分选取工具对文本的路径点进行编辑，从而改变文本的形状，如图 22.160 所示。

3. 给文本添加边框路径

首先把文本转换为矢量图形，然后使用工具箱中的墨水瓶工具为文本添加边框路径，如图 22.161 所示。

图 22.159　渐变色文本

图 22.160　编辑文本路径点

图 22.161　给文本添加边框路径

4. 编辑文本形状

首先把文本转换为矢量图形，然后使用工具箱中的任意变形工具对文本进行变形操作，如图 22.162 所示。

22.5.7　案例实战：设计 Logo

实际制作中，经常需要为动画添加文本作为说明或者修饰，以传递制作者需要表达的信息。下面通过一个具体的案例来说明。

【操作步骤】

第 1 步，新建一个 Flash 文件。

第 2 步，选择工具箱中的文本工具，在舞台中输入“动画设计 Flash Professional CC”，如图 22.163 所示。

图 22.162　编辑文本形状

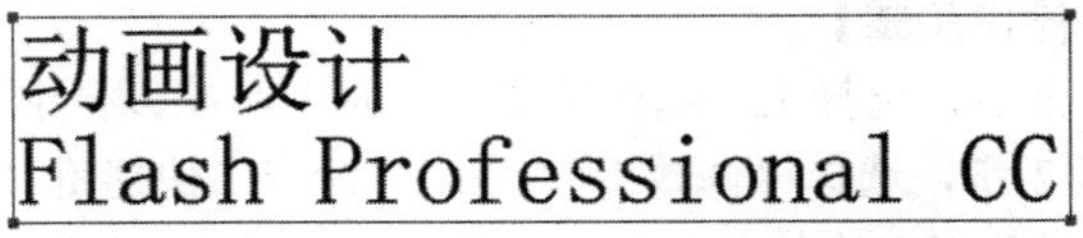

图 22.163　使用文本工具在舞台中输入文字

第 3 步，再次选择工具箱中的文本工具，在舞台中的文本上单击，进入到文本框的内部，选择“动画设计”4 个字，如图 22.164 所示。

第 4 步，在“属性”面板中设置“动画设计”4 个字的属性：字体为“隶书”，字体大小为 50，效果如图 22.165 所示。

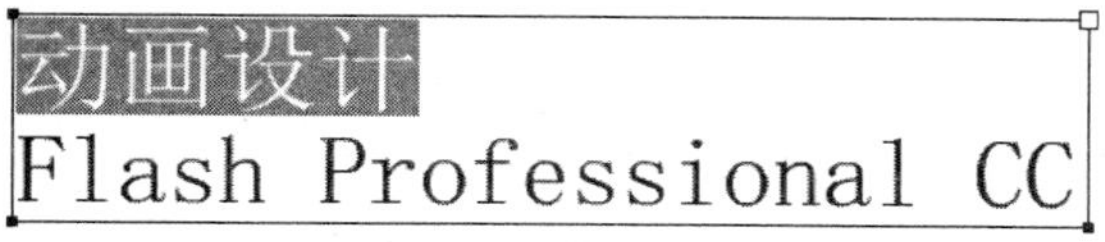

图 22.164　选择文本框中的文本

图 22.165　设置文本属性

第 5 步，选择 Flash Professional CC，设置字体为 Arial，字体大小为 14，字母间距为 2，效果如图 22.166 所示。

第 6 步，将“计”和 Professional 的文本填充颜色设置为红色，效果如图 22.167 所示。

图 22.166　设置英文文本属性

图 22.167　设置文本颜色属性

第 7 步，选择工具箱中的选择工具，选择整个文本框。

第 8 步，在当前文本的“属性”面板中设置文本的超链接，如图 22.168 所示。

第 9 步，选择“控制”|“测试影片”命令（快捷键：Ctrl+Enter），在 Flash 播放器中预览动画效果，如图 22.169 所示。

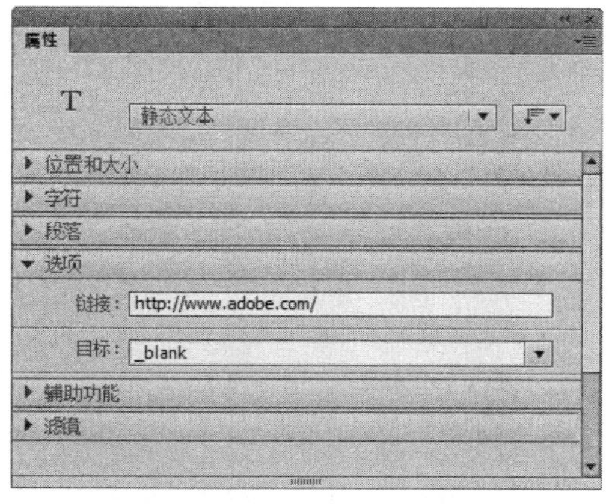

图 22.168　给文本添加超链接

图 22.169　完成后的最终效果

第 10 步，单击超链接文本，即可跳转到相应的网页上。

22.5.8　案例实战：设计空心文字

空心字就是没有填充色，只有边框路径的文字，所以要对文字进行路径的编辑。空心字的效果很多地方都可以用到，制作空心字的方法很多，下面是在 Flash 中制作好的空心字效果，如图 22.170 所示。

【操作提示】

需要给文本添加边框路径，一定要事先分离。分离多个文字的文本时，一定要分离两次才能分离为可编辑状态。

【操作步骤】

第 1 步，新建一个 Flash 文件。

第 2 步，选择工具箱中的文本工具，在“属性”面板中设置路径和填充样式，如图 22.171 所示。文本类型为“静态文本”；文本填充为蓝色，字体为“黑体”，字体大小为 96。

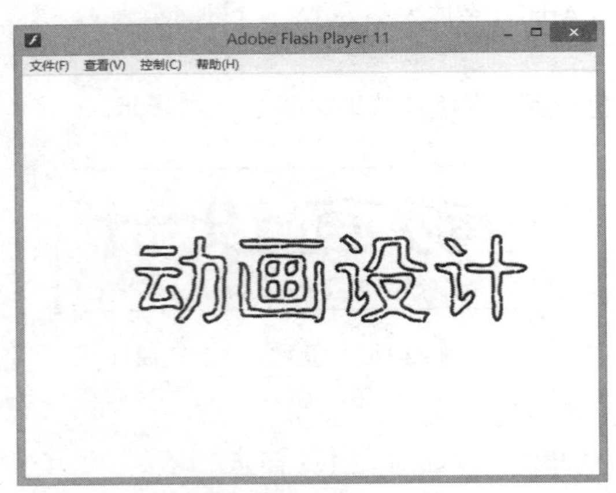

图 22.170　空心字效果

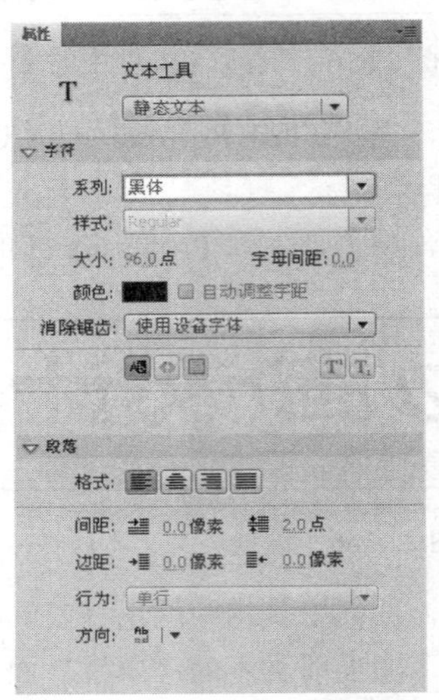

图 22.171　文本工具属性设置

第 3 步，使用文本工具在舞台中输入“动画设计”4 个字，如图 22.172 所示。选择“修改”|“分离”命令（快捷键：Ctrl+B）把文本分离，对于多个文字的文本框需要分离两次才可以分离成可编辑的网格状，如图 22.173 所示。

第 4 步，选择工具箱中的墨水瓶工具，设置“属性”面板中笔触颜色为黑色，笔触高度为 3，笔触样式为“锯齿线”，如图 22.174 所示。

图 22.172　在舞台中输入文本

图 22.173　把文本分离成可编辑状态

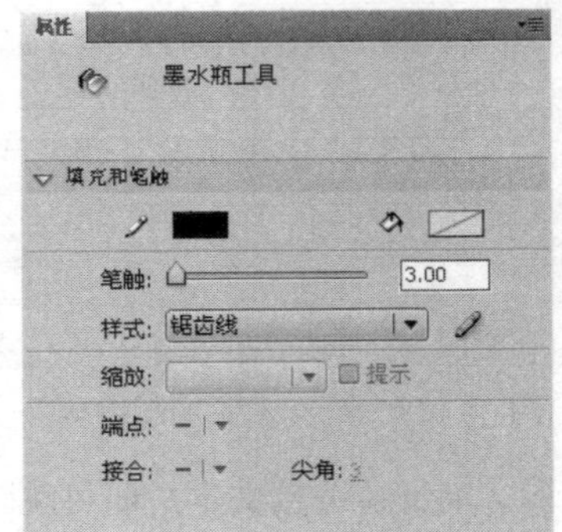

图 22.174　墨水瓶工具的属性设置

第 5 步，使用墨水瓶工具在舞台中的文本上单击，为文本添加边框路径，如图 22.175 所示。选择工具箱中的部分选取工具，选择文本的蓝色填充，按 Delete 键删除，只保留边框路径，如图 22.176 所示。

Note

图 22.175 为文本添加边框路径

图 22.176 完成的空心文字效果

22.5.9 案例实战：设计披雪文字

每逢隆冬季节，使用披雪文字进行广告宣传是很合适的，能轻松明了地表现出雪天的气氛。要实现文字的披雪效果，需要对文字的上下部分填充不同的颜色，所以要对文字进行路径的编辑，完成效果如图 22.177 所示。

【操作提示】

使用橡皮擦工具时要根据实际情况选择不同的擦除模式。

【操作步骤】

第 1 步，新建一个 Flash 文件。

第 2 步，选择“修改”|“文档”命令（快捷键：Ctrl+J），在打开的“文档设置”对话框中设置舞台的背景色为黑色，如图 22.178 所示。

图 22.177 披雪字效果

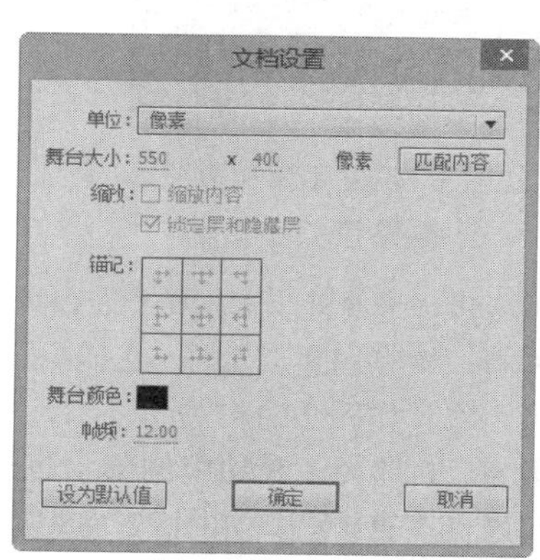

图 22.178 设置舞台的背景颜色为黑色

第 3 步，选择工具箱中的文本工具T，在“属性”面板中设置路径和填充样式，如图 22.179 所示。文本类型为“静态文本”；文本填充为黄色，字体为“华文彩云”，字体大小为 96。

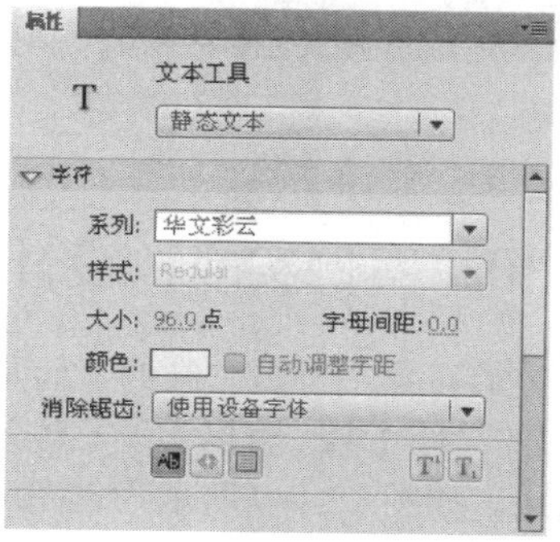

图 22.179 文本工具属性设置

第 4 步，使用文本工具T在舞台中输入“动画设计”4 个字，如图 22.180 所示。选择“修改”|“分离”命令（快捷键：Ctrl+B）把文本分离，对于多个文字的文本框需要分离两次才可以分离成可编辑的网格状，如图 22.181 所示。

第 5 步，选择工具箱中的墨水瓶工具，设置“属性”面板中笔触颜色为红色，笔触高度为 1，笔触样式

为“实线”，如图 22.182 所示。使用墨水瓶工具在舞台中的文本上单击，给文本添加边框路径，如图 22.183 所示。

Note

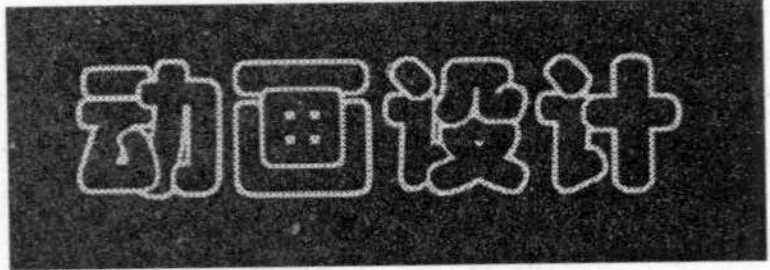

图 22.180　在舞台中输入文本

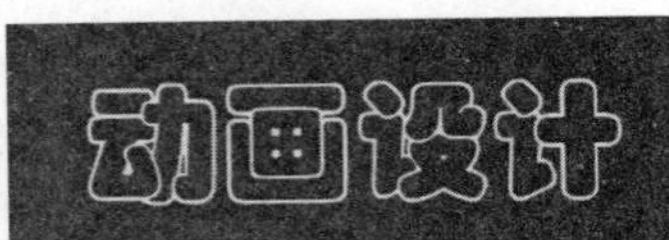

图 22.181　把文本分离成可编辑状态

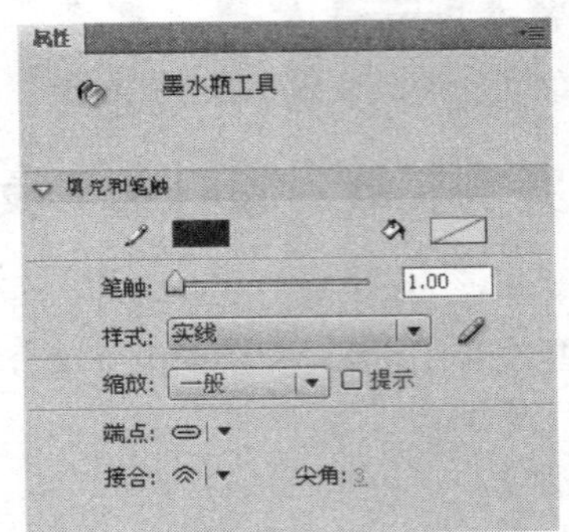

图 22.182　墨水瓶工具的属性设置

第 6 步，选择工具箱中的橡皮擦工具，在工具箱的选项中选择“擦除填色”模式，如图 22.184 所示。使用橡皮擦工具擦除舞台中文本上方的区域，注意擦除时尽量让擦除的边缘为椭圆，如图 22.185 所示。

图 22.183　给文本添加边框路径

图 22.184　设置橡皮擦工具选项

图 22.185　使用橡皮擦工具擦除文本上方区域

第 7 步，选择工具箱中的油漆桶工具，在“属性”面板中设置填充色为白色，在刚刚擦除的区域上单击，填充白色，如图 22.186 所示。选择工具箱中的选择工具，把文本的所有边框路径都选中并且删除，如图 22.187 所示。

第 8 步，选择工具箱中的墨水瓶工具，给白色填充的边缘添加白色的路径，目的是让白色的区域看起来更厚重一些，如图 22.188 所示。

图 22.186　使用油漆桶工具在擦除的区域填充白色

图 22.187　删除文本的边框路径

图 22.188　添加白色路径

22.5.10　案例实战：设计立体文字

立体的对象不再是二维的，而是三维的，创建立体对象需要有一定的空间思维能力，然后结合 Flash 中的绘图工具，可以实现立体效果。在 Flash 中，使用文本工具结合绘图工具可以轻松创建立体文字效果。如图 22.189 所示为一完成后的立体文字效果。

【操作步骤】

第 1 步，新建一个 Flash 文件。

第 2 步，选择工具箱中的文本工具T，在“属性”面板中设置路径和填充样式，如图 22.190 所示。设置文本类型为“静态文本”；文本填充为绿色，字体为 Arial，字体样式为 Black，字体大小为 96。使用文本工具T在舞台中输入“AEF”，如图 22.191 所示。

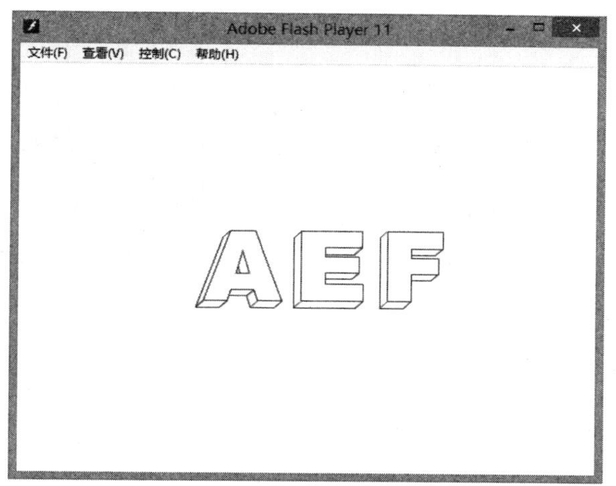

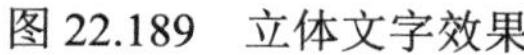
图 22.189　立体文字效果

图 22.190　文本工具属性设置

第 3 步，按 Alt 键的同时使用选择工具T拖曳这个文本，可以复制出一个新的文本，如图 22.192 所示。把复制出来的文本更改为红色，并调整当前绿色文本的对齐位置，如图 22.193 所示。

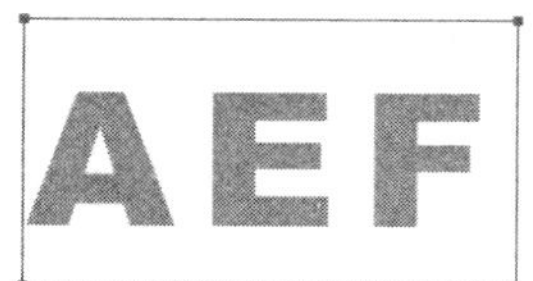

图 22.191　在舞台中输入文本

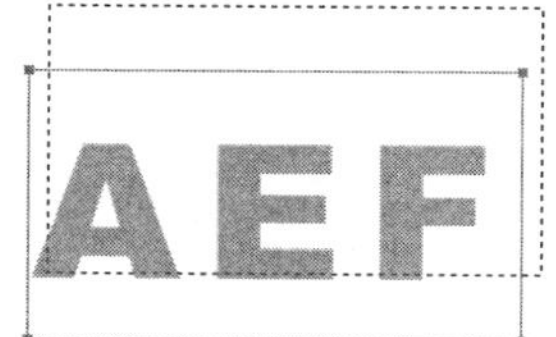

图 22.192　按 Alt 键拖曳并复制文本

第 4 步，同时选中两个文本。选择“修改”|“分离”命令（快捷键：Ctrl+B）将文本分离，对于多个文字的文本框需要分离两次才可以分离成可编辑的网格状，如图 22.194 所示。

图 22.193　调整复制出来的文本位置

图 22.194　把文本分离成可编辑状态

第 5 步，选择工具箱中的墨水瓶工具，设置“属性”面板中笔触颜色为黑色，笔触高度为 1，笔触样式为“实线”，如图 22.195 所示。使用墨水瓶工具在舞台中的文本上单击，为文本添加边框路径，如图 22.196 所示。

第 6 步，选择工具箱中的直线工具，把文本的各个顶点都连接起来。注意在工具选项中不要选择“对象绘制”模式，同时要把直线工具的“对齐对象”模式打开，如图 22.197 所示。选择工具箱中的选择工具，把所有文本的填充都删除，只保留边框路径，如图 22.198 所示。

Note

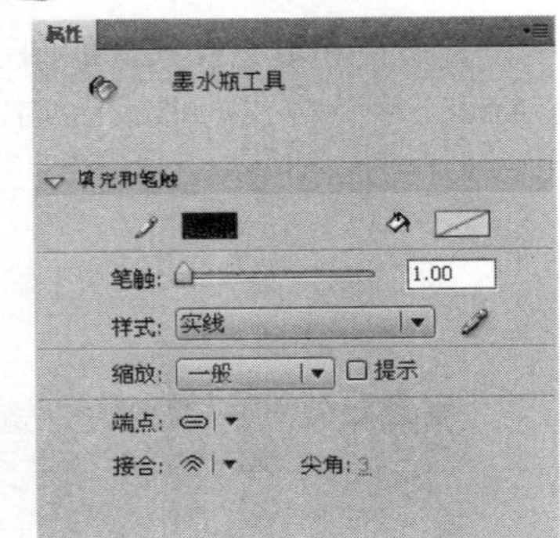

图 22.195　墨水瓶工具的属性设置

图 22.196　使用墨水瓶工具给文本添加边框路径

图 22.197　连接各个顶点

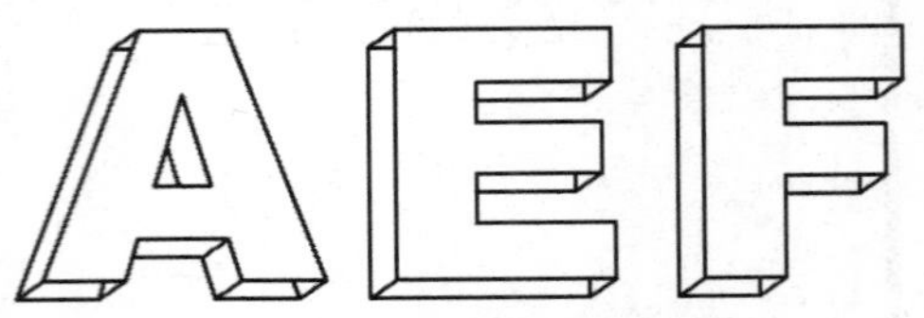

图 22.198　删除文本的填充色块

第 7 步，选择工具箱中的选择工具，把多余的线条删除，完成效果。

第23章

使用 Flash 元件、库和组件

（视频讲解：60 分钟）

如果一个 Flash 对象被频繁调用，就可以将它转换为元件，这样能有效降低动画的文件量。影片中的所有元件都会保存在元件库中，元件库可以理解为一个仓库，专门存放动画中的素材。把元件从“库”面板中拖曳到舞台上，即可创建当前元件的实例，可以拖曳很多实例到舞台中，重复应用元件。组件是具有已定义参数的复杂影片剪辑，使用组件可以加快开发速度，降低复杂动画设计难度。

学习重点：

- 了解 Flash 元件、实例和库
- 了解 Flash 元件类型
- 创建 Flash 元件
- 编辑 Flash 元件
- 了解 Flash 组件
- 应用组件

23.1 使用元件

在日常生活中，通常所说的元件，如电器元件等，有标准化、通用化的属性，可以在任何资料中进行引用，在 Flash 中的元件也是如此。所谓元件，就是在元件库中存放的各种图形、动画、按钮或者引入的声音和视频文件。

在 Flash 中创建元件有很多好处。

☑ 可以简化影片的编辑，在影片制作过程中可以把多次重复使用的素材转换成元件，不仅可以反复调用，而且修改元件时所有的实例都会随之更新，而不必逐一修改。

☑ 使用元件还可以大大减小文件的体积，反复调用相同的元件不会增加文件量。如在制作下雪效果时，雪花只需要制作一次就够了。

☑ 将多个分离的图形素材合并成一个元件后，需要的存储空间远远小于单独存储时占用的空间。

23.1.1 元件类型

Flash 元件被分为 3 种类型：图形元件、按钮元件和影片剪辑元件。不同的元件适合不同的应用情况，在创建元件时首先要选择元件的类型。

1. 图形元件

通常用于静态的图像或简单的动画，可以是矢量图形、图像、动画或声音。图形元件的时间轴和影片场景的时间轴同步运行，交互函数和声音将不会在图形元件的动画序列中起作用。

2. 按钮元件

可以在影片中创建交互按钮，通过事件来激发按钮的动作。按钮元件有 4 种状态：弹起、指针经过、按下和点击。每种状态都可以通过图形、元件及声音来定义。当创建按钮元件时，在按钮编辑区域中提供了这 4 种状态帧。当用户创建了按钮后，就可以给按钮实例分配动作。

3. 影片剪辑元件

影片剪辑元件与图形元件的主要区别在于，影片剪辑元件支持 ActionScript 和声音，具有交互性，是用途和功能最多的元件。影片剪辑元件本身就是一段小动画，可以包含交互控制、声音以及其他影片剪辑的实例，也可以将其放置在按钮元件的时间轴内来制作动画按钮。影片剪辑元件的时间不随创建时间轴同步运行。

23.1.2 创建图形元件

在动画设计过程中，有两种方法可以创建元件，一种是创建一个空白元件，然后在元件的编辑窗口中编辑元件；另一种是将当前工作区中的对象选中，然后将其转换为元件。

1. 新建图形元件

下面演示如何创建一个空白图形元件。

【操作步骤】

第 1 步，新建一个 Flash 文件。

第 2 步，选择“插入”|“新建元件”命令（快捷键：Ctrl+F），打开“创建新元件”对话框，如图 23.1 所示。

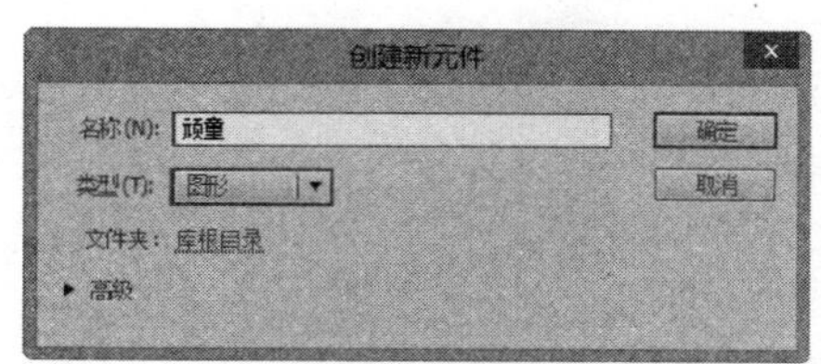

图 23.1 “创建新元件”对话框

第 3 步，在打开的对话框中输入新元件的名称，并且设置元件的类型为“图形”。

第 4 步，如果要把生成的元件保存到“库”面板的不同目录中，可以单击“库根目录”超链接，选择现有的目录或者创建一个新的目录。

Note

第 5 步，单击“确定”按钮，Flash CC 会自动进入当前按钮元件的编辑状态，用户可以在其中绘制图形、输入文本或者导入图像等，如图 23.2 所示。

第 6 步，元件创建完毕后，单击舞台左上角的场景名称，即可返回到场景的编辑状态。

第 7 步，在返回到场景的编辑状态后，选择“窗口”|“库”命令（快捷键：Ctrl+L），可以在打开的“库”面板中找到刚刚制作的元件，如图 23.3 所示。

图 23.2　进入到元件的编辑状态

图 23.3　“库”面板中的图形元件

第 8 步，要将创建的元件应用到舞台中，只需从“库”面板中拖曳这个元件到舞台中即可，如图 23.4 所示。

2. 转换为图形元件

下面演示如何将舞台中已经存在的对象转换为图形元件。

【操作步骤】

第 1 步，打开一个 Flash 文件。

第 2 步，在舞台中选择需要转换为元件的对象，如图 23.5 所示。

图 23.4　把“库”面板中的图形元件拖曳到舞台中

图 23.5　选择舞台中的对象

Note

图 23.6 “转换为元件”对话框

第 3 步，选择“修改”|“转换为元件”命令（快捷键：F），打开“转换为元件”对话框，如图 23.6 所示。

第 4 步，在“转换为元件”对话框中输入新元件的名称，并且设置元件的类型为“图形”。

第 5 步，在“对齐”选项中调整元件的对齐中心点位置。

第 6 步，如果要把生成的元件保存到“库”面板的不同目录中，可以单击“库根目录”超链接，选择现有的目录或者创建一个新的目录。

第 7 步，单击“确定”按钮，即可完成元件的转换操作。

第 8 步，选择“窗口”|“库”命令（快捷键：Ctrl+L），打开“库”面板，可以从中找到刚刚转换的元件，如图 23.7 所示。

第 9 步，与新建的图形元件不同的是，转换后的元件实例已经在舞台中存在了，如果需要继续在舞台中添加元件的实例，可以从“库”面板中拖曳该元件到舞台，如图 23.8 所示。

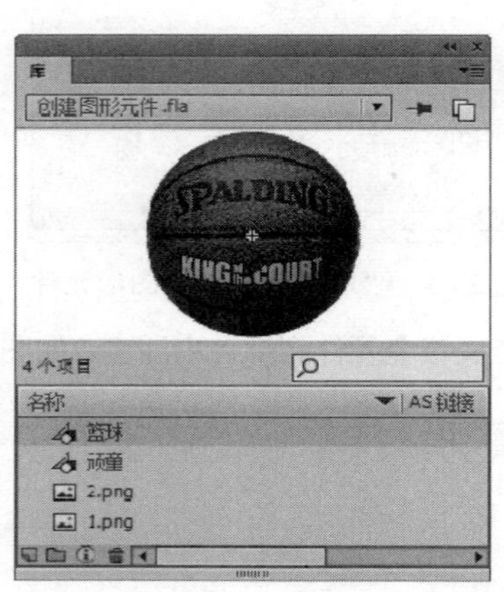

图 23.7 “库”面板中的图形元件

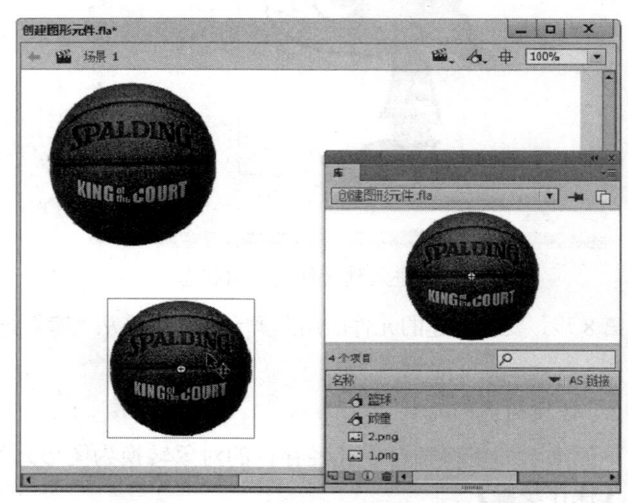

图 23.8 把“库”面板中的图形元件拖曳到舞台

23.1.3 创建按钮元件

按钮元件是 Flash CC 中的一种特殊元件，不同于图形元件，按钮元件在影片的播放过程中是静止播放的，并且按钮元件可以响应鼠标的移动或单击操作，激发相应的动作。

1. 新建按钮元件

下面演示如何创建一个空白按钮元件。

【操作步骤】

第 1 步，新建一个 Flash 文件。

第 2 步，选择“插入”|“新建元件”命令（快捷键：Ctrl+F8），打开“创建新元件”对话框，如图 23.9 所示。

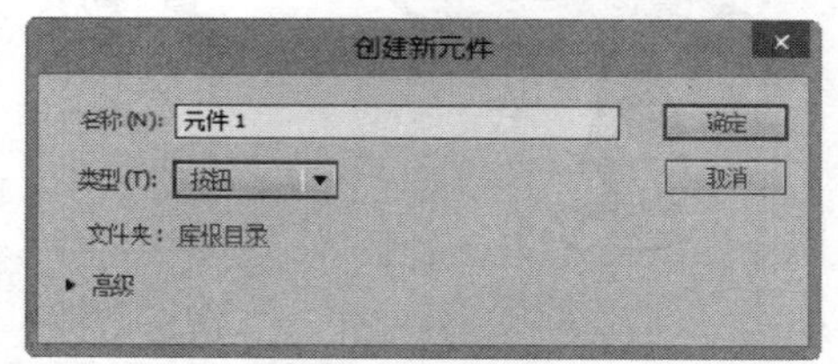

图 23.9 “创建新元件”对话框

第 3 步，在“创建新元件”对话框中输入新元件的名称，并且设置元件的类型为“按钮”。

第 4 步，单击“确定”按钮，Flash CC 会自动进入到当前按钮元件的编辑状态，用户可以在其中绘制图形、输入文本或者导入图像等，如图 23.10 所示。

第 5 步，元件创建完毕后，单击舞台左上角的场景名称，即可返回到场景的编辑状态。

第 6 步，在返回到场景的编辑状态后，选择“窗口”|“库”命令（快捷键：Ctrl+L），可以在打开的“库”面板中找到刚刚制作的元件，如图 23.11 所示。

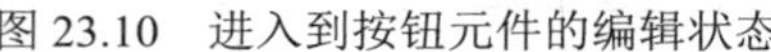

图 23.10　进入到按钮元件的编辑状态

图 23.11　“库”面板中的按钮元件

第 7 步，要将创建的元件应用到舞台中，只需从“库”面板中拖曳这个元件到舞台中即可，如图 23.12 所示。

2. 转换为按钮元件

下面演示如何将舞台中已经存在的对象转换为按钮元件。

【操作步骤】

第 1 步，打开一个 Flash 文件。

第 2 步，在舞台中选择需要转换为按钮元件的对象，如图 23.13 所示。

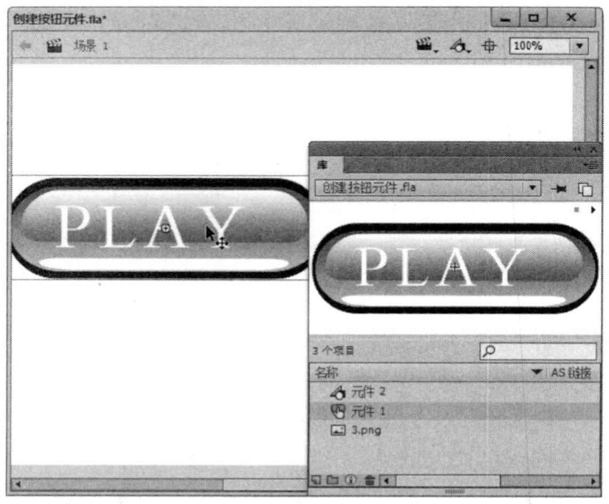

图 23.12　把“库”面板中的按钮元件拖曳到舞台中

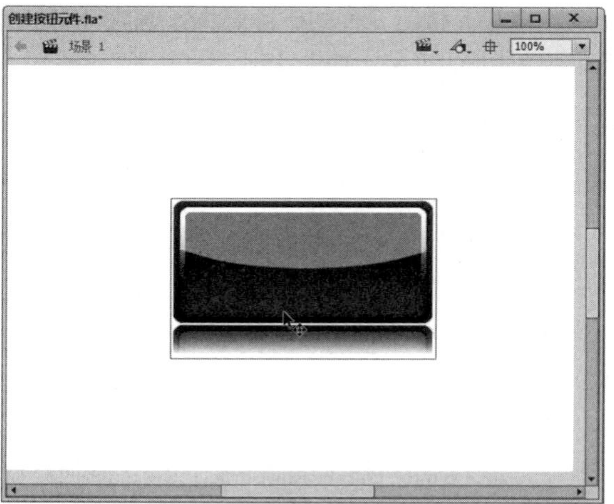

图 23.13　选择舞台中的对象

第 3 步，选择“修改”|“转换为元件”命令（快捷键：F8），打开“转换为元件”对话框，如

Note

图 23.14 所示。

第 4 步，在“转换为元件”对话框中输入新元件的名称，并且设置元件的类型为“按钮”。

第 5 步，在“对齐”选项中调整元件的对齐中心点位置。

第 6 步，单击“确定”按钮即可完成元件的转换操作。

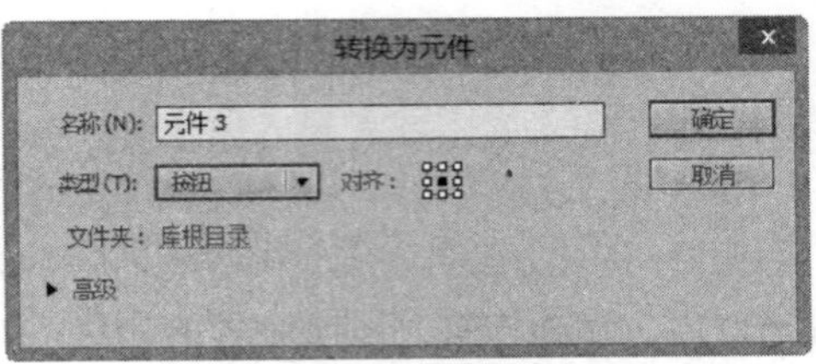

图 23.14 “转换为元件”对话框

第 7 步，选择“窗口”|“库”命令（快捷键：Ctrl+L），可以打开“库”面板，找到刚刚转换的元件，如图 23.15 所示。

第 8 步，要将创建的元件应用到舞台中，只需从“库”面板中拖曳这个元件到舞台中即可，如图 23.16 所示。

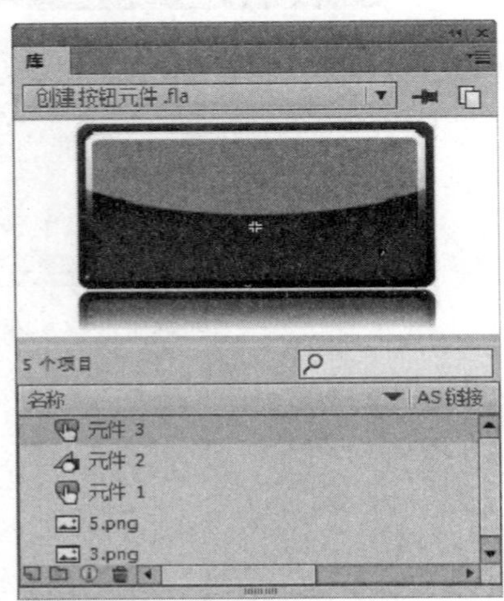

图 23.15 “库”面板中的按钮元件

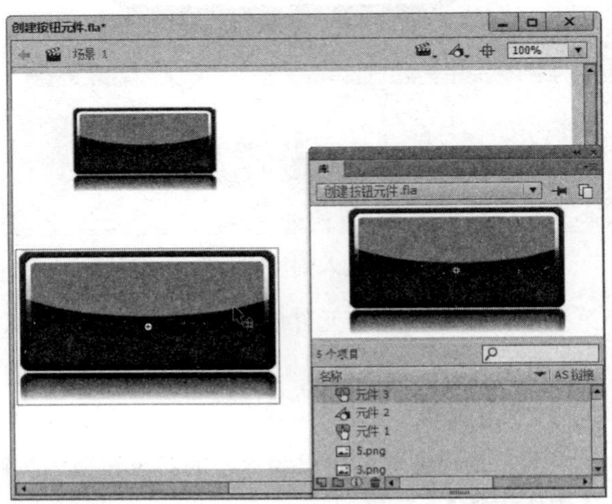

图 23.16 把“库”面板中的按钮元件拖曳到舞台中

3. 定义按钮元件的状态

在 Flash 按钮元件的时间轴中，包含 4 种状态，并且每种状态都有特定的名称与之对应，可以在时间轴中进行定义，如图 23.17 所示。

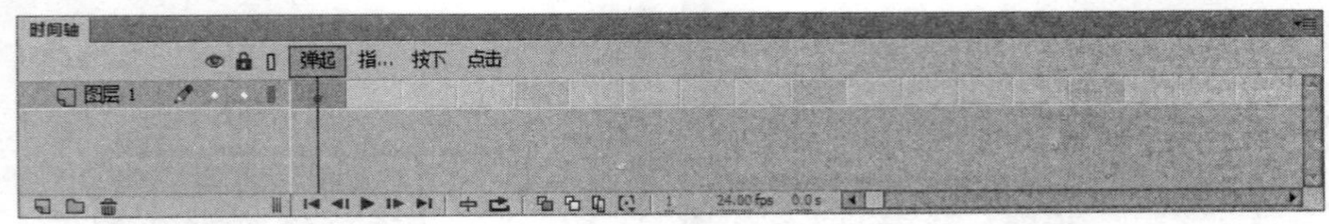

图 23.17 按钮元件的时间轴

按钮元件并不会随着时间轴播放，而是根据鼠标事件选择播放某一帧。按钮元件的 4 个帧分别响应 4 种不同的按钮事件，分别为弹起、指针经过、按下和点击。

☑ 弹起：当鼠标指针不接触按钮时，该按钮处于弹起状态。该状态为按钮的初始状态，用户可以在该帧中绘制各种图形或者插入影片剪辑元件。

☑ 指针经过：当鼠标指针移动到该按钮上面，但没有按下鼠标按键时的状态。如果希望在鼠标移动到该按钮上时能够出现一些内容，则可以在此状态中添加内容。在鼠标指针经过帧中也可以绘制图形，或放置影片剪辑元件。

☑ 按下：当鼠标指针移动到按钮上面并且按下了鼠标左键时的状态。如果希望在按钮按下时同样发生变化，也可以绘制图形或是放置影片剪辑元件。

☑ 点击：点击帧定义了鼠标单击的有效区域。在 Flash CC 的按钮元件中，这一帧尤为重要，例如，在制作隐藏按钮时，就需要专门使用按钮元件的点击帧来制作。

23.1.4　创建影片剪辑元件

在制作动画的过程中，如果要重复使用一个已经创建的动画片段，最好的办法就是将该动画转换为影片剪辑元件。转换和新建影片剪辑元件的方法与图形元件类似。

1. 新建影片剪辑元件

选择“插入”|“新建元件”命令（快捷键：Ctrl+F8），在打开的“创建新元件”对话框中进行相关设置即可，如图 23.18 所示。

2. 将舞台中的对象转换为影片剪辑元件

选择“修改”|“转换为元件”命令（快捷键：F8），在打开的“转换为元件”对话框中进行相关设置即可，如图 23.19 所示。

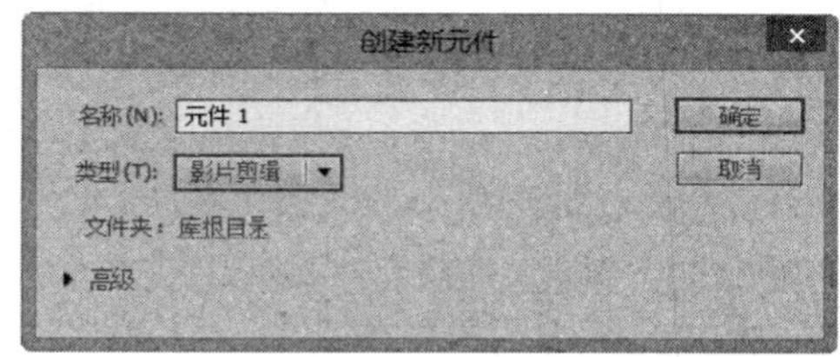

图 23.18　“创建新元件”对话框

图 23.19　“转换为元件”对话框

3. 将舞台动画转换为影片剪辑元件

【操作步骤】

第 1 步，打开一个 Flash 文件。

第 2 步，在时间轴中选择一个动画的多个帧序列，如图 23.20 所示。

第 3 步，右击，在弹出的快捷菜单中选择“复制帧”命令，如图 23.21 所示。

图 23.20　选择动画的多个帧序列

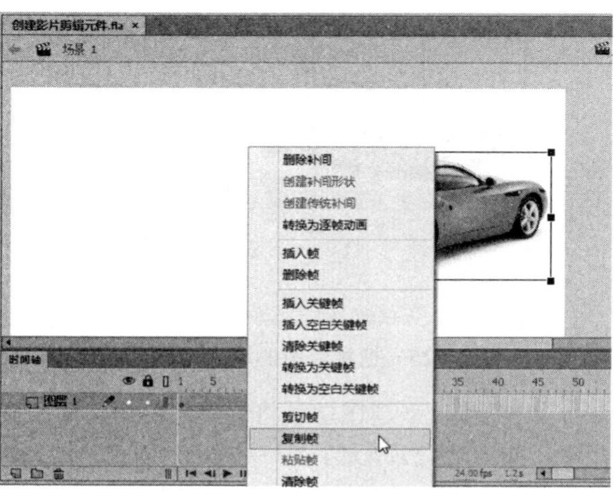

图 23.21　选择“复制帧”命令

Note

第 4 步，选择“插入”|“新建元件”命令（快捷键：Ctrl+F8），打开“创建新元件”对话框，如图 23.22 所示。

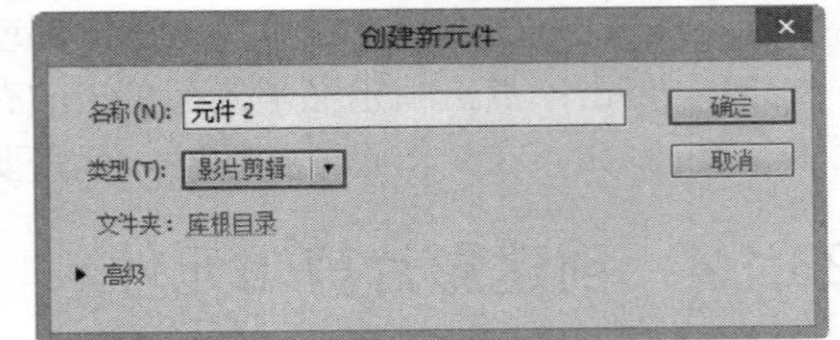

图 23.22 “创建新元件”对话框

第 5 步，在“创建新元件”对话框中输入新元件的名称，并且设置元件的类型为“影片剪辑”。

第 6 步，单击“确定”按钮，进入影片剪辑元件的编辑状态，如图 23.23 所示。

第 7 步，右击时间轴的第一帧，在弹出的快捷菜单中选择“粘贴帧”命令，如图 23.24 所示。

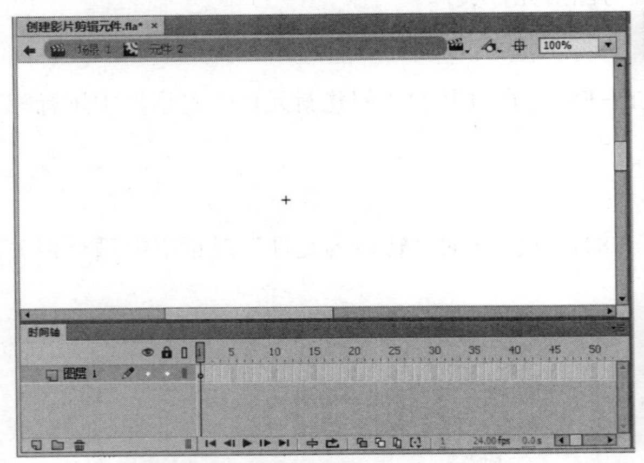

图 23.23 进入到影片剪辑元件的编辑状态

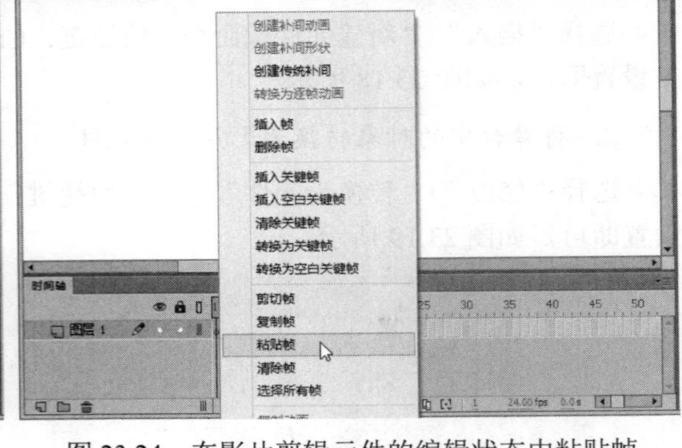

图 23.24 在影片剪辑元件的编辑状态中粘贴帧

第 8 步，至此，即可把舞台中的动画粘贴到影片剪辑元件内，如图 23.25 所示。

第 9 步，在元件创建完成后，单击舞台左上角的场景名称，即可返回到场景的编辑状态。

第 10 步，返回到场景的编辑状态后，选择“窗口”|“库”命令（快捷键：Ctrl+L），在打开的“库”面板中即可找到所制作的影片剪辑元件，如图 23.26 所示。

图 23.25 把舞台中的动画粘贴到影片剪辑元件中

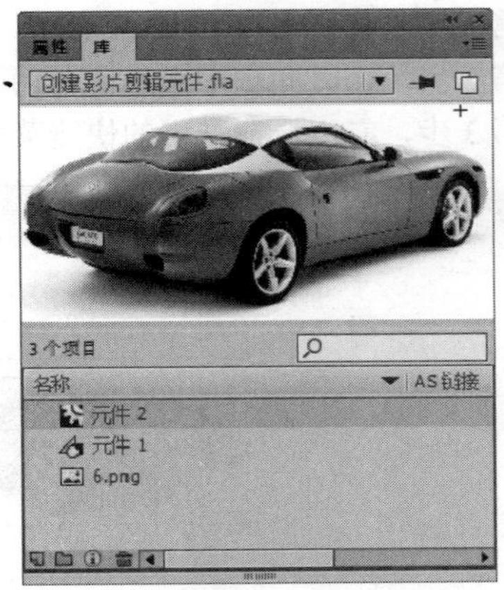

图 23.26 “库”面板中的影片剪辑元件

第 11 步，新建图层，将创建好的元件应用到舞台中，直接从“库”面板中拖曳该元件到舞台中即可，如图 23.27 所示。

把舞台中的动画转换为影片剪辑元件，实际上就是把舞台中的动画复制到影片剪辑元件中，在复

Note

制动画时复制的是整个动画的帧序列，而不是单个帧中的对象。

23.1.5　编辑元件

创建元件之后，还可以对元件进行修改编辑。在编辑元件后，Flash CC 会自动更新当前影片中应用了该元件的所有实例。Flash CC 提供了 3 种编辑元件的方法。

1. 在当前位置编辑元件

用户可以在当前的影片文档中直接编辑元件。

【操作步骤】

第 1 步，在舞台中选择一个需要编辑的元件实例。

第 2 步，右击，在弹出的快捷菜单中选择“在当前位置编辑”命令，如图 23.28 所示。

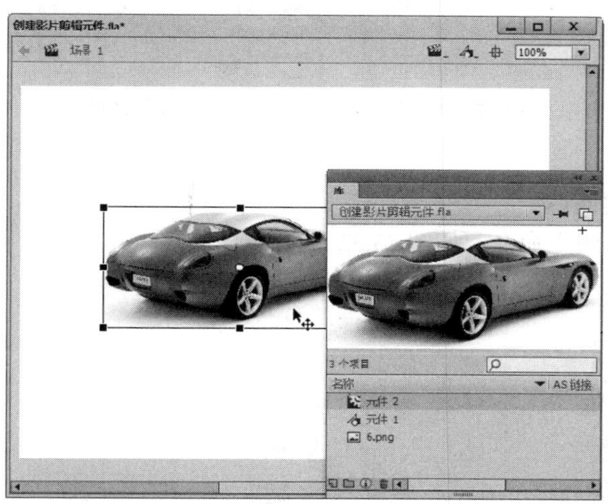

图 23.27　把“库”面板中的影片剪辑元件拖曳到舞台中

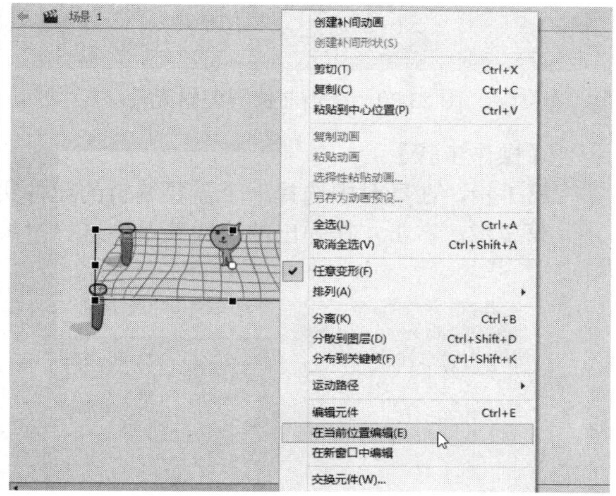

图 23.28　选择“在当前位置编辑”命令

第 3 步，这时其他对象将以灰色的方式显示，正在编辑的元件名称会显示在时间轴左上角的信息栏中，如图 23.29 所示。也可以直接双击元件的实例，执行“在当前位置编辑”命令。

第 4 步，元件编辑完毕后，单击舞台左上角的场景名称，返回到场景的编辑状态。

2. 在新窗口中编辑元件

用户也可以在新窗口对元件进行编辑。

【操作步骤】

第 1 步，在舞台中选择一个需要编辑的元件实例。

第 2 步，右击，在弹出的快捷菜单中选择“在新窗口中编辑”命令，如图 23.30 所示。

第 3 步，进入到单独元件的编辑窗口，显示其对应的时间轴，此时，正在编辑的元件名称会显示在窗口上方的选项卡中，如图 23.31 所示。也可以直接在“库”面板中的元件上双击，执行“在新窗口中编辑”命令。

第 4 步，元件编辑完毕后，单击舞台左上角的场景名称，即可返回到场景的编辑状态。

3. 使用编辑模式编辑元件

使用编辑模式编辑元件的方法如下。

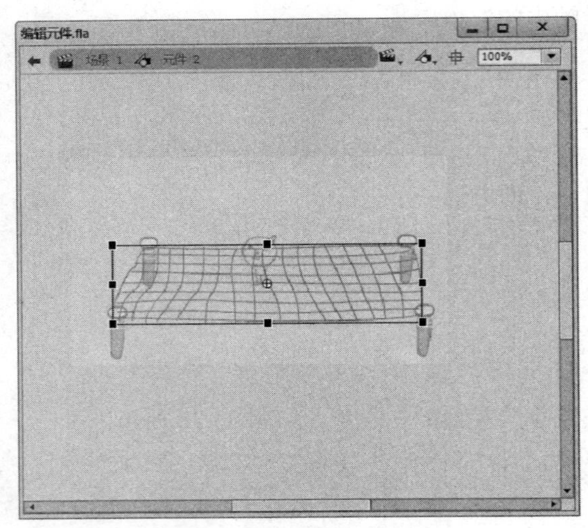

图 23.29　在当前位置编辑元件

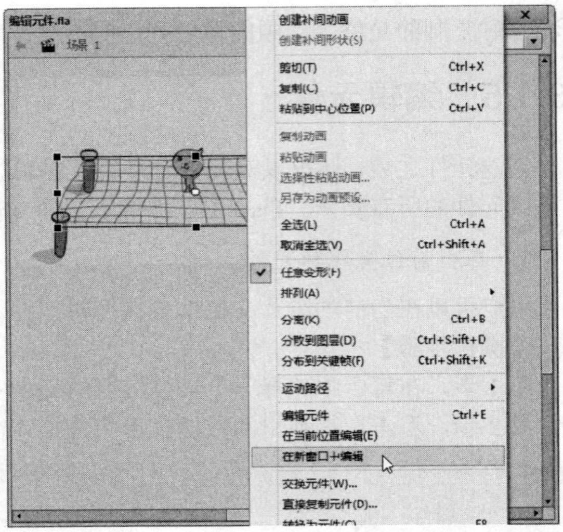

图 23.30　选择“在新窗口中编辑”命令

【操作步骤】

第 1 步，在舞台中选择一个需要编辑的元件实例。

第 2 步，右击，在弹出的快捷菜单中选择“编辑”命令，如图 23.32 所示。

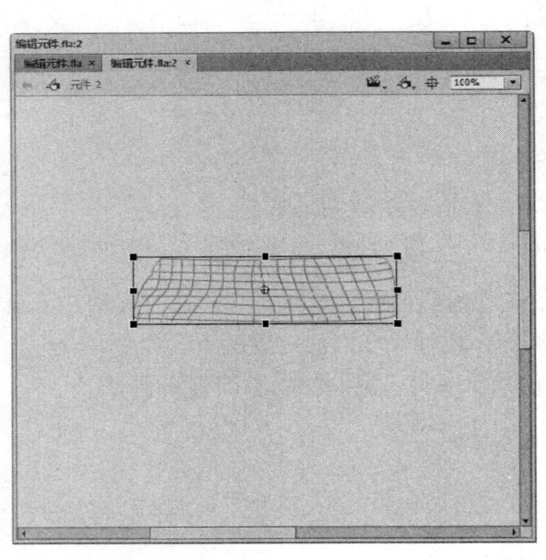

图 23.31　在新窗口中编辑元件

图 23.32　选择“编辑”命令

第 3 步，元件编辑完毕后，单击舞台左上角的场景名称，即可返回到场景的编辑状态。

23.1.6　案例实战：设计水晶按钮

本案例将设计一款水晶效果的按钮元素，使用渐变色营造一种时尚感觉，如图 23.33 所示，这样就可以在动画中反复调用。

【操作步骤】

第 1 步，新建一个 Flash 文件（ActionScript 3.0）。

第 2 步，选择“插入”|“新建元件”命令（快捷键：Ctrl+F8），打开“创建新元件”对话框，如图 23.34 所示。

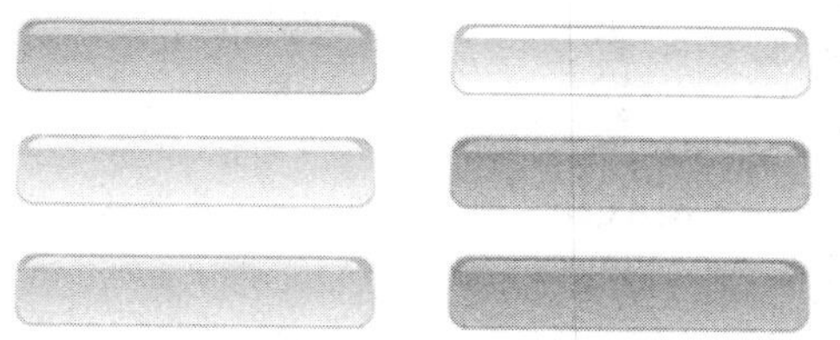

图 23.33　水晶按钮效果

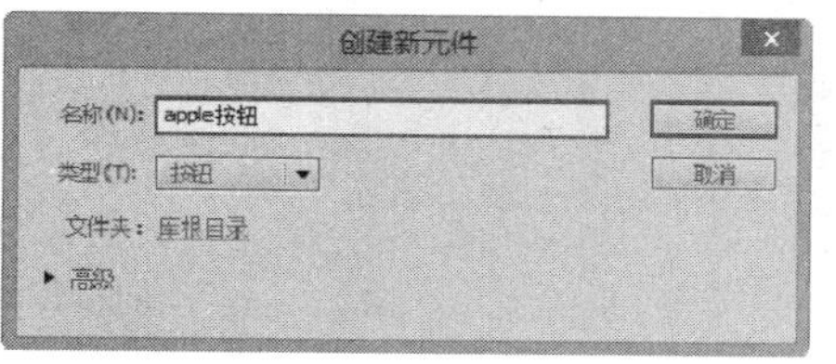

图 23.34　“创建新元件”对话框

第 3 步，在“创建新元件”对话框中输入新元件的名称，并且设置元件的类型为“按钮”。

第 4 步，单击“确定”按钮，进入到元件的编辑状态，如图 23.35 所示。

第 5 步，选择工具箱中的基本矩形工具，在时间轴的“弹起”帧所对应的舞台中绘制一个矩形，如图 23.36 所示。

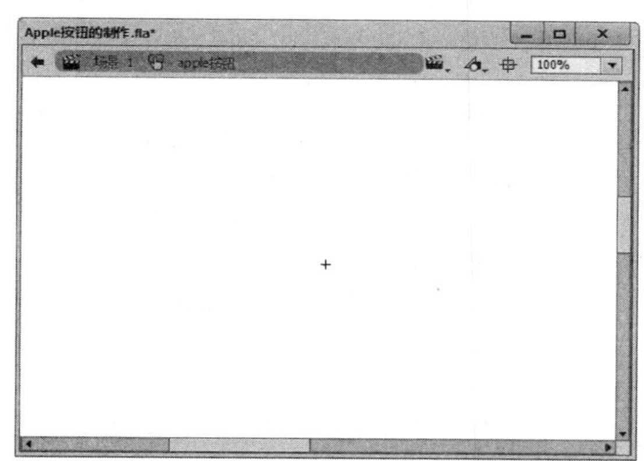

图 23.35　进入到按钮元件的编辑状态

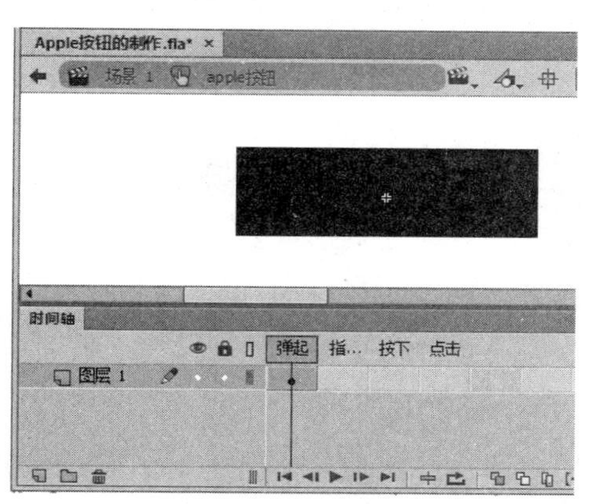

图 23.36　在舞台中绘制一个矩形

第 6 步，在“属性”面板中设置矩形的边角半径为 10，即可得到一个圆角矩形，如图 23.37 所示。

第 7 步，选择圆角矩形，在“属性”面板中设置笔触颜色为“无”，填充颜色为“白色到黑色的线性渐变色”，如图 23.38 所示。

第 8 步，打开“颜色”面板，把线性渐变色由白到黑调整为白到浅灰，如图 23.39 所示。

第 9 步，选择工具箱中的渐变变形工具，把线性渐变的方向由从左到右调整为从上到下，如图 23.40 所示。

第 10 步，单击时间轴中的“新建图层”按钮，创建一个新的图层“图层 2”，如图 23.41 所示。

第 11 步，把所绘制的圆角矩形复制到“图层 2”中，并且调整到相同的位置，如图 23.42 所示。

第 12 步，单击“图层 2”中的“显示/隐藏所有图层”按钮，隐藏“图层 2”，以便于编辑“图层 1”中的圆角矩形，如图 23.43 所示。

第 13 步，选中“图层 1”中的圆角矩形，选择“修改”|“变形”|“垂直翻转”命令，改变圆角矩形的渐变方向，如图 23.44 所示。

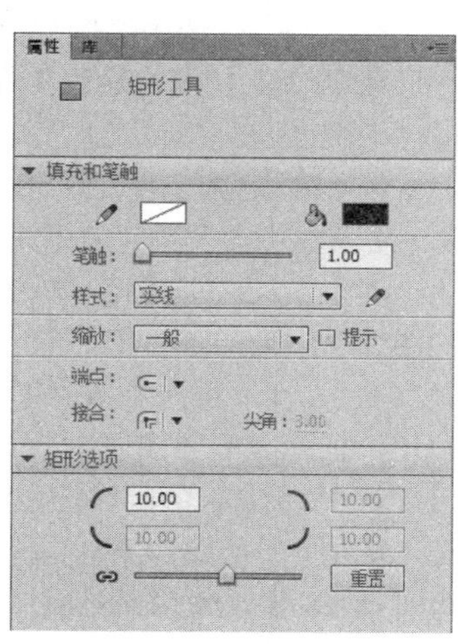

图 23.37　设置矩形的边角半径

图 23.38　设置圆角矩形的属性

Note

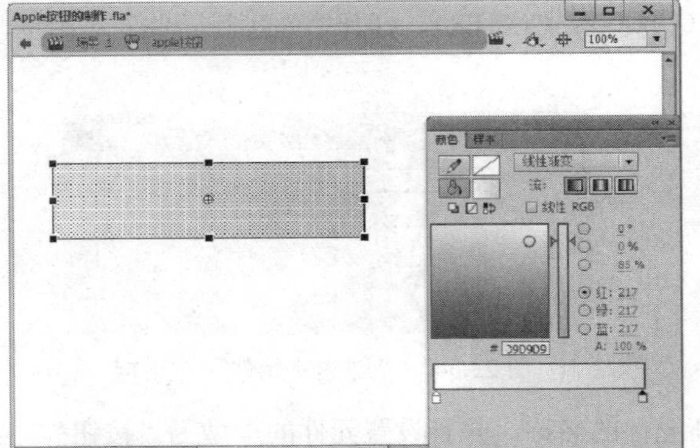

图 23.39 使用“颜色”面板调整渐变色

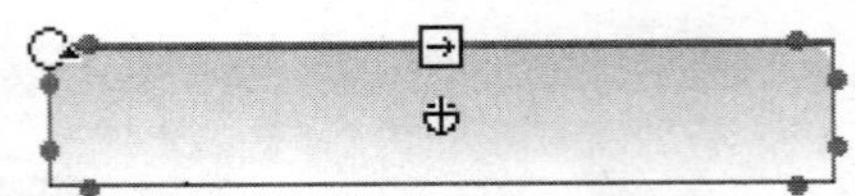

图 23.40 使用渐变变形工具调整渐变色方向

图 23.41 创建“图层 2”

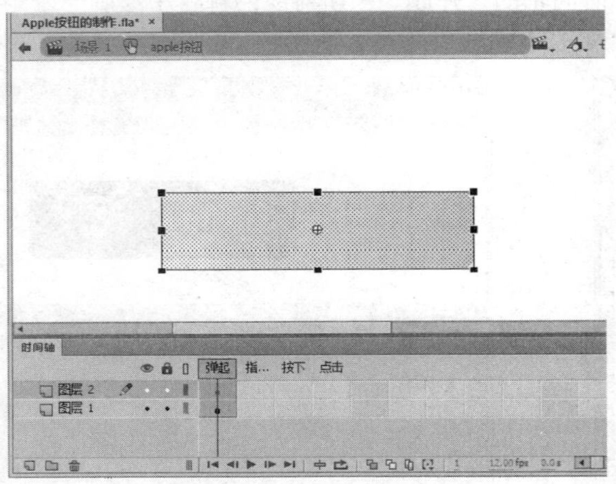

图 23.42 把圆角矩形复制到“图层 2”中

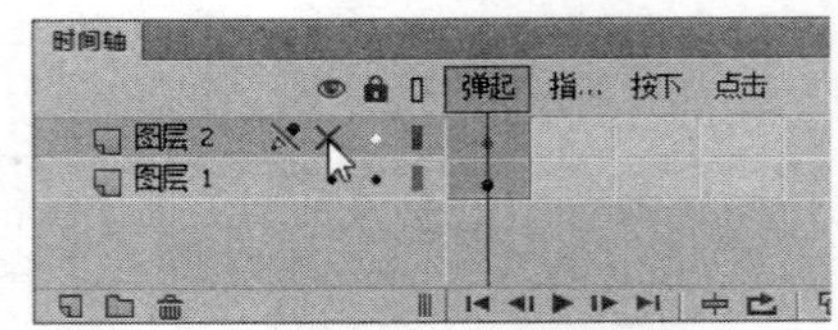

图 23.43 隐藏“图层 2”

图 23.44 把“图层 1”中的圆角矩形垂直翻转

第 14 步，选中“图层 1”中的圆角矩形，选择“修改”|“形状”|“柔化填充边缘”命令，打开“柔化填充边缘”对话框，如图 23.45 所示。

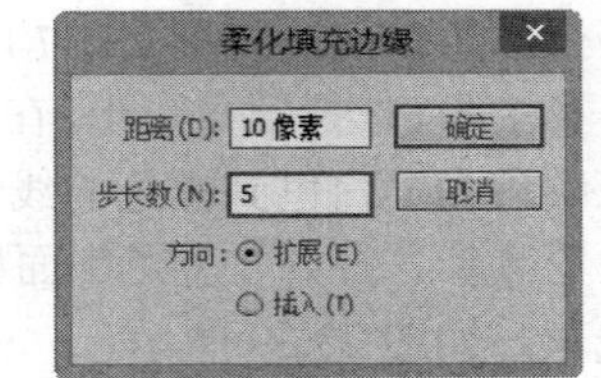

图 23.45 “柔化填充边缘”对话框

第 15 步，为了使“图层 1”中的圆角矩形边缘模糊，在“距离”文本框中设置柔化范围为 10；在“步骤数”文本框中设置柔化步骤为 5；在“方向”选项组中设置柔化方向为“扩展”，得到如图 23.46 所示的效果。

第 16 步，再次单击“图层 2”中的“显示/隐藏所有图层”按钮，把隐藏的“图层 2”显示出来，按钮效果如图 23.47 所示。

第 17 步，下面制作按钮的高光效果，目的是为了让立体水晶的效果更加明显。使用同样的操作，把“图层 1”隐藏起来。

第 18 步，使用工具箱中的选择工具，在舞台中选取“图层 2”圆角矩形的下半部分并复制，如图 23.48 所示。

第 19 步，把复制得到的区域垂直翻转，并放置到按钮的上方，完成按钮高光效果的制作，如图 23.49 所示。

第 20 步，至此，按钮元件创建完毕。单击舞台左上角的场景名称，即可返回到场景的编辑状态。

图 23.46　柔化填充边缘后的效果

图 23.47　按钮效果

图 23.48　选择“图层 2”中圆角矩形的一部分区域

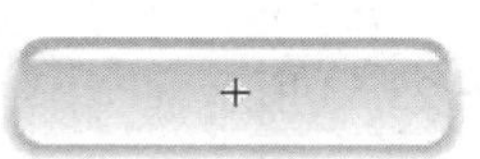

图 23.49　按钮的高光效果

第 21 步，返回到场景的编辑状态后，选择“窗口”|“库”命令（快捷键：Ctrl+L），在打开的“库”面板中即可找到所制作的元件，如图 23.50 所示。

第 22 步，从“库”面板中拖曳元件到舞台中，即可创建按钮的实例，并且可以拖曳多个，如图 23.51 所示。

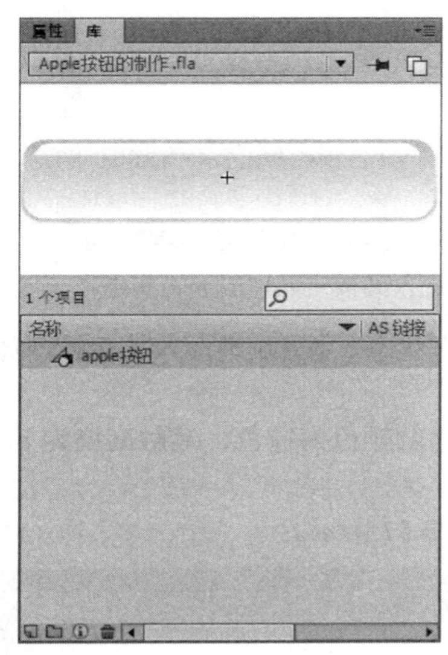

图 23.50　“库”面板中的按钮元件

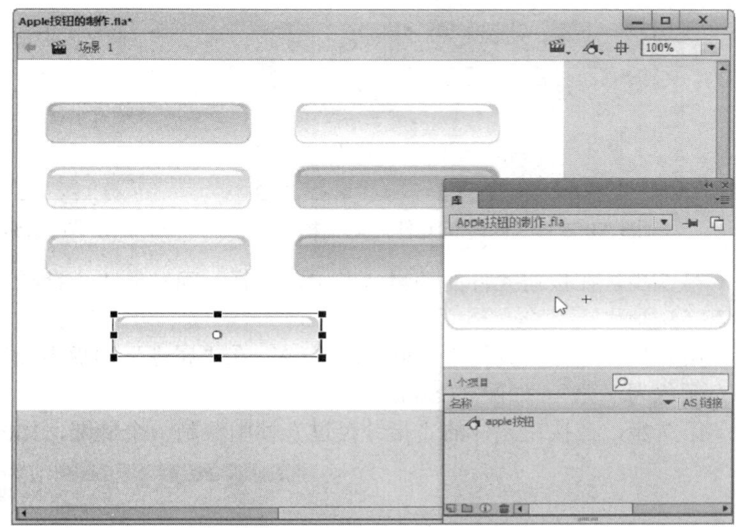

图 23.51　从“库”面板中拖曳按钮元件到舞台中

第 23 步，选择舞台中的按钮元件实例，在“属性”面板的“样式”下拉列表框中选择“高级”选项。

第 24 步，在相应的“高级效果”设置区中分别设置每个按钮的红、绿、蓝颜色值，从而制作出五颜六色的水晶按钮效果。

第 25 步，至此完成整个水晶按钮的制作过程。选择“文件”|“保存”命令（快捷键：Ctrl+S），把所制作的按钮效果保存。

第 26 步，选择“控制”|“测试影片”命令（快捷键：Ctrl+Enter），在 Flash 播放器中预览按钮效果。

23.1.7　案例实战：设计交互式按钮

本案例制作交互式按钮，当把鼠标指针移动到图形的不同区域时，按钮的边框会随之发生改变，如图 23.52 所示。

要实现按钮边框随鼠标指针移动的效果，可以在舞台中放置多个按钮，这些按钮的效果都是相同的，只是尺寸不一样。用户可以把按钮制作在元件内，从而快速地生成动画。

【操作步骤】

第 1 步，新建一个 Flash 文件。

第 2 步，选择“插入”|“新建元件”命令（快捷键：Ctrl+F8），打开“创建新元件”对话框，如图 23.53 所示。

第 3 步，在“创建新元件”对话框中输入新元件的名称，并且设置元件的类型为“按钮”。

第 4 步，单击“确定”按钮后，会进入到影片剪辑元件的编辑状态，如图 23.54 所示。

Note

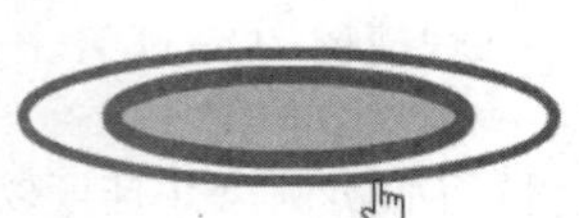

图 23.52　交互按钮效果

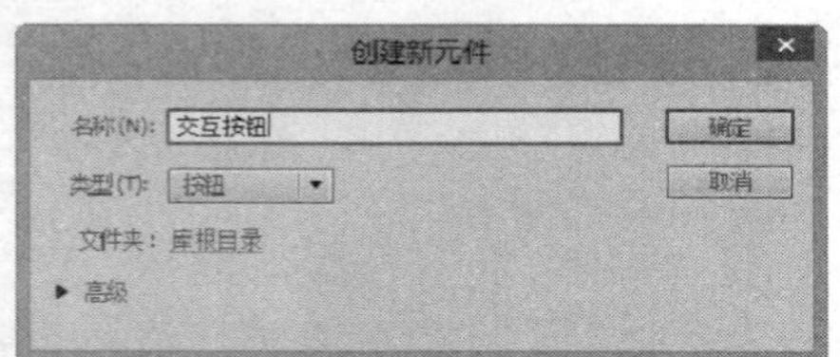

图 23.53　“创建新元件”对话框

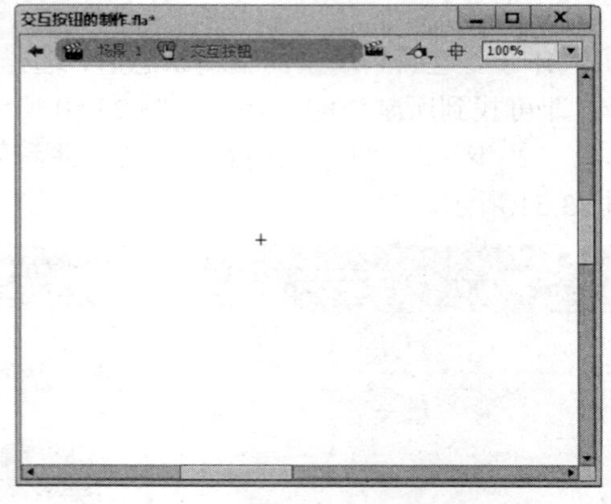

图 23.54　进入到按钮元件的编辑状态

第 5 步，在按钮元件的编辑状态中，选择时间轴的“指针经过”状态，按 F6 键插入关键帧，如图 23.55 所示。

第 6 步，选择工具箱中的椭圆工具，在“属性”面板中设置笔触颜色为绿色，笔触高度为 8，填充颜色为“无”，如图 23.56 所示。

第 7 步，在按钮元件的“指针经过”帧中绘制一个椭圆，如图 23.57 所示。

图 23.55　在按钮元件的“指针经过”状态插入关键帧

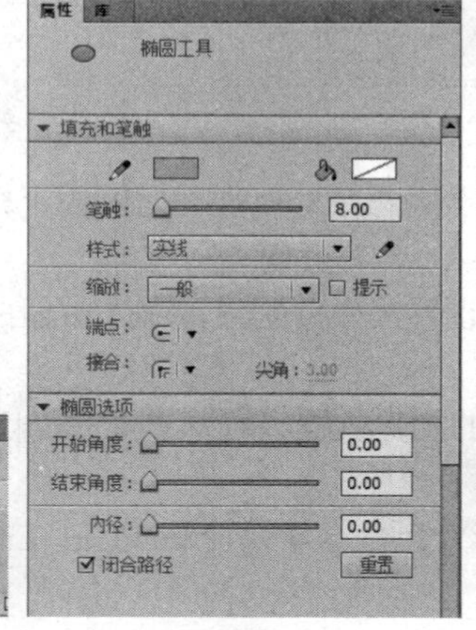

图 23.56　椭圆工具的属性设置

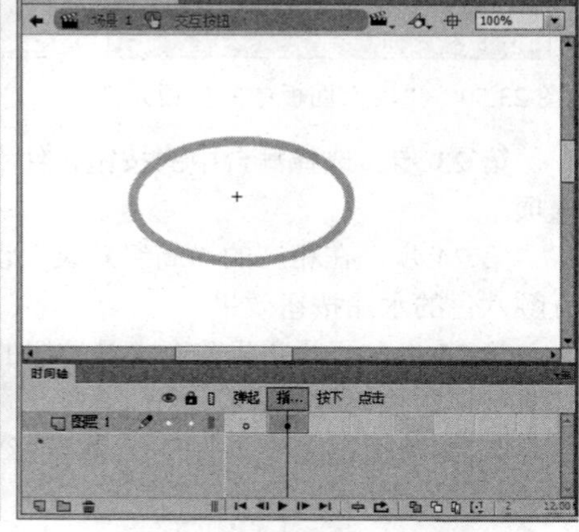

图 23.57　在舞台中绘制一个椭圆

第 8 步，选择时间轴的“点击”状态，按 F6 键插入关键帧，如图 23.58 所示。

第 9 步，单击舞台左上角的场景名称，返回到场景的编辑状态。

第 10 步，返回到场景的编辑状态后，选择“窗口”|“库”命令（快捷键：Ctrl+L），在打开的“库”

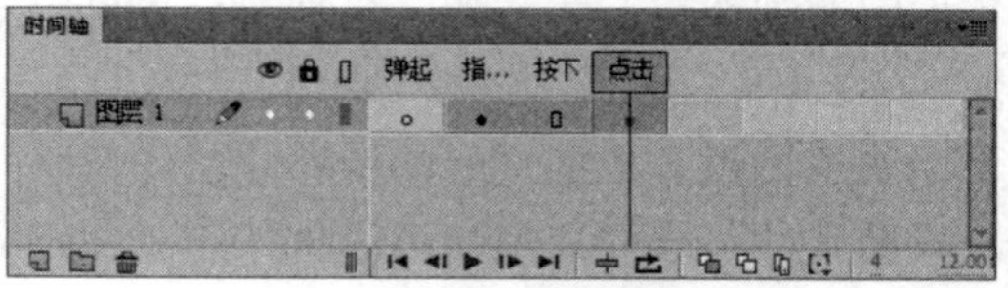

图 23.58　在“点击”状态插入关键帧

面板中即可找到所制作的按钮元件，如图 23.59 所示。

第 11 步，把“库”面板中的按钮元件拖曳到舞台的中心，如图 23.60 所示。

第 12 步，选择“窗口”|“变形”命令（快捷键：Ctrl+T），打开“变形”面板。

第 13 步，单击“重制选区和变形”按钮，把按钮以 95% 的比例缩小并复制，得到的效果如图 23.61 所示。

第 14 步，选择工具箱中的椭圆工具，根据缩小后最小椭圆的尺寸绘制一个椭圆，并放置到按钮元件的正中心，如图 23.62 所示。

第 15 步，选择“修改”|“转换为元件”命令（快捷键：F8），把新椭圆转换为按钮元件。

第 16 步，在该按钮元件上快速双击，进入到按钮元件的编辑状态，如图 23.63 所示。

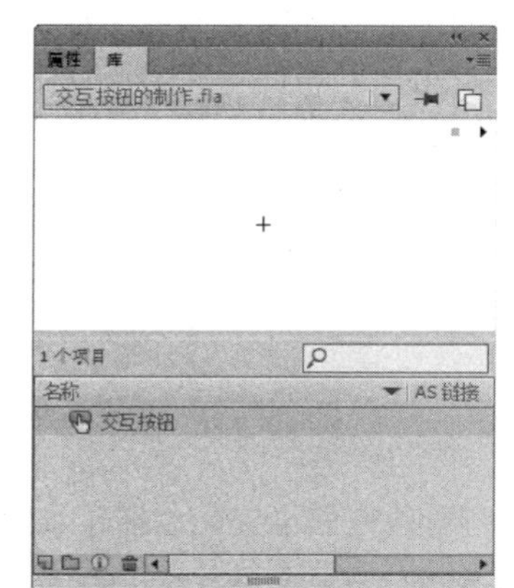

图 23.59 “库”面板中的按钮元件

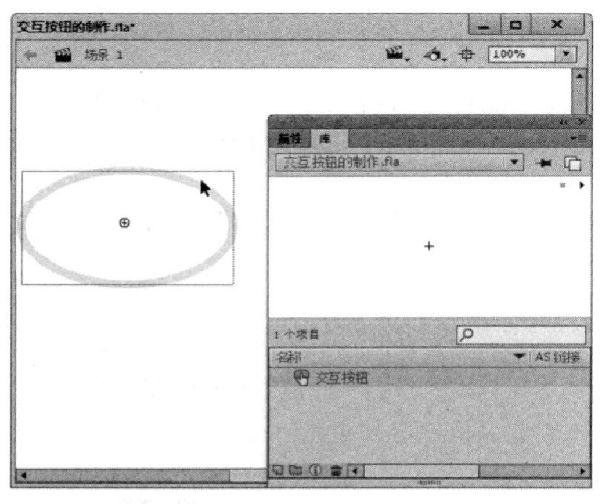

图 23.60 把按钮元件从“库”面板中拖曳到舞台的中心

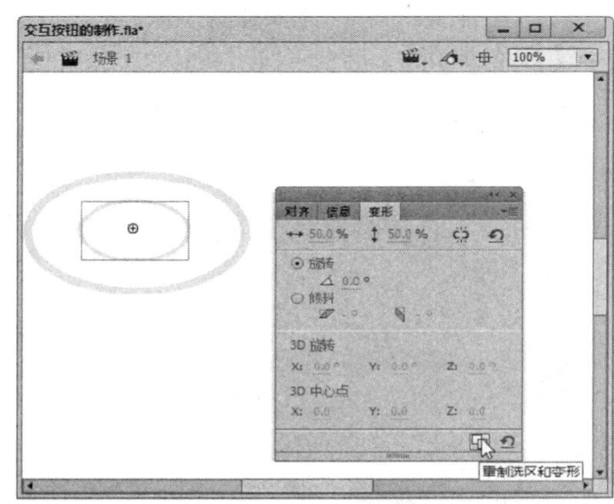

图 23.61 使用“变形”面板复制并缩小椭圆按钮

第 17 步，在按钮元件的“指针经过”状态按 F6 键，插入关键帧。

第 18 步，把“指针经过”状态中椭圆的颜色适当更改，如图 23.64 所示。

图 23.62 在按钮的中心绘制一个新的椭圆

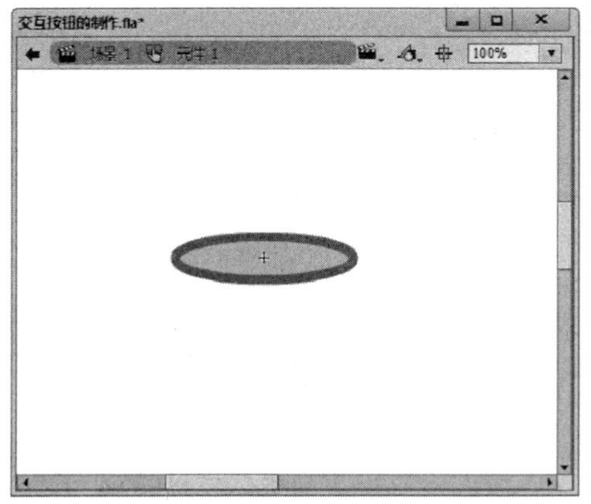

图 23.63 进入到按钮元件的编辑状态

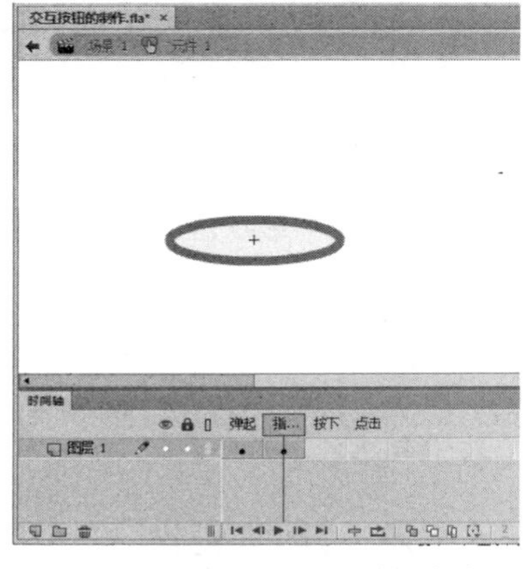

图 23.64 更改指针经过状态中椭圆的颜色

第 19 步，单击舞台左上角的场景名称，返回到场景的编辑状态。

第 20 步，至此完成整个动画的制作过程。选择“文件”|“保存”命令（快捷键：Ctrl+S），保存所制作的按钮效果。

第 21 步，选择“控制”|“测试影片”命令（快捷键：Ctrl+Enter），在 Flash 播放器中预览按钮效果。

Note

23.2 使用实例

在影片任何位置，包括在其他元件中，都可以创建元件的实例。用户可以对这些实例进行编辑，如改变颜色或者缩放等，但这些变化只能存在于实例上，而不会对元件产生影响。

23.2.1 创建实例

创建元件实例的具体操作步骤如下。

【操作步骤】

第 1 步，在当前场景中选择放置实例的图层（Flash 只能够把实例放在当前层的关键帧中）。

第 2 步，选择“窗口”|“库”命令（快捷键：Ctrl+L），在打开的“库”面板中显示所有的元件，如图 23.65 所示。

第 3 步，选择需要应用的元件，将该元件从“库”面板中拖曳到舞台上，创建元件的实例，如图 23.66 所示。

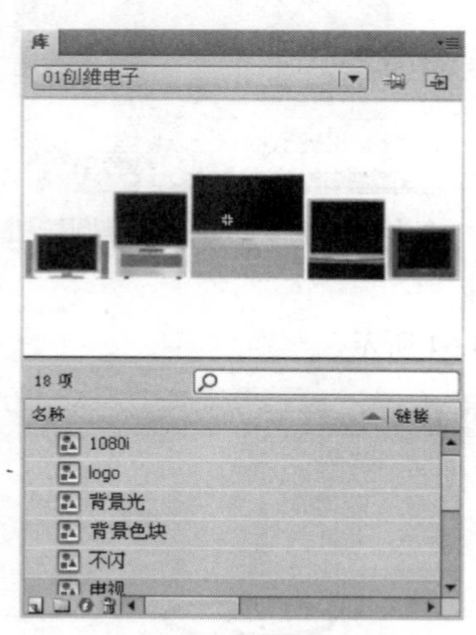

图 23.65 打开当前影片的库

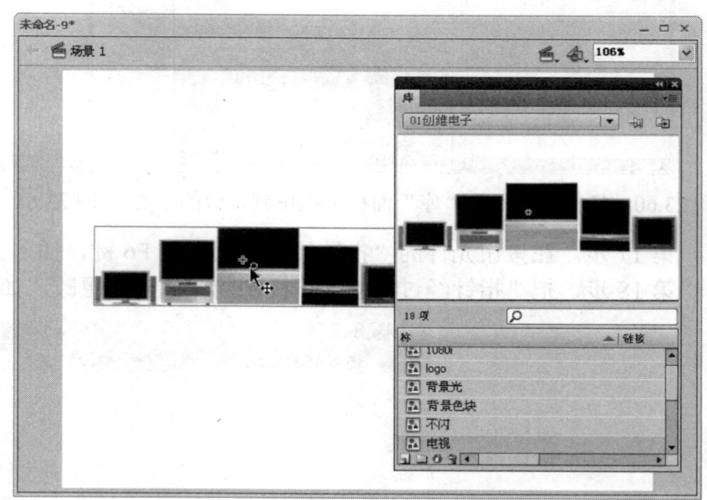

图 23.66 把库中的元件拖曳到舞台上

实例创建完成后，即可对实例进行修改。Flash CC 只将修改的步骤和参数等数据记录到动画文件中，而不会像存储元件一样将每个实例都存储下来，因此 Flash 动画的体积都很小，非常适合于在网上传输和播放。

23.2.2 修改实例

实例创建完成后，可以随时修改元件实例的属性，这些修改设置都可以在“属性”面板中完成，

Note

并且不同类型的元件属性设置会有所不同。

1. 修改图形元件实例

下面演示如何修改图形元件。

【操作步骤】

第 1 步，在舞台中选择一个图形元件的实例。

第 2 步，选择“窗口”|“属性”命令（快捷键：Ctrl+F3），打开 Flash CC 的“属性”面板，如图 23.67 所示。

第 3 步，单击“交换”按钮，打开“交换元件”对话框，可以把当前的实例更改为其他元件的实例，如图 23.68 所示。

第 4 步，在“选项”下拉列表框中设置图形元件的播放方式，如图 23.69 所示。

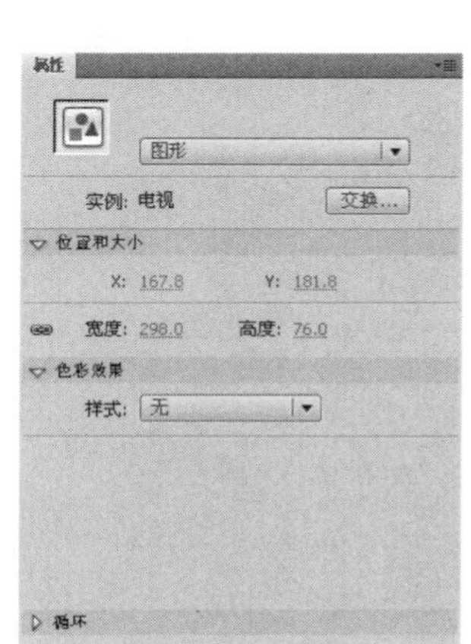

图 23.67　图形元件实例的“属性”面板

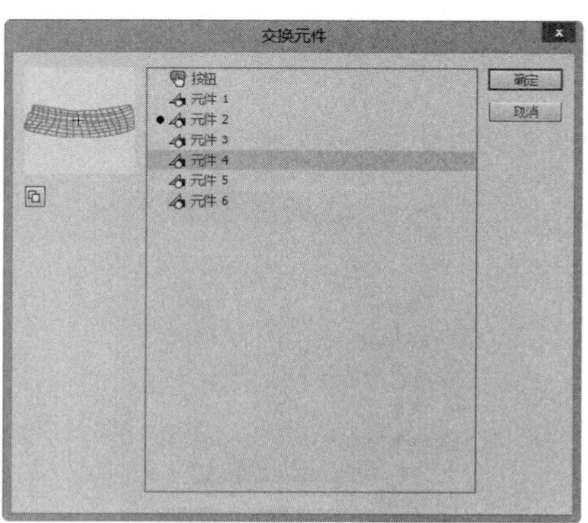

图 23.68　“交换元件”对话框

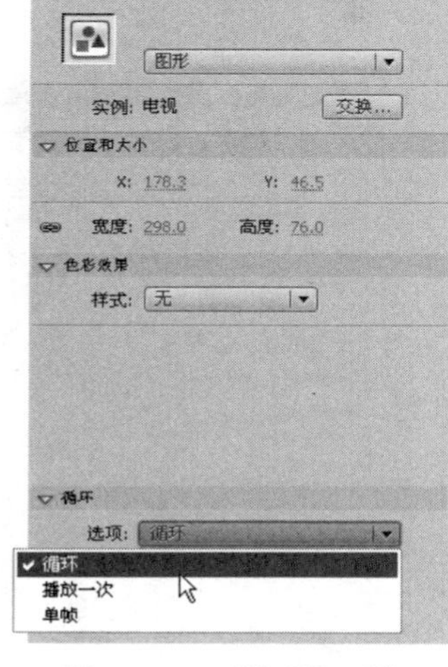

图 23.69　“选项”下拉列表框

☑　循环：表示重复播放。

☑　播放一次：表示只播放一次。

☑　单帧：表示只显示第一帧。

第 5 步，在“第一帧”文本框中输入帧数，指定动画从哪一帧开始播放。

第 6 步，在“样式”下拉列表框中设置图形元件的颜色属性。

2. 修改按钮元件实例

下面演示如何修改按钮元件。

第 1 步，在舞台中选择一个按钮元件的实例。

第 2 步，选择“窗口”|“属性”命令（快捷键：Ctrl+F3），打开 Flash CC 的“属性”面板，如图 23.70 所示。

第 3 步，在“实例名称”文本框中对按钮元件的实例进行变量的命名操作。

第 4 步，单击“交换”按钮，打开“交换元件”对话框，可以把当前的实例更改为其他元件的实例。

第 5 步，在“样式”下拉列表框中设置按钮元件的颜色属性，如图 23.71 所示。

第 6 步，在“混合”下拉列表框中设置按钮元件的混合模式。

Note

3. 修改影片剪辑元件实例

下面演示如何修改影片剪辑元件。

【操作步骤】

第 1 步，在舞台中选择一个影片剪辑元件的实例。

第 2 步，选择“窗口”|“属性”命令（快捷键：Ctrl+F3），打开 Flash CC 的“属性”面板，如图 23.72 所示。

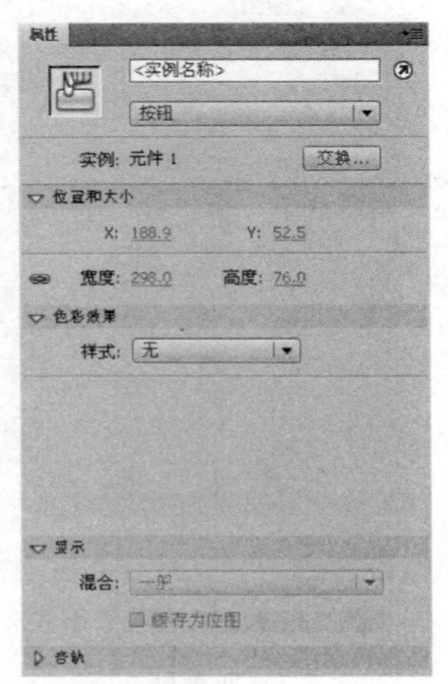

图 23.70　按钮元件实例的“属性”面板

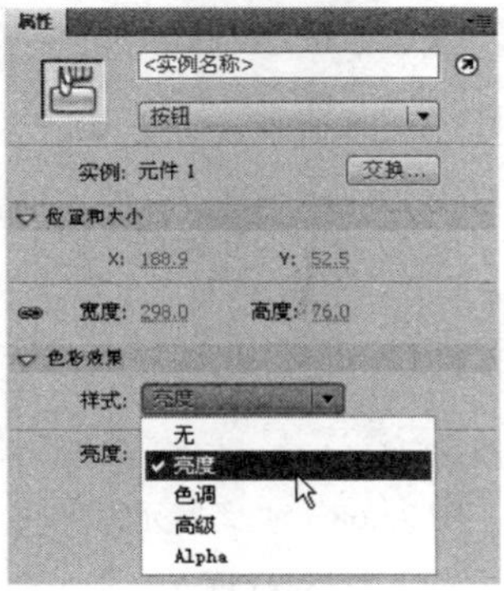

图 23.71　设置颜色属性

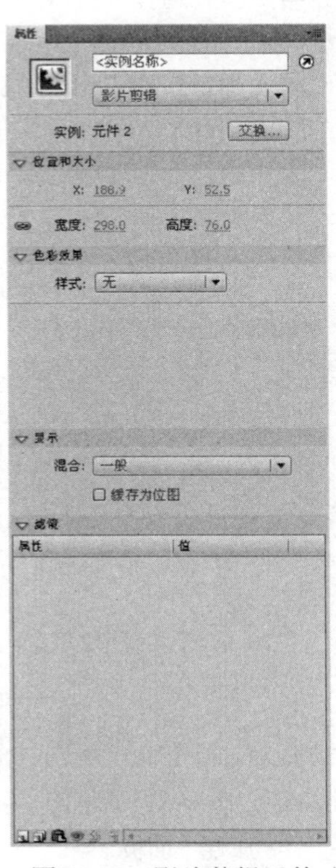

图 23.72　影片剪辑元件实例的“属性”面板

第 3 步，在“实例名称”文本框中对影片剪辑元件的实例进行变量的命名操作。

第 4 步，单击“交换”按钮，打开“交换元件”对话框，可以把当前的实例更改为其他元件的实例。

第 5 步，在“样式”下拉列表框中设置按钮元件的颜色属性。

第 6 步，在“混合”下拉列表框中设置按钮元件的混合模式。

第 7 步，在“滤镜”选项区中添加滤镜。

23.2.3　设置实例显示属性

通过在“属性”面板的“样式”下拉列表框中进行设置，可以改变元件实例的颜色效果，从而快速创建丰富多彩的动画效果。“样式”下拉列表框中的各个选项含义如下。

☑ 亮度：更改实例的明暗程度。在“亮度”文本框中可以输入不同程度的亮度值，如图 23.73 所示。

图 23.73　亮度设置

- ☑ 色调：更改实例的颜色，如图 23.74 所示。
- ☑ Alpha（透明度）：更改实例的透明程度。在 Alpha 文本框中可以输入不同程度的透明度值，如图 23.75 所示。
- ☑ 高级：更改实例的整体色调。可以通过调整红、绿、蓝的颜色值调整实例的整体色调，也可以通过设置透明度效果进行调整，如图 23.76 所示。

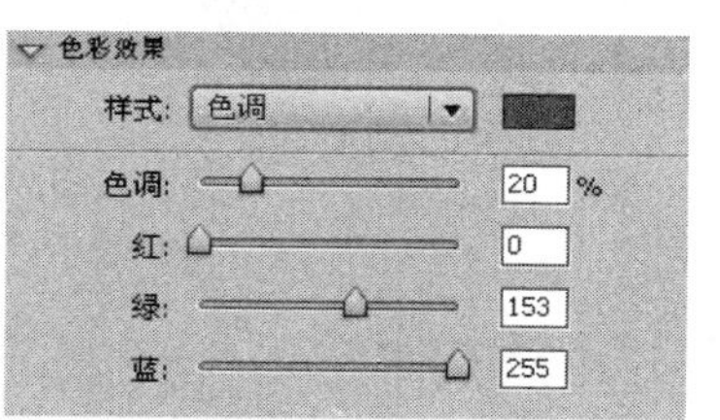

图 23.74 色调设置

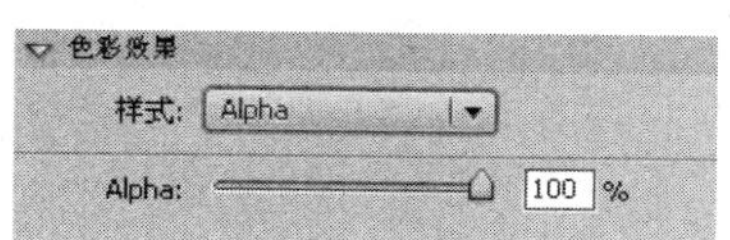

图 23.75 透明度设置

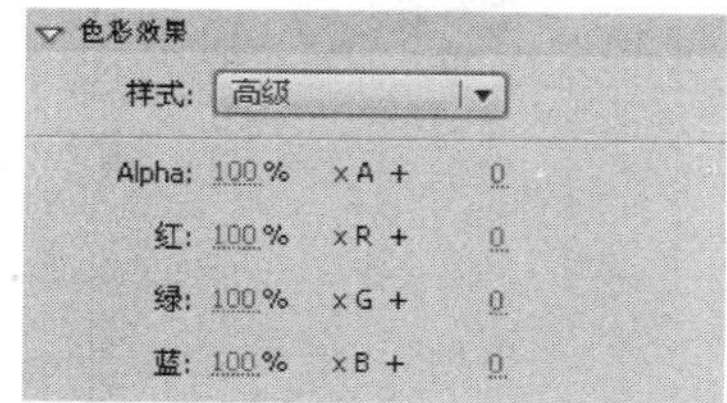

图 23.76 高级设置

23.3 使 用 库

Flash 元件都存储在“库”面板中，用户可以在“库”面板中对元件进行编辑和管理，也可以直接从“库”面板中拖曳元件到场景中，制作动画。

23.3.1 操作元件库

下面通过一个简单的案例来说明“库”面板的操作。

【操作步骤】

第 1 步，新建一个 Flash 文件。

第 2 步，选择“窗口”|“库”命令（快捷键：Ctrl+L），打开“库”面板，其中是没有任何元件的，如图 23.77 所示。

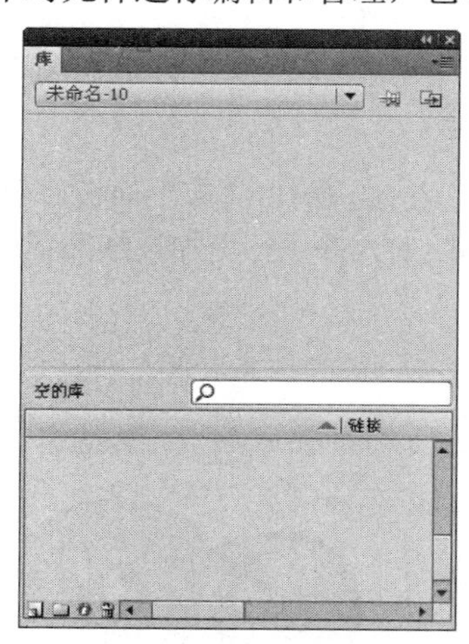

图 23.77 空白的“库”面板

第 3 步，单击“新建元件”按钮，打开“创建新元件”对话框，如图 23.78 所示。

第 4 步，在“创建新元件”对话框中输入元件的名称并且选择元件的类型，创建新元件。在这里创建了图形元件、按钮元件和影片剪辑元件，如图 23.79 所示。

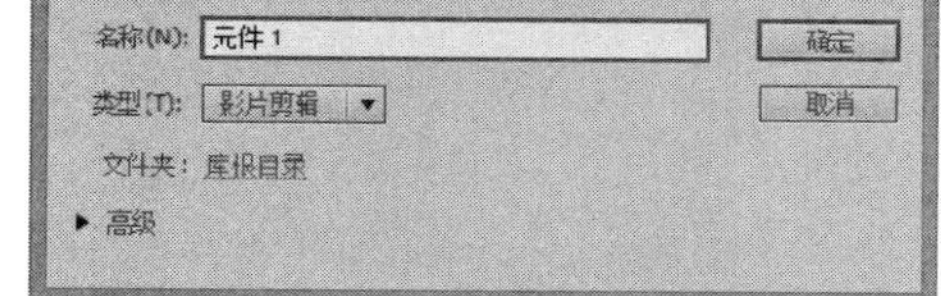

图 23.78 “创建新元件”对话框

第 5 步，单击“库”面板中的“新建文件夹”按钮，可以在“库”面板中创建不同的文件夹，以便于元件的分类管理，如图 23.80 所示。

第 6 步，选择“库”面板中的 3 个元件，将其拖曳到库文件夹中，如图 23.81 所示。

第 7 步，选择库中的一个元件，单击“属性”按钮，打开“元件属性”对话框，在其中可以更改元件的名称和类型，如图 23.82 所示。

第 8 步，单击“删除”按钮，可以直接删除库中的元件。

第 9 步，在“库”面板中可以详细显示各个元件实例的属性，如图 23.83 所示。

图 23.79 “库”面板中不同类型的元件

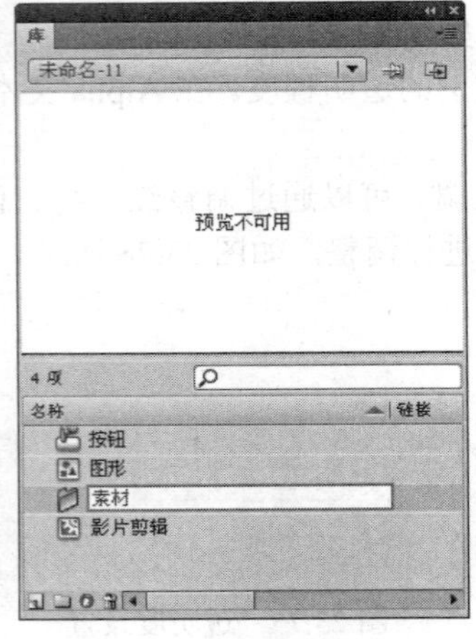

图 23.80 新建库文件夹

图 23.81 将元件拖曳到库文件夹中

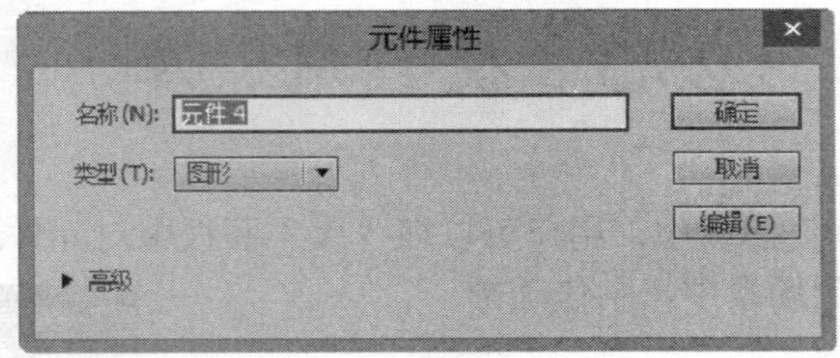

图 23.82 “元件属性”对话框

第 10 步，单击“库”面板右上角的小三角按钮，会打开如图 23.84 所示的选项菜单，在其中可以对库中的元件进行更加详细的管理。

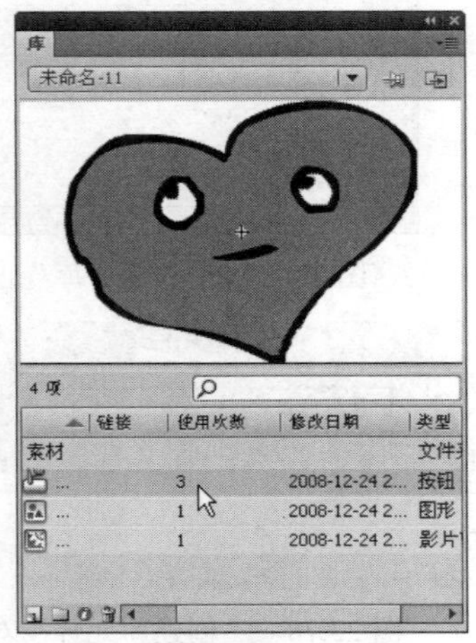

图 23.83 元件实例的属性设置

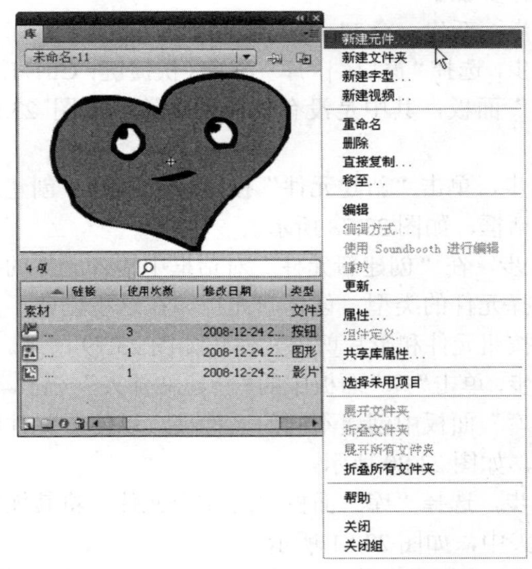

图 23.84 “库”面板的选项菜单

23.3.2 调用其他动画库

在 Flash CC 动画制作中，可以调用其他影片文件中的元件，这样，同样的素材就不需要制作多

次了，从而可以大大加快动画的制作效率。

【操作步骤】

第 1 步，新建一个 Flash 文件。

第 2 步，选择“窗口”|“库”命令（快捷键：Ctrl+L），打开“库”面板，其中是没有任何元件的，如图 23.85 所示。

第 3 步，选择“文件”|“导入”|“打开外部库”命令（快捷键：Shift+Ctrl+O），打开另外一个影片的“库”面板，如图 23.86 所示。

第 4 步，对于不是当前影片的“库”面板，将呈现为灰色。

第 5 步，直接把其他影片“库”面板中的元件拖曳到当前影片中即可，如图 23.87 所示。

第 6 步，所拖曳的元件会自动添加到当前的元件库中。

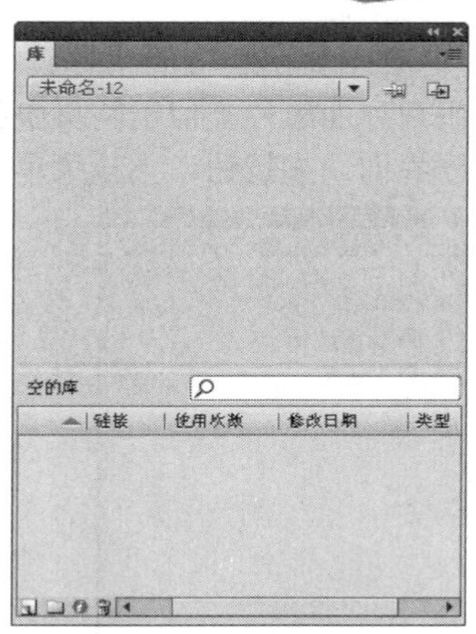

图 23.85　空白的“库”面板

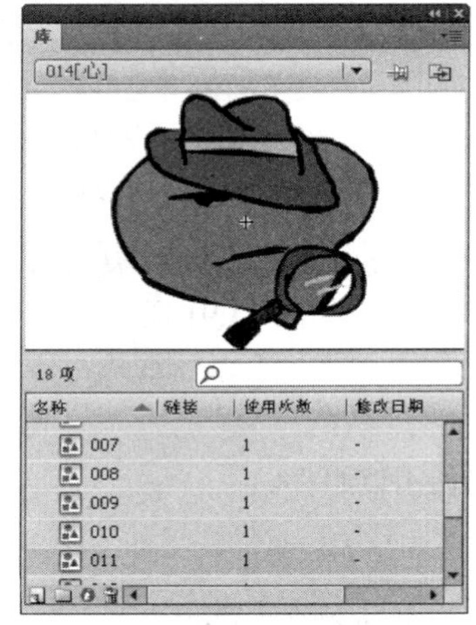

图 23.86　其他影片的“库”面板

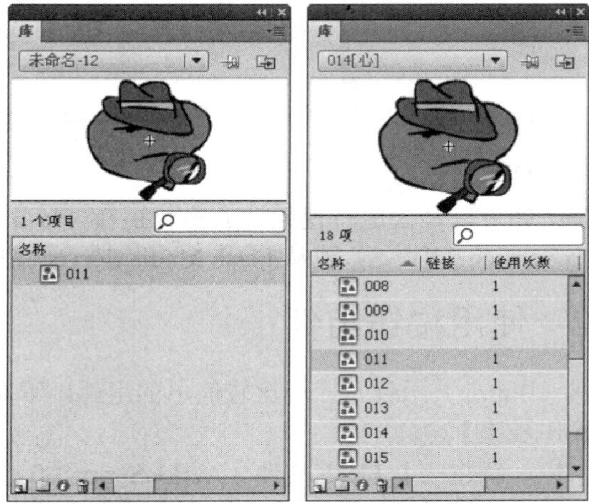

图 23.87　把其他影片中的元件拖曳到当前影片中

23.4　使用组件

组件可以将应用程序的设计过程和编码过程分开。通过使用组件，开发人员可以创建设计人员在应用程序中用到的功能。开发人员可以将常用功能封装到组件中，设计人员可以通过更改组件的参数来自定义组件的大小、位置和行为。通过编辑组件的图形元素或外观，还可以更改组件的外观。

23.4.1　组件概述

在 Flash 不同版本中，包括 ActionScript 2.0 组件和 ActionScript 3.0 组件，不同版本的组件是不能够兼容的。当创建一个新的 Flash 影片文件后，可以通过“窗口”菜单打开“组件”面板，ActionScript 2.0 在“组件”面板中默认提供了 4 组不同类型的组件，如图 23.88 所示，而 ActionScript 3.0 的“组件”面板中只包含有两组不同类型的组件，如图 23.89 所示。

用户也可以自己扩展组件，这意味着用户可以拥有更多的 Flash 界面元素或者动画资源。Flash CC 组件包含以下两种类型。

Note

1. 用户界面（UI）组件

用户界面组件类似于网页中的表单元素，使用 Flash 的用户界面组件，可以轻松开发 Flash 的应用程序界面，如按钮、下拉菜单、文本字段等，如图 23.90 所示。

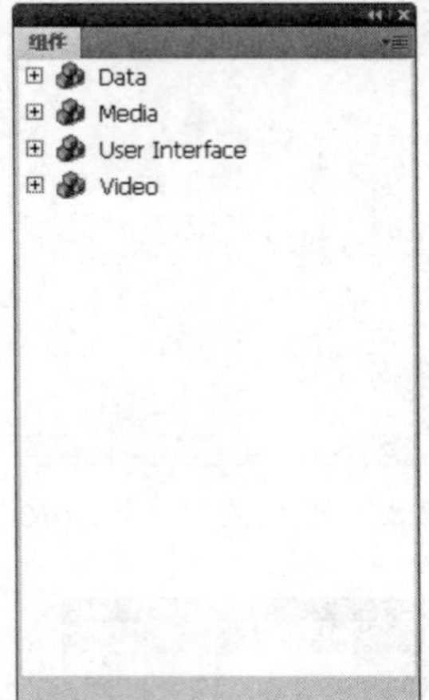

图 23.88 ActionScript 2.0 的组件

图 23.89 ActionScript 3.0 的组件

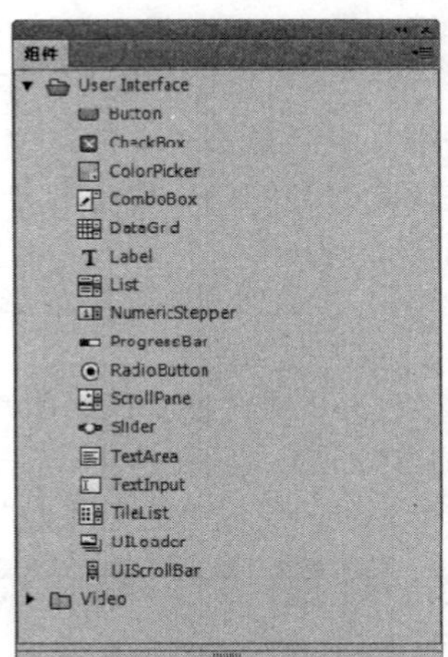

图 23.90 用户界面组件

2. 视频组件

视频组件可以轻松地将视频播放器包括在 Flash 应用程序中，以便通过 HTTP 从 Flash Video Streaming Service（FVSS）或从 Flash Media Server 播放渐进式视频流，如图 23.91 所示。

23.4.2 使用按钮组件

按钮（Button）组件是一个比较简单的组件，下面介绍如何使用该组件。

【操作步骤】

第 1 步，新建一个 Flash 文件（ActionScript 3.0）。

第 2 步，选择“窗口”|“组件”命令（快捷键：Ctrl+F7），打开“组件”面板。

第 3 步，选择“组件”面板中的 User Interface（用户界面）|Button（按钮）选项，将其拖曳到舞台中，如图 23.92 所示。

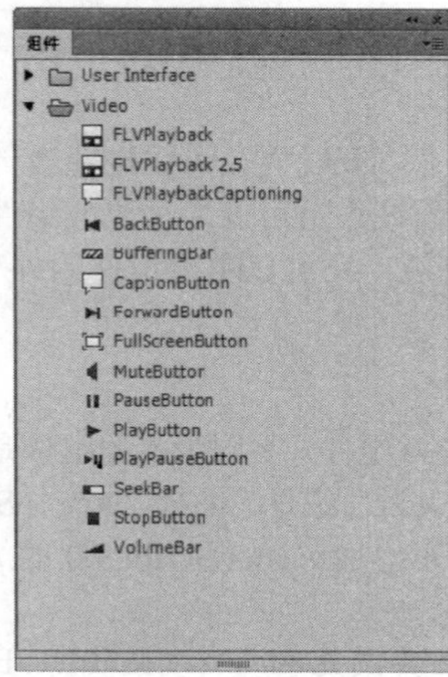

图 23.91 视频组件

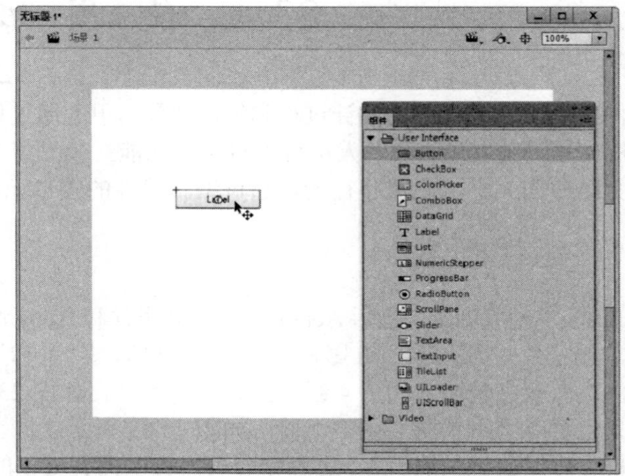

图 23.92 把 Button 组件拖曳到舞台中

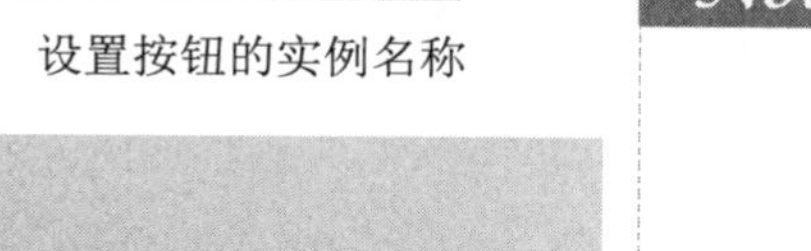

第 4 步，选中按钮实例，在“属性”面板中将实例命名为 Button01，如图 23.93 所示。

第 5 步，在“属性”面板中展开“组件参数”选项列表，在 Label 后面的文本框中输入“点我看看！”，如图 23.94 所示。

第 6 步，选择“图层 1”的第 1 帧，在“动作”面板中输入以下语句，如图 23.95 所示。

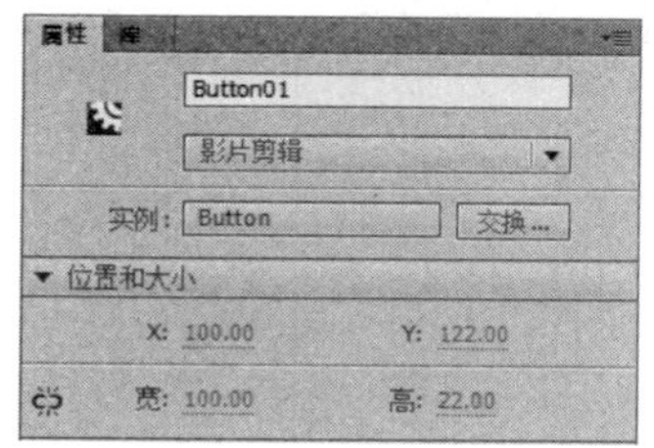

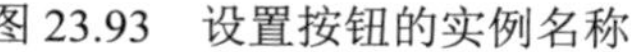

图 23.93　设置按钮的实例名称

```
//定义事件处理函数
function gotoMyUrl(event:MouseEvent):void{
    var myUrl:URLRequest = new URLRequest("http://www.baidu.com")
    navigateToURL(myUrl);
}
//在场景 1 中为按钮（实例名为 Button01）添加侦听器
//就是把函数应用到按钮上，使其被按钮控制
Button01.addEventListener(MouseEvent.CLICK, gotoMyUrl);
```

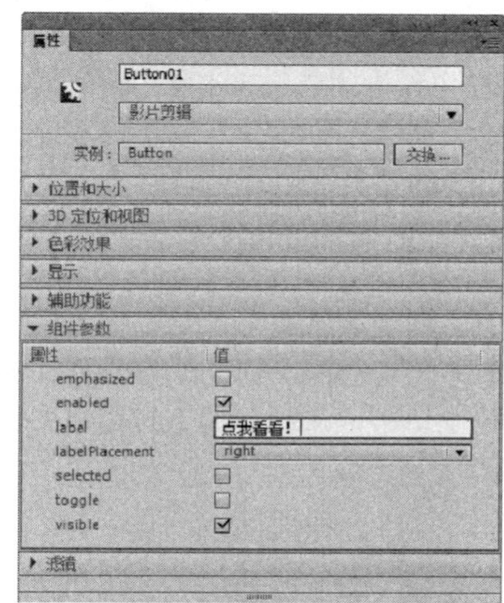

图 23.94　设置按钮实例的属性

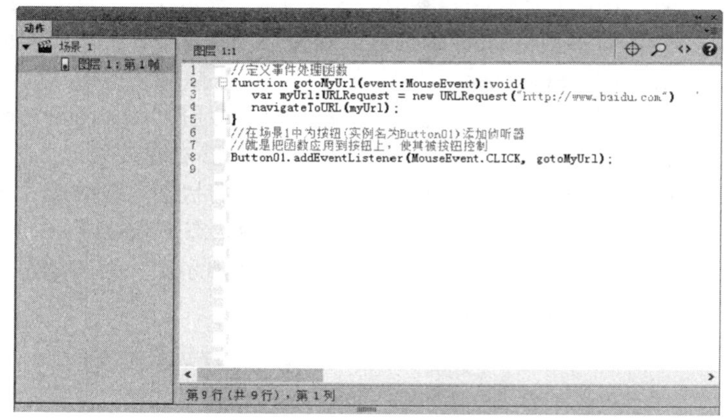

图 23.95　输入语句

第 7 步，组件设置完毕。选择“控制”|“测试影片”命令（快捷键：Ctrl+Enter），在 Flash 播放器中预览动画效果。当单击按钮时可以打开网页链接。

23.4.3　使用复选框组件

复选框（CheckBox）组件允许用户选中，也可不选中，对于一组复选框选项，用户可以不选或者选择选项中的一个或多个。

【操作步骤】

第 1 步，新建一个 Flash 文件（ActionScript 3.0）。

第 2 步，选择“窗口”|“组件”命令（快捷键：Ctrl+F7），打开“组件”面板。

第 3 步，选择“组件”面板中的 User Interface（用户界面）| CheckBox（复选框）选项，将其拖曳到舞台中，如图 23.96 所示。

第 4 步，选中舞台中的复选框组件，其对应的“属性”面板中组件参数设置如图 23.97 所示。

Note

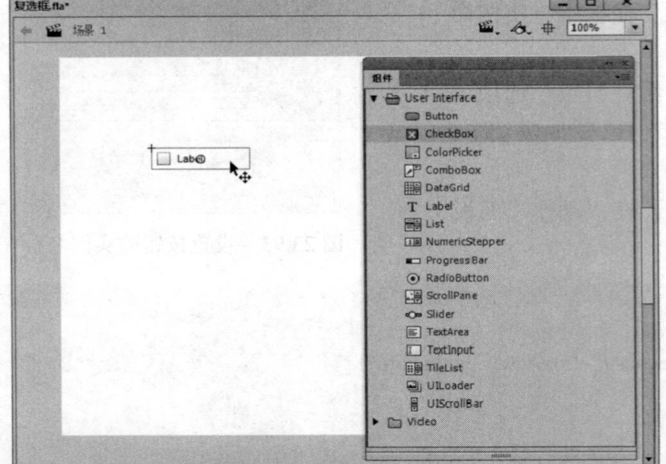

图 23.96　把 CheckBox 组件拖曳到舞台中

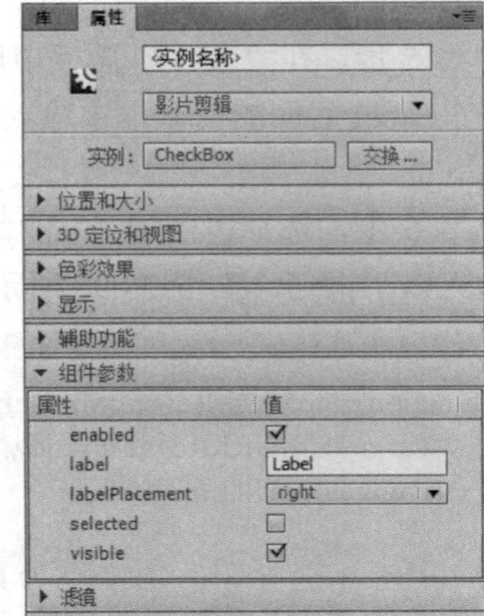

图 23.97　组件参数选项

☑ enabled（可用）：设置复选框是否可用。在默认状态下此值为 true，表示复选框可以使用。

☑ label（标签）：该参数的文本内容会显示在方形复选框的旁边，以作为此选项的注释，如图 23.98 所示为将 label 的内容分别改为“网页设计”、“平面设计”和“三维设计”3 个复选框。

☑ labelPlacement（标签位置）：设置标签文字在复选框的左侧或者右侧，在默认状态下是右置的，用户可以在此下拉列表框中选择 left、right、top 或 button 选项，如图 23.98 所示为标签左置效果，如图 23.99 所示为标签右置效果。

☑ selected：设置初始状态下复选框的状态是选中或者未选中。在默认状态下此复选框为未选中状态，表示复选框组件在初始状态下未被选中。如果选中此复选框，则复选框组件在初始状态下是选中的，如图 23.100 所示。设置方法是在此栏上单击，从打开的下拉菜单中选择 false 或 true 选项。

☐网页设计	网页设计☐	☑网页设计
☐平面设计	平面设计☐	☑平面设计
☐三维设计	三维设计☐	☑三维设计
图 23.98　修改 label 参数	图 23.99　标签左置	图 23.100　初始选中状态

第 5 步，组件设置完毕。选择“控制”|“测试影片”命令（快捷键：Ctrl+Enter），在 Flash 播放器中预览动画效果。

23.4.4　使用下拉列表框组件

下拉列表框（ComboBox）组件也是常见的界面元素，在下拉列表框中可以提供多种选项供用户选择其一或者多个选项。

【操作步骤】

第 1 步，新建一个 Flash 文件（ActionScript 3.0）。

第 2 步，选择“窗口”|“组件”命令（快捷键：Ctrl+F7），打开“组件”面板。

第 3 步，选择“组件”面板中的 User Interface（用户界面）| ComboBox（下拉列表框）选项，将

其拖曳到舞台中，如图 23.101 所示。

第 4 步，选中舞台中的下拉列表框组件，其对应的“属性”面板如图 23.102 所示。

☑ dataProvider（数据提供者）：设置备选条目，双击此项参数，会打开“值”对话框。在这个对话框中可以添加新选项、删除已有选项和排列选项。

☑ 单击+按钮，下拉列表中会添加新的选项，单击值文本框，可以输入用户需要的文本内容，如此多次操作可以输入多个选项，如图 23.103 所示。

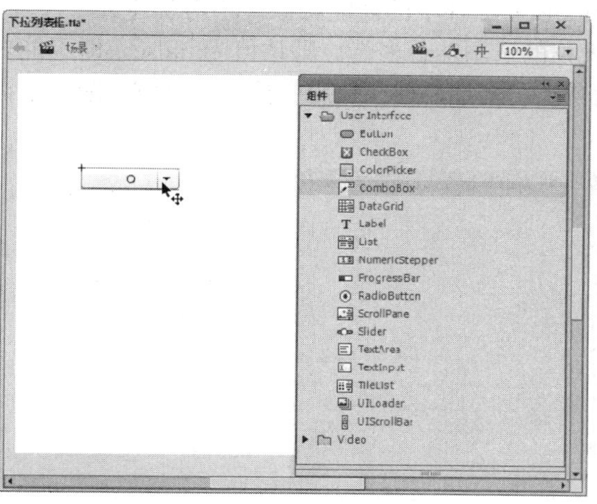

图 23.101　把 ComboBox 组件拖曳到舞台中

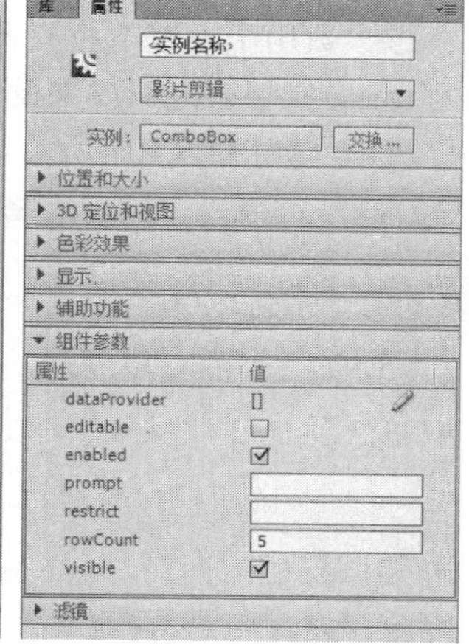

图 23.102　组件参数选项

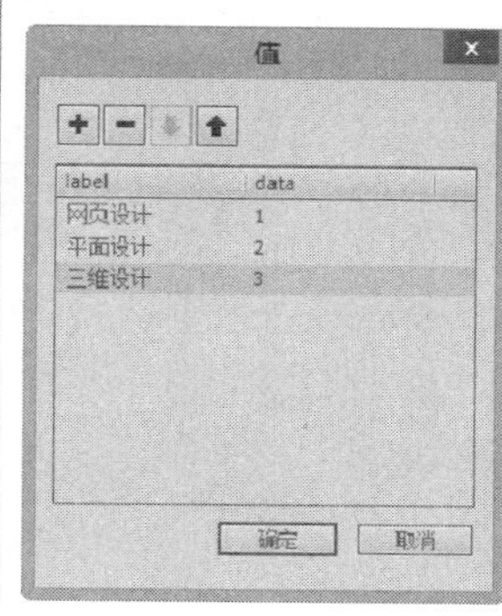

图 23.103　在“值”对话框中添加内容

☑ 选中一个选项，单击−按钮可以将其删除；单击↓按钮或者↑按钮可以将所选条目下移或者上移。

设置数据后，“属性”面板如图 23.104 所示，这里的 data 与“值”对话框中的选项是一一对应的。

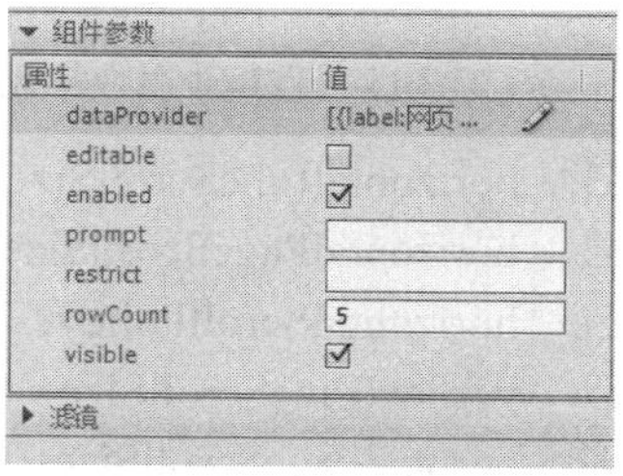

属性	值
dataProvider	[{label:网页...
editable	☐
enabled	☑
prompt	
restrict	
rowCount	5
visible	☑

图 23.104　设置完 data 参数后的组件参数

☑ editable：设定用户是否可以修改菜单项内容。默认设置为 false，用户可以选中此复选框允许编辑。

☑ enabled（可用）：设置复选框是否可用。在默认状态下此值为 true，表示复选框可以使用。

☑ prompt：设置下拉列表框提示信息。

☑ restrict：设置下拉列表框可以输入或者接收字符的范围，例如，a～z 表示仅可输入字母，连字符表示范围，空值或者 null 表示接收任何字符。该项在 editable 选项被选中时有效。

☑ rowCount：设置下拉列表框最多可以同时显示的选项数目，如果选项数目多于行数设置，在选择“控制”|“测试影片”命令（快捷键：Ctrl+Enter）测试影片时就会自动出现滚动条。

☑ visible：设置该下拉列表框是否可见，默认为可见。

第 5 步，组件设置完毕。选择“控制”|“测试影片”命令（快捷键：Ctrl+Enter），在 Flash 播放器中预览动画效果。

23.4.5　使用列表框组件

列表框（List）组件与 ComboBox 组件的功能和用法相似。

Note

【操作步骤】

第 1 步，新建一个 Flash 文件（ActionScript 3.0）。

第 2 步，选择“窗口”|“组件”命令（快捷键：Ctrl+F7），打开“组件”面板。

第 3 步，选择“组件”面板中的 User Interface（用户界面）| List（列表框）选项，将其拖曳到舞台中，如图 23.105 所示。

第 4 步，选中舞台中的列表框组件，其“属性”面板中组件参数如图 23.106 所示。

其中，labels、dataProvider 和 visible 选项与 ComboBox 组件中的功能相似，不再赘述。

☑ multipleSelection：该参数用于设置下拉列表框的选项能否多选。默认值为 false，即不能多选，将此选项设为 true，则可多选。如果设置了可多选，则在使用中按下 Ctrl 键，配合鼠标操作就能选择多个选项，如图 23.107 所示。

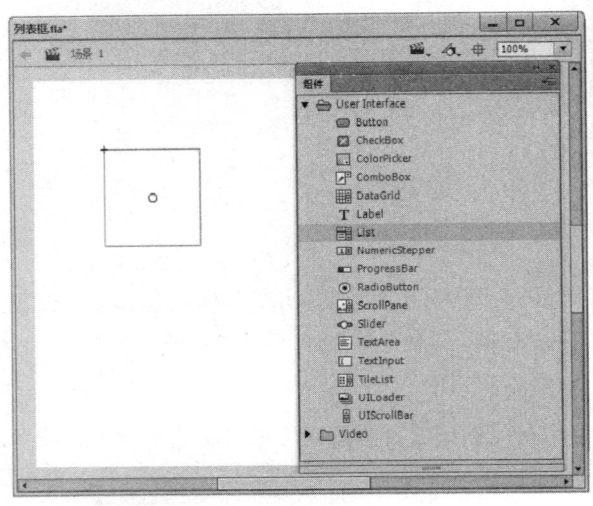

图 23.105　把 List 组件拖曳到舞台中

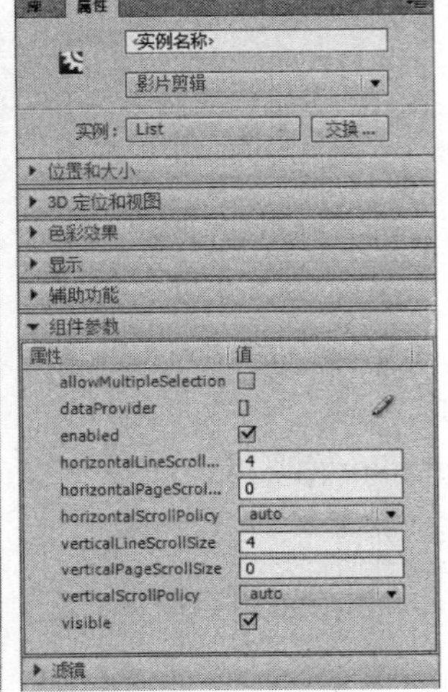

图 23.106　组件参数选项

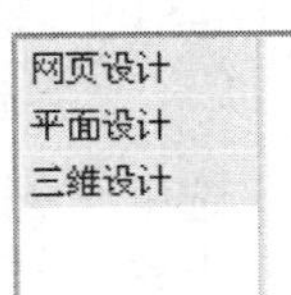

图 23.107　选择多个选项

☑ horizontalLineScrollSize：设置当单击滚动箭头时在水平方向上滚动的内容量。

☑ horizontalPageScrollSize：设置按滚动条轨道时水平滚动条上滚动滑块要移动的像素数。

☑ horizontalScrollPolicy：控制内容超过容器大小时水平滚动条自动显示与否。

☑ verticalLineScrollSize：设置当单击滚动箭头时要在垂直方向上滚动的内容量。

☑ verticalPageScrollSize：设置按滚动条轨道时垂直滚动条上滚动滑块要移动的像素数。

☑ verticalScrollPolicy：控制容器内容超过容器大小时垂直滚动条自动显示与否。

第 5 步，组件设置完毕。选择“控制”|“测试影片”命令（快捷键：Ctrl+Enter），在 Flash 播放器中预览动画效果。

23.4.6　使用单选按钮组件

单选按钮（RadioButton）组件允许用户从一组选项中选择唯一的选项。

【操作步骤】

第 1 步，新建一个 Flash 文件（ActionScript 3.0）。

第 2 步，选择“窗口”|“组件”命令（快捷键：Ctrl+F7），打开“组件”面板。

第 3 步，选择“组件”面板中的 ser Interface（用户界面）| RadioButton（单选按钮）选项，将其拖曳到舞台中，如图 23.108 所示。

第 4 步，选中舞台中的单选按钮组件，其“属性”面板如图 23.109 所示。

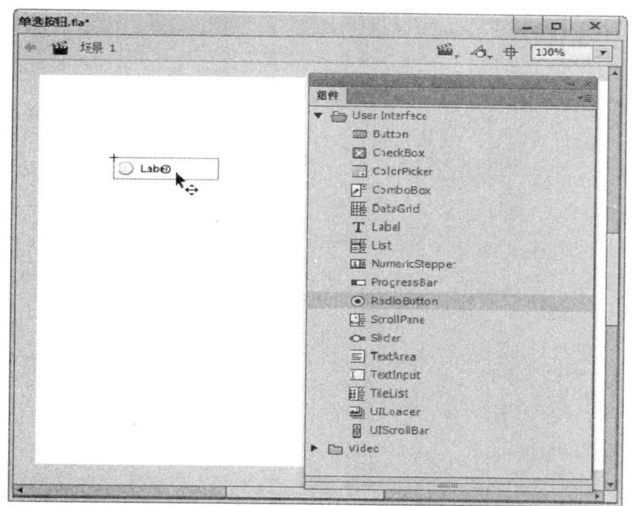

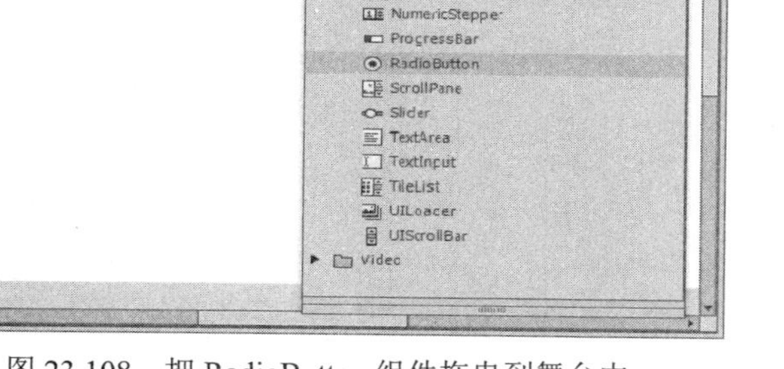

图 23.108　把 RadioButton 组件拖曳到舞台中

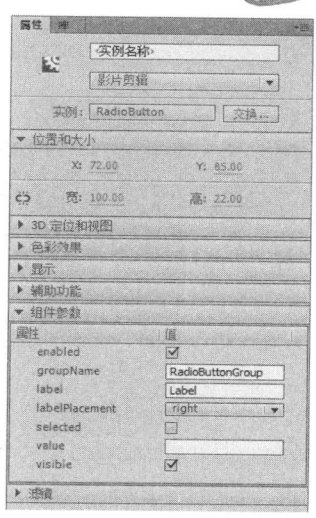

图 23.109　组件参数选项

该组件各项参数的意义如下，其中，editable 和 visible 参数项与上面组件功能相同，不再重复说明。

☑　groupName：设置单选按钮组的名称。

☑　label：单选按钮的标签，即按钮一侧的文字，在此处将 label 设置为“网页设计”。

☑　labelPlacement：设置标签文字在按钮的左侧或者右侧，在默认状态下是右置的，用户可以在此下拉列表框中选择 left、right、top 或 bottom 选项。

☑　selected：设置单选按钮的初始状态是未选中（false）或者被选中（true）。

☑　value：设置该单选按钮所要传递的值。

第 5 步，组件设置完毕。选择“控制”|“测试影片”命令（快捷键：Ctrl+Enter），在 Flash 播放器中预览动画效果，如图 23.110 所示。

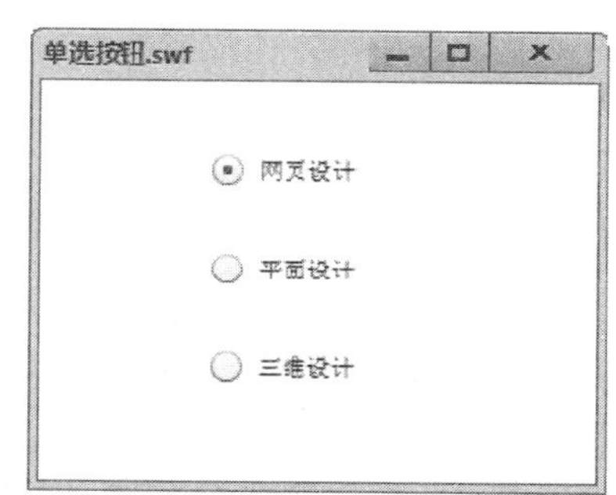

图 23.110　单选按钮组件效果

23.4.7　案例实战：滚动显示图片

滚动条（ScrollPane）组件即滑动窗组件，其功能就是提供滚动条，用户可以很方便地观看尺寸过大的电影剪辑。

【操作步骤】

第 1 步，新建一个 Flash 文件（ActionScript 3.0）。

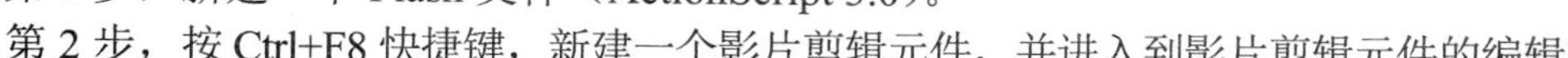

第 2 步，按 Ctrl+F8 快捷键，新建一个影片剪辑元件，并进入到影片剪辑元件的编辑状态。

第 3 步，选择“文件”|“导入”|“导入到舞台”命令（快捷键：Ctrl+R），向当前的影片剪辑元件内导入一张图片素材，如图 23.111 所示。

第 4 步，单击时间轴左上角的“场景 1”按钮，返回场景的编辑状态。

第 5 步，选择“窗口”|“库”命令（快捷键：Ctrl+L），打开“库”面板。

第 6 步，在“库”面板中右击影片剪辑元件，在弹出的快捷菜单中选择“属性”命令。

第 7 步，在打开的“元素属性”对话框中展开“高级”选项，选中“为 ActionScript 导出”复选框，然后在“名称”文本框中输入“clock”，如图 23.112 所示，最后单击“确定”按钮关闭此对话框。

第 8 步，选择“窗口”|“组件”命令（快捷键：Ctrl+F7），打开“组件”面板。

第 9 步，选择“组件”面板中的 User Interface（用户界面）| ScrollPane（滚动条）选项，将其拖曳到舞台中，如图 23.113 所示。

Note

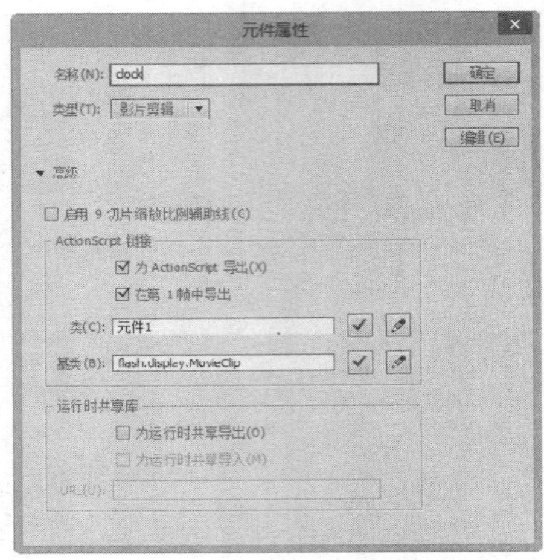

图 23.111　向影片剪辑元件内导入一张图片　　　　图 23.112　“元素属性”对话框

第 10 步，在属性面板中设置滚动条的 source 为 clock，这样就在组件与影片剪辑元件之间建立了联系，如图 23.114 所示。

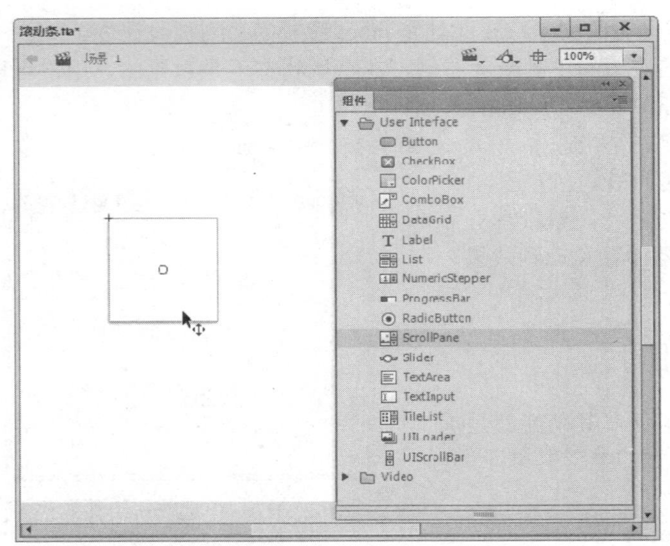

图 23.113　把 ScrollPane 组件拖曳到舞台中　　　　图 23.114　设置滚动条的 source 为 clock

第 11 步，该组件各项参数的意义如下，其中 editable 和 visible 参数项与上面组件功能相同，不再重复说明。

☑ horizontalScrollPolicy：在此下拉列表框中可选择 auto、on 或 off 选项。auto 是指根据影片剪辑与滑动窗的相对大小来决定是否允许水平方向上的滑动，在影片剪辑水平尺寸超出滑动窗的宽度时会自动打开滑动条；on 代表无论影片剪辑与滑动窗的相对大小如何都显示滑动条；off 则表示无论影片剪辑与滑动窗的相对大小如何都不显示滑动条。

☑ verticalScrollPolicy：设置滑动窗的垂直滑动，方法与水平滑动完全相同。

☑ scrollDrag：设置是否允许用户使用鼠标拖曳滑动窗的影片剪辑对象。选中此复选框，则用户可以不通过滑动条而使用鼠标直接拖曳影片剪辑在滑动窗中的显示。

☑ horizontalLineScrollSize：设置单击水平滑动条的向左或向右箭头时滑动尺寸的大小。

☑ verticalLineScrollSize：设置单击垂直滑动条的向上或向下箭头时滑动尺寸的大小。

☑ horizontalPageScrollSize：设置按滚动条轨道时水平滚动条上滚动滑块要移动的像素数。

☑ verticalPageScrollSize：设置按滚动条轨道时垂直滚动条上滚动滑块要移动的像素数。

第 12 步，用户可以按照自己的喜好设置滑动窗的参数。组件设置完毕，选择“控制”|“测试影片”命令（快捷键：Ctrl+Enter），在 Flash 播放器中预览动画，如图 23.115 所示。

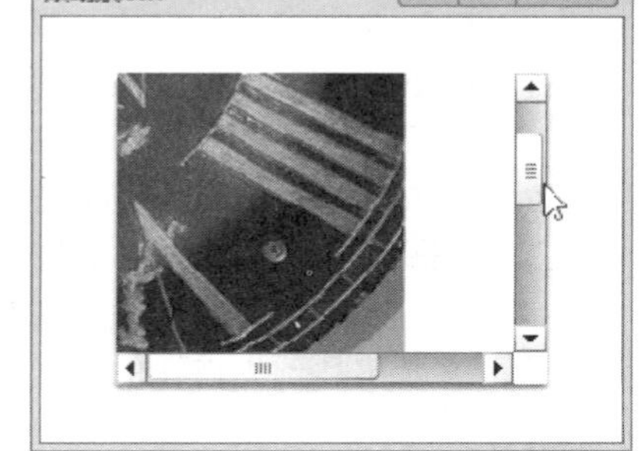

图 23.115　完成效果

23.4.8　案例实战：播放 FLV 视频

视频网站多使用 FLV 技术，其主要原理是通过一个 Flash 制作的 FLV 视频播放器来播放服务器上的 FLV 文件。使用 Flash CC 可以直接使用该软件所提供的 FLV 视频播放组件轻松地把 FLV 视频添加到自己的影片中。

【操作步骤】

第 1 步，新建一个 Flash 文件（ActionScript 3.0），并且设置舞台尺寸为 852px×355px。

第 2 步，选择“窗口”|“组件”命令（快捷键：Ctrl+F7），打开“组件”面板。

第 3 步，选择“组件”面板中的 Video（视频）| FLVPlayback（FLV 视频播放）选项，将其拖曳到舞台中，如图 23.116 所示。

第 4 步，选中舞台中的 FLV 视频播放组件，其“属性”面板如图 23.117 所示。

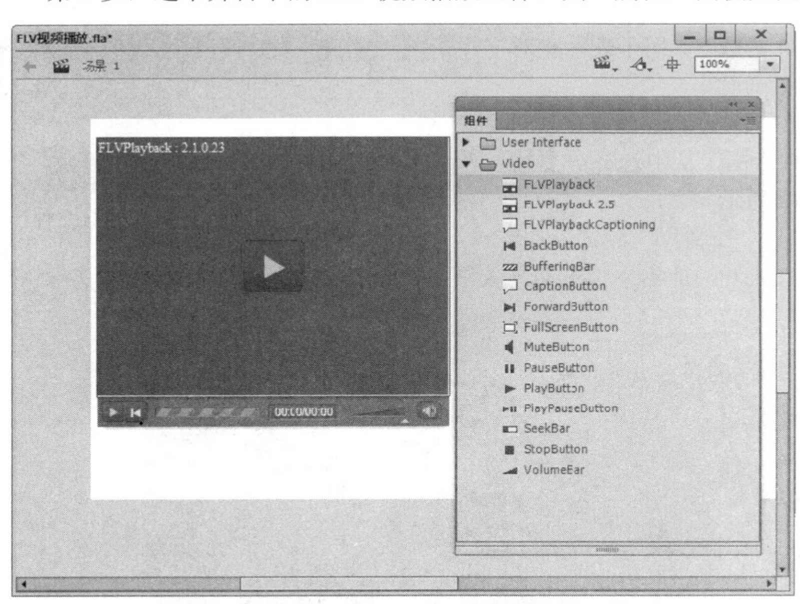

图 23.116　把 FLVPlayback 组件拖曳到舞台中

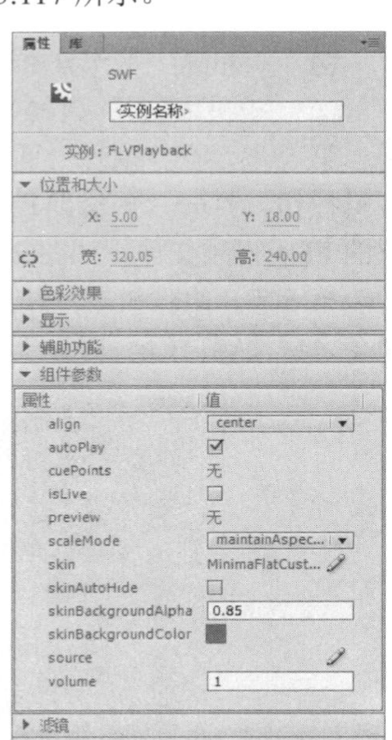

图 23.117　组件参数选项

☑ autoRewind：一个布尔值，用于确定 FLV 文件在完成播放时是否自动后退。如果为 true，则播放头到达末端或用户单击“停止”按钮时，FLVPlayback 组件会自动使 FLV 文件后退到开始处；如果为 false，则组件在播放 FLV 文件的最后一帧后会停止，并且不自动后退。默认值为 true。

Note

☑ autoSize：一个布尔值，如果为 true，则在运行时调整组件大小以使用源 FLV 文件尺寸。这些尺寸是在 FLV 文件中进行编码的，并且不同于 FLVPlayback 组件的默认尺寸。默认值为 false。

☑ autoPlay：用于设置是否自动播放。选中该复选框，则组件将在加载 FLV 文件后立即播放；未选中该复选框，则组件加载第 1 帧后暂停。

☑ cuePoints：描述 FLV 文件提示点的字符串。提示点允许同步包含 Flash 动画、图形或文本的 FLV 文件中的特定点。默认值为一个空字符串。

☑ isLive：选中该复选框，则指定 FLV 文件正从 Flash Media Server 实时加载流。实时流的一个示例就是在发生新闻事件的同时显示这些事件的视频。默认为未选中。

☑ scaleMode：用于设置缩放模式。

☑ skin：一个参数，用于打开“选择外观”对话框，然后从该对话框中选择组件的外观。默认值最初是预先设计的外观，但在以后将成为上次选择的外观，如图 23.118 所示。

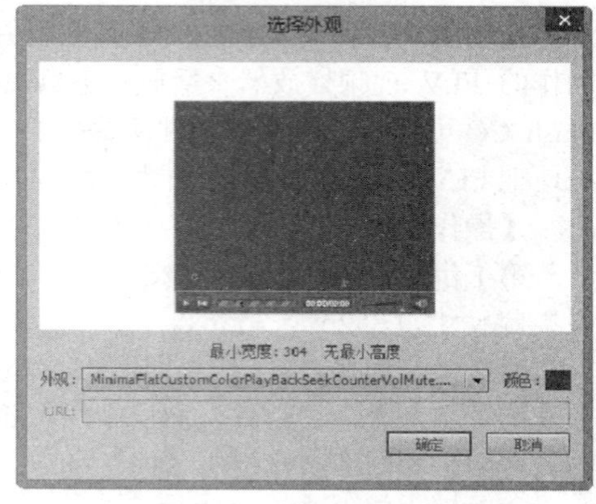

图 23.118 选择播放器的外观

☑ skinAutoHide：选中该复选框，则当鼠标指针不在 FLV 文件或外观区域（如果外观是不在 FLV 文件查看区域上的外部外观）上时隐藏外观。默认为未选中。

☑ skinBackgroundAlpha：定义皮肤背景色的不透明度，取值范围为 0～1。

☑ skinBackgroundColor：定义皮肤背景色。

☑ volume：一个从 0～100 的数字，用于表示相对于最大音量（100）的百分比。

第 5 步，在“属性”面板中单击 source 参数右侧的编辑按钮，打开“内容路径”对话框，从中选择需要播放的 FLV 视频文件，如图 23.119 所示。

图 23.119 选择需要的 FLV 视频文件

第 6 步，组件设置完毕。选择“控制”|“测试影片”命令（快捷键：Ctrl+Enter），在 Flash 播放器中预览动画效果，如图 23.120 所示。

图 23.120 FLV 视频组件播放后的效果

创建 Flash 动画

（视频讲解：80 分钟）

Flash 动画原理与 GIF 动画的原理是一样的，有关动画设计原理本章将不再复述。Flash 提供了 5 种类型的动画效果和制作方法，具体包括逐帧动画、运动补间动画、形状补间动画、引导线动画和遮罩层动画。本章将分别对这些 Flash 动画类型进行讲解，并结合实例演示如何进行应用。

学习重点：

- 制作 Flash 帧动画
- 制作 Flash 运动补间动画
- 制作 Flash 形状补间动画
- 设计 Flash 引导线动画
- 设计 Flash 遮罩动画
- 设计 Flash 复杂动画

24.1 使 用 帧

帧是 Flash 动画的构成基础，在整个动画制作的过程中，对于舞台中对象的时间控制主要通过更改时间轴中的帧来完成。

24.1.1 认识帧

在 Flash 中，帧可以分为关键帧、空白关键帧和静态延长帧等类型。空白关键帧加入对象后即可转换为关键帧。

☑ 关键帧：用来描述动画中关键画面的帧，每个关键帧中的画面内容都是不同的。用户可以编辑当前关键帧所对应的舞台中的所有内容。关键帧在时间轴中显示为实心小圆点，如图 24.1 所示。

☑ 空白关键帧：空白关键帧与关键帧的概念一样，不同的是当前空白关键帧所对应的舞台中没有内容。空白关键帧在时间轴中显示为空心小圆点，如图 24.2 所示。

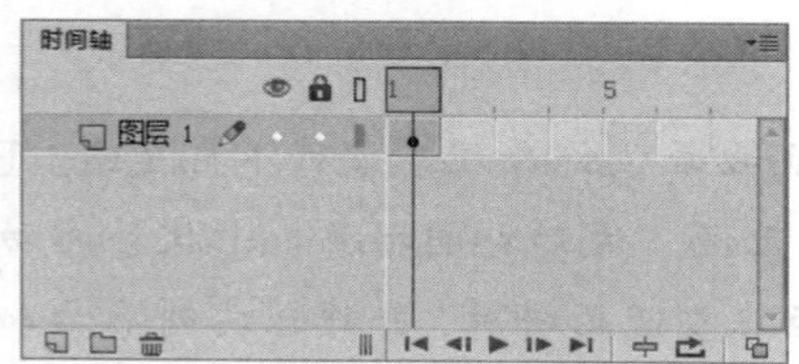

图 24.1 Flash 中的关键帧

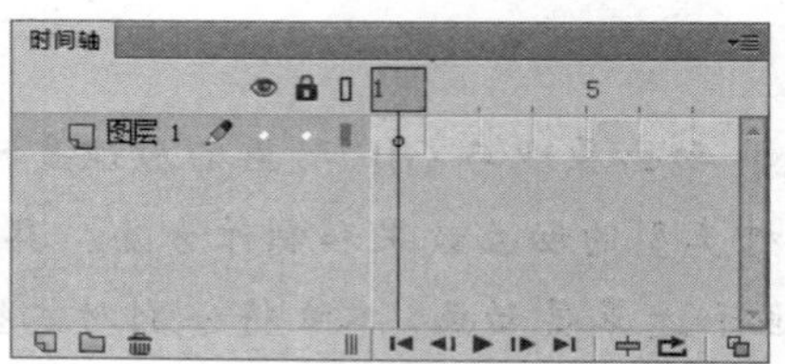

图 24.2 Flash 中的空白关键帧

☑ 静态延长帧：用来延长上一个关键帧的播放状态和时间，当前静态延长帧所对应的舞台不可编辑。静态延长帧在时间轴中显示为灰色区域，如图 24.3 所示。

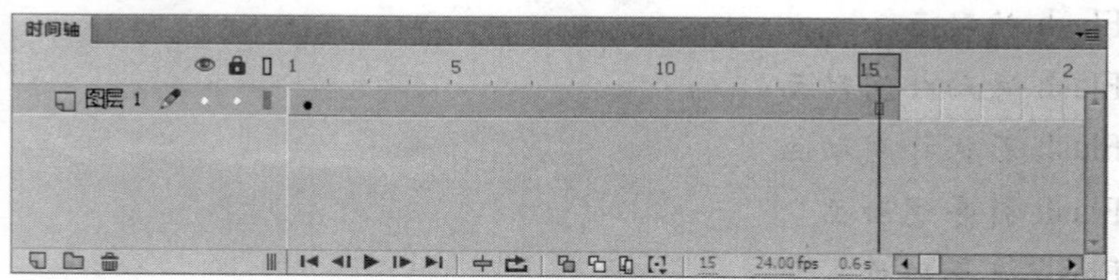

图 24.3 Flash 中的静态延长帧

24.1.2 创建帧

对帧的操作，基本上都是通过时间轴来完成的，在时间轴的上方标有帧的序号，用户可以在不同的帧中添加不同的内容，然后连续播放这些帧即可生成动画。

1. 添加静态延长帧

在 Flash 中添加静态延长帧的方法有以下 3 种。

☑ 在时间轴中需要插入帧的地方按 F5 键快速插入静态延长帧。

☑ 在时间轴中需要插入帧的地方右击，在弹出的快捷菜单中选择“插入帧”命令。

☑ 单击时间轴中需要插入帧的位置，选择“插入”|“时间轴”|“帧”命令。

2. 添加关键帧

在 Flash 中添加关键帧的方法有以下 3 种。

☑ 在时间轴中需要插入帧的地方按 F6 键快速插入关键帧。

☑ 在时间轴中需要插入帧的地方右击，在弹出的快捷菜单中选择“插入关键帧”命令。

☑ 单击时间轴中需要插入帧的位置，选择“插入”|“时间轴”|“关键帧”命令。

3. 添加空白关键帧

在 Flash 中添加空白关键帧的方法有以下 3 种。

☑ 在时间轴中需要插入帧的地方按 F7 键可以快速插入空白关键帧。

☑ 在时间轴中需要插入帧的地方右击，在弹出的快捷菜单中选择“插入空白关键帧”命令。

☑ 单击时间轴中需要插入帧的位置，选择“插入”|“时间轴”|“空白关键帧”命令。

4. 删除和修改帧

要删除或修改动画的帧，同样也可以从快捷菜单中选择相应的命令，但是最快的方法还是使用快捷键。

☑ 按 Shift+F5 快捷键可以删除静态延长帧。

☑ 按 Shift+F6 快捷键可以删除关键帧。

24.1.3 选择帧

选择帧的目的是为了编辑当前所选帧中的对象，或者改变这一帧在时间轴中的位置。

1. 选择帧

要选择单帧，可以直接在时间轴上单击要选择的帧，从而选择该帧所对应舞台中的所有对象，如图 24.4 所示。

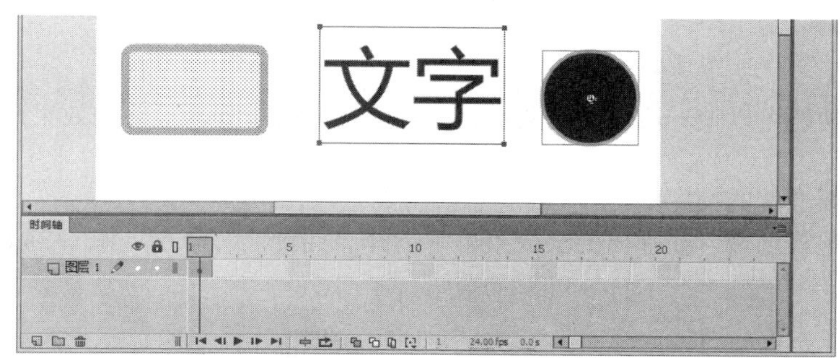

图 24.4　选择时间轴中的单帧

2. 选择帧序列

选择多个帧的方法有两种：一是直接在时间轴上拖曳鼠标指针进行选择；二是按住 Shift 键的同时选择多帧，如图 24.5 所示。

用户可以改变某帧在时间轴中的位置，连同帧的内容一起改变，实现这个操作最快捷的方法就是利用鼠标。选中要移动的帧或者帧序列，单击并拖曳到时间轴中新的位置即可，如图 24.6 所示。

24.1.4 编辑帧

下面介绍复制和粘贴帧、翻转帧和清除关键帧的操作。

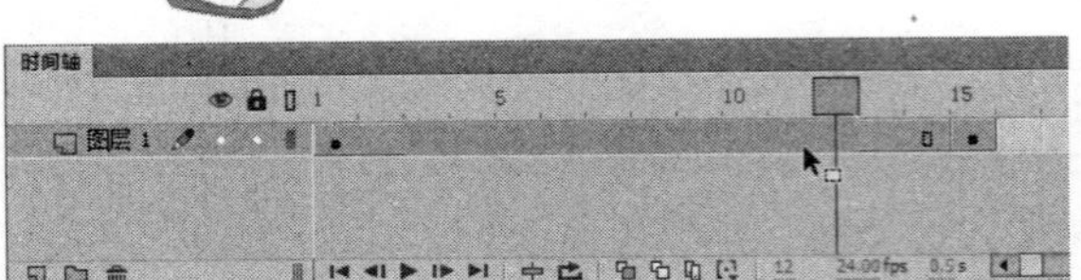

图 24.5　选择时间轴中的帧序列

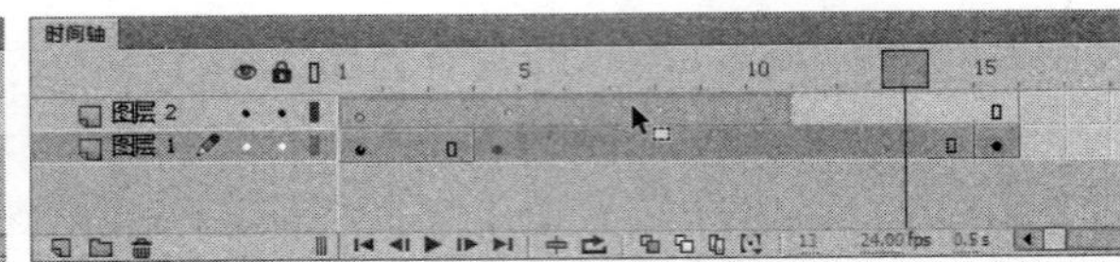

图 24.6　移动时间轴中的帧

Note

1. 复制和粘贴帧

【操作步骤】

第 1 步，选择要复制的帧或帧序列。

第 2 步，右击，在弹出的快捷菜单中选择“复制帧”命令，如图 24.7 所示。

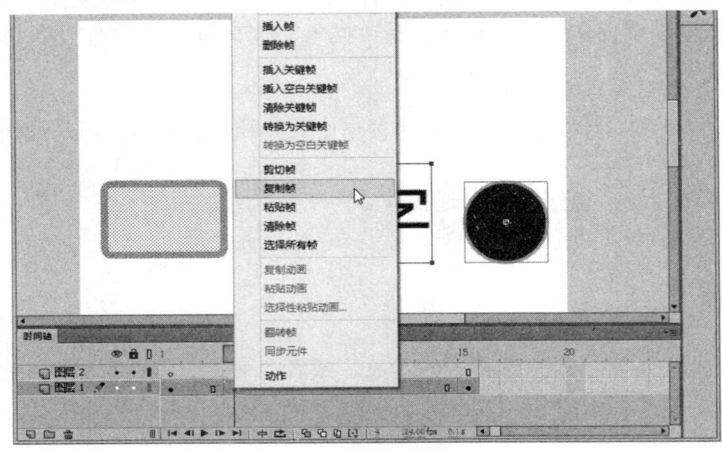

图 24.7　选择“复制帧”命令

第 3 步，选择时间轴中需要粘贴帧的位置右击，在弹出的快捷菜单中选择“粘贴帧”命令即可。

2. 翻转帧

利用翻转帧的功能可以使一段连续的关键帧序列进行逆转排列，最终的效果是倒着播放动画。

【操作步骤】

第 1 步，选择要翻转的帧序列。

第 2 步，右击选择区域，在弹出的快捷菜单中选择“翻转帧”命令，如图 24.8 所示。

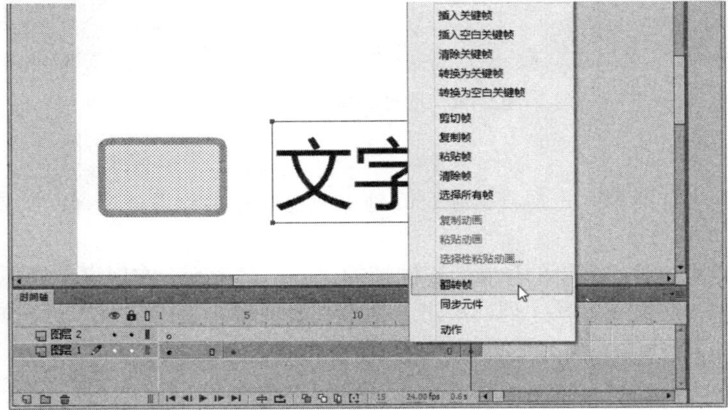

图 24.8　选择“翻转帧”命令

第 3 步，翻转帧前后的对比效果如图 24.9 所示。

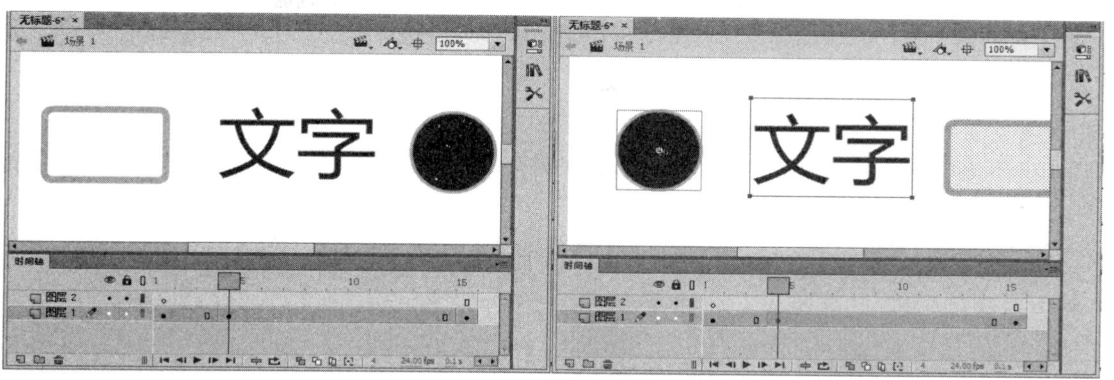

图 24.9 翻转帧前后效果

3. 清除关键帧

清除关键帧的操作只能用于关键帧，因为它并不是删除帧，而是将关键帧转换为静态延长帧，如果这个关键帧所在的帧序列只有 1 帧，清除关键帧后将转换为空白关键帧。

【操作步骤】

第 1 步，选择要清除的关键帧。

第 2 步，右击选择区域，在弹出的快捷菜单中选择“清除关键帧”命令，如图 24.10 所示。

24.1.5 使用洋葱皮功能

一般情况下，在编辑区域内看到的所有内容都是同一帧中的，如果使用了洋葱皮功能就可以同时看到多个帧中的内容，这样便于比较多个帧内容的位置，使用户更容易安排动画、为对象定位等。

1. 绘图纸外观

单击时间轴下方的“绘图纸外观”按钮，会看到当前帧以外的其他帧以不同的透明度来显示，但是不能选择，如图 24.11 所示。这时在时间轴的帧数上会多一个大括号，这是洋葱皮的显示范围，拖曳该大括号即可改变当前洋葱皮工具的显示范围。

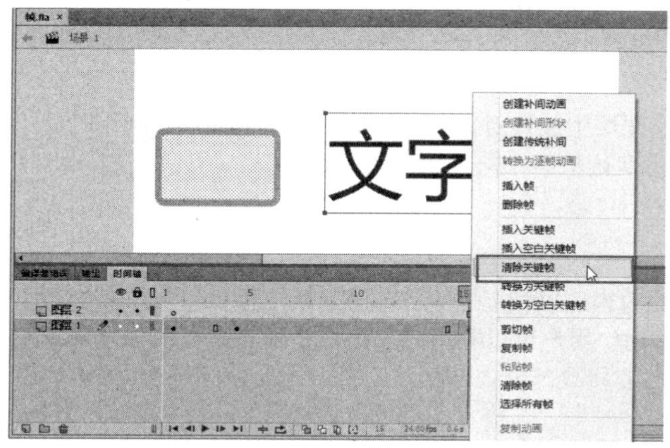

图 24.10 选择“清除关键帧”命令

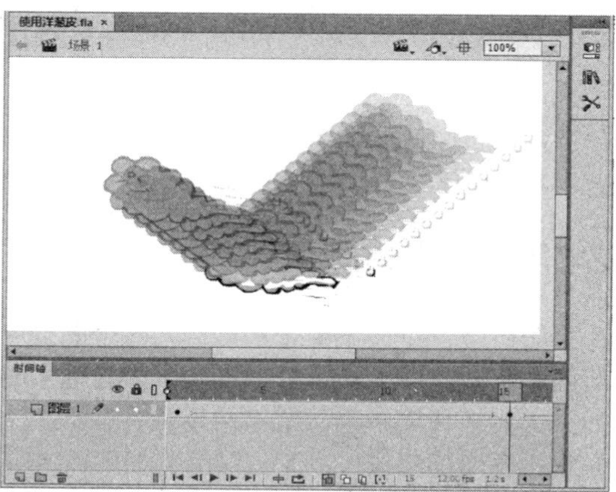

图 24.11 使用绘图纸外观

Note

2. 绘图纸外观轮廓

单击时间轴下方的“绘图纸外观轮廓”按钮，在舞台中的对象会只显示边框轮廓，而不显示填充，如图 24.12 所示。

3. 多个帧编辑模式

单击时间轴下方的“编辑多个帧”按钮，在舞台中只会显示关键帧中的内容，而不显示补间的内容，并且可以对关键帧中的内容进行修改，如图 24.13 所示。

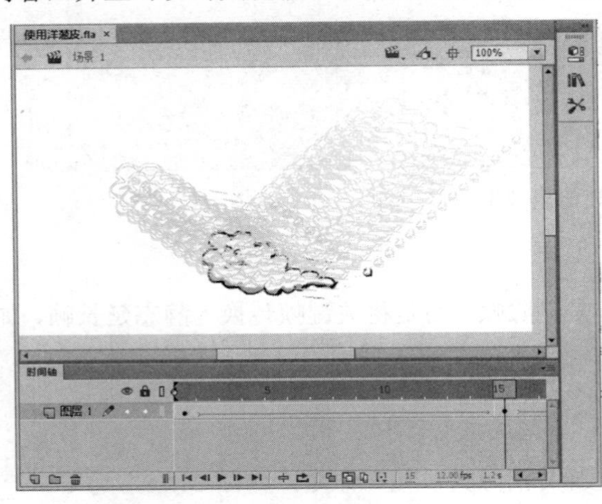

图 24.12 使用绘图纸外观轮廓

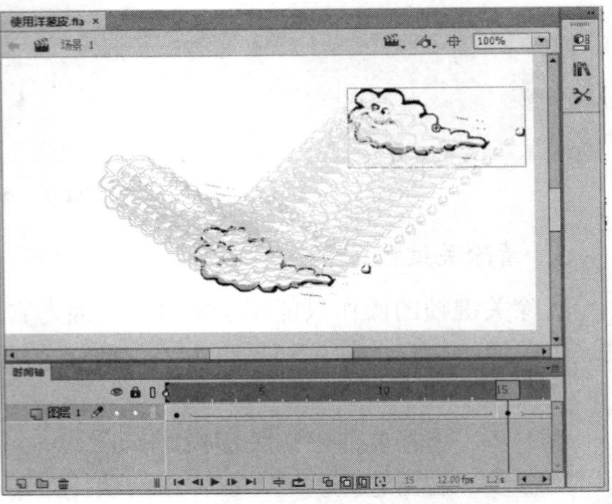

图 24.13 使用多个帧编辑模式

4. 修改洋葱皮标记

单击时间轴下方的“修改标记”按钮，可以对洋葱皮的显示范围进行控制。

☑ 总是显示标记：选中后，不论是否启用绘图纸外观，都会显示标记。

☑ 锚定洋葱皮：在默认情况下，启用洋葱皮范围是以目前所在的帧为标准的，如果当前帧改变，洋葱皮的范围也会跟着变化。

☑ 洋葱皮 2 帧、洋葱皮 5 帧、洋葱皮全部：快速地将洋葱皮的范围设置为 2 帧、5 帧以及全部帧。

24.2 使 用 图 层

图层是时间轴的一部分，用户可以在不同的图层中放置对象，这样在对象编辑和动画制作时就不会相互影响了，而且所有的图层在时间轴上都是默认从第一帧开始播放的。

24.2.1 认识图层

图层是一个图案要素的载体，各个图层中的内容可以相互联系。图层为用户提供了一个相对独立的创作空间，当图形越来越复杂，素材越来越多时，用户可以利用图层很清楚地将不同的图形和素材分类，这样在编辑修改时就可以避免修改部分与非修改部分之间相互干扰。因此，图层在 Flash 中起着相当重要的作用。

当新建一个 Flash 影片文件时，默认创建一个图层。在动画的制作过程中，可以通过增加新的图层来组织动画。用户除了可以创建普通图层外，还可以创建引导层和遮罩层。引导层用来让对象按照

特定的路径运动；遮罩层用来制作一些复杂的特殊效果。用户还可以将声音和帧函数放置在单独的图层中，从而方便对其进行查找和管理。

24.2.2 操作图层

图层的大部分操作都是在时间轴中完成的，除了基本的图层操作以外，Flash 还提供了有自身特点的图层锁定、线框显示等功能。

1. 创建图层

Flash 中的所有图层都是按创建的先后顺序由下到上统一放置在时间轴中的，最先建立的图层放置在最下面，图层的顺序可以拖曳调整。当用户创建一个新的影片文件时，Flash 默认只有一个“图层 1”。如果用户要创建新的图层，可以通过以下 3 种操作来完成。

☑ 选择“插入”|“时间轴”|“图层”命令。

☑ 在时间轴中需要添加图层的位置右击，在弹出的快捷菜单中选择“插入图层”命令。

☑ 在时间轴中单击“新建图层”按钮。

在执行上述方法之一后，都可以创建一个新的图层，如图 24.14 所示。

对于不需要的图层，用户也可以将其删除，在 Flash 中有以下两种操作可以删除图层。

☑ 选中需要删除的图层，右击，在弹出的快捷菜单中选择“删除图层”命令。

☑ 选中需要删除的图层，在时间轴中单击“删除图层”按钮。

2. 更改图层名称

在创建新的图层时，Flash 会按照系统默认的名称“图层 1”“图层 2”等依次命名。在制作一个复杂的动画效果时，用户要建立十几个甚至是几十个图层，如果沿用默认的图层名称，将很难区分或记忆每一个图层的内容，因此，需要对图层进行重命名。双击想要重命名的图层名称，然后输入新的名称即可，如图 24.15 所示。

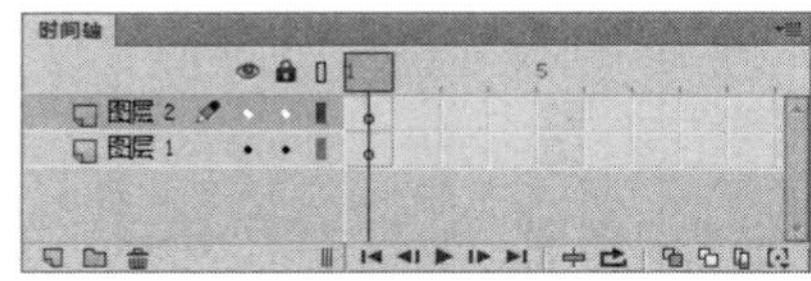

图 24.14 创建一个新的图层

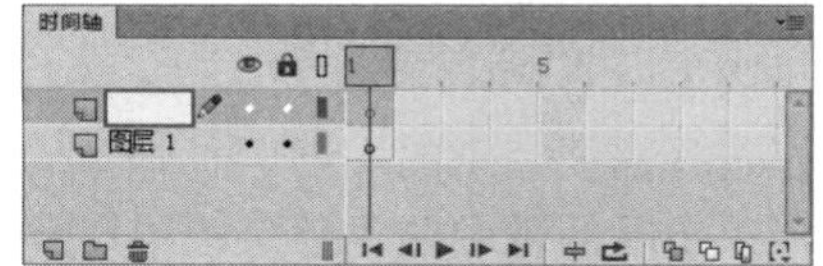

图 24.15 更改图层的名称

3. 选择图层

在 Flash 中有多种方法选取一个图层，较常用的方法有以下 3 种。

☑ 直接在时间轴上单击所要选取的图层名称。

☑ 在时间轴上单击所要选取图层所包含的帧，则该图层会被选中。

☑ 在舞台中单击要编辑的图形，则包含该图形的图层会被选中。

有时为了编辑的需要，用户可能要同时选择多个图层。这时可以按 Shift 键选取连续的多个图层，也可以按住 Ctrl 键选取多个不连续的图层，如图 24.16 所示。

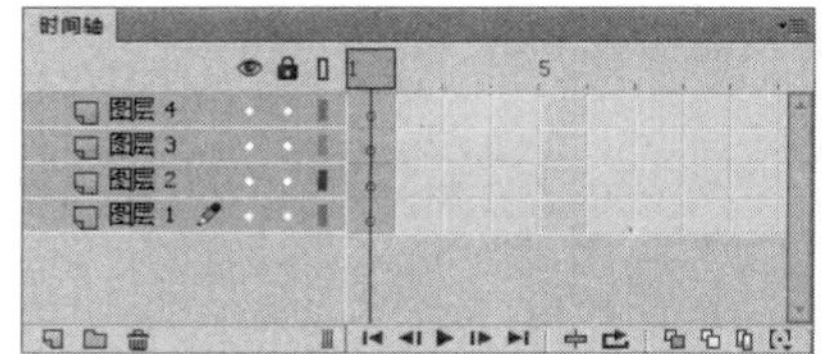

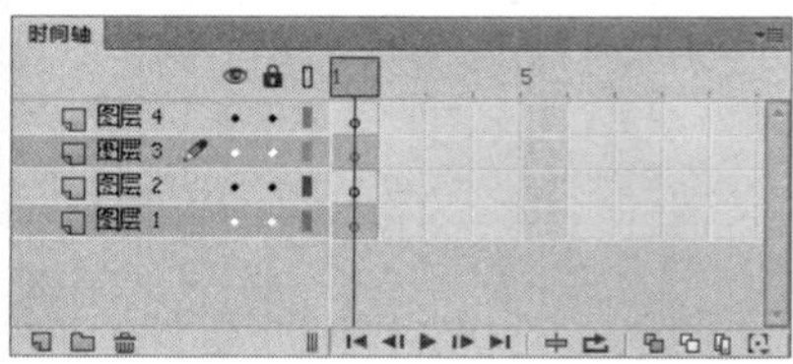

图 24.16 不同选择方式的对比效果

4. 改变图层的排列顺序

图层的排列顺序会直接影响图形的重叠形式，即排列在上面的图层会遮挡下面的图层。用户可以根据需要任意改变图层的排列顺序。

Note

改变图层排列顺序的操作很简单，只需要在时间轴中拖曳图层到相应的位置即可。如图 24.17 所示为更改两个图层排列顺序的对比效果。

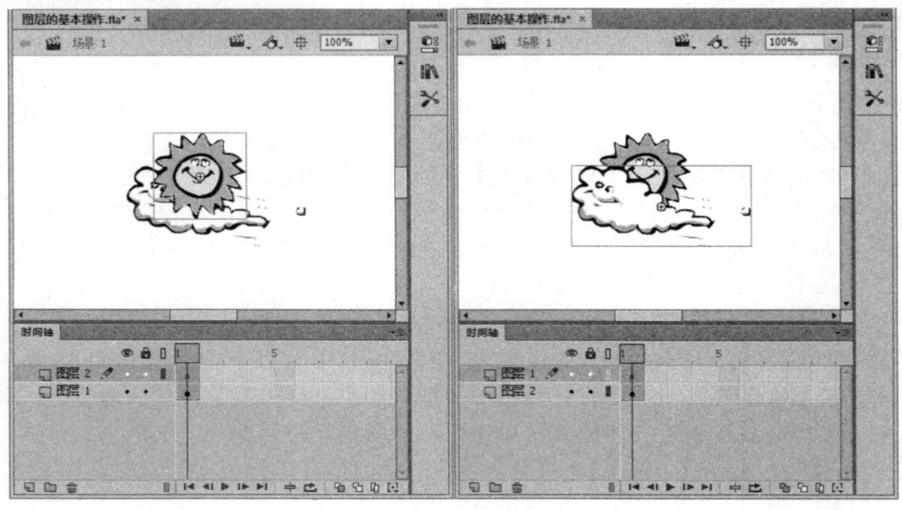

图 24.17　更改图层的排列顺序对比效果

5. 锁定图层

当用户在某些图层上已经完成了操作，而这些内容在一段时间内不需要编辑时，可以将这些图层锁定，以免对其中内容误操作。

【操作步骤】

第 1 步，选择需要锁定的图层。

第 2 步，单击时间轴中的“锁定图层”按钮，锁定当前图层，如图 24.18 所示。在图层锁定以后，不能编辑图层中的内容，但是可以对图层进行复制、删除等操作。

图 24.18　锁定图层

第 3 步，再次单击“锁定图层”按钮，即可解除图层锁定状态。

6. 显示和隐藏图层

某些时候用户要对对象进行详细编辑，一些图层中的内容可能会影响用户的操作，那么可以把影响操作的图形先隐藏起来，等需要时再重新显示。

【操作步骤】

第 1 步，选择需要隐藏的图层。

第 2 步，单击时间轴中的“显示/隐藏图层”按钮，隐藏当前图层，如图 24.19 所示。

第 3 步，再次单击“显示/隐藏图层”按钮，即可显示图层，如图 24.20 所示。

图 24.19　隐藏图层

图 24.20　显示图层

7. 显示图层轮廓

在一个复杂的影片中查找一个对象是很复杂的事情，用户可以利用 Flash 显示轮廓的功能进行区别，此时，每一层所显示的轮廓颜色是不同的，从而有利于用户分清图层中的内容。

【操作步骤】

第 1 步，选择需要显示轮廓的图层。

第 2 步，单击时间轴中的“显示图层轮廓”按钮，当前图层则以轮廓显示，如图 24.21 所示。

第 3 步，再次单击“显示图层轮廓”按钮，即可取消图层的轮廓显示状态，如图 24.22 所示。

图 24.21　显示图层轮廓

图 24.22　取消图层轮廓显示

Note

8. 使用图层文件夹

通过创建图层文件夹，可以组织和管理图层。在时间轴中展开和折叠图层文件夹不会影响在舞台中看到的内容，把不同类型的图层分别放置到图层文件夹中的操作如下。

【操作步骤】

第 1 步，单击时间轴中的“新建文件夹”按钮，创建图层文件夹，如图 24.23 所示。

第 2 步，选择时间轴中的普通图层，将其拖曳到图层文件夹中，如图 24.24 所示。

图 24.23　插入图层文件夹

图 24.24　把图层移动到图层文件夹中

第 3 步，如果需要删除图层文件夹，可以单击时间轴中的“删除图层”按钮。

24.2.3　引导层

引导层是 Flash 中一种特殊的图层，在影片中起辅助作用，可以分为普通引导层和运动引导层两种，其中，普通引导层起辅助定位的作用，运动引导层在制作动画时起引导运动路径的作用。

1. 建立普通引导层

普通引导层是在普通图层的基础上建立的，其中的所有内容只是在制作动画时作为参考，不会出现在最后的作品中。

【操作步骤】

第 1 步，选择一个图层，右击选中的图层，在弹出的快捷菜单中选择“引导层”命令，如图 24.25 所示。

图 24.25　选择“引导层”命令

第 2 步，这时普通图层则转换为普通引导层，如图 24.26 所示。

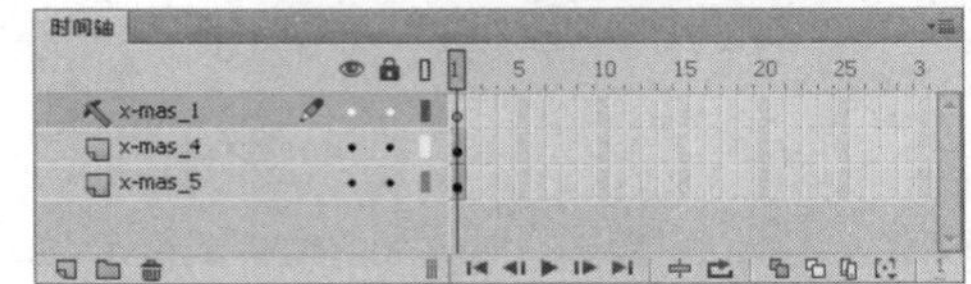

图 24.26　将普通图层转换为普通引导层

第 3 步，如果再次选择“引导层”命令，即可把普通引导层转换为普通图层。

提示：在实际的使用过程中，最好将普通引导层放置在所有图层的下方，这样就可以避免将一个普通图层拖曳到普通引导层的下方，把该引导层转换为运动引导层。

在如图 24.27 所示的编辑窗口中，"图层 1"是普通引导层，所有的内容都是可见的，但是在发布动画以后，只有普通图层中的内容可见，而普通引导层中的内容将不会显示。

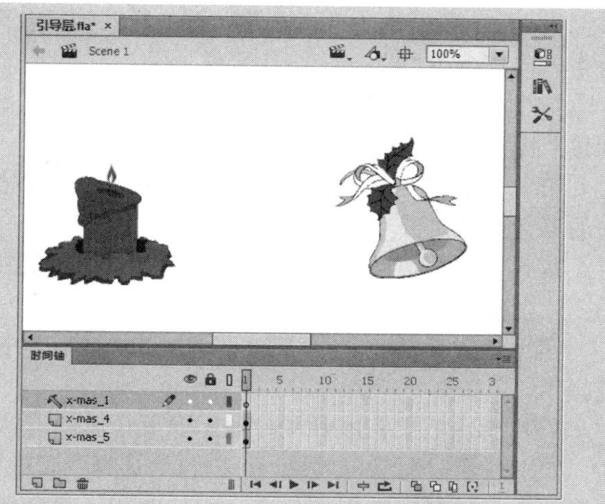

图 24.27　引导层中的内容在发布后的动画中不显示

2. 建立运动引导层

在 Flash 中，用户可以使用运动引导层来绘制物体的运动路径。在制作以元件为对象并沿着特定路径移动的动画中，运动引导层的应用较多。与普通引导层相同的是，运动引导层中的内容在最后发布的动画中也是不可见的。

【操作步骤】

第 1 步，选择一个图层。

第 2 步，右击该图层，在弹出的快捷菜单中选择"添加运动引导层"命令，即可在当前图层的上方创建一个运动引导层，如图 24.28 所示。

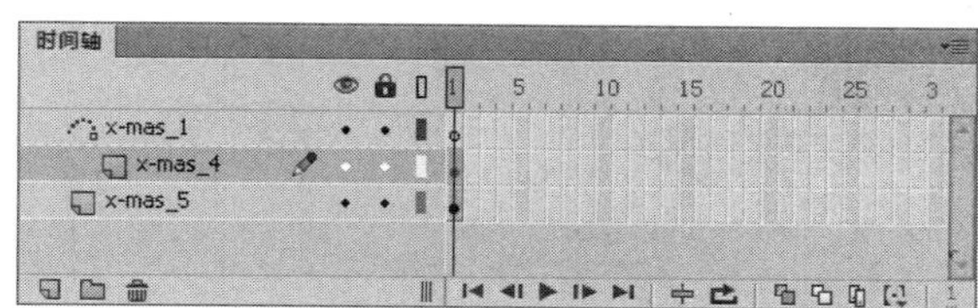

图 24.28　创建运动引导层

第 3 步，如果需要删除运动引导层，可以单击时间轴中的"删除图层"按钮。

运动引导层总是与至少一个图层相连，与其相连的层是被引导层。将层与运动引导层相连可以使运动引导层中的物体沿着运动引导层中设置的路径移动。在创建运动引导层时，被选中的层会与该引导层相连，并且被引导层在引导层的下方，这表明了一种层次或从属关系。

24.2.4　案例实战：设计遮罩特效

遮罩层的作用就是在当前图层的形状内部，显示与其他图层重叠的颜色和内容，而不显示不重叠的部分。在遮罩层中可以绘制一般单色图形、渐变图形、线条和文本等，它们都能作为挖空区域。利用遮罩层，可以遮罩出一些特殊效果，例如，图像的动态切换、探照灯和百叶窗效果等。下面通过一个简单的案例来说明创建遮罩层的过程。

【操作步骤】

第 1 步，新建一个 Flash 文件。

Note

第 2 步，选择“文件”|“导入”|“导入到舞台”命令，向舞台中导入一张图片素材。

第 3 步，在时间轴中单击“新建图层”按钮，创建“图层 2”，如图 24.29 所示。

第 4 步，使用多角星形工具在“图层 2”所对应的舞台中绘制一个五角星。

第 5 步，将“图层 2”中五角星和“图层 1”中的图片素材重叠在一起，如图 24.30 所示。

第 6 步，右击“图层 2”，在弹出的快捷菜单中选择“遮罩”命令，如图 24.31 所示。

第 7 步，效果完成，图片显示在五角星的形状中。如果需要取消遮罩效果，可以再次选择“遮罩”命令。一旦选择“遮罩”命令，相应的图层就会自动锁定。如果要对遮罩层中的内容进行编辑，必须先取消图层的锁定状态。

图 24.29　新建“图层 2”

图 24.30　在“图层 2”中绘制五角星

图 24.31　遮罩效果

24.3　设计逐帧动画

逐帧动画实际上每一帧的内容都不同，当制作完成一幅一幅画面并连续播放时，就可以看到运动的画面了。要创建逐帧动画，每一帧都必须定义为关键帧，然后在每一帧中创建不同的画面即可。

24.3.1　自动生成逐帧动画

当导入素材时，如果是连续的图片，则 Flash 会自动生成逐帧动画。

【操作步骤】

第 1 步，新建一个 Flash 文件。选择“文件”|“导入”|“导入到舞台”命令（快捷键：Ctrl+R），

打开“导入”对话框，如图 24.32 所示。

第 2 步，选择第一个文件，单击“打开”按钮，会打开一个提示对话框，询问用户是否导入所有图片，因为所有图片的文件名是连续的，如图 24.33 所示。

Note

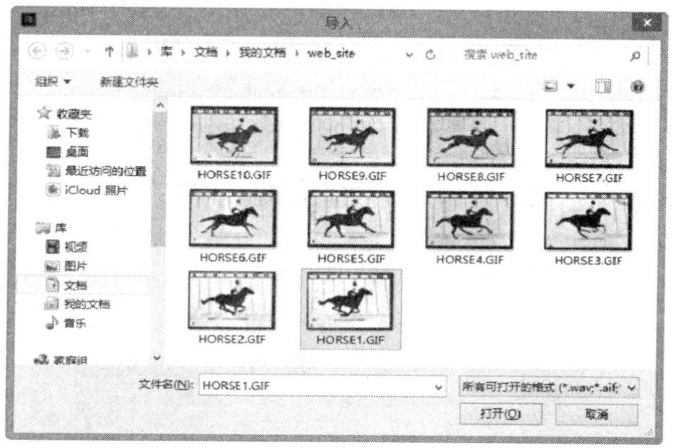

图 24.32　“导入”对话框

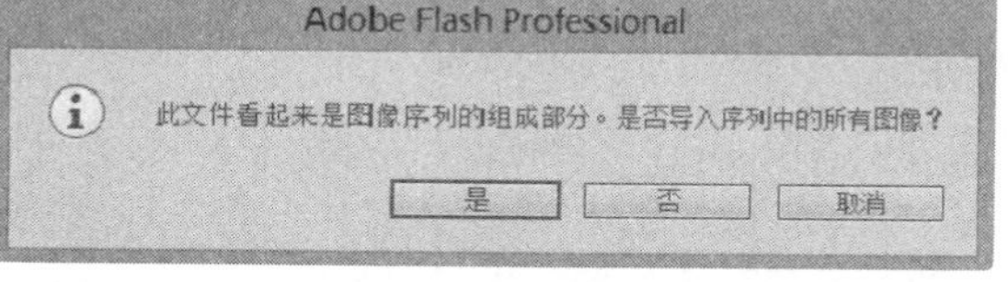

图 24.33　系统询问

第 3 步，单击“是”按钮，Flash 会把所有的图片导入舞台中，并且在时间轴中按顺序排列到不同的帧上，如图 24.34 所示。

图 24.34　时间轴

第 4 步，按 Ctrl+Enter 快捷键即可预览动画效果。

24.3.2　制作逐帧动画

下面通过一个具体案例来讲解逐帧动画的制作过程。

【操作步骤】

第 1 步，新建一个 Flash 文件。

第 2 步，选择工具箱中的文本工具，在舞台中输入“欢迎您访问本小站”。

第 3 步，选择舞台中的文本，在“属性”面板中设置文本的属性：字体为“黑体”，字体大小为5”，文本颜色为黑色，如图 24.35 所示。

第 4 步，在时间轴中按 F6 键插入关键帧，这里一共插入 8 个关键帧，因为一共有 8 个字，如图 24.36

Note

所示。

欢迎您访问本小站

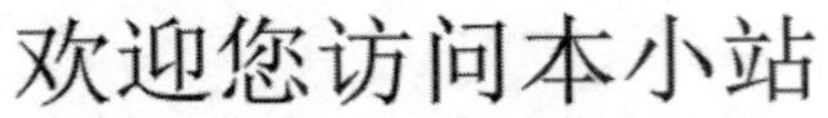

图 24.35　在舞台中输入文本

图 24.36　插入 8 个关键帧

第 5 步，选择第 1 帧，把舞台中的“迎您访问本小站”文本都删除，只保留第一个字，如图 24.37 所示。

第 6 步，选择第 2 帧，把舞台中的“您访问本小站”文本都删除，只保留前两个字，如图 24.38 所示。

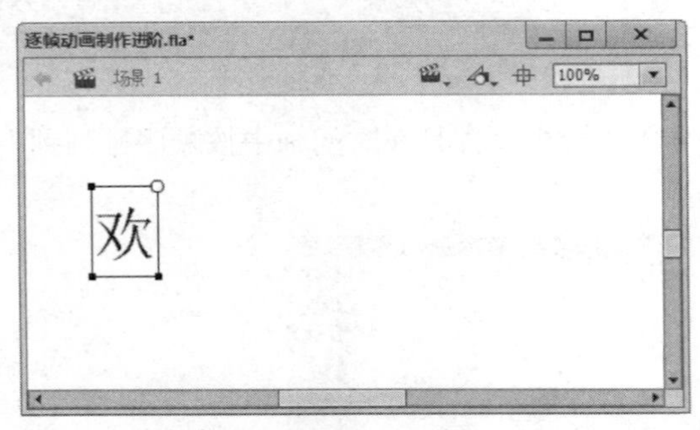

图 24.37　在第 1 帧中把“欢”后面的文本都删除

图 24.38　在第 2 帧中只保留前两个字

第 7 步，使用同样的方法，依次删除其他帧中的文本，使每一帧中只保留和当前帧数相同的文本。

第 8 步，在最后一帧保留所有文本。

第 9 步，选择“控制”|“测试影片”命令（快捷键：Ctrl+Enter），在 Flash 播放器中预览动画效果，如图 24.39 所示。

第 10 步，动画播放速度很快，需要适当调整。选择“修改”|“文档”命令（快捷键：Ctrl+J），打开“文档设置”对话框。

第 11 步，更改帧频为 1，如图 24.40 所示。

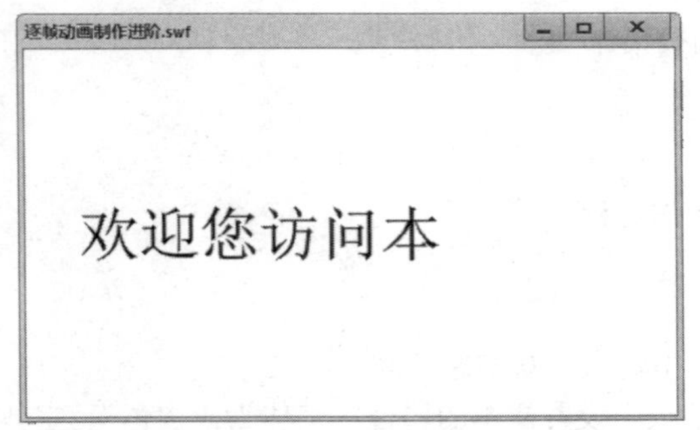

图 24.39　完成的动画效果

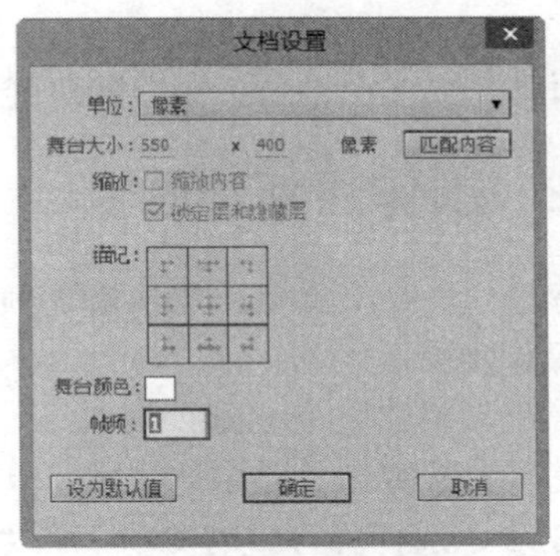

图 24.40　设置文档属性中的帧频为 1

第 12 步，选择“控制”|“测试影片”命令（快捷键：Ctrl+Enter），在 Flash 播放器中预览动画

效果。

提示：动画的播放频率可以通过 Flash 的帧频进行控制。把帧频更改为每秒钟播放一帧，播放速度就会减慢；反之，播放速度就会变快。

24.4　设计补间动画

逐帧动画制作比较繁琐，一般 Flash 动画多采用补间动画，这也是 Flash 动画中应用最多的一种动画制作模式。Flash CC 提供了 3 种补间动画的制作方法：创建运动补间、创建形状补间和创建传统补间。

24.4.1　制作传统补间动画

Flash CC 中的传统补间只能够给元件的实例添加动画效果，使用传统补间可以轻松地创建移动、旋转、改变大小和属性的动画效果。下面通过一个简单的案例来学习有关创建传统补间动画的过程和方法。

【操作步骤】

第 1 步，新建一个 Flash 文件。

第 2 步，选择“修改”|“文档”命令（快捷键：Ctrl+J），打开“文档设置”对话框。

第 3 步，设置舞台的背景颜色为“黑色”，其他选项保持默认状态，如图 24.41 所示。设置完毕后，单击“确定”按钮。

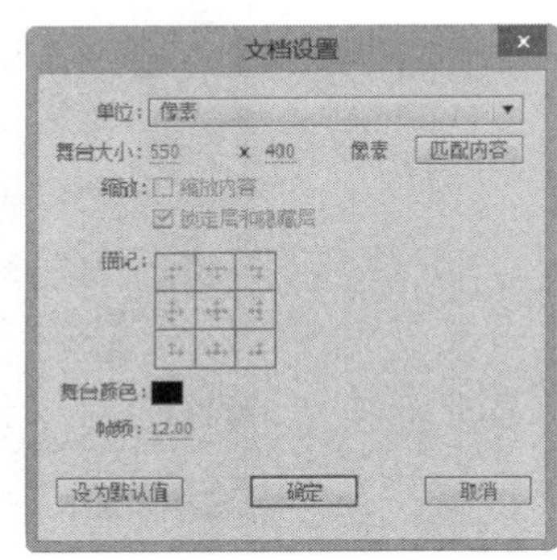

图 24.41　设置舞台的背景颜色为黑色

第 4 步，选择工具箱中的文本工具，在舞台中输入“Flash Professional CC”。

第 5 步，选择舞台中的文本，在“属性”面板中设置文本的属性：字体为 Verdana，字体大小为 50，文本颜色为白色，如图 24.42 所示。

第 6 步，选择“修改”|“转换为元件”命令（快捷键：F8），打开“转换为元件”对话框，把舞台中的文本转换为图形元件，如图 24.43 所示。

图 24.42　在舞台中输入文本

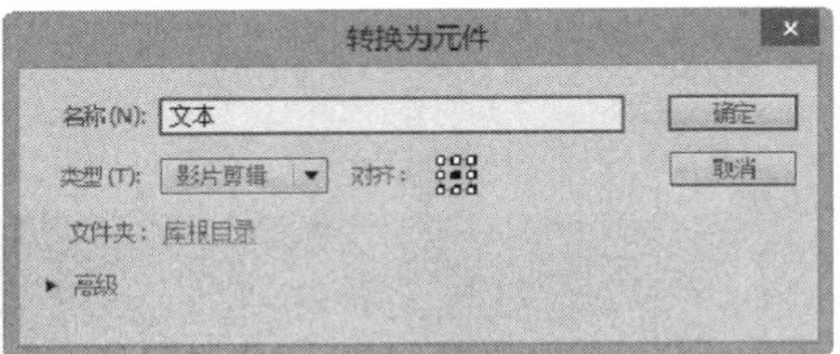

图 24.43　“转换为元件”对话框

第 7 步，选择“窗口”|“对齐”命令（快捷键：Ctrl+K），打开 Flash 的“对齐”面板，把转换好的图形元件对齐到舞台的中心位置，如图 24.44 所示。

第 8 步，在时间轴的第 20 帧中按 F6 键插入关键帧，然后用选择工具选中第 20 帧所对应舞台中的元件。

第 9 步，选择“窗口”|“变形”命令（快捷键：Ctrl+T），打开 Flash 的“变形”面板，把图形元件的高度缩小为原来的 10%，宽度不变，如图 24.45 所示。

Note

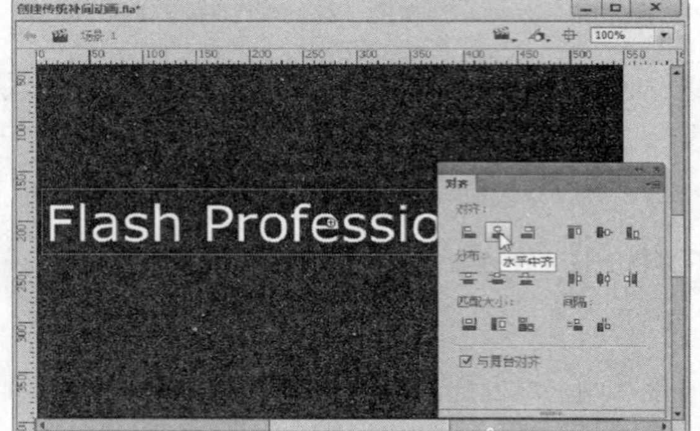

图 24.44　对齐元件

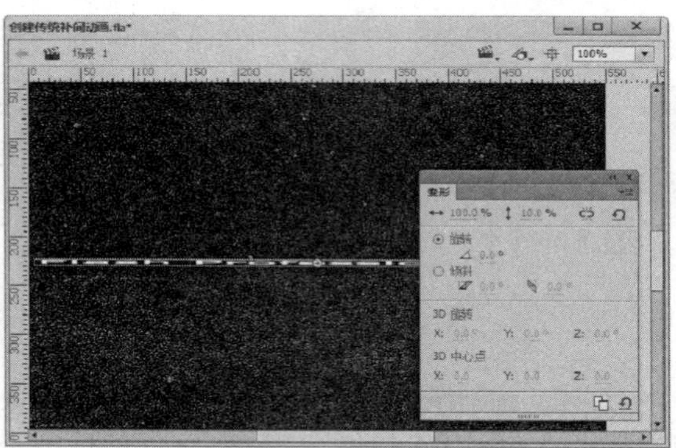
图 24.45　缩小元件

第 10 步，在“属性”面板的“样式”下拉列表框中选择 Alpha 选项，设置第 20 帧中元件的透明度为 0，如图 24.46 所示。

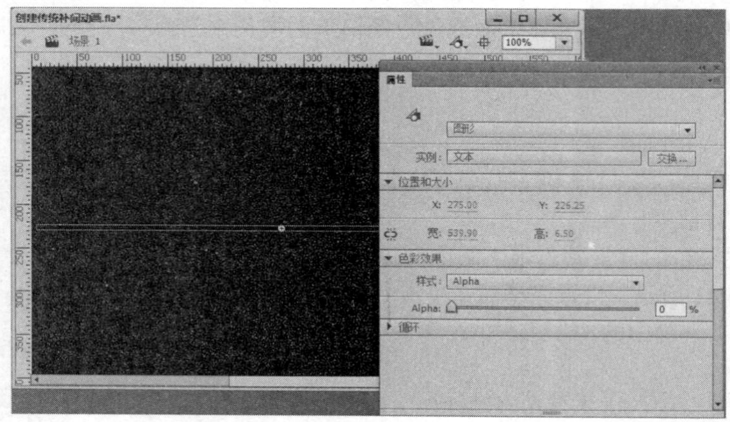

图 24.46　把第 20 帧中元件的透明度调整为 0

第 11 步，在“图层 1”的两个关键帧之间右击，在弹出的快捷菜单中选择“创建传统补间”命令。

第 12 步，选择“视图”|“标尺”命令（快捷键：Shift+Ctrl+Alt+R），打开舞台中的标尺。

第 13 步，从标尺中拖曳出辅助线，对齐第 1 帧中文本的下方，如图 24.47 所示。

第 14 步，选中第 20 帧中的文本，把文本的下方对齐到辅助线上，如图 24.48 所示。

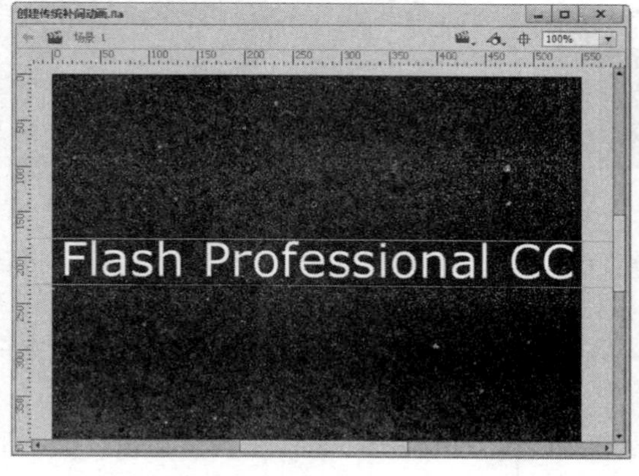

图 24.47　把辅助线对齐到第 1 帧文本的下方

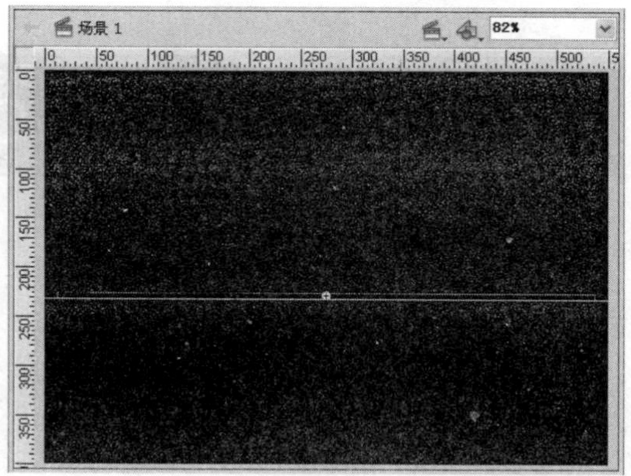

图 24.48　使第 20 帧的文本下方对齐辅助线

第 15 步，单击时间轴中的“插入图层”按钮，创建“图层 2”。

第 16 步，选择“图层 1”中的所有帧，右击，在弹出的快捷菜单中选择“复制帧”命令。

第 17 步，选择“图层 2”中的第 1 帧，右击，在弹出的快捷菜单中选择“粘贴帧”命令，把“图层 1”中的动画效果直接复制到“图层 2”中，如图 24.49 所示。复制帧以后，Flash 会在“图层 2”中自动生成一些多余的帧，删除即可。

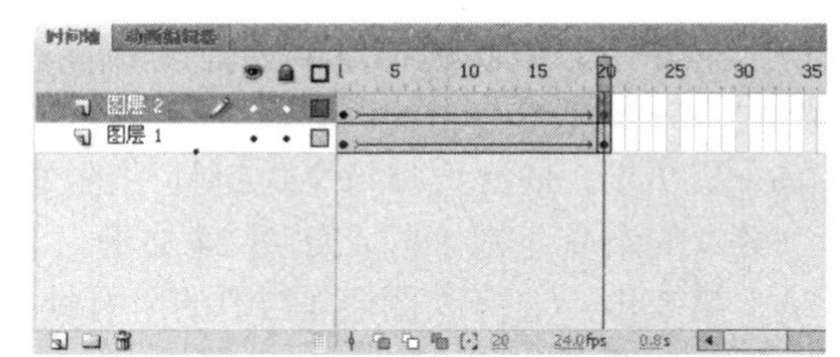

图 24.49　复制动画效果

第 18 步，选择“图层 2”中的所有帧，右击，在弹出的快捷菜单中选择“翻转帧”命令。

第 19 步，从标尺中拖曳出辅助线，对齐第 1 帧中文本的上方，如图 24.50 所示。

第 20 步，把“图层 2”第 1 帧中的文本对齐辅助线的上方，如图 24.51 所示。

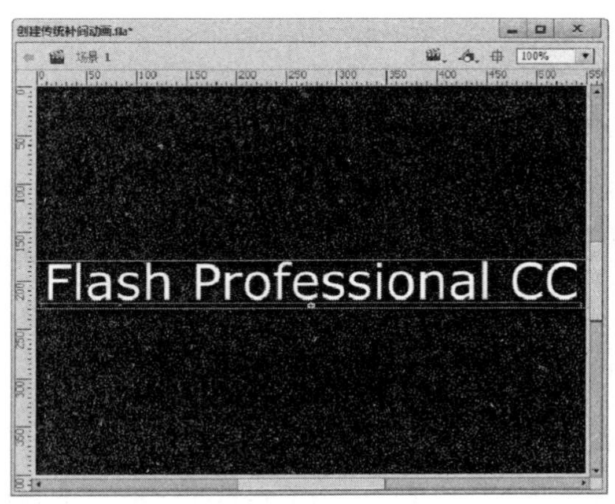

图 24.50　把辅助线对齐第 1 帧中文本的上方

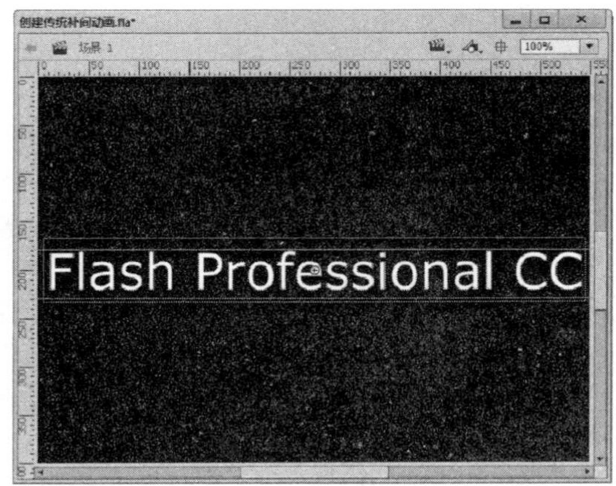

图 24.51　把“图层 2”第 1 帧的文本对齐辅助线的上方

第 21 步，动画制作完毕。选择“控制”|“测试影片”命令（快捷键：Ctrl+Enter），在 Flash 播放器中预览动画效果，如图 24.52 所示。

24.4.2　制作形状补间动画

Flash CC 中的形状补间动画只能给分离后的可编辑对象或者是对象绘制模式下生成的对象添加动画效果，使用补间形状，可以轻松地创建几何变形和渐变色改变的动画效果。下面通过一个简单的案例来学习有关创建形状补间动画的过程和方法。

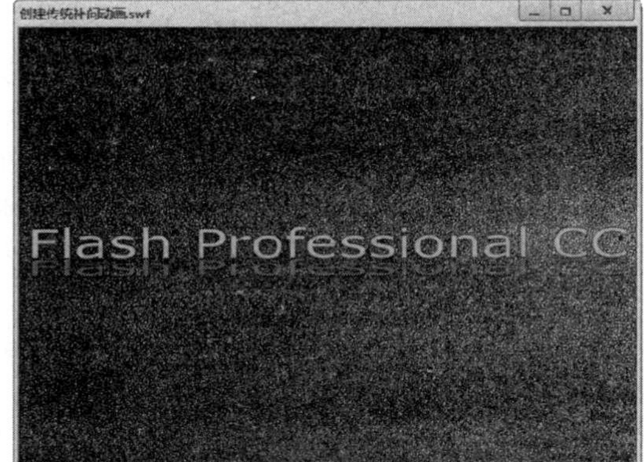

图 24.52　动画完成效果

【操作步骤】

第 1 步，新建一个 Flash 文件。

第 2 步，选择工具箱中的文本工具，在“属性”面板中设置路径和填充样式。文本类型为“静态文本”，文本填充为黑色，字体为“黑体”，字体大小为 96，如图 24.53 所示。

第 3 步，使用文本工具在舞台中输入文本“网”字。

第 4 步，按 F7 键分别在时间轴的第 10、20 和 30 帧插入空白关键帧。

第 5 步，使用文本工具，分别在第 10 帧的舞台中输入文本“页”。在第 20 帧的舞台中输入文本“顽”，在第 30 帧的舞台中输入文本“主”，这 4 个关键帧中的内容如图 24.54 所示。

Note

第 6 步，依次选择每个关键帧中的文本，然后选择“修改”|“分离”命令（快捷键：Ctrl+B），把文本分离成可编辑的网格状。

第 7 步，依次选择每个关键帧中的文本。在“属性”面板中设置文本的填充颜色为渐变色，使每个文本的渐变色都不同，如图 24.55 所示。

第 8 步，选择“图层 1”中的所有帧，右击，在弹出的快捷菜单中选择“创建补间形状”命令，时间轴如图 24.56 所示。

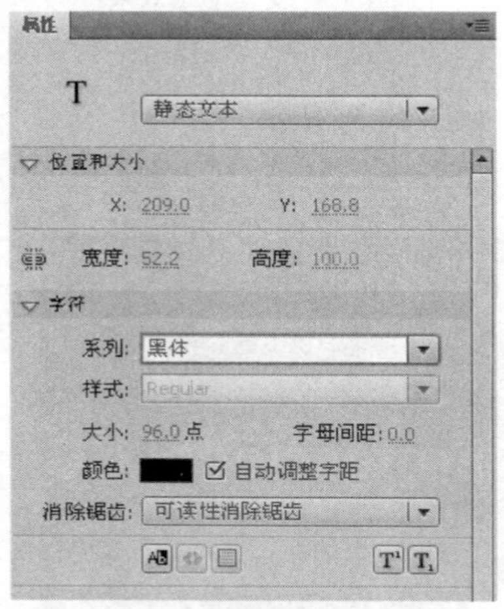

图 24.53　文本工具属性设置

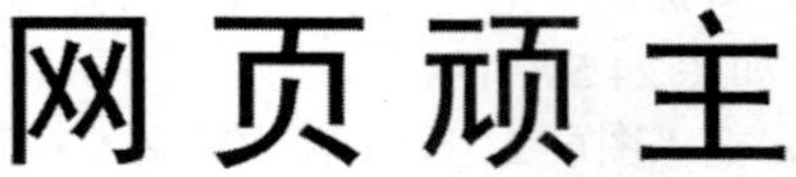

网 页 顽 主

图 24.54　每个关键帧中的文本内容

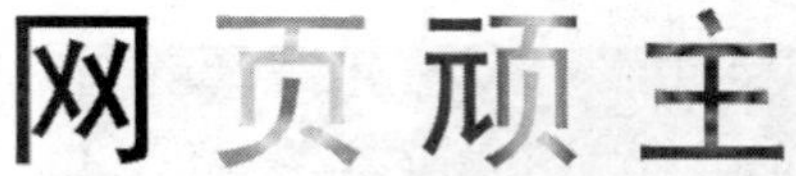

网 页 顽 主

图 24.55　给每个关键帧中的文本添加渐变色

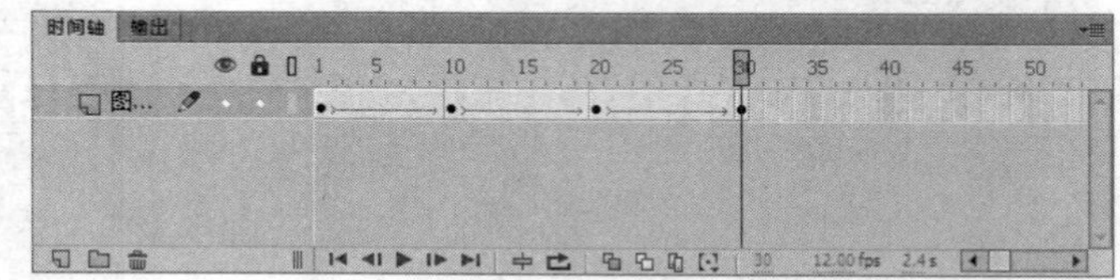

图 24.56　添加形状补间后的时间轴

第 9 步，动画制作完毕。选择“控制”|“测试影片”命令（快捷键：Ctrl+Enter），在 Flash 播放器中预览动画效果。

24.4.3　添加形状提示

在 Flash 中创建形状补间的过程中，关键帧之间的变形过程是由 Flash 软件随机生成的。如果要控制几何图形的变化过程，可以为动画添加形状提示。

形状提示是一个有颜色的实心小圆点，上面标识着小写的英文字母。当形状提示位于图形的内部时，显示为红色；当位于图形的边缘时，起始帧会显示为黄色，结束帧会显示为绿色。下面通过一个简单的案例来学习有关形状提示的制作过程和方法。

【操作步骤】

第 1 步，新建一个 Flash 文件。

第 2 步，选择工具箱中的文本工具，在“属性”面板中设置路径和填充样式。文本类型为“静态文本”，文本填充为“黑色”，字体为 Arial，样式为 Black，字体大小为 150，如图 24.57 所示。

第 3 步，使用文本工具在舞台中输入数字 1。

第 4 步，按 F7 键在时间轴的第 20 帧插入空白关键帧。

第 5 步，使用文本工具，在第 20 帧的舞台中输入数字 2。

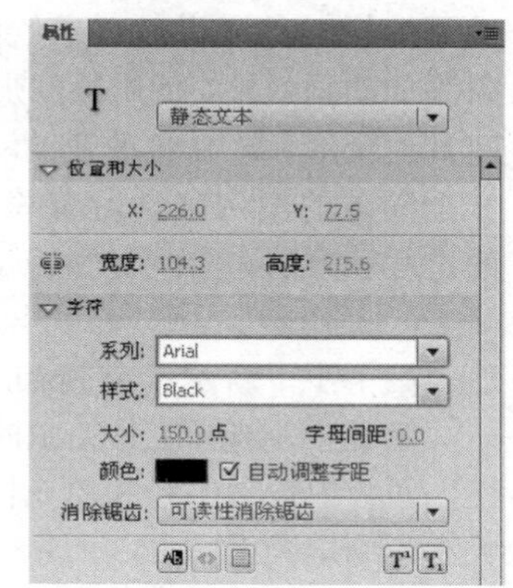

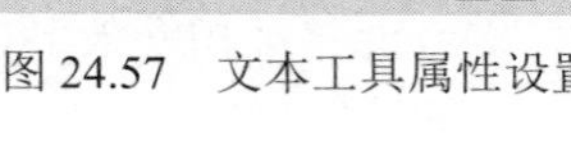

图 24.57　文本工具属性设置

第 6 步，依次选择每个关键帧中的文本，然后选择“修改”|“分离”命令（快捷键：Ctrl+B），把文本分离成可编辑的网格状。

第 7 步，选择“图层 1”中的任意一帧，右击，在弹出的快捷菜单中选择“创建补间形状”命令，时间轴如图 24.58 所示。

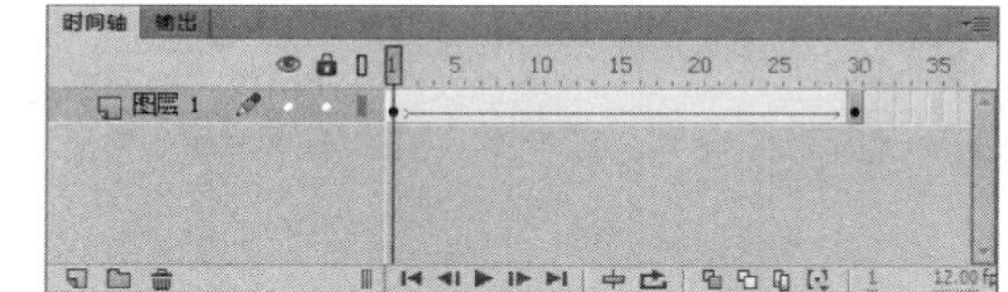

图 24.58　添加形状补间后的时间轴

第 8 步，按 Enter 键，在当前编辑状态中预览动画效果。这时，Flash 软件会随机生成数字由 1 到 2 的变形过程，如图 24.59 所示。

第 9 步，选择第 1 帧，选择“修改”|“形状”|“添加形状提示”命令（快捷键：Shift+Ctrl+H），为动画添加形状提示。

第 10 步，这时，在舞台中的数字 1 上会增加一个红色的 a 点，同样在第 20 帧的数字 2 上也会生成同样的 a 点，如图 24.60 所示。

第 11 步，分别把数字 1 和数字 2 上形状提示点 a 移动到相应的位置，如图 24.61 所示。

第 12 步，可以为动画添加多个形状提示点，在这里继续添加形状提示点 b，并且移动到相应的位置，如图 24.62 所示。

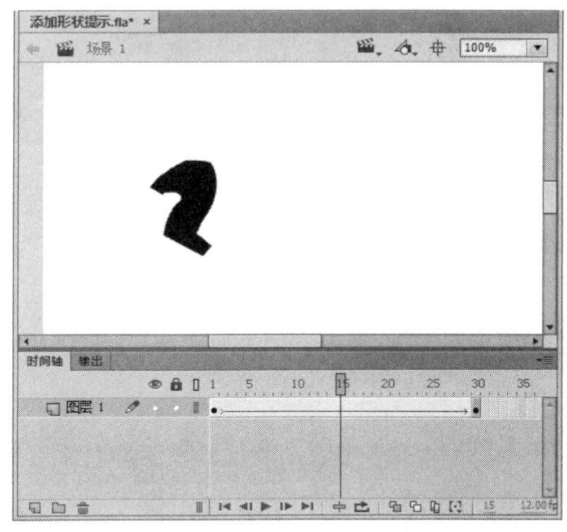

图 24.59　Flash 动画随机生成的变形过程

图 24.60　给动画添加形状提示

图 24.61　移动形状提示点的位置

图 24.62　继续添加形状提示点

第 13 步，至此，使用形状提示的形状补间动画完成了。选择“控制”|“测试影片”命令（快捷键：Ctrl+Enter），在 Flash 播放器中预览动画效果，并观察与没有添加形状提示时动画效果的区别。

24.4.4　制作运动补间动画

运动补间动画是另一种动画制作模式，与前面介绍的传统补间动画没有任何区别，只是补间动画功能提供了更加直观的操作方式，使动画的创建变得更加简单。

【操作步骤】

第 1 步，新建一个 Flash 文件。

第 2 步，选择“修改”|“文档”命令（快捷键：Ctrl+J），打开“文档设置”对话框。

第 3 步，设置舞台的背景颜色为黑色，其他选项保持默认状态，如图 24.63 所示。设置完毕后，单击“确定”按钮。

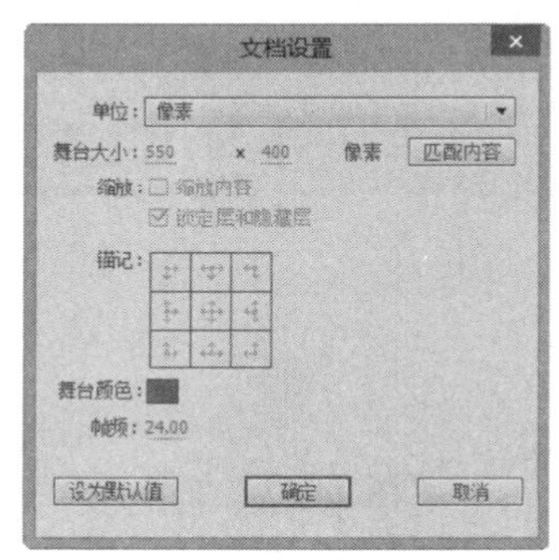

图 24.63　设置舞台的背景颜色为黑色

第 4 步，在舞台中绘制背景效果，如图 24.64 所示。

第 5 步，新建“图层 2”，从“库”面板中拖曳影片剪辑元件“鱼”到舞台中，并且放置到如图 24.65 所示的位置。

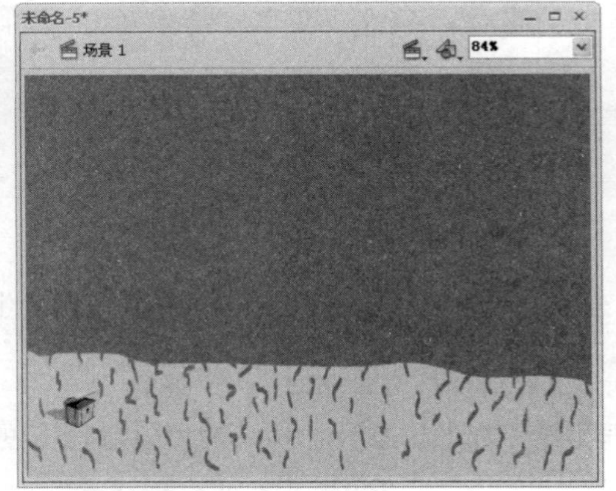

图 24.64　绘制背景

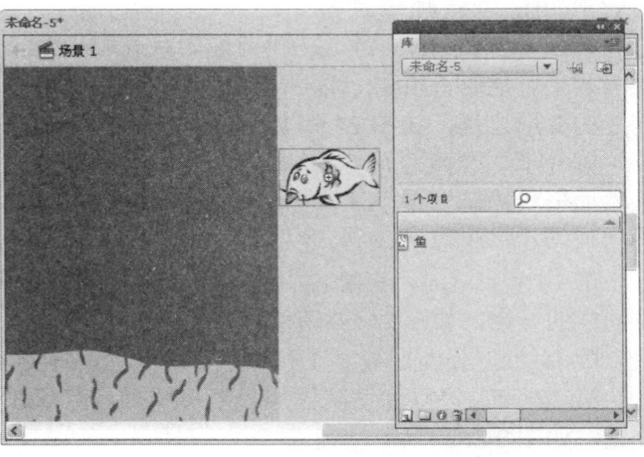

图 24.65　在舞台中放置元件

第 6 步，右击“图层 2”的第 1 帧，在弹出的快捷菜单中选择“创建补间动画”命令，这时 Flash 会自动生成一定数量的补间帧，如图 24.66 所示。

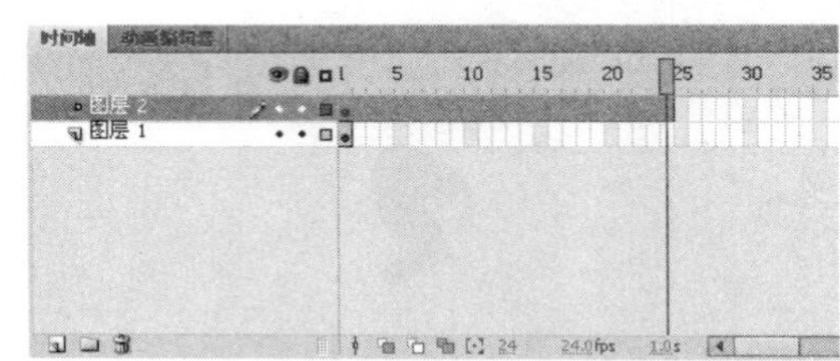

图 24.66　Flash 自动生成的补间帧

第 7 步，右击“图层 2”的第 10 帧，在弹出的快捷菜单中选择“插入关键帧”|“位置”命令，如图 24.67 所示。

第 8 步，把第 10 帧中的元件“鱼”移动到如图 24.68 所示的位置。

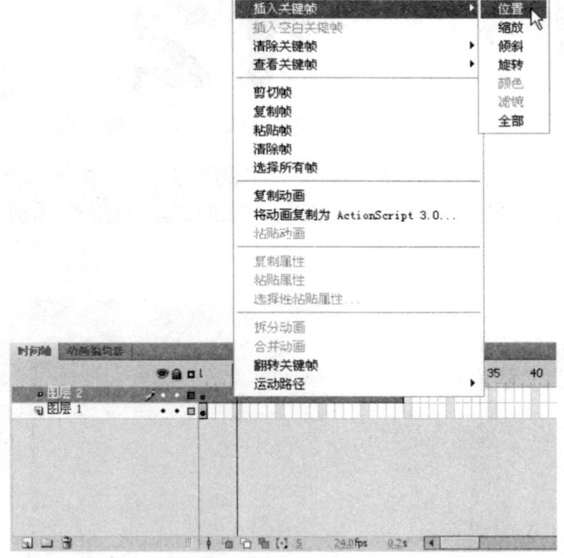

图 24.67　在第 10 帧插入关键帧

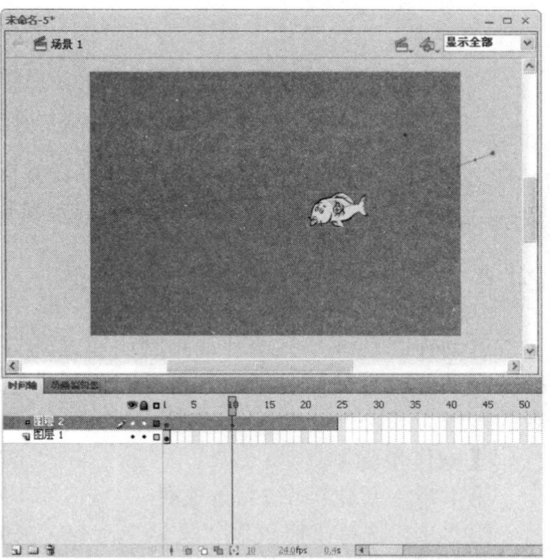

图 24.68　移动元件的位置

第 9 步，除了在快捷菜单中选择“插入关键帧”命令外，也可以直接按 F6 键，在第 20 帧和第

30 帧中插入属性关键帧，并且依次调整位置，如图 24.69 所示。这样鱼移动的效果就制作出来了，但是这时播放动画，会发现鱼是以直线的方式移动的，还需要把移动的路径更改为曲线。

第 10 步，使用选择工具，把鼠标指针移动到补间动画生成的路径上，这时在其右下角会出现一个弧线的图标，按住鼠标左键不放，拖曳补间动画的路径，即可把直线调整为曲线，如图 24.70 所示。

第 11 步，可以修改任意关键帧来调整补间路径，如果需要精确调整，可以使用部分选取工具，调整路径上属性关键帧的控制手柄，调整的方法和调整路径点类似，如图 24.71 所示。

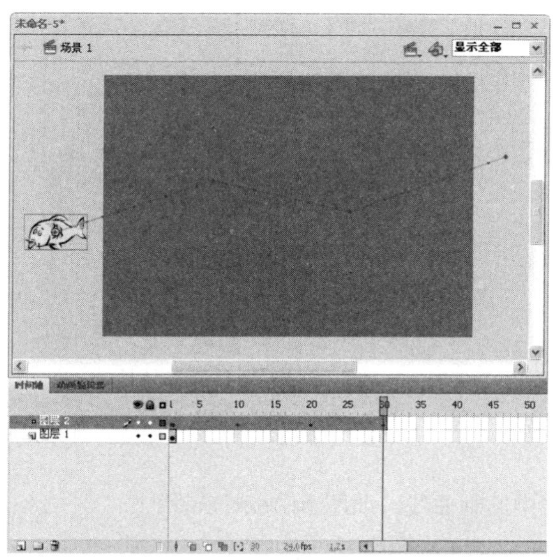

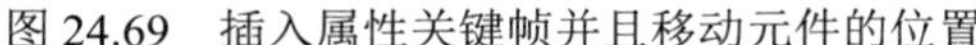

图 24.69 插入属性关键帧并且移动元件的位置

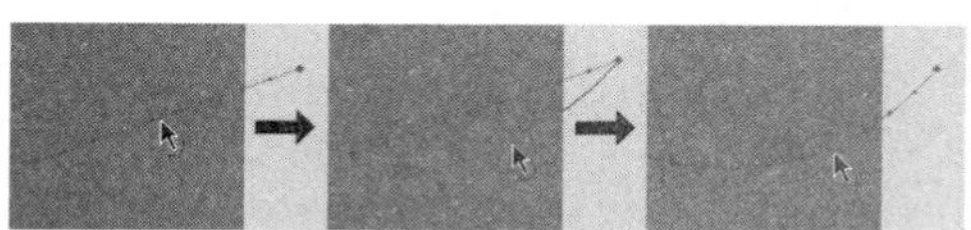

图 24.70 修改补间路径

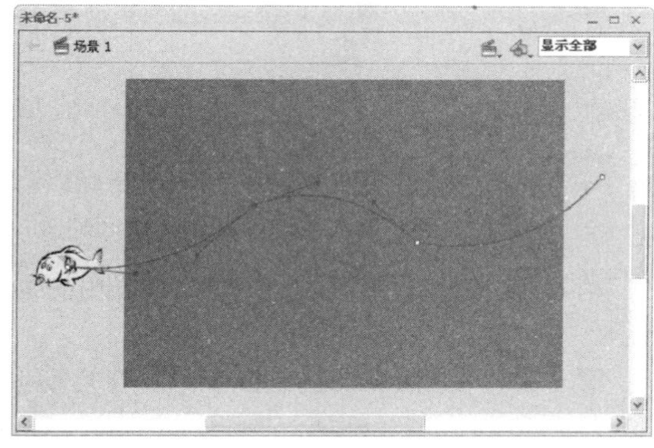

图 24.71 调整补间路径点

第 12 步，选择“图层 1”的第 30 帧，按 F5 键插入静态延长帧。选择“控制”|“测试影片”命令（快捷键：Ctrl+Enter），在 Flash 播放器中预览动画效果。

24.5 设计引导线动画

使用补间动画可以制作对象按某一路径移动的效果，但是如果需要对路径进行精确控制，引导线动画是最好的选择。下面演示如何使用引导线制作一个小白兔吃萝卜时一蹦一跳的动画效果。

【操作步骤】

第 1 步，新建一个 Flash 文件。

第 2 步，使用 Flash 的绘图工具，在“图层 1”中绘制动画的背景，在“图层 2”中绘制小白兔，在“图层 3”中绘制胡萝卜，如图 24.72 所示。

图 24.72 在舞台中绘制动画的素材

第 3 步，依次把这 3 个图形转换为图形元件，并在舞台中排列好位置。

第 4 步，在“图层 2”的第 20 帧按 F6 键，插入关键帧，并创建补间动画，如图 24.73 所示。

第 5 步，分别在“图层 1”、“图层 2”和“图层 3”的第 30 帧按 F5 键，插入静态延长帧，如图 24.74 所示。

Note

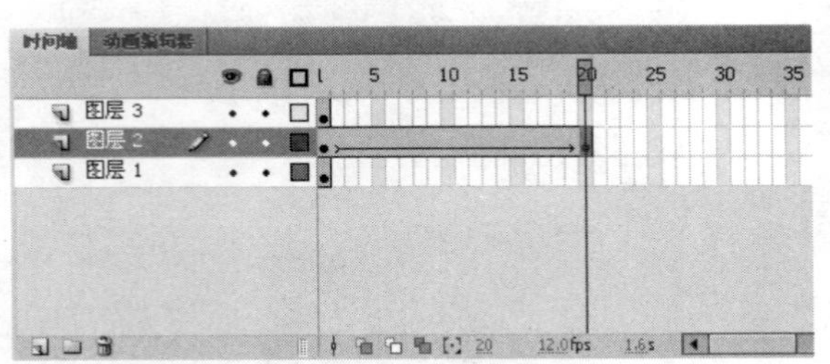

图 24.73　插入关键帧并创建补间动画

图 24.74　插入静态延长帧

第 6 步，选择“图层 2”，右击，在弹出的快捷菜单中选择“添加传统运动引导层”命令，如图 24.75 所示。

第 7 步，使用 Flash 的绘图工具，在运动引导层中绘制曲线，如图 24.76 所示。

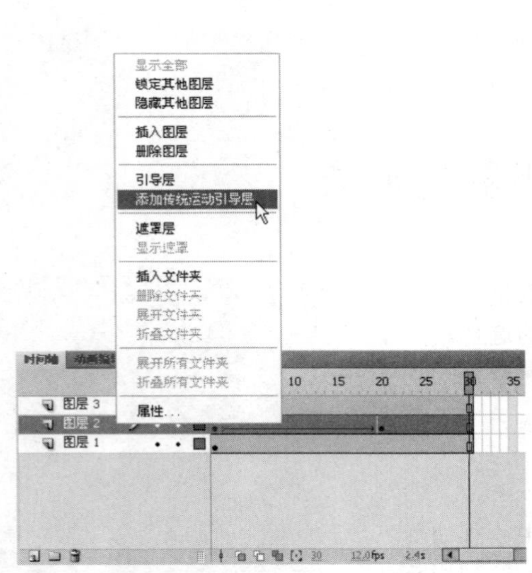

图 24.75　在“图层 2”的上方创建运动引导层

图 24.76　在运动引导层中绘制曲线

第 8 步，选择“图层 2”的第 1 帧，把小白兔的元件注册中心点对齐曲线的起始位置，如图 24.77 所示。

第 9 步，选择“图层 2”的第 20 帧，把小白兔的元件注册中心点对齐曲线的结束位置，并在第 1 帧和第 20 帧之间创建补间动画，如图 24.78 所示。

图 24.77　把第 1 帧的小白兔对齐曲线起始点

图 24.78　把第 20 帧的小白兔对齐曲线结束点

第 10 步，在“图层 3”的第 15 帧和第 25 帧按 F6 键，插入关键帧，并创建运动补间动画，如图 24.79 所示。

第 11 步，选择第 25 帧中的胡萝卜，移动到舞台的右侧，如图 24.80 所示。

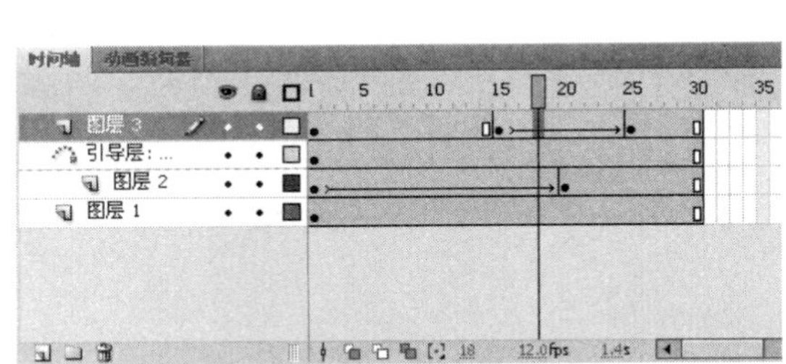

图 24.79　“图层 3”的时间轴

图 24.80　将胡萝卜移动到舞台的右侧

第 12 步，制作完毕，选择“控制”|“测试影片”命令（快捷键：Ctrl+Enter），在 Flash 播放器中预览动画效果。

24.6　设计遮罩动画

遮罩是将某层作为遮罩层，遮罩层的下一层是被遮罩层，只有遮罩层中填充色块下的内容可见，色块本身不可见。遮罩的项目可以是填充的形状、文本对象、图形元件实例和影片剪辑元件。一个遮罩层下方可以包含多个被遮罩层，按钮不能用来制作遮罩。

24.6.1　定义遮罩层动画

位于遮罩层上方的图层称为“遮罩层”，用户可以给遮罩层制作动画，从而实现遮罩形状改变的动画效果。下面利用遮罩层制作一个文本遮罩效果。

Note

【操作步骤】

第 1 步，新建一个 Flash 文件。

第 2 步，选择工具箱中的矩形工具，在“图层 1”中绘制一个矩形。

第 3 步，选择“窗口”|“对齐”命令（快捷键：Ctrl+K），打开 Flash 的“对齐”面板，使矩形匹配舞台的尺寸，并且对齐舞台的中心位置，如图 24.81 所示。

第 4 步，给矩形填充线性渐变色，使两端为白色，中间为黑色，如图 24.82 所示。

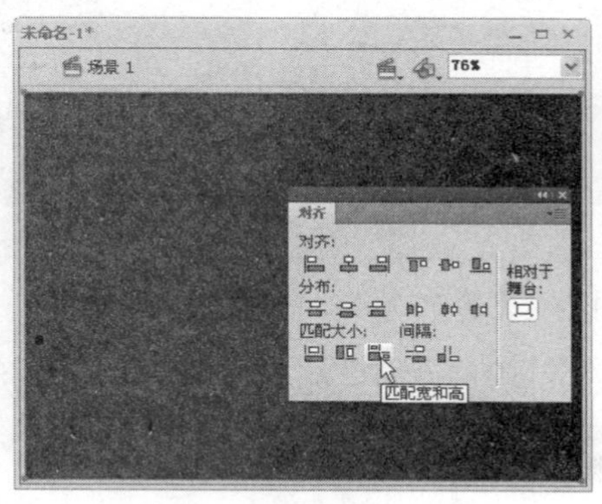

图 24.81　使用“对齐”面板把矩形对齐到舞台中心

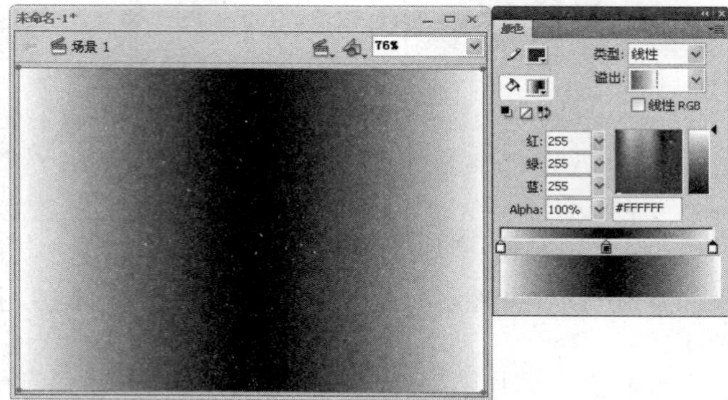

图 24.82　给矩形填充线性渐变色

第 5 步，选择工具箱中的填充变形工具，把矩形的渐变色由左右方向调整为上下方向，如图 24.83 所示。

第 6 步，单击时间轴中的“新建图层”按钮，创建“图层 2”。

第 7 步，使用工具箱中的文本工具，在“图层 2”的第 1 帧中输入一段文本，并且把文本对齐到舞台的下方，如图 24.84 所示。

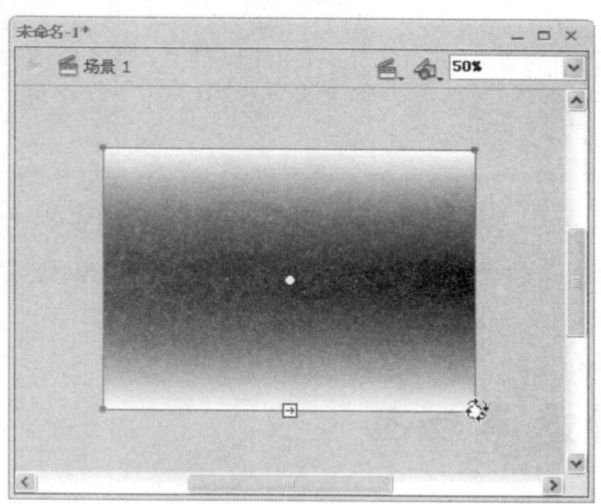

图 24.83　调整线性渐变方向

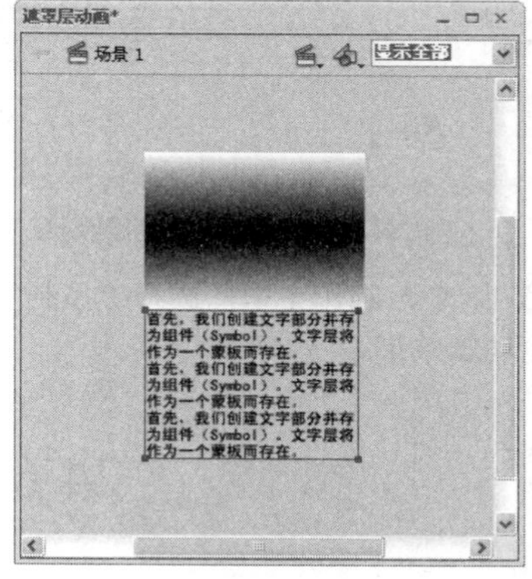

图 24.84　在舞台中添加文本

第 8 步，选择文本，按 F8 键，将其转换为图形元件。

第 9 步，在“图层 2”的第 30 帧按 F6 键，插入关键帧，并且创建补间动画。

第 10 步，在“图层 1”的第 30 帧按 F5 键，插入静态延长帧。

第 11 步，将“图层 2”的第 30 帧中的文本对齐到舞台的上方，并创建传统补间，如图 24.85 所示。

第 12 步，在“图层 2”上右击，在弹出的快捷菜单中选择“遮罩层”命令，如图 24.86 所示。

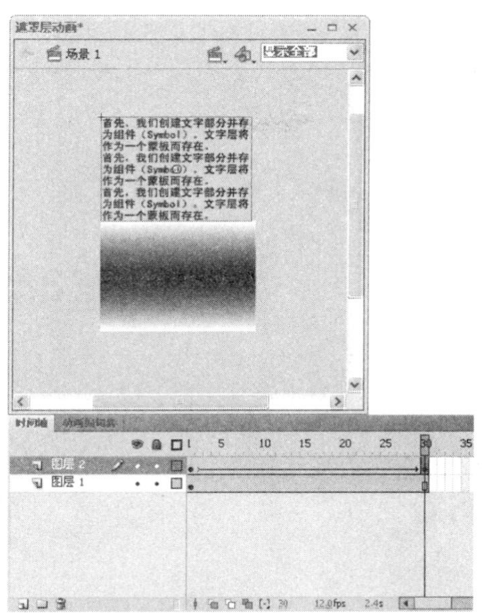

图 24.85　将文本对齐到舞台上方

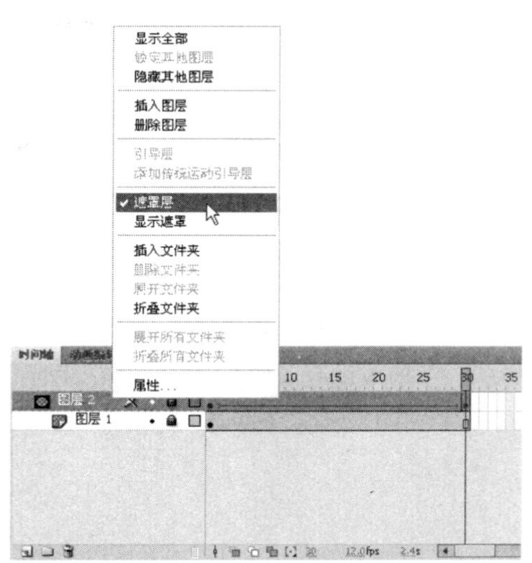

图 24.86　选择"遮罩层"命令

第 13 步，动画制作完毕。选择"控制"|"测试影片"命令（快捷键：Ctrl+Enter），在 Flash 播放器中预览动画效果，如图 24.87 所示。

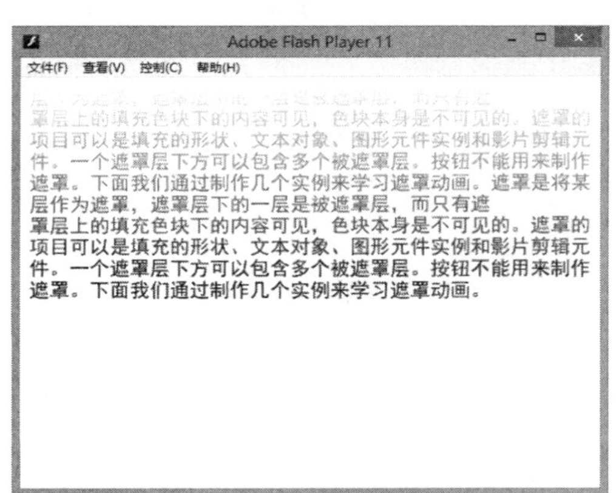

图 24.87　最终动画效果

24.6.2　定义被遮罩层动画

位于遮罩层下方的图层称为"被遮罩层"，用户也可以给被遮罩层制作动画，从而实现遮罩内容改变的动画效果。下面演示使用被遮罩层制作一个旋转球体的效果。

【操作步骤】

第 1 步，新建一个 Flash 文件。

第 2 步，选择"修改"|"文档"命令（快捷键：Ctrl+J），打开"文档设置"对话框。

第 3 步，设置舞台的背景颜色为"白色"，宽度为 200px，高度为 200px，其他选项保持默认状态，如图 24.88 所示。设置完毕后，单击"确定"按钮。

第 4 步，选择"文件"|"导入"|"导入到舞台"命令（快捷键：Ctrl+R），向当前的动画中导入图片素材，如图 24.89 所示。

第 5 步，按 F8 键，把图片转换为一个图形元件。

第 6 步，单击时间轴中的"新建图层"按钮，创建"图层 2"。

第 7 步，选择椭圆工具，在"图层 2"对应的舞台中绘制一个没有边框的椭圆。

第 8 步，给"图层 2"中的椭圆填充放射状渐变，如图 24.90 所示。

第 9 步，在"图层 1"的第 30 帧按 F6 键，插入关键帧，并创建补间动画。

第 10 步，在"图层 2"的第 30 帧按 F5 键，插入静态延长帧。

第 11 步，为了便于对齐，选择"图层 2"的轮廓显示模式。

Note

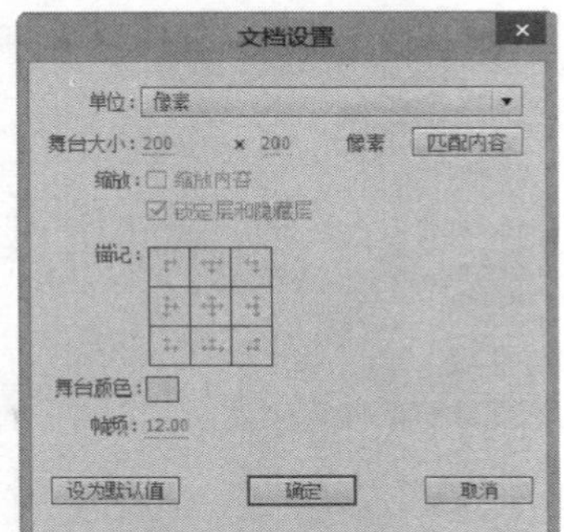

图 24.88　设置文档属性

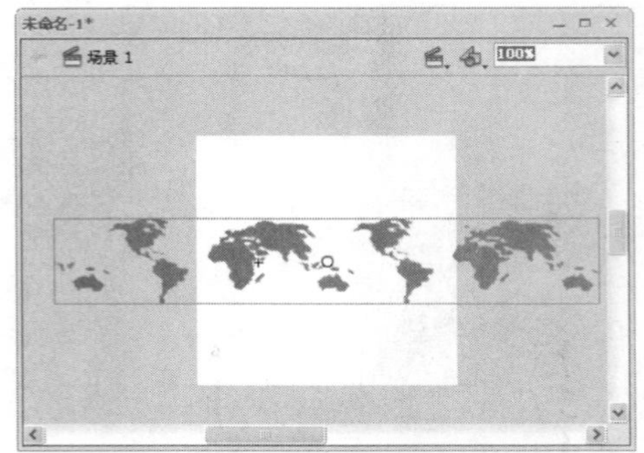

图 24.89　向舞台中导入一张图片素材

第 12 步，把“图层 1”中第 1 帧的底图和椭圆对齐到如图 24.91 所示的位置。

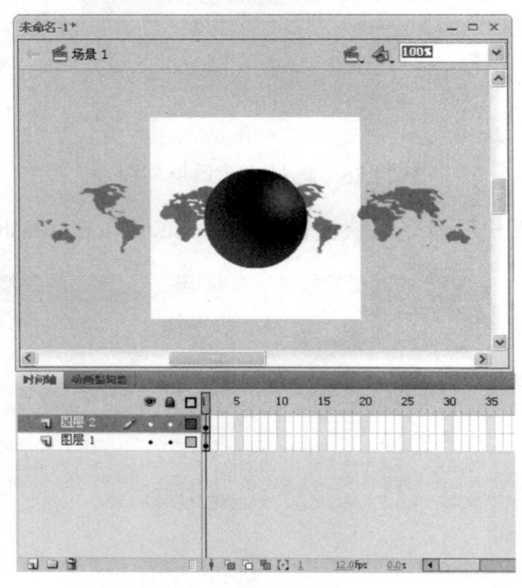

图 24.90　绘制椭圆并填充放射状渐变

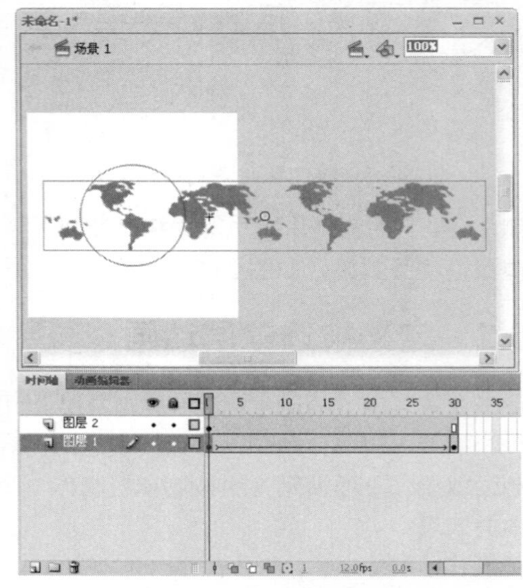

图 24.91　把第 1 帧的底图和椭圆对齐

第 13 步，把“图层 2”中第 30 帧的底图和椭圆对齐到如图 24.92 所示的位置。

第 14 步，右击“图层 2”，在弹出的快捷菜单中选择“遮罩层”命令。

第 15 步，单击时间轴中的“新建图层”按钮，在“图层 2”上方创建“图层 3”。

第 16 步，按 Ctrl+L 快捷键，打开当前影片的“库”面板，把图形元件椭圆拖曳到“图层 3”的舞台中。

第 17 步，使用“对齐”面板，把“图层 3”中的椭圆对齐到舞台中心位置，如图 24.93 所示。

第 18 步，选择“图层 3”中的图形元件，在“属性”面板中设置透明度为 70，如图 24.94 所示。

第 19 步，按 Shift 键，选择“图层 1”和“图层 2”中的所有帧，右击，在弹出的快捷菜单中选择“复制帧”命令。

第 20 步，单击时间轴中的“新建图层”按钮，在“图层 3”的上方创建“图层 4”。

第 21 步，右击“图层 4”的第 1 帧，在弹出的快捷菜单中选择“粘贴帧”命令，把“图层 1”和“图层 2”中的所有内容粘贴到“图层 4”中，如图 24.95 所示。

第 22 步，选择“图层 5”中的所有帧，右击，在弹出的快捷菜单中选择“翻转帧”命令。

第 23 步，动画制作完毕。选择“控制”|“测试影片”命令（快捷键：Ctrl+Enter），在 Flash 播

放器中预览动画效果，如图 24.96 所示。可以看到，动画的内容都显示在一个椭圆的形状内，有自转的效果，是因为有两个遮罩动画，但是这两个动画的移动方向相反。在“图层 3”中添加透明度为 70 的椭圆的目的是为了遮盖住下方的遮罩动画，使其颜色加深，看起来像是阴影。

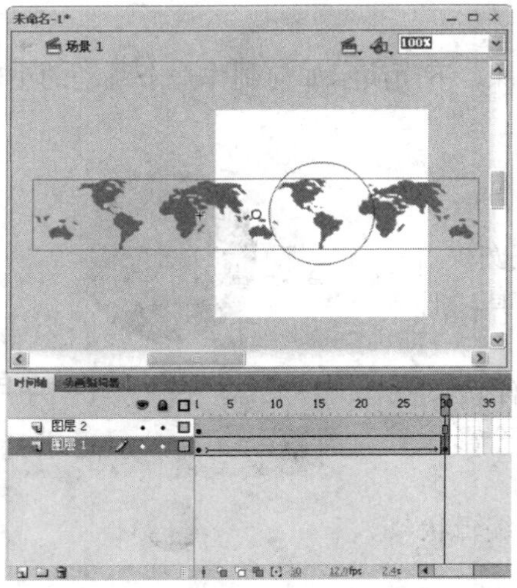

图 24.92　将第 30 帧的底图和椭圆对齐

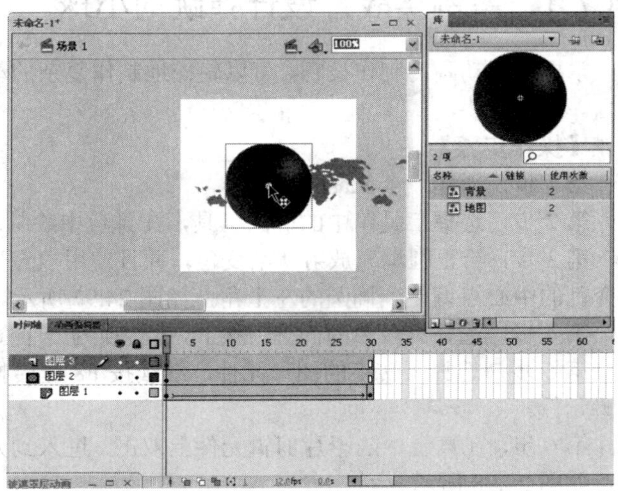

图 24.93　把库中的椭圆拖曳到“图层 3”中

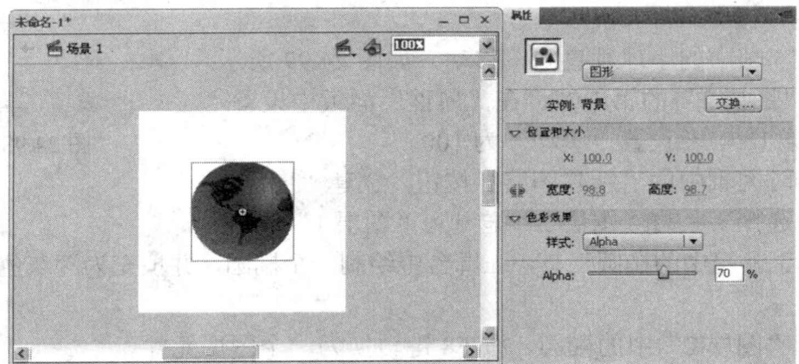

图 24.94　设置“图层 3”中椭圆的透明度为 70

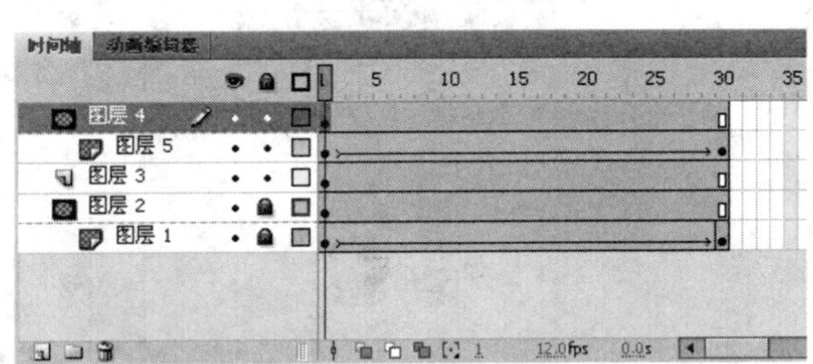

图 24.95　把“图层 1”和“图层 2”的内容复制到“图层 4”和“图层 5”中

图 24.96　最终动画效果

24.7　设计复杂动画

利用影片剪辑元件和图形元件来制作动画的局部，可以实现复合动画的效果。复合的概念很简单，就是在元件的内部有一个动画效果，然后把这个元件拿到场景中再制作另一个动画效果，在预览动画时两种效果可以重叠在一起。

24.7.1　案例实战：设计弹跳的小球

Note

掌握复合动画的制作技巧，可以轻松地制作复杂的动画效果。下面演示如何制作一个跳动的小球动画。

【操作步骤】

第 1 步，新建一个 Flash 文件。

第 2 步，选择工具箱中的椭圆工具，在舞台中绘制一个正圆。

第 3 步，给正圆填充放射状渐变色，并且使用填充变形工具，把渐变色的中心点调整到椭圆的左上角，如图 24.97 所示。

图 24.97　调整小球的渐变色

第 4 步，选择舞台中的椭圆，按 F8 键转换为一个图形元件。

第 5 步，选择所转换的图形元件，继续按 F8 键转换为一个影片剪辑元件。

第 6 步，在舞台中的影片剪辑元件上双击，进入到元件的编辑状态，如图 24.98 所示。

第 7 步，分别在“图层 1”的第 15 帧和第 30 帧按 F6 键，插入关键帧，创建补间动画。

第 8 步，把第 15 帧中的小球垂直向下移动，如图 24.99 所示。

第 9 步，选择“图层 1”的第 1 帧，在“属性”面板中设置“缓动”为-100；选择第 15 帧，设置“缓动”为 100。

图 24.98　进入到影片剪辑元件的编辑状态

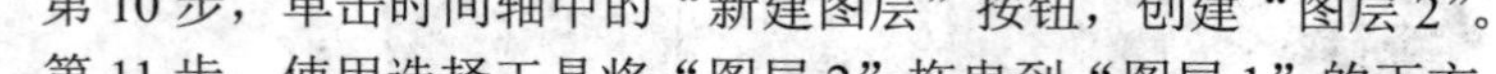

第 10 步，单击时间轴中的“新建图层”按钮，创建“图层 2”。

第 11 步，使用选择工具将“图层 2”拖曳到“图层 1”的下方。

第 12 步，选择工具箱中的椭圆工具，在舞台中绘制一个椭圆，并填充为深灰色，用来制作小球的阴影。

第 13 步，选择“图层 2”中的椭圆，按 F8 键转换为一个图形元件。

第 14 步，将椭圆和第 15 帧中的小球对齐，如图 24.100 所示。

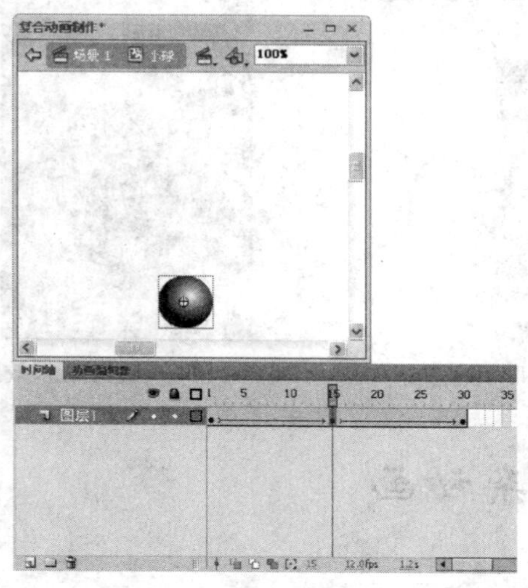

图 24.99　将第 15 帧中的小球垂直往下移动

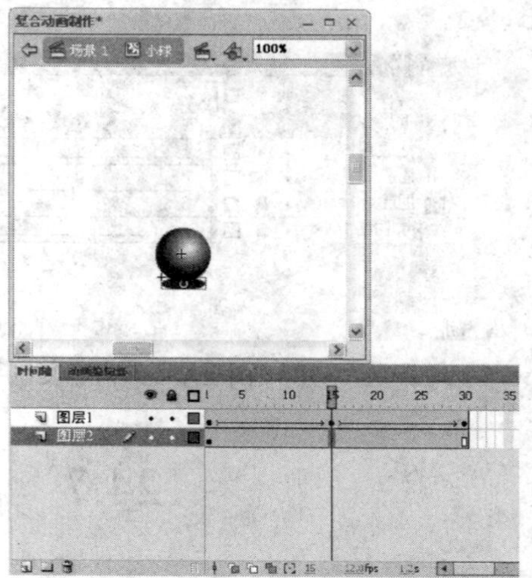

图 24.100　将椭圆和小球对齐

第 15 步，分别在“图层 2”的第 15 帧和第 30 帧按 F6 键，插入关键帧，并创建补间动画。

第 16 步，将“图层 2”第 1 帧和第 30 帧中的椭圆适当缩小。

第 17 步，选择“图层 2”的第 1 帧，在“属性”面板中设置“缓动”为-100；选择第 15 帧，设置“缓动”为 100。

第 18 步，单击时间轴左上角的“场景 1”按钮，返回场景的编辑状态。

第 19 步，将场景中的影片剪辑元件对齐到舞台的左侧。

第 20 步，在“图层 1”的第 30 帧按 F6 键插入关键帧，并创建补间动画，如图 24.101 所示。

第 21 步，将场景中第 30 帧中的影片剪辑元件移动到舞台的右侧。

第 22 步，动画制作完毕，选择“控制”|“测试影片”命令（快捷键：Ctrl+Enter），在 Flash 播放器中预览动画效果，如图 24.102 所示。这时小球只会弹跳一次，如果需要让小球弹跳多次，可以把场景中的帧数延长为影片剪辑元件帧数的整数倍即可。

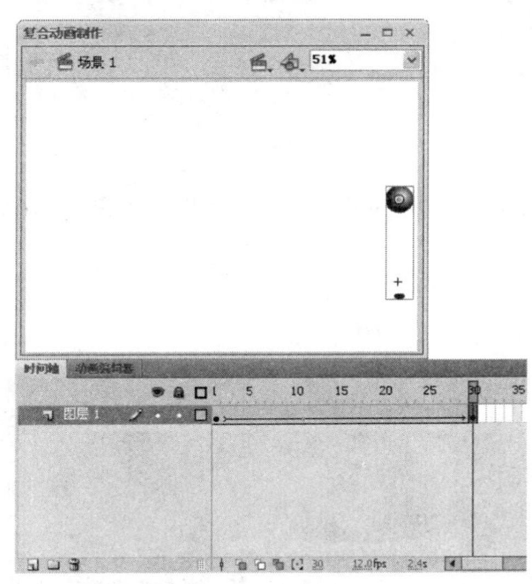

图 24.101　在场景中给影片剪辑元件制作动画

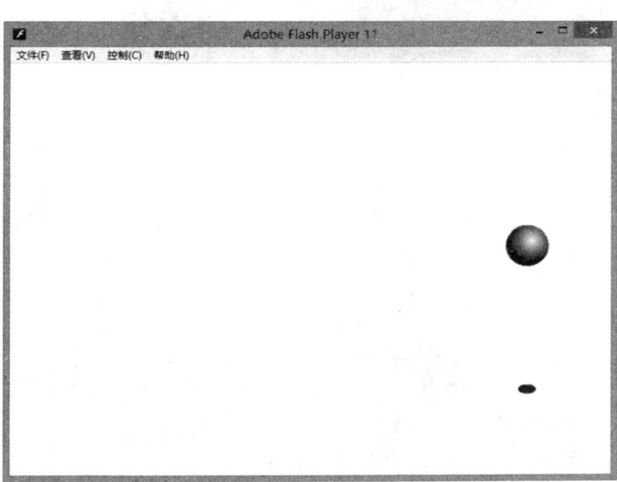

图 24.102　预览动画效果

24.7.2　案例实战：设计探照灯效果

本案例通过制作遮罩层动画来实现探照灯效果。文本的颜色不同是因为文本有两个不同的图层，每个图层中文本的颜色效果不一样。在舞台中会有一个圆形的探照灯来回移动，当移动到文本上时可以改变文本的颜色，如图 24.103 所示。通过使用“复制帧”命令可以快速地复制关键帧中的内容。文本有两个图层，而且两个图层中的文本效果不一样。遮罩只遮住上方的图层。

图 24.103　探照灯动画效果

【操作步骤】

第 1 步，新建一个 Flash 文件。

第 2 步，选择工具箱中的矩形工具，在“图层 1”中绘制一个矩形。

第 3 步，选择“窗口”|“对齐”命令（快捷键：

Note

Ctrl+K），打开 Flash 的“对齐”面板，使矩形匹配舞台的尺寸，并且对齐舞台的中心位置，如图 24.104 所示。

第 4 步，为矩形填充由浅灰到深灰的线性渐变色，如图 24.105 所示。

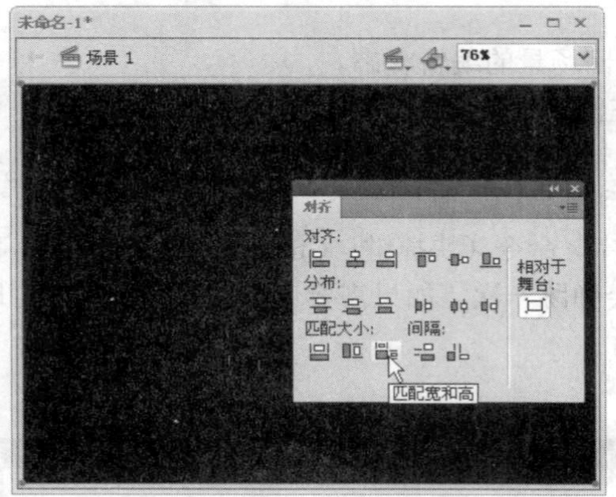

图 24.104　使用“对齐”面板把矩形对齐到舞台中心

图 24.105　给矩形填充线性渐变色

第 5 步，选择工具箱中的渐变变形工具，把矩形的渐变色由左右方向调整为上下方向，如图 24.106 所示。

第 6 步，选择文本工具，在舞台中输入文本“动画设计 Flash Professional CC”。

第 7 步，在“属性”面板中设置文本的填充颜色为灰色，如图 24.107 所示。

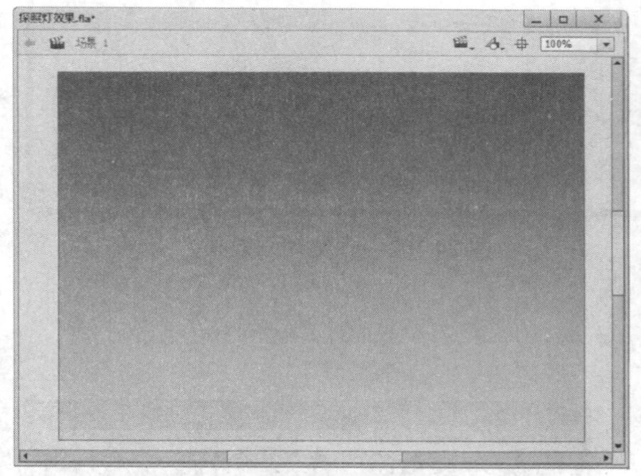

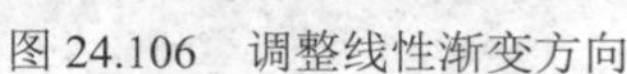
图 24.106　调整线性渐变方向

图 24.107　调整文本颜色

第 8 步，打开“滤镜”面板，为文本添加投影，滤镜设置保持默认即可，如图 24.108 所示。

图 24.108　为文本添加投影滤镜

第 9 步，单击时间轴中的“新建图层”按钮，创建“图层 2”。

第 10 步，右击“图层 1”中的第 1 帧，在弹出的快捷菜单中选择“复制帧”命令。

第 11 步，右击“图层 2”的第 1 帧，在弹出的快捷菜单中选择“粘贴帧”命令，把“图层 1”中的所有内容粘贴到“图层 2”中。

第 12 步，使用“混色器”面板，把“图层 2”中的矩形颜色更改为较浅的灰色渐变。

第 13 步，将“图层 2”中的文本滤镜删除，把文本颜色填充为白色，如图 24.109 所示。

第 14 步，分别在“图层 1”和“图层 2”的第 30 帧按 F5 键，插入静态延长帧。

第 15 步，单击时间轴中的“新建图层”按钮，在“图层 2”的上方创建“图层 3”。

第 16 步，选择工具箱中的椭圆工具，在舞台中绘制一个正圆，并对齐到舞台的最左侧，如图 24.110 所示。

图 24.109 调整“图层 2”中矩形和文本的颜色

图 24.110 在“图层 3”所对应的舞台中绘制一个正圆

第 17 步，选择舞台中的正圆，按 F8 键转换为图形元件。

第 18 步，在“图层 3”的第 15 帧和第 30 帧按 F6 键，插入关键帧，创建运动补间动画。

第 19 步，将第 15 帧的正圆移动到舞台的最右侧，如图 24.111 所示。

图 24.111 调整第 15 帧的正圆位置

第 20 步，右击“图层 3”，在弹出的快捷菜单中选择“遮罩层”命令。

第 21 步，动画制作完毕。选择“控制”|“测试影片”命令（快捷键：Ctrl+Enter），在 Flash 播放器中预览动画效果，如图 24.103 所示。

24.7.3　案例实战：设计 3D 运动效果

Note

本案例将制作一个 3D 环绕运动动画，在舞台中会有 3 个小球围绕椭圆移动，如图 24.112 所示。通过制作引导线动画来实现小球围绕椭圆移动的效果。动画中的 3 个小球移动的效果相同，可以把动画制作在影片剪辑元件中，以便反复调用。

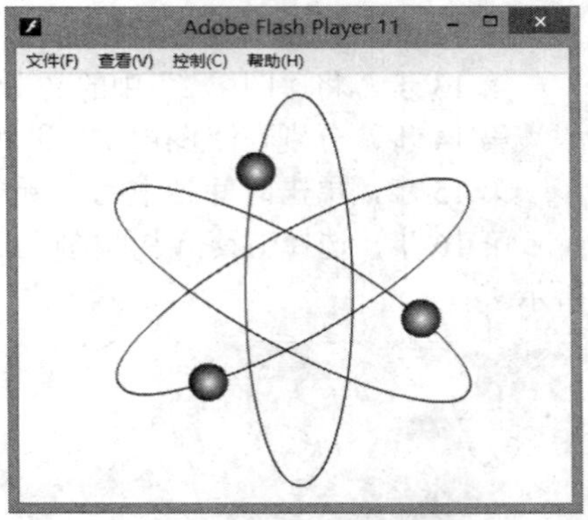

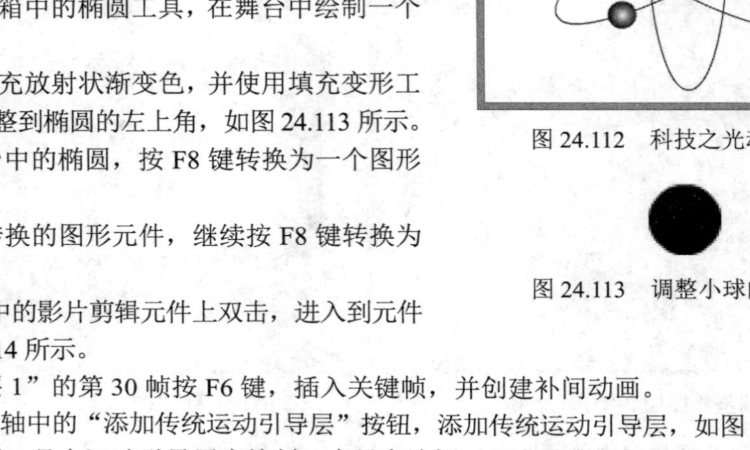

图 24.112　科技之光动画效果

图 24.113　调整小球的渐变色

【操作步骤】

第 1 步，新建一个 Flash 文件。

第 2 步，选择工具箱中的椭圆工具，在舞台中绘制一个正圆。

第 3 步，为正圆填充放射状渐变色，并使用填充变形工具把渐变色的中心点调整到椭圆的左上角，如图 24.113 所示。

第 4 步，选择舞台中的椭圆，按 F8 键转换为一个图形元件。

第 5 步，选择所转换的图形元件，继续按 F8 键转换为一个影片剪辑元件。

第 6 步，在舞台中的影片剪辑元件上双击，进入到元件的编辑状态，如图 24.114 所示。

第 7 步，在“图层 1”的第 30 帧按 F6 键，插入关键帧，并创建补间动画。

第 8 步，单击时间轴中的“添加传统运动引导层”按钮，添加传统运动引导层，如图 24.115 所示。

第 9 步，使用椭圆工具在运动引导层中绘制一个只有边框，没有填充色的椭圆。

第 10 步，放大视图显示比例，使用选择工具删除椭圆的一小部分，如图 24.116 所示。

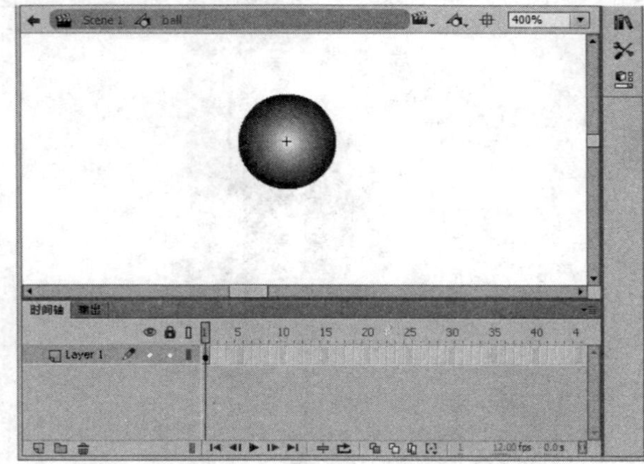

图 24.114　进入影片剪辑元件的编辑状态

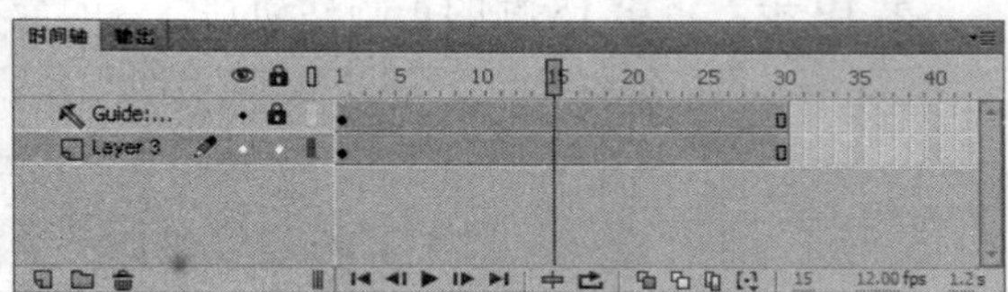

图 24.115　添加传统运动引导层

图 24.116　删除椭圆的一小部分

第 11 步，使用选择工具，把“图层 1”中第 1 帧的小球和椭圆边框的上缺口对齐，如图 24.117 所示。

第 12 步，使用选择工具，把“图层 1”中第 30 帧的小球和椭圆边框的下缺口对齐，如图 24.118 所示。

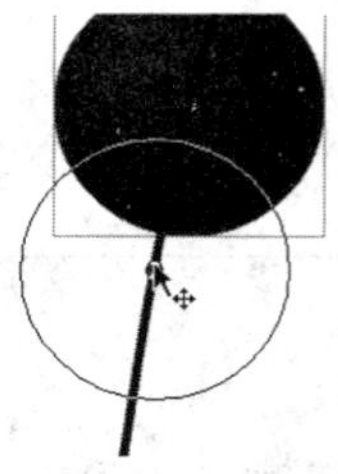

图 24.117　将球对齐到椭圆边框的上缺口

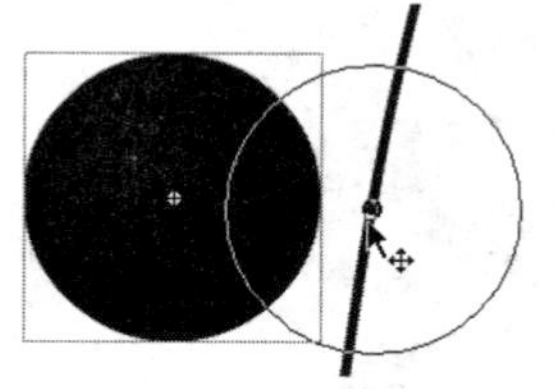

图 24.118　把小球对齐到椭圆边框的下缺口

第 13 步，单击时间轴中的“新建图层”按钮，在运动引导层的上方创建“图层 3”。

第 14 步，在“图层 3”中绘制一个和引导层中同样尺寸的椭圆边框，并对齐到相同的位置，如图 24.119 所示。

第 15 步，单击时间轴左上角的“场景 1”按钮，返回场景的编辑状态。

第 16 步，选择“窗口”|“变形”命令（快捷键：Ctrl+T），打开 Flash 的“变形”面板。

第 17 步，选择舞台中的影片剪辑元件，在“变形”面板中的“旋转”文本框中输入“120”，然后单击“重制选区和变形”按钮。

第 18 步，选择舞台中的影片剪辑元件，在“变形”面板中的“旋转”文本框中输入“-120”，然后单击“重制选区和变形”按钮，效果如图 24.120 所示。

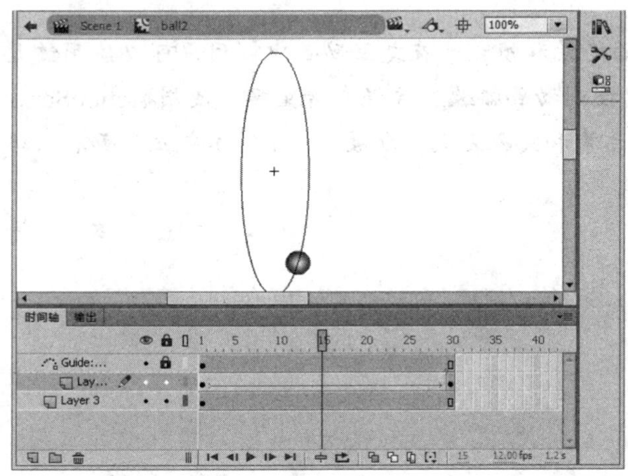

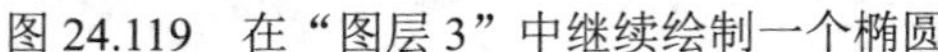

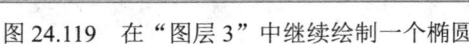

图 24.119　在“图层 3”中继续绘制一个椭圆

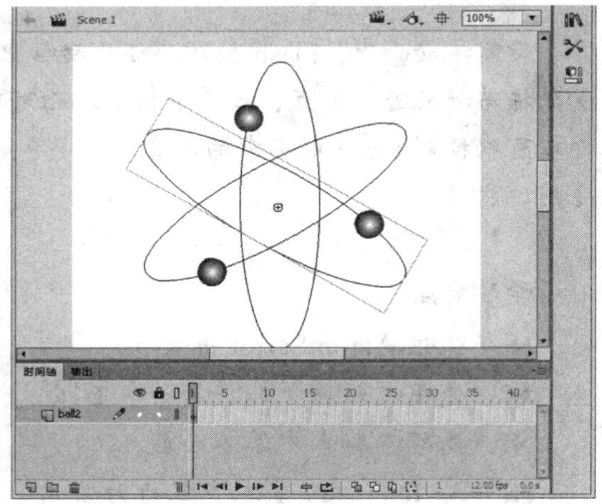

图 24.120　对场景中的影片剪辑元件复制并旋转

第 19 步，动画制作完毕。选择“控制”|“测试影片”命令（快捷键：Ctrl+Enter），在 Flash 播放器中预览动画效果，如图 24.112 所示。

第25章

设计交互式动画

（视频讲解：45分钟）

在简单动画中，Flash按顺序播放动画中的场景和帧，而在交互动画中，用户可以使用键盘或鼠标与动画进行交互，如单击控制按钮可以控制动画播放、暂停或者重播，使用ActionScript脚本可以控制Flash动画中的对象，创建导航元素和交互元素，扩展Flash创作交互动画和网络应用的能力。

学习重点：

- 认识ActionScript语言
- 使用“动作”和“行为”面板
- 能够在脚本中添加函数
- ActionScript基本交互行为应用

25.1　ActionScript 概述

ActionScript 是 Flash 的脚本语言，它是一种面向对象的编程语言。随着 Flash 版本的不断更新，ActionScript 也发生着重大的变化，从最初 Flash 4 中所包含的十几个基本函数，提供对影片的简单控制，到现在 Flash CC 中面向对象的编程语言，并且可以使用 ActionScript 来开发应用程序，这意味着 Flash 平台的重大变革。

25.1.1　ActionScript 版本介绍

Flash 中包含多个 ActionScript 版本，以满足各类开发人员开发需求。

（1）ActionScript 3.0

ActionScript 3.0 的执行速度极快，与其他 ActionScript 版本相比，此版本要求开发人员对面向对象的编程概念有更深入的了解。ActionScript 3.0 完全符合 ECMAScript 规范，提供了更出色的 XML 处理以及改进的事件模型和用于处理屏幕元素的改进的体系结构。使用 ActionScript 3.0 的 FLA 文件不能包含 ActionScript 的早期版本。

（2）ActionScript 2.0

ActionScript 2.0 比 ActionScript 3.0 更容易学习。尽管 Flash Player 运行编译后的 ActionScript 2.0 代码比运行编译后的 ActionScript 3.0 代码速度慢，但 ActionScript 2.0 对于许多计算量不大的项目仍然十分有用，例如，更面向设计的内容。ActionScript 2.0 也基于 ECMAScript 规范，但并不完全遵循该规范。

（3）ActionScript 1.0

ActionScript 1.0 是最简单的 ActionScript，仍为 Flash Lite Player 的一些版本所使用。ActionScript 1.0 和 ActionScript 2.0 可共存于同一个 FLA 文件中。

启动 Flash CC 软件后，在默认的欢迎界面中即可选择创建各种 ActionScript 版本的 Flash 影片，但是不再支持 ActionScript 1.0 和 ActionScript 2.0，如图 25.1 所示。

图 25.1　Flash CC 的欢迎界面

Note

25.1.2 了解 ActionScript 3.0

在 Flash CC 中，ActionScript 被进行了大量的更新，所包含的最新版本称为 ActionScript 3.0，ActionScript 3.0 相比早期的 ActionScript 2.0 发生了较大的变化。

ActionScript 3.0 提供了一种强大的、面向对象的编程语言，这是 Flash Player 功能发展过程中重要的一步。该语言的设计意图是，在可重用代码的基础上构建丰富的 Internet 应用程序。

ActionScript 3.0 基于 ECMAScript，符合 ECMAScript（ECMA-262）第 3 版语言规范（ECMAScript（ECMA-262）Edition 3 Language Specification）。早期的 ActionScript 版本已经提供了在线体验的功能和灵活性，ActionScript 3.0 将促进和发展这种性能，提供高度复杂的应用，并且能够结合大型数据库以及可移植性的面向对象的代码。拥有 ActionScript 3.0，开发者可能达到高效执行效率和表现统一的平台。

ActionScript 由嵌入在 Flash Player 中的 ActionScript 虚拟机（AVM）执行。AVM1 是执行以前版本的 ActionScript 虚拟机，如今，更加强大的 Flash 平台使得创造出交互式媒体和丰富的网络应用成为可能，然而，AVM1 却限制了一些功能的实现，于是，ActionScript 3.0 带来了一个更加高效的 ActionScript 虚拟机——AVM2。使用 AVM2，ActionScript 3.0 的执行效率将比以前的高出至少 10 倍。AVM2 虚拟机会嵌入 Flash Player 9 中，将成为执行 ActionScript 的首选虚拟机。当然，AVM1 将继续嵌入在 Flash Player 9 中，以兼容以前的 ActionScript。目前，有众多的产品把自身的展示和应用表现于 Flash Player 当中，这些产品的动画也经常用到 ActionScript，以增加互动和行为，表现产品。

25.1.3 理解 ActionScript 脚本

ActionScript 脚本与 JavaScript 有很多相似之处，都是基于事件驱动的脚本语言，所有的脚本都是由“事件”和“动作”的对应关系组成的，那么怎么理解它们的对应关系呢？下面举例来说明。

如果到一个公司去应聘，这家公司的应聘条件为“是否会 Flash 动画制作”，如果会，那么就可以顺利地应聘到这家公司，如果不会 Flash 动画制作，那么就将被淘汰。这里的“事件”就是“是否会 Flash 动画制作”，而“动作”就是“应聘到这家公司”。

“事件”可以理解为条件，是一种判断，有“真”和“假”两个取值。而“动作”可以理解为效果，当相应的“条件”成立时，执行相应的“效果”。在 Flash 脚本中的书写格式为：

```
事件 {
    动作
    动作
}
```

同一个事件可以对应多个动作。

25.1.4 从 ActionScript 2.0 升级到 ActionScript 3.0

由于 ActionScript 3.0 与 ActionScript 2.0 版本差异很大，无法简单地升级。当然，ActionScript 的核心语言的大部分内容仍然保持不变。ActionScript 3.0 仍然基于 ECMAScript 标准。可以像以前一样创建数组、对象、日期和核心语言语法范围，例如，循环和条件语句。下面就主要区别进行说明。

1. 使用数据类型

在声明变量、函数或元素时，需要指定数据类型，这样可以使 Flash 编译器运行时更快、更高效。

例如，下面这条语句展示了一个声明为 String 数据类型的变量。

```
var username:String = "Dan Carr";
```

注意，变量名后跟了一个冒号和数据类型的名称。ActionScript 3.0 是一种严格的类型语言。通过将变量声明为字符串，表明该变量仅能保存文字字符串内容，如果尝试向变量中传递数字或数组，编译器将抛出一个错误。

2. 使用变量

在 ActionScript 3.0 中，变量在本质上与以前的版本相同，但必须使用 var 关键字声明变量，并且必须在声明变量时为其指定数据类型。省略 var 关键字将产生一个错误。省略数据类型将产生一个警告或者错误。

3. 使用函数

在 ActionScript 3.0 中，函数基本上也是相同的，但参数和返回类型必须在函数声明中指定数据类型，如下所示。

```
function gotoURL( url:String ):void {
    navigateToURL(new URLRequest(url));
}
```

在上面的示例中，传入的参数 url 的数据类型指定为 String，并且因为没有返回数据类型，所以在圆括号后添加了 void 关键字。在 ActionScript 3.0 中，void 关键字中的 v 是小写形式。需要注意 ActionScript 3.0 是区分大小写的。

4. 使用事件

ActionScript 3.0 在编写事件的方式上有两个主要变化：只有一种编写事件的语法，事件代码无法直接放在对象实例上。在 ActionScript 3.0 中，编写事件代码的方式与为 ActionScript 2.0 组件编写代码的方式类似。要响应事件，需要编写一个事件处理函数，并使用 addEventListener()在函数注册广播该事件的对象。

例如，下面代码为一个影片剪辑绑定事件，当单击影片时渐隐显示。

```
movieClip1.addEventListener(Event.ENTER_FRAME, fl_FadeSymbolOut);
movieClip1.alpha = 1;
function fl_FadeSymbolOut(event:Event)
{
    movieClip1.alpha -= 0.01;
    if(movieClip1.alpha <= 0)
    {
        movieClip1.removeEventListener(Event.ENTER_FRAME, fl_FadeSymbolOut);
    }
}
```

25.2 使用“动作”面板

Flash CC 提供了一个专门用来编写程序的窗口，这就是“动作”（Action）面板，如图 25.2 所示。

Note

在运行 Flash CC 后，有两种方式可以打开“动作”面板。

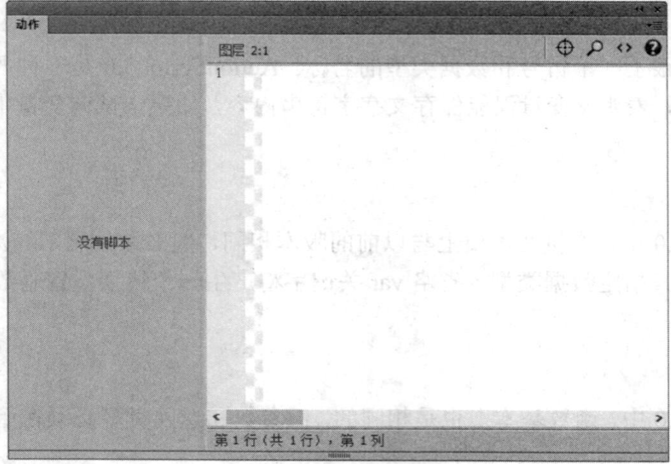

图 25.2 “动作”面板

【操作步骤】

第 1 步，选择“窗口”|“动作”命令，或按 F9 键，打开 Flash CC 的“动作”面板。

面板右侧的脚本窗口用来创建脚本，用户可以在其中直接编辑动作，也可以输入动作的参数或者删除动作，这和在文本编辑器中创建脚本非常相似。

第 2 步，要添加 ActionScript 脚本，可以单击工具栏中的“插入实例路径和名称”按钮，打开“插入目标路径”对话框，从中选择一个实例对象，如图 25.3 所示。

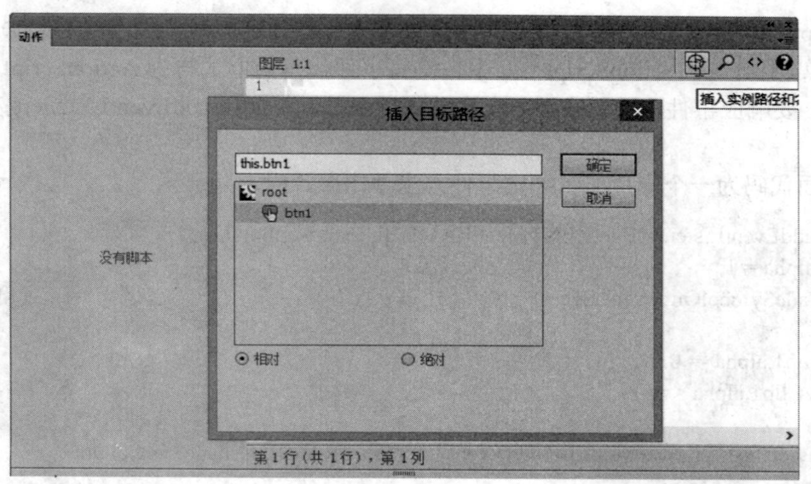

图 25.3 选中目标路径

第 3 步，为选中的按钮绑定一个鼠标单击事件，当单击按钮时设计在输出面板中显示提示信息，编写的代码如图 25.4 所示。面板的左侧以分类的方式列出了 Flash CC 中所有的动作及语句。

Flash CC 提供了代码片断助手，使用代码片断，可以快速、简单地插入动作脚本，以适合初学者使用，如图 25.5 所示。

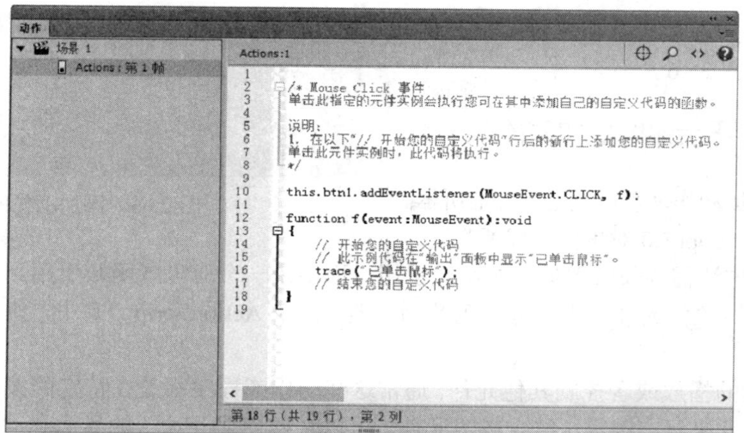

图 25.4　添加动作

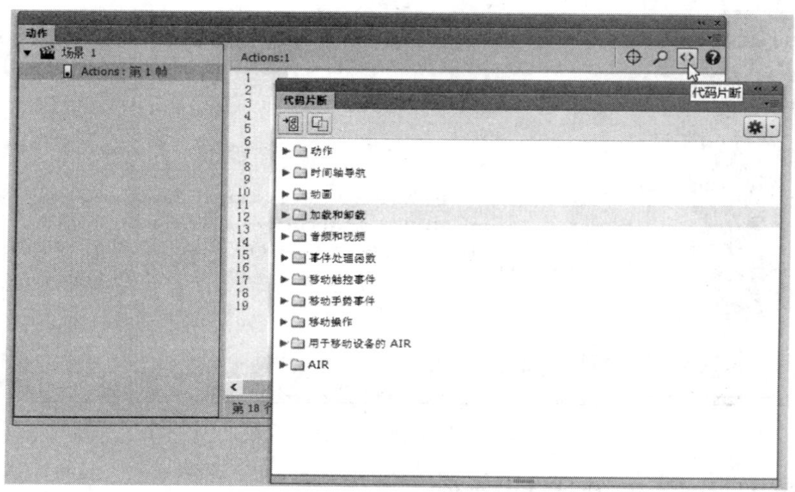

图 25.5　“动作”面板的代码片断

25.3　添加动作

与 ActionScript 2.0 版本相比，ActionScript 3.0 最明显的一处变化就是用户无法再将代码直接放在实例上。ActionScript 3.0 要求所有代码都放在一个时间轴的关键帧上或放在与一个时间轴相关的 ActionScript 类中。

作为最佳实践，用户应该向时间轴的图层顶部添加一个“动作”图层，并将动作代码添加到此图层上的关键帧中。一般将代码添加到第 1 帧中，以方便找到。当然，可以根据需要在任何位置放置停止动作。

25.3.1　给关键帧添加动作

给关键帧添加动作，可以让影片播放到某一帧时执行某种动作。例如，为影片的第 1 帧添加 Stop（停止）语句命令，可以让影片在开始时就停止播放。同时，帧动作也可以控制当前关键帧中的所有

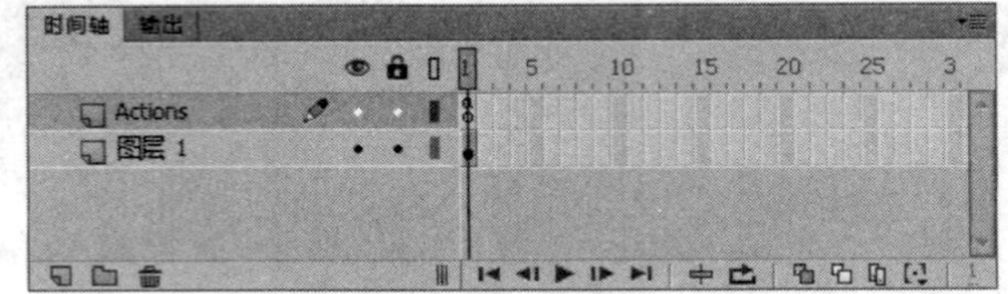

图 25.6　添加动作的帧

内容。为关键帧添加函数后，在关键帧上会显示一个 a 标记，如图 25.6 所示。

25.3.2　给按钮元件添加动作

给按钮元件添加动作，可以通过事件监听器函数来实现。ActionScript 3.0 对事件进行了改进。addEventListener()方法需要侦听器的一个函数引用，而不是一个对象或函数引用。在 ActionScript 2.0 中，通常使用一个对象作为许多事件处理函数的容器，但在 ActionScript 3.0 中，侦听器充当着事件的函数。

按钮控制影片的播放或者控制其他元件。通常这些动作或程序都是在特定的按钮事件发生时才会执行，如按下或松开鼠标右键等。结合按钮元件，可以轻松创建互动式的界面和动画，也可以制作有多个按钮的菜单，每个按钮的实例都可以有自己的动作，而且互相不会影响，如图 25.7 所示。

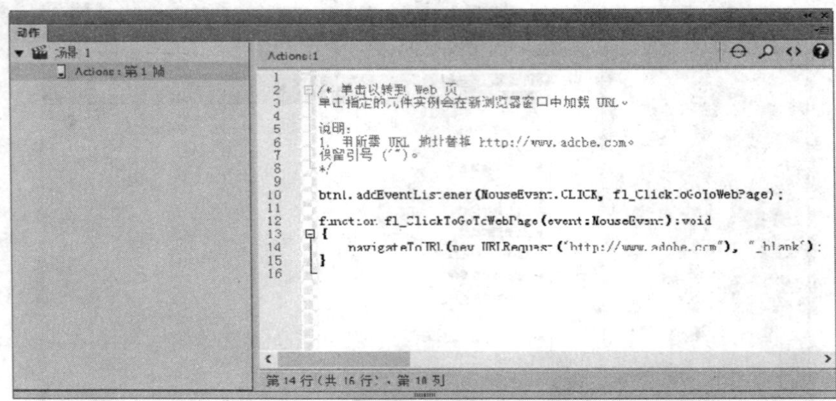

图 25.7　给按钮元件添加函数

25.3.3　给影片剪辑元件添加动作

给影片剪辑元件添加动作，当装载影片剪辑或播放影片剪辑到达某一帧时，分配给该影片剪辑的动作将被执行。灵活运用影片剪辑动作，可以简化很多工作流程，如图 25.8 所示。

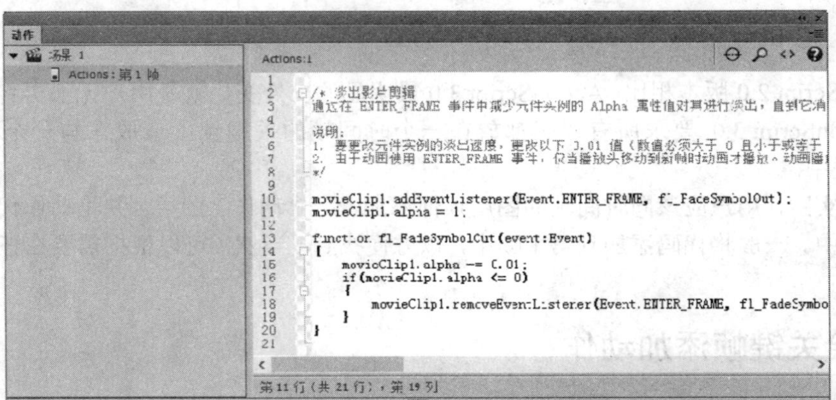

图 25.8　给影片剪辑元件添加函数

25.4　案 例 实 战

本节将通过多个示例帮助用户初步掌握如何为动画快速添加脚本，以实现复杂的操控目标。

25.4.1　控制动画播放

Flash 动画默认的状态下是永远循环播放的，如果需要控制动画的播放和停止，可以添加相应的语句来完成。

play 命令用于播放动画，而 stop 命令用于停止播放动画，并且让动画停止在当前帧，这两个命令没有语法参数。下面通过一个具体的案例来说明这两个命令的作用。

【操作步骤】

第 1 步，打开光盘中的练习文件“控制影片的播放”（ActionScript 3.0）。

第 2 步，在场景的“按钮”图层中放置两个透明的按钮元件，如图 25.9 所示。

第 3 步，选择时间轴中任意图层的第 1 帧，“动作”面板的左上角会显示“动作-帧”。

第 4 步，在动作编辑区中输入语句，如图 25.10 所示。直接为关键帧添加动作，事件就是帧数，表示播放到第 1 帧停止。

```
stop();
```

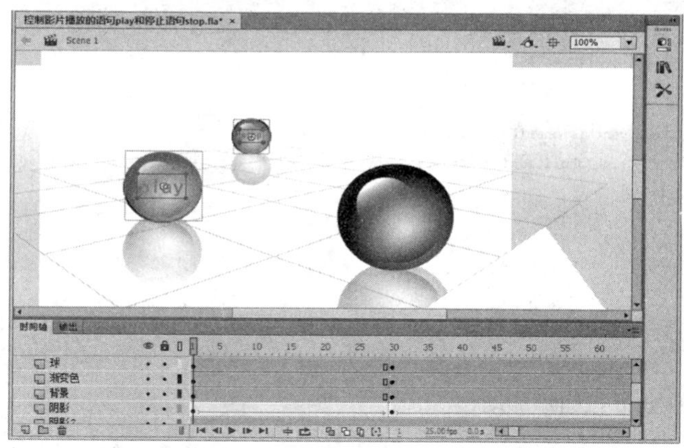

图 25.9　在场景中制作动画并放置按钮元件

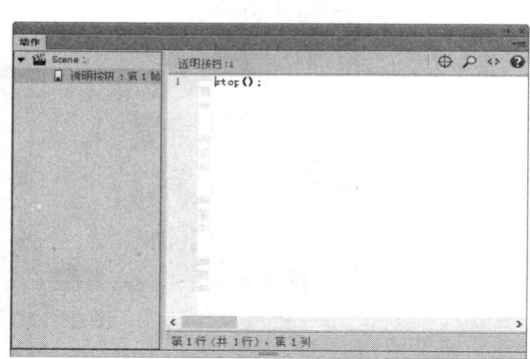

图 25.10　输入语句

第 5 步，选择舞台中的 play 透明按钮实例，在“属性”面板中设置播放按钮的实例名称为 button_1。

第 6 步，在“图层”面板中新建图层，命名为 Actions，定位到第一帧，在动作编辑区中输入语句，如图 25.11 所示。为按钮元件添加动作时，必须首先给出按钮定义实例名称。

```
button_1.addEventListener(MouseEvent.CLICK, fl_ClickToPosition);
function fl_ClickToPosition(event:MouseEvent):void
{
    play();
}
```

第 7 步，选择舞台中的 stop 按钮实例，在“属性”面板中设置播放按钮的实例名称为 button_2。

Note

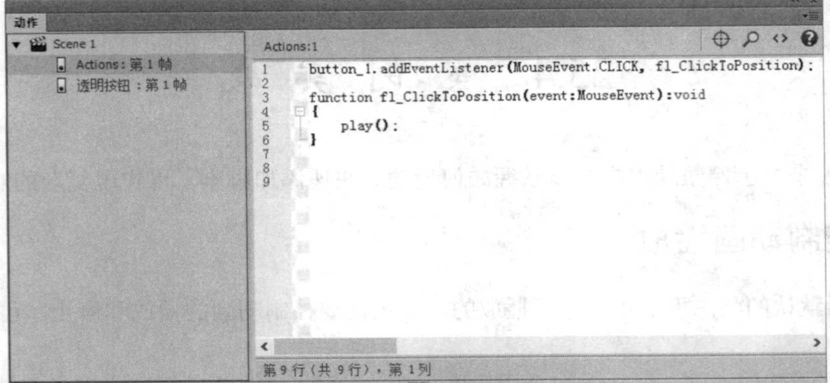

图 25.11　给影片剪辑元件添加函数

第 8 步，选中 Actions 图层，定位到第一帧，在动作编辑区中输入语句，如图 25.12 所示。

```
button_2.addEventListener(MouseEvent.CLICK, f2_ClickToPosition);
function f2_ClickToPosition(event:MouseEvent):void
{
    stop();
}
```

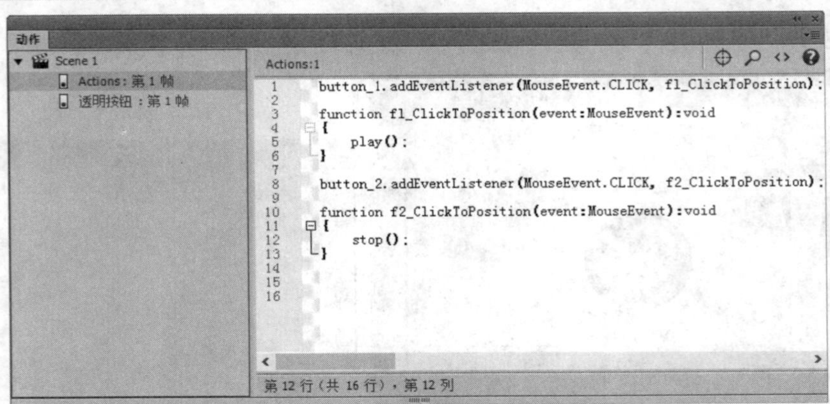

图 25.12　给 stop 按钮添加动作

第 9 步，动画效果完成。选择"控制" | "测试影片"命令（快捷键：Ctrl+Enter），在 Flash 播放器中预览动画效果。动画打开后是不播放的，当单击"播放"按钮时才播放，单击"停止"按钮时会停止。

25.4.2　动画回播和跳转

使用 goto 命令可以跳转到影片中指定的帧或场景。根据跳转后的状态，执行命令有两种：gotoAndPlay 和 gotoAndStop。下面通过一个具体的案例来说明 goto 命令的作用。

【操作步骤】

第 1 步，打开光盘中的练习文件"跳转语句"（ActionScript 3.0）。

第 2 步，在场景的"图层 1"中放置一个按钮元件"停止播放"，如图 25.13 所示。

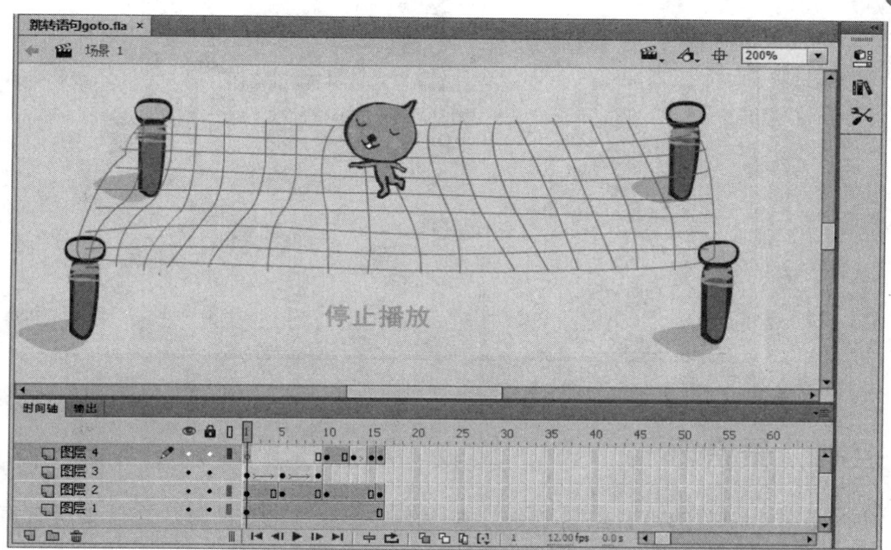

图 25.13　在场景中放置按钮元件

第 3 步，选择时间轴中“图层 4”的第 16 帧。

第 4 步，在动作编辑区中输入语句，如图 25.14 所示。

```
gotoAndPlay(1);
```

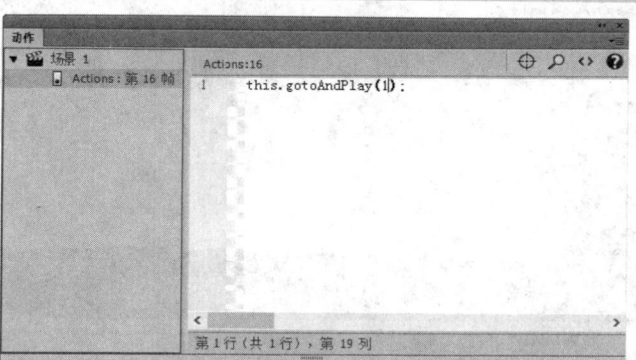

图 25.14　输入语句

动画第 1 次播放后，会返回重复播放第 1～16 帧之间的动画效果。

第 5 步，选择舞台中的按钮实例，在“属性”面板中设置播放按钮的实例名称为 button_1。

第 6 步，在动作编辑区中输入语句，如图 25.15 所示。

```
button_1.addEventListener(MouseEvent.CLICK, f1_ClickToPosition);
function f1_ClickToPosition(event:MouseEvent):void
{
    stop();
}
```

第 7 步，在“时间轴”面板中，把“图层 1”拖到最上面。

第 8 步，动画效果完成。选择“控制”|“测试影片”命令（快捷键：Ctrl+Enter），在 Flash 播放器中预览动画效果。动画会重复播放，当单击舞台中的按钮时，动画将停止播放。

Note

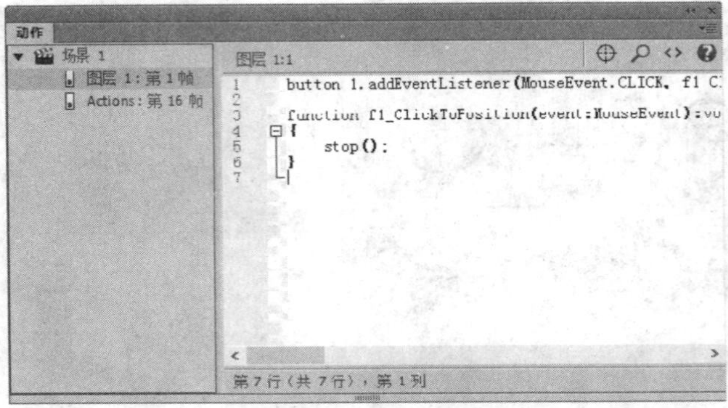

图 25.15　给按钮添加动作

25.4.3　控制背景音乐

stopAll 命令是一个简单的声音控制命令，执行该命令会停止当前影片文件中所有声音的播放。下面通过一个具体的案例来说明这个命令的作用。

【操作步骤】

第 1 步，打开光盘中的练习文件“停止所有声音播放语句”（ActionScript 3.0）。

第 2 步，在“背景声音”图层中添加一个声音文件，并且将声音的属性设置为“循环”。

第 3 步，在“按钮”图层中放置一个按钮元件，如图 25.16 所示。

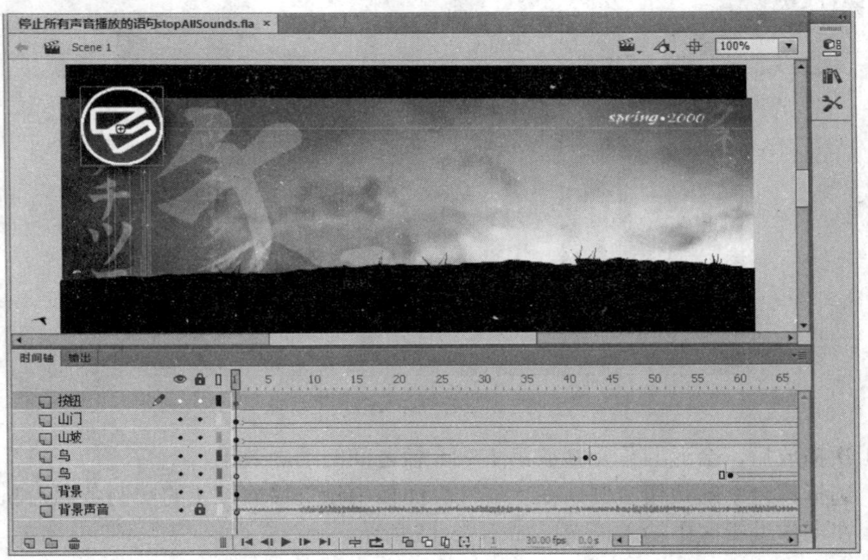

图 25.16　添加按钮元件

第 4 步，选择舞台中的按钮实例，在“属性”面板中设置播放按钮的实例名称为 button_1。

第 5 步，在动作编辑区中输入语句，如图 25.17 所示。

```
button_1.addEventListener(MouseEvent.CLICK, fl_ClickToStopAllSounds);
function fl_ClickToStopAllSounds(event:MouseEvent):void
{
    SoundMixer.stopAll();
}
```

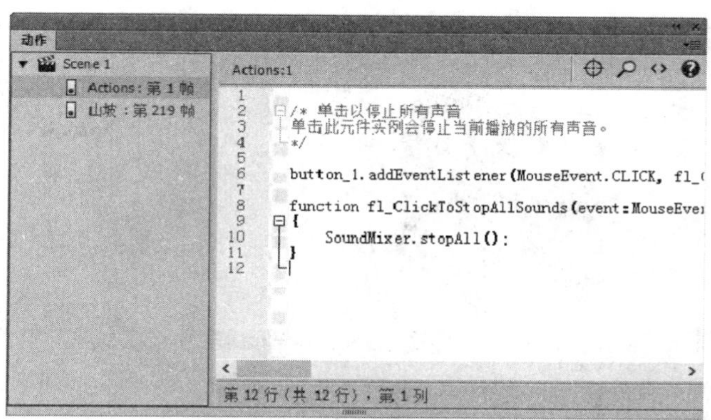

图 25.17　输入语句

第 6 步，动画效果完成。选择“控制”|“测试影片”命令（快捷键：Ctrl+Enter），在 Flash 播放器中预览动画效果。当单击舞台中的按钮时，动画中的声音将停止播放。

25.4.4　全屏显示动画

fscommand 命令用来控制 Flash 的播放器，例如，Flash 中常见的全屏、隐藏快捷菜单等效果都可以通过添加命令实现。fscommand 命令的参数及说明如表 25.1 所示。

表 25.1　fscommand 命令的参数及说明

参　数	参 数 取 值	说　明
quit	无	关闭播放器
fullscreen	true 或 false	指定为 true 将 Flash Player 设置为全屏模式。如果指定为 false，播放器会返回到常规菜单视图
allowscale	true 或 false	如果指定为 false，则设置播放器始终按 SWF 文件的原始大小绘制 SWF 文件，而从不进行缩放。如果指定为 true，则强制 SWF 文件缩放到播放器的 100%
showmenu	true 或 false	如果指定为 true，则启用整个上下文菜单项集合。如果指定为 false，则使得除“关于 Flash Player”外的所有上下文菜单项变暗
exec	应用程序的路径	在播放器内执行应用程序
trapallkeys	true 或 false	如果指定为 true，则将所有按键事件（包括快捷键事件）发送到 Flash Player 中的 onClipEvent(keyDown/keyUp)处理函数

下面通过一个具体的案例来说明 fscommand 命令的作用。

【操作步骤】

第 1 步，打开光盘中的练习文件“Flash 播放器控制语句”（ActionScript 3.0）。

第 2 步，在“按钮”图层中放置一个透明的按钮元件，如图 25.18 所示。

第 3 步，选择时间轴中任意图层的第 1 帧。

第 4 步，在动作编辑区中输入语句，如图 25.19 所示。

```
fscommand("fullscreen", "true");
fscommand("showmenu", "false");
fscommand("allowscale", "true");
```

第 5 步，选择舞台中的透明按钮实例，在“属性”面板中设置播放按钮的实例名称为 button_1。

Note

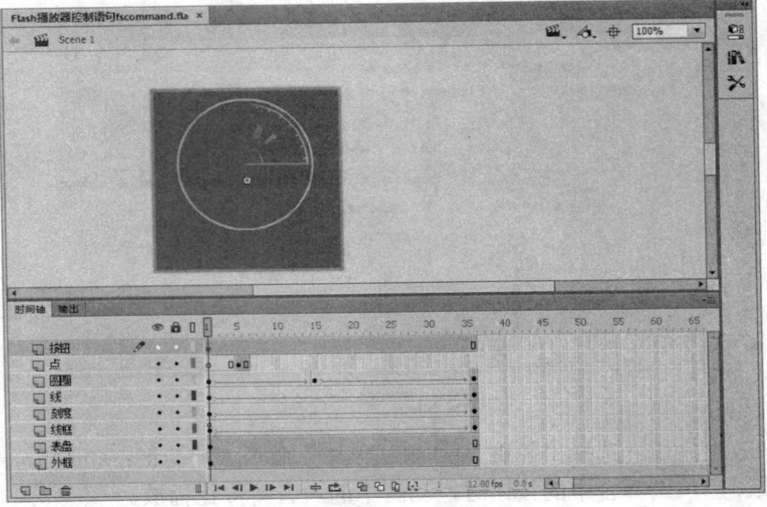

图 25.18 在场景中放置按钮元件

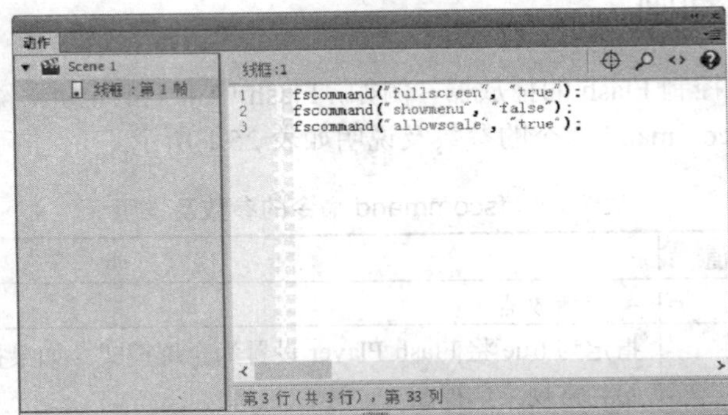

图 25.19 输入语句

第 6 步，在动作编辑区中输入语句，如图 25.20 所示。定义当单击按钮时即可关闭 Flash 播放器。

```
button_1.addEventListener(MouseEvent.CLICK, fl_ClickToStopAllSounds);
function fl_ClickToStopAllSounds(event:MouseEvent):void
{
    fscommand("quit");
}
```

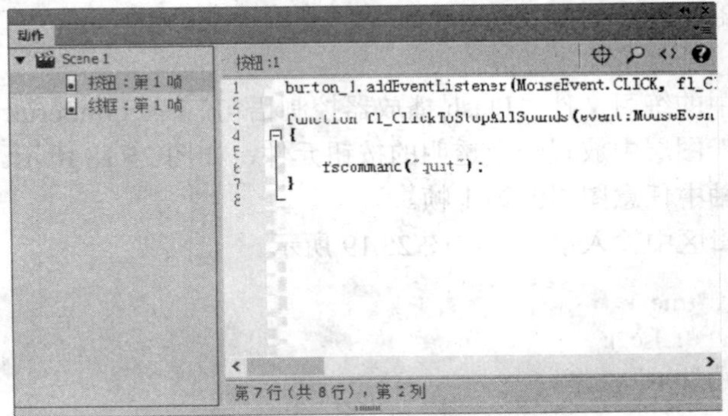

图 25.20 为按钮添加动作

第 7 步，动画效果完成。选择“文件”|“导出”|“导出影片”命令（快捷键：Shift+Ctrl+S），在 Flash 播放器中预览动画效果。

> 提示：并非表 25.1 中所列的全部参数在所有应用程序中都可用，这些参数在 Web 播放器中都不可用，但在独立的应用程序（如 Flash 播放器）中都可用，在测试影片播放器中只有 allowscale 和 exec 可用。

Note

25.4.5　添加超链接

在 ActionScript 3.0 中，使用 navigateToURL()方法可以从指定的 URL 加载一个文件到浏览器窗口，也可以用于在 Flex 和 JavaScript 之间通信。

navigateToURL()方法位于 flash.net 包中，语法格式如下：

```
navigateToURL(request:URLRequest,window:String):void
```

其中，request 参数是一个 URLRequest 对象，用来定义目标；window 参数是一个字符串对象，用来定义加载的 URL 窗口是否为新窗口。window 参数的值与 HTML 中 target 的值一样，可选值如下。

☑ _self：表示当前窗口。
☑ _blank：表示新窗口。
☑ _parent：表示父窗口。
☑ _top：表示顶层窗口。

例如：

```
import flash.net.*;                                           //添加引用
private function GoItzcn(domain:String):void{                 //声明函数
var URL:String="http://"+domain+".itzcn.com";                 //设置打开的网址
var request:URLRequest = new URLRequest(URL);                 //创建 URLRequest 对象
navigateToURL(request,"_blank");                              //在浏览器中打开
```

下面通过一个具体的案例来说明该方法的作用。

【操作步骤】

第 1 步，打开光盘中的练习文件“转到 Web 页语句”（ActionScript 3 0）。

第 2 步，在“按钮”图层中放置一个按钮元件，如图 25.21 所示。

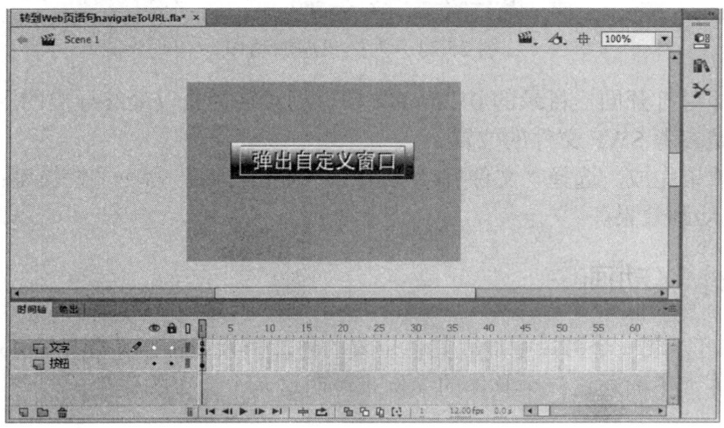

图 25.21　在场景中放置按钮元件

第 3 步，选择时间轴中任意图层的第 1 帧。

第 4 步，在动作编辑区中输入语句，如图 25.22 所示。这样，当动画开始播放时即可自动跳转。

```
navigateToURL(new URLRequest("http://www.baidu.com"), "_blank");
```

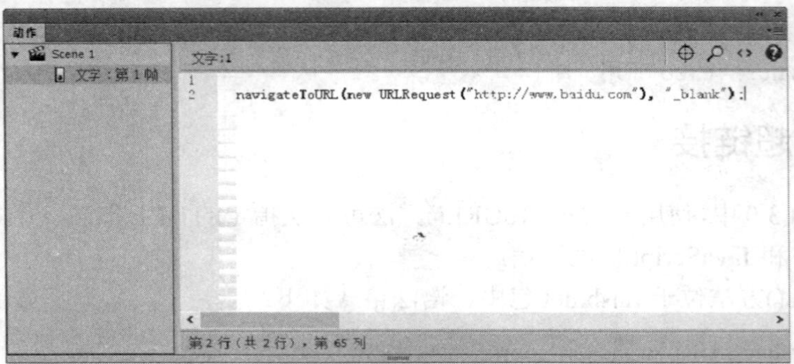

图 25.22　输入语句

第 5 步，选择舞台中的按钮实例，在“属性”面板中设置播放按钮的实例名称为 button_1。

第 6 步，在动作编辑区中输入如下语句，如图 25.23 所示。

```
movieClip_1.addEventListener(MouseEvent.CLICK, fl_ClickToGoToWebPage);
function fl_ClickToGoToWebPage(event:MouseEvent):void
{
    navigateToURL(new URLRequest("01.html"), "_blank");
}
```

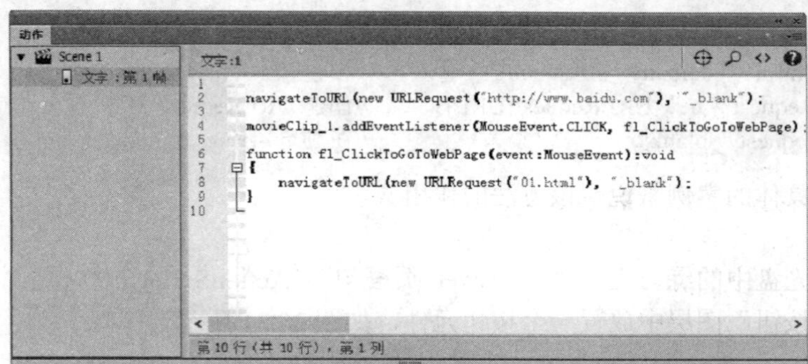

图 25.23　为按钮添加动作

当单击按钮时即可打开同一目录的 01.html 文档。相对路径是以最终导出的影片所在的网页位置为参考的，而并不是参考 SWF 文件的位置。

第 7 步，动画效果完成。选择“文件”|“导出”|“导出影片”命令（快捷键：Shift+Ctrl+S），在 Flash 播放器中预览动画效果。

25.4.6　加载外部动画

使用 load 命令可以在一个影片中加载其他位置的外部影片或位图，使用 unload 命令可以卸载前面载入的影片或位图。下面通过一个具体的案例来说明这两个命令的作用。

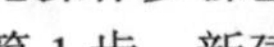

【操作步骤】

第 1 步，新建一个 Flash 文件（ActionScript 3.0）。

第 2 步，在场景的“图层 1”中放置两个按钮元件。

第 3 步，在“图层 1”中绘制一个白色矩形。

第 4 步，按 F8 键把该矩形转换为影片剪辑元件，调整其注册中心点为左上角，如图 25.24 所示。

第 5 步，选择影片剪辑元件，在“属性”面板的“实例名称”文本框中输入“here”，如图 25.25 所示。实例的命名规则是只能以字母和下划线开头，中间可以包含数字，不能以数字开头，不能使用中文。

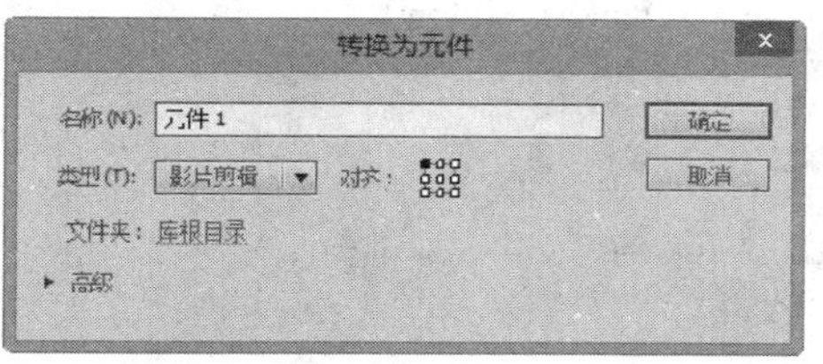

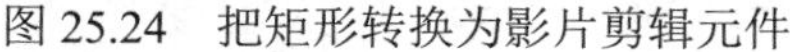

图 25.24　把矩形转换为影片剪辑元件

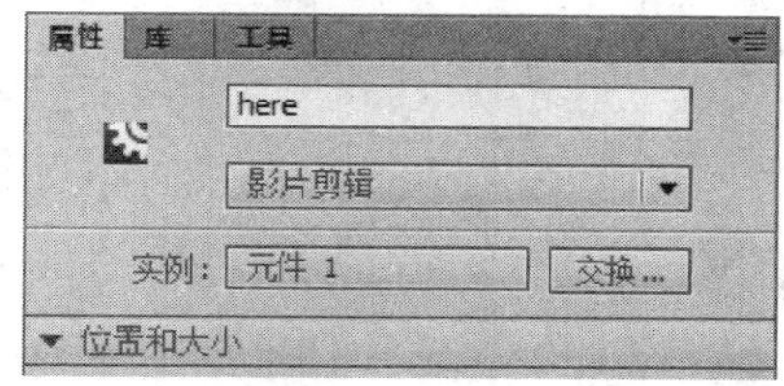

图 25.25　设置影片剪辑元件的实例名称

第 6 步，选择舞台中的第一个按钮元件，在“属性”面板中设置播放按钮的实例名称为 button_1，然后在第 1 帧中输入以下代码，如图 25.26 所示。

```
button_1.addEventListener(MouseEvent.CLICK, fl_ClickToLoadUnloadSWF);

import fl.display.ProLoader;
var fl_ProLoader:ProLoader;

function fl_ClickToLoadUnloadSWF(event:MouseEvent):void
{
    fl_ProLoader = new ProLoader();
    fl_ProLoader.load(new URLRequest("2.png"));
    here.addChild(fl_ProLoader);
}
```

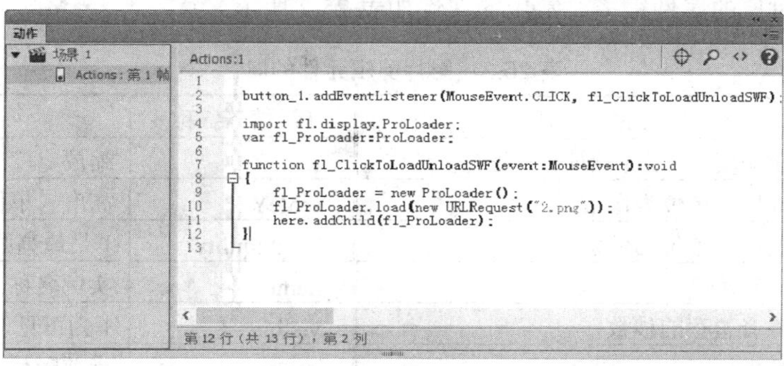

图 25.26　为第一个按钮添加动作

第 7 步，选择舞台中的第二个按钮元件，在“属性”面板中设置播放按钮的实例名称为 button_2，在第 1 帧中输入以下代码，如图 25.27 所示。

```
button_2.addEventListener(MouseEvent.CLICK, f2_ClickToLoadUnloadSWF);

function f2_ClickToLoadUnloadSWF(event:MouseEvent):void
{
    if(fl_ProLoader){
```

```
            fl_ProLoader.unload();
            here.removeChild(fl_ProLoader);
            fl_ProLoader = null;
        }
}
```

Note

```
动作
场景 1
Actions：第 1 帧
Actions:1

button_1.addEventListener(MouseEvent.CLICK, f1_ClickToLoadUnloadSWF);

import fl.display.ProLoader;
var fl_ProLoader:ProLoader;

function f1_ClickToLoadUnloadSWF(event:MouseEvent):void
{
    fl_ProLoader = new ProLoader();
    fl_ProLoader.load(new URLRequest("2.png"));
    here.addChild(fl_ProLoader);
}


button_2.addEventListener(MouseEvent.CLICK, f2_ClickToLoadUnloadSWF);

function f2_ClickToLoadUnloadSWF(event:MouseEvent):void
{
    if(fl_ProLoader){
        fl_ProLoader.unload();
        here.removeChild(fl_ProLoader);
        fl_ProLoader = null;
    }

}

第 25 行（共 26 行），第 2 列
```

图 25.27　为第二个按钮添加动作

第 8 步，动画效果完成。选择“文件”|“导出”|“导出影片”命令（快捷键：Shift+Ctrl+S），在 Flash 播放器中预览动画效果。

> 提示：单击不同的按钮，即可加载不同的动画到当前的影片中，并且对齐到影片剪辑元件 here 的位置上。

25.4.7　设置影片显示样式

要改变影片剪辑元件实例的位置、大小、透明度等效果，可以通过修改影片剪辑元件实例的各种属性数据来实现。对象的属性很多，常用的属性如表 25.2 所示。

表 25.2　影片剪辑元件的属性

属 性 名 称	说　明	属 性 名 称	说　明
alpha	透明度，1 是不透明，0 是完全透明	scaleX	缩放宽度（单位为倍数）
height	高度（单位为像素）	scaleY	高度（单位为百分比）
width	宽度（单位为像素）	heightqulity	1 是最高画质，0 是一般画质
rotation	旋转角度	name	实例名称
soundbuftime	声音暂存的秒数	visible	1 为可见，0 为不可见
x	X 坐标	currentFrame	当前影片播放的帧数
y	Y 坐标		

下面通过一个具体的案例来说明设置影片显示样式的方法。

【操作步骤】

第 1 步，新建一个 Flash 文件（ActionScript 3.0）。

第 2 步，在“图层 1”中导入一张外部的图片。

第 3 步，按 F8 键，把导入的图片转换为一个影片剪辑元件。

第 4 步，在“属性”面板中设置影片剪辑元件的实例名称为 girl。

第 5 步，新建“图层 2”，在其中放置 4 个按钮，如图 25.28 所示。

图 25.28　在场景中放置按钮和影片剪辑元件

第 6 步，选择舞台左上角的椭圆按钮，在“属性”面板中设置播放按钮的实例名称为 button_1。在动作编辑区中输入语句，如图 25.29 所示。

```
button_1.addEventListener(MouseEvent.CLICK, fl_ClickToLoadUnloadSWF);

function fl_ClickToLoadUnloadSWF(event:MouseEvent):void
{
    girl.scaleX=girl.scaleX-0.1
    girl.scaleY=girl.scaleY-0.1
}
```

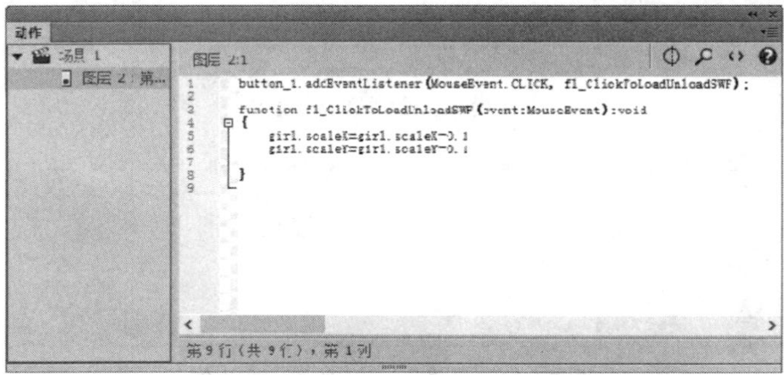

图 25.29　为左上角按钮添加动作

第 7 步，选择舞台右上角的椭圆按钮，在“属性”面板中设置播放按钮的实例名称为 button_2，在动作编辑区中输入语句，如图 25.30 所示。通过不断地改变影片剪辑元件的宽度和高度的百分比，从而实现对图片放大和缩小的操作。

```
button_2.addEventListener(MouseEvent.CLICK, f2_ClickToLoadUnloadSWF);

function f2_ClickToLoadUnloadSWF(event:MouseEvent):void
```

```
{
    girl.scaleX=girl.scaleX + 0.1
    girl.scaleY=girl.scaleY + 0.1
}
```

Note

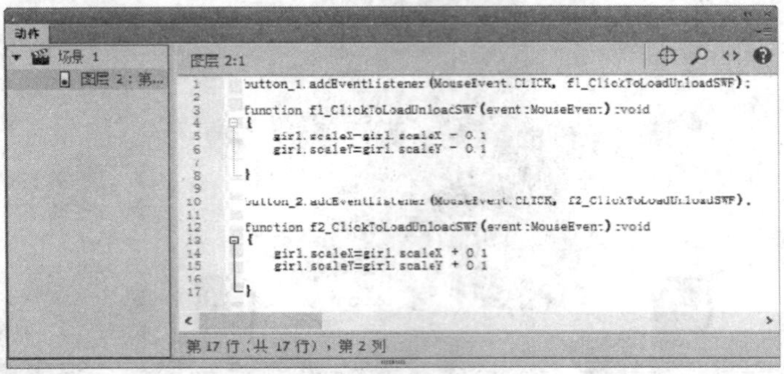

图 25.30　为右上角按钮添加动作

第 8 步，选择舞台左下角的矩形按钮，在“属性”面板中设置播放按钮的实例名称为 button_3。在动作编辑区中输入语句，如图 25.31 所示。

```
button_3.addEventListener(MouseEvent.CLICK, f3_ClickToLoadUnloadSWF);

function f3_ClickToLoadUnloadSWF(event:MouseEvent):void
{
    girl.rotation=girl.rotation - 10
    girl.rotation=girl.rotation - 10
}
```

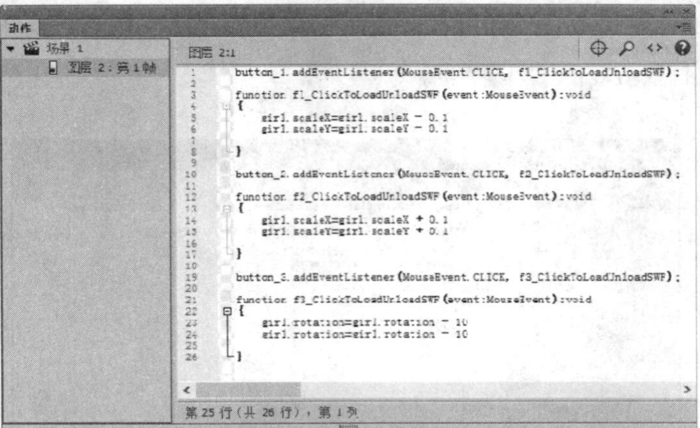

图 25.31　为左下角按钮添加动作

第 9 步，选择舞台右下角的矩形按钮，在“属性”面板中设置播放按钮的实例名称为 button_4。在动作编辑区中输入语句，如图 25.32 所示。

```
button_4.addEventListener(MouseEvent.CLICK, f4_ClickToLoadUnloadSWF);

function f4_ClickToLoadUnloadSWF(event:MouseEvent):void
{
    girl.rotation=girl.rotation + 10
```

```
    girl.rotation=girl.rotation + 10
}
```

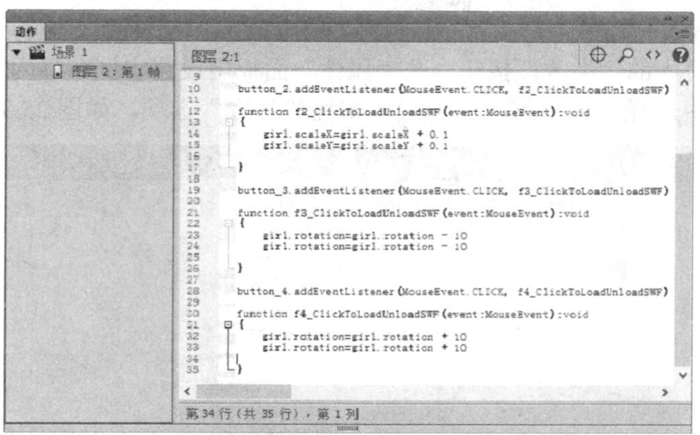

图 25.32　为右下角按钮添加动作

第 10 步，动画效果完成。选择“控制”|“测试影片”命令（快捷键：Ctrl+Enter），在 Flash 播放器中预览动画效果。通过不断地改变影片剪辑元件的旋转角度，可以实现对图片的顺时针和逆时针旋转。

25.4.8　设计控制条

“代码片断”面板包含了一些使用比较频繁的 ActionScript 动作，使用代码片段面板可以快速地创建交互效果。下面通过一个具体的案例来说明 Flash CC 中行为面板的使用。

【操作步骤】

第 1 步，新建一个 Flash 文件（ActionScript 3.0）。

第 2 步，选择“文件”|“导入”|“导入到舞台”命令（快捷键：Ctrl+R），向 Flash 中导入一段视频。

第 3 步，新建“图层 2”，在舞台中放置 3 个按钮，分别控制视频的播放、停止和暂停，如图 25.33 所示。

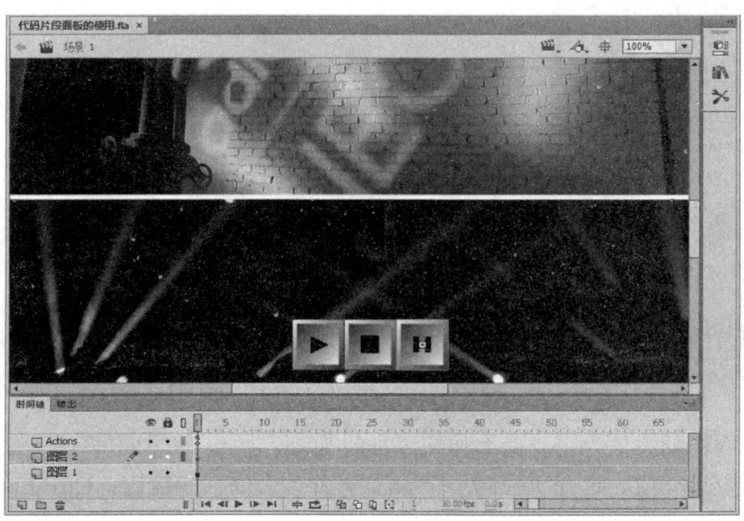

图 25.33　在场景中放置按钮和视频

第 4 步，选择“图层 1”中的视频，在“属性”面板中设置视频的实例名称为 movie。

第 5 步，选择“窗口”|“代码片段”命令（快捷键：Shift+F3），打开 Flash CC 的“代码片断”面板，如图 25.34 所示。

Note

第 6 步，选择舞台中的“播放”按钮，在“属性”面板中设置实例名称为 button_1。在“代码片断”面板左侧列表框中选择“音频和视频”|“单击播放视频”选项，如图 25.35 所示。

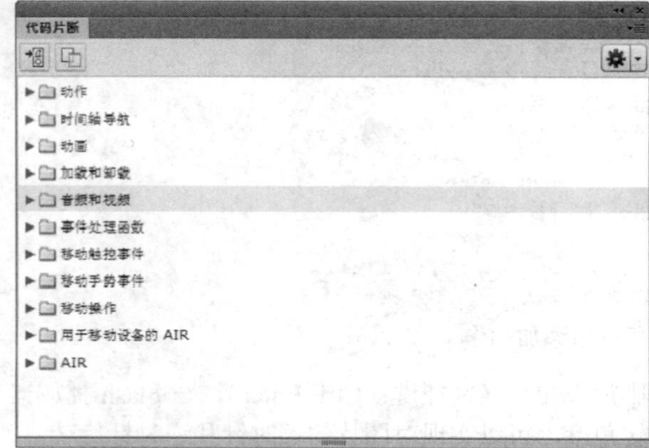

图 25.34　Flash 的“代码片断”面板

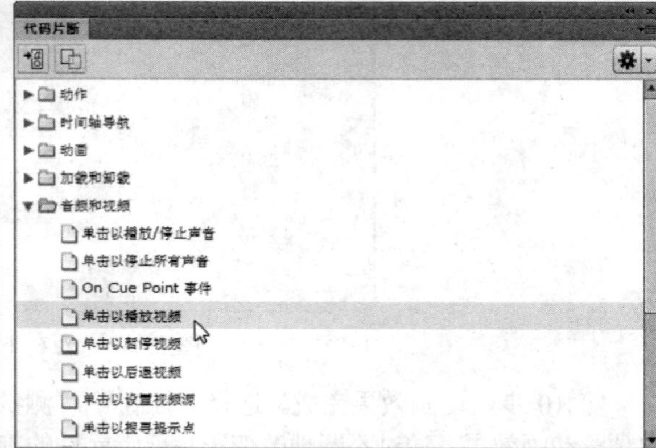

图 25.35　给按钮添加行为

第 7 步，在打开的“动作”面板中，设置其中的视频实例名称，修改代码，如图 25.36 所示。

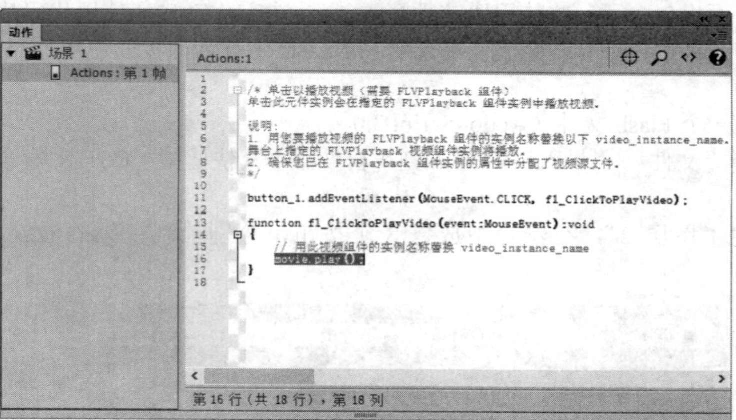

图 25.36　修改视频实例名称

```
button_1.addEventListener(MouseEvent.CLICK, fl_ClickToPlayVideo);

function fl_ClickToPlayVideo(event:MouseEvent):void
{
    //用此视频组件的实例名称替换 video_instance_name
    movie.play();
}
```

第 8 步，使用同样的方法为另外两个按钮添加行为。

第 9 步，动画效果完成。选择“控制”|“测试影片”命令（快捷键：Ctrl+Enter），在 Flash 播放器中预览动画效果。

25.4.9 设计 Flash 个人页面

本节将使用 Flash 制作一个个人页面，单击不同的栏目可以进入到相应的栏目内容中，单击每个栏目的返回按钮即可返回到主栏目中，如图 25.37 所示。

在 Flash 中实现内部的栏目跳转，实际上可以理解为帧的跳转，通过 goto 函数的应用可以轻松实现。

【操作步骤】

第 1 步，新建一个 Flash 文件（ActionScript 3.0），设置背景颜色为白色，舞台的尺寸为 700px×400px。

第 2 步，选择“导入”|“导入到舞台”命令（快捷键：Ctrl+R），向 Flash 中导入一张图片素材，并且放置到舞台的右侧，如图 25.38 所示。

图 25.37 Flash 个人页面

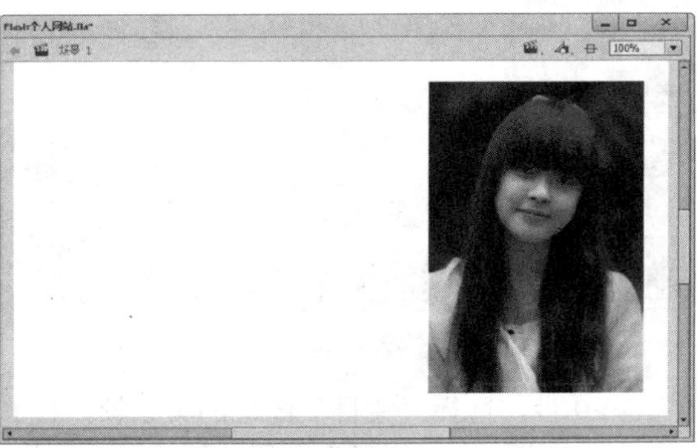

图 25.38 导入位图素材

第 3 步，新建“按钮”图层，在其中放置 3 个按钮元件，分别是 content（联系）、about（关于）和 service（服务），如图 25.39 所示。

图 25.39 在舞台中添加按钮

第 4 步，在所有图层的上方新建“栏目”图层。

第 5 步，选择“栏目”图层的第 1 帧。

第 6 步，在“动作”面板的动作编辑区中输入以下语句，如图 25.40 所示。

```
stop();
```

第 7 步，选择“栏目”图层的第 2 帧，按 F7 键插入空白关键帧。

第 8 步，在“栏目”图层的第 2 帧中制作“联系”栏目的内容，如图 25.41 所示。

Note

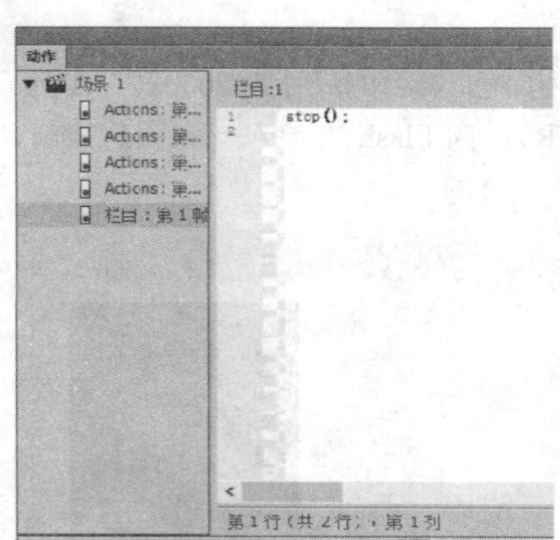

图 25.40　输入语句

图 25.41　制作“联系”栏目的内容

第 9 步，选择“栏目”图层的第 3 帧，按 F7 键插入空白关键帧。

第 10 步，在“栏目”图层的第 3 帧中制作“简介”栏目的内容，如图 25.42 所示。

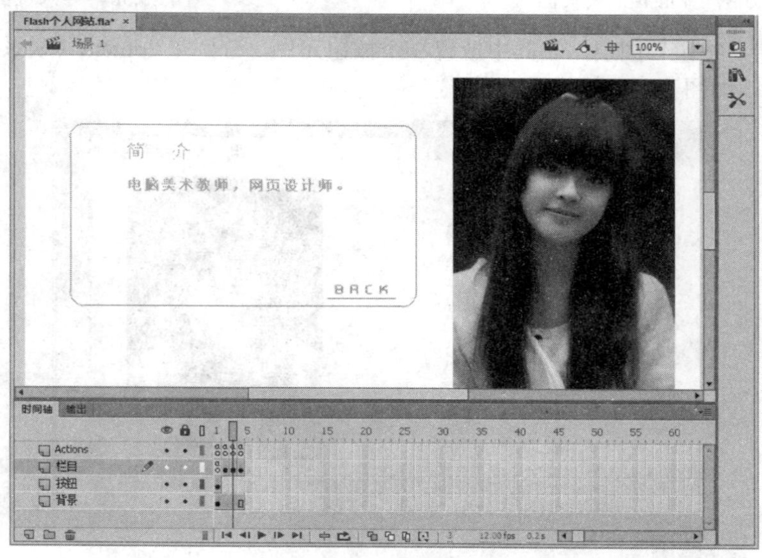

图 25.42　制作“简介”栏目的内容

第 11 步，选择“栏目”图层的第 4 帧，按 F7 键插入空白关键帧。

第 12 步，在“栏目”图层的第 4 帧中制作“服务”栏目的内容，如图 25.43 所示。

第 13 步，选择“背景”图层的第 4 帧，按 F5 键插入静态延长帧。

第 14 步，选择按钮元件 content，在“代码片断”面板中选择“时间轴导航”|“单击以转到帧并停止”选项，如图 25.44 所示，然后在“动作”面板中修改跳转帧为 2。

```
button_1.addEventListener(MouseEvent.CLICK, fl_ClickToGoToAndStopAtFrame);

function fl_ClickToGoToAndStopAtFrame(event:MouseEvent):void
{
    gotoAndStop(2);
}
```

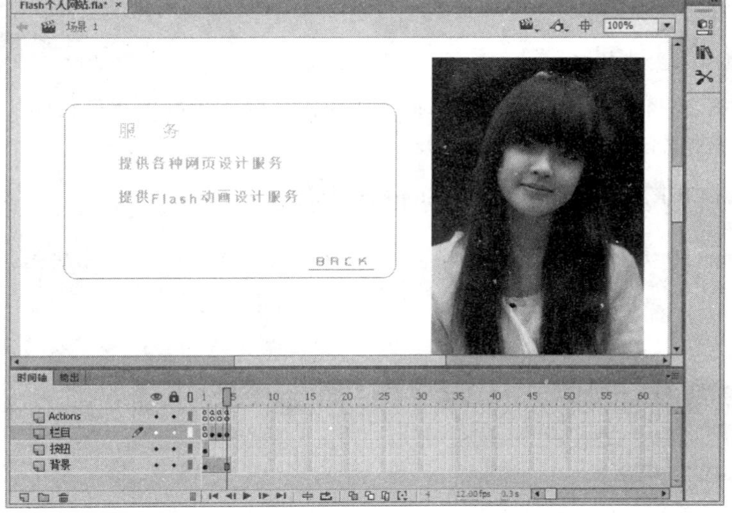

图 25.43　制作“服务”栏目的内容

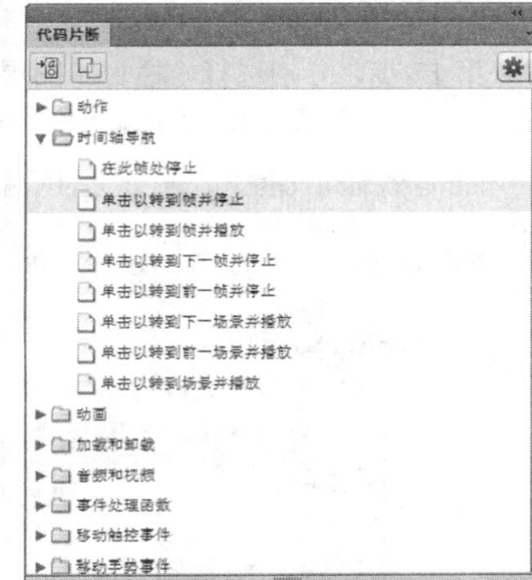

图 25.44　插入代码片段

第 15 步，以同样的方式，选择按钮元件 about，插入“单击以转到帧并停止”代码片断，在“动作”面板的动作编辑区中修改语句，如图 25.45 所示。

```
button_2.addEventListener(MouseEvent.CLICK, fl_ClickToGoToAndStopAtFrame_2);

function fl_ClickToGoToAndStopAtFrame_2(event:MouseEvent):void
{
    gotoAndStop(3);
}
```

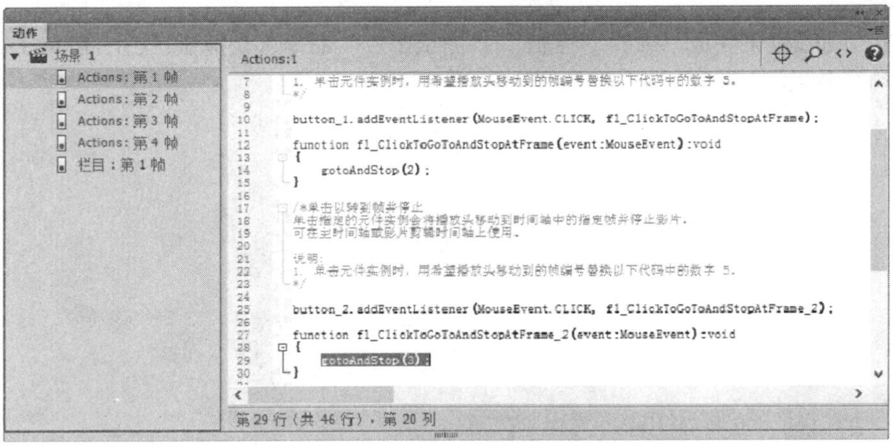

图 25.45　编辑动作

Note

第 16 步，选择按钮元件 service，插入“单击以转到帧并停止”代码片断，在“动作”面板的动作编辑区中修改语句。

```
button_3.addEventListener(MouseEvent.CLICK, fl_ClickToGoToAndStopAtFrame_3);

function fl_ClickToGoToAndStopAtFrame_3(event:MouseEvent):void
{
    gotoAndStop(4);
}
```

第 17 步，分别选择“栏目”图层第 2～4 帧中的返回按钮，插入“单击以转到帧并停止”代码片断，在“动作”面板的动作编辑区中修改语句，如图 25.46 所示。

```
button_6.addEventListener(MouseEvent.CLICK, fl_ClickToGoToAndStopAtFrame_6);

function fl_ClickToGoToAndStopAtFrame_6(event:MouseEvent):void
{
    gotoAndStop(1);
}
```

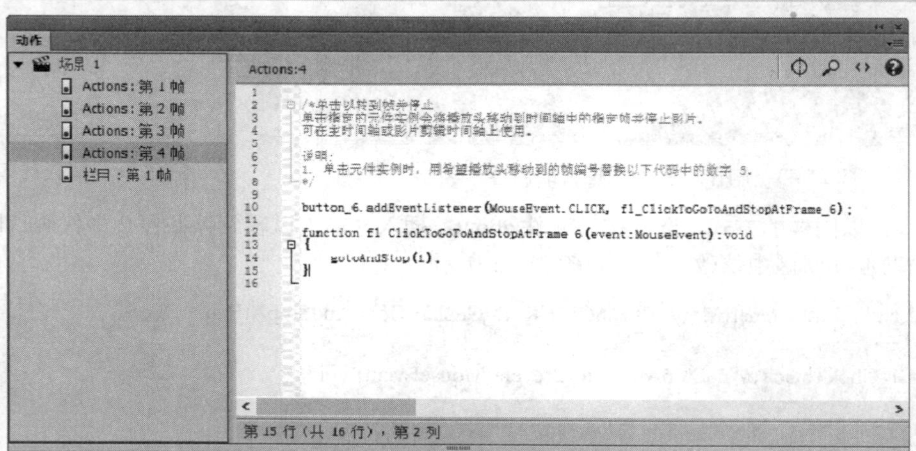

图 25.46　添加动作代码

第 18 步，动画效果完成。选择“控制”|“测试影片”命令（快捷键：Ctrl+Enter），在 Flash 播放器中预览动画效果。

综合案例：设计 Flash 网站

（视频讲解：27 分钟）

Flash 网站多以界面设计和动画演示为主，比较适合制作文字信息不太多，主要以平面展示、动画交互效果为主的应用，如企业品牌推广、特定网上广告、网络游戏、个性个人网站等。下面结合“我的多媒体”全 Flash 网站开发来介绍 Flash 网站制作全过程。

学习重点：

- 了解 Flash 网站制作流程
- 了解 Flash 网站设计风格
- 能够灵活使用 Flash 设计复杂动画效果

26.1 Flash 网站设计概述

制作全 Flash 网站和制作 HTML 网站类似，事先应先在纸上画出结构关系图，包括网站的主题、要用什么样的元素、哪些元素需要重复使用、元素之间的联系、元素如何运动、用什么风格的音乐、整个网站可以分成几个逻辑块、各个逻辑块间的联系如何、是否打算用 Flash 构建全站或是只用其做网站的前期部分等，都应在考虑范围之内。

全 Flash 网站的效果多种多样，但基本原理是相同的：将主场景作为一个“舞台”，这个舞台提供标准的长宽比例和整个版面结构，“演员”就是网站子栏目的具体内容，根据子栏目的内容结构可能会再派生出更多的子栏目。主场景作为“舞台”基础，基本保持自身的内容不变，其他“演员”身份的子类、次子类内容根据需要被导入到主场景内。

从技术方面讲，如果用户已经掌握了不少单个 Flash 作品的制作方法，再多了解一些 SWF 文件之间的调用方法，制作全 Flash 网站并不会太复杂。一般 Flash 网站的制作流程如图 26.1 所示。

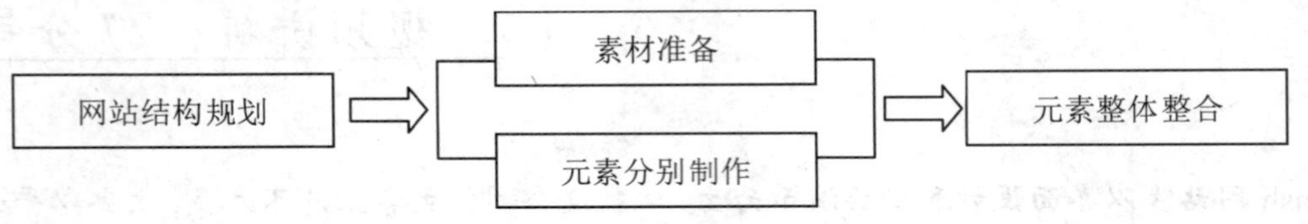

图 26.1　Flash 网站制作流程

图 26.1 中大致介绍了全 Flash 网站的基本制作方法，下面比较一下全 Flash 网站和单个 Flash 作品的区别。

1. 文件结构不同

单个 Flash 作品的场景、动画过程及内容都在一个文件内，而全 Flash 网站的文件由若干个文件构成，并且可以随发展的需要继续扩展。全 Flash 网站的文件动画分别在各自的对应文件内。通过 Action 的导入和跳转控制实现动画效果，由于同时可以加载多个 SWF 文件，它们将重叠在一起显示在屏幕上。

2. 制作思路不同

单个 Flash 作品的制作一般都在一个独立的文件内，计划好动画效果随时间轴的变化或场景的交替变化即可。全 Flash 网站制作则更需要整体把握，通过不同文件的切换和控制来实现全 Flash 网站的动态效果，要求制作者有明确的思路和良好的制作习惯。

3. 文件播放流程不同

单个 Flash 作品通常需要将所有的文件存放在一个文件内，在观看效果时必须等文件基本下载完毕才开始播放。但全 Flash 网站是通过若干个文件结合在一起，在时间流上更符合 Flash 软件产品的特性。文件可以做得比较小，陆续载入其他文件更适合在 Internet 上传播，这样同时避免了访问者因等待时间过长而放弃浏览。

26.2 网站策划

本网站栏目主要包括 6 个版块：媒体开发、资源下载、闪客大侠、友情链接、进入论坛、关于作

者，如图 26.2 所示。子栏目“资源下载”包括 4 个小栏目：Macromedia Studio MX、Photoshop 7.02 中文版、Painter 7 自然画笔 7、After Effect 5.5 英文版；子栏目“闪客大侠”包括 10 个小栏目：Rocky、玲玲、易拉罐、海明威、花火、DFlying、杨格、白丁、小小、拾荒；子栏目“友情链接”包括 5 个小栏目；子栏目“关于作者”包括两个小栏目。

整个网站的结构如图 26.2 所示（用文件名表示各个版块）。虚线部分构成主场景（舞台），每个子栏目在首页里仅保留名称，属性为按钮。点划线部分内容为次场景（演员），可以将次场景内容存放在一个文件内，同时也可以做成若干个独立文件，根据需要导入到主场景（舞台）内。

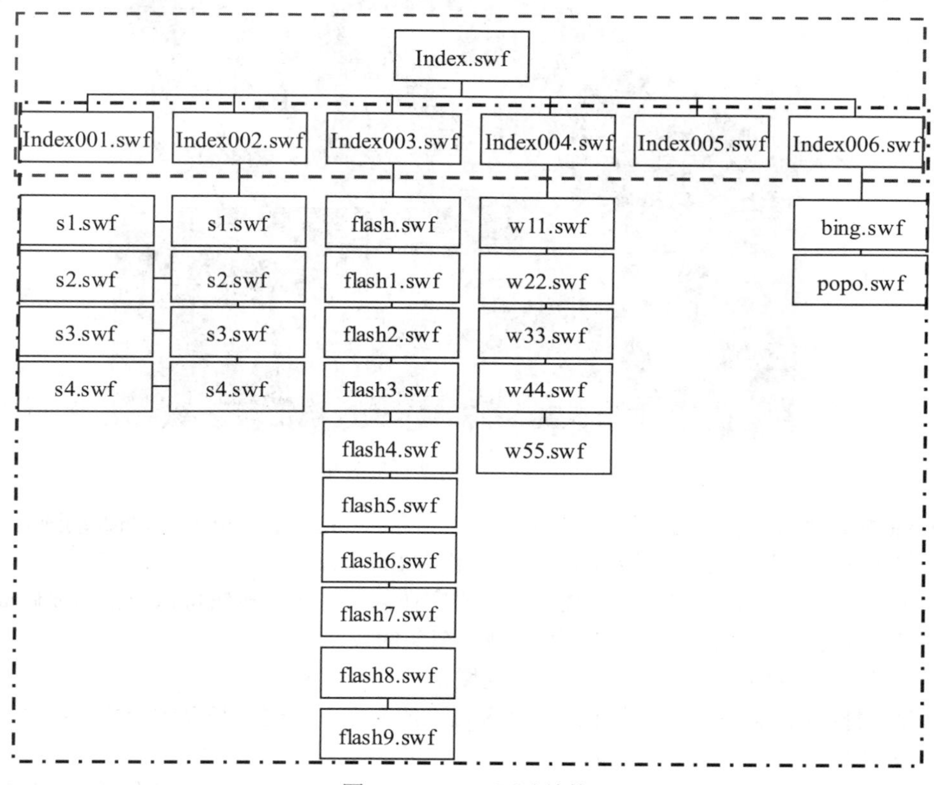

图 26.2 Flash 网站结构

26.3 设计场景

整个网站包含 3 层结构，分别是首页、二级页面和详细页面，下面简单说明一下这 3 层结构场景设计的技术要点。

26.3.1 首页场景设计

全 Flash 网站由主场景、子场景、次子场景构成。与制作 HTML 网站类似，一般会制作一个主场景 index.swf，主要内容包括长宽比例、背景、栏目导航按钮、网站名称等“首页”信息。最后发布成一个 HTML 文件，或者自己做一个 HTML 页面，内容就是一个表格，里面写上 index.swf 的嵌入代码即可。主场景安排设置如图 26.3 所示。

Note

图 26.3　Flash 网站首页效果

- ☑ Logo 标识区域一般为网站名称、版权等固定信息区，通常所在位置为 Flash 动画的边缘位置。
- ☑ 在 Logo 右边主要放置一些动画广告，也称为 Banner。
- ☑ 导航栏为网站栏目导航按钮，通常也是固定在某个区域。按钮可以根据需要做成静态或动态效果，甚至可以做成一个包含影片剪辑变化的按钮。
- ☑ 中间部分为主场景导入子文件的演示区域。
- ☑ 有时根据内容需要，可以在下边较小区域，或在左右两侧狭长区域设置一些常用的栏目，作为主栏目的补充。
- ☑ 在子文件的装载方面主要用到 addChildAt()、removeChildAt()两个控制函数。这里主要以子栏目“媒体开发”的制作为例。主场景文件 index 中有一个按钮“媒体开发”，当单击“媒体开发”按钮时，希望导入 index001.swf 文件。所以在主场景内单击“媒体开发”按钮，添加 Action 代码。

```
btn1.addEventListener(MouseEvent.CLICK, fl_btn1);

function fl_btn1(event:MouseEvent):void
{
    var my_btn1:Loader=new Loader();
    my_btn1.load(new URLRequest("index101.swf"));
    my_btn1.x=0;
    my_btn1.y=0;
    my_btn1.scaleX=1
    my_btn1.scaleY=1
    my_btn1.contentLoaderInfo.addEventListener(Event.COMPLETE, onbtn1);
```

```
    function onbtn1(e:Event) {
        removeChildAt(20);
        addChildAt(my_btn1,20);
    }
}
```

其他按钮设置与此类似，就不再重复了。

26.3.2 次场景设计

现在确定“资料下载”子栏目需要导入的文件 index002.swf，该文件计划包含 4 个子文件，所以 index002.swf 文件的界面只包含用于导入多个独立的图形按钮和标题，如图 26.4 所示。

图 26.4 “资料下载”子栏目效果

从图 26.4 可以看到 index002.swf 文件包含多个链接式文本图标，分别为 bb1～bb4，单击则分别导入相应文件 s1.swf～s4.swf。在场景内选择 bb1，为这个按钮添加 ActionScript。

```
bb1.addEventListener(MouseEvent.CLICK, fl_bb1);

function fl_bb1(event:MouseEvent):void
{
    var my_bb1:Loader=new Loader();
    my_bb1.load(new URLRequest("so/s2.swf "));
    my_bb1.x=0;
    my_bb1.y=0;
    my_bb1.scaleX=1
    my_bb1.scaleY=1
    my_bb1.contentLoaderInfo.addEventListener(Event.COMPLETE, onbb1);
    function onbb1(e:Event) {
        removeChildAt(11);
```

```
            addChildAt(my_bb1,2);
        }
    }
```

Note

依次将 4 个按钮分别设置好相对应的脚本以便调用相应的文件。这里设置 level 为 2，是为了保留并区别主场景 1 而设置的导入的层次数，如果需要导入下一级的层数，则层数增加为 3，依此类推。其他 5 个次场景的制作效果如图 26.5 所示。

媒体开发

闪客大侠

友情链接

关于作者

图 26.5 其他 5 个次场景的制作效果

Note

进入论坛

图 26.5　其他 5 个次场景的制作效果（续）

26.3.3　二级次场景设计

这里的二级次场景是与上级关联的内容，是本例中三级结构中的最后一级。该级主要为全 Flash 网站具体内容部分，可以是详细的图片、文字、动画内容。这里需要链接的是具体图片，但同样需要做成与主场景比例同等的 SWF 文件，如图 26.6 所示。

图 26.6　二级次场景制作效果

该场景是最底层场景，为主体内容显示部分，具体动画效果可以根据需要进一步深入。注意要在场景最后一帧处加入停止 ActionScript 代码“stop();”，这样可以停止场景动画的循环动作。

26.4 设 计 首 页

Note

首页是整个作品的核心，也是 Flash 网站技术设计的全部，本节将重点讲解首页设计的全部细节。

26.4.1 引导场景设计

引导场景作为网站完全下载并显示之前的一个过渡动画，以缓解网站下载过程中可能出现的时间延迟。

【操作步骤】

第 1 步，启动 Flash 软件，新建 ActionScript 3.0 类型的文档，保存为 index.fla，如图 26.7 所示。

第 2 步，选择“修改”|“文档”命令，打开“文档设置”对话框，设置文档大小，宽度为 560px，高度为 540px，舞台背景色为#786E28，帧频为 24.00，如图 26.8 所示。

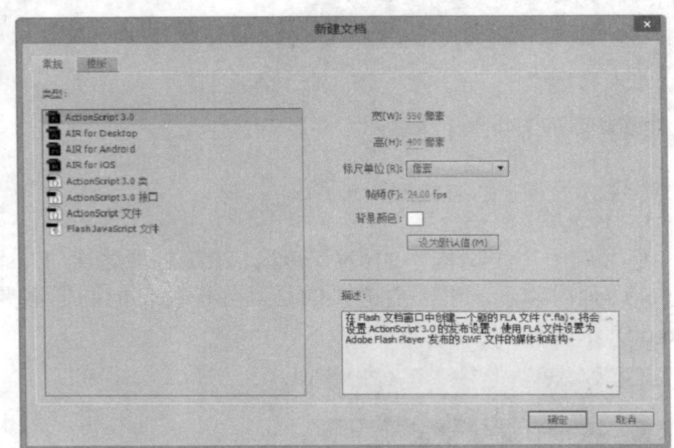

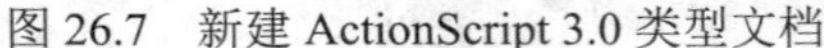

图 26.7 新建 ActionScript 3.0 类型文档

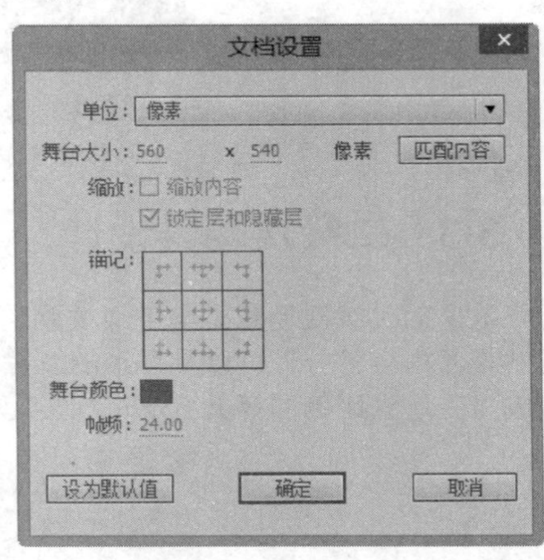

图 26.8 设置文档属性

第 3 步，选择“窗口”|“场景”命令，打开“场景”面板，在面板底部单击“添加场景”按钮，新建一个场景，命名为 00，如图 26.9 所示。

第 4 步，在“图层”面板中新建 4 个图层，分别命名为“提示”、loading、“百分比”和 Actions，用于设计动画预加载提示信息，如图 26.10 所示。

图 26.9 新建 00 场景

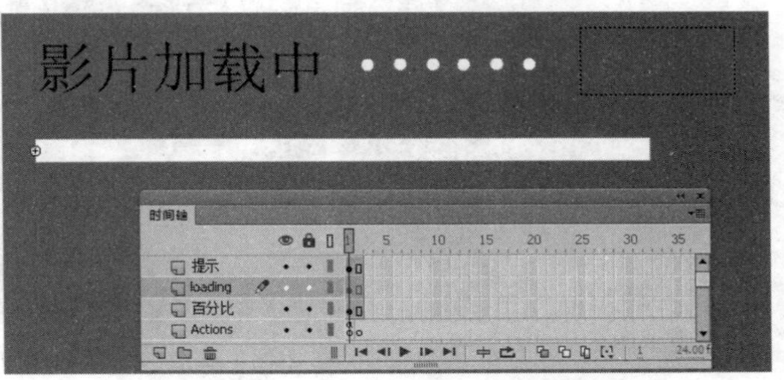

图 26.10 新建预加载提示图层

第 5 步，新建一个元件，保存为“元件 53”，在该元件中设计一个不断闪动的提示文本动画，该

动画是一个逐帧动画，在“图层”面板中新建“图层 2”，然后添加 25 个关键帧，设计好提示文本“影片加载中”和省略号，并填充到每个关键帧中，最后删除偶数帧中的省略号，即可设计一闪一闪的提示文本效果，如图 26.11 所示。

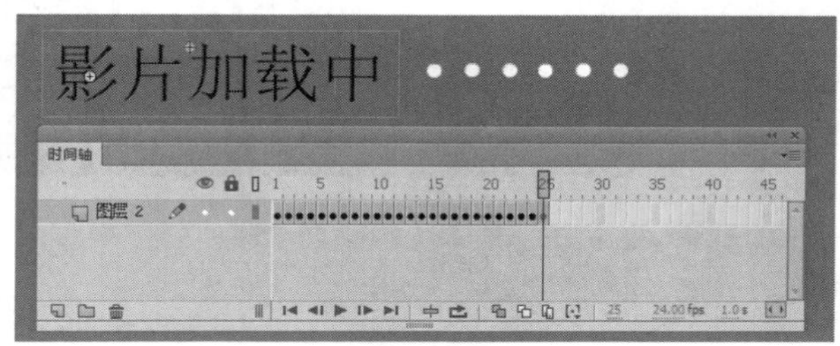

图 26.11 设计闪动的提示文本

第 6 步，在提示文本右侧放置一个动态文本框，命名为 loading_txt，用来接收动画预加载的百分比值，下面设计一个图形动画元件 jindutiao，该元件将模拟加载过程动画，如图 26.12 所示。

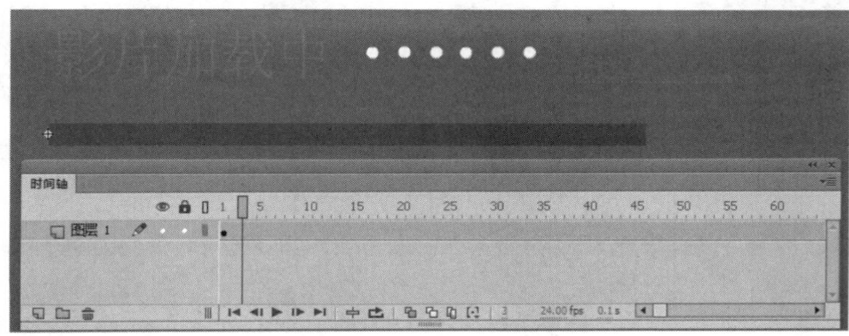

图 26.12 设计加载过程动画

第 7 步，在“图层”面板中新建 5 个图层，然后在这 5 个图层中分别设计 Logo 呈现的运动动画，如图 26.13 所示，具体说明如下：

- ☑ 在“图层 2”的第 4 帧新建关键帧，设计运动动画，运动到第 10 帧，定义文本“我的多媒体”从场景顶部外面向下运动到场景的中央。
- ☑ 在“图层 4”第 10 帧新建关键帧，复制“图层 2”的第 10 帧文本到当前图层，然后延长关键帧到第 49 帧。
- ☑ 在“图层 5”的第 8 帧新建关键帧，设计运动动画，运动到第 14 帧，定义文本 www.wodemedia.com 从场景底部外面向上运动到场景的中央。
- ☑ 在“图层 6”的第 14 帧新建关键帧，设计运动动画，运动到第 46 帧，定义变形字母 Z，从场景左侧外面向右运动到场景的中央。
- ☑ 在“图层 9”的第 18 帧新建关键帧，设计渐变动画，运动到第 27 帧，定义文本 www.wodemedia.com 从完全不透明到完全透明演变。

第 8 步，新建两个图层，分别在“声音”图层的第 5 帧、第 35 帧导入背景音乐 a13 和 a12，在“图层 21”的第 5 帧、第 35 帧导入背景音乐 a13 和 a14，如图 26.14 所示。

第 9 步，在“图层 2”的第 50 帧定义关键帧，运动到第 61 帧设计文本“我的多媒体”退出舞台；在“图层 3”的第 44 帧定义关键帧，运动到第 56 帧设计变形字符 Z 退出舞台；在“图层 5”的第 47 帧定义关键帧，运动到第 58 帧设计文本 www.wodemedia.com 退出舞台，如图 26.15 所示。

第 10 步，新建“图层 12”，在第 76 帧导入元件 56，该元件是字母 Z 的艺术变形，通过对 Z 水晶化设计并放大显示。导入元件 56 后，设置不透明度为 0，然后在第 83 帧添加关键帧，设置元件 56 不透明度为 100，然后设计渐变动画，让元件 56 渐显，如图 26.16 所示。

Note

图 26.13　设计 Logo 开场运动动画

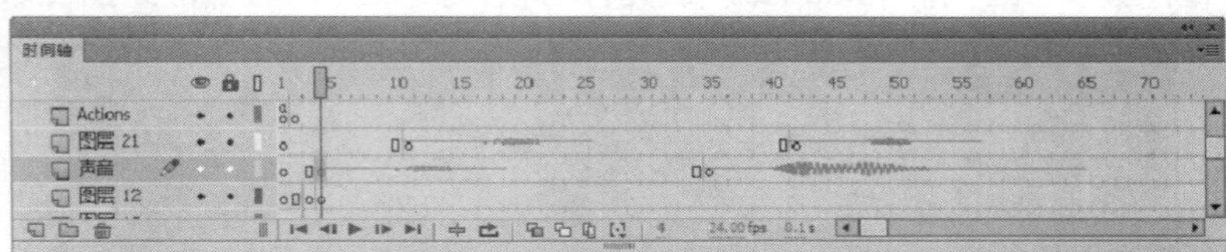

图 26.14　导入背景音乐

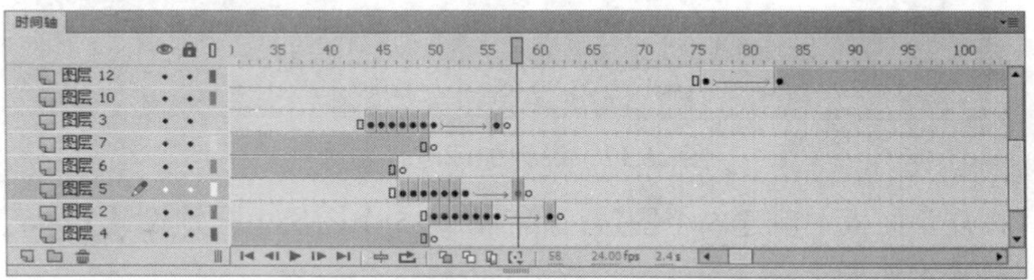

图 26.15　设计 Logo 退出舞台动画

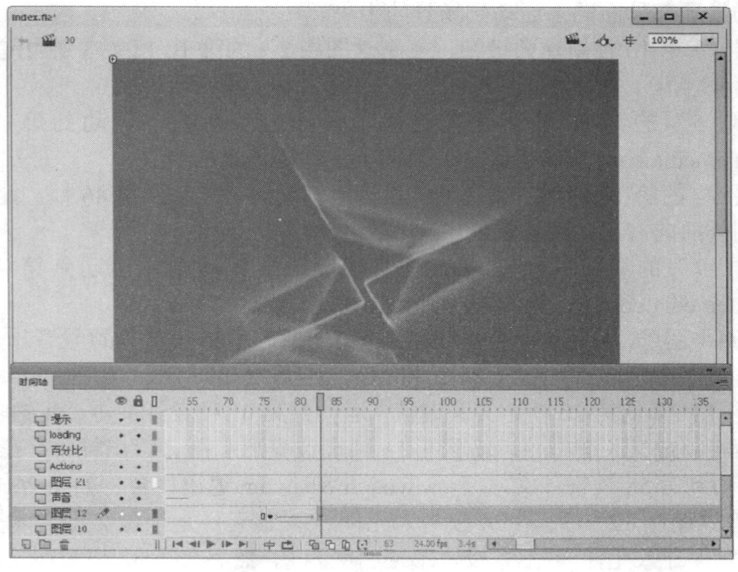

图 26.16　设计 Z 字符渐显

第 11 步，在“图层 12”的第 228 帧新建关键帧，然后在第 236 帧新建关键帧，设置元件 56 不透明为 0，定义渐变动画，设计元件从第 228 帧到第 236 帧逐步隐藏，如图 26.17 所示。

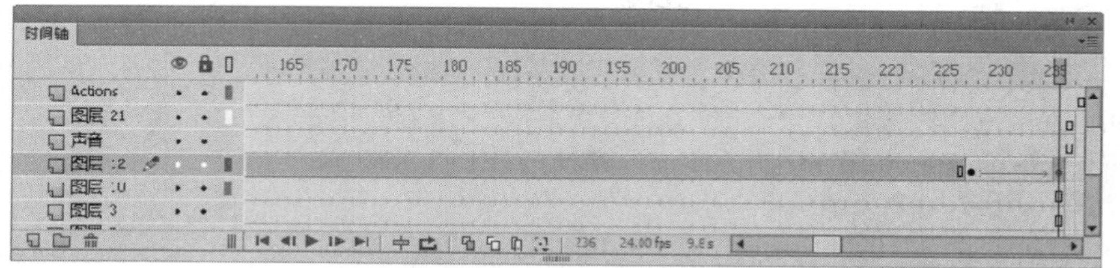

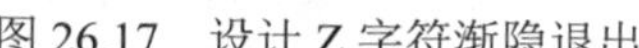

图 26.17　设计 Z 字符渐隐退出

26.4.2　设计 Loading

在网上观看 Flash 电影时，由于文件太大，或是网速限制，使得 Flash 在网上没办法马上被浏览，需要一段下载的时间，因而 Loading 就应运而生了，Loading 其实就是一段小的动画，下载速度较快，可供用户浏览，而不至于在 Flash 下载完成前屏幕一片空白。

考虑到网络传输的速度，如果 index.swf 文件比较大，在被完全导入以前设计一个 Loading 引导浏览者耐心等待是非常必要的。同时设计得好的 Loading 在某些时候还可以起一定的铺垫作用。

一般的做法是先将 Loading 做成一个 MC，在场景的最后位置设置标签，如 end，通过 if FrameLoaded 来判断是否已经下载完毕，如果已经下载完毕，则通过 gotoAndPlay 控制整个 Flash 的播放。

【操作步骤】

第 1 步，打开 index.fla 文件，按 Ctrl+F8 快捷键新建一个影片剪辑，命名为 loading。

第 2 步，进入这个影片剪辑，绘制一个方框，不带边框，只留填充色，选中方框，按 F8 键转换为图形元件，然后按 F6 键在第 100 帧插入一个帧。这样 Loading 动画就是配合 100%的脚本，到 100%下载时，表示完成，也可以只做一帧，不会影响效果，如图 26.18 所示。

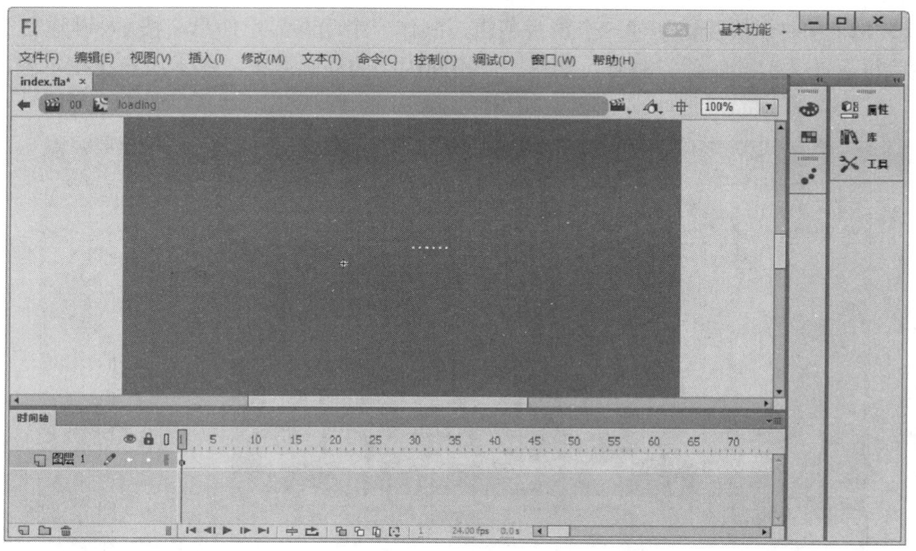

图 26.18　Loading 影片剪辑制作效果

第 3 步，将影片剪辑 loading 拖入 00 场景中的第 1 层，放到合适位置，按 F5 键延长一帧。将影片剪辑实例命名为 jindutiao。

第 4 步，在主场景中新建一层，命名为 Actions，按 F6 键延长出一个关键帧，因为第一帧是空白帧，所以第二帧也延长出一个空白关键帧。

第 5 步，在第一帧写入如下脚本：

```
stop();
import flash.events.*;
this.root.loaderInfo.addEventListener(ProgressEvent.PROGRESS, load_progress);
function load_progress(evt:ProgressEvent){
    loading_txt.text=int(evt.bytesLoaded*100/evt.bytesTotal).toString()+"%";
}

this.root.loaderInfo.addEventListener(Event.COMPLETE, load_complete);
function load_complete(evt:Event){
    loading_txt.text="100%";
    this.root.loaderInfo.removeEventListener(Event.COMPLETE,load_complete);
    gotoAndPlay(4);
}
```

定义为 loaded 除以 total 再乘以 100，目的是得到一个百分整数，其实对于这个 Loading 的效果不大，不过多了解，为以后学习功能详细的 Loading 打基础。

注意：if(baifenshu==100)不要写成 baifenshu=100，=是赋值，==才是等于。如果 baifenshu 的值，即下载的总值等于 Flash 本身的总值，执行后面的语句，跳转到第 4 帧播放；如果是其他情况，如 baifenshu 不等于 100，则回到第一帧，这样做一个循环，当 Loading 不成功时，回到第一帧重新执行下载。

第 6 步，新建一层，命名为"百分比"，然后在场景中放置一个动态文本，在"属性"的"变量"文本框中输入变量 baifenbi。按 F5 键延长一帧。

第 7 步，按 Ctrl+F8 快捷键新建一个影片剪辑，制作一个动态显示信息。按 F6 键建立 25 个连续的关键帧，然后每隔一关键帧删除省略号，制作一个不断闪动的动画效果，提示用户正在下载，如图 26.19 所示。

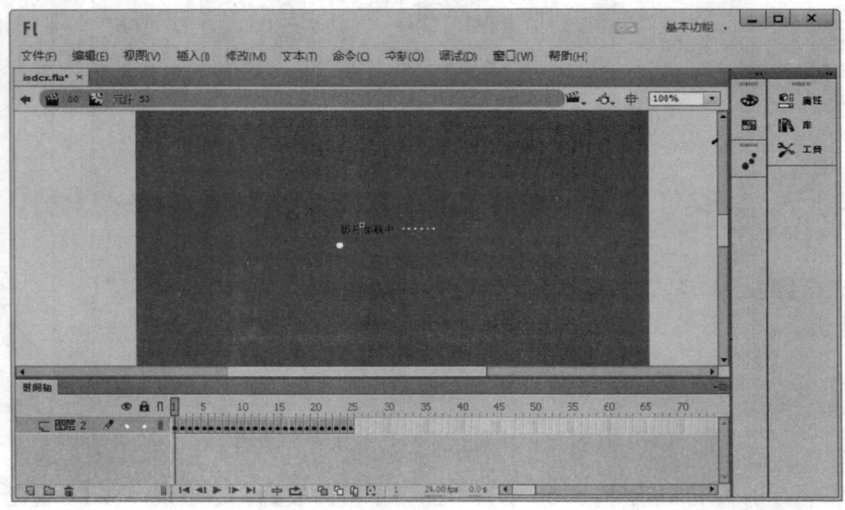

图 26.19　制作提示动画信息

第 8 步，回到主场景，新建图层，命名为“提示”，把上面新制作的影片剪辑拖入场景，按 F5 键延长出一帧。整个 Loading 的制作效果如图 26.20 所示。演示效果如图 26.21 所示。

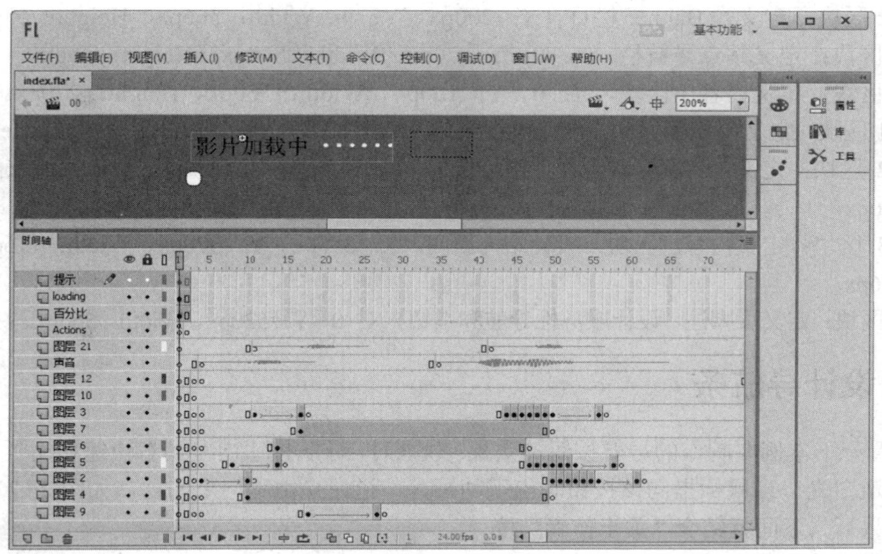

图 26.20　Loading 制作效果

26.4.3　设计首页布局

选择“窗口”|“场景”命令，打开“场景”面板，在面板底部单击“添加场景”按钮，新建场景，命名为 22。当 index.fla 动画播放完 00 场景后，将正式进入首页界面，即播放 22 场景。

在 22 场景中呈现首页的完整界面效果，整个页面包含 5 行 3 列，首行为标题栏，第 2 行为导航栏，第 3 行为影片播放栏，第 4 行为副栏目区域，第 5 行为脚注栏，如图 26.22 所示。

图 26.21　Loading 演示效果

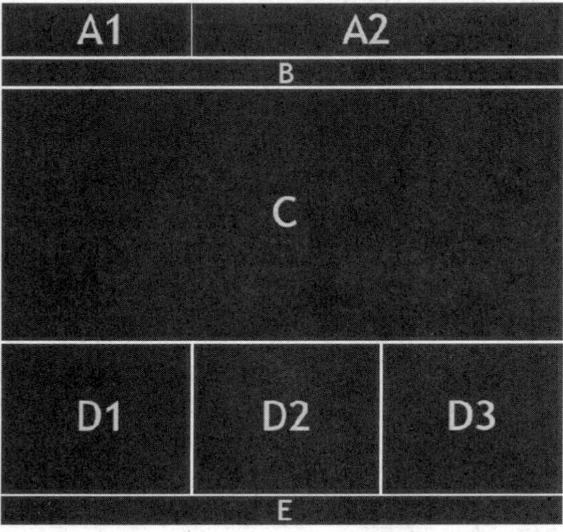

图 26.22　首页结构布局

网站各个区块用途、坐标和大小说明如下。

☑ A1 区块：定义为 Logo 栏目，X：0、Y：0、Width：194px、Height：55px。

☑ A2 区块：定义为 Banner 栏目，X：200px、Y：0、Width：366px、Height：55px。

☑ B 区块：定义站点导航栏，X：0、Y：70px、Width：560px、Height：20px。

☑ C 区块：定义内容主区块，X：0、Y：100px、Width：560px、Height：270px。

☑ D1 区块：定义内容副区块，设计电视频道，X：0、Y：370px、Width：176px、Height：156px。

☑ D2 区块：定义内容副区块，设计电绘展示，X：178px、Y：370px、Width：176px、Height：156px。

☑ D3 区块：定义内容副区块，设计站内新闻，X：356px、Y：370px、Width：176px、Height：156px。

☑ E 区块：定义页脚注，设计服务性导航和按钮，X：0、Y：520px、Width：560px、Height：20px。

26.4.4 设计导航条

首先，看一下本例要制作的导航按钮的效果：载入时，导航按钮由左到右快速移动到所在的位置，同时闪现一道白光。当鼠标指向该按钮时出现动画，一道白光由下向上闪过，如图 26.23 所示。

了解效果后，下面就结合"关于作者"按钮实例进入具体的操作过程。

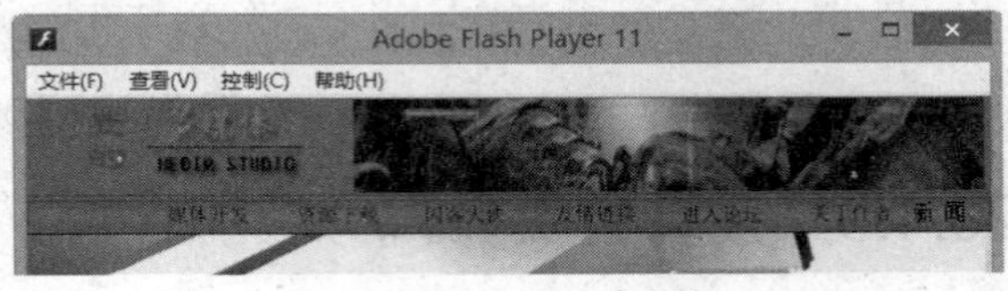

图 26.23 导航按钮制作效果

【操作步骤】

第 1 步，按 Ctrl+F8 快捷键新建一个影片剪辑，命名为 b6。进入编辑状态，新建"文本"层，用文本工具输入按钮标题"关于作者"。

第 2 步，在第 9 帧按 F5 键插入一帧，延伸第 1 帧。新建"白光"层，在第 1 帧插入空白关键帧，在第 2 帧插入一个关键帧，用直线工具绘制一条白线，宽度为 1px，然后按 F8 键转换为图形元件。

第 3 步，在第 8 帧按 F6 键插入一个关键帧，用箭头工具把该线条移动到文本的上面，然后在二者之间创建运动补间动画，如图 26.24 所示。

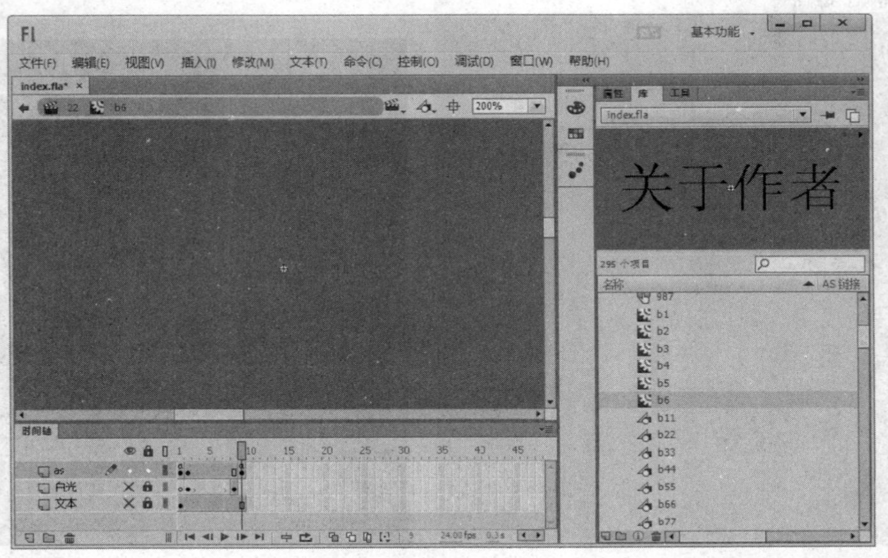

图 26.24 制作白光效果

第 4 步，新建 as 层，在第 1 帧中输入脚本“stop();”，防止动画自动运行，同时插入新建按钮元件，如图 26.25 所示，用来控制动画的执行，即当鼠标指针经过按钮所在的区域时，执行动画。

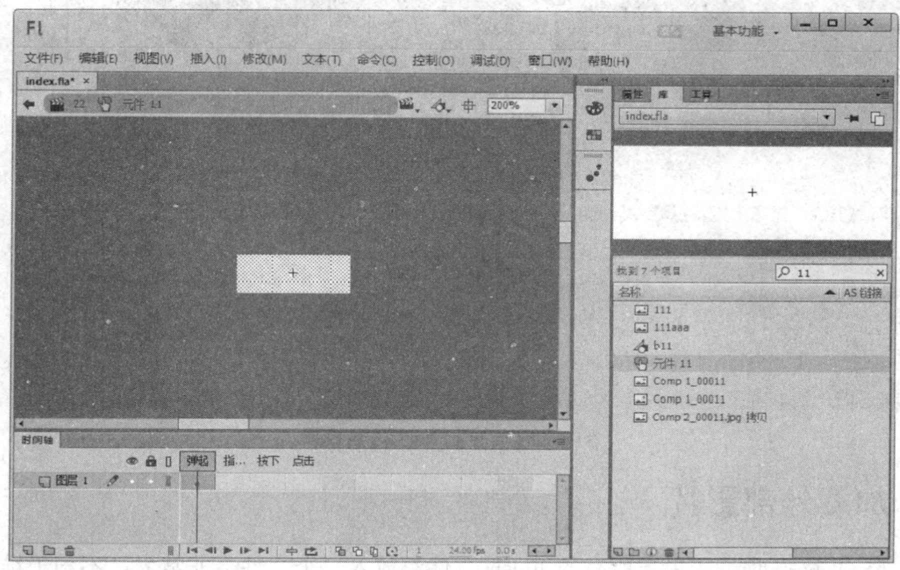

图 26.25 制作按钮效果

第 5 步，设置按钮实例的透明度为 0，使其隐藏，如图 26.26 所示。在第 9 帧插入一个关键帧，输入脚本“stop();”，即让动画运行一次。

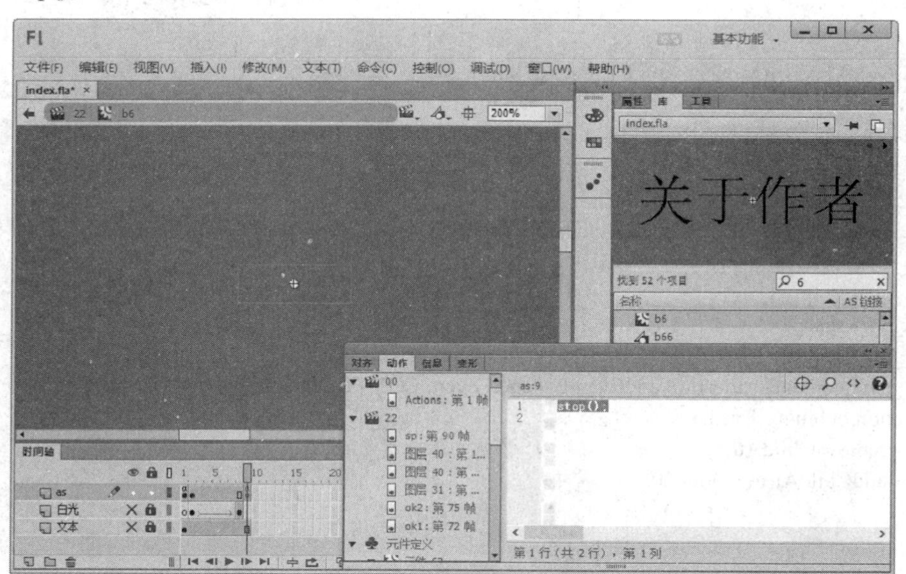

图 26.26 制作按钮控制

第 6 步，按钮式影片剪辑已经完成，其他几个标题按钮制作与此相同。回到主场景 22 中，来完成导航条的制作。导航条的制作比较简单，把各个主要标题按钮影片剪辑引入不同的层中。导航条主要通过不同层的叠加，不同的层分别管理各自不同的元件对象，分别进行不同效果的动画处理，而又互不影响，产生一种奇妙复杂的变幻效果，整个时间轴如图 26.27 所示。

Note

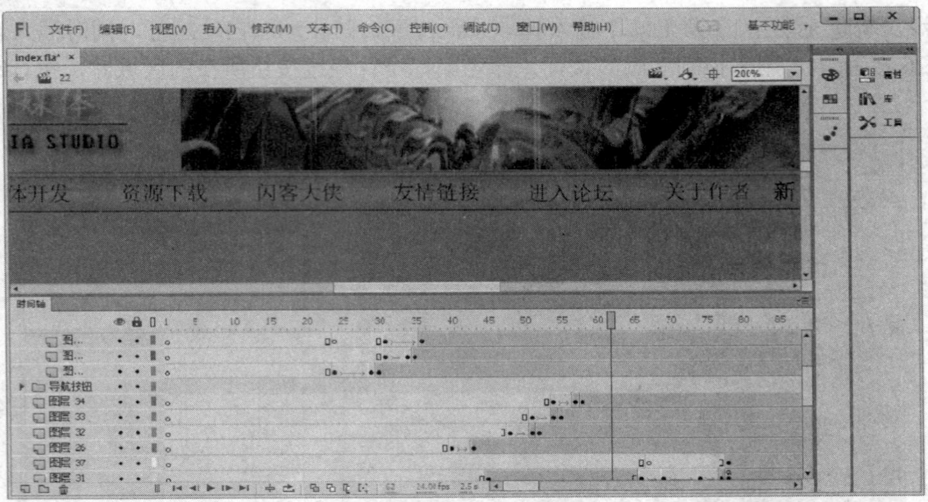

图 26.27　导航条时间轴效果

26.4.5　加载外部影片

制作全 Flash 网站时，如果把所有的 Flash 文件都放入一个文件会非常大，不利于维护和管理，所以通常将不同内容和功能的内容分别放入不同的文件。做成站点时，通过单击不同的按钮等载入单个栏目的 SWF 文件，而浏览者在浏览网页时，可逐个下载，大大减少主画面的负担。

如何加载外部的 SWF 文件呢？这里主要用到两个函数：addChild()或 addChildAt()。先看下面几行代码：

```
btn4.addEventListener(MouseEvent.CLICK, fl_btn4);

function fl_btn4(event:MouseEvent):void
{
    var my_btn4:Loader=new Loader();
    my_btn4.load(new URLRequest("index104.swf"));
    my_btn4.x=0;
    my_btn4.y=0;
    my_btn4.scaleX=1
    my_btn4.scaleY=1
    my_btn4.contentLoaderInfo.addEventListener(Event.COMPLETE, onbtn4);
    function onbtn4(e:Event) {
        removeChildAt(20);
        addChildAt(my_btn4,20);
    }
}
```

加载 index004.swf 到主动画的第 20 个级别。级别是相对于不同的 SWF 文件而言的，其作用相当于层，上一层的内容将覆盖下一层的内容。

用户要注意 addChildAt()方法加载动画时，只能加载本地或同一服务器上的 SWF 文件。

上面讲解了通过按钮加载外部 SWF 文件的基本方法，下面进一步介绍如何给加载的动画定义位置。定位有两种方法。

☑　制作被加载的 Flash 时定位：例如，主动画 index.swf 文件的画布大小是 700×400，被加载

的 index004.swf 的大小为 200×200，并载入主动画（300,200）的位置。

可以在 index004.swf 中设计画布大小与 index.swf 相同，即为 700×400，这样导出影片。在 index.swf 中绘制一个按钮，在按钮上输入下面的脚本：

```
my_btn4.x=0;
my_btn4.y=0;
```

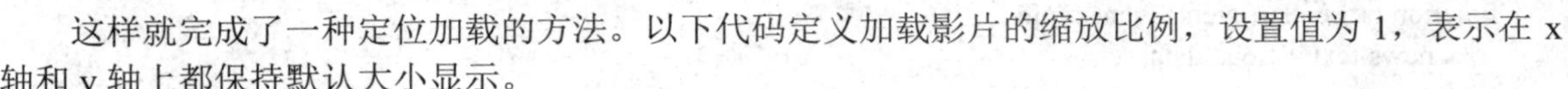

这样就完成了一种定位加载的方法。以下代码定义加载影片的缩放比例，设置值为 1，表示在 x 轴和 y 轴上都保持默认大小显示。

```
my_btn4.scaleX=1
my_btn4.scaleY=1
```

☑ 导入主动画影片剪辑：这里的主动画影片剪辑就是指在 index.swf 文件中新建一个空的影片剪辑，将外部的 index004.swf 文件加载到这个影片剪辑中。

26.4.6　加载外部数据

在制作全 Flash 网站的过程中经常需要体现一定量的文字内容，文本的内容表现与上面介绍的流程是一样的，不同的部分最后的表现效果和处理手法还是有些不同。

1. 文本图形法

如果文本内容不多，有希望将文本内容做得比较有动态效果，可以采用此法。将文本做成若干个 Flash 的元件，放置在相应的位置。文本图形法的文件载入与上面介绍的处理手法比较类似，原理相近。具体动态效果有待用户自己考虑，这里就不多介绍。本例中大部分文本内容都是采用这种方法导入。

2. 文本导入法

文本导入法可以将独立的 TXT 文本文件通过 URLLoader()导入到 Flash 文件内，修改时只需要修改 TXT 文本内容就可以实现 Flash 相关文件的修改，非常方便。编写一个纯文本文件，注意文本编码，为了避免导入文本显示为乱码，应该统一文本编码为国际编码。

例如，index.fla 中的文本导入（本例中最初没有使用此方法，下面的例子为了说明操作方法，是临时加入的）。

【操作步骤】

第 1 步，在文件 index.fla 中设置“新闻”按钮，在其中输入以下脚本：

```
btn7.addEventListener(MouseEvent.CLICK, fl_btn7);
function fl_btn7(event:MouseEvent):void
{
    var my_btn7:Loader=new Loader();
    my_btn7.load(new URLRequest("news.swf"));
    my_btn7.x=0;
    my_btn7.y=-55;
    my_btn7.scaleX=1
    my_btn7.scaleY=1
    my_btn7.contentLoaderInfo.addEventListener(Event.COMPLETE, onbtn7);
    function onbtn7(e:Event) {
        removeChildAt(20);
        addChildAt(my_btn7,20);
    }
}
```

第 2 步，在 news.fla 文件中做好显示文本的动态文本框，文本框属性设置为多行，变量名为 news（注意这个变量名）。

第 3 步，为文本框所在的帧加入以下脚本：

```
var req:URLRequest = new URLRequest ("news.txt");
var Load:URLLoader = new URLLoader();
function txtLoader(event:Event):void{
    news.text = Load.data;
}
Load.addEventListener(Event.COMPLETE, txtLoader);
Load.load(req);
```

第 4 步，在 news.fla 文件所属目录下编写一个纯文本文件 newst.txt，文本内容如图 26.28 所示。

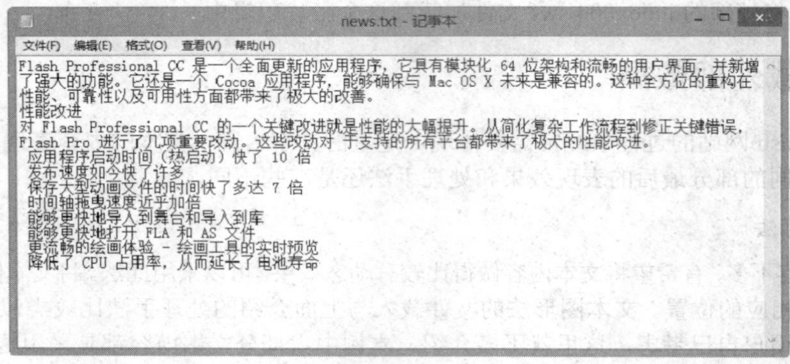

图 26.28　输入文本信息

第 5 步，运行 index.fla 后，单击“新闻”按钮，则在中间区域显示将文本文件完整导入到主场景内的效果，如图 26.29 所示。

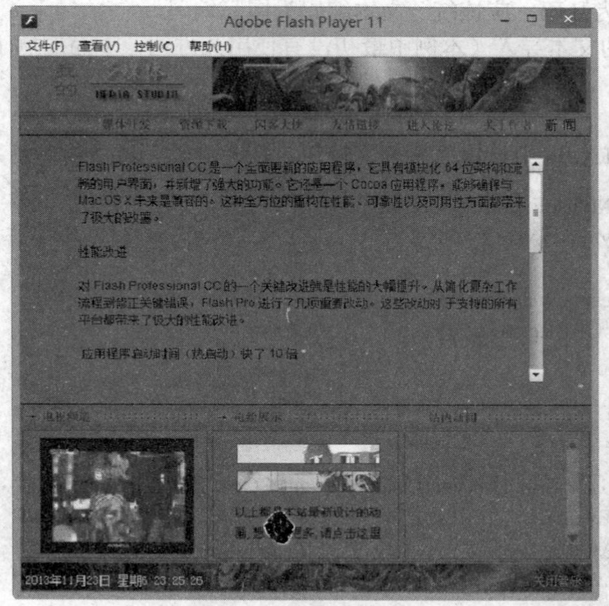

图 26.29　直接输入文本信息效果

26.5　设计二级页面

二级页面包含 8 个动画，分别为 index100.swf、index101.swf、index102.swf、index103.swf、index104.swf、index105.swf、index106.swf 和 news.swf。其中，index100.swf 作为默认导入动画，在网站初始化完成之后呈现，而余下的 7 个动画需要网站主导航菜单实现异步交互呈现，下面分别就这些动画的设计以及与主页面集成进行介绍。

26.5.1　网站介绍页面

index100.swf 动画作为网站首次显示时呈现效果，主要用作网站介绍，也可以根据个人需要另作他用，效果如图 26.30 所示。

【操作步骤】

第 1 步，启动 Flash 软件，新建 ActionScript 3.0 类型的文档，保存为 index100.fla。

第 2 步，选择“修改”|“文档”命令，打开“文档设置”对话框，设置文档大小，宽度为 560px，高度为 540px，舞台背景色为#786E28，帧频为 24.00，如图 26.31 所示。

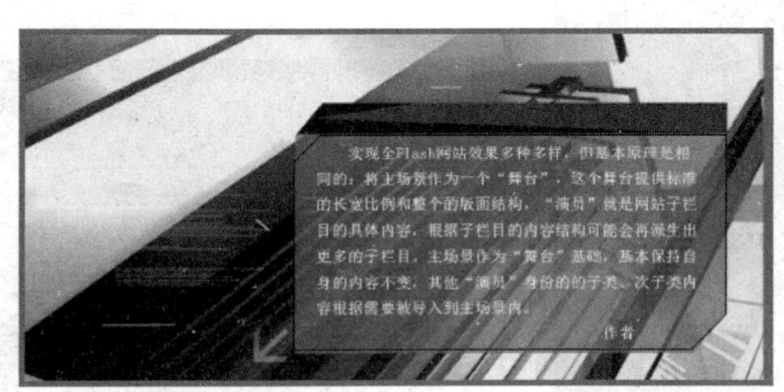

图 26.30　网站首页默认显示信息

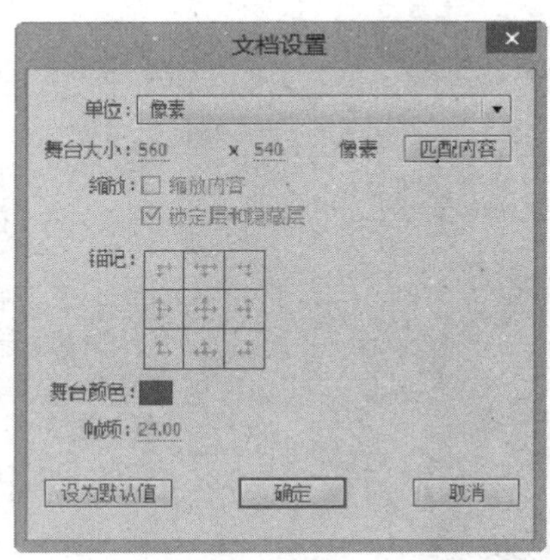

图 26.31　设置文档属性

第 3 步，在“图层”面板中新建 5 个图层，其中，“图层 1”和“图层 3”设计变形动画，“图层 2”和“图层 4”用来嵌入脚本，“图层 5”用来插入背景音乐，如图 26.32 所示。

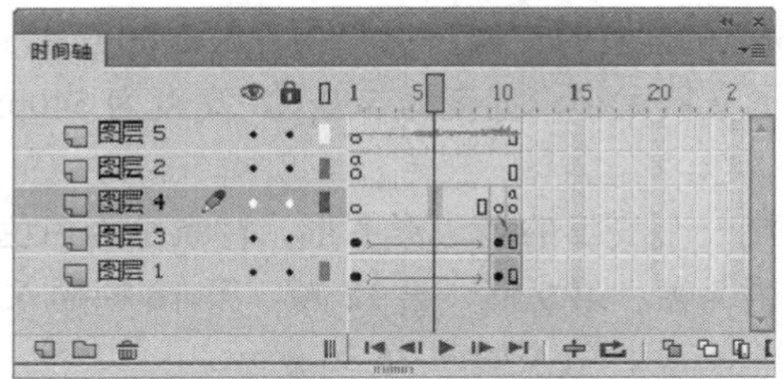

图 26.32　定义动画图层

第 4 步，在编辑窗口中新建“元件 3”，使用矩形工具绘制一块长条形白色区块，设置背景色为白色。然后拖入“元件 3”到编辑窗口，在第 10 帧插入关键帧，设计变形动画，定义“元件 3”从顶

部逐步向下延伸，同时不断降低其不透明度，设计背景效果，如图 26.33 所示。

第 5 步，在“图层”面板中新建“图层 4”，在第 11 帧中插入脚本，加载信息页面 index000.swf，同时停止动画播放，代码如下所示。

Note

```
stop();
var my_load:Loader=new Loader();
my_load.load(new URLRequest("index000.swf"));
my_load.x=0;
my_load.y=0;
my_load.scaleX=1
my_load.scaleY=1
my_load.contentLoaderInfo.addEventListener(Event.COMPLETE, onComplete);
function onComplete(e:Event) {
    addChild(my_load);
}
```

第 6 步，新建“图层 5”，然后插入背景音乐，在“属性”面板中设置声音名称为 a16，如图 26.34 所示。

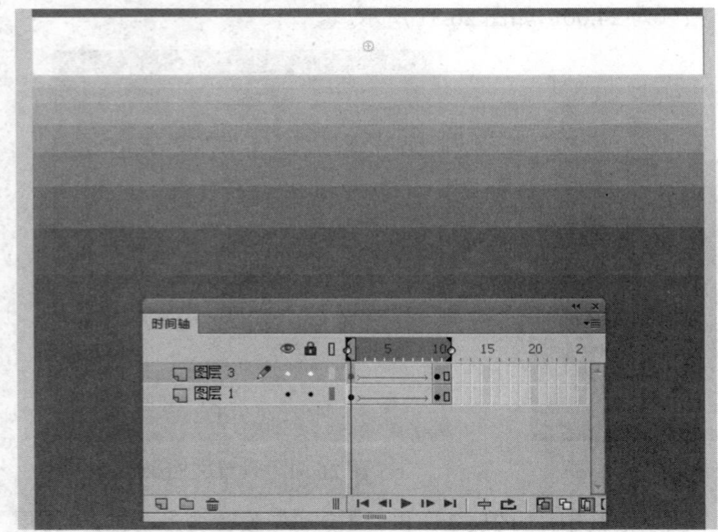

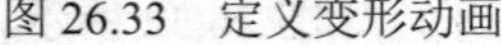

图 26.33　定义变形动画

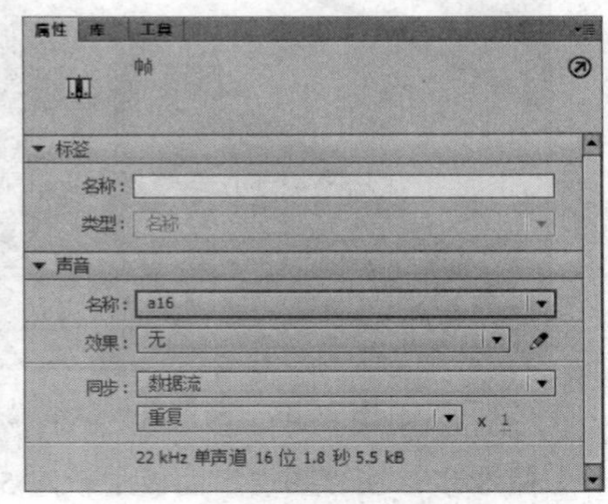

图 26.34　定义背景音乐

第 7 步，新建 ActionScript 3.0 类型的文档，保存为 index000.fla。选择“修改”|“文档”命令，打开“文档设置”对话框，设置文档大小，宽度为 560px，高度为 540px，舞台背景色为#786E28，帧频为 24.00。

第 8 步，使用钢笔工具绘制一个变形的多边形图形，背景色为白色，绘制如图 26.35 所示的多边形，然后在第 2 帧、第 3 帧、第 5 帧、第 9 帧、第 12 帧、第 16 帧插入关键帧，使用部分选取工具调整多边形的形状，然后设计变形动画，效果如图 26.35 所示。

第 9 步，新建图层，在第 7 帧插入普通帧，然后添加背景音乐，在“属性”面板中设置声音名称为 a22。再新建图层，在第 17 帧插入关键帧，然后导入背景图像，把背景图像转换为影片剪辑元件，设计该元件不透明度为 0，然后设计渐变动画，使其逐步呈现，如图 26.36 所示。

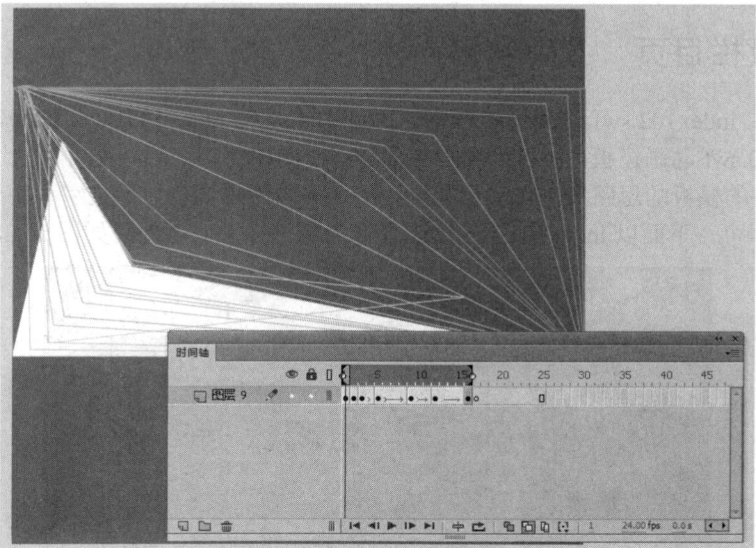

图 26.35 设计背景变形动画

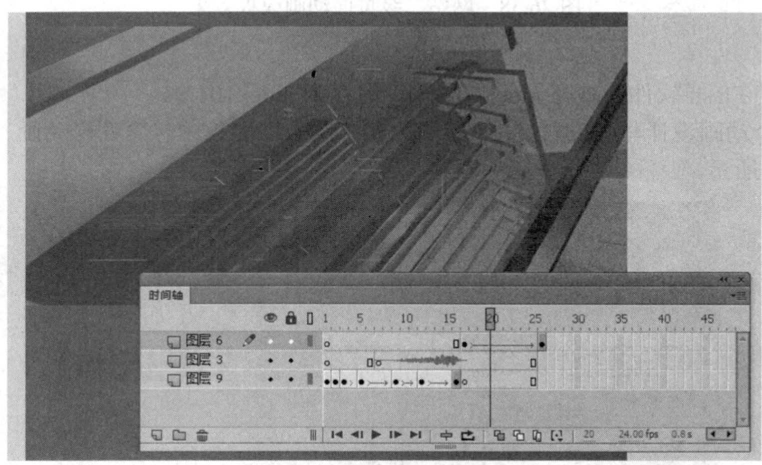

图 26.36 设计渐变背景图像显示

第 10 步，新建元件 07，在该元件中输入介绍文本，如图 26.37 所示。返回主场景，新建图层，把元件 07 拖入到舞台上，同时在最后一帧中插入脚本“stop();”停止动画播放。

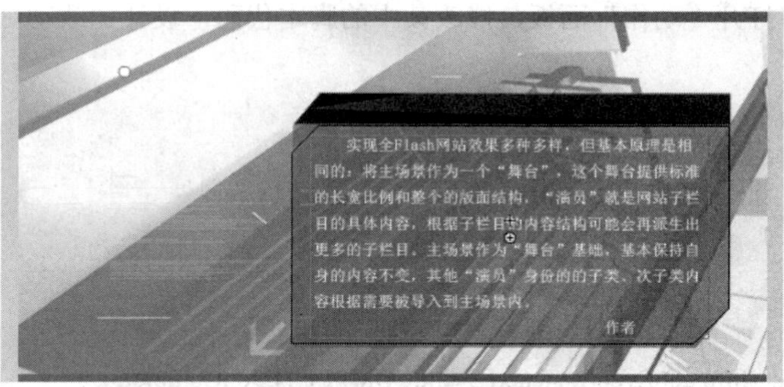

图 26.37 设计介绍文本元件

Note

26.5.2 二级栏目页

index101.swf、index102.swf、index103.swf、index104.swf、index105.swf、index106.swf 动画文件都继承了 index000.swf 动画模板，所以当用户完成 26.5.1 节的练习之后，就可以通过复制实现快速生成。制作这些文件的模板的思路和制作动画相同，唯一不同的是调整显示文字和动画图片，然后修改加载动画的路径即可。下面以 index101.swf 动画设计为例进行说明，效果如图 26.38 所示。

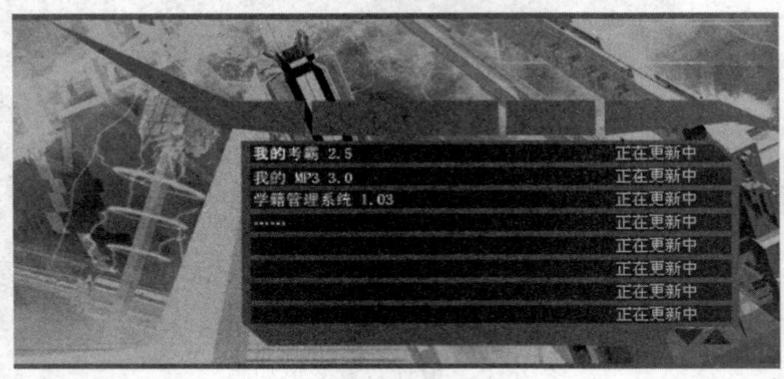

图 26.38 网站二级页面动画模板效果

【操作步骤】

第 1 步，启动 Flash 软件，打开 index100.fla，另存为 index101.fla。

第 2 步，整个动画设计与 index100.fla 相同，在“图层”面板中包含变形动画、背景音乐和加载脚本，如图 26.39 所示。

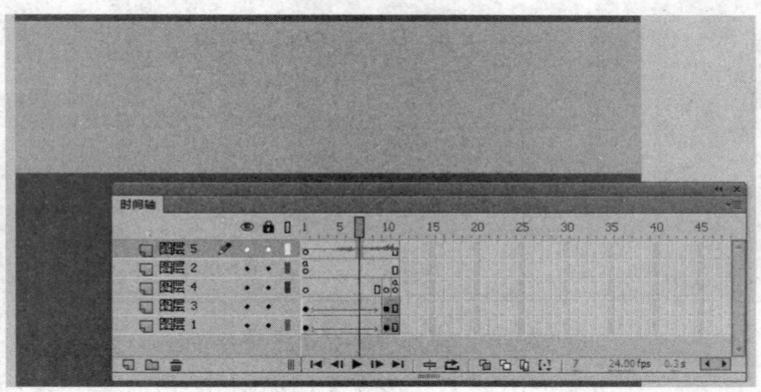

图 26.39 复制动画模板

第 3 步，按 F9 键打开“动作”面板，修改其中的脚本代码，设计加载动画文件为 index001.swf，具体代码如下所示。

```
stop();
var my_load:Loader=new Loader();
my_load.load(new URLRequest("index001.swf"));
my_load.x=0;
my_load.y=0;
my_load.scaleX=1
my_load.scaleY=1
my_load.contentLoaderInfo.addEventListener(Event.COMPLETE, onComplete);
function onComplete(e:Event) {
```

```
    addChild(my_load);
}
```

Note

第 4 步，打开 index000.fla 文件，另存为 index001.fla，然后在动画的尾部，添加动画效果，如图 26.40 所示。通过变形，逐步展开栏目的外框图形，同时逐步显示提示文本，在整个动画设计中主要应用了变形动画，通过把不同形状的图形转换为图形元件，然后在动画中逐步改变大小，或者通过渐变方式逐步显示。

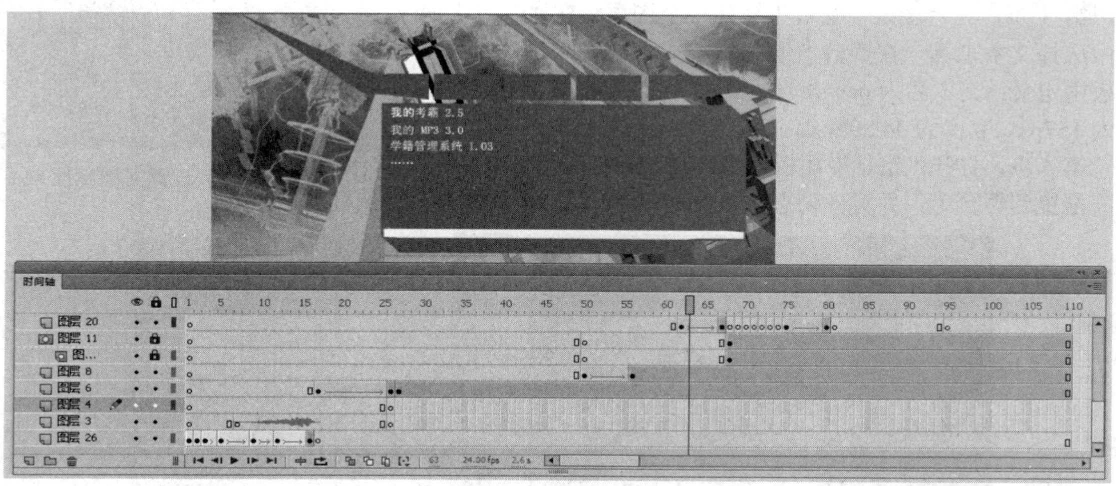

图 26.40　设计栏目逐步呈现动画

26.5.3　新闻页面

新闻页面比较特殊，它是一个动态页面，所显示的信息通过后台控制，实现新闻信息实时更新，效果如图 26.41 所示。

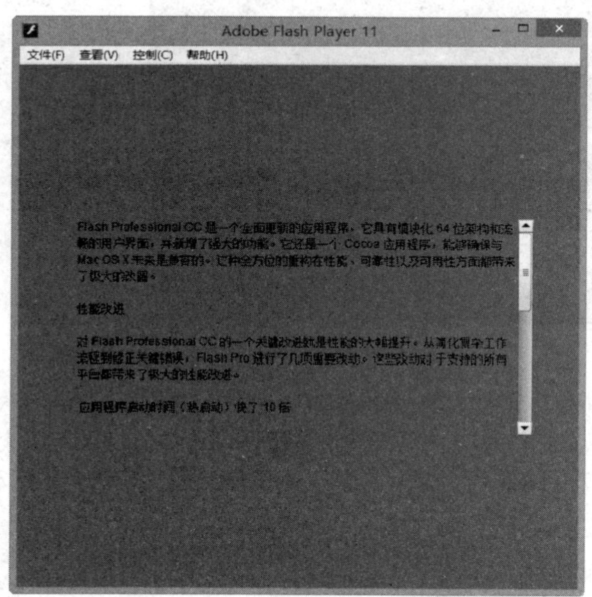

图 26.41　动态新闻页面设计效果

Note

【操作步骤】

第 1 步，启动 Flash 软件，新建 ActionScript 3.0 类型的文档，保存为 news.fla。

第 2 步，选择“修改”|“文档”命令，打开“文档设置”对话框，设置文档大小，宽度为 560px，高度为 540px，舞台背景色为#786E28，帧频为 24.00，如图 26.42 所示。

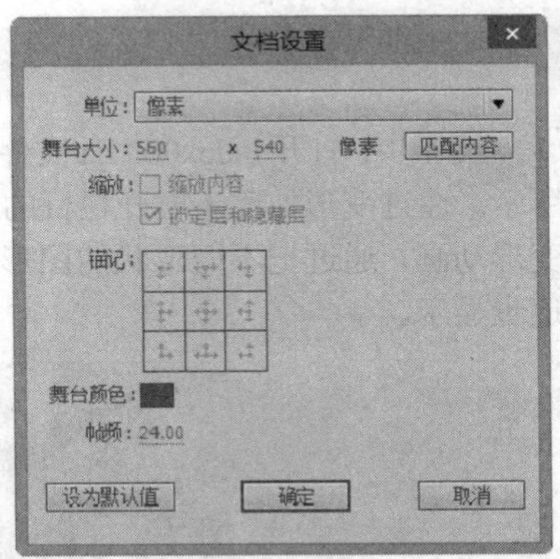

图 26.42　设置文档属性

第 3 步，在“图层”面板中新建一个图层，在“工具”面板中选择文本工具，在舞台上绘制一个文本区域，在“属性”面板中定义：文本名为 news，类型为“动态文本”，X 为 56px、Y 为 157px，宽度为 442.95px，高度为 225px，如图 26.43 所示。

第 4 步，打开“组件”面板，找到 UIScrollBar 组件，然后将其拖曳到舞台上，并对齐动态文本框右侧，如图 26.44 所示。

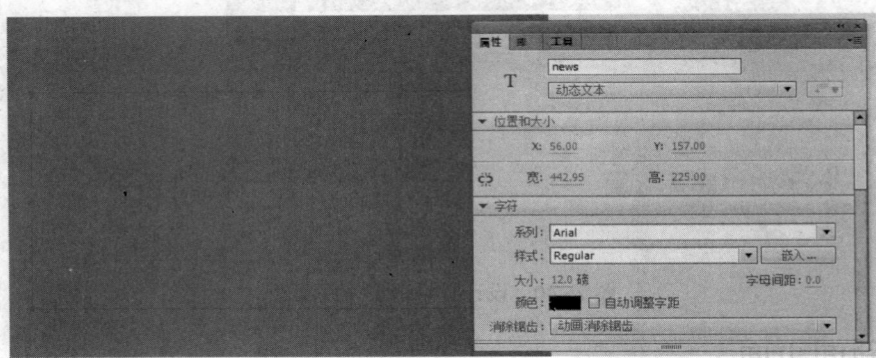

图 26.43　定义动态文本框

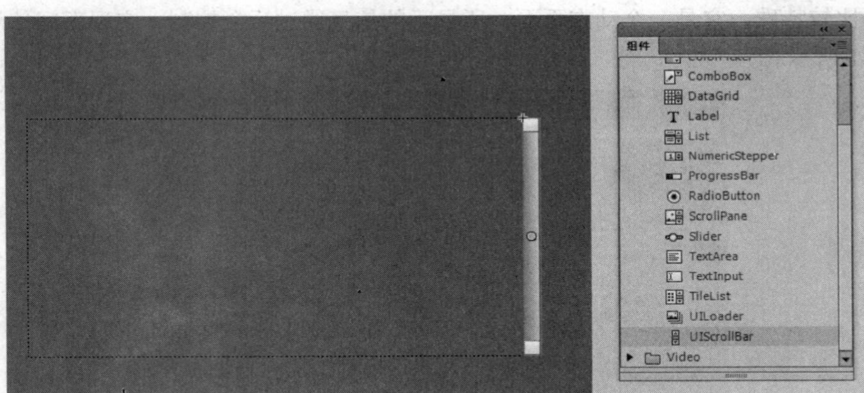

图 26.44　添加 UIScrollBar 组件

第 5 步，在“属性”面板中定义 UIScrollBar 组件参数，定义 direction 为 vertical，scrollYargetName 为 news，如图 26.45 所示，把动态文本框与滚动条组件进行绑定，以实现滚动显示动态信息效果。

第 6 步，按 F9 键打开“动作”面板，在第 1 帧中添加如下代码，实现动态加载外部信息，代码如下所示。

```
var req:URLRequest = new URLRequest ("news.txt");
var Load:URLLoader = new URLLoader();
function txtLoader(event:Event):void{
```

```
    news.text = Load.data;
}
Load.addEventListener(Event.COMPLETE, txtLoader);
Load.load(req);
```

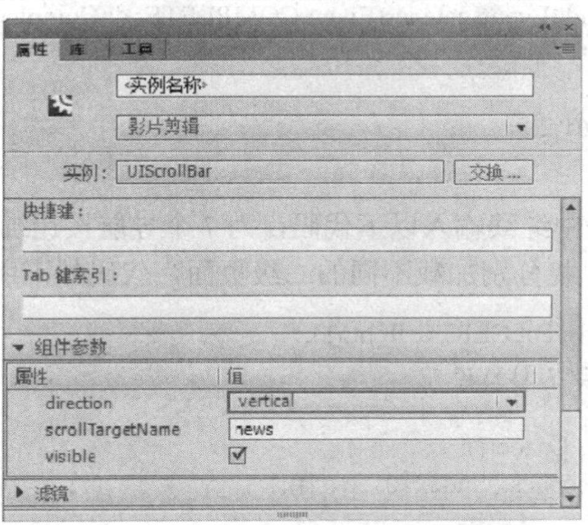

图 26.45　定义 UIScrollBar 组件属性

26.5.4　合成首页与二级页面

完成首页和二级页面的设计之后，就可以通过脚本把它们链接起来，实现异步交互响应效果。

【操作步骤】

第 1 步，打开 index.fla，在导航栏中分别插入设计好的导航栏按钮元件，如图 26.46 所示。

图 26.46　添加导航按钮

第 2 步，在"属性"面板中分别为每个按钮定义实例名称，例如，选中第一个按钮，在"属性"面板中定义按钮实例名称为 btn1，如图 26.47 所示，其他按钮依此类推。

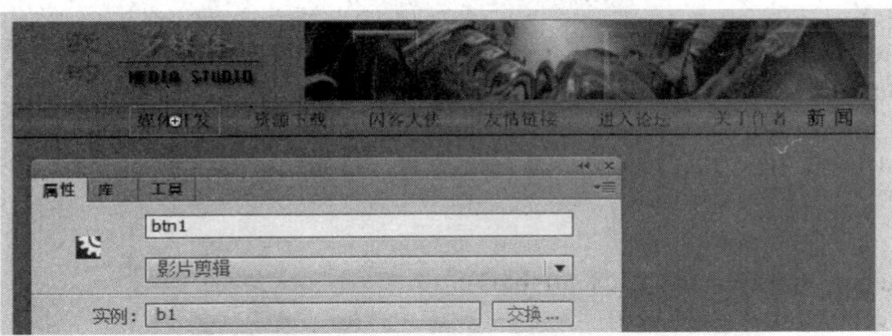

图 26.47　定义导航按钮实例名称

第 3 步，按 F9 键打开"动作"面板，在 index.fla 动画最后一帧输入以下代码，设计页面初始化后，自动加载 index100.swf 文件。

```
var my_load1:Loader=new Loader();
my_load1.load(new URLRequest("index100.swf"));
```

Note

```
my_load1.x=0;
my_load1.y=0;
my_load1.scaleX=1
my_load1.scaleY=1
my_load1.contentLoaderInfo.addEventListener(Event.COMPLETE, onComplete1);
function onComplete1(e:Event) {
        removeChildAt(20);
        addChildAt(my_load1,20);
}
```

第 4 步，在“动作”面板中继续输入以下代码，为 7 个导航按钮绑定单击事件处理函数，设计当用户单击不同的导航按钮时，将分别加载不同的二级页面，代码如下所示。

```
btn1.addEventListener(MouseEvent.CLICK, fl_btn1);
function fl_btn1(event:MouseEvent):void
{
    var my_btn1:Loader=new Loader();
    my_btn1.load(new URLRequest("index101.swf"));
    my_btn1.x=0;
    my_btn1.y=0;
    my_btn1.scaleX=1
    my_btn1.scaleY=1
    my_btn1.contentLoaderInfo.addEventListener(Event.COMPLETE, onbtn1);
    function onbtn1(e:Event) {
        removeChildAt(20);
        addChildAt(my_btn1,20);
    }
}
btn2.addEventListener(MouseEvent.CLICK, fl_btn2);
function fl_btn2(event:MouseEvent):void
{
    var my_btn2:Loader=new Loader();
    my_btn2.load(new URLRequest("index102.swf"));
    my_btn2.x=0;
    my_btn2.y=0;
    my_btn2.scaleX=1
    my_btn2.scaleY=1
    my_btn2.contentLoaderInfo.addEventListener(Event.COMPLETE, onbtn2);
    function onbtn2(e:Event) {
        removeChildAt(20);
        addChildAt(my_btn2,20);
    }
}
btn3.addEventListener(MouseEvent.CLICK, fl_btn3);
function fl_btn3(event:MouseEvent):void
{
    var my_btn3:Loader=new Loader();
    my_btn3.load(new URLRequest("index103.swf"));
    my_btn3.x=0;
    my_btn3.y=0;
    my_btn3.scaleX=1
    my_btn3.scaleY=1
```

```
    my_btn3.contentLoaderInfo.addEventListener(Event.COMPLETE, onbtn3);
    function onbtn3(e:Event) {
        removeChildAt(20);
        addChildAt(my_btn3,20);
    }
}
btn4.addEventListener(MouseEvent.CLICK, fl_btn4);
function fl_btn4(event:MouseEvent):void
{
    var my_btn4:Loader=new Loader();
    my_btn4.load(new URLRequest("index104.swf"));
    my_btn4.x=0;
    my_btn4.y=0;
    my_btn4.scaleX=1
    my_btn4.scaleY=1
    my_btn4.contentLoaderInfo.addEventListener(Event.COMPLETE, onbtn4);
    function onbtn4(e:Event) {
        removeChildAt(20);
        addChildAt(my_btn4,20);
    }
}
btn5.addEventListener(MouseEvent.CLICK, fl_btn5);
function fl_btn5(event:MouseEvent):void
{
    var my_btn5:Loader=new Loader();
    my_btn5.load(new URLRequest("index105.swf"));
    my_btn5.x=0;
    my_btn5.y=0;
    my_btn5.scaleX=1
    my_btn5.scaleY=1
    my_btn5.contentLoaderInfo.addEventListener(Event.COMPLETE, onbtn5);
    function onbtn5(e:Event) {
        removeChildAt(20);
        addChildAt(my_btn5,20);
    }
}
btn6.addEventListener(MouseEvent.CLICK, fl_btn6);
function fl_btn6(event:MouseEvent):void
{
    var my_btn6:Loader=new Loader();
    my_btn6.load(new URLRequest("index106.swf"));
    my_btn6.x=0;
    my_btn6.y=0;
    my_btn6.scaleX=1
    my_btn6.scaleY=1
    my_btn6.contentLoaderInfo.addEventListener(Event.COMPLETE, onbtn6);
    function onbtn6(e:Event) {
        removeChildAt(20);
        addChildAt(my_btn6,20);
    }
}
```

Note

```
btn7.addEventListener(MouseEvent.CLICK, fl_btn7);
function fl_btn7(event:MouseEvent):void
{
    var my_btn7:Loader=new Loader();
    my_btn7.load(new URLRequest("news.swf"));
    my_btn7.x=0;
    my_btn7.y=-55;
    my_btn7.scaleX=1
    my_btn7.scaleY=1
    my_btn7.contentLoaderInfo.addEventListener(Event.COMPLETE, onbtn7);
    function onbtn7(e:Event) {
        removeChildAt(20);
        addChildAt(my_btn7,20);
    }
}
```

26.6 小　　结

通过认真学习，相信读者已基本掌握了 Flash 网站的制作过程和方法，最后还需要注意以下几点。

☑ 设置好所有子文件的长、宽属性。

☑ 全 Flash 网站从画面层次来看，与 Photoshop 的层结构很相似，可以把每个子场景看作一个层文件，子文件是在背景的长宽范围内出现。为了方便定位，可以让子文件与主场景保持统一的长宽比例，这样非常便于版面安排，否则就必须用 setProperty 语句小心控制它们的位置。

☑ 发布文件时要将 HTML 选项发布为透明模式。

☑ 需要将每个子文件发布为透明模式的原因是不能让子文件带有背景底色，由于子文件的长宽比例与主场景基本是一致的，如果子文件带有底色，就会遮盖主场景的内容。

☑ 设置方法：在“发布”设置里选中“HTML 包装器”复选框，在 HTML 选项卡中设置“窗口模式”为“透明无窗口”，如图 26.48 所示。

☑ 使用文本导入时，注意文本文件的字符编码。另外需要导入文本的 SWF 文件与被导入的 TXT 文本文件最好放在同一目录内。

注意仔细检查文件之间的调用是否正确，避免出现“死链接”。

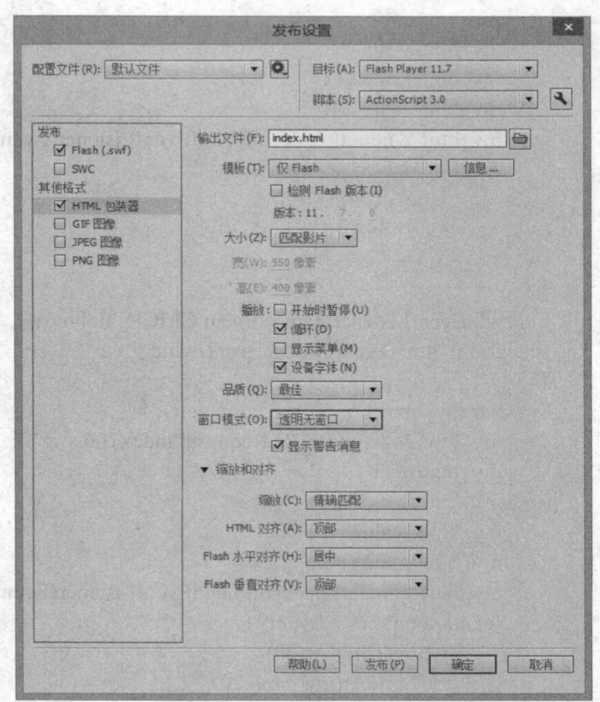

图 26.48　设置透明模式